科学中的革命

（新译本）

〔美〕I.伯纳德·科恩 著

鲁旭东 赵培杰 译

商务印书馆
创于1897 The Commercial Press

谨 以 此 书

献给

我近半个世纪的朋友和同事

亨利·格拉克

献给

我的良师益友

恩斯特·迈尔

献给

我从事科学革命研究的朋友和研究生

鲁珀特·霍尔和玛丽·霍尔

以及保罗·罗西

译　者　前　言[*]

在现代社会中,科学革命不仅是科学史和科学哲学等诸多领域中重要的论题,而且这个术语也经常见诸报刊,以至于专业领域之外的人们对之也并不陌生。有资料显示,"科学革命(The Scientific Revolution)"这个概念是法国科学史家和科学哲学家亚历山大·柯瓦雷在20世纪代30年代发明的,经由英国史学家赫伯特·巴特菲尔德使之得以普及。[①]实际上,把"革命"这个术语用于对科学的描述由来已久,其历史可以追溯到18世纪。例如,有学者就指出,1751年在达朗贝尔为他和狄德罗主编的《百科全书》所撰写的引言中,曾把科学革命作为科学根本变化的概念作了介绍。[②]也有学者认为,第一个把革命这个概念推广到科学的是康德。[③]当然,

---

* 此前言是在拙文《科学革命的另一种解读》(刊载于《哲学动态》,2014年,第2期)基础上压缩改写而成。

①　参见H.克劳瑟－海克:《鲁珀特·霍尔与科学革命》(Hunter Crowther-Heyck, "A. Rupert Hall and the Scientific Revolution", http://www. h-net. org/reviews/home. php)。

②　参见I. B.科恩:《牛顿革命》,颜峰等译,江西教育出版社,1999年第1版,第49页。

③　参见I.哈金:《导读》("Introduction Essay"),见于托马斯·S.库恩:《科学革命的结构》(The Structure of Scientific Revolutions, Fourth Edition, The University of Chicago Press Chicago and London),2012年英文第4版,第xii页。

无可否认的是,在第二次世界大战结束之前,科学革命尚没有在学界引起热议。只是在柯瓦雷的《伽利略研究》(*Études Galiléennes*,1939 年第 1 版,1978 年英译版)①、巴特菲尔德的《近代科学的起源:1300－1800 年》(*The Origins of Modern Science 1300－1800*,1949 年第 1 版,1957 年修订版)、英国科学史家 A. 鲁珀特·霍尔的《1500－1800 年的科学革命》(*The Scientific Revolution*,*1500－1800*,1954 年第 1 版,1983 年修订版)等著作出版以后,尤其是美国科学史家和科学哲学家托马斯·库恩的《科学革命的结构》(*Structure of Scientific Revolutions*,1962 年第 1 版,2012 年第 4 版)出版以后,科学革命才逐渐成了学界大量系统研究的论题。

在 20 世纪 40 年代末 50 年代初以前,并非所有论述科学进步的人,包括诸如爱因斯坦、马赫、玻尔兹曼等伟大的科学家,都认为科学必定是通过革命而进步的。不仅如此,有些人甚至拒绝科学革命这一概念。库恩的《科学革命的结构》的出版,在改变人们对科学的理解方面功不可没。因为正是他"使科学史家、科学哲学家和科学社会学家充分认识到了科学发展的这一方面,并把学术界的注意力引向了这样一个主题:革命不仅出现在不同的科学学科中,而且是整个科学事业的规则特征"。② 由于不满传统的归纳主义和波普尔的否证论对科学进步的说明,库恩以他自己的理论提

---

① 柯瓦雷的这部著作虽然出版于 1939 年,但由于大战,它的学术影响在 40 年代末 50 年代初才显现出来。

② I. B. 科恩:《科学中的革命》(*Revolution in Science*,Cambridge,MA:Belknap Press of Harvard University Press),1985 年英文版,第 403 页。

出了挑战。在他看来,科学既不是单纯的知识积累,也不是简单地抛弃前人的知识,而是在前人知识的基础上通过革命向前发展。库恩认为,科学革命具有某种结构。通过运用常规科学、解谜、范式、反常、危机、革命、不可共度性等一系列概念,他对这种结构进行了描述和分析,并勾勒出科学从前科学—常规科学—危机—革命—新的常规科学—新的危机……的不断发展模式。按照他的观点,一场科学革命不仅涉及理论的演替,而且还涉及看待世界的方式的转变以及评价理论的标准的变化。

　　库恩的理论新颖、深刻、独树一帜,其优点不仅在于它强调革命是科学变革中的规律性特征,而且还在于它重申科学革命有一个重要的社会组成部分——新范式被科学共同体接受。然而,库恩理论的缺陷也是显而易见的。例如,他的关键概念"范式",由于定义不清晰,因而在学界饱受诟病。这个问题一直没有得到根本解决,以致在晚年,他不再使用范式这个概念。另外,在说明对范式的评价时,库恩没有提供一种确定的和中立的标准,这样一来,评价范式的优劣要依作出判断的个人、群体或文化等的价值观而定,因而显示了其观点的相对主义色彩。尽管库恩曾努力对此做出澄清,但并没有平息人们对他的相对主义的指责。

　　库恩强调以历史为据的重要性,他声称,他本人的与众不同的科学观就是从研究活动本身的历史中产生的。[①]然而,许多学者如著名的科学哲学家波普尔、费耶阿本德和哈金等,都对库恩的观点提出了质疑,认为他的理论实际上与历史并不完全吻合。其中,费

---

① 托马斯・S. 库恩:《科学革命的结构》,2012 年英文第 4 版,第 1 页。

耶阿本德的批评十分尖锐,他在给库恩的信中就曾直言不讳地说:
"你所写的并非是纯粹的历史,而是把思想伪装成了历史。"[1]

　　的确,库恩的理论自提出之日起就一直争议不断,学界不仅对
库恩的观点褒贬不一,甚至对是否存在科学革命或者库恩意义上
的科学革命究竟是什么也存在分歧。尽管如此,毋庸置疑的是,库
恩的思想远远超出了科学史界,在许多领域产生了重大影响。而
且,正如有学者指出的那样,科学革命,尤其是从库恩的《科学革命
的结构》出版以来,已经成为具有重要的哲学意义的话题。[2]不同
领域的学者们,无论是否赞成库恩的观点,都以极大的兴趣投入到
对库恩及其科学革命理论的讨论中。他们从各自的专业视角对科
学变革进行了大量有益的探讨,取得了丰硕的成果,涌现出不少杰
作;我们呈现给读者的这部已故美国著名科学史家 I. 伯纳德·科
恩的《科学中的革命》就是其中之一。

　　I. 伯纳德·科恩(1914 - 2003 年)是 20 世纪最重要的科学思想
史家之一,国际公认的牛顿研究专家,他是美国科学史之父乔治·
萨顿的弟子,是美国第一个获得科学史博士学位的人。作为一位
学识渊博、治学严谨的学者,科恩的才华和成就使他不仅在美国国
内而且在国际学术界享有崇高的声望。他曾担任美国科学史学会
的主席(1961 - 1962 年),国际科学史和科学哲学联合会的第一任
副主席(1961 - 1968 年)和主席(1968 - 1971 年)。他最伟大的学
术成就是对牛顿的研究。另外,他曾花了 15 年的时间对科学革命

---

　　① 　P. 费耶阿本德:《费耶阿本德致库恩的两封信》,载于《哲学译丛》,1998 年第 1
期,第 1 页。

　　② 　http://plato.stanford.edu/entries/scientific-revolutions.

进行了深入的探讨，出版的多部著作颇为令人瞩目，如《新物理学的诞生》(*The Birth of a New Physics*，Garden City：Anchor Books，1960)，《牛顿革命》(*The Newtonian Revolution*，New York：Cambridge，1980)，《哈维研究》(*Studies on William Harvey*，New York：Arno Press，1981)，《科学中的革命》(*Revolution in Science*，Cambridge：Harvard，1985)，他还主编了《清教与近代科学的兴起》(*Puritanism and the Rise of Modern Science*：*The Merton Thesis*，New Brunswick：Rutgers，1990)，并为之撰写了导言。在这之中对科学革命最为系统和独特、在学界影响最大的研究，当属《科学中的革命》。

　　毫无疑问，科恩的思想受到了库恩的影响。他大体上赞同库恩关于科学革命的一般看法，承认科学中确实有革命发生，把革命看作已知的事实；他也认可了库恩有关革命就是一组科学信念的转换的观点。不过科恩也并非全盘接受库恩的学说和概念体系，举例来说，他指出，从科学史的角度看，知识的进步并非总是以革命的方式进行的，例如，"19世纪下半叶（和20世纪初）知识发展的主流往往是进化式的而不是革命式的"。①

　　科恩非常了解库恩科学革命结构的理论所遇到的困境，作为一位优秀的科学史家，他不想纠缠于哲学的讨论，更愿意从自己的专业角度探讨科学革命问题。科恩深知，关于科学革命这个概念学界存在着不同观点，厘清这个概念，对科学革命的研究无疑意义重大。但其渊博的科学史修养使也他意识到，要做到这一点绝非

---

① 　I. B. 科恩：《科学中的革命》，1985年英文版，第370页。

易事。因为他发现,科学革命这个概念,包括革命(revolution)这个概念本身,在历史不同时期有着不同含义。甚至学者们在使用同一个"revolution"时,所表达的思想也是因人而异。而恰恰在这方面,相关的研究几乎是一片空白。因此,他尝试另辟蹊径,采取一种严格的史学方式,从概念探讨入手,考察历史上的科学革命及其概念的演变。

在科学革命的概念史研究方面,《科学中的革命》堪称经典。不过,科恩在这部著作中并没有把自己的探索拘泥于对于科学革命这一概念的界定研究上。因为对于一个不断演变的概念,若想给出一个始终如一的定义困难重重。更何况,"有关革命由什么构成以及革命如何定义的讨论尽管与历史有关,但它毕竟是哲学问题"。[1] 因此,科恩认为,与其纠缠于某一个概念的定义,莫如考察那些被人们承认已经发生过的革命,看看人们是以什么方式理解这些科学革命的。虽然科恩不奢望给出一个学界公认的精确定义,但他对科学革命有自己的理解。值得注意的是,在本书的讨论中,他把科学革命(Scientific Revolution)与科学中的革命(revolution in science)进行了区分。科恩所谓的科学革命(大写的"科学革命")或者说狭义的科学革命,是指大规模的科学变革,用他的话来说,即指"对所有科学知识均有影响的革命"[2]。而科恩所说的科学中的革命则包含两层含义,一层意思是指"较小的革命"[3];另一层意思则与广义的科学革命(scientific revolution)同义,指

---

① I. B. 科恩:《科学中的革命》,1985 年英文版,第 5 页。
② 同上书,第 91 页。
③ 参见同上书,第 403 页。

科学进步的模式①。

在刘科学史的深入研究的基础上,科恩发现,所有科学中的革命(广义的科学革命)都要经过四个主要的前后相继的阶段。首先出现的是思想革命阶段,也称"自身中的革命"阶段,这个阶段是科学革命的萌芽期,科学家个人或群体从现有科学的母体中进行创新,带来了现行科学思想的根本性转变;随后是信念革命阶段,即一种新的理论、概念或方法比旧的体系能够解决更多的问题,科学家进入对之信奉和记录的阶段;思想革命阶段和信念革命阶段都是私人性的,要使新的理论或发现在整个科学界产生影响,就需要如下的论著中的革命阶段,即以非正式或正式的形式、通过各种交流途径,使一种或一组新思想开始在科学共同体的成员中广泛流传开来;只有通过了前三个阶段,才有可能进入科学革命的最后阶段,即由于那些新的理论或发现不仅比旧的体系更有解释优势而且获得了实验证实,因而科学共同体中有足够数量的其他科学家开始相信它们,并且开始以新的革命的方式从事他们自己的科学事业,这时,革命的效力才会在科学中真正显现。当然,科恩并不否认,这样的划分"仅仅是一种初步的尝试,最终肯定还需要加以修正或改进"。②

对于科学革命发生与否的判断,科恩不是看它们是否符合某一固定的分类,而主要是以对历史证据的检验为依据。通过考察人们理解科学革命的方式,他提出了一组纯粹以历史和事实为基

---

① 参见 I. B. 科恩:《科学中的革命》,1985 年英文版,第 xiii 页。
② 同上书,第 584 页。

础的判断标准。他认为,这组标准也许普遍适用于过去四个世纪中所发生的所有重要的科学事件。这些标准包括:(1)同时代的人的见证,即当时的科学家和非科学家们的判断;(2)对发生过革命的那个学科的文献史的考察;(3)称职的历史学家,尤其是科学史家和哲学史家们的判断;(4)当今的科学家们对自己领域的历史的总的看法。科恩认为,其中第一项检验具有十分重要的意义,尽管它并非总是判断一场革命是否发生的必要条件,但却是一个充分条件。

科恩所提出的划分科学革命的四个阶段和判断科学革命发生与否的四项标准,构成了他在本书中的分析框架。据此,他对自17世纪以来的科学史进行了详细的考察,细心地梳理了"revolution"这个概念从科学的专业领域被引入社会政治领域,最终又返回到有关科学评价的讨论中的历史,以及在这一过程中这一概念含义的演变和不同人使用这一概念时赋予的不同含义。

在分析科学革命与政治革命在词源上的关联的同时,科恩还对历史上的科学革命与政治革命进行了对比,讨论了它们之间的异同和联系。科恩发现,人们对政治革命或社会革命的看法的变化,也会影响到有关科学革命的讨论。因此,他对科学革命的思考,往往以社会革命和政治革命作为背景知识。不过,科恩显然不主张:从一组假定的社会政治革命的原则和实践中进行抽象,然后把它们原封不动地用于对科学发展的论述。因为尽管"革命"的现代含义是从社会政治领域重新引入这类讨论之中的,尽管科学革命与社会政治革命有某些相似之处,但科学革命毕竟不是政治革命,不能完全套用有关政治革命的理论。

按照他自己的分析框架,科恩认为,从 17 世纪到 20 世纪一共发生了四次科学革命,它们基本上都具有这样一些特征:(1)导致了科学体系的更新;(2)导致了认识世界的方式的改变;(3)导致了组织机构的变化;(4)导致了革命的制度化。科恩所说的第一次科学革命是历经伽利略、开普勒、笛卡尔、哈维等人的重大发现和理论变革,到牛顿达到顶峰的科学剧变时期,这次革命的特点是,它把实验和观察确立为人类认识自然的基础,并且把数学当作科学的重要工具和最高表达形式;第二次科学革命包括科学的数学化以及达尔文生物学的出现,这次革命的特点在于,它显示出了一种具有与牛顿风格不同的科学进步方式,因此,科恩指出,“科学中的伟大进步也有可能是以非数学的培根方式进行的”①;第三次科学革命包括三次伟大的物理学革命(麦克斯韦革命、相对论革命和量子力学革命),数次化学革命,以及生命科学中的革命(最重要的就是遗传学的创立)等,与以往不同的是,这次革命中的许多理论引入了概率论作为基础,抛弃了机械决定论的因果观;第四次科学革命是始于第二次世界大战并且仍在进行的一系列科学技术变革,这次革命最大的特点是政府的巨额经费支出和大规模有组织的研究,从而使科学进入了大科学的时代。

科学革命不仅导致了科学内部的剧变,革命在许多方面更为彻底、更富有创新性,而且它的影响也更为深远和持久。不仅如此,它的影响也延伸到了社会科学和其他领域。

与库恩对科学革命的结构研究不同,科恩在本书中尝试的是

---

① I. B. 科恩:《科学中的革命》,1985 年英文版,第 96 页。

对科学革命进行一种批判性、分析性的历史研究。他坚持以历史证据作为依据,通过对科学史上的重大事件的考察,从一种新的、严格的史学观点来探索科学革命。总体而言,库恩所关心的是科学革命总的特征,亦即科学共同体中现已确立的信念完全被另一些根本不同的信念取代的过程。而科恩所关心的是科学革命的细微结构或者科学史的微观度量,亦即个体在科学革命中所起的作用,他把这种探索作为理解科学体系根本变革的手段。据此,科恩把革命分析为一系列的变革,以揭示其内在变化的连续性。

科恩对科学革命与政治革命进行比较研究,也是库恩所欠缺的。这一比较的价值在于,科恩不仅为把革命这一概念用于描述科学变革提供了依据,而且,通过这种研究,他还说明了科学革命与社会政治革命之间的可能的联系和演替关系,并探讨了政治革命或社会革命这一概念与科学革命这一概念的互动,他用一些历史事例(例如法国大革命和俄国革命)说明,政治革命的概念和流行的革命理论曾经以什么方式制约了(并且还在制约着)人们对科学中的革命的认识。

当然,科恩的理论也不是完美无缺的。例如,他在讨论科学革命时,论及了革命的诸特性。但在描述检验革命发生的标准时,他只提出了一组以人为判断和历史文献为依据的标准,而没有提及科学革命的内在标准。他本可以根据科学革命的特性提出一些可检验的指标,并把它们与那些判断结合在一起,这样构成的检验标准至少更为充分。可惜,他没有这么做,这不能不说是一种缺憾。因为,正如 I. 哈金指出的那样,我们对科学革命的判断,还是应该主要把事件本身作为依据,而不是把人们说了什么作为依据。①

　　不过,瑕不掩瑜。《科学中的革命》出版后,已经多次重印,受到了广泛的好评。科恩以他深厚的学术功底和丰富的史学知识对科学革命进行的探索,他对革命这个概念演变的历史的论述,他就不同时期的科学革命观所做的介绍,他与库恩不同的研究方法,等等,对于加深人们对科学革命的理解、对于人们对这一主题的进一步探讨,有着相当的启示意义。这部著作在科学革命研究方面的重要价值已获得了国际学术界的普遍认可,尤其是科恩对整个革命概念的透彻研究,被称作学术史上的一座丰碑。当然,正如他本人指出的那样,有关科学革命还有许多需要继续探究的问题,诸如创造过程、科学家个人在革命性科学观念的形成和传播过程中的作用、科学革命者的个性以及科学交流的技术和方法的改进对科学革命的影响,特别是非科学领域或非理性思想领域的理性活动,等等。这些问题对于更全面地认识科学革命很有价值,它们也为以后的研究提供了重要线索。

　　《科学中的革命》的翻译始于20多年前。自1998年商务印书馆出版该书中文第一版以来,我们一直心存忐忑,总想设法弥补译文中存在的不足,这次修订终于使我们有了补救的机会。20多年过去了,我们对科恩教授的这部名著的学术价值也有了更多的了解,坐在这位大师的杰作前重新拿起译笔,深感兹事体大。我们意识到,对于这样一部学术经典,仅仅在以前翻译的基础上简单地进

---

① 参见《纽约书评》(*The New York Review of Books*),1986 年 10 月 9 日。

行一些修修补补是远远不够的,需要进行全面的修订。

我们认真核对了全书的原文,对原来译文中的错译或漏译予以了纠正,补齐了中文第一版未译的索引。因此,这次修订实际上是一次重译。全部工作由赵培杰教授和我承担,其中第四、五部分由赵培杰教授负责,其余部分由我负责。相对于 20 多年前的翻译,我们现在少了几分浮躁,多了几分谨慎。当然,尽管我们殚精竭虑,尽力精益求精,但学无止境,我们也不敢妄称现在的译文已经十全十美。因此,若有不当之处,敬请各位读者批评指正。

鲁旭东

2016 年 5 月 16 日

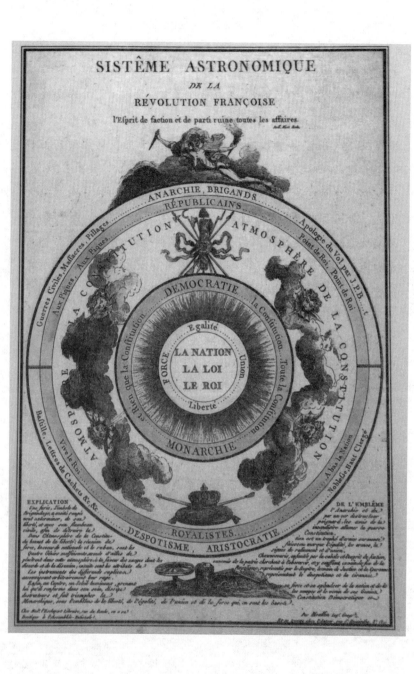

卷首插图说明：法国大革命的天文学式体系。这幅海报可以溯源到法国大革命的初期，当时，革命确立了君主立宪制。正中央写着民族、法律和国王，这个中心与太阳相对应。在中心的边缘则是由平等、团结、自由、力量组成的光环。太阳的光芒不断地射向这样一个天球，在该天球的顶端是民主政体，在它的底部是君主政体，而在它们之间则是"只有宪法，而且完整无损的宪法，才是至高无上的"这一箴言。在最外面的天球之内与之紧邻的那个天球，使顶端的共和主义者与底部的保皇党人保持平衡，它与最外面的天球中的无政府状态、强盗和专制以及贵族政治这些极端（它们的象征被置于上下）相配。在中心天球和外面的两个天球之间，有四个凶恶的长着翅膀的面孔正在把风吹向所谓的"宪法大气层"中。在这个空间的底部，在君主政体和保皇党人之间是王冠、权杖和"正义之手"；而在上方，在民主政体和共和主义者之间，是顶着自由之帽的权杖。印刷的"徽章说明"以这样的话作为结语："在正中心是一个光芒四射的太阳，它从自身拥有的民族和法律中获得能量和光明；它驱散云雾……而且在自由、平等、团结和力量（这些是它的根本）的旗帜下使民主制度和君主立宪制度获得成功"。海报的右下角注明作者是"工程师和地理学家穆兰"。（I. B. 科恩私人藏品）

目　录

前　　言

　　这部《科学中的革命》，是对四个世纪以来的革命这一概念所进行的历史探讨和分析研究。这么一个复杂的课题，由于所涉及的事件、人物以及思想等如此之广，因而似乎需要从不同的角度进行大量的研究。首先要做的就是，分析一下从一种富有革命性的思想的萌动之始到相当多的科学家们接受并运用一门新科学为止的这一过程中，科学中的革命发展的各个阶段。对于科学中的某一组特定的事件是否构成一场革命这类问题的判断，肯定是因人而异的。而我，则为是否发生了科学革命提出了一组判断标准——一组以历史证据为依据的标准。我所说的那些阶段和标准（本书的第二章和第三章分别对它们进行了概述），构成了本书的分析框架。

　　本人运用这一框架，批判地考察了现代科学存在以来的四个世纪中所发生的一些重大的科学中的革命。导论部分所论述的是，这四个世纪各个时期的政治革命或社会革命，以及当时的革命留给人们的普遍印象，因为我发现，在科学语境范围内，"革命（revolution）"这个词的出现，总是既反映了一些有关政治革命和社会革命的流行理论，又反映了人们对实际当中业已发生的革命的某些认识。所以，我对这里所讨论的每一场科学中的革命的思考，都是以社会革命和政治革命作为背景知识的。

　　我们必须把历史上人们对革命的理解与历史学家对革命的理解区别开。前一部分所包含的是，人们在革命时期以及随之而来的各个时期中的观点，它们都是一些客观的历史事实和资料；而后一部分所包含的则是，人们目前的一些主观的看法。当然，对于本书所讨论的每一场革命，我也作过一番主观的、史学家式的评价。不过，我在每一个例子中也都强调了历史证据的重要性。几乎在每一个事例中，这两方面都是融合在一起的；那些通过了历史证据检验的革命，在今天的历史学家（和科学家们）的眼中，仍会被看成是革命。不过，通过历史证据与历史学家所作判断的比较，也揭示出了一些令人迷惑的异常现象。

　　尤其应当指出的是，对历史证据的研究表明，科学中的革命这一概念，像革命这一概念本身一样，并不是，也没有成为固定不变的东西。例如，本书所提供的文献资料就证明了：在科学进步是以渐进增长的方式为主还是一系列革命的结果这一问题上，科学家们和史学家们的观点是不断变化的。除了对科学中的革命总的看法方面有变动外，在判断某些特定的事件是否具有革命性这方面，人们的观点也发生了转变。哥白尼革命就是一个很恰当的例子。那种认为随着 1543 年哥白尼（Copernicus）的《天球运行论》（*De Revolutionibus*）的出版天文学出现了一场革命的看法，只不过是 18 世纪天文史家们幻想的产物而已；这种看法曾流行一时，以至于哥白尼革命一度成了科学中的革命的范式。然而，史学家们对历史证据的批判性考察证明，那根本不是什么哥白尼革命，它充其量可以被称之为是一场伽利略革命和开普勒革命。

时过境迁,甚至对于一些伟大的政治革命的意义及其重要性,人们的认识也已发生了根本性的转变。在《人的权利》(*The Rights of Man*,1791)中,托马斯·潘恩(Thomas Paine)①解释了美国革命和法国大革命怎样把一种新的革命性思考引入了政治学之中。潘恩之所以闻名于世,主要是因为他在美国独立战争期间所写的那些小册子,他最著名的著作有:《常识》(*Common Sense*)以及《危机》(*The Crisis*)等,他的《人的权利》则是作为对埃德蒙·伯克(Edmund Burke)②的《法国革命感想录》(*Reflection on the Revolution in France*,1790)的答复而写的。从美国和法国的一些事件中,人们对于革命有了新的认识。潘恩对这种新的观点的解释就是一个典型的例子,它说明了政治概念的产生方式:它们的产生不仅与理论有关,而且与现实当中发生的事件有关:

> 我们以往所谓的革命,只不过是某种人的更迭,或稍稍改变一下局部状况。这些变化的起伏是自然而然的,其结局对它们产生地以外的区域并不能产生什么影响。可是,由于美国革命和法国大革命,我们看到现在世界上事物的自然秩序焕然一新了,一系列原则就像真理和人类的存在一样普遍,同时把道德同政治幸福以及国家的繁荣结合在一起。

---

① 托马斯·潘恩(1737－1809年),英裔美国作家、政治理论家、政治活动家和革命家。其主要著作除文中所述的那些外,还有《理性时代》(两部,1794,1796)等。他的思想在他去世百年以后受到重视,他也获得了"英国的伏尔泰"的美誉。——译者
② 埃德蒙·伯克(1729－1797年),英国政治家、政治理论家和政治哲学家,英美保守主义的奠基者。——译者

然而,到了 1853 年,亦即以上论述过了不足半个世纪,朱塞佩·马志尼(Giuseppe Mazzini)①就不再把法国大革命看作进步的政治活动的楷模了。他写道(1907,251):"法国的进步是依赖其自身的力量把自己从 18 世纪和旧的革命中解放出来的。"他论证说,法国大革命"不应当被看作一个行将实施的计划,而应当被看作一个活动的总结:它不应当被看作一个新时代的开端,而应当被看作一个即将灭亡的时代必经的垂死阶段"。到了 19 世纪甚至到了 20世纪,革命的目的就是去完成法国大革命未竟的事业,关于这一点,可以在卡尔·马克思(Karl Marx)、弗里德里希·恩格斯(Friedrich Engels)以及许许多多 20 世纪的革命理论家的著作中十分清楚地看到。

英国政治的历史给人们提供了两个清晰的例子,它们表明,某些事件曾被当成是革命,而时间的推移又改变了人们看待这些事件的方式。换句话说,科学中的革命并非总是革命,它们的革命形象是会经历不断变化的。对于 18 世纪的历史学家和政治理论家来说,1688 年的光荣革命(Glorious Revolution)是政治革命的典范,然而到了今天,它似乎已经不那么具有革命性了。美国革命,亦即现在通常所谓的革命战争或独立战争,也是如此。与此相反的是,17 世纪中叶的英国革命一般根本不被看作一场革命,而且,这种状况一直延续了 200 年。不过,在 19 世纪和 20 世纪的一些评论家们看来,英国的这场革命不是一场像光荣革命那样的政治

---

① 朱塞佩·马志尼(1805-1872 年),意大利政治思想家、作家和革命家,意大利统一和独立运动的重要人物,其主要著作有《论人的使命》等。——译者

革命,而是一场夭折了的社会革命。关于革命由什么构成的观念,一个时代与另一个时代也是大相径庭的,通过阅读 17 世纪末以及 xiv 18 世纪有关革命的文献,阅读从法国大革命到马克思时代这半个世纪左右的文献,阅读从马克思时代到列宁时代的文献,阅读从 1917 年俄国革命以后的几十年中以及 20 世纪 50 年代、60 年代、70 年代到 80 年代的有关文献,人们也许可以看到这一点。这些变迁在有关科学中的革命的讨论中也有所反映,这一点并不奇怪。

　　从历史的角度对(无论是科学的还是政治的)"革命"这个词的起源及其相继而来的词义的讨论,看起来也许是抽象的且毫无党派偏见的,然而,一个简单的例子就将表明,情况并非必然如此。在其《穆斯林的革命概念》("Islamic Concepts of Revolution",1972,37 - 38)这篇论文中,伯纳德·刘易斯(Bernard Lewis)[1]讨论了古阿拉伯语中"众多表示造反或起义的词"的来源,其中也包括"thawra"这个词。他写道:"在古阿拉伯语中,*th-w-r* 这个词根的意思是,站起来(例如一头骆驼那样),或者,受到鼓动或激励从而……奋起反抗。"随后,刘易斯解释说,这个词"常常被人们用于建立一个小的、独立的主权国家这类语境之中",而且这个词的名词形式,"例如在……'一直到这股兴奋的劲头消失了为止'这个短语中,首先意味着兴奋的状况"——刘易斯说,这是"一个非常恰当的介绍"。爱德华·赛义德(Edward Said)[2]在回答刘易斯时

---

　　[1]　伯纳德·刘易斯(1916 年 -),英裔美国犹太史家、东方学家和政治评论家,擅长伊斯兰文明与西方互动的研究,尤其其关于土耳其帝国史的著作享誉学术界。——译者

　　[2]　爱德华·赛义德(1935 - 2003 年),出生在巴勒斯坦的阿拉伯人家庭,美国文学理论家,后殖民主义批判理论的奠基性人物。——译者

(1972，315)问道："除非显然是为了让现代语名誉扫地,否则,为什么要给现代阿拉伯语的'革命'一词在词源上找一个表示骆驼站起来这种情景的词根呢?"赛义德断言,"刘易斯的推论",其目的显然是要"贬低当代对革命的评价,把革命贬低成只不过像骆驼自己从地上站起来那样,没有什么伟大(或壮丽)可言"。如果我们想象一个相反的情况,即由于西欧或美国的"革命"概念本身是从某个如复归或潮涨潮落等有关周而复始的观念中发展出来的,东方学者可能因此就十分轻蔑地批评这个概念,那么,我们或许就能理解赛义德的批评所具有的说服力了。实际上,按照赛义德的理解,刘易斯的词源学观点带有他称之为"东方学"的思想风尚的色彩,这种思潮是"一种对东方进行控制、重组和行使霸权的西方时尚"。赛义德认为,刘易斯对词源的讨论反映了他的政治立场和社会立场,他的这种立场致使他把"*thawra* 这个词与骆驼的站起,更普遍地,与兴奋"联系在一起,而不是与"为价值观而斗争"联系在一起。在载有刘易斯此文的那部书的编者导言中,情况显然也是如此。编者说,"在中东,为独立而进行的斗争和激进的运动,即 *coups d'état*,起义和造反",并非就是西方人所理解的严格意义上的革命[参见 P. J. Vatikiotis(瓦蒂基奥蒂斯)1972,11]。编者提出的理由是,"西方人认为有权反抗腐败政权,而这种观念是与伊斯兰教的思想相抵触的"。

xv 　　我最初开始写这本书,是为了对(16 世纪和 17 世纪的)科学革命、对作为科学进步模式的科学中的革命这两个概念的起源和相继产生的用法加以探索。我发现,许多历史学家,甚至包括一些科学史家在内,都以为这两个概念是在我们这个时代产生的,那些使用这些概念的科学史家们搞错了年代,试图把过去的事件强行纳入 20 世纪的模式中。在研究中,我从过去四个世纪的每个世纪中都发掘出了这样的例子,它们讨论了科学中的革命,并且涉及的至少是 19 世纪初以前的科学革命,我在此时的惊讶读者或许不难想象。由于史学家们对这方面的资料根本不了解,科学家、哲学家和社会学家亦是如此,所以,我在本书中花了很大篇幅,用来按年代顺序对这些概念的用法进行记述。

我在《思想史杂志》(*Journal of the History of Ideas*,1976,37:257－288)上发表的一篇文章中曾经介绍过我最初的一些发现,我原打算把这篇论文扩展成一部小型专著。不过,正如托马斯·曼(Thomas Mann[①],在为其约瑟夫丛书所写的序言中)以及其他许多作者所说的那样,"Fata sua habent libelli"("书有书之命")。堆积如山的证据资料促使我完成了这部更加雄心勃勃的著作。即使此,我的发现也并没有全部用上;我可以轻而易举地把这部书写得更长些,长到现在的三至四倍。仅就有关第一次世界大战和俄国革命以来的革命问题,就足以成为一部专著的主题。不得已,我只举出了一些精心筛选过的实例,在我看来,它们有些是现行观点的典型,有些则具有特殊的意义。

本书是一项具有双重目的的广泛研究计划的一部分。在一定程度上,我所关心的是探讨和阐明某一学科的实践者运用另一学科的观念(概念、方法、理论、工具等)进行工作的创造性过程。我

---

① 即保罗·托马斯·曼(Paul Thomas Mann,1875－1955 年),德国作家,1919 年诺贝尔文学奖获得者;主要作品有《布登勃洛克一家》(1900)、《魔山》(1924)、《约瑟和他的兄弟们》(1933)、《浮士德博士》(1947)等。——译者

在另一部著作《牛顿革命》(*The Newtonian Revolution*, 1980)中，曾对这种研究予以了预示。我在那部书中强调指出，"观念转变"的学说是革命过程的一个关键的组成部分。不过，在本书中，我对"转变"这个概念的使用作了限制，以避免使读者一开始就对有关科学中的革命之概括的历史叙述和长篇分析感到兴味索然。至于对科学中的革命之概念转变的进一步分析，我把它留在了后面的研究之中。我的研究的第二个目的，就是要阐释并分析自然科学、精密科学与社会科学和行为科学之间的相互作用。本书把历史研究与分析研究融为一体。我的目的并不仅仅在于，用一些特殊的事例去鉴别和研究某一学科的一种观念被另一学科采用时所发生的那种一般的转变过程；除此之外，我还打算分析一下社会科学的"科学"基础，并且要考察社会科学界是怎样运用科学来证实科学发现在公共政策问题中的适用性的。尽管人们一般以为，思想往往都是从自然科学和精密科学流向社会科学和行为科学，但是在许多重大的事例中，却也存在着方向相反的流通情况。这本论述革命的书之所以涉及这个论题，是因为"革命"(revolution)这个概念和名词源于科学(天文学和几何学)，它转而又进入了论述政治变化和社会变化的领域，从而经历了一场很有意义的初始变化。正如本书的文献资料所表明的那样，革命这个变化着的概念，反过来又从社会科学及有关政治理论和政治活动的各种文献中返回到对科学变迁的讨论之中。正因为如此，本书要对一个涉及这两个论域之间关系的领域进行探讨。

　　本书通篇所论述的，就是政治革命或社会革命这一概念与科学中的革命这一概念之间的相互作用，不过我也充分地意识到，应该对这个课题进行更为全面的探讨。早在 17 世纪,甚至在现代的非循环意义上的革命概念得到普及之前,许多作者就寻求用政治类比来解释科学的进展。当然也存在着相反的论题,即科学和科学革命有可能对政治革命产生影响,这个论题我曾提到过,但未加以探讨。众所周知,马克思,尤其是恩格斯,把他们的革命运动看作"科学的"。"科学社会主义"、"科学共产主义"这些术语,经常在马克思主义的(特别是苏联的)文献中出现,然而,据我所知,对于"科学的"这个词的此种用法在多大程度上依赖于国内科学界通常理解的"科学"这一概念的用法,尚无严格的评估。

　　虽然科学革命概念的变化这一论题贯穿本书始终,而且它也的确就是本书的主线,但许多读者还是会发现,那些各具特色的革命案例史是饶有趣味的。本书的大部分都是由这些案例史组成的,它们描述了一些标志着现代科学发展的伟大革命,其中的一些具体事例展示了我所发现的革命的几个不同阶段,它们还为一系列独特的事件是否就是一场科学革命提供了证据。此外,这些案例史还显示了,政治革命的概念和流行的革命理论曾经怎样制约了(并且还在制约着)人们对科学中的革命的认识。法国大革命前和大革命后世人对革命的看法,就是一个明显的例子。另一个例 xvii 子是,那些确认并且记述过一场从板块构造和大陆漂移等新思想中产生的地球科学革命的科学家们,曾经受到托马斯·S. 库恩(Thomas S. Kuhn)著作的影响。

　　在大部分案例史中,我喜欢引证那些引起或参与革命的科学家们以及那些没有参加革命的旁观者们对革命的表述,不过,我并没有试图在每一个实例中明确地界定某个人心里所想的可能是什么。我通常会描述一般的关于"革命"思想的语境或现状。这里的问题有两个方面。首先,我们并不确切地知道某一特定的科学家心里所想的可能是什么;其次,(在贯穿本书的大量例子中)许多科学家对某一具体的科学革命或一般意义上的科学革命都有过非常明确的陈述,但对于革命甚至对于大规模的科学变革,他们却未必提出过一个精心阐述的有关其模式的理论。这样一种做法,例如,把阿尔伯特·爱因斯坦(Albert Einstein)1905 年和 1906 年对科学领域中的革命的评论,与著名的 1905 年俄国未能成功的革命中的事件以及那些想彻底改革俄国社会的理想主义的希望联系起来,是很有吸引力的;同样具有吸引力的是,爱因斯坦的那些否认相对论背景下的革命的论述,也可以被解释为是对 1917 年俄国革命时的暴力行为、对第二次世界大战后不久德国流产的革命、包括柏林街头的战斗等一系列暴力行为所持的反对态度。必须应予考虑的是,爱因斯坦反对报纸给他涂上过多的革命色彩;这种做法无疑促使他赞同这样一种观点,即他的工作是进化性的而不是革命性的。在评价爱因斯坦的科学革命观时,我们必须切记:爱因斯坦对革命和进化的全部论述,都是在一些孤零零的只言片语中出现的,而且,它们往往都是对别人论述所做的答复;我不知道他关于科学发展过程有过什么完整的论文、信件甚或十分成熟的详尽的短评,遑论关于科学革命的论述了。在过去三个世纪中表述过自己对具体的科学革命或一般意义上的科学革命的看法的其他科学家们,大致也是如此。因此,我在每个实例中为读者提供的,都是现实中对革命的表述。不过,读者不难认识到,在涉及某一特定的科学理论时,硬要求某个人或某几个人对革命的每一陈述都与"革命"这个词的含义相一致是没有道理的。

最后要说的是，我常常以一种也许过于肯定的方式谈论我的 _{xviii}那些发现。我知道，在许多情况下，我都应在叙述中加上"就我所知"或"就目前我的研究所表明的"这类短语。是否还有比我所发现的更早的例子呢？我决不想妄称，我的研究是详尽无遗的，这种课题是根本不会有这样的结果的。但愿那些获得了进一步信息的读者们也能通知我，以便我在本书以后的版本中加以更正。

读者们会很自然地希望知道，这本书与 T. S. 库恩的《科学革命的结构》(*Structure of Scientific Revolutions*)以及其他一些著作有着怎样的关系。许多读者都会意识到，对于使科学家和科学史家改变思维方向、使他们转而相信(或使他们重视)革命是科学变革中的一种规则特征这一观点，库恩的著作有着至关重要的影响。因而，在我的这部科学革命的概念史中，库恩的著作可算是一项重要的事件。库恩分析中的一个主要论点就是，所有种类的科学变革，包括革命在内，并非像恩斯特·马赫(Ernst Mach)以及其他一些人所设想的那样是思想竞争的结果，而是由接受或信仰这些思想的科学家们导致的。我是通过对发展的四个阶段的分析来表述这个论题的；我发现，这四个发展阶段是科学中的所有革命共有的特征。最后，我同意库恩这一总的看法，即革命就是一组科学信念的转换——用库恩最初在这种语境中引入的术语讲，就是"范式"的转换；但我觉得不幸的是，他对这个术语用得很模糊，而且是在数种完全不同的意义上使用的，所以，他后来放弃了这个术语。

　　不过,我在本书中并不打算讨论库恩归之于"科学革命的结构"的一些特定的性质。例如,我不打算探讨科学中的革命必然是由危机促成的这一命题,因为我发现,这个命题的例外太多以致难以成立。对于他的图式的其他细节亦是如此。我也不打算探究库恩改变"范式"、"范例"、"学科基质"等词之间的差别这个问题。有据可查的实际情况是非常有趣的,虽然库恩图式已经成了科学史家们讨论、批评或赞同的主题,但是科学史学们(包括库恩本人在内)却不打算在其现行的著作中利用库恩的框架。因而,库恩对科学哲学家和科学社会学家(以及迥然不同的领域中的学者如政治理论家们)的影响,似乎比对科学家和当今的科学史家的影响更为xix 强烈。然而必须指出,对于史学家来讲,近年来地球科学中的革命却是个例外。〔请参阅内森·莱因戈尔德(Nathan Reingold 1980)对库恩体系、对科学史家共同体承认该体系的历史的一流的分析性介绍,他的介绍虽有不敬之处,但并无恶意。〕

　　库恩一而再、再而三地谈及小型的革命和大型的革命。所谓大型的革命是指那些一般在科学论述中被承认是革命的事件,例如,那些与哥白尼、牛顿(Newton)、拉瓦锡(Lavoisier)、达尔文(Darwin)以及爱因斯坦等人联系在一起的事件。而库恩所谓小型的革命,可能也包括诸如20几位科学家用一个新的范例取代一个已被认可的范例这类情况。在公开的讨论和公开发表的论著中,库恩强调了这些小型革命的普遍本质。不过在我的著作中,我则往往把注意力集中在那些规模较大或更为显著的革命上。我这样做的理由之一是,我所阐述的确定革命何时发生的客观方法,恰好适用于科学中那些与政治革命极为相似的革命。

　　另外,读者也许会察觉到,我既非科学哲学家,也非科学社会学家。作为一个史学家,我的目的毋宁说是进行一种批判性、分析性的历史研究,而不是去争论库恩体系或其他科学哲学家的体系或科学社会学家的体系的是非功过。简而言之,我的目的虽然与库恩的目的有所不同,但肯定会有交叉。本书绝非是另一部讨论库恩之"结构"的著作;相反,本书是从一种新的、严格的史学观点来考察科学中的革命这一课题的尝试。

　　我在前面引用了托马斯·曼和其他人说过的一句拉丁文名言,以表明这一众所周知的现象:书有书之命,书籍的产生是由研究和写作的内在逻辑决定的。正值本书付梓之际,我意外地发现了对这种现象来说更为全面、更为确切的这样一句话,它出自特伦提亚努斯·莫鲁斯(Terentianus Maurus)①的《论贺拉斯作品的音节和格律》(*De litteris syllabis et metris Horatii*,第 1286 行):"Pro captu lectoris habent sua fata libelli(书籍的命运取决于读者的能力)"。有谁能否认书的未来取决于读者对它们的承认呢?我希望,本书既能得到读者认可,也能得到读者批评指正,这样可以促进进一步的研究和思考。如果这个富有魅力的有关革命的主题能够引起学者们的注意,那么本书潜在的目的也就完全达到了。

I.伯纳德·科恩

---

　　① 特伦提亚努斯·莫鲁斯(活动时期大约在 2 世纪末),拉丁语法学家和作家。——译者

致　谢

　　这些年来，本人受惠于诸多同行、朋友和学生，他们有的使我注意到了过去四个世纪中一些讨论科学中的革命的事例，有的为我解答了一些疑难问题，其中包括詹姆斯·阿德勒（James Adler）、彼得·巴克（Peter Buck）、洛兰·J. 达斯顿（Lorraine J. Daston）、乔伊·哈维（Joy Harvey）、迈克尔·海德尔伯格（Michael Heidelberger）、约瑟夫·多本（Joseph Dauben）、斯蒂尔曼·德雷克（Stillman Drake）、亨利·格拉克（Henry Guerlac）、皮埃尔·雅各布（Pierre Jacob）、杰勒德·乔兰德（Gerard Jorland）、罗伯特·普罗克特（Robert Proctor）、芭芭拉·里夫斯（Barbara Reeves）、琼·理查兹（Joan Richards）、雪莉·罗（Shirley Roe）以及弗兰克·萨洛韦（Frank Sulloway），承蒙这些学者鼎力相助，在此深表谢意。本书曾经过不少好友和学术界同行审阅斧正，其中有：杰德·Z. 布赫瓦尔德（Jed Z. Buchwald）、彼得·加里森（Peter Galison）、欧文·金格里奇（Owen Gingerich）、约翰·海尔布伦（John Heilbron）、杰拉尔德·霍尔顿（Gerald Holton）、厄休拉·马文（Ursula Marvin）、阿瑟·米勒（Arthur Miller）以及诺埃尔·斯维尔德罗（Noel Swerdlow），他们审阅的部分从一章到数章不等。此外，约瑟夫·多本、理查德·

克雷默(Richard Kremer)和罗伊·波特(Roy Porter)这三位学者在本书最后定稿前通读了全文,他们的意见使我获益匪浅。

在为撰写本书作准备的过程中,我不断得到朱莉娅·布登兹(Julia Budenz)的大力支持,她参与了我各个部分的研究工作,直至本书完稿。若无她的帮助,要完成这部综合性的长篇著作恐怕 xxi 难以想象。安妮·米勒·惠特曼(Anne Miller Whitman)则像以前一样,其才智和洞见使我受益良多。她们二人不仅是我多年的挚友,而且在许多项目中都是我的合作者;本书是在我失去了我的夫人弗朗西丝·戴维斯(Frances Davis)爱的支持和颇具创造性的评论后完成的第一部著作,在此情况下,她们二人的贡献就显得更为重要。

在研究初期,克里斯蒂·I. 麦克拉基斯(Kristie I. Macrakis)曾做过我的研究助手。我非常感谢黛安娜·Q. 韦布(Diane Q. Webb)、黛博拉·库恩(Deborah Coon)和克里斯廷·彼得森(Kristin Peterson)这三位学生,他们协助我核对了正文并配齐了参考文献。著作目录最后的收集整理和核对工作由伯莎·亚当森(Bertha Adamson)和黛安娜·L. 巴坎(Diana L. Barkan)完成。萨拉·特蕾西(Sarah Tracy)为本书编制了索引。

特别需要一提的是哈佛大学出版社的董事阿瑟·罗森塔尔(Arthur Rosenthal),当我情绪低落需要重振精神之际,他向我伸出了鼓励之手,他的这份情谊令我永世难忘。苏珊·华莱士(Susan Wallace)是位具有难得的鉴赏力和洞察力的编辑,与她一起工作始终是很愉快的,在本书写作的各个时期,华莱士的重要意见对完善本书起到了相当的作用。

　　最后,我衷心地感谢斯宾塞基金会(Spencer Foundation)在此项研究的初级阶段给予我的支持,本书的写作正是以此支持为基础的。在过去数年中,对于我多年来在科学中的革命这一课题的探讨以及包括这一课题在内更大项目的研究工作的主要支持,来自艾尔弗雷德·E. 斯隆基金会(Alfred E. Sloan Foundation);很难想象还会有哪个基金会能够比它更体谅自己所资助的人。

第一部分

科学与革命

第一章　导论

今天，我们动辄会理所当然地认为，科学及其与之相随的技术，是通过一系列的革命性飞跃而进步的，这些飞跃亦即巨大的跃进，使得我们对自然界的看法焕然一新了。那么，就对科学进展的描述而言，革命是否已经成为一种总能够盛行不衰、并且总能够令人满意的描述方式了呢？那些富有创新精神的科学思想家们，例如开普勒（Kepler）、伽利略（Galileo）、哈维（Harvey）等人，是否确信他们本人的工作（从我们今天使用革命这个词的意义上讲）是革命性的呢？与达尔文、西格蒙德·弗洛伊德（Sigmund Freud）、爱因斯坦同时代的人是否认为这些科学家的理论都引起了一场革命呢？或许，他们不喜欢把科学进步看作是那么富有戏剧性的？社会的和政治的剧变，例如法国大革命和马克思主义的兴起等，对于科学家、哲学家以及历史学家们对科学中的革命的思考会产生什么样的影响呢？由于这些人的着眼点全都放在了过去那些伟大的科学革命上，因而令人惊讶的是，几乎没有什么学者谈到过这类问题——而这些问题，作为科学变革的一个特征，是与革命这一观念的历史演变密切相关的。我对这些问题充满了好奇之心，正是这种好奇心促使我撰写了本书。

本书的主要内容，就是论述 17 世纪、18 世纪、19 世纪和 20 世纪科学中的革命这一概念的编年史和这一概念前后相继的变化情况；我从这四个时期的每一个当中挑选出了一些主要的革命事例进行说明。我之所以选择这些革命的事例，或者是因为它们本身固有的历史重要性（例如哥白尼革命、牛顿革命、达尔文革命以及爱因斯坦革命等事例那样），或者是因为，它们与阐明或例证我所说的所有科学中的革命的主要特点有关联。

　　我并非只是依赖我自己的个人评价，甚至也不仅仅是依赖合格的历史学家们的共识，去断定哪些历史时期构成了科学上的革命时期；相反，我是以历史证据作为依据的，我既要依靠历史事件的参与者和同时代的见证者们的判断，也要对延续下来的传统加以考虑。例如，以下这些均为历史事实：在 18 世纪初，贝尔纳·勒博维耶·德·丰特奈尔（Bernard Le Bovier de Fontenelle）明确地（*expressis verbis*）指出，微积分的发明是数学中的一场革命；1773 年拉瓦锡宣布，他的研究纲领将导致一场革命；1859 年，查尔斯·达尔文为赖尔（Lyell）的地质学革命而欢呼，并且预言，如果人们接受他本人的思想，那将引起一场"相当可观的博物学革命"。同时代的文献表明，拉瓦锡和达尔文的根本性创新，以及相对论和量子论，很快就被公认为是一场革命。此外，今天几乎所有的科学家和科学史家们对过去都有这样一种一致的看法，即所谓革命就是对科学思想进行一些重大的调整。当然，这种共识并非总会使这些事件成为革命；我们将在第三章看到，那些追加的检验可用来帮助我们确定，什么可以看作是科学中的革命，什么则不行；我们还可以（在第二章中）看到，革命性思想发展过程中的那些截然不同的阶段，能够说明是否有一场真正的科学革命发生了。除了这些问题之外,人们对于全部的历史记录不可能存在什么争论:它表明,在现代科学开始进入成年时起至今的大约 300 年间,科学发展中的那些重大事件在思想上和实践中都被看作是革命。本书的主要任务,就是对那些事件、对把它们视为革命的那些说明加以描述和分析。

"科学中的革命"的定义问题

给"革命(revolution)"下定义这个问题,困扰着几乎每一个有关政治革命和社会革命的讨论,这个问题也渗透在有关科学中的革命的文献之中。我并不想在本书中展示一种严格的"革命"的定义或"科学中的革命"的定义,尽管我讨论了所有科学中的革命都具有的一些特征:例如,它们发展所经历的几个阶段、可作为证据来验证它们是否发生过的检验标准以及革命性变革产生时思想观念的转变等。虽然,对于我在本书中视作革命并加以论述的例子,人们也许不会有什么不同的意见——至少在所有相信确实存在着科学革命的那些学者们当中是如此,但是,对于如何精确定义所有这些革命共有的特点,大概就不存在共识了。[1]有关革命由什么构成以及革命如何定义的讨论尽管与历史有关,但它毕竟是哲学问题。我知道我自己不是一个哲学家,而作为一位史学家我总是小心谨慎控制住自己,不试图吹毛求疵妄加评论。在彼得·B. 梅达沃(Peter B. Medawar)和琼·梅达沃(Jean Medawar)①所著的

---

① 彼得·B. 梅达沃(1915-1987年),出生于巴西的英国生物学家,因其对免疫学的重要贡献而与澳大利亚科学家 F. M. 伯内特(1899-1985年)共同获得1960年诺贝尔生理学或医学奖;琼·梅达沃(1913-2005年),英国作家,彼得·B. 梅达沃的妻子。——译者

《亚里士多德到动物园：哲学家的生物学词典》(*Aristotle to Zoos：A Philosophical Dictionary of Biology*)中，有一段关于定义的讨论(1983，66)很有启发性：

> 在某些规范的语境中，定义是无比重要的，例如在数理逻辑中，定义就是用一种符号代替另外一种或另外几种符号的规则，但在日常生活中，在诸如生物学这样的科学中，强调定义的重要性就是言过其实了。事实绝非是：如果全部专门术语未曾作过精确的定义，那就不可能进行论述；真若如此，也就不会有生物学了。

精密科学如数学、理论力学、理论物理学以及天文学和部分化学领域，都有着源远流长的传统，而定义在传统中已经变得至关重要了。在这一点上，生命科学与它们不同。不过，倘若所有的科学都不需要精确的定义，那么无疑也就没有理由去坚持，科学史必须像是科学的一个组成部分而不是别的。

有据可查的资料表明，"revolution"这个词最初是作为一个精密科学的专门术语流行于世的，长期以来，它在这个领域中曾经有过(而且现在仍然有着)一种与"突然的戏剧性变化"截然不同的含义。Revolution 这个词的意思是重复(例如一年四季那样的循环运动)，或者涨落(例如潮汐的运动)。因而在科学中，revolution意指始终处在各种变化之中，无休无止的重复，以及可作为完全重新开始之起点的终点。这就是我们会想到的"行星在它们的轨道上运行"这类短语的含义。无论如何，"科学革命(scientific revo-

lution)"或"科学中的革命(revolution in science)"这类措辞,却不 6
具有这种连续性或持久性的含义;相反,它所指的是,连续性的打
破,已经可以承前启后的新秩序的确立,旧的、为人熟知的事物与
新的不同寻常的事物之间的分水岭等。历史学家的任务就是查明
一个含义为"持续性和重复发生"的纯科学术语,在何时和怎样转
变成了一个表示政治和社会经济事物中的剧烈变化的词语,进而
去发现,这个异化了的概念以何种方式反过来又被用于科学自身。
这组转变绝非只是一种术语用法上的变更。它表明,在我们对人
和社会活动的分析中,在我们心目中的科学家和科学活动的形象
之中,已经发生了一种深刻的概念变化。

　　从 18 世纪到我们这个时代,许多科学家都在其著述中把他们
自己的科学创造看作是革命,但是哥白尼和牛顿却没有这样做。
牛顿及其前辈们之所以没有承认自己是革命性人物,其部分原因
在于,他们的工作是在"革命"这个词普遍应用于科学领域之前完
成的。不过,还有更深一层的理由;我们将会看到,在现代科学最
初的 100 年左右的时间里,许多伟大的富有创造性的科学家们,更
愿意把他们自己看作是古代知识的复兴者或重新发现者(与他们
同时代的人甚至也这样看),他们甚至认为自己是改善和扩展知识
的革新者,但不认为他们自己是我们今天通常所说的那种革命性
人物。

　　18 世纪初,在丰特奈尔认识到数学中已经发生了一场革命后
不久,牛顿的《原理》(*Principia*)就被看作构成了物理学中的一场
革命,又过了没多久,罗伯特·西默(Robert Symmer)宣布,他已
经发动了一场电学革命。这些事件发生时,政治意义上的革命还

有着一种温和宽厚的内涵。以后,法国大革命走向了极端恐怖的时代,以致"革命"变成了一个与其说是表述飞速发展的词,莫如说是一个令人毛骨悚然的词。约瑟夫·普里斯特利(Joseph Priestley)曾因拥护法国大革命而受到政治迫害并于 1794 年移居美国,他为我们说明了 18 世纪末人们对革命的态度是怎样发生变化的。与罗伯特·富尔顿(Robert Fulton)共同研制汽船的罗伯特·R. 利文斯顿(Robert R. Livingston)是一位政治家和发明家,在致他的一封信中,普里斯特利对这位收信人"在**纸**的制造方面最有价值的发现"表示祝贺[Robert Schofield(罗伯特·斯科菲尔德)1966,

7　300]。"如果您能成功地把纸漂白,"普里斯特利写道,"您将在整个造纸业中引起一场全面的革命"。此信写于 1799 年,普里斯特利没有忘记当时人们对革命的普遍反感,所以他马上加了一个注释表示歉意,他说,利文斯顿的创新决不能"在此时此刻被称之为**革命**。虽然它很值得称赞,但这样说只能使它名誉扫地。然而不管怎样,这种说法对我来讲还不是不可接受的"。

　　19 世纪《共产党宣言》(*The Communist Manifesto*)的发表,1848 年的革命,以及第一国际的成立及其世界革命的计划等,使得那种认为急剧的变革是与暴力活动联系在一起的思想又死灰复燃了。由于对生活在 19 世纪 50 年代的大部分人来说,革命的这种副作用历历在目,因而,英国和爱尔兰的科学家如达尔文和汉密尔顿(Hamilton)等把他们各自对科学的重建称之为旧的温和意义上的革命(仿佛新的政治上的迫切要求对科学变革的形象没有什么意义似的),也就不足为怪了。在欧洲大陆,科学家的反应却截然不同。

在 20 世纪,俄国革命这一充满了戏剧性的事件,以及可能即将来临的世界共产主义的幽灵,使有些人,其中有些是科学家、有些不是科学家,被例如爱因斯坦的相对论这样的所谓激进物理学的"布尔什维克主义"惊呆了。毛泽东的学说和中国革命以及后来出现的"文化大革命"与我们这个时代相隔不久。他们又使革命活动的概念和形象发生了变化。

政治革命与科学革命的比较

自 17 世纪以来,政治理论和伴随有急剧的社会结构变革的政治事件,对科学革命的概念有着普遍而深入的影响。因此,询问以下问题也许是不无益处的:哪些政治革命(和有关的理论)所具有的特性,在今天我们大部分人公认的科学革命概念中得到了体现?哪些被证明是不适用的? 对这两种类型的革命的比较将会表明,这二者比我们最初可能想象的更为相近。(后面的补充材料 1.1 为读者提供的资料将说明,在历史上人们是怎样看待政治革命与科学革命的比较的。)

所有政治革命共同具有这样一个特点,即含有"新"的因素,正如汉纳·阿伦特[①](Hannah Arendt 1965)坚持认为的那样。她写道,"现代的革命概念",与"历史会突然开始新的进程这一看法有着密不可分的联系"。因此,革命意味着"一种全新的局面,这种鲜

8

①　汉娜·阿伦特(1906-1975 年),德裔美国女政治理论家和哲学家,海德格尔的学生;主要著作有《极权主义的起源》(1951)、《人类状况》(1958)、《心灵生活》(2 卷,1978)等。——译者

为人知或闻所未闻的情况即将呈现出来"。然而我们将看到,在科学革命中,新与旧之间的转变存在着某些中间环节。[2] 在政治革命中也存在着这种联系,尽管这种联系也许不那么密切。不过,看似违反常理的是,这种特点并不会使科学革命或政治革命的作用的强弱和影响的大小受到损害。

显而易见,人们在确定某一系列的事件是否"真的"构成了一场革命时,必须对新事物的深度和广度作出判断。也许,正如乔治·S. 佩蒂(George S. Pettee 1938,ii)所指出的那样,从法国大革命和俄国革命这样的"伟大革命"到"麦克佩斯(Macbeth)谋杀邓肯(Duncan)①一世这样的宫廷政变",都有着一个连续的渐变过程。然而在其他人眼中,*coups d'état* 或宫廷政变也许会被看作是"反叛行为",它们不包括任何根本性的政治的(即政治制度的)或社会的变化。因此,从某种程度上讲,指明某一特定的事件为革命,不仅依赖于判断变化种类(是否有政治制度的变化)的客观标准,而且还依赖于个人对变化程度的判断。[3] 这后一个因素有碍于任何对革命做出普遍适用的定义的尝试。

凡是研究科学中的革命的人很快都会发现,这些事件也像社会革命、政治革命以及经济革命一样,有着不同等级,按其重要性可以分为重大的革命和小型的革命。有些大规模的变动,会使某一门科学全都受到影响,不仅如此,有的影响甚至波及其他学科的解释模式和思维模式,达尔文革命或相对论和量子力学革命中所

---

① 麦克佩斯(1005-1057年),原为北苏格兰莫里小邦君主;邓肯一世(约1001-1040年),苏格兰国王(1304-1040年),麦克佩斯的堂兄弟。麦克佩斯于1040年8月14日在埃尔金附近的战斗中杀死了邓肯,随后自立为苏格兰国王。——译者

出现的情况就是如此。另外还有一些较小的革命,它们也许只对某一门科学的一部分有着非常深刻的影响,但并不影响这一门学科的整体思想或其他学科的思想;主要由威廉·冯特(Wilhelm Wundt)[①]促成的新实验心理学基础中的革命,就是一个例子。乔治·盖洛德·辛普森[②](George Gaylord Simpson 1978,273),在评论大陆漂移理论初期所面临的反对意见时,试图确切地划分革命的等级,在评论中,他把"物理地质学"中的这一变化称之为"较大的次等革命"。读者们会发现,这种说法令人费解,因为辛普森并未解释那些可能造成"较大"革命或"次等"革命之分的细微差别,他也没有指明在较小的革命与较大的次等革命之间或许存在的那些差别。这种把革命分成不同等级的倾向,早在18世纪就开始出现了,当时,天文学史家让-西尔万·巴伊(Jean-Sylvain Bailly)讨论了一些大规模的革命,如他所认识到的由哥白尼以及由牛顿导致的革命;他还讨论了伴随着新的观测仪器被采用而出现的较小的革命,这种情况有可能导致一种新的思维方式或一种新的知识基础。

　　新的仪器也有可能引起大规模的革命性影响,望远镜的发明所带来的影响就是如此。在其笔记和其著作《星际使者》(*The*

---

　　①　威廉·冯特(1832-1920年),德国医生、生理学家、心理学家和哲学家,实验心理学的奠基者;主要著作有《生理心理学原理》(2卷,1873-1874)、《心理学大纲》(1896)、《民族心理学》(10卷,1900-1920)等。——译者

　　②　乔治·盖洛德·辛普森(1902-1984年),美国古生物学家,现代综合理论的奠基者之一;主要著作有《进化的速度和方式》(1944)、《进化的意义》(1949)、《进化的主要特征》(1953)、《南美哺乳动物史》(1980)、《历史生物学的若干问题与方法》(1980)等。——译者

Starry Messenger，出版于 1610 年）中，伽利略记录了月球上的山脉，从而确证了（用他的话来说）"月球像是另一个地球这一古老的毕达哥拉斯派的观点"。作为一个坚定的哥白尼学说的信徒，伽利略不知不觉地从他所观察到的月球阴影区内的光亮点和黑斑中，得出了有关月球表面情况的结论，他设想，月球的表面与地球的表面是相似的。当他通过新发明的望远镜注视月球时，他"看到了"与地球上类似的情况［参见 I. Bernard Cohen（I. 伯纳德·科恩）1980，211-215］。伽利略发现，木星有 4 颗卫星，这一发现对天文学来说是一项重大的成果。地球怎么能以惊人的速度（大约每秒 20 英里）围绕太阳运动而又不失去其月球呢？在伽利略时代，这个疑难问题成了反对地球有可能沿轨道运行的一项有力的证据。伽利略也许永远解决不了那个难题，但是他发现，木星在运动时并未失去 4 颗卫星，这就使那种认为如果地球运动就不可能不失去其卫星的异议不再有什么说服力了。随后伽利略发现，太阳上有黑子而且太阳也在自转。他观察到，金星也像月球一样有不同的相位，他从金星的相位与其表观尺寸之间的对应关系中推出了这样一个结论：金星在围绕太阳运行，而不是围绕地球运行。他还发现，许多"星云状物质"只不过是一些很模糊的星星的集合物。这些星星，人的肉眼是觉察不出的，而天空中还有无数颗星星，它们在望远镜发明以前从未被任何人看到过。

天文学从来就不是一成不变的。不过，天文学中的这些革命性转变（包括对托勒密体系的错误所做的直观证明在内），并非是由望远镜"导致"的，而是由伽利略精神导致的。伽利略吸收了哥白尼学说，并且通过望远镜进行了观察，在此基础上他得出了一些非正统性的结论,而伽利略精神正是这种结论的产物。望远镜使天文学的数据库在种类、规模和范围方面发生了巨大的变化,它们所提供的观察资料使一场革命最终有了基础;然而这些数据内部和它们自身并没有构成一场科学中的革命。

对计算机来讲,情况就不同了,计算机像概率和统计学一样,已经对科学家的思维和理论的形成产生了根本性的影响,为世界气象学提供的那些新的计算机模型就是一例。这就是说,伽利略通过望远镜观测使数据发生的变化,是需要放弃传统的理论并接受新的理论的,可是,它们对理论与实验数据的关联方式并没有产生根本性的影响。与此形成对照的是,概率的引入导致了一种新的理论——事实上这是一门新的科学,在这种理论中,因果——对应的传统基础被一种统计学基础取代了。计算机的使用也是如此,因为逻辑上相关的命题和形式数学陈述已被综合的计算机模型取代了。

除了新颖以外,科学中的革命与社会政治革命都具有的另一个特点是改宗现象(有关改宗问题的讨论见本书第二十九章①)。有一个例子足以说明科学改宗者的革命热情。1596 年,在《宇宙的奥秘》(*The Secret of the Universe*,1981,63)一书初版的序言中,开普勒描述了他改信哥白尼天文学所经历的几个阶段,对这个问题,他在该书的头两章又进行了详述。他相信,上帝已经给他指明:哥白尼体系为什么会创造出来,它是怎样创造出来的,为什么

---

①　原文如此,可能是笔误。本书专门讨论改宗问题的部分,实际是第 30 章:《结论:作为科学革命特征的改宗现象》。——译者

只有 6 颗行星而"不是 20 颗或 100 颗"行星，以及为什么这些行星位于它们各自的轨道上，为什么它们有着它们所显示出的那样的速度，等等。以后，他用我们今天所说的开普勒第三(或和谐)定律进行了解释。可是在 1596 年，他正在着手证明的是，创造了世界并且管理着宇宙的秩序的上帝，早已考虑到了"自毕达哥拉斯(Pythagoras)和柏拉图(Plato)时代以来为人们所知的 5 种正多面体"。后来他写道，他对哥白尼的日心说体系负有"这样一种义务：既然我已经在我的灵魂深处证实了它，而且，既然我怀着不可思议的欣喜若狂的感觉思忖它的完美，我就应该当着我的读者们的面竭尽全力公开为它辩护"。

政治革命与科学革命的比较并不限于热情这类内在因素范畴。例如，每一场政治革命都有一系列的与接管权力机构有关的激烈的暴力活动，这是它们的主要特点。查默斯·约翰逊(Chalmers Johnson 1964，6)则明确地指出，"那些并非由改变体制的暴力行为而引起的"剧烈变革，"就是某些其他形式的社会变革的例子"。虽然人们通常也许不会认为科学革命中包含着激烈的暴力活动，但是，科学中许多伟大的革命业已显示出了一种与武力推翻一个政府相类似的活动模式。在一场科学革命中，往往会有一系列这样的行动，通过这些行动，可以获取对科学出版界和教育体制等的控制，并控制住科学院、科学实验室以及那些负责政策制定、财力分配的重要的科学委员会中的权力宝座。这一点在苏联非常富有戏剧性的李森科(Lysenko)革命中可以看到，在这一革命过程中，正统的(西方的)遗传学的势力被击溃了。李森科及其追随者控制了苏联科学院(the Soviet Academy of Sciences)的遗传学部门和农业实验站系统。他们重写了教科书以适用他们那些新的非正统的观点，而且，他们还对整个遗传学的教育和实验系统作了重新安排。这些革命者把所有拒绝恪守这条新的革命路线的遗传学家甚至科学院院士从其岗位上赶走了。苏联遗传学界的领军人物 N. I. 瓦维洛夫（N. I. Vavilov）虽是苏联科学院院长的兄弟，但也被赶走并且从此销声匿迹了；事实上，1943 年他去世的时候，并没有发表官方的讣告来说明他在集中营的最后岁月和最终死在集中营里的详细情况和具体的日期。

在 20 世纪 30 年代的纳粹德国，纳粹党人不仅把犹太人免了职，而且还批准进行一场革命运动，去清除德国科学界中"非雅利安人"的或过多的理论思维的污痕。这场运动的两个领导者就是，诺贝尔物理学奖获得者菲利普·勒纳（Philipp Lenard）和约翰内斯·斯塔克（Johannes Stark）①。在希特勒的统治下，斯塔克试图整顿并扩展德国的物理学界，但是他受到了以马克斯·冯·劳厄（Max von Laue）为首的一些勇敢而正派的人的反对，其中有马克斯·普朗克（Max Planck）、阿诺尔德·索末菲（Arnold Sommerfeld）以及维纳尔·海森伯（Werner Heisenberg）等，斯塔克把他们称作是"科学中的白种犹太人"，"爱因斯坦精神的总督"[参见 Armin Hermann（阿明·赫尔曼）1975 ②，615]。勒纳是斯塔克的

----

① （1）菲利普·勒纳（1862－1947 年），匈牙利出生的德国物理学家，因发现阴极射线（电子）的诸多特性而获得 1905 年诺贝尔物理学奖；（2）约翰内斯·斯塔克（1874－1957 年），德国物理学家，因 1913 年发现斯塔克效应（即电场能使发光物质发出的光谱分裂）而获得 1919 年诺贝尔物理学奖。——译者

② 原文如此，疑为笔误，下文以及参考文献中均写明是 1973。——译者

故友,也是他的同事,勒纳还是一位极端狂热的爱国者,他坚信,一个"被缴了械的民族"就是一个"耻辱的民族"(A. Hermann 1973,182)。在德国科学家和医生 1920 年的年会上,勒纳与爱因斯坦进行了公开的辩论,勒纳"猛烈的恶意攻击"和他"毫不掩饰的反犹偏见"使得这场辩论格外引人注目。早在 1924 年,勒纳在结束他关于物理学的一次学术讲演时,把阿道夫·希特勒吹捧成"一个具有清醒头脑的真正哲学家"。他成了希特勒的首席物理学权威,并且出版了一部 4 卷本的关于实验物理学的著作,题为《德国物理学》(*Deutsche Physik*,1936 - 1937),他把这部书定义为"雅利安物理学"或"雅利安人的物理学"。他说:"科学……是由种族决定的,是由血统决定的。"尽管"德意志物理学"组织有官方的纳粹党人做其后盾,但除此之外它从来没有像李森科及其追随者在苏联的遗传学领域所做到的那样,获得对德国物理学的全面控制。只有为数不多的同行加入了斯塔克和勒纳的行列,而他们的"努力,虽然有第三帝国的支持,但却没有留下什么成果"[A. Hermann 1973,182;Alan D. Beyerchen(艾伦·D. 拜尔琴)1972]。

当然,由于政治势力而导致的科学变革,并不仅仅限于 20 世纪的苏联和纳粹德国的集权主义。我们会发现,笛卡尔主义的势力在不同阶段对法国科学界从思想到机构的控制,也许就是一个早期的例子[Geoffrey V. Sutton(杰弗里·V. 萨顿)1982]。富有革命精神的笛卡尔主义者,为了扩大势力,在可以想象得到的每一个阶层,与代表传统力量的耶稣会会员和他们的学校、与教会及其巴黎大学、并且与亚里士多德主义者进行了斗争。他们获准参加了一些有影响的沙龙的活动,并且最终,从知识分子中吸引了一批追随者。不久之后,笛卡尔主义者控制了学校(中等学校和耶稣会士的高等学院)以及大学。笛卡尔主义者在巴黎科学院(the Paris Academy of Sciences)中有一个强有力的代言人,这就是科学院的"常务秘书"丰特奈尔,他不仅是一位坚定的笛卡尔主义者,而且还撰写了一部论述笛卡尔的宇宙涡旋("旋风涡")体系的重要著作。雅克·罗奥(Jacques Rohault)是一位著名的笛卡尔的追随者,17 世纪末叶,他的综合教科书取代了传统的著作,并且成了标准的科学知识的来源;这部教科书被印刷了一次又一次,并且被译成数种不同的语言。

　　1687 年,艾萨克·牛顿提出了新的富有革命性的科学理论,很明显,该理论所要打败的真正敌人并不是亚里士多德主义者和经院哲学家,而是笛卡尔主义者及其以涡旋说为基础的物理宇宙学。牛顿在其《原理》第二编的结论中指出,笛卡尔的假说"是完全与天文现象相抵触的",它所导致的是一场"混乱而非对天体运动的理解"。不过,这还不足以驳倒笛卡尔主义者以及其他一些人;一场主动的游说不得不在许多战线上同时进行。首先是明确地寻求政府的支持,这场运动是在牛顿向皇家学会(Royal Society)及其支持者詹姆斯二世(James II)国王呈送他的《原理》(第 1 版)时发起的。埃德蒙·哈雷(Edmond Halley)知道国王对海军事务感兴趣,他就为国王写了一个专门的说明来介绍《原理》中讨论潮汐运动部分的内容(参见 Cohen and Schofield 1978,第 5 节)。由于教会在涉及思想的各个领域有着如此强大的势力,所以,牛顿主义者想要控制新的玻意耳讲座[这是根据化学家和自然哲学家罗伯特·玻意耳(Robert Boyle)的意愿设立的],当时,该讲座由伦敦 13

诸教堂组织的 8 场证明基督精神的布道组成（参见 Guerlac and Jacob 1969）。这些讲座立即就成了阐述牛顿科学的重要媒介。

牛顿主义者遵循了罗奥所选择的路线，他们推广通俗的介绍新科学的讲座，并且广泛地进行示范以便使这门学科的内容更合乎人们的口味，更易于人们理解。威廉·惠斯顿（William Whiston）和约翰·泰奥菲吕·德萨居利耶（John Theophilus Desaguliers）①都是这一活动的先驱。牛顿则利用他个人的影响，在一些重要的大学里用正统的信奉牛顿学说的教师取代了信奉经院哲学的教师和信奉笛卡尔学说的教师。不久就出现了一个强大的牛顿学说网，其中包括爱丁堡的科林·麦克劳林（Colin Maclaurin），剑桥的罗杰·科茨（Roger Cotes），牛津的戴维·格雷戈里（David Gregory），②另外还有其他一些人。为获得对教科书的控制，牛顿的信徒塞缪尔·克拉克（Samuel Clarke）③给他所翻译的罗奥论自然哲学的著作加了一个批评性说明。正是这位克拉克，在与戈特弗里德·W. 莱布尼茨（Gottfried W. Leibniz）的著名论战中，为牛顿进行了辩护。最终，罗奥的论著变成了假借已被修正了的笛卡尔主义的名义传播牛顿的自然哲学的重要著作。牛顿的其他

----

① （1）威廉·惠斯顿（1667－1752 年），英国神学家、史学家和数学家；（2）约翰·泰奥菲吕·德萨居利耶（1683－1744 年），法裔英国自然哲学家，皇家学会会员。——译者

② （1）科林·麦克劳林（1698－1746 年），苏格兰数学家，在几何学和代数方面作出了重要贡献；（2）罗杰·科茨（1682－1716 年），英国数学家；（3）戴维·格雷戈里（1659－1708 年），苏格兰数学家和天文学家。——译者

③ 塞缪尔·克拉克（1675 年－1729 年），英格兰神学家和哲学家，牛顿的弟子、牛顿思想的阐述者和辩护者；主要著作有《上帝的存在和属性之论证》、《论自然宗教不可改变的义务》等。——译者

信徒们则撰写了新颖的教科书。最后,在牛顿去伦敦担任造币厂督办的时候,他被选为皇家学会的会长,他利用这个职务可以确保这家机构成为为确立牛顿哲学地位进行斗争的同道,并且在与莱布尼茨关于谁先发明了微积分的争论中捍卫牛顿的优先权。[4]

这些例子的绝大部分,是从成功的或部分成功的革命中选出来的。当然,除此之外还有一类情况,即革命失败的情况。在政治领域中,失败的突出例子有1848年的革命和俄国1905年流产的革命。科学家和科学史家一般都不谈失败的革命。也就是说,他们倾向于只用"革命"这个名称去命名科学中那些实际已取得成功的运动(参见本书第二章)。还不曾有人写过一部科学失败史。这也是革命问题的一个方面,在这方面,科学活动显然不同于政治活动和社会活动。

政治革命或社会革命与科学革命不同的最后一点,就是目的。从某一种意义上讲,这两种类型的革命都有某个特定的狭义而明确的目的。例如,牛顿革命的目的,就是建立一个新的合理的力学体系,在此基础上,人们就可以追溯和预见在地球上和天空中所观察到的现象。这个目的的实现是以质量、空间、时间、力和惯性等概念为出发点的,而且它还包含着万有引力概念。这看起来与创建某一种社会这类目的有些相似,例如,在创建一种社会的目的中,可能就包含着经济上机会均等、政治自由、建立议会体制或代议制政府等要求。真正的区别在于,在大部分政治革命和社会革命中,目的被说成是即刻便可以达到的。比如,毫无疑问,俄国革命的目的就是建立一个共产主义国家或者无阶级的社会。这个目的的实现,从未被看作是一系列无止境的政治革命和社会革命的前奏；一旦这个理想的国家建成了，以后也就没有革命的必要了。然而科学的发展，尤其是 17 世纪和 18 世纪革命时期过后的发展，使我们预料到，科学将要进行一系列连续的没有终点的革命。在这里，不存在这样一个最终的特定的目标：一旦它实现就意味着不再会有革命发生了。举例来说，牛顿的信徒就充分意识到，还有些领域，比如化学、光学、热学以及生理学等领域，十分需要进行一次科学革命。甚至在地球动力学和天体力学领域内，太阳和地球的同时运动过程中月球的运动，仍然是一个尚未解决的疑难问题。在科学中，一次成功的革命也就为进一步的革命制定了一个革命的纲领，而一场政治革命和社会革命（至少在理想上）则有一个最终的革命希望实现的纲领。

革命性科学与社会

科学革命者在社会中所起的作用与政治革命者或社会革命者的作用是完全不同的。通过策划或宣传推翻业已建立的社会秩序或政治制度、提出一种可以付诸实践以至有可能导致一场社会革命或政治革命的理论、进而参与一场革命运动，社会中的或政治上的激进分子对现行的社会秩序或政治体制构成了威胁。因此看起来，社会中的或政治上的激进分子，对于我们的生活方式、我们的政体模式、我们的价值系统是一种直接的或潜在的危险，甚至似乎会给我们的家族体系、我们的家庭、我们的财产和我们的职业带来危险。对于"富人"和"穷人"来说，显然，这些思考的确与富人更有关系，不过，即使穷人也可能希望在现行的制度中（哪怕是在很小

的范围内)取得成功并成为富人,因而避开革命运动。另一方面,
科学中的激进分子^[5]对**科学中**现行的知识结构或状态构成了直 15
接的威胁,但并没有在整个社会范围内构成威胁。当然,科学的确
会对一般的男男女女的生活产生影响,不过,这种影响往往只限于
一定的程度,并且,这种影响不是直接的而是间接的,是一些实际
应用带来的结果。以高分子化学这门基础科学为例,这门科学本
身对社会并没有什么影响,但是,把它用于生产人造纤维,这门科
学便对我们的生活方式、我们的经济体系以及可能的就业情况的重
新安排产生了巨大的影响。对于雷达、超音速飞行、核动力、战胜疾
病以及探索太空等来说也是如此。科学革命实际附带的成果,就是
技术革新,随之而来的是旧职业的消失和新职业的可能出现。

　　然而,有少数革命性思想却遭到普遍反对,因为从某种程度上
讲,它们似乎威胁着一些对于社会秩序十分重要的信念。达尔文
的《物种起源》(*Origin of Species*, 1859),在外行的读者中,甚至在
一些科学家中,引起了很大的敌意,我们将会看到,这种敌意从本
质上讲是没有科学根据的。并非整个世界真的关心这些专业性的
问题,例如:物种的变化、由来和稳定性,自然选择、生存斗争或适
者生存,等等——至少人们并不关心这些表述适用于野生的动植
物还是家庭培育的动植物。不过,对宗教界而言,达尔文进化论的
内在含义的确令人忧虑,因为它对《创世记》(*Book of Genesis*)头
几页中有关造物的记述提出了怀疑。人与猿有着共同的祖先,人
在自然界中并不具备自有历史记载以来所有的哲学和宗教给予他
的那种独一无二的地位,这些戏剧性的论断使许多人有了一种名
副其实的苦闷感。科学革命的这一方面——亦即它们对严密的科

学领域之外的男人和女人们的思维活动的影响,被称作是意识形态的组成部分。

哥白尼学说的内在含义,即人类及其所居住的地球在宇宙中的中心位置被别的星球取代了,也是一个革命性科学思想中含有意识形态成分的有趣的例子。看起来,当人们被告之:他们所居住的行星已经被从一个固定的中心位置上移走了,它只不过成了(用哥白尼的话说)"另一个行星",而且从物理学上讲,成了一个相当不起眼的行星,此时此刻,这对他们的自尊心肯定是一个实实在在的打击。约翰·多恩(John Donne,他大概还没有听信于那些支持或反对那种新体系的最为简洁的、专门的天文学论证)写道,没有一个固定的位置,地球就会丢失,而且人甚至不知道到何处去找它:"所有的内在联系都不复存在了。"马丁·路德(Martin Luther)对专业天文学(即使有所了解的话)了解得并不多,然而,甚至在没有阅读哥白尼所写的任何著作时,他就对哥白尼思想产生了强烈的反感。

哲学家、神学家、政治学家和社会学家,以及受过教育的男人和女人们,在考虑整个物理宇宙和自然界,考虑"自然规律"、宗教或宗教信仰的基础以及上帝的本质甚至政府的形式时,他们的思想方式也会受到牛顿革命的影响。不过,哥白尼思想也许最终超越了严格的科学范围之外,其影响比牛顿思想更大,这是因为,那种以为人在宇宙中有着独特的地位,而且暗示唯人独尊的观点,亦即传统的人类中心说,被哥白尼学说动摇了。从这方面讲,哥白尼的影响大概与达尔文的影响而不是牛顿的影响更为相似。

西格蒙德·弗洛伊德把人们对他本人的创新的敌意与类似的

人们对哥白尼思想和达尔文思想带有敌意的反应进行了比较，他就是根据他个人的痛苦经历和他对历史的长期考察进行著述的。也许，爱因斯坦革命所引起的，是 20 世纪世界范围内最大的思想轰动。当然，大部分人并不理解爱因斯坦的理论，尽管如此，他们还是认为，新的相对论物理学为一种广义的相对主义提供了依据，而这种相对主义意味着"任何事物都是相对的"，从而，对于宗教、伦理和道德方面的"绝对"信仰而言，不再有什么可以站得住脚的标准了。

1973 年，在牛津的一次赫伯特·斯宾塞讲座（Herbert Spencer Lectures）上，卡尔·波普尔（Karl Popper）对科学革命和意识形态革命做了有益的区分。在他看来，一个是"一种新的理论合理地推翻一种已被确立的科学理论"，另一个则包含着"对于思想意识（甚至那些把某些科学结果掺入其中的思想意识）'社会给予保护'或'社会予以承认'的所有过程"。"哥白尼革命和达尔文革命"说明了究竟是怎样"一场科学革命引起一场意识形态革命"的，从而也就例释了科学中的革命在什么情形下可能有着不同的"科学的"和"意识形态的组成部分"（1975，88）。革命这两个方面最令人感兴趣的大概是，一场革命也许在科学中有着深刻的影响，但其构成中却没有意识形态的组成部分。一个突出的例子就是场论物理学的引入，这项工作大部分是由法拉第（Faraday）和麦克斯韦（Maxwell）完成的，它使物理学基础发生了全面的革命，而且从根本上取代了物理学的牛顿基础，它牢固地根植于有心力这一概念之中，并且为相对论物理学开辟了道路。尽管从那时起每一位物理学家都意识到，这一学科已经发生了极为根本性的转变，但是，在对经典物理学的这种大胆的改造中，却不含任何意识形态方面的成分。[6] 对于量子力学——"物质理论的历史中一次最为根本性的科学革命"（Popper 1975，90），情况也是如此。量子力学革命没有任何意识形态方面的成分，海森伯的测不准原理并没有像几年以前的相对论那样抓住公众的想象力，这些事实使物理学家们长期感到困惑不解。值得注意的是，至少到目前为止，在我们这个时代伟大的分子生物学革命中，也并未含有任何惊人的意识形态方面的成分。[7]

社会上对科学革命的第二种敌意，确切地说是对科学的成果和应用的一种反应，而不是对科学本身的一种反应。由于许多民用技术和军用技术的迅速进步都是由新的科学或科学革命导致的，现在已经有了这样一种日益增长的倾向，即把科学和技术看作是同一回事，甚至有人认为科学应对技术的后果负责。这并非是一种全新的现象。在大萧条期间，以科学为基础的技术革新速度过快的增长，被认为应对所谓的技术导致的失业负责，以致一度出现了一种"暂停科学"的要求。我们已经看到，对我们时代耗资巨大的太空计划，有些人提出了反对意见，其中这样一些人的反对尤为强烈：他们宁愿看到公众的钱花在改善我们的城市环境上或从事其他的社会慈善事业上，而不愿把这些钱花在更新我们对太阳系和宇宙其他部分的知识上。而且，对于那些以最新的生物学发现和物理学发现作为其技术基础的武器，许多人已经表露出了一种显而易见的强烈的担忧。我们周围那些有良好意愿的女士和先生们，将会谴责污染和其他的环境恶化方面的后果，而且也许正确也许错误地把这些恶果归咎于作为技术革新之主要动力的科学。

还有如此之多的人认为,科学发展所经过的革命并非必然是乐善好施之举,而且对于"人类的状况"来说并不意味着真正的进步。

除了这类考虑之外,在科学共同体自身之中,有这样一种普遍的信念,即认为科学中的每一场革命都是一种进步。当然,总会有些顽固分子出来反对任何可能摧毁现有的概念、理论和普遍信念的重要的革新。科学中的每一场伟大的革命都在某些科学家中引起了反对意见;其反对的程度和范围,甚至会被看作是反映革命性变化的深度的一种尺度。此外,每一位科学家都不会愿意他花了很多的时间和很大的精力学来的技能和专业知识变成过时的东西,从这种意义上讲,每位科学家在保持现状中都可得到一种既得利益。[8]尽管对于变革会有这样一种出于本能的反对,但是,与在社会政治系统中所看到的情况不同,科学系统中并不存在试图为保持事物的现状和压制科学中的革命运动而组织起来的保守党派。在科学中,你常常会看到激进分子和保守分子(甚至个别反对革命的人),而且,总会有这么一些人,他们更喜欢旧的方法和方式,而不喜欢新的。然而我认为,所有科学家都会同意已故的保罗·西尔斯(Paul Sears)记录下的对人文学科的一位同事的一段回答,这位同事说:"我想,你会把我看作是一个守旧的人,但我认为,细菌与疾病没有什么联系。"他回答说:"不!我并不认为你是一个守旧的人;我认为,你只不过是无知而已。"

由于科学革命者会在科学领域中导致某种革新,而受其影响的主要是其他科学家,因而非科学家并非一定要理解全新的科学。许多其他科学家甚至大部分其他科学家,尤其是其专业范围与创新无关的那些科学家,也许对新的科学理论难以理解。爱因斯坦的相对论理论就是这样的一个例子。曾经有过这么一种流行的说法，即只有 8 个人（或 12 个人）懂得相对论，这反映出该理论的所谓难理解性给人留下的深刻印象。可是，它对于公众而言的那种难理解性，既没有影响科学共同体对相对论的承认，也没有影响这样一种普遍的看法，即爱因斯坦是一个天才，他那难以理解的、革命性的理论，是 20 世纪最伟大的智慧产物之一。

总的来讲，科学著作只是为了写给其他科学家看的，与此不同，艺术、音乐或文学作品往往并非只是（当然也不排除）为了让艺术家、音乐家或作家欣赏或阅读而创作的。文学作品就是打算让大家读的，艺术作品就是打算让大家看的，而音乐作品就是打算让大家听的。此外，艺术家、音乐家和作家的生活，在相当大的程度上取决于有欣赏力的观众、听众或读者所付的酬金和版税。这是一种对创作领域中真正富有革命精神的那些人不利的情况，每当大众的口味可以决定创作领域中的可接受性准则时，这种情况几乎就会不知不觉地出现。当然，也有一些例外，例如斯特拉文斯基（Stravinsky）和毕加索（Picasso）的情况就是如此。一种总体上 "全新的独创风格"，尤其是在艺术界，似乎已经使毕加索取得了普遍的成功，而且其成功的范围远远超出了公众对他的作品所能理解的范围。毫无疑问，在 20 世纪 20 年代，能够阅读、理解和充分欣赏詹姆斯·乔伊斯（James Joyce）[①]作品的作家和评论家的人数，与当时能真正理解爱因斯坦广义相对论的科学家的人数相差

19

---

　　① 詹姆斯·乔伊斯(1882-1941 年)，爱尔兰著名小说家和诗人，20 世纪初期最有影响的现代主义先锋派作家之一，其代表作有短篇小说集《都柏林人》、长篇小说《一个青年艺术家的画像》、《尤利西斯》以及这里提到的《为芬尼根守灵》等。——译者

无几。不过,尽管许多科学家还不能把爱因斯坦的这一理论全部吃透,或者,尽管他们在阅读爱因斯坦的著作时尚不能轻松自如或完全理解,但爱因斯坦的结论却被他们接受并应用了。再看看乔伊斯的情况,他的作品只获得了评论界的称誉(*succès d'estime*);而读者大众和大部分以写作为生的人并没有接受和应用乔伊斯的全新的改革,因为他们很难读懂他的《为芬尼根守灵》[*Finnegan's Wake*,这部作品在《变迁》(*Transition*)周刊上连载发表时,曾被称作是"进步的作品"],而且,如果采用新的风格就会使作者脱离读者,这样就会妨害而不是改善他们的职业状况。

一些保守的社会(所有高度组织化和制度化的社会,从要自我保护这个意义上讲,本质上都是保守的),对科学中的革命活动的容忍程度已经并不单单限于容许其他形式的精神或艺术的创造性成就的存在,它们甚至还对其予以鼓励,这真是一种令人费解而且自相矛盾的现象。然而,一个有着极为激进的政治、社会或经济观点的男士或女士,就有可能遭遇障碍(特别在涉及就业问题时更是如此),这些障碍会对正常的事业发展产生妨碍作用,而且,这种人,作为一个持不同政见者,甚至有可能会遭遇法律或国家的压制;不过,对于科学家来讲,一旦他或她最激进的观点取得成功,那就会获得特别的荣誉。科学是一种例外的事业,在这种事业中,革命活动已经制度化了;这种系统不仅承认独创性并赋予它很大的价值[正如罗伯特·K.默顿(Robert K. Merton)告诉我们的那样],而且还给予成功的革命者大笔奖金和社会方面的奖励。在文学、艺术或音乐领域中,极端的激进分子会被当作先锋派的成员,而且他或她的读者、观众或听众有可能寥寥无几;相较于科学中的革命者,这些创造性领域对于革命者既没有奖励、奖金,也没有荣誉。此外,值得注意的是,尽管诺贝尔奖定期地奖给那些做出过业已变得十分重要且确实具有革命性的贡献的科学家,但在文学界还不曾有过这样的奖励,以奖赏那些有着类似的重要性和革命性且富有创新精神的作家,如奥古斯特·斯特林堡(August Strindberg)、亨里克·易卜生(Henrik Ibsen)、马塞尔·普鲁斯特(Marcel Proust)、詹姆斯·乔伊斯或弗吉尼娅·伍尔夫(Virginia Woolf)夫人[①]等。[9]

20　　社会之所以愿意支持和奖励革命性的科学,甚至支持和奖励某种极端的通常难以理解的科学,其主要原因就在于,社会对于实际利益的期望是经常不断的,例如,希望生活得更健康更长寿,希望有更好的交通运输和通讯条件,有新的得到了改进的人造纤维,希望有效率更高的农业和加工业,希望日常生活中有更多的方便,国防事业中有更为完善的设备,如此等等,不一而足。过去半个世纪的经验一次又一次生动地证明,越是富有创新性和革命性的科学,其实际应用的意义也就越为深远,影响也就越为广泛。

---

①　(1)奥古斯特·斯特林堡(1849－1912年),瑞典最伟大的剧作家,瑞典现代文学的奠基者,其作品对欧美戏剧艺术有深刻影响,其代表作有《在罗马》、《朱丽小姐》、《被放逐者》、《奥洛夫老师》等;(2)亨里克·易卜生(1828－1906年),著名的挪威剧作家,现代现实主义戏剧的创始人,其代表作有《青年同盟》、《社会支柱》、《玩偶之家》、《群鬼》、《人民公敌》等;(3)马塞尔·普鲁斯特(1871－1922年),20世纪法国最伟大的小说家、评论家和随笔作家,意识流写作的开创者,其代表作有《追忆似水年华》(7卷)等;(4)弗吉尼娅·吴尔夫夫人(1882－1941年),英国著名女作家、评论家,20世纪最重要的现代主义文学人物之一,其代表作有《黛洛维夫人》、《到灯塔去》、《雅各的房间》等。以上这几位作家均未获得诺贝尔文学奖。——译者

对科学革命的预见

尽管每一位科学家都会对即将来临的革命有所意识,但是,并没有什么明显而普遍的迹象可以告诉科学领域中甚至最为敏锐的观察家,下一场革命将在那里发生、将采取什么样的形式。即使最有才华的科学家也无法精确地预见他们自己将会引起什么样的革命。(这正好与政治革命者或社会革命者形成了对照:政治革命者或社会革命者都有一个事先制定好的纲领,因而能把其革命活动对准精心确定下来的目标。)

在科学中之所以无法准确地预见下一次革命将在哪里发生或者它将由什么构成,一个主要的原因就是,不同的科学彼此都可谓是“艺术”。在一个领域中某项不可预见的革命性创新,也许会为某个别的领域提供手段,从而导致该领域取得革命性的突破。这是因为,某一科学领域中的革命性进展,往往依赖于其他科学领域中的革命,这种不可预见性是快速地按指数增加的。分子生物学的兴起就是一个例子,尤其是对脱氧核糖核酸(DNA)结构的阐释,它需要利用物理学中发展起来的一门技术——X射线晶体学。由于技术中最为迅速的变革往往来自基础科学中那些无法预见的革命,因而在技术的预测方面,尤其是对于技术领域中即将来临的革命的预测,也就有了一种按指数增长的不确定性。计算机科学家中流传着这样一种说法:在20世纪40年代末50年代初,计算机这门新兴专业的某位大专家曾预见说,大约只要有六七台计算机就能满足美国未来的需要了,再多几台就能满足整个欧洲的需要了。尽管当时的计算机十分庞大,但最终表明,这个数字还是太小了。这位不知名的预见者难以预测到,在未来,一系列的革命(如固体物理学中那样的革命)竟然能完全在未来改变计算机的大小、性质和功能。[10]

21

科学中的革命是不可抗拒的,从这个意义上讲,它们也是不可避免的,至少,只要科学继续存在,情况就会是如此。当然,对革命也许不得不等待,一直等到有一个独特的富有革命精神的天才来点燃导火索。而科学家们,正如我所说的那样,是不希望革命受到阻碍的。不过,这些革命的进度,或者,它们发生的频率,既可能减慢也可能加快。也就是说,有些因素,例如大规模的财政支持,能够加快科学进步的速度,能够使更多的领域向具有革命性的科学活动开放,因为这种支持能为研究提供更多的人力,能够制造或购买昂贵的仪器设备。开展野外考察和探险,进行观测,在科学共同体中建立起更完善的交流体系,以及给科学界那些富有创造精神的女士和先生们更多的时间进行思考(亦即,让他们从过去繁重的教学和管理岗位上解脱出来),所有这些都需要大笔的资金。有可能获得职业基金和用于培训的奖学金,这种希望吸引着具有创造潜力的青年男女步入科学界。相反,资金匮乏不仅限制着购置和制造研究用的仪器设备、限制着考察的进行,而且还限制着人们外出和进行无拘无束的交流,以及对于进步来说必不可少的科学情报机构的中枢系统的活动。更为重要的是,缺少资金会使专业人数和奖学金的数额减少,并且会缩小用来招募下一代科学家的网络。这种人力的减少,就会使富有革命精神的天才人物在恰当的时间位于恰当的位置上的可能性减小,从而直接减缓科学革命的速度。

不断变化的科学中的革命的概念

今天,谈论科学革命、哥白尼革命、达尔文革命、计算机革命、信息革命等已经不足为奇了。近年来,几乎科学技术中的每一个进步,都在每天的新闻报道中被描述成是一场革命。从某种程度上可以认为,这是因为在语言的使用中有些词语使用得太滥了,但另一方面,这也是这样一个简单的事实的反应,即科学中已经发生了许多革命,而且还在继续发生着革命。在我撰写本章时,只要我向书房中的一个书架上瞥一眼就会看到大概十几本有关计算机的书,这些书的书名都冠以"革命"的字样。谁会否认已经有过一场计算机革命呢?

不过,即使到了 20 世纪,科学家和科学史家也并没有普遍认为,科学是通过一系列的革命而进步的。在 20 世纪上半叶,人们一般认为,科学中发生革命是极为罕见的事。相反,科学被看作主要是以一种渐进的方式发展的,也就是说,科学是通过一个累积的过程而发展的,在这个过程中,一个小的发展或增长,多少有点规律地随着另一个进步或增长的发生而出现。按照这种模型,偶然出现的比通常增长量大很多的发展,例如与牛顿、拉瓦锡、达尔文、欧内斯特·卢瑟福(Ernest Rutherford)或爱因斯坦等人的活动相当的进步,也许可以说是构成了一场革命;革命的发生,也有可能是一个又一个本身很小的进步连续累积而成的。然而,如此重要的科学领域中的重建活动,即使有人认为它们的确发生过,人们也会把其发生看作极为罕见的。

乔治·萨顿(George Sarton),科学史这一学术研究领域的主要奠基者之一,并不是一位科学革命的伟大信徒。他甚至这样认为,其实只是我们肤浅的"对科学进步的第一印象"告诉我们,科学是通过不连续的巨大发展而前进的。这些巨大的发展像一组"巨大的楼梯,每一级巨型台阶都代表一个必不可少的重要发现,即那些几乎是骤然之间就使我们到达了一个更高的水准之上的发现"。他说,当我们"做出我们的分析时",我们发现,"这些大的进步……可以划分成较小的进步,而那些小的进步还可以划分成另外一些更小的进步,直到最后,这些进步似乎完全消失了为止"(1937,21-22)。许多科学家和史学家们都同意这一点;卢瑟福(1938,73)说,"并非任何一个人都会理所当然地做出一项惊人的发现",这段话实际上充分地再现了罗伯特·A.密立根(Robert A. Millikan)的这一粗暴的论断——科学中发生革命是极为罕见的事。萨顿的分析使他确信,科学所具有的积累性是它的一个主要部分;事实上,他(1936,5)断言,科学只不过是"实实在在地积累和渐进着的"人类活动——詹姆斯·B.科南特(James B. Conant 1947,20)和其他一些人也都赞同这一看法。在许多分析家看来,科学中的革命,倘若确实要发生的话,那么一定像社会政治领域中那些伟大的革命一样,是一些并不常见的事,它们只是偶尔地打断一下(若没有这种打断本应为)"常"态有规律的或渐进式的发展。[11]

1962年出版的托马斯·S.库恩的《科学革命的结构》一书,从根本上改变了我们对科学变革的看法。没有几本科学史方面的著作曾经引起人们如此巨大的兴趣和持续这么长久的讨论。甚至那些并非在所有细节上都同意库恩的分析的人,也不得不承认,科学的发展并非必然就是一个积累的过程,科学中存在着一些连续的巨大革命,在这些人的革命之间还有一些较小的革命,革命的过程是科学知识增长规范模式的一个组成部分。

在其具有开创性的研究中,库恩并没有阐述一般的历史,而是根据与库恩所说的"常规科学"交替出现的一系列革命,阐述了科学变革的社会动力学。库恩图式,除了被应用于科学史、科学哲学和科学社会学以外,业已被应用到了多种不同的领域,如历史政治学理论,科学和公共政策(生物医学知识的应用除外),它甚至还被用来说明现代大学的性质问题。人们对库恩大胆描述的一个主要反应,就是对他分析的某些部分提出了怀疑,并指出,他的图式并不是普遍适用的,它只适用于某些科学、或某些特殊的时期或特定的事件。人们对他的专门术语(即著名的"范式"这个词)的确切含义,也不得不提出质疑(或者说,不得不对这个术语含义的模糊性和多重性加以探究)。在涉及科学变革时使用革命这一概念是否合宜,对此已经有人提出了怀疑。这些问题以及库恩贡献的重要意义将在本书第二章和第二十六章中进行讨论;这里只需认识到,在有关科学的过去、现在和未来的讨论中,库恩对于革命这个概念的推广使用有着令人瞩目的影响。

翻一翻现在任何有关科学史的著作或文章,看一看世界各地的杂志中赋予科学革命无处不在的名声,就可以了解到,20世纪50年代以来事态是如何变化的。自1962年以来,大批专门论述17世纪**那场**科学革命的著作问世了。其中有5本书[12]涉及编年史[其作者分别是乔治·巴萨拉(George Basalla),里吉尼－博内利(Righini-Bonelli)和威廉·谢伊(William Shea),维恩·L.布洛（Vern L. Bullough），休·卡尼（Hugh Kearney），以及保罗·罗西（Paolo Rossi）]，而且所有这些著作的大部分内容，都是那些不同领域中尝试定义、解释或分析那场科学革命的原因的学者所作论述的摘录。在这几本书中，乔治·巴萨拉编的那本书讨论了现代科学兴起的"外在因素和内在因素"；在这里，编者"有意地避开了'科学革命'这个术语，而使用了一个不那么讲究但更为精确的短语'16 世纪和 17 世纪科学的兴起'"。在第 15 届国际科学史大会上（爱丁堡，1977）讨论哲学、方法论和历史的第 11 小组中，每 6 篇文章中就有 1 篇涉及革命问题。

在大量的而且还在不断增长的有关科学革命的文献中，在对这一课题几乎每一个可以想象得到的方面的研究和分析中，几乎无人提及这个概念的历史。刘易斯·福伊尔（Lewis Feuer）的著作《爱因斯坦和科学世代》（*Einstein and the Generations of Science*, 1974, 241-252）则是个例外，这本书列举了把革命这个概念用于科学的一些例子，这些例子主要是 19 世纪末和 20 世纪的。倘若事实上科学史家并非大都以忽视他们自己的学科和专业的历史而著称的话，那么，科学史家对这一论题的忽略或许会更令人惊讶[参见 Arnold Thackray（阿诺德·萨克雷）and Merton 1972; Thackray 1980]。[13]

本书的目的就是要填补文献中的这个空白——在科学家、哲学家和史学家构想出的科学变革的道路上，探索四个世纪以来诸多改革的由来。在许多情况下，那些使用"革命"这一术语的学者们，心中所想的恐怕不是别的，只是用一个历史的比喻来表示某一伟大的转变，或某一项确实很有意义的发明。这也可能是一种印象主义的并且带有个性色彩的用法；我怀疑，学者们在论及科学中的革命时，心中所想的是否总是它与某个特定的社会革命或政治革命相类似。不过，我们将考察许多实例，它们表明，社会革命和政治革命的理论对学者们不断变化的科学革命概念产生了强烈的影响。我们还将看到，这些概念是怎样受到学者们所生活的时代中实际发生的社会革命和政治革命的进一步影响的。

　　例如，在世界许多地方的那些具有革命性的科学，其形象都受到人们对 1917 年俄国革命中产生的布尔什维克主义的厌恶的影响。在 18 世纪，拉瓦锡尚且可以把他的化学革命与法国正在进行的政治革命相比较，当时，法国革命正处在波旁王朝的君主专制制度的更迭这样一个较为温和的阶段；然而不久，当革命的过火行为进入到恐怖时期之时，这种比较就失去了它的那种意义，而拉瓦锡本人也在断头台上一命呜呼了。一个生活在 18 世纪末的英国史学家，在考虑光荣革命甚至在思考美国革命时，大概会不无道理地把革命看作是温和的，是对恢复英国人的某些自然权力起到了一定影响的。不过，这样的史学家也必须合情合理地承认，法国大革命是有害的一大灾祸，因为伴随着它的是更为狂热的社会暴力活动，以及它对业已建立起来的秩序更为彻底的破坏。这不太像是一个理论上的例子，因为它把爱德蒙·伯克的观点准确地描述了出来。

　　当前的一种观点为革命概念随着时间的推移而变化提供了一个关键性的例子，这种观点认为，科学革命也许已经延续了一个世纪，甚至延续了三个世纪，即从 1500 年到 1800 年［A. Rupert Hall（A. 鲁珀特·霍尔）1954］。这不仅使得科学革命成了有历史记载以来持续时间最长的革命,而且,它也许还暗示着一种与光荣革命、美国革命以及法国大革命等模式完全不同的革命概念。也就是说,现在流行的有关科学革命的观点,在有意或无意地使用着这样一种革命概念,而这种概念显然不是来源于这样的方式,即从一组假定的政治革命和社会革命的原则和实践中进行抽象,然后把它们原封不动地用于对科学增长的思考。

无论一种给定的有关科学变革的观念是受社会政治理论或社会政治事件的影响,还是受其他外部因素的影响,我们都可以胸有成竹地说,它总要受到科学发展本身的影响——即总要受到使科学家们对其领域的思考、对其专业实践的思考一天天发生戏剧性变化的那些理论、发明或系统阐述的影响。对于从对科学创新的本质毫无认识的时代到亲眼见证科学创新的时代史学家、哲学家或科学家有关科学变革的观点,我们尚无法充分理解。只有在将来的某个时候,我们才能够正确地评价:更大的社会范围内的那些看法和事件是以什么样的方式影响了对那些事件的解释的。出于这个原因,本书把相当大的篇幅集中在具体的科学发展的各个阶段上——亦即探索一个理论被构想、被讨论、被反对、被改造、直到最后被承认有可能导致有关自然界的一种革命性的新观点为止这一过程的各个阶段。简而言之,本书不仅要讨论革命这个概念,而且还要展示一些实际发生的科学革命事件的主要特点,对于这些事件来讲,革命这一思想是完全适用的,并且,这些事件还例证了不同世纪的科学中的革命的典型。[14]

第二章 科学革命的几个阶段

过去的 10 年中，科学史家和科学哲学家掀起了一场对科学中的革命或科学进步的方式进行各种各样分析的热潮。在这些科学史家和科学哲学家中，有保罗·费耶阿本德（Paul Feyerabend）、库恩、伊姆雷·拉卡托斯（Imre Lakatos）、拉里·劳丹（Larry Laudan）、波普尔、达德利·夏皮尔（Dudley Shapere）、斯蒂芬·图尔明（Stephen Toulmin）以及我本人。在此期间出版的大量文献中，很多都对这些分析中的这种或那种分析内在的一致性、广泛的适用性或普遍的应用等问题进行了一系列的论证，争论的主要部分集中在 T. S. 库恩的思想上。要正确地评价库恩的那些论述的真正价值，并无必要在每一个细节上都与他一致；库恩的论述很独特，它们都是以"范式"这个概念为基础的（1962；1970；1974；1977）。所谓范式，就是一组共有的方法、标准、解释方式或理论，或者说是一系列共有的知识体。在库恩看来，所谓科学中的革命，就是这样的一种范式向另外一种范式的转换，他认为，科学现状中出现的危机使新的范式的产生成为必然，从而导致了这种转换。在一个公认的范式中，科学家们的活动被称之为"常规科学"，这种活动通常是由"解难题"构成的，这，也就是增加业已得到承认的知 识的储备。这种常规科学会一直延续下去，直到反常出现时为止。

反常最终会导致一场危机,随之而来的就是一场将要产生新的范式的革命。

在应用这一模式的过程中已经出现了一些严重的问题。其中之一就是,库恩是在数种不同的意义上使用"范式"这个词的[Margaret Masterman(玛格丽特·马斯特曼)1970;Kuhn 1970];[1]另一个问题是,并非所有的革命都必然是从危机中产生的;还有一个问题,即这一整套模式在物理科学中应用的效果似乎要比它在生物科学中应用的效果好[Mayr 1976;Marjorie Greene(马乔里·格林)1971]。不过,库恩的分析有个实实在在的优点,那就是提醒我们注意到:革命的发生乃是科学变革中的一种具有规律性的特征,而且,科学中的革命还有一个重要的社会组成部分——新的范式被科学共同体接受。库恩业已做出了重大贡献,他使得人们的讨论从科学思想之间的冲突转移到持有这些思想的科学家或科学家群体之间的冲突上了。此外,他还着重强调了革命的某些特征,例如:反常的出现(它会导致危机状况的生成,从而促使革命的发生),新、旧范式之间存在的不可公度性(它阻碍了跨越范式屏障的那种有意义的对话),以及在大革命之间有小型的革命存在,如此等等,不一而足。

现代科学已经存在四个世纪了。我本人的研究与库恩的研究主要的不同之处就在于,我一直在探讨:对这四个世纪期间科学中所发生的那些革命性变革,参与其中的见证者和同时代的分析家们各持什么态度。这种探索方法把革命这一概念看作是一个复杂的、从历史上讲不断变化的整体——它必然也要受到政治领域中的革命理论和革命事件的影响,而并非单单只是一种简单的有关科学变革如何发生的观念。我也作了尝试,只要有可能,就把同时代人对革命的看法与以后的历史学家和科学家的说明,包括我们当今时代的历史学家和科学家的说明在内,并列而论。我对科学中的革命的辨别,主要是以对历史证据的检验为依据,而不是看它们是否符合某一固定的分类(参见本书第三章)。其首要的一步是考察科学中引起革命的那些思想的起源和发展的模式,在我撰写的《牛顿革命》(1980)这部书中,我就曾以这种方法探讨过牛顿的那些具有革命性的创新之举。下一步就是对科学中的革命的细微结构加以考察,正如这里所做的那样,我把新思想或新理论的起源或者新体系(或新范式)的起源当作出发点,然后追溯它们公之于世和普及传播的过程,最后,明确划定那几个为科学共同体所接受28的阶段,亦即导致人们所公认的革命的那几个阶段。

我们怎么才能知道一场革命已经发生了呢?对此存在着两类标准。一类来源于根据严格的定义所做的逻辑分析,另一类则来源于历史方面的分析。科学中有许多重要的革命,例如牛顿革命、达尔文革命、爱因斯坦革命、化学革命以及近年来的分子生物学革命和地球科学中的革命,等等,都是从这两方面的标准被证明是革命的。它们都通过了我在第三章中给出的那些对革命的检验。在本章中,我的目的就是考察:我所发现的构成了所有科学革命中特有顺序的那些前后相继的阶段,以及参与其中的见证者和同时代的分析家们在为这类革命的发生提供文献证明方面所扮演的角色。科学中确实有革命发生,我认为这是已知的事实,尽管我意识到:有些人不相信这一点,即使在那些相信者当中,对于科学发展的哪些事件构成了革命也还没有一致的意见。

从思想革命到论著中的革命

在对大量的革命进行研究的过程中,我发现,所有的科学中的革命都有四个主要的阶段,这四个阶段清晰可辨、前后相继。第一个阶段,我把它称之为"思想革命",或曰"自身中的革命(revolution-in-itself)"。当一个科学家(或一个科学家群体)发明了解决某一个或某一些重要问题的根本办法时,或者发现了一种新的使用信息的方法时(有时候是使信息的有效范围大大超出现有的界限),当他(或他们)提出了一种新的知识框架、而现有的信息在此之中可以以一种全新的方式得到表述(从而导致一种谁都未曾料想到的预见)时,或者引入了一组改变现有知识特性的概念或提出了一种革命性的新理论时,第一阶段的革命就会发生。简而言之,这革命的第一阶段,乃是在所有科学中的革命萌生之时总能发现的、由一个或多个科学家去完成的过程。它是由某一个人的或某一个群体的创造性活动构成的,这种活动通常与其他的科学家共同体没有相互作用。它完全是在自身中进行的。当然,这种创新也是从现有科学的母体中产生的,而且通常是现行科学思想的一种根本性转变。此外,它表现出与为人们一般所接受的某些哲学准则、与当时的科学模式和科学标准有着密切的关系。不过,在新的科学中表现出其自身具有革命潜力的那种创造性活动,往往都是私人的或个人的体验。

新的规则或发现,几乎总是作为日记本或笔记本中所记载的事项,或者以一封信、一组笔记、一篇报告或一份详尽的报告书的概要等形式被记录或记述下来的,它们最终也许会作为一篇文章或一部著作发表、出版。这就是革命的第二个阶段——对一种新的方法、概念或理论的信奉。通常,这一阶段的构成是:写出研究纲领,也许,还要像拉瓦锡那样,指明其结果将"注定"(参见 Guerlac 1975)"给物理学和化学带来一场革命"。不过,这种信念的革命依然是私人性的。

科学中的每一场革命,都是作为一个科学家或科学家群体的纯思想活动而开始的,然而,一场成功的革命——一场能够感染其他科学家并能影响科学未来的进程的革命,不可避免地要通过口头或文字的方式告知同行们。对于科学中所要发生的革命而言,最初的思想革命阶段和信念革命阶段都是私人性的,不过它们必然要导致公开的阶段:把思想传播给朋友、同事、同行,以至于随后在整个科学界范围内传播。今天,这第三个阶段的开始可以采用以下这几种形式:如打电话,通信,与朋友或最亲近的同行们座谈,或者,在某人所在的科系或实验室内举行小组讨论会,随后,更为正式的介绍将会在科系传统的学术讨论会或某次科学大会上进行。[2] 如果报告没有引起同行们强烈的反对意见,并且,倘若批评者或报告的作者本人没有发现根本性的缺陷,那么,这初步的交流也许会导致这样的情况:它不是公开地而是作为非正式的出版物流传于世,也许,有人会建议把它作为一篇科学论文或一部专著正式出版。"论著中的革命"这个术语确切地描述出这第三个阶段,在这个阶段,一种思想或一组思想已经开始在科学共同体的成员中广泛地流传了起来。[3]

思想革命,往往要等到科学家把其思想完全付诸文字时才算结束。牛顿在天体力学方面的重要贡献,就是一个著名的例子。1679 年,在与罗伯特·胡克(Robert Hooke)的通信中,牛顿获悉了一种新的分析行星运动的方法,随后,他便把这种方法用于解决当时用面积定律尚不能解释的行星沿椭圆形轨道运动的原因问题。接着,他又把他的初步发现付诸文字,不过,(据我们所知)他并没有把他的思想及其推论完全写出来。在哈雷(1684 年 8 月)来访向他询问有关力和行星轨道的事宜之前,牛顿甚至未曾公开承认过他业已取得了这样惊人的进展。后来,牛顿把他的成果整理成了一份翔实的报告,并且,在哈雷的建议下,牛顿于 1684 年11 月把他的成果呈送皇家学会登记备案,从而使他的发明优先权可以得到保护。哈雷十分清楚,在牛顿之前,还不曾有人对导致行星运动的力提出过全新的、具有革命特性的分析。不过,在牛顿刚刚为哈雷和皇家学会准备好那篇论文之后,亦即,在他于 1685 年的头几个月将其私人的思想中的革命转变成公开的论著中的革命之后不久,牛顿就在他那卓越成就的基础上更上一层楼,进而发现,太阳和每一颗行星彼此之间总是要以引力形式相互作用,因此,每颗行星既要作用于其他行星,也要受到其他行星的作用——这是开通万有引力概念的发明之路最为重要的步骤,而万有引力这一概念,则是牛顿的科学革命的基础(参见 Cohen 1981;1982)。

科学中的革命在这最初三个阶段的任何一个阶段中,都有可能会失败。也许,一个发明者或发现者私人的文献材料被放在档案中,在相当长的时间里无人问津,以致落满了尘埃,而这时再想用这些思想引发一场革命,已经为时过晚了。倘若作者及早决定把其发现送去付梓,或者以其他的形式进行广泛的传播,那么,一场革命也许业已发生了。在托马斯·哈里奥特(Thomas Harriot,1560－1621年)[1]未发表的有关天文学、数学和物理学的论文中,在艾萨克·牛顿(1642－1727年)的数学手稿中,就有两个这样的例子,它们本来都可能成为巨大的科学进步,然而由于这些材料未能交付刊印,所以直到三个多世纪以后,进步才得以发生。我并不想暗示,如果哈里奥特在天文学和物理学中的发现[参见John Shirley(约翰·雪利)1981]或者牛顿在数学中的新发明(Newton 1967)付梓问世了,那么,它们必然会引起一场革命。我只是想说,这两个例子都表明:巨大的科学进展,很有可能仅仅由于无人问津,因而直到三个多世纪以后在我们这个时代的学术研究取得其成就之前,它们都未能发挥出它们所具有的革命潜力。

在某些情况下,革命的命运也许并不像哈里奥特的情况和牛顿的情况那样,是因为科学家未能把其著作送去公开出版而造成的。从埃瓦里斯特·伽罗瓦(Evariste Galois)在代数(群论)方面所从事的基础性研究中,就可以找出这样的例子。伽罗瓦(1811－1832年)确实是将其成就付诸文字了,并且把它们送交给法国科学院准备发表,但是,这些成就却未能被承认。伽罗瓦还没来得及把其所有的数学发现和研究计划整理好以便全部撰写出来,他就

---

① 托马斯·哈里奥特(1560－1621年),英国数学家、天文学家和翻译家,英国数学现代学派的创始人。他与伽利略彼此独立地制造出了第一台望远镜、发现了太阳黑子和木星卫星。从1609年7月以后他把望远镜用于观测月球,首次创作完成了月球表面的地形图。他还在荷兰数学家和物理学家维勒布罗德·斯涅耳(Willebrord Snell,1580－1626年)之前发现了光的折射定律,可惜,没有发表。——译者

在一次决斗中被杀死了。他的生命赋予他的时间,只够他完成一份短文来说明他所创立的群论的思想;而那些在当时可能会使与他同时代的人信服并有可能引起数学革命的文章和著作,却始终未能完成。

勒内·笛卡尔(René Descartes, 1596 – 1650 年)的经历,则是对在公开论文阶段革命进展又一次被延误的说明。1633 年,他把《宇宙论》(*The World*)的手稿搁置在了一边,这部具有改革观点的文本以天体演化学为论题,其中包含了对惯性的一般定律首次完整的阐述。他刚刚听说伽利略被判有罪,哥白尼的天文学学说也受到了谴责,而他想象不出怎么能在此时出版他那部含有哥白尼宇宙学理论的《宇宙论》呢?他甚至把《人论》(*Treatise on Man*)这部著作中有关生理学的部分隐匿了起来,因为他难以想象把对生命科学的论述与作为其基础的哥白尼学说分割开来。但是在这个个案中,这种结果并没有把笛卡尔革命完全彻底地、永久地埋没,因为在笛卡尔去世后不久,《宇宙论》这部书中有关宇宙学以及生理学的部分就发表了。除此之外,笛卡尔还坚持不懈地撰写他的另一部著作《哲学原理》(*Principles of Philosophy*),并且出版了这部著作;在这部书中,他阐述了惯性定律和他在宇宙学方面的部分观点;不过,实现这场革命的强有力的工具,却在一段时间内被剥夺了。

从论著中的革命到科学中的革命

即使某位科学家的著作公之于世了,但在有足够数量的其他科学家开始相信论著中的理论或发现、并且开始以新的革命的方式从事他们自己的科学事业之前,科学革命仍不会发生。在此时此刻,已经就某位科学家或某一科学家群体的思想上的成就进行的公开交流,往往会变成一场科学革命。这就是每一场科学革命的第四个或者说最后一个阶段。[4]

据科学史记载,许多革命性思想从来都没有超出过公开发表的阶段。催眠术就是一个很好的例子。弗朗茨·梅斯梅尔(Franz Mesmer)①曾提出过一个具有革命精神的医学"科学"体系,这是一个与他的医疗实践相关的体系。尽管他在外行人中[参见 Robert Darnton(罗伯特·达恩顿)1974]和某些改宗了的医生中赢得了一大批追随者,但是,梅斯梅尔的概念和方法最终还是被医学和科学的机构拒绝了,因为这些机构发现,这些概念和方法没有科学价值。它们无法证实动物磁性说的催眠"流"的存在。

在 20 世纪,很多具有革命性的"现象"领域,也都类似地因为科学评论家们无法找到它们存在的真实基础而受到了拒绝。1903年在法国发现的 N 射线就是其中之一。这些射线曾在科学共同体中引起了极大的注意,而它们的发现者勒内-普罗斯珀·布隆德洛(René-Prosper Blondlot)也曾名噪一时,不过后来却又声名狼藉。因为最终表明,N 射线只存在于它们的发现者的内心之中,而其他一些愿意相信它们的科学家们,显然只是在内心中暂时中止了他们正常的科学怀疑[参见 Jean Rosmorduc(让·罗斯莫迪克)1972;Mary Jo Nye(玛丽·乔·奈)1980]。20 世纪 20 年

32

---

① 　弗朗茨·梅斯梅尔(1734－1815 年),奥地利医生,催眠术的先驱。——译者

代在苏联发现的分生辐射也是如此,根据假定,这种辐射由一些从生长中的植物或其他生物释放出的射线构成,它们能够穿透石英,但却不能穿透玻璃。对于植物生理学与辐射物理学交界之处这个令人兴奋而且具有革命性的新主题,发表的论文数以百计。然而最后,精确的实验证明,这些射线并不存在。在另外一场这类失败的革命中,保罗·卡默勒(Paul Kammerer)[①]在维也纳宣布,他已经证实了获得性状遗传。1926 年,那个也许可用来为他证明获得性状能够被遗传的蟾蜍交配的标本,却被证实是掺了假的:他在蟾蜍皮下注射了墨汁。

这些例子[卡默勒及其搀了假的标本也许应该除外;参见 Arthur Koestler(阿瑟·凯斯特勒)1971]说明,自欺欺人的行为和大批追随者的激动心情,几乎都有可能把论著中的革命变成科学中的革命。从一定的程度上讲,这些应属于“边缘”科学甚或“病态”科学的范畴[参见 Irving Langmuir(欧文·朗缪尔)1968;Jean Rostand(让·罗斯唐) 1960],但是,一场失败的科学革命未必就是这样——尽管通常很难区分什么是过分激进的东西,什么是病态的东西。欧文·朗缪尔解释说,总的看来,“不诚实的行为寥寥无几”。科学家们也会“因主观印象、不切实际的妄想或临界的相互影响而误入迷途,他们对人类自己究竟能做到什么的这种无知,使他们自己上了错误结果的当”。

两次流产的革命,一次是维利科夫斯基辐射宇宙物理学,另一次是聚合水,都说明了这个问题的困难。伊曼纽尔·维利科夫斯

---

①　保罗·卡默勒(1880－1926 年),奥地利生物学家。——译者

基（Immanuel Velikovsky）①试图用一组有关太阳系是如何进入其目前状态的激进观点，使物埋学发生一场革命。他的革命理论的一部分是：根据《圣经》和其他早期编年史所记载的初期事件，仅在几千年前，金星曾重复地与地球和火星发生过碰撞；当时，金星是颗彗星。毋庸赘述，维利科夫斯基的观点与有关动力学和引力的基本定律是矛盾的。他认为在行星近距离相逢时，电力和磁力超过引力的作用。尽管他的思想激进，尤其在一些公开出版物上，得到了广泛的传播，但却没有被科学共同体承认。事实上，他们已有了一些严肃认真的看法，甚至还出现了一大批反对势力。1973年，在美国科学促进协会（the American Association for the Advancement of Science）的一次会议上曾发生过一场争论。五位科学家［其中有卡尔·萨根（Carl Sagan）］对行星碰撞理论进行了抨击；只有维利科夫斯基本人为它作了辩护［参见 Donald Goldsmith（唐纳德·戈德史密斯）1977；Sagan 1979］。在 1979 年 12 月 2 日（亦即维利科夫斯基逝世两周之后）的《纽约时报》（*New York Times*）有关这一事件的评论中，罗伯特·贾斯特罗（Robert Jastrow）列举了维利科夫斯基 3 个业已得到证实的预言，另外还有 7 个重要的预言却受到了直截了当的反驳。他不无遗憾地说，"事实"并非是"另外一回事"，因为"在我们的一生当中，再也没有什么能比见证一场科学思想的革命更令人激动的了"。然而"不幸的是"，他得出结论说，"证据并不支持这种可能性"。

① 伊曼纽尔·维利科夫斯基（1895－1979 年），俄裔－美国犹太精神病学家，其诸多重新解释古代史事件的著作引起广泛了争议，并因此而闻名。——译者

聚合水,最初被称之为"异常水",是 1961 年由一位在一小型的州级科技研究所工作的俄国化学家发现的;俄国一位著名的物理化学家鲍里斯·V.狄亚金(Boris V. Derjaguin)——苏联科学院一个很有威望的研究所中一庞大群体的领导者,几乎立即接手了这项研究[参见 Felix Franks(费利克斯·弗兰克斯)1981]。这种液体是从普通水中产生的,但它的几乎所有性质与我们所知道的水都是不相同的:它的沸点与水的沸点不同,冰点也不同。在 1969 年 6 月 27 日出版的美国一流的科学杂志《科学》(*Science*)的一篇文章中,作者提出了光谱学上的证据来支持下述的看法:这些物质的属性"再也算不上是什么异常的情况了,毋宁说,它们是一种新发现的物质即聚合之水或聚合水的属性"。这种聚合需要"一种以前未被认识到的黏合工艺,以便来构造一个只含有氢原子和氧原子的系统"。起初,西方的科学家们对这项发现并不怎么重视。但是不久,关于聚合水的研究就在英国展开了;随后,美国也开始了大规模的研究,与此同时还召开了许多讨论会,美国国防部提供了数以百万计的资金作为支持。因为审定研究投标的一位人士写信给美国空军科研局说:"这种类型的研究将会导致全部化学(包括与空军有很大关系的那部分在内)的一场革命。"(Franks 1981,186)英国著名的结晶学家 J. D. 贝尔纳(Bernal)曾欢呼说,聚合水是"20 世纪最重要的物理-化学发现"(同上,第 49 页)。

34　　没过多久,有关聚合水的研究论文,就宛如潮涌一般发表在一些较有名气的科学杂志上了;1970 年 11 月,狄亚金在名望颇高的《科学美国人》(*Scientific American*)杂志上发表了一篇关于这种

"超密度水"的说明。这种新发现的内在意义也引起了人们的一些思考。在读者面很广而且很有权威性的英国杂志《自然》(*Nature*，1969，224：198)上，宾夕法尼亚的一位教授发出了警告，他说，如果"以牺牲外界在任何条件下都能找到的普通水为代价使（水的）聚合状态出现"，那么，地球上的生命也许就会全部灭绝。"地球上水的聚合化也许会使地球变成金星的一个毫无二致的复制品。"他总结说，必须极为小心谨慎，因为"一旦聚合核在土壤中散播开，再进行任何补救都为时晚矣"。

　　当然，持怀疑态度者也不乏其人，其中有些相当直率。他们劝告空军、海军科研局以及国家科学基金会(National Science Foundation)不要用财政赞助来支持聚合水的研究，以免最后给人一种荒唐可笑之感。在写给《科学》杂志(1970，168：1397)的一封题为《"聚合水"令人难以容忍》("'Polywater' is Hard to Swallow")的信中，乔尔·H.希尔德布兰德(Joel H. Hildebrand)——美国物理化学界的泰斗，表达了科学共同体的许多成员对聚合水是否存在的怀疑。最终表明，聚合水的那些属性，纯系(Franks 1981，136)"不同类型和不同层次的拼凑的产物"。《自然》杂志的一篇社论沮丧地说："有好几位实验者全力以赴地进行工作以寻求这样一种可能性，即那样的拼凑也许可以用来说明他们的大部分观察，但是实验失败了，而且是没什么可值得夸耀的失败。"

　　聚合水这件事对分析科学中的革命有着特殊的意义，其所以如此，不仅在于它是一场失败的革命，而且还在于它最初成功的方式。大部分失败的科学革命，都是一些从未超出过我所说的论著中的革命阶段的革命。也就是说，那些活动在科学共同体中未能引起人们足够的支持来重建科学理论,因而不足以构成一场革命。其他一些革命的失败,则是因为实验发现反驳了它们。还有许多其他的革命根本就没有通过最初那很有价值的检验。不过,在聚合水这个个案中的那场(至少在一段时间内的)革命,即使算不上是场确确实实的革命,也可以这么说:它几乎构成了一场严格意义上的科学革命。许多相信者对这个课题进行了大量的研究,并发表了很多研究成果,其中有不少研究都是由一些很重要、很有名气的财政赞助者资助的;有关这种新物质属性的论述,在一些重要的杂志上扩散开来。为了解释这种异常的聚合是怎样在水中产生的,本来需要一场革命。从这种意义上讲,也许,把聚合水的发现描述为一种需要一场革命的发现(或一种具有革命性的发现),比把它说成是一场严格意义上的革命更为恰当。倘若聚合水意味着一场科学革命而不仅仅是什么别的革命的产物,那么,也许有人就想说,尽管科学共同体中持有强烈怀疑态度者占有相当数量的比例,这场革命也几乎成功好几年了。然而,这种怀疑态度甚或明显的敌视,是任何科学中的革命的初期阶段都有的一种常规的特征。

　　直到最后也没有发生什么聚合水革命,因为严格的实验检验最终要求人们放弃对这种水聚合体的信念。可以理解,为什么许多科学家肯定克服了他们固有的怀疑态度,并且加入了那些从事聚合水研究的人们的行列之中。这是因为,人们总有一种强烈的欲望要投身于科学的前沿,要成为为新的有争议的事业而工作的队伍中的一员。这些研究人员们不大可能搞什么阴谋来哄骗他们的科学家同行,相反,或许由于想获得具有建设性成果的欲望过于强烈,他们却很可能遭受群体性的自我欺骗[参见 John Ziman(约翰·齐曼)1970]。这种群体幻想的历史是一个很值得那些研究科学社会学、科学心理学以及科学革命本质的人去探索的主题。聚合水事件的兴衰,展示出在今天激烈竞争的科学系统的压力之下的男男女女在实验室中实际是怎样工作的:他们的所作所为,与对抽象真理的理想追求这一长期以来业已形成的传统形象并不总是相一致的。

　　任何一位科学家对放弃业已接受并据之推进其专业工作的那组观念,都会有一种自然的抵触情绪,而这常常与积极参与一场革命运动的那种欲望相冲突。通常,新的和具有革命性的科学体系往往遇到的是抵触而不是热情的欢迎。这是因为,对于每一位取得了成功的科学家来说,维持现状也就是维护了他们在思想方面、社会方面甚至财务方面的既得利益[参见 Bernard Barber(伯纳德·巴伯)1961]。当然,如果每一种革命的新观念都受到热情的欢迎,那么,其结果也许将是一片混乱。

　　有的论证构成了对科学变革进行抵制的一个方面,而对这种论证既顽固又粗暴的坚持,实际上是抵抗力和稳定性的一个根源。许多已经尝试过或已经计划过的革命根本就没有通过检验。也许它们的预言未被证实,也许其实验基础被证明是错误的或不恰当的,或者可能,其理论本身被揭示出是有缺陷的。假如一种新提出的理论或方法没有什么实际优势的话,为什么要采纳它而断送一门科学的生命呢? 正是由于这种严厉的检验,使得许多具有革命性的科学发展遭到拒绝。科学事业不同于政治领域和社会领域,对于不同的科学家给革命以合法地位的各个步骤,科学事业均已承认了;这样,尽管会受到科学内部的保守势力的抵制,但革命运动并不是非法的,并不会超出已被人们接受的科学变革的规范之外。而且,在科学中对革命的拒绝也是一个有序的过程,它并不依赖什么 *force majeure*(不可抗拒的力量)。

当然,这种系统并不总能充分发挥作用。在 19 世纪 60 年代格雷戈尔·孟德尔(Gregor Mendel)发现遗传学基础定律的过程中,就可以看到这样一个触目惊心的实例:科学革命的发展出现了中断。孟德尔在一家公开出版但鲜为人知的杂志上发表了他的成果,而他的论文也确确实实被编入了有关这个问题的文献目录指南之中。然而,它却被忽视了半个世纪,直到 1900 年左右,它又几乎同时分别被卡尔·科伦斯(Carl Correns)、埃里克·切尔马克(Erik Tschermak)、雨果·德弗里斯(Hugo de Vries)①重新发现[参见 Robert C. Olby(罗伯特·C. 奥尔比)1966]。德弗里斯是偶然看到他的杰出前辈的这一著作的,他使这一著作引起了科学界的注意。在孟德尔发表其独出心裁的论文的时代,科学界人士所探讨的是遗传的变异和融合,而不是固定性;科学界对他的发现尚无思想准备,因而忽视了它。从某种意义上讲,孟德尔也许领先了他的时代半个世纪。

那些在光的发射、传播和吸收像连续的波动现象这一学说的教育下成长起来的科学家们,显然在 1905 年最难放弃这一已被公认的光的理论,转而去承认爱因斯坦那"具有启发意义的"不连续的光量子概念。对于任何一位按照动植物的物种是恒定不变的这

---

① (1)卡尔·科伦斯(1864-1933 年),德国植物学家和遗传学家;(2)埃里克·切尔马克(1871-1962 年),奥地利植物学家;(3)雨果·德弗里斯(1848-1935 年),荷兰植物学家和遗传学家。——译者

一信念培养出来的人来说,当达尔文于 1859 年提出物种进化观
时,让他们接受这一观念肯定同样也是很困难的。不过,一个激进
的理论也可能在某些方面很有意义,这可以使得人们对它的好感
很快超过对旧理论的偏爱。有可能,它因能解释一些反常现象或
预见一些意外的新现象而赢得一些信徒;也许,它能把曾经各自独
立或互无关联的科学分支统一起来;或者,它可以使讨论达到更为
精确的程度,甚至能简化当时所做的那种假设。有时候,新的理论
会从一个戏剧性的实验或观察中获得支持。例如,1907 年爱因斯
坦在其广义相对论中预言,光线在引力场中会发生弯曲,而这一点
则在 1919 年发生日全食期间被实验证明了。不过,尽管得到了证
实,但在那以后 40 年左右的时间里,广义相对论并没有成为大多
数科学家关注的焦点,仅有相对来说数量不多的一些对宇宙学问
题感兴趣的天文学家和数学家使它有所发展。只是在第二次世界
大战后,亦即该理论提出大约 40 多年之后,广义相对论问题才成
了许许多多物理学家和天文学家在实际研究中具有头等重要性的
问题。就这样,甚至是在该理论已被确证了的情况下,从论著中的
革命到物理学领域中真正的大规模革命还是被延误了很长的
时间。

　　爱因斯坦在 1905 年就发表了论述狭义相对论的论文这一事
例,为论著中的革命与科学中的革命之间出现中断的现象提供了
明确的证明。爱因斯坦的这篇论文的题目是"论动体的电动力学"
("On the Electrodynamics of Moving Bodies"),当时,哥廷根大
学的物理学家马克斯·玻恩(Max Born)所研究的正是这个问题。
玻恩是由大卫·希尔伯特(David Hilbert)和赫尔曼·闵可夫斯

基(Hermann Minkowski)执教的一个研究班的成员,这个研究班的研究课题是"动体的电动力学和光学"。玻恩(1971)记述说,这个研究班的学生"研究 H. A. 洛伦兹(Lorentz)、亨利·彭加勒(Henri Poincaré)、G. F. 菲茨杰拉德(Fitzgerald)、约瑟夫·拉莫尔(Joseph Larmor)以及其他一些人的研究论文,但是爱因斯坦的名字却未被提及"。1906 年毕业后,玻恩去了剑桥大学,在那里听了约瑟夫·拉莫尔有关电磁学理论的讲座和 J. J. 汤姆孙(J. J. Thomson)有关电子理论的讲座,可是,"仍然没有听说过爱因斯坦的大名"。只是后来,1907-1908 年在布雷斯劳(Breslau)时,玻恩才从两位年轻的物理学家那里得知有关爱因斯坦的论文的情况,这两位物理学家是弗里茨·赖歇(Fritz Reiche)和斯坦尼斯劳斯·洛里亚(Stanislaus Loria),他们建议他读一下这篇论文。他读了,"而且立即获得了深刻的印象"。玻恩回忆说,当时人们对爱因斯坦的了解只不过是,"他是伯尔尼瑞士专利局的一个公务员",这一切显然说明,他不是这个研究班的成员。

在发表其有关狭义相对论的论文的同一年,爱因斯坦还在一家重要的科学杂志《物理学年鉴》(*Annalen der Physik*)上,提出了他对普朗克量子概念的革命性修正。即使如此,直到 20 世纪 20 年代为止,它也未能超出论著革命的阶段。R. A. 密立根进行了一系列实验,试图证明爱因斯坦错了。可是他发现,事实恰恰相反,爱因斯坦对量子理论大胆的重新阐述,确实预见到了实验所证实的光电效应定律。然而,他却尽其所能断然否认爱因斯坦对量子理论的修正是正确的。尽管在 1913 年,对于尼耳斯·玻尔(Niels Bohr)有关新的原子模型的革命性建议来说,爱因斯坦的新概念有着重要的意义,但是,在这一年推荐爱因斯坦去柏林工作的时候,他的保证人们(其中也有普朗克)都感到,有必要为这位被推荐者在量子理论领域中的过多的推论表示歉意。从这个事实中可以看出,爱因斯坦的新概念并未得到普遍承认。

有时候,由于具有革命性的科学家缺乏正统的凭证,论著中的革命也许就不能转变成一场科学中的革命了。就已被公认的科学而言,出自该学科已确立的专业队伍之外而对它所做的那些根本性修正,科学家们对之总是不屑一顾。毫无疑问,维利科夫斯基及其思想最初遭到敌视,在很大程度上是由于这个事实:维利科夫斯基本人并非是某个公认的科研部门的成员,他并不是某所大学、某个研究所或某个工业实验室的工作人员;他是一位非专业人员,一位业余爱好者。此外,他最初是在《哈珀杂志》(*Harper's Magazine*)一篇通俗性文章中而不是在一家严肃的科学杂志上提出他的思想的,这违反了正统的程序。当然,维利科夫斯基思想最终被拒绝的主要原因是:它们不正确,或者说,它们不精确,不是定量性的,以致无法真正地用观察或实验对它们进行检验。

在100多年前的19世纪70年代,J. H. 范托夫(J. H. van't Hoff)①遇到了几乎与此完全相同的情况。当时,他提出了不对称的碳原子概念;这种带有革命色彩的思想修正了正统的化学理论,对此,大部分化学家持有敌视态度,甚至未给予认真的考虑。德国伟大的有机化学家赫尔曼·科尔贝(Hermann Kolbe)也是批评者

①　雅各布斯·亨里克斯·范托夫(Jacobus Henricus van't Hoff, 1852－1911年),荷兰物理化学家,立体化学的奠基者之一,1901年由于其在反应速度、化学平衡和渗透压力等方面的突出贡献,而成为首位诺贝尔化学奖获得者。——译者

之一。他之所以不重视范托夫的思想，部分是因为，范托夫只不过是"乌得勒支兽医学校(the Veterinary School at Utrecht)的"一个成员。科尔贝写道，范托夫不是去追求合乎逻辑的和"精确的化学研究"，对此他"毫无体验"，相反，他"曾认为，骑上佩伽索斯(Pegasus)①相当方便(显然，兽医学校给他贷了款)，而且可以相当方便地表明……在他飞往化学的帕尔纳索斯山(Parnassus)②顶峰的大胆飞行期间，他看到原子是以什么方式在整个宇宙空间中自己聚集起来的"[Kolbe 1874，477；参见 Snelders(斯内尔德斯)1974，3]。范托夫的思想遭到反对的另一部分原因是这样一个事实：他曾把原子和分子描写成仿佛是具有物理实在性的，而这与大部分有机化学家的思想是大相径庭的，他们愿意使用原子和分子概念，但对它们是否真实存在却持怀疑态度。今天，范托夫有关不对称碳原子的革命性思想，业已被公认为是立体化学的基础了。

　　既然在通往科学革命的道路上有这么多的障碍，那么，任何新的理论或发现取得成功，或多或少都会令人感到惊讶。事实上，许多革命性思想并非是以或许能被它们最初的提倡者们承认或接受的形式幸存下来的；相反，在以后的革命者的手中，它们均已发生了变化。举例来说，在 1609 年开普勒发表经过他本人彻底重建了的哥白尼天文学学说以前，哥白尼于 1543 年在其著作《天球运行论》(*De Revlutionibus*)中详尽阐述的宇宙体系，并未对天文学产生十分重要的影响。我们可以觉察出，从开普勒那时起，天文学开

①　在希腊神话中，佩伽索斯即有双翼的飞马。——译者
②　帕尔纳索斯山在希腊南部，传说为阿波罗和缪斯居住的地方。——译者

始了一场革命,这场革命以牛顿的研究达到巅峰。然而,这场革命并非仅仅是一场被延误了半个世纪的哥白尼革命。确切地说,这门新的天文学根本不是真正意义上的哥白尼天文学(尽管人们仍然常常把这场革命称作"哥白尼革命")。在重建中,开普勒基本上拒绝了几乎所有的哥白尼的假定和方法;所保留下来的,主要是其中心思想,即太阳是静止不动的,而地球每年则在环绕太阳的轨道上运行一周,同时,它每天还自转一周。不过,这种观念也并不是哥白尼最早提出来的,这一点哥白尼很清楚;它来源于他的一位古代老前辈萨摩斯岛的阿利斯塔克(Aristarchus of Samos)①。

　　在大陆漂移理论的历史中,显然也有与上述相同的变化现象。在阿尔弗雷德·魏格纳(Alfred Wegener)于第一次世界大战前发表他的革命性学说到这场革命于 20 世纪 60 年代最终被承认之间,我们又可以看到有着一段明显的时间迟滞。不过,魏格纳所想象的是,各大陆曾经以在海中推行驳船的方式运动着,或被推挤分开,从而,它们就是这样在地壳上运动;而最终革命的发生则是基于海底扩张这一概念,即海底扩张使地壳的巨大断面(板块)以在一边增生、在另一边崩解的方式运动着。由于这些板块可能环绕着大陆的地块,因此,它们的运动就引起了大陆的分离。与上述哥白尼革命的那个例子相同,在这场革命中,魏格纳理论中所保留下来的主要是这一思想:今天各大陆彼此相互所处的位置,与它们在

---

　　①　萨摩斯岛的阿利斯塔克(约公元前 310 - 约公元前 230 年),古希腊天文学家和数学家,其著作已经佚失。他不仅是一位伟大的观测者,首先提出了一种测定太阳距离的方法;而且是一位卓越的理论家,是提出地球围绕太阳运动的日心说体系的第一人。——译者

地球形成时的情况并不相同。

失败的科学革命通常注定会销声匿迹。但一场政治革命或社会革命（例如1848年的那些革命和1905年流产的俄国革命）失败了，它仍然可能是一个很有意义的事件，它可以用来作为社会政治状况或问题的一个标记，依然值得历史学家们去重视［参见 Langer（兰格）1969；Peter N. Stearns（彼得·N. 斯特恩斯）1974；Ulam（乌拉姆）1981］。有些失败了的政治革命，其目标也许仍旧能在一定的程度上在革命以后的时期得以实现。然而，科学史家一般则不考虑革命的失败，除非它们是些"病态的"科学的例子。其所以如此，也许是因为大多数科学史都是由科学家自己写的，他们对历史上真理的成功和发展阶段，比对历史中真理和谬误混杂时的兴衰沉浮阶段更感兴趣。

第三章　鉴别科学革命
发生与否的证据

对科学中的革命的讨论,不可能完全避免这样一组相关的问题:(1)什么**是**革命? (2)我们怎样才能说一场革命是否业已发生了? 乍看上去,它们似乎可能并非是迥然不同的,尤其在相信所有完美的定义一定要具有"操作"成分时更是如此。结果表明,对科学中的革命是否发生,即使没有清晰的定义,也是有可能进行有效的检验的。

库恩(1962)把科学中的革命表征为:当一系列的"反常"已经导致了一场"危机"时所发生的(用他的原话来说)"范式"的转换,这样的表征有助于我们系统地阐述一个定义并进行检验。然而,在试图使反常、危机和范式这三个概念精确化时,我们却又面临着一个三重问题。此外,还有(业已提及过的)这个问题,即并非所有科学中的革命都完全符合库恩的图式。

对于革命由什么构成的定义问题,我也无法轻而易举地给出一个答案。我重申一下,具有历史意义的是,在现代科学存在以来的四个世纪左右的时间中,科学家和科学的观察者们已经倾向于把一些事件称之为革命了。这些事件包括概念的根本性变化,标准的或已经被接受的解释规范中的彻底更迭,出现新的假设、公理,可接受性知识的新的形式,以及包括部分或全部这些性质、同时还具有其他性质的新的理论。牛顿革命带来了具有根本性的万有引力概念,而且实现了用数学语言来表述和发展自然哲学原理的目的;笛卡尔革命被断定是以"机械论哲学"为基础的——它用物质和运动来说明所有现象;对气体的分子运动论、放射性概念等的说明的引入,都是以概率论为基础的,而量子理论甚至对简单的非概率的因果理论予以否认;进化论否定物种是固定不变的,而且,它还引入了一种不允许对个别事件进行预测的科学;相对论不仅敲响了绝对时空的丧钟,而且从根本上改变了显然过于简单的同时性概念;哈维革命提出了这样一种思想:血液通过动脉从心脏流出,又通过静脉流回心脏,它就这样不断地循环着,而且,哈维革命还拒绝了这样一种源远流长并且得到了完全确认的学说:血液只不过是静脉中的涨潮和落潮,它是不断地从肝脏中产生出来的。在所有这些事例中,都出现过通常曾被(而且现在仍被)称作革命的事件。无论我们是否喜欢"革命"这个词,无论我们是否有能力提出一个适用于所有这些例子以及其他一些例子的定义,这都是一个历史事实。

在这里,我的主要目的是弄清楚那些被人们承认已经发生过的革命,而不是抽象地去分析某一个概念,因而,我的研究方法始终都是,考察人们是以什么方式去理解科学中的革命的。而这就需要同时进行一种四项一组的系列检验,这组检验也许普遍适用于过去四个世纪中所发生的所有重要的科学事件。这些检验纯粹是以历史和事实为基础的。构成它的第一部分是目击者的证明,即当时的科学家和非科学家们的判断。我想,在这些目击者中,应该包括哲学家、政治学家、从事政治事务的人、社会科学家、新闻工作者、文学界人士，甚至还有很有修养的外行人。当牛顿和莱布尼茨依然健在，并且仍在为微积分的推导而工作时，丰特奈尔记录下了他作为同时代人的印象：他们的创造已经在数学中引起了一场革命。在牛顿去世后的 10 年中，亚历克西－克洛德·克莱罗（Alexis-Claude Clairaut）①为牛顿的《原理》而欢呼，称它是力学科学革命的"新纪元"。拉瓦锡对化学的根本性改革，被他同时代的许多科学家看作是化学中的一场革命。而很多与达尔文同时代的人，则把进化论描写成一场生物学中的革命。在 20 世纪 20 年代和 30 年代，即大陆漂移说的地位从论著中的革命转变成科学中的革命很久以前，对于许多地球科学家而言，显而易见，魏格纳有关大陆运动的思想将会引起一场革命。所有这些革命都通过了第一项检验——当时的目击者的证明。

　　上述例子中有三个是这样：对革命的发生起着主要作用的科学家（拉瓦锡、达尔文、魏格纳）都明确地说过，他们本人的工作大概会引起一场革命。这种与其他目击者一致的意见，会增加这些目击者们证明的力量。不过，对于这类特殊的证据不足的情况，显然不应看得过重，因为大多数科学家由于科学事业惯例的束缚，常常过于谦虚或过于拘谨，以致不会对他们自己的创造做出这样的

　　① 亚历克西－克洛德·克莱罗（1713－1765 年），法国卓越的数学家、天文学家和地球物理学家，他 18 岁时因其在 16 岁时发表的《关于双重曲率曲线的研究》（1731年出版）而破格当选法国科学院院士；在 1743 年出版的《关于地球形状的理论》中，他提出了克莱罗定理，首次阐明了地球几何扁率与重力扁率的关系，为进一步对地球形状的研究奠定了基础。——译者

评价。[1]而另一方面,假如没有目击者证实事件的发生[例如 19 世纪的孟德尔的科学革命或巴贝奇(Babbage)的科学革命],对于一场科学革命实际上已经发生这类事后的历史评价,我是不会过分相信的。

一个科学家也许会以为,他正在引起或者已经引起了一场革命,尽管以后的事件表明,这样一场革命从未发生过。西默的电学理论和让-保罗·马拉(Jean-Paul Marat)的光学理论就是两个例子。此外,正如我们在第二章中所看到的那样,在许多事例中,科学革命运动根本就未发展成为全面的革命——我们只举几个例子,如催眠术、N 射线以及聚合水等就是如此。因而,我们需要进一步的检验以补充目击者的证明。

第二项检验就是,对据说曾经发生过革命的那个学科以后的文献史进行考察。对写于 1543 年与 1609 年之间的天文学论文和教科书的研究表明,哥白尼的思想或方法并未被采用。由此可以说,这一检验暗示着在那些年月里并不存在哥白尼革命。与此形成对照的是,18 世纪的大部分数学著作——无论是专题论文、报刊上的文章还是教科书,都是按照新的微积分思想(不是莱布尼茨算法,就是牛顿算法)撰写的,从而为丰特奈尔有关微积分的发明是数学革命的新纪元这一论述,提供了具有确证作用的证据。类似地,假如我们把 1687 年以后(含有强有力的万有引力天体力学成分的)数学天文学与《原理》发表以前的天文学加以对照和比较,我们就有了证明牛顿革命的证据。显然,这项检验本身至多能在重构的范围内,就这种情况是否足以构成一场科学中的革命得出一种主观的判断。不过对于在某一特定科学的重要著作中没有发现此种影响这样的否定性判断而言,这种检验却是决定性的。在许多情况中,证据是无可辩驳、不容置疑的(例如,在微积分那个例子中),或者至少是得到了有力的确证。前两项检验结果合起来,向我们强烈地暗示着科学中发生过一场革命。

第三项检验是,称职的历史学家,尤其是科学史家和哲学史家们的判断。这里大概不仅要包括现在的和不久之前的历史学家的判断,而且还要包括生活在很久以前的历史学家的判断。18世纪的历史学家 J.-S. 巴伊就是一个例子,这位历史学家曾撰写过一些与哥白尼有关的16世纪事件的著述。历史学家或具有历史学家头脑的学者们(如哲学家、社会学家以及其他社会科学家)对牛顿革命、化学革命或达尔文革命的确证并不匮乏。把对所有这三项检验的肯定回答结合在一起,就能十分有说服力地令人确信:这些事件就是革命。不过,对于某些时期,历史学家们可能普遍地把它们看作革命时期,但从当时占统治地位的观点来看,这些时期并非如此。一个主要的例子,我们不妨再提一下,就是所谓的哥白尼革命。我们会看到,那种认为在16世纪就已经发生过一场哥白尼的天文学革命的观点,其实是由后来的历史学家们发明出来并使之保留下来的虚构之物,很明显,始作俑者是18世纪的让·艾蒂安·蒙蒂克拉(Jean Etienne Montucla)和巴伊。古代见证者的证明与以后的历史学家的观点之间的这种不一致,也许已经给史学家们提出了警告,劝他们对这种所谓的革命应持怀疑态度。通过对这个个案中的那些事件加以严密的分析就会使人们明白:错误是怎样产生的,它是怎样取决于与开普勒和伽利略相关的那些事件的,而这些事件却是在哥白尼的专著发表(1543)半个或半个多世纪以后发生的。然而,这毕竟是一个历史事实:在大约两个世纪中,历史学家和科学家都曾相信有过一场哥白尼革命。对这种在事件发生很久之后做出的判断,一定要进行批判性考察,尤其当做出这样的判断的人生活在有现代历史证据标准以前的时代时,就更应如此。

　　我认为,"19 世纪的统计学和统计思维领域中曾经有过一场
44 伟大的科学革命"这一判断,是一个正确的历史判断。从阿道夫·凯特尔(Adolphe Quetelet)、J. 克拉克·麦克斯韦、路德维希·玻尔兹曼(Ludwig Boltzmann)以及约翰·赫歇尔(John Herschel)等人的著作中,也许可以发现这场革命的一些模糊迹象。可是我并不知道,对于这场革命,同时代的人是否有过大量明确的阐述(尽管赫歇尔紧接着就进行了评论),就像化学革命期间和达尔文革命期间同时代的人所做的那样。这所意味的也许不是别的,恰恰是我们的无知,它反映出我们对这个问题的历史相当原始的知识状态。既然很少有严肃的史学家关心或曾经关心过概率和统计学的发展,因而,革命的第三项标准在这一个案中就不十分适用了。不过还有第四项检验亦即最后一项检验,它也许适用于统计学革命,这就是当今在这个领域从事研究的科学家们的总的看法。在一个案中,20 世纪的物理学家、生物学家和社会科学家大都认识到,在他们自己的时代,以统计学为基础的物理学(放射物理学和量子物理学)、生物学(遗传学)和社会科学的建立,已经对过去构成了一种明显的突破,而且,已经有过一场统计学革命了。

　　在这第四项检验中,我对现存的科学传统,对构成了正在从事自己事业的科学家所接受的作为文化遗产一部分的神话,给予了

相当的重视。神话在科学中起着某种重要的但却又未得到恰当评价的作用，我敢肯定，这种作用有些类似于神话在一般社会中所起的作用。当然，有关科学英雄和据信是由他们导致的革命的神话，并不能构成过去事件的历史证据，但是，它们却给我们提供了证明某些重要时期确实存在过的线索，这些时期亦即科学发展的形成时期。科学家们对于自己历史的总的看法，加强了另外三项检验所提供的那些证据的说服力。

无论如何，第四项检验并不是完全独立于前三项检验的。显而易见，科学家们有可能受历史学家们的影响，而历史学家们也有可能受科学家们的影响。也许，科学家和历史学家都迷恋某一种悠久的传统，就像在化学革命的个案中那样。甚至一种在错误基础上建立起来的传统，也会对以后的历史学家和科学家的思维产生强烈的影响，就像前面提及的哥白尼革命明显地表现出来的那样。

一个颇具启发性的例子，就是我们这个时代中的地球科学的革命，在这个例子中，所有四项检验的结果都是同样的。这场革命的基本概念是，地球表面的陆地曾经有过而且现在依然有着一种相对的运动，亦即大陆漂移。当阿尔弗雷德·魏格纳在1914年的战争前首次提出大陆漂移理论时，它便被地球科学家普遍地认为是具有革命性的，而且，它在20世纪20年代和30年代得到了广泛的争论（尽管它尚未真正被地质学家和地球物理学家共同体接受）——从而通过了第一项检验：同时代的科学家的看法。此外，魏格纳本人充分地意识到了他的新思想的革命性。在20世纪60年代和70年代，当建立在板块构造思想基础上的新型的大陆漂移

45

理论成为地球科学家信念的一部分时,他们都愿意把这种变化说成是一场革命。地球科学的文献证明,一场戏剧性变化已经在这一学科中发生了,它与一场革命没有什么不同。这样,大陆漂移理论就通过了第二项和第四项检验。最后,在进行第三项检验时我们也许会注意到,历史学家业已写出了一些著作,在这些著作中,大陆漂移思想的出现及其对它的承认,已经被描述为一场科学中的革命。许多历史学家和科学家在讨论大陆漂移理论时,甚至援引库恩的思想,用范式和范式的转换来描述这个主题。在这个例子中,既然我们所有的检验都被考虑到了,那么,对于已经发生了一场革命还能有什么怀疑吗?大陆漂移理论通过了鉴定革命的所有检验。

对于我来说,同时代见证者的证明具有十分重要的意义。在后人的判断中,对革命性事件的考虑,比对革命的长期影响或对革命以后科学史的考虑要少,与此不同,同时代见证者的评价所提供的,则是对正在进行之中的事业的直接洞察。举例来说,这个事实就很有现实意义:查尔斯·达尔文不仅相信他的新思想将会导致一场革命,而且在 1859 年出版的《物种起源》的结论中也确确实实是这么说的。他对“博物学中的重大革命”作了预见,像他这样在已经出版的著作中如此大胆地发表这么一个声明(在这一个案中,就是在重要的出版物中宣布这项发现[2])的科学家实属罕见。达尔文的判断得到了大批与他意见相同的人的附和。拉瓦锡和达尔文对各自思想中所蕴藏的革命的阐述,不仅分别因他们同时代的人的确定性判断而得以加强,而且还得到了后来的历史学家和科学家们所做的评价的支持。不过,自我评价也许是不可靠的。没有几位科学家和历史学家知道罗伯特·西默，而知道他的那些人也很难同意他自己的这种观点：他对电学的贡献是"富有革命性的"。我们得出的这一判断甚至更为令人信服：让－保罗·马拉，不管他自己怎么评价，从未在科学中引起过一场革命。

　　把自己的工作描述成革命性的科学家似乎为数不多。我对这个主题进行了大约 15 年的研究，在此期间得到了许多学生和朋友们的鼎力相助，有些研究助手们的研究成果也使我获益匪浅，而这些年的研究表明，那种科学家直言不讳地称自己的贡献富有革命性（或者认为自己的贡献将会导致一场革命、自己的贡献是革命的一个组成部分）的事例，充其量不过十几个，按年代顺序，这些科学家分别是：罗伯特·西默，J.-P. 马拉，A.-L. 拉瓦锡，尤斯图斯·冯·李比希（Justus von Liebig），威廉·罗恩·汉密尔顿（William Rowan Hamilton），查尔斯·达尔文，鲁道夫·卡尔·菲尔绍（Rudolf Carl Virchow），格奥尔格·康托尔（Georg Cantor），阿尔伯特·爱因斯坦，赫尔曼·闵可夫斯基，马克斯·冯·劳厄，阿尔弗雷德·魏格纳，阿瑟·H. 康普顿（Arthur H. Compton），欧内斯特·埃弗里特·贾斯特（Ernest Everett Just），詹姆斯·D. 沃森（James D. Watson），以及伯努瓦·曼德尔布罗（Benoit Mandelbrot）。[3]

　　当然还有一些人，他们也曾引人注目地说过，他们已经创立了一门新的科学[如塔尔塔利亚（Tartaglia）①，伽利略]或一门新的

①　尼古拉·丰塔纳·塔尔塔利亚（Niccolò Fontana Tartaglia, 1499－1557 年），意大利数学家和工程师，发明了三次方程的解法，并创立了弹道学，其代表作有《新科学》(1537)、《论数字和度量》(3 卷本，1556－1560)等。——译者

天文学(如开普勒),或者,发明了一种"新的哲学探讨方法"[如威廉·吉伯(William Gilbert)]。我们并不指望能发现很多17世纪末以前的明确提及科学革命的资料。在18世纪声称正在引起一场革命的那三位科学家中,唯有拉瓦锡一个人的成果成功地得到了他同时代的人以及后来的历史学家和科学家们同样的评价。

来自同时代的观察者或参与者的有关科学中的革命的证据,显然在一定程度上并不是十分可靠的。较早时期遗留下来的证据可能是偶然的;即使它以某种有形的形式(出版了的报告、日记、笔记、通信以及诸如此类的东西)而存在,它仍然有可能不为当今的历史学家所知。缺乏这种同时代人明确指出一场革命已经发生(或即将发生)的文献,并非总能用来作为没有发生过革命的一种确证。换句话说,这种同时代人的证据,是我们做出一场革命已经发生这一判断的一个充分条件,但并非总是必要条件。

从所论及的时代获得的信息也许是非常有价值的。1858年伦敦林奈学会(Linnean Society of London)会长的年度报告,就是一个很恰当的例子,这一年,达尔文和华莱士(Wallace)发表了他们两人对物种通过自然选择而进化这一问题的首次联合论文。然而那位会长却说,过去的一年,并非是以改变某门科学面貌的一场革命而著称的一年。我们是否应当设想,他对进化论的革命含义的反应是极为迟钝的呢?未必如此。因为我们将会看到,他的报告表明,他是相信科学中会发生革命的,而且他猜想,生命科学中一场重要革命出现的时机已经成熟了。由此看来,他的陈述所要表明的是,并非仅仅宣布有关进化和自然选择等大胆思想就会

47 引起伟大的达尔文革命。对于一场即将发生的革命而言,还需要

有细致而全面的文献证明材料,以及非常完备的理论,就像一年以后达尔义在他的著作中所提供的那样。仅仅阐述了激进的思想并不能导致达尔文革命,达尔文革命是由无可辩驳的大量事实数据与高层次的理论推理之间的相互作用引发的。

　　无可否认,这四项标准终归还是有些主观的标准。显然,它们并非对每一件可能发生的偶然事件都适用。不过,它们至少提供了一些条件,这些条件足以使我们判定革命是否业已发生,而这样的判断也许会得到进一步的研究和批判性反思的支持。

第二部分

历史上对"革命"和 "科学中的革命"的看法

第四章 "革命"概念的转变

政治革命通常被认为是一种突发性的、剧烈的而且是全面的变革,它常常伴随有暴力活动,或者说,至少要动武。这样的根本性变革会有某种颇具戏剧性的特点,它往往能使旁观者看出一场革命正在发生,或者刚刚进行过一场革命。现代初期具有代表性的革命,例如美国革命和法国大革命,都以其改变政治体制而闻名于世,法国大革命则比美国革命来势更为猛烈。在这两个个案中,政府或统治者都被推翻、被抛弃了。通过被统治的人民或他们的代表们的活动,一个新的政府取代了旧的政府。从一定范围上讲,光荣革命也是如此。

到了 19 世纪,革命和革命活动开始超出政府形式这种纯粹的政治考虑范围,并且开始涉足那些基本的社会经济政策领域。结果,"革命"这个词不仅能用于那些导致剧烈的政治变革或社会经济变革的事件,而且还能用于那些旨在实现这种变革的活动(不管它们已经失败还是尚未成功)。因此,马克思和恩格斯在 1848 年的《共产党宣言》中提出了一个革命蓝图,并且发出了进行"一场共产主义革命"的号召。一年以后,马克思指出了"1849 年的一些征兆"(1971,44):"法国工人阶级的革命起义,以及世界范围内的战争"。

自 18 世纪以来,革命不再仅仅是武装起义,不再仅仅是向已被确认的权力提出挑战,不再仅仅是反对或主动放弃对政府的忠诚或服从。也就是说,革命超出了反抗活动或造反活动的范围,它未必会导致一个新型的政府或新的社会经济体系。

一个统治家族替换另一个统治家族或者说改朝换代这类情况,已不再被看作是一场革命了。一般来讲,仅仅与当权者的对立,特别是公开的和诉诸武力的对立,往往被称之为造反——当奋起反抗当权者的活动被证明无论在短期或长期之内都是失败的情况下,尤其如此。例如,我们今天所知道的美国内战,以前曾被称之为南北战争或造反,而在口语中,南部联盟军士兵则被北方人称之为南军士兵(南方佬式的喊叫,则用来指南部联盟军士兵拖长腔的尖声喊叫或呼叫)。英国内战是指保王党的军队与圆颅党人(Roundheads)的军队之间的冲突,以及查理一世(Charles I)被判处死刑、共和体制的建立,而与这场内战有关的那些事件被 17 世纪的历史学家和编年史家爱德华·克拉伦登(Edward Clarendon)称之为"英格兰的造反和英格兰的南北战争"。

革命这个概念的历史,不能与这个词本身使用方式的历史分割开。因为使用方式的历史有着许多与科学中的革命这一课题密切相关的问题。首先,"revolution(革命)"这个词本身来源于晚期拉丁语,作为一个名词,它源于拉丁文的动词"re-volvere",意为"转回",从而也有"展开"、"读完"、"重复"以及"重新考虑"等含义;由此,其进一步的意思为"再现","再发生"。其次,名词"revolutio(绕转)"作为一个专业术语用于天文学(以及数学),始于中世纪的拉丁语。第三,"revolution"这个词逐渐在政治意义上使用,以表示一种周期性的过程或兴衰,它意味着恢复某种以前的状态,而最终则意指一种"推翻"过程。第四,"revolution"这个词与政治事务领域中的推翻过程联系了起来,而后来,"overturning(推翻)"的词义中不再带有"revolution"一词所表示的周期性的含义了;同时,"revolution"这个词开始用来意指具有非同寻常的意义的事件。在对革命进行反思的发展过程中,人们很早就认识到英国已经发生过一场革命(1688 年的光荣革命)以及科学中正在进行着一场革命,这一点具有相当重要的意义。18 世纪初,(与我们今天使用的"革命"这个词意义十分相似的)革命在人们看来不仅与政府有关,而且也会在思想与文化事业领域,尤其在科学的发展过程中发生;人们意识到,到了牛顿时代,一场革命已经在科学中发生了。这个时期值得注意,因为至少有三位不同的科学家认识到,他们个人的研究有可能导致(或者正在导致)一场科学中的革命。

在 18 世纪的最后的 25 年之中,美国革命和法国大革命用事实证明,革命是连续的政治进程和社会进程的一部分,同时,拉瓦锡宣告了科学中的一场新的革命:化学革命。到了这个时候,人们也开始普遍承认,曾经有过一场哥白尼革命,还曾有过一场牛顿革命以及相继而来的一些小的科学革命。

在 19 世纪和 20 世纪,"revolution"这个词被用来指一系列的社会革命事件和政治革命事件,无论它们成功与否。伴随着某一革命运动的形成,大量的革命理论也得到了发展,通过那些忠诚的革命者有组织的集体活动,理论在革命运动中被付诸实践。首先产生的是"持久的"(或持续的或正在进行中的)革命的概念,而不是这样一种革命概念,即由一系列在相对来说较短的时间间隔中一个接一个地聚集起来的事件构成的革命。在 20 世纪,接连发生的大大小小的革命已经使每一个人强烈地意识到,革命是政治变革、社会变革和经济变革的一种规则特征,而且在今天,人们已经普遍承认,它们同样也是科学变革中的一种规则特征。

古 代 的 革 命

若要探索对革命的分析的历史,研究政治理论的学者至少要追溯到哲学家柏拉图和亚里士多德(Aristotle)以及历史学家希罗多德(Herodotus)和修昔底德(Thucydides)那里。尽管古代有不少事业也许可以被称之为革命,但是,希腊人并没有一个同样的专门的词可用来描述它们。希腊的哲学家和历史学家们,喜欢用许多不同的词来描述我们会称之为革命起义和变革的事物。因此,"尽管希腊人的革命有许许多多,但他们却没有一个专门描述革命的词"(Hatto 1949,498)。简而言之,那时的"革命"一词,与我们自 1789 年以来对这个词的理解相比,还是一个尚不明确、尚未充分阐述清楚的概念。阿瑟·哈托(Arthur Hatto)曾对这个词和这个概念早期的历史进行过十分重要的研究。对于柏拉图,哈托指出,"他的理想国会退化成荣誉政治,而荣誉政治又会堕落成寡头政治,如此等等,然后通过民主又退化成僭主政治"(同上),从这种意义上讲,他的所谓"革命"更恰当地说是一种演变。显然,柏拉图本人实际上并没有构想出这么一个完整的循环,而且他也并不相信这一系列事件会一次又一次地重复,因为这要求僭主政治再次让位给理想国。波利比奥斯（Polybius）做到了这一点。波利比奥斯称，他把柏拉图所说的进行了概括。其实并非是柏拉图而是波利比奥斯认为，帝王政治转变成"僭主政治，僭主政治转变成贵族政治，贵族政治转变成寡头政治，寡头政治转变成民主政治"；然后，"民主政治转变成暴民政治，暴民政治又会转变成原始的状态，而这种状态……无疑不可避免地导致帝王政治和一场新的循环"（第499页）。用波利比奥斯自己的话讲，"这就是政治革命的循环，这个过程是自然而然的，在这一过程中，政体会发生变化、会消失，最后则会回到它们的出发点上"。波利比奥斯（*Hist.* VI，9，x）使用了"anakyklosis"（政体循环论）这个词表述这种循环观，把这种循环描述为就像旋转中的轮子［anakyklosis 来源于"kyklos"这个词干，意为环（circle）或轮，是英文"cycle"一词的词根］；"在它的旋转背后起推动作用的是命运之神"（或"命运女神"）。

亚里士多德的《政治学》（*Politics*）第 5 卷讨论的就是革命问题，其中含有对革命循环论的批驳和抵制（V，12，vii）。亚里士多德用来描述"革命"的"惯用语"是"metabole kai stasis"（伴有暴动的变革）；对于没有暴力行为的过程，只用"metabole"（"变化或突变"）这个词来表述。哈托（第 500 页）得出结论说，希腊人显然思考过革命这一概念，而且经历过革命。然而，虽然总能找到一个词来描述这个概念或它的某个词组，可是希腊作者"却不总是选择同一个词，有时要选择两个或更多的词"。其原因也许在于，尽管他们经历过许多革命，既有近期的革命也有原始的革命，但从欧洲"正处于 1789 年的这场革命之中"这句话的意义上看，他们并非是"古代革命"的见证人（同上）。

55　　　　罗马人也没有一个单一的专门用来描述"革命"的词（Hatto
1949，500）。在拉丁语中，与我们的"革命"较为接近的主要词语
是"novae res"（新生事物，革新），但实际上，它所表示的是我们大
概会称之为革命成果的东西。在用来表示革命活动的短语中有：
"novis rebus studere"（为革新而奋斗），或"res novare"（革新）等。
另外两种源于古典时期的说法是："mutatio rerum"（事物的变化）
和"commutatio rei publicae"（政府的更迭）；在文艺复兴时期，这
些语句在亚里士多德《政治学》一书不同的拉丁文译本中保留了
下来。

　　　西塞罗（Cicero）采用并推广了柏拉图－波利比奥斯的制度循
环变化论（*Rep*. 1. 45）："国家政体的这种轮回和好似循环地变更
和交替是颇为令人惊异的（Mirique sunt orbes et quasi circuitus
in rebus publicis commutationum et vicissitudinum）。"在这里以
及其他一些地方，西塞罗用"orbis"（意为轮子，环状物，圆形物，循
环）这个词把这种变化概念描述为一种循环出现的情况。按照
M. L. 克拉克（Clarke）的观点（引自 Hatto 1949，501），西塞罗把
这些变化看作"自然而然但并非是不可避免的"；也就是说，"明智
的政治家可以对它们施加影响并阻止它们"。西塞罗既把这种循
环变化的概念应用于过去的事件上，也把它应用于他那个时代正
在发生着的政治变革上，他谈到了"就要开始的那个循环（Hic ille
iam vertetur orbis）"（*Rep*. 2. 45），或者"已经开始的政局的循环
（orbis hic in republica est conversus）"（*Att*. 2. 9. 1；参照
2. 21. 2）。在他晚年的一部著作［《论占卜》（*De divinattione*）
2. 6］中，西塞罗谈到"某些政治事务的转变"（quasdam conver-

siones rerum publicarum）。在这里，西塞罗使用了这么一个名词"conversio"，它的意思是"转变"，由此，在与我们的"政治革命"相类似的彻底变革甚或是动用武力进行变革这种意义上，就有了"循环的"或"周期"（如四季中周期性变化）等含义；[1]他还这样把"conversio"这个词与"motus"（*Sest*. 99）或"perturbatio"（*Phil*. 11. 27）结合在一起使用。在其著作《天球运行论》的序言中，哥白尼提到他在西塞罗那里发现的一个命题"希塞塔斯（Hicetas）①假设地球在运动"（1978，4）。他所参考的是西塞罗的《学园派哲学》（*Academica*，prior. 2. 123），在那里，西塞罗记述了塞奥弗拉斯特（Theophrastus）②所说的一段话，塞奥弗拉斯特说，按照希塞塔斯的观点，地球"围绕着其中轴飞速地旋转运动"，因而在地球上的观察者看来，天空是运动的。西塞罗的原话是"quae[terra]cum circum axem se summa celeritate convertat et torqueat"，在这里，动词"converters"（作为反身动词使用）意为绕着一个轴线转动或旋转，因此类似于循环这个词。[2]

　　在后期拉丁语中，"revolutio"这个名词有了古典拉丁语中的"conversio"的含义。我们可以举出公元 5 世纪的两个例子：一个是马尔蒂亚努斯·卡佩拉③（Martianus Capella 9. 22）笔下的"恒

56

---

① 希塞塔斯（约公元前 400－前 335 年），叙拉古人，古希腊毕达哥拉斯学派的哲学家，科学天文学的先驱之一。——译者

② 塞奥弗拉斯特（约公元前 371－前 287 年），古希腊哲学家和科学家，亚里士多德的弟子及其吕克昂学院的继任者，植物学之父。——译者

③ 马尔蒂亚努斯·卡佩拉（活跃于 410－420 年），古代后期拉丁散文作家，已知的主要著作有《墨丘利与论学术的联系》、《论语法》、《论辩证术》、《论修辞》、《论几何》、《论数学》、《论占星》和《论和谐》等。——译者

星周期过程"(sidereae revolutionis excursus),另一个是奥古斯丁在《上帝之城》(*City of God*,22.12)中把灵魂的转生描述为许多"通过不同身体的循环"(per diversa corpora revolutiones)。

中世纪和文艺复兴时期

在中世纪,虽然有时起义和某个王朝统治者的被迫下台会在政府中导致一些变动,但从完全彻底且富有戏剧性地摧毁社会政治统治集团的体制这个意义上讲,中世纪算不上是革命的见证时期。1381年英格兰的农民起义具有许多初期革命的特点,其中包括"火烧庄园,毁掉有关土地所有权、猎园等的记录,暗杀地主和律师,以及[100,000(?)人]进军⋯⋯伦敦",在那里,"律师和官员被杀,他们的住宅遭到洗劫,萨伏依(Savoy)[冈特的约翰(John of Gaunt)①的宫殿]被焚毁"(Langer 1968,290)。然而,从革命这个词现在的意义上讲,它还不是一场革命,因为它尚无一个有条理的纲领,甚至并不想终止君主体制或废除贵族统治,即使有纲领,在消除异常的不满或制止暴行方面也是十分有限的。有些学者(Rosenstock 1931,95;Hatto 1949,502)曾经说过,"revolution"这个词现行用法的起源,可追溯到意大利的文艺复兴初期,例如,在14世纪马泰奥・维拉尼(Matteo Villani)的《编年史》(*Croni-ca*)中(4.89 = Villani 1848,5:390),他曾提到过1355年间的

---

① 冈特的约翰(1340-1399年),兰开斯特大公一世,英格兰国王爱德华三世之子,金雀花王朝成员。——译者

"la subita revoluzione fatta per i cittadini di Siena(锡耶纳的市民引起的急剧的单命)"。显然,这里所说的是一场人为的政治事件,而且,这一事件的发生并非是超出人类控制能力的结果。不过,鉴于在另一节(4.82 = 5∶∶384)维拉尼提到这同一事件时使用了这样的表述:"le novitā fatte nella cittā di Siena"(在锡耶纳市引起的变革),而且,他还用 rivoluzione(9.34 = 6∶223)和"revoluzioni"(5.19 = 5∶∶413)来描述一般的政治动乱,所以,正如哈托告诫我们的那样,我们一定要小心谨慎,切不可把这种据说是人类活动结果的单一的"革命"看得太重了。

学者们已经发现了另外几个早期使用"rivoluzione"这个词的例子,不过,在那时通行的用法上,这个词并不是作为一个政治名词或政治概念来使用的。马基雅维利(Machiavelli)在其著作中表明,他的确开始探讨我们所说的政治革命的概念了,他喜欢将习惯上用拉丁语表述的"commutatio rei publicae(政府的更迭)"或"mutatio rerum(事物的变化)"用意大利语的"mutazione di stato"来表示,尽管至少有一次[在《君主论》(*The Prince*)第 26 章中]他写作时是在更为一般的变革的意义上使用"revoluzoni"的(Hatto 1949,503)。到了 16 世纪初,佛罗伦萨的历史学家圭恰迪尼(Guicciardini 1970,81)把政府中的一次变动写成是一场"rivoluzione"。一般似乎都承认,"revolution"的这种新的表示政治变革的含义产生于中世纪末和文艺复兴初的意大利,以后便向北传播开了。[3]

在中世纪和文艺复兴时期,"revolution"这个词的本义是天文学方面的,因此,也许是通过联想、也许是通过派生,这个词还有占

星术方面的含义。但丁(Dante)在意大利语和拉丁语中,乔叟
(Chaucer)在英语中,阿尔法甘尼(Alfraganus,主要由他为但丁提
供天文学方面的信息)和梅萨哈拉(Messahala)在拉丁语译文中,
另外还有萨克罗博斯科(Sacrobosco)①以及其他一些人,在明确
的意义上用这个词记录了所观察到的恒星、太阳、月球和各个行星
的周日运动,还记录了行星(或者被认为是它们所隶属的天球)轨
道上的视运动。在科学革命初期,这个词被大胆地用在了哥白尼
的名著《天球运行论》(1543)的标题中,而且还不时地出现在伽利
略1632年发表的《关于两大世界体系的对话》(*On the Two Chief
World System*)中。在一些历书中也可以看到它;在刊印了许多版
并有数种外文译本的勒雷雄(Leurechon)的《趣味数学》
(*Récréation mathématique*)中[该书的英文本是由威廉·奥特雷
德(William Oughtred)翻译的],在文森特·温(Vincent Wing)类
似的通俗易懂地概述天文学和占星术的著作中,以及托马斯·斯
特里特(Thomas Streete)②的《卡罗来纳天文学》(*Astronomia
Carolina*,1661)中(牛顿年轻时就是从这部书中记录下开普勒第
三定律的),都可以发现这个词。换句话说,从12世纪到17世纪
以及后来,"revolution"这个词经常而且显著地出现在(既用拉丁

---

①   (1)阿尔法甘尼(约 800/805 - 约 870 年),本名为阿布·阿巴斯·艾哈迈德·伊
本·穆罕默德·伊本·卡蒂尔·法甘尼(Abū al-'Abbās A hmad ibn Mu hamma ibn
Kathīr al-Farghānī),波斯逊尼派天文学家,9 世纪最著名的天文学家之一;(2)梅萨哈
拉·伊本·阿萨里(Masha'allah ibn Atharī,约 740 - 815 年),8 世纪波斯犹太人占星
家和天文学家;(3)约翰尼斯·德·萨克罗博斯科(Johannes de Sacrobosco,约 1195 -
约 1256 年),英国(或爱尔兰或苏格兰)学者、修道士和天文学家。——译者

②   (1)文森特·温(1619 - 1668 年),英国占星家和天文学家;(2)托马斯·斯特
里特(1621 - 1689 年),英国天文学家。——译者

语也用本国语撰写的)有关天文学和占星术的专业论文中,并且出现在《神曲》(*Divine Comedy*)这样的非专业性著作中,以表示天体(或它们的天球)旋转360度并且完成一次环行运动或按某一单位计量的这种周期性的(周期循环的)运动。不过"revolution"的含义也扩大了,它可以表示任何旋转或周而复始的情况——从车轮的转动这种物理事件,到象征心中反复考虑某件事的概念。

到了文艺复兴时期,继而在17世纪中,"revolution"开始获得了比其原有的天文学和占星术上的含义更宽泛的意义,其含义大大超出了所列举的数学和物理学事例的范围。[4]一次"revolution"可以是任何一种周期性的(或半周期性的)事物的变化,最后,它可以用来表示任何一些经历一系列有序的发展阶段的现象——循环(意指"转一圈")。甚至文明事物或文化事业的兴衰,也像涨潮和落潮一样,被称作一种循环。所有这些含义显然与该词本来的天文学上的意义有关。

有一个类似的词,这就是"rotation"(自转),有时候,人们会把"revolution(公转)"与它混为一谈。今天,我们愿意明确地去区分物体围绕其轴线的运动(自转)与物体沿着一个封闭的路线或轨道的圆周运动(公转);所以我们说,地球既围绕其轴线进行着周日的自转,又在其围绕太阳的轨道上进行着周年的公转。不过,直到17世纪末,这两个词还时常被相互替换地使用,例如,在牛顿的《原理》(1687)中就是这样。"Rotate"这个词来自拉丁语动词"rotare"(意为旋转或回转);拉丁语名词"rota"意指车轮(从而后来也就有了马车的含义),甚至在比喻时还可以有表示变化和无常的含义。在现代英语的习惯用法中,"rota"这个词保留了下来,以表示轮班或轮流工作的固定秩序,甚或用来表示花名册或人名录。晚期的拉丁语名词"rotatio"使我们有了我们的词"rotation"。

在中世纪晚期和文艺复兴时期,算命的"tarocchi"(塔罗纸牌)像今天的那些纸牌一样,其中重要的一张牌就是"rota di fortuna"或命运之轮。人的命运被假定是由这种命运之轮或"rota"及其转动决定的。这样,也许就有了两种主要的"转动"的根源,人们相信它们影响着甚至决定着人生的进程和国家的进程:一种是命运之轮的转动、旋转或疾驰,另一种是诸天球的绕转。大概,"revolution"这个词的出现可能既与命运之轮因而也与天球关联在一起(亨利·格拉克已经提出了这一看法)。从政治语境内的"revolution"或"rivoluzione"与命运之轮或"rota di fortuna"联系在一起出现的频率中,有可能发现这种关联的证据。在但丁那里,"revoluzione"作为一种表示天国的圆周运动的词出现在《飨宴》(*Convivio*)中;但他并不需要"rota di fortuna"这种想象。尽管轮子的旋转是圆周运动,但这并不意味着,轮子的转动从何处开始,它结束时还将止于此处。因此,虽然对于天球的运动而言,回转、返回或完成一次循环等都有着实际的意义,但对命运之轮来讲却并非必然如此。

59　　有充分的证据可以证明,在中世纪末和文艺复兴时期,有一种普遍流行的信念认为,政府的事物是受正在运行中的行星控制的。尤金·罗森斯托克-休伊斯[Eugen Rosenstock-Huessy(Rosenstock 1931,86-87;参见 Hatto1949,511)]发现了一个德国 16世纪时的例子,在这个例子中,人类历史中的事件与一些行星有关,这些行星"从一开始运行"(in der ersten Revolution)就与黄道十二宫联系在一起。维拉尼(Hatto 1949,510)对 1362 年有过一段记载,其中有占星术所提供的佛罗伦萨人将要出兵攻打比萨人的准确时间。开普勒和伽利略都把为统治者占星算卦当作他们专业工作的一部分。开普勒[1937,4:67;参照 Griewank(格里万克)1973,144]曾认为,彗星的出现是与那些持续的灾祸有关的,这些灾祸"不仅由于君主的去世,而且由于随之而来的政府中的变动[nicht eben durch Abgang eines Potentatens und darauf erfolgende Neuerung im Regimen]"导致了一些苦难。在 1606 年的一封信中,开普勒(1937,15:295-296)批评了占星术"以宇宙的运行为基础[ex revolutione mundi]"对人类历史所做的浅薄的预见。有些图片证据可以表明,伊丽莎白女王(Queen Elizabeth)和路易十四(Louis XIV)的皇权及其君主政体的基础是与占星术联系在一起的(参见图 1、图 2 和图 3)。

生活在文艺复兴时期或者生活在 16-17 世纪的任何人,都会立刻把"revolution"这个词与巨大的时间之轮的展现这一思想联系在一起。时间之轮及其运行这一概念,不仅被用来作为一种纯粹的思想的隐喻,而且还可以用具体的实物形象和物理客体为例对它加以说明。例如,在文艺复兴时期建筑物的钟楼上,谁都能看到标志着时间进程的表针(表针只有一个,即指示小时的时针)连续不断的运行。[5]时间流逝的另一个象征,大概就是天球与太阳、恒星和月球一起运行的过程中每天的视运动。对于时间之轮,也可以根据太阳在其周年视轨道上穿梭于固定的恒星之间的运动做出形象化的描述。天球每天的运转(我们今天把这称之为自转)会带来其从早晨到中午、再到傍晚直至夜间的变化,并且标志着一种

60

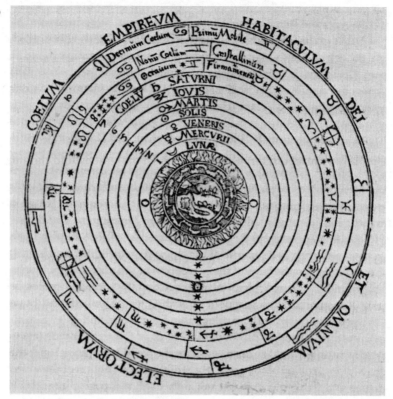

图 1　传统上以地球为中心的有限宇宙。这幅图发表在彼得鲁斯·阿皮
亚努斯(Petrus Apianus)的《宇宙志》(*Cosmographia*，Antwerp，1539)上。
位于中心的是静止不动的地球(以及水和由空气及火构成的天球)，周围
是七个传统上的"行星"天球，这七颗行星分别是：月球、水星、金星、太阳、
火星、木星以及土星。它们的外侧是苍穹天球或恒星天球，再外面是第九
层透明天球，第十层天球是第一推动者。包围所有这一切的是最高天，即
上帝及其所有选民的住所。(承蒙哈佛大学霍顿图书馆惠允复制此图。)

61

图2 约翰·凯斯(John Case)的《国家天球》(*Sphaera Civitatis*，Oxford，1588)。按照弗朗西斯·耶茨(Frances Yates)① 在《正义女神》(*Astraea*，London，1975，64－65)中的观点，《国家天球》是一"亚里士多德主义的关于政治道德哲学的专论"，在该著作中，政治权力和王室的品德与天体的运行有关。正如卷首诗在一定程度上说明的、并且这幅图本身清楚地说明的那样，位于中心的是固定不动的地球，它所代表的是不可改变的正义。里面的天球是市民世界的七个行星天球，月球代表富足，水星代表雄辩，金星代表仁慈，太阳代表宗教，火星代表坚韧，木星代表审慎，土星代表王权。恒星天球包括星法院、贵族、统治者、顾问。最外层天球代表伊丽莎白，承蒙上帝的恩惠，她成为英格兰、法兰西和爱尔兰的女王，信仰的捍卫者。所以，作为神的代表，伊丽莎白女王也就成了"国家天球"的"第一推动者"。(承蒙加利福尼亚州圣马力诺市亨廷顿图书馆恩准复制此图。)

---

① 弗朗西斯·阿梅莉亚·耶茨(Frances Amelia Yates，1899－1981年)，英国著名女史学家，专注于文艺复兴的研究，主要著作有《乔达诺·布鲁诺与赫耳墨斯传统》(1964)、《记忆的艺术》(1966)、《蔷薇十字会启蒙运动》(1972)等。——译者

62

图3　笛卡尔的世界和皇权体系。此图为17世纪的一幅非常生动的版画作品。它"根据哥白尼假说，把世界"描述为旋转的笛卡尔涡旋系统，围绕四周的是客观的恒星涡旋系统。这幅作品的政治意义在于，它展示了在"伟大的路易诞生之际"世界系统的结构，从而把哥白尼的天文学、笛卡尔的物理学和宇宙学与政治占星术连在了一起。（巴黎国立图书馆图片收藏部供图。）

每 24 小时为一天的周期。在一年的进程中,太阳在其轨道上的运行所带来的变化有,日升和日落的位置变化,白昼与黑夜的相对时间长度的变化,以及季节的变化等。

这些周期性变化的重要性质不仅仅在于,从"revolution"这个词本身意味着"转回"这个意义上讲它们是一系列现象的循环或重复,而且在于,在每次这类时间循环的过程中,总有一些戏剧性的重要变化。有什么差别能比得上日夜之间或冬夏之间的差别呢?!它们的差别就像是这样:生命产生,进入成熟阶段,然后死亡,腐烂,最终又复活——亦即地球上生命的循环和来世。天文时间的循环周期包含着一系列变化,这些变化太富有戏剧性了,用"突变"这个词来定义它们是十分恰当的,蒙田(Montaigne)及其他一些文艺复兴时期的作者都曾用这个词来表示某种巨大的变革,而我们则会把与这类变化相似的事件称之为革命。到了 17 世纪,一场"revolution"所指的就是人类事物和民族命运变化的大潮中的一系列事件、一次循环或一种涨落兴衰,或者(或多或少)是以前的某种状态的再现,而在这个系列中单独发生的事物或特别的事件,往往被称作"突变"。不过,即使某个重大的事件或变革并非必然就是某一规则序列的组成部分,但由于它随着伟大的时代车轮的前进及时地发生和形成了,因而,用"revolution"来形容它也还是可以的。也可以用"revolution"来指某一改变了历史的正常进程的事件,例如一个使时代车轮稍稍加快前进的事件,或者一个标志着某一纪元(或"epoca")开始的事件。在 16 世纪和 17 世纪,甚至在 18 世纪,巨大的变革都被称作"revolution",这反映出了对占星事业、对命运之轮、对事物的兴衰或循环以及对时代车轮的前进等进

63

行思考的背景情况。[6]

这种"revolution"的出现,其最有趣的地方也许就在于,它暗示着有些事件是由超出人的意愿和力量的一些因素决定的——或许是由占星事业,或许完全就是由有关(历史车轮的运行导致的)循环演替的规律决定的。因此,人类事件和历史的进程,大概也像恒星、太阳、月球以及行星等的运动那样,遵循着同一个不可抗拒的固定的程序安排,上帝的直接干预能使它们发生变化,就像奇迹中发生的那样。有可能,人的干预也可以引起一场革命,从而超越或在瞬息之间取代由那些恒星的运行所决定的不可抗拒的秩序。

17 世 纪

除了这些用法和含义外,作为表述非循环的巨大变革事件的"revolution"概念,渐渐地出现了。在这一发展过程中我们务必要牢记的是,在 16 世纪和 17 世纪初,"revolution"这个词含有两种显然对立的一般性意义。一种所指的是经历某一循环的诸阶段的具体的活动,它最终能导致一个与以前的某一状态同一或类似的状态,或者,导致这类循环的一种继续或一种无须具有严格周期性的涨落兴衰过程。另一种所指的是,颠覆,推翻,"mutatio rerum"(事物的变化),在国家大事中、在王朝的演替中或者某一个机构中具有相当重要意义的变革等。第一种所要借助的是一个完整的周期或转动 360 度这样的概念;第二种所要借助的则是 180 度的大转弯这样的概念,这种大转弯只不过是一种短时间内的激进的变革,听起来很像是我们 1789 年以后的"革命"(即政治革命)概念。

不过,这二者之间的差别也许未必像乍看上去那么大。因为在此时,人们普遍相信,正如大部分有记载的历史过程中所表明的那样,改进的方式就是回到某个以前时代的那些更好的时光之中。

自古以来,人们就把根本性的改进想象为回到以前的某个状态,即回到某个黄金时代去。把时钟或日历向后拨就构成了进步——这种信念,是与世界本身或生活的环境不断恶化这一概念联系在一起的,按照西方的宗教思想来看,这样一种衰退可以追溯到人类的堕落、被逐出伊甸园之时。在我们当中,有谁的父母不曾对他说过"以前的"情况更好?我们的父母是对的。与没有被冷冻、没有被掺加化学色料和防腐剂、没有被包装在缺少新鲜空气的塑料袋中相比,食物在新鲜时显然味道更好、更有营养。很清楚,在轮船男女服务员的照顾下坐在平安宁静的包舱中漂洋过海,要比 8 个或 10 个人像沙丁鱼似地肩并肩挤在一架宽体喷气客机中舒服得多。毫无疑问,在谈到他们小的时候孩子们更尊敬他们的长辈、举止更有礼貌时,我们的父母也是对的。今天,像我们这样生活在化学战、生物战可能还有核湮灭的不断威胁下的人,没有谁在回顾以往时不把过去的某些最黑暗的日子看作从某种意义上讲比我们现在要好的时代。16 世纪、17 世纪和 18 世纪的社会政治的改革者们,也以同样的方式期待着回到某个更美好的或类似的时代,回到《圣经》所描写的环境,回到受登山宝训①中宣布的正义原则所支配的世界。因此,回到某个更美好的时代、建起"一个天

---

① 指《新约全书·马太福音》第 5-7 章中基督对门徒的教诲,又称基督论道。——译者

65　堂"、恢复如 1649 年平等主义者(Levellers)的《宣言》所提出的[参
见 G. E. Aylmer(G. E. 艾尔默)1975，153]"[存在于]原始基督
徒之中的[自发的]社团"的那些原则，等等，从这些意义上讲，根本
性的变革被看作是"revolution"(返回)。直到美国革命时，"revo-
lution"这个词的确定的含义仍然是恢复，在这里是指恢复《权利
法案》(Bill of Rights，1689)的原则，这项法案对在美国的英国殖
民地上的英国人并不适用。

　　在 16 世纪、17 世纪甚至到了 18 世纪，要想说出某位作者心
中所想的"revolution"是哪种意思：是一种明确的再现(一种循环
现象、一种涨落兴衰)，或是(可能导致某种新事物的确立的)某一
大规模的事件，还是某一系列事件中的一个，并不总是那么容易的
(有时甚至是不可能的)。例如，在 1603 年约翰·弗洛里奥(John
Florio)[①]所译的蒙田的《随笔集》(*Essays*，第 74 页)中有这么一段
具有现代意味的话："综观我们内部的和国内的这些争斗，有谁不
会惊讶地大喊：这个巨大的世界框架正在接近毁灭，审判之日即将
降临，别再念念不忘人们业已看到的许许多多更糟的 revolutions
了吧……?"孤立地看，这段话似乎很像是具有 1789 年以后意味的
一段评论，弗农·F. 斯诺(Vernon F. Snow 1962，169)就是这样
解释的，但是，"许许多多更糟的"这一修饰语的出现暗示着，弗洛
里奥所想的只不过是以前循环出现的事件，甚或仅仅是以前的一
些事件；这一解释得到了以下事实的证实：弗洛里奥的"revolu-

---

　　①　约翰·弗洛里奥(1553－1625 年)，文艺复兴时期著名的英籍意大利语言学
家、词典编撰家和翻译家，因把蒙田的《蒙田文集》翻译成英语而闻名。——译者

tions"指的是蒙田的"choses(事件)"(1595,"97" = 88；1906,204)，而斯诺却没有注意到这一点。在指我们会称之为"革命"的那些事件时，蒙田是用"mutation d'estat"来表述的，此语源于拉丁文的"commutatio rei publicae"(政府的更迭)。

在斯诺提出的另一个例子中(以及他没有提及的一部分翻译中)，无疑大都具有循环的意味。在 1614 年版的威廉·卡姆登(William Camden)①的《文物杂论》(*Remaines*)中，有一章是讨论"服饰"的，在 1605 年的第 1 版中没有这部分内容。在这一章即将结束时(第 237 页)，卡姆登说："据此看来，对于那些厌恶当今流行的小手提包的人，就让他们记住塔西佗(Tacitus)②的话吧。世间万物都是周而复始的，就像一年的四季那样，人们的生活方式也是如此，也有其周期(revolution)性。"显然，这段话包含了塔西佗在类似的情况下说的另一段话中的类似的内容，当然，塔西佗这段原话[*Annals*(编年史)3. 55. 5]中并没有"revolution"这个词："Nisi forte rebus cunctis inest quidam velut orbis, ut quem ad modum temporum vices,ita morum vertantur ..."。

在《哈姆雷特》(*Hamlet*, 5. 1. 98)著名的"墓地"这场戏中，有一个引人注目的例子是，在涉及人类事物和生活时作者用了"revolution"这个词来表述循环。莎士比亚(Shakespeare)笔下的 66

---

① 威廉·卡姆登(1551－1623 年)，英国文物收藏家、历史学家和地志学者，主要著作有《不列颠志》(1586)和《伊丽莎白时期的英格兰及爱尔兰编年史》(2 卷,1615,1617)。——译者

② 塔西佗(约 56—约 120 年)，罗马帝国元老院议员，历史学家，代表作有《历史》(约 12 卷或 14 卷)、《编年史》(16 卷)等，只有部分留存下来。——译者

哈姆雷特对小丑掘出的骷髅说："从这种变化上,我们大可看透生命的无常。难道这些枯骨生前受了那么多的教养,死后却只好给人家当木块一般抛着玩吗? 想起来真是怪不好受的。"莎士比亚是否[像斯诺(1962,168)指出的那样]把"*revolution* 等同于恢复某个人以前的状态,或等同于回到生－死循环过程以前的某个位置"呢? 也就是说,这里是否含有涨落兴衰的意味、或某些作者归之为"命运倒转"的意思? 莫里哀(Molière)所写的"残忍的命运会使我们面临所有大变革"[《普绪喀》(*Psyché*),611－612 行]中,就含有这种意向。

　　17 世纪上半叶,在一般的或非科学的意义上使用"revolution"这个词时,往往是指有几分类似于天文学意义上的循环或半循环现象。因此,在 1611 年的一部词典中,"revolution"只被定义为"旋转一周,环行,回到最初的位置或出发点;循环过程的完成"。不过,"revolution"也渐渐有了表示某一重大的事件和变革的含义。以下这段话摘自詹姆斯·豪厄尔(James Howell)[①] 1646 年所写的一封信,从中我们或许可以了解到"revolution"一词的这两种含义是怎样同时出现的:"我想,后来万能的上帝与全人类产生了不和……因为在这 12 年的时间里,不仅在欧洲,而且在世界各地都出现了一些最奇怪的大变革(Revolutions)和最可怕的事件,我敢冒昧地说,在亚当堕落后,它们就已经在如此短暂的一段时间周期(a revolution of time)内落到了人类的身上。"在"如此短暂

---

　　①　詹姆斯·豪厄尔(约 1594－1666 年),英国－威尔士史学家和作家,其著作中以《霍埃利亚尼书简》(4 卷,1645－1655)最为著名。——译者

的一段时间周期内"这个短语中,豪厄尔(1890,*1*:512)是按照传统的含义和词的本义来使用"revolution"这个词的;但是在"最奇怪的大变革"这个短语中,他也许想到了,也许没有想到那些动荡的岁月中的政治事件。[7]

16 世纪没有经历过我们今天使用这个词所表示的任何重大的或大规模的社会领域和政治领域中的革命。因此,在 16 世纪或 17 世纪初,也就没有什么政治事件或社会事件可用来作为革命理论的具体事例,或者,可为人类创造性努力的领域中的(激烈的甚至是突发的长期变化意义上的)革命提供范例或概念模型。不过,到了 17 世纪中叶,政治剧变使得革命理论和革命概念有了实际发展的迹象,在这些剧变中,有著名的 1688 年的光荣革命——第一个被承认的现代政治革命(关于宗教改革运动,请参见后面的补充材料 4.1)。

光荣革命的历史意义(参见下文),由于人们现在对 17 世纪中叶这一革命出现前几十年的一系列事件的讨论,已经变得有点相形见绌了;对于这些事件,人们今天有时候把它们统称为英国革命——在史学家中,这一名称远不是一种普遍的用法,而其中的许多史学家根本不认为这些事件是一场革命。有的史学家,例如阿克顿(Acton 1906,219)勋爵,把后来出现的光荣革命归属于英国革命,这一事实造成了更多的混乱。对这一所谓的英国革命,几乎从未有人给它下过定义,甚至那些认为发生过这样一场革命的史学家也未予以定义。这场所谓的革命的主要特点是,它是一场不时地被一些戏剧性事件打断的宪政和宗教方面的剧变:英国内战(1642-1646 年),查理一世国王受审并被处决(1649 年),英联邦的空位期和奥利弗·克伦威尔(Oliver Cromwell)控制下的摄政政体。19世纪著名的立宪史专家塞缪尔·罗森·加德纳(Samuel Rawson Gardiner)把历史的这一幕看作是"1625-1660年的清教徒革命"[8],并且,他编纂的那部文献史巨著(1906年)就是以此为题的;但在其中(例如,第 x 和第 xi 页)他也提到过"英国革命"。尽管这场英国革命以暴力活动(内战,弑君)为特征,而且在政体的外在形式(联邦制而非君主制)方面导致了暂时的变化,但是,并没有出现"具有永恒价值的"根本性的政治变革或社会变革。甚至基本的王权神授问题与(建立在选民基础上拥有真正至高无上权威的)议会的权力问题,在光荣革命之前一直没有得到充分的解决。

加德纳(在1886年以及其他的著作中)提出的"清教徒革命(Puritan Revolution)"这一专有名词,所基于的是这样一个显而易见的事实,即与国王作对的主要是清教徒,但使他们发生对立的问题是些经济和政治方面的问题(反对皇室运动的参与者包括许多新兴的商人阶级和工匠阶级的人士,他们要求在政府中能发挥更大的作用,并促使政府减少在金融和贸易方面所加的各种限制)。在清教徒运动中,有一些真正的革命党人,其中最极端的派别就是那些所谓的平均主义者(对他们的这一称呼具有贬义,因为他们笃信民主和平等)。平均主义者曾两度败在克伦威尔手下,而**"他们所希望的'革命'一直没有发生"**(Aylmer 1975,9)。他们想废除垄断和特权(但不废除私有财产),他们要确立的是普遍的"男户主的选举权",而不是"无条件限制的成年男子的选举权"(第50页)。他们的目的是要通过激进的议会改革、地方行政官员和其他官员的选举、政府部门的更迭、政府的分权和对其权力的严格限

68

制,以及君主政体和贵族院的废除等一系列步骤,使政体模式发生革命。

当今最重要的论述英国革命的作者克里斯托弗·希尔(Christopher Hill)在《革命的世纪》(*The Century of Revolution*,1972,第 11 章,第 165 页及以下)中断言:在"1640－1660 年的 20年中……许多方面都可以与 1789 年的法国大革命相比拟的""一场伟大的革命发生了"。它之所以是一场"伟大的革命",乃是因为"基于法国模式的君主专制制度一去不复返了"。"专制政府的工具,星法院和高等宗教事务委员会,被永远地废除了",而"议会对税收的控制则被确立了"。不过,希尔又认为,这"是一次很不完整的革命","在 1640 年到 1660 年期间,曾经有过两次革命,其中只有一次成功了"。希尔还坚持认为,曾经有过一场"伟大的人类思想中的革命"——这是一项"具有普遍意义的成就……即政治问题也许可以通过讨论和辩论来解决","效用和权宜问题比神学或历史更为重要",而且,"无论是文物研究还是在《圣经》中寻章索句,都不是导致国家的和平、秩序及繁荣的最佳途径"。有鉴于此,我们应当同意希尔的这一观点,即它构成了"一场如此伟大的思想革命,以至于我们难以想象在此之前人的思想活动是怎样进行的"。在这同一本书中,通过把"受挫失败的""清教徒革命"与"不可改变的思想中的革命"进行对比,希尔总结了自 1640 年到 1660 年这20 年的影响。后者包括"王政复辟后组成皇家学会的那些人导致的科学革命"和"这一皇家学会要尊崇的散文革命"。

19 世纪以前,人们一般不把这场所谓的英国革命称之为革命;在其出现的世纪中,人们把它称作"大叛乱"和"内战"。19 世纪的史学家和政治家弗朗索瓦·基佐（François Guizot）撰写了一部十分有影响的 6 卷本的《英国革命史（1826 - 1856 年）》［*Histoire de la révolution d'Angleterre*（1826 - 1856）］，在这部著作中，他把法国大革命与英国革命（二者都以弑君为特征）进行了对比，并且对英国相对温和的革命学说大加赞赏。这部书特别令卡尔·马克思怒火中烧，他在 1850 年一篇重要的文章中对基佐进行了抨击。马克思和恩格斯在许多著作中讨论了英国革命（当然也讨论了光荣革命）。到了 20 世纪，许多有关英国史的著作都把英国（或清教徒）革命与光荣革命相提并论。[9]

光荣革命

尽管 17 和 18 世纪许多历史和政治书籍的著者把英国革命称之为一场革命，但在当时，它并没有被普遍认为是逐渐发展的政治革命概念的具体体现，我们这里所要追溯的正是这种概念的历史。确切地讲，思想主流中的第一次现代的革命是光荣革命，这也许是因为，它所导致的变化是持久性的。18 世纪中叶，在法国的《百科全书》（*Encyclopédie*）关于"革命"的词条中，光荣革命被列为典型，而英国革命甚至没有被提及。在第 1 版的《不列颠百科全书》（*Encyclopaedia Britannica*，1771，3：550）中，"政治中的"革命被说成是意味着"政府中的重大变化或转变"。从这种意义上讲，革命这个词被"显著地"用来表示"1688 年英格兰事务的重大转变，在这一年，詹姆斯二世（James II）国王放弃了王位，奥兰治亲王（Prince of Orange）和王妃被宣布为英格兰的国王和王后"。40

年以后,在出版第 4 版时(1810,17:789),《不列颠百科全书》列举了四种含义的政治革命:"所谓英国发生的**那场革命**"(光荣革命,1688),"美国革命","18 世纪末左右波兰发生的革命"(这场革命使波兰被奥地利、普鲁士和俄国瓜分了),以及"法国大革命"——"无论从伴随它所发生的事件或由它产生的结果来看,它都是所有革命中非凡无比的革命"。

光荣革命由两大事件和导致它们的两个阶段组成:詹姆斯二世的逊位,威廉和玛丽(William and Mary)的即位。与历史上后来的大部分革命不同,尽管这场革命也伴随有大规模炫耀武力的情况,但相对来说它是比较和平和不那么血腥的。革命使君主国的天主教路线改为新教路线,并且使王位继承人永远是新教徒有了保证。无论如何,这场革命有一个十分重要的意义深远的步骤,这就是它证明了国王的权力并非绝对是神授之权,而需经过被统治者、至少是代表被统治者的议会的认可和同意。当詹姆斯已经(据宣布是这样)"放弃了"统治权,因而人们说王位出现"空缺"时,这种情况就发生了;他"并没有被宣布已经被'废黜',或已经'forfaulted'亦即'丧失了'王权"[参见 George M. Trevelyan(乔治·M. 特里维廉)1939,145];"'空缺'这个词已经在理论领域中打破了神圣的世袭权",而《王位继承法》(Act of Settlement)把王位共同授予威廉和玛丽,则从实践上打破了这种权力。在 1689 年的一年里,英国人的一些权利和特权在构成《民权宣言》(*Declaration of Right*)的一系列"条款"中得到了详细的说明,这一法律文件提出了一些威廉和玛丽要当国王和王后必须接受的条件。除非他们接受已公布的对皇权的限制,否则他们就不能登上君主的宝座。

70

在威廉和玛丽同时接受王位和《民权宣言》时,他们在形式上同意了一项契约,该契约无须进行根本性改动已有三个世纪了。英格兰已经"有了一部宪法草案",它已经在发挥作用并且已经奏效了。但是我们必须注意到,《民权宣言》"并没有引入任何新的法律原则,甚至没有提及对不信奉国教者的宽容和法官的终身制等问题,尽管大家完全同意,立即进行这两方面的改革是非常必要的"(Trevelyan 1939,150)。

今天,光荣革命所具有的革命性看起来也许是微乎其微的,尤其与法国大革命和俄国革命相比,更是如此。但在随后的 18 世纪中,像保守的大卫·休谟(David Hume)和激进的约瑟夫·普里斯特利这些具有不同政治观点的人一致承认,君主的统治者要得到被统治者的同意和认可这一原则很有意义。在普里斯特利看来(1826,286-287):

> 我们历史上最重要的时期,就是威廉国王统治下的革命时期。正是在那时,在经历了多次动荡、经历了权力机构的不同成员为争夺权力所进行的频繁的争斗(参与者中有些人付出了巨大的血的代价)之后,我们的宪法终于确立了下来。像这样非凡并且取得了如此可喜成就的革命,直到近年来美国和法国发生了更加非凡的革命之前,恐怕在世界历史上都可谓是无与伦比的。正像休谟先生所说的那样,这场革命割除了一些以世袭权为依据对权力的要求;当一位王子被选中时,他要在一些明文规定下才能获得王位,并且要把他的权威建立在与人民权利相同的基础上。

对大多数英国人来讲,这是一场仁慈的革命。毫无疑问,光荣革命因此有助于在思想上把革命与进步观念连在一起。

在光荣革命中,进步与保守形成了鲜明的对比,在一篇题为 71 《英国革命》("The English Revolution")的文章中,阿克顿勋爵(1906)用一种戏剧性的方式描述了这两个方面。阿克顿在文中介绍了伯克和 J. B. 麦考利(Macaulay)的观点,他说,他们"曾煞费苦心去证明,1688 年的革命不是革命性的而是保守性的,它只不过是对近代错误的纠正,而且又回到了古代的原则那里"。这场革命"基本上是君主政体方面的",而"统治阶级没有发生什么变化",也就是说,"没有出现从社会的贵族势力向民主势力的力量的转换"。无论是在非常议会中还是在随后的《权利法案》中,根本没有提到"自由政府,宗教自由,国民教育,解放奴隶,贸易自由,救济贫困,出版自由,政府团结,辩论公开等"。尽管如此,阿克顿依然认为,这场革命"是英国这个国家有史以来所做的最伟大的事情"。缘何如此?因为"它在契约基础上建立起了国家政权,并且订立了这样一条法律原则,即违背契约就会丧失王权"。既然是"议会授予王权,并且是在一定的条件下授予王权",议会"在行政方面和立法方面就成了最高的机构":"这一切并不是恢复原状,而是转化"(第 231 页)。

光荣革命有两个主要的方面,即具有重要意义的政府形式的改进和恢复一些更为古老的原则或状态,在把它们连在一起时,光荣革命使本意为循环的"revolution"这个词的用法有了发展,即可用它来表示变化所具有的非凡性。最终,随着这个世纪的消逝,

"revolution"演变成了这样一个词：它主要是指某种全新的事物的引入，就像美国革命和法国大革命那样，而且不再指重新肯定或复辟了。

在第16版《不列颠百科全书》(1823，17：789)关于政治革命的综合词条中，对光荣革命所带有的恢复旧状的色彩阐述得很清楚。该条目说，这场革命不仅确定(重新确定)继承人应为新教徒，而且宪法要"恢复其原有的纯洁性"。此外，这一"重要事件""巩固了"——而不是确定或首次提出了——"不列颠人的权利和自由"。这类似于克拉伦登(1674年去世)在其所著的《英国叛乱和内战史》(*History of the Rebellion and Civil Wars in England*，第11编，第207节)中对"revolution"这个词的使用。克拉伦登把1660年王政复辟后随之而来的局势，描述成这样一段时期："王室中许多受排斥的成员良心丧尽，义愤泯灭，他们忍气吞声，许多年没有对王室采取更进一步的步骤，一直到革命时为止。"

在托马斯·霍布斯(Thomas Hobbes)有关长期国会(Long Parliment)的历史的著作中(1969，204)可以看到，他表述了一种与上述几乎相同的有关恢复旧状或循环的政治含义，而且他的表述颇有说服力："我已经从这场革命的过程中观察到了最高权力的循环运动，这一循环是在一父一子两个篡位者之间进行的，从已故国王开始"到他的儿子终止。最高权力的循环"从查理一世国王到长期国会；又从长期国会到残余国会(the Rump)；再从残余国会到奥利弗·克伦威尔；然后又从理查德·克伦威尔

(Richard Cromwell)①回到残余国会;由此又到长期国会;再从长期国会到查理二世国王,循环往这里有可能滞留很长时间"。克拉伦登伯爵在 1660 年 9 月 13 日《论军队的裁减》("Speech about Disbanding the Army")的演讲中,曾诉诸了另一种循环,即行星的周期性运行:"**占星家们**进行了似是而非的辩解(但愿它是真的),即过去 20 年间的所有这些运动[!]已经成了非自然的运动,而且它们都是由一颗邪恶之星的罪恶影响引起的;尽管存在那些星辰的影响,但对我们没有多大的妨碍。还是这些**占星家们**向我们保证,那颗星星的邪恶被终止了;天国仁慈的**守护神**逐渐占了上风,并且制服了邪恶势力,而我们原来那些仁慈的星辰又重新统治我们了"[《国政短论集》(*State Tracts*),1692,3]。

我不知道,人们首次把 1688 年的革命称之为"光荣的"是什么时候,不过我知道,在当年,约翰·伊夫林(John Evelyn)在写给塞缪尔·佩皮斯(Samuel Pepys)②的信中问道,究竟怎样"我也能在这场惊人的革命中为您效劳呢?"[10] 在第二年,一本教科书中提及了"这场伟大的革命"。早在 1695 年,人们就用"revolutioneer"("参与革命的人")这个词来指支持 1688 年诉诸革命解决问题的那些人。据说《国政短论集》(1692)中 1660 — 1669 年的那卷曾打

---

① 理查德·克伦威尔(1626-1712 年),奥利弗·克伦威尔的第三子,第二位统治英格兰、苏格兰和爱尔兰的护国公,但其统治仅维持了 9 个月(1658 年 9 月 3 日-1659 年 5 月 25 日)。——译者

② 约翰·伊夫林(1620-1706 年),英国乡绅、作家,皇家学会的创始人之一,写有美术、林学、宗教等方面的著作 30 余部,最著名的是其终生之作《日记》;塞缪尔·佩皮斯(1633-1703 年),英国政治家、文学家,曾任海军部首席秘书、下议院议员和皇家学会会长,约翰·伊夫林的好友,以其日记而闻名。——译者

算"说明新近的那场革命的必要性,并阐明它的合理性"。18 世纪初的几十年中,也曾有过许多关于 1688 年革命的论述;在塞缪尔·约翰逊博士(Dr. Samuel Johnson)的《英语语言辞典》(*Dictionary of English Language*,1755)中,"revolution"的第三个定义为:"政府或国家状况的变动。我们用它来……表示在承认威廉国王和玛丽女王后所产生的变动。"

在法国,持保守的天主教观点的人并不认为诉诸革命是件有益的或光荣的事。毋宁说,人们所看到的只是一种循环,以及被处死刑的查理一世和仓皇溃逃的詹姆斯二世之间的一种相似,他们二者都曾是信奉天主教的君主,并且都失去了各自的王位,他们都被新教徒取代了:一个被克伦威尔取代,另一个被奥兰治的威廉取代。有人担心,在法国也会出现类似的革命循环,这种担心是很自然的。法国耶稣会士皮埃尔·约瑟夫·奥尔良公爵(Pierre Joseph d'Orléans)所著的《英格兰革命史》(*The History of Revolutions in England*)的一个主题就是,在这些事件中并不存在什么不可抗拒性。诚如他将此书(1711 年被译成英文,1722 年又刊印了第 2 版)题献给路易十四时所说的那样,"过去之事[英格兰革命]……未能制止,非陛下之过"。若路易之"忠告得以采纳",且其"继承者亦纳谏如流,则**英格兰国王仍会雄居于其宝座之上**"。

然而,法国的新教徒们在 1688 年的革命中看到了新的希望。在那一年的年末,皮埃尔·朱利厄(Pierre Jurieu)[①]在《牧人书简:致巴比伦监狱中呻吟的忠于法国的人们》(*Lettres pastorales*,

---

① 皮埃尔·朱利厄(1637－1713 年),法国新教领领袖。——译者

adressées aux fidèles de France qui gémissent sous la captivité de Babylone)中,表述了他这位新教徒的希望:这场"伟人而惊人的革命无疑将导致其他一些革命,这些革命毫不逊色于"(引自Goulemot 1975)威廉和玛丽继承王位的革命。朱利厄可能发现了希望,"无须流血、炮火和刀光剑影,反基督教者[即路易十四]的暴政就会崩溃"。1691年,在讨论查理一世被处决和克伦威尔的飞黄腾达时,天主教徒拉格内(Raguenet)诉诸了这样一种想象:"那些无所事事的和不安分的灵魂讨厌过持续安定的生活,他们喜欢革命;简而言之,所有那些希望在变革或普遍的动乱中获益的人,都愉快地加入了这个阴谋集团,并且不遗余力地促使其成功。"

概念的扩展

让-马里·古勒莫(Jean-Marie Goulemot)在他的《语词、革命和历史》(*Discours,révolutions,et histoire*,1975)中曾经指出,在17世纪最后的10年中,法国人在谈到1688年的英国革命时,相当广泛地使用了"revolution"这个词和这个概念,当然,他们谈及这场革命时并不是把它当作什么"光荣的"事情,而是当作新教徒对已经建立起来的君主制的一种威胁。古勒莫特别追溯了17世纪末18世纪初文学作品(悲剧和浪漫小说)中的革命观念以及史学著作中的革命观念。他所发现的丰富的事例表明,"revolution"这个术语和这个概念正在民间逐步流行起来,这些例子有助于说明人们在这些年间采用了这一观念,即在数学和科学中发生过革命。[11]遗憾的是,这部杰出的著作虽然相当详尽地阐明了作者有关 17 世纪的革命观念的主题,但由于受到 20 世纪 50 年代、60 年代和 70 年代的各种政治事件强有力的和公认的影响,它却没有坚定不移和始终清晰地区分 17 世纪的观点和作者本人的解释。在涉及"revolution"这个词的实际出现时,尤其是这样,(正如某个 20 世纪的思想家所看到的那样)作者的观点不同于他所分析的那些著作中的某种关于"revolution"的观念。即使在所举出的例子中,作者也并非总会进行真正谨慎的尝试,以便揭示出"revolution"实际出现时究竟是指一种循环现象,还是指某一件独特的具有重大意义的事件。

　　然而,那些说明"革命"确实发生的例子的数目,为这个含有剧烈变革意思的词和概念的逐渐流行,提供了令人信服的证据。[12]费奈隆(Fénelon)① 的《泰雷马克历险记》(*Aventures de Télémaque*,1699 年 4 月出版)就是一例;在 1719 年以及后来出版的"éditions commentées"(注释本)中,该书"涉及了许多与查理一世的死、查理二世的复辟、克伦威尔的独裁以及詹姆斯二世的倒台等相关联的富有传奇色彩的事件"(参见 Goulemot 1975)。费奈隆在好几章中讨论了"造反"和"造反的原因"(尤其是"政府中的那些达官显贵们的野心和不满")。他描述了三场"虚构的革命",每一场都是在其王子已成了暴君的君主政体中发生的;在其中的两场革命中,暴君被杀死了,在第三场革命中,暴君被流放了。正如古勒莫注意到的那样,其中有两场革命中出现了暴动

　　① 弗朗索瓦·德·萨利尼亚克·德拉莫特－费奈隆(François de Salignac de la Mothe-Fénelon,1651－1715 年),法国天主教大主教、神学家、诗人和作家。——译者

("révolte"),人民揭竿而起,以便获取他们的自由,但他们未能摆脱君主制、建立共和制国家。他们根据继承的合法性或选择性投票,选择了新的国王;因此有人说,这种"革命根本没有创造出一种新的秩序,甚至没有对现行的君主统治模式进行根本性的改革,而是恢复了一种专制政治已经致使其堕落的旧的政治秩序"。费奈隆说,"只有突然出现的暴力革命才能使这个行将倒台的政权回到其自然的轨道上"(引自 Goulemot 1975)。1697 年,在一部题为《绅士考特尼,或英格兰的伊丽莎白初恋秘史》(*Milord Courte-nay, ou Histoire secrete des premières amours d'Elisabeth d'Angleterre*)的小说中,勒诺布尔(Le Noble)描述了一位英王詹姆斯二世的拥护者对英国革命的看法,他写道:"英格兰是一个没有间歇的、革命的大剧场,转瞬之间一片宁静就会变成最猛烈的暴风骤雨,而暴风骤雨又会立即变为一片宁静。"在 17 世纪末的许多法国小说中都充满了革命的精神,这些小说竟然是一些"oeuvres historico-galantes(涉及历史和风流韵事的著作)"。勒诺布尔在《岩洞中的骡子,或穆罕默德五世退位史》(*Abra Mulé, ou l'histoire du détrônement de Mahomet V*)中讲了一个故事,叙述了"1687 年 11 月奥特曼帝国发生的革命,苏丹穆罕默德被废黜,他的兄弟索里曼(Soliman)被推上了王位"。

作为一种天文学概念的转义,"revolution"被用在了有关政治事务甚至生活状况的领域之中,这种新的用法,在 17 世纪弗朗索瓦·波梅(François Pomey)编著的一部法语－拉丁语词典中得到了说明。他的《皇家词典》(*Royal Dictionary*, 3rd ed, Lyon, 1691)有两个各自独立的关于"revolution"的词条,第一个词条的 75

含义是技术意义上的,指传统的循环运动和天体的运行:"*tour, cours des Astres*. Astrorum circumactus, circuitus, circuitio, conversio(天体的环行、运行。星球的运行、公转、自转、循环运动)"。关于"revolution"的第二个词条专用于政治变革方面,指一般意义上的变迁;甚至还被用来指时间的推移和命运的变化无常:"*changement d'état*. Publicae rei commutatio, conversio, mutatio. Temporum varietas, fortunaeque vicissitudo(政府的更迭。国事的变化、变动、变革。四季变迁,命途多舛)"。

在约翰·奥文顿(John Ovington)的《1689 年苏拉特旅行记》(*A Voyage to Suratt in the Year 1689*,London,1696)一书中,可以看到"revolution"这个词新的含义的传播。在书的四个附录中,第一个是"戈尔孔达王国(the Kingdom of *Golconda*)近年来革命的历史"。所讨论的革命看来已经使政府发生了变化,一个傀儡国王从他的大臣们那里夺回了权力,以非常和平的方式成了一个真正的君主。在引言中,奥文顿描述了他从格雷夫森德起航的过程,那是"1689 年 4 月 11 日,**威廉**国王陛下和**玛丽**女王陛下加冕的纪念日"。他说,这艘船被派往东印度群岛,船"作为信使去传播这场非凡的革命的喜讯:通过这场革命,二位尊贵的陛下和平地荣登宝座,全国上下普天同庆"。奥文顿谈到"查-埃格伯(Cha-Egber)反对他父亲的造反"时(1929 年牛津新版,第 108－109 页),也使用了"revolution"这个词,以暗示一种复辟。奥文顿说,他"日复一日地盼望着出现一场如意的革命,那时他就有可能重返**印度**,他所希望的是父亲的去世会把他召回故里"。

在这个革命的新时代,早期的一部关于英国革命的著作具有一种新的现实意义。安东尼·阿斯卡姆（Anthony Ascham）①的《政府的混乱和革命》[*Of the Confusions and Revolutions of Government*，1649；参见 P. Zagorin（P. 扎戈林）1954，第 5 章]是在其 1648 年出版的著作的基础上扩充而成的。他是在一般意义上而非特殊意义上使用"混乱和革命"这个词组的，在光荣革命之后他的这部著作之所以看起来很重要，是因为他对合法的和不合法的君主制政权进行了政治学的探讨。

再介绍一下托马斯·霍布斯和约翰·洛克（John Locke）对"revolution"的使用，我们的讨论大概可以就此为止了。[13]霍布斯完全熟悉"revolution"这个词传统上的科学含义，他在关于几何学和自然哲学的著作中，也就是在这种含义上使用这个词的。他在著述中曾谈到过"逆运行"、"本轮"，以及意指完整循环运动的公转。在其对"英格兰内战的研究"或《比希莫斯》（*Behemoth*，第 4 部分，结论）中，霍布斯把这个科学术语转而运用到政治方面，他（正像我们看到的那样）写道："这场革命"就是"最高权力的循环运动，这一循环是在一父一子两个篡位者之间进行的，从已故国王开始，到他的儿子终止"。

不过，当霍布斯着手"描述一场突然的政治变革"时（Snow 1962，169），他像培根（Bacon）、科克（Coke）、格雷维尔（Greville）和塞尔登（Selden）一样，"使用了诸如'造反'、'叛乱'以及'颠覆'等词"。洛克在《自然哲学原理》（*Elements of Natural Philosophy*）和《人类理解论》（*Essay on Human Understanding*）这两部著

①　安东尼·阿斯卡姆，英国学者、政治理论家、国会议员和外交官。——译者

作中都使用了"revolution"这个词,用来指地球围绕太阳的周年运动〔她的"每年一周的公转(revolution)"〕,并且把太阳说成是众行星"公转"的"中心"〔Snow 1962,172;参见 P. Laslett(P. 拉斯利特)1965,55〕。在政治领域中,洛克曾对弗朗索瓦·贝尼耶(François Bernier)《大蒙古帝国近年来的革命史》(*Histoire de la dernière révolution des états du Grand Mongol*)进行过认真而细致的研究,他仿效贝尼耶用"革命"这个术语来指已经完成的改朝换代。他的著名的《政府论(下篇)》(*Second Treatise*),因其为光荣革命辩论和对以契约为基础的政府理论的介绍而享誉天下,在此书中,"revolution"这个词他只使用了两次(下篇,第 223 和第 225 节),每次都是用来指一种政治上的循环,通过循环,有关政体的观点恢复到了某种以前的状态,因此他提到了"人民迟迟不愿意放弃他们的旧的政体",这种倾向"在这个王国业已见证过的多次革命中,在现代和过去的时代,仍然使我们保留由国王、上议院和下议院组成的我们的旧的立法机关,或者,经过几番毫无结果的尝试后又使我们重新回到了这一制度"。[14]

第五章　科学革命：
对科学革命的首次承认

　　许多历史学家，其中包括罗杰·B. 梅里曼（Roger B. Mer-riman 1938）、H. R. 特雷弗－罗珀（Trevor-Roper 1959）、埃里克·J. 霍布斯鲍姆（Eric J. Hobsbawm 1954）以及 J. M. 古勒莫（1975）等，已经使人们注意到了 17 世纪中叶在欧洲的不同地区——英格兰、法国、荷兰、加泰罗尼亚、葡萄牙、那不勒斯以及其他一些地方——几乎同时发生的起义、暴动或革命。显然，这是一个充满了危机和不稳定因素的时期，并且，看起来似乎存在着一种普遍的革命，而不同地区所发生的事件只不过是这一革命不同的表现形式。那时，正如特雷弗－罗珀所指出的那样，存在着一种"普遍的危机"，这对于当时感觉敏锐的人来说是显而易见的。1643 年 1 月 25 日，杰里迈亚·惠特克（Jeremiah Whittaker）①在众议院的一次布道中宣称："这些日子是令人战栗的日子，"而且，这种"战栗是世界性的：它出现在巴拉丁领地、波希米亚、德国、加泰罗尼亚、葡萄牙、爱尔兰以及英格兰"（参见 Trevor-Roper

---

　　① 杰里迈亚·惠特克（1599－1654 年），英国新教牧师，英格兰长期国会为在圣公会进行改革而召开的威斯敏斯特会议（1643－1652 年）的重要参与者。——译者

1959，31，62n. 1）。

17 世纪也是科学革命的时代。1642 年英国的第一次内战，恰恰始于伽利略的《两门新科学》（*Two New Sciences*）这部运动学的奠基性著作发表 4 年之后，笛卡尔的《方法谈》（*Discourse on Method*）和《几何学》（*Geometry*）发表 5 年之后。牛顿的《原理》是科学革命最重要、最有影响的著作，它出版于 1687 年，亦即光荣革命的前一年；事实上，这本书是奉献给詹姆斯二世和皇家学会的。与 17 世纪的政治革命相比，科学革命在许多方面更为彻底、更富有创新性，而且业已证明，它的影响更为深远和持久。不过，就我所知，还不曾有人把这场科学革命与在同一世纪发生的其他革命联系起来，也不曾有人推测说：在政治领域发挥作用的那种革命精神也许与导致科学巨变的那种精神是同一的。

确定科学革命的深度和广度的最好方法，就是把 17 世纪已经开始成熟的科学学科与其在中世纪末最为相近的学科作一番比较和对照。我们来考虑一下运动的中心问题吧（因为"忽视运动就是忽视大自然"）。中世纪的学者们，按照通常的亚里士多德的观念，把运动理解为从可能到现实的任何一种变化。因此，运动定律并不仅仅限于位移（位置的变化），它还要涉及任何一种能够作为时间的一个函数加以量化的变化，其中包括随着年代的变化而增加或减少的重量，甚或天惠的获得与丧失。在 14 世纪，当学者们对位移加以特别考虑时，他们就充分意识到了，运动既可能是匀加速的，也可能是非匀加速的，而且这些学者还能够从数学上证明，如果匀速运动速度的大小与加速运动速度的平均值相等的话，那么，在给定的时间里，匀加速运动与同一时间内的匀速运动是完全等效的。然而,14世纪的数理哲学家以及15世纪讨论他们工作的那些人,从来没有把这些数学原理应用于物理事件例如落体运动上,以便对它们加以检验。另一方面,伽利略在对这一问题的探讨中并未把这些原理以及其他一些原理看作纯数学的抽象,而把它们看作在经验世界中制约着实际的物理过程和事件的定律。伽利略甚至用著名的斜面实验,对自由落体定律进行了检验和确证,他在《两门新科学》中对此进行了描述。伽利略对这些定律的阐述,与其14世纪的前辈们的阐述相比,并不缺少对数学的应用,不过,他的数学是在物理学语境中表述的,而且用物理实验进行了检验。[79]斯蒂尔曼·德雷克(1978)发现,伽利略的一些笔记,原来记的是一组实际所做的实验(若非如此,就难以理解),这些实验使伽利略发现了这些定律。

　　这个例子向我们表明,通过与数学分析结合在一起的实验来发现原理,在经验的环境中建立起科学定律,以及通过实验检验来验证知识的有效性,这些是多么新颖和富有革命性啊。在传统上,知识是以信念和领悟、理性和天启为基础的。新科学不再把所有这些作为理解大自然的手段了,而是把经验——实验和批判性观察——作为知识的基础和对知识最终的检验。推论像学说本身一样具有革命性。这是因为,新的方法不仅把知识建立在一个全新的基础之上,而且它还意味着,无论对什么人来讲,名家权威的话不再是非信不可的了;人们可以以所掌握的经验对任何一种命题和理论加以检验。因此,17世纪新科学所考虑的,并非是著者或呈报者的资历或学识方面的情况,而是其呈报中的真实性,是他对科学方法的正确理解,以及他在实验和观察方面的技能。现在,就连最普通、最卑微的学生也能对最伟大的科学家所提出的理论和定律进行检验(甚至能指出其存在的错误)。因而,知识所具有的是民主性而不是等级性,并且,知识更多依赖的不再是少数精英的洞察,而是某种适当的方法的应用,这种方法,任何具有足够才智的人都能很容易地理解,而且能用来掌握新的实验和观察原则、了解从数据中得出恰当结论的途径。故此,在科学革命期间对梳理这种方法的人们理应给予很多重视,这样做不足为怪。这些人,如培根、笛卡尔、伽利略、哈维以及牛顿等人,都曾著书立说,阐述了科学探究的方法。

16 世纪末和 17 世纪的科学家们,充分意识到了他们这种直接求助于大自然的探讨方法的新颖性。这种探讨方法在 16 世纪末有关植物和动物方面的著作中是显而易见的。这些著作展示了实在论的一种新的含义,这种含义来源于观察的运用;不仅如此,这些著作还明确地阐明,书中的那些插图都是根据生物实例绘制的。例如,富克斯(Fuchs)① 1542 年的植物标本集中有这样一另页纸插图,它展示了艺术家和木刻家依照摆在他们面前的植物进行创作的情景。在安德烈亚斯·维萨里(Andreas Vesalius)的伟大著作《论人体的构造(或结构)》(*Construction [Fabric] of the Human Body*,1543)中,有一幅另页纸插图展示了进行解剖所需的所有必要的工具。其要旨清晰明了:"自己动手。"维萨里不但希望他的学生－读者们能重复得出他的结果并证实他的发现,从而

---

① 即莱昂纳德·富克斯(Leonhard Fuchs,1501－1566 年),德国医生和植物学家,代表作有《植物志》。——译者

进一步丰富我们的知识；他还明确表示，他的革命性著作是建立在实验事实和可检验的事实之上的。

16世纪对大自然的这种迷恋，在人们对发现新大陆，尤其是对发现南美洲和北美洲的反应中，表现得十分明显。令人感兴趣的恰恰不是陆地的形状或地质沉积物，而是植物和动物等各种生命的形式。这些动物是否是挪亚时代的大洪水冲到那里去的，因而是与欧洲的动物截然不同的呢？也许，它们与那些动物并无关联，是大洪水后特殊的创造物？这两个问题都会令人烦恼，因为看起来，它们的答案似乎与《圣经》是背道而驰的。而在美洲出生的人们的起源这一问题，就更令人心烦意乱了。

在17世纪初的10年中，伽利略制造的望远镜使人们第一次知道了天空是什么样，这使得整个世界都为之兴奋。玛乔丽·尼科尔森（Marjorie Nicolson）[①]为我们记述了欧洲各地的人怀着渴望的心情期待着伽利略望远镜的每一次新的意外发现，她还借助诗人们所用的形象化的比喻，记述了伽利略是怎样迅速做出发现的。1620年，本·琼森（Ben Jonson）[②]发表了一部题为《来自新大陆的消息》（*Newes from the New World*）的假面剧剧本，但它并不是关于美洲大陆的，该作品涉及的对象是天空，尤其是月球，还提及了望远镜——而且，由于要谈到伽利略的发现，总是与他的大名

---

① 即玛乔丽·霍普·尼科尔森（Marjorie Hope Nicolson，1894－1981年），美国女作家、学者和教育家，17世纪文学和思想研究的权威，一生著述颇丰，1971年因其有关科学与文学的关系的开拓性作品而获得科幻研究协会颁发的朝圣者奖。——译者

② 本·琼森（约1572－1637年），英格兰文艺复兴时期诗人、剧作家、评论家，被公认是当时仅次于莎士比亚的剧作家，代表剧作有《福尔蓬奈》、《炼金术士》、《巴托罗缪市集》等。——译者

连在一起,该作品还提到了《星际使者》或《使者》(*The Massage of the Stars* or *The Messenger*,这两个标题对于翻译拉丁语的 *Sidereus Nuncius* 都是适当的)。琼森的剧本是宣告新生事物的作品,它像莫纳德斯(Monardes)①的那部描述美洲药用植物群的题为《来自新发现的世界的喜讯》(*Joyfull Newes out of the Newe Founde Worlde*)的著作一样富有幽默感。具有革命性的科学的新生事物即将来临的预兆出现了。因为伽利略不仅宣布了新的事实、新的信息,而且他很快得出结论说,通过望远镜获得的新的观察数据否证了托勒密体系(这点确实做到了),并且证实了哥白尼体系(这点并未做到)。[1]

科学革命期间的许多开创性的著作,其标题中都使用了"新"这个词。开普勒(1609)出版了一部以物学原理为基础的著作,题为《新天文学》(*New Astronomy*)。伽利略最后一部著作(1638)的题目是《两门新科学》;虽然,这题目也许并不是他选定的,但在谈及他已经发现的许多新的值得注意的事物时,他确实提到过这第三部关于运动的著作。塔尔塔利亚给他的书起名为《新科学》(*New Science*,1537)。冯·居里克(von Guericke)把他用来阐述新发明的空气泵所取得的革命性实验结果的著作定名为《马德堡的新实验》(*New Experiments Made at Magdeburg*,1672)。玻意耳在他许多著作的书名中都使用了"新"这个字。1600 年,威廉·

① 即尼古拉斯·包蒂斯塔·莫纳德斯(Nicolás Bautista Monardes,1493-1588年),西班牙医生和植物学家,其最重要和最著名的著作为《关于从我们的西印度领地进口的产品的医学研究史》(*Historia medicinal de las cosas que se traen de nuestras Indias Occidentales*)。——译者

吉伯发表了一部题为《论磁石……一门被许多论据和实验证实的　81
新的自然哲学》(*On the Maget ... a New Physiology*, *Demon-*
strated by Many Arguments and Experiments)的著作，此书的书
名可谓意味深长。他在献辞中写道："谨以这部"几乎是"全新的前
所未闻的"关于"自然知识"的著作献给"你们，唯有你们，真正的哲
学家，高尚之士，不仅能够从书本中而且能够从事物的本身获取知
识的人"。吉伯知道，在当时，只有一小部分人致力于"这种新的哲
学探讨"。

　　科学革命产生了一种新的知识和获得这种知识的新的方法，
同时也产生出了推进、记录和传播这种知识的新的机构。这类机
构就是那些由志同道合的科学家们（以及其他一些就是对科学感
兴趣的人们）组成的学会或学院。他们会聚一堂，一起做实验，他
们去观看别处所进行的实验工作和对实验的检验，听其成员所做
的有关科学工作的报告，了解其他的科学群体或其他的国家正在
从事的事业。科学共同体的出现，是科学革命的显著标志之一。
到了 17 世纪 60 年代，在法国和英国都有了常设的国家级科学院，
它们都有了官方的杂志，以便于它们各自的成员发表其研究成果。

　　以艾萨克·牛顿为例，我们可以看出，入选成为这种学会的成
员有着多么重要的意义。1671 年，艾萨克·巴罗(Isaac Barrow，
卢卡斯讲座的教授，牛顿的前任)把牛顿新发明的反射式望远镜的
样品带到伦敦，呈交给皇家学会。牛顿的发明受到"称赞"，没过多
久，牛顿就被选为皇家学会会员。牛顿很高兴得到伦敦的科学家
同行们的如此赏识，他随后就写了一封信，询问学会何时聚会，以
便他能够提供一份报告，阐述他所做的有关光和颜色的一系列实

验,这一系列实验是新的望远镜得以发明的基础。牛顿年轻气盛,他写信给已伸出援助之手使他成为其会员的这家学会的秘书说,他的发现是迄今为止对大自然的运行所进行的"最为奇特的"探索。牛顿渴望立即与他新的科学家同事们分享其发现的这种心情,与他后来不愿发表(或勉强同意发表)他的任何发现的态度形成了鲜明的对比,它向我们暗示着,对于一个科学家来说,正式获准成为常设的科学共同体的成员是何等重要。

牛顿论光和颜色的论文有着好几个第一:它是艾萨克·牛顿第一次发表科学著作;它是颜色物理学的第一篇或奠基性论文;它是第一次以文章的形式在科学杂志上发表的重要的科学发现。此外,它之所以令人瞩目,是因为它描述了牛顿的实验以及他由此得出的理论结果,而没有为某个宇宙论体系或神学教条进行阐释;它是不折不扣的科学,这也就是从此以后直至今天我们所理解的这个词的含义。

不断出现的科学共同体所具有的一个革命性特征,就是正式的信息网的建立。这种信息网的确立,部分是依靠个人的出访和相互的书信往来,但主要还是依靠科学杂志和科学报告来完成的。短命的伽利略西芒托科学院(Galilean Accademia del Cimento,即伽利略实验科学院)在一卷本的《短论集》(*Saggi*,1667)中用意大利语发表了其成员的成果。1684 年又出版了英文版,在这个一卷本的英文版中有一幅具有象征意味的卷首插图,表明了意大利科学院是怎样把其传统传播到伦敦的皇家学会的。皇家学会的《哲学学报》(*Philosophical Transactions*)既有用英语发表的文章,也有用拉丁文语发表的文章。为了方便欧洲大陆的读者,把用英语发表的文章也全部译成拉丁语的学报,不久便问世了。《哲学学报》的义摘卷或摘要都是用英语出版的,但很快就被译成了法语,而法国科学院的各项发现,也可以通过英语而获知。17 世纪出版的伟大的科学著作的数量是令人惊讶的,但它们并非像人们通常所料想的那样都是用拉丁语发表的,而是用出版所在国的语言发表的,例如,伽利略的《关于两大世界体系的对话》(*Dialogue Concerning the Two Chief World Systems*,意大利文版,1632;英译本,1661;拉丁文译本,1635),笛卡尔的《几何学》(法文版,1637;拉丁文译本,1649,1659),牛顿的《光学》(*Opticks*,英文版,1704;拉丁文译本,1706)。其他此类的例子还有,笛卡尔的《屈光学》(*Dioptrique*,1637),惠更斯(Huygens)的《光论》(*Traité de la lumière*,1690),以及胡克的《显微术,或对微小生物体的生理学描述》(*Micrographia*,*or Some Physiological Descriptions of Minute Bodies*,1665)。

从皇家学会的首任秘书亨利·奥尔登堡(Henry Oldenburg)大量的书信往来中,我们可以看到信息网正在发挥着作用。1668 年,奥尔登堡在写给当时在巴黎的惠更斯的信中,表达了学会想与他交流的愿望,并希望他向他们介绍"他在有关运动问题方面所作出的发现",即使他"认为还不适宜用书面形式发表[这一成果]"。奥尔登堡还问惠更斯,是否"愿意向他们透露他的有关理论,以及作为其理论根据的有关实验"。惠更斯同意了,"毋庸置疑,他的成果寄来时,学会将在他们的登记簿上备案,以便使其在发现方面的荣誉得到保护"。几个月后,惠更斯的原文送来了,克里斯托弗·雷恩(Christopher Wren)对其中的一部分进行了研究。随后有人

"进行了一些实验",用以检验惠更斯的理论和雷恩的理论,由于实验设备的工作不甚理想,诸实验又被安排在以后的一个星期聚会上重做了一次。大概没过多久,惠更斯与雷恩之间的优先权争议就出现了。惠更斯把一份用"密码或字谜"写成的关于新的研究成果的陈述送交给皇家学会登记备案,以此作为"今后保护他的发明或发现的方式",等到有朝一日"他认为适当时再用普通的语言对它们加以解释"。大约 20 年以后,爱德蒙·哈雷力劝牛顿把一份对他的发现的说明递交皇家学会备案,以保护他的优先权。时至今日,仍然可以从登记簿上查到牛顿 1684 年秋天所写的小册子《论运动》(*De Motu*),牛顿著名的《原理》,就是后来在此书的基础上扩充而成的。

科学社团和科学院在建立发现和发明的优先权的记录制度方面的作用,是科学革命另一个重要的标志。科学革命是有史以来第一种致力于连续的发展过程而并非为了某一目标的革命。如前所述,政治革命和社会革命往往都有一个明确的目的,即建立某种形式的国家政权或社会制度,尽管人们也许并未料想可以在不久的将来建立这样的国家。然而,新的科学却几乎立刻就被看作是一种发现过程,一种永无止境的研究过程。为了发表和传播各种发现,为了建立能够用来从事发现工作的实验室和天文台以及植物园和动物园,准备工作一应俱全。出版杂志以发表新的成果,为保护发现的优先权而建立备案存储机构,对最富有革命性的进展予以奖励——通过这些方式,持续的变革过程得以制度化。我不知道有什么别的革命或革命运动能使即将到来的持续的革命进程如此制度化。的确,太阳底下还是有新东西的。

　　尽管可以预料,科学是一种对真理永无止境的探索,但人们普遍希望,在医疗方面,科学进步能导致对人类具有实用价值的发明和改进。这类表述出现于 17 世纪初,培根和笛卡尔有关方法论的专著也有这方面的内容。笛卡尔在他的《方法谈》(1637)中写道:要是有个富人能够支持他,就有可能在医疗和卫生保健方面开发出类似于像农业机械化那样的实用技术。培根也反复论述过同样的问题,他论证说,科学——有关自然的知识——将会导致对我们的环境的控制,将会给予我们新的力量。培根很明智地接着指出,这种实际应用与其说是增加舒适的生活用品的手段,莫如说是具有更多的"预示真理和保卫真理"方面的价值。培根这样讲的意思是说,由于新的科学是以经验为基础的,它的原理也就有可能在实际的装置中体现出来。那些体现着新的原理或以新的原理为基础的正在运行的机器,为这些原理所包含的真理提供了确凿的证据。

　　所有这些革命性特点暂且不谈。是什么使得科学革命通过基本的科学进步真正得以实现了呢? 我们已经看到,抽象的运动定律被伽利略的自由落体定律取代了。再进一步,把自由下落这样一种典型的加速运动与匀速的水平运动过程结合在一起,就可以像伽利略指出的那样,勾勒出抛射体的抛物运动的轨迹。17 世纪还见证了磁学的发端。开普勒发现了行星运动的三大定律,这些定律以后均以他的名字命名,他还创造出了现代的宇宙日心说体系亦即我们通常所说的哥白尼学说。牛顿不仅创立了颜色学,而且创造出了一种同时包容新的地球物理学和天体物理学的数学体系。他的万有引力原理,既可以说明开普勒定律和自由落体定律,又可以解释海洋中的潮汐运动和地球的形状。它甚至还可以提供依据,从而在一颗彗星出现四五十年以前便可成功地对它做出预见。在其解释的简洁性方面,在其应用的深度和广度方面,牛顿物理学无疑具有一种革命的影响力。

当然,在我们对大自然的理解中,并非只有物理学会遇到革命。生命科学也很有活力,它在哈维发现血液循环的成就中达到了顶峰,导致了一场生理学的革命。在这里,就像在运动学中一样,革命也具有明确的无可争辩的否证色彩。如果不是亚里士多德本人那就是亚里士多德派的什么人预见说,在空气中,重的物体比轻的物体运动得快,它们的运动速度与它们的重量成正比。可以证明,这是错的,通过实验很容易看到这一点。与此类似的是,盖伦(Galen)曾经认为,血液在静脉中有涨有落,而且还可通过心室隔膜或中隔上的微孔,从心脏的一边渗入另一边。然而,就像亚里士多德的预见那样,盖伦的看法也完全错了。

同时代人的科学革命观

尽管很难否认,科学在 16 世纪和 17 世纪中已经取得了具有重大意义的进步,但有些评述者却宁愿把这些发展看作是改进而不愿把它们看作是革命,有些人甚至根本否认这种确实伟大的进步曾经发生过。在 17 世纪末和 18 世纪初的论战亦即著名的书战(the Battle of the Books)或古今之争(the Quarrel between the Ancients and the Moderns)中发表的那些著作,就是一个例子。由丰特奈尔、约瑟夫·格兰维尔(Joseph Glanvill)、夏尔·佩罗(Charles Perrault)、乔纳森·斯威夫特(Jonathan Swift)、威廉·

坦普尔（William Temple）以及威廉·沃顿（William Wotton）等人①写的著作，甚至在科学和医学领域中也倾向于使用知识的"改进"这一概念，而不使用"革命"。以下事实更令人惊讶：丰特奈尔和斯威夫特在别的语境中却使用了革命这个词，丰特奈尔还把这个词和这个概念用于新数学之中。在谈到厚"今"薄"古"和我们会称之为科学革命的伟大成就时，这些作者（除一人外）似乎都避免使用"革命"这个词。托马斯·斯普拉特（Thomas Sprat）②为皇家学会所写的辩护（1667）几乎与此完全相同，他的这部书致力于展示新科学所取得的成就，以及科学将会带来的（甚至会给语言带来的）种种变化。[2]书中主要讨论的是创新和改进之事，而不是革命。

到了 17 世纪末，科学中的革命开始被人们承认。尽管吉伯、伽利略、开普勒、哈维以及其他一些人都强调他们的研究的创新性，但我尚未发现，在该世纪末以前有过什么明确而清晰地探讨科学中存在着革命的著述。不过，有一封 1637 年用意大利语写的信中却引人注目地提到了哈维研究的革命性。

对于科学革命史的研究而言，这封信确确实实是一份非同寻

----

①　（1）约瑟夫·格兰维尔（1636－1680 年），英国作家、哲学家和牧师，尽管他本人并不是科学家，但他却是 17 世纪末英国著名的自然哲学方法的倡导者和经院哲学的批评者；（2）夏尔·佩罗（1628－1703 年），法国著名诗人、童话作家，以其童话故事集《鹅妈妈的故事》闻名天下；（3）乔纳森·斯威夫特（1667－1745 年），英国著名作家、随笔作家、诗人、政治家、牧师，讽刺文学大师，因其《格列佛游记》等作品而享有盛名；（4）威廉·坦普尔（1628－1699 年），英格兰政治家、外交家、随笔作家；（5）威廉·沃顿（1666－1727 年），英国神学家、古典学者和语言学家。——译者

②　托马斯·斯普拉特（1635－1713 年），英国威斯敏斯特教长，对语言改革颇有影响；主要著作有《伦敦皇家学会史》（1667）和《亚伯拉罕·考利先生生平和著作陈述》（1668）等。——译者

常的文件。它清晰地说明了科学中的新发现是怎样被人们发觉具有革命性的,不过它也表明了,用单一的一个词来描述这种革命性是何等的困难。这封信写于笛卡尔的《方法谈》和《几何学》出版的那一年。写信的人是拉法埃洛·马吉奥蒂(Raffaello Magiotti),罗马的一位牧师和科学家。他将此信寄给他的一位牧师同行——佛罗伦萨的法米亚诺·米凯利尼(Famiano Michelini),他向他的朋友们,包括上了年纪的伽利略在内,通报了哈维作出并于1628年公布的生理学方面的新发现。他写道,"这就是血液在我们的身体中所进行的循环"。这一发现"足以推翻整个医学体系,就像望远镜的发明已经使整个天文学颠倒了过来,以及指南针[已经产生的]对通商、火炮对整个军事技术的影响那样"(Galileo 1890,*17*:65)。

86 在1637年,用"革命"这单一的一个词或概念来描述哈维发现的革新性还为时过早。也许过了半个多世纪以后才能说,血液循环的发现,将会发动一场"医学革命"。马吉奥蒂使用的动词是"rivolgere"["bastante a rivolger tutta la medicina(足以推翻整个医学体系)"],其意为"使转变"、"思索"(如"前思后想"),有时是指"推翻"。为了确保他的读者能得其要领,他解释了他使用这个词所指的意思,因为在当时,对某一门科学有如此颠覆性的(亦即革命性的)作用的发现并不常见。所以,马吉奥蒂把它的影响与技术上的两个重大突破——黑色火药和指南针的发明作了比较。培根曾说,这组技术上的革新以及活字印刷术,已经使现代世界发生了最为根本的变化。(我们可能注意到,培根并没有使用眼前的"革命"这个词,也没有使用这个词在现在的意义上所意味的"革命"这一概念。)马吉奥蒂实际上是在说,就把一门科学学科颠倒过来这一新的现象而言,既没有适当的名称也没有清晰的概念,这种新现象也不是某种已被认定的事件,它很像已经使世界性的贸易、探索和战争等的性质发生了变化的那些非同寻常的发明。为了有效地阐明他的观点,马吉奥蒂又把哈维的发现与伽利略的发现作了比较。截至 1637 年为止,在科学的任何分支业已做出的发现中唯一最富有戏剧性、并且从推翻旧的学说的意义上讲最具有革命性的发现,就是伽利略所揭示的新的天体现象。伽利略给了托勒密体系致命的一击,他证明,托勒密体系是错误的,而且,数千年以来天文学家所写的论述天空的著作中,没有任何一个有关天体的实际情况的概念是正确的。同样,哈维也指出了,盖伦的体系是错误的,因此,以盖伦的生理学为基础的所有医学体系应予更换。正因为这样,马吉奥蒂说,血液循环的发现所产生的影响可以与"望远镜的发明"相媲美,望远镜的发明已经使"天文学颠倒了过来"。在这种语境下,马吉奥蒂并没有(像他刚才所做的那样)使用"rivolgere"这个动词,而使用了"rivoltare",这个词的意思不仅是"反抗",而且还意味着"完全颠倒"、"翻过来"从而"打翻"、"抛弃"等。

真正把"革命"这个词与哈维发现连在一起的,是威廉·坦普尔爵士在 17 世纪下半叶所写的一篇论文。从作者使用这个词的方式中,我们可以看到现代的"革命"这一概念出现的初期阶段的情况。坦普尔的这篇论文的题目为《论健康与长寿》("Of Health and Long Life"),大约写于 1686 年以前[参见 Homer Edwards Woodbridge(霍默·爱德华兹·伍德布里奇)1940,212],作者在文中谈到了希波克拉底(Hippocrates)和盖伦创立的古代医学体系,谈到了帕拉塞尔苏斯(Paracelsus)"废除全部盖伦模式"的尝试以及他在引入"化学医学疗法"方面的工作,随后他讨论了哈维和血液循环。坦普尔(1821,*1*：73)把这一系列事件称之为"身体帝国中的伟大变革或革命",亦即"医术"或医学帝国中的伟大变革或革命。"帝国"这个词的使用暗示着,坦普尔在这里意指的并不是某个单一的戏剧性事件的出现这一新的含义,而是"革命"这个词在"帝国革命"这个短语中的那种传统的含义。很有可能,坦普尔在别的著述中["Heroic Virtue(《英雄的美德》)",1821,*1*：104]把帝国革命想象为一系列逐渐展开或前后相继的事件。此外,坦普尔本人并非真的相信哈维革命,他说道,对于循环学说,"人们期望着它能够使整个医疗实践焕然一新",但是实际上,它"并没有产生这样的作用"。

在其《古今学问论》[*Ancient and Modern Learning*,1690 (1963),71]中,总体来看,坦普尔所持的是一种厚古的观点。他论证说,古书是最好的,而且——用阿方索十世(Alfonso el Sabio)的话来讲,生活中值得追求的只有"燃朽木、饮陈酒、会旧友、读古书"。他问道:"哪些是我们自认为擅长的科学呢?"在1500年的时间中,"除了笛卡尔和霍布斯大概会自封为哲学家外",再没有什么新的声名显赫的哲学家了。他发现,在天文学中"除了哥白尼体系外,没有什么可与古人相竞争的……新东西了,在医学中,除了哈维的血液循环的新发现外,情况也是如此"。然而,坦普尔坚信不疑地认为,"即使情况属实","这两项伟大的发现也没有改变天文学或医学事业的结论"。因此,尽管这些发现使"发现者获得了很高的荣誉",但它们"对世界的用处并不大"(第

56－57,71 页)。

丰特奈尔在其 1683 年出版的《逝者的新对话》(*Nouveaux dialogues des morts*)一书也讨论了医学中的革命问题。该书中有一段亚历山大学派的医生和生理学家埃拉西斯特拉图斯(Erasistratus)与威廉·哈维[书中称之为埃尔韦(Hervé)]之间的对话。对话开始,由埃拉西斯特拉图斯首先发言,他简要地概述了哈维所报告的奇迹("choses merveilleuses"):血液在身体中循环,静脉把血液从身体末端输送到心脏,然后,血液离开心脏进入动脉,由动脉把血液送到身体末端。他承认,古代的医生以为,血液仅仅表现为一种非常缓慢地从心脏到身体末端的运动,这是十分错误的;他还叙述了世界多么感谢哈维"消除了那个古老的错误"。在接下来的对话中,埃拉西斯特拉图斯承认,现代人能比古代人成为更好的科学家,而且,他们能掌握更完备的有关自然的知识;不过,他宣称,他们"成不了更好的医生",因为古代的医生能像现代的医生一样,为人们医治疾病。

哈维用观察结果反驳说,许多病人的死亡都是由于对血液循环的无知造成的。埃拉西斯特拉图斯回答说:"你相信你的新发现确实有什么用么?"在哈维做出肯定的答复时,埃拉西斯特拉图斯问,为什么现在还像以前一样有那么多的死者走入极乐世界呢?"唉!"哈维回答说,"如果他们死了,那是因为他们身体上的缺陷,而不是因为医生的过错"。在回答结束时,哈维对未来作了一番乐观的评论,他说,到那时世界就会有"闲暇充分利用新近的发现",因为"巨大的效益"将会随着时间的推移被人们发现。在由约翰·休斯(John Hughes)翻译的英文本(Fontenelle 1708)中,埃拉西斯特拉图斯有这样一句刻薄的评语:将来"不会有这样的革命,相信我的话吧"。这就是说,人类以前就获得了"一定的评价有用知识的标准",尽管对它又作了少量的补充,但它永远不会被超过。丰特奈尔在结束这篇对话时作了一番悲观的评论:无论科学家在人体方面可能会做出什么样的发现都是徒劳的,因为"大自然是不可战胜的",而人们还会不断地在注定的时刻死去。

从目前的语境看,这篇对话是极有意义的。首先,丰特奈尔把像哈维("在人体中发现了新的管道")那样的发现,与天文学家发现"天空中的一颗新的恒星"加以比较——这两类发现很少有或者根本就没有什么实际的用途。其次,尽管丰特奈尔恪守笛卡尔哲学,但他却直截了当地反驳了笛卡尔在《方法谈》中所说的那段大话,即如果得到资助,医学研究将会使生命周期无限延长。最后,我们会注意到,丰特奈尔(借埃拉西斯特拉图斯之口)提出的医学中没有革命这一断言,与丰特奈尔本人的这一认识即数学中存在着革命是截然不同的。就此个案而言,对革命的可能性的否认,也许可以说是法国医生普遍反对哈维的伟大发现的一个标志[参见 Jaques Roger(雅克·罗歇)1971,13,169]。虽然笛卡尔本人热心支持血液循环学说,但丰特奈尔可能并不认为,对医学事业来讲,这一发现算得上是什么伟大的成就。事实上,丰特奈尔似乎并非相信,在医学中曾发生过革命。借埃拉西斯特拉图斯之口所说的"不会有这样的革命"这句话,无疑已经表白了丰特奈尔自己的信念,不过,他本人所说的话略有不同。在约翰·休斯的译本中,埃拉西斯特拉图斯说的是:"不会有这样的革命,相信我的话吧。"而丰特奈尔是这样写的:"Sur ma parole, rien ne changera"("相信我的话吧，什么都不会变"）。

化学家和物理学家罗伯特·玻意耳在其 1656 年 11 月所写的一封信中也提到了革命，不过，他是在谈到与神有关的理性努力时才提及革命的：

> 我告诉您一件很平常的事，您就会了解愚蠢人的轻率的推断有可能使他疯狂到什么程度：某些寡廉鲜耻之徒竟然把不可思议的荒谬的事物归咎于上帝，而毫不为之脸红。谈到公开的消息，关于最近之成功全面而完美的消息仅仅限于在议会的大墙之内传播的那些，以致我现在只能抄录报纸，至多只能事先根据报纸去猜测。对于我们新的代表们将会证实什么、或者我们将会得到什么，我不敢妄加猜测，更不敢白纸黑字地写下来；我会毫不犹豫地承认，我的希望和恐惧都有非常特别的动因；而且，我据以预计会有及时雨或猛烈的暴风雨来临的云彩，并不是看不见的未凝结的水气。至于我们的理性事业，我的确可以信心十足地预计，会有一场革命，通过它，神将会成为一个失败者，而真正的哲学会繁荣，这也许会出乎人们的意料。
>
> ［大不列颠图书馆哈利手稿（British Library Harley MS）7003，对开第 179／第 180 页］

在科学语境内，我没有发现玻意耳有过什么类似的陈述［在詹姆斯·雅各布（James Jacob）把玻意耳看作革命者的那部著作（1979）中，也没有提到这类情况］。不过，综观玻意耳那些行文繁冗的论著,如果有人断言说,这些著作连提都没有提过这类问题,那么他一定是一个冒失的学者。

我已经指出,许多 17 世纪的科学家都意识到了他们的成果具有的创新性,而且在他们自己著作的标题中都表明了这一点,一些 17 世纪最伟大的科学家们(吉伯、开普勒、伽利略、笛卡尔、哈维、牛顿)对他们各自研究的非传统的特性作了明确的陈述,他们指出了古代和中世纪的作者的错误,并采取了革命的态度。亨利·鲍尔(Henry Power)①在其所著的《实验哲学》(*Experimental Philosophy*,1664)的结论部分,对新的应用科学作了丰富的阐述。他写道:"这是这样的一个时代,哲学伴随着一场大潮来了。""漫步学派的信徒们也许希望阻挡这一潮流",就像"阻止自由哲学的泛滥"那样。他声言,"一定要抛弃所有陈腐的垃圾,推翻腐朽的建筑,"这是因为,"不得不为一个更为宏伟的、永远不会被推翻的哲学奠定一个新的基础的时刻来到了"。他说,这种新的哲学,"将以经验和感知为基础,详细讨论自然界的各种**现象**,从自然界的本源那里推究事物的原因,这些本源的东西,正如我们观察到的那样,可以被艺术再创造出来并且被力学证明是确实可靠的"。这就"是建立真正的和持久的哲学的方法,除此之外,别无他法"。

我发现,在 18 世纪初的数年中,丰特奈尔的著作中就有了相当早的关于数学革命的陈述,此陈述完全是现代式的而且十分清晰。当时,丰特奈尔正在伏案撰写论述微积分的著作;而微积分是

---

① 亨利·鲍尔(1623-1668 年),英国医生和实验家,第一批当选的皇家学会会员之一。——译者

牛顿和莱布尼茨发明的,它无疑是 17 世纪最富有革命性的知识成果。丰特奈尔在其著作中一而再再而三地借用了"革命"这个新的概念,以对这种数学理论如此不同凡响表示惊叹。这种理论给予科学家的力量,远远超出了人们过去往往不"敢期望"可能会达到的程度。革命只是刚刚开始,但这已经使那些开创者们与在此不久之前还可谓是最聪明、最有经验的数学家们相比,能够更巧妙地解决数学问题。

在医学领域中我们发现,1728 年牛顿去世后不久,W. 科伯恩(Cockburn)医学博士在谈到帕拉塞尔苏斯时,曾明确地在新的意义上使用了"革命"这一术语,甚至还暗示,革命的发生是医学体系发展的一个特征。

三十多年以后,数学家克莱罗为牛顿在理论力学领域中开始的一场革命而欢呼,理论力学是一门边缘学科,它包含了数学和物理学两个领域。值得注意的是,对于牛顿为纯数学和数学物理学做出的伟大贡献,人们对其革命方面非常明确地予以了承认,这是因为,牛顿的成就标志着这场科学革命的顶峰。现在的证据证明了我们的判断,而且更加强调了这一点:17 世纪最富有革命成果的领域是纯数学和理论力学领域。[3]

第六章　第二次科学革命
及其他革命?

　　本书所讨论的科学革命,是对所有科学知识均有影响的革命,从这一点讲,它既不同于本书所讨论的别的革命,也不同于大部分科学史著作中所讨论的革命。这种革命使科学的基础发生了彻底的变化,使实验和观察获得了重要的地位;它提倡一种新的数学理论的理想,强调预见的作用,并且大力宣扬:将来所作出的新发现不仅能使有关我们自己和我们这个世界的知识向前发展,而且还能增加我们对自然作用的控制范围。与之相伴而来的,还有一场组织机构中的革命。对如此大范围业已发生的思想革命和机构革命的认识,自然而然地致使科学史家和其他对历史感兴趣的学者们去探讨:是否还有过(或还将有)其他此类的科学革命?

科学机构中的革命

　　我们在第五章中了解到,科学革命的一个重要的革命特征,就
是科学共同体的兴起,各种学术团体的建立就是其具体体现。在19世纪初的几十年中,这些历史较为久远的学术团体——皇家学会、巴黎科学院(Paris Académie des Sciences),以及它们在柏林、

斯德哥尔摩、圣彼得堡和其他地方的那些小兄弟们——已经无法再容纳大量增加的富有活力的科学家了。于是，产生了许许多多地方的科学组织和专业的科学杂志，如法国的《物理学杂志》(*Journal de Physique*)，英国为物理学界出版的《哲学杂志》(*Philosophical Magazine*)等。随着科学家和科学事业拥护者人数的激增，专业的科学组织如英国地质家协会出现了。罗杰·哈恩(Roger Hahn 1971，275)把科学专业人员和支持他们的各种机构的数量的剧增描述为"19 世纪初的'第二次'科学革命"。

英国科学促进协会(British Association for the Advancement of Science)始建于 1831 年，在法国、美国、德国以及其他国家也都有了与它相应的组织。它的成员人数一般不设限，甚至可以说，它是一个网罗人才的组织。通过与地方团体一起工作，每年在一个不同的城市举行一次会议，以便最终使全国都能成为科学运动的组成部分，这些机构推动了"科学促进"活动的开展。在它的会议上，英国科学促进协会(缩写为 British AAS，传统上这个缩写语的读音是"British Ass")这一原型组织被分成几个科学分部(数学分部、物理分部、化学分部、天文分部，等等)，每年出版的会议记录也是如此。当然，会议期间总有少量的综合性发言和重要的讲演，甚至还有一些可能使一般公众都感兴趣的会议。关于后者，最著名的例子就是英国科学促进协会(BAAS)1860 年的牛津会议，在这次会议上，塞缪尔·威尔伯福斯主教(Bishop Samuel Wilberforce)与托马斯·亨利·赫肯黎(Thomas Henry Huxley)就达尔文进化论发生了争论。

我认为，可以举出一个很好的事例来说明在 19 世纪末叶和

20 世纪最初的几十年间所发生的第三次科学革命。这次革命也有许多是机构方面的革命。首先,在这段时期中,大学真正成了大规模的研究和高等教育的中心,这是过去 100 多年的时间中形成的模式。自学成才的科学家——如法拉第和达尔文这样的业余爱好者——逐渐被这样一些科学家所代替:这些人接受过专门的和高等的学科训练,在进入研究领域前,他们都经过了艰苦的努力并且通常都有学位文凭(文学硕士、哲学博士、科学博士,等等)。像约翰·霍普金斯大学(Johns Hopkins)这样的新型大学,是专门为了研究生的学习和研究而创办的,尽管那些老的大学也设有研究机构。有关后者的例子当首推剑桥大学(Cambridge University)的卡文迪什实验室(the Cavendish Laboratory);另外还有芝加哥大学(University of Chicago)的耶基斯天文台(Yerkes Observatory),以及哈佛大学的比较动物学博物馆等(the Museum of Comparative Zoology)。许多这样的研究部门与大学并无直接关系,例如:研究遗传学的冷泉港实验室(Cold Spring Harbor Laboratory),华盛顿卡内基协会(Carnegie Institution of Washington),以及美国的洛克菲勒研究所(Rockefeller Institute),法国的巴斯德研究所(the Institut Pasteur),以及德国的威廉皇帝协会(Kaiser Wilhelm Gesellschaft)——能斯脱(Nernst)、普朗克以及爱因斯坦都曾在这里工作过。

　　第三次科学革命所处的时代,正是政府中的各种科学管理部门和研究机构建立或扩大的时期。不过,最重要的也许是,这一时期见证了工业实验室的出现和以开发新产品为目的的对大规模科学研究的利用,以及对现有产品制造业的改造和各种标准的建立。

第一个从科学与技术的大范围合作中产生出令人叹为观止的经济效益和社会效益的产业，就是染料化学。19世纪后期，德国颜料化学革命最有意义的一个方面，就是大学、产业部门以及政府为了研制实用的最终产品共同动脑筋、想办法。以科学为基础、需要不同的机构通力合作的技术进步，成了我们这个社会从那时到现在一直具有的一个特征。

提到政府，我们可以直接转向我认为可以算作第四次科学革命的这个话题，这次革命是在第二次世界大战以来的几十年中发生的。[1] 这次革命有两个重要的机构方面的特征，那就是，政府的巨额（如美国在20世纪60年代占国民生产总值百分之三的）经费支出和有组织的研究。第四次科学革命的这两个特征，大概都可以追溯到第二次世界大战期间原子弹的发明和生产方面的巨大开销（同时还有成本略小但生产规模很大的设备如雷达、近爆引信方面的开销），以及各种抗生素的开发和生产方面的巨大开销。今天，在科学的某些分支中（最显著的是高能物理和太空研究），知识的状况与政府愿在某些特定项目上所花费的资金的数额直接联系在一起。在19世纪，达尔文可以在伦敦郊区的达温宅居住几十年，在那里独自进行研究和思考，偶尔做些开销很少但很有意义的实验；然而这种情况，就像所谓火星人做的科学研究那样，在今天的科学家看来肯定是十分陌生和不可思议的。这种差别在于，今天科学家们的绝大部分时间和精力根本不是用在进行直接的研究上，而是用在准备资助申请，查阅别的科学家所写的科学论文和资助申请，撰写现状报告，出席委员会的会议，到外地或国外去参加正式的和非正式的学术研讨会，以及其他的科学会议等。

　　第三次科学革命所处的时期,各种专业化的科学学会宛如雨后春笋,相继出现,其中不仅有像美国物理学会(American Physical Society)、美国化学学会(American Chemical Society)这样的学科组织,而且还有学科内的一些专业团体,例如,美国光学学会(the Optical Society of America),美国流变学会(American Rheological Society),以及植物生理学家协会(Society of Plant Physiologists)等。这些组织为综合性的学科杂志[《物理学评论》(*The Physical Review*),《现代物理学评论》(*Reviews of Modern Physics*)]和各种专业的出版物提供了资助。第四次科学革命是以更新的科学交流形式作为标志的。这些新的形式包括,大规模分发用复印机复制的出版前的非正式文本,有时甚至是某一杂志同意刊用之前的文章,以及出版一些短论[与其一流的老前辈《物理学评论》相比,《物理评论快报》(*Physical Review Letters*)能远为迅速地发表这方面的交流]。在从事相同或不同项目的研究工作者之间能顺利发挥作用的交流网络,即已故的德里克·J. 德索拉·普赖斯(Derek J. de Solla Price)①称之为无形学院(Invisible College)的那种团体,也应运而生了。鉴于今天对"大科学"的财政支持有着十分重要的意义,在政府内新成立了(或改造了)一些机构,以便负责政府的研究基金的组织、评估和分配。在美国,不仅有专门设立的国家科学基金会(National Science Foundation,NSF)和国家健康研究所(National Institutes of Health,NIH),

---

　　① 德里克·J. 德索拉·普赖斯(1922－1983 年),美籍英裔物理学家、科学史家和信息科学家,科学计量学之父,主要著作有《小科学、大科学》(1963)、《巴比伦以来的科学》(1975)等。——译者

而且还有陆、海、空三军中的拨款机构，如国家航空航天局（National Aeronautics and Space Administration，NASA）和原子能委员会（Atomic Energy Commission）等。

科学中的观念革命

到目前为止，对四次科学革命几乎都是从其机构特征方面来描述的。然而，在这四次革命发生的同时，或多或少地总是伴随着一些科学思想方面的变化。[2]那第一次科学革命把实验和观察确立为我们认识自然的基础，并且展示，数学的目标就是为解决科学问题提供密钥，就是成为科学的最高表达形式。随着牛顿《原理》的出版，这场革命到达了顶点，这本书的全名表达了哥白尼、伽利略、开普勒以及其他学者的目的：展示出"自然哲学的数学原理"。在此以后的一个半世纪中，对自然进行数学处理的工作持续进行着，而且在理论力学和天文学领域最为成功；然而，18世纪伟大的化学革命却不是以牛顿的数学模式为终结的。奥古斯丁·菲涅耳（Augustin Fresnel）在19世纪20年代发展的光的波动理论，似乎成了此种意义上的牛顿物理学的另一个领域。牛顿风格可谓第一次科学革命的顶峰，但是显然，它并不能简单地挪用到其他的科学分支当中。

在对这一课题透彻的讨论中，T. S. 库恩（1977，220）使我们的注意力转向了"许多物理科学研究工作特点的一个重要的变化"，这一变化出现在1800年到1850年之间的某个时期，"特别是在被公认为是物理学的那一系列研究领域中"。库恩说，"培根式物理科学的数学化"这一变化,是"第二次科学革命的一个方面"。库恩着重指出了这一事实,即"数学化"只是第二次科学革命的"一个方面":"19 世纪上半叶也见证了科学事业在规模上的巨大增长、科学组织模式上的重要变化以及科学教育的全面重建。"库恩非常正确地强调了"这些变化几乎以同一方式影响了所有的科学"这一事实。因此,要"说明 19 世纪新近数学化的科学有别于同一时期其他科学的特点",还要考虑一些别的因素。[3]

伊恩·哈金(Ian Hacking 1983,493)用一种引人注目的方式把库恩暗示的思想革命和机构变革等想法作了推广。哈金把那第一次科学革命和库恩所谓的第二次科学革命都称之为"大革命",他提出了一种"初始的以经验为据的规则",即每一场大革命必定都伴随有"新的集中体现新趋向的机构"。按照这种分析来看,第二次科学革命不仅包括库恩所说的培根科学的数学化,而且还包括作为新的生物学的达尔文博物学的出现。达尔文生物学在机构创新和思想创新方面都具有革命的特点。它大量地吸收了那些非科学工作者为非科学目的所收集的信息,亦即动物的饲养者和植物的培育者的记录和经验,而且,它实质上创立了一门非牛顿式的科学。这是现代第一个重要的科学理论,它的产生虽事出有因,但并无前兆。尽管生物学者和博物学家渴望有他们自己的牛顿,但是事实却是,当他们的"牛顿"——查尔斯·罗伯特·达尔文出现时,他的理论却缺乏一种《原理》的基本的科学特征。达尔文指出,并非所有科学进步的方式一定都具有牛顿风格的数学特点,科学中的伟大进步也有可能是以非数学的培根方式进行的。此外,我认为,1859 年《物种起源》出版后的讨论形式,是公众大规模地参与科学的一个方面,这种情况是英国科学促进协会秩序井然的机构的一种特征。

第三、第四次科学革命是否也伴随有科学思想方面的变革呢?这类变革是否也是这两次革命的特征呢? 这是一个很难回答的问题。第三次科学革命的涉及面很广,包括三次伟大的物理学革命(麦克斯韦革命、伟大的相对论革命和量子力学革命),多次化学革命,以及数次生命科学中的革命等,生命科学中最有意义的革命大概就是遗传学的创立了。如果我必须选出一种唯一的思想特征,它适用于表征麦克斯韦的贡献(虽然并非恰好适用于他具有革命性的场论)、爱因斯坦的贡献(但不适用于相对论革命)以及量子力学和遗传学等的贡献,那么,这种特征应当是概率的引入。从这个意义上讲,正像第一次科学革命是受简单的牛顿式——对应的物理事件的因果关系支配的那样,第三次科学革命处于这样一个时期:许多科学领域(包括社会科学领域)都引入了一组组理论和解释,这些理论和解释是以概率论而不是以简单的因果性为基础的。

对于第四次科学革命而言,很难想象得出也有这么一个唯一的可以成为其思想标志的特征。不过,有一个事实具有重要意义,那就是,生物学中有相当一部分(尽管绝不是全部)可以被看作简直就是应用物理学和化学的一个分支。同时,在物理学领域中,最具有革命性的总的思想特征,大概就是抛弃了这样一种幻想:存在着一个纯基本粒子的世界,在这些粒子之间只有电的相互作用。

过分强调科学中四次机构革命和四次观念革命的同时性是很危险的,尽管如此,希望有朝一日能辨明知识内容的变化与科学风格的变化之间以及科学研究机构的变革与**从事**科学事业的方式的变化之间的某种因果关系,这种想法依然是很有吸引力的。

历史学家对其他伟大的科学革命的看法

据我所知,"第二次科学革命"这个术语,是由 T. S. 库恩引入科学史文献中的。1961 年,库恩在《伊希斯》(*Isis*)①杂志上发表了一篇论述测量在物理学中的作用的论文,在文中他使用了这个术语。库恩的这篇文章(1977,第 178 页及以下)原是递交给美国学术团体协会(A. C. L. S.)1960 年测量问题学术报告会的一篇论文。[4]其他作者也许已经在库恩之前在不同的意义上提到过第二次科学革命;但我可以断定,正是经过库恩的讨论,这个术语才正式地进入了有关科学史、科学哲学和科学社会学的论述之中。

罗杰·哈恩(Roger Hahn)关于第二次革命的概念提出得较早,但它与库恩的概念大相径庭。哈恩的观点见于他那部著名的研究巴黎科学院的著作(1971,第 275 页及以下),在他看来,第二次科学革命,是"一场关键性的社会变革,它把科学引入了更为成熟的阶段,而且,像 17 世纪的第一次革命一样,它超出了国界"。在描述中,哈恩并没有讨论第二次科学革命期间科学的实际发展,他把注意力集中在作为这种革命特征的机构的变革上即:"一般性的学术社团的衰亡和更为专业化的机构的兴起"以及"各个独特的

---

①　伊希斯(Isis)原本是埃及的生命和健康女神,是丰产和母性的保护者。后来,这个神被引入希腊－罗马世界,被当做海神和天体的创造者来崇拜,并被视为航海的保护神。以她的名字命名的《伊希斯》杂志由美国科学史之父乔治·萨顿(1884—1956年)创办于 1912 年,该刊是科学史评论的专业杂志。——译者

科学学科的专业标准的同时建立"。伴随着第二次科学革命的是各种大学和研究机构的出现，尤其是"高等学术机构中"的"专业学科"的培养。这个时代就是这样，"专业化的实验室"逐渐取代了"17 世纪中叶以来在这一舞台上占统治地位的各种学术团体"。

　　哈恩特别让我们注意这一点，即科学共同体规模的巨大扩充——这一规模因素本身，"迫使机构发生了分化"。他发现，专业化的发展，是各门科学中"学术问题日益专门化"的必然结果，同时，也是"每一学科特有的实验要求的产物"。最后，哈恩还要把专门化的兴起与"科学和科学的直接应用之间差距的不断缩小"连在一起，这种缩小因素，使得"（相对于专门科学而言的）综合性科学的作用，在要求专门技术的情况下，趋于减小"。哈恩看到教育方面出现了一个严重的问题；为了有效地发挥其作用，一个"受过全面教育的工程师或医生"就需要尽可能使知识的专业化达到最高程度，这样一来，"也就不可能同时期望"他"对老的综合化的科学亦即自然哲学有深刻的理解了"。

　　另一位对其他的科学革命进行过探索的史学家是休·卡尼（1964，151－155）。他暗示说，古代中国和古希腊的"科学活动"，"也许可以不无公正地被看作是场革命"，而且，自牛顿时代以来，"还发生过别的科学革命"。他发现，在 19 世纪末 20 世纪初曾经发生过一次与哥白尼革命、伽利略革命以及牛顿革命等相媲美的伟大革命："这场科学革命的伽利略，是苏格兰人克拉克·麦克斯韦，它的帕多瓦（Padua）①是剑桥大学的卡文迪什实验室，它的开

_____

① 帕多瓦是意大利帕多瓦省的省会，11－13 世纪是意大利的主要城市，伽利略曾在这里的帕多瓦大学从事教学和研究达 18 年之久。——译者

普勒则是爱因斯坦。提到这场革命,人们还会联想到另外一些人,如瑞利勋爵(Lord Rayleigh)、卢瑟福、玻尔、薛定谔(Schrödinger)以及海森伯等。"在当前的语境中,卡尼的以下陈述非常有意思:"无论你对第一次科学革命中大学的重要性持什么观点,第二次革命中大学的杰出作用看起来是毋庸置疑的。"他还指出,"政府对科学的赞助与第二次科学革命的关系也值得我们注意"。最后,在书的《跋》中他提出了这样一种见解,"在 19 世纪中还发生过第三次科学革命,其特点与法拉第和克拉克·麦克斯韦的领域中所发生的革命毫无共同之处"。对此他作了如下的说明:"19 世纪还见证了一场同样彻底的时间探讨方面的革命……首先是地球的年龄,其次是人类的年龄,再次是宇宙的年龄,这些最终都被看作是历史探讨的新范畴。这场在人们对世界的探讨方面的革命,像 17 世纪的数学革命一样,因其特有的方式而意义重大。"但是,与卡尼的第二次革命不同,这第三次科学革命并不包括专业机构的革新。而且,在他的介绍中也不包含伟大的达尔文革命,他的介绍只限于物理学领域。不过,他确实提出了一个非常重要的论点,亦即,到了"20 世纪中叶",史学家们不再认为,"哥白尼、伽利略和牛顿等人的成果""会构成一场人类历史上唯一的、空前绝后的科学革命"。

99　　在埃弗里特·门德尔松(Everett Mendelsohn)论述"19 世纪科学的来龙去脉"的一篇文章中[为琼斯主编的著作(Jones 1966)所写的导言],也有对第二次科学革命的陈述。在这部分陈述中,门德尔松强调了"19 世纪科学的社会结构中"的变化,他把注意力集中在新的杂志、新的科学社团以及这样两种组织的发展上:一种是基础广泛的科学组织如不列颠协会（the British Association），另一种是新兴的致力于对科学特定的分支学科进行专门研究的组织。谈到"在其中进行科学实践的社会机构中的那些变革"时，他认为，也许可以把它们称之为"第二次科学革命"。对他而言，这场革命可称作是科学家这一类型的人的根本性改变。门德尔松指出，在17世纪和18世纪，科学工作者大都是业余爱好者。也就是说，他们并非依靠科学实践来谋生，他们或者是一些拥有充足财产、衣食无忧的人，或者是在一些完全不同的行业（如医疗、商业贸易、船舶建造，等等）中的谋生者。到了19世纪，科学家们逐渐开始从中层甚至中下层的社会中产生，从而导致了这样的结果，"在科学本身的实践过程中，19世纪的科学家们不得不为他们所从事的科学活动寻求赞助"。这种变化的一个明显的特征就是，科学共同体要"意识到其成员的职业需要"，结果，"在寻求对科学家的认可和支持上花费了大量的时间"。

历史学家斯蒂芬·布拉什（Stephen Brush 1982）也对两次科学革命提出了他自己的看法。他认为，第一次科学革命"发生在1500—1800年之间，它是哥白尼、伽利略、笛卡尔、牛顿和拉瓦锡等人研究成果的产物"；第二次革命发生在1800—1950年之间，它是"由约翰·C.道尔顿（John C. Dalton）、达尔文、爱因斯坦、玻尔、弗洛伊德以及其他许多人引发的"。他断言，"我们的文明世界只遇到过两次全面的具有如此重大意义的革命"。我认为，布拉什所说的第二次科学革命，是人们业已指出的有史以来所发生的各种革命中持续时间的长度居第二位的革命；它恰好是历时最长的此类革命的一半，最长的革命，即鲁珀特·霍尔首先指出的从

1500 年到 1800 年绵延了 300 年的事件。[5]就像他深刻地洞察到哥白尼赞同地球静力学体系和爱因斯坦赞同狭义相对论有着相似的理由一样,布拉什把达尔文和达尔文主义与 20 世纪的"物理学革命"相比较也富有挑战性。不过,考虑这些问题以及布拉什对未来可能的第三次科学革命的总结性评论,也许会使我们离题太远了。无论如何,在我看来,把 1500 年到 1800 年间的事情不加区分地归并在一起,说它们构成了具有重要意义的单一的科学革命,似乎太混乱以致令人难以忍受了。

恩里科·贝洛内(Enrico Bellone)写过一部有关"第二次科学革命的研究"的书,该书的总标题为《论著中的世界》(*A World on Paper*,意大利文版,1976;英译版,1980)。很难用几句话说清楚贝洛内所构想的第二次科学革命到底是什么。在他看来,这场革命起源于 18 世纪末的几十年到 19 世纪初的几十年间的某一时期。从某种程度上讲,这场革命就是"逐渐认识到彻底改变机械论式的世界观的必要性"。他发现,"要推翻科学上的这种世界观,其前提"就是要对"各种自然现象"进行一系列的理性研究,而这会使得人们对"那种把宇宙理解为无始无终的宇宙钟的信念"产生怀疑。从"这场革命"中产生了一种"新的世界观,依据这种世界观来看,事物不再是按照循环的模式重复出现的,而且也不再受一成不变的规则支配了"。相比之下,这种新的世界是"受一种进化的过程制约,这种进化过程对有机的和无机的物质形式都会产生影响"。为阐述这种新思想所揭示出的"机械论传统中的"那些问题和矛盾,人们付出了"不懈的努力",这些努力"以及它们引起的对科学说明的思考",就构成了"这第二次科学革命"的基础。

这场革命始于"有关热力学、辐射、电磁场以及统计力学的诸多新理论的出现"。贝洛内发现，所有这些理论有一个共同之处，这就是，它们都"提出了物质结构和物理学定律的真正意义的问题"，并且以这种方式影响了伽利略－牛顿传统。尽管这基本上是一场物理学中的革命，包括"对力学基础的全面反思"，但19世纪的历史表明，这种"物理学领域中的新的世界观"已经"对其他科学，如生物学、化学和几何学"产生了深远的影响。

贝洛内说，他的"意图"就是"要证明19世纪经典物理学的革命性"，尽管他坚持认为，这"并非必然会贬低人们通常所说的相对论和量子力学所具有的创新性"。他甚至认为，"我们这个世纪的物理学"应当被看作是"始于18世纪末叶和19世纪最初的几十年间的那场革命中最令人疑惑的产物"。贝洛内得出结论说，"这场第二次科学革命今天仍然在进行着"。 101

在对贝洛内此书的一篇富有洞察力的评论[6]中，斯蒂芬·布拉什在开篇就对"这'第二次科学革命'"的定义，提出了他自己的看法——第二次科学革命就是"把量子力学和相对论看作是物理学的基础，并用它们取代牛顿物理学的那些历史事件"。大部分科学家和科学史家认为，这些事件是从1887年开始到1927年截止的一段时间中发生的（但未必都称它们是一场"第二次科学革命"，甚至未必称它们是一场连续的"科学革命"）——在1887年和1927年，迈克耳逊－莫雷实验的结果和海森伯的测不准原理先后发表了。布拉什在说明中把贝洛内的解释与更为常见的分析进行了对比。通常，人们强调的是"机械论的或决定论的世界观的失败以及令人惊讶的实验结果的激增，它们迫使人们放弃经典的空间、时间、物质和能量概念"。然而,正如布拉什指出的那样,贝洛内论证说,"第二次科学革命实际上早在 19 世纪之初就开始了"。而且,这场革命"并非是机械论的衰落或某一组专门实验导致的结果,而是作为科学问题和客观知识本源的数学理论的出现所孕育的产物"。

　　然而,库恩和贝洛内是依据数学与物理学的关系来认识第二次科学革命的(显然他们所说的并非是同一场革命),他们丝毫未提具有革命性的机构变革。哈恩则强调指出,机构变革是第二次科学革命的一个重要特征。门德尔松也强调了第二次科学革命所具有的机构特征或社会学特征。卡尼主要关心的是物理学中的变革,但他注意到,在 19 世纪,不同的民族有着不同的科学传统,而政府对科学的支持也是因国而异的。只有伊恩·哈金在认识上实现了卓越而大胆的飞跃,亦即他指出了观念上的第二次科学革命与机构上的第二次科学革命之间的联系。

第三部分

17世纪的科学革命

第七章 哥白尼革命

　　每当史学家们著书立说论述科学中那些富有戏剧性的变化时,首先跃入他们头脑中的画面,便是宇宙中心问题的根本性转变,它一改那种把地球看作是宇宙的静止不动的中心的观点,而认为太阳是宇宙的中心。这一变革,亦即通常所谓的哥白尼革命,常常被描述为我们参照系的一次全面的变更,它在许多层次都引起了反响。宇宙学上的这一转变被看作是富有革命性的转变;因此,哥白尼就是一位"反叛的宇宙设计师",他导致了一场"宇宙概念结构中的革命"(Rosen 1971,序言)。在托马斯·库恩(1957)看来,作为一场"思想中的革命、一场人类宇宙观及人类自身与宇宙的关系的观念等的转变",哥白尼革命并不是一个单一的事件(尽管用的是"单数"名词)。有人说,这一"西方思想发展中划时代的转折点"需要从三个不同的意义层次来考虑,这是因为,首先,它是一次"天文学的基本概念的革新";其次,它是"人类对大自然的理解的"一次"根本性"的变更(在"一个半世纪之后",它最终以"牛顿的宇宙概念"这一"出乎意料的副产品"的产生而达到最高潮);最后,它是"西方人价值观转变的一部分"(第 vii、第 1 和第 2 页)。所以,按照库恩的观点,人们所说的哥白尼革命并非仅仅是科学中的一场革命,它也是人类思想发展和价值体系中的一场革命。然而其他人[例如,阿利斯泰尔·C.克龙比(Alistair C. Crombie 1969, 2:176-177)]却仅仅断言,"哥白尼革命只不过是把天体的周日运动归因于地球围绕其轴线的自转,把它们的周年运动归因于地球围绕太阳的公转"。

就对科学中的革命这一概念的批判性分析而言,哥白尼革命有着特别的意义,因为在当时,哥白尼的那些著作和学说并未在已公认的天文学理论的基本体系中造成任何直接的根本性变革,它只是对从事实际研究的天文学家的实践活动有些轻微的影响。那些接受有过一场哥白尼革命的信念的史学家和哲学家们,并没有关注哥白尼行星理论的原理或细节,他们也没有关注月球理论或实践天文学家日复一日的工作——如计算行星和月球的位置、制定星历表等实际工作,所有这些都是用占星术算命所必需的。如果他们一开始感兴趣的就是天文学这门"硬"科学,并且把他们的研究集中在倘若哥白尼思想真的影响了天文学家的工作,其可能的影响方式是什么这一问题上,那么,这些史学家和哲学家大概就不会再断言16世纪曾有过一场天文学革命,更不会断言科学中曾有过一场普遍的哥白尼革命了。对于科学来讲,哥白尼天文学的真正影响直到他的专著发表(1543)大约半个世纪到四分之三个世纪之后才开始出现,而在那时,亦即17世纪初,通过对运动的地球的物理学思考,人们提出了一些运动学的问题。这些问题直到一种全新的惯性物理学出现后才得以解决,而这种物理学绝非哥白尼物理学,它的产生是与伽利略、笛卡尔、开普勒、伽桑狄(Gassendi)和牛顿等人联系在一起的。此外,在17世纪期间,哥白尼的天文学体系已经完全过时,它被开普勒体系取而代之了。简而言之,正如本章将要表明的那样，认为科学中发生过哥白尼革命的思想与证据是矛盾的，它是以后的史学家们虚构出来的。（我发现最早提及哥白尼革命的是 J.-S. 巴伊和 J.-E. 蒙蒂克拉，他们的这些论述将在后面的补充材料 7.4 中予以分析。）显然，伴随着所谓的 17 世纪中叶的英国革命也有类似的情况，正如我们业已看到的那样，这场所谓的革命，在一个半世纪以后的法国大革命爆发之前，并没有被普遍地认为是一场革命。

107

哥白尼体系

哲学家和史学家（以及科学史家）们对哥白尼体系的介绍实在太多了，而所有这些介绍都局限于哥白尼的专著《天球运行论》开篇的数页上。在这里，哥白尼描述了通常被冠之以"哥白尼体系"之名的体系，并用一幅画有一组同心圆的图作了生动的说明［见图 4(1)］，这幅图常常被转载。这幅图看起来很简单，但对它的解释远非一件容易之事。原稿上展示了一组共八个同心圆，但并没有充分说明它们所表示的含义。位于中心的圆中有一个词"Sol"，意为太阳，它是静止不动的。从最外面的圆向内看，圆与圆的间隔处依次从 1 到 7 编了号：第 1 条环状带上所标的是恒星，以后每一条环状带都标着一种行星的名字，它们依次是：2. 土星；3. 木星；4. 火星；5. 地球；6. 金星；7. 水星。每条行星的环状带上不仅标有一个行星的名字，而且还有该行星公转的恒星周期。例如，从外面数第三条环状带上标着："3. Iovis xii annorum revolutio（3. 木星，12 年公转一周）"。标有地球的那条环状带上写着："5. Telluris cū Luna an. re.（Telluris cum Luna annua revolutio；5. 地球带着月球，一年公转一周）"。

这些圆和环状带是什么呢？在那些未受过训练的读者们看来，它们似乎是圆形的轨道，但是，研究哥白尼的学者爱德华·罗森（Edward Rosen 1971，11－21）已经使我们转过来面对这样一个事实：这些并非是行星的轨道。它们是那种物理学家所谓的行星天球。哥白尼又重提嵌有行星的天球这一概念上了——这一概念可以追溯到古代的欧多克索（Eudoxus）①、亚里士多德、卡利普斯（Callippus）②等人的学说，这些古人们认为，那些行星被一些巨大的旋转的天球携带着（围着地球）绕转。由此看来，从（欧多克索引入宇宙论中并被亚里士多德加以推广的）天球这种概念的意义上讲，哥白尼著作的标题 *De Revlutionibus Orbium Coelestium* 应当改译为 *On the Revolutions of the Celestial Spheres*（《天球运行论》）。不过我们也注意到，哥白尼已经把古希腊的那种以地球为中心的天球思想转变成了新的以太阳为中心的天球思想。这本书的标题很难说是富有革命性的，相反，它暗示着该书与古代有关宇宙的思想是一脉相承的。[1] 哥白尼使用天球学说还暗示着，哥白尼也许以为，他的工作是对古代天文学的一种改良，而不是富有革命性的替代。哥白尼所采用的描述顺序和描述方式严格地遵循

---

①　即尼多斯的欧多克索（Eudoxus of Cnidus，约公元前 395/390－约前 342/337 年），柏拉图的弟子，古希腊天文学家和数学家，他是最早提出了同心球理论，并且第一个证明有关圆柱、棱柱和棱锥体的体积的定理的人。——译者

②　卡利普斯（约公元前 370－约前 300 年），古希腊天文学家和数学家，他提出一年的长度约为 365.250 天，并且改进了欧多克索的同心球理论。——译者

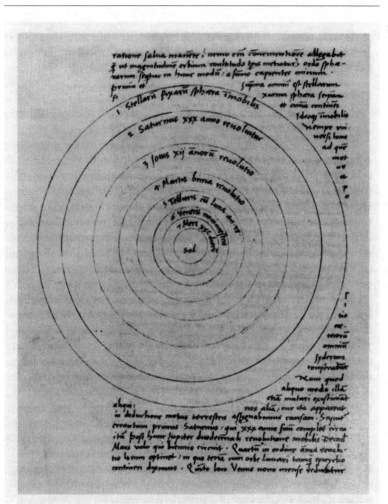

图 4(1)

图 4　表示哥白尼体系的两幅简图。图 4(1)选自哥白尼的手稿,该手稿
现保存于克拉科夫的亚盖洛图书馆(Jagiellonian Library);图 4(2)选自
《天球运行论》第 1 版(1543)。

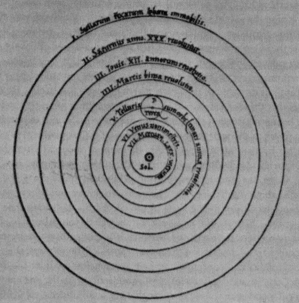

图 4(2)

托勒密的《天文学大成》（*Almagest*）①的安排，这就更进一步地证 110
明了这一点（参见下文）。

近年来，人们对哥白尼天球的实际本质已经有了愈加激烈的
争论。诺埃尔·斯维尔德罗（1976，127－129）业已整理出了一些
相当令人信服的论据，它们说明，哥白尼可能已经在头脑中构想出
了一系列相邻的天球。斯维尔德罗指出，在其手稿中，哥白尼有七
个编了号码的插图说明，而所画的圆却有八个，因而很明显，这些
插图说明肯定指的是圆与圆之间的七处空间。他得出结论说，这
几处空间大概对应于"那些天球自身，每一处都表示某一层天的空
间（具体范围并未划定），每一层天都是与其上面或下面的天球相
邻的"。印刷版（Nuremberg，1543）中出现的一幅木刻插图使我
们的问题复杂化了，哥白尼没有核对出也没有更正印刷中的问题
[（参见图4(2)]。在这里，算上附加的表示围绕地球运动的月球
轨道的小圆，一共有九个圆。木刻者也许只是简单地把插图说明
标在了这些圆错误的那一侧，但这样一来圆的数目就过多了，因为
这两个未标说明的圆位于标着地球及月球的那个圆的两侧。关于
这些天球的实际本质以及它们体积的大小和邻近程度存在着争
论，对这种争论没有非常深入的了解，我们可能仍然会认为，哥白
尼手稿中所画的图比那位相距遥远的木刻者所制的图具有更高的
权威性，并且会得出结论说，这些图中所画的的确是天球，而不是
更具现代特点的概念所指的那种位于虚空的空间之中的自由循环
轨道。

_____

① 又译《至大论》。——译者

最外面的天球是"1. Stellarum fixarum sphaera immobilis
(1. 静止的恒星天球);这里又使用了一个古老的概念:恒星天球。
不过哥白尼又作了一下改动,因为传统的恒星天球必须有每日一
次的自转,这样才能说明日夜的变化;而在哥白尼的图式中,天球
是不动的。在哥白尼体系中,日夜变化现象是地球每日围绕地轴
旋转所产生的结果。[2] 说这些星星是"恒定的",是因为它们在其
天球中,彼此之间没有位移活动——行星(或"移动的"星星)则与
此相反,它们不仅彼此之间会有相对的运动,而且还会进行相对于
恒星的运动。

111   哥白尼设想,恒星必定是非常遥远的,因为人的肉眼观察不到
它们的周年视差。但它们也不可能是无限远的,因为太阳被假定
是它们的中心——这对于一个天球来讲是完全正确的,但对于一
个无限的恒星天空来讲则是不可能的,因为这样的恒星天空不可
能有什么几何学意义上的中心。哥白尼写道:"Stellarum fixarum
sphaera, seipsam et omnia continens, ideoque immobilis,
nempe universi locus"(既然是宇宙的寓所,那么,包括它自身及万
物的恒星天球肯定是静止不动的)。不过,正如约瑟夫·T. 克拉
克(Joseph T. Clark 1959, 125)已经指出的那样,这与他在前几
页中所说的一段话是矛盾的:"Mobilitas...sphaerae est in circu-
lum volvi, ipso actu formam suam exprimentis"(自转是天球的
属性,天球的形状正是通过这种自转表现出来的)。

哥白尼的天球图被[例如 A. 沃尔夫(Wolf 1935, 16)]错误地
解释为是哥白尼天文学宇宙体系的一种表述,因为这些圆实际分
别被标着"II. 土星轨道","III. 木星轨道",等等。当然,哥白尼

充分地认识到,没有哪一组简单的循环运动能对太空世界做出准确的描述。因此,这就促使他着手于构造一个复杂的体系,他首先在一本预备性的题为《短论》(*Commentariolus*)的小册子中提出了这一体系(此书写于 1514 年,但 17 世纪前并未出版),随后他又在《天球运行论》中进行了充分的阐述。任何一位熟悉天文学的人大概都会意识到,《天球运行论》第 1 卷上的那幅图,至多不过是一个图解式的、高度简化了的这个体系的模型。为了说明多种多样的现象,哥白尼不仅引入了一定数量的本轮(这种本轮与托勒密体系中的本轮的作用截然不同),而且甚至还引入了本轮的本轮(或者说,第二级本轮,亦即 epicyclets)。我们将在后面看到,有人认为,哥白尼体系极为简明,与之相反,托勒密体系却十分复杂;对于这种看法,就业已涉及的圆的数目而言,恐怕 *cum grano salis*(不能全信),事实上,情况绝非如此。甚至哥白尼本人在《短论》中也承认,需要有"34 个圆"以便"描述天空的全部结构并使所有行星的活动协调一致"(Swerdlow 1973,510)。

在考虑《天球运行论》可能的革命影响时,我们必须重视作为开篇的第 1 卷与其余 5 卷之间存在的差别。对于这种差别,E. J. 戴克斯特霍伊斯(Dijksterhuis 1961,289)[1]已经作了非常明确的概述,他提醒我们注意,"《天球运行论》是由两部分组成的,这两部

---

① 爱德华·扬·戴克斯特霍伊斯(Eduard Jan Dijksterhuis, 1892–1965 年),荷兰科学史家,1950 年当选荷兰皇家艺术与科学院院士,1962 年获得科学史界的最高荣誉奖章萨顿奖章,主要著作有《阿基米德》(1938)、《世界图景的机械化》(1950)、《科学技术史》(合著,2 卷,1963)、《西蒙·斯泰芬:1600 年左右的荷兰科学》(1970)等。——译者

分在目的、性质以及重要性方面是大相径庭的。"

112　　　　整个这部书共分为 6 卷,书的第 1 卷单独构成了书的第
一部分。它……对这个新的世界体系作了极为简明易懂的
说明。

第二部分由第 2 - 6 卷构成,它……以严格的科学方
式……对这个体系作了非常复杂而详尽的叙述,从而构成了
一部与《天文学大成》难度相同的教科书。

书的第一卷阐述了业已发现的地球在运动而太阳静止不动的
论据。

哥白尼与托勒密的区别

在《天球运行论》和《短论》这两部著作中,哥白尼都对托勒密
天文学进行了抨击。哥白尼这样做并非是因为在托勒密天文学
中,太阳是运动的地球却是静止的,而是因为,托勒密没有严格地
坚持这样一个规则即:所有天体的运动必然只能用匀速圆周运动
或这类圆周运动的组合来解释。托勒密认识到了,要想对行星的
运动做出准确的说明,就必须放弃这种匀速圆周运动的想法,并
且,他大胆引入了以后所谓的"偏心匀速点(equant)",这样,沿着
某段弧线的非匀速运动相对于这一点而言,看上去就像是匀速的
运动了。从准确性观点的角度讲,这是向前迈进了一大步(参见图
5),而且它的确是开普勒以前对行星运动最完备的解释。然而,哥

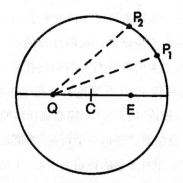

图 5　在托勒密天文学中，一颗"行星"可以非匀速地沿着一个（以 C 为中心的）圆周进行运动，而相对于被称之为"偏心匀速点"的另一点（Q）而言，它的运动是匀速的。这一点选在包含 E 和 Q 的这个圆的直径上，其中 EC = CQ。E 代表地球。当一个点沿圆周运动时（例如，从 P_1 到 P_2），角度（或者∠P_1QP_2）会匀速地增大。托勒密没有用过"偏心匀速点"这个术语，而哥白尼曾提及 "quem recentiores appellant aequantem（晚近的作者所谓的偏心匀速点）"（《天球运行论》，1543，164ν = 第 5 卷，第 25 章），因此显然，他认为这是某种"晚近"出现的观念。哥白尼所说的"晚近的"是指中世纪而不是指古代。

白尼却认为，偏心匀速点的使用违背了基本的原则，他把自己最初的天文学研究集中在设计一个由太阳、行星、月球以及恒星等组成的系统上，在这个系统中，行星和月球以匀速运动的方式沿着一个圆周滑行，或者以这种运动的某种组合的方式运动着。[3]

　　哥白尼为他的天文学提出了两个目标。他要与托勒密模型所展现的（并非是实际观察到的）那些已知的运动保持一致；同时他还要坚持所有天体的运动必然都是匀速圆周运动这一物理学原则。哥白尼在《短论》和《天球运行论》中都以赞同的口吻提到了卡利普斯和欧多克索的古代学说，在他们的学说中，圆周运动的组合

（或天球的自转）已经被用来说明各种现象了；不过哥白尼认识到，
这个特殊的体系还有不少缺陷。从所涉及的数字结果方面看，哥
白尼在《短论》中相当大的部分所写的都是托勒密和"大多数其他
的"天文学家的行星理论，这些理论都使用了本轮（参见图6）；然
而正像哥白尼（在《短论》的引言中）痛心地指出的那样，引入"偏心
匀速点"这一事实意味着，"任何一个行星，无论是在它所依附的不
同的天球之中，或者相对于它的特定的中心，从来都没有进行过匀
速的运动"。正如诺埃尔·斯维尔德罗（1973，434）业已指出的那
样，哥白尼"在其对托勒密模型所做的评论中……承认，从计算的
角度看，对行星运动的这种描述是准确的"，但是，他"根据原则，反
对那种违背匀速圆周运动思想的做法"。人们普遍认为，哥白尼坚
持匀速圆周运动，乃是哲学的或形而上学的教条向柏拉图倒退的
一个组成部分，然而斯维尔德罗（第435页）却为哥白尼的立场（至
少是为他在《短论》中的立场）提供了一个物理学基础，[4]而且他得
出结论说："对于[诸如有关天体特有的运动的哲学的或形而上学
的原则]这类事物的思索，不属于数学天文学的领域。"

　　哥白尼显然以为，他在天文学中取得的重大成就之一，就是恢
复了匀速圆周运动的原则。他的追随者伊拉斯谟·赖因霍尔德
（Erasmus Reinhold）断言，在哥白尼看来，相对于把地球从宇宙中
心的宝座上撵走、把太阳定为宇宙中心而言，排除了偏心匀速点并
且退回到纯匀速圆周运动的思想上则是更有意义的贡献（Gin-
gerich 1973，515）。伊拉斯谟·赖因霍尔德完成了《普鲁士星表》
（*Prutenic Tables*，1551）的编写工作，他在他本人收藏的一本《天
球运行论》的扉页上（用拉丁文）写着："天文学公理：天体的运动是

113

114

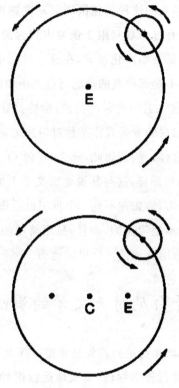

图6　在托勒密体系中,构造行星轨道时借用了几何学方法,在这一体系中,行星沿着一个圆(本轮)的圆周运动,本轮的中心沿着另一个圆(均轮)的圆周运动。倘若地球位于均轮的中心(C),那就构成了一个同心圆系统(上),倘若地球(或其中心)不在此位置上,那就构成了一个偏心圆系统(下)。另外一种复杂的情况是,沿着圆周的运动是非匀速的,但它相对于一个"偏心匀速点"来讲却是"匀速的"(参见图5)。

匀速圆周运动,或者,是由匀速圆周运动部分合成的运动"(Gingerich 1973,515)。

115　　　　如果恢复希腊人的这种匀速圆周运动准则也算是革命的话，那么可以说，曾经有过一场只限于恢复古代理想这种就的意义上的哥白尼革命，这是一场净化仪式，在这一过程中，后出现的革新都将被排除；这可不是那种新的彻底与过去决裂的意义上的革命，而"哥白尼革命"这一名词通常所指的，恰恰是这种新的意义上的革命。可以把哥白尼的专著看作某种对匀速运动的告别辞，至少，他希望被理解成这样。倘若如此，那么，正像 O. 诺伊格鲍尔（O. Neugebauer）指出的那样，这与其说是天文学上的成就，莫如说是哲学上的成就，因为，恰如在不到一个世纪以后伽利略所证明的那样，行星的运动并不是匀速的，而且，只用简单的匀速圆周运动的组合并也不能十分准确地描述行星的运动。

哥白尼对天文学的影响

　　　哥白尼撰《天球运行论》，首先是要写一部天文学专著，而不是对地球运动问题进行哲学探讨。《天球运行论》的任务，恰如托勒密所做的并且在他的那部伟大专著的标题中所暗示的那样，就是要展示出宇宙的"数学构造"。哥白尼在其专著的序言中强调了书的数学内容，他指出，在这里"数学是专为满足数学家的需要"；在书的扉页上那句印成希腊语的柏拉图的名言，又向读者进一步强调了这一点："不懂几何学者就此止步。"《天球运行论》出第 1 版时，全书共计 196 对开页（391 页），其中只有 7 对开页（14 页）的篇幅论述的是普遍规则、物理学原理、他的哲学观点以及他认为地球而非太阳在运动的理由。这里包括了哥白尼的这样一些论据：行星的视运动是由于它们在各自围绕太阳的轨道上的运动引起的，这种视运动，则因地球每年的轨道运动所引起的观察位置的变更而有所变化。这部专著的绝大部分讨论的都是"艰深的"数学天文学。哥白尼说明了怎样确定行星和月球的经纬度，以及怎样处理整个行星现象和月球现象领域中的问题。哥白尼为外层的行星即火星、木星、土星等的运动以及内层的行星金星的运动设计了一组运行轨道；水星自身需要一种特殊并且是它特有的截然不同的运行路线。月球是个独特的例子，它的情况与众不同（参见下文）。哥白尼与托勒密不同，他对直接使用偏心匀速点持蔑视态度，正因为这样，他不得不引入了一种圆周套圆周的烦琐的体系：一个本轮的中心在一个均轮上，而另一个二级本轮的中心又在这个本轮上。由于哥白尼模型是直接从托勒密模型那里演变过来的，因此，为了能适用于日心说的布局，哥白尼把行星天球的中心定在空间的一个虚空点上——亦即地球天球或一种"平太阳"的中心，而不是把行星宇宙的中心定在太阳本身上。因而事实上，哥白尼的《天球运行论》的学说，并非像人们通常描述的那样，真的是日心说（或以太阳为中心的）理论，而只是太阳静止说（即太阳是不动的）理论。现代天文学中真正的日心说体系，并不是哥白尼而是开普勒在其1609 年那部论述火星的专著中引入的。116

　　不过，对于天文学家来讲，重要的问题并不在于支持太阳为静止、地球在运动的证据是否比支持地球为静止、太阳在运动的证据更为令人信服（如该书第 1 卷的开篇所讲的那样）。相反，天文学家必须要做的是去判定，有关行星的、地球的（与太阳的视运动等价的）以及月球的运动的数学理论，是否优于人们在托勒密的《天文学大成》和以后的星表中所看到的那些数学理论。这个问题包括两个方面：(1)哥白尼的计算方法所得到的结果是否比托勒密的方法更符合观察结果？（正如我们将要看到的那样，答案是：否。）(2)哥白尼的计算方法是否比托勒密的方法用起来更为容易（即更为简便）？（尚未有证据表明，这个问题在16世纪末曾有人讨论过。）

可以把这两个重要的问题作为不与哲学争议（匀速圆周运动是否为必要条件）或宇宙论争议（"真正"运动着的究竟是地球还是太阳）直接关联的问题提出来。对我们而言，不考虑有关地球运动的哲学辩论或宇宙学辩论，似乎就无法对计算方法做出评价，但在16世纪，这两个课题是分开来考虑的。也就是说，哥白尼的数学天文学独立于其宇宙学，它被认为是进行计算的一种假说基础。事实上，《天球运行论》出版时曾有过一段从各方面来看似乎是哥白尼本人写的卷首语，这段卷首语对这种看法予以了认可。到了17世纪，人们开始认识到，这段说哥白尼体系或许只能被看作一种计算假说的卷首语，其作者并非哥白尼。[5]不过，直到19世纪初，博学的天文学家－史学家J.-B. 德朗布尔（Delambre）依然认为，这篇关于假说的声明是哥白尼本人写的。

117　　　在考虑天文学中（而非圆周运动的宇宙学或哲学中）可能发生过的哥白尼革命时，我们必须把哥白尼计算地球运动（或太阳的视运动）、行星运动和月球运动的体系与托勒密的体系进行比较和对照。哥白尼的方法是否为天文学家提供了更为准确的结果呢？欧文·金格里奇用计算机查明了16世纪这些行星实际所处的位置，并把这些结果与16世纪托勒密星表的制作者所得出的结果进行了比较。他发现，火星黄经的误差最大可能为5°。但是他指出：

"正如开普勒在其《鲁道夫星表》(*Rudolphine Tables*)的序言中所抱怨的那样,1625 年哥白尼的火星误差已经接近了 5°。"(Gingerich 1975,86)。简而言之,哥白尼的结果在数值方面并不比(假设要用它们去取而代之的)托勒密的结果更为完善。如果哥白尼采用伯恩哈德·瓦尔特(Bernhard Walther)[①]的而不是他本人的观测结果(参见 R. Kremer 1981),他也许会大大降低这些误差。

哥白尼本人认为他的行星天文学能准确到什么程度呢?据雷蒂库斯(Rheticus)的记录[《新星表》(*Ephemerides Novae . . . MDLI*),第 6 页;参见 Angus Armitage(安格斯·阿米蒂奇)1957,153],哥白尼曾经说过,如果他的行星理论能与所观测到的行星的位置相符合(亦即,精确到 10 弧分以内),他本人也会像毕达哥拉斯当年发现那条著名的以其名字命名的定理时一样兴奋不已。然而事实上,哥白尼从来没有达到这样准确的程度。要想了解这一准确值的大小,也许有必要指出,平均水平的肉眼观察者只能分辨出两两一对相距 4 弧分的恒星。按照诺伊格鲍尔的观点(1968,90),在 16 世纪末第谷·布拉赫(Tycho Brahe)以前,精确到 10 弧分人们就会认为观测与理论完全相符了。没过多久,10 弧分便被人们认为太不精确了,一个理论如果与第谷·布拉赫所确定的业已观测到的火星位置之间有接近这个值的差额,那就可以认定该理论是没有价值的而且应当抛弃。对开普勒来说,在第谷对行星的观测中,哪怕是 8 弧分的误差也是难以想象的。第谷所确定的

---

① 伯恩哈德·瓦尔特(1430－1504 年),德国人文主义者和天文学家。——译者

一些主要的恒星的位置,一般与它们真正的位置相差不到1弧分〔Arthur Berry(阿瑟·贝里)1898,142〕,而且可以设想,除了几个例外的情况外,他所确定的行星位置的误差可能还没有超过1弧分或2弧分的。在《新天文学》(*Astronomia Nova*,1609)中,继承了第谷·布拉赫观测结果的开普勒写道(第二部分,第19章末;译文见 Berry 1898,184):

118　　　　既然上帝的仁慈赐予我们第谷·布拉赫这样一位最为细心的观测者,而他的观测结果揭示出这一计算有8弧分的误差……所以我们理应怀着感激的心情去认识和应用上帝的这份恩赐……因为如果我认为这8弧分的经度可以忽略不计,那么我就应当完全纠正……第16章所提出的假说。然而,由于这些误差不能忽略不计,所以,仅仅这8弧分就已经把人们引向了天文学的彻底改革之路;这8弧分已经成为本书主题的大部分内容。

那些认为天文学中曾有过哥白尼革命的史学家们,喜欢引伊拉斯谟·赖因霍尔德的《普鲁士星表》(*Tabulae Prutenicae*)或《普鲁士人星表》(*Prussian Tables*)为证,这部书的书名是为了纪念两个“普鲁士人”:哥白尼[6]及赖因霍尔德的赞助人普鲁士公爵阿尔布雷希特(Duke Albrecht of Prussia)。这部书出版于1551年,即《天球运行论》出版仅8年之后,它被公认是属于哥白尼体系的一部著作,尽管星表精确到弧秒“而哥白尼只精确到弧分”(Dreyer 1906,345),但该书的总体安排还是遵循《天球运行论》的模式进行的。这些星表获得了真正的成功,这无疑"提高了哥白尼的名望"(Gingerich 1975a,366),不过,他那使"行星参数有些小的改动以便使它们更加准确无误地与哥白尼所记录的观测结果相吻合"的方法,却系"徒劳无益之举,因为哥白尼所确定的行星的位置存在一些严重的错误"(第366页)。德雷尔[①](Dreyer 1906,345)得出结论说,由于"新近的观测极为贫乏,"赖因霍尔德星表"并不比它们所取代的那些星表好到哪里……而且,在第谷和开普勒的工作取得成果之前,也不可能有什么更佳的进展"。

有一点(欧文·金格里奇提醒我注意到了这一点)是至关重要的,这就是,在16世纪末,事实上尚未有人按照哥白尼的二级本轮体系或小圆体系计算过行星的位置(在哥白尼的这一体系中,二级本轮或小圆的中心在本轮上,而本轮的中心则在均轮或参考圆上)。人们只是借用了哥白尼的《天球运行论》中或赖因霍尔德的《普鲁士星表》中所列出的星表的内容。此外,哥白尼所用的是极限位置而不是平均位置,因而,从来就不存在是否应增加或减去某个修正值这种模糊不定的问题,而这种问题却是古老的(以平均位置为基础的)星表的一个特点,这是一个严重的疑难问题,而且是误差的根源所在。这样看来,《天球运行论》中的星表对计算天文学有过实实在在的(而且是有益的)影响,尽管哥白尼的太阳不动说的天文学的基本特征并没有产生这样的影响。[7]然而人们却认 119

---

　　①　即约翰·路易斯·埃米尔·德雷尔(John Louis Emil Dreyer,1852－1926年),丹麦－爱尔兰天文学家。他编撰了《星云星团新总表》,并且主编了第谷·布拉赫的著作和书信集,共计15卷。他于1916年被授予皇家天文学会金质奖章,并于1923－1924年担任该学会的会长。——译者

为,构成哥白尼革命的恰恰是哥白尼天文学的那些概念以及宇宙体系,而不是他计算出的星表。

虽然哥白尼体系没有带来更准确的结果,但常常有人宣称这一体系"比托勒密体系更简明、更精致"[参见 S. F. Mason(S. F. 梅森)1953, 102],而且,"根据哥白尼体系来进行天文学计算更容易了,因为在计算中所需的圆的数目少多了"。有一部副标题为《现代天文学之父》的哥白尼传记,此书大概会使我们以为,"通过确立地球绕一轴自转并且在一轨道上公转,哥白尼把托勒密认为进行假设必不可少的圆周运动的数额减少了一大半"(Armitage 1957, 159)。有关这一问题的许多说明,都表现出了罗伯特·帕尔特(Robert Palter 1970, 114)所说的"80 - 34 集合",这一信条至少可以追溯到阿瑟·贝里 1898 年的《天文学简史》(*Short History of Astronomy*),按照此书的观点,哥白尼宇宙只需 34 个圆,而托勒密或其信徒则需 80 个圆。事实上,很难准确地说明每个体系究竟需要多少个圆;圆的数目取决于计算模式和具体体系的发展状态。我们业已看到,哥白尼在他的《短论》的结尾部分曾说过,他只需要 34 个圆,[8]然而德国的天文学史专家恩斯特·青纳(Ernst Zinner 1943, 186)则说,哥白尼实际需要 38 个圆。阿瑟·凯斯特勒(Arthur Koestler 1959, 572 - 573)计算出《天球运行论》中所需用的圆的数目多达 48 个。诺伊格鲍尔(1975, 926)指出,托勒密所需的圆的数目为 43 个——比《天球运行论》中所需的数目少 5 个。欧文·金格里奇发现,"对哥白尼体系与古典的托勒密体系所做的比较"有可能"更为精确,只要我们把圆的计数限制在(包括太阳在内的)月球和行星的经度结构中即可:这样,哥白尼需要 18 个圆,托勒密需要 15 个"。因此他得出结论说,"哥白尼体系比原米的托勒密体系还要复杂一点"(Gingerich 1975, 87)。[9]

显而易见,在简化天文学体系方面未曾有过哥白尼革命。无论如何,确定这两个天文学体系哪个更为简明,并非仅仅是所需圆的总量。不管哥白尼实际上大概需要过(或假定他需要过)多少个圆,事实是,只需非常草草地翻一下《天球运行论》(三种英译本中的任何一个版本,亲笔文稿的两个摹本中的任何一个,最初的任何一个印刷本或手抄本,或较晚的任何一个拉丁文本),就可以得出这样一个印象:哥白尼连篇累牍地使用本轮。即使一位新手也能看得出,《天球运行论》与《天文学大成》中的图解,在几何学方法和几何学构图方面有着某种亲缘关系,这一点与任何朴素的、认为哥白尼的著作无论从哪种显而易见的意义上讲都比托勒密的著作更富有现代性、更为简明的观点是不相符的。

对于已被公认的托勒密体系的某些特色,哥白尼有能力做出解释(或者说,能够解释得过去)。例如,为了解释为什么从远离太阳的地方从来都没有看到过金星,托勒密曾假定,金星本轮的中心总是位于从地球到太阳的一条直线上(参见图 7)。水星也有同样的特点,尽管它的某些情况更为复杂。不过,哥白尼对同一现象只是用这一简单的事实加以说明:金星和水星环绕太阳的轨道小于地球环绕太阳的轨道。对于三颗其轨道在地球轨道之外的行星或外行星,托勒密理论中含有这样一个前提:这三颗行星中每一颗的本轮的半径,总是与地球上的观测者到(平)太阳的一条直线相平行的。在哥白尼的解释中,这两条直线仿佛是收敛的,或者,换一种说法,"本轮指向行星的半径方向与地球到太阳这一直线方向是

121

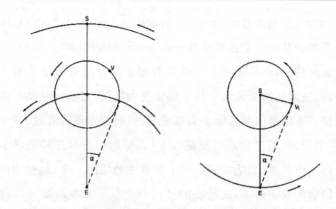

图 7　对于为什么从远离太阳的地方看不到金星有两种解释。在托勒密体系(左)中,金星本轮的中心总是在从地球到太阳的一条直线上。因此,从金星到太阳的角距永远不可能超出小角 α 之外。在哥白尼体系(右)中,环绕太阳的金星的轨道有一个比地球轨道小的半径。因而,从金星到太阳有一最大的角距(α)。为了确定金星与太阳的距离,哥白尼观测了直到某个位置 V_1 时的夹角(距角),此时的夹角值是最大的。在此类情况下,从地球到金星的视线 EV_1 即为金星轨道的切线。从初等几何学中可以得知,切线 EV_1 是与(假定为圆形的)金星轨道的半径 SV_1 垂直的。因而三角形 ESV_1 系一直角三角形,在其中,$SV_1 = ES \times \sin\alpha$。既然通过观测已经得知 $\angle\alpha$,那么,根据 ES 亦即地球与太阳的距离或基本的天文单位,由此方程便可得出金星到太阳的距离 SV_1。将此办法变通一下,便可求得三个外行星火星、木星和土星的类似值。这种简明易懂的方法得出的结果是非常准确的。

永远平行的,这已不再是得不到解释的巧合了,它是地球在轨道上进行环绕太阳的公转这一物理现象的一种显示"(Rosen1971a,408)。

　　常常有人说,与托勒密体系相比,哥白尼体系的一个主要特点就是这种对行星运动的"自然的"解释。在托勒密体系中,太阳围绕地球运动,它只不过是另一个行星或"游星",对于水星、金星以及火星、木星和土星等的运动为什么表现出一些与太阳有关的特点,该体系并未说明理由。据说,当这一体系的参照中心从地球转向太阳时,这种奇怪的现象就变得合情合理或者说可以理解了。不过,就此而论必须注意,在哥白尼体系中,同样是这五颗行星,它们的运动特点是与地球相关的,尽管对哥白尼来说,地球像它们一样也是一个行星(参见 Neugebauer 1968,102 – 103)。

　　哥白尼为他自己的月球运动理论而自豪。托勒密对月球运动的解释不仅违背了匀速运动原则,而且对于月球的位置,只有在极大地夸张月球距离的变差的条件下,这种解释的准确性才能达到可以容忍的程度,尽管月球的表观尺寸与视差并没有什么相应的变化。在《天球运行论》中,哥白尼(Rosen 1971,72)毫不含糊地批评了托勒密的月球理论,因为它预言说:"当月球正值月弦并且位于本轮的最下方时,它……看上去比新月和满月时几乎大四倍。"同样,"在上弦和下弦时,月球的视差也会大大增加"。然而,哥白尼断定,任何一位进行细心观测的人"都将会发现,就这两方面而言,上弦月和下弦月与新月和满月的差别是微不足道的"。在《天球运行论》第 4 卷第 3 章中,哥白尼充分地阐述了他自己的月球理论,该理论长期以来一直被认为或许是这一论著中最有独创性的部分;该理论运用了第二个本轮或二级本轮,它是其中心位于本轮之上的一个小圆。设想月球是在二级本轮上运行,这样就排除了非匀速运动以及明显错误的、人们并未观察到的月球表观尺寸的巨大变化。近年来已有学者指出,早在此理论大约一个半世纪以前,大马士革的天文学家伊本·沙提尔(Ibn al-Shā tir)就阐述过这类月球理论［参见 E. S. 肯尼迪（E. S. Kennedy）、V. 罗伯茨（V. Roberts）、福阿德·阿布德（Fuad Abbud）以及威利·哈特纳（Willy Hartner）等人的系列论文］，但是我们没有任何证据可以说明哥白尼是怎样受到他的穆斯林前辈的影响的。（参见 Copernicus 1978，第 358 和第 385 页；《天球运行论》，第 3 卷，第 4 章）

《天球运行论》与托勒密的《天文学大成》是密切相关的，它并没有真正构成什么人们可以察觉到的、焕然一新的离经叛道的行为，此外，事实上，在这两部著作中，就像在中世纪的巴塔尼（al-Battānī）①的《天文论著》（*Opus Astronomicum*）中那样，"章与章之间、定理与定理之间、星表与星表之间"都有着某种相似之处（Neugebauer，1957，206）。只是到了开普勒以及第谷·布拉赫那里，"这种传统的魔力才被破除"；我们可以同意诺伊格鲍尔的这一观点："在开普勒论火星的著作《新天文学》出版以前，没有哪部天文学著作的标题像它那样意味深长。"

J. L. E. 德雷尔通常总是赞美哥白尼的成就，但他也不得不得出这样的结论：哥白尼的著作有"一个严重的缺陷"（1909，342）。不仅哥白尼本人几乎没有进行过什么实际的观测，而且，由于"缺乏新的观测数据"，他的著作因此受损。更确切地讲，这一缺陷的产生部分是由于哥白尼"过分相信了托勒密所进行的观测的准确性"，部分是由于"哥白尼在许多方面寸步不离他的伟大前辈"。[10]开普勒显然是第一位做出这样批评的天文学家，在他的

---

① 巴塔尼（约 858－929 年），阿拉伯天文学家、数学家、占星家。——译者

《新天文学》中，他批评了哥白尼试图"更多地去解释托勒密而不是去解释自然"。几乎所有的评论者都指出，哥白尼和托勒密使用的是同样的数据。诺伊格鲍尔（1957，202－206）曾把"托勒密的水星运动模型与哥白尼理论"加以对比，他得出这样的结论，即"除了哥白尼坚持把圆周当作每一部分的运动轨迹而托勒密则已更为自由地进行探讨以外，这两种模型就像拍照拍出来的那样，几乎没有什么差别"。（第204页）

是否曾有过哥白尼革命？

那么，对于所谓与哥白尼及其《天球运行论》有关的革命，我们能得出什么结论呢？无论就实用天文学还是计算天文学而言，哥白尼所进行的改革很难说是革命性的，在某些方面甚至可以说是倒退。不过，在提倡用实在论哲学取代流行的工具主义方面，或许可以说哥白尼是富有革命精神的（参见后面的补充材料7.1）。我们已经看到，有人声称，所需圆的数目的锐减意味着更进一步的简明性，但是经过严格的考察证明，这类主张是似是而非的。匀速圆周运动的采用是哥白尼体系的一个显著特点，从某种特定的物理学观点或哲学观点考虑，这种应用比托勒密的偏心匀速点更能令人满意，但是，这并没有使天文观测得以改进从而变得更为容易。而开普勒在成功地以本轮轨道为基础构造一个新的天文学体系时，他却恢复了托勒密的偏心匀速点结构，并且由此开始，放弃了哥白尼的那种用法。

在16世纪下半叶，人们就地球运动问题对哥白尼体系曾有过一番争论[关于这一点,请参见 J. E. L. 德雷尔、T. S. 库恩、多萝西·斯廷森(Dorothy Stimson)以及恩斯特·青纳等人的著作]。我认为,这一点也是意味深长的,即赖因霍尔德制作《普鲁士星表》,是 16 世纪行星天文学的进步依赖哥白尼的唯一重要的例子。就这些星表而言,是哥白尼提供了观测结果、模型、计算方式以及原始推导和数据,而赖因霍尔德不过是再加工一下。然而,这些星表的制作,正如我们业已看到的那样,"并没有为赖因霍尔德提供机会,以表明其科学信仰,而且他也没有暗示,哥白尼体系在物理学方面是否是正确的"(Dreyer 1906,346)。简而言之,尽管有人使用了哥白尼的星表以及他的某些计算方法,但从 1543 年至 1600 年的天文学文献并未表明有什么革命的迹象。按照本书第三章所提出的检验来看,我们必定会得出这样的结论:如果曾有过哥白尼革命,那么这场革命是发生在 17 世纪而不是 16 世纪,而且它是一场与开普勒、伽利略、笛卡尔以及牛顿等人的伟名联系在一起的革命。这些科学家们所进行的改革使天文学体系发生了如此大的变化,以至于它已经不再是严格意义上的哥白尼体系了,尽管开普勒出于对哥白尼的尊敬把他自己的一部巨著取名为《哥白尼天文学概要》(Epitome of Copernican Astronomy),但这部书所体现的却是对他自己的革新所做的终极陈述。17 世纪许多论述科学问题的作者并不怎么重视哥白尼(参见后面的补充材料 7.2),这也暗示了,在天文学中不曾发生过哥白尼革命。

从严格的天文学观点而不是宇宙学(形而上学)的观点出发,我们这个时代的早期天文学研究领域中的杰出学者 O. 诺伊格鲍尔(1968,103)就可以得出这样的结论:

现代史学家充分利用事后认识的有利条件，他们强调日心体系和它所导致的简明结果的革命意义。事实上，行星位置的实际计算完全遵循的是古代的模式，而且所得出的结果也是同样的。哥白尼的太阳理论肯定是与实际的计算、与根本的摄影式观念背道而驰的。为月球理论提出第二个本轮并以此代替偏心匀速点——我们现在知道，这是一些与伊斯兰天文学家的某一学派相似的方法——这种从摄影上看美妙的想法，并不能使人们更容易地观测行星现象。若不是第谷·布拉赫和开普勒，哥白尼体系只会有助于使托勒密体系以更加复杂但却更能取悦于哲学家的形式永久延续。

按照诺伊格鲍尔的观点(1957)，哥白尼为天文学做出了三项重要贡献。他澄清了从观测到确定参照值的各个步骤，这是方法论上的一项重要改进。他富有洞察力，发现无须附加的和任意的假定而凭借简单的计算便可得知行星与太阳的距离。另外，他那所有行星的轨道有一个唯一的中心的假设，为行星纬度的问题找到了解答方法。

不过，考虑一下例如 1600 年的情况，或许除了第谷·布拉赫正在进行的革命外，那时的天文学中大概没有什么可以觉察得到的革命。当时，第谷·布拉赫正在用他的一些新方法对天文学进行全面的改造。这些新方法包括：使用设计巧妙、制造精良的天文仪器[规模很大，并备有"小水平板"系统（a system of "pinnules"），以便能指示出细微的弧分度的确切的读数]，使用新的大

125

气折射表、新的观测体系，以及——也许最重要的是——从事这样一种新的实践，即夜复一夜地在某个行星可见的全部时间内对它进行连续的观测。第谷的那些革新像伽利略用望远镜对月球表面所做的观测一样，其本身并没有在科学中构成一场革命，但它们确确实实地为将会逐渐导致牛顿革命的开普勒的新天文学提供了新的和准确的数据。

1616 年，《天球运行论》被列入了《禁书目录》(*Index Librorum Prohibitorum*)之中，哥白尼的学说也因此获得了革命的恶名；类似地，伽利略的《关于两大世界体系的对话》这一哥白尼式的著作在 1633 年也被禁止出版了。不过，据说《天球运行论》只是"donec corrigatur"(在修改前)被禁止，而伽利略的《对话》却被无条件地列入了《目录》之中；而且，大概直到 19 世纪，情况始终如此。1620 年，《天球运行论》被列入了禁书编目圣部(the Sacred Congregation of the Index)命令修改的图书的清单之中，此书的非革命的性质和风格由此显而易见。对它要求进行的几乎所有修改，都不过是把对实在或对确定性的陈述改为对种种前提条件或对假说的陈述。例如，第 1 卷第 11 章的标题《地球三重运动的证明》("On the Demonstration of the Triple Motion of the Earth")被一笔改为《论地球三重运动假说及其证明》("On the Hypothesis of the Triple Motion of the Earth and Its Demonstration")。

以牛顿的《原理》(1687)为顶峰的 17 世纪物理学所取得的伟大进展，并非起源于哥白尼那圆套圆的复杂体系，而是起源于新的开普勒体系(该体系以太阳为中心，而且每一行星的轨道都是一种单一的简单的曲线即椭圆曲线），起源于伽利略和笛卡尔等人的物理学思想，这些显然都决非哥白尼的思想。正如我们将在第八章中看到的那样，开普勒体系差不多在每一基本原理上都与哥白尼相矛盾。在 17 世纪的大半个世纪中以及以后的时间里，每当科学家讨论哥白尼体系时，他们几乎总是在指开普勒体系。正如德雷尔(1909，344)曾直率而大胆地指出的那样："哥白尼并没有创造出当今被人们称之为'哥白尼体系'的体系。"如果说天文学中有过一场革命的话，那么，这是一场开普勒和牛顿的革命，而绝不是什么不折不扣或确凿无疑的哥白尼革命。[11]

第八章　开普勒、吉伯和伽利略：
物理学中的一场革命？

那些著书立说论述哥白尼革命的学者们，常常都会得出这样一个结论，即这场革命在开普勒和伽利略进行革新之前并未发生。实际上，这两位科学家大胆而新颖的思想远远超出了朴素的哥白尼成就所及的范畴。伽利略是哥白尼学说的热心提倡者，他设法根据自己用望远镜所作出的发现来为哥白尼学说进行辩护。不过，他对运动学的贡献是借助数学分析和实验完成的，这比他的前辈哥白尼的工作更富有革命性。开普勒据说也是哥白尼的一位信徒，尽管他最终放弃了除两条最普遍的哥白尼公理以外的所有哥白尼学说，这两条公理是：太阳是静止不动的；地球不仅要进行自转，而且还要进行公转。为了取代《天球运行论》的复杂方法，开普勒提出了一种既新颖又迥然不同的论述宇宙的天文学体系，直到今天，这种体系基本上仍为人们所承认。他还为整个天文学提供了一个新的动力学基础。

开普勒对天文学具有双重目标的重新构造，其"革命性"显然
达到了最高峰。但我们必须要问一下，这是一次默默的或非公开的革命，还是一次公开的革命？如果是后者，那么在它那个时代，它本身是否导致了一场科学中的革命呢？抑或，在牛顿或者某个

其他后来的科学家认识到它的革命潜力之前，它仍停留在论著中的革命阶段？对伽利略也必须问同样的问题。我们还应简要地考察一下威廉·吉伯的工作；吉伯是与开普勒、伽利略同时代的人，年龄为三者之首，他是一位革命者，这不仅体现在他对实验技术的提倡上，而且还体现在他的思想上，他认为，地球是一个巨大的球形磁体。这种观点使开普勒从中得到了这样一种启示，即行星的磁作用力也许就是致使行星运动的动力因素。

开普勒：不可思议的革命者

约翰尼斯·开普勒致力于行星动力学（即对致使行星运动的作用力的分析）的研究，以及一种以诸种物理学原因而不是以运动学的教条为基础的天文学的研究，从某些方面讲，他的确是一位现代派人物。然而，他的身上依然带有很深的传统的烙印。他是占星术的忠实信徒（事实上，他是最后一位重要的集天文学家和笃信不疑的占星家为一身的人），他的科学思想中充满了所谓数字神秘主义的色彩，他从宇宙论必然性的基本原理开始论证。他特别骄傲的是他早期的"发现"，即行星轨道的数目、大小及其顺序与五种（而且只有五种）规则的几何体的存在之间有着直接的关系。在他最伟大的发现中，有一项是他幸运地根除了一个重要的数学误差的影响而获得的，不过，他是用另一个误差来抵消第一个误差的影响的。开普勒是有史以来最伟大的天文学家之一；但我们还是可以轻而易举地把他的一些著作汇集成册，而这些著作表明，他的思考和他的学说是多么不科学。

开普勒 1609 年发表的那部伟大专著的标题,勇敢地表明了他的天文学所具有的革命性;他说,他已经创造出了一门 *Astronomia Nova*,即一门新天文学。这门天文学之所以新,其理由不下数种。但开普勒在这部著作的书名中只是强调,这门新的天文学是"基于多种原因的",而且它是一门"新的天文学(ΑΙΤΙΟΛΟΓΗΤΟΣ)"[1](开普勒把"天文学"这个词字印成了希腊文)。或者,还用这个标题,但是可以说,这本书是一部 *Phpica Coelestis* 或天体物理学著作。开普勒用这个术语似乎旨在表明,他正在迈出超越亚里士多德的一步。亚里士多德的形而上学是继他的物理学之后发展起来的,开普勒正在用他本人的新的天体物理学代替亚里士多德的形而上学。正如开普勒在 1607 年 10 月 4 日写给约翰·格奥尔格·布伦格尔(Johann Georg Brengger)[1]的信中(1937,16:54)指出的那样,在他即将出版的书中,他要提出他的新的"哲学或天体物理学,以便取代天体神学或亚里士多德的形而上学"。在《新天文学》的导言中,开普勒作了类似的陈述,他进一步说明,他已经对"运动的自然原因"进行了探讨和研究(3:20)。该书是一部相当激进的纲领,以至要用天体的诸致动作用来说明行星的运动,若想了解其激进程度我们只需注意:在这方面,开普勒可谓是前无古人,且在当时又无知音。甚至伟大的伽利略也不曾构想过天体力学这样一种导致运动的动力体系。难怪亚历山大·柯瓦雷(Alexandre Koyré,1961,166)激动地写道:"开普

---

① 约翰·格奥尔格·布伦格尔(1550？－1629 年？),巴伐利亚天文学家、物理学家。——译者

勒著作的标题所表明的不是征兆而是一场革命。"

开普勒的天文学，完全是根据这一学科的目的、方法和基本原理对它进行的一次全面的重建。在开普勒以前，天文学家的目标纯粹是摄影式的，也就是说，他们的目的是要创建一种（以一个圆套一个圆为基础的）天体几何学，这种几何学给出的行星的位置将会与观测结果相一致。开普勒的目的则是要找出运动的真正的物理原因，亦即运动的理由，而不仅仅是去发明或完善几何系统。因为他认为，太阳是这里所说的动力的中心，它也必定是宇宙的中心。因此，真正的太阳——而不是哥白尼的"平太阳"——必然位于所有行星轨道平面共同的交叉点。

至于方法，开普勒所关心的是，在对轨道、对匀速运动等等完全没有任何随意限定或极限限定的情况下，借用数学来找出由太阳的作用力所致的实际的行星轨道的曲线（大小、形状、方向）。经过一番辛苦的努力他发现，每一颗行星都是在呈椭圆形的、简单凸曲线的轨道上运动。对大多数行星而言（水星除外），其椭圆形轨道的形状与纯圆形相差不大，但是，太阳并非位处中心，甚至不是处在接近中心的位置上；情况很像是这样，有一个圆形轨道（或者说，准圆形的椭圆轨道），而太阳明显地不在它的中心上（或者说是偏离中心的）。开普勒还发现，行星沿着椭圆轨道的运动，并非是匀速的，而是与面积定律相吻合的。这个定律同时解释了为什么每个行星在近日点（或在靠近太阳的轨道上）运动得很快，而在远日点（远离太阳的地方）却运动得很慢。

开普勒的天文学是以一组新的运动原理为基础的：它是一种天体力，这门科学是与他的物体概念直接相关的。在他看来，一颗 129

行星或行星的卫星("卫星"这个词是他引入天文学的),或者,某一物理客体,例如一块大石头,是没有生命的;它本身没有什么内在的或能动的力。由于具有这种惰性(开普勒称它为"惯性"),这种物体既不能自己使自己运动起来,也不能保持自己的运动。若要运动,这种物体就需要有一个推动作用。鉴于这种被动性或惰性,显然可以推论说,无论何时何地,一旦动力消失或不再起作用,物体必然会停止运动。对于20世纪的读者来讲,这可能看起来不是什么非常激进的结论,但它与2000年来受亚里士多德的思想制约的科学和哲学的观点却是针锋相对的;按照亚里士多德的思想,一个物体,只有在它到达了它的"自然位置"时才会停止运动。这种自然位置学说假定了一种等级制空间,在其中,重的物体"自然而然"会向下面的一个中心运动,而轻的物体则向上运动。天体运动于其中的空间,不同于"尘世"的物体在其中运动或静止的空间,这是因为,这些类型的物体在自然界中的等级不同而且它们的终极构成也不同。显而易见,像开普勒这样一个信奉哥白尼学说的人,既然已经采纳了地动说的观点,那就必须放弃自然位置信条以及与之相关的等级空间学说。开普勒提出了以下新的基本原理:空间是各向同性的,空间是不分等级的,并不存在什么自然位置,而且,物质是惰性的。在提出新的原理时,他把哥白尼思想所暗示的东西具体化了,即地球本身以及月球必定都与其他行星属于同一物理学的研究范畴。开普勒关于惯性、力以及运动的物理学原理,暗示着亚里士多德宇宙体系的终结和牛顿科学时代已经准备就绪。

如果所有行星的运动都直接受太阳作用的支配(因为所有行

星都沿着椭圆形轨道运动,而太阳处在椭圆的一个焦点上,并且,所有行星在轨道上的运动都受据认为与太阳有关的面积定律制约),那么必然存在着一种作用于行星之上指向太阳方向的力。这是从开普勒的这一思想中推出的:行星本质上是惰性的,因而必须有一种力来保持它们在轨道上的运动。开普勒得出结论说,这种力肯定是磁性的力。他知道,威廉·吉伯证明,地球是一个巨大的球状磁体。既然地球是一个行星,为什么所有其他的行星不是磁体、太阳不是磁体呢? 太阳和行星的磁极排列方向可能决定了轨道是椭圆形的而不是纯圆形的结构。

开普勒的惯性概念与伽利略提出的(后来又被笛卡尔加以完善的)惯性概念不同,与牛顿提出的惯性概念也不同。不过,他的天文学与牛顿的天文学更为相像,而不怎么像伽利略或笛卡尔的天文学,因为他把轨道和轨道运动与作为它们成因的力联系了起来。开普勒可能对力的函数有过错误的认识(认为力的变化与距离而不是与距离的平方成反比),但这并不重要,重要的在于,也许是他首先构想出了一种天体的作用力,并且认识到了这种力的作用肯定是某种与距离成反比的函数。

开普勒在《鲁道夫星表》的序言中曾经指出,他的(我们大概要说是具有创新性和革命性的)工作有一个主要的特征,那就是整个天文学"从虚构的圆周向寻求自然原因的转变"。开普勒说,哥白尼是后验地在观测的基础上创造出其体系的,但是他则断定,宇宙的真实排列可以先验地从创世观念之中、从物质的本质和属性之中得到证实。的确,开普勒认为,如果亚里士多德还活着的话,这样一种证明甚至也会使他感到满意。因而开普勒相信,在诉诸终极因方面,他已经远远超过了哥白尼。他在1603年7月4日给法布里齐乌斯(Fabricius)①的信中(1937,*14*:412)写道,他的天文学假说业已得到了天文观测的检验和印证。从这种意义上讲,正如埃里克·艾顿(Eric Aiton)1979年3月17日给我的信中指出的那样,开普勒的"先验原因所说明的并非是必然的结果,而只是一些可能的结果"。

　　毋庸置疑,开普勒为天文学提出了一个革命性的纲领。因为他是一位喜欢反思的人,他较为翔实地记录了他的思想观点和方法的发展过程。对于例如他的行星运动第三定律发现的契机,我们已经作了细致的说明。在他的《新天文学》中,他以用心良苦和令人无可辩驳的详细说明,阐述了他的思想革命和信仰革命的各个时期;他把所有错误的计算结果也都记录了下来,这样,读者就可以了解到他的思想和计算的发展进程,这些发展最终导致他抛弃了传统的圆周运动天文学,并且开始探索其他类可能的轨道曲线。虽然读者会对后面一页又一页对开纸上陷入僵局的计算感到厌烦,但开普勒提醒自己,若靠手算把这些计算都完成还要吃更多的苦。在得出了他所需要的结果后,他把它们交付刊印了。随着他的主要著作——《宇宙的奥秘》(*Mysterium Cosmographicum*或 *The Cosmographic Enigma*,1596)、《新天文学》(1609)、《鲁道夫星表》(1627)、《宇宙和谐论》(*Harmonice Mundi* 或 *Harmony of*

---

　　①　法布里齐乌斯·阿布·阿夸彭登特(Fabricius ab Aquapendente,1537－1619年),意大利医生,文艺复兴时期杰出的解剖学家、胚胎学家,现代胚胎学的奠基者之一。他是静脉瓣膜的发现者,对之进行了首创性的描述,但并未充分理解它们的功能。——译者

the World，1619）以及《哥白尼天文学概要》（1618－1621 年）等的 131
出版，一场思想革命完全变成了论著中的革命，书已出版，谁都可
以阅读，谁都可以利用。

那么，是否出现了一场科学中的革命呢？开普勒论著中的革
命是否改变了天文学家的实践、是否已经成为天文学思想的基础
以至于随即就会在科学中出现一场开普勒革命呢？我认为，回答
必定是否定的。首先，从开普勒到牛顿，这期间的几代天文学家并
没有完全接受新的开普勒天文学。例如，占统治地位的天文学思
想，不久就发生了变化，笛卡尔的涡旋体系而不是开普勒所提倡的
天体诸作用的动力学成了它的中心。因此，开普勒革命未能通过
鉴别科学革命的最初的两项检验。在某种程度上看，这是由于开
普勒未能成功地像牛顿最终做到的那样发明一门新的足以满足天
文学需要的力学，因而导致了这样的结果。开普勒试图以一种修
正过的亚里士多德学说为基础来创立一门天体力学，但却没有（也
不可能）如愿以偿。

其次，对于天空中也许存在着一些绵延数亿英里的太阳力这
一观点，也有人抱有截然相反的看法。例如，伽利略在阐述哥白尼
天文学时，既没有承认也没有运用开普勒的行星运动的三定律。
在其《关于两大世界体系的对话》中，伽利略特别批评了开普勒的
这一暗示：起控制作用的力，能够像月亮有可能导致我们海洋的潮
汐运动那样，穿越空间向外运动。尽管椭圆轨道定律（开普勒第一
定律）得到了从事实际工作的天文学家的普遍承认，但椭圆的第二
个或"空闲的"焦点的作用仍然令人费解，况且，由于数百年来的偏
见，对于轨道不是由圆周组合而构成的这一点，仍然存在着范围相

当大而且是很"自然的"反对意见。对许多天文学家来说,面积定律(开普勒第二定律)似乎使他们在概念上困惑不解而不是有所助益。无论如何,正如开普勒本人注意到的那样,这一定律除非利用一些近似值,否则就不能作为精确计算行星位置的基础。为了取代这一面积定律,从开普勒时代到牛顿时代的天文学家们趋向于使用一种直接近似法,这种方法所基于的就是以空闲的焦点(它可以用来作为一种偏心匀速点)为中心的某一径矢的匀速转动。即使对于那些愿意接受并使用这两个定律的人来讲,这两个定律本身也是古怪的东西,因为它们看上去与人们所接受的基本原理并没有什么因果上的或演绎上的关联。

132　　　许多天文学家确实认识到了开普勒的第三亦即和谐定律(它是在 1619 年出版的《宇宙和谐论》中而不是 1609 年出版的《新天文学》中发表的),运用这条定律开普勒就能够表明,行星的恒星周期的平方与它到太阳的平均距离的立方的比是恒定不变的。然而,不管这第三定律多么有趣,它并没有实际用途,因为它既不能导致什么预见,也没有什么明显的物理学上的原因、理由或合理性,而且,它似乎只不过是开普勒对数字有多种好奇心的另一种体现。这个定律既无助于计算行星的位置,也无助于确定行星的轨道。原则上讲,它可以被用来预见某颗行星在与太阳的任一已知的距离上出现的周期,但这是一个理论问题而非实践问题。这一定律也像椭圆轨道定律和面积定律一样,人们看不出在它的作用中有什么明显的物理学原理。

　　此外,在考虑开普勒天文学时,我们必须记住,在(《哥白尼天文学概要》的)最后的归纳中,开普勒所阐述的并不仅仅是行星运动三定律，亦即我们今天熟知的开普勒定律。更确切地说，书中还有许多此类定律，其中包括，行星的大小和顺序与轨道的大小和顺序之间的关系以及行星轨道的偏心距规则等，对于这类问题，我们今天会认为它们只不过属于数字命理学范畴因而不予考虑。开普勒纳入此书的还有他的第一个发现：行星轨道的数目和大小与柏拉图的 5 种正多面体之间关系的定律。要接受开普勒的天文学，还存在着一个问题，即它是机械论物理学原则与泛灵论物理学原则的混合。它并不是一种纯粹的研究物理作用及其所导致的物理运动的动力学。例如，对于轨道运动或行星的公转，它是用物理学上的太阳－行星的（磁的）作用力来说明的，而对于地球和太阳规则而持续的自转，它却认为那是一种泛灵论的"灵魂原则"的结果。在开普勒那里，"解释运动的泛灵论原则与机械论原则展开了竞争"［参见 Max Caspar（马克斯·卡斯帕）1959，296］。

实际情况是，在牛顿的《原理》（1687）以前，甚至几乎没有什么理论的或实用的天文学著作提及开普勒关于行星运动的所有三个定律，遑论开普勒有关导致轨道运动的天体作用的思想了。因而看起来很清楚，在 1687 年以前，科学中未曾有过开普勒革命。我们回顾一下便可得出这样的结论：开普勒的纲领仅仅构成了一场论著中的革命——这并不是因为，在思想上，开普勒尚未十分成功地发展出一个可以恰当地说明他所发现的行星运动诸定律的动力学体系，而是因为他未能成功地使他的大部分的同代人和随后而来的后继者们转变观念，并相信他的椭圆轨道的行星天文学或他的天体物理学。

威廉·吉伯：实验论者及其代言人

像开普勒一样，威廉·吉伯也必须被纳入17世纪初富有革命精神的科学家之列。他在其著作《论磁石》（*De Magnete*，1600）的副标题中表明了他的科学的创新性，他说，他的这本书是一部"Physiologia nova, plurimis & argumentis & experimentis demonstrata"，意思是说，他创立了一门"新的自然哲学"或自然的哲学，一门新的自然科学，一门被"许多论据和实验证明了的学说"。这门新的自然哲学就是磁学，而该书的题目告诉读者，吉伯所关心的是磁石（*de magnete*）或天然磁石、"磁体"（例如磁铁）以及"地球这个巨大的磁体"。在此书中，吉伯通篇强调实验主义的观念，这一观念暗示着，知识的基础是经验、实际的实践经验或者依据经验的证明。在后期的古典拉丁语中，"experimentum"和"experientia"这两个词既有"经验"（甚至意指"尽人皆知"的经验）的意思，也有"实验"的意思，就像法语中的"expérience"和意大利语中的"esperienza"仍然含有这两种意思那样。由此可见，吉伯是在强调实际的实践经验（例如铁匠和航海者的经验），通过实验对自然界的直接研究，以及以经验而不是直觉或推测为基础的知识。

吉伯搜集了大量新的实验信息，除了让人们注意到书的副标题所表明的该书的特色之外，他还在书页的空白处不惜笔墨加了许多注释，以便说明他或多或少"根据对事物的重要性和微妙性"所描述的"我们自己的发现和实验"究竟是什么（1900，ii）。吉伯研究了摩擦后的琥珀中的引力现象，由此可以看到他对这一问题进行的实验探讨具有创新性的一个实例（第2卷，第2章）。他严厉地批评了"我们这个时代的"这样一些哲学家，这些人"自己没有什么发现，没有得到任何实践经验的支持，……没有取得一点进步"（第48页）：

> 不仅琥珀和贝褐炭（像他们所猜想的那样）对小的物体有吸引作用，而且钻石、蓝宝石、红榴石、彩虹宝石、蛋白石、紫水晶、文砷钯石以及美晶石英（一种英国宝石或晶石）、绿宝石和水晶也都有此作用。具有类似引力的还有玻璃（尤其是透光和透明的玻璃），由玻璃或水晶制成的人造宝石，锑玻璃，还有从各种矿石中提炼制成的多种晶石，以及箭石等。另外，硫黄、香乳脂和由染有各种颜色的虫胶合成的硬的封蜡也有吸引作用。甚至硬树脂，例如雌黄，也会产生吸引作用，当然，它的作用并不强；在适当的干燥的气候中，岩盐、白云母石和钾明矾石则很难产生吸引作用，而且，即使产生了其作用也是很微弱的。

《论磁石》那篇写给"公正的读者"的序言，是对科学革命的原则最响亮的陈述之一。作者在其中自豪地说，那些"可靠的实验"和"业已证明了的论点"，优于"平凡的哲学教授们的那些可能的猜测和看法"。在这里，吉伯谈到了"我们的哲学……产生于……对事物孜孜不倦的观察"，他还谈到了"真实的证明和……感官显然可以感知的实验"，以及"（明显地使每一种哲学繁荣的）大量的实验和发现"。他还描述了进行哲学探讨的正确方法,凭借这种方法,人们的认识才有了从"不难理解的事物"到"更为值得注意的其他事物"以至最终到"有关地球的那些隐匿的和最为神秘的事物"这样的不断发展,从而"了解到那些事物的起因,而这些事物,或是由于古代人的无知,或是由于现代人的疏忽,一直未被认识到并且被忽视了"(对开第 ii 页)。

吉伯不仅作了经验方面的记录;他最终也发明了一些理论并构想出了一些假说。吉伯本人最深邃的科学洞见就是这一发现:地球本身是一个大磁石,它有南北两个磁极。他断定,他已经从实验上说明了,完全球状且有两极的天然磁石会绕轴自转,他因此得出结论说,地球肯定要自转,正如哥白尼已经告诉人们的那样。不过,吉伯对地球的公转没有多大的兴趣,因为对于他来讲,这是一个与磁性无关的问题,就此而言,他不是一位哥白尼主义者。

人们会注意到,在《论磁石》的文本中,吉伯的纲领并非总是十分详细地贯穿始终的,即便这样,他认为一门新的科学即将出现这一明确断言的重要意义并没有因此而减小。像开普勒一样,吉伯也生活在一个变迁的时代,所以,看到这样的说法:"吉伯的狂言和浮夸虽有失其身份,但他却是位温和的漫步派学者,而且与剽窃他所批评的那些东西相比,他的做法就不算过分"(Heilbron 1976,169),我们也就不会惊讶不已了。虽然海尔布伦非常恰当地拒绝承认"吉伯是位革命英雄",而且不愿根据他的"文艺复兴式的夸夸其谈的表面价值"作出判断,但他还是盛赞吉伯出版了"一本最早的有关地球物理学的一个特别分支的专著",一本"最先发表的有关大量相互联系且得到了再次证明的实验报告"。

然而，尽管吉伯有革命热情，但他并未创建一门新的科学。当时的迹象和以后半个多世纪发表的磁学方面的著作，都没有表明这一学科发生了剧烈的变化。他关于电引力这一新颖的和令人震惊的现象的论述，事实上也未能使科学家们建立起一门新的物理学分支；只是到了下一个世纪才出现了这一分支学科。由此看来，吉伯的工作未能通过鉴别科学革命的前两项检验，史学家和科学家也都未设想科学中有过一场吉伯革命。因此，虽然吉伯确实是位富有革命精神的人，但他至多只是引起了一场有缺陷的论著中的革命。毋庸置疑，他的《论磁石》中包含着革命的种子，但它毕竟未能在科学中引发一场革命。

纵然吉伯没有引起或发动一场革命，他的工作仍可谓是后来开始进行的一场革命的一种征兆或预示。在以后的那场革命中，科学从一门主要是哲学和抽象的学科，逐渐变成了一门以经验、以那种通过实验直接对大自然提出问题而获得的各种特殊经验为基础的科学。

伽利略富有革命性的科学

比任何人都先提倡新的实验科学技术的科学家，就是伽利略。伽利略的科学纲领像开普勒的纲领一样，确实是富有革命性的，而且，它还包含了有可能会潜在地影响所有科学的方法和结果，从这一点来讲，它有着更为重要的意义。与开普勒不同，伽利略所撰的著作被广为阅读（并被译成了其他语言），而且，他的著作对他那个时代的科学和科学思想产生了巨大的影响。这种影响甚至随着对他进行的声名狼藉的审讯和定罪而扩大了。伽利略做出了大量发现,不过,他的革命活动主要在以下这四个独特的领域著称于世,即望远镜天文学,运动原理和运动定律,使数学与经验相关联的模式,以及实验科学或实验法科学。(有人可能会十分恰当地列举实例来说明,伽利略在另一个领域也很著名,这第五个领域就是科学哲学,然而,伽利略在这方面的思想所具有的诸多革命特色,都体现在有关实验科学和数学与经验的关系的说明中了。)

许多证据都可以证明伽利略在运动学领域进行了富有革命性的工作。而且,17世纪中叶那些物理学著作的编撰者们——克里斯蒂安·惠更斯、约翰·沃利斯(John Wallis)、罗伯特·胡克、艾萨克·牛顿等,都承认并使用了伽利略的那些定律和原理。至少在两个世纪中,许多科学史家和科学哲学家都在为伽利略革命而欢呼。此外,长期以来,物理学家和其他领域的科学家们一直认为伽利略是位革命英雄,甚至夸了大他的作用,把他说成是现代科学和科学方法或实验方法的创始人,是牛顿前两个运动定律的发现者。简而言之,伽利略似乎轻而易举地通过了鉴别是否已经引起了一场科学革命的所有检验。

伽利略首次公开展示他的富有革命性的科学是在1610年,当时,他发表了用望远镜探索天空所取得的最初一部分成果。在本书第一章中我曾谈到过伽利略对天空的看法的转变过程,即从个人的观察经验到得出理智的结论的转变过程。他用类推原理和物理光学说明,月球表面也像地球一样,峭壁林立,起伏不平。他发现,地球使月球生辉发亮。他观察到,木星有一个四卫星系统,金星显示出有位相变化。他的望远镜不仅揭示了有关太阳、地球、月球以及众行星这些以前已为人知的天体的新信息，而且使人们以前用肉眼从未看到过的大量的恒星（和卫星），现在都变成可观察的了。

伽利略的发现，以及其他人的那些发现，首次向所有人说明了天空是什么样。金星的位相，如果与行星的表观尺寸联系起来，就能证明金星轨道所环绕的是太阳而不是地球，并由此证明托勒密是错的。所有这些发现都是与哥白尼的这一命题相一致的：地球只不过是另一颗行星；也就是说，所有的发现都表明，地球更像是一颗行星而不像是与行星不同的东西。伽利略因此立即证明，他业已说明了哥白尼体系的正确性（尽管事实是，他的发现与第谷·布拉赫的体系也是十分相容的，但在第谷·布拉赫的体系中，地球仍被看作位于中心位置，其他行星环绕着太阳，而太阳则围绕着地球公转）。[2]

这些发现使观测天文学发生了革命性转变，并且从根本上使哥白尼天文学讨论的层次发生了变化。在 1610 年以前，哥白尼体系可能看起来是一种思想实验、一种假设的计算系统，而且它似乎是某种在哲学上荒诞不经的东西，以致地球在人们看来不像是一颗行星（即我们认为是闪耀着极为灿烂的光芒的星球）。然而，在新发现于 1610 年公布并导致了一些成果后，科学家能够证明（并且确实证明了），地球与其他行星的确相似，而且理应具有同样的运动。哥白尼非常正确地指出，地球只不过是"另一颗行星"。要想抵制这种新的以经验为导向的哥白尼学说，只有拒绝用望远镜去观察，或者断言，通过望远镜所看到的肯定是望远镜的透镜所产生的一种光学假象或者一种畸变，而不是行星的真面目。一些非常有才智的哲学家都采取了这一态度,这一事实表明,在当时,以经验证据为基础来认识大自然是一种多么激进、多么新颖之举。

伽利略在其中引起革命性变化的第二个领域就是运动学。这一学科一直被认为是自然哲学的中心;所以,在其《两门新科学》(1638)第三天对话的开场白中,伽利略夸耀说,他正在引进"一门有关一个极为古老的话题的崭新学科"(Galileo 1974,147)。也许,许多有关运动的新定律和新原理都应归功于伽利略。他发现了摆的等时性——当一个自由摆动的摆沿弧线运动所经过的弧的长度越来越短时,它的运动速度也会减慢,但它完成每次摆动的全程所需要的时间却(总是)保持不变。他通过激动人心的实验证明,在空气中,重量不同的物体下降的速度几乎是相同的,而并不(像以前亚里士多德主义者曾经认为的以及今天未受过物理学教育的大部分人仍然认为的那样)是与物体的重量成比例的。他发现,自由降落是匀加速运动的一种情况,在这种情况下,运动速度随着时间的持续而增加,运动的距离与时间的平方成正比。他提出了矢量速度的独立性原理,并采用了矢量速度组合(合成)法,他运用这一原理来解决抛射体的轨迹问题:他发现,这种运动的路线是一条抛物线。因此,他指出,当大炮的炮筒与地平线成45度倾角时,大炮的射程最远。

在其对抛射体的抛射路线所做的分析中,伽利略勾画出了有关惯性运动原理的系统阐述初期时的情况。一系列相继得到了改造的概念最终导致了牛顿1687年的惯性定律,显然,其中第一个概念就是伽利略提出来的。不过必须要记住的是,伽利略主要是从运动学角度来分析运动的。也就是说,尽管伽利略的讨论有一些或包含着一些力的作用问题,但他既没有尝试去找出引起(或导致)运动的力,也个曾试图去发现作用力与运动之间严格的数学关系。

伽利略的第三个贡献是在数学领域。现代科学,尤其是物理学,其特征就是用数学来表述其最高原理和定律。到了 17 世纪,科学的这一特征开始显示出了重要意义,并且在牛顿的《自然哲学的数学原理》(即《原理》)出版时到达了第一个高峰。从伽利略在《两门新科学》第三天对"自然加速运动"的讨论中,我们可以看到他的方法论具有革命性的一个例子。伽利略在提出这一话题时解释说,假设任何一种运动并从数学上说明其性质,这种做法(就像以前经常做的那样)是完全合理的。不过,他愿遵循另一种方针,亦即"找出并阐明与大自然所进行的那种运动[加速运动]可能完全一致的定义"。在思考了"在某一高度静止不动的"石头是怎样下落之后,他得出结论说,"新增值的速度"的连续获得,是由"最简单和最明显的规律导致的"(Galileo 1974,153 - 154),这就是说,这种增值总是以同样的比率持续进行的。因此,(a)在下落的每一连续相等的特定距离内,或(b)在所消逝的每一连续相等的时间间隔内,速度的增加肯定总是相等的。伽利略出于逻辑上的理由对等距规则不予考虑,转而着手阐述等时规则的各种数学推论,其中有这样一个结论:在匀加速运动中,"物体在任何时间内所通过的距离都与各自所用的时间成倍比"(也就是说,它们各自都与那些时间的平方成正比)。伽利略随后对"这是否就是大自然在她的下落的物体上施加的加速作用"提出了疑问。

答案将会通过一项实验找到,这一程序"在那些把数学证明应用于物理学结论的学科中是非常有用和非常必要的"（Galileo 1974，169）。这个实验也许看起来是相当容易的，但实验设计和对实验结果的解释，需要对现代科学的基本原理有高水平的理解（参见下文）。要正确地评价伽利略程序具有何等的革命性和创新性，我们应当把它与中世纪的数学家－哲学家们的活动加以比较和对照，因为他们在12、13和14世纪一直在积极探讨运动问题（参见前面的第五章）。这些数学家－哲学家的数学发展处于一种抽象的水平，在这里，运动问题属于一般的范畴，该范畴包含了从"潜能"到"现实"（亚里士多德的定义）的任何一种可以量化的变化，亦即它们包罗万象，可以是从爱、仁慈到（从一处移向另一处的）位置的变化的任何事物。所以，伽利略要阐述有关运动的数学定律，而且要使它们符合（并例证）自然界中实际出现的运动，这的确是一个大胆的举动。用实验检验来证明以这种方式阐明的物理学定律，同样也是前无古人的——而这里正是伽利略为科学做出重要贡献的第四个领域。

　　伽利略从数学上阐述了诸多运动定律，其中包括匀速运动定律，匀加速运动定律，以及抛物运动定律等等，这例证了17世纪科学（对它怎么强调也不过分）的一个普遍特征，亦即这一思想：基本的自然规律必须是用数学阐明的。在17世纪中，对数学的这种强调有着多种多样的形式。例如，从最初级的水平上讲，数学也许仅仅意味着数量的确定，亦即计数作用。也许存在着这样的柏拉图教条：人们将借助数学而不是借助观察和实验来发现宇宙中的真理，因而首先应该考虑的是数学方面的特性，而不是与经验世界的一致。我们已经看到，在相当一段人类的历史期间，人们感到圆是各种完美性的体现，因此圆形轨道特别适合天体运动。伽利略驳斥了所有此类抽象的几何属性观，他认为，也许有些不同的几何图形最适用于某些特殊情况。当然，从数学上阐述科学是对科学的最高级的表述这种观点，在 17 世纪简直算不上什么新思想；托勒密曾把他的伟大的天文学杰作取名为《数学综合论》(*The Mathematical Syntaxis*)或《大综合论》(*Composition*)。对伽利略而言，这些传统的数学观与新科学的数学观之间的差异意味着，在经验世界与知识的数学形式之间将会有一种和谐，这种和谐可以通过实验和决定性观测来获得。

不过，在伽利略撰写涉及数学的著作时，他所意指的并不是通常我们所想到的那种数学，亦即代数方程的应用、混合比例（例如"距离与时间的平方成正比"）、流数或微积分等。他所论述的是数列。以下规则即为其中一例：自由落体在相继且相等的时间间隔末的速度，就像是从 1 开始的自然数（或整数），或者说它在相继且相等的时间间隔内所通过的距离的比为奇数序列，或曰，它在任何时间内所通过的距离的比等于时间间隔比的平方。在《试金者》(*The Assayer*, Galileo 1957, 237–238)中，伽利略对自然界的数学问题作了著名的陈述，他指出，几何学方面的要素像有关数的法则一样重要。"哲学[自然科学，或科学]写在宇宙——这部一直向我们敞开的伟大著作中"；但是，"如果不先学会理解书中所用的语言、并学会阅读构成这种语言的文字，就不能理解它。这部书是用数学语言写出的，它的字母是三角形、圆和其他的几何图形，不借助它们，人类就一个词也读不懂"。所以，在论及伽利略与数学时，重要的并不在于数学本身的水平有什么创新之处，而在于他清晰

140

而引人注目地表述了用数学来阐述自然现象的必要性，以及以实验和观察为基础确立大自然的数学规律的必要性。

　　谈到伽利略与科学实验方法论的关系，有必要提出一点忠告。近年来有一项值得注意的学术成就［主要集中在小约翰·赫尔曼·兰德尔（Jr. John Herman Randall）的著作中］，这就是对伽利略科学方法论的先驱者进行探讨。在这里，我感到有太多的历史学家都犯了一个根本性的错误，即没有分清有关方法的那些抽象的陈述或规则与实际的科学研究之间的区别。在许多16世纪的意大利作者的著述中，我们会发现某种确实听起来像是对实验或从事科学研究的方式的讨论；然而，了解到这些作者中没有一个人曾完成过任何一项科学研究工作这一事实，我们对它们的相信程度就会大大降低，不太可能相信它们是有关实验问题的真实陈述了。附带说一句，在拉丁语和拉丁语系的语言中，用来表达实验、经验以及一般而言表达众所周知的事物的词都是相同。

　　就用一个实验解决一个独特的问题而言，伽利略在一个高塔上抛下重量不等的物体这一著名事件就是其例证。一些更为耸人听闻的记述说，伽利略在众目睽睽之下在比萨斜塔上进行演示，公开与亚里士多德学派对抗，这些无疑都是杜撰出来的。不过，伽利略确实在自己的笔记本中记录过他"从一个高塔上"把重物抛下来的情况。在这里，伽利略要问的问题是：传统的"常识"观点是否正确，重物在空气中自由下落时的速度是否与它们各自的重量成正比？伽利略用另一种实验来检验他的假说——自由下落的物体的运动是匀加速的。我们可能会这样问：自由落体的速度的增值是否与消逝的时间成正比呢？我们会看到，在进行一项人们会在其中提出这类有关大自然的疑问的实验中，将会产生出许多难题。要直接检验这种比率是不可能的。因此，伽利略检验了另一个定律，一个他希望检验的逻辑推论，这就是：所通过的距离与时间的平方成正比。即使这一检验也超出了伽利略的能力范围，因为自由下落的物体运动得太快，以致他难以进行任何测量。因此，正像他所说的那样，他"冲淡重力"，在一个斜面上完成了实验。他在实验中发现，时间平方律确实经受住了实验的检验。当然，伽利略是位伟大的实验家，他充分认识到，进行大量不同角度的斜面实验是很重要的；在所有这些斜面实验中，该定律都经受住了检验。我不想详细地讨论伽利略是怎样根据斜面角度的增大用数学来表述重力沿斜面的分量的。只要说明以下这一点就足矣了：伽利略在这个著名的例子中表明，随着思想的发展和"科学"的日益复杂，必须要设计出一个实验用来检验那些哪怕看起来最简单的定律，如：所通过的距离与时间的平方成正比。

伽利略不仅认识到对一般运动所做的抽象的数学推理均可适用于自然界中所观察到的真实的运动，而且通晓用实验来检验数学规则的技术，除此之外，他还熟知怎样说明理想状态与实验状态的差距。例如，他通过实验发现，从一个高塔上下落的重的物体比轻的物体略微早一点接触地面；他把这个微小的差额归因于空气阻力以及重的物体和轻的物体克服这种阻碍作用的相对能力。他得出结论说，在理想状态下，亦即在真空中或自由空间内，它们下落的速度是完全相同的。

除进行旨在用来对假说加以检验的实验之外，伽利略还对自然现象作了实验探讨。斯蒂尔曼·德雷克对伽利略的手稿进行了仔细研究后,重构了这类探讨型的实验。这类实验很有可能就是伽利略解决惯性问题的关键,而且,它们似乎已经使伽利略以一种与他在《两门新科学》中所描述的方法略有不同的方式得出了匀加速运动定律。

142　　伽利略的确不是第一位进行实验的科学家,但他是第一批在进行数学分析的同时使实验成了其科学的一个组成部分的重要科学家之一。事实上,他把实验技术与数学分析结合在了一起(例如在斜面实验中所做的那样),这种结合使他名副其实地成为科学的探究方法的奠基人。

　　在伽利略大范围的实验和天文学观测中,包含了他的科学哲学中两个革命的特征(与斯蒂尔曼·德雷克的通信为我澄清了这个问题)。一个特征是,伽利略所表明的信念:"感性经验和必要的证明""不仅优于哲学诸信条而且优于神学诸信条"。很有可能,直到 19 世纪,"大多数科学家才采取了与他相同的立场"。第二个特征与伽利略的方法观有关(德雷克称,伽利略的方法观是"他的科学中主要的富有创新性的部分,而且,伽利略在许多地方都提到过"它),这就是:"在裁决任何科学问题时权威不足为据。"在《水中的物体》(*Bodies in Water*)中,伽利略更进一步评论说:"阿基米德(Archimedes)的权威并不比亚里士多德的权威更加重要;阿基米德之所以正确,是因为他的结论与实验相符。"德雷克不相信"除了他那些自身就可以说明问题的发现外,伽利略对其科学中任何新颖的问题都要考虑"。我们可以同意德雷克的看法,即伽利略仅仅"认为他自己是把托勒密曾经很成功地运用于天文学上的方法用在了物理学上;也就是,在不考虑古老的[亚里士多德的]意义上的因果条件或〔借助于〕形而上学原则的情况下，用几何学方法和算术方法把辛勤测量的结果运用在叮检验的预见之上"。

由于伽利略的成果已经广为人知了，因此人们也都承认，他使运动学得到了改革或革新。沃尔特·查尔顿（Walter Charleton）1654 年出版了《自然哲学》（*Physiologia*）一书，该书主要涉及的是新老原子论的自然哲学，而且，它以介绍伽利略、伽桑狄以及笛卡尔等人在运动学方面的成就而闻名。查尔顿在这部书中使人们毫不怀疑，伽利略的研究是全新的研究。他认为"伟大的伽利略""奠定了说明运动本质的……根本原则"，正是这一成就导致了"亚里士多德有关运动的学说"的"覆灭"（第 435 页）。他认识到了，"没有任何一位古人的探讨"深入到"物体向下运动"时速度增加的"比率或速率"，而伽利略却发现了这个问题。此外，正是这位"伟大的伽利略"完成了"对大自然最难以理解的奥秘的探讨，这种探讨是无与伦比的"（第 435 和第 455 页）。

在 17 世纪的科学文献中，伽利略似乎不仅是运动定律的发现者和亚里士多德的反驳者，而且还是最早用望远镜观察天空的探索者。约瑟夫·格兰维尔在其论文《现代对实用知识的改进》（"Modern Improvements of Useful Knowledge"，1676，18 - 19）中，用了整整一页的篇幅来论述伽利略用望远镜所作出的发现：

　　在〔第谷·布拉赫〕以后随继而来的时代，亦即**我们**这个时代，他的**发现**和他的**前辈人**著名的**哥白尼**的那些**发现**得到了出色的**应用**；而且，**天文学**在人们心目中获得了有史以来最为**崇高**、最为**完美**的地位。如果愿意的话，可以用一卷书的篇幅来描写所有那些独特的**发现**,但我不想这样做,我只想简要地谈一下。我打算先谈谈**伽利略**,这位享有盛名的**望远镜**的制造者,尽管**首先发明**这种绝妙的**望远镜**的荣誉的确应归于**阿姆斯特丹**的**雅各布·梅修斯**(Jacobus Metius),但改进了它的却是著名的**伽利略**,而且是他首先把望远镜应用于对**星辰**的观测;凭借**无与伦比**的优势,他发现了**银河**的**本质**,发现了**猎户星座**顶端由 21 颗**新星**组成的**星云**和由 36 颗新星在**巨蟹星座**中共同构成的**另一处星云**,他还发现了**土星的光环**,**木星**的**卫星**,他把它们的**运动**汇编成了一个**星历表**。人们认为,根据这些新月状的东西就可以确定**地球**到**木星**的**距离**,还可以确定**子午圈**的长度,这似乎很有实用意义,因为这种距离总可以通过一年一次或两次的月食来测量;其实,根据这些**新的行星**的**掩星现象**进行计算的机会是**常有的**,这一年反复出现了480 次。此外,(望远镜还促使)**伽利略**发现了奇怪的**土星位相**,它有时是**椭圆形**的,有时是**圆形**的;金星也像**月球**一样有**盈有亏**;他还发现了**太阳**的黑子,以及它围绕自己的**中轴**的**自转**;还发现了由其黑点的不同位置集合而成的**月天平动**;以及其他一些令人惊讶的、具有实用价值的奇妙的现象,它们是所有**古人**前所未知的。

也许可以把这段会令读者窒息的说明与格兰维尔对开普勒一带而过的叙述加以对照:

　　下一个要谈的是开普勒,他首先提出了**椭圆假说**,并对**火**

星的**运动**进行了极为**准确的**和**富有启发性的观察**；他还用最为清晰和最为明确的方式撰写出了**哥白尼天文学**的**概要**，书 144 中含有其他一些人的发现，也有他本人不同的重要发现；至于他的**星历表**以及有关彗星的著作就更不用说了。

格兰维尔甚至没有提及开普勒的面积定律或和谐定律，而且显然对开普勒以行星运动的物理学原因为基础建立新天文学的纲领并不重视。

牛顿在《原理》中指出，伽利略不仅已经认识到了三项运动定律中的第一和第二定律，而且还认识到了这前两项定律的推论，它们涉及了向量速度的合成与分解。因此，牛顿为伽利略欢呼，说伽利略是他自己的理论力学的主要的奠基者，同时却把开普勒的作用贬低到了次要地位：说他只是行星运动的第三定律或和谐定律的发现者以及彗星的观察者。他甚至怀疑开普勒是否发现了椭圆轨道定律和面积定律。（有关牛顿和开普勒的讨论，参见 Cohen 1975。）

17 世纪的天文学无疑就是伽利略天文学。伽利略倡导使用望远镜，从而使天文观测的基础发生了革命，并使他以现代科学奠基者之一的身份赢得了主导地位。他对自由落体问题的研究以及他对抛射体运动和沿斜面向下运动的分析，业已成为而且一直是与实验相结合的数学分析的典范。他所发现的有关匀速运动和匀加速运动的定律依然是这门科学的基础。实验方法，尤其是那些每次可能只改变一个参量的实验方法，仍旧以他的名字命名。伽利略比开普勒（他没有伽利略那种用实验获取知识的惊人才能）和

威廉·吉伯(他缺少伽利略的那种数学意识)更胜一筹,他的研究
体现了科学的新的特点,而这些特点则是科学革命的典型特征。
伽利略是现代科学最伟大的奠基者之一,他是科学革命中的一位
英雄人物。

　　然而,伽利略革命并没有完成。在其对运动的研究中,伽利略
把他的注意力主要集中在我们今天会称之为运动学的那部分。他
已经开始思考地球运动中力的作用,但他所取得的最重要的进展
并不是在这个主题上。与开普勒不同,伽利略本人完全不关心宇
宙力以及天体的作用力或太阳的作用力,而这些力有可能是行星
运动现象的原因。他无视开普勒行星运动定律的发现,而且嘲弄
开普勒的这一见解:月球的力,亦即超距作用,有可能是导致海洋
中潮汐运动的原因。在科学中,伽利略革命的完成还需要有另一
个阶段的革命,那就是对惯性、对加速度产生的地球的和天体的作
用力的认识,伽利略本人在这些问题方面的思考仅仅处于萌芽阶
段。牛顿革命使伽利略已经完成的工作中的潜力得以实现,而且
取得了远远不仅如此的成就,当然,在此之前还需要有半个世纪的
发展时期。说伽利略的科学革命的完成还需要另一场更为深入的
革命,而伽利略在运动原理和运动定律方面所作出的那些伟大发
现——就其所达到的程度而言——只是将会成为科学革命顶峰的
宇宙动力学之发现的初级阶段,这一结论并没有使这位曾在科学
史上享有如此崇高的地位的人丧失其荣誉。[3]

第九章　培根与笛卡尔

　　科学革命是对方法甚为关注的时期。有关这一主题的部分文献，反映出了这一新时期的自我意识的状况：在这一时期，人们认为，对知识的促进而言，合理的法则和程序比洞察力和才智更为重要。17世纪发表的一篇又一篇专题论文，要么始于对方法的讨论，要么终于某一方法论命题。例如，有关方法这一主题最著名的著作之一——笛卡尔的《方法谈》(1637)，其写作（以及出版）就是要用来作为《几何学》、《气象学》(*Meteorology*)和《屈光学》(*Dioptrics*)这三部科学著作的导论。在牛顿的著作中，人们最广泛地阅读、最经常引证的著作之一，是那篇方法论的《总附注》("General Scholium")，此文是为《原理》(1713)第2版写的一个结论，在其中，他讨论了自然哲学中说明的本质以及假说的作用。

　　方法问题之所以成为科学革命的中心，是因为新的科学或新的哲学主要的创新之处在于数学与实验的结合。旧的知识，是由 各个学派、理事会、学者并借助圣人、天启以及《圣经》等的权威确立其合法地位的，而17世纪的科学则被认为是以经验依据和正确的感知为基础的。任何一位通晓实验技术的人都可以对科学真理进行检验——这正是新的科学与传统知识（无论是旧的科学、哲学抑或神学）大相径庭的一个因素。而且，新科学的方法很容易掌握,从而使任何一个人都可以做出发现或找出新的真理。正因为如此,新的科学成了文明史中最伟大的促进民主的动力之一。真理的发现,不再只是为数寥寥的子民——享有特别的天惠或拥有非同凡响的天资的男人或女人才能得到的赏赐了。在介绍其方法时,笛卡尔说:"我从来没有设想,我的心智在任何方面比一般人的心智更加完善"(Descartes 1965,4)。17世纪的科学没有哪方面像其方法及方法带来的结果那样富有革命性。

科学革命造就了两位杰出的集方法之大成者:弗朗西斯·培根和勒内·笛卡尔。对培根在科学史上的地位,人们的看法有些分歧,因为他不是一位科学家,他甚至无视他那个时代哥白尼、吉伯以及伽利略等人做出的那些伟大发现。相反,笛卡尔在物理学和数学领域都是一位受人尊敬的人物,而且被普遍地认为是现代最重要的哲学家之一。在本章中我们将探讨这一问题,即17世纪的科学中是否曾有过一场培根革命或笛卡尔革命,或者说,培根和笛卡尔是否也像哥白尼、吉伯和开普勒那样,为澄清、强调或(只在某种程度上)使科学革命的某些基本特色的出现做出了相当重要的贡献。

弗朗西斯·培根:新科学的先驱

人们通常认为,培根对科学革命的贡献有四个方面:作为一名科学哲学家,他提倡了一种新的研究大自然的方法;他集中精力对科学(以及广义地讲,人类知识)进行了分类;他洞察到,新科学的实际应用将会改进生活的质量和人类对大自然的控制能力;他设想并组织了科学共同体(强调了科学院校和科学社团的重要性)。培根是归纳法的代言人,而归纳法与大量的实验和观察相结合,构成了许多科学的基础,培根也就因此成了新科学的代言人。 148

培根抨击说,纯演绎逻辑缺乏创造性,因为它永远也不能使知识增加。他还抨击了老式的简单枚举归纳法,因为这种方法只有在所涉及的所有事物的类都是有限的和可达的情况下才能适用(参见 Quinton 1980,56 - 57),例如在这一命题中:皇家学会的创始人都是年过 30 的男子。培根断言,他的新归纳法超越了这种亚里士多德的完全归纳法或完备归纳法["以简单枚举进行……归纳的方法(inductio...quae procedit per enumerationem simplicem)"——《新工具》(*Novum Organum*,第 1 卷,第 105 条)],因为它将导致对所有事物的概括,而不仅仅是对某一有限枚举的所有成员所具有的某种性质的概括。培根充分意识到,一个人是无法在普遍的意义上证明归纳之真的。"所有"这个词,肯定总是含有一种可能性,即有可能发现归纳概括的例外,因为归纳概括是(实际上它必然是)以有限的例子为基础的。值得赞誉的是,培根正确地评价说,单凭一个反例就足以否证一个归纳,而每一个肯定的证明只不过有助于增加我们的信念。因此,培根在其《新工具》(第 1 卷,第 46 条 = 1905,266)中指出,反例的力量更强大("major est vis instantiae negativae")。培根这么早就认识到了我们这个时代的 G. H. 冯·赖特(G. H. von Wright)和卡尔·波普尔所阐述的那些原理——自然规律或理论不是可证实的,而是可否证的;培根的这一功劳可谓非同寻常。

培根认为,他所提出的在实验基础上进行归纳的方法,将会为科学提供一种新工具或新方法(*novum organum*),以取代亚里士多德的归纳逻辑这种老式的工具。培根蔑视假说,他设想,科学的发展,是通过把实验和观察积累起来的实际数据汇集成庞大的数据表而完成的。当然,培根的确认识到,仅靠信息的积累并不足以产生有用的归纳科学原则;他提倡进行筛选,但这样一来问题就出现了:怎样确立筛选原则?诸如玻意耳、胡克和牛顿等科学家们在不同程度上表述了他们各自对培根哲学的信奉。在其《原理》(第2版,1713;第3版,1726)一书中,牛顿甚至探讨了归纳法的推广,即从可以实际对其进行实验的物体的属性或性质推广到"一切物体的普遍属性"(第三编,规则3)。他断然指出,培根大概已经用某种方式充分证明了,"在实验哲学中,我们应当把那些从各种现象中运用归纳而导出的命题看作是完全正确的,或者是非常接近于正确的,即使有任何与它相反的假说,在没有出现其他现象足以使它们更为精确或者更容易被驳倒之前,都应持如此态度"(第3版,规则4)。他说:"这条规则,必须遵守,这样,以归纳为基础的论据才不会因假说而失效。"

　　培根对17世纪科学思想的积极影响,可以从"判决性实验"这一概念的出现中略见一斑,艾萨克·牛顿在对他1672年的实验的描述中,在有关日光的分析与合成的理论以及颜色本质的理论中,十分有效地使用了这一概念。这种说法出自胡克的《显微术》(1665,56),它是胡克从培根的"判决性事例"这一概念演变过来的(1905,343;《新工具》,第2卷,第36条)。牛顿对假说持反对态度,他在《原理》(第2版)总附注的结尾部分中所做的表述以及用口号"我不杜撰假说(Hypotheses non fingo)"所做的概括就是一个例子,而培根的思想还有可能是这种态度的终极根源。

如果培根的一般归纳法真地被许多科学家采用的话,培根的程序分类和他的详细的规则也就无人遵循了。那些传统的辩护者们说,培根起到了科学方法的革新者和集大成者的作用[参见 Thomas Fowler(托马斯·福勒)1881,第4章],其实,这种说法对哲学而非对科学更为恰当。培根的《新工具》读起来不像是一部论述现代科学的著作,他对热的讨论(这种方法在第2卷中的主要应用)更像是他应当抨击的亚里士多德和经院哲学式的讨论,而不像是新科学的一个范例。尤其像查尔斯·桑德斯·皮尔斯(Charles Sanders Peirce)指出的那样,没有哪个培根排除表式的"机械论"体系能够产生有意义的新的科学知识。皮尔斯(1934,224)写道:"培根勋爵[有关方法]的观念超过了以前的见解,对他的夸大其词毫不敬畏的现代读者首先得到的印象就是,他有关科学发展过程的看法是不充分的。"

此外,培根科学观中一个显而易见的不足之处就是,他没有认识到数学在科学理论中的重要作用。强调事实的积累而不是假说的构建固然好,但培根所谓的发展过程却轻视概念的更新,而现已证明,在科学的发展中,概念的更新甚至比事实和限定性的归纳更为重要。皇家学会确实曾提出,把大量收集有关矿石、手工行业等等的实际资料作为它的一个目的。然而,实际的科学发展模式却往往(而且依然)是概念性和理论性的,绝非只是事实性的。我们有什么理由把拒绝承认伽利略发现木星卫星的人说成是所谓的科学方法的代言人呢?!

在科学史中,有一种学科在传统上是按照真正的培根方式发展的,这就是气象学。长期以来,在世界各地众多的气象站中,气象学家们一直在以一种会使弗朗西斯·培根欣喜的系统的方式收集着有关温度、湿度、降水量以及风力和风向情况的资料。不过有据可查的是,科学的这一分支没有(以归纳的或其他别的什么方式)像物理学、化学、生物学及地质学那样,发展出一门实用的理论体系。我们可以谈论天气,但我们不能十分准确地预报天气,也不能使天气有所改变。

　　也许,培根使科学哲学发生了革命,但他无疑并没有在科学领域中引起一场培根革命。培根对科学的分类,实际上是对知识的分类,同样也没有引起革命(有关这一问题请参见 Fowler 1881,第3章;Quinton 1980,第6章)。培根体系被修正了,随后又荣幸地以表格和图解的形式出现在18世纪中叶狄德罗(Diderot)和让·达朗贝尔(Jean D'Alembert)所编的伟大的《百科全书》(Encyclopédie)的简介和导言中。然而,无论培根可能已在哲学这一领域所作出的贡献有多么伟大,它并没有在**科学**中构成一场革命。

　　那么,对于培根与科学革命的关系我们将得出什么结论呢?我像安东尼·昆顿(Anthony Quinton 1980,83)一样认为,"作为一位倡导者和批评家",可以说培根有着毋庸置疑的重要地位。他所做出的一个伟大贡献就是,"使科学摆脱了宗教和宗教的形而上学","使对自然的研究因其被看作巫术而遭到禁止的状况,或者因其被认为是卑贱的辛苦乏味的工作而受到轻蔑的状况,发生了转变"(Quinton 1980,83-84)。更为重要的是,培根认识到科学将提高人类的能力,使人类能更有效地控制环境。他在《新工具》(第

1 卷,第 81 条 ＝ 1905,280)中写道:"科学的真正的、合法的目标,说来不外是这样:把新的发现和新的力量惠赠给人类生活。" "通向人类能力和通向人类知识的两条路途紧相邻接,并且几乎合为一体"(第 2 卷,第 4 条 ＝ 1905,303);"因此,真理和功用……乃是一事"(第 1 卷,第 124 条 ＝ 1905,298)。随后,他写道(第 1 卷,第 129 条 ＝ 1905,300):"人类要确立对万物的绝对统治,完全靠技术和科学,因为我们若不遵从自然,我们就不能支配自然。"[151] 按照极端的说法,培根被称之为"工业科学的哲学家"[Benjamin Farrington(本杰明·法林顿)1949],这并不足为怪。不过我们必须记住,在这些见解中,培根主要关心的并不是改变生活条件。相反,他认为,"各种成果自身,作为真理的证物,其价值尤大于增进人生的安乐"(第 1 卷,第 124 条 ＝ 1905,298)。

　　培根还是一位重要的科学组织的倡导者,他提倡把科学家组织起来成立各种学会和科研机构,这些组织的特点就是进行集体研究。在一部题为《新大西岛》(*New Atlantis*,1627)的未完成的乌托邦式著作中,他描述了一个中央科学研究机构,在这里备有实验室、植物园、动物园、厨房、熔炉,甚至还有机械工场。在这部著作中,培根宣称,通过科学劳动的分工,知识的生产会更有效地进行。关心经济史的人们常常称赞说,是培根首先阐述了劳动分工的一般观念。至于培根是否对皇家学会的主要创始人产生过重大影响,人们可能会有一点怀疑,皇家学会这一机构在相当大的程度上被认为带有培根的烙印。在托马斯·斯普拉特(Thomas Sprat)的《皇家学会史》(*History of the Royal Society*,1667)中,培根的名字不仅跃然纸上并且倍受赞扬,此外,他还成了富有寓意的卷首插图中的人物,由此可以看到培根的影响。我们可能会承认,皇家学会"也许可以公正地说是为弗朗西斯·培根建立的最大的纪念碑"(Farrington 1949, 18)。

笛卡尔的科学革命

　　在培根那个时代,意识到真正的科学将会导致医学和各种技术领域进步的,并非只有他一位思想家。笛卡尔在他著名的《方法谈》(1637)中提出了几乎完全相同的观点。在《方法谈》的结尾部分,他讨论了"尽我们所能为人类谋取普遍利益"的目标(1965, 50)。与笛卡尔提出的原理并行发展的完备的科学,将会成为那种"在这种生活中极为实用的知识"。科学,恰当地讲应用科学,将会"使我们自己成为自然的……主人和占有者"。在一些具体的目标中,他列出了设备发明的清单,这些设备"能使我们无须劳苦便可享受各种农产品和地球上的所有财富"。他特别强调了科学对于医学的实用价值,设想最终将消灭"身体和心灵的疾病",根除"老年人的衰弱"(Descartes 1956, 39 - 40)。由此看来,那种以实验或经验为基础的科学的发展,自然会使人得出这样一个推论即:知识的进步会导致新的实用发明、会导致健康状况的有效改善。

　　笛卡尔并不像培根那样认为,正式的学会或研究机构可以资助和提供实验设备,以满足科学家群体进行共同的研究事业的需要。不过他也意识到,单凭某一个人很难完成所有的实验;在《方法谈》的结尾部分,他讨论了一些也许会使研究者得到帮助的方式,例如,对他的"必要的实验的开销"提供捐款,并且提供保护以便使"他在闲暇时也不会被任何人的纠缠不休所打扰"(Descartes 1956，47)。他甚至首次提出了社会和个人赞助科学事业的问题。他在 1632 年 5 月 10 日给梅森(Mersenne)的一封信中暗示，他渴望能有一位富有的赞助者为已经列出的一系列"天体现象"的研究提供资金(Descartes 1970，24；1971，1：249)。

培根把他自己的角色看作是新科学的传令官，他的作用就是召集人们去研究新的科学["Ego enim buccinator tantum(我仅仅是一个司号兵)"：Bacon 1857，1：：579；《进展》(De Augmentis)①4，1]。他在写给普莱福(Playfer)博士的信中说："我所做的只不过是，自告奋勇去摇铃，把有识之士召集在一起。"然而，笛卡尔是一位真正的革命者，是一个新的科学分支的创始人，他自己对此也有充分认识。1619 年 3 月，23 岁的笛卡尔[在给贝克曼(Beckman)的一封信中；参见 Descartes 1971，10：156]就预告说，一门"全新的科学"即将诞生；他自豪地断言，这门新的科学能普遍地解决数学中的问题。在当年的 11 月，他在梦中梦到"一门惊人的科学之根据"被发现了(1971，10：179)。

10 年以后，笛卡尔和其他一些人一起受邀去听一个演讲，该演讲对学校中所教授的传统哲学进行了批驳。这个演讲[据笛卡尔的传记作者巴耶(Baillet)讲，译文见 Smith 1952，第 40 页及以下]，"几乎获得了满堂喝彩"。在听众中，唯有笛卡尔"非常慎重，没有表露出任何赞许之情"，这，引起了巴黎奥拉托利会(the Paris Congregation of the Oratory)的创始人枢机主教皮埃尔·德·贝

---

① 即《学术的进展》(De Augmentis *Scientiarum*)。——译者

律尔(Pierre de Bérulle)以及教皇的教廷大使和梅森神父等其他一些人对他的注意,所有这些人都力劝他陈述自己的观点。在随即而来的对话中,他展示了他本人的"'普遍法则',他有时也把它称作他的'自然方法'"——它取之于"数学科学的宝库"。笛卡尔给德·贝律尔枢机主教留下了如此深刻的印象,以致德·贝律尔邀请笛卡尔到他那里去做客,更为详细地解释其方法。笛卡尔向他揭示了自己的方法的本质,并指出,"这种方法可能自然产生的实用优势,将会使他的哲学研究方法被应用到医学和力学领域",从而"有助于健康的恢复和保护,以及……人类的体力劳动在一定程度上的减少和减轻"。枢机主教鼓励他"专心去做[研究自然的工作]",竭尽全力进行科学和哲学的改革。

　　这一计划在 1637 年结出了果实:他出版了三本关于科学的著作(《几何学》、《屈光学》、《气象学》)以及《方法谈》,他给《方法谈》加了一个副标题,以示该书论述的是"正确运用理性和在科学中寻求真理"的方法。这种方法在以前的一部著作中就已得到了更为充分的陈述,该书完稿于 1628 年左右(即他会见枢机主教德·贝律尔前后),书名为《指导心灵的规则》(*Rules for the Direction of the Mind*);但该书在笛卡尔去世 50 多年以后(1701 年)才出版。笛卡尔的方法是一种清晰且有一定成效的思维方式,但绝不是一系列实用的或自己动手进行实验并从实验中获取结论的手段。然而,像培根的方法一样,笛卡尔的方法也是旨在用于:把某个综合的和复杂的问题分解成其较为简单的要素或组成部分,藉此做出发现。他说,在他的新几何学中可以看到他的方法的典范,在那里,对复杂曲线的研究就是通过这种分解成简单要素的方式进行的。这种方法获得了广泛的理解；它不仅可以用于科学和哲学，而且还适用于"无论什么领域的……任何理性的探讨"［Bernard Williams（伯纳德·威廉斯）1967，345］。事实上，笛卡尔所信奉的是一种牢固的包括科学、哲学等在内的所有知识的统一体，他形象地把这种统一体比喻成一棵大树，它的树根是形而上学，树的主干是物理学，树的分枝则是这些专门的科目：医学、力学、伦理学等。他说，聚集起来的所有这些科学"是与人类的智慧完全一致的，而人类的智慧，无论其所应用的学科多么不同，始终是保持同一的"（《规则》1；1971，*10*：360）。

尽管笛卡尔的大部分科学是以实验和观察为基础的，他那些得到了充分阐述的科学概念和方法概念却是理性主义的和非经验主义的。他认为，科学最终还是应当建立在哲学的基础之上。在笛卡尔看来，日常经验的要素具有"复合性"，必须把它们还原为"简单性"（"naturae smplices"），后来，他又在诸如"广延性、形状、运动"等"第一存在"的意义上，把它们称之为"原理"（"principia"）（《规则》12；1971，*10*）。笛卡尔以天然磁石或磁铁为例论述说（1911，*1*：47）：

　　　［如果］问题是，"磁体的本质是什么？"人们……马上就会预言进行这种探索一定非常辛苦且困难重重，而不考虑每一个众所周知的事实，他们会注意最为棘手的事物，然而，对于在一个成果罕见且潜藏着纷繁复杂的原因的领域中探索是否能发现某种鲜为人知的东西，他们感到希望渺茫。但是，如果有人反思想到，磁石若不是由一些自明的简单性质构成的，在

其之中就不可能有什么尚待认识的东西,那么,他对为何要继续探索便不会心存疑虑。他首先会去收集所有观察资料,经验可以给他提供有关这种石头的观察资料,他下一步就是要尝试从这些资料中推断那种具有简单性之混合物的特性,这种特性是导致他业已看到的与磁石有关的所有效应的必要条件。完成了这一步,他就可以大胆地断言,他已经在人类的智慧和已知的实验观察能够提供给他的有关磁石的知识的限度内,发现了磁石的真正本质。

倘若走向极端,笛卡尔哲学会把自然界的所有活动和现象都归因于物质和运动的原理。

笛卡尔对科学改革的杰出贡献,就是这种机械论哲学的建立,它所寻求的是,以物体构成的部分为依据来说明物体的属性和活动。笛卡尔反对终极因或目的论的说明,并且抨击了占统治地位的亚里士多德学派或经院哲学学派用诸如"实体形式"和"神秘的属性"等用语说明现象的模式。但是,他又有不同于其他反对这种思维方式的人,其区别就在于,他提出了一种现实的变通方法,亦即,把现象还原成初级属性、普遍属性和定量属性等小的类:"物质微粒的形状、大小、排列以及运动"(1971,8-1:314;11:26)。他断言说,在整个世界中("in natura universa"),并不存在无法用这种"纯物理原因——亦即,丝毫不依赖心灵和思想的原因"加以说明的现象。

到牛顿的《原理》发表(1687)时,笛卡尔的机械论哲学已经在欧洲科学中占据了统治地位(参见前面的第一章)。玻意耳在谈到

"有关物体、物质及运动的两个最重要、最普遍的原理"（Boyle 1772，3：16）时，想到的恰恰就是笛卡尔的机械论哲学。玻意耳所著的《形式和特质的由来》（*Origins of Forms and Qualities*，1666），为的是要阐明机械论哲学，并且"根据其组成部分的运动、大小、样式以及设计"说明"……物质动因"的作用。玻意耳把这些属性称之为"物质的机械影响，因为人们乐意把它们看作与各种机械引擎的不同运转有关"（Boyle 1772，3：13）。惠更斯和莱布尼茨总的来讲都是机械论哲学的信徒。正是因为这一点，他们双双拒绝牛顿的万有引力概念——万有引力是指一种穿越空间而不会还原为物质和运动的作用力。

　　牛顿本人以理智的方式接受了机械论哲学的教育。与极为偏狭的笛卡尔原理不同，牛顿相信（类似于玻意耳的）原子的存在；因而也承认真空的存在；笛卡尔不相信有真空空间，他甚至认为物质和广延性是同一的。当时得到公认的哲学要求把所有现象都归因于物质和运动的原理，从而在科学中只允许接触性作用力的存在，在这样的时代牛顿居然得出结论说存在着一种穿越空间的万有引力，这的确是一种大胆之举。牛顿的这一步［正如理查德·S.韦斯特福尔（Richard S. Westfall 1971，377－380）指出的那样］既意味着他对得到公认的机械论哲学进行了根本性的修正，也意味着（Cohen 1980，68－69）"牛顿风格"的发展允许他创造出万有引力概念这类成果，尽管他当时仍然希望或寻求找到一种途径，使这种在哲学上不可接受的新的力的原理与笛卡尔有关物质和运动的概念协调一致。在牛顿的《原理》和《光学》中，有大量的证据可以证明，他大体上是信奉笛卡尔的机械论哲学的，他努力寻求把现象

155

还原为"所有物体的普遍属性"(《原理》,1713 年第 2 版,第三编,规则 3)。

笛卡尔的《宇宙论》(*The World* 或 *The Universe*)写于 1629 年和 1633 年之间,但此著作在他去世以后才出版。此书包含了他关于运动的思想,以及对其惯性原理最早的明确的表述。匀速直线(或惯性)运动状态,从某种程度上讲,在动力学上等同于静止状态这一大胆的命题,尚不等于牛顿的惯性原理,但这二者多少在形式上是相同的。只不过,笛卡尔把他的原理建立在一种守恒的学说上——即上帝在创世时造成的运动是不能被消除的;而牛顿的原理则源于质量的本质。

笛卡尔在他的《原理》中公布了他的惯性规则,同时还有一组碰撞规则。但是,由于他不理解动量的矢量本质,他的规则大部分都是不正确的——正如他通过做一些简单的实验本来可以很容易地发现的那样。笛卡尔还在他的《原理》中充分阐明了他的涡旋体系:由稀薄或细微的物质构成的规模宏大且不断运动的涡旋,产生了我们所说的引力效应,包括使行星进入椭圆形轨道的作用。他还在书中阐述了后来遭到牛顿反对的相对空间概念。

笛卡尔逐渐认为,"真正的物理学"是数学的一个分支,只有"通过数学才能获得真正的物理学知识"[Descartes 1971,*11*:315-316;参见 Jonathan Rée(乔纳森·雷)1974,31]。他在其《哲学原理》中声称,他的科学理论是以他的数学为基础的:"在物理学中,除了几何学和抽象数学中所运用的那些原理以外,既不需要也不必期望有任何其他原理,因为那些原理能解释一切自然现象。"在 1637 年 12 月写给梅森的一封信(Descartes 1974,*1*:478;

Rée 1974，32)中，他解释说，《屈光学》和《气象学》——这两本被笛卡尔在 1637 年描述为"运用这种方法的短论"的小册子，将有助于使大多数人相信这种方法"比通常的方法好"，而笛卡尔本人颇为骄傲的是，"这一点已经在我的《几何学》中得到了证明"。

笛卡尔是有史以来最伟大的数学家之一。约翰·斯图尔特·穆勒[①](John Stuart Mill 1889，617)曾欢呼说，笛卡尔的数学是"这门精确科学发展中有史以来取得的最伟大的独一无二的进步"。笛卡尔也许会承认这一点。他在写给梅森的一封信(Descartes 1971，1：479；Rée 1974，28)中说，他的新几何学(解析几何学)"胜于一般的[亦即欧几里得的]几何学，恰如西塞罗的修辞学高于儿童的入门知识那样"。

对笛卡尔数学成果的许多论述，都只限于他在坐标几何学以及用代数方法解决"几何学"问题等方面的贡献。不过，他的重要创新也许并不在这种简单的技术层次上，而在于用综合的分析方法进行思维的模式上(Rée 1974，30)。例如，求一个量的平方，传统上意味着作一个其边长等于或相当于此量的正方形："平方"就是这个正方形的面积。求立方的情况与此相似。笛卡尔是一种新的表示幂的方式(如用 x^2 表示 xx 或 x 的平方；用 x^3 表示 xxx 或 x 的立方)的先驱，一旦引入这种指数记法，那么，笛卡尔的作为抽象实在的幂或指数的概念就成了突破点。这一概念使得数学家可以写下 x^n，在这里，n 也可以具有 2 或 3 以外的其他值，而且事实上甚至也可以是分数。笛卡尔使代数摆脱了几何学的束缚，从而使

---

① 又译约翰·斯图亚特·密尔。——译者

数学发生了一场革命性的转变，并导致了"一般代数"的出现，它使得那种认为在几何学和算术学中"人类力所能及的一切"都已实现的断言（1628）成为合理的了。牛顿有关积分的最初思想，是在仔细地研究笛卡尔的数学著作以及一些评论者们对笛卡尔《几何学》的论述时形成的［参见怀特赛德（Whiteside）所编的《艾萨克·牛顿数学论文集》（*The Mathematical Papers of Isaac Newton*，1967，*1*）］。笛卡尔数学具有革命性，这一点不仅通过把笛卡尔以前和以后的数学加以比较便可看到，而且，注意一下 17 世纪的数学（以及以后几个世纪的数学）牢固地带有笛卡尔思想的印记，我们也可以发现这一点。因此可以说，笛卡尔数学通过了鉴别革命的历史的检验。

对笛卡尔科学中其他的革命部分，如以机械论为基础对动物和人类生理学的解释，以及对人类生理心理学的解释（参见 Descartes 1972），我将不予讨论。但必须要指出的是，笛卡尔要把所有动物的（以及人的）功能还原为机械式的作用，这一目标大概是他在科学中最大胆的一项创新，以后几个世纪的生理学家称赞说，这是一个真正的革命之举。笛卡尔接受了哈维有关血液循环的一般命题，不过他对一些本质问题尤其是心脏的作用持有不同的意见。他对地质学也做出了开拓性的贡献，他提出了一种地层理论，根据这种理论，地球是由于物理－机械原理的长期作用而形成的。

像伽利略和开普勒一样，笛卡尔也把他自己看作一位创造新科学的革命者。只不过，伽利略认为他本人创造出了一门新的关于位移的科学和一门新的材料力学，开普勒则断言他本人创造出了一门新的天文学，而笛卡尔声称，他本人使**所有的**科学和数学、甚至还使科学的方法论基础或哲学基础发生了革命。当然，他的主张还不足以成为令人们相信有一场笛卡尔革命的理由，但这一主张却受到了 17 世纪许多作者所做的评论的支持。例如，约瑟夫·格兰维尔在他对古代学问与现代学问的比较中，不仅表达了他对笛卡尔在数学和物理学方面令人惊叹的成就的欣赏，而且还把笛卡尔的名字用大号粗体字印出来以示其伟大［参见《随笔》（Glanvill 1676，*Essay*）3，第 13 页及以下］。我们已经了解到科学界人士怎样采纳了笛卡尔的新的数学以及他那富有革命性的机械论哲学。他的崭新的惯性原理及其富有革命性的运动状态概念，成了牛顿的理论力学和天体力学的奠基石。他的还原论的生物学原理，最终在现代生理学的大部分领域占据了统治地位。因而毋庸置疑，笛卡尔在科学中的创新，通过了鉴别科学中的革命的前两项检验。

　　此外，史学家和哲学家们已经断言，18 世纪中叶以来有过一场与笛卡尔相关的革命，从那时起，把革命这一概念用于科学的发展上就成了一种通常的惯例。这是第三项检验。笛卡尔科学也通过了第四项亦即最后一项检验——当时活跃的科学家们的看法。对笛卡尔革命的证明，可以追溯到 18 世纪，追溯到达朗贝尔有关笛卡尔革命的讨论（1751）和 A. R. J. 杜尔哥（A. R. J. Turgot）的断言——笛卡尔"发动了一场革命"（参见 Turgot 1973，94）。安托万·孔多塞（Antoine Condorcet）有关笛卡尔的观点是根据"人类命运中的革命之第一原理"来描述的。艾蒂安·博内·孔狄亚克（Etienne Bonnet Condillac）承认有过一场笛卡尔革命，但是他明确地否认培根是一位富有革命精神的人物——一位革命的鼓

158

动者乃至发动者。到了 19 世纪,曾经论述过笛卡尔与一场反对革
命的活动的关系的威廉·休厄尔(William Whewell)指出,当培
根"公布了一种新方法"时,他并非"仅仅是纠正了一些特别的流行
性错误"(1865,*1*:339)。培根的方法"把反叛转变成革命,并且建
起了一个新的哲学王朝"。

虽然在一些分析家们看来,培根已经对哲学中的革命或科学
方法论中的革命产生了影响,但另一些分析家则认为,笛卡尔对科
学本身产生了一种革命性影响。在路易·菲吉耶(Louis Figuier)
和亨利·德·布兰维尔(Henri de Blainville)论述科学史的著作
中,可以看到有关这种影响的有力陈述。在其 1874 年的《论假说:
动物即自动机》("On the Hypothesis That Animals are Automa-
ta")这篇论文中,托马斯·亨利·赫胥黎(Thomas Henry Hux-
ley)写道,笛卡尔"为运动和感觉生理学做出的贡献,恰如哈维为
血液循环所作出的贡献,而且他开辟了通往关于这些过程的机械
论理论的大道,他的后继者们都是沿着这条道路前行的"(Huxley
1881,200 – 201)。在我们这个世纪,诺贝尔生理学奖获得者查尔
斯·谢灵顿(Charles Sherrington)勋爵做出了更为有力的断言。
在讨论笛卡尔的动物的身体就是一架机器这一思想时,谢灵顿
(1946,187)评论说,"我们周围的机器有了如此规模的增加和发
展,以致我们可能会失去这个语境中的'机器'一词在 17 世纪的部
分词义。笛卡尔用这个词所表达的意思,也许比他可能用其他任
何一个词表达的意思都更多,它更多地是用来形容他那个时代的
生物学具有革命性并且充满持续的变化"。不过,L. 罗思(Roth)
却断言,"始于盖德·弗罗伊登塔尔(Gad Freudenthal)的评述的

现代评论表明,笛卡尔主义的创新之处既不在于其心理学、认识论,也不在于其伦理学或形而上学,而在于其物理学",岁思得出结论说,"笛卡尔的'革命'在于这样一种尝试,即用以形而上学为基础的物理学来代替以物理学为基础的形而上学"(1937,4)。 159

　　保罗·施雷克(Paul Schrecker)是我们这个时代研究 17 世纪的科学和哲学的重要分析家之一,他写道,尽管"牛顿的《原理》……在物理学中导致了一场根本性的变革",但它"很难说是与笛卡尔的《原理》比肩的富有革命性的著作"(1967,36)。施雷克援引了伟大的历史学家朱尔·米什莱(Jules Michelet)的观点,米什莱"断定,随着《方法谈》的发表,1789 年的革命就已经开始了"。小约翰·赫尔曼·兰德尔在其《现代精神的塑造》中(*Making of the Modern Mind*,1926,第 235 页及以下),一次又一次地提到笛卡尔革命。他毫不怀疑,笛卡尔革命是 17 世纪最有重要的革命。

　　笛卡尔通过了所有重要的鉴别科学中的革命的检验。他也在使哲学发生革命,不过,这也许与他影响科学的因素并非完全相关。[1]与他同时代的人对他的思想所具有的革命性的证明,可以用以下事实来说明:他的《哲学文集》(*Opera Philosophica*)被编入了《禁书目录》,并且直到 20 世纪最后一次印刷此目录时,该书仍保留在这一目录中,而此时,伽利略的《对话》已被从中删去一个多世纪了。

　　笛卡尔革命有几个与许多科学中的革命不同的特点。首先,它没有持续下来。牛顿的自然哲学是对笛卡尔物理学直接的、正面的打击(参见前面的第一章);牛顿在其《原理》第二编的结论中指出,涡旋体系是与开普勒的面积定律相矛盾的。不过,笛卡尔有着如此大的影响,以至于到了 18 世纪中叶,法兰西电学界的领军人物阿贝·诺莱(Abbé Nollet),像他同时代的人、他那个时代最伟大的数学家和数学物理学家莱昂纳尔·欧拉(Leonhard Euler)一样,仍然信奉笛卡尔的涡旋原理。笛卡尔对真空或真空空间的可能性的否认,不久就成了一种过时的古怪现象,不过他关于运动状态的基本概念以及随后的惯性定律,则成了对日后物理学发展的核心。在生理学和心理学领域,笛卡尔的直接影响一直持续到 19 世纪以后。

笛卡尔革命与其他科学中的革命第二个不同之处在于,没有哪个伟大的科学原理或理论是以他的名字命名的,而且,在仍被讲授的此类原理、定律或理论中,没有哪个是与他联系在一起的。曾一度被称之为笛卡尔折射定律者,很像是这种特殊的发现,但是,由于其第一发现者是斯奈尔(Snel),所以该定律现在被称之为斯奈尔定律[或者,被错误地称作斯涅耳定律(Snell's law)][①],而笛卡尔已被证明是从这位第一发现者那里剽窃了这一定律。然而,在数学方面,情况并非如此,在这里,笛卡尔革命最为深刻,并且持续了很长时间。我们使用笛卡尔符号律这一名称,就是表示我们对笛卡尔在代数领域诸项发现之一的敬意。数学家们把直角坐标系称之为笛卡尔坐标系,以此作为对笛卡尔这位现代科学之初的一场伟大革命的发动者的永久赞誉。[2]

---

① 原文如此。维勒布罗德·范罗延·斯涅耳(Willebrord van Royen Snell,1591－1626 年),荷兰天文学家和数学家,过去人们一直认为他是折射定律的发现者,折射定律也一直以他的名字命名。但有研究表明,折射定律其实是穆斯林数学家、物理学家和光学工程师伊本·萨赫勒(Ibn Sahl,940－1000 年)在 984 年首先发现的。——译者

第十章　牛顿革命

牛顿革命与我们业已考察过的那些（确实发生了或据说发生了的）科学革命和数学革命相比，其不同之处就在于，当牛顿还健在时，他就被认为引起了一场革命。由于微积分革命以及在其《自然哲学的数学原理》中引发的力学革命，牛顿受到了与他同时代人的赞赏。牛顿是一位在历史上独领风骚、卓越非凡的人物，因为他在不同领域中做出了如此之多十分重要的贡献，例如：纯数学和应用数学；光学、及光和颜色理论；科学仪器的设计；力学理论的疏理以及这一学科基本概念的系统阐述；物理学的主要概念（质量）的发明；有关万有引力的概念及其定律的发明，以及对它的详细阐述所形成的一种新的宇宙引力体系；潮汐引力理论的创建；新的科学方法论的系统的论述。他还对热、对物质化学和物质理论、对炼金术、年代学以及《圣经》经文的解释和其他一些问题进行了研究。他的学术生涯所涉及的领域之广令人可惊可愕，而且人们的这种惊讶从未停止。

牛顿的数学革命分为两个方面：微积分的发明（此一殊荣由他与莱布尼茨共享），以及数学在物理学和天文学中的应用。正是这后一方面导致了（相对于一场数学革命而言的）科学中的牛顿革命。当然，在用数学原理来陈述自然哲学的方法方面，牛顿也曾有过一些伟大的先驱,如西蒙·斯蒂文(Simon Stevin)、伽利略、开普勒、沃利斯、罗伯特·胡克以及惠更斯等。从这个意义上讲,科学中的牛顿革命是(可以追溯到科学革命之初的)储多学者所创造出的成果的顶峰,而不是牛顿的某种全新的创造。把牛顿的《原理》与开普勒的《新天文学》、伽利略的《两门新科学》、沃利斯的《力学》(Mechanics)、胡克有关运动问题的论述、或惠更斯(有关摆钟的论文里)对加速运动的论述等作最简单的比较,就可以看出,它们在深度、范围和技巧几个数量级方面存在着某种差异。正是由于这种量的总体规模的激增,牛顿的《原理》成了"物理学革命"的"新纪元"(正如克莱罗在1714年所说的那样)。

时不时有人会宣称,牛顿大概把诸如开普勒、伽利略或胡克等科学家们完全不同的思想或原理汇集在一起,并对它们进行了综合。然而,很难说牛顿富有革命性的科学就是这些思想或原理的混合或组合,因为实际上,牛顿在其《原理》中揭示了它们的荒谬不实之处。可以肯定,"真"科学不可能只是荒谬不实的思想或原理的融合。牛顿在《原理》中展示的此类错误观点包括:

开普勒:三大行星定律是对行星运动的"真实"描述;作用在那些天体上的太阳力随着距离的增加而减弱,而且只是在或接近黄道平面处发挥作用。太阳肯定是一个巨大的磁体;任一运动的物体由于其"固有的惰性",一旦动力不再发挥作用,它就会停止运动。

笛卡尔:以太之海运载着行星在巨大的旋涡中到处运动;原子并不(也不可能)存在,真空或虚空也是不存在的。

伽利略:落向地面的物体的加速度在整个下落过程中保持不变,即使离开地球落向月球的物体亦是如此;月球对海洋的潮汐运动不可能有任何影响(或成为其原因)。

胡克:作用于一个(具有惯性运动分量的)物体上、遵循平方反比律的向心力,导致了这样一种轨道运动,即其速度与其到力的中心的距离成反比:这一运动定律与开普勒的面积定律是一致的。

我们还可以进一步看到,牛顿否定了"离心"(centrifugal)力的存在,而这种力恰恰是惠更斯的运动物理学发展的基础。牛顿用引入了"向心"(centripetal)力这个概念取代了它,牛顿之所以选用这个名称,是因为它与惠更斯的"vis centrifuga"(离心力)有些相似——尽管意义不同或所指方向相反。

把牛顿的《哲学原理》(*Principles of Philosophy*,他常常用这个名称来指他的著作)与笛卡尔的《哲学原理》加以比较和对照,就会看出牛顿革命的本质。具有批判精神的读者会发现,笛卡尔《原理》的一个奇特之处就是,它避开数学,主要沉浸于对哲学、物理学的哲学原理或自然哲学的研究。在这本书的四个部分中,只有两个部分专门讨论严格意义上的物理学以及宇宙的涡旋体系的发展。笛卡尔确实在这里提出了碰撞的数量规则,但我们已经知道,在每一个例子中这些规则都是错的。笛卡尔把这些规则作为一个子集纳入了他的第三自然定律之中。不过,当沃利斯在《皇家学会哲学学报》(*Philosophical Transactions of the Royal Society*)发表正确的规则时,[1]它们有了一个更为严格也更为准确的称谓:"运动定律"。牛顿在其《哲学原理》一开始,就提出了一组"定义",随后是一些"运动的公理或运动定律",其中前两条与笛卡尔的自然定律的前两条大致相当。牛顿似乎把笛卡尔的"regulae quaedam sive leges naturae(一些自然规则或自然法则)"转变成了他的"axiomata sive leges motus(运动公理或运动法则)"。牛顿的运动三定律或他把理论力学体系归纳成的公理为:(1)惯性原理,任一物体都将继续保持其静止或匀速直线运动的状态,除非有外力作用它迫使它改变那种状态;(2)力与其动力效应之间的关系,即一个冲击性(或持续产生)的外力会使物体的动量沿外力作用的方向发生变化(对持续产生的力而言,是指某一单位时间内的变化);(3)作用力和反作用力相等。

牛顿还把笛卡尔的标题"*Principia Philosophiae*(哲学原理)"改成了"*Philosophiae naturalis Principia mathematica*(自然哲学的数学原理)",他因此夸耀说,在使原理数学化的过程中,他创立了一门自然哲学而不是一般的哲学。牛顿《原理》的数学化特点不仅表现在对这些原理的阐述上,而且还表现在对命题的证明和应用上;它还阐明了一种在自然哲学中使用数学的重要的新的时尚。

164　　牛顿的《原理》在许多方面都堪称杰作。它包含了一些纯数学(极限理论和圆锥截面几何学)的独创成果,它阐明了动力学的主要概念(质量、动量、力),它梳理了动力学的诸项原理(运动三定律),它还说明了开普勒行星运动的三大定律的动力学意义及伽利略以下实验结论的动力学意义:重量不同的物体(在地球的同一位置)自由下落时有着相同的加速度和相同的速度。它阐述了曲线运动定律、有关摆的运动的分析以及表面约束运动的本质,它还说明了怎样处理连续变化的力场中粒子的运动问题。牛顿还指出了分析波的运动的方法，并探讨了物体在各种具有阻力的介质中运动的方式。书的最后一部分亦即第三篇，可谓是全书的顶峰，在这里，他揭示了牛顿的宇宙体系，该体系是受万有引力以及一种广义力的作用（其中一个特别的现象就是人们所熟悉的地球重力）制约的。牛顿在这部分详细地讨论了行星的轨道及其卫星的轨道、彗星的运动和运动路径以及海洋中潮汐现象的产生等。

不妨考虑一下月球运动明显的不规则问题，《原理》对这个问题的探讨是该书的思想具有新水平的一个实例。在过去的 1500 年间，天文学家们在处理月球运动问题时，总是在构造一些几何图式，而不考虑原因。而现在，牛顿指出，摄动现象是"月行差"的主要根源，而这种摄动则是太阳引力和地球引力对月球的作用的主要结果。随着 1687 年《原理》的出版，人们就有可能从最基本的原理或因开始，通过对效应的研究来处理这一问题。正如《原理》第 2 版的一位评论者注意到的那样，这是一种全新的处理这类问题的方法。[2]

也许，在所有这些成就中，最伟大的就是对潮汐的解释，即潮汐是太阳和月球对海洋的引力作用导致的。牛顿断言（第三编，命题 24）："海洋的涨潮落潮，是由于太阳和月球的作用引起的。"他分析了岁差和月球对假设的地球赤道隆起带不对称的吸引作用，以此为基础，他预言，地球的形状呈扁圆形；从这里我们可以看出牛顿所取得的成就的重要意义。

从《原理》所表现出的致力于惯性物理学的研究这一点，一些分析家们可能会看出此书的伟大之所在；对于牛顿来讲，惯性是质

量的一种属性。牛顿是第一位明确区分质量与重量的作者，而且，他也是认识到物体的质量具有两种各自独立且彼此不同的方面的

165　第一人。质量是对物体阻止被加速或者阻止使其运动状态或静止状态发生变化之力量的一种量度；这就是它的惯性。（牛顿有时使用"惯性力"或"vis inertiae"这样的术语——这种类型的力有别于那种"驱动的"和能产生加速作用的力。）不过，物体的质量同时也是对物体对某个已知的引力场的反应的一种量度。那么，在物体对加速作用的（惯性的）阻力与其对某一引力场的（引力的）反应之间为什么又会有着某种联系呢？这在经典物理学中是找不到原因的。牛顿独具慧眼，他认识到，对这种关系的了解必须以实验为依据，所以，他着手进行实验以证明惯性与重力之间的这种恒定的关系。然而，只有在爱因斯坦的相对论中才能看到"惯性"质量与"引力"质量等价的逻辑必然性。爱因斯坦极为佩服牛顿，因为牛顿对这个问题有了如此深刻的见识，而且他认识到，只有牛顿对这种等价关系的解释理由是以实验为依据的。

　　牛顿《原理》中的数学的本质常常被人误解。如果只是一页一页地浏览，那就会给人一种印象，即牛顿所使用的数学是几何学尤其是古希腊的几何学。其风格似乎是欧几里得式或阿波罗尼奥（Apollonius）①式的。然而，更仔细的考察显示，牛顿是在用微积分阐述问题，他运用几何学方法陈述各种比率和比例关系，并且同时，把"极限"看作一种趋于零的（或是初始的）基本量。因此，尽管

---

　　①　即佩尔格的阿波罗尼奥（约公元前262－前190年），希腊几何学家和天文学家，以其代表作《圆锥曲线》而闻名。——译者

牛顿没有详述他以后系统地运用的微积分(或"流数")的算法,但他的确大量地运用了求极限法,这显然等价于使用了微积分,或者说,所使用的求极限法可以很容易地转换成牛顿算法或莱布尼茨算法的符号体系。洛必达侯爵(Marquis de L'Hôpital)[①]认识到了《原理》的这一方面,他注意到(正如牛顿得意地记述的那样),这部书中的数学几乎全是微积分。对于任何一位细心的读者来讲,从该书第一编第一节对极限理论的阐述以及第二编第二节明确的流数(牛顿用来表示微分的术语)理论来看,这一点表现得更为明显。此外,《原理》之著名还因为,它最早使用了一些其他的数学方法,例如,无穷级数在书中有了广泛的应用。

牛顿风格

在我看来,从我所谓的"牛顿风格"中,可以发现牛顿的革命性科学的本质。从牛顿在《原理》中对开普勒诸定律的讨论,最容易看出这一点。[3]牛顿的讨论,始于一种纯数学的构造物或想象的体系——它并非只不过是一个简化了的自然事例,而是一种在现实的世界中根本不存在的纯属虚构的体系。在这里,"现实的"世界所指的,仅仅是由实验和观察揭示出来的外在世界。在这种体系或构造物中,单一的质点围绕着一个力心运动。牛顿用数学方法

166

----

① 纪尧姆·弗朗索瓦·安托万·洛必达侯爵(Guillaume François Antoine Marquis de l'Hôpital,1661 – 1704 年),法国数学家,为微积分的发展和推广作出了重要贡献,并以洛必达法则而闻名;主要著作有《阐明曲线的无穷小分析》(1696)和遗著《圆锥曲线分析论》(1720)等。——译者

指出(第一编,命题 1),只要在这一构造物或体系中有一种来自沿轨道运行的质点或粒子的力恒久地指向不动的力心,那么开普勒的面积定律(即他的第二定律)就可成立。他接下来证明其逆命题(命题 3),即如果面积定律成立,那么必定会有一种向心力或指向中心的力存在。因此,向心力的存在被证明既是开普勒面积定律成立的必要条件又是其充分条件。随后牛顿指出,如果运动轨道呈椭圆形,那么,向心力必然与距离的平方成反比。最后他证明,如果在此种力的条件下存在着几个沿轨道运行的质点,它们彼此没有相互作用——或者(结果相同)如果把任一给定质点的运动与其在距中心的某一不同距离上的运动相比较——那么,开普勒第三定律或和谐定律就可成立。顺便提一句,我们也许会注意到,牛顿在这里首次指明了开普勒三定律中每一条的动力学意义。到此为止,牛顿所采取的步骤构成了纯数学的第一个阶段。

在第二个阶段,牛顿把他的精神构造物与现实的世界进行了比较。当然他立刻发现,在现实的世界中(例如,在我们的太阳系中),沿轨道运行的物体,并不是围绕着"数学的"力心运动,而是围绕着别的实体运动。月球围绕着地球运动;而地球和其他行星围绕着太阳运动。因此,为了使其精神构造物或想象的体系能与现实的世界更为谐调一致,牛顿改进了这一体系,使其质点数增加到两个。其中一个质点位于中心,并且吸引着另一个在轨道上运动的质点,它不断地把后者从其本应所在的直线惯性运动的轨道上拉开。但是,按照任一力都有一个大小相等方向相反的反作用这一原理(牛顿第三运动定律),就会得出这样的推论:如果位于中心的物体吸引着沿轨道运行的物体,那么,在轨道上运行的物体也必定吸引着位于中心的物体。这样,这种精神构造物就扩展为一个具有两个相互作用物的体系了。牛顿继续说明,在这类条件下,在轨道上运行的物体不再是沿着一个纯椭圆形的轨道围绕位于焦点的中心物体运动了;相反,他发现,这二者都将沿着椭圆形轨道围绕它们共同的引力中心运动。

这种双物体体系构成了改进的第一阶段,在此阶段,牛顿又一次用数学方法阐述了他的(现已修正了的)精神构造物的各种属性。接下来,他把这个改进了的体系与外在的世界进行了比较,这就是改进的第二阶段。当然,他发现,这个体系还是与我们周围的现实世界不相符的。例如,在我们的太阳系中,围绕太阳运动的行星并非只有一个,而是有好几个。因此,为了使他的精神构造物更进一步符合外在的世界体系,牛顿又进而开始了另一个阶段的工作。他在其体系中引入了不止一个而是两个或更多的质点,它们在围绕中心质点的轨道上运行。这样,运用牛顿的第三定律,又可以推出以下结论:沿轨道运行的每一个质点,既受到中心物体的吸引,也对它有吸引作用。换句话说,结论就是,沿轨道运行的每一个质点,既是一个可被吸引的物体,也是一个具有引力的中心。在这些沿轨道运行的物体中,任何一个物体都会对其他每一个在轨道上运行的物体产生作用,同时也会受到它们各自作用的影响。这个体系包含了这样一些天体:它们彼此以摄动的方式相互作用,这些摄动导致了与开普勒定律的一种细微的偏离。随后,牛顿继续努力,以图在我们的太阳系中找出与开普勒定律偏差的数量测度。

在数学构造物和与现实世界的比拟之间,以及第一阶段和第二阶段之间的这种对位式的变换中，牛顿不仅从单一物体体系发展到了多物体体系，而且发展到了沿轨道运行且带有卫星的多物体体系，例如，地球的卫星、土星的卫星和木星的卫星。到此为止他一直考虑的都是质点，而不是物理实体，因为他还没有开始考虑大小和形状，不过最终，他把讨论的层次从质点转到了具有一定尺寸和外形的物理实体之上。

　　我所描述的发展过程，并非只是20世纪的人对牛顿在《原理》中呈现其主题的方式的一种事后分析。它与有文献为证的牛顿思想的各个发展阶段也是相符的。[4] 1684年秋，牛顿写了一本小册子（《论运动》），在其中，他介绍了他研究开普勒诸定律以及有关这一主题其他方面的一些成果。他在该著作中指出，向心力是面积定律成立的必要充分条件，椭圆形轨道则暗示着，这种力的大小与距离的平方成反比，这与他后来在《原理》中所做的阐述十分相似。但是他那时尚未认识到，他的证明仅仅适用于单一物体体系的精神构造物，所以他骄傲地写道："附注：因此，沿椭圆形轨道运行的主要行星都有一个位于太阳中心的焦点，而且以[从行星到]太阳的距离为半径扫过的面积，是与时间成正比的，这完全像开普勒假设的那样。"不久牛顿就认识到，实际上，行星不可能沿单纯的开普勒椭圆轨道运动。他看出，他的结论只适用于人工构造的单一物体体系，在这个体系中，地球被简化为一个质点，而太阳被简化成一个静止不动的力心。

　　1684年12月，牛顿完成了《论运动》的修订稿，在这里，他在一个相互作用的多物体体系范围内，对行星的运动进行了描述。与以前的小册子不同，这一修订本得出了这样的结论："行星既非完全在椭圆形轨道中运动，也不会在同一轨道中出现两次。"这一结论导致牛顿得出了以下结果：

> 像月球的运动一样，对于每个行星而言，它有多少种运行就有多少种轨道，每一个轨道都取决于所有这些行星的合成运动，所有这些行星彼此之间的相互作用就更不用说了……要同时考虑如此众多的运动的原因，并用（容许简便计算的）精确的定律来确定这些运动，这，如果我没说错的话，已经超出了全人类才智能力的范围。

牛顿已经觉察到行星彼此之间存在着引力作用。在上面这段引文中他已经用明确的语言表达出了这种觉察："eorum omnium actiones in se invicem（所有这些行星彼此之间的相互作用）"。从这种相互的万有引力作用可以推知，在物理世界中，开普勒的三个定律从严格的意义上讲并不都是正确的，它们只是在某种数学的构造物中才是正确的，在这种构造物中，对彼此的轨道不发生相互作用的质量，要么是一种数学的力心，要么就是一种静止的具有引力的物体。牛顿对数学王国（在这里，开普勒三定律均为正确的定律）与物理王国（在这里，那些定律只是"假说"或近似值）所做的区分，是牛顿天体力学富有革命性的特征之一。

在以前所写而后来成了《原理》第三编的一份手稿中，牛顿说明了：对第三运动定律的思考怎样导致了关于太阳与每个行星之间、行星与其卫星之间，以及两个行星彼此之间存在着一种相互作用的力的概念。同样的思考导致了一种富有革命性的新的思想，即宇宙中的所有物体肯定都在"彼此吸引"。他自豪地陈述了这一结论,并作了解释性说明,他指出,在地球上的任何一对物体中,引力的量是如此之小,以致难以观察到。他写道:"也许,只有在巨大的行星体上才能观察到这些力。"在所有行星中,木星和土星的质量是最大的,所以,他对它们运动过程中的轨道的摄动进行了探索。在约翰·弗拉姆斯蒂德(John Flamsteed)①的帮助下,牛顿发现,当这两颗行星相距很近时,土星的轨道运动的确会出现摄动。

《原理》的第三编讨论了宇宙系统,不过,它比以前的那本小册子更富有数学特色。在这里,牛顿运用了基本上相同的方式讨论引力问题。首先,在所谓的月球试验中,他把重力或地球引力扩大到月球,并且证明这种力的大小与距离的平方成反比。进而他认为,地心引力与太阳对行星的作用力、与一颗行星对其卫星的作用力是相同的。现在,他把所有这些力统统称之为万有引力。借助第三运动定律,他把作用于行星之上的太阳力的概念改造成了太阳与行星之间的相互作用力的概念。与此类似,他把作用于卫星之上的行星力的概念,改造成了行星与它们的卫星之间以及卫星彼此之间的相互作用力的概念。最终的改造结果是这样一种观点:所有物体都以引力的方式相互作用。

请不要把我对牛顿思想发展过程的分析,看作是想贬低他那富有创造性的天赋的非凡效力;恰恰相反,我认为应当承认这种天赋是可信的。我的分析说明了牛顿对物理学具有旺盛创造力的思

① 约翰·弗拉姆斯蒂德(1646—1719年),英国天文学家,也是首任皇家天文学家,他编制的《不列颠天图》(1725)包含了3,000多颗星,其精确度超过了以前的星表。另外,他还发明了著名的弗拉姆斯蒂德命名法。——译者

维方式,通过种种方式,他按照实验和批判性观察所揭示的情况用数学对外在的世界进行了描述。因为他并未假设这种数学构造物就是对物理世界的精确表述,所以,他可以无拘无束地去探究数学引力的属性和效应,尽管他发现,"超距作用的"控制力概念在名副其实的物理学王国中既是不相容的也是不允许的。随后,他把他的数学构造物的推论与那些通过观察得到的有关外在世界的原理和定律,例如开普勒的面积定律和椭圆轨道定律,进行了比较。这种数学构造物哪里有不足,牛顿就对哪里加以改进。这种思维方式,亦即我所说的牛顿风格,在其伟大著作《自然哲学的数学原理》的标题中就体现出来了。

万有引力定律说明了行星的运动近似地遵循开普勒定律的原因,并说明了为什么它们各自又以不同的方式与这些定律有偏离。正是万有引力定律证明了,为什么(在没有摩擦力的情况下)所有物体在地球上的任一指定位置下落时的速度都相等,以及为什么这一速度会随着海拔和纬度而变化。万有引力定律还说明了月球的规则运动和不规则运动,为理解和预测潮汐现象提供了物理学基础,它也说明了早就被观察到但没有得到解释的地球的岁差率与月球对地球赤道隆起带的吸引作用之间有着怎样的关系。由于数学引力能够成功地解释和预见所观察到的宇宙现象,因而牛顿断言,肯定"真实存在着"这么一种力,尽管那种被人们普遍承认而且他本人也信奉的哲学并不允许也不可能允许这种力成为自然体系的一个组成部分。因此,他提倡要对万有引力怎样产生作用进行探讨。

虽然牛顿有时也认为,万有引力也许是由以太粒子流碰撞某一物体产生的冲击引起的,也许是由某种无处不在的以太的变化引起的,但这两种看法他在《原理》中均未提及,这是因为,如他最终所指出的那样,他从"不杜撰假说"以作为物理学的解释。牛顿风格使他发明了数学的万有引力概念,而且,这种风格致使他把自己的数学结论用于物理世界,尽管这种力并非是他能够相信的那种力。

与牛顿同时代的一些人对超距作用的引力观念极为困惑,以致他们无法着手探讨其性质,而且他们发现,很难接受牛顿物理学。牛顿说,他已经没有能力解释万有引力是怎样发生作用的,但"这种引力确实存在而且足以解释天体现象和潮汐现象,这就够了"。对此,与他同时代的某些人难以苟同。那些接受牛顿风格的人使万有引力定律更加充实了,他们说明了该定律是如何解释如此众多其他的物理现象的,并且,他们想寻找一种解释来说明,这种力是怎样穿越遥远的距离在显然是空虚的太空中传递的。牛顿风格使得牛顿可以从事万有引力的研究而不会因时机不成熟受到约束(这种约束本来会妨碍他的伟大发现)。18世纪的生物学家乔治·路易·勒克莱尔·德·布丰(Georges Louis Leclerc de Buffon)曾写道,一个人的风格是无法与他本人区分开的。就牛顿来讲,他的伟大发现不可能与其风格相脱离。

对牛顿革命的承认

有许多文献都可以证明科学中的牛顿革命。18世纪的科学史家让-西尔万·巴伊写道,"牛顿推翻或改变了所有思想":他的

"哲学导致了一场革命"。巴伊并不仅仅满足于笼统地谈论科学中 171
的牛顿革命。他注意到，牛顿手中揭示天体奥秘的钥匙就是数学：
几何学。正如巴伊指出的那样："被假定为致使物体运动的东西，
确实在使物体运动；对此，有充分的证明。唯有牛顿用他的数学
[几何学]推测到了自然的秘密。"

　　巴伊独具慧眼，他发现，"数学解释的优势在于，它们有着普遍
性"。如果行星按开普勒定律运动，那么，它们肯定是"由存在于太
阳中的某种力推动的"——这一论点只取决于数学或几何学方面
的因素和一般的运动原理。在牛顿的论证中，没有涉及太阳的什
么具体的物理属性，与此不同的是，开普勒在其论证中借助了一些
具体的属性，如太阳的磁作用力和太阳的磁极方向。因此，相同的
数学论据表明，对也遵循同样的开普勒定律的木星和土星而言，它
们的卫星也必然同样是"由存在于这两颗行星中的力推动的"。换
句话说，木星和土星与它们各自的卫星系统的关系，恰如太阳与其
行星系统的关系，唯一不同的地方在于所控制的范围和作用力的
大小。地球与我们的月球的关系也同样是如此（Bailly 1785，第 2
卷，第 12 编，第 9 节，第 486 页及以下）。

　　巴伊本人愿意接受万有引力概念及其原理，因为借助万有引
力，如此众多的现象都可以得到解释：许许多多的观测数据和经验
规律都可以通过数学从万有引力的属性中推导出来（第 41 节，第
555 页及以下）。不过他发觉，开始，许多（法国著名的）科学家把
牛顿体系划分为数学哲学和纯自然哲学。皮埃尔·路易·莫罗·
德·莫佩尔蒂（Pierre Louis Moreau de Maupertuis）（按照巴伊的
看法）"似乎是……我们的数学家中使用引力原理的第一人"，因而

对于他，巴伊[第3卷（"导言"）：7]不得不指出，"开始，他只是从其可计算结果方面来考虑引力原理；他是从数学家的角度而不是从物理学家的角度接受万有引力的"。也就是说，莫佩尔蒂同意牛顿的数学体系或构造物（我们所说的第一阶段和第二阶段），但不承会认牛顿在其宇宙体系中（第三阶段）肯定是在讨论实在问题。

　　事实上，在一篇题为《论引力定律》（"On the Laws of Attraction"，1732）的论文中，莫佩尔蒂在这一点上十分明确。他写道："我根本不考虑引力与合理的哲学是相符还是相悖。"相反，"在这里，我只是从一个数学家[几何学家]的角度来讨论引力问题"。莫佩尔蒂只是把引力看作"一种量，鉴于它在物体的各个部分都是均匀分布的，且其作用是与质量成比例的，因此，无论它可能是什么，由于它许多现象就变得可计算了"。换句话说，莫佩尔蒂接受顿风格，并且愿意作为"几何学家"把万有引力定律的数学推论探究到底。既然结果与自然界中所观察到的现象一致，那么，莫佩尔蒂从自然哲学家的角度问他自己，是否存在着这么一种确系物理实在的力，或者，是否有什么别的理由可以说明，为什么物体仿佛是在这么一种力的情况下活动？如果确实存在着这么一种力，它必然有某种原因；我们也许会注意到，他的思想依然如此深地陷在机械论哲学之中，以致他把自己局限在这种引力作用的两种质料因：某种源于具有引力作用的物体内部的原因，或某种源于该物体外部的物质的原因。

　　在克莱罗的著作中也可以看到类似的对牛顿风格的认同。克莱罗解释说，"牛顿先生……讲得很明确，即他使用**引力**这个词时，他也仅仅是在期待着其原因的发现;事实上,根据这部有关自然哲学的数学原理的专著很容易得出这样的判断:它的唯一目的就是要确立引力是一种事实"(Clairaut 1749,330)。

到了 18 世纪末,万有引力概念渐渐地被人们普遍接受了。在其伟大著作《天体力学》(*Mécanique céleste*,1799-1825 年出版)的序言中,皮埃尔·西蒙·拉普拉斯(Pierre Simon Laplace)——这一学科中的第二个牛顿,一开始就谈道(1829,第 xxiii 页):

接近 17 世纪末时,牛顿把他的万有引力的发现公布于众。从这个时代起,数学家们已经成功地把所有已知的宇宙体系中的现象归因于这一伟大的自然定律,并且因此使有关天体的理论和天文星表达到了意想不到的精确程度。我的目的是要从散见于大量著作间的这些理论中提出一种相关的观点。液体及固体的平衡和运动,构成了太阳系以及存在于无限空间中的类似的系统,而引力对这些平衡和运动作用的全部结果,也就构成了天体力学的研究对象,或者使力学原理应用到研究天体的运动和外观上了。从最一般的意义上看,天文学是力学的一个重大问题,在这个领域,运动的要素是具有武断色彩的常量。这个问题的解决,同时取决于观测的精确程度和分析的完善程度。

尽管拉普拉斯具有哲学才能,恰如他 1814 年出版的《概率哲学导论》(*Philosophical Essay on Probabilities*)中明显地表现出的那样,但他并未感到,在《原理》发表一个世纪以后,去讨论引力穿越空间延伸其作用这一点是否是合理的究竟有什么必要性。在《天体力学》的第 2"卷"《论万有引力定律和天体引力中心的运动》("On the Law of Universal Gravitation and the Motions of the Centers of Gravity of the Heavenly Bodies")中,其首章即为《论从观察中推论出的万有引力定律》("On the Law of Universal Gravitation, deduced from observation")。他写道(1829,1:249),我们受到"诱导","把太阳的中心看作这样一种引力的中心,这种引力会在各个方向上无限地延伸,并且会按距离的平方反比率而减弱"。由于完全不会为使用牛顿的"引力"这个词感到难堪,而且在普遍地甚或超出牛顿的语境之外思考它时也不再会因这个词的哲学暗示而感到反感,拉普拉斯简单明了地得出结论说:"太阳以及有自己卫星的那些行星,都被赋予了一种引力,这种引力在无限地延伸,并且按与距离的平方成反比的比率而减弱,所有物体在其活动范围内都是如此"(第255页)。此外,"通过类比使我得出这样的推论,即在所有的行星和彗星中普遍地存在着一种类似的力"。他觉得毫无疑问可以得出结论说,"人们在地球上所观察到的地心引力,只不过是一条可以扩展到整个宇宙的普遍定律的一个特例",这种"引力"并"不仅仅与它所聚集的质量有关",而是"每一个构成粒子共享的"(第258页)。他欢呼说,牛顿的"万有引力说"是一条"伟大的自然法则",这一法则即"物质的所有粒子相互吸引,这种作用与它们的质量成正比,而与它们彼此的距离的平方成反比"(第259页)。

万有引力理论和万有引力应用的成功,或者,自爱因斯坦以来被称作"经典"力学(或牛顿力学)的这一学科的成功,使它成了所有科学的典范或理想。例如,19世纪中叶和19世纪末大部分关于达尔文革命的争论,都是以方法为中心,而且往往集中在达尔文是坚持还是放弃了牛顿方法这一问题上。在诸如古生物学和生物化学等不同领域中的科学家们,希望有一天他们各自的科学领域中也会有自己的牛顿,而且他们的科学也会达到牛顿的《原理》那样完备的程度。乔治·居维叶(Georges Cuvier)在1812年问道,为什么"博物学界就不会有朝一日出现它自己的牛顿呢"?在1930年左右,奥托·瓦尔堡(Otto Warburg)叹惜说,化学界中的牛顿[J. H. 范托夫和威廉·F. 奥斯特瓦尔德(Wilhelm F. Ostwald)在1887年都曾谈到过化学界需要这样的人物]"还没有出现"(参见 Cohen 1980,294)。

牛顿革命也成了意识形态的一个重大的组成部分,唯一可与之相提并论的则是另一场科学革命,即达尔文革命。以赛亚·伯林(Isaiah Berlin 1980,144)对牛顿的影响作了总结:

> 牛顿思想的冲击是巨大的;无论对它们的理解正确与否,启蒙运动的整个纲领,尤其是在法国,是有意识地以牛顿的原理和方法为基础的,同时,它从他那惊人的成果中获得了信心并由此产生了深远的影响。而这,没过多久,改变了——实际上在很大程度上导致了现代西方文化的一些中心概念和发展方向,道德的、政治的、技术的、历史的、社会等的领域——没有哪个思想领域或生活能避免这场文化突变的影响。

牛顿及其同时代的约翰·洛克,都是伟大的新思想的代表人物,这

些新思想构成了"思想信念和思想习惯中的著名的革命"（Randall
1940，253），它标志着，随着启蒙运动的发展，现代阶段开始出现。
在相隔三个世纪的今天，我们在思考这一影响时有时会发现，很难
理解，牛顿所创建的关于自然的数学理论的实际成就究竟是多么
史无前例。哈雷曾做出过一个牛顿式的预言——1758年（哈雷和
牛顿去世以后很久）将会有一颗彗星出现，当这一预言被证实时，
恐怕唯有"非凡的"、"杰出的"、"令人惊异的"这类形容词才能表达
科学家和非科学工作者们内心之中的惊叹之情。无论在哪里，无
论是男人还是妇女都看到了这样一种预示，即在所有人类知识和
所有人类事物的规则中都会产生出一种类似且合理的演绎和数学
推理体系，一种与实验和批判性观察联系在一起的体系。18世纪
"显著地"成了一个"信仰科学的时代"（Randall 1940，276）；牛顿
是成功科学的象征，是哲学、心理学、政治学以及社会科学等所有
思想的典范。

　　18世纪的重农主义者们充分地表述了对以普遍规律为依据
的牛顿式"自然法则"的信仰。按照重农主义者的观点，"通过永恒
的必然的联系方式，并且根据不可改变的、不可避免的和必然发生
175 的规律"，所有"社会事实都连在了一起"[参见 André Gide（安德
烈·纪德）and Charles Rist（夏尔·里斯特）1947，2]。"一旦他们
认识到了这些规律"，无论是个人还是政府部门就会遵守这些规
律。重农主义者不仅相信，人类社会是"受**自然规律**制约的"，而且
还认为，存在着一些"支配着物理世界、动物社会、甚至每一种有机
体内部生活的同样的规律"（第8页）。启蒙运动时男人和妇女们
抛弃了传统的人类关系和人类社会秩序的概念，他们希望有自己

的牛顿，他们肯定地说，他"即将出现"。按照克兰·布林顿（Crane Brinton 1950，382）的观点，这种"社会科学界的牛顿"人概会创造出一种新的"社会科学体系，人们只有遵循［它］才能确保有**真正的黄金时代、真正的伊甸园**——它们不是已成为过去的而是即将在未来出现的黄金时代和伊甸园"。1748 年孟德斯鸠（Montesquieu）出版了《论法的精神》（*The Spirit of the Laws*），在这部书中，他把一个运转良好的君主政体与"宇宙系统"作了比较，在宇宙系统中存在着"一种引力"，它能够"吸引"所有物体趋向"中心"。孟德斯鸠以《原理》为榜样，"确立了……一些首要的原理"，并且发现了这些原理中自然而然地产生的一些特例。

在可以应用理性原则的思想和活动的几乎每一个可想象的层次上，都留下了牛顿革命的重大影响。即使到了今天，在牛顿的时间、空间和质量概念甚至牛顿的引力原理已被爱因斯坦的体系取代了的情况下，牛顿科学仍然在许许多多科学的和日常经验的领域中占据着至高无上的地位。这些领域包括所有日常生活经验的领域和我们常用的机械（"原子能"装置除外）的领域。我们时代最为壮观的事件——对太空的探索——并不是爱因斯坦相对论的一个例证，它只是经典的引力物理学的直接应用的一个实例。经典的引力物理学是由牛顿在其《原理》中完成的，经过两个多世纪牛顿信徒们的努力，它发展成了理论力学这样一门重要的科学，而且成了天体力学的核心。牛顿革命不仅仅是这场科学革命的顶峰，而且一直是人类思想史中具有最深远意义的革命之一。[5]

第十一章　维萨里、帕拉塞尔苏斯和
哈维:生命科学中的一场革命?

对科学革命的讨论有这样一种倾向,即专注于物理学和精密科学,而不专注生物学或生命科学;专注于与哥白尼、牛顿、伽利略和开普勒等人密切相关的革命,而不专注维萨里或哈维发动了一场革命的可能性。史学家和科学家们持有同样的观点,他们都认为,20 世纪前所发生的那些重大的科学革命——除了一次之外——都出现在物理学领域。达尔文对生物学中那场孤立的革命的发生起了很大的作用。本章所要考察的是,三位可能的革命发动者们所从事的科学事业,这三个人或许导致了 16 世纪和 17 世纪的一场生物学或生命科学革命。

安德烈亚斯·维萨里:反抗还是革命?

安德烈亚斯·维萨里(1514 - 1564 年),现代解剖学的奠基者,1543 年,他的伟大著作《论人体的构造》[*De Humani Corporis Fabrica* 或 *On the Construction*(or *the Fabric*)*of the Human Body*]出版了,这与哥白尼的《天球运行论》的问世是在同一年。在其著作出版时,维萨里正值青春年华,他朝气蓬勃,风华正茂;而此时的哥白尼却是垂暮之年,事实上,他已经不久于人世了。维萨里的才能,从其事业开始之初就被人们认识到了;他于 1537 年 12 月 5 日以优异的成绩(*magna cum laude*)获得了帕多瓦大学的医学博士学位,并且在第二天被指定担任外科学的教师,开始为医学系的学生讲授外科学和解剖学,当时他年仅 23 岁。他一开始就表现出了他那种很有主见的性格,在其仍带有"盖伦思想色彩"的"动物解剖学的授课和演示"之中,他冲破了传统,并且"打破惯例……自己亲自动手进行解剖,而不是把这项工作交给一位外科医生去做"[O'Malley(奥马利)1976,4]。一年以后,即 1538 年,维萨里出版了两部著作。一部是解剖图集,书名为:《解剖六图》(*Tabulae Anatomicae Sex* 或 *Six Anatomical Plates*)。另一部是以前教师们所用的"以盖伦学说为导向的"解剖学手册的"增订本",这个版本因维萨里本人的"独立的解剖学见解"(例如"心脏的收缩与动脉的跳动同步进行这一显然与盖伦相反的意见")而著称于世。据官方记载,1539 年,这位杰出的解剖学专家和讲师"已经令所有的学生都钦佩不已了"。

在这同一年,帕多瓦刑事法庭的法官把已被处死的罪犯的尸体移交给维萨里,以供解剖学研究之用。有了充足的可供解剖之用的尸体的来源,维萨里在人体解剖学领域取得了重大进展,并且"开始逐渐认识到,盖伦对人体解剖的描述,基本上不过是一种对一般动物解剖学的说明,而且对所涉及的人体来讲,这种说明常常出现一些错误"(同上,第 5 页)。时至 1539 年年底,他已经可以在帕多瓦而且也可以在博洛尼亚(他被这里的医学专业的学生邀请去作解剖示范)公开宣布,学习人体解剖的唯一方法是直接从事解剖和观察,而不是死读书。他把有关节连接的人类的骨骼与类人猿或猴子的骨骼加以对照和比较,以此证明,毋庸置疑,盖伦对骨骼的说明大部分是以类人猿而不是以人为基础的。此外,正如维萨里在《构造》(译文见 O'Malley 1964,321)的序言中指出的那样,有"许多不正确的见解……出现在盖伦的理论之中,有一些甚至出现在他关于猴子的论述中"。由于那时的盖伦在医学理论和实践的每一个方面都是一位受人尊敬、无可争议的权威,维萨里的大胆挑战必然无疑会被看作是一种造反行为。那么,这是否是革命的第一步呢?

178　　　维萨里的杰作《论人体的构造》是一部厚厚的对开本著作,其中有大量非同凡响的另页纸插图,它们表明,运用艺术表现科学知识到达了一个高峰。今天仔细想想,也会令人激动不已,因为它们是大约四个半世纪以前取得的成果。维萨里后来在推动解剖学本身的发展方面的作用也许减小了,因为事实上,差不多他的书一出版,他就结束了他的学术生涯,放弃了他的解剖学研究。怀着"年轻人的冲动"(O'Malley 1976,5),他辞去了教学工作,开业行医,当上了查理五世(Charles V)皇帝的"皇室"医生。1555年查理五世退位后,维萨里继续留在西班牙,并且当上了查理的儿子菲利普二世(Philip II)的御医。1564年他离开西班牙去圣地朝圣,然而(显然是)在回家途中,他在希腊的赞索斯(Zanthos)或扎金索斯(Zákinthos)岛去世了。

　　维萨里的目的,就是要使医生和解剖学家相信,当时流行的盖伦解剖学中有一些不恰当的甚至是谬误的东西,从而着手对这一学科进行改革,用他的话讲,那时的这一学科是以这样的方式讲授的：按照这种讲法，"能够教给学生的知识非常少，而且比一个屠夫在其店铺里告诉人们的知识高明不了多少"。在维萨里看来，真正的解剖学，亦即基于解剖的解剖学，是所有医学唯一坚实可靠的基础。20世纪杰出的维萨里生平和事业的研究者 C. D. 奥马利认为，甚至"［维萨里著作标题中的］'构造'这个词都可以作这样的解释，即它不仅是指人体的构造，而且也是指医术的基本结构或基础"。维萨里不仅试图用图文并茂的方式纠正盖伦的错误，而且还主张，每一位医学专业的学生和每一位医生本人都应把自己有关人体的知识建立在进行解剖的基础之上。奥马利把维萨里的请求概括为："除了以前已经做过实地解剖的外科医生外，教授或教师也都必须走下自己的**讲台**，自己动手进行解剖"（同上，第7页）。在维萨里著作中给人印象最深的部分之一，他解释了医生们自己做解剖时的失败怎样和为什么导致了医学的退步。

在古代的或古典的拉丁文中，与我们今天用"革命"这个词所表达的意思最相近的措辞是"novae res"（从字面上看，意为"新事物"）。毫无疑问，维萨里的《构造》中有大量的新事物，其中许多是与盖伦的论述或已被公认的观点相矛盾的。建立以直接的人体解剖经验为基础的解剖学知识，并且为了比较，建立以动物解剖为基础的解剖学知识，以及提倡所有医学专业的学生们、解剖学家和医生们都要自己动手完成人体解剖工作，这些也都是崭新的、闻所未闻的事情。维萨里不仅用实例说明，这种实地解剖已经产生了新的知识；而且他还为读者提供了明确的指导，告诉他们应当怎样着手进行解剖，以便或者证明维萨里本人的描述，或者"得出某种独立的结论"。维萨里著作的这种革命方面的价值，因其精美、详尽且艺术性很强的解剖学图谱而得以提高。正是为了强调"自己动手"这一富有革命性的倡导，维萨里甚至还在书中用了一幅另页纸插图以展示完成他建议读者去做的解剖所必备的工具。[1]

毫无疑问，维萨里成功地在解剖学这一学科中、在解剖学的教学方法方面引发了一场改革。据奥马利称："到了17世纪初，除了少数几个保守的中心如巴黎和帝国的某些地方外，维萨里的解剖学既赢得了学术界的支持，也赢得了公众的支持"（1976，12）。然而奥马利并没有说，维萨里使解剖学这一学科发生了彻底的变革，也没有说维萨里发动了一场革命，他甚至在其很有权威性的传记的开头这样讲："现在，大部分学者并不认为安德烈亚斯·维萨里是现代解剖学的奠基者"（1964，1）。我也没有发现，科学史家们，或者，就这个问题而论，生物学史家、医学史家甚至解剖学史家们，曾普遍地记述过一场"维萨里革命"，尽管与通常使用的"哥白尼革命"这一表述所概括的所谓天文学改革相比，维萨里在改变他的学科方面所取得的实实在在的成就和直接的影响似乎更值得使用"维萨里革命"这一称谓。[2]

对维萨里的评价之所以未把他看作是一位革命者，一个可能的理由恐怕就是，他秉性谦虚，这一点从他对盖伦的实际评论中可以略见一斑：他曾把盖伦尊称为"医生王子"。在他出版的著作中，他既没有对盖伦或盖伦学说采取正面攻击的方式，也没有对盖伦进行批判或纠正，除非有这样的特殊情况，即"他觉得有一些事实可以确保采取这样的行动是合理的时"，他才会这样作（O'Malley 1964，149）。他"从来没有违反过他的这一行为准则"，他也从来没有嘲笑过盖伦或要通过他"以儆效尤"。（另请参见后面的补充材料 5.2 中有关维萨里的人文主义的论述。)

　　维萨里并未采取一种反对盖伦的革命态度。他在公开表述任何与盖伦的学说不同的观点前，都要犹豫很长一段时间，而且，当他最终这样做时，他只是批评盖伦关于解剖学的著作，而不是批判"作为一个总体的盖伦的医学体系"[参见 Pagel（帕格尔）and Rattansi（拉坦希）1964，318]。尽管维萨里大胆地批评了盖伦的那些从未"与他有过丝毫偏离"的追随者（Vesalius 1543，序言，4；译文见 Farrington 1932，1362)，但维萨里马上又补充说，他本人并不希望让人觉得似乎"对这位作者所有有价值的东西背叛无遗，或者对其权威有任何不敬之举"。这样，在用对事实的描述性陈述否定了盖伦的"腔静脉发端于肝脏这一命题"后，在指出盖伦"没有注意到已观察到的腔静脉口的大小是主动脉口的三倍"之后，维萨里总结说，"然而，我并不觉得更详细地去研究这些问题以及其他许多问题有什么乐趣可言"（译文见 O'Malley 1964，177)。这种态度也许与（后面所讨论的）具有反叛精神的帕拉塞尔苏斯的态度形成了对比，后者公开把阿维森纳（Avicenna)①的医学著作付之一炬，借以宣布，所有这些著作毫无价值。

　　据说，左心室和右心室中间隔着的那层膈膜（壁）上存在着微孔，在对这些微孔的讨论中，也许能最清楚地反映出维萨里的这种非革命性的态度。这些微孔或通道是盖伦生理学的一个基本的组成部分，它们提供了一条必经之路，使得血液可以一次一滴地从所

----

　　①　阿维森纳（约 980－1037 年），阿拉伯名为阿布·阿里·侯赛因·伊本·阿卜杜拉·伊本·西纳（Abū ʿAlī al-Husayn ibn ʿAbd Allāh ibn Sīnā)，波斯医学家、哲学家、文学家和自然科学家，其代表作有《治疗论》和《医典》。——译者

谓"动静脉"(对我们来讲,是指肺动脉)渗入"静动脉"(或肺静脉)。盖伦在授课时说(而且盖伦主义者也相信),空气就是通过"静动脉"从肺部输送到心脏的,它在"静动脉"与从膈膜上的微孔中渗过来的一滴一滴的血结合在一起,从而产生出了动脉血。我们现在知道,尽管在隔开左右心室的膈膜上有一些微小的凹斑,但并不存在这里所谓的从右心室通向左心室的微孔(反之亦然)。这些凹斑是盲孔;"甚至连一根细细的毛发也无法穿其而过,从心室的这一边进入到另一边"(Singer 1956,14)。然而查尔斯·辛格(Charles Singer)注意到,"有些人对他们感官的证据视若无睹,他们仍然继续相信确实存在着这样的通道"。为什么?"伟大的盖伦相信它们存在,这就足矣!"

通过对人的心脏的实地解剖,维萨里马上就明白了,并不存在此类从心脏的一边通向另一边的通道。我认为,一个真正的革命者就应该直接得出结论说,整个盖伦的生理学,甚至也许以此为基础的盖伦医学肯定错了,而且应当立刻予以抛弃,因为它们是没有任何事实依据的。但维萨里并没有这样做! 相反,他在其书的第2 版中(Basel,1555)表现出"缺少自信",这可能只会使他对盖伦有关心脏和血液的学说进行改良(第6 卷,第15 章)。我们得知,他有意识地"使他的教科书在很大程度上'迎合'盖伦的学说(dogmata)"。维萨里之所以对盖伦的生理学学说不敢越雷池一步,并非是因为他真诚地相信它们是正确的,而是"因为他不觉得他同样能完成这项改革工作"(Pagel and Rattansi 1964,318)。

维萨里在《构造》中指出,心脏膈膜是"由心脏中极为致密的物质构成的",因此——尽管膈膜"两边凹斑密布"——"就感官可感知的情况来看，没有哪个凹斑的构造是从右心室通向左心室的"。有鉴于此，他只能得出这样的结论："因而我们不得不为造物主使血液从右心室穿过肉眼看不见的微孔进入左心室的技术［industria］所叹服"（译文见 Singer 1956，27）。在《构造》的第 2 版中，这段话略有修改（同上）：

　　尽管这些凹斑有时候十分明显，但就感官可感知的情况来看，没有哪个是从右心室通向左心室的……我还没有发现最隐蔽的穿过心室膈膜的通道。然而，那些言之凿凿地断言血液是从右心室输送到左心室的解剖学教师还在描述这类通道。无论如何，我对心脏这方面的功能是十分怀疑的。

在其对这一问题的另一处讨论中，他表现出了他逐渐独立于盖伦的迹象（译文见 Singer 1956，28）：

　　在涉及心脏的结构及其各部分的用途时，我使自己论述的绝大部分与盖伦的学说相符：这并非是因为，我认为这些学说无一不与真理一致，而是因为，有时在提到这些部分的新的用途和功效时，我自己依然信心不足。不久以前，我还不敢与盖伦这位医生王子的观点有丝毫偏离……然而，心脏膈膜与其他部分一样地厚实、致密和坚实。因此，我不知道……即便是最小的微粒能以什么方式从右心室通过膈膜材料到达左心室。

182　我们可以同意查尔斯·辛格就维萨里对心脏的态度所做的解释(1956,25):"在他那个时代,整个生理学都是以盖伦的观点为基础的,盖伦的观点难免会使人们认为,存在着**穿过膈膜微孔**的通道,使得血液可以从右心室进入左心室,这种观点必然还会使人们认为,**空气是通过静动脉**(即我们所说的肺静脉)**进入心脏的。**"维萨里很难"不对心脏的活动做出解释,就对此提出怀疑",因为他若这样做就要"推翻有关人体的著作中的所有流行的见解,使一切都发生变化";而这却是维萨里"不情愿做的"。因此,"他在著作中暗示,穿过心脏膈膜的通道并不真地存在,但他并非一开始就这么毫无保留地说了出来"(同上)。维萨里并不是一位成熟的革命者。他并没有完全彻底、直截了当地否认这一点,即人体可能是像盖伦曾经讲授过的那样并且与维萨里同时代的人依旧相信的那样活动的。

当然,现实并不像 T. H. 赫胥黎(1894)所写的"一个美丽的假说被一个丑陋的事实扼杀了"那样,个别矛盾的事实还无法把理论推翻。许多科学史家和科学哲学家都指出过,一些理论尽管与个别的实验事实或观测事实相矛盾,但在有更好的可以取而代之的理论出现之前,它们仍然继续存在。或者,像马克斯·普朗克[以及约瑟夫·洛夫林(Joseph Lovering)在约 50 年以前]所说的那样,旧的理论在所有相信它们的人死光之前绝不会消失(1949;参见本书后面的第 467 页[①])。不过,这种矛盾事实的积累,最终将会敲响某一理论或某一科学体系的丧钟,并导致 T. S. 库恩所

---

① 指原文页码,亦即中译本边码。——译者

说的一个范式取代另一个范式。实际情况是，在《构造》[以及后来的《概论》(*Epitome*)]中，维萨里并没有采取他在帕多瓦和博洛尼亚采取过的那种大胆的反抗态度，那时维萨里公开用有关节连接的人类的骨骼和类人猿的骨骼来说明，盖伦的骨骼解剖学适用于他解剖过的动物，而不适用于人类。

　　维萨里采取了不革命的态度，即使在指出盖伦的某些错误时也是如此，这种态度无疑与他的个性有关。不过我们也必须记住，要在科学领域中充分表现出一种革命的态度，恰如我们所看到的伽利略、笛卡尔、哈维以及后来的 17 世纪的科学家们在其著作中表现的那样，这对于 1543 年那个时代而言毕竟还是早了一些。此外，维萨里深受人文主义传统的熏陶，这种传统基于对古典哲学、文学、艺术和科学之伟大的仰慕，并且寻求恢复古代文化的价值观（参见本书第 485 页[①]，后面的补充材料 5.2）。维萨里大概认识到了，他的任务就是做一名希腊解剖学的改良者和希腊解剖学传统的复兴者，而不是去充当对有关盖伦科学的流行看法展开革命性的正面攻击的发起人。我们将会看到，维萨里不是革命者，而威廉·哈维却是位革命者，他显然愿意抛弃盖伦生理学的基础，并愿意接受因此而可能对医学实践产生的任何影响。

具有反叛精神的帕拉塞尔苏斯

　　许多史学家在提到与维萨里同时代但比他年纪稍长的帕拉塞

---

①　指原文页码，亦即中译本边码。——译者

尔苏斯时，都说他的思想富有革命性。的确如此，帕拉塞尔苏斯（大约1493-1541年）的生活和事业中显示出了各种反抗和反叛的痕迹，或许还有革命的痕迹。甚至他使用帕拉塞尔苏斯①这个名字（他36岁左右时起的一个别名），也许就是指他已经成了"推翻传统"的反论式著作的作者（Pagel 1974，304）。"反论（paradox）"这个词源于希腊语中的"超出……之外"和"观点"，合起来意为"与……观点相矛盾"，亦即"与已被承认的看法相矛盾"。[3]1527年，当帕拉塞尔苏斯在巴塞尔被任命为市立医院的医生和教授时，他拒绝进行例行的宣誓；相反，他却发起了一次猛烈的攻击，声明他不同意盖伦原则，并且宣布了一种新的医学体系。仅仅过了几个月之后（1527年6月24日），他当众焚烧了一本当时标准的教科书：阿维森纳的《医典》（*Canon of Medicine*）。

与迂腐的规则和传统截然相反，帕拉塞尔苏斯讲课时不使用拉丁文，而使用本土的德语，他甚至允许理发师兼外科医师进入他的讲习班。他对"有组织的宗教活动和古典的学问"同样予以拒绝。有人把他描述为这样的人：他"全面谴责传统的科学和医学，在他那粗鲁的行为和勉强对传统习惯和权威所做的让步中也可以看到类似的情况"（Pagel 1974，306）。非正统的行为举止和进行论战，是他晚年生涯的特征，他的生活犹如钟摆动荡不定，一段时

①　帕拉塞尔苏斯（Paracelsus）的意思是不亚于塞尔苏斯（Celsus）甚或比他更伟大，参见后面的本章作者的注释3。奥卢斯·科尔内留斯·塞尔苏斯（Aulus Cornelius Celsus，约公元前25-约公元50年）是罗马最伟大的医学作家，曾写过一部百科全书，但只有其中的《医学》（*De Medicina*）保留了下来。《医学》被认为是罗马世界医学知识的经典和最佳来源之一。——译者

期从事有精良设备的上等职业，另一段时期又成了"漫游四方'一身乞丐打扮的'世俗布道者"。他于 1541 年在萨尔茨堡去世，"在他去世后很长一段时间内"，他的墓地成了"患者们朝拜的一块圣地"（第 305 页）。帕拉塞尔苏斯教名中的"Bombastus（邦巴斯图斯）"，长期以来被认为是"bombast（夸夸其谈）"这个词的来源。

作为一个科学革命者，帕拉塞尔苏斯在两个重要的领域很有影响，这两个领域是：医学和化学。在他的那个时代以及后来的大约两个世纪的时间内，几乎所有的医学理论和医学实践都受这样一种古老的学说支配，即疾病是因四种体液（包括血液、黏液、胆汁或黄胆汁，以及抑郁液或黑胆汁）不平衡造成的。据信，这种不平衡所导致的疾病，是与每个人身体的特定"体质"相关的这些体液中的某一种或某几种体液过量或不足的直接结果。大体上讲，这种学说暗示着，有多少人就有多少种不同的疾病，而且，这些疾病不是由某种特殊作用物引起的，它们不会有什么特别的解剖学方面的影响或伤害。作为一个真正的革命者，帕拉塞尔苏斯采取了一种大相径庭的立场，他认为，疾病是身体外部的原因造成的，每一种疾病都有一种"特殊的"发生部位。他确信，疾病的原因都可以在矿物界和空气中找到，并且认为疾病"是由体外的某种特殊作用物决定的，这种作用物占据了身体的一部分，对身体的结构和功能强加控制，从而对生命构成威胁"——这就是"寄生性疾病观或本体论的疾病观，它从本质上讲也就是现代的疾病观"（Pagel 1974，307）。传统医学对疾病的治疗方法无外乎使病人发汗、腹泻，或给人放血、让人呕吐，而帕拉塞尔苏斯医学的目的，是要为治疗每一种疾病找出特别的物质。

正因为这样,寻找医疗用化学药剂的工作与帕拉塞尔苏斯的化学观点密切地联系在了一起。他认为存在着三种"要素"即:盐,它关系着(或负责)任何物质的固态状况;硫,它关系着易燃物的状况或脂肪过多的状况;汞,它关系着烟雾(蒸汽)状况或液态状况。尽管这些都是化学要素,但它们都被赋予了灵魂的内涵,这与帕拉塞尔苏斯身上特有的炼金术的烙印是分不开的。帕拉塞尔苏斯制造出了许多新的化合物(主要是在其寻求治疗药剂的活动中完成的),他显然还发明了通过除去水分生产浓缩酒精的方法;美国北方的农民就是借用这种方法,不用蒸馏器便可把发酵的苹果汁制成苹果白兰地。从1618年版和以后几版的《伦敦药典》(*London Pharmacopoeia*)所列出的帕拉塞尔苏斯制造的化学药品中(其中包括甘汞),也许可以看出他对化学发展的影响。但他的名望因其"对传统采取了毫不妥协的否定态度"而受到损害(Pagel 1974,311),而且,他有意识地复兴甚至发展了那些纯朴的没有受过教育的人(或异教徒)所保留下来的民间医学,这使得许多有可能成为他的信徒的人感到不快。也许,他对科学最伟大的贡献是,使炼金术从传统的寻求把贱金属炼制成金或银的这一目的,转变为设法把生命无限期地延长,并且为炼金术制定了一个新的目标:去发现能有效地治疗疾病的物质。

前面的说明就是要阐明这一点:我们今天可能会感悟到的帕拉塞尔苏斯的学说及实践中最优秀和最重要的东西究竟是什么。185 不过,正如瓦尔特·帕格尔(1958,344)提醒我们的那样,帕拉塞尔苏斯的化学属于"神话式的"或"象征主义的"宇宙学和哲学的一部分,这些东西"无疑是非科学的",尽管他在化学实验室中的工作是可信的,他有了新的配制矿物化合物的方法并从事重金属方面的工作。在医学方面,虽然他的新的疾病理论和与之相随的医疗原则都很重要,但他反对"那种传统的把理论医学建立在解剖学和生理学基础之上的做法——他对这两个领域知之甚少而且也无多大兴趣"。他的医学体系虽然含有"现代病理学中的生殖细胞"概念,但它"从整体来看,并非是科学的",因为它是"以他的小宇宙理论为基础的类推和比喻"的集合体,在这一体系中,"观察和原始科学的要素中"也许渗入了过多的"一种会使我们感到奇怪的推测的大杂烩"(同上,第345页)。

在医学和化学领域中,曾有过一场风靡欧洲的帕拉塞尔苏斯运动,这一运动是在帕拉塞尔苏斯去世大约30年后开始的(参见Debus 1965,33-37;1977)。注意一下来自反面的反应,我们便可以了解这一运动是多么声势浩大。例如,1569年,巴伐利亚公爵(Duke of Bavaria)下令他的领地内的所有寺院"坚持讲授希波克拉底和盖伦的医学,而不许讲授新医学"。帕拉塞尔苏斯的医学是"一场革命运动",这场在16世纪和17世纪享有盛名的运动,也使得其发动者名声大振,而且突出了他"单枪匹马"发起了这一运动的特点(Pagel 1958,349)。然而后来,这场运动又使其发动者的名声一落千丈,并且,由于 J. B. 范·海耳蒙特(Van Helmont)[①]和其他一些人按照一种更严格的科学方式推进了这一运

---

① 让·巴蒂斯·范·海耳蒙特(Jan Baptist van Helmont,1579-1644年),比利时化学家、生理学家和医学家,被认为是气动化学的奠基者,因其自然发生观、著名的五年树木实验、为理解光合作用和为化学所作出的贡献以及把"气体"引入科学术语之中等而闻名。——译者

动,它产生出了"医疗化学"而没有产生出帕拉塞尔苏斯化学。

在蒙田写于 16 世纪 70 年代到 80 年代的随笔中,"革命"这个术语似乎还没有用来指根本的"创新性"变革。有关此类变化的概念,以一种引人注目的形式(尽管没有实际使用"革命"这一术语)出现在这些随笔中最著名的《为雷蒙·塞邦辩护》("Apology for Raymond Sebond")中,此文大约成文于 1576 年。在该文中,蒙田在谈到医学时(1958,429)提到了"一个后起之秀,他们称他为帕拉塞尔苏斯",他们说他"正在改变和推翻古代的规则体系",而且他坚持认为,到现在为止,医学"除了能置人于死地之外别无他用"。蒙田发现,这一判断与事实相符,但他很精明地断定说:"要用我的生命去接受他的新经验的检验,我认为这并非是十分明智的。"

在另一篇题为《论父子相似》("Of the Resemblance of Children to Fathers")的随笔中,蒙田概述了古代的医学史(同上,第586 页),他把这部分历史称之为"医学中的那些古代突变","突变"这个强有力的字眼与今天讨论科学中发生革命时的习惯用法极为相似。蒙田谈到了"一直到我们这个时代的不计其数的其他的情况[亦即突变]";他说,这些情况"绝大部分"是"不折不扣的普遍的突变,就像帕拉塞尔苏斯、莱奥纳尔多·菲欧拉万蒂(Leonardo Fioravanti)和阿根塔里乌斯(Argentarius)等人在我们这个时代导致的突变一样"。接着,蒙田表明了他对帕拉塞尔苏斯医学本质的充分理解,他注意到,帕拉塞尔苏斯"改变的不仅仅是一种惯例,他们告诉我,他所改变的是整个医学主体的结构和秩序"。正像蒙田如此清晰地认识到的那样,帕拉塞尔苏斯及其追随者们已经为医学的理论和实践提出了一个革命纲领。

显而易见，蒙田提到的帕拉塞尔苏斯的突变，具备了成为革命所需的素质，那么，是否真地有过一场帕拉塞尔苏斯革命呢？按照我在本书采用的分类系统来看，帕拉塞尔苏斯显然是一位革命者。毫无疑问，帕拉塞尔苏斯的医学是一场思想中的革命，即一场"自身中的革命"。在新近的一篇文章中，艾伦·德布斯（Allen Debus 1976，307）论证说，曾发生过一场帕拉塞尔苏斯复兴后的"药学革命"——而且他认定，它发端于"帕拉塞尔苏斯对医学进行化学改造的设想"。既然帕拉塞尔苏斯公开发表了他的见解，且这些见解被他的追随者们采纳并用来作为他们的指南，我认为，应当公正地说，论著中的帕拉塞尔苏斯革命也曾有过。不过，对于帕拉塞尔苏斯是否导致了一场科学革命这一问题，我们所得到的许多17世纪作者的回答是否定的，而且，今天我们最敏锐的史学家们也赞同这一看法。因而，瓦尔特·帕格尔——当代帕拉塞尔苏斯学者中的泰斗，提醒我们注意，在帕拉塞尔苏斯那里，占首要地位的是，"研究和探测大自然以说明他的宇宙论哲学和宗教哲学的正确性的那种愿望，此种愿望成了促进其研究的推动力量"（1958，350）。帕格尔总结了他毕生对帕拉塞尔苏斯的研究后得出这样的看法："在一系列研究大自然的学者中（现代科学的诞生应归功于这些人）"，帕拉塞尔苏斯并不十分突出，他甚至算不上是一位"具有现代思想和革命思想的"医生（同上）。约翰·马克森·斯蒂尔曼（John Maxson Stillman 1920，173）在总结其对帕拉塞尔苏斯的研究时得出的评价是，"他的方法并非是现代科学的方法"。斯蒂尔曼概述了他本人十分赞同的马克斯·诺伊布格（Max

Neuburger)的这一颇有学术见地的观点(同上,第129页):

> 诺伊布格重视帕拉塞尔苏斯成就的价值,但依然怀疑,他是否能像维萨里和安布鲁瓦兹·帕雷(Ambroise Paré)[①]一样,可以被看作是他们那种意义上的医学改革者。更确切地讲,他并没有奠定什么重要的基础,对他大部分思想的真正价值,有待于以后的现代科学思想的发展来解释。他的目的是把医学建立在生理学和生物学的基础上,但他所选择的方法并不是正确的方法,而且,他的类比推理和异想天开的大宇宙和小宇宙哲学,既不能令人信服也是行不通的。诺伊布格认为,他的游说活动所表现出的对医学状况的不满和愤愤不平,很难说就是一场革命。相关的革命是后来通过运用更为科学的方法所进行的富有建设性的工作才得以出现的。

两个世纪前,沃尔特·查尔顿就曾说:"那位异想天开的酒鬼**帕拉塞尔苏斯**的敬慕者们是群笨蛋"(1654,3),这一概括大体上反映出了查尔顿对帕拉塞尔苏斯及其著作相当不满。

威廉·哈维与生命中的革命

威廉·哈维与帕拉塞尔苏斯不同而与维萨里相似之处在于,

---

① 安布鲁瓦兹·帕雷(1510-1590年),法国文艺复兴时期著名的医生,被认为是外科学和现代法医病理学的奠基者之一。他发明了许多外科手术方法和医疗器械,是战场医学尤其是治疗创伤的现代先驱之一。——译者

他在论述盖伦时总是毕恭毕敬的，而且，在不得不纠正盖伦的错误时，他似乎总是显得很痛苦。不过，他在关于血液循环的著作中既大胆又旗帜鲜明地表明，要为人类生理学和动物生理学奠定一个新的基础，它将完全取代统治科学思维和医学思维长达约15个世纪之久的盖伦思想。哈维充分意识到了他的纲领所具有的革命本质，他的赞美者和诋毁者们也都意识到了这一点。哈维提出了一个封闭式的机械论体系，在此体系中，心脏使血液注入动脉和静脉；不仅如此，他还阐述了单循环系统的观念。这种血液单循环系统的观念事实上是由哈维首创的。他的工作标志着从想象中的通路到可以证明的循环以及从不可证明的盖伦的猜想到以经验事实为依据的定量生物学的彻底的转变。威廉·哈维的贡献，使得生命科学以成熟的科学革命的参与者的身份步入了现代阶段。

威廉·哈维出生于1578年，即维萨里的《构造》发表35年以后。从1593年至1599年他是剑桥大学冈维尔与凯厄斯学院（Gonville and Caius College）的学生，随后，他去帕多瓦大学继续深造，并于1602年获得了医学博士学位。哈维的老师中包括伟大的解剖学家和胚胎学家吉罗拉莫·法布里齐［Girolamo Fabrici，或法布里齐乌斯（Fabricius）］①，静脉瓣膜的发现者。哈维在帕多瓦时，这所大学是促进科学和思想活动的一个中心；当时，年轻的伽利略也是该大学的一个教授，他不久发现了月球上的山峰、金星的位相、木星的卫星以及其他许多新的天体现象。返回英格兰后，哈维开业行医，并且成了皇家内科医师学会（Royal College of

188

---

① 即法布里齐乌斯·阿布·阿夸彭登特。——译者

Physicians)的会员(从1615年到1656年他曾任拉姆利讲座外科学的演讲人)。他被任命为詹姆斯一世(James I)的御医,并且在查理一世时期担任了类似的职务。他在思想感情和行动上都是一个保皇主义者,因而在内战中一直担任查理一世的护理医生。由于查理一世对哈维的工作感兴趣,哈维获准用王室养的一些鹿来进行生殖研究。1657年哈维去世,享年79岁。

与维萨里不同,哈维制订了一个被描述为"庞大的研究纲领"的计划,它有可能导致一系列以他"对心脏运动、呼吸、脑功能和脾功能、动物的运动和生殖,以及比较解剖学和病理解剖学等方面的独创性研究"为基础的不同学科的著作的问世,并导致有关诸如动物的生殖与动物胚胎学等其他课题的著作的出版[Bylebyl(拜勒比尔)1972,151]。然而他只完成和出版了两部专著,一部是有关血液循环的著作,题为《心血运动论》(*De Motu Cordis*,1628),该书还有一个补充部分《论血液循环》(*De Circulatione Sanguinis*,1649);另一部是部头大得多的《论动物的生殖》(*De Generatione Animalium*,1651),它标志着当时和更早些时候有关卵生动物和胎生动物的生殖以及胚胎学思想的重大发展。这后一部著作采纳了渐成说的观点,它是以揭示全部可见的发育阶段的详尽解剖为依据的。尽管哈维成功地阐述了"自古以来第一个全新的生殖理论",但他的观点(虽然代表着"一项超过他的那些前辈的重大进步")却在很大程度上逐渐被"后来的研究""破坏了"(Bylebyl 1972,159),而他的《论动物的生殖》相对于他的那部伟大著作《心血运动论》而言,显得不那么重要了。

哈维的那部论血液循环的著作的完整标题是:*Exercitatio*

Anatomica de Motu Cordis et Sanguinis in Animalibus，亦即《动物心血运动的解剖研究》[*An Anatomical Exercise (or Treatise) Concerning the Movement of the Heart and of the Blood in Animals*]。这本书在美因河畔的法兰克福出版，书印得很糟，全书只有 72 页（加 2 页），并附有两幅另页纸插图。哈维发现血液循环一事是 17 世纪重大的科学事件之一。有人说，《心血运动论》"以简洁的形式包容了比已经出版的任何医学著作都丰富的重要内容"（Dalton 1884，163）。与他同时代的人充分意识到了，他对人类生理学和动物生理学所做的系统的阐述有着头等重要的意义。史学家和科学家们一致认为，他使生物学思想和医学思想发生了革命。[4] 简而言之，哈维的工作通过了鉴别科学革命的所有检验。此外，虽然哈维的著作写得很早，因而没有使用"革命"这个词，但他在《心血运动论》中的确十分明确地表明，他已经导致了重大的创新，这就是"我有关心脏运动和功能的新概念和血液在身体中循环运动的新概念"（1963，序言，5）。他写道，尽管许多"杰出和博学之士"已经阐明了这一学科的某些方面，"但我这部书是唯一的与传统相对立的著作，而且是唯一的断定血液是沿着它特有的、以前尚不为人所知的循环路线流动的著作"（第 6 页）。在第 8 章中（第 57 页），他简单明了地表明，他的思想"如此新颖，而且迄今为止尚未有人谈到过，以至于讲到它们时，我不仅担心会受到少数存心不良的人的困扰，而且害怕所有的人都会反对我"。哈维记述说，他一旦领悟到血液循环的真谛，便开始既"在私人场合向朋友们"也"在公开场合，在学院我开的解剖学课中"阐述其"有关这一问题"的观点。他的一些同事"要求对这一新生事物有更充分的解释，他

们认定,这一问题值得研究,而且它将被证明具有极为重要的实践意义"。[5](把哈维的名字与革命联系在一起的情况在前面的第五章中已经讨论过了。)

哈维对生物学以及对医学的生理学基础的根本性改革包括三个重要方面。其中意义最大的或许就是,坚定地把实验和细致的直接观察确定为发展生物学和确立生命科学知识的方法。对亚里士多德,哈维予以称赞,因为他动手做实验;对盖伦,哈维则予以抨击,因为(哈维认为)他的学说实际上不是以实验甚至也不是以直接的观察为基础的。[6]哈维激励了新的"一代解剖学家,他们都试图仿效他使用他在动物功能的研究中所运用的方法"(Bylebyl 1972,151)。哈维改革生物学的第二个重要方面是,引入了定量推理,并把它作为有关生命过程问题之结论的基础。当然,还有血液循环的发现,它显而易见"使生理学思想发生了革命"(同上)。

我已经说过了,哈维著作中非常新颖的部分之一,就是论证了心脏、动脉和静脉构成了一个循环"系统"。在史学家对这个问题几乎所有的讨论中,哈维体系总是被用来与盖伦"体系"相比较。但事实上并不存在什么盖伦"体系"。盖伦连一部完整的介绍其生理学思想的著作都没有写过:史学家们所介绍的那个体系[正如奥塞·特姆金(Owsei Temkin 1973)提醒我们注意的那样],是用从盖伦的不同著作中抽出来的只言片语拼凑而成的。而且,这些只言片语产生的不只是一个盖伦体系,而是好几个盖伦体系。例如,盖伦把肝脏和静脉看作是与心脏和动脉系统完全不同的系统。而哈维在这部分的革命则是单一系统概念。

要想了解哈维革命怎样完全改变了知识框架,有必要简略地考察一下当时所流行的一些思想观点。盖伦认为，已被消化的食物会以"乳糜"的形式被输送到肝脏，在这里它又转变成血液，随后血液又从这里流出，通过静脉把营养送到身体的各个器官和各个组成部分。血液被假定在肝脏中注满了"自然元气"，这种自然元气被认为是履行生命机能不可或缺的东西。静脉血虽然也有涨有落（不过不是循环），但大部分都从肝脏中流了出去。按照盖伦体系的观点，有一部分静脉血通过"动静脉"（即自哈维以来人们所说的肺动脉）[7]流入肺中，在这里，它会把聚积起来的杂质和废物排入周围的空气中。另一部分静脉血则被认为流入了心脏的右心室；盖伦假定，这部分血将通过把左心室与右心室分隔开的心脏膈膜或肌壁上的狭小通道，流到心脏的左部。他认为，一旦这部分血液流入了左心室，便会通过"静动脉"（即我们所说的肺静脉）与进入肺部的空气混合在一起，并被注满了"动物元气"——其颜色从深紫色变为鲜红色。这部分'新鲜血液'将通过动脉进入身体的各个部分。第三个"系统"出现在脑部，它是"动物元气"的来源，通过空心的神经核，"动物元气"被从脑中输送出去。

在哈维时代，有些科学家已经意识到，血液通过肺动脉到达肺部，又从肺静脉返回。这种有时被称作小循环（或更恰当地说肺部过渡）的现象，已经被接替维萨里任帕多瓦大学解剖学教授的吕亚尔都斯·哥伦布（Realdus Columbus）认识到了。[8]哈维本人在帕多瓦的老师法布里齐乌斯·阿布·阿夸彭登特已经发现，在静脉中存在着一些瓣膜，尽管他没有领会瓣膜对于血液循环的全部意义，但这项发现还是很重要的。哈维认识到了法布里齐乌斯发现中的暗示：在静脉中运动着的血液只会流向心脏；不仅如此，哈维还进行了一系列不同种类的实验和检验,以证明在静脉中只有单向的流动。瓣膜会使人联想到泵的作用,而哈维告诉我们,当他考虑心脏的结构及其瓣膜系统时,他不由自主地想到了泵[参见 Charles Webster(查尔斯·韦伯斯特)1965;Pagel 1976,212–213)]。

在被称作收缩和舒张的活动中,心脏会发生紧缩和扩张。当心脏的一个心房紧缩时,其中的血液就会被排出来;当它扩张时,它就会吸入新的血液,这些血液在下次紧缩时又会被排出。由于心脏有瓣膜,所以血液的流动是单向的。正如哈维指出的那样,血液被排出左心室推入主动脉,亦即大动脉,随后又被排出(在每次相继而来的排出后)进入动脉系统。血液通过静脉回到心脏进入右心室。紧缩和扩张推动血液从右心室进入右心耳,然后从右心耳流出,通过肺动脉进入肺脏。血液通过肺静脉流回心脏,进入左心耳。血液从这里被送入左心室,然后又一次流出,进入主动脉和动脉系统。这样就完成了心脏、动脉和静脉——单循环系统的所有部分的一次连续的循环。

从活体解剖、肉眼观察和实验中积累的广泛证据,使哈维的新概念得到了确证。他可以自豪地宣布,他已经纠正了"一个持续了2000多年的错误"。他的发现不是以教条为依据,而是以对80多种不同种类的动物所进行的经验研究为基础的,这些动物包括,不同的哺乳动物、蛇、鱼、龙虾、蟾蜍、蜥蜴、蛞蝓和昆虫等[Kenneth Keele(肯尼思·基尔),1965,130]。他的各种实验信息和观察信息是无可争辩的。他在其著作的第5章中指出,盖伦说血液可以穿过心脏膈膜上的微孔,然而他错了。这种微孔并不存在;因此,"必须准备和开通一条新的通道"。[9]

　　哈维充分意识到，他的定量研究（正如他所说的那样）是件"新生的"事物，他担心，他会受到所有读者的攻击（第八章）。今天看来，转而进行量化论证似乎是一个基本的、自然而然的步骤。但在哈维那个时代情况绝非如此，尽管定量的测量已经进入了药学医学领域。切莫忘记，对当时来讲，用数量的方式表示身体温度和对血压进行定量的测量，为时尚早。纵然事实上哈维并没有发明生物学的定量方法，但他的确使用了量化的推理并取得了显著的效果。奥塞·特姆金（1961）曾经指出，盖伦运用了类似的定量论证，以便证明尿并不完全是"肾中营养物的残余成分"（参见 Pagel 1967，78）。范·海耳蒙特大约与哈维同时也在进行定量的生物学实验，尽管这些实验结果是在很久以后发表的（Pagel 1967，78）。圣托里乌斯（Santorius）[1]在他自己身上进行了一系列实验，在实验中，他记录下了他对自己的固态食物和液体的摄取量，以及对其液态和固态的排泄物所进行的定量测量，并且确定了排汗量；他的著作《论医学测量》（*Statica Medicina*）描述了他的方法并提供了一些数据资料，该书出版于 1614 年，即哈维的《心血运动论》出版前 14 年。不过，那时定量方法的使用并未普及，哈维也充分意识到，他的量化推理，无论从方法还是从结果来看，都是很激进的。哈维不仅把量化方法用于生命科学的经验研究之中，而且还用于"已经为生物学和医学开辟了一个新时代、并一直为这些学科提供牢固基础的发现"之中（Pagel 1967，80）。哈维所做的就是，

----

　　[1]　亦即圣托里奥（Santorio Santorio，1561－1636 年），圣托里乌斯是其拉丁文名，意大利生理学家、医师，他是把精密仪器用于医疗过程并把定量实验引入医学研究中的第一人，也是他，首先把数值标度用于测温器（即温度计的前身）。——译者

根据实际的测量来确定人的心脏及狗和羊的心脏的容量。然后，他把这一数值与脉搏率相乘，计算出从心脏输送到动脉的血的总量——平均每个人每半小时大约输送 83 磅的血。哈维说，通过这些定量的测量表明："心脏的跳动不断地把血液从心脏中排出，而排出量大于摄取的食物所能提供的量或所有静脉血管在任一时刻所能容纳的血液总量。"他随后指出："假设，即使通过心脏和肺部的血流量最小时，通过动脉和整个身体的血流量也会比食物的摄取所能提供的血液量多得多——那么，这只有通过循环才能实现"（译文见 Pagel，第 9 章）。简言之，哈维觉得他能够"计算出血液的总量，并能证明血液的循环运动"（第十二章）。他总结说（第十四章）：

　　　　鉴于计算结果和视觉证明结论已经证实了我的所有假设，即血液因心室的搏动流过肺部和心脏，并被有力地推进身体的各个部分，从那里静静地进入静脉和肌肉的多孔结构，并通过这些从周身到中心的静脉血管流回各处，从小静脉血管进入大静脉血管，最后，进入腔静脉到达心耳；所有这一切，如此大的血流量以及相伴的如此大规模的流出和回流活动——从心脏流出到达神经末梢区域，再从神经末梢区域回到心脏——也是被摄取的营养物无法提供的，而且，其数量也远远超过了满足身体营养所需的量。

　　　　所以我只能得出这样的结论，即动物的血液被推动而处于周而复始环流不息的运动之中，这是心脏的一种活动或功能，它是借助心脏的搏动来实现的，一言以蔽之，它是心脏搏动的唯一原因。

帕格尔（1967，第 76 页及以下）发现，"哈维的直接批评者如约翰·里奥兰（John Riolan）和支持者如安德烈亚·阿尔戈里（Andrea Argoli）、让·马尔泰（Jean Martet）以及约翰·米克雷里乌斯（Johan Micraelius）都强调定量论证，从而证实了"哈维的计算确实具有重大的历史意义"。拥护者们支持新理论的理由只有一个："有定量的论证"（同上）。

毫无疑问，哈维的发现"使生理学思想发生了革命"（Bylebyl 1972，151）。在考虑这一革命时我们务必小心谨慎，切不可以它没有牛顿的世界体系那样的宇宙论意义为理由，或以它没有像牛顿的《原理》在一代人以后那样几乎使整个科学都发生了变化为理由，而极度地轻视它。它的确是一场生物学革命。虽然并非每个人都承认这一新的发现，但许许多多的科学家和医生们都承认了它。毕竟，哈维的论证是令人信服的。定量的论证再加上寻找膈膜微孔的失败，是对盖伦生理学的致命一击。瓣膜则证明了血液的单向流动。证据中唯一缺少的，是可以证明连接最小动脉与最小静脉的毛细血管存在的证据，这些毛细血管最终被 M. 马尔皮基（M. Malpighi）[①]发现了。

不过，在评价哈维革命时，我们还必须注意区分生物学思想和

----

① 马尔切洛·马尔皮基（Marcello Malpighi，1628－1694 年），意大利医师、生物学家和最早的解剖学家，倡导用显微镜研究人、动物和植物的细微结构，作出了诸多发现，并因其卓越贡献被誉为显微解剖学、组织学、生理学和胚胎学之父；主要著作有《关于肺的解剖观察》（1661）、《论内脏结构》（1666）、《植物解剖学》（2 卷，1675，1679）等。——译者

方法中的革命、医学的科学基础(即生理学)中的革命以及医学实
践中的革命之间的区别。按照 18 世纪的医生和医学史家约翰·
弗赖恩德(John Freind 1750,237)的观点,哈维曾打算写一部有
关他的发现在医学中的实际应用的著作,但他一直没有动笔。(参
见后面的补充材料 11.1 有关哈维的发现缺少直接的实践成果的
论述。)从 17 世纪中不难找到证据来证明,哈维已经为科学做出了
一项伟大的发现,血液循环的发现是一项伟大的思想成就,但它对
于医学实践而言并不具有(或尚未具有)同等的重要意义。[10] 有鉴
于此,我认为,我们有理由得出这样的结论:在生物学(或生理学
中)有过一场哈维革命,尽管在医学实践中不曾有过类似的哈维
革命。

　　最后,把哈维的工作与伽利略的工作加以对照和比较,也许能
给人以启示。哈维创造了一个有唯一中心(心脏)的单循环系统,
从而取代了盖伦的复合系统。这是一项类似于哥白尼,尤其是开
普勒创造的单一的宇宙系统的成就,单一的宇宙系统取代了托勒
密的《天文学大成》中由几个独立的系统组合而成的系统。类似的
情况还有,哈维证明了盖伦学说的谬误,从而使该学说受到了毁灭
性的打击,而伽利略则证明,托勒密的金星体系与实际情况不符,
这二位的证明也许可以说是异曲同工的。不过,这里有一个根本
性的区别。尽管伽利略说明,金星肯定是在围绕太阳的轨道上运
动,而不是在一个其中心围绕地球运动的本轮上运行,但他的结论
是模糊的。新的资料不仅适用于哥白尼体系,而且适用于第谷体
系甚至还适用于后来的詹巴蒂斯塔·里乔利(Giambattista Ric-

cioli)①所发明的宇宙系统。而哈维的论证以及他所做的实验、观察和定量推理,不仅证明了盖伦学说的谬误,而且同时不容置疑地证明了一种新的科学思想——血液循环。这就是为什么我们可以毫不含糊地说在科学中曾有过一场哈维革命的理由。[11]

---

① 詹巴蒂斯塔·里乔利(1598－1671年),意大利天文学家,其代表作《新天文学大成》(*Almagestum Novum*)是当时的一部天文学百科全书式的著作。——译者

第四部分

18世纪革命概念的变化

第十二章 启蒙运动时期的变革

18 世纪以发生过两场大规模的政治革命而著称。这两场革命就是 1776 年的美国革命和 1789 年的法国大革命,它们确立了我们今天所理解的"革命"一词的含义——激烈的社会动荡或政治剧变,其结果是建立起一种全新的、与旧时代完全不同的社会制度或政治组织形式。但是,作为一种变革——历史发展链条中的一次中断或是与过去的决裂,而不是向昔日某个美好岁月循环往复式的回归——这一意义上的革命概念的出现,不仅可以追溯到启蒙运动时期社会和政治思想及行动领域,而且还可以在这一时期文化和知识问题的讨论中找到它的来源。

我们已经看到,早在 18 世纪初,丰特奈尔就把"革命"一词的这种新的含义运用到数学之中。1728 年,有人提出的对医学所进行的帕拉塞尔苏斯式的重新阐述,被认为是医学中的一场革命。1747 年,牛顿力学体系也荣膺"物理学中的革命"的桂冠。但是,在 18 世纪,正如在中世纪后期或文艺复兴时期一样,人们既在原来的含义上使用"革命"一词,同时也不断赋予其新的内涵,即使在 法国大革命前数十年的作品中也并非总是十分清楚,人们是否明确地在目前被接受的含义上使用"革命"一词。我们或许应当进行一番认真细致的分析,以便确定我们所说的革命事实上是一次具有独特性的重大事变,一场具有重大意义的真正不朽的变革,而不仅仅是周期性变革中的一个阶段。此外,从一些典型例证中也可以发现,我们不可能确切地说作者是从哪种意义上理解革命的。

"革命"一词的多义性

在18世纪以革命为主题的作家中,最多产的要算阿贝·德·韦尔托(Abbé de Vertot)[勒内·奥贝尔·德·韦尔托·多伯夫(René Aubert de Vertot d'Auboeuf)]。其历史学著作的法文版被一版再版,随后又被译成了英文、西班牙文、意大利文、德文和俄文。在他的著作中,具有代表性的有关于马耳他的制度史(1726年,第1版),以及关于罗马共和国的革命史(1719年,第1版)、葡萄牙的革命史(1689年,第1版)和瑞典的革命史(1695年,第1版)。关于葡萄牙革命的那一卷,是丰特奈尔鼓励韦尔托写的,而且这本书显然也是他所有著作中最受欢迎的;巴黎国家图书馆[the Bibliothèque Nationale (Paris)]陈列着该书不下35个版本或版次,而伦敦大英图书馆[the British Library (London)]则有关于该书8个英译本的记录,其中第1个英译本出版于1700年。

韦尔托论述罗马共和国的著作,离我们最近的一个版本是1796年出版的。该版导言解释了韦尔托论述葡萄牙历史的著作为何会以如此快的速度一版再版:该书的主题正好是同那个时候(1689年)在英国完成的革命相关联的。韦尔托最初把这本书的名字定为《葡萄牙反叛史》(*Histoire de la conjuration du Portugal*),但22年后(1711年),当刊印修订和增补版时,韦尔托将该书标题改为《葡萄牙革命史》(*History of the Revolutions in Portugal*)。该书新版序言解释说,"革命"(revolution)这个词要比"反叛"(conjuration,在法文中作"谋反"、"阴谋"解)更适合经过修订和增补的这个新版本,因为新版中加进了许多其他事件("革命")。此外,主题是"一项具有冒险性的计划,在这个计划中,领袖们为自己定下的目标,不过是给某个在他们看来应当成为王位合法继承人的君主重新戴上王冠而已"。而且,在这个意义上,"革命"可能要比"反叛"更合适。尽管作者刻意做出这个解释有其言外之意, [199] 就是把王位从西班牙篡夺者手中"还给"葡萄牙合法的统治者,但在该书其他地方以及其他一些历史著作中,韦尔托仍然倾向于用"革命"一词去指称任一引发重大政治变革的重要事件。甚至在被冠以"反叛"标题的关于葡萄牙史的著作的第1版中,韦尔托用"革命"这个术语去称呼发生在1640年的那场成功的葡萄牙起义,这场起义使葡萄牙从布鲁甘扎斯家族约翰四世(John IV of the Bruganzas)统治的西班牙的控制下独立出来。韦尔托在该书第1版序言中说:这场革命"是值得我们关注的"。他还写道:"就皇族的权利、国家的利益、人民的倾向,甚或大多数谋反者的动机而言,我们在历史上也许从未看见任何一次反叛能够像这次反叛那样称得上是公正的"。而且,也从来没有哪一次反叛像这次反叛那样,人民"不分年龄、性别,不分社会地位"广泛地参与其中。

如果回过头来看一下乔纳森·斯威夫特1704年与随笔《书战》(*Battle of the Books*)一同发表的《一只桶的故事》(*Tale of a Tub*),我们就会发现,在"革命"一词的含义中存在着不少的含混模糊之处。在《一只桶的故事》的第4章一开头,斯威夫特说:现在,读者们"一定期待听到什么关于伟大革命的事情"。斯威夫特这里说的显然是具有重大意义的事件,但他并没有给出什么提示,以帮助读者判断,这些事件是一个循环过程中的某些可能阶段,还是标志着人生沉浮、世事沧桑的大事,抑或仅仅是一些不那么平常的偶然事件。不过,如果知道这些革命(revolutions)与有着各种高贵幻想的"剧中主人公"彼得(Peter)相关,可能对我们理解上述问题有些许助益。彼得需要金钱("一个比他天生拥有的更好的基础")去"维持这种高贵"。这样,斯威夫特就会让彼得"想方设法变身为**创意设计者**(*Projector*)和**艺术大师**(*Virtuoso*),而且是如此成功,以致在当今世界仍然颇为流行并被广泛使用的许多著名的发现、设计和机器,都应完全归功于彼得老爷的发明"(Swift 1939,1:65)。

然而,对一个现存政权或社会形态进行常规性的颠覆而非有预谋的暴力推翻这种含义,出现在第 4 章稍后(第 75 页)斯威夫特就"这一切的混乱和革命"所写的一个评论中,这里提及的是宗教改革的混乱和令人不安的结果。[1] 随后不久,在隐喻地描述宗教改革的两个方面时,斯威夫特对路德和加尔文(Calvin)作了比较。加尔文不免轻率和粗疏,而"马丁"(路德)——在他最初的狂热举动之后——则"决心在其余的事业中尽可能地保持相对的节制"。斯威夫特最后对路德的活动进行了概括:"这是我迄今能够收集到的关于路德在这场大革命中活动的最近的记录"(第 85 页)。

在《一只桶的故事》第 9 章,即斯威夫特"关于一个联邦中疯狂的原形、用途和改良的题外话",革命是在一种多少有些不同的语境中出现的。斯威夫特认为,"纵览在单个人的影响之下迄今世界

上发生过的最伟大的行动",我们将会发现,这些杰出人物完全是
"这样一些人,他们的自然理性已经从他们的饮食、教育、某种倾向
的流行以及空气和气候的特殊影响中接受了伟大的革命"(第102
页)。这样一些"最伟大的行动"可以划分为三类:"依靠征服建立
新的帝国","创立并传播新的宗教","哲学中新方案的发展和进
步"。显然,这些革命绝不是循环式的,也绝不是某个盛衰过程的
片段。它们是引进彻底变革(即使算不上大规模的政治革命)的事
变。斯威夫特可以断定:疯狂是"所有那些在**帝国、哲学**和**宗教**中
发生的强有力革命的根源"。这里,人们也许开始感觉到了与
1789 年后"革命"一词的意义相类似的重大变革的内涵。从斯威
夫特的下述论断看,情况也许更是如此:"想象可以构筑高贵的场
景,并且引起比命运女神或造物主将会努力给予的更奇妙的革命"
(第108 页)。[2]

斯威夫特的同胞和继承者并没有始终在单一事件的意义上使
用革命(revolution)这个新兴的概念,他们仍然在一种比较陈旧的
循环的意义上记述革命(revolutions)。塞缪尔·约翰逊将 1688
年的"光荣革命"收入其 1755 年出版的《英语语言辞典》,而且在
《漫步者》(The Rambler)①[1751 年 2 月 2 日第 92 期;Bate and
Strauss(贝特和斯特劳斯),1969,2:122]中,也使用了这个比较
古老的概念。当时,他引述了布瓦洛(Boileau)②的一段话:"一些
书经过了时间的检验,而且尽管人们的思想随着各种知识革命

---

①　约翰逊在 1750－1752 年独自编印发行的每周两期的报纸。——译者
②　布瓦洛(1636－1711 年),法国诗人,文学批评家。——译者

(revolutions of knowledge)而出现这样那样的变化,这些书依然受到普遍的赞美……比任何现代人能够夸耀的更值得我们尊重"。在科林·麦克劳林①的《论艾萨克·牛顿爵士的哲学发现》(*Account of Sir Issac Newton's Philosophical Discoveries*,London,1748)一书中,我们读到几乎完全相同的表述。书中说:"似乎并不值得通过其在以后岁月里发生的各种各样的革命去追溯学问的历史"(第39页)。麦克劳林也提到了亚里士多德在"学问的革命"与"星辰的升落"之间所做的比较(第42页)。"革命"一词在这里的意思,类似于麦克劳林讨论笼罩在欧洲上空的乌云散去后欧洲学术复兴时所使用的革命一词的含义。他说,"通识教育和科学得以恢复,但是,无论通识教育还是科学,从这场愉快的革命(happy revolution)中得到的都比不上自然哲学多"(第41页)。从上下文看,这里所说的"革命"(revolution)似乎是一个类似循环的盛衰过程的一个阶段,这个过程展现出来的更多是复辟而非创新。

即使到了18世纪中叶,就像我们在让-雅克·卢梭(Jean-Jacques Rousseau)的《社会契约论》(*Social Contract*,1762)中看到的那样,"革命"一词仍然缺少单一的明确的含义。在该书第4卷第4章中,卢梭谈到"各个帝国的革命"以及这些革命的"起因"。从上下文看,卢梭是在循环或周期的意义上使用"革命"一词的,在他眼里,革命就是帝国的兴衰或接续。卢梭说的革命是民族或种族延续的现象,可从下述一个限定从句中清楚地看到:"可是,现在已不再有民族在形成着了,因而我们就差不多只有凭推测来解说

---

① 科林·麦克劳林(1698-1746年),英国数学家。——译者

他们是如何形成的"。但是,在该书第 2 卷第 8 章《论人民》这篇论义中,卢梭曾经谈到发生革命的"某些激荡的时期"。这里,革命一词显然蕴含着非循环的意义。卢梭接着描写道:"被内战所燃烧着的国家,……可以这样说,又从死灰中复活了。"这使上述关于"革命"是政治领域中的剧烈变革的解释更为清楚明了。但是,即便在这里,在他关于国家的明喻中——从死灰中复活,"脱离了死亡的怀抱而重新获得青春的活力"(第 2 卷,第 8 章),仍然有着再生循环的寓意。几个段落之后,卢梭预言,俄罗斯帝国"想要征服全欧洲,但是被征服的却将是它自己。它的附庸而兼邻居的鞑靼人将会成为它的主人或我们的主人;在我看来,这场革命是无可避免的"(第 37 页)。虽然俄罗斯帝国的"附庸"借以成为俄罗斯帝国"主人"的暴力方式,也许同样提出了 1789 年后革命概念的可能性,但这里所说的无可避免,以及各个帝国的演替,仍带有强烈的循环论色彩。当卢梭说"内阁的一次革命便引起国家中的一次革命"(第 3 卷,第 6 章)时,必定有一个循环论的语境(至少有一种演替的意思)。但是,至少在这里,卢梭试图传达一种彻底变革的含义,他是这样解释前面那段话的:"因为一切大臣而且差不多一切国王所共有的准则"就是:"在一切事情上都采取与他们前任相区别的措施"。

在 1754 年《论人类不平等的起源和基础》(*Discourse on the Origin and Basis of Inequality Among Man*)一书中,卢梭在描述人类从第一阶段或原始阶段向第二阶段即有组织的社会的过渡时,使用了"revolution"一词。卢梭把这场"变革"归因于冶金术和农业的发明。他在该书中(1964,152 = pt. 2)写道:"冶金术和农业这两种技术的发明,引起了这一巨大的变革(great revolution)。"而且,他注意到,第一阶段是"最少变革的"。

18世纪中叶,许多著作家奉行循环论的革命观——在他们那里,革命通常是指文化的盛衰或"各个帝国的革命"。其中最典型的代表是法兰西学院(the Académie Française)常务秘书让·弗朗索瓦·马蒙泰尔(Jean François Marmontel)。他承担了狄德罗和达朗贝尔共同编纂的《百科全书》中所有关于诗歌和文学条目的写作。在其《文学原理》(*Elements of Literature*,1737)的"诗歌"部分,他注意到历史学家已论述过"各个帝国的革命"。然后他提出了这样一个问题,即"为什么从没有人想到论述艺术的革命,并且在自然中寻找艺术产生、成长、辉煌、衰落的物质和精神原因呢?"(1787,9:297)哲学家孔狄亚克把人类思想的发展阶段与"各个帝国的革命"也作了类似的比较,并且说:"信仰的革命是伴随着各个帝国的革命发生的"(1798,14:17)。

但是,1755年,孔狄亚克也通过其敏锐的观察表达了非循环论的革命观。他说:"培根提出的方法过于完善,以至于他不可能是一场革命的发起人;相比而言,笛卡尔倒是比较成功的"(1947,1:776)。在经济学家A.R.J.杜尔哥的一些早期著作中,也有对"革命"一词的类似用法。在18世纪50年代撰写的《论世界史》("On the Universal History")一文中,杜尔哥对科学思想("哲学")的历史作了简短的考察。他提到亚里士多德、培根,还有"伽利略和开普勒。正是由于他们的观察,才奠定了哲学的真正基础。然而,却是比他们更大胆的笛卡尔沉思并进行了一场革命(1973,94)"。把一场革命归功于笛卡尔这一做法,在18世纪著作家中间是相当难得的,尽管法国的科学家和哲学家们难免会称赞笛卡尔所进行的根本性的创新。在 1750 年于索邦大学(the Sorbonne)宣读的另一篇文章《对人类心智连续发展的哲学评论》("A Philosophical Review of the Successive Advances of the Human Mind")中,杜尔哥改变了自己的态度。他慨叹道:"伟大的笛卡尔,即使你并不总是沉湎于发现真理,至少你已经摧毁了谬误的专横和暴虐"(1917,58)。在后面(补充材料13.1)我们还将看到,这个时候,人们坚信革命是分两个阶段的。笛卡尔完成的只是第一个阶段,即根除谬误的阶段,但尚未完全发展到第二阶段,即创立一种新学说以取代旧理论的阶段。

伏尔泰

203

当新的概念还处在发展之中,尤其是当一个新的概念是对一个旧的概念的改造时,总是要经历一些模糊和混乱的时期。18 世纪中叶曾经反复出现过这种现象,但是也许没有比伏尔泰(Voltaire)的著作能更清楚地说明这一点的了。《哲学通信》(*Philosophical Letters*)或《关于英国的通信》(*Letters Concerning the English Nation*,1733)是伏尔泰最早的著作之一。伏尔泰在该书(第 7 封信;1964,1:80)中讨论反三位一体主义者时,表达了我们刚刚在孔狄亚克那里看到的同样的思想:"您看,在信仰中,像在帝国里那样,发生了何等的革命"。关于这个循环式革命过程的例子是:"出了 300 年风头,又被遗忘了 12 个世纪,阿里乌派又死灰复燃了。"伏尔泰在这些"通信"中一而再、再而三地向人们指出 17

世纪科学和哲学(尤其是伽利略、培根、牛顿和洛克)的伟大。但是,他从来没有使用"革命"这个专门术语,也没有用比较容易地转换成彻底的"现代"革命观的术语来表达新科学的伟大。

在《哲学通信》发表近20年后,伏尔泰出版了他的《路易十四时代》(*Age of Louis XIV*,1751)。这是一本历史文学的经典,而且也是一本因将思想史与政治史相统一而引起广泛关注的著作。在第2段中,伏尔泰介绍了革命的含义:"每个时代都产生它的英雄和政治家;每个民族都曾经历过革命;对于那些仅仅希望记住事实的人来说,一切历史都是相同的。"也许,这里所说的"革命"一词的含义,是指在"四个幸福时代"达到其准循环的顶点的起伏和盛衰,"在这四个幸福时代之中,艺术趋向成熟";而它们都分别代表着"人类心智的一个伟大纪元"。另一方面,伏尔泰可能在接受和认可革命的新的含义——一个在其中产生某些全新东西的事件。这与他在几段文字之后讨论"我们所谓的路易十四时代"时的说法相一致。伏尔泰认为,在这一时期"理性的哲学……出现了",也就是说,"从枢机主教黎塞留(Cardinal Richelieu)的晚年到路易十四死后的这一段时间,如同在我们的政体方面一样,在我们的艺术、精神和习俗等领域发生了一场全面的革命"。在这一例证中,并没有任何真正想回到法国哪个先前状态的意思,尽管伏尔泰可能早就记得,这个伟大变革的瞬间具有与其他三个伟大时代[菲利普(Philip)和亚历山大(Alexander)的时代,恺撒(Caesar)和奥古斯都(Augustus)的时代,意大利文艺复兴的时代]开始时所具有的共同的特征。因此,从这句话中我们也许会明白,"革命"的两个含义是如何密切联系在一起的,关于创新和变革的世俗的或非循环观念是如何从关于盛衰和起伏的循环论的观点或概念中产生的。

在《路易十四时代》中,伏尔泰用"革命"一词来描述发生在英国的光荣革命(第15章,第9和第20段),但是并没有用"光荣的"这个形容词。作为一个法国人,伏尔泰只能表达这样一种观点:"在欧洲大多数国家",威廉(William)被视为"英国的合法国王和民族的解放者",然而,"在法国,他却被看作是……他岳父的王国的篡夺者"(1926,140)。通过对"经历了一场人类心智的革命"的这个幸福时代的描述,伏尔泰引入了科学——这是该书第31章的主题。我认为,既然如此,那么这里关于"革命"的非循环论的含义就没有什么模糊之处了。特别值得指出的是,伏尔泰此后即开始介绍伽利略、埃万杰利斯塔·托里拆利(Evangelista Torricelli)、居里克[1]和笛卡尔在科学中所进行的新的创造。但是,伏尔泰对哥白尼的讨论却引入了一个复兴的概念。虽然没有直接提到哥白尼的名字,但伏尔泰却提到"一位苦恼的圣徒"。他确实"把长期被人们忘却的迦勒底人古老的太阳系复活了"(第352页)。值得注意的是,虽然伏尔泰提到一场"人类心智的革命",以及"在我们的艺术、精神和习俗等领域发生了一场全面的革命",但他似乎从未使用"科学的革命"(scientific revolution)或"科学中的革命"(revolution in the sciences)这样一些表述方法,他甚至也没有把"革命"一词与哪门单独的科学——譬如说天文学或力学相联系,或者与某个单独的科学发展或个人——如哥白尼、牛顿或日心说的引入相联系。这确实是更值得我们注意的,因为伏尔泰认识到像伽

---

[1]　居里克(1602-1686年),德国物理学家、工程师和自然哲学家。——译者

利略和牛顿这样一些重要的开创者在科学中进行的创新是多么重要，又是多么地具有根本性。

　　在伏尔泰1756年出版的最富雄心的历史著作《风俗论》(*Essay on the Manners and Mind of Nations*)之中，革命的概念频繁出现。该书的序言是从讨论地球本身业已经历的变迁开始的，他评论道："我们这个世界所经历的变化也许与国家经历的革命一样多"(1792，16：13)。这里所说的"革命"指的完全是某个伟大的（甚或天翻地覆的）变革事件，这一点似乎是没有什么疑问的。随后伏尔泰对在我们这个星球上发生的这些"伟大巨变(revolution)"所进行的讨论（第14和第15页），使这一解释更加确定无疑。例如，伏尔泰断言，"所有这些巨变中最伟大的巨变"或许是"亚特兰蒂斯大陆的消失，如果世界的这个部分确曾存在过的话"（第15页）。而且，对"revolution"一词的这个显然是非循环论的用法，出现在第197章对整个历史的总结中。这个总结一开始就谈到"查理曼(Charlemagne)①时代以来［整个地球所经历的］所有巨变"——天灾和破坏以及"千百万人惨遭杀戮"的"这个大舞台"。

①　查理曼(768-814年)，法兰克王国加洛林王朝国王，800年由教皇利奥三世加冕于罗马。他倡导提高臣民的文化水平，努力使作为政治中心的宫廷成为国家的学术中心。他从法国各地乃至海外招揽学术精英，建立宫廷图书馆，大量收集古代名家著作，并设立宫廷学院，从而对当时文化事业的繁荣起到了推动作用。——译者

作为间断和变革的革命

尽管有这样许多意义不明确、可作多种解释的例子，到 18 世纪中叶，"革命"一词开始主要用于指称某一次巨大的变革，不再具有兴衰起伏或循环延续这样一些必需的、特定的次要含义。狄德罗和达朗贝尔编纂的《百科全书》，虽然自称是一部"科学、艺术和各行各业的大辞典"，但在"revolution"这个条目之下，却把"在一个国家的政体中发生的相当大的变化"这一政治含义放在首位：

> RÉVOLUTION, s. f. signifie *en terme de politique* un changement considérable arrivé dans le gouvernement d'un état.

（也就是说，"revolution"是一个阴性词，在政治话语中，它表示"在一个国家的政体中"发生的"相当大的变化"。）

对该词的注释包括三个句子。首先，"这个**词**来自拉丁语的 *revolvere*，指滚转、移变、岁月之周而复始、回归"；其次，"从来没有哪个国家未经历过某些**革命**（*revolutions*）"；最后，"阿贝·德·韦尔托已经给我们提供了两三部关于在不同国家发生的**革命**的卓越的历史著作。"紧接着的一段话述及革命和英国。该词条说："尽管一直以来大不列颠经历过许多革命"，但英国人使用这个词，则特指 1688 年革命。这个关于光荣革命的条目，后面的署名是"D. J."，即舍瓦利耶·德·让古（Chevalier de Jancourt）。

在这样一些关于政治革命的讨论之后，是关于科学中的革命的三个描述。这三个描述没有专门讨论科学发展中已经发生的革命（关于这方面的内容，请参看后面的第十三章），而是刻意分析了作为几何学［回转体（solids of revolution）］、天文学［在天文学领域，已经表明存在两种形式的"revolution"：一是自转（axial rotation），二是公转（orbital revolution）］和地质学中的专门名词的"revolution"。在这三个描述中，最长的是由达朗贝尔撰写的关于天文学的部分。关于地质学的条目被冠之以"地球的巨变"（Earth's Revolutions）这一标题。据说，"博物学家"用"地球的巨变"去指称这样一些"自然事件"："由于这些自然事件的发生，在火、空气和水的作用下，地表的不同部分发生了改变，而且现在仍然处在变化之中"。最后，还有一个更长的条目，要比论述政治学和科学的条目加在一起的内容长出三倍多，这个条目就是"钟表学中［所运用］的'revolution'"。这篇署名为"M. 罗米利（M. Romilly）"的论文，探讨了钟表装置中传动系统的齿轮和组合。

在地质学中使用"revolution"一词具有特别意义。"Revolutions of the earth"或"earth's revolutions"这样一些表述，显见于布丰的著作中。例如，在 1749 年出版的《地球的理论》（*Theory of the Earth*）第二篇论文中，他写道（Buffon 1954，104）：

> 毫无疑问……由于海水的自然运动，以及下雨、冰冻、流水、风、地火、地震和洪水等的作用，地球表面曾发生过不计其数的巨变（revolutions）、激变（upheavals）、异动和蚀变。

因此，他认为地球表面所发生的变化，是"一连串自然巨变"的结果

（第 105 页）。关于"revolution"一词的类似用法还见于布丰的其他著作，尤其是他的《自然纪元》（*Epochs of Nature*，1779）中。该书开始是这样说的（1954，117）：

> 在公民史（Civil History）中，人们图谋自己的利益和权利，寻求自己的荣誉，并且解释古代的碑文以推定人类革命的纪元，确立人类的或公民的（civil）事变［精神的事件］的日期，在自然史中人们运用的也是同样的方式。因此有必要钻研世界的档案，从地球的内部获取古代的遗迹，收集它们的碎片，并且把所有能够使我们回到自然的不同时代的物质变化的线索汇集到一系列的证据之中。

1812 年，乔治·居维叶前所未有地运用了布丰对历史学家和地质学家的比较。居维叶把自己看作一个新生的古文物研究家；他"不得不同时学习如何复原过去巨变（past revolutions）的遗迹并解释它们的意义"。布丰论及了在那些极为久远的年代所发生的变化，已经完全被人们遗忘的事件以及"早在人有记忆之前发生的巨变（revolutions）"（第 118 页）。在布丰看来，显然有一系列巨变发生，但这些巨变——无论是在政治领域还是在自然史领域——绝不是周期性的。

布丰对"revolutions"概念的运用，后来对与他同属一个世纪的德国哲学家约翰·戈特弗里德·冯·赫尔德（Johann Gottfried von Herder）产生了巨大影响。赫尔德《人类历史哲学大纲》（*Ideas on the Philosophy of the History of Mankind*，分别于 1784 年和 1791 年出版)第 1 卷第 3 章的标题就是:《我们的地球经历了许多巨变以后才变成它今天的样子》("Our Earth has experienced Many Revolutions, until it became what it is")。赫尔德被公认为人类学和原始文化学研究的先驱。他将一种"进化论的"观点用于说明低级生命形式。这些低级生命形式为人类而存在,或许显示出人类所没有的缺陷。但是,这些低级生命形式不一定就是向人类演化的生物的先前的状态。他的人类进化论说的不是人的生物学发展,而是人的文化发展。他的著作把人类历史解释为"关于随着时间和地点的不同而有所变化的人的力量、行动和习性的一部纯粹的自然史"。人类的文化发展被看作是一个完全自然的过程,是人类与他周围变化着的物质环境之间的相互作用。因此,赫尔德追寻布丰的做法[参见 Eugen Sauter (欧根·绍特)1910],从由于水、火和空气的作用而引发的巨变方面论述了地球的历史(1887,*13*:21)。他特别指出,这其中的某些巨变促进了地球的形成,而且他表示希望:"我要活到看见关于地球初始发生的最根本的巨变的理论"(1887,*13*:22),即关于"一开始创造了地球"的那些巨变的理论。他说,布丰"只是这门科学的笛卡尔",而且,他的假设终将被驳倒,就像笛卡尔的假设被开普勒和牛顿的假设超越和取代一样。在谈到"关于热、空气、火的新发现,它们对地球-物质的结构、合成和分解的各种影响",以及电学和磁学新的"简明的基本原理"时,赫尔德可能设想了一个时间,到那时,地球的结构将会"像开普勒和牛顿解释太阳系的结构那样"获得简洁而确定的解释。

　　因此,赫尔德很自然地效仿布丰的做法,把"revolution"看作是推动地球发展的翻天覆地的重大事件(《人类历史哲学大纲》第1卷第3章)。他断言:"今天,这种可怕的变化并不[像在地球形成之初那样]频繁了,因为地球已经停止了它的发展";地球"已经 208 老了"。但是,他认为,正如里斯本大地震所证明的,这样一些巨变并未完全终止(1887,13∶24)。[3]

美国革命和法国革命的影响

进入18世纪下半叶,发生了自光荣革命以来最著名的单一的社会政治事件。今天,在法国、俄国和中国的革命之后,美国革命——就像它的先驱光荣革命一样,看上去似乎并不十分激进,甚至都算不上是一次"革命性的"事件。而且,还有一种保守的政治倾向将美国革命(the American Revolution)称为独立战争(the War of Independence),或者作为一个折中,说它是一场革命的战争(the Revolutionary War)。在它自身所处的那个时代,美国革命具有一种双重表象。一方面,它是一场激进变革,主要是回到光荣革命的情境以及它的《权利法令》(*Act of Right*)或《权利法案》上,在此意义上它是一场"革命"。保守主义者可以支持一场旨在回到(return)或者如伯纳德·贝林(Bernard Bailyn)喜欢说的"循环到"(revolvement)权利的革命——一个世纪或者更早以来所有英国人都保障了这些权利,然而它们却首先受到沃波尔(Walpole)政府的侵蚀。但是,某些激进分子,包括像托马斯·杰斐逊(Thomas Jefferson)和托马斯·潘恩这样一些形形色色的政治人物,却在这场革命中看到了某些全新东西的确立。这就是革命后不久即被采纳的镌刻在美国国玺上的箴言——"NOVUS ORDO SECLORUM"（时代**新**秩序）的意义。20 世纪 30 年代末，人们用"新政"（New Deal）一词对该箴言做出了新的解释。

革命（Revolution）而不是回归到某个比目前更好的古老状态，这一新意体现在杰斐逊《独立宣言》（*Declaration of Independence*）响亮的语调中："在人类历史事件的进程中，当一个民族必须解除其与另一个民族之间迄今所存在着的政治联系，而在世界列国之中取得那'自然法则'和'自然神明'所规定给他们的独立与平等的地位时，就有一种真诚的尊重人类公意的心理，要求他们一定要把那些迫使他们不得已而独立的原因宣布出来。"这里没有说回到或坚守什么古老的权利，而是对当前状况作了明确陈述。此外，杰斐逊所说的"独立与平等的地位"，既不必从天启之神那里寻找根据，也无需由《圣经》提供证明，而是源于"自然"或"自然神明"的昭示。杰斐逊没有像他原来打算做的那样，继续乞求于被认为是"神圣的和不容怀疑的"真理，而是宣布了某些在特定意义上"不证自明的"真理。牛顿正是在这个意义上设定他的《原理》建立于其上的公理是不证自明的。而且，革命（Revolution）的新奇之处也即可体现在下述激进的主张之中："人类的创造者"赋予人类某些"不可剥夺的权利"，其中包括"生命权、自由权和追求幸福的权利"。

无论是与光荣革命还是美国革命相比，法国革命的政治和社会改革纲领都有相当大的进步，尽管它所彰显的"革命"的含义早已被它的美国前辈所明确。而且，正如我早就提到的，法国革命之后，"revolution"一词除了仍然保留其纯粹天文学的意义外，通常已经失去了任何残余的循环论的意义。法国革命不仅一劳永逸地确定了这个词的新的意义，而且革命中发生的事件也在许多方面影响到对革命的思考。首先，大革命的极端行为和暴力导致人们对无论哪种形式的革命都可能带来的不幸结局以及它们可被接受的有益效果产生忧虑。第二，法国革命树立了一个范式，人们据此认为深刻的社会变革是伴随着政治行动而发生的。第三，有人认为，这一新的革命（revolution）概念蕴含着这样一个重要的暗示，即革命是不可避免的，就像行星围绕太阳运行（revolutions）是必然的一样。[4]

尽管法国革命是进步的，而且通常不被看作是向一个先前状态的回归，但是仍然存在一些显见于仪式性和象征性东西中的过去的重要因素。大革命的一个显著标志是一顶佛里吉亚"自由帽"，人们可以在18世纪90年代无数雕版印刷品上看到它。从历史传统上说，这顶帽子是希腊奴隶获得解放证书时所佩戴的，而且是已经获得自由的一个明显的标志（参见图8和图9）。另外一个标志，则是一捆棍棒，即古罗马时期代表权威的"束棒"（"法西斯"）。在美国革命中，这一标志也曾被使用过。这里是对法国革命新纲领与古代传统之间亲缘关系的符号式表达。现今，古代传统已受到新生活的感染，而且或许被注入了一种新的或扩展了的意义。

已故的汉娜·阿伦特强调指出，旧的天文学"革命"观和回归的观念是法国革命的一个特点。她把相传1789年7月14日晚巴士底监狱被攻占后国王路易十六与罗什富科－利昂古公爵（the Duc de la Rochefoucauld-Liancourt）的一次谈话作为自己的主要

210

图8 这是若拉·德·贝尔特里(N. H. Jeaurat de Bertry,1728 - 1796
年)1794 年为纪念卢梭而创作的象征法国大革命的一幅油画。椭圆形画
框中的中心人物是让·雅克－卢梭,其下是真理的全视之眼。中间那一
捆棍棒或罗马式束棒上写的是"暴力"、"真理"、"正义"和"团结"。旁边是
一棵挂着"自由"标牌的树。在那捆棍棒的顶上,是一根挂着佛里吉亚自
由帽的杆子。油画右下方的人也戴着同样的帽子(自由帽)。中间那根破
裂的圆柱上打开的那本书上写着:"人的权利和公民的权利。"〔巴黎,卡那
瓦莱博物馆藏(Musée Carnavalet),比洛(Bulloz)摄〕

图 9　在一自由旗杆上挂着一顶佛里吉亚自由帽。这是歌德 1792 年出游
法国回来后创作的一幅水彩画。在这一旗杆上有这样一句铭文：过路人，
这块土地自由了。在 1792 年 10 月 16 日致赫尔德的一封信的背面，歌德
曾用墨水笔画过一个草图。关于这两幅画的有关情况，可参见格哈德·
费迈尔（Gerhard Femmel）编的《歌德绘画集》（*Corpus der Goethezeich-
nungen*），第 6B 卷，第 136 和第 137 页［莱比锡，维布·E. A. 泽曼出版社
（Veb E. A. Seemann），1971］。［杜塞尔多夫，安东·基彭贝格和卡塔琳
娜·基彭贝格基金会歌德博物馆藏（Anton und Katharina Kippenberg
Stiftugn，Goethe-Museum，Düsseldorf）］

例证。据说,国王是这样问的:"是一场叛乱吗?"利昂古回答道:
"不,陛下,是一场革命"。当然,我们难以说出利昂古当时到底在
想什么,事实上我们也不掌握那个时代更多的证据能够证明利昂
古真的曾经这样讲过。汉娜·阿伦特对革命作了非常深入的研
究,而且至少我会相信她对这个问题的历史分析和富有远见的洞
察。她认为,在这个传说的谈话中,"revolution"一词是"最后一次
作为政治术语使用的,也就是说,是最后一次在旧的隐喻的意义上
使用的,从而把它的意义从天空带到了地球"(1977,47)。我本人
在18世纪的一个政治性的印刷品中,找到了可以独立证明阿伦特
思想的材料。作为本书卷首插图而复制的这个同时代的印刷品,
向人们展现出"法国大革命的天文学式体系"。而且,阿伦特从利
昂古的陈述推测出:"强调的重点也许第一次从旋转的、循环的运
动的合法性完全转向了其必然性"。因此,她提出,革命的政治形
象仍然来自"星体的运动",但是"现在所强调的是,人的力量是不
能阻止"革命运动的,而且,它已成为"一条自然规律"。传说中的
1789年7月14日的那次谈话,指出了叛乱(反叛)与革命的区别,
这在18世纪其实是一个规模和目标上的不同。叛乱被认为是一
场暴动或起义,而革命则意味着国家的政治和社会体系的根本变
革。在当今时代背景条件下,利昂古也许会说,的确不存在什么反
对现政权领导人的起义,而只有改变政治制度的运动。换言之,他
可能会想到对既定的政权形式而不仅仅是当权政府的威胁。[5]

第十三章　18 世纪的科学革命观

　　18 世纪初,贝尔纳·勒博维耶·德·丰特奈尔[Bernard Le Bouyer(Bovier)de Fontenelle]站在一个颇为得天独厚的位置上评估了他那个时代的数学和科学。作为巴黎皇家科学院(Paris Académie Royale des Sciences)的常务秘书,他总结了科学院成员的思想活动,并且撰写了一部关于这个群体早年活动的历史。因此,丰特奈尔关于数学中所发生的革命的看法,对于一部关于科学革命概念的历史著作来说,具有特别的重要性。在《……几何学原理》(*Elements of ... Geometry*,1727)一书的序言中,丰特奈尔讨论了牛顿和莱布尼茨新发明(或发现)的微积分("le calcul de l'infini"),以及"伯努利(Bernoulli)、洛必达侯爵、皮埃尔·瓦里尼翁(Pierre Varignon)等所有伟大数学家"在将这一学科"极大地"向前推进的过程中所使用的几个方法。他说,微积分将"一种人们从前不敢抱任何奢望的工具"引入了数学,而且"这是一个在几何学中几乎发生全面革命的时代"(1790,6:43)。由于把"époque"(时代)和"révolution"(革命)这两个词连接在一起,所以我们确信,丰特奈尔想到这样一个数量级的变化将完全彻底地改变数学的状况。而且,丰特奈尔同时强调,这场革命是"愉快的",换言之,它对于数学科学来说是进步的或有益的,尽管伴随着出现了几个问题。

1720 年,丰特奈尔以常务秘书的身份为数学家米歇尔·罗尔(Michel Rolle)撰写祭文,其中首次使用了"革命"这个术语。"革命"(Revolution)一词在这里出现与罗尔本人的工作无关,而是在关于洛必达侯爵《无穷小分析》(*Analyse des infiniment petits*,这是关于微积分的第一部教科书,1696 年在巴黎出版,后来又分别于 1715、1720、1768 年再版)一书的评论中提出来的。(丰特奈尔实际上是洛必达这本书序言的匿名作者,尽管他运用了一种可能使不善猜疑的读者认为是洛必达本人文笔的风格。)丰特奈尔认为(1792,7:67):

> 那个时候,洛必达侯爵的著作已经问世了,而且,几乎所有数学家都开始转向当时并不怎么为人知晓的新的无穷几何学[即新的微积分]。方法的惊人的普遍性,证明的如此优雅简洁,最困难解法的精巧和快速,独一无二和出人意料的新奇,都引起了数学家们的极大关注,而且在数学王国中发生了一场非常显著的革命(une révolution bien marquée)。

在为洛必达(卒于 1704 年)撰写祭文时,丰特奈尔也使用了"革命"这个概念。其中,丰特奈尔再一次谈到洛必达的教科书以及"那些正在成长为数学家的人们理解《无穷小分析》的渴望"。丰特奈尔写道,洛必达的目标"主要是造就数学家",而且他满意地看到,"先前留给那些已在布满荆棘的数学之路上走近暮年的人们的问题,已经成为年轻人一口气就可解决的问题了"。最终,"这场革

命的规模显然将会更大,而且总有一天,人们将会像从前发现有那
么多数学家那样,看到有更多的数学研究者涌现出来"(1790,6:
131)。

　　与洛必达教科书相关的对"革命"一词的上述两种用法,是与
从前有所不同的,因为微积分引发了一场数学中的观念革命,而洛
必达的《无穷小分析》则巩固了那场革命,并且使它的方法和成就 215
在推动实现数学家职业革命化过程中是如此得心应手。换言之,
在丰特奈尔看来,洛必达对于吸引年轻数学家(几何学家)转向新
的分析并赋予他们新的力量方面发挥了主要作用。因此,丰特奈
尔似乎在"une révolution presque totale...dans la géométrie"
(几何学中……一场几乎全面而彻底的革命)与"une révolution
bien marquée(非常显著的革命)——如洛必达的著作在几何学领
域所引发的革命(即几何学领域中一场清晰可辨的革命)——之间
作了区分。

　　那些研究微积分的人们完全体验到了丰特奈尔所描述的东
西,即用一种简单而又直接的方式解决那些最困难的问题的力量。
这里所说的解决复杂问题的非凡技巧,通常首先展现在对解析几
何学的研究中,随后展现在微积分中。在经历了17世纪的两次伟
大革命——笛卡尔和牛顿(他同莱布尼茨共同分享了荣誉)的革命
之后,数学的魅力和奥秘被揭示了出来。

　　丰特奈尔当然知道,牛顿和莱布尼茨曾就是谁首先发明了微
积分(微积分的发明是数学中革命的基础)这一问题进行过激烈的
论战。在其《……几何学原理》一书的序言中谈到微积分时,他说:
"牛顿是发现这个奇异运算的第一人,而莱布尼茨是第一个将它公

之于众的人。关于莱布尼茨和牛顿都是微积分的发明者这个问题，我们已在 1716 年加以说明，这里不再重复。"

丰特奈尔使用"époque"（时代，"这是一个……几乎发生全面革命的时代"）这个术语表明，"革命"具有创造某种全新的东西的含义（参见上文，第四章）。丰特奈尔也曾用过"révolution...totale（总体的革命）"或全面革命（complete revolution）。在思考一场意义极其重大的变革时，有意使用"total（总体的）"和"complete（全面的）"这些词是为了说明：革命已经改变了一切。然而，这同样意味着，人们在使用这样一些短语和措辞的时候，已经忘记了它们原来所具有的循环的含义，因为一场全面的或总体的革命（就如同 360 度摆动或绕轨道转满一圈时那样），照字面意思讲，意味着回到出发点，也就是说，根本就没有任何根本性的变化。[1]

丰特奈尔不仅论及数学领域的革命，还谈到人类事务其他领域的革命。在《论数学的用处》（"On the Usefulness of Mathematics"）这篇著名的论文中，他说，历史提供了一幅"在人类事务中持续革命的景象"。这些构成了"一个接着一个不断发生的帝国、道德、习俗、信仰的盛衰和兴亡"（1760，6：69）。在他关于沙皇彼得大帝（Peter the Great）的祭文中，丰特奈尔专门谈到了在俄国发生的革命，以及马哈茂德（Mahmoud）在波斯进行的一场革命。

18 世纪初，丰特奈尔展现给我们的革命（revolution）观（这里，revolution 一词不带有其旧有的词源学上循环或周期含义的任何遗迹），把革命看作是一种公认的科学变革的方式。当然，这里所说的科学的变革,是在数学中发生的变革,而不是自然科学[①]或生物科学中的变革。我未曾发现丰特奈尔谈及笛卡尔所引发的一场革命,虽然丰特奈尔坚定信仰笛卡尔哲学;在他为牛顿所撰写的传记中,他也没有援引或使用革命这个概念(参见 Cohen and Schofield 1978,427-474)。我认为,对于数学中而不是自然科学中一场革命的这个卓越的比较早的论述具有重要意义,它同时也表明,无论笛卡尔还是牛顿的自然哲学,正像牛顿和莱布尼茨的新数学一样,到那时为止尚未得到充分而普遍的认可。

　　随着18世纪的发展,牛顿在自然哲学中引发的革命才越来越多地为人们所认识(而且,最终得到几乎是普遍的认可)。我所发现的对牛顿《自然哲学的数学原理》所具有的革命力量的最早的明确阐述,见于亚历克西-克洛德·克莱罗1747年11月15日在巴黎皇家科学院一次会议上宣读的一篇论文的开场白中。克莱罗明确强调:牛顿的"著名的《自然哲学的数学原理》一书的问世,是标志着自然科学中一场伟大革命的划时代事件"。这里,我们也许应该再次注意到,克莱罗在断言一场牛顿式的革命时使用"时代"一词,无疑是一个强有力的音符。克莱罗表达的观点或许更加重要,因为他在其中进行叙述的那篇文章着力探讨这样一种可能性,即牛顿的万有引力平方反比定律可能并不是精确无误或绝对正确的,而是需要进一步修正的。

　　关于科学中的革命的这两个比较早的论述都与牛顿有关,这

---

　　①　这里所说的自然科学即 physical science,指任何一门研究能量和无生命物质的属性和特征的科学,如物理、化学、天文学和地质学等。——译者

一事实是值得我们注意的。因为，正是牛顿在理论数学中的成就和他在引力动力学的基础上对宇宙体系的分析，实际上使科学革命（Scientific Revolution）成了定局，并使科学家和哲学家们都认识到，一场革命确实已经发生了。我们也许可以说，牛顿1687年的《自然哲学的数学原理》在帮助人们认识发生了一场科学革命方面，发挥了与1688年光荣革命对人们认识政治革命相同的显著作用。

217

狄德罗和达朗贝尔

正如我们在上一章看到的，在狄德罗和达朗贝尔共同编纂的伟大的《百科全书》中，对政治革命（世俗的而且非循环意义上的革命）以及作为几何学、天文学、地质学和钟表学中的一个术语的"revolution"进行了相当多的讨论。但是，对于科学中发生的革命即与过去进行彻底决裂意义上的革命却没有涉及。关于这个主题，我们必须转向《百科全书》中由达朗贝尔和狄德罗的著作增补的其他条目。在1751年版《百科全书》的"引言"中简述近代科学或者说与近代科学密切相关的哲学的兴起时，达朗贝尔采用了革命的概念。但是，该篇短论的目的，是对包括科学在内的所有知识进行概略的方法论和哲学的分析（这在他的计划中占据了主要位置），而不是描述科学本身。

达朗贝尔的历史描述是从"大法官培根"这位前辈开始的，然后简短概括了笛卡尔所进行的具有根本性的创新。尽管高度赞赏牛顿自然哲学的重要地位——事实上，正是牛顿的自然哲学推翻并取代了笛卡尔的自然哲学,但达朗贝尔仍然觉得需要为笛卡尔这位法国人和数学家同行说几句话。因此,他提请人们特别注意笛卡尔所进行的伟大的"反叛",认为笛卡尔已经展现出了"如何摆脱经院哲学、舆论和权威的束缚的智慧"。达朗贝尔非常清楚地知晓政治革命力量的作用,而且他把笛卡尔描绘成(1751 – 1780,1：xxvi;d'Alembert 1963,80 – 81)"一位反叛者的领袖,他最先敢于起来反抗一种专横、独断的势力,而且,在为一场彻底革命做准备的同时,奠定了一个更公正、更美好但他本人不可能亲眼看到被确立起来的政体的基础。"笛卡尔在"准备"这场"革命"过程中的作用,或他所进行的"反叛",是"对哲学的一个贡献,这一贡献比起他那些杰出的后继者此后所做的贡献也许是更为难能可贵的"。[2]尽管达朗贝尔没有专门指出这一点,但是他含蓄地告诉我们,笛卡尔为之做了准备的革命是由牛顿完成的。因为,达朗贝尔不仅同时用可以想象到的最可嘉许的措辞详细而清楚地说明了牛顿在普通物理学、天体力学和光学等领域中所取得的成就,而且他还特别指出,当牛顿"终于出现"时,他"赋予了哲学一种显然它要保持的形式"。因此,在科学中,牛顿实际上完成了笛卡尔只是对此做了准备的革命。

　　而且,在指出这个"伟大的天才[牛顿]认识到现在正是从自然科学中清除猜想和模糊假设的时候"(1963,81)之后,达朗贝尔评论说,牛顿"在他最有名的著作中几乎完全避而不谈他的形而上学"。这个评论的重要性在于,它使达朗贝尔通过对牛顿的描述得出了这样一个结论:"因此,既然他在这里没有引起任何革命,那么我们将不会从这一主题[即形而上学]的观点来考虑他"。这里的意思是说,从其他的观点看——如万有引力、天体力学、宇宙体系、光学、科学说明的性质和局限等,牛顿已经引发了一场革命。事实上,达朗贝尔明确地说过,牛顿"无疑已经得到所有人的认可,即他用大量实实在在的东西丰富了哲学"(1963,83)。随后,他又恰当地评论道:牛顿也许"通过讲授哲学,做了更多明智的事情,并且把笛卡尔为环境所迫而不得不表现出来的那种大无畏精神限制在合理范围之内"(1963,81)。

科学中的革命这一概念非常清楚和醒目地见于达朗贝尔为《百科全书》撰写的"实验的"(Expérimental)这个条目。在这个条目中,就像在"引言"中那样,达朗贝尔对这一学科的历史作了简短的回顾,再次强调了培根和笛卡尔的作用,并以牛顿为结束。首先,达朗贝尔认为,培根和笛卡尔引入了"实验物理学的精神";不久,实验科学院以及玻意耳、马略特(Mariotte)等人继续了这一工作。后来(《百科全书》,1751-1780,6:299),笛卡尔的科学取代了亚里士多德的科学,也就是说,取代了亚里士多德的注释者们的科学。他认为,牛顿成功地证明了他的前辈们只是预言过的东西——将数学引入物理学的真正的艺术。牛顿把数学与实验和观察相结合,创立了一门真正新的科学,这门科学是"精确的、深奥的和富有启发意义的"。在达朗贝尔看来,最初,牛顿的思想并未被人们充分地欣然接受,但是,最终一代"新的科学家崛起了",他们是牛顿式的科学家。因此,达朗贝尔几乎和大约两个世纪以后马克斯·普朗克所做的一样,是最早认识到科学革命世代特点的人之一。达朗贝尔写道:"一旦一场革命的基础得以确立,那么这场革命就几乎总是在下一代人中完成;革命的完成不太可能更早,因

为完成这一革命的障碍是自动消失的，而不是人为放弃的；当然， 219
它也不会完成得更晚，因为一旦越过了完成革命的障碍，那么人类
精神的发展通常要比它自己期望的快得多，除非它遇到新的障碍，
使它不得不长时间地停滞下来"。达朗贝尔这段话不仅表达了随
着世代的交替科学得以实现历史发展的哲学，而且他还把科学中
伟大革命的重心放在牛顿的工作上。

在另外一篇与《百科全书》无关的作品，即《论18世纪中叶人
类的心智》（"Tableau de l'esprit humain au milieu du dix-
huitième siècle"）一文中，达朗贝尔提出了关于思想领域革命的一
般理论（1853,216-218）："大约300年来，自然似乎注定了每一个
世纪的中叶都是人类思想领域发生革命的时代（une révolution
dans l'esprit humain）"。他特别提到，"在15世纪中叶，对君士坦
丁堡的占领，引起了在西方文学界中的复兴"。同样，"16世纪中
叶则经历了宗教和欧洲大部分国家体制的迅速变革"。最后，"在
17世纪中叶，笛卡尔创立了一门新的哲学"。

《百科全书》第6卷于1756年在巴黎出版，其中收入了达朗贝
尔写的"实验的"这个词条。前面的一卷（第5卷，巴黎，1755年）
收入了狄德罗关于科学中的革命的论述，该论述最初是他所写的
"百科全书（Encyclopédie）"条目的内容。狄德罗注意到了这样一
个事实：科学中正在发生一系列变革，所以，在以前几个世纪出版
的所有辞典，都会缺少科学所发明的或放在显著位置并赋予新的
意义和重要性的新的词汇。因此，在"光行差（Aberration）"这个
词条下面，相对旧一些的辞典就不可能给出当前的天文学的意义
[它与詹姆斯·布拉德雷（James Bradley）的发现联系在一起]。

而"电流(Electricity)"这个条目则可能只会有一条线或两个设定的"虚假的概念和古老的偏见"。狄德罗认为,即使如此,"自然科学和人文科学中的革命也许并不像在机械工艺中发生的革命那样有力和被人们强烈地感觉得到;但是,在自然科学和人文科学中确实都发生了一场革命"。

狄德罗在其著名的《论对自然的解释》("On the Interpretation of Nature",1753年初版,1754年又作了扩充)一文中,也曾述及科学中发生的革命。狄德罗写道:"我们正面临着科学中一场伟大的革命"(1818,1:420)。这场革命要求人们完全排斥几何学以及科学中的几何学精神。他说:"从我们的作家对道德、虚构、博物学、实验物理学的倾向看,我几乎可以确信,不出100年,人们在欧洲连哪怕三个伟大的几何学家也列举不出来。"

220　　这些以及其他相关表述都凸显出"革命"(或"革命性的变革")在狄德罗科学发展理论中的重要性。像达朗贝尔一样,狄德罗认为,科学的进步和发展是以一系列接续发生的革命为标志的,但是"在这一场革命与另一场革命之间的最大间隔"是一个"定量"这一思想显然是从他那里发源的。尽管表面看来狄德罗把革命主要看作激进的世俗的变革,但在前面的表述中也蕴含着把革命性的变革看作一个循环过程的寓意;其中,最大间隔这个术语甚至使人们听到了在循环的周而复始的自然现象之中的巨变(revolution)是有周期的这一弦外之音。而且,人们应当注意到,尽管在《百科全书》的"Révolution"这一词条中完全没有感觉到政治领域中革命的循环意味,但革命的循环意义却恰恰见于达朗贝尔的"引言"中。达朗贝尔在"引言"中谈到(《百科全书》,1751-1780,1:第 xi 页)

"关于帝国及帝国发生的革命的主要研究成果"。稍后,达朗贝尔在"引言"中还论及作为激进变革之契机的革命,但人们还是感觉到他的论述中仍然伴有帝国盛衰起伏、重生与腐朽交替的观念。他开始说到中世纪"那些黑暗的岁月",那时"一场能够使世界呈现出新的面貌的革命必然能够使人类摆脱野蛮状态"(第 xx 页)。他接着说:"希腊[拜占庭]帝国被摧毁了,而且它的灭亡使残余的知识流回欧洲。印刷术的发明以及美第奇家族(Medici)和弗朗西斯一世(Francis I)的庇护,使人们的思想重新活跃起来,并且推动了各地启蒙运动的蓬勃发展"(1963,62)。这段话的循环论意味,其盛衰和消长的意义越发引起人们的注意,那个时候,这可能仍然是关于"革命"一词的普遍用法。

论述天文学革命的两位作者

我们已经看到,《百科全书》问世的时候,在世俗的而非循环的重大变革这一新的含义上使用"革命"已经很普遍了,至少在法语中是如此。[3] 18 世纪后半叶,这个概念以及表达这个概念的词汇,被越来越多地运用于思想领域特别是关于科学的作品中。但是,不同的作者,根据他们的学科来断定不同时代革命的时间。因此,1764 年,约瑟夫·热罗姆·勒法兰西·德·拉朗德[Joseph Jérôme Le Français de Lalande(La Lande)]在赫维留斯(Hevelius)①之后的

---

① 约翰内斯·赫维留斯(Johannes Hevelius, 1611－1687 年),波兰天文学家(波兰名为 Jan Heweliusz),长期从事太阳黑子和月球表面地形的观测和研究;他绘制过最早的月面详图,其命名的几个月球山名一直沿用至今;他还发现了月球经度方向的天平动,并且因其卓越贡献被誉为月球地形学的创始人。——译者

时代,看到了天文学中发生的一场革命(1764,*1*:131):

> 　　这是一个所有民族都在为做出新发现以及使这一学科趋
> 于成熟的荣誉而彼此争论的时代;尤其是巴黎科学院和伦敦
> 皇家学会,在这次革命中发挥了最伟大的作用。它们造就了
> 无数杰出的科学家和著名的天文学家。

　　但是,拉朗德并没有把"革命"一词用于说明哥白尼对托勒密权威的反叛,也没有用于描述伽利略或开普勒发现或引入的全新的东西;显然,他仍旧用"革命"指称发现和改进的过程——他认为这个过程是最近几个时代确立和完善天文学学科的一个组成部分。当然,我们必须谨慎地设想,在拉朗德的论述中出现的这个差别,源于一个关于用法的有意识的和明晰的决定。最重要的也许只是:拉朗德的确在科学中引入了革命的概念。

　　让-西尔万·巴伊在法国大革命前10年出版的著作中,说明了科学中的革命这一概念是如何形成并继续在19世纪不断得以完善的(当然发生了一些变化)。在其《近代天文学史》(*History of Modern Astronomy*)一书中,巴伊介绍了几种规模不同的革命——从大规模地详尽阐述哥白尼的宇宙体系和牛顿的自然哲学,一直到望远镜的设计和使用中的革命性创新。作为一名经验丰富的天文学家,巴伊试图通过附加十字准线,尤其是目镜,来改进望远镜:"工具的不断完善,实际操作中的日益精确,以一种显然引发一场革命的方式对所有观测结果产生了影响"。而且,"这场革命,这个巧妙运用的主意……应该归功于皮卡尔(Picard)和奥

祖（Auzout)"①(1785,2:272－273)。

　　巴伊探讨了过去以及那时新近出现的革命,甚至预测了即将到来的革命,尽管只是一些小规模的革命——主要是新的工具和新的计算方法(没有近似值的)以及积分方法的采用。他还预言,摆钟将会被取代。此外,巴伊的《近代天文学史》提出了一个显然经过深思熟虑的两阶段革命的概念,适用于科学中发生的大规模的革命。在巴伊所说的这些革命中,第一个阶段是人们普遍接受的概念体系将被摧毁,随后,一个新的概念体系将确立起来(参见后面的补充材料13.1)。然而,甚至在巴伊的著作中,周期性革命变革的旧概念和对"革命"这个术语的新用法,都被用于指称科学中根本的、巨大的变革,通常说的是某个人的著作和思想所产生的影响。

　　正是巴伊将"已经发生了一场哥白尼革命"这个思想传播开来的,尽管他的两阶段革命论显然会使他得出这样一个结论:无论是伽利略还是开普勒,实际上都没有促成任何一场他认为哥白尼已经引发的那样的革命。他对牛顿革命(Newtonian revolution)坚信不疑,这在他的历史著作中一再表现出来。巴伊充分评价笛卡尔作出的显著贡献,但是他显然没有发现笛卡尔的创新是具有革

---

　　① 让－费利克斯·皮卡尔(Jean-Félix Picard, 1620－1682年),法国天文学家,最早精确测量出一度子午线的长度,藉此准确计算出了地球的大小,牛顿曾利用他有关地球的测量数据验证万有引力;阿德里安·奥祖(Adrien Auzout, 1622－1691年),法国天文学家,进行了大量望远镜观测,并为望远镜(尤其是目镜)的改进作出了贡献。1667－1668年,他们二人把望远镜瞄准器附加在38英寸象限仪上,并用此改进的仪器准确确定了地球的一些位置。为纪念他们的卓越成就,后人以他们的名字分别为月球上的两座环形山命名。——译者

命性的。巴伊说,天文学的观测当然是针对原因而提出问题:"敢于把宇宙的一般运动规律归纳为地球上的物体的运动规律,的确是一个卓越的思想。这样一种胆识和雄心,是近代以来几个世纪所独有的;这个荣誉要归功于笛卡尔"。而且,"笛卡尔发现,同一种机理,无论是在太空中还是在地球上,都必定是推动物体的动力"。巴伊继续写道,即使笛卡尔没有完全想到真正的机理,"我们也绝不能忘记,这个创新的卓越的思想是他的天才的结果"(1781,xi)。他评论说,我们"公正地对待笛卡尔,并没有减损牛顿这位伟大人物的任何荣誉"。而且,"如果说笛卡尔用他在几何学中的发明打开了通往最美好的发之道路,那么开普勒则预见到并且留给我们比他所掌握的更多的自然科学的真理。笛卡尔大胆尝试的事情比较多,而且他的胆识是衡量他的天才的力量的尺度;他唯一的不足就是他一直比较聪明。他似乎没有察觉他那个时代广为人知的许多事实"(1785,2:192)。

巴伊也从一个循环过程的角度描述天文学的发展。因此,一场革命有时可能就意味着回到某个比较古老的思想或概念,或是回到过去的某个原则。但是,巴伊敏锐地注意到,人们决不能仅仅因为现在使用的某个思想或观念以前可能曾经出现过,就想当然地认为不存在什么真正的变革。他举了一个有些奇怪的例子:"异教神学设想世界是从一个鸡蛋中产生出来的;无知和博学通过相反的道路殊途同归,这并不是第一次"(2:519)。在他论述天文学史的著作第 2 卷一开始,巴伊对由循环革命所引起的变革作了更完整的表述(2:3-4):

在写这部历史的时候,我们意识到,一方面,人们由于曾被说服相信宇宙运行机理的简单性,因而总是倾向于这个观念,甚至在把它搁置一旁时也是如此。另一方面,这个观念是为我们保存下来的最古老的一个观念。结论自然是我们回到我们曾经由此开始的观念:这就是我们的道路,我们总是在一个圆圈中转来转去。然而,这个观念,这个已知努力的最初的起点,已使自身成为一场革命的终点。

巴伊在自己的历史著作中一再谈到伴随着文明(或帝国)的兴亡而出现的天文学的盛衰(例如,1:bk. 8,§1)。巴伊认为,迦勒底人、印度人和中国人的天文学是"我们对其几乎没有什么了解的……一种早期文明"的科学的"残骸","它们被一场伟大的革命摧毁了"(1781,18)。这种文明丧失天文学的思想,只能是"因为某次大规模的革命毁灭了人,毁灭了城镇和知识,剩下的只是残骸。一切都证明了,这场革命是在我们这个地球上发生的"(第59页)。在《物质通论》("Table générale des matières")中,或包括他的三卷本《近代天文学史》和单卷本《古代天文学史》在内的其他一系列著作中,提及这两种革命(参见"革命"条目)要先于对恒星和行星运行(revolutions)的论述。

巴伊意识到,革命中可能存在循环的过程,而且这对任何职业天文学家来说都是显而易见的。这一事实并不会削弱他在论及以一个世俗的而非循环的巨大变革为特征的历史事件时使用"革命"一词的动力。由于巴伊不仅用"革命(revolution)"这个术语来指称科学中的重大变革(这种用法与达朗贝尔和狄德罗用法的含义是一样的),而且事实上把这个词和概念贯穿于他关于近代天文学的三卷本历史著作中。因此,我们或许可以断定:这时,"革命(revolution)"已被人们完全接受,并被广泛运用于对科学史的论述以及对科学思想、理论、方法、思想体系的生成和发展的分析之中。

224

18世纪末论述科学革命的作者

18世纪80年代,法国有大批学者明确提及了科学中发生的这一场或那一场革命。[4]但是,孔多塞的情况也许尤其值得我们注意,因为据利特雷(Littré,1881-1883)说,他是"révolutionnaire(革命的,革命性的,革命者)"这个术语的首创者。科学中的革命(a revolution in science)这个概念(以及用"革命"一词来表达它的做法)经常出现在哀悼已故法兰西科学院院士的祭文中。正像丰特奈尔早先曾经做的那样,孔多塞在担任科学院常任秘书期间,一直负责这些祭文的撰写和宣读。因此,在为杜哈梅·迪蒙索(Duhamel du Monceau)①撰写的祭文(1783)中,孔多塞是这样说的:"他将成为科学史中一个时代的标志,因为我们发现,他的名字是与那场专门把科学导向公共效用的思想革命联系在一起的"。他在为阿尔布雷希特·冯·哈勒(Albrecht von Haller)②撰写的祭

---

① 亨利-路易·杜哈梅·迪蒙索(Henri-Louis Duhamel du Monceau,1700-1782年),法国医生、植物学家、海军工程师,编撰过近90部著作。——译者

② 阿尔布雷克特·冯·哈勒(1708-1777年),瑞士著名生理学家、解剖学家、博物学家和诗人,在生理学、解剖学、植物学、胚胎学、诗歌、科学文献目录学等诸多领域均作出过贡献;主要著作有《人体生理学原理》(8卷,1757-1766)等。——译者

文(1778)中说:"冯·哈勒在其中公开这些发现的著作,是解剖学中发生革命的时代标志"。他在为达朗贝尔撰写的祭文(1783)中说:"这个原则是物理-数学科学中一场伟大革命的时代标志"。他在为欧拉(Euler)撰写的祭文(1783)中说:"他以其在数学科学中引发的革命而赢得了这一荣誉"。(参见 Condorcet 1847,2:300,641;3:58,40,以及 7,8,9,28)如此等等。从上述三个例子中,我们看到孔多塞把"时代"和"革命"这两个术语并列用于一个世纪之久的传统之中,从而明确地界定了"革命"一词的非循环的意义。

在使用革命这个概念和术语方面,孔多塞最具代表性的著作是他 1795 年出版的《人类精神进步史梗概》(*Sketch for a Historical Picture of the Progress of the Human Mind*)一书。孔多塞在该书中论述了新近发生的美国革命以及当时尚未结束的法国革命,并对造成这两次革命的不同原因作了精妙的阐述。他对笛卡尔的探讨在当前语境下具有特别的重要性。他认为,笛卡尔"在总体上推动了人类思想的发展,而这是人类命运中的一场革命的第一条原则"(Condorcet 1955,147;1933,173)。在说明化学的兴起时,孔多塞对这一学科中的某些改进作了介绍,认为"这些改进扩展了这一学科的方法而不是增加了它的真理,预示着一场成功的革命并为这场革命作了准备,因此实际上影响到整个既定的科学体系。"孔多塞试图"找到"收集和分析气体的"新方法";为化学物质"编制一种[新的]语言";"采用一种科学的标记法";探索"亲和力的一般规律";将物理学的"方法和工具"用于"计算具有严格精确性的实验结果";而且"把数学用于研究结晶现象"(1955,153-

225　154;1933,180－181)。这里,孔多塞也讲清楚了他关于我们这个时代人们激烈争论的一个话题的科学说法:一场革命的"前提"。

　　孔多塞在谈到化学而非物理学、天文学或生命科学时特别使用了"革命"一词,这自然是因为他事实上已经亲眼见证了近期发生的化学革命(Chemical Revolution)。这场革命是拉瓦锡在双重意义上引发的,因为他是这场革命的主要设计师,而且将这场革命命名为化学革命。他至少在三部手稿中用"革命"这个特有字眼谈论他自己的工作。

　　拉瓦锡并不是18世纪从"革命"角度谈及自己科学工作的唯一科学家。除他以外,还有两个人,他们是西默和马拉。至少三位科学家用"革命"一词描述他们正在做的事情,这个事实本身标志着科学中的革命这一概念在被清除掉了任何循环、回归或消长的含义后,在很大程度上已成为一个被普遍接受的设想科学如何进步的方式。

　　如人们所料,美国革命和法国革命的热情支持者约瑟夫·普里斯特利是那些把革命概念从政治领域移植到科学之中的人之一。[5]在1796年出版的一部关于燃素和水的分解的著作中,他认为新化学的胜利是一场最伟大、最急剧和最普遍的"科学中的革命"(参见本书第十四章)。

　　与同时代大多数人不同的是,普里斯特利认为,科学中的革命并不总是进步的,而且也并不总是引起知识状态中更迅速的发展。他说:"在所有实验哲学学科的历史发展进程中,没有什么是比最出人意料的革命——无论成功还是失败——更平常的了。"关于他的观点,他做出了这样的解释(1966,300):

　　的确,一般说来,当许多有独创性的人们专心致志于某个**已被充分开启**的学科时,科学研究是愉快而半稳地进行的。然而,正如在**电学**的历史以及现在有关**空气**的发现中一样,在最出乎意料的地方突然现出了光明。因此,科学界的大师们不得不从新的更简单的原理重新开始他们的研究。进而言之,对于某一学科来说,甚至正当它处在其发展的最迅速和最有前景的状态时,遇到挫折也是完全正常的。

　　其他使用"科学中的革命"这一概念的,还有威廉·卡伦(William Cullen)、A. R. J. 杜尔哥和伊曼纽尔·康德(Immanuel Kant),以及那些经历过生命科学中所发生的哈维革命的人们。另外一位曾经论述过科学中的革命的 18 世纪科学家,是日内瓦生物学家夏尔·博内(Charles Bonnet)①。他在 1779 年写道:"关于植物叶子的那本书再一次把我同另一位伟大的人物联系在一起,不久他就在生理学中进行了孟德斯鸠在政治学中进行的同样的革命。我所说的这位伟大的人物,就是已故的哈勒先生"[Raymond Savioz(雷蒙·萨维奥)1948,155]。因此,就哈勒在科学中产生的革命性影响而言,博内的看法是与孔多塞一样的。

　　18 世纪末,有不少著作家论述了启蒙运动时期以及这个世纪

----

　　① 夏尔·博内(1720－1793 年),又译查尔斯·邦纳,日内瓦共和国(1815 年 5 月 19 日并入瑞士联邦)博物学家和哲学作家,以发现单性生殖并发展了进化突变理论而闻名;主要著作有《关于植物叶子的用途的研究》(1754)、《心理学论文》(1754)、《论灵魂功能的分析》(1760)、《有关机体的考察》(1762)、《自然沉思录》(1764)、《哲学的复兴》(1769)、《博物学与哲学著作集》(1779－1783)等。——译者

从牛顿到拉瓦锡和伏打(Volta)在科学中取得的革命性进展。其中,有三位著作家尤其为人们认识这样一些革命奠定了理论基础,或提供了理论视角:美国的塞缪尔·米勒(Samuel Miller),苏格兰的约翰·普莱费尔(John Playfair,关于他请参见后面的补充材料18.1)以及德国的格奥尔格·克里斯托夫·利希滕贝格(Georg Christoph Lichtenberg,参见后面的补充材料14.2)。米勒是新泽西的一位教士,他第一个对18世纪的思想成就作了全面的考察[《18世纪简史》(*A Brief Retrospect of the Eighteenth Century*)第一部];他在长达两卷的文字之中,对那个时期在科学、艺术、文学中发生的革命和取得的进步作了概括(New York,1803)。值得注意的是,米勒用"革命"一词指称巨大的进步(gigantic progressive steps),突出强调科学(以及艺术和文学)的发展模式,而这被认为是他正在考察其成就的那个世纪的规范。正如他本人所承认的(2:ix),他的著作有原创性的论述,但更像是一个汇编:"尽管这部著作相当大一部分的内容是汇编而成的,但是作者声称自己并不是一个纯粹的汇编者。他认为已在自己觉得合适的地方提出了他本人的观点、感想和推论"。在其博览群书(包括许多法文著作,关于这一点,从其著作的脚注和参考文献中是能够明显感觉到的)的过程中,米勒也许早就遇到过"科学和艺术中的革命"这一概念。

在第2卷最后的"揭要"(第411页)中,米勒对18世纪的特征作了这样的描述:它"显然是一个**自由探索的时代**"。人们在一个比以往所知更大的程度上学会了"摆脱各种名目的权威……抛弃被认为是建立在永恒基础之上的所有主张,推翻建立在这些基础之上的体系"。人们最大限度地推进他们的探索,蔑视一切约束,不受任何旧习惯的限制，因此引发了一场"人类精神的革命"。如此想象，似乎只有有思想的、狂放不羁的无套裤汉（*sans-culotte*）[①] 227 才会做出。而且，米勒尽力指出，这场"革命……伴随着许多有利的方面，同时也有许多有害的方面"。他对这两方面的情况都做了详细说明。

稍后，他又重新回到"科学的革命和进步"，而且注意到，"刚刚过去的时代显然是以科学中的革命为特征的"（2：413）：

> 各种理论比以前任何时期都更加丰富多彩，它们的体系更加多样化，革命以更快的速度接连发生。在科学的几乎每一个分支，方式、原则和权威的变化是如此令人目不暇接地接踵而至，以致人们仅仅记起或列举它们都可能是一项相当坚决的任务。

米勒为自己设置的问题就是对这个"科学革命的频率和速度"做出的说明。他对这一问题做出了一个完全现代意义的回答，因为他发现了我们今天所说的"科学共同体（scientific community）"出现的首要原因。米勒特别提醒人们注意"知识的惊人的传播"；"遍布各个领域的探究者和实验者群体"；以及——最重要的是——"科学家们所进行的空前的交流"，因此，"每一种新的理论通常自始至终都受到全面而迅速的探索和研究"，而且也由此导致

---

① 又称"长裤汉"，法国大革命时期对参与大革命的广大民众尤其是城市劳动者的称呼。——译者

"比以往任何时候都更为灵巧、更为精妙的组织结构的相继建立和解体"。所以,由于"不断有新的发现、假说、理论和体系快速产生出来","科学界比以往任何时候都更为敏感和繁忙"(2:438)。当认识到已在很大程度上超越了一个纯粹汇编者的局限之后,米勒在他"揭要"的最后得出这样一个结论:"18 世纪在很大程度上是文学交流和科学交往的时代。"[6]

在米勒 10 年的著述中,对科学中革命的存在有一个更深刻的认识。在《法兰西学院词典》(Dictionnaire de l'Académie Françoise, revu corrigé et augmenté par l'Académie elle-même)第 5 版(1811 年)中,我们找到了关于"革命"一词的最初的循环论和天文学定义:

> 一颗行星或恒星回到它原来由此出发的同一个点。**行星的运行**(The revolution of the Planets)。**天体的运行**(The celestial revolutions)。**周期性循环**(Periodic revolution)。在同一意义上,还有**世纪的循环**(The revolution of the centuries),时代的循环,季节的循环。

他还提到"心境的革命"(Révolution d'humeurs)。这个条目最后谈到"使一些国家产生动摇的重大的、激烈的变革(changemens mémorables et violens qui ont agité ces Pays)"——例如"古罗马的革命(Les Révolutions Romaines)、瑞典的革命(les Révolutions de Suède)、英国的革命(les Révolutions d'Angleterre)"。在狄德罗和达朗贝尔编纂的《百科全书》关于革命的词条中,曾经提到这三次革

命。《法兰西学院词典》第5版(1811年)并没有提到法国革命或美国革命,虽然1793年的版本中曾举法国革命为例。法兰西学院的词典编纂者们指出,在谈到革命**这个**词的时候,人们想到的往往是建立一种新秩序:"当人们在谈论这些国家的历史时,所说的**革命**指的是最令人难忘的革命,即创造一种新秩序的革命。因此,在说到英国时,**革命**指的是1688年的那场革命"。[7]

但是,在当前语境下,最重要的是专门论及人们怎样形象地使用"革命"一词的段落:"关于公共事务中发生的变化,世俗事务的变化,以及意见的变化,等等。"("Du changement qui arrive dans les affaires publiques, dans les choses du monde, dans les opinions, etc.")其中所列举的例子有:

> 迅速的、突然的、出人意料的、不可思议的、令人惊讶的、愉快的革命。
>
> 战争的失败常常引起一个国家大规模的革命。
>
> 时间引起事务中的不可思议的革命。
>
> 这个世界的事物都将经历大规模的革命。
>
> 艺术、科学、思想、风格中的革命。

因此,在正式进入到词素文字的记载以后,人们正式承认"科学中的革命"的说法是一个公认的用于表征科学变革特性的概念。

第十四章　拉瓦锡与化学革命

　　化学革命在科学革命中占据着首要的位置，因为它是第一场被其主要的发起者安托万－洛朗·拉瓦锡称之为革命并得到人们普遍认识的非常重要的革命。在拉瓦锡之前，科学家们已经认识到，他们的研究计划将带来某些全新的东西，而且将与已经被人们广泛接受的科学信念的既定规范发生直接冲突。然而，与其他人不同，拉瓦锡同时意识到作为思维中一种特殊变革的科学中革命的概念，而且他断定，他本人所从事的工作实际上将构成这样一场革命。有不少人曾经论述过科学中的革命，但这已是很久远的事情，或至少是最近的过去发生的事情，而并非目前所为。据我所知，只有罗伯特·西默先于拉瓦锡描述了他为发动科学中的"革命"所作出的贡献。但是，西默所提出的双流电学说并没有像拉瓦锡的化学理论那样引起一场革命。此外，电学充其量不过是一门
科学（物理学）的分支，而化学则包含整个物质科学。因此，化学中的一场革命有可能动摇几乎所有自然科学甚至生物科学的基础。

　　在拟订其研究计划和目标时，拉瓦锡不由得想到它们对于科学所具有的终极意义。他在 1773 年一本实验室日志（*registre*）的一条记录中写道："这个学科的重要性再次促使我全面展开这项工作。在我看来，这项工作注定要在物理学和化学中引发一场革命。"[1] 在 1791 年拉瓦锡写给让·安托万·沙普塔尔（Jean Antoine Chaptal)①的一封信中,有着类似的关于化学中一场革命的概念和设想,拉瓦锡在信中说:"所有年轻的科学家都接受了新的理论,因此我断定,这场革命首先是在化学中完成的。"

化学革命(The Chemical Revolution)大约是在美国革命那一段时间中发生的,而且在法国大革命期间达到高潮。拉瓦锡不是没有意识到这些革命发生的共时性。1790 年 2 月 2 日,他在写给本杰明·富兰克林(Benjamin Franklin)的一封非同寻常的信函中,就化学革命向他的这位美国朋友作了简要的说明。而随后,他还论及了在法国发生的政治革命——因此向人们明确地昭示出在他看来这两场革命是如何密切联系在一起的。他对富兰克林说,法国科学家被划分为两个阵营:一个阵营的科学家墨守古老的学说;另一个阵营的科学家则站在他这一边,其中包括路易·贝尔纳·吉东·德·莫尔沃(Louis Bernard Guyton de Morveau)、克洛德-路易·贝托莱(Claude-Louis Berthollet)、安托万·弗朗索瓦·德·富克鲁瓦(Antoine François de Fourcroy)、拉普拉斯、加斯帕尔·蒙日(Gaspard Monge)②以及"一般地说科学院的物

---

①　让·安托万·沙普塔尔(1756－1832 年),法国化学家和政治家,其化学研究为无机酸、苏打等物质的制造奠定了基础。——译者

②　(1)路易·贝尔纳·吉东·德·莫尔沃(1737－1816 年),法国化学家和律师,为化学命名法的改革作出了重要贡献;主要著作有《理论化学和实验化学基本原理》(3 卷,1776－1777)。(2)克洛德-路易·贝托莱(1748－1822 年),法国化学家,可逆反应概念的发明者,他于 1789 年当选英国皇家学会会员,1801 年当选瑞典皇家科学院外籍院士,1822 年当选美国人文与科学院外籍荣誉院士;主要著作有《化学静力学》(1803)。(3)安托万·弗朗索瓦·德·富克鲁瓦(1755－1809 年),法国化学家,动物化学和植物化学的先驱;主要著作有《化学哲学》(1792)和《化学知识的一般体系》(11卷,1801－1802)等。(4)加斯帕尔·蒙日(1746－1818 年),法国数学家和物理学家,画法几何的创始人;主要著作有《关于挖掘和装填的理论》(1781)、《关于把分析用于几何的活页论文》(1799)、《画法几何》(1799)等。——译者

理学家们"。在报告了英国和德国的化学状况之后,他断定[Denis
L. Duveen(丹尼斯·L. 杜维恩)and Herbert S. Klickstein(赫伯
特·S. 克里克斯泰因)1955,127;Edgar F. Smith(埃德加·F. 史
密斯)1927,31]:"因此,在人类知识的一个重要部分中发生了一场
自您离开欧洲以来的最伟大的革命"。同时,他又补充说:"如果您
同意的话,那我将把这场革命看作是不断推进的甚至彻底完成了
的革命。"接着,拉瓦锡转向政治革命:"在给您介绍了迄今为止在
化学中发生的事情之后,也许应该再跟您谈一谈我们这里发生的
政治革命。我们认为这场革命已经完成,而且再也没有回到旧秩
序的可能性"。到1790年2月,君主专制统治被废除,法国已成为
一个君主立宪制国家,主要的权力属于国民议会。然而,直到
1790年7月14日,新宪法才被制定出来并得到国王的认可。

　　1790年或1791年,由于政治领域的革命如火如荼,因而,当
我们发现拉瓦锡在思考一场化学中的革命时,是不该感到惊奇的。
231 甚至早在美国革命和法国革命都还没有发生的1773年,他在实验
室日志中就谈到了革命。其实,这也并非特别出人意料,因为到那
个时候,政治革命、文化革命和思想革命(包括科学中的革命)的概
念在法国已经相当普遍了。关于拉瓦锡1773年的笔记,值得人们
注意的是:(1)他在其中预告了自然科学中的一场迫在眉睫的深刻
革命,这场革命后来确实发生了;也就是说,他完全有能力预告一
场科学革命;(2)这个笔记的作者以及这场革命的主要发起者是同
一个人。

拉瓦锡的贡献

化学革命最重要的特点在于它从根本上推翻了占统治地位的"燃素"说，并以一种以氧气的作用为基础的理论取而代之。拉瓦锡证明，这种气体是空气的一个组成部分。他认为，空气是气态物质的混合物，而非某种形态易变的单一物质。氧气是燃烧、煅烧和呼吸过程中的活化剂。要想知道化学革命引起的变化是多么深刻，就不要忘了在那个时候，人们是把金属矿石看作是最基本的化学元素，而且认为金属是矿石或"金属灰"和"燃素"的混合物。自拉瓦锡以来，我们认为金属各自是由不同元素构成的（如果很纯净的话，就既非合金亦非混合物），而金属灰则是金属和氧气的混合物。化学的语言把新的知识反映在诸如"氧化物"、"二氧化物"、"过氧化物"等名词之中。对于新化学来说，最基本的是近代的元素概念、化合物概念和混合物概念，元素表（与我们今天所看到的极其相似）的创生，以及对已知化合物的化学分析。

化学革命利用了通常所说的"质量守恒"或"物质守恒"的一般原理。这一原理阐明，在化学反应过程中，**所有**参与反应的物质的总质量（或重量）必定与反应后**所有**生成物的总质量（或重量）相等。现在，这一原理对于所有科学来说都是根本性的，但在拉瓦锡所处的那个时代，它对化学理论来说似乎是无足轻重的。如果是这样，那么就很可能存在一个悖论（设想燃素是一种物质，而且因此在牛顿学说的意义上设想它们具有质量和重量）。在实验过程中，金属灰的重量要**大于**金属的重量——这一结果标示在"**金属灰**

232 ＋燃素＝金属"这个等式中,这样一个实验毕竟是事实。一些坚持燃素说的人通过赋予燃素一个"负重量"(negative weight)来解释这个矛盾,而其他的人则试图把质量或重量问题归结为密度问题以寻求出路[参见 Partington(帕廷顿)and Douglas McKie(道格拉斯·麦凯)1938,第3部分]。普里斯特利则比这两种人要高明得多。他非常坦率地说,在自然科学中,重量(或质量)并不总是一个重要的因素。当然,他这样说是对的。不是依据质量或重量加以讨论的实际存在的"物质",至少可以举出三个例子:牛顿所说的以太,富兰克林所说的电流,还有拉瓦锡所坚信的热流或"热质"(caloric)。我们在这里也许可以看到,新化学的原理是多么具有革命性。我们可能注意到,拉瓦锡对上述等式所做的修正(金属灰＝金属＋氧气)为物质守恒的基本原理提供了实验的证明(因为氧气是有重量的)。

拉瓦锡关于氧气(或空气的构成要素)在燃烧和煅烧中作用的分析,见于1772年11月1日他的一篇学术论文中(1773年5月5日,他在皇家科学院宣读了这篇论文)。他在该文中指出:"硫在燃烧时不但不会失去重量,相反会增加重量",而且,"磷在燃烧时情况也是如此"。他接着说:"重量的增加来自在燃烧过程凝固的大量空气(实际上,正如他后来发现的,只是空气的一部分,即氧气)"。[2]他注意到,这个发现促使他相信:"对于由于燃烧或煅烧而增加重量的所有物质来说,都很可能会发生"同样的现象[Ihde(伊德)1964,61; McKie 1935,117]。1773年那篇关于"物理学和化学中的革命"的论文,基于一系列"用新的安全装置"进行的实验,目的在于"把我们关于进入化合或从物质中释放出的空气的知识"，与"其他已获得的知识联系起来"，从而"形成一种理论"［An-drew Meldrum（安德鲁·梅尔德伦）1930，9；Marcelin Berthelot（马塞兰·贝特洛）1890，48］。

　　我曾经提到有关氧化物的新的化学命名法。依据新的理论更加严密的逻辑去改变现有的名称，是科学中的革命的显著特点。我们已经看到，在哈维发现了血液循环之后，静脉和动脉的事例中就有这个过程的一个例证。1787 年，路易·贝尔纳·吉东·德·莫尔沃、克洛德·贝托莱和安托万·弗朗索瓦·德·富克鲁瓦与拉瓦锡合作提出了一种新的命名法——依据拉瓦锡的新的化学理论，这种命名法大概反映了物质的实际的化学成分。这四位合作者在 1787 年出版的《化学命名法》（*Method of Chemical Nomenclature*）是一部具有极其重要意义的革命文献，也是了解拉瓦锡活跃的思想框架的关键。不仅新的名称依赖于拉瓦锡对化合物的分析，而且命名体系也可以提供关于氧气的相对饱和度的信息。例如，含硫的盐可以是硫酸盐（salt of sulfur*ic* acid）或亚硫酸盐（salt of sulfur*ous* acid）；而且一般说来，不含金属的中性酸（*-ic* acid）［以及某某酸盐（*-ates* salt）］是那些富含氧的酸或酸盐。但是，表示含硫而不含氧的化合物的词则是以 *-ides* 结尾的，正如在 potassium sulfide（硫化钾）中那样。与此相似，一种钾和氧的化合物就可能是氧化钾（而且就其他金属元素来说也是如此）。在他的《化学初论》（*Elementary Treatise on Chemistry*，1789；1792 年又出版了德文版，1790 年出版了英文版，另外还出版了荷兰文版、意大利文版和西班牙文版）一书中，拉瓦锡强调了哲学家孔狄亚克的影响。孔狄亚克曾说："推理的艺术依赖于一种创制精良的专门用语"。虽然对拉瓦锡的论点可能需要有所保留（Guerlac 1975，112），但他的确清楚明白地说过，这篇最后的论文源自对专门术语和命名法的思考——"在我本人无力控制"的境况下，它们已发展成为一个化学体系。

对革命的认可

　　几乎同时，已出版的众多著作也都普遍承认化学中已经发生了一场革命。拉瓦锡的朋友和合作者让－巴蒂斯特－米歇尔·比凯（Jean-Baptiste-Michel Bucquet）在 1778 年出版〔Jerry B. Gough（杰里·B. 高夫）1983〕的一本小册子中，比较早地提到了这场革命。这本小册子是在一年前向巴黎医学院（the Paris Faculty of Medicine）宣读的一篇论文的基础上写成的。比凯认为，新化学的"气体学说"充分说明了这样一个原则，即当面对新的发现时，必须坚决抛弃旧的观念。他说，没有什么能像关于气体的新发现这样"在化学中引发了一场如此巨大的革命"，而且已经"对这一完美的科学的发展作出如此多的贡献"。

　　高夫（同上）发现了很可能是第一次提到拉瓦锡所推动的化学革命的出版物。提及这场革命的时候，拉瓦锡刚刚开始一系列实验不久，通过这一系列实验，有可能形成关于燃烧和空气中气体的一种全新的观点。这个首次提及拉瓦锡化学革命的人，就是安托万·波美（Antoine Baumé）[①]。他论述化学的三卷本著作于 1773

[①]　安托万·波美（1728－1804 年），法国化学家、药剂学家，波美比重计的发明者；主要著作有《理论药剂学和实用药剂学原理》（1762）等。——译者

年出版,当时拉瓦锡私下曾表达过这样一个信念:他的研究计划将
"在物理学和化学中引起一场革命"。也是在这时,拉瓦锡已经确
信燃烧引起与空气(或空气中的某个部分)的化合作用,应当放弃　234
所谓的燃素概念,但他尚未就这个主题发表任何东西。在其著作
的一个附录中,当讨论新的发现尤其是"固定空气"(二氧化碳)及
其特性时,波美提到了化学中的一场革命。在波美看来,一些物理
学家认为,固定空气所具有的"特性",必定会把所谓的燃素赶下台
去,而其位置则将由固定空气取而代之。他接着说(Gough
1983):"这些物理学家还认为",固定空气"将在化学中引起一场彻
底的革命[révolution totale]",甚至"改变我们知识的次序"。因
为波美与拉瓦锡的关系并不是特别密切,所以,我们对他是如何听
到拉瓦锡革命思想的这一点并不清楚。我们只能假定,波美试图
用"物理学家"(les physiciens)这个短语指称拉瓦锡及其追随
者——那时,除了拉瓦锡之外,还有谁在推动这样一场革命呢?

亨利·格拉克(1976)为我们追溯了后人认识化学革命的轨
迹。比凯 1778 年出版的著作似乎并不广为人知。格拉克发现,就
传播拉瓦锡在化学中引发革命这一概念而言,安托万·弗朗索
瓦·德·富克鲁瓦无疑是功劳最大的。在其《自然史初级教程》
(*Leçon élémentaires d'histoire naturelle*,1782)中,甚至在"转向
拉瓦锡的新化学之前",富克鲁瓦就曾提到一场迫在眉睫的革命。
"他在这里写道:只有当更进一步的实验使我们确信所有的化学现
象都可以借助关于气体的理论(par la doctrine de gas)而无须乞
灵于所谓燃素而得到解释时,正式的进程才会开始。"他强调指出,
他的化学家同行皮埃尔·约瑟夫·马凯(Pierre Joseph Macquer)

确信"新的发现必定在化学中引起伟大的革命"(Fourcroy 1782，I：22)。在其著作后来的版本中，富克鲁瓦谈到每天都会赋予我们的理论以新力量的新发现。由于富克鲁瓦《自然史初级教程》(1782)以及他谈论"革命"的其他著作的普及，格拉克断言，在使"化学中的革命"这一表述或其他相当的说法规范化方面，富克鲁瓦发挥了最有效的作用[关于更进一步的论述，请参见 W. A. Smeaton(斯米顿)1962]。特别值得指出的是，有一篇关于拉瓦锡巨著的很长的评论——虽然它是"由富克鲁瓦和 J. 德·奥尔内(J. de Horne)共同署名"，但实际上是富克鲁瓦"执笔和提交"的(Guerlac 1976，3)，该评论指出了这样一个事实，"近年来化学所经历的革命是拉瓦锡先生一系列实验的结果。"这个评论是"作为拉瓦锡《化学初论》第 1 版第 2 次印刷时的附录首次发表，而且在此后印发的版本中仍继续保留了下来"(同上)。所以说，拉瓦锡在完整表述他自己理论的同时，也宣告了一场革命的发生。

与此同时，格拉克还发现，甚至"在拉瓦锡 1789 年发表《化学初论》从而使新化学达到顶峰之前"，爱尔兰化学家理查德·柯万(Richard Kirwan)[①]在其论述燃素的一部著作的法译本序言中，就已经提到了正在进行中的这场革命。这篇序言被认为是拉瓦锡夫人撰写的，而她"[据爱德华·格里莫(Edouard Grimaux)的权威之见]也被普遍认为是柯万著作的法文本译者"，序言解释了为何增加一连串的脚注以在每一个步骤上都驳斥柯万的燃素论观

---

① 理查德·柯万(1733－1812 年)，爱尔兰科学家，主要活跃于化学、气象学和地质学领域，他是燃素说最后的支持者之一。——译者

点。拉瓦锡夫人认为,如果没有这些增加的注释,那么"这部著作也许就难以充分地推进止在化学中进行的那场革命(la révolution qui se prépare en chimie)。"

　　这个记录还应当包括已出版的论及革命的另外一个重要的例子,即拉瓦锡本人的论述,它(就像富克鲁瓦提到的马凯的看法,柯万一书法文版的序言以及比凯所持的观点)是在拉瓦锡将其整个理论发表在《化学初论》(1789 年)之前提出的。这里说的是"论关于改进和完善化学命名法的必要性"(Mémoire sur la nécessité de réformer & de perfectionner la nomenclature de la Chimie)一文。"1787 年 4 月 18 日,拉瓦锡先生在巴黎科学院的一次公开会议上宣读了这篇论文",并将其作为《化学命名法》(*Méthode de nomenclature chimique*,Paris,1787)一书的导论发表。拉瓦锡在文中并没有说化学术语分类法的改革构成化学科学中的一场革命,或者这场革命正在酝酿之中。不过,拉瓦锡说,"新的方法"将会在"化学教学的方式上引起一场必然的甚至迅猛的革命"。这个例子不禁使我们想起,早在几乎一个世纪以前,在描述数学中的革命时,丰特奈尔也援引了这样一条原则:科学中任何一场真正具有根本性的革命,都意味着教育中的一场革命。

　　拉瓦锡的预言很快得到证明。在约瑟夫·普里斯特利 1796 年写的一本小册子中,我们可以找到这方面的证据。这本小册子是在《化学命名法》出版 9 年之后和柯万论文法文译本发表 8 年以后问世的,其中有"莫尔沃、拉瓦锡、拉普拉斯、蒙日、贝托莱和富克鲁瓦"所做的注释。普里斯特利向"贝托莱、拉普拉斯、蒙日、莫尔沃、富克鲁瓦以及哈森弗拉茨(Hasenfratz)这些柯万先生的尚存的答辩者们"解释了他"对**燃素说**所做的简短辩护"。他在一开始是这样说的：

> 几乎没有哪场科学中的革命如此规模之大，如此出人意料，又是如此广泛，以致现在人们惯常所说的**新的化学体系**和**反燃素说**是如此流行和普及，使得格奥尔格·恩斯特·施塔尔（Georg Ernst Stahl）[①]的燃素说销声匿迹，而这一理论和学说曾一度被认为是这一科学中前所未有的最伟大的发现。

普里斯特利认为，这场革命的步调是如此巨大，以至于"过去二三十年中的每一年，都比以前任何一个世纪的任何十年对科学尤其是化学具有更大的重要性"。因此他承认，"这种新的理论"被认为是"具有如此牢固的根基"，从而"一种新命名法（人们把全部的注意力都集中于它）得以发明出来"，而且这种命名法"现在几乎普遍地为人们所采用"。因此可以得出这样一个结论，即"不管我们采用还是不采用该体系，我们都必须学习这种新的语言"。如果不学习这种语言，那就不再能够"理解某些最有价值的现代出版物"。这就证明了在拉瓦锡的教学和化学命名法中的革命与整个化学革命之间有着多么密切的联系。

最后，我们也许注意到，拉瓦锡实验室记录的发表［由马塞兰·贝特洛于 1899 年发表在一本题为《化学革命：拉瓦锡》（*La*

---

① 格奥尔格·恩斯特·施塔尔（1659－1734 年），德意志化学家和名医，燃素说和活力说的创始人；主要著作有《真正的医学理论》（1708）等。——译者

révolution chimique：*Lavoisier*)的著作中]，在历史的记录中普遍而永久地确定了化学革命这个称谓。早在一个半世纪之前[正如莫里斯·克罗斯兰(Maurice Crossland)在 1963 年所说的]，G.-F. 韦内尔(Venel)①在自己的著作中显然最先提到化学中的一场革命，并且预言了这样一场"革命"(参见《百科全书》，1754 年版，"化学"条目)。

　　显然，拉瓦锡的化学革命通过了鉴别一场科学革命的所有检验。无论历史学家还是科学家，都认为它是一场革命，正如它在其所处的那个时代被视为一场革命一样。此外，整个化学科学及其语言都遵循着在化学革命中所提出的方针和路线。因此，化学革命是科学革命的一个范例。[3]

---

　　①　加布里埃尔·弗朗索瓦·韦内尔(Gabriel François Venel，1723－1775 年)，法国化学家和医生，《百科全书》的重要撰稿人之一，撰写了 673 条有关化学、药学、生理学和医学方面的词条。——译者

第十五章　康德所谓的哥白尼式革命

在 18 世纪末从事著述时,想必伊曼纽尔·康德是会熟悉蒙蒂克拉、巴伊和其他人阐释的这样一个思想的:哥白尼引发了天文学中的一场革命。而且,那时人们已相当普遍地用"革命"一词去指称科学、审美以及整个思想领域的激进变革了。那是一个风行"革命"的年代。因此,鉴于康德在哲学史中的崇高地位,他关于革命和科学中革命的看法,对于我们研究 18 世纪的这些概念具有特别的重要性。但是,由于人们普遍认为康德把他自己在哲学中的创新归之为一场"哥白尼式的革命",所以康德的这些看法甚至是更为引人入胜的。

康德哥白尼式革命的神话

戴克斯特霍伊斯在其权威著作《世界图像的机械化》(*The Mechanization of the World Picture*,1961,299)中断言:"自康德以来,'哥白尼式的革命'这个概念就一直是在观点上发生根本改变的一个固定表达。而且,在科学史中,1543 年被看作是划分中世纪与近代之间界限的实际日子"。大量研究康德和哲学史的著作都认为,伊曼纽尔·康德把他本人在哲学领域取得的成就比作一场"哥白尼式的革命"。几年前,在开放大学(The Open University,这是英国电视台在大众教育方面所进行的一项大胆尝试,它授予那些不能通过正常途径到某所学院或大学学习的人相当于学士的学位)"第二级"的教学大纲中,开设了"革命的时代"(The Age of Revolutions)这一课程。其中两个主要单元就被称作"康德的哥白尼式革命";一个单元被冠以"思辨哲学"的副标题,另一个单元的副标题是"道德哲学"。在第一个单元中,作者[Godfrey Vesey(戈弗雷·维西)1972,10]提到"康德在思辨哲学中进行的哥白尼式的革命",但他从未明确说是康德本人提出的这个概念。在第二个单元[Oswald Hanfling(奥斯瓦尔德·汉夫林)1972,23 – 25]中,作者毫不含糊地说:"康德本人并未明确把他在道德哲学方面的努力与'哥白尼式的革命'相比较,就像他把自己在思辨哲学方面的成就与之相比那样。不过,我认为我们仍然可以公正地说(人们也经常这样说),这个比较既适用于前者,同样也适用于后者。"

如果既不熟悉有关康德的文献也不通晓哲学史,那么读者就很难弄明白,为什么人们(尤其是在英国和美国的著作家中间)如此近乎普遍地认为康德引发了一场"哥白尼式的革命"。下面是我们随便选择的几个例子:

> 康德……在[《纯粹理性批判》(*Critique of Pure Reason*)的]序言中……谈到在我们的思维方式中所预期的"哥白尼式的革命"。[Graham Bird(格雷厄姆·伯德)1973,190 – 191]

康德把他自己的哲学革命与哥白尼引发的革命相比较。
[Paton(佩顿)1936,*1*：75]

现在我们能够理解当康德声称他在哲学中进行了一场像
哥白尼在天文学中引发的革命时他的含义了。[Broad(布罗
德)1978,12]

康德把这种设想先天知识可能性的新方法与哥白尼在天
文学中引起的革命相比较。[Lindsay(林赛)1934,50]

他坚持认为,日心说不改变或否认现象,他的哥白尼式革
命也不削弱经验世界的经验现实。[Frederick Copleston(弗
雷德里克·科普尔斯顿)1960,*6*:242]

239　　　　在[他的《纯粹理性批判》]第 2 版序言中,他把自己与哥
白尼相比,并且说他在哲学中引发了一场哥白尼式的革命。
[Bertrand Russell(伯特兰·罗素)1945,707]

康德称他自己已经引发了一场"哥白尼式的革命"。
(Russell 1948,9)

康德进行这样一个比较的全部含义在于,在两个假设中,
我们发现了一场革命,或对长期以来不容置疑的一个基本假
设的彻底修正。在一种情况下,人们假设的是静止性,而在另

一种情况下，假设的是观察者的被动性。[Weldon（韦尔登）1945,77n]

尤其具有讽刺意味的是，康德本人是他认为自己引发的那场哥白尼式的革命的标志性人物。但是，除了他认为它是一场革命外，其中再也没有什么哥白尼式的内容……因为准确地说，就其作为一场革命而言，他所引发的正是反哥白尼的革命。[Alexander（亚历山大）1909,49]

……康德本人自豪地把这个观念称之为"哥白尼式的革命"。[Popper 1962,180]

康德认为，他对理性的批判所引发的是哲学中一场事实上的"哥白尼式的革命"。[Henry Aiken（亨利·艾肯）1957,31]

康德在《纯粹理性批判》序言中运用他对"哥白尼式的革命"的著名的暗示，对这个问题作了非常简洁的阐述。[Georg g Lukács（格奥尔格·卢卡奇）1923,111]

……康德在《纯粹理性批判》第 2 版(1787)序言中将其称之为他的哥白尼式的革命。[Chevalier（谢瓦利埃）1961,3：589]

　　我把康德的学说看作是哥白尼式革命在哲学上的一种伟大而独特的实现。关于这一点，康德本人曾几次提到。[Oiserman（奥伊泽尔曼）1972,121]

　　康德把这个基本观念称为他的"哥白尼式的革命"。[Gilles Deleuze（吉勒·德勒兹）1971,22－23]

　　康德自认为完成了一场真正的哲学革命……——这场革命可以与哥白尼在宇宙学规则和数学规则中引发的革命相比拟。[Devaux（德沃），1955,434]

　　康德在思想史中的革命行动，他的"哥白尼式的革命"。[Jules Vuillemin（朱尔·维耶曼）1955,358]

240　　上面所做的这一系列引证，使人们对哲学家中间一个相当普遍的看法更确信无疑了：(a)曾经**有过**一场哥白尼式的革命，而且(b)康德认为他自己在哲学中进行的根本创新，是这个领域中的哥白尼式的革命，或者说类似一场哥白尼式的革命。如果抽出半小时的时间随便翻阅一下图书馆的书架，就可以发现至少几十个这样的说法。这些说法都出自著名学者之口，并且发表在由我们第一流的学术出版社和大学出版社出版的著作之中。此外，《百科详编》（"Macropaedia"，它是新版亦即所谓第 15 版《不列颠百科全书》的一部分，被描述为"详解"；1973,*10*:392）的权威说法是：

康德自豪地宣称他已经在哲学中完成了一场哥白尼式的革命。正像近代天文学的奠基人尼古拉·哥白尼由于把恒星的视运动部分地归之于观察者的运动从而解释了这种运动一样，康德则通过揭示客体与心灵相符合——在认识中，不是心灵去符合事物，而是事物要符合心灵，从而证明了心灵的先验原则如何适用于客体。

许多论述康德或哲学的著作都包含有"哥白尼式的革命"["La révolution"，Georges Vlachos（乔治·弗拉绍）1962，98ff]、"康德的哥白尼式的革命"（"Kant's Copernican Revolution"，Popper 1962，180)、"哥白尼革命"["The Copernican Revolution"，John Dewey（约翰·杜威）1929，287]这样的章节。1929 年主持吉福德讲座（Gifford Lectures）期间，在题为《确定性的寻求》（*The Quest for Certainty*）的演讲中，杜威大胆地断言："康德声称从认识的主体的观点来看待世界以及我们关于世界的知识，从而在哲学中引起了一场哥白尼式的演变[evolution，原文如此，应解读为革命（revolution）]"。最后，杜威对他本人的哲学贡献作了相当不谦虚的评价，认为是与康德引发的革命同样重要的另一场哥白尼式的革命。卡尔·波普尔在 1954 年撰写的一篇论文[这篇论文后来重印于他的《猜想与反驳》（*Conjectures and Refutations*，1962，第 175 页及以下）一书]，有一节专门谈康德的"哥白尼式的革命"。波普尔在文中引用了康德的这样一句话："我们的理智不是从自然获得它的规律，而是把它的规律强加于自然"。波普尔对此评论说："这句话概括了康德本人自豪地称之为他的'哥白尼式

的革命'的一个思想"(第180页)。维耶曼1954年出版的《康德的
遗产与哥白尼式的革命》(*L' héritage kantien et la révolution co-*
pernicienne),整本书都是谈论这个问题的。在1970年召开的第
三届国际康德大会(Third International Kant Congress)已经出
版的文献汇编中,至少有三篇论文谈到"康德的哥白尼式的革命"
[Lewis White Beck(刘易斯·怀特·贝克)1972,121,147,239],
而且有一篇论文的标题就是《休谟和康德的哥白尼式革命》("The
Copernican Revolution in Hume and Kant",第234页及以下)。

　　在谈了以上这么多之后,如果再说康德并**没有**把他自己的贡
献与一场哥白尼式的革命相比较,那么无论是对于读者来说,还是
对于我本人来说(过去是这样,现在仍然如此),几乎肯定是令人惊
讶的。而且,我确定读者也会充分理解,为什么在最后修订这一章
的时候,我不止一次地发现有必要回到康德的《纯粹理性批判》最
初出版时的德文本以及现在流行的三个英译本[米克尔约翰译本
(J. M. D. Meiklejohn 1855);马克斯·米勒译本(Max Müller
1881);诺曼·肯普·史密斯译本(Norman Kemp Smith 1929),
以及许多重印本],以便我能够再一次确信,在至少三种语言之中,
有如此之多的著名权威把这样一个如此异乎寻常的错误一直延续
了下来。在1929年吉福德讲座的听众中,难道就没有一个人读过
康德的原文,以便提请杜威先生注意他可能犯下的错误?在第三
次国际康德大会上,难道就没有一个研究康德的学者曾经用德文
或英文阅读康德的著作,并记得他实际上说了什么吗?在1974年
以"科学与社会:过去、现在和未来"[Nicholas Steneck(尼古拉斯·
斯特内克)1975]为题举办的哥白尼学术报告会上宣读的一篇论文

中，对杜威和康德所进行的哥白尼式的革命作了比较[Carl Cohen（卡尔·科恩）1975]。有一篇学术评论[Joseph Cropsey（约瑟大·克罗普西）1975]对这篇论文进行了讨论。这篇评论讨论了"[卡尔·]科恩教授……把杜威的哲学说成是一场真正的哥白尼式的革命的产物"这一问题（第105页），但是评论者没有纠正康德的"哥白尼式革命"这一提法。而且，这次显然也没有哪一位听众曾经这样做。

那些谈论康德哥白尼式的革命以及实际上为康德的所谓比较提供根据的著作者们，通常让读者参阅《纯粹理性批判》第2版序言（1787年版；初版于1781年）。我们一会儿将看到，这篇新的序言是非常有趣的，因为它对科学（数学和实验物理学）中的革命以及理智发展中的革命进行了讨论。关于哥白尼，康德实际上是这样说的（引自康德《纯粹理性批判》1926年版，第20页，即Bxvi）：

> 这里的情况与哥白尼最初的思想是同样的，哥白尼在假定全部星体围绕观测者旋转时，对天体运动的解释已无法顺利进行下去，于是他尝试让观测者自己旋转起来，而让星体处在静止之中，看看这样是否有可能取得更好的成绩。现在，在形而上学中，当涉及对象的直观时，我们也能够以类似的方式来试验一下。

不必是一位德国学者，甚至也无需对德语有多么精通，任何人都会清楚地看到，在我们上面引用的这段话中，康德说的是与哥白尼或"最初的思想"相比，而不是"与一场革命相比"。在普遍认为是《纯粹理性批判》当今可靠和权威的译本中,诺曼·肯普·史密斯改变了康德"哥白尼最初的思想"的说法,将其演绎为"哥白尼的基本假设"。这或许可以为人们提供一个对康德意图的合理解释,但是,事实上它却完全背离了康德本人简单而明确的表述。因此,肯普·史密斯也给上面我们所引用的那段德文文字作了补充说明。他的译文是:

> 因此,我们恰恰应当循着哥白尼的基本假设[mit den er-sten Gedanken des Kopernikus]①的思路前行。由于根据"一切天体都围绕观察者旋转"这个假设不能在解释天体运动方面取得令人满意的进展,因此他又作了这样一个尝试:假若让观察者旋转,而星球保持静止不动,看看是否仍然不能取得更大的成功。

但是,在肯普·史密斯的那本评注(1923)中,读者没有得到任何提示,即康德写的是"mit den ersten Gedanken des Kopernikus(哥白尼最初的思想)",而不是"mit der ersten Hypothese des Ko-pernikus(哥白尼的基本假设)"。

康德的这段话清楚地说明了他的意图。在哥白尼之前的天文学中,人们设想行星视运动的所有复杂性都是真实的。但是,在哥白尼之后的天文学中,人们发现,这些复杂性中部分是由于在一个运动着的地球上观察者的位置而造成的。早期的形而上学也曾作

---

① 史密斯的英译文与德文原文不符,参见作者前后文的论述。——译者

过类似的设想：事物的所有外部表征（现象）都具有一种超出心灵认知之外的现实性，正如行星运动的复杂性在哥白尼之前的天文学家看来也具有现实性一样。然而，康德的新观点设想：我们知识的对象不是"自在之物"（things-in-themselves），而是我们的心灵与我们感觉的对象相互作用的结果。所以，康德对"本来状态的事物"（本体）（things as they are in themselves）与"呈现在我们面前的事物（现象，things as they appear to us）作了重要区分（Kemp 1968,38）。

　　康德的步骤大概类似于哥白尼革命的传统观点，因为在天文学和形而上学中，我们或许可以觉察到"一场革命，或对长期以来不容置疑的一个基本假设的彻底修正"（Weldon 1945,77）。也就是说，"在一种情况下，人们假设的是静止性，而在另一种情况下，假设的是观察者的被动性"。许多哲学家都曾指出，康德的所谓革命不是真正哥白尼式的革命。正如贝特兰·罗素（Russell 1948, 9）所说："康德称他自己已经引发了一场'哥白尼式的革命'，但是，如果他说自己完成了一场'托勒密式的反革命'可能会更准确一些，因为他把人又恢复到哥白尼使人离开的中心地位"。

　　无论康德的真实意图如何，他肯定而且显然没有说过他在形而上学中引发过（或将引发）一场哥白尼式的革命。上面我们完整引用的那一段话（B xvi）不包含任何这样的说法，而且它既没有提到一场哥白尼式的革命，也没有提到形而上学中的任何革命（无论是实际上已经发生的，或是即将来临的）。但是，尽管无论哪个版本的《纯粹理性批判》都没有一个地方提到哥白尼式的革命，却还是存在某种形而上学中发生革命的暗示。尤其引人注目的是，康

德没有提及什么哥白尼式的革命,因为在第 2 版序言中,他充分阐
发了关于科学革命和理智革命的概念。不过,在介绍康德的革命
观之前,有必要说一下康德提及哥白尼的其他两个地方——它们
都出现在《纯粹理性批判》第 2 版序言的一个注释中[1]。在这个注
释中,康德(1929,第 25 页 = B xxii)解释了"天体运动的基本规
律"(大概就是开普勒定律)如何"赋予哥白尼最初只是作为假说的
东西被认可的确实性,而且同时证明了把宇宙结合在一起的无形
的力(牛顿的万有引力)。"康德还说,如果"不是哥白尼大胆地在观
察者而非天体那里探寻可以观察到的运动",那么牛顿的万有引力
"也将永远不会被发现"。在这样一些句子中,我找不到康德认为
发生了一场哥白尼式革命的任何表示;它们甚至可能暗示着这样
一个意思:只是到了开普勒和牛顿时,才发生了一场革命。这些句
子确实表明了康德本人所认为的"与[哥白尼的]这个假说相似的
观点的转变"所发挥的作用。[哥白尼的]这个假设,康德"在这个
序言中只是作为一个假设提出来的,目的在于引起人们注意到进
行这样一种转变的那些最初尝试(它总是假设的)的特征"。但是,
康德又断言,这个"假设"在"《纯粹理性批判》本身之中……将从我
们关于时空表象的性状以及知性的基本概念得到不容置疑而并非
假设的证明"。

244　　　　在康德的《纯粹理性批判》中,只是在谈到"最初的思想"时和
我们刚刚讨论过的段落中才出现哥白尼的名字。康德的其他著作
也曾提到哥白尼,但都与革命的观念没有什么关系。简而言之,一
场自我标榜的所谓康德的"哥白尼式的革命",与 16 世纪末所谓天
文学中的哥白尼革命一样,似乎并没有多大的现实性。尽管在著

名的杂志上至少有三篇学术文章试图告诉广大的哲学家们,康德并没有把他的贡献与一场哥白尼式的革命作类比[Cross(克罗斯)1937;Hanson(汉森)1959;S. Morris Engel(S. 莫里斯·恩格尔)1963],但一些有影响的哲学家们在自己的著作和文章中仍然赋予"康德哥白尼式的革命"一个显著的位置。

康德对于科学中革命的看法

《纯粹理性批判》第 2 版序言中关于科学中革命的讨论是值得注意的。18 世纪的许多学者认为,科学的发展是由一系列革命推动的,是由在科学中创造了某种前无古人的全新东西的突如其来和引人注目的飞跃所推动的。康德本人就是这样的一位学者。他所谈到的第一场革命是我们在知识上的巨大变化。这场革命所展现出的"革命"一词新的含义,正逐渐为人们普遍接受和使用。就使用"革命"这个术语而言,康德完全是一个现代思想家而不是一个传统拥护者;他所说的"革命"不是指某个周期性的变化或盛衰兴亡,也不是回到从前的某个更理想的状态,而是与过去实行完全而彻底决裂的重大跨越。

在康德看来,第一场革命是在数学中发生的,而且之所以说它是一场革命,就在于它把一种关于大地测量的经验知识转换成一个演绎系统。如同"第一个证明等腰三角形之属性的人(不管他是泰勒斯还是任何其他人)心中升起的"一道"新曙光"一样,"真正的方法"得以被发现。关于这一事件,康德说(1929,第 19 页 ＝ B xi-xii):

他发现,真正的方法既不是死盯住他在这些图形中所看见的东西,也不是死抠这个图形的基本概念,仿佛必须从这里面去学习三角形的属性似的;而是要阐明他自己先天地形成的概念中必然蕴含的东西,以及他在构想这个图形时赋予它的东西(他自己就是用这种方式提出这个图形的)。如果他将先天可靠地知道什么,除了从他自己按照他的概念赋予这个图形的东西中必然得出的结果外,他绝不能把任何东西归之于这个图形。

在这里,康德对"科学的可靠道路"与"冥行盲索"两者之间的差异作了对比。这个差异并不总是容易理解的,但从总体上讲,康德似乎是在说,在逻辑学中,理性除了关注为主体的自身之外,不关注任何其他的东西;而在科学的几何学中,理性则被用于它自身之外的某些事物,如几何图形,特别是等腰三角形等。思维方式的革命(*Revolution der Denkart*)在于认识到,"无论是经验的观察还是概念的分析,都无助于我们证明任何数学的真理"(Paton 1937,366)。仅仅用肉眼观察以确定等腰三角形的性质或研究这样一种三角形的概念都是不够的。相反,"我们必须运用……康德所说的概念的'建构',也就是说,我们必须先天地证明与我们的概念相对应的直觉。"因此,"康德认为最早的数学家的发现似乎是这样的"(同上):

　　　　必须依据他本人**对它的思索**构造图形并先天地证明与概念相对应;而且,为掌握某种先天的知识,除了必然从他自己依据他的概念**加入**这个图形的东西中必然得出的结果外，他绝不能把任何其他东西附加于这个图形。

康德认为（1929，第 19 页 ＝ B xi），几何学的这个具有根本性的变革"必须要归功于一场**革命**"，它"是由个别人物在一次尝试中幸运的灵机一动而导致的"（"diese Umänderung einer *Revolution* zuzuschreiben sei，die der glückliche Einfall eines einzigen Mannes…zustande brachte"）。这个人由此指出了"这门科学必须走上的道路，遵由这条道路，方可能得到所有一切时代及其无限范围内的确实的进步。"

康德坚持认为，"这场思维方式革命远比发现绕行著名的好望角的航线要重要得多"。然后他又提到"关于这场革命的记忆（das Andenken der Veränderung）"。所以，在一页之上仅仅几行文字之中，康德对革命有三种不同的提法（其中两次用的是"Revolution"一词，一次用的是"Veränderung"一词）（第 19 页 ＝ B xi）。

在紧接此后的一小段文字中（192，第 19–20 页 ＝ B xii），康德从数学转向"自然科学——这里所说的自然科学，是在**经验性的**原则之上建立起来的"。自然科学踏上"科学的可靠道路"，要比数学缓慢得多。康德说，"只是在一个半世纪之前"，培根才"部分地开始了"这场变革，并"在一定程度上在那些已经走上"创建一种以经验为基础的科学（这可以说"是一场思维方式革命的意想不到的结果）道路的人们中间激发了新的活力。

在接下来的一段文字中，康德在提到伽利略、托里拆利、施塔尔这几个人的实验时仅仅想以它们作为例证，而没有自称是要"精确地追踪实验方法的历史线索"。他断言,物理学经历了一场"带来丰厚利益的思维方式的革命"(vorteilhafte Revolution ihrer Denkart)。对于康德来说,物理学中"带来丰厚利益的革命"要归功于这样一个奇妙的想法:"依照理性自己放进自然中去的东西,到自然中去寻找(而不是替自然虚构出)它单由自己本来会一无所知而是必须从自然中学到的东西"。正是经由这里,"关于自然的研究在许多个世纪的冥行盲索之后才走上了一条科学的可靠道路"(第20-21页 = B xiv)。

这一神话的起源

在讨论了数学和实验物理学或基于经验的物理学之后,康德转向了形而上学——"一门完全孤立的、思辨的理性科学"(第21页 = Bxiv)。他把这一学科与数学和自然科学作了比较,认为数学和自然科学是"由于一场突发的革命而变得今天这样繁荣的"(第21-23页 = B xv-xvi)。在进行这一讨论的第3页上,出现了"mit den ersten Gedanken des Kopernikus"这样的用语。我们已经看到,可以把这一用语逐字翻译为"就哥白尼最初的思想而言"(with the first thoughts of Copernicus)。从上下文看,康德的观点显然是,哥白尼已经完成了从一个静止的观察者的视角向一个旋转的观察者的视角的转换。他向人们表明的是,当人们使观察者的运动不以太阳、行星、恒星的已观察到的或视运动为参照系时,那么就会出现变化。因此,康德所理解的哥白尼的"最初思想",似乎是在逻辑的先在性而非历史连续性的意义上说的。而且,如果康德想说的是哥白尼在天文学、科学、思想领域肇始或开创了一场革命,那么他又为何没这样说呢?因为,就在前面几页,他**已经**在讨论科学中的革命了,而在这一页一开始他又谈到了科学中的革命。显然,关于这样一场革命的概念在他的思想中居于相当重要的位置。不管康德是否认为发生了一场哥白尼革命,可以肯定他在《纯粹理性批判》第2版序言中从来没有这样说过。在其中包含康德对哥白尼评价的探讨科学和思维方式革命的语境中,这个事实似乎尤为重要。当然,在涉及哥白尼的那段文字一开始就提到革命,有可能使评论者们以为康德提及了一场哥白尼式的革命。

康德说,他认为他的著作赋予形而上学以科学方法的确定性。他坚持认为,哲学家们应当尝试着模仿数学与物理学的处理方式,至少"就这两门科学作为理性知识可与形而上学相类比而言"对它们加以模仿。(1929,第22页 = B xvi)。后面,康德谈到留给"后人的一笔遗产,即系统的形而上学"。他说,"这笔遗产绝不是一件小小的赠予",因为"理性[将]因此能够遵循一门科学的可靠道路,而不是像以往那样缺乏谨慎或自我批判精神漫无目的地摸索"(第30页 = B xxx)。

难道可以说形而上学中的这样一个变革就是一场革命吗?康德对此做出了肯定的回答。他说,他的专著①的任务就在于"进行那项试验,即通过我们按照几何学家和自然科学家的范例着手一场形而上学的完全革命(a complete revolution)[eine gänzliche

---

① 指《纯粹理性批判》。——译者

Revolution]来改变形而上学迄今的处理方式"(B xxii)。因此,康德加入了18世纪科学家西默、拉瓦锡、马拉的行列——这些科学家都说自己的工作就是进行革命。但是,康德既没有说这场革命是哥白尼式的革命,也没有举哥白尼或天文学为证。因为在任何已知的信件、出版的著作或手稿中,康德都不曾提到一场哥白尼革命。所以,他不可能说过,他对哲学的重大贡献是(或将引发)一场哥白尼式的革命。[2]

那么,我们所见到的文献又怎么可能出现如此近乎一样的错误呢?一个可能的解释是:一个段落刚一开始就提出了关于形而上学中革命的论断,而之前的一个段落有一个很长的脚注,其中既谈及哥白尼也谈到了牛顿。评论者们的错误可能源于把关于形而上学中一场革命的句子与前面的那个脚注混淆在一起了。不过,由于康德用的是"几何学家和自然哲学家的范例",而不是天文学家的例子,所以在我们看来,如果有什么可能的(尽管未必有)关联的话,那也是与一场牛顿式的革命相关联,而不是与什么哥白尼式的革命相关联。无论最初的错误是怎样造成的,著作者之间显然是以讹传讹,而没有仔细审查其来源的真实性。尽管有三个告诫提醒说,康德从未描述过一场哥白尼式的革命,更不用说他本人在形而上学中引发过一场什么哥白尼式的革命了,但这个错误在哲学文献中还是年复一年地延续了下来。[3]

正要完成对本章的最后修订时,我又见到四本仍然包含有这个长期存在的错误的新著作。一本是罗杰·斯克鲁顿(Roger Scruton)撰写的,作为"逝去的大师"丛书之一,由牛津大学出版社出版。作者在书中强调了"康德所说的他在哲学中进行的'哥白尼式的革命'"（1982，28）。另外一本是已故的恩斯特·卡西尔（Ernst Cassirer）的伟大杰作（初版于1918年），该书已被译成英文。其中一篇新的"英文版导言"（1981，vii）一开始讨论的就是"康德在哲学中的哥白尼式的革命"。我们在其中还读到："哥白尼式的革命是建立在一个全新的哲学观和哲学方法基础之上的，康德把这种新的哲学观和哲学方法描述为批判的和先验的"（第viii页）。

在研究歌德、康德和格奥尔格·威廉·弗里德里希·黑格尔（George Wilhelm Friedrich Hegel）的一部重要的著作中，瓦尔特·考夫曼（Walter Kaufmann，1980，87－88）写道："康德声称已经完成了一场哥白尼式的革命"。但是，考夫曼认为，在《纯粹理性批判》中，康德"成功完成了**一场反哥白尼式的革命**。他推翻了哥白尼对人的自尊的巨大打击"，因为他"使人重新回到了世界中心的地位"。《科学史辞典》（*A Dictionary of the History of Science*，1981）中有一个关于哥白尼革命的非常有洞察力的条目。该条目强调，这个说法可以有两种含义：其一，哥白尼"将一种日心体系引入天文学"；其二，"17世纪期间，在约翰尼斯·开普勒提出所有行星均在椭圆形轨道上运行从而对日心说做出修正之后，这一体系被牢固地确立起来"。该条目最后说："同伊曼纽尔·康德（1724－1804年）一样，人们普遍用'哥白尼式的革命'这个术语描述任何能够促进思想进步的观念的根本重铸"。但是，在这同一本辞典后面有关康德的条目中，对所谓哥白尼式的革命则没有任何涉及。

把哲学或形而上学中一场自我标榜的哥白尼式的革命归因于康德并非最近的发明。在1799年至1825年间，至少有四位研究

249　康德哲学的学者,在其出版物或讲座中曾公开说,康德本人或者曾经希望或者已经进行了一场哲学中的哥白尼式的革命。一位在德国生活多年的法国人夏尔·德·维莱尔(Charles de Villers,1765－1815年)①撰写了大量向他的同胞解释康德思想的著作和文章。在1799年《北方的目击者》(*Le Spectateur du Nord*)收录的一篇关于《纯粹理性批判》的文章中,维莱尔说道,康德对人类知识和推理的沉思"使他认为在形而上学中需要进行一场类似哥白尼在天文学中完成的革命"(第7页)。然后,维莱尔用与康德本人在《纯粹理性批判》第2版序言中描述"哥白尼最初的思想"时(Bxvi)所使用的相似的措辞,解释了康德革命的性质。在另一部著作《康德哲学》(*Philosophy of Kant*,1801,viii－x)中,维莱尔暗示,笛卡尔、拉瓦锡以及哥白尼和康德早就引发了一场思想领域的革命。

16年后,维克托·库辛(Victor Cousin,1792－1867年)②重新提出了康德的哥白尼式革命的论题。库辛是他那个时代人们最为广泛地阅读的哲学普及者之一,而且他的书曾反复再版和重印。1817年,在巴黎大学文学院主持讲座期间,他把康德与哥白尼式的革命联系在一起。这些讲座的讲稿直到1841年才得以结集出版。编者在为此所写的"告读者"中说,库辛的这些讲座是首次在

---

①　即夏尔·弗朗索瓦·多米尼克·德·维莱尔(Charles François Dominique de Villers),法国哲学家,以把康德哲学翻译介绍到法语世界而闻名。——译者

②　维克托·库辛,法国哲学家、教育改革家和历史学家,苏格拉底常识实在论的倡导者,主要著作有《哲学札记》(1826)、《论亚里士多德的形而上学》(1835)、《论真、美、善》(1836)、《现代哲学史教程》(1841－1846)和《论帕斯卡的〈思想录〉》(1843)等。——译者

法国大学中介绍康德的思想体系(1841,iv - v)。该书在第2版
(1846,*1*：105 - 113)中清楚地告诉读者,早在1816年,库辛就曾
讲授过康德的思想,但那个时候他的德语水平还很差,因此他不得
不依靠康德著作的拉丁文本和法文二手著作。1817年,库辛已能
够直接从德文原文阅读康德著作(*1*：255,n.2),这时他解释说,
"康德在形而上学中引发了一场与哥白尼在天文学中引发的相同
的革命"。在他1820年的讲演中(1842年版,1846年版,5;1857
年版;1854年英文版),库辛说:"康德意识到他正在进行的革命;
他对自己所处的时代做出了正确判断并充分把握了时代的需要。"
然后,他又用与他在1817年的讲演中几乎相同的语言,重新概括
了康德《纯粹理性批判》第2版序言的主要内容。

　　1818年,菲利普·阿尔贝·斯特普费尔(Philipp Albert
Stapfer,1766 - 1840年)[1]撰写的一篇论述康德的重要文章被收
入参考著作《通用传记辞典》(*Biographie Universelle*)第22卷中。
该文的一个脚注解释说,夏尔·德·维莱尔本来在写这篇文章,但
他后来又请斯特普费尔代劳。因为将不久于人世,因此他已无力
像原来自己期望的那样最终使这篇论文成型。斯特普费尔对康德
《纯粹理性批判》第2版(但在第239页中注释1他又称之为第3
版)进行了讨论,并且明确把在哲学中完成了一场哥白尼式革命的
思想归于康德。他说,康德"认为他有责任在思辨科学中引发一场
他的卓越的同胞、普鲁士人哥白尼曾经在自然科学中引发的革
命——作这样一个类比是康德本人的意思"(第239页)。在第

250

239至第240页,斯特普费尔相当详尽地发挥了这一思想。最后(第240页)他又回过头来,明确地提到哥白尼:"我们将不再围绕事物旋转:由于把我们自己确定为它们的中心,所以,我们将使它们围绕我们旋转。这就是哥白尼的革命"。这个与库辛相似的陈述,将使康德具有托勒密而非哥白尼的地位。但是,无论库辛还是斯特普费尔,似乎都没有像后来人那样认识到,可以把这场革命叫作托勒密式的反革命(Ptolemaic counter-revolution)。

1825年,在《伦敦百科全书》(*Encyclopaedia Londinensis*,第20卷)一个关于哲学的条目里,托马斯·沃格曼(Thomas Wirgman)从《通用传记辞典》中引证了一段把康德与一场哥白尼式革命相联系的文字,并把它译为英文。虽然这段话是斯特普费尔所写,但沃格曼却认为这个条目的作者是维莱尔。根据沃格曼的翻译(第151页),康德"认为他注定要在思辨科学中完成一场类似他的卓越的同胞、普鲁士人哥白尼在自然哲学中已经完成的革命;作这样一个类比的想法最初是由康德本人提出的"。沃格曼继续随着斯特普费尔发挥,最后得出这样一个结论(同上):"我们将不再围绕事物旋转,而是使我们自己成为它们的中心,使它们围绕我们旋转。这就是哥白尼式的革命"。

沃格曼在《伦敦百科全书》有关哲学的条目及其他条目中,都把康德与革命和哥白尼联系起来。在关于哲学的条目(1825,129)中,沃格曼对康德和哥白尼作了详尽的比较并特别指出:"我禁不住对这两位伟人进行充满希望的类比。康德创立了一种与哥白尼的学说同样大胆的理论;而且,如果它像哥白尼的学说那样经受住时代的检验,那么它所引发的革命也将是同样光荣的"。

维莱尔(1799)、库辛(1817；1820)、斯特普费尔(1818)和沃格曼(1825)并不是在这个较早的时期把康德与哲学中一场哥白尼式的革命联系起来的仅有的几位作者，至少还有一位，就是斯塔尔夫人(Mme de Staël，1766－1817年)①。在1813年伦敦版的《论德国》(*De l' Allemagne*，这也许可以看作是《论德国》的第一个版本，因为1810年的巴黎版在法国被拿破仑禁止发行，那时该书的印刷尚未完成)一书中，她断言(3：13－14)。

> 路德说："人类精神就像是马背上的喝醉酒的农民；当他在这边起来后，他又倒向另一边。"所以，人总是在他的两个本性之间不断地左右摇摆：有时，他的思想使他脱离他的感觉，而有时他的感觉又吞噬他思想，而且他又企图把一切都归因于思想或感觉。不过，在我看来，诞生一种沉稳持重的学说的时刻已经到来。形而上学必将经历一场革命，就像哥白尼在宇宙体系中引发的那场革命一样。它必须把我们的灵魂重新放回到那个中心去并使之像太阳那样：外部的客体环绕着它而运动，并且从它那里获得光明。

这段话是斯塔尔夫人在谈到培根时说的，但是，在《论德国》的同一

---

①　斯塔尔夫人，全名是安妮·路易·热尔梅娜·德·斯塔尔－奥尔斯坦(Anne Louise Germaine de Staël-Holstein)，原名为安妮·路易·热尔梅娜·内克尔(Anne Louise Germaine Necker)，法国女作家和文艺理论家，以其浪漫主义文艺理论而闻名。主要理论著作有，《论卢梭的性格与作品》(1788)、《论激情对个人与民族幸福的影响》(1796)、《论文学》(1800)、《论德国》(1810)等；主要文学作品有长篇小说《黛尔菲娜》(1803)和《高丽娜》(1807)等。——译者

251

部分对德国哲学的进一步论述表明,斯塔尔夫人这里所思考的是整个德国唯心主义哲学,特别是康德哲学。

斯塔尔夫人并没有坚称康德本人期望一场哥白尼式的革命,但是维莱尔说康德认为这样一场革命在形而上学中是需要的。库辛认为,康德着手在形而上学中进行一场哥白尼式的革命,而斯特普费尔则说康德认为自己有责任在思辨科学中进行这样一场革命。斯特普费尔论述的引人注目之处,在于他得出的如下结论:"C'est la révolution de Copernic",沃格曼将之译为"这就是哥白尼的革命"。人们也许注意到,除了维莱尔之外,所有这些作者都把康德所做的与"哥白尼的最初思想"的类比引申成为一个隐喻,在其生动性和含义方面远远超出了康德直接谈及哥白尼时的实际所言。

卡尔·莱昂哈德·赖因霍尔德(Karl Leonhard Reinhold)[①]的例子是尤为有趣的。这不仅因为他是18世纪80年代康德哲学著名的倡导者和诠释者,而且因为他还谈到了革命和哥白尼这两个康德语境中的概念。赖因霍尔德似乎并没有专门就一场哥白尼革命写过什么著作或文章,但是,至少有一段话可能会使其他人把康德与一场哥白尼式的革命联系起来。赖因霍尔德对康德《纯粹理性批判》的论述,是人们早期间接了解这部著作的重要渠道之一。这个论述见于1794年他的《对纠正哲学家们以前的误解所作的贡献》(*Beyträge zur Berichtigung bisheriger Missverständnisse*

---

① 卡尔·莱昂哈德·赖因霍尔德(1757－1823年),奥地利哲学家,主要著作有《论表象能力的新理论》(1789)。——译者

der Philosophen）第 2 卷中。在第 7 部分"关于《纯粹理性批判》的基本原理"中，赖因霍尔德对康德《纯粹理性批判》第 2 版序言作了论述。他说，康德在该序言中以一种非常有趣的方式，指明了形而上学迫切需要通过《批判》来实现的"思想转变"（"Umänderung der Denkart"）（第 411 页）。接着，他又相当详尽地摘引和阐释了康德关于革命的论述（第 411 – 415 页）。在第 415 页上，他把康德在《纯粹理性批判》第 2 版序言中相隔几页的两种表述并列在一起（见 B xvi 和 Bxxii）：

> "这里的情况与哥白尼最初的思想是同样的，哥白尼在假定全部星体围绕观测者旋转时，对天体运动的解释已无法顺利进行下去，于是他尝试让观测者自己旋转起来，而让星体处在静止之中，看看这样是否有可能取得更好的成绩。"——"纯粹思辨理性的这一批判的任务就在于进行那项尝试，即通过我们按照几何学家和自然科学家的范例着手一场形而上学的完全革命来改变形而上学迄今的处理方式。"

在此，这些段落是未加修饰逐字逐句直译过来的，所以人们也许会明白，将它们并置在一起的做法是怎样影响到后来的读者并使他们把康德在形而上学中的革命称为一场哥白尼式的革命。尽管赖因霍尔德把"肇始和引发了现今完全不可避免的革命"归功于康德（第 415 – 416 页），但他本人从来没有明确谈起过一场哥白尼式的革命。

然而，早在 1784 年，赖因霍尔德（第 6 页）提及启蒙运动时，就认为它是一场革命。而且,他著名的《康德哲学信札》("Letters on the Philosophy of Kant")的第一篇信札写于1786年8月,因而早于《纯粹理性批判》第2版序言,在其中,赖因霍尔德就已经把康德与革命(第124-125页)和哥白尼(第126页)联系在一起。但是,他并没有把两者合在一起从而使康德成为一场哥白尼式革命的发起者。

　　在19世纪中叶,威廉·休厄尔(William Whewell)非常谨慎地对康德本人的论述作了忠实的概括。在他的《归纳科学的哲学》(*The Philosophy of the Inductive Science* [①],1847,479)中,他写道:"康德观点所专注的深思人类知识的习惯方式的革命是最彻底的。他本人非常公正地把它与哥白尼太阳系理论所引起的变革相比较"。休厄尔在让读者参看康德的"《纯粹理性批判》序言,第 xv 页"的同时,明确地把康德关于形而上学中一场革命的论述与哥白尼提出的新观点区别开来。

253

---

　　① 　该书的全称为《以归纳科学史为依据的归纳科学的哲学》(*The Philosophy of the Inductive Sciences*,*Founded Upon Their History*),详见后面的补充材料18.1。——译者

第十六章　德国不断变化着的
革命语言

在前面的章节中,我们主要通过法语和英语(它们是 17 和 18 世纪学术界两种主要的日常语言)的著作描述了"revolution"这一概念和称谓的演变、发展,以及这个概念在科学变革中的运用。那时,德语尚未成为世界上科学家、政治和社会思想家、哲学家、历史学家以及神学家的通用语言——它成为这些群体的通用语言是19 世纪的事情。但是,关于革命的讨论以及讨论中所使用语言的一系列争论从 18 世纪末期就开始了,而且在一定程度上影响到此后德国的思想界以及有关这一问题的写作。

看一看德文有关"revolution"的文献,人们就会对两种用法之间的争论留下深刻的印象:一是法文中的"révolution"("Revolution")一词和人们建议的德文中的代用词。在德文代用词中,最主要的是"Umwälzung"(彻底变革,巨变,推翻,循环),其他的还有"Umdrehung"(旋转)、"Umsturz"(推翻,颠覆)、"Umschwung"(骤变,根本改变,转变)、"Umlauf"(旋转,运行)[和"Kreislauf"(循环)],以及动词"umkehren"(转回,翻转,颠倒)。其他的用词还有:"Veränderung(改变或变更),"grosse Veränderung"(巨 255变),Staatsveränderung(状况、状态的改变或变更)。

"Umwälzung"一词来源于"um-"（改变、环绕）和"walzen"〔滚、翻、旋转，如同英文中的"waltz"（旋转，华尔兹舞）〕，因而是"revolution"在德文中的对应词。人们通常在旋转（revolution）的直接含义上使用"Umdrehung"一词。例如，"RPM"（每分钟转数）在德文中对应的词是"U/min"（Umdrehungen in der Minute）；"Drehung"的意思是（像车轮那样）旋转、转动，因此也包含着循环（rotation）或绕转（revolution）的意思。"Umsturz"具有"推翻"（throw down）、"倾覆"（tip over）、"没落"（downfall）、"打倒"（overthrow）、"完全颠倒"（turn upside down）、"剧变"（cataclysm）的意思，因此也就有着社会和政治领域的"颠覆"（subversion）、"推翻"（overturn）、"激变"（upheaval）和"彻底改变"的含义。"Umschwung"意指"回转"（swing around）、"突变"（sudden change）、"转变"（change-over）和"彻底改变"（revolution）。"Umlauf"既指天文学中的"运行"（revolution），也有"循环"（circulation）的意思；这后一种含义有时也用"Kreislauf"一词表达（正如用"Blutkreislauf"一词来表达"血液循环"一样）。动词"umkehren"还意指"转向"（turn around）或"完全颠倒"〔overturn（推翻，颠覆）〕。它也许是与"Umwälzung"最接近的词，而且是16世纪流行的德文词汇中与"revolution"含义最接近的词。因此，路德在抨击哥白尼学说（他只对哥白尼的学说有所耳闻，但从未认真研究过）时，据说在《桌边谈》（*Tischreden* 或 *Table-talk*）曾经这样说："Der Narr will die ganze Kunst Astronomiae umkehren"（这个愚蠢的家伙企图推翻整个天文学）。在进行同一个讨论的一篇拉丁文报告中，哥白尼被认为是一个"企图推翻全部天文学"的人

("qui totam astrologiam invertere vult")。这里，"invertere"的意思就是"倒置"(to invert)、"完全颠倒"和"推翻"。

因为"Revolution"是一个来自法文的词汇（当然最早是源于拉丁文），所以在格林兄弟(Grimm brothers)编纂的著名的《德语大辞典》(*Lexikon*)中未曾收入(R卷出版于1893年)，这使得学者们有机会追溯德国著作家从中世纪一直到最近所使用的几乎所有主要语词的方式。但是，18世纪中叶，词典编纂者约翰·海因里希·策德勒(Johann Heinrich Zedler)并没有表现出如此狭隘的民族主义思想，而且在他的巨著《德国百科大全》(*Grosses Universal-Lexicon*，从1732年到1750年共出版了54卷)第31卷(1742)中，收入了"die Revolution"这个条目。在这一条目之下，给出了两个定义，但未作任何举例或引证。第一个定义提到政治变革：革命(Revolution)"是指一个国家在其政府和政策方面经历的一次重要变革"。这个定义是如此宽泛，以至于它同样可以包括这样一个关于革命的概念：革命是确立某种全新的、史无前例的东西的行动。同时，它也包含这样一个思想，即政治革命是一种周期性的现象，是向某个先前状态的回归。第二个定义显然是具有循环论色彩的：行星环绕太阳进行轨道运行的周期。

尽管策德勒引入了"die Revolution"这个概念，而且它作为一个德语的词汇似乎已完全为人们所理解，但后来的词典编纂者并没有如此轻率地接受这个外来词。约翰·克里斯托夫·阿德隆(Johann Christoph Adelung)在1774年至1780年间编纂的4卷本《高地德语方言词典》(*Grammatical and Critical Dictionary of the High-German Dialect*)并没有收入"Revolution"这个条目，虽然它确曾出现在1793年至1801年增订的6卷本中。在这两个版本先后问世之间的几十年中,曾经发生过两个值得注意的事件:一是法国大革命,一是德国加速用德语同义语取代外来语词的运动。例如,德国人这时放弃了法语中的"édition"一词,取而代之的是由这个词的两个词根在德文中转化而成"Ausgabe"(版,版本,版次)一词。18世纪末爆发的这场民族主义浪潮,可以与希特勒统治时期的某些做法相比拟。例如,希特勒上台以后,就曾勒令用含义最相近的纯德文同义词去取代外来词(如"Telephon"就被"Fernsprechapparat"取而代之)。

阿德隆对上述两个事件做出了强烈反应。他直接提到法国大革命(the French Revolution),并且讨论了将"Revolution"一词德语化的可能性。阿德隆认为,革命性变革(revolutionary change)是"事物的过程或关系中的一种全面的变化〔gänzliche Veränderung〕")。像策德勒那样,阿德隆对革命性变革的类型作了区分:(1)自然界的巨变(Natural revolutions)或自然界中的巨变(revolutions in nature)是指改变了地球面貌的重大事件。(2)国家革命(civil revolutions)则是指一个国家的政体的彻底变革,这样一些变革通常都伴随着暴力,就像在以共和制取代君主制的过程中所表现出来的那样,英国的光荣革命和法国大革命就是最好的例证。阿德隆坚决反对"最近一个时期"用一个德文词取代"Revolution"一词的企图。他指出,在人们提出的德文替代选项中,"最不恰当的"当是"Umwälzung"和"Staatsumwälzung"("颠覆"和"国家的颠覆"),因为它们只是"对一个外来词的字面解释"。其他类似的词还有"Veränderung"或"Umänderung"(变化,改变），"Umschaffung"（改造），"Hauptveränderung"（主要或首要的改变），以及"Staatsveränderung"（国家的变化或改变）。他断言，如果人们不得不去在德文中找一个"Revolution"的同义词的话，那么"Umwandlung"（改变，转变）可能是应被优先考虑的。

1801年，约阿希姆·海因里希·坎佩（Joachim Heinrich Campe）在其两卷本词典中，对阿德隆的思想做出了回应。坎佩抨击阿德隆是一个"吹毛求疵的语言学家"，并且要求德国人用他们自己语言中的"Umwälzung"一词取代"Revolution"这个外来词，作为描述政治变革的术语。坎佩还自我夸耀说，1792年正是他本人在一种政治的语境[1]中引入了"Umwälzung"这个词，用以指称法国大革命。而且，他还不客气地断言，在过去10年间，数以千计的德国著作家都通过在他已经引入的新的意义上使用"Umwälzung"一词而向他表示"敬意"。一位评论家早就提出，"Umwälzung"意指一种有形的、有规律的运动，就像地球围绕其轴线自转一样，因此把它用于描述政治变革是不适当的。尽管这里所说的政治变革有些是以一种和平的、有序的方式发生的，但是，许多其他变革——尤其是那些受选票和暴民行动影响的政治变革——并非如此。坎佩指出，"revolution"唯一可允许的含义，是一个周期性事件最初的词源学的意义，因此这个词难以表示在政治革命中所发生的各种政治变革。此外，他还认为，"Um-wäl-zung"中一个接着一个的音节是比"Re-vo-lu-tion"中的那些音节更为和谐悦耳的。[2]

坎佩没有讨论除了政治学领域之外将"Revolution"或"Umwälzung"正当地用于指称任何激进变革的可能性。这是格外令人奇怪的,因为他引证了康德(以及赫尔德)的一些话,以说明卓越的德国思想家对"Umwälzung"一词的使用。但是,正如我们已经看到的,康德谈论过科学和哲学中的"革命"。几年前,第一部 9 卷本的《康德全集》(*Gesammelte Schriften*,Martin,1967 – 1969)出版,其中包含了康德的全部主要著作,而且附有一个经计算机编排的文字索引。表达革命含义的语词出现的次数如下:

die Revolution	57
der Umlauf	33
die Umdrehung	25
die Drehung	15
die Umwälzung	12
der Umschwung	10
der Umsturz	7
der Kreislauf	6

　　显然,康德使用"Revolution"一词的次数几乎是他使用"Umwälzung"一词次数的五倍,而且比使用任何其他同义语也要经常得多。

　　康德在大量著作中都曾援引革命的概念。在他早期的科学著作特别是那些论述天文学的著作中——其中最著名的是他的《自然通史和天体论》[*Universal Natural History and Theory of the Heavens*(1900;1970;1754 年初版为德文版)],对天体沿轨道运行即公转(orbital revolution)作了相当多的论述。在其《学院之争》

（*Der Streit der Fakultäten*,1798；参见康德《全集》,1902 年版,第
7 卷,第 59、85、87、88 和 93 页）这篇论文中,他对政治革命进行了
讨论。在一本论述宗教的小册子①中,他两次特别提到"人的倾向
中的一场革命"(1793；Kant 1960,41－43)。但是,除了在其《纯粹
理性批判》第 2 版序言中对科学中两次伟大革命的讨论外,康德似
乎再也没有对科学中的革命作更多的思考。

　　与康德同时代的约翰·沃尔夫冈·冯·歌德多次提到法国大
革命以及在意大利、西班牙、葡萄牙发生的革命。歌德的这些议论
或论述多见于其书信、诗歌、散文和游记中。在为他所翻译的狄德
罗的一篇论文所写的序言(1798－1799)中,歌德指出(1902,33：
206－207),狄德罗已经引发了一场"艺术中的革命(revolution in
art)"。歌德认为,每一场"艺术中的革命"(Revolution der
Künste)都会促进"对自然的全面认识"("gründliche Kenntnis der
Natur")。歌德在他的自传《诗与真》(*Dichtung und Wahrheit*,
1811－1831)中说,在文学中也发生了革命。他本人就参加了不止
一次"德国文学的革命"("deutsche literarische Revolution"；同
上,1902,24：52)。他在 1820 年说,可以预见的某些发展是"具有
革命性的"(37：119－120)。那些摈弃对过去的迷恋的人们"总能
带来一场革命性的变革(revolutionären Übergang)"。在一篇格
言中(4：221),他谈到了那些认为自己可以保持克制的弱者们愚
蠢的"革命观"("revolutionäre Gesinnungen")。

　　歌德关于科学中革命的看法主要反映在他颇具挑战性的《颜

---

　　① 指《在理性范围内的宗教》。——译者

色学》(*Farbenlehre*，1810)及其辅助性著作《颜色学史资料》(*Materialien zur Geschichte der Farbenlehre*)中。这是歌德涉足科学史的唯一著作。在这一著作中，歌德赞赏培根所倡导的基于实验的科学。尽管曾经接受传统的亚里士多德哲学的教育，但是培根却倡导以实验为基础的科学。对于歌德来说，这正是思维方式变革方面的一个典型例证。通过这一途径，"革命的信念"("revolutionäre Gesinnungen")，即"革命性的思维方式"(revolutionary ways of thinking)可以作为独立的个人贡献而非来自一般环境的缓慢吸收而得到发展(1947-1970,6:147)。歌德还把培根的能力和活动表征为"对权威的挑战"("gegen die Antorität anstrebende")，并且用"revolutionärer Sinn(革命意义)"这个短语来刻画培根的思想和影响。他具有一种革命的思维方式；这种思维方式最充分地展现在他关于自然科学的著作中(第 152 页)。这是歌德在一场根本变革意义上就科学中的革命这一主题所曾做出的最明确的表述。

但是，歌德的确对周期性科学变革的理论持赞成态度，虽然他在《颜色学》中就这一主题进行讨论时并未在此意义上使用"革命"这个实在的语词。他认为，历史就像是活的有机体，从来都不是停滞不前的："一切事物都不是静止的"("Nichts ist stillstehend")。事物在不断发展，但这种发展从来都不是直线的。前进的运动是循环进行的，实际上是螺旋状或盘旋上升的——就如同植物的生长一样。歌德对植物的螺旋状生长趋向进行了极富创造性的研究。就此种关于历史及科学的历史发展的观点而言，歌德受到詹巴蒂斯塔·维科(Giambattista Vico)《新科学》(*Scienza nuova*)

的影响。《新科学》是启蒙运动时期阐释循环论历史观的主要著作。歌德阅读了这本著作，赞成其提出的学说［Karl Viëtor（卡尔·菲托尔）1950，131］。歌德在其笔记中详细地阐述了一系列的循环，以描述科学的成长和进步［参见 Groth（格罗特）1972，14－18］。

人们如此广泛地阅读亚历山大·冯·洪堡（Alexander von Humboldt）的著作，足以证明他在德国关于革命的著述史上享有特别重要的地位。1845 年到 1862 年间，他出版了《宇宙》（Kosmos）这部 5 卷本的科学巨著。在这部巨著中，洪堡试图运用受过教育但没有经历专门科学训练的大众能够理解的语言，对整个宇宙的物质结构进行精确而全面的描述。这部著作对所讨论的每一主要学科的科学史都做了表述。据估计，这部著作在 19 世纪 50 年代销售了 8 万多册。几个不同的英文译本也已出版。

洪堡把人类认识宇宙的历史划分为 7 个时期。第一个时期是古希腊，而最近一个时期则是以 17 世纪望远镜的发明为开端的一系列科学发现。他写道，假如印度（印度－阿拉伯）的数字系统早就为希腊人所知的话，那么，在关于宇宙的数学知识中就可能会产生一场革命（"eine Revolution"）（1845－1862，$2:198$）。洪堡声称，哥白尼已在天文学的世界观中引发了一场"革命"（Umwandlung，第 198 页），并且也引发了一场"科学的革命"（Wissenschaftliche Revolution，第 350－351 页）。洪堡写道："尽管有第谷关于宇宙体系假说这样短暂的倒退，但值得庆幸的是，哥白尼所引发的科学的革命朝着发现宇宙真正结构这一目标，不间断地向前发展。"当洪堡转向 17 世纪即望远镜诞生之后的天文学，在谈到伽利略和开普勒时，并没有像谈及哥白尼时那样使用"革命"这个术语。就此而言，他也许是步历史学家巴伊的后尘。洪堡也没有把牛顿的成就当成一场"革命"，这或许是因为，在这部著作中，牛顿及其万有引力定律没有受到重视，而且只是附带地被提及。这可能是歌德著作的影响使然。歌德《颜色学》的大部分章节致力于反驳牛顿著名的光的理论，并且用歌德本人的理论取代这种理论。歌德和洪堡是非常好的朋友。洪堡哲学的许多思想都受到歌德哲学的影响，或者说与歌德的哲学思想很相似。

洪堡探讨了"进步速度得以迅速提高"的途径，并且提出"所有自然科学中都期待发生周期性的、不间断的转变（'Umwandlungen'）"这样一个思想（同上，3：24）。但是，如果说在德文版的《宇宙》中只在几个地方提及科学中的革命，那么读者在奥特（E. C. Otté）所译的英文版中可能会发现，有比洪堡当初写这本书时更多的地方提到了革命。例如，奥特（1848 - 1865，1：48）译本中有"the happy revolution"（愉快的革命）的，其实，洪堡原来说的只是"die glückliche Ausbildung"（愉快地造就、发展）。

在 19 世纪另一位重要思想家格奥尔格·威廉·弗里德里希·黑格尔的早期著作中（1817），人们发现，黑格尔像布丰、赫尔德和施勒策尔（Schlözer）那样，对地球上发生的革命作了论述。在其《哲学史》（History of Philosophy）中，黑格尔认为，伊曼纽尔·康德时期的德国哲学推动了一场"思维方式的革命"（revolution in the form of thought）（1927 - 1940，19：534）。他还坚持认为，来源于牛顿和洛克著作的"形而上学的经验论"，可以看作是精神活动中的"完全的革命"（the "complete Revolution"）。虽然黑格尔褒扬牛顿和洛克的"形而上学经验论"是革命性的，但他同时对牛顿进行了激烈的批判——这一态度和立场后来一直延续到弗里德里希·恩格斯（Friedrich Engels）的著作中。他嘲笑牛顿的光理论是"野蛮无知的"（1970：2，139），并且严厉批评牛顿在实验方面的愚笨和错误（同上；参见，1927－1940，19：447）。特别是他严厉批评了牛顿在《自然哲学的数学原理》一开始对开普勒的面积定律作的所谓数学证明。他认为，牛顿关于正弦和余弦在无穷小三角形中可视为相等的设想违背了数学的基本原理（1969，273）。而且更为严重的是，"数学完全不可能证明物质世界的质的规定，261因为它们是以主题的质的特点为基础的定律"。但是，黑格尔在谈到历史中的革命时，确曾提及科学中的革命。在其《哲学全书》（Encyclopedia）第 2 部分自然哲学中，黑格尔说："一切革命，无论是科学中的革命或世界史中的革命，其发生仅仅由于精神［Geist］改变了它的范畴以理解和检查属于它的东西，以便以一种更真实、更深刻、更直接和更统一的方式获得和掌握自身。"

　　弗里德里希·恩格斯著名的科学著作《反杜林论》（Anti-Dühring）的另一个标题是《欧根·杜林先生在科学中实行的变革》（Herrn Eugen Dührings Umwälzung der Wissenschaft）。在英文中，这一标题被译作"欧根·杜林先生在科学中的革命"（Herrn Eugen Dühring's Revolution in Science）。但是，人们对于恩格斯的意图尚存有一些疑问，因为他在文中用了两个词："Umwälzung"和"Revolution"。这一问题显然使一位法国翻译家感到困惑。在第一个法文版本（1911）中，翻译者不愿用"欧根·杜林先生在科学中的革命"（La révolution de la science par Eugène Dühring）这个"可疑的标题"，而是采用了一个更具描述性的标题："哲学，政治经济学，社会主义"(*Philosophie，économie politique，socialisme*)，以"反对杜林"(Contre Eugène Dühring)为副标题。但是，作者在修订本书时把这一标题改为"欧根·杜林先生在科学中引起的混乱"(*M . E . Dühring bouleverse la science*，1932)。恩格斯在这部著作中没有一处提到科学的"Revolution"或"UmwalZung"(参见下面第二十三章)。

在 19 世纪，如在 20 世纪一样，"Umwälzung"作为"Revolution"的对应词而开始流行。两者之间主要差异似乎是(而且现在仍然是)：就我所知，"Umwälzung"很少用于描述循环性的事件，如一颗行星在其轨道中运行(revolution)，而且通常也不用来指称"重大的"政治革命，如法国大革命或俄国革命[3]。科学家们(如阿尔伯特·爱因斯坦)在谈及科学中的革命时，既用"Umwälzung"，也用"Revolution"。然而，迄今为止，我还没看到有谁用"Umwälzung"来专指科学革命(Scientific Revolution)或工业革命(Industrial Revolution)。

第十七章　工业革命

工业革命(Industrial Revolution)并非科学中发生的一次革命,甚至也不是直接或主要以科学的运用为基础的一次革命——我们这里所说的革命,是指像在19世纪下半叶发生的染料制造业中的革命那样的真正意义上的革命。[1]但是,它是一场在时间跨度上经历了美国革命和法国革命以及化学革命等的革命。而且,它像化学革命一样,在那时被认为是整个人类事务中发生的一场革命。因此,在任何以研究人们对政治领域之外发生的革命愈益增强的意识为主题的历史中,都不能不重视这场革命。

在此我并不想探讨这场工业革命的性质和重要性,关于这一主题已经有大量的学术文献可供大家参考。而且,这样一种探讨也会使我们偏离本书的主题。就我们目前要做的工作来说,工业革命的意义主要是它在其历史编纂学中的相似性(和相异性),而且它与科学革命(Scientific Revolution)和科学中革命的概念也存在可比较之处。

工业革命和科学革命或其他科学中的革命共同面临的主要历史编纂学问题,就是确切地界定它们各自名称的含义;接下来是一个双重问题,即这样一场革命是何时发生的,或者说是否真的发生了这样一场革命。如果我们把《社会科学百科全书》(*Encyclope-*

dia of the Social Sciences，1932）和后来的《国际社会科学百科全书》（*International Encyclopedia of the Social Sciences*，1968）中对待工业革命的态度作一番比较，那么，关于这些问题的观点的前后变化就一目了然了。前者用长达 13 页的双栏篇幅介绍了"工业革命"，而后者只是告诉读者"参见'经济增长'；'经济和社会'；'工业化'；'现代化'"等词条。依照关于社会科学的新的思维方式，工业革命不再是一个主要范畴。事实上，在这四个条目当中，只有一个条目（"工业化"）提到了工业革命。其中有两段文字专门论述这一事件。第一段文字指出，这个短语"长久以来一直被用于指称大约从 1750 年至 1825 年这个时期"。在这一时期，"机械学的原理，包括蒸汽动力，在英国被用于制造业"，从而引起"经济结构和经济增长出现非常显著的变化"。第二段文字强调，"学者们在工业革命发源于英国这个问题上"缺乏"一致的看法"，并且指出最近学术界［Phyllis Deane（菲莉丝·迪恩）and W. A. Cole（科尔）1962］"对在英国经济的工业结构的长期演化过程中工业革命的古典时期的特点提出了疑义"（第 253 页）。

在《社会科学百科全书》（1932）中，"工业革命"这一条目从一开始就注意到，这个名称"作为一个标签是公认不能令人满意的"，甚至有人认为它是"一个不幸被选中的词语"。该词条还注意到，人们之所以不赞成"工业革命"这个短语，"主要是反对使用'革命'（revolution）这个词"。经济史学家们虽然"使用了这个短语"，但他们使用时却是"越来越犹豫不决，而且在思想上是有许多保留的"（第 4 页）：

他们不喜欢在这个术语任何一般可以接受的意义上说经济事务中发生了革命的提法。伯尼(Birnie)认为,"突然的巨大的变化是与经济发展的缓慢的渐进过程不一致的";塞(Sée)认为,"在经济发展史的大舞台上,没有发生过任何突然的场景的置换";而利普森(Lipson)经过对17和18世纪的研究之后断言,"在经济发展中没有任何中断,而持续的进步和变化总是大势所趋,在这个大趋势之中,旧的东西始终与新的东西纠结在一起而几乎不被人们所察觉"。

不过,1932年的这一词条承认,"尽管人们犹疑不决,但却一直在使用这个术语,而且似乎也没有造出什么更好的词语来取代它"。在关于"工业革命的观念"的一篇演讲中,乔治·N. 克拉克(George N. Clark 1953,6)有些嘲讽地说到,当约翰·克拉彭爵士(Sir John Clapham)[①]"撰写关于1820年以来英国经济发展史的鸿篇巨制时",他"没有提出什么替代[工业革命]的术语,以避卖弄学问之嫌。但是,(我并非故意地认为)他从未用过工业革命这个术语"。

对于"革命"一词最早于何时用于科学,科学史家们有着各不相同的看法。关于工业革命,安娜·贝赞森(Anna Bezanson 1921-1922)发现,保罗·芒图(Paul Mantoux)[②]在1905年曾把这个概

---

① 约翰·克拉彭爵士(1873-1946年),英国经济史家,主要著作有《现代英国经济史》(3卷,1926-1938)、《英格兰银行史》(1944)等。——译者

② 保罗·芒图(1877-1956年),法国史学家,以研究英国工业革命和撰写相关的著作而闻名。主要著作有《十八世纪产业革命:英国近代大工业初期的概况》等。——译者

念和名称归功于阿诺德·汤因比（Arnold Toynbee，即那位知名的历史学家的伯父）："我们认为，这个提法来自阿诺德·汤因比"。而且，大约10年以后，W. E.拉帕德（W. E. Rappard 1914, 4）指出，1845年，"这个术语第一次见诸出版物"。拉帕德还认为，弗里德里希·恩格斯是这个术语的第一个"公认的使用者"。最近（1962年），霍布斯鲍姆在他的《革命年代：1789－1848年》（*The Age of Revolution 1789－1848*）中写道："正是工业革命这个概念反映了它对欧洲的相对缓慢的影响。早在这个词出现之前，工业革命就已经在英国发生了。直到19世纪20年代，英国和法国的社会主义者——他们本身就是一个史无前例的团体——才发明了它；这可能是由法国的政治革命类推出来的"（第45页）。

工业革命最早被明确提到也许是在1788年。当时，阿瑟·扬（Arthur Young）指出，"一场革命正在酝酿之中"。他所记住的一个典型的例子，就是新近发明的棉织机被应用于羊毛工业。其他人显然使用了诸如"伟大的和非凡的"、"极其令人惊奇的"或"超出人们想象力的"这样一些短语来描述新的技术和工艺（包括蒸汽动力，焦炭炼铁，新的陶瓷制造技术和纺织机等），虽然只有阿瑟·扬实际使用了"革命"这个术语。但是，一年以后即1789年在法国发生的事件，使革命这个概念和名称以其目前最通常的用法而流行开来。而且，此后不久，法国有许多人都提到技术中的"革命"和工业革命（Industrial Revolution）。

关于这个概念和名称在法国产生和发展的历史，我们可以有更多的了解，因为安娜·贝赞森在1921年至1922年对这一主题作了详尽的研究，其中特别探讨了这个概念和名称是如何在法国发源的。到了 19 世纪 20 年代,"工业革命"这个术语在法国似乎是相当普遍的。例如,在 1827 年 8 月 17 日《世界箴言报》(*Le Moniteur Universel*)的一篇文章中,"规模宏大的工业革命"(Grande Révolution Industrielle)这个词组以斜体形式出现在页面的中间。1829 年,普罗斯珀·德洛奈(Prosper de Launay)把糖用甜菜种植取代亚麻栽培视为"这场产业革命带来另一个牺牲品"[265]的典型例证。甚至在更早的时候,就有人提到工业领域中的一次革命,尽管没有明确使用"工业革命"(révolution industrielle)这个术语。安娜·贝赞森所发现的最早的例子,是埃尔伯夫议事厅(Chamber of Elboef)1806 年 12 月 27 日通过的一个试行条例。该条例认识到,"这场革命对于工业来说是大有裨益的"。1819年,法国化学家让·安托万·沙普塔尔曾经提到纱线制造业中的变革,认为它是"工艺上的一次伟大革命(a great revolution in the arts)"。在 1836 年就关税进行的一次著名的讨论中,拉马丁(Lamartine)[①]曾经指出,"1789 年的革命是一场全面的革命,是商业和工业的革命",从而把经济领域的"全面的革命"与政治领域中的法国大革命所带来的变化联系在一起。

对于科学史家们来说,具有特别意义的是 19 世纪早期在法国提出的这样一个观点,即应用科学和专门技术在法国工业革命中

---

① 即阿方斯·马里·路易·德·拉马丁(Alphonse Marie Louise de Lamartine,1790－1869 年),法国著名浪漫主义诗人、作家和政治家,法兰西学院院士。主要著作有《沉思集》(1820)、《新沉思集》(1823)、《苏格拉底之死》(1823)、《哈罗尔德游记终曲》(1825)、《诗与宗教的和谐集》(1826)、《约瑟兰》(1836)、《天使谪凡记》(1838)、《冥想集》(1839),以及《葛莱齐拉》(1852)等。——译者

发挥了决定性的作用。这同人们通常所持的普遍看法形成了鲜明对比:更早在英国发生的工业革命,起决定作用的与其说是科学的应用,还不如说是技术和机械的精妙。[2]安娜·贝赞森援引了许多例证,其中一个例证引自1804年关于染色工艺的一部著作:

> 在这方面,我们当中发生了一次可喜的革命;我们的工厂所托付的不再是愚昧无知的工人;相反,人们在大多数工人中发现了非常有知识的人,甚至受过良好教育的物理学家,而且,人们必须求助于他们,以推进实用工艺的进步。[3]

1837年,工业革命显然已载入经济史的文献例如热罗姆·阿道夫·布朗凯(Jérôme Adolphe Blanqué)的《政治经济学史》(*Histoire de l'économie politique*)之中。此后不到10年,弗里德里希·恩格斯就已经把无产阶级的崛起与工业革命联系在一起了。他的《英国工人阶级状况》(*The Condition of the Working Class in England*,1845;英译本,1958,9)开始一段是这样说的:

> 英国工人阶级的历史是从18世纪后半期,从蒸汽机和棉花加工机的发明开始的。大家知道,这些发明推动了工业革命(Industrial Revolution)①,工业革命[既是一场社会革命,也是一场经济革命,因为它]同时又引起了市民社会中的全面

266

---

① 在马克思和恩格斯著作的中译本中,"Industrial Revolution"多译为"产业革命"。——译者

变革,而它的世界历史意义只是在现在才开始被认识清楚。

卡尔·马克思在《资本论》(*Das Kapital*)中至少两次使用了"工业革命"(industrielle Revolution)这个术语,但是,他既没有让人们特别注意这个术语,也没有详细说明它的意义;他只是"把它作为某种读者可能早就理解的东西顺便提起而已"[4](Clark 1953,14)。

阿诺德·汤因比身后出版的《英国工业革命讲演集》(*Lectures on the Industrial Revolution in England*,1884),为那些后来的历史学家树立了榜样。在英国工业化的历程中,这些后来的历史学家看到了一种与历史上伟大的政治革命相似的革命模式。汤因比把1760年作为那次革命开始的时间,[5]而其他著作者则更倾向于把1750年至1760年作为那次革命开始的时间段。此外,还有其他一些著作者[如约翰·U. 内夫(John U. Nef)①]则把那次革命开始的时间追溯到16世纪中叶。[6]汤因比所具有的重要影响力在20世纪初的一个典型表现,就是保罗·芒图的重要著作《18世纪工业革命》(*La révolution industrielle au XVIIIe siècle*,1905;英译本,1928;1964年第12版)一书。该书第1页明确指出,是汤因比创造了这个名称。此后,尽管在术语的内涵上还存在相当大的分歧,但工业革命成为大量书籍和文章论述的主题,甚至直接出现在标题中。[7]例如,在初版于1948年并随后反复再

---

① 约翰·乌尔里克·内夫(John Ulric Nef, 1899-1988年),美国经济史家,主要著作有《美国与文明》(1967)、《英国煤炭工业的兴起》(1966)、《征服物质世界》(1964)以及《探赜索隐:一个不墨守成规者的自传》(1973)等。——译者

版的《工业革命:1760－1830年》(*The Industrial Revolution* 1760－
1830)一书中,阿什顿(T. S. Ashton,他遵从汤因比,把1760年作
为工业革命开始的日期)对"革命"一词是否确当提出了质疑(因为
"从'革命'作为突变这个意义上讲,它实际上并非经济发展过程的
特征")。阿什顿还坚持认为,"变革并不仅仅是'工业的'变革,而
且也是社会和思想的变革"。关于这次革命的一个问题是,这次工
业革命不像政治革命而像科学革命,其延续的时间相当长,横跨两
个世纪,历经七八十年。此外,这次"革命"也不完全是工业的革
命,因为工业革命某些最"革命的"方面往往是人口统计学上的(人
口规模的变化以及农村和城市人口传统比例的转换)、农业领域或
经济(商业、贸易的增长,现代竞争体制)领域的。

　　至少在那些认为"工业革命"是一个有意义概念的著作家中
间,它似乎引起了非常激烈的争论。在本书第二十六章,我们将看
到与卡洛·M. 奇波拉(Carlo M. Cipolla)所表达的下述观点
(1973,7)相似的有关科学革命大辩论的一些实例[巴特费尔德
(Butterfield),史密斯(Smith),奥恩斯坦(Ornstein)]:

　　　　在1780年至1850年不到三代人的时间里,一场史无前
　　例、影响深远的革命改变了英国的面貌。从那时起,世界不再
　　是清一色的。历史学家们经常使用或滥用"革命"一词指称一
　　场激进的变革,但是,从来没有什么革命像工业革命这样是如
　　此引人注目地具有"革命"的性质——也许新石器时代的革命
　　是一个例外。这两次革命都改变了历史的进程,可以说,其中
　　每一次革命都引起了历史进程中的突变。新石器时代的革命

使人类从一个由野蛮的狩猎者组成的分散的群体（据霍布斯的名言，这时人类的生活是"孤独、贫穷、肮脏、野蛮和短暂的"）向一个多多少少要相互依赖的农业社会的转变。工业革命则使人由农夫－牧羊人转变为以无生命能源为动力的机器的操纵者。

其他的例子还有：工业革命"在不到两百年的时间里改变了西方人的生活，改变了西方社会的性质以及它同世界其他民族的关系"[David Landes（戴维·兰德斯）1969,1]；"人类社会的生产力在人类历史上第一次摆脱了束缚自己发展的桎梏，因此能够持续快速地向前发展，从而达到今天人口、商品和服务几乎无限增加的程度"（Hobsbawm 1962,45）。霍布斯鲍姆曾直截了当地指出："工业革命标志着有文献记载的世界历史中人类生活的最根本的转变"（Hobsbawm 1968,13）。甚至在汤因比的书中也可以找到不少再平凡不过的例子。其专门论述"革命的主要特点"的一章，开始的两句话是这样的："工业革命的实质是用竞争取代以前控制着财富的生产和分配的中世纪的规则。因此，它不仅是英国历史上最重要的事实之一，而且，欧洲两大思想体系——经济科学及其对应物社会主义——的诞生也都归功于它"（第58页）。在这一章中，汤因比强调人口的快速增长和"农业革命"，它们"在18世纪末伟大的工业变革中发挥了与革命在制造业中所发挥的同样巨大的作用，而且通常引起人们更多的关注"（第61页）。

20世纪伊始，一些著作家即开始对其他工业革命进行思考。《社会科学百科全书》（1932）提请人们注意的两部著作，把第一次世界大战后"朝向合理化的努力以及由于电力和新的化学方法的应用而发生的变化"视为"新的工业革命(the New Industrial Revolution)"[Walter Meakin(沃尔特·米金)]和"第二次工业革命(the Second Industrial Revolution)"[H. Stanley Jevons(斯坦利·杰文斯)]。这两部著作还提出,甚至在这次工业革命开始之前,就已经有其他工业革命发生了。早在1894年,格林夫人(Mrs. J. R. Green)就曾提到15世纪英国的工业革命。而且,在当今我们所处的时代中,范韦尔韦克(H. Van Werveke)曾经思考过发生在11世纪的一种类型的"工业革命",而戈登·查尔德(V. Gordon Childe)则曾谈及青铜器时代末期的一次"工业革命"。这些关于发生过其他工业革命的设想,与科学史家们关于不止发生过一次科学革命的论述不无相似之处(请参见上面第六章)。

　　之所以说工业革命与科学革命有着相似之处还在于,一些历史学家倾向于把这两种革命看作是一个一直延续到20世纪甚至延续至今的不间断的过程。因此,埃里克·霍布斯鲍姆(1962,46)特别指出,工业革命"的确不是一个有开始有结束的片段。如果问它将在什么时候'结束',那是没有意义的,因为它的本质在于,从此以后,革命性的变革成为一种常态。它仍然处在继续进行的过程之中"。

　　从这些概念的前后变化看,几乎所有论述这场工业革命的作者都意识到,需要把他们的术语搞得更精确些。戴维·兰德斯(Landes 1969,1)对这一问题进行了相当细致而广泛的讨论。他指出:"小写的'工业革命'(industrial revolution)通常所指的是:一系列复杂的技术创新,通过用机器代替人的技能,用无生命能源代替人力和畜力,从而促成了由手工业向制造业的转变,并因此创造出一种现代的经济"。这种"工业革命""已经使许多国家发生了变化,虽然变化的程度各有不同。"兰德斯进一步指出:

> "工业革命"这个术语有时还具有另外一种含义。它被用于指称任何迅速而重大的技术变革,而且历史学家们曾经谈到过一次"13 世纪发生的工业革命",一次"早期的工业革命","第二次工业革命",以及"南部棉花产区的工业革命"。从这个意义上说,有多少历史上可以做出界定的工业创新,加上那些将会在未来出现的工业创新,那么我们最终就会经历多少次"革命";例如,有人说,我们已经处在第三次工业革命的中期,这次工业革命的主要标志是自动化、航空运输和原子能的应用。

最后,兰德斯指出,当把工业革命这个术语大写(Industrial Revolution)时,它还具有第三种含义,即被用于"指称从农业和手工业到以工业和机器制造业为主导的经济这一重大转变的第一个历史证明"。这次工业革命(Industrial Revolution)或**这场**工业革命"是 18 世纪从英国开始的,然后又以不同方式蔓延至欧洲大陆国家及海外其他几个地区"。

G. N. 克拉克(Clark 1953,29)1952 年在格拉斯哥讲座(Glasgow Lecture)就工业革命概念发表他的演说时不禁断言,"从编年史的观点看,工业革命的思想已经趋向衰微了":

人们不得不承认,这个名称通常所意指的那个短暂的时期,实际上是一个迅速变革的时期……**出现了**许多奇妙的新机器;**有了**人口大规模增长和流动;**产生了**新的社会不满。然而,这些都不是可以用一个公式来概括的经济生活中一种独特变化的表现。

特别值得指出的是,克拉克认为工业革命有一个逐步酝酿的过程,所以很难确切地说它是从何年何月开始的。而且,在不同的地点,即使是相近的地点,时间表也是不一样的。最后,他提出这样一个问题:什么样的革命可能从 17 世纪开始而到 20 世纪仍未完成?我们将会看到,当 20 世纪的历史学家专注于科学革命时,几乎也会思考同样的问题(参见下面第二十六章)。[8]

第五部分

19 世纪的科学进步

第三部分

19 世纪的科学思想

第十八章　依靠革命还是经由进化？

　　19世纪是科学从道尔顿的原子论向普朗克的量子论发展，同时也包括达尔文进化论的创立的时代；是革命思想充分迸发的时代，是政治革命和社会革命运动此起彼伏的时代。在激进理论和体系的名册上，记载着马克思和恩格斯的社会和政治思想，达尔文的进化论，奥古斯特·孔德（Auguste Comte）的实证主义哲学和弗洛伊德的精神分析学说。1789年的法国大革命成为宣告19世纪到来的先声。此后，这个世纪又先后经历了1820年至1824年的革命、1830年的革命、1848年的革命和1871年的革命，以及整个欧洲一国或多国革命运动的蓬勃兴起。1848年是特别不同寻常的，是一个多事之秋。以1905年夭折的俄国革命而告终，19世纪无疑是一个"革命的时代"（Hobsbawm 1962）。然而，19世纪也是一个进化的时代。达尔文的进化论，作为那个世纪主要的新的科学概念，不仅改变了生物学的进程和当时流行的科学进步观念，而且还影响到从社会学、政治科学和人类学到文学批评这样一些学科领域中的理论。不过，似乎有些自相矛盾的是，这个在当时占据主导地位的进化论思想，却是在科学史上一次最伟大的革命的背景下提出来的。

　　从19世纪初开始，人们似乎普遍在法国大革命的意义上来理解"革命(revolution)"一词的含义——确立一种新秩序,创造一种新体制,提出一系列新思想。对几乎所有思想家和实干家来说,"革命"一词已经完全失去了它原来所具有的回转、循环或盛衰这样一些语源学的含义。[1]但是,在19世纪中期前后,又出现了对这个概念的新的牵强附会的解释,即"不断革命"(permanent revolution)的说法。这一说法是卡尔·马克思和弗里德里希·恩格斯在讨论处于"小资产阶级的"民主政体之下"无产阶级的"组织应当坚持什么样的立场这个问题时提出来的(Marx and Engels 1962,1:106-117)。马克思和恩格斯给出的回答是:"他们的战斗口号应该是:'不断革命'(The Revolution in Permanence,'Die Revolution in Permanenz')"①。但是,甚至比这更早,1848年10月,P.-J.蒲鲁东(Proudhon 1923,3:17)就曾公开宣称:"谁要谈革命,谁就必谈进步"。他接着说,因此"革命是**不断进行的**(*en permanence*),而且,严格说来,并不存在几场各不相同的革命,实际上只有一场相同的而且[是]不间断进行的革命"。后来,不断革命这一概念的含义逐步超出了纯粹意识形态的范围。在列宁去世以后的俄国,它变成了列昂·托洛茨基(Leon Trotsky)和约瑟夫·斯大林(Joseph Stalin)及其各自的追随者之间一个重要的思想分水岭[参见 Hartmut Tetsch(哈特穆特·泰奇)1973,84-92,97-105]。不断革命无疑是18世纪革命观的彻底转变,在18

---

①　参见《马克思恩格斯选集》第1卷,人民出版社,1972年5月第1版,第392页。——译者

世纪时，通常把革命看作是某个单一的事件，或者是能够推翻现存政治、社会或经济制度并建立起一种新制度的一系列相关事件的结果。[2]

那些在19世纪以科学中的革命为主题著书立说的人们，并未明确地使用马克思主义的"revolution in permanence"或"permanent revolution"（"不断革命"）这两个短语，而且也并不是科学致使蒲鲁东、马克思和恩格斯产生了这个长期革命的意向。不过，在19世纪，许多科学家和科学分析家开始把科学构想为一种不间断的或永无止境的探索。科学探索的这个方面已由一个数学隐喻表达出来：真理位于一根渐近线之上。这意味着科学没有什么简单有限的终点，真理是一个相当遥远的目标，我们可以越来越接近这个目标，但永远不会完全地达到这个目标。

因此，随着19世纪的向前发展，人们逐步接受了这样一个思想，即科学中发生了革命，而且正是这些革命（也许是一系列不停息的革命）推动了科学的发展。但是，人们也渐渐认识到，这样一些革命可能是长期的，而不像一场政治革命那样可能仅仅持续短短几年的时间。也正是在这个时候，出现了这种科学革命（Scientific Revolution）的概念：从哥白尼到牛顿，一系列事件延续了大概一个世纪或者更长的时间，而近代科学就是在这个过程中产生的。这个概念清楚地出现在奥古斯特·孔德的著作中（参见Guerlac 1977, 33）。但是，就像孔德的许多思想一样，我们在亨利·德·圣西门（Henri de Saint-Simon）的著作中也可以发现这个概念的萌芽（孔德曾当过圣西门的秘书，参见后面的第二十二章。）同时，我们还看到，在19世纪最初的几十年里，人们普遍意识到了一场长期的工业革命。在20世纪，认为科学是一个持续的探索过程或者是一个长期的不间断的革命的观点，出现在人们广泛阅读的赫伯特·巴特菲尔德（Herbert Butterfield）讲演集（1949）[1]和鲁珀特·霍尔（Rupert Hall）的《1500-1800年的科学革命》（1954）中。

但是，在19世纪，并非所有论述科学进步的思想家都认为革命是值得期待或必然发生的。在那个世纪的最后25年间，人们开始表达出这样一个愿望，即科学中的革命是可以避免的。而且，在某些思想团体中，有人认为科学中的革命根本就不会发生。诸如马赫、玻尔兹曼、西蒙·纽科姆（Simon Newcomb）、爱因斯坦等知名科学家认为，重大的突破是一个进化过程而非革命进程的组成部分。在1904年圣路易斯世界博览会（Universal Exposition）期间召开的艺术和科学大会上，西蒙·纽科姆以《科学研究者的进化》（"The Evolution of the Scientific Investigator"）为题致开场辞。他坚持认为，这种进化是个"很有价值的主题"（1905，137）："从这个观点来看，在把人类提高到目前所处的主人翁地位的运动中，首要的代理人显然是科学研究者……作为实现其代表相聚的首位代理人，使他的进化成为今天对我们有价值的主题。正如我们要通过研究一个有机体发育和成长的各个阶段以追踪它的进化一样，我们也必须弄清楚，科学研究者的工作是怎样同其前辈们所付出的几乎是徒劳无益的努力联系在一起的"。纽科姆认为，革命是长期进化发展的顶点；它们也许是不明显的，而且，也许要经过

---

① 指巴特菲尔德的《近代科学的起源》，详情请参见本书第二十六章。——译者

比较深入的研究才可能被揭示出来。

在 19 世纪即将结束的时候，由革命观到进化观的这种转变，从一定程度上说是对政治和社会发展的一种反应，政治和社会的发展使思想家们越来越强烈地意识到政治革命所产生的消极影响。无论人们怎样看待法国大革命的目标和理想，总是存在这样一个不可回避的事实：共和国屈服于一位行政官，并且最终屈从于一位君主的统治。旧的贵族被保留了下来，而且拿破仑又加封了一批新的贵族，这无疑是对所谓"平等"原则的嘲弄。而且，人们忘却恐怖时代猖狂的暴行可能需要相当长的时间。人们必须记住，19 世纪欧洲发生的革命几乎都伴随着暴力：在 1848 年的革命中，人们设置街垒和路障进行战斗，重又恢复了法国大革命的极端行动。

1830 年，历史学家巴托尔德·格奥尔格·尼布尔（Barthold Georg Niebuhr）在他关于罗马史的著作①第 2 卷的序言［Niebuhr 1828－1832，2：2；参见 Schieder（席德尔）1950，237］中写道："如果上帝不进行干预"，那么这个世界就将重新走向崩溃，就像"公元 3 世纪中叶在罗马帝国发生的情况那样，繁荣、自由、教育和科学全都灰飞烟灭"。40 年后，1871 年 11 月，雅各布·布克哈特（Jacob Burckhardt）②就法国大革命年代作了一系列演讲。一开始他

---

①　指尼布尔 3 卷本的《罗马史》(*Römische Geschichte*)。——译者

②　雅各布·布克哈特（1818 年－1897 年），瑞士艺术史家和文化史家，文化史的先驱；一生著述颇丰，其中最著名的是《意大利文艺复兴时期的文化》(1860)，其他重要著作还有《君士坦丁大帝时代》(1853)、《向导：意大利艺术品鉴赏导论》(1855)，以及他去世后出版的《世界历史沉思录》和 3 卷本的《希腊文化史》。——译者

就指出:"人们关于这一进程可以觉察到,对于我们今天所处的时代来说,实际上每一件事都是一次革命。而且,也许我们比较接近或者说我们正处在革命的第二个阶段;从1815年到1848年这表面上似乎很平静的30年,原来不过是那一幕大戏中的一个幕间插曲。但是,这似乎正在变成与我们这个世界过去已经发生的所有事件形成鲜明对照的一场运动"(Burckhardt 1942,200)。

　　根据以上这些以及类似的关于革命的破坏性的论述,当我们看到革命这一概念在19世纪最初四分之三的时间里一直是一个占主导地位的概念,而在19世纪最后四分之一的时间里在某种程度上让位于进化概念,这时,我们就不会感到惊奇了。就科学范围而言,我们也许能够在关于地质变化的理论中为这个从革命到进化的趋向找到证明。这个例子是特别值得注意的,因为它生动地说明了政治革命不断变化的观念和经验对科学思想的实际发展(而不是对关于科学进步或科学史的看法)产生的影响。通过比较地质学家们在18世纪、19世纪初和19世纪末对"revolution"这个术语的三种用法,也许可以看到这样一个变化。

　　在18世纪,关于地球历史的考察一般都遵循布丰关于那些改变了地球的性质、结构和表面的巨变(revolution)的看法。遵循启蒙运动的传统,人们通常把这样一些巨变看作是在特别重大的有序发展过程中插入的一些阶段,而不是以暴力为标志的激变。19世纪初,由于受法国大革命的影响,"revolution"在人们心目中的形象发生了变化。因此,居维叶在使用这一术语时,其含义与他的前辈们完全不同。居维叶充分认识到法国大革命的作用,尤其是它对科学所产生的影响,并在1827年写了一本深入研究这一主题的颇有见地的著作。所以，当我们发现[遵从马丁·拉德威克(Martin Rudwick)的建议，1972，109]居维叶对布丰关于地球上巨变(revolution)的观念进行了改造并赋予它一种1789年以后的含义时就不会感到惊奇了。这样一些巨变不再仅仅是一系列地壳的蚀变，而其中最后一次蚀变(在布丰看来)是由人类引起的。现在，它们变成了激烈的、突变的事件，伴随着这些激变和突变的是生命自身的毁灭。这样，居维叶所说的巨变就不仅包括地质学的变化，而且也包括远古动物和植物种群的灭绝。我们通过对古化石记录的研究便可以得知，这些动植物的种群在过去的时代是存在的。

到19世纪末，人们对"revolution"普遍表现出强烈的反感，认为地质学家们在记述地球的历史时，已经完全不必要再使用"revolution"这样一些字眼。人们之所以有这样的期待，目的在于以达尔文阐释"物种进化"的地质学类推法——它已经取代了居维叶在解释古化石中发现的一系列植物和动物时所说的激变或巨变——取代关于这样一些巨变的旧的看法。威廉·莫里斯·戴维斯(William Morris Davis)1904年在圣路易斯艺术和科学大会上的致辞中明确阐述了这个观点。他运用进化和革命这两个概念，分析了19世纪地球科学的发展。当然，他充分意识到"以19世纪下半叶的进化论哲学取代19世纪上半叶的目的论哲学的那场革命"(1906，494)。他断言："这场革命使我们关于地球及其居住者的看法发生了深刻的变化"。他坚持认为，地质学家应当在比达尔文的自然选择"更宽泛的意义"上使用进化这个术语。戴维斯的这一见解在当前具有非常重要的意义。他在对地质学变化进行了讨

论后断言:"我们非常高兴用进化所展现的平静过程取代我们前辈
们的剧烈革命"(第 496 页)。

　　看上去也许有些反常的是,当激烈的革命活动与反对这一活
动的行动交锋时,像查尔斯·达尔文和天文学家、哲学家赫歇耳爵
士这样本质上保守的人的科学观可能是如此激进,以至于他们认
为"革命"是一种值得称赞的成就。达尔文和赫歇尔都把查尔斯·
赖尔对地质学的影响视为一场革命,而且达尔文还进一步正确地
预言,当他自己的思想被普遍接受时,生物学中将发生一场"重大
的革命"。这种使一门科学"革命化"的观念,在 19 世纪实际上是
相当普遍的,尽管到那个世纪末的时候出现了偏离这个概念的运
动。1845 年,有一篇关于显微镜和组织学的演说惊呼,电流的发
现"怎样使整个化学和相当大部分的物理学实现了革命化"[John
Hughes Bennett(约翰·休斯·贝内特)1845,520]。在达尔文发
表关于进化论的第一篇论文那一年(1858 年),伦敦林奈学会主席
曾经预言,生物学中进行一场革命的时机已经成熟。在 1888 年关
于疾病细菌理论的一次讨论[Conn(康恩)1888,5]中,有人解释
说,当那时的医生都还是学生的时候,这一理论就曾遭到嘲笑:"所
以,并不奇怪,他们仍然会拒绝接受一种使关于疾病的概念如此革
命化的理论"。在一本关于拉普拉斯的传记[François Arago(弗
朗索瓦·阿拉戈)1855,462;1859,309]中,阿拉戈认为开普勒和牛
顿所取得的成就是"天文学中的令人惊叹的革命"。在《哈珀斯新
月刊》(*Harper's New Monthly Magazine*)刊载的一篇文章中,一位
美国记者[Rideing(赖丁)1878]说:约瑟夫·利斯特(Joseph List-

278

er)①"治疗创伤的消毒方法几乎造成了整个外科学的革命化"。

　　科学是通过缓慢的积累还是更激进的革命观念发展的，这两种看法之间的张力在尤斯图斯·冯·李比希的著作中得到了生动描述。李比希是19世纪中期最杰出的科学家之一。在1866年一篇题为《科学思想的发展》（"The Development of Ideas in Science"）的论文中，李比希提出了一个相当新颖的见解：由于大量研究者不断做出和日益增多的贡献，几个世纪以来，科学一直在平稳地往前发展"（参见 Leibig 1874）。例如，现在关于大气中气体性质思想的形成，正是几千年来成百上千人努力的结果。这也许是对关于科学发展的"累积观"或"递增观"最早的正式描述之一。

　　当然，正如李比希在另一篇论文中认识到的，伟大的科学家所作出的贡献对于科学的进步是极为关键的。为了指出这样一些贡献的确切本质，他以圆周运动作类比，认为这种运动是不断变化着的半径的循环。他说（同上，273）："进步就像是一种圆周运动，在这种运动中，半径不断延长，而且，如果我们的知识视野日趋开阔的话，那么，任何一种新的丰富的思想必定要充实到现存的思想宝库之中"。他这样解释这个过程："从伟人们最有影响的成就中去掉他们从其他人那里得到的思想，总会剩下某些其他人所没有的东西——通常只是一种新思想的一小部分，然而，也正是因为这一点，一个人才成其为伟人。"对科学的这个特殊看法排除了科学依靠革命而发展的概念。但是，李比希在一个"自传提纲"（1891，36；

---

　　①　约瑟夫·利斯特(1827－1912年)，英国外科医生，抗菌外科的先驱。他成功地引入石碳酸亦即现在所说的苯酚，用于消毒外科器械和清理伤口，从而降低了术后感染，并使手术更加安全。——译者

1891*a*,277)中写道,当 1824 年从巴黎回到德国时,他发现,"通过贝采利乌斯(Berzelius)、罗泽(H. Rose)、密切利希(Mitscherlich)、马格纳斯(Magnus)和维勒(Wöhler)①这个学派,有机化学中一场伟大的革命['Umschwung']已经开始。"

　　在 1903 年问世后反复再版并产生广泛影响的《19 世纪欧洲思想史》(*A History of European Thought in the Nineteenth Century*)中,历史学家约翰·西奥多·默茨(John Theodore Merz)把自己归入到反对主要根据革命来看待那个时期的 19 世纪的那些研究者之列。默茨拒绝"把 19 世纪的思想看作本质上具有革命性的思想",因为"破坏性的工作就其稍早和较为激烈的阶段而言,属于之前的时代",属于一个"没有被错误地称为革命世纪的时期"(1896,1:77-78)。在随后几页,默茨探讨了"革命精神"的破坏性特点。他说,"破坏性的工作确实仍在进行之中;在这个建设或重建的工作中间,我们仍然目睹了革命精神的作用"。作为"这些

---

　　① (1)约恩斯·雅各布·贝采利乌斯(Jöns Jacob Berzelius,1779-1848 年),瑞典杰出化学家,现代化学的奠基者之一,在原子量的测定、现代化学符号的发明、电化学理论、数种元素的发现和分离、经典分析技术的发明等方面,作出了重大贡献。(2)海因里希·罗泽(Heinrich Rose,1795-1864 年),德国矿物学家和分析化学家,重新发现了元素铌,决定性地证明了它与钽的不同。(3)艾尔哈德·密切利希(Eilhard Mitscherlich,1794-1863 年),德国著名化学家,晶体同形性理论的发明者,还是硒酸和硫的单斜晶形的发现者,并且为革命了名;另外,他也是最早认识现在所说的催化作用的人之一。(4)海因里希·古斯塔夫·马格纳斯(Heinrich Gustav Magnus,1802-1870 年),德国著名化学家和物理学家,因其在流体力学中发现了马格纳斯现象而闻名。(5)弗里德里希·维勒(Friedrich Wöhler 1800-1882 年),德国杰出化学家,在无机化学和有机化学方面均有建树,其重要贡献包括:人工合成了尿素,发现了同分异构现象,发现或分离出了数种化学元素并且命名了铍,与李比希共同发现了苯甲酸基团和扁桃苷,独立发现了氢醌,等等。——译者

破坏性影响"的一个例证，他指向了"在康德哲学和观念论学派（idealistic school）中形成的新思想"，这一新思想"在其进一步的发展中，逐步蜕变成为一种肤浅的唯物论和不可救药的怀疑论"。

默茨如此沉湎于革命和破坏的同义性，以致他甚至宣称他的目的在于"把思想看作是一种建设性而非破坏性的力量"。因此，尽管他承认"没有一个时代像我们的时代这样拥有如此丰富的彼此竞争的理论，如此颠覆性的旧观念，如此破坏性的许多时代以来一直固守的原则"（第80页），但是，他依然强调（"把我的注意力和我的叙述集中在"）"这个世纪的发展进程中涌现出来的卓越的和建设性的思想"（第81页）："这些建设性的思想包括，关于能量及其守恒和耗散的思想；平均、统计学和概率学说，；达尔文和斯宾塞关于科学和哲学中的进化思想；个人主义和个性学说，以及洛采（Lotze）[1]关于"价值（'values'或'worths'）的独特的世界观"。所以，默茨在展开这一主题时只是在很少地方使用了科学（或哲学）中革命的概念，甚至有时只是作为一个隐喻来使用，无论怎样都不让人觉得奇怪了。我们因此可以赋予他在谈到麦克斯韦的电磁理论时使用"革命的"这个形容词的做法以特殊的重要性。让人难以理解的是，当默茨在他的叙述中提到麦克斯韦时，他似乎忘记了他原来曾经把革命与破坏等同起来，而且他似乎是在他那个时代比

280

---

① 鲁道夫·赫尔曼·洛采（Rudolf Hermann Lotze, 1817–1881年），德国哲学家、美学家和逻辑学家，他同时还是一位医学科学家，在科学心理学方面作出了开拓性的贡献；其主要著作有《形而上学》(1841)、《逻辑学》(1843)、《小宇宙》(3卷, 1856–1864)、《哲学体系（一）》(1874)、《哲学体系（二）》(1879)、《宗教哲学基础》(1883)、《美学基础》(1884)，等等。——译者

较普遍的意义上使用"革命的"这个词来表示特别富有成效的彻底创新。

默茨生动地描述了一种我已经提到过的现象:历史学家和科学家有关科学中革命的许多言论所表达的观点,也许并不代表一种经过深思熟虑且一贯坚持的哲学立场。因此,虽然默茨在其《19世纪欧洲思想史》第1卷中把革命等同于破坏,但在专门论述科学的前两卷的第2卷中,又在一种完全不同和更为普遍的意义上引入了革命的概念。麦克斯韦的电磁理论并不是默茨把科学同革命联系在一起的唯一例证。默茨认为,除了"达尔文提出的见解"外,科学中没有什么其他的思想像"关于能量的思想"这样对"整个的思想"产生过如此强大的作用和影响。此后,默茨(1903,2:136 - 137)指出,"必须创造一个新的词汇表",教科书"必须重写","必须用更正确的术语修正、校订和重新表述既成的理论","[必须]用新创造的方法着手解决若干时代以来一直悬而未决的问题"。他说,"把自然看作是能量转换的运动场"的这些结果,将被视为"科学思想领域中的革命"。但是,在他随后对这些进展的论述中,"革命"这个词和概念显然是找不到的。[3]

尽管利昂·埃雷拉(Leon Errera)等人认为科学是一种恒久的或永无止境的探索(不管它是革命性的还是逐步进化的),但是到19世纪末却出现了一场愈益壮大的思想运动,它认为科学是有限的,而且在某些领域是几近完成的。尽管也有些化学家和天文学家表示赞同,但似乎坚持这一观点的绝大多数是物理学家[参见Badash(巴达士)1972]。关于科学在某些领域接近完成的这个设想,是作为剑桥大学第一位卡文迪什教授的麦克斯韦在其就职演说中提出来的(1890,*2*:244)："几年之内,留给科学家们的唯一一项工作,就是把[对奇妙的物理常数的]这些测量推进到另一位小数"。麦克斯韦本人一直在提及这个观点可能只是为了消解它,但L.巴达士(1972)则指出,这个观点可能比通常人们所设想的更为普遍,尤其在英语国家的自然科学家中间更是如此。

　　关于这里所说的"下一个小数位"综合征的一个经常被引据的例子是迈克耳逊(A. A. Michelson),他以测定光速和参与迈克耳逊－莫雷实验而闻名。据芝加哥大学 1898－1899 年情况便览记载,迈克耳逊发表过在芝加哥大学赖尔森物理实验室(Ryerson Physical Laboratory)落成典礼上演说的一个摘要,其中有一个地方是这样说的(转引自 Badash 1972,52)："尽管我们从来不敢有把握地断言,在物理学的未来发展中不会再发生什么比过去曾经发生的更令人惊叹的奇迹,但是,绝大多数最重要的基本原则似乎已经牢固地确立起来了……一位著名的物理学家说过,物理学未来的真理要在第六个小数位中去寻找"。迈克耳逊的同事罗伯特·A. 密立根认为(1950,23－24),迈克耳逊说的这位著名的物理学家就是开尔文勋爵(Lord Kelvin)。密立根说,迈克耳逊后来可能"为自己的这句话而深深地自责";但是,迈克耳逊曾在不止一个场合重复过这个说法。1903 年,他在《光波及其应用》(*Light Waves and Their Uses*)一书中说:

　　　　极致细分在测量科学中……会起到什么样的作用呢？概括和笼统地说,似乎可以做出这样的回答:在所有未来的发现中,大部分的发现都必定以此为指向。物理学比较重要的基

（右侧页码）281

本规律和事实都已被发现,而且这些规律和事实现在被如此牢固地确立了起来,以至于几乎不可能通过新的发现去取代它们。不过,人们发现,对于其中的大多数规律来说,有许多明显的例外,而且当观察达到一定的限度,也就是说每当实验的环境使得能够考察极致的情况时,就尤其如此。几乎可以肯定的是,这样的考察不会带来推翻既有规律的结果,而是会导致其他事实和规律的发现,正是这些新发现的事实和规律的作用产生了明显的例外。

1897年,查尔斯·埃默森·柯里(Charles Emerson Curry)的《电和磁的理论》(*Theory of Electricity and Magnetism*)在伦敦问世。我不知柯里为何人[他的名字并未出现于《国民传记辞典》(*Dictionary of National Biography*)和《科学家传记辞典》(*Dictionary of Scientific Biography*)中,在《世界科学名人录》(*World Who's Who in Science*)中也找不到]。但是,他的书是麦克米兰公司(Macmillan and Company)出版的,而且作者显然是相当有些名气的,从而能够有幸请路德维希·玻尔兹曼为自己的著作作序。开始的一句话是这样说的:"理论物理学的所有学科,除去电学和磁学外,在科学目前的状态下,都可以被看作是结束了,也就是说,年复一年,它们当中所发生的只是一些无关紧要的变化"。后来因其创造性的研究工作而相当出名的两位物理学家——普朗克和密立根都曾表现出对物理学之未来的悲观主义。1875年,普朗克曾为在古典语文学、音乐和物理学这些学科中为自己选择一个职业而感到为难。他不顾菲利普·J. G. 冯·乔利(Philipp J.

G. von Jolly)教授的劝告,最终选择了物理学。而乔利教授曾经告诉他,在那一学科中不会有任何新的发现[Meissner(迈斯纳)1951,75]。密立根(1950,269 - 270)说,1894 年在哥伦比亚大学,"当社会科学的新的'生机勃勃的'领域刚刚在开辟的时候",他的研究生同学"不断讥笑他坚守一种像物理学这样的'已经完成的'而且是'已经死掉的学科'"。

19 世纪有关科学中革命的整个思想史,完全可以轻而易举地写成一本书。三位法国著名思想家——圣西门、孔德和库尔诺(Cournot)的思想,以及马克思和恩格斯的影响,我们将在稍后一章中加以探讨。但是,我们将首先转向 19 世纪最重要的科学革命即达尔文的革命。具有讽刺意味的是,达尔文的革命却使进化(e-volution)这个概念广为流传,而这个概念对于削弱一些科学家关于存在科学革命的信念最终起了促进作用。[4]

第十九章　达尔文革命

　　达尔文革命是 19 世纪主要的科学中的革命。它摧毁了以人为宇宙中心的宇宙观，而且"在人类思想中引起了一场比自文艺复兴科学得以再生以来任何其他的科学进步更伟大的变化"（Mayr 1972，987）。达尔文革命是人们通常所列举的伟大的科学革命中唯一的生物学革命，伟大的科学中的革命一般都与自然科学家们的名字联系在一起：哥白尼、笛卡尔、牛顿、拉瓦锡、麦克斯韦、爱因斯坦、玻尔和海森伯。正如西格蒙德·弗洛伊德（1953，16：285）敏锐指出的，达尔文革命是给予人类自恋的自我形象以沉重打击的三次革命之一——其他两次革命是哥白尼的革命和弗洛伊德本人发动的革命。而且，达尔文革命与所有其他科学中的革命不同，就我所知，它是唯一的一次这样的革命：它在对其理论的第一次充分表述中，包含了它将引起一场革命这样一种正式宣言。

　　达尔文进化论的巨大革命影响在某种程度上来源于科学以外的成分，来源于人们所说的伴随的意识形态革命。甚至对于科学家们的反应来说，这也是事实，因为科学家同其他人一样，其看法往往会受到他们的哲学的、宗教的以及其他的先入之见的强烈影响。所以，达尔文的一位批评者坚持认为，《物种起源》对他的"道德判断力"造成了"很大的冲击"。他说，达尔文是从"因果作用即

[是]上帝的意志"这个观点出发的。这位批评者说,他能够"证明"上帝"代表着他的创造物的利益",而且他担心,达尔文提出的另一种观点终归将使人类"受到一种可能使他们变得残忍的伤害"。他担忧的是,达尔文大概会使"人类[沦落]到这样一个堕落的深渊,自有向我们讲述人类历史的有文字记载的记录以来,他们的任何倒退都无法与之相比"。这些担心出现在剑桥大学伍德沃德地质学讲座教授①写给达尔文(Darwin 1887,2：247-250)的一封信中。该信最后的署名是"您的忠实的老朋友"亚当·塞奇威克(Adam Sedgwick)②。这个颇具感情色彩的说法突出了赫胥黎对达尔文的告诫中所预言的事实。赫胥黎曾警告达尔文(同上,第231页)："除非我犯了一个极大的错误,否则,你会受到……相当多的侮辱"。

达尔文对革命的看法

在1848年的革命席卷欧洲11年之后,查尔斯·达尔文于1859年出版了他的《物种起源》一书。他写就《物种起源》最后一稿时,正是《共产党宣言》发表10年之后。《共产党宣言》不仅宣告了一场即将来临的革命,而且也使为了政治和社会革命而采取的行动制度化了。达尔文在19世纪40年代和50年代期间阅读的

---

① 这是英国博物学家、文物收藏家和地质学家约翰·伍德沃德(John Woodward,1665-1728年)用其遗产于1728年在剑桥大学设立的一个教职。——译者

② 亚当·塞奇威克(1785-1873年),英国地质学家,现代地质学的奠基者之一。——译者

杂志中有大量谈论政治革命、革命活动甚至科学中的革命的文章。尽管在英国有一些工业不稳定的迹象，但是，英国人并未感觉到革命的威胁；他们唯一的革命经历要上溯到1688年的那些岁月，而且，从1789年或1848年的革命的标准来看，光荣革命可以说是一个相当平静的变革。因此，英国的科学家和哲学家可以以一种超然的安之若素的心态来沉思革命，至少是科学中的革命。在《物种起源》出版前几十年，达尔文可能对革命变革的形象早已熟悉了（详细情况请参见后面的补充材料19.1），而且他在自己的著作中有好几次明显地提到了科学中的革命。

285   其中有一处是在第十章，在此，达尔文称赞赖尔的"博物学中的革命"。此外，在第九章（1859，306）讨论"地质记录的不完整"时，达尔文写道，一场"我们古生物学思想中的革命"已经发生了。在《物种起源》的最后一章，达尔文详尽地和正式地宣布了他自己的理论，他在此章中直截了当地说："我在本书中所阐述的见解，或者有关物种起源的类似见解，一旦被普遍地采纳，那么我们就可以隐约地预见到，在博物学中将发生一场重大的革命。"这个表述有一种特别的达尔文的韵味。它以一种人们所熟知的达尔文独有的谦虚体现在"我们就可以隐约地预见到"这些词语中，但是，它接着又大胆地和有力地宣告了"一场重大的革命"。[1]

在一个正式的科学出版物中宣告革命这类事件，在科学史中似乎鲜有相似的情况。许多科学家在通信或手稿中，在笔记或个人的研究日志中都写道，他们自己的工作是革命性的或者是正在导致革命的。不过，只有拉瓦锡和达尔文在出版物中评价说，他们自己的贡献是革命性的或是正在导致革命的。[2]拉瓦锡在巴黎科学院宣读了一篇后来发表的论文,该论文提到了新的化学,以及随之而出现的一种运用革命(化学基础中的革命,因而影响到教育)的措辞的新的化学命名语言,不过,像达尔文一样,他在充分描述这种新理论时,并没有使用"革命"这个术语。

我们没有达尔文关于革命或科学中的革命的思想发展的直接证据。他肯定熟悉居维叶所使用的地质学意义上的"revolution"概念。赖尔的著作延续了这一传统。赖尔的《古人类的地质证据》(*Geological Evidence of Antiquity of Man*,1914)中有一章论述了过去时代的"大量的地质巨变(Vast Geographical Revolution)"。我们从达尔文的自传中还得知,他把法国大革命与暴力联系在一起。在描述他在剑桥同约翰·史蒂文斯·亨斯洛(John Stevens Henslow)①一道亲眼看见的一个可怕的事件时,达尔文写道,它是一幕"几乎与法国大革命时期人们可能经历过的事件同样可怖的景象"(1958,65)。他所说的是,有两名盗尸的罪犯在被押送去监狱的途中,"被一群暴徒从警察手中抢走了,这伙暴徒拖着他们俩的双腿,在泥泞的石子路面上行走"。这两名受害者"从头到脚全身都是污泥",而且"满脸血污":这些血不是"被这帮人踢伤的,就是被石块击破的",因此,"他们看起来好像是死尸一般"。长久地埋在达尔文记忆中的这个暴力的经历,使我们进一步确信,对于达尔文来说,"科学中的革命"这个概念并不是一个暗指变化的

286

────────────

①　约翰·史蒂文斯·亨斯洛(1796－1861年),英国牧师、植物学家、地质学家;主要著作有《英国植物录》(1829)和《描述植物学和生理植物学原理》(1835)等。——译者

无用的隐喻,而是意指为了一种基本信念的彻底改变而粗暴对待科学知识的既成体系。

早在 1844 年 1 月 11 日《物种起源》发表 10 年半之前,达尔文写信给英国博物学家约瑟夫·胡克(Joseph Hooker)爵士(1887,2:23)说:"光明终于闪现出来"。"我几乎确信(与我原来所持的观点截然相反),物种并非(就像坦白一次破坏那样)是永远不变的"。我们也许会同意已故的沃尔特·费伊·坎农(Walter Faye Cannon)的说法(1961):达尔文的确是在认真思考破坏问题,即思考"赖尔依据他的关于永恒的稳定性的均变论原则所容忍的对万物的破坏"。

在此后 15 年时间里,达尔文从 1848 年以前的这一观念——即把科学中的反叛的暴力看作是"破坏"既成的思想,发展到在 1859 年自豪地宣告"一场重大的革命"。在提出破坏和革命这两种措辞之间的这 12 年之中,包含着 1848 年的革命活动及其结果。这些事件在达尔文那些年所阅读的杂志中是很突出的(参见后面的补充材料 19.1)。

我们有直接的证据表明,到 1859 年,当达尔文即将完成《物种起源》一书的写作的时候,科学中的革命的思想还是虚无缥缈的。林奈学会(伦敦)主席托马斯·贝尔(Thomas Bell)在他 1859 年 5 月的就职演说中讨论了科学中的革命,这是对该学会过去一年活动的评论的一部分。他说[Gage(盖奇)1938,56],"只有在相隔很长时间之后,我们才能够合理地预期任何突然的和辉煌的创新,这样的创新将在任何学科知识的特性上打上一个显著的和永久的印记。"他继续说,像"培根或牛顿、奥斯式

(Oersted)①或惠斯通（Wheatstone）②、戴维（Davy）③或达盖尔（Daguerre）④"这样的人的出现，"是一种偶然现象"，"他们的经历和事业似乎是由上帝特别决定的，目的是在人的周围环境和追求中引起某种重大的变化"。这些关于科学革命和革命者（上述6人中有4人生活在同一时代）的评论，是对他的主要观点的一种注解："已经过去的那一年……的确不是以任何那些惊人的发现（亦即那些立刻会使它们所涉及的科学部分革命化的发现）为特征的"。在他所说的这一年中，在林奈学会中宣读了达尔文关于进化论的初步报告和艾尔弗雷德·拉塞尔·华莱士的论文《论变种无限背离其原型的倾向》（"On the Tendency of Varieties to Depart Indefinitely from the Original Type"），有鉴于此，这些评论就更为重要。 287

　　当这些论文被宣读的时候，贝尔一直在主持会议。研究林奈学会的历史学家注意到，"贝尔显然不怎么知道或根本不知道，他所主持的会议正在开启一场有关整个生命尤其是人类生命的思想

---

　　① 即汉斯·克里斯蒂安·奥斯忒（Hans Christian Oersted, 1777年－1851年），丹麦物理学家、化学家，丹麦技术大学的创办者；在物理学上，他发现电流能产生磁场；在化学上，他首先使用还原法将铝元素从氯化铝中分离出来。——译者

　　② 即查尔斯·惠斯通（Charles Wheatstone, 1802－1875年），英国科学家和发明家，曾作出过诸多重要发明，如惠斯通电桥、体视镜、普莱费尔密码，等等。——译者

　　③ 即汉弗莱·戴维爵士（Sir Humphry Davy, 1778－1829年），英国化学家，皇家学会皇家奖章获得者，他是迄今为止发现化学元素最多的科学家，因而被誉为无机化学之父。戴维从1803年起成为英国皇家学会会员，从1820年至1827年担任皇家学会会长，其主要著作有《化学和哲学研究》（1800）、《化学哲学原理》（1812）等。——译者

　　④ 即路易·J. M. 达盖尔（Louis J. M. Daguerre, 1787－1851年），法国画家、物理学家和发明家，达盖尔照相法的发明者。——译者

中的革命"(Gage 1938,56)。此言甚是！但是，在当前的语境下更为重要的是，贝尔意识到了在科学中发生了革命，而且生命科学正在为革命作准备。达尔文在《物种起源》中关于博物学中一场即将来临的革命的论述，可以看作是对贝尔以主席身份所作总结的一个直接回答。

达尔文革命的早期阶段

达尔文的进化论清楚地展示了从早期思想根基的革命到论著中的革命的发展阶段。达尔文乘坐小猎犬号[①]作环球旅行(1831 - 1836 年)期间的经历是极为重要的，尤其是他对化石的研究以及对"现存的动物在形式上与已灭绝的物种有紧密联系这一自然法则的证实"；但是，如恩斯特·迈尔(1982, 395)坚持认为的，"在 1831 年参加小猎犬号环球旅行的达尔文已经是一位经验丰富的博物学家了"。我们有可靠的证据表明(同上书，第 408 - 409 页；Sulloway 1983)，达尔文在刚开始那次旅行时尚未成为一个进化论者。他的这个转变发生在 1837 年，那一年，他公开了他的第一个关于"物种变异"的笔记。

达尔文是慢慢得出关于他的思想的结论的。1844 年，他写出了一篇长达 230 页手写纸的随笔(Darwin 1958)，它包含着最终写就的《物种起源》的基本内容。因此，考虑到第二年 9 月的自然选

---

① 小猎犬号(*Beagle*)又译贝格尔号，是英国皇家海军的一艘双桅横帆船，1818 年 6 月动工建造，1820 年 5 月 11 日下水。达尔文是在该船第二次出航时作为博物学家随船进行科学考察的。——译者

择理论,而且在大约 20 年的时间未以任何形式公开他的思想,我们很难说达尔文在 1837 年已经成为一个进化论者了。简言之,思想革命是在 1836－1837 年完成的;投入革命的第二阶段,也就是说私人性的革命,发生在 1844 年。但是,论著中的革命这一公开阶段又等了 15 年,直至 1858 年才开始;这一年,达尔文收到了华莱士寄给他的论文,文中提出了自然选择的独立见解。

从私人性的革命到公开的论著中的革命这个转变应当引起注意的一个方面是,达尔文投入到这个转变之中正是他写作 1844 年随笔的时候。1844 年 7 月 5 日,他给妻子写了一封信,信中说,他 288 "刚刚完成了"他的"物种理论"的"草稿"。他请求说,万一他"突然故去",她要"花 400 英镑让它出版",同时专门指出,赖尔将是把这部著作付之出版的最好的编辑("如果他乐于承担编辑工作的话"),而其次的人选依次是福布斯(Forbes)①、亨斯洛、胡克和斯特里克兰(H. E. Strickland)②。达尔文甚至告诉他的妻子,如果他们这些人"谁都不愿"接受这个嘱托的话,她接下来该采取什么步骤,并且告诉她"如果找一个编辑有困难的话",该如何处置这部书稿。

众所周知,达尔文的进化论最初是以达尔文和华莱士联合论文的形式发表的,这是华莱士寄给达尔文一篇请他转交给地质学

---

① 即詹姆斯·戴维·福布斯(James David Forbes, 1809－1868 年),苏格兰物理学家和地质学家,以对热传导和冰川的研究而闻名,曾出版《热学研究》文集 4 卷。由于他的卓越贡献,他获得了英国皇家学会的朗福德奖章(1838)和金质奖章(1843)。——译者

② 即休·埃德温·斯特里克兰(Hugh Edwin Strickland, 1811－1853 年),英国地质学家、博物学家、鸟类学家。——译者

家查尔斯·赖尔的短文之后的事,当时达尔文或许发现该文"异常新颖和有趣"。实际上,这篇使达尔文感到震惊和诧异的论文包含着加文·德比尔爵士(Sir Gavin de Beer)[①]所说(1965,148)的"对达尔文本人关于通过自然选择而进化的理论的简洁但却完美的表述"。达尔文最初的和可敬的本能就是隐匿他自己的著作,发表华莱士的短文。但是,最后经过赖尔和植物学家约瑟夫·胡克(他们都是达尔文的朋友,更为重要的,他们都是科学和真理的朋友)的劝说,达尔文同意把华莱士写的论文,与他未发表的 1844 年"随笔"的一部分,连同他 1857 年写给哈佛大学阿萨·格雷(Asa Gray)的一封信的摘录(其中包含达尔文一直在写作的那部著作的"简短的大纲"),一同发表出来。这些书信以及华莱士的论文都于 1858 年 7 月 1 日在伦敦的林奈学会的会议上被宣读过,而且在同年 8 月 20 日的《会议录》(*Journal of Proceedings*)上发表,发表时的标题为:《论物种形成变异的倾向,兼论变异和物种通过自然选择方式而永存》("On the Tendency of Species to Form Varieties; and on the Perpetuation of Varieties and Species by Natural Means of Selection")。

说到人们对这些新思想的承认,达尔文后来写道:"我们的共同出版物却很少引起人们的重视;我记得,当时唯一公开发表的评论,是都柏林的霍顿(Haughton)教授撰写的;他的结论是,这些著

---

① 加文·德比尔爵士(1899-1972 年),英国动物学家、胚胎学家,在实验胚胎学、解剖学和进化论等研究方面作出了重要贡献,并因此获得了皇家学会的达尔文奖章(1958)和林奈学会金质奖章(1958),其最重要的著作是《脊椎动物的头颅发育》(1935)。——译者

作中的一切新观点都是虚假的,而一切正确的观点都是陈旧的"(1887,1:85)。(达尔文本人没有出席林奈学会的这次著名会议。)胡克后来(在1886年)告诉弗朗西斯·达尔文(Francis Darwin)[①],他和赖尔"都曾经强调(就博物学家而言)应当充分注意这些论文以及它们对博物学等的未来影响,等等"(1887,2:125 - 126)。他说,"论文引起了强烈的兴趣",但是"好像没有相应的讨论"。那次会议之后,人们"平心静气地"谈论这个新的学说:"赖尔赞成,而且也许我也有几分赞同……而会员们[②]则被慑服了,他们在其他情况下可能会反对这一学说"。但是,后来成为林奈学会主席的乔治·边沁(George Bentham)在宣读了达尔文-华莱士的论文后感到如此"不安",以致他撤销了准备列入那次会议日程的后来的发言。在那篇发言中,他利用他对英国植物群的研究支持关于物种恒定性的思想"(Darwin,1887,2:294)。[3]

这一段插曲说明了人们经常讨论的一个问题,亦即就对达尔文进化论所作出的贡献而言,我们应当把多少荣誉记在艾尔弗雷德·拉塞尔·华莱士的名下?把"达尔文革命"仅仅归功于达尔文一人是公平的吗?华莱士的论文,作为激励达尔文为了发表而迅速完成《物种起源》的一个可读版本的直接原因,肯定具有头等重要性。[4]而且,我同时认为,单就这一点来说,也是对进化论学说

① 弗朗西斯·达尔文(1848-1925年),查尔斯·罗伯特·达尔文的第7个孩子和第3个儿子。弗朗西斯·达尔文子承父业从事植物学研究,并且在1882年6月8日被选为皇家学会会员;他是《达尔文自传》(1887)、《达尔文的生平与书信》(1887)、《达尔文的更多书信》(1905)等著作的编辑者。——译者

② 指林奈学会的会员。——译者

的一个重大贡献！但是，从对林奈学会发表的1858年论文的谨慎反应看，仅仅公布达尔文和华莱士提出的通过自然选择而进化的思想，并没导致那场革命。尽管达尔文的《物种起源》得到了不可抗拒的大量证据的支持，但正如该书中所说的，这场革命还停留在争论阶段。[5]因为这里所展示的是生物学中的一种新的思维方式和一门全新的科学[参见Scriven(斯克里文)1959]。[6]《物种起源》的出版时间是1859年11月24日，而且整版图书在出版当日便告售罄。急需的第2版本在大约一个半月后的1860年1月7日面市。紧接着，第3版也问世了。在两年之内，该书一共售出了25,000本。

有一位科学家在一份科学通报中的确使用了在林奈学会上宣读的论文。这位科学家就是亨利·贝克·特里斯特拉姆(Henry Baker Tristram)牧师。他是一位英国圣公会神父和鸟类学家，一直从事撒哈拉大沙漠的云雀和鸣禽的研究。他特别为他所观察到的这些云雀和鸣禽的色彩中以及鸟喙的大小和形状中的"逐渐"变异所打动。1858年，他向他的一位朋友——刚刚结束对冰岛的鸟类考察归来的艾尔弗雷德·牛顿(Alfred Newton)展示了他的研究成果，A. 牛顿后来成了剑桥大学的第一位动物学教授。当A. 牛顿回到家时，他发现有一期8月份的《林奈学会学报》(*Journal of the Linnean Society*)，其中刊登了达尔文和华莱士发表的论文。阅读了论文后，他立刻改变了自己的观点，并且马上意识到，有关通过自然选择而进化的新学说可以说明特里斯特拉姆的发现，并且可以说明他所遇见的某些其他的变异现象。他把这个消息告诉了特里斯特拉姆。特里斯特拉姆在1859年10月的《朱鹭》(*Ibis*)

杂志上发表的研究报告谈到了达尔文和华莱士给林奈学会的通 290 报,并且解释了自然选择如何说明了鸟类有一种与它们所处环境的沙地或土壤相配的颜色,从而保护自己免受捕食它们的动物的侵害,使它们在自然选择的过程中处在有利地位;而且,就鸟嘴的不同大小和形状而言也是如此,这些差异可以使鸟类在不同种类的土壤中掘取蠕虫和采集食物时更为便利。

在后来的历史著作中,特里斯特拉姆对于 1861 年在牛津召开的英国科学促进协会的会议上著名的赫胥黎-威尔伯福斯辩论作了非常有趣的评论。在这场辩论中,人们一般认为塞缪尔·威尔伯福斯("油嘴滑舌的萨姆")主教被赫胥黎羞辱和打败了,而且被迫退出了他在思想上出丑的舞台。然而,事实是,威尔伯福斯给当时在场的许多科学家留下了一个深刻的印象。这些科学家中包括特里斯特拉姆,他是最早在出版物中公开皈依新的通过自然选择而进化之理论的人。威尔伯福斯的论点使他如此心悦诚服,以至于他在当时当场就变成了一个反达尔文主义者,而且在他的余生中也一直如此,尽管他的朋友 A.牛顿曾反复尝试使他重新皈依这一理论。此外,我们也许还可以补充说,威尔伯福斯不仅完全没有为他的表现而感到羞愧,而且在《评论季刊》(*Quarterly Review*)上发表了经过扩充和订正的他的谈话。这篇文章后来又被骄傲地重印在两卷本的威尔伯福斯论文集中。(有关特里斯特拉姆和威尔伯福斯的信息,请参见 Cohen 1984。)

最近我有机会重新阅读了威尔伯福斯的论文,我发现,虽然威尔伯福斯以强势猛烈地抨击了达尔文,但他也称赞达尔文在《物种起源》一书中对科学作出的重要贡献。在威尔伯福斯看来,无论人们是否相信自然选择的观念,这一生物学思维中的主要创新,应当归功于达尔文。当然,威尔伯福斯并不相信进化,而且因此他把自然选择解释为上帝淘汰不适宜者的过程。在我看来,这似乎是格外值得注意的,尤其是,托马斯·亨利·赫胥黎——达尔文进化论的主要捍卫者之一,有时被称为"达尔文的斗犬",他从未完全接受其理论的这个特别的部分[参见 Edward Poulton(爱德华·波尔顿)1896,第18章]。

有充足的证据表明,达尔文本人所处时代的科学家和其他思想家认为,他的进化论和自然选择理论是革命性的。在《物种起源》出版前夕的11月21日,英国植物学家休伊特·C.沃森(Hewett C. Watson)写信给达尔文说,自然选择"具有所有伟大的自然真理的特点,它澄清了晦涩不明之处,简化了错综复杂的环节,极大丰富了以前的知识"。而且,尽管他向达尔文指出"在某种程度上,需要限制或修改你目前对自然选择原理的运用,也可能在某种程度上还需要扩展这一原理的应用",但他在信的结尾告诉达尔文,"你是20世纪(如果不是所有世纪)的博物学中最伟大的革命者"。20世纪的科学家、哲学家和历史学家[如恩斯特·迈尔、迈克尔·鲁斯(Michael Ruse)、D. R. 奥尔德罗伊德(Oldroyd)和加特鲁德·希梅尔法布(Gertrude Himmelfarb)]现在也一致认为,科学中的达尔文革命确曾发生,而且达尔文的理论自1859年以来对生物学史和古生物学史产生了深远和长期的影响。自达尔文时代以来的生物学史,尤其是在过去20年中的生物学史,表明了达尔文的进化论对这一学科产生了多么深刻的影响。因而,我们这里所说的达尔文革命非常容易通过对这类革命的所有检验。

达尔文革命的性质

　　然而,达尔文学说究竟有哪些革命的特点呢? 谁都知道,达尔文并非是信奉进化的第一人。实际上,史学家们似乎并不太情愿找出信奉一种一般进化论的达尔文的先驱,甚或那些可能早就考虑过自然选择思想的人。但是,我们必须指出,1859 年以前对这些思想的表述并没有像达尔文在《物种起源》中所做的那样,根本改变科学的性质。造成这个差别的一个主要原因,在我看来似乎在于这样一个事实,达尔文不只是提交了另一篇论文,或者说,他并不只是提出了对一个假说的另一种陈述(无论它怎样看似是合理的),而是经过认真的推理并依据大量的观察证据证明,物种经自然选择而进化是合乎逻辑的可靠的学说。尤其是,他把极其丰富的动植物繁殖者的经验汇集在了一起;正如他所说的,这些人实行的是一种人工选择——从这里人们可以认识到,自然产生了一种"自然选择"。他还从动植物的地理分布中,从地质学史以及有关博物学的其他领域中引证了大量的证据。此外,达尔文以一种引人注目和令人信服的方式描述了在任何单一物种的个体中自然的几乎无限变异的事实。这个事实是与种群自然增长法则、与可利用的食物供给相应的增长匮乏联系在一起的。无论对于他来说,还是对于我们来说,似乎无法回避的结论是:存在着一种生存竞争,它导致了"自然选择"的过程。后来,他也把这个过程称作"适者生存"。在这里,在 A. R. 华莱士的建议下,他采用了一个起始于赫伯特·斯宾塞的令人遗憾的说法。

换句话说,达尔文并不只是重新阐述了关于进化发展的某些旧的一般思想,而是为更进一步的讨论和科学的发展提出了新的和富有挑战性的具体论点。我们可以在相继的地质时代的化石记录里所发现的不同物种的层序问题中找到例证。人们提出了大量的解释来证明这一现象。居维叶提出了一系列"革命",包括毁灭生命的灾变,认为此后是新的生命的诞生。查尔斯·赖尔则提出了一个似乎明显和合乎逻辑的解释,即在物种之中存在生存竞争,在这种竞争中,一些物种消失了,我们只能通过化石或地质记录认识它们。赖尔提出了恩斯特·迈尔(1972,984)所说的"一种微观灾变论",一种"关于物种平稳地灭绝并且被新创生出的物种所取代的概念"。赖尔和居维叶之间就这个主题看法上的主要差别在于,赖尔把"灾变"分散成为"与单个物种而不是整个动物群相关的事件"。达尔文将赖尔这个物种之间进行竞争的概念转变成为个体之间展开竞争的概念。

按照业已得到充分确认的变异的事实,一个物种的个体成员的特点是各不相同的。但是,有些变异相应于环境的性质而言更适于生存。在随后的生存竞争中,一些变异比其他变异更有利;例如,与背景融合的一种颜色也许有助保护某个个体不被一个捕食者搜索的目光发现,因而有利于生存;而一种与背景对比强烈的颜色则很容易使它被发现和吃掉。达尔文在这些现象中发现,一个个体生存的机会依赖于个体所拥有的特有的变异。他把这个有差别的生存过程命名为自然选择:它是这样一个过程,在其中,最终的繁殖成功出现在那些其变异最适合环境、因而最有可能繁殖出它们自己的种属的个体中间。这种对单一个体的专注,以及"[对]

有机界一切东西独一无二的特点的强调”，在恩斯特·迈尔（1982，
46）看来，是思考自然界的革命性新方法的关键：“种群思维”。种
群思想家强调指出，“每一个通过两性繁殖物种的个体与所有其他
的个体截然不同”。在研究生物学或博物学的这种新的方式中，不
存在任何“理想的类型”，也没有任何基本同一的个体的“等级”。
达尔文的自然选择进化论，是直接地以“对每一个体的独一无二的
特点的认识”为基础的；恩斯特·迈尔描述说，这个认识对于达尔
文思想的发展来说是“革命性的”。

　　从赖尔的种间竞争概念到达尔文种内竞争概念的演变，是对
我曾经称作思想转变的创造性过程的一个基本说明（参见 1980，
第 4 章，尤其是该章第 3 节）。产生这个重大的革命跃升的原因是
达尔文偶然阅读了马尔萨斯（Malthus）的著作。我们非常感激桑
德拉·赫伯特[Sandra Herbert 1971；尤请参见 Michael Ghiselin
（迈克尔·盖斯林）1969]指出了马尔萨斯所起的特殊作用——他
使达尔文注意到了“对一个物种的个体的……可怕的修剪”，这“促
使达尔文把他所知的物种层次上的竞争的知识运用到个体层次
上”。结果，达尔文认识到，“物种层次上的生存是进化的记录，而
个体层次上的生存则是它的推进”。简而言之，赖尔“对物种层次
上的竞争的专注”，显然使达尔文未能认识到“个体层次上的‘生存
竞争’的进化的潜力”。因此，赫伯特断言，就达尔文在 1838 年 9
月 28 日之后“对自然界中竞争的思想进行解释的可能性”获得了
“新的理解”而言，应当把马尔萨斯“看作是贡献者而不是促进者”。
因为达尔文的自然选择是以三个要素为基础的——“个体的变异
性，过高种群密度趋势，在自然中起作用的选择因素”（同上，第

214页），由此，我们可以理解，这个转变作为达尔文创造性思想的一个步骤是多么关键。而且，我们现在可以更加明确马尔萨斯真正起到的作用，即它并不在于给假设的达尔文的综合补充另一个因素，也不在于给达尔文提供了一个种群增长的数学法则，而在于通过使达尔文"把注意力集中在相对于自然界的捕食、饥荒、自然灾害等现象的竞争优势在同一群体成员的个体差异上的作用"，从而引导达尔文把赖尔的观念转变成一个个体内部竞争的观念。这是向对"单种种群的个体中间"的［如迈尔所坚持的（Mayr 1977，324）］生存竞争的认识之"概念转变"的决定性因素，是向今天人们所熟知的"种群思维"的决定性转变。

　　当然，若想充分理解达尔文对马尔萨斯思想的理解力，并且认清导致种群思维的竞争，尤其是亚当·斯密经济思想中的个人主义原则和竞争原则的重要性，还有其他一些因素必须予以考虑［正如施韦伯（Schweber）在1977年、霍华德·格鲁伯（Howard Gruber）在1974年所揭示的那样］。在此语境中，我们也必须充分注意达尔文本人的陈述：自然选择的概念来源于我们可以称之为人工选择的转化——这是培育者为了繁殖而可能选择表现出理想特征的个体的长期实践过程。而且，有一种流行的看法认为，存在着一个上天注定的过程，它以一种有点像"选择"的方式淘汰了不适应环境者。

对达尔文理论的反应

　　有人抨击说，达尔文没有遵循据说是公认的从事科学研究的简单的既定模式;这类抨击使得达尔文思想的革命性更加明显了。为了弄清楚达尔文的自然选择进化论在多大程度上背离了传统的科学思想规范,譬如说在牛顿的自然哲学中所看到的规范,人们只要考虑这样一个事实就行了:达尔文的进化论是非可预见性的,但仍是合乎因果律的。也就是说,虽然按照自然选择和其他不同的辅助学说,达尔文进化论把一种原因归于目前的物种通过自然选择由之产生的过程,但是,即使具备了这样的环境条件,这门科学也不能比较精确地预言进化的未来过程。换句话说,达尔文指出,即使当"不可能对未来做出预言"时,一门科学也可以"对过去做出令人满意的解释"(Scriven 1959,477)。

在对达尔文的公开抨击中,亚当·塞奇威克说,"达尔文的理论不是归纳的——不是以一系列公认的事实为基础的"(Darwin 1903,1:第149页注释),而且,达尔文的方法"也不是真正的培根式的方法"(Darwin 1887,2:299)。他写信给达尔文说:"你已经抛弃了……真正的归纳法"。但是,达尔文在他的《自传》(1887,1:83)中坚持认为,他"致力于真正的培根原理,而且在极其广泛地收集事实时不依据任何已有的理论"。达尔文非常高兴地认识到,"所采取的研究方法,无论从哪个方面说,在哲学上都是正确的"(1903,1:189)。亨利·福西特(Henry Fawcett)[①]告诉他,根据约翰·斯图尔特·穆勒的看法,达尔文的"推理,自始至终都十分严格地符合严密的逻辑原则"。此外,穆勒说,达尔文所遵循的"研究方法""是唯一适合于这一学科的方法"。[7]我们可以理解为

---

① 亨利·福西特(1833-1884年),英国盲人学者、政治家和经济学家。——译者

什么赫胥黎（Darwin 1887，2：183）对 1860 年 7 月的《评论季刊》中对达尔文的批评尤其感到不快了。在这一批评中，"一位肤浅的冒牌的理学硕士"竟厚颜无耻地嘲笑达尔文"是一个'反复无常的'人，他竭力'要把他完全不可靠的猜测和臆想的构架支撑住'，而且他'对待自然的方式'[将]会被视为'对自然科学是完全耻辱的'而受到谴责"。赫胥黎通过揭露那位批评者对古生物学的无知，以及完全缺乏比较解剖学的知识，而证明这个批评是不合格的；只是在赫肯黎写了这些文字之后，他才发现那位批评者是他在牛津的宿敌——威尔伯福斯主教（Darwin 1887，2：183）。

反之，达尔文的敬慕者则把他与牛顿和哥白尼媲美——他们是过去公认的伟大革命的发起者。德国生理学家埃米尔·迪布瓦 - 雷蒙（Emil Du Bois-Reymond）①说，达尔文极为幸运地活着看到他的思想获得了普遍认可（1912，2，第 29 章），这与哈维的情况形成了鲜明的对比。哈维在他那个时代的科学家们欣然承认血液循环之前就去世了。T. H. 赫胥黎毫不怀疑，"查尔斯·达尔文与艾萨克·牛顿和迈克尔·法拉第齐名"，并且达尔文像他们一样"提出了一位真理的探求者和自然的阐释者的崇高理想"（Darwin 1887，2：179）。他补充说，就像牛顿的名字"与万有引力理论"密切地联系在一起那样，达尔文的名字是同"关于栖息在我们地球上的生物的起源和形式的理论"密不可分的。而且，《物种起源》一书是自"牛顿的《原理》出版"以来产生的"扩展自然知识领域的最有

①　埃米尔·迪布瓦 - 雷蒙（1818 - 1896 年），德国医生和生理学家，神经活动电位的发现者，实验电生理学之父。——译者

效的手段"(第 557 页)。A．R．华莱士(1898，142)坚持认为,《物种起源》"不仅使达尔文的名字与牛顿比肩而立,而且他的成果将永远被视为 19 世纪科学最伟大的成就之一(即使不是最伟大的成就)"。

甚至达尔文本人也在许多谈到接受或反对"牛顿的万有引力理论"的场合,把自己与牛顿相比(1903，2：305)。他极其谨慎和谦虚地坚持认为,但他并不想说,自然选择无论如何都是与万有引力相当的。不过,他在自己的辩护中确实援引了这样一个事实:"牛顿未能揭示引力……究竟是什么"。达尔文(1887，2：290)还补充道,牛顿反驳莱布尼茨说,"正是哲学说明了一个钟的运动,虽然你并不知道为什么重物要向地面坠落"。

达尔文革命的后期阶段

在《物种起源》出版之后的 20 年中,在英国以及其他许多地方,大多数生物学家都逐渐改变原来的立场,转信物种进化学说(而在法国,虽然有许多著名的才华出众的人,但却普遍缺少支持者)。达尔文在 1878 年写道:"目前,在生物学家之中,对进化论几乎取得了完全一致的意见"(1887，3：236)。但是,人们对于自然选择、对达尔文有关性选择和共同由来的思想,似乎并无多大兴趣[参见 Mayr 1982,第 501 页及以下;Ruse 1979,第 8 章;尤请参见 Peter J. Bowler(彼得·J．鲍勒)1983]。在我们刚引证过的那封信中,达尔文承认,"关于方式,诸如自然选择发挥了多大作用,外部条件起了多大作用,或者是否存在某种神秘的和先天的趋向完

美的倾向,仍然存在相当大的分歧"。正如理查德·W. 伯克哈特
(Richard W. Burkhardt)所说(*Science*,1983,*222*:156):"达尔
文在其所处时代的最热烈的拥护者——英格兰的 T. H. 赫肯黎
和德国的恩斯特·海克尔(Ernst Haeckel)——对于进化的作用
有着与达尔文不同的(而且他们彼此也互不相同的)理解"。

　　争论的一个主要问题是:进化是通过一代又一代的繁殖过程
中小的变异逐渐积累起来的效应而进行的,抑或是大的变异起着
决定性作用? 另外一个主要的问题产生于对遗传性的争论,这个
问题在两个方面使选择复杂化了:是什么机制引起自然选择对之
起作用的变异,而变异又是如何传给后代的? 到了 20 世纪,孟德
尔遗传学把人们的注意力从自然选择和小的变异转向大的变异、
突变和不连续变异[参见 Garland Allen(加兰·艾伦)1978;Wil-
liam Provine(威廉·普罗文)1971;Ruse 1979]。此后,自然选择
理论和达尔文学说开始衰落,这是朱利安·赫胥黎(Julian Huxley
1974,第 22 页及以下)所说的"达尔文学说的失势"时期。20 世纪
30 年代,当我开始做研究生的时候,史学的评价是明确的。有一
本我们都曾读过的权威著作,即埃里克·诺登舍尔德(Erik
Nordenskiöld)的《生物学史》(英文第 2 版,1935)。该书称,"正如
297 人们通常所做的那样",把自然选择理论抬高到"与牛顿确立的引
力定律同等重要的自然规律的地位"是"极其不合理的","时间已
经证明了这一点"(第 476 页)。实际上,诺登舍尔德告诫他的读
者,"达尔文的物种起源理论在很久以前就被放弃了。达尔文所确
定的其他事实也都仅仅具有次要的价值"。那么,以什么为依据才
能"充分合理地说明"在伦敦威斯敏斯特教堂(Westminster Ab-

bey)墓地中达尔文的坟墓紧邻牛顿的坟墓呢？诺登舍尔德的答案是,假若我们不考虑他在科学中的地位而是"依照他对整个人类文化发展的影响"——即他对语文学、哲学、历史观和人的一般生命观的影响来"评判他",那么,他应当享有这样一种荣誉。

然而,近几十年,自然选择又重新获得了认可,并且出现了一种"进化论的综合"[关于这一点,请参见迈尔和普罗文的著作(Mayr and Provine1980),尤其是迈尔的序言]。换言之,最初的达尔文革命失利了,以致出现了一场反对达尔文的反革命,这场反革命不是反对一般意义上的进化,只是反对达尔文的进化论及其自然选择的主要概念。恩斯特·迈尔根据"遗传学家与博物学家之间的概念差别"探讨了达尔文主义者或新达尔文主义者与他们的论敌之间的这种分歧,并且指出,这两个派别分别"属于两种不同的生物学,我把它们叫作近因生物学和远因生物学"(Mayr and Provine 1980,9;Mayr 1961)。对于一个局外人来说,表征近年来进化论生物学(这是遗传学家和博物学家共同活动的结果)特点的"进化论的综合",很可能就会构成第二次达尔文革命或者说达尔文革命的第二阶段,或许也可以说这是一场改变了性质的达尔文革命。但是,不应当认为这场革命已经结束了。有人提出了一个重要的修正,它再一次对简单的自然选择提出了挑战,并且根据"点断平衡(punctuated equilibria)"做出了一种说明[参见 Niles Eldredge(奈尔斯·埃尔德雷奇)and Stephen Jay Gould(斯蒂芬·杰伊·古尔德)1972;Gould and Eldredge 1977]。

达尔文革命在科学之外的影响

达尔文的思想在科学领域之外产生了革命性的影响，这一影响远远超出了它们对于生物学或博物学的重要性。"进化"已扩展到人类思想或努力的各个方面——从对小说的"进化"的研究到社会的进化，还有谁不熟识这种扩展呢？伍德罗·威尔逊（Woodrow Wilson）在对《美国宪法》的卓越研究中指出，把牛顿自然哲学的科学原理运用于这一学科是一个错误。他说，相反，应当通过进化来理解《宪法》："政府不是一台机器，而是一个生命体。它对达尔文来说是可解释的，而对于牛顿来说则不然"（1917，56）。众所周知，在19世纪末，出现了一种被称之为"社会达尔文主义"的特殊社会思想形态，它试图把社会主义与进化论联系在一起，而达尔文在一封著名的信中曾经说这种联系是"愚蠢的"（1887，3：237）。

当然，在达尔文所处的时代，就进化论而言，真正使人们产生震动的是，这一理论对《圣经》（Scripture）的字面解释提出了挑战。我并不认为，如果问题只是一个关于植物和动物的问题，甚或是地球年龄的问题，那么会有人如此强烈地反对达尔文。也就是说。如果不必把人本身也包括在进化的范围和进化的过程之中，或者没有必要断言人类是自然选择的结果，那么，宗教信徒也就不会做出如此强烈的反应。当然，过去（现在仍然）有一些原教旨主义者，他们如此相信《圣经》（Holy Writ）的字面解释，以至于他们会拿起武器，甚至对地球的年龄要比《圣经》中所计算的年龄长这样一个假设奋起进行反抗。而且我们一定不能忘记，同一种原教旨主义信徒现正在美国的州议会和法院中进行抗争，以使制定一条法令，使"神创论"与进化论在课堂教学中有"平等的时间"。

达尔文在《物种起源》中，只在一个句子中曾经暗示"人类的起源和历史将得到许多说明"，以图避开人的问题（1859，倒数第三段）。但是，达尔文的批评者自那时到现在一直强调进化论对我们自身的明显含义，亦即这一显然无法回避的结论：人类只是持久的进化过程的一个暂时的最终结果。的确，甚至连艾尔弗雷德·拉塞尔·华莱士也不能使自己相信，自然选择可以说明历史中人类的发展，并且认为有必要诉诸某个造物主的积极参与［参见 Malcolm Jay Kottler（马尔科姆·杰伊·科特勒）1974］，这是有案可查的事实。这种情况第一次出现于 1864 年《人类学评论》（*Anthropological Review*）的一篇论"人"的文章中，后来又见于《评论季刊》（1869）的一篇书评之中，在这篇书评中，华莱士评述了赖尔的《地质学原理》（*Principles of Geology*）第 10 版（1867－1868）和他的《地质学基础》（*Elements of Geology*）第 6 版（1865）。他论证说，仅靠自然选择永远也不可能产生出人的大脑、人类的语言器官和手，等等。达尔文极度痛苦地在 1869 年 3 月给华莱士写信说，"但愿你还没有把你自己的和我的子孙赶尽杀绝"。在他自己的那份《评论季刊》上（参见 Darwin 1903，2∶39－40），达尔文在标出这段话时，"在'不'字下面连画了三条线，并且用了一连串的感叹号"。

达尔文革命大概是科学中曾经发生过的最重要的革命，因为它的效应和影响在许多不同的思想和信仰领域中都是相当深远的。这场革命的结果是,导致了对世界、人和人的制度等的本质进行系统的再思考。达尔文革命不仅带来了新的世界观,即把世界看作一个动态的、进化的系统,而不是一个静态的系统,而且带来对人类社会的新看法,即认为人类社会是以一种进化的模式发展的。我们将会看到,卡尔·马克思甚至预见了技术或发明的进化史,在这里,达尔文引入的说明动物器官的概念将被用来分析人类工具的发展。

新的达尔文主义的观点否认任何宇宙目的论,并且认为进化并不是通向一个"更好的"或"更完美的"类型的过程,而是这样一系列阶段:在这些阶段中,那些具有最适合于其所在环境的特殊条件的个体将得以繁衍——对于社会来说也是如此。特殊创造的根据将不复存在。任何"绝对的人类中心说"都将被宣告终结,因为"共同血统"的原则是针对所有生物(包括人)的。关于这些含义,我们还必须补充说,达尔文革命给任何关于宇宙或自然的设计论观点敲响了丧钟,因为变异是一个偶然的和无定向的过程。在生命科学中,实现了从比较陈旧的生物学观念向新的种群思维的激动人心的转变。而且,除了这些众多的新趋势以外,达尔文还开始了方法的创新,引入了一种新的科学理论,在该理论中,预测的作用是与经典的牛顿模式不同的。

并非所有这些含意都会即刻显现出来,但是,其中有相当部分不可避免是显而易见的,以至于引起了不同观点的立刻激增。在历史上,以前从未有哪一种科学理论的宣布在全世界诸多国家中引起如此直接的激烈的争论——这是达尔文自然选择进化论的真正革命性特点的一个标志。对于这种理论的阐释、评论、注释和抨

击几乎是同时开始的，而且一直持续到我们今天所处的时代。在 300
现代时期，在这方面只有另一位科学创造者可以与达尔义相比，他
就是西格蒙德·弗洛伊德——这一事实向人们表明了弗洛伊德早
期把他自己思想预期的影响与达尔文思想业已产生的作用相比时
表现出的远见卓识（参见后面第二十四章）。关于进化论及其意义
的历史的、哲学的甚至科学的争论，在达尔文去世一个世纪之后仍
然影响着严肃的思想家们的思想，这一点为我们提供了持续的证
明：达尔文的科学具有非凡的生命力，达尔文革命有着深远的
意义。[8]

第二十章　法拉第、麦克斯韦和赫兹

19 世纪见证了物理学中的许多革命性进步,尽管这些进步无论就其科学内容或思想内容来说,没有哪一个像达尔文革命那样产生过世界性的影响。19 世纪物理学所取得的成功包括,新的能量学说及能量守恒定律,光的波动说,气体分子运动论和统计力学,电流定律,磁学和电磁学理论,电动机和发电机原理,新的光谱学说,热辐射和热吸收的发现,把辐射扩展到红外辐射和紫外辐射,以及其他许多诸如此类的进步,等等。但是,多数物理学家以及新一代的近代物理学史家一致认为,其中即使不是最深刻的**那场**革命,至少也是最深刻之一的革命,就是以詹姆斯·克拉克·麦克斯韦的理论而著称的革命——人们有时把这场革命归功于麦克斯韦和迈克尔·法拉第,而且有时也被人们比较公正地归功于法拉第、麦克斯韦和海因里希·赫兹(Heinrich Hertz)三人。麦克斯韦革命的重要意义在于,它不仅对有关电、磁和光的理论作了根本的修正,而且也是对牛顿的自然科学思想体系的第一次大规模的修正。

虽然这次革命的某些特点可以被所有读者理解,但是,麦克斯韦思想的核心,甚至对于许多受过物理学训练的历史学家来说,也是难以把握的。这里的一个主要难题是如何确定迈克尔·法拉第的思想与麦克斯韦所发展了的理论之间的联系。毫无疑问,法拉第的贡献是极为重要的,其中包括他关于磁场是由力线构成的重要概念,以及关于电磁作用的传导并不是瞬间完成的而是需要时间的非凡见识。不过,法拉第的系统阐述从根本上说是非定量的和非数学的,它并没有给出一个所假设的传导时间的数值。在他的《电磁通论》(*Treatise on Electricity and Magnetism*)中,麦克斯韦对法拉第有待发展的思想予以了可能是最高的赞扬,而且甚至说,"虽然完全清楚地知道空间、时间和力的基本形式,但是,也许是为了科学的利益,法拉第并没有成为一个职业数学家"。法拉第"用自然的非技术的语言"表述了他的思想,而且,麦克斯韦总结说,"我写作这篇专论主要是期望使这些思想成为一种数学方法的基础。"所有研究过这一学科历史的人们都告诫我们,如果认为麦克斯韦的"贡献仅仅是在阐释方面的贡献,那么就会严重低估它的价值"[Tricker(特里克)1966,102]。正如马克斯·普朗克曾经雄辩地指出的,"麦克斯韦既具有大胆的想象力又具有数学见识。他远远超出了他曾对其观点进行概括并使之更为精确的法拉第"。麦克斯韦"因此创造了一种理论,这种理论不仅可以与被认可的电磁理论相比拟,而且最终完全超越了它们"(1931,57)。

历史学家以及具有历史意识的科学家们一致认为,如果没有麦克斯韦在创立一种数学理论的过程中对法拉第思想所进行的深刻改造(我们因此可以称这一理论为法拉第－麦克斯韦理论),法拉第的那些论文可能永远不会引起一场革命。麦克斯韦不仅把法拉第的思想改造成为具有数学形式的思想,而且发展了一种把静电学和电磁学的基本原理与光速联系在一起的量化表达方式——

这一成就使电磁理论的道理更为明晰,并且开创了通过电磁波的实际生成而进行实验检验的可能性。承认法拉第在麦克斯韦思想形成和发展过程中的作用,是强调了导致麦克斯韦理论的那一创造性的改造过程,但是绝没有减低麦克斯韦对麦克斯韦革命的重要贡献。就威廉·汤姆森(William Thomson)对这场革命的贡献(见下文)而论,实际情况更是如此,因为"汤姆森非凡的才华产生的是有说服力但非系统的见识,而不是完满的理论"[Everitt(埃弗里特)1974,205]。通过运用汤姆森形象化地描述电现象的方法以及汤姆森"把能量原理运用到电学之中"的结果,麦克斯韦才能够认识到它们的重要性。

麦克斯韦在 1855-1856 年、1861-1862 年、1863 年、1864 年和 1865 年发表的一系列论文中发展了自己的思想,而且在 1873 年的《电磁通论》中,这些思想差不多最终成型了。[1]但是,在此后几年,这一革命性的新学说仍然停留在论著中的革命阶段,而且,只是在海因利希·赫兹的成果获得之后,它才成为一场科学中的革命。由于这一原因,这场革命有时被人们称为法拉第-麦克斯韦-赫兹革命;甚至那些探讨麦克斯韦的革命性成果的人们也都指出,这场革命并不是麦克斯韦一个人发动的。例如,阿尔伯特·爱因斯坦讨论了"将永远同法拉第、麦克斯韦和赫兹的名字联系在一起的伟大变革[Umschwung]"(1953,161;1954,268)。但是,他又立刻补充说,"麦克斯韦对这场革命[Umwälzung]作出了最大的贡献"。在另外一个场合,他则无意中遗忘了赫兹,而且只是提到"法拉第和麦克斯韦在电动力学和光学中所引起的革命[Umwälzung]";他说,这场革命是"自牛顿以来,理论物理学中第一个伟大的根本性的进步"(1953，154－155；1954，257)。但是，爱因斯坦在他的自传中仅仅谈到了"麦克斯韦的理论(die Maxwell'sche Theorie)"，并且说，在他还是一个学生的时候，这一理论就显得是"革命性的(revolutionär)"了〔Paul A. Schilpp(保罗·A.席尔普)1949〕。

麦克斯韦对法拉第思想的改造

这一改造过程可以在麦克斯韦的著名论文《论物理力线》("On Physical Lines of Force"，1861－1862)中看到。在思考法拉第关于在某个存在磁力线的空间中必定存在某种应力的思想时，麦克斯韦实际上是从提出以下问题入手的：对于展现法拉第假说所要求的实际的应力分配的空间来说，需要哪一种介质呢？C. W. F. 埃弗里特追溯了麦克斯韦用以吸取苏格兰工程师 W. J. M. 兰金(Rankine)的思想以及威廉·汤姆森(开尔文勋爵)的结论，从而创立自己的物理力线理论的途径。[2] 在这里我们可以看到对科学思想的一场经典改造的要素，这一改造产生出一种全新的思想，即电可以"通过空间传播"，而且不一定仅仅是"局限于导体的一种流体"。麦克斯韦在他的论文的结尾谈到了人们所说的一个"惊人的发现"——这种新提出的介质的振动不仅将说明磁力线，而且也将具有"与光同样的性质"。麦克斯韦用斜体字①来表示他的结果与众不同的特点。他写道(1890，1：500)，我们"几乎

_____

① 即后面译文中的黑体字。——译者

不可能回避这样一个推论,即**光是一种介质中的横向波动**,这也是引起电磁现象的原因"。

　　然而,甚至在这方面,麦克斯韦思想的萌芽也可以在法拉第的一篇值得注意的论文中找到:该论文刊登于 1846 年 5 月的《哲学杂志》,标题为《对光束振动的若干思考》("Thoughts on Ray-vibrations")。在这篇论文中,作为"一种思辨的预感",法拉第提出了这样一种大胆的观点,即"辐射是力线中一种高级形式的振动"。正如西尔维纳斯·P. 汤普森(Silvanus P. Thompson)在 1901 年(第 193 页)指出的那样,可能使我们对这篇论文中的思想最感兴趣的是,它并没有引起人们多大的注意,甚至没有引起早期的法拉第传记作者们的注意。由于这些作者是在麦克斯韦关于光的电磁理论被普遍承认之前写作的,因此他们尚未认识到人们后来赋予该理论的重要性。约翰·廷德尔(John Tyndall,在 1868 年)把法拉第的思索当作仅仅是"源自一位科学家的最独特的思辨之一"而不予考虑。亨利·本斯·琼斯(Henry Bence Jones)在 1870 年只是用半行字附带地提到了它。而约翰·霍尔·格拉斯顿(John Hall Gladstone)在 1872 年甚至都没有提及它。但是,麦克斯韦后来说,"横向磁扰的传播排斥了正常的磁传播的看法显然是法拉第教授在他的《对光束振动的若干思考》(1890,1:535)中提出来的"。在麦克斯韦看来,"他[法拉第]提出的光的电磁理论,实质上与我在这篇论文中开始阐明的理论是同一理论,只是在 1846 年没有任何数据测算传播的速度"。我同意 C. W. F. 埃弗里特的看法,即就那篇论文的"任何直接的影响"均可在麦克斯韦思想的发展过程中辨别出来而言,对麦克斯韦关于法拉第的《对光束振动的若干思考》所做的评论要有所保留。"这些评论是在事情发生了几年之后做出的，它们是麦克斯韦的堂吉诃德式的慷慨的一个例证。他在那时与法拉第和汤姆森的通信中的评论并未显示有这样的影响。"

在一篇关于麦克斯韦对物理学的贡献的评论（1896，204－205）中，R. T. 格莱兹布鲁克（R. T. Glazebrook）[①]提请人们注意麦克斯韦理论的 5 个基本特点，并且"承认，在麦克斯韦时代"，关于它们"没有多少直接的证据"。麦克斯韦最大胆的假设之一就是，维持光波的那种介质必定能够成为电磁场中的同一种介质。他断言，在空间中必定存在电磁波。而且，作为量纲分析方面的一位先驱，麦克斯韦指出，把电的单位即静电单位和电磁单位的两种系统联结在一起的因素是一种速率，而且它事实上有一个非常接近光速的数值。这意味着，光本身就是一种电磁现象，是连续的电磁波。麦克斯韦在 1864 年可能想说，数字的结果似乎"揭示了光和磁是同一种物质的作用，而且，光是一种根据电磁规律通过场传播的电磁干扰"。

马克斯·普朗克（1931，57）从这一理解中看到了对"一种理论价值的标准"的最可行的说明，"它真正解释了除那些它以之为基础的现象以外的其他现象"。普朗克设想，无论是法拉第还是麦克斯韦，在"最初考虑光学问题"时都没有"与他们对电磁学基本定

[①] 理查德·泰特利·格莱兹布鲁克爵士（Sir Richard Tetley Glazebrook，1854－1935 年），英国物理学家，28 岁即当选皇家学会会员，并于 1919－1920 年和 1924－1928 年两度担任该学会副会长；他还曾于 1903－1905 年担任物理学会会长；主要著作有《应用物理学辞典》（5 卷，1922－1923）、《动力学》（1911）等。——译者

律的思考联系在一起",可是,"100多年来经受住力学挑战的整个光学领域却被麦克斯韦的电动力学理论一举证服了",因此,"从那时以来,每一种光学现象都可被直接视作一个电磁学问题"。对普朗克来说,这"在任何时候都将是""人类理智的努力最伟大的胜利"之一。

海因利希·赫兹的贡献

随后需要一个检验——不仅要观察是否可以制造出电磁波,而且要弄清楚它们是否有光的速度。这样,我们就可以理解海因利希·赫兹在直到1888年的那些岁月里所进行的一系列实验的重要性:这些实验最终证实了麦克斯韦理论的预言。赫兹不仅制造出了电磁波,而且(通过测量已知其频率的驻波的波长)还发现了它们的速度;他证明,这些电磁波像光一样有反射、折射和偏振等性质,而且,它们是可被聚焦的。赫兹本人认为这一理论是"麦克斯韦在法拉第观点的基础上创立的一种理论,而我们称其为法拉第-麦克斯韦理论"(1893,19)。

赫兹的贡献并不仅仅在于,他设计并实施了一个聪明的实验,而这个实验确实取得了巨大的成就。他还表明,他的实验作为"对一种假定的超距作用的有限传播的第一个证明"是多么重要[Russell McCormmach(拉塞尔·麦科马克)1972,345]。因此,他的实验的影响就在于使物理学家们关于电磁学的观点实现了根本的转变:从"瞬间的超距作用"转向了"麦克斯韦关于电磁过程是在电介质中发生的,以及一种电磁以太包含着旧的光以太的功能的观点"(同上论文)。但是,要完成这一革命,赫兹还必须清晰地阐明,"当物理学家们自称麦克斯韦的追随者时",他们所赞成的是什么理论。(关于这一点,请参见麦科马克在上引论文第346页所做的精彩概括,尤其是关于赫兹对麦克斯韦的"矢势"的论述的探讨。)最后,他除去了这一理论的某些"不必要地使形式体系复杂化"的物理学特点(1893,21),并且[在他的《电波》(*Electric Waves*)一书的导言中]断言,"麦克斯韦的理论"不过是"麦克斯韦的方程式体系"。由于对麦克斯韦理论的接受,尤其是在欧洲大陆对这一理论的采纳,都是遵循赫兹提出的思路,[3]所以我们就可以理解,为什么爱因斯坦和其他一些人在讨论这场革命时把赫兹的大名也包括在内。

　　由于许多原因,麦克斯韦的理论是难以被接受的。第一,它在概念上是创新的,拥有诸如"位移电流"这样一些激进的概念。[4]第二,麦克斯韦不仅把这一理论看作是对新的原理在数学上的详尽阐述,而且也是按照物理学模型描述的。最初,这些原理是用诸如嵌齿轮和滑轮等机械装置表述的;他的真诚的追慕者格莱兹布鲁克禁不住把一个"多少有些粗俗的观念"引入其中(1896,166),尽管他确实强调这些装置对于它们的创造者来说仅仅是"一个模型"。麦克斯韦从未完全放弃旋转管和以太涡旋。在他的《电磁通论》中(2:§831;1881,2:428),他写道,"磁力"是"涡旋离心力的效应",而"电动势"则是"作用于联结系统的应力"导致的一种结果。法国数学家亨利·彭加勒谈到麦克斯韦的理论时热情洋溢(见下文),他禁不住在其著作《麦克斯韦理论和光的电磁理论讲演录》(*Lectures on Maxwell's Theories and the Electromagnetic*

307　*Theory*，1890，第 v 页）一开始就说明了，当"一位法国读者第一次
翻开麦克斯韦的著作时"，一种不安甚至通常是疑惑的感觉与他的
赞美交织在一起。在另一部著作（1899；英译本 1904，2）中，彭加
勒承认，麦克斯韦归之于以太的"复杂结构""使他的体系既古怪又
乏味"。在彭加勒看来，事实上，人们"似乎是在阅读对一个工场的
描述，这里有传动装置、有输送运动并且在作用力之下弯曲的拉
杆、有轮子、有传动带和调节器"。而且，彭加勒认为，它体现了"英
国人对这类概念的偏好，它们的出现迎合了英国人的心意"。但
是，他也注意到，麦克斯韦本人"首先放弃了他自己的离奇的理
论"，而且，"这并不是出现在他的完整著作中"，他这么说可能是指
它们出现在麦克斯韦的《文集》①中。彭加勒立刻补充说，我们决
不应遗憾麦克斯韦的智慧"走上了这条僻径，因为它导致了最重要
的发现"，而且彭加勒坚持认为（第 12 页）"麦克斯韦著作中伟大的
永恒要素"在于这样一个事实："它独立于一切特殊的解释"。

　　赫兹在伟大的德国物理学家赫尔曼·冯·亥姆霍兹（Her-
mann von Helmholtz）的建议下所进行的实验，导致了对麦克斯
韦预言的证实。在欧洲大陆，尤其是在德国，[诸如卡尔·弗里德
里希·高斯（Karl Friedrich Gauss）、威廉·E. 韦伯（Wilhelm E.
Weber）等人]倾向于像普朗克所解释的那样（Planck，1931，58 -
59），完全"根据位势理论"寻求"使电动力学得以完备"，"这种理论
是高斯从牛顿的超距定律为静电磁场推演出来的"，而且"在数学

---

　　①　即 1890 年出版的两卷本《詹姆斯·克拉克·麦克斯韦科学文集》（*The Scien-
tific Papers of James Clerk Maxwell*）。——译者

上达到了很高的完善程度"。法拉第－麦克斯韦关于不存在任何
这样的"直接的超距作用"以及力场具有"一种独立的物理实在"的
见解,是如此不可思议和难以理解,以致普朗克认为,这种新的理
论"在德国找不到任何立足点,而且甚至几乎不能引起人们的注
意"。亥姆霍兹已经提出了一种他自己的理论,在这种理论中,他
试图保持瞬时超距作用的模式,而且仍然包含着麦克斯韦诸方程。
他鼓励赫兹进行实验,不仅是为了发现电磁波是否存在或是否能
够被制造出(因为这两者都是他的理论和麦克斯韦的理论所要求
的),而且是为了在两种理论之间做出选择,因为它们都导致了关
于电磁波的物理特性极为不同的预言。[关于亥姆霍兹理论与麦
克斯韦理论之间差别的简洁说明,请参见 R. Steven Turner(史蒂
文·特纳)1972,251－252。]

　　在一部通俗的亦即非数学的著作《麦克斯韦的理论和赫兹的
动摇》(*Maxwell's Theory and Hertzian Oscillations*,1899;英译
本,1904,第7章)中,彭加勒解释了赫兹的实验如何在麦克斯韦的
理论与它的对手之间提出了"判决性实验"。这两种理论在许多被
证实的预言(例如,电扰沿一导线传播的速度与光速相同,电磁干
扰通过空间传播等)方面是一致的,但对于这些作用在空间中传播
的时间,它们持有不同意见。假若不存在麦克斯韦的"位移电流",
那么传播就应当是瞬间的;然而,根据麦克斯韦的理论,在空气或
真空中的传播速度与沿导线传播的速度应当是相等的——也就是
说,它应当与光速相同。因此,彭加勒提出了这样一个问题:"因
而,这里需要一个**判决性实验**:我们必须测定,电磁干扰以什么速
度通过感应在空气中传播。如果这个速度是无穷大的,那么我们

就必须遵循旧的理论；假如它与光速相等，那我们就必须接受麦克斯韦的理论。"赫兹最初的实验并没有提供一个简易的答案。实验的结果"似乎无可否认地驳斥了旧的电动力学理论"，但是，"又似乎谴责了麦克斯韦的理论"。在1899年的著作中，彭加勒说，"这个失败仍然不能获得令人满意的解释"。他推测，赫兹用了一面"对于波长来说过于小的"反射镜，因此，"折射反而扰乱了所观察的现象"。无论怎样，后来的实验[首先是爱德华·萨拉森（Edouard Sarasin）和德拉里夫（de la Rive）进行的实验]无可辩驳地证明，麦克斯韦的理论是正确的。这标志着以瞬时超距作用为基础的理论的终结，并且表明，人们开始普遍接受麦克斯韦范式中场的理论以及与光速相等的有限的传播速度。因此，法拉第－麦克斯韦论著中的革命转变成了法拉第－麦克斯韦－赫兹的科学中的革命。

对这次革命的证明

在1888年，赫兹把他关于电波的实验的最后结果通知了亥姆霍兹。在这一年所做的一个演讲中，亥姆霍兹（1907，3）谈到"法拉第－麦克斯韦的思想"在理论物理学（"以太的理论物理学"）中所引起的一场"全面的革命（eine vollständige Umwälzung）"。然后，亥姆霍兹（在第4页）用类似库恩的语言，讨论了电学理论很可能首先会经历的"危机"（"eine Krisis, die erst durchgemacht werden muss"）。[5]然而，亥姆霍兹所说的"危机"和"革命"与库恩所说的"危机"和"革命"之间的区别在于，亥姆霍兹似乎认为"危机"是从"革命"中产生的,而并非是它的先决条件。

关于"革命"的一种史为严谨的表述出现于 1894 年奥古斯特·弗普尔(August Föppl)的教科书《麦克斯韦电学理论入门》(*Einführung in die Maxwell' sche Theorie der Elektricität*),爱因斯坦在苏黎世求学时,正是从这本教科书中学到了麦克斯韦的理论。[霍尔顿在其著作中(Holton 1973,205–212)对弗普尔在爱因斯坦思想发展中的重要作用作了探讨。]在该教科书的序言中,弗普尔着重说明赫兹是如何不仅证明了电磁波的存在(和速度),而且在理论上确立了一个"转折点",从而有效地使物理学家们摆脱了以超距作用为基础的(韦伯和其他人的)旧理论。赫兹的发现使"舆论发生了变革(Umschwung der Meinungen)",导致了"舆论的逆转"[即颠倒;**也许**,是一场革命性的变革](第 iii 和第 iv 页)。

不久,法国哲学家、科学家皮埃尔·迪昂(Pierre Duhem)也提出了类似的看法。迪昂的探讨更令人感兴趣之处在于,他不仅是一位著名的科学家和卓越的哲学家,而且还是一位杰出的科学史家。他称他的著作对麦克斯韦的电学理论进行了"史学的和批判性的研究"。在描述麦克斯韦成果的影响时,迪昂(1902,5)接连用了两个术语:"bouleverser(使动荡)"和"révolution(革命)"——它们正是在恩格斯《反杜林论》(*Anti-Dühring*)后来的法文版中迻译德文"Umwälzung"的两个词。迪昂直言不讳地说,"这场革命[cette révolution]是一位苏格兰物理学家詹姆斯·克拉克·麦克斯韦努力的结果"(1902,5)。在一段关于历史的题外话中,迪昂特别指出,"麦克斯韦推翻了理论物理学据以发展的自然秩序；但是，在他的有生之年，他没有来得及看见赫兹的发现使他大胆的鲁莽转变为一个先知者的预言"（第8页）。在第一篇论文中，麦克斯韦把电现象比拟为一种流体在阻尼介质中的运动；在讨论这篇论文时，迪昂发现，麦克斯韦的语言似乎表明，"使物理学的这一分支革命化"根本就不是"他的意图"（第55页）。迪昂还高度赞扬路德维希·玻尔兹曼在1891年和1893年发表的著作，在这些著作中，玻尔兹曼试图"用全新的概念，建构一个在其中可以合乎逻辑地把麦克斯韦方程联系在一起的体系"，而且迪昂认为，310 这个体系是消除在麦克斯韦本人提出他的不同方程的过程中所出现的一个主要问题的途径，迪昂发现，麦克斯韦的那些方程中充满"矛盾和谬误"（第223－224页）。

在迪昂讨论麦克斯韦和革命一年之后，约翰·西奥多·默茨出版了其《19世纪欧洲思想史》的第2卷（1903年）。在这一卷中，他把麦克斯韦关于电磁理论的一系列论文看作是一套"革命的丛书"，并且指出，"麦克斯韦的思想对科学的（不仅如此，甚至对公众的）思想发展已经产生了相当大的影响"（第77－78、88页）。

我已经提到爱因斯坦连续从革命角度来谈论麦克斯韦。在1920年的一次谈话中［Alexander Moszkowski（亚历山大·莫斯科夫斯基）1921，60］，爱因斯坦对麦克斯韦革命作了如下概括：

> 经典力学把所有电的和力学的现象归之为粒子相互间的直接作用，而不考虑它们彼此间的距离。对这种最简单的定律牛顿是这样表述的：两个质点之间的"引力与质量成正比，与距离的平方成反比"。与此截然不同，法拉第和麦克斯韦引

入了一种全新的物理实在,即**力场**。这些新的实在的引入,给予我们以极大的助益,以至于首先,与我们的日常经验相违背的超距作用的概念变得不必要了,因为,场是与从一个点到另一个点的空间重叠的,没有任何间隔;其次,场的定律,尤其是电场的定律,呈现为一种比在不假设任何场存在的情况下更为简单的形式,而且只有质量和运动才被看作是实在。

在他的"自传笔记"中(Schilpp 1949,第32-33页),爱因斯坦详尽阐述了这个主题:

> 在我的学生时代,最迷人的主题就是麦克斯韦的理论。从超距作用的力向作为基本的量的场的转变,使得它看来像是一种革命的理论。通过把光速与绝对静电和电磁单位系统相关联,把折射率与介电常量相联系,以及在物体的反射系数与金属电导率之间建立定性联系,这样,它就使光学与电磁理论结合在一起了——它就像是一种天启。

311

在赫兹用实验证实电磁波的预言大约半个世纪以后,爱因斯坦对麦克斯韦革命的观察人微的评价,在卡尔·波普尔对科学革命的精辟概述中又重新得到表述(1975,89)。他说,"法拉第和麦克斯韦的革命,从科学的角度看,同哥白尼革命一样伟大",因为"它废黜了牛顿的主要教条——有心力教条"。

许多评论家业已指出,麦克斯韦的理论在英国比在欧洲大陆获得了更普遍的支持。但是,不同的声音依然存在。开尔文勋爵的观点就是其中之一。在由其1884年于约翰·霍普金斯大学所作讲演汇编而成的《巴尔的摩讲演集》(*Baltimore Lectures*)中,他坦率地说:"如果我知道什么是光的电磁理论,那么,我也许就能够根据光的波动说的基本原理来思考它"。此外,"我也许可以说,关于它的一个在我看来似乎可以理解的东西,我并不认为是可接受的"。在分析1875年到1908年间英国的状况时,阿瑟·舒斯特(Arthur Schuster)爵士说,在英国,没有人进行实验以证实麦克斯韦的预言,因为"我们也许对麦克斯韦见解所固有的真理和简洁性过于自信"。既然我们并不"认为值得做〔它〕,因为支持电磁理论的证据是间接的",那么,为什么还要进行这样一个"肯定会耗费大量时间和劳动"的"扩展实验研究呢"? 实际上,进行这样一个实验似乎并无多大意义,因为看来显而易见的是,实验的"结果"可能是"一个预料之中的结论"。但是,舒斯特说,卡文迪什实验室的年轻人"错了",因为他们"忘记了,在国外,而且在某种程度上说在这个国家中,科学思想界的大部分人并无兴致甚至舍不得放弃弹性的实体以太这一非常实用的概念,转而接受一种其性质与任何已知物体的性质均不同的介质"。

麦克斯韦革命与我们前面一直在讨论的那些革命多少有些不同;那些革命可以比较容易地与像拉瓦锡或达尔文这样的单个人的科学思想联系起来。这场历经很长时间亦即长达半个多世纪之久的革命需要以三项著名的贡献为基础,即法拉第、麦克斯韦和赫兹三个人的贡献。对于这三位伟大的物理学家的重要作用,存在着不同的看法。麦克斯韦革命这个名称也许源于这样一个事实:电磁理论集中体现在麦克斯韦诸方程之中,这可能就是爱因斯坦认为麦克斯韦在这场革命中"做出了最大的贡献"的原因。但是，爱因斯坦同样尊敬法拉第，而且在他的研究中对两者都做了生动的描述。这场革命似乎类似于人们归功于哥白尼的那场革命。在那场革命中，开普勒改造了哥白尼的概念，然后，牛顿又发展了这些概念。然而，这两场革命之间有一个根本性的差别，这就是开普勒基本放弃了哥白尼原理，而麦克斯韦则在自己的理论中把法拉第置于一个非常重要的地位，赋予法拉第的概念以新的精确性和重要意义，并且在牛顿依赖于开普勒的基础的意义上发展了法拉第的思想。

麦克斯韦对一种新物理学的贡献并不限于他的电磁学理论。他的贡献还包含其他许多论题，其中有分子物理学、热力学和气体分子运动论。他使科学家们意识到了量纲分析的重要性，并且在物理理论中传播了模型的概念，这个概念已经成为我们时代物理学的一个显著特点。我们已经看到，麦克斯韦的电磁理论顺利通过了对革命的三项检验：亲眼目睹者的证明，历史学家的评判，科学家们的看法。第四项检验——物理学思想的记录表明，麦克斯韦革命（或者说，法拉第、麦克斯韦利和赫兹的革命）是从 18 世纪和 19 世纪的经典物理学向 20 世纪新的相对论物理学和量子论转变过程中的一个重要因素。像牛顿革命以及引入了理解外部世界现象的新方法的其他科学中的革命一样，它也构成了人类思想中的一场伟大革命。[6]

第二十一章 一些其他的科学发展

达尔文和麦克斯韦的革命是他们所处的时代的生物科学和物理科学中的剧变，它们不仅在当时被认为是革命性的，而且在我们今天所处的时代仍会被普遍认为是革命性的；不过，这类剧变并不是独一无二的。历史学家和科学家在从数学和统计学到地质学和医学的领域中，提出了 19 世纪科学革命的许多候选者。[1] 在这一章中，我们将简短考察一下这其中的一些发展，最后再概括地说一下应用科学领域中的伟大革命。

赖尔在地质学中的革命

在考察 19 世纪期间地球科学中的进步时，伦纳德·威尔逊（Leonard Wilson）所举出的实例是在"直至 1841 年的诸年中"所发生的"地质学中的革命"。在这一年，赖尔创立了他的"均变说"；他在其 3 卷本《地质学原理》（1830－1833）中对这一理论作了详尽阐述。正如赖尔在 1829 年的一封信中所解释的，他的目标是宏伟的（Wilson 1972，256）。他说，尽管他的书"不敢妄想对地质学中所有已知的东西做出概括"，但是，它"将努力确立起这门科学中的**推理原则**，而且，我的整个地质学将作为对我关于那些原则的看法的例证、作为因接受这些原则而必然产生的巩固这个体系的证据，呈现在人们面前"。从根本上说，他认为，"**不存在任何**从我们可以追忆的远古一直到现在都在发生作用的**原因**，只有**现在**正发生作用的原因"，而且这些现在正发生作用的原因，"也从未以与它们现在释放的不同程度的能量发挥作用"。在威尔逊看来，他书中的第17章，"以'参照现在发挥作用的原因解释地表以前的变化'为题，实现了这一诺言"（第280页）。此外，赖尔在该书中还用了4章的篇幅陈述了"显然是新的和创造性的思想"。威尔逊断言，这本书是"革命性的"（第280、第281和第293页），随后他又前进了一大步，强调指出，这本书是博大精深的，而且人们争相购买。我们可以补充说，这本书的不同版本接连不断地问世（第2版，3卷本，1832－1833；第3版，4卷本，1834），说明了人们对这部专著的兴趣以及该书具有的重要性。因此，显然，如果这确实是一场革命，那么它就不只是一场论著中的革命。

但是，并非所有地质学史家都赞同威尔逊的这一结论："赖尔在人们关于地球历史的思想中开始了一场革命"（第293页）。在对威尔逊撰写的传记的一篇评论中（载于1973年1月5日的《科学》，179：57－58），塞西尔·施内尔（Cecil Schneer）论述了人们可以用来"驳斥传记作者"的证据，而且他论证说，"赖尔的均变论思想既没有多少新颖之处，而且与正在出现的世俗的世界史也没有多少关系，不足以证明使用'革命的'这个称谓是合理的"。的确，威尔逊所引证的任何评论家或同时代阐释者断言赖尔的《地质学原理》是革命性的或引起革命的论述，并没有证实他自己的判断。[2]然而，正如我们已经看到的，只是在赖尔的这部专著的第1

卷发表 20 年之后,查尔斯·达尔文才在《物种起源》第 9 章靠近开始的地方(1859，282)对"查尔斯·赖尔爵士关于地质学原理的鸿篇巨著"作了评价。达尔文断言:"未来的史学家将会认识到,[它]在自然科学中业已引起了一场革命。"一封较早的(1844 年)致伦纳德·霍纳(Leonard Horner)的信件(Darwin 1903，2：117，参见后面第 29 章的引文),为达尔文的这种说法提供了注解。达尔文在信中说,在读了赖尔的书之后,人们就会认为甚至新的现象"都是由他发现的"。关于赖尔革命的另外一个同时代的证明见于天文学家和哲学家约翰·赫歇尔 1836 年 2 月 20 日致赖尔的一封信。在该信中,赫歇尔说:"在我看来,你的《地质学原理》即[是]那些在其学科中引起完全的革命的著作之一"(参见 Babbage 1938，app. 1，226)。

既然赖尔的地质学被他的同时代人视为革命性的学说,因此,一项决定性的历史检验是,此后地质学及其姊妹学科古生物学的历史是否表明赖尔的著作发挥了与一场革命相当的作用。我认为,这是不成问题的。历史学家之间的争论反而集中在赖尔在多大程度上作了创新这一问题。在科学之中,绝对的创新似乎并不是界定革命的一个特点。大多数(即使不是全部)革命都表现出连续性的特点,因此,甚至科学中最激进的思想,都一次又一次地证明不过是对现有的传统思想的改造(1980 年我在《牛顿革命》中对这个主题作了充分的阐发)。这是科学的一个如此显著的特征,以至于像阿尔伯特·爱因斯坦这样的一些科学家最终认为,他们自己的成果展现的是进化而非革命:亦即是对已知的或为人们所相信的东西的彻底改造或调整,而不是发明某种新的东西。唯一一个反对人们说发生了一场赖尔革命的论据是,地球科学中的所有思考,并不都是同样以他提出的思想为条件的。不过,严格说来,这个论据大概只会限制那场革命的范围和作用,而并不是全然否定它的存在。

生命科学中的进步

在一本题为《19世纪的生物学》(*Biology in the Nineteenth Century*, 1977)的研究著作中,威廉·科尔曼(William Coleman)论述了生命科学中许多重要的革命。他对病理解剖学家"使传统的局部解剖学和器官解剖学发生革命"的活动与细胞理论后来对病理解剖学的改造作了比较(第20页)。特别是他让我们注意到巴黎医院的医生们在1800年左右"由于把对尸体的事后生理检查与对患者的痛苦的临床描述"结合起来,而"在医学中引起的一场革命"。在论"人"的一章中,科尔曼一开始就断言,在让·巴蒂斯特·拉马克(Jean Baptiste de Lamarck)和海克尔之间发生了"一场人对其历史的意识的革命"(第92页)。就此而言,科尔曼发现埃米尔·迪尔凯姆(Emile Durkheim)①的结论"确实是革命性的"(第114页)。在论"功能:动物机器"一章中,他描述了4位德国"还原论者"1847年是如何在柏林会面的。"这一年正是革命爆发的前一年,而且,与此有关,人们计划在生理学的抱负和方法论中

① 迪尔凯姆(1858-1917年),又译涂尔干,法国社会学家、社会心理学家和哲学家,社会学的奠基者之一;主要著作有《社会分工论》(1893)、《社会学方法的规则》(1895)、《自杀论》(1897)、《宗教生活的基本形式》(1912)等。——译者

进行一场革命"(第 151 页)。该书结尾时说明了 19 世纪末的情况,考察了"对于生物学问题倾向于直率支持一种生理学观点的……生物学的新成员"。实验生理学"确立了一种典型方法",以便在"实验中"理解"生命过程,日常的每时每刻都在发生着的事件其总和就是生命"。科尔曼断言,以实验的名义"使生物学的目标和方法革命化的一场运动已经开始"。

1858 年,鲁道夫·卡尔·菲尔绍出版了他的巨著《细胞病理学》(*Cellular Pathology*);今天的许多人认为,这部著作预示着生物学中一场革命的到来。尽管人们对此观点并未普遍表示赞同,但是,几乎无可怀疑的是,菲尔绍的理论引起了医学的生物学基础中的一场革命——菲尔绍本人曾表明过这一点。菲尔绍对于我们具有特别的意义,因为他把其作为一个激进改革者的积极的政治生涯与他在医学病理学中的科学生涯结合在了一起。1848 年初,他奉政府派遣到上西里西亚(Upper Silesia),当时该地爆发了一次斑疹伤寒,(正如他本人告诉我们的)他对波兰少数民族朝不保夕的生活条件感到极大震惊。这一次经历使他由一个持有自由主义的社会和政治信念的人转变成为一个倡导进行广泛的社会和经济改革的激进分子。所以,并不奇怪,他参加了柏林的起义——这些起义是 1848 年的普遍革命的一部分,并且进行了巷战。之后,他成为柏林民主大会(the Berlin Democratic Congress)的会员并且编辑发行了《医学改革》(*Die medizinishe Reform*)周刊。

由于参与革命的政治活动,他被停止了在柏林的学术职务。因此,他移居维尔茨堡,在这里,他于 1849 年被任命为德国病理解剖学这一新学科的首席教授。也正是在这里,他获得了作为科学

家的重要地位,阐发了他所谓的"细胞病理学"的概念。1856 年他
回到柏林,担任一家新成立的病理学研究所(Institute of Patholo-
gy)的教授和所长。由于其教学以及他的学说,他获得了很高的
声誉。按照他的学说,在正常的健康条件下和异常的疾病条件下
细胞同样是基本的单位,而疾病乃是活细胞的紊乱造成的。他后
来的事业包括,发展了他的生物医学概念,参与政治活动,关心公
共卫生事业,并且创立了一种关于疾病的社会学理论。他甚至成
为新的人类学科学的一个奠基者。

　　1861 年,菲尔绍被选为代表德国进步党(the German Pro-
gressive Party)的普鲁士议会的议员。他是德国进步党的创始人
之一。他坚决反对奥托·爱德华·利奥波德·冯·俾斯麦(Otto
Eduard Leopold von Bismarck),为此,俾斯麦曾愤怒地向他提出
决斗,但是菲尔绍没有接受这一决斗。因此,他是一位非同寻常的
伟大的科学家:他既是一位政治活动家和社会改革家,而且,他所
进行的专业改革,不仅改变了医学职业的规则,而且改善了公共卫
生和医疗保健的状况。其他一些科学家也曾是政治活动家,但是
没有什么人达到像菲尔绍所达到的作为议会中俾斯麦的反对派的
领袖这样重要的或相当高的政治地位[参见 Donald Fleming(唐
纳德·弗莱明)1964,X]。

　　在他创办的《医学改革》周刊第 1 期(1848 年 7 月 10 日)中,
菲尔绍把政治革命的思想与医学改革相结合。他(在第 1 页中)写
道,"国家状态中的革命[Umwälzung]"以及"新的制度的建立",
是影响到整个欧洲所有有头脑的男男女女的"政治风暴"的一部
分,因此标志着"整个人生观[Lebensanschauung]的彻底转变"。

他坚持认为,医学不可能不受到这些风暴的影响,"一场彻底的改革不能再拖延了"。埃尔温·阿克尔克内希特(Erwin Ackerknecht 1953,44)认为,对于菲尔绍来说,"自由和科学是天然的盟友",而且,"1848年的革命既是一个政治事件,显然也是一个科学事件"。在其周刊中,菲尔绍写道:"三月的时代终于到来。批判权威、**自然科学反对教条**、永恒的权利反对人类武断的规则的伟大斗争已经两次动摇过欧洲社会,现在它第三次爆发了,而胜利是属于我们的。"阿克尔克内希特把政治与医学的这个统一看作是菲尔绍思想的一个特色(第45页):

> 细胞病理学理论对于菲尔绍本人来说是非常重要的,因为它似乎在客观上揭示了人体中的他所努力探求而且认为在社会中是"自然的"一种情况……因此,对于菲尔绍来说,细胞病理学远不止是一种生物学理论。就此而言,他的政治和生物学观点是彼此相互补充的。细胞病理学揭示,人体就像一个由彼此平等的个体组成的自由国家那样,是一个由细胞组成的联邦,是一个民主的细胞国家。它表明,人体像是一个由彼此平等的因素组成的社会单位,而在体液病理学或固体(神经)病理学中,生物组织则被设想是一种非民主的寡头政治。正像菲尔绍在政治领域中为争取"第三等级"的权利而战那样,在细胞病理学中,菲尔绍也为人们没有充分认识其价值和功能的细胞的"第三等级"(结缔组织)展开了战斗。

318

因此,当我们发现菲尔绍说过如下这句话时并不感到惊奇:"医学最后的任务就是在一个生理学的基础上组织社会"(引自同上书，第46页)。非尔绍认为，社会科学是医学的一个分支，他明确指出，"医学是一门社会科学，而政治学不是别的，只不过是大规模的医学"，"医生是贫苦者的天生的代言人，而且，社会问题应当主要由他们来解决"。

按照阿克尔克内希特的观点(1953，47)，在其关于医学实践的著作中，菲尔绍"更喜欢'改革者'而非'革命者'的说法，因为在他看来，这是把破坏和建设，把对他为之奋斗的过去的成就的批判和尊重结合起来加以表征的更好方式"。但是，就像在1848年那样，他确实参加了革命的政治活动。

在《细胞病理学》这部巨著(1858；英译本，1860)的序言中，菲尔绍谈到，医学科学家有责任使他的"职业同行"广泛了解迅速积累的新知识。然后，他固执地说："我们要进行改革，而不是革命(Wir wollen die Reform, und nicht die Revolution)"。此外，他慨叹道(1858，第 ix 页；1860，第 x 页)，他的著作似乎"有更多革命的而非改革的味道(mehr revolutionäre, als reformatorische Einwirkung)"，但是，这主要是因为"必须首先反对近年来的［近代的］那些错误的或唯我独尊的学说，而不是比较久远的那些著作家的学说"。但是，在正文中，当他描述他正在发展的全新的思想时，而且恰恰是他声称(1860，27)"在一个细胞出现的地方，以前必有细胞存在(omnis cellula e cellula)"之前，他使用了更引人注目的革命的比喻。他明确提到病理学在"过去几年"中所发生的"der Umschwung"［1860 年英译本中将此译作"革命(the revolution)"］。他在这里选择了"Umschwung"，虽然在他谈到政治或社会事件时通常使用"Umwälzung"甚至"Revolution"这些词。但是,就菲尔绍而言,重要的是,他是在科学中引起了一场革命而且积极投身于一场政治革命的非常少的几位科学家之一。而且,他公开坚持他所提出的这样一个观点:革命的政治学和革命的科学是可以相互影响,甚至相互补充的。

数学、概率和统计学

数学在19世纪取得了巨大进步。新的领域得以开辟(例如,非欧几何学、数理统计学、向量解析和四元数),而且新的严密的标准完全改变了古典分析或函数理论(复变函数)。在19世纪末,格奥尔格·康托尔创立了一门新的数学分支——超限数理论。人们把他伟大的贡献描述为"向无限王国的大胆推进",它"激发了20世纪对基本原理的研究"[Meschkowski(梅施科夫斯基)1971,56]。显然,这是数学思维中的一场革命。康托尔本人充分意识到他的工作的革命意义。在1885年致康托尔的一封信中,瑞典数学家芒努斯·G.米塔格-莱弗勒(Magnus G. Mittag-Leffler)写道,康托尔"工作的革命性并不亚于"同高斯对非欧几何学的研究(Dauben 1979,138)。而且,约瑟夫·多本发现,在写给法国科学史家保罗·塔内里[Paul Tannery(1934,*13*:304)]的一封信中,康托尔简单明了地说,他所从事的工作是革命性的。

康托尔并不是19世纪自认为引起(或可能会引起)一场革命的唯一的数学家。另外一位是爱尔兰数学家威廉·罗恩·汉密尔顿爵士。托马斯·L.汉金斯(Thomas L. Hankins)发现,汉密尔顿在 1834 年就他(在以前写给他叔父的一封信中)所说的"他改造整个动力学(就这个词的最广泛的意义而言)的希望和决心"写了一封值得注意的信。该信是汉密尔顿 1834 年写给威廉·休厄尔的。汉密尔顿写道(Hankins 1980，177 - 178)，新的动力学"也许将引起一场革命"。非数学家一般都不熟悉汉密尔顿的著作。我们上面作评论时刚刚引证的那篇论文的标题是《动力学的一般方法》("On a General Method in Dynamics"，1834)。在该文中，汉密尔顿阐明了他所说的"特征函数"的特性，并且揭示了"接近特征函数以便把它运用到行星和彗星的摄动的方法"(Hankins 1972，89)。特征函数是汉密尔顿两个伟大的"发明"之一；另外一个伟大的发明是"四元数"，这是一个三维复数体系，人们可以用一种类似于向量分析的方法使用这个体系。J. 威拉德·吉布斯(J. Willard Gibbs)所发明的向量分析最终取代了作为动力学和数学物理学语言的四元数。(汉密尔顿的四元数在他们所处的时代是如此流行，而且又是如此完全适合于物理学，以至 J. C. 麦克斯韦在他关于电和磁的著名专论中把它们用于对电磁学这一学科的数学表述。)汉密尔顿的论文"第一次对应用于动力学的特征函数作了一般性的陈述"(第 88 页)，而且发展了我们今天所说的"汉密尔顿"原理。这篇论文的确是具有革命性的，因为，他在该文中推导出了运动的"正则方程"、"汉密尔顿的主要函数"以及汉密尔顿自己关于人们后来所说的汉密尔顿－雅可比方程的看法。汉密尔顿的《动力学的一般方法》这篇论文(1834；1835 年作了增补)对经典力学作了系统化的说明，这个说明已经成了今天量子论和统计力学的权威标准。

汉密尔顿的方法,特别是经过了卡尔·古斯塔夫·雅各布·雅可比(Carl Gustav Jacob Jacobi)[①]发展的方法,已证明对于天体力学,例如,对于解决如何测定三个天体的运动的问题是尤为有用的(这是一个经典问题,按照牛顿的万有引力平方反比定律,其中的每一个天体都吸引着其他两个天体)。由于人们普遍接受了向量分析随后又接受了张量解析,所以,汉密尔顿的四元数已经被物理学淘汰了。按照 J. D. 诺思(North 1969)的看法,归根到底,汉密尔顿四元数理论的"势不可挡的重要性"可能在于"它引入了一个乘法的非交换律",这一定律"激励其他的代数学家""从他们的公理集中"剔除了交换律。(乘法交换律指,两个数相乘的次序并不影响其乘积——8 乘以 2 的积与 2 乘以 8 的积相等。)

在 19 世纪,有关概率和统计学的三个主要领域都获得了显著的发展。第一个领域是数学理论(以拉普拉斯为先导);第二个领域是统计学在社会分析方面的应用,从所谓的"道德统计学"开始;第三个领域是为科学引入了一个统计学基础。其中第二个领域通常与比利时统计学家阿道夫·凯特尔的名字联系在一起。凯特尔以其有关婚姻、死亡、出生、犯罪等的一些数值常量或规则性的意外新发现,而使全世界的读者震惊。

一个最称职的见证者使我们有了一个富有说服力的证据,证明有关社会的新的统计学发现的革命影响。正如约翰·赫歇尔爵士在 1850 年的著作中(第 384 – 385 页)写到的那样,"人们开始惊

[①]　卡尔·古斯塔夫·雅各布·雅可比(1804 – 1851 年),德国数学家,对椭圆函数、微分方程、数论、动力学等均有重要贡献。——译者

奇地但并非没有掺杂着对受益的某种模糊期望听到"：

> 不仅生死和婚嫁，而且法庭的判决，普选的结果，在抑制 321
> 犯罪方面所进行的惩罚的影响——医疗的比较值以及治疗疾
> 病的不同方式——自然研究的每一个部门的数值结果可能的
> 误差限度——对自然的、社会的和道德的原因的确定——而
> 且，甚至证据的重要性，以及逻辑论证的有效性——似乎都可
> 以用对一个无偏见的分析的敏锐彻查来测定。这种对一个无
> 偏见的分析的敏锐彻查，即使不会立刻导致绝对真理的发现，
> 至少也将保证发现和排除许多有害的和不断侵扰的谬误。

这段文字摘自《爱丁堡评论》(*Edinburgh Review*，1850 年 7 月)中
一篇关于刚刚出版的凯特尔的《与阿尔贝特亲王有关〈概率论〉的
通信》(*Letters to Prince Albert on the Theory of Probability*)的
译本(1849)的文章，该文得到了人们广泛的阅读和讨论(参见
Herschel 1857，第 365 页及以下)。

　　但是，发生过一场革命吗？评估这种新的社会统计分析是否
有足够深远的意义以至被视为一场统计学的革命的一个方法，就
是观察对这种新的统计学思维方法的反对的激烈程度。有两个对
以统计学为基础的科学或知识表示反对的人，即奥古斯特·孔德
和约翰·斯图尔特·穆勒。孔德在其《实证哲学教程》(*Course of
Positive Philosophy*，第 6 卷，第 4 章)中嘲笑了"某些几何学家的
自命不凡，他们试图使社会研究服从一种奇异的数学的概率论而
使社会研究成为一种实证研究"(1855，492)。孔德严厉驳斥詹姆

斯·伯努利尤其是孔多塞企图把概率论和统计学应用到社会理论（或社会学）之中。他写道（第 493 页）：

> 当一般人开始认识到政治哲学的真髓，而且事实上，这一真髓由于孟德斯鸠、孔多塞本人的努力已被揭示出来，并且，也受到了新的社会动荡的激发，在这个时候，拉普拉斯再重复这样一个哲学错误，是不可宽恕的。从那时起，一系列模仿者用沉闷的代数语言继续重复这个幻想，而没有增加任何新的东西，滥用了恰恰属于真正的数学精神的荣誉；因此，这个谬误现在只不过是将会利用它的政治哲学的极端无能的一个不自觉的证据，而不再像一个世纪之前那样，是科学研究的不成熟的本能的一个象征。难以想象还有哪种观念比这种观念更荒谬了：它把一种假设的数学理论作为它的基础或它的操作模式，而在这种理论中，符号被误认为思想，我们把数值概率拿来计算；这无异于把我们自己的无知当作测量我们各种观点的几率度的自然手段。

322

孔德反对统计学和概率论很可能是基于他的这样一个信念："所有科学的目的都在于预见"（亦即，准确的预言），就像他在1822 年一篇关于"改造社会"的文章中所写的那样［Ronald Fletcher（罗纳德·弗莱彻）1974，167］。为了达到这一目的，"通过对现象的观察所确立的规律"应当使科学家能够预言现象的演替。因而，"对过去的观察应当像我们在天文学、物理学、化学和生理学中所做的那样，揭示政治的未来"。在《实证哲学教程》第 6 卷

（"社会物理学"）中,孔德进一步扩展了这个论题。在该卷的第3章中,孔德主张,"社会现象服从自然规律,同时容许合乎理性的预见"。孔德所想到的是经典的理论力学的简单因果预言——他认为,这些预言与统计学和概率论的"不准确的"预言是相对立的。

约翰·斯图尔特·穆勒在其最重要的或"主要的哲学著作"《逻辑学体系》(*System of Logic*)中,反对科学或社会科学中的统计学论点或对概率的误用。穆勒认为(1973-1974,1142),"确实需要有充分可靠的证据使任何有理性的人相信,我们的无知可以通过一个对数字起作用的系统而融入科学中去"。穆勒又说,这"无疑是一个奇怪的主张",它"导致了一位学识渊博的思想家——孔德先生采取了相反的完全拒绝[这个学说]的极端行为,尽管事实上"保险业的实践以及大量其他实在的经验天天都在证明着"这一学说。这个陈述,如同《逻辑学体系》第1版(1843)中的其他陈述一样,在第2版和后来出版的其他版本中被删除了;但是,没有哪一位读者注意不到这样一个明显的结论:穆勒对于概率的基础以及概率应用的有效性抱以完全否定的态度(参见 Mill 1973-1974,8-9:第3卷,第17-18章,附录 F,附录 G,第1140-1153页)。当穆勒在其《逻辑学体系》(1973-1974,第3卷,第18章,第3节)中说"对概率运算的误用"已经使之成为"数学的真正耻辱"时,他的观点也就明确无疑了。

许多科学家和哲学家或者直接反对在科学中使用概率和统计学,或者对它们在科学中的应用表示强烈的怀疑。迟至1890年,彼得·古特纳·泰特(Peter Guthne Tait)在其《物质的特性》(*Properties of Matter*)第2版中,可能仍然采取一种反统计学的

323

态度,认为气体分子运动论中"仍然存在着的困难","由于对《概率论》的显然是没有根据的应用而大大增加了,统计学的方法正是以概率论为基础的"(第291页)。

克洛德·贝尔纳(Claude Bernard)对统计学和概率在科学中的应用进行了更频繁的和坦率的批评。贝尔纳通常被人们称作近代实验生理学的奠基人,他在其《实验医学研究导论》(*Introduction to the Study of Experimental Medicine*,1927,131 – 139)中直言不讳地说,他难以理解"我们怎么能够在统计学的基础上教授应用的精密科学"。他认为,统计学的应用必然"只能导致推测性的科学",而且"永远不可能产生出富有活力的实验科学,即根据确定的规律控制现象的科学"。而且,他主张,"依据统计学,我们可以推测关于某个特定事例的或大或小的概率,但是却永远不可能获得任何确定性,也永远不可能获得任何绝对的决定论"。既然"事实从来都不是同一的",统计学也只能用来作为"一种对观察的经验枚举"(第138 – 139页)。因此,如果医学以统计学为基础,那么它就可能"永远只是一种推测性的科学;唯有以实验的决定论为基础,它才能够成为一门真正的科学,即一门可靠的科学"。贝尔纳在这里说明了他所说的"所谓善于观察的医生"的观点与"实验医生"的观点之间的区别。贝尔纳认为,实验科学导致了一种严格的决定论;他和其他生理学家认为,这种严格的决定论是与概率论或统计学的看法不相容的。

在1904年圣路易斯万国博览会期间召开的艺术和科学大会(the Congress of Arts and Sciences)上的一篇演说中,特别有哲学头脑的理论物理学家路德维希·玻尔兹曼简短地论述了如何把统计学应用于科学和社会科学。他为"统计力学定理"进行了辩护，认为它们"像所有有事实依据的数学定理一样"是有效的；与此他也同时指出，把统计学应用于其他领域有一个困难，例如，在设想"基本错误等的概率"时，就是这样。在提及把统计学的应用扩展到"生物，……人类社会，……社会学，等等，而不是只应用于……力学的粒子"时，他提醒人们注意把这样一些研究置于概率论的基础之上而产生的"原则困难"。他说，"如果假定了等概率概念，且这一概念不可以从其他基本观念衍生出来"，那么，这一学科"就会像数学的任何其他分支学科一样精确"（1905，602）。

在1983－1984这一学年期间，在比勒费尔德大学（the University of Bielefeld）举办了一次国际性的跨学科研讨会和专题讨论会。会议的主题是"1800－1930年间的概率论革命"。在那里所进行的各种研究提供的令人信服的证据表明，19世纪在社会思想和科学思想中持续不断的变革，展现出一种革命性的力量。但是，我认为，在19世纪末，随着统计力学的发展，即使曾有过革命，也没有任何证据可以证明，它已经超越了论著中的革命阶段。另一方面，随着为遗传学和进化论以及为量子论引入一个概率论的或统计学的基础，生物学和物理学在20世纪都经历了一场非常彻底的变革。量子革命通常被看作是科学中曾经发生的最伟大的一次革命，而且，由简单的因果关系向统计学因素的转变，一般被认为是它的最具革命性的特点之一。因此，我敢断言，在19世纪，根本就没有什么科学中的全面革命意义上的"概率论的革命"（或更确切地说，"概率化的革命"）。至多有一场直到20世纪初才获得了科学革命的潜能的论著中的革命。[3]到了1914年，在一本题为

《偶然性》(*Chance*)的著作(它对"科学知识不同分支中"的概率和统计学作了非专门性的一般解释)中,法国数学家埃米尔·波雷尔(Emile Borel)指出,"我们几乎没有意识到,我们已经面对着一场真正的科学革命了"(第 ii 页)。

应用科学中的革命

史学家们一致认为,19 世纪的伟大革命之一就是,科学作为推动技术和社会变革的一种重要力量的崛起。艾尔弗雷德·诺思·怀特海(Alfred North Whitehead)曾评论说,19 世纪最伟大的发明,就是发明方法的发明,这是对这场革命非常简明的表征。我们在下述一个简单的事实中可以看到这种技术革新的生产力:杜邦公司(Du Pont Company)1942 年的销售总额中,几乎有一半的产品在 1928 年之前是没有的,或者是那时没有大规模地商业化生产的。而这就是公司的一个研究计划所产生的影响。

325　　　尽管我们今天常说,基础科学知识中的进步,对于改变与我们的日常生活、食品、健康、通讯和交通等等相关的原材料,对于改变我们的谋生方式和国防手段,起到了相当大的推动作用,而在 100 年之前,一般来说这是不可能的。自培根和笛卡尔以来的科学家和哲学家们都曾预言,知识的进展将使人成为他的环境的主宰,但是,关于这一进程,并没有多少令人信服的例证。我们有一个大约是在 1800 年之前的重要例证,它表明,一位科学家纯粹为了知识的进展而进行的研究的一个始料未及的副产品,导致了一项对人类有益的实用发明。这就是本杰明·富兰克林对导体和绝缘体的性质、静电感应现象、物体的形状对其带电特性的影响、接地在电效应中的作用,以及对辉光、瞬间放电和刷形放电的性质等所做的基本研究。这一研究使富兰克林认识到闪电放电是一种电的现象,然后又促使他进行了检验这个结论的实验,并最终发明了一个装置——避雷针,通过它可以缓释带电的云,从而避免雷击,或者可以把雷击安全地传导到地面。迟至 19 世纪初,在法国的一次公开讨论中,有关避雷针的这一个案史,可能还被引证作为基础科学研究如何导致出人意料的实用发明的一个主要的范例。但是,如果所产生的实用发明与食品或健康、通讯或交通、国防或谋生方式直接联系在一起的话,那么,这个例证不会像它实际那样能令人信服。

就科学对技术的影响而言,在 19 世纪发生了革命性的变革,这首先表现在染料工业中。在 19 世纪中期以前,染料是从自然资源获得的:如植物、昆虫、甲壳类动物以及某些矿物等。到了 19 世纪末,合成生产出的染料几乎完全取代了这些天然的产物。这场革命的第一个阶段是,1856 年威廉·亨利·珀金(William Henry Perkin)发现了一种新的染料,它可以把丝绸染成紫红色(苯胺紫)。那时,他还只是一名学生,而且他所发现的染色物质则是制造合成奎宁的不成功实验的最后产物。生产这种染料的原料是煤焦油,而煤焦油则是通过蒸馏法从煤中提取照明煤气过程的副产品。珀金开始成批生产新的苯胺紫染料,随后几年则见证了一种新的工业的成长,而这种新工业的基础就是化学家们的研究,他们能够合成现有的通常是从天然产物中获取的染料或者创造全新的合成染料。这些新的染料比较便宜,而且染色也更快。在单一染料——茜草红或"土耳其红"的历史中,我们可以看到这种新的技术革命作用。19世纪60年代,茜草红是从茜草属植物中提取的;而这类植物则是普罗旺斯的主要农作物,而且在西班牙南部、意大利、希腊和北非被大面积种植。几十年之后,合成的茜草红几乎消灭了茜草属种植业,而在今天,茜草属植物只是作为珍品在植物园中种植。

在染料化学家维特(O. N. Witt)看来[Haber(哈伯)1958,83],与许多比较早的合成染料大不相同,茜草红是"化学研究中一种新的趋势,即有目的的化学的第一个成果"[《人工合成的基本原理》("Das Prinzip der zielbewussten Synthese");参见 O. N. Witt 1913,520]。化学家们现在被组织起来,以便把他们的研究引向特定的技术目标。靛蓝是最后被合成产品取代的天然染料之一,它的生产几乎是完全由英国人控制的。早在 1880 年,靛蓝实际上就已经合成了,但是,这个过程比较缓慢,而且成本也比较昂贵。在合成的靛蓝于 1897 年上市之前,相关的定向研究,把从事工业研究的化学家们的科学成就与他们的学院同行的成果结合起来,花费了 17 年的时间。巴登苯胺苏打厂(Badische Anilin-und Soda-Fabrik)为此投入的费用合计达 500 万美元,这是到那时为止对单一研究项目所投入的总额最高的费用。三年之内,德国的总产量相当于从 25 万英亩的土地上收获的靛蓝的产量[Brunck(布兰克)1901]。

正是在染料工业中,科学第一次显示了它的巨大的技术力量。广大地区的整个经济几乎在一夜之间被彻底改变了,这正像以前专门用于种植茜草类植物的土地或者被翻耕转向种植葡萄或其他作物,或者被允许休耕了一样。诸国和世界的命运受到应用化学研究成果的影响。在 19 世纪 60 年代初,德国几乎没有什么染料工业,但是到了 1881 年,它则成了世界上几乎一半染料的生产国;而到 1896 年,它所占的比例上升到 72%,到 1900 年则达到 80%‐90%。德国的制造商成功地夺取了世界市场,这在很大程度上是由于他们"能够吸收一大批相当能干的化学人才,这些化学家们对通常是辛苦的研究所怀有的热情,是除瑞士以外的其他国家不能相比的"(Haber 1958,129)。最后,还应当注意到,由于不稳定的染料是易爆炸物,所以,德国由政府资助的染料工业在为世界战争创造着一个潜在的武器库。

认识应用化学中的革命所产生的深远影响的另一个方式是去 327 注意,英属印度 1896 年出口的依靠天然原料生产的靛蓝,其价值达 350 多万英镑,到了 1913 年,这个数字跌至仅有 60,000 英镑。此外,1913 年德国(合成靛蓝的主要生产者)出口的靛蓝的价值约为 200 万英镑。不过,其他一些资料所揭示的这场革命的全景是,在这 17 年间,靛蓝染料的价格由每磅约 8 先令下降到每磅仅为约 3.5 先令[参见 Alexander Findlay(亚历山大·芬德利)1916,237]。

第二十二章 三位法国人的观点：
圣西门、孔德和库尔诺

科学中的革命这个概念以一种值得注意的方式出现在 19 世纪三位法国哲学家和社会思想家——圣西门、孔德和库尔诺的著作中。这三个人都发展了一种历史变革的哲学，在这种哲学中，科学具有特殊的重要性；而且，他们这三个人都曾设想，在不久的将来，社会科学将达到天文学和数学已经达到、而"生理学"（生物学）正处在这一过程之中的一个高级的和确定的状态。

亨利·圣西门：革命和科学教

亨利·圣西门〔克劳德·亨利·德·鲁弗鲁瓦－圣西门伯爵（Claude Henri de Rouvroy Saint-Simon，Comte de，1760－1825年）〕是思想史上一位有趣的人物，因为，尽管他实际上并不了解科学，但他却雄辩地著书立说论述了科学的重要意义；而且，他还设想，科学家在重新组织社会方面将发挥一种极为重要的作用。尽管在晚年他不再那么迷恋科学，而且——更为特别的是——虽然对于他同时代的科学家接受他自己的思想失去了信心，但是，他所设计的一个更美好的社会的蓝图却总是强调科学思想和科学理想的重要性。他甚至梦想一种有科学家－牧师的科学教,并且幻想物理学家就是类似教皇那样的人。更为重要的是,他盼望在一个不太久远的将来,将对科学以及教育体系和教育方法进行改造,从而保证科学为了所有劳动者的利益而"完善工艺"[参见 Frank Manuel(弗兰克·曼纽尔) 1956;1962,第 113 页及以下]。

今天,即使人们回想起圣西门,也是把他当作一位前社会主义的"社会主义的"思想家、一位科学主义崇拜的早期鼓吹者和奥古斯特·孔德的实证哲学的一位先驱。弗里德里希·恩格斯在他的小册子《社会主义从空想到科学的发展》(*Socialism：Utopian and Scientific*)中称赞了圣西门的政治和社会思想。他说:"我们在圣西门那里看到了天才的远大眼光,由于他有这种眼光,后来的社会主义者的几乎一切并非严格地是经济的思想都以萌芽状态包含在他的思想中"(1935,38)。① 埃米尔·迪尔凯姆则称圣西门为"实证主义和社会学的奠基人"。从下面这段引自圣西门《人类科学概论》(*Memoir on the Science of Man*)(1865 – 1878,40:25 – 26;转引自 Manuel 1956,113)的论述中,我们可以看到现代实证哲学的发端:

> 一切科学开始都是推测性的。万物的伟大秩序注定了它们都将成为实证性的。天 文学开始于占星术;化学的起源不过是炼金术;生理学曾经长时间在江湖骗术中挣扎,而今天则

---

① 参见《马克思恩格斯选集》,人民出版社,1972 年中译本,第 3 卷,第 411 页。——译者

　　是建立在已观察到并且得到证明的事实之上；心理学现在开始把自己奠基于生理学的基础之上，并且从自身中清除了它曾立足于其上的宗教的偏见。

　　在他的《给一位日内瓦居民的信》(*Letters to an Inhabitant of Geneva*，写于1813年)中他还预言，社会科学将成为与天文学、物理学、化学和生理学处在同一层次上的科学。(在这部著作中，他没有使用"实证的"这个术语来描述精密科学；他第一次使用这个术语是在1807年；参见 Manuel, 1956, 132)。他根据科学相继"从迷信和形而上学中解放出来"(同上)的次序，在后来奥古斯特·孔德的阐述之前，对科学的等级作了划分。像孔德一样，他认为，生理学只是刚刚进入或将要进入"实证的"状态。他在《给一位日内瓦居民的信》中写道(1865‒1878, 15：39‒40；英译本见 Manuel, 1956, 133)，"生理学仍然处在一个不幸的位置，而占星学的[原文如此！]和化学的科学已经越过了这一位置"。他补充说："生理学家现在不得不从他们中间驱逐**哲学家、伦理学家**和**形而上学家**，就像天文学家驱逐占星术士和化学家驱逐炼金术士一样。"孔德也将援引同样的这个关于占星术士和炼金术的比喻。

　　圣西门写了三部与科学主题直接相关的主要著作：《19世纪科学著作概览》(*Introduction to the Scientific Works of the XIXth Century*，1808)、《论万有引力》(*Works on Universal Gravitation*，1813年12月)以及《人类科学概论》(写于1813年1月，但直到1858年才发表)。正是在《人类科学概论》中，他最充分地阐发了他关于科学中的革命的理论。该书分两部分，在第一部分的一个附录中，圣西门对革命作了探讨。这个讨论采取了"写给生理学家的信"的形式（1858，382－386）。圣西门认为，如果他们愿意"大胆地支持我的话"，那么，"几年以后将发生一场伟大的和有益的革命"。然后，他解释说，历史表明，科学革命和政治革命是交替进行的。革命是相继出现的，每一次革命都是下一次革命的原因和前一次革命的结果。圣西门说（1858，382－386），这种再现说"将证明，下一次革命必是一场科学的革命，正像我的著作将用越来越多的证据向你们证明的，主要依靠你们[生理学家们]来引起这场革命，而且，这场革命必定对你们是特别有用的"。

圣西门的历史序列是从与哥白尼的名字联系在一起的科学革命开始的，然后是路德的政治革命。继之而起的科学革命包含培根的杰作，以及伽利略对"地球围绕地轴作周日自转"的证明，这一证明"完善了哥白尼体系"。随之而来的政治革命发生在英国，在这场革命中，查理一世"受到他的国民的审判"，而且，"古人所不知晓的一种新的社会组织秩序"得以确立起来；与此同时，路易十四则"着手使整个欧洲屈服于他的管辖之下"。在随之而产生的科学革命中，出现了牛顿和洛克，而且这两个人"导致了在科学中引起一场巨大进步的重要的新思想"；他们的思想在法国的《百科全书》中得到发展和运用。继之而起的政治革命就是法国大革命，这场革命是"在《百科全书》出版几年之后开始的"。

那么，圣西门不得不就下一次科学革命做出预言。这场革命将是"人类科学"中的一场革命，它是以"生理学知识"为基础的。圣西门设想，这门新的科学将成为公共教育的一部分，而且，那些用这种新的科学培养起来的人们，将有能力用在其他科学（天文学、物理学、化学)中所运用的方法来处理政治问题。18世纪的著作总是倾向于瓦解或破坏社会,而即将来临的19世纪的作品将"努力改造社会"。我复制了圣西门《人类科学概论》初版时的两页,这样,读者可能就会鉴别出两种形式的革命之间印刷上的对应性。(参见图10)

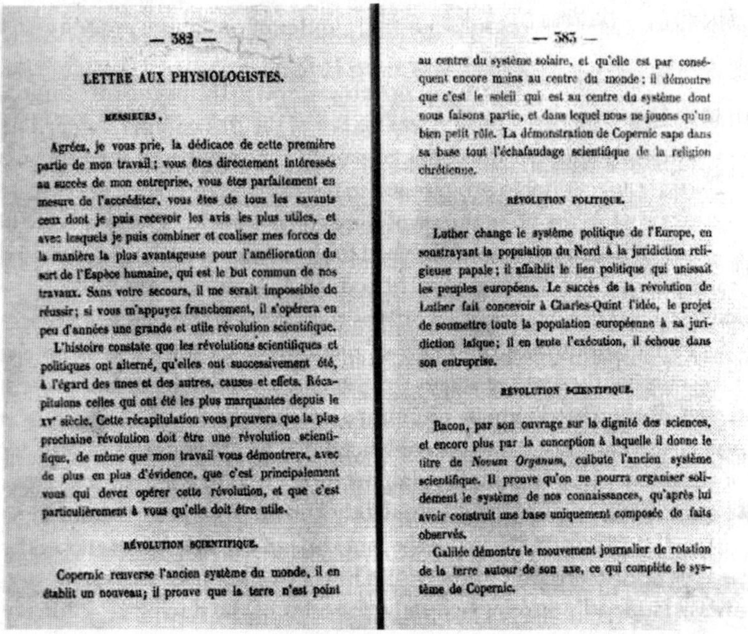

— 382 —

LETTRE AUX PHYSIOLOGISTES.

MESSIEURS,

Agréez, je vous prie, la dédicace de cette première partie de mon travail; vous êtes directement intéressés au succès de mon entreprise, vous êtes parfaitement en mesure de l'accréditer, vous êtes de tous les savants ceux dont je puis recevoir les avis les plus utiles, et avec lesquels je puis combiner et coaliser mes forces de la manière la plus avantageuse pour l'amélioration du sort de l'Espèce humaine, qui est le but commun de nos travaux. Sans votre secours, il me serait impossible de réussir; si vous m'appuyez franchement, il s'opérera en peu d'années une grande et utile révolution scientifique.

L'histoire constate que les révolutions scientifiques et politiques ont alterné, qu'elles ont successivement été, à l'égard des unes et des autres, causes et effets. Récapitulons celles qui ont été les plus marquantes depuis le XVe siècle. Cette récapitulation vous prouvera que la plus prochaine révolution doit être une révolution scientifique, de même que mon travail vous démontrera, avec de plus en plus d'évidence, que c'est principalement vous qui devez opérer cette révolution, et que c'est particulièrement à vous qu'elle doit être utile.

RÉVOLUTION SCIENTIFIQUE.

Copernic renverse l'ancien système du monde, il en établit un nouveau; il prouve que la terre n'est point

— 383 —

au centre du système solaire, et qu'elle est par conséquent encore moins au centre du monde; il démontre que c'est le soleil qui est au centre du système dont nous faisons partie, et dans lequel nous ne jouons qu'un bien petit rôle. La démonstration de Copernic sape dans sa base tout l'échafaudage scientifique de la religion chrétienne.

RÉVOLUTION POLITIQUE.

Luther change le système politique de l'Europe, en soustrayant la population du Nord à la juridiction religieuse papale; il affaiblit le lien politique qui unissait les peuples européens. Le succès de la révolution de Luther fait concevoir à Charles-Quint l'idée, le projet de soumettre toute la population européenne à sa juridiction laïque; il en tente l'exécution, il échoue dans son entreprise.

RÉVOLUTION SCIENTIFIQUE.

Bacon, par son ouvrage sur la dignité des sciences, et encore plus par la conception à laquelle il donne le titre de *Novum Organum*, culbute l'ancien système scientifique. Il prouve qu'on ne pourra organiser solidement le système de nos connaissances, qu'après lui avoir construit une base uniquement composée de faits observés.

Galilée démontre le mouvement journalier de rotation de la terre autour de son axe, ce qui complète le système de Copernic.

图10　这是政治革命与科学革命的一个对比。它们是圣西门《人类科学概论》(写于1813年,1858年在巴黎出版)一书的两页。(哈佛大学图书馆馆藏)

圣西门从他的列表中删去了化学革命。过去发生的革命的顺序是,从哥白尼开始,实现了培根和伽利略的成就,然后又走向牛顿(以及洛克和百科全书派的思想家)。这三组已经完成的革命,亦即圣西门唯一提到的几场实际的革命,构成了我们今天所知晓的那场科学革命(*the Scientific Revolution*)。奥古斯特·孔德在 332 对圣西门思想进行改造的过程中,似乎对这个单一的概念作了最早的明确的表述。

奥古斯特·孔德和实证主义哲学

　　奥古斯特·孔德(1798－1857 年)是 19 世纪最具有创造性的和最重要的思想家之一。他对科学、哲学和社会科学的深刻影响是相当普遍的。他开创了被称之为"实证主义"的思想运动,而且,他为一门尚未诞生的学科发明了"社会学"这个名称。他的哲学思想详细地阐述在他的《实证哲学教程》一书中。该书在 1830－1842 年间用法文出版,而且由哈丽雅特·马蒂诺(Harriet Martineau)[1]译成了英文。孔德在英美世界的影响,并不像他在法国和欧洲大陆以及拉丁美洲曾经产生而且现在仍在持续的影响那样深远。在 20 世纪,孔德哲学的某些部分,在受到恩斯特·马赫思想强烈影响并通过维也纳学派而传播的"逻辑实证主义"的学说中被赋予了全新的生命。在这个新的化身中,显然再没有什么人把孔德看作是实证主义的奠基人。

---

　　① 哈丽雅特·马蒂诺(1802－1876 年),英国社会、经济、史学女作家,第一位女性社会学家;除了翻译介绍孔德的著作外,她的主要著作有《政治经济学的解说》(25 卷,1832－1834)、《释济贫法和贫民》(10 卷,1833－1834)、《税务解说》(5 卷,1834)和《公元 1816－1846 年 30 年和平的历史》等。——译者

孔德把两个重要的新概念引入到科学的历史发展中。第一个概念就是他的三阶段规律。按照孔德的观点,人类精神发展经历了三个阶段,它们构成了理解外部世界的现象必然要经历的过程以及说明这些现象的方式。第一个阶段是"神学的"阶段,在这一阶段,一切事件都被归于诸神的活动;第二个阶段是"形而上学的"阶段,在这一阶段,诸神或神圣力量的意志被抽象概念所取代;最后,第三个或"实证的"阶段,是当科学的解释取代了形而上学之时所达到的阶段。孔德通过对文化或文明之发展、思想之发展,尤其是科学之发展的广泛的历史描述,探讨了这三个阶段的演替。他"确信,关于科学之历史的知识是极端重要的",而且,他甚至更进一步地指出,"如果我们不了解一门科学的历史,那么我们就根本不会完全通晓这门科学"(1970,49)。因此,孔德成了第一个倡导要严肃认真和系统地研究科学史的人。乔治·萨顿一直赞扬孔德是科学史这一学科的奠基人。

孔德的第二个历史概念构成了他对科学所做的新的和具有高度创新性的分类的一部分。他提出了一个分类表,在其中,他根据一种"一般性不断减少,而相互依赖性和复杂性不断增加"的历史的和分析的层次,对科学作了分类。因此,这个分类体系不仅是通过一种逻辑的分析确定的,而且也得到了历史的确证。数学是所有科学的基础,是所有科学中最具有一般性的科学,而且在历史上也是最早成为"实证的"科学的。在孔德的分类序列中,在数学之后的是天文学。在天文学中,物体被认为是自由运动的,或者说,物体的运动不受周围的流体、碰撞、摩擦的阻碍,也不受在可见物体的地球物理学中出现的所有其他复杂活动的运动的阻碍。紧接着天文学之后的是物理学、化学和（在孔德的时代正在变为"实证的"科学的）生理学，而最后一门科学是"社会学"。[1] 在孔德的分类体系中，心理学未占得一席之地，因为孔德认为，心理学或许应当被视作人类生物学（生理学）的一部分。这样一个分类表与孔德在巴黎综合理工学院（École Polytechnique）作为一名数学家所受的训练以及他对精密自然科学所进行的研究是协调一致的。由于他在数学和物理学方面的背景，孔德把物理学（地球物理学）看作是所有科学的典范，因为在物理学中，观察和实验与数学相结合，从而会产生出某种真正"实证的"知识体系。因此，在他的早期著作中，孔德把未来关于社会的科学视为一门"社会物理学"——凯特尔后来在一种完全与此不同的意义上使用了这一术语。

孔德的三阶段规律，就像一切创造性的思想一样，在某种程度上是对他的前辈，尤其是孔多塞、皮埃尔－让－乔治·卡巴尼斯（Pierre-Jean-Georges Cabanis）[①]和圣西门（孔德曾做过他的秘书）的观念的改造。对比一下圣西门和孔德两人的观点，也许可以看出这一改造的程度，而这因此也是衡量孔德的真正独创性的方法。圣西门认为在最后一个发展阶段，哲学变成了拒斥一切不可证实的东西意义上的"科学的"学科。但是，在孔德看来，把最后一门科学——社会学确立为一种"实证的"学说还不是最终阶段；几门科学彼此之间的差距尚未消除，因而还无法产生出一个全面的实证主义体系，亦即这样一种"关于世界和人的构想"：它最终将成为

---

① 皮埃尔－让－乔治·卡巴尼斯（1757－1808年），法国生理学家和哲学家，机械唯物论者；代表作有《人的肉体方面与道德方面之间的关系》（1802）。——译者

一种值得称之为"哲学"的综合体系。在这个最后阶段，一切知识都将是"实证的"和统一的，都将结合在关于人和社会的科学即新的社会学科学之中。因此，人们不仅将理解人和社会的问题和需要，而且也会清楚地认识改造和改善人及其社会的现状所应采取的步骤。这个思路必然使实证主义发展成为一种宗教，甚至发展

334　到有教堂、有一大批教士、有一个"实证主义的"圣人目录[包括摩西（Moses）、荷马（Homer）、亚里士多德、阿基米德、尤利乌斯·恺撒（Julius Caesar）、圣保罗（Saint Paul）、查理曼、但丁、谷登堡（Gutenberg）、莎士比亚、笛卡尔、腓特烈大帝（Frederick the Great）、马里·弗朗索瓦·格扎维埃·比沙（Marie François Xavier Bichat）[①]]的地步。

　　圣西门和孔德彼此之间的相互影响是难以把握的，因为在他们之间存在着一种严重的分歧。孔德和圣西门都称他们从孔多塞关于科学相继成熟的学说中受益匪浅，但是，孔德谨慎地拒绝承认他从圣西门那里获得过什么教益，而且只是以轻蔑的语言提到他。

---

　　①　（1）摩西，《圣经》人物，公元前13世纪时希伯来人的领袖，为使希伯来人摆脱奴役，率领他们离开埃及。（2）荷马（约公元前9世纪–前8世纪），传说中的古希腊吟游诗人，被归于他名下的作品有《伊利亚特》和《奥德赛》。（3）圣保罗（约公元3–约公元67年），原名扫罗，归信耶稣后改为此名，早期基督教的主要活动家之一，被认为是基督教史上最重要和最伟大的宗教领导者之一，《新约》有一半是由他所写。（4）谷登堡即约翰内斯·谷登堡（Johannes Gutenberg，约1398–1468年），欧洲第一个发明铅活字印刷术的人，其发明所引起的传播革命，在文艺复兴以及以后的发展中扮演了重要角色。（5）腓特烈大帝（1712–1786年），即普鲁士国王腓特烈二世，多才多艺的军事家、政治家、作家和作曲家。（6）马里·弗朗索瓦·格扎维埃·比沙（1771–1802年），法国解剖学家和生理学家，现代组织学和描述解剖学之父，主要著作有《生命与死亡的生理学研究》（1800）、《普通解剖学》（1801）、《描述解剖学》（第1–2卷，1801–1803）等。——译者

人们经常推测,圣西门对孔德的影响必定要比孔德对圣西门的任何可能的影响更重要些。就我所能断定的而言,这种观点(没有任何现实的证据证明这一观点)的唯一理由是,在他们学术上交往甚密的时期,孔德比圣西门年轻,而且那时孔德是圣西门的秘书。但是,考虑到孔德是他那个时代最卓越的、影响最大的思想家之一,而且年轻人往往要比年老一些的人拥有更丰富的创造性的思想,那么,孔德对于西门的影响难道就不能比圣西门对孔德的影响更为重大吗?无论怎样,他们的许多思想(包括三阶段规律、科学的相继发展、"实证主义"或"实证的"科学的概念)之间的近乎一致,并不会降低对孔德的创造性才华的评价。重要的不是孔德在某种程度上改造了比他年长的同事的某些思想,而是他创造性地运用了这些思想。(关于这个论题的一个较为充分的评论见于 Manuel 1962,251-260。)最后,孔德确信,其他人〔让-巴蒂斯特·萨伊(Jean-Baptiste Say)和夏尔·迪努瓦耶(Charles Dunoyer)①〕在他的思想发展过程中,要比他所说的那个"愚蠢的老哲学家"和那个"堕落的骗子"占有更重要的地位。他的"精神祖先"(Manuel 1962,257)是休谟、康德、孔多塞、J. 德·迈斯特尔(J. de Maistre)②、加尔(H. L. L. Gall)和比沙。

在论述科学的发展时,孔德经常采用科学中的革命的概念,以

---

① 让-巴蒂斯特·萨伊(1767-1832年),法国经济学家,以其市场说而闻名;夏尔·迪努瓦耶(1786-1862年),又译杜诺瓦耶,法国自由主义经济学家。——译者

② J. 德·迈斯特尔(1753-1821年),法国哲学家、作家、律师和外交家,反经验论者,主要著作有《政治组织和人类其他制度的基本原则论》(1814)、《圣彼得堡之夜》(1821)等。——译者

及在 16 和 17 世纪的科学中有一场普遍革命的观念。例如,他在 1820 年的一篇题为《近代史简评》["A Brief Appraisal of Modern History"(Fletcher 1974,99)]的论文中,就曾援引了有关**这场科学革命**的思想,孔德在文中说:

335
> 直到近代,它们[自然科学]还因混合着迷信和形而上学而蒙受损害。只是到了 16 世纪末和 17 世纪初,它们才成功地完全摆脱了神学的信条和形而上学的假说。关于这个时代,亦即它们在其中开始成为真正实证的科学的时代,首先要谈到的是培根,是他发出了这场伟大革命的第一信号;其次是他的同时代人伽利略,伽利略为这场伟大的革命提供了最早的范例;最后要谈到的是笛卡尔,他把理智从与科学相关的权威的羁绊中不可逆转地解放了出来。然后,自然哲学兴起了,而且科学的能力显现出了它的本色,即为一个新的社会制度贡献精神要素。

而且

> 从这个时代开始,各门科学依据自然的顺序,也就是说,按照它们实际与人的关系的远近亲疏的程度,相继变成了实证科学。因此,首先是天文学,然后是物理学,稍后是化学,最后,在我们自己所处的时代中是生理学,均被构造成了实证的科学。所以,就知识的所有专门分支而言,这场革命已经彻底完成了,而且对哲学、伦理学诸学科和政治学来说,这场革命

显然已达到了它的终点。

在 1822 年发表的一篇题为《简论科学在社会改造中的必要作用》("Plan of the Scientific Operations Necessary for Reorganizing Society")的论文中,孔德提出了"科学家在我们的时代应当把政治学提高到观测科学的地位"的学说(Fletcher 1974，135)。他的分析基于他的三阶段规律。他声称"四门基础科学"——天文学、物理学、化学和生理学——"以及附属于它们的科学"都已成为实证科学,与此同时,他又不得不说,生理学的某些方面仍然存在于所有三种状态中。例如,"人们特别称之为**道德的**现象"被"一些人看作一种持续的超自然的作用的结果;而另外一些人则把它们与能够予以证明的并且不可超越的有机体的状况联系在一起"。孔德在 1825 年 11 月发表的《对科学和学者的哲学思考》("Philosophical Considerations on the Sciences and Savants")一文中,对这一思路又作了更详尽的阐发(Fletcher 1974，第 182 页及以下)。孔德在该文中对"过去两个世纪中人类精神的进步"进行评价时特别指出,"道德现象是所有从神学和形而上学领域中摆脱出来并进入物理学领域中最新的现象"。他实际上认为,"在我们的时代,生理学家[或生物学家]正是以与研究动物生活的其他现象同样的精神来研究道德现象的"。而且,尽管他不会站出来赞成"道德生理学(moral physiology)"领域中彼此冲突的这种或那种理论,但是,他确实坦率地断言,"这种理论差异的存在,显示出每一门年轻的科学中有一种不可避免的不确定性,正是差异的存在清楚地证明,就我们知识的这个分支来说,正如对所有其他的学科

一样,伟大的哲学革命已经完成".[2]

因此,毫无疑问,孔德把科学的发展亦即它们向实证状态的转变看作一种革命的连续过程;他认为近代科学的确立是一场"伟大的"革命。然而,我没有看到孔德对科学发展所经历的革命过程本身有过任何讨论,而且,我也不能断定孔德是否把科学革命或哲学革命与社会革命或政治革命进行过有充分根据的比较或对照。[3]不过,在孔德看来,为什么"从一种社会制度向另一种社会制度的转变,永远不可能是连续的和直接的",以及为什么"总是有一个无秩序的过渡状态",其理由是很简单的 [1975,24;英译本见 Gertrud Lenzer(格特鲁德·伦策)1975,201]。首先,与对旧制度的缺点的考虑相比,"对无秩序状态的罪恶的经历"能在更大的程度上激发新的制度。其次,在旧制度消灭以前,"关于必须要做的事情,不可能形成任何适当的观念",因为

> 我们的生命是短暂的,我们的理由是薄弱的,我们不可能使我们自己摆脱我们周围的环境的影响。甚至最狂放的梦想家,也都在他们的梦幻中反映着同时代的社会状况;而设想出一种与我们生活于其中的政治制度根本不同的合法的政治制度是更不可能的。在接近即将来临的时期之前,最高级的精神也不可能辨识出这一时期的特征;而且,在此之前,旧制度的外壳将被全部打碎和抛弃,而大众心理将对旧制度毁灭的景象变得习以为常。

孔德援引亚里士多德为例。亚里士多德"不可能设想出一种

不以奴隶制为基础的社会状态，而在他之后的几个世纪中，奴隶制不可避免地被废除了"。关于他自己所处的时代，孔德说，"注定要进行的革新［是］如此广泛又如此彻底"，以至于"其决定性的准备时期在……以前也从未如此持久而又如此危险"。他说："在世界历史的进程中，革命的行动第一次依赖于一种系统地否定一切正规政权的完整学说。"对于科学中的革命之历史的研究者来说，孔德对革命的政治变革所做的三阶段分析是非常有趣的，因为，早在一个世纪之前，J. S. 巴伊就已把三阶段中的两个阶段引入了对科学的论述和探讨。孔德的三位一体包括：旧的东西的毁灭，由此而产生的无秩序状态，以及新的秩序的确立。巴伊设想了一个两阶段的过程，通过这两个阶段，每一次科学中的革命都将首先是破坏某种现有的知识体系，然后创造并采用一种新的知识体系。

库　尔　诺

安托万－奥古斯丁·库尔诺（Antoine-Augustin Cournot，1801－1877年）是与奥古斯特·孔德同时代的人，他是一位数学家和行政官员。人们今天记得他，主要是由于他对概率论的贡献，不过也是因为他对科学知识作了一般的或哲学的分析，而且对科学说明的性质进行了研究。他与孔德的不同之处在于，他的认识论是以盖然论为特点的，而孔德则强烈反对把概率和统计学作为解决社会科学或科学问题的钥匙。

与孔德类似，库尔诺也提出了一种对科学的分类，这种分类法是同历史、科学的发展实际经历的诸阶段联系在一起的。但是，库尔诺反对孔德对"宗教学说、哲学学说和科学学说相继出现"的三阶段的"所谓必然的次序"所做的公式化的描述(1973，4：27)。而且，孔德所看到的是一个单向度的或线性发展，而库尔诺则提出了一个双向度的模式，他称之为"复式簿记"表［参见 Cournot 1851，§237，289；Granger(格兰杰)1971，452－453］。这里所提出的纵向类目有点类似于孔德的历史学分类：数学科学；物理科学和宇宙科学(相当于孔德所说的天文学、物理学、化学以及地质学和工程学)；生物和自然科学(孔德的生理学)；精神学和符号科学(这在孔德的分类表中是没有的)；政治科学和历史科学(包括孔德的社会学)。

　　在其《论我们的知识的基础》(*Essay on the Foundations of Our Knowledge*，1851)一书中，库尔诺并没有明确说这个纵向排列代表一种历史的序列，尽管逻辑上的依赖关系可能暗示着这样的序列，因为这些关系要求科学的某些学科在时间上是先于其他学科的。库尔诺的这部论著运用了大量历史上的例证，但是对科学变革过程的讨论，即使有也没有多少。诸如在计算数学中所发生的那些伟大变革，仅仅被作为"伟大的革新"、"发明"和"重大发现"而被提及(§200，201；第246－249页)。在库尔诺看来，显然具有革命意义的一个事件是伽利略否定了"从毕达哥拉斯到开普勒这些哲人"历经多年所做的徒劳无益的探索：这些哲人希图从"和谐的观念"中找到"对大量宇宙现象的解释"。他们把"和谐的思想"与"所考虑的数字本身的某些属性神秘地联系起来，而这些属性与数字在测量连续量上的可能的应用是无关的"(第246页)：

　　　　到了那个时代，即伽利略拒绝了这些长期的徒劳无益的思辨，并且不仅考虑到通过实验来考察自然——培根也提出了这一思想，而且还想到通过把测量自然现象中每一种能够被测量的东西作为实验的直接对象，从而准确地说明赋予实验的一般形式，这时，真正的物理学才确立了起来。

因此，库尔诺把伽利略的大胆创新比作拉瓦锡在化学中的革新，他称后者为"一场相似的革命"。在库尔诺看来，"这场革命是一个半世纪以后在化学中发生的。那时，拉瓦锡大胆地对一些材料进行了度量，也就是说，对它们进行了测量或定量分析，而在他之前的化学家只是对它们进行了他们所说的定性分析"。因此，库尔诺认为，伽利略和拉瓦锡都是科学中的一次革命的引发者。但是，就此而言，在《论我们的知识的基础》中论述"连续性和不连续性"时，库尔诺对于"数和量"要比对科学中的革命更感兴趣。

库尔诺的一本书有这样一个特别吸引人的标题——《论科学和历史中的基本观念的顺序》（*Treatise on the Sequence of Fundamental Ideas in the Science and in History*，1861）。这部著作虽然引用了许多历史的实例，但是，与其说它是一种历史的探索，莫如说它是对科学和历史的逻辑或哲学的研究。库尔诺认为，这里所说的"基本观念的顺序"是一种逻辑的而非编年史的顺序。尽管这部著作在某些地方论述了政治的和社会的革命（尤其是英国和法国大革命），但是，在谈到像哥白尼、笛卡尔、伽利略、莱布尼茨和牛顿这样一些著名的科学人物时，并没有采用革命的概念。不过，在第五章开始的一段话中，库尔诺顺便提到过一些革命。在这一段话中，他将物理数学与化学和物理学作了比较和对比。他评论道，"化学和物理学取得了各自的进步，并且经历了它们的革命，而在几何学和力学中则没有什么进步或相应的革命"（1861，120）。但是，在随后的讨论中，库尔诺既没有具体说明这些革命是什么，也没有说这些革命到底在多大程度上是科学进步的特征。

库尔诺最重要的史学著作是他的《对近代思想和事件的发展的考察》（*Considerations on the Progress of Ideas and Events in Modern Times*），该书初版于 1872 年。它的一个主要论题是革命在科学和技术、社会科学以及人类社会的发展过程中的作用。其中有三章的标题表明了革命概念的重要性：第 3 卷第 1 章的标题《数学中的革命》（讨论的是 17 世纪），第 4 卷第 1 章的标题《化学中的革命》（讨论的是 18 世纪），第 5 卷第 6 章的标题《经济学革命》（讨论的是 19 世纪）。该书结尾的第 6 卷通篇专门论述了法国大革命及其影响。

在对中世纪作了一般性的介绍和论述（第 1 卷）之后，第 2 卷一开始就对 16 世纪"科学的进步"进行了分析性叙述。对数学的初步的说明是从哥白尼革命开始的（1872，99）："在 16 世纪的科学史中，一切都在哥白尼的名字以及他在天文学中引起的革命的重要性面前相形见绌"。的确，"哥白尼在天文学中引起的革命，将永远是理性战胜感觉、战胜想象、战胜各种成见的伟大胜利的最完美的例证，是对有可能取得如此胜利的确证，是人们可以把所有同样类型的批判性论述与之相比的最好例证"（第 101 页）。"这个典型是由所有科学中在时间上最古老的也是最完善的科学提供的"，这是"绝对适当的［bien dans l'ordre］"。

第 3 卷讨论 17 世纪的情况。它一开始就提到"未来舆论的革

命、信仰的革命、制度的革命、语言的革命以及趣旨的革命"（第
172 页）。作者认为，"17 世纪科学的进步和革命赋予那个时代以
独一无二的非凡特点，无论宗教、政治或哲学，还是文学和艺术，都
不可能赋予那个时代以同样显著的特点"。这个世纪以"一系列伟
大的科学发现"以及一次"数学中的革命"为标志（同上）。库尔诺
对他关于这个世纪以及该世纪科学中的革命的看法作了如下概括
（第 173 – 174 页）：

340

> 17 世纪科学发展的历史明确地划分出一个时代，在这个
> 时代，理论科学，为了自身，为了某些人在它们中所发现的魔
> 力，或者通过对其未来作用的神秘的模糊的预感，经历了长期
> 发展后突然揭开了宇宙秩序中那些最基本、最简单、最伟大因
> 而最令人难忘的东西的奥秘。运动的普遍规律、重力的作用，
> 以及最后，关于天体的形状和运动的理论，或者……"世界的
> 体系"——这些（就人类掌握它们用以解释天地万物而言）都
> 是由抽象的思辨和判决性观测结果［observations judicieuse-
> ment discutées］的奇妙结合所确定和解释的结果。从那时
> 起，在理论科学的领域中，正如在观察和实验的领域中一样，
> 新的发现一个接着一个；在几何学中，如同在天文学和物理学
> 中一样，新的发现变成了革命［les découvertes deviennent
> des révolutions］。而且，至少对几何学和天文学来说，这些革
> 命在其各个领域中都是空前绝后的。结果，这些革命使人们
> 回想起的那些伟大科学家的声誉也是无与匹敌的，而且，近来
> 也没有什么荣耀会降低他们有幸发现并揭示出来的最重要的

真理和更高级的规律在神之计划的秩序中所占据的同样的地位,这将一直保留在人类的记忆之中。

尽管库尔诺认识到了微积分的极端重要性(第 3 卷,第 1 章,第 177 页),甚至还引证了丰特奈尔关于 17 世纪数学中某些创新的思想(第 180 页),但他并没有像丰特奈尔那样,把莱布尼茨和牛顿的发现归之为一场"革命"。库尔诺也没有把在"17 世纪的物理科学和自然科学"中的发现列为革命(第 3 卷,第 2 章),虽然他确实提到那时出现并且集中在纯数学和物理力学领域的一次"革命性的危机"(第 192 页)。不过,他称赞伽利略使科学走上了新的道路:按照库尔诺的观点,伽利略向人们揭示了如何从诸如一块石头的坠落或一盏吊灯的摇动这样一些"最寻常的现象"中引出重要的科学的结论(第 186 - 187 页)。他指出了"迫使大自然公开她的秘密,揭示简单而基本的数学定律"的方法。伽利略是"实验物理学和数学物理学的创立者",而且尤其是"物理力学的创立者"。但是,显然他没有引起一场"革命"。而且,牛顿也是如此(第 189 - 190 页)。

在整个 17 世纪的物理学和自然科学中,库尔诺用"革命"这个术语加以描绘的唯一的科学发现,是哈维关于血液循环的发现。他说,在哈维的发现之后,"就有了一些理由可以预期一场医学革命,许久之后,近代化学在工业中也带来了这样的革命"。但是,这个发现不久就"对医学理论和实践的变迁产生了决定性的影响"。因此,库尔诺断言,一项科学发现的实际意义,与实际所发现的东西的内在重要性并无多大关系,而是更多地与它成为其一部分的科学的成熟阶段联系在一起，与它所具有的能产生某个包含着科学改革或革命之萌芽的新思想的属性联系在一起（第 194－195 页）。

在描述 18 世纪的数学和科学时，库尔诺指出，拉瓦锡的成果是"化学的革命"（第 271 页）。拉瓦锡的研究使"化学真正改变了它的面貌"；这门科学"经历了一场**革命**（elle subissait une *révolution*）"（第 278 页）。然后，他问道："化学自拉瓦锡以来，已经取得了如此大的进步，而且在其中，理论产生了如此经常的变化，为什么化学没有发生更多的革命呢？"

在 19 世纪（确切地说，到了 1870 年），库尔诺没有发现任何值得用"革命"这个术语来加以描述的科学的进步。人们必须小心谨慎，以免赋予这个对事实的简单陈述过多的重要性。很有可能，对于他曾经讨论过以便弄清它是否构成一场革命的每一个发现或创新，库尔诺没有一一进行细致的评价。但是实际上，对于英国革命（第 90、94、42－251、543 和 549 页）、法国大革命（第 461－550页）、英国革命和法国大革命之间的相似之处（第 540－550 页）、政治革命（第 91、93 和 111 页）、19 世纪的经济学革命（第 418－427页）以及数学和科学中的许多革命和这些革命的一般特点，他的著作进行了相当多的论述。因此，在这一背景下，库尔诺在把科学事件表征为"革命"时的任何疏漏，必定是值得注意的。[4]

第二十三章　马克思和恩格斯的影响

　　在对 19 世纪革命或革命概念发展的任何研究中,卡尔·马克思的思想都占有一个首要的地位。甚至很早发生而没有受到马克思影响的那些革命,人们现今也通常从一种"马克思的"观点来解释。在前面的论述中,我已经提到过马克思"不断革命"的概念以及这样一个事实:在创立公开宣布自己明确的革命目标之有组织的全国性团体和国际性团体方面,马克思是一个先锋。在这一章中,我的意图与其说是探讨马克思关于革命的思想或马克思的革命活动,不如说是考察卡尔·马克思所表达的关于科学变革和科学中的革命的观点这一特别主题,并且把马克思关于这些主题的看法与弗里德里希·恩格斯的有关思想作一番比较和对照。这一论题完全不同于有关马克思对 20 世纪科学史解释之影响的研究。

　　任何注意这个问题的人都会立刻认识到,马克思既没有受过传统自然科学的特别良好教育,而且也并不十分关心这些学科以及天文学、物理学、化学、地质学的专业内容。他的人文学的教育包括某些数学的知识,但是,他从来没有接受过上面所列学科的任何正规训练——比如说"高级文科中学"或大学水平的训练。在他的成年,他对生命科学的某些方面产生了兴趣,并阅读了德国包括格奥尔格·毕希纳（Georg Büchner）[1]、雅各布·莫勒斯霍特（Jakob Moleschott）[2]和卡尔·福格特（Karl Vogt）[3]在内的科学普及者们的相当数量的著作。虽然马克思批判了这些人所主张的"粗俗的机械唯物主义"[参见 Alfred Schmidt（阿尔弗雷德·施密特）1971，第86页及以下]，但他显然受到莫勒斯霍特关于"自然是一个循环过程"这种自然观的影响。马克思发现，这种自然观与彼得罗·维里（Pietro Verri）[4]的思想有许多共同之处；而且，马克思在《资本论》（Das Kapital）中引证维里的话时，对维里的思想是赞同的。

根据被赋予"科学的"这个形容词的重要性（恩格斯及所有马克思主义者，尤其是苏联正统的著作家用这个词来描述所谓的"科学的"社会主义或"科学的"共产主义），来了解马克思本人使用这个形容词时赋予它的含义并不是没有意义的。《剩余价值理论》（Theories of Surplus-Value）是《资本论》未完成的第 4 卷的草稿，它的第二部分提供了一个线索（1968；见 Marx 1963－1971）。在第 9 章（第 2 节）中，马克思比较了大卫·李嘉图（David Ricardo）和马尔萨斯（Malthus）的经济学。他说，李嘉图"把无产阶级看成

---

① 格奥尔格·毕希纳（1813－1837 年），德国剧作家以及诗歌和散文作家，主要作品有剧作《丹东之死》（1835）、《莱翁和莱娜》（1836）、《沃伊采克》（1836，未完成）、小说《伦茨》（1835）等。——译者

② 雅各布·莫勒斯霍特（1822－1893 年），荷兰出生的德国生理学家、营养学作家和哲学家，以其关于"科学的唯物主义"观点而闻名，主要著作有《生命的循环》（1852）等。——译者

③ 卡尔·福格特（又拼写为 Carl Vogt，1817－1895 年），德国科学家，后移居瑞士，曾写过大量有关动物学、地质学和生理学的著作。——译者

④ 彼得罗·维里（1728－1797 年），意大利经济学家、史学家和作家，重农学派学说的早期批评者之一，主要著作有《对银行法的看法》（1769）、《政治经济学沉思录》（1771）等。——译者

同机器、驮畜或商品一样",因为从李嘉图的观点看,"无产者只有当作机器或驮畜,才促进'生产'",或者说,因为"无产者在资产阶级生产中实际上只是商品"。马克思认为,这不是"一种卑鄙的行为"。"这是斯多亚精神,这是客观的,这是科学的"。而且,"只要有可能不对他的科学犯罪,李嘉图总是一个博爱主义者,而且他在实际生活中也确是一个博爱主义者"。

　　"马尔萨斯牧师"与李嘉图就完全不同了。"他也为了生产而把工人贬低到驮畜的地位,甚至使工人陷于饿死和当光棍的境地。"而且,马克思说,"在贵族的某种利益同资产阶级的利益对立时,或者,在资产阶级中保守和停滞的阶层的某种利益同进步的资产阶级的利益对立时,——在所有这些场合,马尔萨斯'牧师'都不是为了生产而牺牲特殊利益,而是竭尽全力企图为了现有社会统治阶级或统治阶级集团的特殊利益而牺牲生产的要求"。马克思认为,"为了这个目的",马尔萨斯"伪造自己的科学结论"。然后,马克思断言,"这就是他在科学上的卑鄙,他对科学的犯罪,更不用说他那无耻的熟练的剽窃手艺了"。马克思接着又说,"马尔萨斯在科学上的结论,是看着统治阶级特别是统治阶级的反动分子的'眼色'捏造出来的;这就是说,马尔萨斯为了这些阶级的利益而伪造科学"。

　　因此,马克思这里所使用的"科学的"一词的意义似乎是"无偏见的"和"真正的",所以并不包含某种特别的研究方法或检验方法的任何直接内涵。而且,"科学的"一词似乎也不是指论题中的任何特别的限制。马克思在下一个片断(第二部分,第 9 章,第 3 节)中明确了这一点;在这里,马克思举出了三个例子"表明李嘉图科学上的公正"。

在马克思的已经编辑和出版的著作中，我找不到任何对科学革命（*the* Scientific Revolution）或一般的科学中的革命，或任何科学中任何特定的革命的论述。[1]〔但是，在很多地方提到了工业革命（Industrial Revolution）和革命性的机械或工业的发明。〕我也未能找出马克思对科学进步的产生方式的任何分析，甚或一系列科学发现中的主要事件的清单。[2]不过，马克思把达尔文的进化论运用于技术的历史发展，并进行了一番有趣的讨论，而且这似乎是对这一领域的进化史的最早的探讨。

许多年来，在历史学的文献中一直有这样一个传说，即卡尔·马克思曾希望把《资本论》献给达尔文，而且曾写信给达尔文征询达尔文本人的允诺，但是达尔文拒绝了他的敬意。现在可以确定的是，达尔文拒绝承受这一荣誉的一封信的草稿是写给马克思的女婿爱德华·埃夫林（Edward Aveling），而不是写给马克思本人的。马克思的确曾把《资本论》第 1 卷的一个平装本送给达尔文。这一卷同达尔文书房的其他书籍仍然保存在一起。它告诉我们一个奇妙的故事。在该书扉页的右上角题写着：

查尔斯·达尔文先生

他的真诚的敬慕者

卡尔·马克思

1873 年 7 月 16 日于伦敦

莫德纳维拉斯

梅特兰公园

马克思把一本有自己题词的《资本论》送给达尔文的决定,显然是在该书出版一段时间之后做出的,因为送给达尔文的书并不是1867年的第1版,而是1872年的第2版。达尔文没有通读马克思的这整部著作。当我在(肯特郡)唐区达尔文的达温宅中考察时,我发现这部书只是被翻到第105页(全书共822页)。另外,我们没有任何根据可以说明达尔文对马克思著作的看法(如果他有某些看法的话)。

　　马克思的《资本论》第1版是在《物种起源》面世(1859)8年之后于1867年出版的,他在其中并没有提到达尔文。达尔文和进化论第一次出现是在第2版的两个脚注中(这也许可以解释为什么马克思在第2版问世以后,把他的一本书寄给了达尔文)。马克思只是在《资本论》的这两个脚注中直接地明确提到了达尔文。在其中的一个脚注(第1卷,第14章,第2节)中①,马克思引证了达尔文在比较动植物的器官与劳动工具时说的一段话。在另一个脚注(第1卷第15章,第1节)中②,他又一次提到植物的器官和"自然的工艺"。但是,如我们所见,在后一个脚注中,马克思提出,应当从一种进化的观点来撰写工艺史。马克思在其他著作中称赞达尔文时是毫无保留的。在《物种起源》出版刚刚几个月之后,马克思在1860年12月19日写给恩格斯的一封信中[Saul K. Padover(索尔·K. 帕多弗)1978,359]提到,他正在读"达尔文的《自然选择》③一书",

---

①　参见《资本论》,人民出版社,1975年中译本,第1卷,第379页。——译者

②　同上书,第409页。——译者

③　即《物种起源》,该书的全名为《论借助自然选择(即在生存斗争中保存优良族)的方法的物种起源》(*On the Origin of Species by Means of Natural Selection*, *or the Preservation of Favoured Races in the Struggle for Life*)。——译者

他称赞这本书"为我们的观点［历史唯物主义］提供了自然史的基础"。[3]在一年之后的1862年1月16日写给拉萨尔的一封信中［David McLellan（戴维·麦克莱伦）1977,525］，他重申了同样的观点："达尔文的著作①非常有意义，这本书我可以用来当作历史上的阶级斗争的自然科学根据。"在这封信中，马克思强调了达尔文"第一次给了自然科学中的'目的论'以致命的打击"的重要性。多亏了达尔文，"它［目的论］的合理意义也从经验上得以阐明"。在1867年12月7日写给恩格斯的一封信中，马克思谈到与"达尔文从自然史的观点证明的"过程相似的"社会中的转化过程"。

　　不久之后，马克思在致恩格斯的一封信（1862年6月18日；Padover 1978,360）中说："我重读了达尔文的著作，使我感到好笑的是，达尔文说他把'马尔萨斯的'理论也应用于植物和动物，其实在马尔萨斯先生那里，全部奥妙恰好在于这种理论不是应用于植物和动物，而是只应用于人类，说它是按几何级数增加，而跟植物和动物对立起来"。马克思在《剩余价值理论》（1963－1971，2：121）中进一步发挥了这一思想。他摘录了《物种起源》（1860年版，第4－5页）中的一段话，在其中，达尔文提到他将讨论"全世界所有生物"之间的生存斗争，这是"……依照几何级数高度繁殖"的不可避免的结果。马克思写道，在达尔文看来，"这就是马尔萨斯学说在整个动物界和植物界的应用。"马克思对此评论说，达尔文显然"没有看到，他在动物界和植物界发现了'几何'级数，就是把马尔萨斯的理论驳倒了"。因为"马尔萨斯的理论正好建立在他用

346

---

①　即《物种起源》。——译者

华莱士关于人类繁殖的几何级数同幻想的动植物的‘算术’级数相对立上面”。因此，“达尔文的著作”“也有在细节上（更不用说达尔文的基本原则了）从博物学方面对马尔萨斯的理论的反驳”。

不过，我们也不应因马克思在评价达尔文进化论的价值和重要意义方面的特有洞察力而过分赞誉他。在《资本论》出版前一年即 1866 年 8 月 7 日致恩格斯的一封信中，马克思称赞的是另一本“非常重要的著作”（Padover 1978，360 - 361）。他说，这本新书“比起达尔文来是一个非常重大的进步”。那时，他正准备把这本书寄给恩格斯，所以他也可能清楚地知道它的主要内容。他说，这本书“在运用到历史和政治方面，比达尔文更有意义、内涵更丰富。”这本受到马克思高度称赞的书就是 P. 特雷莫（P. Trémaux）的《人类和其他生物的起源和变异》（*Origine et transformations de l'homme et des autres êtres*，Paris，1865）。历史的评判与马克思的赞美并不一致。例如，在最近完成的 16 卷本的《科学家传记辞典》中，特雷莫并没有被作为一个条目列入。而且，在权威的生物学史和进化论史著作〔如弗里茨·西蒙·博登海默（Fritz Simon Bodenheimer）、卡特（Carter）、洛伦·艾斯利（Loren Eiseley）、约翰·福瑟吉尔（John Fothergill）、迈尔、诺登舍尔德、拉德尔（Rádl）、辛格等人的著作〕中，甚至都没提到他的名字。此外，在由乔治·萨顿、我以及我们之后的编辑们从 1913 年到 1975 年汇编并出版的国际性的《批评的科学史文献》（*Critical Bibliography of the History of Science*）中，也没有任何记载有关特雷莫的生平或对科学的贡献的单独的学术论文或专著。正如律师们所说，“res ipsa loquitur（事情不言自明）”。为什么马克思对特雷莫是如此感兴趣,以致他认为特雷莫的著作胜过达尔文的著作？其中一个原因是,特雷莫像赫伯特・斯宾塞那样,显然相信进步,而这与达尔文是不同的。马克思对恩格斯解释说(同上):"在达尔文那里,进步纯粹是偶然的,而在这里却是必然的,是以地球发展的各个时期为基础的。"

　　但是,恩格斯于 1883 年 3 月 17 日在伦敦的海格特公墓(Highgate Cemetery)马克思墓前发表的演说中,把马克思同达尔文,而且仅仅同达尔文相比。他说:"正像达尔文发现了有机界的发展规律一样,马克思发现了人类历史的发展规律"。[4]恩格斯在《家庭、私有制和国家的起源》(*Origin of the Family，Private Property，and the State*)一书第 4 版(1891)的序言中重复了这一比较。他称赞刘易斯・亨利・摩尔根(Lewis Henry Morgan)的《古代社会》(*Ancient Society*，1877),指出"本书①即以这部著作为基础"。恩格斯特别提醒人们注意摩尔根关于"原始的母权制氏族是一切文明民族的父权制氏族以前的阶段"这个重要发现,认为它"对于原始社会的历史所具有的意义,正如达尔文的进化理论对于生物学和马克思的剩余价值理论对于政治经济学的意义一样"(Marx and Engels 1962，2：181 - 182②)。在为《资本论》第 1 卷所写的一篇书评(1867 年 12 月 27 日,引自 Schmidt 1971,45)中,恩格斯强调,马克思"力图在社会关系③方面作为规律确立的,只

　　① 即恩格斯的《家庭、私有制和国家的起源》。——译者
　　② 参见《马克思恩格斯选集》,人民出版社,1972 年中译本,第 4 卷,第 13 - 14 页。——译者
　　③ 根据英文"the social field",这里应译为"社会领域"。——译者

是达尔文在自然史方面所确立的同一个逐渐变革的过程"。恩格斯还说："科学对于马克思是一种历史上能动的、革命的力量。"但是，在马克思《资本论》第2卷序言中，恩格斯把马克思与拉瓦锡而不是达尔文相比。

对马克思与达尔文的这种比较还见于马克思的女婿爱德华·埃夫林的一本书。埃夫林出版过两本书，它们是姊妹篇：《学者们的马克思》(*Students' Marx*, 1892)和《人民的达尔文》(*The People's Darwin*, 1881)。在《学者们的马克思》一书的导言中，埃夫林写道："马克思对经济学的贡献正像达尔文对生物学的贡献一样"(第 viii 页)。这两个伟人都进行了"一种他们各自献身的学科中从未有过的概括"(第 ix 页)。而且，这每一个概括"都不仅使那一学科发生了革命，而且实际上也在整个人类思想和整个人类生活中引起了革命"。由于这本书是在1892年写的，所以，埃夫林不得不注意到，达尔文的概括"比马克思的概括被更为普遍地接受"。他认为，原因是达尔文的著作"影响到我们的思想生活而不是我们的经济生活"，因此可以"在一定程度上同样被资本主义制度的信徒及其敌人接受"。[5]

弗里德里希·恩格斯

关于人们通常所了解和熟悉的科学（即物理科学和生物科学），马克思没有写过多少文章或著作，而恩格斯对这些科学、它们的发展和革命，则论述得更多一些。人们最熟悉的他的一本著作就是《反杜林论》[它的另一个标题是《欧根·杜林先生在科学中实行的变革》(*Herr Eugen Dühring's Revolution in Science*)〕。这本著作于 1878 年用德文发表(第 2 版出版于 1885 年,第 3 版出版于 1894 年),作者称(1959,9),这本书绝不是探讨各种科学的"什么'内心激动'的成果",恰恰相反,它是作者对"经济学、世界模式论等等的规律"感到愤怒的结果。杜林声称发现了这些规律,而恩格斯则发现,它们同杜林"所提出的物理和化学的定律"一样,是以其"谬误或陈腐"为特点的(1959,12)。[6] 在分析恩格斯关于科学中的革命的论述之前,我们必须认识到这样一个事实:该书德文的标题并没有用"Revolution(革命)"这个词,而是用了"Umwälzung(变革)": *Herrn Eugen Dührings Umwälzung der Wissenschaft*(《欧根·杜林先生在科学中实行的变革》)。无论"Umwälzung"是否是"Revolution"的同义词(这个问题将在下面探讨),恩格斯都是在讽刺的意义上使用这个词的。他肯定并不认为杜林真地在科学中引起了一场革命。实际上,整个标题很显然模仿了杜林的论战性著作:《凯里在政治经济学和社会科学中实行的变革》(*Carey's Umwälzung der Volkswirthschaftslehre und Socialwissenschaft*, 1865)——杜林在该书中抨击美国经济学家亨利·C. 凯里(Henry C. Carey)的思想,尽管这本著作并不是恩格斯主要驳斥的三本书之一。[7] 恩格斯嘲笑杜林在《哲学教程》(*Course of Philosophy*, 1875)中提出的主张,并且写道:"我们现在还不了解这一哲学许诺要向我们揭示的'在自己强有力地进行变革的运动中[in ihrer mächtig umwälzenden Bewegung],揭示外部自然和内部自然的一切地和天'。"(1980,134;1959,198)

　　我们在前面看到,在 18 世纪末和 19 世纪初,德国有一种用德

348

语的对等词"Umwälzung"取代拉丁语的"Revolution"一词的倾
向。这两个词恩格斯都用,几乎把它们当作是可以互换的。从他
的著作看不出,与"Revolution"一词相比,他真的偏爱
"Umwälzung"一词。考察一下他的《自然辩证法》(*Dialectics of
Nature*),就可以弄清他对这两个词的用法。《自然辩证法》一书中
的绝大部分显然是在1872年至1882年这10年间写的,而且被认
为包含着他关于科学的最成熟的思想。这部著作一直没有完成,
而且直到1927年才得以出版(Engels,1940,xiv)。开始的几段
描述了15和16世纪发生的伟大变革,这是"人类从来没有经历过
的最伟大的、进步的变革[die grösste progressive Umwälzung]"
(1975,10 - 11;1940,2 - 3)。① 当时,"自然科学也在普遍的革命
中[in der allgemeinen Revolution]发展着",而且它本身"就是彻
底革命的[durch und durch revolutionär]"。因此,这部著作不
仅一开始就说到革命,而且在随后的段落中,显然在可以互换的意
义上使用了新的德语词"Umwälzung"和比较古老的法语词"Re-
349　volution"。不久之后,恩格斯(1975,13;1940,6)② 比较了"革命
的科学[revolutionäre Naturwissenschaft]"与"保守的自然"之间
的差别。尽管恩格斯是这样开始的,但是,恩格斯概述科学史("导
言")的其他部分却没提到作为革命的伟大创新。因此,康德"在这
个僵化的自然观上打开第一个缺口"(1975,16 - 17;1940,8)③,

---

① 参见恩格斯:《自然辩证法》,人民出版社,1971年中译本,第7页。——译者
② 参见同上书,第8和第9页。——译者
③ 参见同上书,第12页。——译者

赖尔"第一次把理性带进地质学中"(1940，10)①，"物理学有了巨大的进步……[在]1842年，是自然科学这一部门中的划时代的一年"(1940，10－11)②，而在化学中则取得了"惊人迅速的发展"(1940，11)，等等。这一惯例的唯一可能的例外是居维叶，他"关于地球经历多次革命的理论在词句上是革命的，而在实质上是反动的"(1940，10)③。但是，恩格斯这里很可能是指居维叶在谈到"地球经历多次的地质学革命"时使用了"revolution"这个实际的词，而不是说居维叶使用了无论就其内涵还是就其外延而言是革命的词句。

　　通过把《自然辩证法》中已经完成了的"导言"的这些开头的段落与某些初步的历史评论(1940，184－186)作一番比较，也许可以在某种程度上阐明恩格斯对"Umwälzung"和"Revolution"这两个词的用法。在这些历史札记中，当恩格斯写道"地球从来没有经历过的最伟大的一次革命[die grösste Revolution]"，并且说"自然科学也就在这一场革命中[in dieser Revolution]诞生和形成起来"而且"是彻底革命的[revolutionär]时"(1975，187；1940，184)④，他使用了"Revolution"而不是"Umwälzung"一词。有人猜测，恩格斯是否因为不想如此接近地连续4次使用这个词，而在他最后的草稿中把第一个"Revolution"改成了"Umwälzung"。但是，值得注意的是，恩格斯在草稿中写的只是"die grösste Revolu-

① 参见《自然辩证法》，人民出版社，1971年中译本，第13页。——译者
② 参见同上书，第14页。——译者
③ 参见同上书，第13页。——译者
④ 参见同上书，第172页。——译者

tion",而没有任何进一步限定的形容词;但在最后的草稿中,他不仅用"Umwälzung"代替了"Revolution",而且还把"die grösste Revolution"改为"die grösste progressive Umwälzung"(1975,10)①。似乎一场"Umwälzung"是某种根本颠覆性的或彻底的变革,因此可能需要一个修饰形容词具体说明它是否一次必定进步的变革。对于恩格斯来说,一场"Revolution"将永远不需要一个形容词来体现或表达其进步的特点。

《反杜林论》中的一句话向人们表明,在恩格斯对"Revolution"和"Umwälzung"这两个词的用法之间作有意义的区分是比较困难的。恩格斯在这本书中写道:"当革命的风暴[der Orkan der Revoluttion]"横扫整个法国的时候,英国"正在进行一场比较平静的但是威力并不因此减弱的变革[eine stillere,aber darum nicht minder gewaltige Umwälzung]"(1958,358)②。这一"变革(Umwälzung)"就是老式的工场手工业转变成了"现代工业",从而"把资产阶级社会的整个基础革命化了[revolutionierten]"。像往常一样,这里的"革命(Revolution)"是用来指法国大革命,而"Umwälzung"则用于指称恩格斯经常说的"die industrielle Revolution(工业革命)"——虽然它的影响是用"revolutionierten"这个动词来描述的。而且,大约在一页之后,恩格斯[在谈到罗伯特·欧文(Robert Owen)时]曾谈论"die industrielle Revolution(工业革命)",马克思也常常使用这一术语。恩格斯在自己的著作中还

---

① 参见《自然辩证法》,人民出版社,1971年中译本,第7页。——译者
② 参见《马克思恩格斯选集》,人民出版社,1972年中译本,第3卷,第301页。——译者

曾写过资产阶级的"Revolution"和资产阶级的"Umwälzung"，生产中的"Revolution"和生产中的"Umwälzung"（他似乎偏爱后者，因为后者与前者相比，使用的频率是 6 比 1）。

　　不管恩格斯著作的标题如何，《欧根·杜林先生在科学中实行的变革》中很少提到科学中的革命，而且，它并未向人们展示一种关于科学是如何进步的充分展开的或首尾一贯的理论。在这本书通篇，在谈到科学时，"革命（Revolution）"这个词只出现过两次。第一次出现在第 2 版（1885）的序言中。在这篇序言中，恩格斯谈到把大量积累的"纯粹经验主义的发现予以系统化的必要性，就会迫使理论自然科学发生革命"（1959，19）。①恩格斯在该书第三部分讨论生产时，又一次使用了"革命（Revolution）"这一概念。他说，"现代工业的技术基础是革命的"（1959，407）。恩格斯引证了马克思《资本论》中的一段话来说明这一点。马克思在那段话中讨论了"机器、化学过程和其他方法"。根据恩格斯的概括，科学丰富了"现代工业的技术基础"——"它也同样不断地使社会内部的分工发生革命，不断地把大量资本和大批工人从一个生产部门投到另一个生产部门"②。人们可能会注意到，在这第二个例子中，所提到的只是科学的革命化影响，而不是科学中的革命。

　　在这第二版序言中，在上面我们提到的那段文字之前的一段文字中，在说到"自然科学本身也正处在如此巨大的变革过程中"时，恩格斯使用了"Umwälzungsprozess"这个词——这似乎进一

---

　　①　参见《马克思恩格斯选集》，人民出版社，1972 年中译本，第 3 卷，第 53 页。——译者

　　②　参见同上书，第 333－334 页。——译者

步证明了在把"Revolution"和"Umwälzung"用于说明变革的过程而非传统的政治革命时,两个概念是可以互换的(1980,12;1959,19)①。此后,在嘲弄杜林时,恩格斯(1980,205 - 206;1959,19)②使用动词"umwälzen"来描述所谓"科学的'更加深刻的基础的奠定'和变革,实际上对任何人来说,甚至对柏林《人民报》的编辑部来说,都是可以做到的了",而且认为"我们只要说,吃东西是一切动物生活的基律,我们就对整个动物学实行了变革"。

因此,我们很难断定科学革命的概念,即使是名副其实地表达的科学革命的概念,对于恩格斯具有根本的重要性。甚至在一个关于自然科学中的"伟大发现"和取得的"进步"的片段——它在恩格斯已出版的论路德维希·费尔巴哈(Ludwig Feuerbach)的小册子③中被删去了——也没有提到"革命"(无论是"Revolution"还是"Umwälzung"),而且,恩格斯在多次谈到达尔文对生物学思想的伟大重建时,也没有使用革命这个术语或概念。在(恩格斯为《资本论》第 2 卷写的序言中)论述拉瓦锡时,没有提到"化学革命"这个短语。不过,恩格斯显然在科学的许多方面受过良好的教育,而且关注有关科学史的问题(参见 R. S. Cohen 1978,134 - 135)。

我们以上所做的引证以及其他一些论述都证明,恩格斯充分认识到科学的革命力量。有许多例证都表明,他已经意识到科学

---

① 　参见《马克思恩格斯选集》,人民出版社,1972 年中译本,第 3 卷,第 53 页。——译者
② 　参见同上书,第 262 页。——译者
③ 　指《路德维希·费尔巴哈和德国古典哲学的终结》。——译者

中实际上发生了革命,而且他对于科学革命有许多重要的见识。[8]
例如,他认识到,科学革命的结果之一就是引起专门术语的革命
(尽管他一直未能就这一主题展开论述)。但是,没有任何根据证
明他曾对关于科学进步的理论或革命过程进行过认真思考,或者
就这一主题写过哪怕连续两段文字。[9]

第二十四章　弗洛伊德革命

过去一个世纪所发生的三次最伟大的思想革命是与卡尔·马克思、查尔斯·达尔文和西格蒙德·弗洛伊德的名字联系在一起的。达尔文革命从根本上重建了自然科学，并且在进化论生物学的狭小范围之外，尤其在社会科学中，产生了重要的影响。马克思主义由于其思想和政治的结果，而成为社会科学中（以及社会和政治活动中）的一种革命力量；马克思主义的拥护者宣称，马克思主义是"科学的"。而对许多人来说，弗洛伊德革命是不明确的，因为就它的重要地位而言，人们并没有达成一致的意见：弗洛伊德的精神分析学是科学吗？或者，它是社会科学吗？或者，它甚至根本不是科学？

关于弗洛伊德、精神分析和弗洛伊德革命的文献卷帙浩繁，但它们是混乱不清和彼此相互矛盾的。这种状况在很大程度上是由于形形色色的学派不断从弗洛伊德确立的正统的核心中分化出来造成的。精神分析已经引起了一些哲学家或科学家连续不断的充满敌意的批评：他们关注使不能忍受弗洛伊德对性的问题进行公开讨论的男男女女保持拘谨的方法。[1] 这些接连不断的充满敌意的极端批评可以看作是弗洛伊德革命的深远影响的一个标志。

除了已经提到的因素外，在分析和评价这场革命的过程中还出现了其他一些问题。其中有不少问题是由于目前无法获得许多原始的极为重要的文献[如弗洛伊德与威廉·弗利斯（Wilhelm Fliess）的全部通信]造成的。这些文献将对弗洛伊德的诸理论,尤其是他的有争议的诱奸理论的发展阶段作出重要的历史阐释（参见下文论述）。诱奸理论是精神分析革命中的一个插曲,一些人认为它削弱了精神分析学和精神分析疗法的正当性的基础。[2]只有到 21 世纪,当弗洛伊德的档案全部公开并且能够对其进行全面学术考察的时候,我们才能够批判地评估弗洛伊德思想发展过程中的这一个或其他的插曲或事件以及精神分析运动的其他成员对这些思想的运用。

　　弗洛伊德的革命与本书中描述的所有其他科学中的革命不同,因为精神分析学的核心几乎完全是由一个独立的个人,即西格蒙德·弗洛伊德本人创立的[不过,关于这一点还请参见 Lancelot L. Whyte（兰斯洛特·L. 怀特）1960；Henri F. Ellenberger（亨利·F. 埃伦伯格）1970]。此外,只有在这场革命中,原始的文献（弗洛伊德本人的书和文章）由于其科学的内容而不是其历史的价值至今仍然受到实践者的高度重视和认真研究。不仅正统的弗洛伊德主义者——精神分析学家、精神病医生、心理学者、社会工作者、社会学家、人类学家,等等,仍在阅读弗洛伊德本人的著作,而且他的许多著作对于不一定赞同弗洛伊德的概念和理论,并且在不同程度上对其主要的正统学说持有异议的科学家、实践者和社会科学家来说,也是重要的基础教科书。精神分析疗法（主要集中于精神分析的过程）与弗洛伊德发展和运用的那些疗法仍然是基本相同的。正是由于这个原因,批评家们经常指责弗洛伊德的精神分析学是一个封闭的体系，它更近似于哲学甚或宗教，而非真正的科学。

　　弗洛伊德是一个引人注目的和有说服力的著作家，是德语散文真正天才的大师——但他这个方面的科学风格在英语翻译中就看不见了。尽管正如弗洛伊德在许多场合所说的，他的目标是创造一种摆脱了其历史的哲学重负的科学的心理学，但他却故意选择"简单的代（名）词"描述三种精神动力（1953，*20*：195）——*das Ich*（自我）、*das Es*（它）和 *das Über-Ich*（超我）。他说，这是因为，在精神分析中，"我们希望保持与通行的思维方式的联系，并且喜欢使它的概念成为在科学上有用的，而不是拒绝它们"。运用这样一些普通的而非深奥的措辞，"没有什么特殊的价值"；原因是很实际的：精神分析学家希望他们的理论被他们的病人"理解"；这些病人"通常是很聪明的，但并不总是有学问"。他解释说："非人格的'它'是与正常人使用的某些表达形式直接联系在一起的。人们说，'它击穿了我'；'那时，在我里面有某种比我更强大的东西'。'*C'était plus fort que moi*（某种比我更强大的东西）'。"但是，在英文中，这些平常的名词不见了。它们变成了深奥难解的拉丁语的代名词"ego（自我）"、"Super-ego（超我）"和"id（以德，即本能冲动）"——今天，更多的人也许是从弗洛伊德的而非拉丁文的语境来理解这些概念的。在这里，弗洛伊德遵循着物理学家们的传统，即在新的特定的和严格限定的科学语境中使用日常语言中的术语——work（功），force（力），energy（能量）。弗洛伊德还采用了诸如"俄狄浦斯情结（Oedipus complex）"和"力比多（Libido）"这样一些经典的说法。[3]

罗伯特·霍尔特(Robert Holt 1968，3)指出，考虑一下3个例式可以更好地理解弗洛伊德的著作。一是"精神分析的一般理论"(Rapaport 1959)，它有时被归为心理玄学(metapsychology)。这一学科是一系列可能的"精神分析体系可以建立于其上的理论假设"，弗洛伊德在1895年的《科学心理学纲要》("Project for a Scientific Psychology"，1954，347-445)，1915年的《论心理玄学》("Papers on Metapsychology"，1953，*14*：105-235)，以及《梦的解析》(*Interpretation of Dreams*，1900；1953，4-5)中作了详细阐述。另一个例式被霍尔特称为"弗洛伊德的种系发生学理论"，它包括弗洛伊德的"崇高的思索，这些思索主要是进化论的和目的论的"。这一范畴的著作充满文学的隐喻和比喻，而不是严格的或"明确的心理器官的模式"。诸如弗洛伊德的《图腾与禁忌》(*Totem and Taboo*，1913)、《超越快乐原则》(*Beyond the Pleasure Principle*，1920)、《幻想的未来》(*The Future of an Illusion*，1927)、《文明及其不满》(*Civilization and Its Discontents*，1930)和《摩西和一神教》(*Moses and Monotheism*，1934-1938)就属于这一类著作。

最后，在弗洛伊德的所有贡献中，在科学上最重要的是"精神分析的临床理论，以及它的精神病理学，它对性心理的发展和性格形成的解释"；这些成就是以"由人的生活史中的主要的(现实的和幻想的)事件"构成的论题为基础的。对于从事实际工作的精神分析学家来说，正是这一理论指导着临床诊断和治疗。甚至那些严格说来可能并不是弗洛伊德主义者的人——精神病医生、精神病学的社会工作者、临床心理学者，也受到这一理论的强烈影响；这

355 一"被不确切地归之为'心理动力学'"的理论"甚至已通过关于个性的教科书而渗透进一般的学院心理学之中"[4]。

在对弗洛伊德产生的影响的一个非常有价值的研究中,戴维·沙科(David Shakow)和达维德·拉帕波特(David Rapaport 1964)①向人们表明,弗洛伊德的革命思想是多么深刻地渗透到心理学思想之中;不一定是"它们扎根于其中的特定概念和解释性理论"(Holt 1968,4),而是"一般的观念和观察"。在弗洛伊德所作出的根本性创新中,最重要的是他关于无意识和超出我们理性控制的心理力量对行为、愿望、幻想和动机之影响的认识。他使人们注意和重视从梦和幻觉到纯粹的口误的所有心理现象的重要性,尤其重视性在个人自婴儿时期以来的心理发展中的作用。

精神分析革命的不同阶段

像科学中的所有革命一样,弗洛伊德革命的开始阶段涉及一场思想革命,或自身中的革命。这场革命发生在19世纪90年代初期,那时,弗洛伊德与约瑟夫·布罗伊尔(Joseph Breuer)②合作,运用催眠术开始了对癔症(歇斯底里症)的研究。在巴黎与让-马丁·沙尔科(Jean-Martin Charcot)③共事的一个比较短暂

---

① 戴维·沙科(1901-1981年),美国心理学家;达维德·拉帕波特(1911-1960年),匈牙利犹太族新弗洛伊德主义诊断心理学家。——译者

② 约瑟夫·布罗伊尔(1842-1925年),奥地利著名医生,曾在神经生理学方面有关键性的发现,他的工作为弗洛伊德的精神分析奠定了基础。——译者

③ 让-马丁·沙尔科(1825-1893年),19世纪末法国最著名的神经病学家,以现代神经学的奠基者而闻名,并且被誉为法国神经病学之父和"神经精神病领域的拿破仑"。——译者

的但富有成效的时期,弗洛伊德已经开始从临床学出发研究催眠术。弗洛伊德关于无意识的机能的思想,在同柏林的一位耳鼻喉专家即威廉·弗利斯(Wilhelm Fliess)进行的一系列学术交流期间得到迅速和重大的发展。弗利斯不仅对弗洛伊德的生理学和心理学思想产生了非常大的影响,而且他还使弗洛伊德转变成为一个非理性的生物命理学家(bionumerologist)。而关于他的思想发展过程的这个方面,弗洛伊德的传记作者们只是轻描淡写(Sulloway 1979,144)。弗洛伊德在与弗利斯交往期间撰写的文献,包括《科学心理学纲要》(Freud 1954,355 - 445),构成了信念的革命。

1896 年 5 月,在对维也纳精神病学和神经病学学会(the Vienna Society of Psychiatry and Neurology)发表的演讲中,弗洛伊德讨论了歇斯底里症的病原学。正如在其自传中所描述的(1952,62 - 64),弗洛伊德最初相信女性患者告诉他的关于她们在幼年时代被一位父亲(这是最经常的情况)、叔伯或一位比较年长的兄弟诱奸的故事。后来,他发现,他的患者的"神经症状与实际发生的事件没有直接的联系,而是与包含着期望的幻想联系在一起"。而且,"就神经官能症来说,心理的现实比身体的现实更重要。"这是弗洛伊德最早触及"俄狄浦斯情结——这个概念后来具有了如此压倒一切的重要性"。

几乎与此同时,弗洛伊德放弃了他关于歇斯底里症的诱奸理论,开始了他著名的自我分析。[5]这一过程延续了很多年,但是最集中的部分是在弗洛伊德的父亲于 1896 年 10 月去世后不久的1897 年夏秋之间(Jones 1953,1:324)。弗洛伊德对于他幼年时

356

受压抑的对其父母的情感进行了分析,并由此得出一个结论是:年轻的男性对他们的母亲有恋母情结的情感,而对他们的父亲则持有敌意;这是他们成长过程中的一个正常阶段。

弗洛伊德在 1897 年 10 月 15 日写给威廉·弗利斯的一封信中采用了俄狄浦斯的例子(Freud 1954,223),并且在 1900 年出版的《梦的解析》中详细地阐发了这一论题。弗洛伊德到那时还尚未采用"情结(complex)"这个术语;他运用俄狄浦斯的故事只是证明他的发现,并表明这一发现的强有力的根据可以追溯到古希腊时期,可以追溯到关于"深远的和万能的力量"的神话。在进行这一描述时,弗洛伊德写道:"儿童……迷恋双亲中的一方而憎恨另一方",这是"大量心理冲动的基本要素之一"。尽管弗洛伊德强调他的患精神神经病的父母的体验,但是他认为,"精神神经病患者在这个方面与仍然正常的其他人[并无]不同"。他断定,精神神经病患者"只能通过夸大地展示在大多数婴儿的心智中产生的还不太明显和不太强烈的对他们父母的爱和恨的情感,方能辨别出来"(Freud 1953,4:260-261)。在他的自传中,弗洛伊德写道,在生命之初,当"被认作俄狄浦斯情结的关系确立起来"时,男孩"把他们的性期待集中在他们的母亲身上,并对他们的父亲表现出敌意的冲动,把他们的父亲看作是一个敌手,而女孩则采取类似的态度"。因此,俄狄浦斯情结从一开始就不被认为是完全限于男性的(参见后面的补充材料 24.1)。

在 1898 年的《论神经官能症病原学中性的因素》("Sexuality in the Etiology of the Neuroses")这篇论文中,弗洛伊德第一次公开论述了他关于幼儿性征的思想。但是,直到 1900 年,他才在自己第一部伟大著作《梦的解析》中正式宣告精神分析的革命。我认为,这是在一部已出版的著作而不是某种科学杂志上的一篇论文或一系列专题论文中公之于众的科学中发生的最近的一次革命。[357] 1900 年在维也纳出版的这部著作曾反复增订和修改(1901,1911,1914,1919),而且在 1913 年出版了第一个英译本。

　　弗洛伊德在随后几年中又出版了其他一些重要著作:《日常生活的精神病理学》(*The Psychopathology Everyday Life*,1901),《笑话及其与无意识的关系》(*Jokes and Their Relation to the Unconscious*,1905),《性学三论》(*Three Essays on the Theory of Sexuality*,1905)。这时,人们已经可以对一种完整的理论和实践作出科学评价,并因此表示赞成或反对了。最初,医学界的精神病学者、神经病学家以及学院派心理学家极端反对弗洛伊德的思想。那些"直到 1910 年左右……仍然表示激烈反对的"人〔按照沙科和拉帕波特的说法(Shakow and Rapaport 1964),他们编辑了一部真实的"精神病学和神经病学《名人录》"〕,以及在"科学和医学的其他分支"中的那些人,他们的"反应"都是"一样消极的"(参见 Freud 1913,182,166)。沙科和拉帕波特指出,那些受过教育的门外汉缺乏兴趣(即使感兴趣,也是表示反对)反映了内行们的强烈反对;他们还发现,在这些早期的岁月里,弗洛伊德的思想并没有引起教士们的特别注意。

　　尤其是弗洛伊德对婴幼儿性征的发现遭受了普遍的敌视。弗洛伊德在自传中说,"精神分析中没有什么发现像性功能开始于生命之初,而且甚至在幼年时期就以重要的性状表现出来这个主张遭到如此普遍的反对或招致如此强烈的愤怒"(1952,62)。但是,也"没有任何其他分析的结论能够如此容易又如此完满地得到证明"。考虑一下那时流行的关于幼年时代的观点，我们也许就可以明白弗洛伊德的发现是多么新颖和具有革命性。弗洛伊德明确地解释说："幼年时代被看作是'天真无邪的'，是没有性的渴求的，而且，与'纵欲'的恶魔的斗争被认为是到青春期的躁动年华才开始的。在婴幼儿中不能忽视的这样一些偶然的性活动被认为是堕落和不成熟的邪恶的迹象，或者被视为天生的古怪行为。"

　　因此，科学中的弗洛伊德革命不是由改变职业男女们既定的信仰着手的，而是通过吸引和说服即将开始其职业生涯的不怎么因循守旧的执业医生——他们后来成了精神分析学家——进行的。应马萨诸塞州伍斯特市的克拉克大学（Clark University）校长G.斯坦利·霍尔（G. Stanley Hall）邀请，新思想的拥护者们在该校聚会。被邀请者包括弗洛伊德本人、A. A. 布里尔（Brill，某些弗洛伊德著作的美国译者）、尚多尔·费伦奇（Sándor Ferenczi，一位匈牙利精神分析学家，是弗洛伊德多年最密切的朋友之一）、欧内斯特·琼斯（Ernest Jones，后来成为弗洛伊德传记的作者）和卡尔·G.荣格（Carl G. Jung）。就在一年多之前的1908年4月，一批精神分析学家在萨尔茨堡相聚，举行他们的第一届国际大会。出席这次会议的有一位美国人（布里尔），26位奥地利人[其中包括弗洛伊德，阿尔弗雷德·阿德勒（Alfred Adler），奥托·兰克（Otto Rank），威廉·施特克尔（Wilhelm Stekel）和弗里茨·维特尔斯（Fritz Wittels）]，两位英国人[琼斯和外科医生、心理学家威尔弗雷德·特罗特（Wilfred Trotter）]，两位德国人[包括卡尔·亚伯拉罕（Karl Abraham）]，两位匈牙利人[尚多尔·费伦奇和

F. 斯坦(F. Stein)〕，六位瑞士人（包括荣格）。会议之后，这门新学科的第一本专业杂志《精神分析和心理学研究年鉴》(*Jahrbuch für psychoanalytische und psychologische Forschung*)创刊。1910年3月，在纽伦堡召开了第二届国际精神分析大会，而且从那以后，定期召开国际精神分析会议。地方团体作为分会加入国际精神分析协会(the International Psycho-Analytical Association)。到1911年，即该学会创立一年之后，这个专业团体就已包含106位成员。从此，一场科学中的革命开始了。由于在观点上存在严重分歧，所以没过多久就不断有人与这个弗洛伊德主义的团体分道扬镳，形成了各持不同观点的运动。其中主要有阿德勒(1911年)、施特克尔(1912年)、荣格(1913年)和兰克(1926年)。但是，无论作出这样或那样的修正，他们也仍然受到弗洛伊德思想的影响。而这进一步证明了在关于人的精神的思考和治疗精神错乱的方法中所发生的彻底变革——这是弗洛伊德革命的标志。正统的弗洛伊德派精神分析的批评家们论证说，并没有出现对弗洛伊德原有思想的重大背离。其他人包括艾尔弗雷德·卡津(Alfred Kazin 1957, 16)则坚持认为，"在很大程度上说，在这场'弗洛伊德的'革命中，弗洛伊德本人并没有起多大作用"。

是19世纪的革命还是20世纪的革命？

我把弗洛伊德革命归之为19世纪的一次革命，理由是这次革命的最初三个阶段——自身中的革命、信念的革命和论著中的革命都是在1900年完成的。鉴于弗洛伊德的科学及其内涵在我们今天具有如此重要的意义,我们也许早就应当把注意力集中于发生在 20 世纪的科学中的革命之上。

359　　　在写于 1923 年并于次年发表的一篇论文中(1953,*19*:191),弗洛伊德本人针对把这场运动看作是一个 19 世纪的现象还是 20 世纪的现象这个问题谈了自己的想法。他说:"精神分析可以说是随着 20 世纪诞生的;因为它在其中作为某种新东西呈现在世人面前的出版物——我的《梦的解析》——是在'1900 年'出版的。"弗洛伊德然后解释说,精神分析"并不是从天上掉下来的既成的东西"——"它是从比较旧的思想出发的,并对这些过去的旧的思想作了进一步的发展;它起源于比较早的提议,然后对这些提议作了详尽阐述。因此,关于它的任何历史,必须首先考虑决定它的起源的那些影响,而且不应忽视在它产生之前的时代和环境"。弗洛伊德以 19 世纪中叶对"人们所说的'官能性'神经病"的治疗为开端;接着,他论述了伊波利特·贝尔南(Hippolyte Bernheim)、沙尔科和皮埃尔·雅内(Pierre Janet)的工作;随后又讨论了布罗伊尔所取得的进展,这一进展导致布罗伊尔和他本人合著的《歇斯底里症研究》(*Studies on Hysteria*)于 1895 年出版。然后他详细叙述了自己的贡献,这些贡献到 1900 年达到一个顶峰。

　　但是,正如弗洛伊德或许要指出的,事情究竟发生在 19 世纪抑或 20 世纪,这个问题并不能那么清楚地确定。弗洛伊德在他的论文中强调 20 世纪是因为,他在 1923 年写的这篇论文,是一本题为《这些多事之秋:正如它的许多创造者所言,20 世纪正在发展中》(*Eventful Years*:*The Twentieth Century in the Making*,*as Told by Many of Its Makers*,London and New York,1924)的书中的一章。正像弗洛伊德心理学著作标准版编者指出的(1953，19：191；4：xii)，《梦的解析》(如弗洛伊德所言)的确是在1900年出版的，但它实际上早在1899年11月就出版了。在1932年写的一篇论文中，弗洛伊德(1953，4：xii)说："我的《梦的解析》一书最后摆在我的面前是在1899年冬天(尽管它的封面上把日期填迟至20世纪)"。而且，在1899年11月5日写给威廉·弗利斯的一封信中，弗洛伊德宣布说："这本书①昨天终于出版了"(Freud 1954，302)。

这个例子也许只能用以证明，把思想史和科学史纳入到诸如几个世纪这样任意的编年学的划分之中是多么的困难。无论怎样，弗洛伊德同样错误地认为，1900年是20世纪的开端。因为我们所处时代的第一年是1901年，第100年(完成一个世纪)是100年，而不是99年。因此，第19组100年(19世纪)的最后一年或第100年是1900年而不是1899年，而20世纪的第一年确切说应当是1901年。

弗洛伊德论科学革命和创造性：与哥白尼和达尔文的比较

弗洛伊德的思想尤其是那些关于性(sexuality)的思想所受到的敌视，自然使弗洛伊德主义者把他们崇尚的大师所付出的辛劳与任何勇敢的拓荒者遭遇的艰苦相比拟。弗洛伊德的传记作者欧

①　即《梦的解析》。——译者

内斯特·琼斯(Ernest Jones)曾写道:"哥白尼和达尔文都曾以极大的勇气面对不受欢迎的关于外部现实的真理"(1940,5),但正如弗洛伊德所做的那样,"面对有关内心现实的那些真理,则要付出某种只有极少人能够独立付出的劳动"。弗洛伊德本人敏锐地意识到他在精神科学和精神疗法的历史中位居的革命地位。他在许多场合把他自己的科学理论与哥白尼和达尔文的理论相比较。弗洛伊德对他们的理论感兴趣,与其说是由于他们的科学影响,莫如说是由于我们今天所说的他们的"意识形态的"内容。尽管弗洛伊德从未(在有记载的谈话中,在已发表的通信中,或者在已出版的著作中)援引"哥白尼革命"或"达尔文革命"这类说法,但是,他确实暗示过这样一个意思,即哥白尼和达尔文所做的工作是不同凡响的,而且对于人类关于自身的概念具有重大意义。显然,弗洛伊德从来没有明确说过他是一个革命者,或者精神分析就是一场革命。在《幻想的未来》(1953,21:55)中,弗洛伊德写道:"科学观点的转变是发展,**是进步,而不是革命**。"

弗洛伊德在1907年曾断言,如果有人要求说出"10本最重要的书",那么他将把"哥白尼的成就、老医生约翰内斯·魏尔(Johann Weier)关于信任女巫的论述、达尔文的《人类的由来》(*Descent of Man*)以及其他人所取得的科学成就算在内"(1953,9:245)。哥白尼、约翰内斯·魏尔和达尔文的这个排列并不是随意作出的,因为这些人代表着弗洛伊德认为人类自我陶醉的自尊在其中受到重大打击的三个领域:宇宙论、心理学和进化论生物学。弗洛伊德认为,哥白尼推翻了人类在宇宙中的固定的中心地位,而达尔文则揭示了人类与其他动物的密切的亲族关系。魏尔这位

16 世纪具有罕见的洞察力和非凡勇气的医生，则勇敢地同迫害女巫的狂热暴行做斗争，尤其是他解释了假孕（"虚假的怀孕"）并不是一个妇女与魔鬼交合的征兆，而是一种医学生理状态，它是由我们今天所说的心理或身心原因造成的。令人惊讶的是，弗洛伊德引证的是一个在权威的医学史［Singer and R. Ashworth Under- 361wood（辛格和阿什沃思·安德伍德）；或 Richard Shryock（理查德·施赖奥克）；或 Gregory Zilboorg and George W. Henry（格雷戈里·齐尔布尔格和乔治·W. 亨利）1941］中甚至都没提到的相当不出众的 16 世纪医生。但是，我们也许应当尊重他的现代性、合理性和勇气（参见 Zilboorg 1935）。不过，另一方面，没有多少研究心理活动的人值得被抬高到享有与哥白尼和达尔文同样的地位。他也许选择了沙尔科，因为他曾一再对沙尔科表示赞扬（1953，*1*：135；*3*：5，9−10；*6*：149；*12*：335；*19*：290；*24*：411），并把他描述为神经病学的"最伟大的领袖"和"所有国家神经病学者"的"伟大导师"。弗洛伊德的这个列表中另一个奇怪的例子是，他选择了达尔文的《人类的由来》而没有选择《物种起源》。弗洛伊德是经过深思熟虑选择《人类的由来》一书，抑或他只是匆匆记下他最先想起的达尔文著作的书名？我们对此完全不清楚。但是，弗洛伊德也许是有意识地提到《人类的由来》，因为在这部著作中，达尔文最明确地提出了人类和动物物种之间的亲族关系的学说。鉴于弗洛伊德对人类的自我形象所遭受的打击特别感兴趣，《人类的由来》在当时显然是一本比《物种起源》更为重要的著作，尽管后者对于进化论生物学甚至对于整个科学来说都可能是一部伟大得多的著作。

　　在弗洛伊德看来，哥白尼从以地球为中心的宇宙转向以太阳为中心的宇宙——就像达尔文的"摧毁了人们傲慢地在人与动物之间竖起的壁垒"的人类起源理论一样——是非常重要的，其意义与精神分析学说获得承认是基本类似的。弗洛伊德揭示了"有意识的自我与一个强大的无意识的关系对于人类自恋"的打击有多么严重，正如"人类起源理论所给予的**生物学**的打击以及更早的哥白尼的发现所给予的**宇宙论的**打击"以前对我们自我陶醉的自我形象的伤害一样（1953，*19*：221）。弗洛伊德认为，接受这三种理论的障碍来自情感的而非理智的原因，这因此解释了"它们易被情感支配的特点"。他指出，"总体上说"，人们对精神分析理论都表示反对，正如"由于其神经错乱而接受治疗的个体精神病人"所做的那样。对弗洛伊德理论的抵制，类似于从前哥白尼和达尔文理论受到的抵制，它们并不是"通常起因于反对最科学的创新的那种抵制"，而是出于"这样一个事实：强大的人类情感受到这一理论的主题的伤害。"[6]

　　弗洛伊德把哥白尼和达尔文的影响与精神分析理论所受到的敌视联系起来的最著名的例子，见于他的《精神分析引论》（*Introductory Lectures in Psycho-analysis*，1916－1917）第三编"神经官能症通论"中。弗洛伊德在这一编中论述了"人类**天真的**自恋从……科学之手中经受的重大的打击"。自哥白尼以来，人们"知道我们的地球不是宇宙的中心，仅仅是几乎难以想象的浩大的宇宙体系的一个小斑点"（1953，*16*：285）。达尔文的研究"摧毁了假想的人类在受造物之中的特殊地位，并且证明人是从动物王国演化而来的，而且具有一种不可磨灭的兽性"。但是，在弗洛伊德看来,对"人类的自大狂"的"第三次也是最沉重的一次打击",来自"现代心理学研究,因为这种研究设法向我们每人的'自我'证明,他不能自为主宰;而且能得到少许关于内心的潜意识历程的信息,就不得不引以自满了。"[7]

十分奇怪的是,弗洛伊德似乎从来没有从革命方面谈他本人激动人心地推翻了经典心理学和传统的精神疗法。但是(在1916-1917年)他确曾采用"对我们的科学的普遍反叛"这样一种说法。他说,这一反叛的特点是"蔑视一切学究气斯文的考虑,而且使反对观点摆脱公正逻辑的一切束缚"(1953,*16*:285)。这一说法对于革命史家来说是特别有意义的,因为"revolt(反叛)"意味着对既有权威的背叛,而弗洛伊德恰恰就是一直在抱怨他本人激进的新思想的确立和被接受遭到了抵制。

弗洛伊德充分意识到哥白尼并不是断言地球在运动的第一人。在其《精神分析引论》中,他特别指出,"[与哥白尼的体系]相似的主张早已由亚历山大的科学提出过了"(1953,*16*:285),而且他还清楚地表明,远在哥白尼之前,"毕达哥拉斯的信徒就已对地球的特权地位产生怀疑,而且在公元前3世纪,萨摩斯岛的阿利斯塔克就曾断言,地球要比太阳小得多,而且围绕着那个天体运动。"因此,"甚至哥白尼的伟大发现……也已在他之前由他人做出了。"所以,对"人类自恋"的宇宙论的打击,不是在做出"那个发现"时发生的,而是当它"获得普遍承认"时发生的。达尔文关于人类的理论也是如此,按照这种理论,人类并不是"不同于动物或优于动物",而"他本身……是从动物演化来的……与某些物种有比较密切的联系,而与其他某些物种的联系则比较远"(1953,*17*:

141)。这些结论并非仅仅来源于达尔文,而是从"查尔斯·达尔文、他的合作者和先驱者的研究"中推演出来的。

在以如此方式列举和说明哥白尼和达尔文的先驱者时,弗洛伊德无论如何都不是贬低这两个人的创造性。相反,他正是为了表述一种普遍的创造力理论。弗洛伊德认为,我们的许多(即使不是全部的话)最具有"创造性的"思想可以追溯到某个比较早的思想家,他往往是我们在我们自觉的思想中也许忘记的某个人。弗洛伊德举出的一个显著的例子是路德维希·博尔内(Ludwig Börne)①。博尔内 1823 年的《三天内成为一个创造性作家的艺术》("The Art of Becoming an Original Writer in Three Days")一文对自由联想法作了引人注目的描述,因此在精神分析中是非常重要的。当弗洛伊德被告知哈夫洛克·埃利斯(Havelock Ellis)②宣布斯韦登博格派神秘主义者、诗人和医生加思·威尔金森(Garth Wilkinson)是自由联想的"真正的"发明者后,这篇文章引起了他的注意(Freud,1955,*18*:264)。虽然弗洛伊德完全忘记了博尔内的论文,但他后来回忆道,"在他 14 岁的时候,就有人赠送给他博尔内的著作集,而在过去 50 年后,他仍然保存着这本书,而且这是他少年时代保存下来的唯一的一本书"。此外,博尔内"是他深入钻研其著作的第一位作者"。使弗洛伊德尤为惊奇的

①　路德维希·博尔内(1786－1837 年),德国犹太政治作家和讽刺作家。——译者

②　埃利斯(1859－1939 年),又译蔼理士,英国著名医生、作家、性心理学家和社会改革家;主要著作有《性心理学研究》(7 卷,1897 － 1928)、《性倒错》(1897,合著)、《梦的世界》(1911)、《生命的舞蹈》(1923)、《我的一生》(1939)等。——译者

是,他发现,博尔内在论文中论述了"舆论对我们的理智产物所表现出的潜意识抑制力",并且认为这种潜意识抑制力比"政府审查制度(censorship of governments)"更为压抑。说到"政府审查制度"这个概念,它在一定程度上使弗洛伊德回想起了"在精神分析中作为梦的潜意识抑制力(dream-censorship)重新出现的'censorship'"。弗洛伊德断言,"因此,这个暗示也许可以揭示在如此许多情况下被猜测隐藏在表面的创造性之后的潜在记忆的片段,这似乎并不是不可能的。"

在另一部著作中,弗洛伊德在谈到"二元理论[1937]"时援引了"cryptomnesia(潜在记忆)"这个概念。"根据这种二元理论,死亡的本能、毁灭的本能或攻击的本能,与配偶在力比多中显示出的爱欲享有同样的权利"(1953,23:244)——他特别指出,这种理论并未被普遍接受。他记述了当他在阿克腊加斯的恩培多克勒(Empedocles of Acragas)的著作中偶然发现他的这一理论时,他是多么的高兴。弗洛伊德说(第245-247页):"我已作好充分准备为这样一个确认而放弃独创性的荣誉"。他还说(第245页),"从我早年阅读书籍的广度来看,当我永远也不能断定我认为是一个新创造的东西是否有可能不是潜在记忆的一个结果时",尤其是如此。

弗洛伊德在1923年曾断言,"我在解释梦以及进行精神分析的过程中所使用的许多新思想的独创性",已证明是其他人曾经思考并且表述过的。他说,"我对这些思想中唯一一个思想的来源不知情",对于这个概念"我称之为'梦的潜意识抑制力'"(1953, 19:261-263)。他现在也许会说,"正是我关于梦的理论的这个基本的部分是……［约瑟夫·］波普尔－林克斯（Josef Popper-Lynkeus）①独自发现的”（1953，*19*：262；另请参见 *4*：94 - 95，102 - 103，308 - 309 注释；*14*：13 - 20）。不过，弗洛伊德并没有接着从这个独立发现的陈述推想一个共同的来源，他也没有探究（或思索）一种科学思想的相继出现中存在的不同之处而非相似之处，以及一个科学家的天赋以什么方式把一种思想转变成一种具有本质上独创性的创造。（关于这个一般性的主题，请参见 Cohen 1980。）

1956 年，奈杰尔·沃克（Nigel Walker）在《听众》（*The Listener*）杂志上发表了一篇文章。该文是在英国广播公司（BBC）的一次电台访谈的基础上写成的，题为《弗洛伊德与哥白尼》（“Freud and Copernicus”）。在 1957 年和 1977 年重印这篇文章时，他把标题改为《一个新的哥白尼？》（“A New Copernicus?”）。这篇文章过分强调约翰·弗里德里希·赫尔巴特（Johann Friedrich Herbart）②等人的心理学思想对弗洛伊德的影响，并且得出结论说，弗洛伊德把自己与哥白尼和达尔文相比是没有根据的，因为被弗洛伊德视为“我们关于心灵概念中的一场科学革命”的进展，其实是“一个技术上的进步”，它以一种引人注目的方式使 19 世纪德

---

①　约瑟夫·波普尔－林克斯（1838 - 1921 年），奥地利学者、作家和发明家，其思想曾对 20 世纪包括爱因斯坦、马赫、布伯等等在内的诸多重要的科学家和哲学家产生过重要影响。——译者

②　约翰·弗里德里希·赫尔巴特（1776 - 1841 年），德国哲学家、心理学家，科学教育学之父；主要著作有《普通教育学》（1806）、《逻辑学要旨》（1806）、《形而上学要旨》（1808）、《普通实践哲学》（1808）、《作为科学的心理学》（1824 - 1825）、《普通形而上学》（1828 - 1829）等。——译者

国思想家们已经提出的一种观念"通俗化"了。因此,在沃克看来,弗洛伊德在历史上的作用似乎像是"环球航行者"的作用,因为他们"所做的是让人们相信地球是圆形的而不是所有地理学家的论点"。所以,沃克把弗洛伊德与18世纪英国的航海者和探险者库克(Cook)船长而不是哥白尼或达尔文相比。他在1957年把这个比较由库克船长提高到麦哲伦(Magellan),并且说:"在把弗洛伊德与麦哲伦而不是哥白尼相比时,我并不是在贬低他的成就的价值。"为辩护他的观点,他断言,像詹姆斯·瓦特(James Watt)和马可尼(G. Marconi)[①]这样的技师"对于他们下一代人的生活方式可能会产生比牛顿或约翰·C. 道尔顿(John C. Dalton)更伟大的影响"。

　　沃克一再重印的这篇文章有许多历史错误(例如,约翰·道尔顿推翻了"声名狼藉的燃素说")。这样一个错误也许会使我们注意对弗洛伊德关于哥白尼和达尔文的论述的一种普遍误解:弗洛伊德自比这两位伟大的科学家。[8]事实与此相反,在弗洛伊德讨论哥白尼和达尔文的三种场合的任何一种场合,他都非常谨慎地避免作一种涉及个人的比较,而是强调哥白尼、达尔文和精神分析理论及其影响的相似之处。他的传记作家欧内斯特·琼斯说(1953,2:45):"我非常怀疑弗洛伊德是否曾把自己看作是一位

　　① 詹姆斯·瓦特(1736-1819年),苏格兰发明家和机械工程师,蒸汽机的发明者;马可尼(1874-1937年),意大利物理学家和发明家,远距离无线电传输的先驱,因其阐明了马可尼定律和无线电报体系而闻名,并因此与德国物理学家、阴极射线管的发明者卡尔·费迪南德·布劳恩(Karl Ferdinand Braun, 1850年-1918年)共同获得1909年诺贝尔物理学奖。——译者

伟人，或者他曾把自己与那些他认为伟大的人物相比——例如歌德、康德、伏尔泰、达尔文、阿图尔·叔本华（Artur Schopenhauer）、弗里德里希·尼采（Friedrich Nietzsche）"。当玛丽·波拿巴（Marie Bonaparte）①评论说弗洛伊德是"一个兼有巴斯德（Pasteur）和康德特点的人物"时，弗洛伊德回答说："这些都是溢美之辞，但我不能同意你的看法。这不是因为我谦虚，完全不是。我对于我已经发现的东西有比较高的评价，但是，那并不是我自己的功劳。伟大的发现者不一定就是伟人。有谁比哥伦布（Columbus）更多地改变了这个世界？他是谁？他是一个探险家。的确，他与众不同，但是，他并非一个伟人。所以你看，一个人可以做出一些伟大的发现，但并不意味着他是一个真正的伟人。"

琼斯（1953，3：304）大胆和直率地"赋予了弗洛伊德'心智世界的达尔文'的称号"。琼斯实际上早在1913年就赋予了达尔文②这个"非常恰当的称号"（参见 Sulloway 1979，4），而且在1930年对这一主题作了进一步的论述。他指出，"弗洛伊德的工作即精神分析的创生，是一项对生物学的贡献，其重要性唯有与达尔文的工作媲美。"萨洛韦对此讥讽地评论说（第5页）：琼斯"后来同其他弗洛伊德的信徒一道，在确立弗洛伊德随后作为一个'纯粹心理学家'的身份方面，发挥了关键作用"。

不久之后（1917年），弗洛伊德在《意象》（*Imago*）杂志上发表了《精神分析学道路上的一个难题》（"A Difficulty in the Path of

---

①　玛丽·波拿巴（1882－1962年），法国作家和精神分析学家，曾帮助弗洛伊德逃离纳粹德国。——译者

②　原文如此，从前后文看，似应指弗洛伊德。——译者

Psycho-analysis")一文。在该文中,他论述了对人类自我形象的三个打击(1953,17:139-143),并且大胆地提出,"自我不能自为主宰"。对此,他的朋友和同事卡尔·亚伯拉罕"温和地作了评论"。他说,这篇论文"看上去像是一份个人文件"(Jones 1953,2:226)。弗洛伊德在1917年3月25日的一封信中答复说,亚伯拉罕说他给人留下了"理应获得可与哥白尼和达尔文相比的地位的印象",这话说得"不错"。但是他评论说,他并不想"因此而放弃这个有趣的思路",而且因此他"至少把叔本华放在最显著的地位"。弗洛伊德在此涉及了这样一个事实,即他并没有直接提到他本人,但在最后一段文字中他倒是介绍了他的诸位先驱者。在陈述了"认识无意识的精神过程对于科学和生活的"革命性[弗洛伊德用了"momentous(重大的)"一词]"意义"之后,他断言,"首先迈出这一步的""并不是精神分析学说"(1953,17:143)。"在那些哲学家中间",有些人也应当被"视为先驱者"——"尤其是伟大的思想家叔本华"。弗洛伊德坚持认为,叔本华的"无意识的'意志'相当于精神分析学的心理本能"。而且,也是叔本华"提醒人类现在仍然被它如此极力贬低的性渴望所具有的重要性"。弗洛伊德得出结论说,精神分析只是在"一个**抽象的**[即科学的而非哲学的]基础"之上"证明了""性和精神生活的无意识在心理方面的重要性",而且"从涉及每一个个人的问题上对它们作了说明"。

　　人们也许会认为,弗洛伊德以及追随弗洛伊德的他的传记作家欧内斯特·琼斯,在否认弗洛伊德自比哥白尼和达尔文这个问题上过于敏感。[9]沙科和拉帕波特(1964)发现,这种"敏感是难以理解的,因为弗洛伊德曾反复把精神分析与其他两种理论学说的历史发展相提并论,即使不是把它们完全视为等同。"他们推测,"作者和传记作家的谦虚也许妨碍了他们,以致不能对这种比较做出客观合理的解释。"[10] 而对弗洛伊德实际所写的东西的认真分析表明,就对人类的"自我陶醉的自我形象"的(宇宙论的、生物学的和心理学的)打击而言,他并不关心自己作为一个创造者或革命者的形象。弗洛伊德关注的是这些对于地球中心说、人类中心说和自我中心论的打击的革命含义,而且,也许只能通过间接的含义(如果有的话)才能表明,他本人在科学史中的位置可能是与人们给予哥白尼和达尔文的地位相同的。[11]

第六部分

20 世纪
——革命的时代

第二十五章　科学家的观点

19世纪是一个革命的时代,革命波及政治、社会、科学、工业、知识和艺术等不同领域,无论其成功与否,这在历史上第一次使人们懂得变化可以是戏剧性的、革命式的,而并非只是渐进式的。20世纪则是一种不同意义上的革命时代,因为革命发生得更为频繁且其影响也更加深远。它们不仅使人类及其社会以及各种制度受到震动,而且还威胁到自然界本身。已经很难找到一个人类活动领域能逃避革命所带来的巨大变化了。革命已深入到各个领域:通讯(无线电,电视),制造业(合成纤维和塑料),电子装置(晶体管,印刷电路,集成电路),军事(原子弹和核弹,导弹),绘画[毕加索,马蒂斯(Matisse),米罗(Miró)[1]],音乐[斯特拉文斯基,勋伯格(Schoenberg),施托克豪森(Stockhausen)[2]],文学(乔伊斯,弗吉尼娅·伍尔夫),航行(雷达,远程定位),各门科学分支[爱因斯

----

[1] (1)亨利-埃米尔-伯努瓦·马蒂斯(Henri-Émile-Benoît Matisse,1869-1954年),法国著名油画家、版画家和雕刻家,法国野兽主义运动的领军人物。(2)胡安·米罗(Joan Miró i Ferrà,1893-1983年),西班牙杰出的画家、陶艺家、版画家、雕刻家,西班牙现代三大画家和超现实主义的代表人物之一。——译者

[2] (1)阿诺德·勋伯格(Arnold Schonberg,1874-1951年),美籍奥地利裔作曲家、音乐理论和教育家,第二维也纳乐派的代表人物。(2)卡尔海因茨·施托克豪森(Karlheinz Stockhausen,1928-2007年),德国当代最重要的作曲家、电子音乐和序列音乐的著名理论家、音乐教育家,对先锋派产生了重大影响。——译者

坦,玻尔,克里克(Crick)和詹姆斯·D.沃森],医学(索尔克疫苗,
精神分析,起搏器和心脏外科),还有数据和信息处理——在这里
我们正在目睹计算机革命的进程。我们还见证了一系列似乎无休
止的社会革命和政治革命。受到俄国1917年革命和中国革命影
响的人,比受到以往任何一次有记载的革命影响的人都多,而且所
受影响的程度也更深。来自有关拉丁美洲和非洲的新闻广播,常
常被有关大大小小的起义和暴乱的报道打断,这些事变既可能是
军事政变,也可能是地道的社会和政治革命。

　　19世纪从1789年动乱的余波中诞生,先后经历了1848年的
政治动荡以及马克思主义者领导的革命运动的兴起。在科学上,
我们已经看到了《物种起源》在即将来临的革命背景下正式宣告了
达尔文的进化论的诞生。即便如此,19世纪下半叶(和20世纪
初)知识发展的主流往往是进化式的而不是革命式的。本杰明·
基德(Benjamin Kidd)的《社会的进化》(*Evolution of Society*,
1894)和 L. 乌勒维格(L. Houllevigue)的《科学的进化》
(*L'évolution des sciences*,1908)等著作就是这一点的例证。大
体上说来,19世纪的政治革命和社会革命并没有取得成功,并以
1905年的俄国革命的重大失败而告终(1905年通常标志着20世
纪科学的开端)。在19世纪,社会政治变革虽然富有戏剧性,有时
甚至有激烈的暴力冲突,但以通常的观点而论,这一发展过程基本
上仍然是循序渐进的,而且在讨论这一时期的科学发展时,人们一
般也持这种见解。

　　与之形成对照的是,20世纪却被惊人的激变所震撼,历史的
连续性出现了真正的断裂。仅仅俄国和中国的革命就对社会、政

治、经济产生了巨大的影响，其程度远远超过了当年的法国大革命——它们在世界范围内引起了国际革命运动。20 世纪初还见证了科学中发生的伟大革命，主要体现在物理学上：X 射线、量子理论、放射性、相对论、电子、核型原子等的发现。1905 年，也就是俄国革命流产的那一年，爱因斯坦发表了他的划时代的关于相对论的论文以及另一篇论文，这篇论文引起了材料物理学和辐射物理学的革命，并且确立了（由马克斯·普朗克于 1900 年创立的）量子理论的趋势，从此以后这种趋势一直主导着物理学思想。在艺术方面，1914 年以前的时代产生了斯特拉文斯基的节奏异常强烈的《春之祭》（*Le sacre du printemps*）和毕加索以及乔治·布拉克（Georges Braque）的令人瞠目的野兽派绘画，这些作品开创了结构主义、现代主义和抽象艺术以及不协和和弦和无调性音乐的先河。

20 世纪出现了大量的关于革命的理论和观点，这并不令人惊讶。因为这个世纪的前几十年经历了戏剧性的政治、社会、艺术和科学的变革；而且，革命而非进化，似乎已成为我们这个时代描述科学变革的主导性概念了。但革命是科学进步理想的或必备的特征这样一种观念，在 20 世纪上半叶却不像现在这样容易被大多数人所接受。许多观察者，包括史学家和科学家们自己，对于科学特别是基础物理学中发生的革命性变化感到忧虑，正像他们对正在动摇全球的社会政治结构的剧变感到忧虑一样。有的人，例如爱因斯坦，对此的反应是抛弃科学中的革命的概念（参见本书第二十八章）；其他一些人，如 R. A. 密立根，不但拒绝科学中的革命的概念，而且还拒绝革命性进展本身。

在这一章中，我们将列举一些 20 世纪的人们所表述的有关科学革命的看法,尤其要把注意力集中于科学家们的观点。下一章,我们将追溯 20 世纪科学史家逐渐接受科学革命概念的过程,这一过程以 T. S. 库恩具有巨大影响的著作《科学革命的结构》于1962 年发表而告结束。在第二十七章中,我将简述相对论革命阶段和量子理论革命阶段。在大多数人的心目中,相对论被看作我们时代科学革命的典范;而那些了解内情的人们则认为,量子理论是历史上最伟大的科学革命之一。在第二十九章,我将讨论具有特殊重要性的地球科学中的革命,因为这个领域的那些学者已经认识到它是一场革命,已经用革命的语言并依据革命的结构来撰写它的历史,甚至还运用了库恩对革命的理论分析方法以便理解地球科学革命的结构。此外,这场革命以清晰的和引人注目的方式展现了所有伟大的科学革命的一些主要特征。

第二次世界大战前的政治激进主义和科学激进主义

1908 年,政治革命家 V. I. 列宁(Lenin)的一部哲学著作出版了,它主要论述的是正在物理学中进行的革命的本质和影响。该部著作的标题为《唯物主义和经验批判主义》(*Materialism and Empirio-Criticism*),它公开表明的目标主要就是,维护“马克思主义哲学”,反击当时那些对“辩证唯物主义”的攻击(第 9 页)。但在当前的语境下,首先值得注意的是列宁[体现在标题为《最近的自然科学革命和哲学唯心主义》(“The Recent Revolution in Natural Science and Philosophical Idealism”)的那一章中]的一些论述，因为它们可以作为例证，用以说明物理学业已发生了革命的观念很早便广泛传播开了。[1]

列宁的主要例子是镭，这是一个显著地出现在这一时期许多其他文献中的例子。使列宁和他的同时代人震惊的似乎是，当一块镭的样本的温度比周围环境温度高时，很明显，它可以使自己持续保持这种状态。而按照经典热力学理论和能量守恒定律，一个热的物体必定会把热量释放到其温度较低的环境中，直到达到热平衡，也就是说，直至该物体与周围环境的温度相等。因此，镭的属性不但向科学家展示了一种必须被整合到科学的概念框架之中的新现象——放射性，而且这种新的物质在几个方面摧毁了科学的基础。也许最值得注意的事实就是：在放射过程中可以发现，一个元素的原子会自然地发生衰变和"嬗变"，转变成另一种完全不同的元素的原子。

在列宁引证参阅的许多学者中，有法国数学家和哲学家亨利·彭加勒。从彭加勒撰写的题为《科学的价值》（*The Value of Science*，1907）哲学著作中，列宁发现了他对物理学出现"严重危机"的论述。按照彭加勒的观点，这场危机的罪魁祸首就是"伟大的革命者——镭"。彭加勒的见解博得了广泛的尊重，因为他即使不是全世界也是法国最卓越的科学家之一。他忧郁的危机宣言引起了人们的注意：新的发现不仅削弱了能量守恒原理的基础，这一革命还同样危及了"拉瓦锡原理或质量守恒原理"、力学的基础包括牛顿作用和反作用相等的原理，以及其他得到公认的物理科学的基础。

人们从镭和一般而言的放射性中感受到了革命的破坏力，这种意识也成了其他许多新发现的特征。在《亨利·亚当斯的教育》（*Education of Henry Adams*，1907）中，在亚当斯（Adams）关于1900年大博览会的感想的讨论里，可以看到对革命的破坏力这个主题最富有戏剧性的讨论。亚当斯用"发电机和圣母"这一比喻对旧的蒸汽力和新的电力之间的差异表示惊讶。他发现了"连续性的中断"，这"相当于为史学家的研究对象设置了一个深不可测的沟壑"（第381页）："他在蒸汽与电流之间不可能找出比十字架与教堂之间更多的联系。各种力如果不是可逆的，那么它们便是可以相互转换的，但他唯一能看到的是，像信仰那样的对电的绝对的**认可**"。在迷惑不解之中，亚当斯去求助于塞缪尔·皮尔庞特·兰利（Samuel Pierpont Langley），他是一位天文物理学家，时任华盛顿史密森学会（the Smithsonian Institution）的秘书。

兰利无法帮助他。实际上兰利似乎也被同样的忧虑所困扰，因为他总是翻来复去地说新的力是无法无天的，尤其是他反复声称他对新的射线没有责任，这些射线凶神恶煞地对待科学，几乎与弑尊者并无二致。他自己的射线则完全是有益无害的，他利用它们获得了双倍宽的太阳光谱；但镭否定了它的上帝——或者，对兰利来说这就等同于否定了他的科学真理。这种力是全新的。

看到从1890年至1905年期间物理学进展中出现革命的人并非只有列宁、亚当斯、彭加勒和兰利，不过，并不是每个人都被这些新发展的内在含义所困扰。例如，在一篇题为《空间和时间》

["Space and Time"，见于《数学与科学：最后的论文》(*Mathematics and Science：Last Essays*，1963，23)]的论文中，彭加勒把新的相对论看作"最近物理学进步中"所发生的"革命"的主要成果；在另一篇论文(同上书，第 6 章)中，他暗示：量子理论很有可能是"自然哲学在牛顿以后所经历的最深刻的革命"。

在 20 世纪 20 年代，"revolution"一词从 1917 年的俄国革命——第二次革命或布尔什维克革命中获得了一个新的激进的含义，这场革命使"布尔什维克主义"这个新的名词进入了一般话语的语言之中。这场革命不仅彻底废除了旧的沙皇的专制统治，而且使俄国人民的财产制度和经济生活都发生了戏剧性的转变。正如克兰·布林顿(1952)观察到的那样，这样一个事实使这些革命性变化变得更强烈了，即在俄国革命中，"事件都集中发生在"比近代任何其他革命"更短的时间之中"。

在多数美国人和欧洲人的心目中，法国大革命和俄国革命是两次典型的革命，但后者也许具有更广泛的意义，因为它培育了可以输出的布尔什维克主义这个幽灵，而通过一场国际性的革命和颠覆运动，布尔什维克主义得到了推广。此外，法国大革命没有导致一个稳定的革命共和国，未超过 15 年，法国就复辟了皇权统治；而苏维埃体制已持续了半个多世纪，如今它比其早期更为强大。因此，由于目睹了旧的价值体系在俄罗斯的崩溃，并且担心他们自己国家现存的生活方式会受到某种威胁，一些科学家可能会变得对科学的状况同样心神不安，这也没有什么可奇怪的。物理学已经受到了 X 射线、放射性和相对论的困扰，当量子物理学和新的原子概念又给它带来进一步的危机时，一些科学家在新科学与布尔什维克主义之间找到了某种相似之处。对布尔什维克主义的恐惧,甚至是对布尔什维克主义可能的"污染"的告诫,都在20世纪20年代关于科学和科学革命的讨论中出现了。

20世纪20年代发生的心理学革命,例证了在一些人的内心之中把革命性科学与政治上的激进主义联系在一起的方式。约翰·B.沃森(John B. Watson)的著作《行为主义》(*Behaviorism*,1924)在美国的新闻媒体受到追捧,被称之为:"也许……是有史以来最重要的著作",是一部"标志着人类思想史的新纪元"的著作(Watson and McDougall 1928,102)。在英国,人们注意到,沃森体系声称要"使伦理学、宗教和精神分析学——事实上,使所有的精神科学和道德科学革命化"。上述这些摘录是沃森的对手威廉姆·麦克杜格尔(William McDougall)引用的,他还补充说,沃森的著作"宣称的不仅仅是要使所有这些庄严的东西革命化,而且是要废弃它们"。

麦克杜格尔的综述不无道理。沃森的《行为主义》一书的结束语就是这样一个宣言:行为主义心理学将趋向于取代已知的心理疗法的原理与实践。在最后一章的最后一节,沃森(在其副标题中)夸耀:"行为主义——全部未来实验伦理学的基础"(1924,247)。这一命题在该节开篇的两句话中被加强了,在这里,沃森想象行为主义是"一门也许会使男人和女人理解……他们自己的行为的科学",而且它将帮助"男人和女人……重新调整他们自己的生活",并"使他们用一种健康的方式培养自己的孩子"(第248页)。他提出了一种关于业已变化的世界的乌托邦理想:如果按照行为主义原理培养起来的"行为上自由"的孩子,会"转而以更科学的方式培养他们自己的孩子",长此以往,这个世界最终将变成"一个适合人类居住的场所"。

沃森与 B. F. 斯金纳(Skinner)不同。斯金纳是 20 世纪主要 375 的行为心理学家,曾发表过一部题为《桃园二村》(Walden II)的小说;而沃森则嘲笑这样一些人,他们"前往一块被上帝抛弃的地方建立殖民地,赤身裸体地在那里过原始公社式生活",并且"以植物的根茎和草本植物作食物"。沃森的乌托邦将是整个世界,他说,他的计划"如果能实施,那么将逐渐改变这个世界"。然而,沃森也许想避开某些可能的批评(请记住,那年是 1924 年),他强调说:"我在这里并不是要寻求一场革命。"在他的著作 1930 年版的序言中,沃森承认,"我们已被指责为……是布尔什维克主义者",并且"批评文献"都是"人身攻击,甚至是在谩骂"(第 x 页)。他推测,那些对他的思想的激烈反对意见出自对他的基本信念的憎恨,而他的信念是:"人是一种不同于其他动物的动物,他与它们唯一的不同之处在于他的行为举止的类型。"沃森暗示,他遇到了与达尔文相同的阻力,因为"人类不愿意把自身同动物相提并论"。他断定,害羞的灵魂将被"从行为主义中"驱逐出去,因为一个"保持科学头脑"的心理学家在"描述人类的行为"时与在描述"被你们宰杀的公牛的行为"时使用的是完全相同的术语。[2]

行为主义依然隐含着革命。彼得·B. 梅达沃(Peter B. Medawar)和琼·梅达沃(Jean Medawar)①在 1983 年发表过有关这

---

①　彼得·B. 梅达沃(1915－1987 年),英国著名生物学家和科普作家,被誉为器官移植之父,因发现获得性免疫耐受性与澳大利亚病毒学家弗兰克·麦克法兰·伯内特(Frank Macfarlane Burnet,1899－1985 年)共同获得 1960 年诺贝尔生理学或医学奖;琼·梅达沃(1913－2005 年)是梅达沃的妻子,英国作家。——译者

个主题的著作,他们认为沃森"以及那些被他说服的人在心理学中完成了一场实质上的培根革命",因为他们用"经验的东西"代替了"那些由于不是呈现在我们的感官之前而必须依靠推理才能认识的东西"。梅达沃夫妇考虑了传统的"精神状态如喜悦、痛苦、恶意甚至是意识本身(关于这一点我们在哪儿划界呢?)"。他们观察到行为主义"以经验的叙事体和报道文体取代了内省心理学特有的假设",并据此确定了这场革命及其影响的范围。

关于 20 世纪上半叶把科学的发展与政治上的激进主义联系在一起的倾向,另一个相应的例子涉及爱因斯坦的相对论。对于许多在科学上批评和反对相对论的人而言,相对论看起来简直就是在俄国蔓延的具有破坏性或无法无天的布尔什维克主义在科学中的表现,同类的布尔什维克主义已在德国和匈牙利出现,而且似乎正在危及西方文明和社会全部公认的价值观念。风格严肃的《纽约时报》(1919 年 11 月 16 日第 8 版)刊登了一篇题为《科学界的爵士乐》("Jazz in Scientific World")的文章,该文以 4 个问题作为开篇:"太空何时弯曲? 平行直线何时相交? 圆何时变成非圆? 三角形的内角和何时不等于两直角之和?"答案是:"当然是在布尔什维克主义进入科学领域的时候!"文章接着引用了一些采访查尔斯·莱恩·普尔(Charles Lane Poor)的谈话内容,普尔是哥伦比亚大学的天体力学教授。下面是该文的某些摘录:

不久前的一天,普尔教授在读过有关爱因斯坦相对论的快讯报道后说:"过去几年中,整个世界都处在动荡状态,无论是精神方面的还是物质方面的。很有可能,在物质方面的不安定如战争、罢工、布尔什维克起义等,实际上是世界范围的根本性的、深层的精神动乱的表面现象。对社会问题的广泛关注,许多人为了支持激进的和未经证实的实验而想要抛弃已被认可的政体的创始者的欲望,等等,这些都是对这种精神动荡的证明。

"同样的动荡的幽灵也已侵扰了科学,当今,在科学思想领域中恰如在政治和社会生活领域中一样,也有一场巨大的冲突。有许多人为了支持有关宇宙的心理学沉思和各种奇思怪想,他们要我们抛弃已被证实的理论,然而恰恰是基于这些理论,整个现代科学和力学发展的大厦才得以建立。"

接着,这位哥伦比亚大学教授对从牛顿到爱因斯坦的引力理论的发展史作了进一步的讨论,他总结说:

"目前已经测量到的[光线受太阳影响]弯曲效应这一事实,具有极为重要的科学意义,而且这些结果也许会改变某些迄今已被接受的有关太阳附近物质的密度与分布的观念。但我看不出这样的观测结果何以能证明第四维的存在? 或者说怎么能推翻几何学的基本概念?

"我读了各种论述第四维空间的文章,以及爱因斯坦的相对论和其他关于宇宙构成的心理学沉思的文章。读完之后,我的感受如同参议员布兰德奇(Brandegee)在华盛顿的一次庆贺晚宴后的感受一样,他说:'我感觉如同和艾丽丝一道漫游仙境、与疯帽匠①一道喝茶一样。'"

377 普尔教授曾公开表明爱因斯坦的理论"无法验证",而且不管爱因斯坦怎么说,我们"依靠牛顿定律"就能"解释所有物理现象,甚至包括水星的不规则运动"。有位记者曾询问爱因斯坦对"查尔斯·莱恩·普尔教授"的观点有何想法,爱因斯坦机智地回答道(《纽约时报》1921年4月4日):"我不理解普尔教授的评述。"

英国天文学家阿瑟·S. 爱丁顿(Arthur S. Eddington),因把广义相对论介绍到英语国家而获得殊荣。在第一次世界大战期间的1916年,爱丁顿收到了荷兰天文学家威廉·德西特(Willem de Sitter)寄来的爱因斯坦1915年发表的论文,由于意识到这个主题的重要性,爱丁顿研究了爱因斯坦运用的"绝对微分学"以便能理解广义相对论。在为伦敦物理学会(The Physical Society of London)所做的著名的《引力相对论报告》(*Report on the Relativity Theory of Gravitation*,1918)中,他称广义相对论为"思想上的革命,它深刻地影响到天文学、物理学和哲学,并把它们推上了新的不可逆转的道路"(第280页)。后来,爱丁顿出版了一本关于相对论的较为通俗的读物,题为《空间、时间和引力》(*Space, Time and Gravitation*,1920),还有一部为科学工作者所写的著作《相对论的数学理论》(*The Mathematical Theory of Relativity*,1923),爱因斯坦在1954年称,这后一部著作是"所有语言中介绍

---

① 艾丽丝和疯帽匠都是英国数学家和逻辑学家C. L. 道奇森以笔名卡罗尔撰写的著名小说《艾丽丝梦游仙境》中的人物。——译者

相对论最好的著作"(第 281 页)。因此,具有非凡意义的是,在对这一物理学新观念的阐述中,爱丁顿注意到了,人们指责物理学已遭受了一种科学上的布尔什维克主义的侵扰。

爱丁顿在吉福德讲座(Gifford Lecture)发表的演讲,后来以《物理世界的本质》(*The Nature of the Physical World*)为题出版(1928,1),他在开场白的那个段落里讨论了那些"反对现代科学中的布尔什维克主义的主张以及对既有的旧秩序的惋惜"。爱丁顿把"我们的 时空观中的根本变革"(该变革由爱因斯坦和闵可夫斯基于 1905 年 - 1908 年间引入)与卢瑟福 1911 年引入的"自德谟克利特(Democritus)时代以来我们的物质观的最伟大的变革"作了比较。他说,公众并没有从卢瑟福的成果中体验到"强烈的震撼",而"新的时空观在各方面都被认为是革命性的"。至于这种所谓的布尔什维克主义,他"倾向于认为,真正的反面人物是卢瑟福而不是爱因斯坦"。

像 20 年代的其他人一样,爱丁顿深刻地意识到革命是科学发展的一个特征。他详细说明了有关原子结构惊人的新发现一般都不被归入革命性发展的原因。他说:"表示性质特征的形容词'革命的'通常只被用在两项伟大的现代发展上,一是相对论,一是量子理论。"他在说明中又补充说,这两个理论不仅是"揭示世界奥秘的新发现",而且它们使"我们关于世界的思维方式发生了"根本性的"变化"(同上书,第 2 页)。

爱丁顿领导了 1919 年的日食观测队,观测结果证实了广义相对论的一个预言(参见后面的第二十七章)。他认为相对论革命像原子结构中的革命和量子理论中的革命一样,它们都不过是科学知识通过革命进程而发展的方式的具体事例。在结论处,他对能否"确保在下一个 30 年不会经历另一场革命,甚或是完全的反动"提出了异议,并且再次想到了用"反革命"作为对"反动"的政治比喻。爱丁顿随后引入了系列革命的概念,在结束《物理世界的本质》(1928,第 352 – 353 页)时,他做出了这样的评论(其所用的语言和比喻与 40 多年后库恩的用法很相似):"科学发现就像是把一个巨大的拼图游戏的拼图块拼接在一起"。在这一过程中,"科学革命并不意味着要把那些已经排列和拼接妥当的拼图块拆散;而是意味着,在拼接新的拼图块时,我们不得不对将会形成什么样的拼图的原有观念进行修正。"爱丁顿最后说:欧几里得、托勒密和牛顿的体系"曾经适用",将来爱因斯坦、玻尔、卢瑟福和海森伯的体系"也可能会让位于对世界有更充分认识的体系":"但每一次科学思想的革命就如同在旧的曲谱上配上的新歌词,对过去的东西不是要完全毁掉而是要调整。在我们尝试表述真理的所有失误中,科学真理的内核稳定增长;关于科学真理我们可以说:它越变化,保持不变的成分就越多"。[3]

在两次世界大战之间,有许多其他科学家也在著述中谈到过革命问题。在一部关于其已故丈夫皮埃尔·居里(Pierre Curie)的书(1923,第 133 – 134 页)中,玛丽·居里(Marie Curie)写道,当她的丈夫被"提名担任在索邦大学(Sorbonne)的教授时",他作了一个关于对称性、向量和张量以及晶体的演讲,同时也"阐述了在这个新的[放射性]领域中所作出的发现,以及它们在科学中所引起的革命"。

詹姆斯·H. 金斯(James H. Jeans)像爱丁顿一样,也是一位英国天文学家;在论述20世纪20至30年代的新科学方面,他也是一位多产作家。他在其最后的著作《物理学与哲学》(*Physics and Philosophy*,1943)的开篇(第1章),探讨了科学中的革命。[379]他的第一句话使人想起了乔治·萨顿和卢瑟福勋爵(参见同上书,第1章),他表明:"科学通常是通过积少成多渐进发展的"。在科学的征途上往往有一片未知的"雾","即使眼光最敏锐的探索者",也很难透过这片"雾"看到"几步以外"。但是,"这片雾有时也会消散",从而人们"在更为开阔的远方",可以看到"令人惊奇的结果"。因此,"全部科学"可能"看起来要经历一场万花筒般的重组",也就是说,有可能会出现一场革命,导致"调整的震荡[它]有可能传播到其他科学之中",而且甚至可能使"全人类思想的潮流都转变方向"。金斯认为,如此典型的"重组"或革命"是罕见的";他只提到"很快深入人心"的三次革命:哥白尼革命、达尔文革命和牛顿革命。他接着说,"第四次这样的革命近年来已经在物理学中发生了"。这场革命的重要意义"远远超出物理学之外",因为它们"影响到我们对我们被抛于其中的这个世界总的看法——一言以蔽之,它们影响到哲学"。运用卡尔·波普尔的范畴来看,这四次革命的每一次都包含某种重要的意识形态的成分。在金斯看来(1943,14),革命的"新物理学"以两个理论为中心:相对论和量子理论。

物理学家关于科学革命的相反观点

上面讨论的几个例子向我们表明,我们这个世纪的上半叶是政治和社会革命、科学和思想革命以及艺术、音乐和建筑革命的时代,在此时期,有关革命的想象和比喻比比皆是。但在 20 世纪中,始终有许多人否认曾发生过科学革命,无论是建设性的还是破坏性的科学革命。早期对科学通过革命而发展的观点持反对意见的人有物理学家 R. A. 密立根,长期以来他一直被视为是美国科学界的"泰斗"。他的第一篇论述科学中的革命的文章发表在 1912年 5 月的《大众科学月刊》(*The Popular Science Monthly*)上。他的这篇文章从论述"物质的分子运动论"和"电的原子理论"开始,他开宗明义地说,他"非常愿意展开有力的论战"来反驳存在着"革命性发现这样的观点",因为相信这种观点者大有人在,"而他们大都没有直接从事科学研究"。在谈及那些"不断被宣告问世的革命性发现"时,密立根说:"这些发现的革命性十有八九如同一个7 岁儿童的发现那样",这个孩子在老师"告诉他 $5 + 2 = 7$ 之前",刚刚学会"$3 + 4 = 7$"(第 418 页)。

密立根攻击的矛头主要针对这种观点:不断出现的崭新的发现完全摧毁了现存的知识大厦。而在他 1917 年 2 月所做的演讲中,他的思想更加明确了。他说:"科学的进步几乎从来都不是通过革命的方式而进行的"(1917,175)。"报纸的标题"常常有"涉及革命"的字眼,但革命"几乎从未发生过"。他重申说,不,"科学一般来说都是通过逐渐积累的过程而发展的,几乎从不依靠革命"。他总结说:"即使有时我们的某些工作是革命性的,但这绝不是司空见惯的事"。然而,当科学家们讨论革命时,他们常常注意到,在密立根拒绝考虑革命的论述前没几页,有这样一种典型的前后矛盾即:密立根说,在过去 100 多年("或者至多 130 年")间,人类生活的"全部外在条件"已经发生了比"有史以来"的所有过去时代"更为全面的革命性变化"（第 172 页）。

曾任美国物理学会秘书许多年的卡尔·K.达罗（Karl K. Darrow），表达了与密立根类似的观点。在他的一部题为《物理学的复兴》（*The Renaissance of Physics*，1937，15）的著作中，基本上可算是保守主义者的达罗强调指出：牛顿、拉普拉斯和 J. B. 傅里叶（J. B. Fourier）的"思维方式"对我们来说依然适用，因此应当"赞颂物理学的保守主义"，而不应宣传"物理学中全新的观念、现代物理学对经典物理学粗暴的背离以及它的许多令人惊骇的发现"。当然，他意识到，物理学业已发生的变化是"如此之大，从而证明用给人以震撼的言辞来描述它们是适当的"，但这种适当的言辞不应"像人们常常听到的那样过于强烈"。他论证说，"把经典物理学说得好像已经被推翻了、被废除了、被否定了、被彻底改革了"，这些说法都是错误的。他随后解释说，"任何人都不应该谈论物理学革命，除非他立即补充说，哪里都不会有某种比旧的体制更具渐进性、严谨性和持久性等优点的革命"。他总结道：不，"革命不是一个恰当的词汇！"现代物理学中没有革命，有的只是"极为迅速的**进化**"（第 16 页）。

像持有类似观点的其他人一样，达罗认为"革命"一词暗含着与过去完全决裂的意思，而"物理学却从未与过去断绝关系"。他说，事实是"物理学家十分憎恨放弃非常适用于他们的任何理论；实际上我们很少这样做"。达罗在结束这一讨论时断言，通常，理论物理学的革新者们"极为渴望的是让人们承认他们为古典权威路线的合法继承者"。我不清楚达罗在此所想到的特定对象是谁，

381

但到了 1937 年,科学文献中涉及革命的论述随处可见。事实上,如果排除"革命"一词极端的政治含义以及这一隐含的意义,即科学中的革命会摧毁或清除过去的理论并以某种全新的东西取而代之,那么,也许可以把"革命"与达罗的"极为迅速的**进化**"看作同义语。实际上,例如在从亚里士多德物理学向牛顿物理学的转变中,以及在从托勒密天文学向开普勒天文学的最终转变中,这类革命确已出现过。但在许多革命中,与过去的决裂并不像达罗的陈述所意味的那样彻底。

　　波兰裔法国化学家和哲学家埃米尔·迈耶松(Émile Meyerson)是 20 世纪 30 年代在科学史和科学哲学领域有强大影响的一个人物,遍布其著作中的对革命的态度,与前面谈到的几位有些相似,但不那么偏激。迈耶松很少采用"革命"这个概念。他的著述中确实提及过革命,但那只不过是一带而过地谈论量子物理学的"革命",说它"颠覆了实在的图景"(1931,69)。他在著述中最经常谈到的是"科学的进化"(例如,Meyerson 1931,116)或者"数学的进化"(第 326 页)。他还提到了其他持有类似思想的人,如约翰·杜威,后者曾提出了一种"说明科学进化"的图式(第 416 页)。迈耶松引证了一种他显然赞同的居里夫人的说法(第 758 页),居里夫人在 1927 年悼念 H. A. 洛伦兹时谈到了"量子理论和新力学令人不安的进化"。(1928,第 vi 页)迈耶松的目的与其说是要撰写一部科学史,莫如说是要确切地追溯和描述哲学家和科学家的思想历程。他强调他的目的取决于他的下述认识,即"科学的进化"是不断变化着的世界观的历史,它不时地被"科学革命"打断;而所谓的"科学革命"就是指那些科学家改变了基本观念的事件,如化学家抛弃燃素说,物理学家抛弃热质说(第 xii 页)。他想要做的是尝试理解,科学家怎么能欣然放弃基本的前提以便接受一种往往与已被确信的旧理论截然相反的新理论。在他的那个时代出现的一个例子就是,相对论引起了"进化"(不是革命!)。他总结说:科学的"决定性进展(progrès décisifs)"或"革命"表现为这样一种过程,它与"科学的基本进化"背道而驰。这些"革命"经常发生,因为"伟大的变革者(例如拉瓦锡)总会打碎那些似乎强加给研究方法和思维方法的枷锁"。但迈耶松更关心的是进化的过程而不是革命的过程,甚至到了把某些革命看作进化的程度。

最近的物理学发展引发了许多对革命的探讨,在 1963 年春,尤金·拉比诺维奇(Eugene Rabinowitch)——《原子科学家公报》(*Bulletin of the Atomic Scientists*)的主编,在芝加哥大学作了4 次关于科学革命的公开系列演讲。他在开场白(1963[9 月],15)中指出:我们这一代已经有了"在三场同时发生的革命中生活的独特经历",其中头两场是"社会革命"(新的统治集团……取代旧的统治集团)和"民族革命"(推翻殖民帝国),而"第三场革命"则是"科学及其产儿——技术引起的"。他断言,"科学革命"已经改变了过去传统的社会政治革命的特点,它已经用"全球性和巨大的不可逆转的变革"取代了"区域性的"或"暂时性的"国家剧变,并且把"区域性的国家剧变"转变"成了世界范围内的'期望日增的革命'"。这场"科学革命向所有人表明,贫穷未必是持久性的"。这促使他去探讨一个重要的但略有些不同的主题:科学革命改变了我们关于我们的"栖息地"的观念和我们"在宇宙中的地位"的观念。在对弗洛伊德无意识的模仿中,他提出了三次革命的观点。

在他看来,前两次分别是哥白尼革命和达尔文革命,但第三次革命不是精神分析学的新发现而是"宇宙范围的扩展"(他错误地认为"世界具有同一个中心的观点"必然与居于中心地位的人有关)。然后他讨论了他非常熟悉的话题"核物理学革命"和"人类"现在已经"……具有的自我毁灭"的能力。他提醒人们注意的一种"科学革命的影响"值得我们摘录如下(第16-17页):

> 现代科学已经消除了人们焦虑的预期,即在一个可预见的时间内,所有技术的发展由于煤炭和石油的耗尽,最终将不得不停止。在太阳系本身行将消亡时,人类也许仍在惊慌地思忖着他们的必然毁灭的来临,而我们目前看法的改变类似于濒临死亡的老人与刚刚踏上生活之路的青年人对生命渴望之间的差别。

拉比诺维奇称现代物理学的二象性和它"对严格因果解释的抛弃"是一场"人类世界观的重要革命"(第18页),相对论(1963[10月],11)是另一种"革命性思想"。

　　拉比诺维奇在一次演讲中,运用了"成功的永久性科学革命"的概念并预言,它必然会"影响……其他领域的男人[和妇女]们的思维"。在他看来,战争变得"非理性化"了,而外交也被剥夺了"它最重要的工具——貌似合理的战争威胁"(1963[11月],9;1963[12月],14),这些都是"科学革命"的后果,这种后果已经在"原子弹和洲际导弹发明后"达到了极致。在考察了他所谓的"我们这个时代科学革命"的一个重要后果之后,他以一个千年至福说式的评论作为结语："国际科学家共同体"导致了"世界共同体的发端"
（1963［12 月］，14）。

诺贝尔奖获得者伊利亚·普里高津（Ilya Prigogine）在他的
著作《从存在到演化》（*From Being to Becoming*，1980）一书的序
言（第 xii 页）中说，他此书的目的是，"向读者传达我的一个信念：
我们正处在一个科学革命的时期"。在这场革命中将会对科学方
法的"真正地位和意义"做出一种重新的评价。普里高津把这一时
期与科学史上另外两个戏剧性的时期进行了比较：一个是古希腊
"科学方法"的诞生时期，另一个是伽利略时代"古希腊科学方法的
复兴"时期。普里高津希望读者明确，"当我谈到某一科学革命"的
时候，并非仅仅意指科学中的一系列重大创新，如夸克、脉冲星和
分子生物学等。在普里高津看来，科学革命更确切地说是指，抛弃
了长期以来的这样一种信念，即相信"微观世界——分子、原子、基
本粒子的'简单性'"。这样就把他引向了三个主要的论题：（1）"不
可逆过程和可逆过程一样**真实**"，（2）不可逆过程在"物质世界中起
着根本的**建设性**作用"，（3）"不可逆性深深置根于动力学之中"。
这样的一场"革命"明显与通常的"科学进化"不同（第 xvi 页）。像
许多其他科学家一样，普里高津运用了"革命"的概念，但没有阐明
其重要意义。由于这个术语运用得很少，因此它此后在书中显得
非常醒目。不过，在第 2 章《经典动力学》（"Classical Dynamics"）
的开篇，它出现在一个显著的位置上，普里高津把经典动力学看成
是"20 世纪的科学革命诸如相对论和量子理论的起点"（第 19
页）。

在 1979 年发表的一篇关于物理学的评述中，阿瑟·费希尔

（Arthur Fisher）介绍了默里·吉尔－曼（Murray Gell-Mann）对
物理学"统一"问题的见解。吉尔－曼期待着"以愈来愈深刻的方
式理解我们生活于其中的宇宙的本质",他说,他预期在物理学中
"将发生一场思想革命"（Fisher 1979,12)。这场革命将"可以与
过去伴随日心说思想、进化论、狭义相对论和量子力学而发生的革
命相媲美"。史蒂文·温伯格（Steven Weinberg,1977,第17页
及以下）曾写道,"狭义相对论和量子力学的发展"是"伟大的革
命"。但他告诫我们不应把革命的概念不恰当地运用于20世纪物
理学的每个方面。例如,在"自1930年以来量子场论的发展过程
中",他发现,"发展的必要条件已经一再地得以实现,没有必要再
来一场革命"。

在1958年物理学家沃尔夫冈·泡利（Wolfgang Pauli）逝世
前不久对他的一次访谈,使我们对科学革命的潮流以及年轻的物
理学家们发动这类革命的目的有所领悟。这种革命的概念绝不带
有布尔什维克主义那种破坏性的污点,相反,它表达了人们的一种
共同感受,即革命是科学发展中的一种创造性力量。这次对泡利
进行访谈的是贾格迪什·梅赫拉（Jagdish Mehra）[1],泡利对他说:
"在我年轻时,我想我是当时最杰出的形式主义者。我认为我是革
命者,每当有重大问题出现时,我都将设法去解决这些问题,并且
会著书立说论述它们。重大问题来来去去。其他人也在解决它们
并且撰写关于它们的著作。当然,我是一个古典崇拜者而不是革
命者。"随后他感叹说,"我年轻时太蠢了",这显然是一种事后的

---

① 贾格迪什·梅赫拉（1931－2008年）,印度裔美国科学史家。——译者

反思[参见 Mehra and Rechenberg(雷兴贝格)1982，xxiv]。

物理学之外关于革命的见解

就生物科学而论，也存在类似的关于科学革命的观点，其中既有赞成者，也有反对者。[4] 在日常的新闻报道中，分子生物学以及密切相关的基因工程技术，在被冠以"革命"之名方面仅次于电子计算机。例如，1981 年 3 月 4 日的《波士顿环球报》(*The Boston Globe*)上一篇文章的标题就是《生物科学即将来临的革命》("Coming Revolution in Science of Biology")。报道围绕"新加利福尼亚实验室"入手，称该实验室依靠据之"可以对蛋白质进行精确分析"的方法和"可以从零开始制造基因"的手段，"即将使生物科学发生革命"。在"科学时代"栏目(《纽约时报》，1983 年 4 月 12 日)中曾刊登过一篇文章，标题是《DNA 密码：革命的 30 年》("DNA' Code：30 Years of Revolution")。此时正值詹姆斯·D. 沃森和弗朗西斯·H. C. 克里克 1953 年 4 月 25 日在《自然》杂志上的一封信发表 30 周年、一场纪念会即将召开之际。在那封信中，沃森和克里克宣布了他们关于"所有生物体的遗传主导化学物"之结构的发现，许多科学家都认为，这一事件"显然是 20 世纪医学科学中最重要的发现"。在当前科学的评论者中，几乎没有人不同意上述看法，或 P. 梅达沃的以下观点[《纽约书评》(*New York Review of Books*)1977 年，10 月 27 日]："20 世纪最伟大的科学发现，毋庸置疑，……即确认合成脱氧核糖核酸(DNA)的化学结构(尤其是构成 DNA 的四种不同的核苷酸在分子主链上的排列次序)会把遗传信息编码,而且这种结构是有关指令的物质载体,通过这些指令,一代有机体影响下一代的发展"(第15页)。这就是"伟大的分子遗传学革命"(第19页)。甚至在做出这一发现之前,这两位共同发现者之中至少有一位显然已经认识到了这项进展的革命性。詹姆斯·D. 沃森在关于那些时光的记事中(1980,116),记录了他的认识:"双螺旋结构……将使生物学发生革命"。

我们已经看到,心理学在20世纪初期就发生了革命。曾建立起第一个实验心理学实验室的威廉·冯特,在他的很有影响的著作《生理心理学基础》(*Grundzüge der Physiologischen Psychologie*,1873–1874年第1版)的第5和第6版(1902;1908,*1*:4)中讨论了革命。他主张,"作为一门**实验**科学,生理心理学致力于心理学研究的改革,这场改革的重要意义并不亚于引入实验导致的自然科学思维中的革命"。而且,他甚至认为,"在自然科学领域,即使**不做**实验,在适宜的条件下也可能进行精确的观察,而在心理学领域,这种可能性则会被排除",就此而言也许可以证明,心理学研究的这种变革比自然科学革命更为重要。

我们也许还可以从《不列颠百科全书》相继的版本中两位人类学家的争论,了解20世纪思想革命的突出地位。[5]他们争论的问题是,人类文化在全球各地是独立地进化的,还是产生于埃及或其附近,然后再逐渐传播到全世界有人居住的地方? 在该百科全书第11版(1910–1911年)的一个关于人类学的词条中,文化进化说的辩护者爱德华·B. 泰勒(Edward B. Tylor)断定,人类学正在"奋力完成一项繁重的任务",亦即把从有关早期人类的发现开

始积累的知识加以系统化,这些发现是布歇·德·彼尔特 386
(Boucher de Perthes)、爱德华·阿芒·伊西多尔·伊波利特·拉
尔泰(Édouard Amant Isidore Hippolyte Lartet)、亨利·科里斯
蒂(Henry Christy)及其后继者们做出的。他写道,"在新颖性方
面,近来已没有什么发现可以与对藏骨洞穴和冰砾砂矿层的探索
相媲美",这种探索已经"在所有公认的关于古代人类的理论中导
致了一场直接的革命"。

该百科全书的第 12 版(1922 年)除了包含第 11 版的 29 卷
外,还增加了 3 卷补编,涉及了 1910－1921 年的新内容。这一版
共有两个关于人类学的词条,一个是泰勒写的原来的词条,另一个
是格拉夫顿·埃利奥特·史密斯(Grafton Elliot Smith)写的新
收入的词条,埃利奥特·史密斯是文化"传播"论的倡导者,他反对
泰勒的这一引人注目的论点,即"人类学……已经到达了它发现的
极限"。在史密斯看来,从那时起几乎每一年,"人类学领域"都有
"丰富的资料发现,对这些资料的重要性也有了更为清楚的认识"。
他强调指出,这些年"业已见证了人类学的每一个分支发生的深刻
的革命"。在许多令人惊奇的新发现的事实中,埃利奥特·史密斯
提到了新近的有关"辟尔唐人"①的新发现。史密斯选择这样一个
例子[正如维克托·希尔茨(Victor Hilts)所说的那样]令人匪夷
所思,因为怀疑的矛头已经指向了埃利奥特·史密斯本人,他被怀
疑可能就是这个骗局的始作俑者。尽管两位人类学家的观点相互

---

① 1912 年在英国辟尔唐地区发现了据说是一种史前人类的头盖骨,这种所谓的
史前人类被命名为辟尔唐人。1953－1954 年的重新研究证明,辟尔唐人头盖骨实际上
是用现代人的颅骨和猿类的下颌骨伪造的。——译者

对立,一个恪守文化独立进化说,另一个坚持文化进化传播论,但他们都明确地从革命的角度去想象人类学的发展。

在1981年召开的"世纪之交的美国形态学"研讨会上,科学中的革命是讨论的中心议题之一。会上,加兰·艾伦(Garland Allen 1978)提出了一个引起争论的命题:从1890到1910年间,美国的生物学经历了一个从形态学到实验研究的转变。[6]这一命题进而导致了一个更基本的问题,科学的进展是"周期性的突飞猛进"还是"一个层次到另一个层次上的革命"(Allen 1981,172-174)?在作为首席发言的论文中,简·梅恩沙因(Jane Maienschein)评论说,生物学史家"愈来愈接受这样的观点,即科学的变革是迅速的和不连续的",不过她指出,这些史学家可能并不一定认同"库恩的科学革命思想",而可能只是意指"个人或群体抛弃了陈旧的观念,从而加快了变革"(第89页)。她提出了相反的观点:"我坚持认为,认同这种关于科学变革的革命观会导致这样一种危险,即在说明预期的科学模式时,事实将被曲解。"她宁愿探索"连续的变化",而且她断定,从革命或进化的角度来讨论美国的生物学中的事件会导致曲解。"究竟把一般而言的科学变革看作是进化的还是革命的、连续的还是不连续的"这一问题,只不过是"吹毛求疵"(第112页)。在另一篇论文中,罗纳德·雷恩杰(Ronald Rainger)不怎么关心一般而言的革命,而更关注拥护"坚持古生物学中的形态学传统"的观点,由此而言,"把那个时代生物科学的历史发展理解为连续性的而不是革命性的,才是最好的理解方式"(1981,129-130)。

在对批评者的回答中,加兰·艾伦脱离了狭窄的论题,以便引入他那与生物学进化观相对的生物学革命观。他确信"从1890年到1910年间,生物学的博物学领域中发生了一场骤然的或(库恩的意义上的)革命性的变化",他提出了"一种进化的模式",亦即"在这种模式中,进化和革命这两个因素始终都在起作用"(1981,172)。艾伦论证说,从根本上讲,"所有革命性变化都有赖于先前的进化性变化",而且"反过来说,所有进化性的变化都将导致……革命性的变化"(第173页)。对他来说,这意味着"量的"或"小的、逐渐的'进化性'"变化,总会导致"质的",或"大的、迥然不同的'革命性'"变化。他认为当"量变到质变"的转化缓慢发生时,就是进化,而当这种转化迅速完成时,就是革命。随后,他把科学的发展比拟为物种以"不时打断平衡"的模式而演化,这一模式是斯蒂芬·杰伊·古尔德和奈尔斯·埃尔德雷奇在古生物学研究中提出来的。按照这种模式,存在着一些"迅速变化的时期,在此期间,新物种的形成或旧物种的消亡都是很快的,随之而来的便是缓慢变化的稳定时期,在这一时期,物种的适应性将会更加完善"。在进化论生物学中引入一种激进的但尚未被接受的观点,这种做法所产生的问题远多于它所解决的问题,正如弗雷德里克·B. 丘吉尔(Frederick B. Churchill)在他的"后记"中指出的那样。他认为,"所谓人类事物也具有类似的组织层次和不连续的单元的趋势是值得怀疑的"(1981,181)。

上述争论针对的是这一事实,即近年来,对于革命是科学进展的一个特征的观点,已经有人表达了十分值得注意的反对声音。我的一位科学同仁听说我正在写作一本关于科学革命的著作后,他不只一次地写信给我,表示愿意就这个主题与我展开辩论。令我感到惊讶的是,他每一次来信都流露出一种敌意,这种敌意是在科学语境中使用"革命"这一概念和这个术语所引起的,即使我的这位通信人根本不了解我打算怎么写我的这本书,他也是如此。有很长一段时间我都感到迷惑不解:革命这个概念中到底能有什么东西那么容易诱发如此的消极反应?我后来得出了结论:在一定种程度上,这种态度是对库恩著作反感的表现。很明显,并非所有科学家都同意彼得·梅达沃的见解(1979,91),即"库恩的观点已经得到了理解——这是一个明确的信号,表明科学家们发现这些观点很有启发性,因为对于他们认为只不过是哲学探讨的事物,他们没有足够的时间去思考"。但是,尽管"库恩的观点有助于说明科学家的心理",而且是"对科学史耐人寻味的评论"(第92页),然而这些观点有一个特点很容易激起许多从事实际工作的科学家的愤怒。[7]因为库恩图式的一个明确特征是,认为大部分科学研究都是一种"扫尾工作",而对于正在发展着的科学的这一特点,"不是在一门成熟的科学中从事实际工作的人"往往认识不到(1970,24)。实际上,"使大多数科学家在其全部科学生涯中忙碌的正是这样的扫尾性工作"。尽管库恩说这类工作可能"干起来……也是令人着迷的",但许多科学家必然会觉得,选择这样的表达方式是在贬低科学家作为勇敢探索者的形象,他们实则是在开辟新的道路,做出辉煌的发现,并且推进真理的事业。

第二十六章　历史学家的观点

在第一章中,我们已经了解到,科学史家乔治·萨顿在 1937 年就曾写到,通常,科学的进步是一种增长的活动或积累的活动,而不是一种革命的演替。许多科学家和科学评论家都接受了这一观点,其中有化学家詹姆斯·B. 科南特和物理学家欧内斯特·卢瑟福;而且(正如我们在本书最后一章将要看到的那样),至今依然有少数固执的人仍在坚持这一观点。但是,到了 20 世纪 50 年代,科学史家们在思考中开始接受科学革命的概念,这主要是受到了三部重要著作的激励,亦即赫伯特·巴特菲尔德的《近代科学的起源:1300－1800 年》(*The Origins of Modern Science 1300－1800*,1949 年初版,1957 年修订版);A. 鲁珀特·霍尔的《1500－1800 年的科学革命》(1954 年初版,1983 年修订版)和托马斯·S. 库恩的《科学革命的结构》(1962 年初版,1970 年修订版)。巴特菲尔德和霍尔赋予了**这种**科学革命(Scientific Revolution)[①]在历史上的显著地位,尽管巴特菲尔德至少还向人们介绍了另一种革命。而科学革命是有规律地发生的现象这一概念,只是在库恩的著作出

[①]　巴特菲尔德的科学革命概念,不同于一般的科学革命概念,关于这一点,请参见后文。——译者

版之后才获得了普遍认可。

390　　　根据通常的说法,是赫伯特·巴特菲尔德把"科学革命"这一术语引进历史的话题中的。而当我有一次向他问及这个问题时,巴特菲尔德(他长期以来对历史编纂学史很感兴趣)答道,他完全意识到他在传播"科学革命"这一名称时所起的作用,但是,他并没有声称这一观念的发明是他首创的。《近代科学的起源》,是在1948年的一系列演讲稿的基础上写成的,事实上,我们仔细阅读一下该书就会发现,他在书中一次也没有把他自己说成是这一名称的创始人。

　　无论如何,在使每一位读者认识到科学革命是一个核心问题方面,巴特菲尔德起了相当大的作用。巴特菲尔德以有力而富有雄辩的口吻断言:科学革命的最终结果"不仅……使经院哲学黯然失色,而且……摧毁了亚里士多德的物理学";它"不仅推翻了中世纪的科学权威,而且也推翻了古代世界的科学权威"。此外,这场革命"使基督教兴起以来产生的任何事物都相形见绌,甚至把文艺复兴以及宗教改革都降低到只相当于一支插曲、只不过是中世纪基督教体系内部改朝换代的等级"(1949,vii)。巴特菲尔德是一位通史专家,而不是一位科学家或专业的科学史家,他试图说服其他通史专家和哲学家甚至科学史学家和科学哲学家相信,把伽利略和牛顿时代近代科学的出现看作历史上的一场重要革命是恰当的,就此而言,他的戏剧性的结论是相当有效的。而怀特海(1925,第3章)则把与伽利略、牛顿以及他们同时代人联系在一起的伟大的科学事件,统统都放在"天才的世纪"这一简洁的标题下来讨论。巴特菲尔德为了强调那个时代科学思维的革命性,使用了诸如"诗史般的冒险"和"人类经验的伟大乐章之一"等词组(1949，179)。最重要的是，巴特菲尔德强调了他称作进行"不同类型的思考"(同上书，第1页)的革命性结果，并且，他避免用宗教改革的或社会和经济因素的影响来做出简单的解释。

在《近代科学的起源》中，巴特菲尔德不仅给科学革命以突出的地位，把它看作可能是近代西方文明中最不同凡响的事件，而且，他还(在第11章)提到了"化学领域中滞后的科学革命"，从而显示，他意识到了牛顿之后的诸场科学革命。"化学领域中滞后的科学革命"这个标题可能意味的，只不过是长期流行的术语"化学革命"的一个简单的变体，而"化学革命"这个用语最终可以追溯到那场革命的主要设计者拉瓦锡，自马塞兰·贝特洛的《化学革命》(*La révolution chimique*，1890)一书出版之后，这个术语就被广泛使用了。我必须承认，我从来也没有十分确定：说某一场科学中的革命是"滞后的"究竟意味着什么，"滞后的"这个术语对理解这样的事情更有意义，例如，某个户外活动因下雨而被推迟到以后的某一天。[1]巴特菲尔德并没有使读者清楚他所意味的"化学中的科学革命"概念与拉瓦锡的"化学革命"之间有什么真正的区别。很有可能，这就是他想要做的全部：即说明科学革命主要影响的是数学、天文学和物理学，而不是化学，一场与之相当的化学中的革命直到法国大革命时期才出现；换句话说，在科学革命所改变的各学科的行列中，化学比天文学和物理学晚到了一个世纪左右。

赫伯特·巴特菲尔德的影响由于这一事实而不断扩大：他的著作出版之时，正值科学史的专业领域充满活力地蓬勃发展之际，而且这个学科使诸如通史、哲学、政治学、经济学和社会学等许多知识领域感到了它的存在。在第二次世界大战中出现的许多科学的应用、国际核武器的控制问题、对取决于科学技术的未来所怀有的希望与恐惧等,引起了许多科学家和非科学家的重大关注。这种关注使人们对科学史、科学中的革命以及科学革命期间导致的现代科学产生了日益浓厚的兴趣。巴特菲尔德第一次科学革命(开创近代科学的革命)的精彩介绍,恰恰是在此时出现的,因而产生了极大的影响。他的著作几乎立刻同时被用作低年级学生和高年级学生的启蒙读物。它那斩钉截铁的结论使作者的信念影响了整整一代学者和科学家。

论述革命的早期作者

然而,赫伯特·巴特菲尔德并不是 20 世纪以来第一个详细论述科学革命的历史学家。许多被巴特菲尔德引证过的重要作者以前都讨论过科学中的革命和科学革命这个主题。玛莎·(布朗芬布伦纳·)奥恩斯坦是这些作者中最早的一个,她在哥伦比亚大学时的博士论文《17 世纪科学社团的作用》(*The Rôle of the Scientific Societies in the Seventeenth Century*)于 1913 年出版,至今仍然是一部经典;该书分别于 1928 年和 1975 年两次重印。奥恩斯坦除了把科学革命作为一种单独的统一运动来论述外,她还把革命的概念用于规模较大的革命中的特殊事件。例如,她提到"使天文科学发生了彻底革命"的望远镜,提到了"林奈(Linnaeus)的革命性著作",提到了"光学的革命性变化",还提到了"大学中的革命"(1928,8,13,249,262)。奥恩斯坦还特别论述了发生在 17

世纪上半叶的一场变革，它"与较早时期常规的逐渐进化相比，似乎更像'突变'"（第 21 页）。她在一段陈述中这样概括了她的发现：在"17 世纪后半叶"，科学社团是文化的传输者，它们"更像这场科学革命以前的大学"（第 262 页）。她用一段令人难忘的话总结说，在"业已形成的思想和探索的习惯中一场革命"已经发生了，"与它相比，大多数载入史册的革命似乎微不足道"（第 21 页）。最后引证的这句话中的言过其实，与后来巴特菲尔德的表述不相上下。对我们来说，可能最值得注意的是：在她的陈述中，我们无论如何也无法找到哪怕一点点条线索，表明科学革命的概念，就像科学中的革命的概念一样，除了被用于业已确认的史学阐释和分析的模式中外，还被用在了其他方面。

20 世纪 20 年代，有一位作者对巴特菲尔德和许多科学史家、科学哲学家产生了重要的影响，这就是埃德温·阿瑟·伯特（Edwin Arthur Burtt）。他的"历史学及其评论文集"《近代物理科学的形而上学基础》（*The Metaphysical Foundations of Modern Physical Science*, 1925），作为对科学革命时期之科学的哲学基础的经典研究，至今依然备受推崇。伯特是一位训练有素的哲学家，后来，他放弃了对历史和早期思想的意义的研究，转而从事宗教哲学的探究。

伯特的著作有一多半是论述哥白尼以及开普勒、伽利略、笛卡尔、吉伯和玻意耳的，其余部分研究了"牛顿的形而上学"。在伯特提到"他使这场史无前例的思想革命有了决定性的成果"时（第 203 页），他所论及的正是牛顿。然而，与这种赞誉相伴的是这样一段陈述，它表达了伯特在浏览了牛顿的著作后体验到的"失望"：

393 他找不到牛顿对"以他非凡的心灵去完成他那令人眼花缭乱的表演时所使用的方法"有任何"清楚的陈述";伯特仔细查遍了牛顿的各种论文,试图为"那些天资不高的人"寻找一些"详细而富有启示的说明",但却徒劳无获。

在这一相当有影响的历史研究著作中,伯特还提到,通过把"特殊的假说和实验方法而不是几何学的归纳法"运用于化学,"罗伯特·玻意耳使化学发生了革命"(第200页)。在伯特看来,开普勒和伽利略时代的"科学中严密的数学运动",把一场"非凡的形而上学革命""引入正轨"(第156页)。伯特还(在第118页)提到了"天文学革命"。伽利略的"实证的因果性观念"及其与之相伴随的科学被描述为一场"全面的革命"(第89页),这个词组很适合描述伯特所构想的"伽利略革命的伟大含义"(第93页),而且它具有"完整运行"这一旧的表述的寓意,亦即意味着某一运动经过完全的循环又回到它的出发点。在描述伽利略时,伯特提到了一场"思想革命"(第84页),亚历山大·柯瓦雷和巴特菲尔德后来更充分地阐发了这种观念。[2]在伯特的著作中,人们还能与"哥白尼革命"相遇(第50页),它被说成是"最激烈的革命",而伯特认为,"像库萨的尼古拉(Nicholas of Cusa)这样的思想家的自由沉思"为这场革命铺设了道路(第28页)。伯特讨论了哥白尼的预期,即他的体系的"简单性"能"恰当地……减少他所估计到的他那革命性观点无疑会激起的那些偏见"(第27页)。而且,在对这一主题的一般性介绍中,伯特列举了出现在近代科学的前两个关键世纪中的所有重要发明,他把"在1500年和1700年间发生的"变化称之为"这场革命"(第16页)。

伯特的著作为科学思想拓展了一个新的维度——从哥白尼到牛顿的物理学的形而上学基础和宗教含义。值得注意的是,它展示了这种新科学"与16世纪和17世纪的哲学和宗教思潮不可分割的"程度(Guerlac 1977,63)。就当前的语境而言,这部经常重印的著作对于有关科学革命和"激烈的"哥白尼革命的讨论具有重要的意义。

在论及17世纪的科学时使用革命这一概念的另一位重要作者,是哲学家艾尔弗雷德·诺斯·怀特海。怀特海评论说(1923,165),望远镜"也许一直是一种玩具",而在伽利略的手中"它却引起了一场革命"。然后,怀特海尽力去"说明伽利略给他同时代的人留下深刻印象的那些主要的革命性思想"。怀特海的《科学与近代世界》(*Science and the Modern World*,1925)是以他1925年在波士顿的洛厄尔讲座(the Lowell Lectures)的讲稿为基础整理成的,在该书中,他一再提到他称之为16世纪的"历史的反抗",他认为,这种反抗也涉及科学:在科学领域中,"这意味着要诉诸实验和归纳的推理法"(第57页)。虽然在这里,在论及伽利略时,他并没有专门使用"革命"这个词,但就他对伽利略革命性影响的评论而言,无可置疑,他认为,这种影响导致了"人类有史以来所经历的最根本的观念变革"(第3页)。然后,他继续说道,"自从一个婴儿①降生在马槽中以来,不知是否有过如此小的涟漪竟能掀起如此轩然大波",这是一句令人难忘和经常被引用的话。这对伽利略革命来说,似乎是一个奇怪的隐喻,因为伽利略自己的风格是好斗的,

394

----

①　指耶稣基督。——译者

他力求建立新的哲学、新的科学和新的天文学。他力求去摧毁保守势力，因为他确信这种保守势力以奴役的方式控制着他的教会，把它禁锢在科学的谬误之中。但是，怀特海试图用超然的史学态度去看待那时的事件，而这种超然，也许只适合一个把保罗·萨尔皮（Paolo Sarpi）关于特伦托会议（the Council of Trent）的历史著作当作寝前读物的人。①现在看来，值得注意的是，怀特海的思维模式与17世纪的那些痛苦相距甚远，以致他可以把伽利略所经历的审讯、放弃信念的发誓和判决等过程，描述为仅仅是"温和的谴责"和"光荣的禁闭"（第2页）。我设想，怀特海的表述旨在表达他的这种感觉，即伽利略科学的革命含义对于他的同时代人来说并不是显而易见的，因而也没有真正地对他们的思想产生直接的和强烈的影响。因此，当局仅仅发出了"温和的谴责"，就像一个人对一个有点顽皮的孩子的批评那样。

20世纪另一本广受欢迎的著作是小约翰·赫尔曼·兰德尔所著的《现代精神的塑造》（*The Making of the Modern Mind*）。该书出版于1926年（1940年重印，1976年出版了50周年版），这是一位年轻的哲学史家在他20岁时出版的著作。小兰德尔写道，"无论文艺复兴还是宗教改革，都不是导致从中世纪转向近代世界的真正的伟大革命运动；这种转向受到了科学渐进发展的影响"

---

①　保罗·萨尔皮（1552－1623年），威尼斯学者、爱国者，曾发现促进血液循环的静脉瓣，并率先指出瞳孔受光的影响会出现胀缩。特兰托会议是16世纪天主教会为反对宗教改革运动在特兰托召开的时断时续的宗教会议的总称。萨尔皮根据当时所能收集到的资料，撰写了1545－1563年特兰托会议全史，对天主教会的僵化和专制予以了批评。因此，该书被教廷列为禁书，但在出版的10年间多次被重印并被翻译成5种文字出版。——译者

（第 164 页）。"不管人文主义和宗教改革运动在过去几个世纪看起来多么成就辉煌，注定要在人类的信念中发动一场最伟大革命的，既不是人文主义，也不是宗教改革运动，而是科学"（第 203 页）。稍后，在讨论哥白尼的成果时，小兰德尔断言，在哥白尼的思想中，没有什么"真正是革命性的，除非从某种消极的意义上讲"，他只不过引入了这样的思想，即"人们已经发现古代的权威们是错误的"，而且"甚至观测结果和常识也可能是错的"（第 230 页）。小兰德尔对"[是]由伽利略完成的哥白尼革命"（第 235 页）这种观念十分敏感，他采取了一种极端的立场，即认为比哥白尼革命和伽利略革命"意义更为重大的""是创立了新物理学的笛卡尔革命"。在把"哥白尼革命"与"笛卡尔革命"加以对照时（第 244 页），他不仅在科学中发现了一场"从中世纪到近代世界的革命"（第 242 页），而且，他还把斯宾诺莎（Spinoza）发动的革命与笛卡尔发动的革命联系起来，当作"人类信念的两次巨大的革命"（第 247 页）。小兰德尔也意识到了后来的革命，他引用了狄德罗的话：我们"正处于一场伟大的科学革命的关节点上"（第 265 页）。他还注意到了："现代的革命有可能修正"牛顿体系（第 254 页）。牛顿和洛克"对信念和思想习惯中的显著革命产生了影响"，那种革命"适合塑造'启蒙和理性的时代'"（第 253 页）。《现代精神的塑造》有许多关于科学中的革命的论述。

历史学家普里泽夫德·史密斯（Preserved Smith）在把科学革命这个词组用来作为他的《现代文化史》（*History of Modern Culture*，1930）中一章的标题时，对科学革命予以了特别的强调。史密斯像巴特菲尔德一样，是一位通史家，而不是一位科学家，甚至不是一位科学史家;他的专业声誉是源自于一篇关于伊拉斯谟(Erasmus)的学术论文。在把科学及其历史设想为"现代文化"的一个必不可少的部分方面,史密斯是一个先驱者。他著作的第1卷的小标题《伟大的复兴:1543 - 1687 年》("The Great Renewal 1543 - 1687"),显示出了他对科学的重视,因为在那段时期,哥白尼的《天球运行论》和牛顿的《原理》相继问世。然而,在强调科学革命方面,史密斯可能效仿了另一位通史家詹姆斯·哈维·鲁滨孙(James Harvey Robinson),后者的《发育中的心智》(*Mind in the Making*,1921)中有一章的标题也是《科学革命》("The Scientific Revolution")。史密斯把科学革命称作"历史上最伟大的革命",并且以类似于奥恩斯坦和巴特菲尔德的夸张的修辞,坚称"那个时代的科学成就超过了有人类在地球上生活以来的全部历史中前人已做过的一切"(第 144 页)。

1939 年,科学家 J. D. 贝尔纳出版了一本具有挑战性的著作,题为《科学的社会功能》(*The Social Function of Science*),这是一位前沿的马克思主义者对科学和整个社会中业已建立起来的秩序所发起的抨击。考虑到作者的政治态度,对他大量提及科学中的革命,我们并不惊讶。这些革命包括,伴随"农业的发明"而出现的"人类社会的第一次伟大的革命"(第 14 页),17 世纪的"气体力学革命"(第 27 页),"炮弹的飞行所激发的""革命性的……力学新观念"(第 167 页),20 世纪初期"通讯和运输方法的改进"(第 170 页)"正在导致革命性的变化,使人们有可能同时调动和指挥数百万人","拉瓦锡发起的"那场"伟大的化学革命"(第 335 页),以及"20 世纪伟大的量子革命"(第 368 页)。还包括:18 世纪和

19 世纪的工业革命和"第二次工业革命"(第 392 页),在第二次工业革命中,"科学比在第一次工业革命中发挥了更大、更自觉的作用",还有那些"对整个科学发展"发挥了"革命化作用"(第 343 页)的发现,以及未来采矿技术中的"根本革命"(第 361 页)。不过,贝尔纳并没有认真地阐述(过去、现在和未来的)科学中的革命这一主题,尽管他详细描述了科学革命的性质和影响,但他并不重视 17 世纪一般的革命概念。这一主题只是出现在该书一个段落的这一小标题中:"科学革命:资本主义的作用"。而当贝尔纳在 20 世纪 50 年代巴特菲尔德之后扩充、修改和完全重写这部书时,他广泛使用了革命的概念(以及这个词本身),以至于读者禁不住会得到这样的印象:科学中的革命已经成为他的历史思考的基本框架的一部分(Bernal 1954;1969)。贝尔纳 4 卷本的《历史上的科学》(*Science in History*)第 2 卷的标题是《科学革命和工业革命》。这也可以作为对这样一种情形的说明:在过去 30 年左右,在科学史的文献中对科学中的革命和科学革命的论及已经变得随处可见了。因此,贝尔纳著作所提到的这两个阶段反映了它们的写作的时代特征:1950 年前,人们开始认识革命包括科学革命这些概念,而 1950 年后,人们广泛使用这些概念,把它作为我们理解科学变革的要素。

亚历山大·柯瓦雷的开拓性作用

　　我将以对亚历山大·柯瓦雷的讨论来总结这里的前巴特菲尔德研究。柯瓦雷是 20 世纪 50 - 60 年代期间在科学史著述中最有影响的人。至少在巴特菲尔德以前10年,柯瓦雷就已经有效利用了科学革命的观念,把它作为一个重要的构成要素。柯瓦雷1939年出版的《伽利略研究》(*Galilean Studies*)在被称作"科学研究中的一场编史学革命"(Kuhn 1962,3)之中,被普遍认为是一部开创性的著作。作为这场革命的结果,科学史家已不再去追寻"旧科学对我们目前的优越地位的永恒贡献",而是"试图去展示那门科学在它自己时代的历史整体性"。因此,正如库恩指出的那样(同上书),新的科学史家"不是去探寻例如伽利略的观点与现代科学的那些观点的关系,而是去探寻他的观点与他的群体的观点(例如,他的老师、同时代人以及科学界的直接后继者)之间的关系"。此外,"在研究那个群体和其类似群体的主张时,他们坚持一种通常与现代科学的观点大相径庭的视角,从这一视角出发总会使那些主张具有最大的内在一致性,并使它们尽可能紧密地与自然相契合"。

这种新的探讨集中于一种新的概念分析,它"最好的典型也许体现在亚历山大·柯瓦雷的著作中"(第3页)。它不仅关注个别科学家的思维,而且也关注同时代的科学的、哲学的甚至宗教的预想——包括按照主导性的或"公认"的哲学或"论题"而确立的科学的可接受性或崇高性的标准(参见 Holton 1977)。柯瓦雷的分析把17世纪思维中所发生的一些大的变革放在了显著的地位,例如:亚里士多德宇宙体系的毁灭以及对空间的数学处理等,这些变化如此重大,以至于会使人联想到知识革命。

柯瓦雷在他脍炙人口的《伽利略研究》的开篇宣告了他的目的:即从事一项关于"科学思想的进化(和革命)的研究"。他在特殊意义上把"17世纪的科学革命"看作人类思想中的一次"名副其实的'突变'"，他是在加斯东·巴舍拉尔（Gaston Bachelard）所采用的"突变"的特殊意义上使用这一术语的。柯瓦雷认为，这场革命是自古希腊人发明宇宙体系以来最重要的这类"突变"。科学革命是一场"意义深远的知识变革，近代物理学（或者更精确地说，经典物理学）既是它的表现方式，也是它的成果"。[3]这种突变基于一种彻底的"空间的几何化"，实质上就是用欧几里得的"抽象空间"取代了亚里士多德和托勒密的"实在的宇宙"（1939，5-6；1978，1，39）。柯瓦雷认为，17世纪科学中的革命性变化只是"人类反思其自然环境的方式的变化"，因此，正如R.霍尔（1970，212）所说的那样，柯瓦雷"一而再、再而三地坚持主张，导致古典科学出现的既不是社会经济的变化，也不是技术的变化，而且与科学方法论无关"。霍尔断定，"对文艺复兴晚期知识变革的总体状况所做的这种表述（我觉得它是非常令人信服的），使得历史学家不得不把科学革命作为一部伟大的历史剧"，这出戏"把它的次要的情节和错综复杂的情况都作为伟大的剧情，到了17世纪中期至后期，这出戏缓慢地走向了剧终的高潮"。（第213页）

赫伯特·巴特菲尔德深受柯瓦雷著作的影响，这不仅体现在诸如伽利略的柏拉图主义、数学的作用以及亚里士多德宇宙体系的毁灭等特定论题上，而且体现在所谓的科学革命中实验的次要作用的论题上。他还接受并且有效地运用了柯瓦雷的这一观念，即人类思考自然世界各种现象的方式发生了本质变化。

巴特菲尔德的科学革命概念

巴特菲尔德关于科学革命的构想,截然不同于人们在 18 世纪和 19 世纪甚至 20 世纪初几十年所设想的科学中的革命的方式甚至科学革命的方式。他心中所想的,并不是以法国大革命或俄国革命为模式的革命。相反,在他看来,科学革命等同于自哥白尼时代或者自伽利略和开普勒时代以来的近代科学的全部发展。虽然为了消除人们的疑虑,巴特菲尔说他并没有引进新的概念,而且小心翼翼地谈论"所谓的科学革命",或"被称作科学革命的事物",但他的意思是,科学革命并非像奥恩斯坦、伯特和柯瓦雷所认为的那样,仅仅是伽利略时代或伽利略和牛顿时代的单一系列的历史事件。巴特菲尔德认为,革命是一种连续的历史动力或创造历史的力量,它一直在发挥着作用,直至现在。[4]因此,在他的著作中出现的科学革命,具有类似于马克思的"不断革命"的特征,他在谈话中经常讨论这一点,但并没有写入他的书中。

399　　　因此,在巴特菲尔德著作的第 10 章《科学革命在西方文明史上的地位》("The Place of the Scientific Revolution in the History of Western Civilization")中,这一点变得更为显而易见了:使科学革命显示出如此重要性的原因在于,它"不仅是这一时期在历史的诸多因素中引入的一个新的因素";毋宁说,"这个新因素被证明具有如此强大的增长能力以及如此广泛的作用,以至于从一开始它就有意识地发挥了指导作用,可以说,从最初它就开始支配其他因素"(第 179 页)。简而言之,科学革命不仅标志着一个伟大变革的时期,而且它像近代科学本身一样变得制度化了。巴特菲尔德明确地说(同上):"当我们谈到西方文明在近几代被传播到像日本这样的东方国家时,我们所指的既不是希腊－罗马的哲学和人文主义理想,也不是日本的基督教化,我们所指的是17世纪后半叶正在开始改变西方面貌的科学、思想方式以及所有的文明工具。"

此外,巴特菲尔德认为,"我们所处的这样一个位置使我们现在对它的含义的了解比活跃在我们50年甚至20年之前的那些人都清楚得多"(第189页)。他使人们明白了:"我们"(在1949年)不是"处在一种视错觉之下",我们也没有"回到过去来解读现在",因为在20世纪40年代和50年代中,已经"被揭示的"事物"只不过是更生动地展示了世界在科学革命时代"、在哥白尼时代、伽利略时代和牛顿时代"历经300年所实现的转变的重大意义"。因此,在巴特菲尔德看来,科学在后来甚至近来的发展使得科学革命的历史意义日益增加,而且变得更明晰了。这有助于说明"为什么我们的先辈没有意识到17世纪的重要意义"和科学革命无比巨大的重要性,以及"为什么他们如此之多地谈论文艺复兴或18世纪的启蒙运动"。在17世纪,西方文明尤其是通过科学革命或在与科学革命的联系中获得了它的现代特征:"这就是为什么自基督教兴起以来,没有任何一座历史的里程碑值得与它相比的原因"(第189－190页)。

科学史家们对"革命"一词的使用

前面的例子表明,科学中的革命和科学革命等概念显著地出

400　现在 20 世纪 50 年代以前的许多重要作者的著作中。此外,在柯瓦雷以前或巴特菲尔德以前最广泛使用的通用教科书——W. C. 丹皮尔(Dampier)经常再版的《科学史》(*History of Science*)中,这类革命也得到了讨论。例如,在 1929 年该书初版时,丹皮尔讨论了"由哥白尼理论引发的"天文学中的"一场革命"(第 139 页),一场牛顿时代"人类知识观的革命"(第 189 页),19 世纪在生物学领域出现的一场人类"思维方式"的"革命"(第 269 页)以及"物理学的革命性发现"(第 312 页),还有"当生理学和心理学研究了精神与物质的关系,达尔文……创立了进化论,一项……革命性成果从生物学中产生了"(第 312 页)。丹皮尔还提及了一场"心理学中的革命"(第 326 页),以及由 20 世纪数学和物理学导致的"一场名副其实的思想革命"。在这部书中,他虽然频繁提及"革命"这个字眼,但他并没有展示出一种得到清晰阐述的关于科学革命的理论,也没有明显地把革命概念作为构成要素来使用。此外,科学革命也并非他的著作的一个主题。

尽管革命这一主题时常出现,但是既不应推论说,在 20 世纪上半叶史学家、科学史家和科学家们都开始承认科学革命的存在,并把它作为构成要素来使用;也不应推论说,他们像现在常见的那样都从革命的角度来思考科学的变革。在 20 世纪 30 年代,大量有关科学史的重要研究成果既没有提及科学中的革命这一概念,也没有提及科学革命这个概念。例如,在罗伯特·K. 默顿 1938 年的经典研究《十七世纪英格兰的科学、技术和社会》(*Science, Technology and Society in Seventeenth Century England*)中,科学革命很明显既没有作为一个专门术语也没有作为一种思想出现;

而且默顿也没有提及科学中的革命。在俄国学者鲍里斯·黑森（Boris Hessen）1931 年写的著名文章《牛顿〈原理〉的社会经济根源》（"The Social and Economic Roots of Newton's 'Principia'"，1931，1971）中，这些术语也没有伴随着他的开创性的马克思主义分析而出现。而在 G. N. 克拉克 1937 年为回应黑森而出版的一本较小篇幅的著作《牛顿时代的科学与社会福利》（*Science and Social Welfare in the Age of Newton*）中，人们也看不到这些术语。最后，在亨利·格拉克 1952 年出版的《西方文明中的科学》（*Science in Western Civilization*）的开拓性提纲中，科学革命既非主题也非副题，书中涉及科学时唯一一次用到"革命"这个词，是提及与拉瓦锡联系在一起的化学革命。[5]

　　在科学革命的编史学中，1954 年 A. 鲁珀特·霍尔的《1500 – 1800 年的科学革命》一书的出版堪称一件大事。这本书的副标题是"近代科学态度的形成"，尽管霍尔（第 vii 和第 375 页）承认赫伯特·巴特菲尔德著作的意义重大，他的这本书仍是第一部专门论述科学革命的著作。霍尔强调了在 16 世纪开始出现的"互补型的"发展——"概念形成和事实的发现的不同路线"，这是在"科学中经常出现"的一种"双重发展"（第 37 页）。他指出，"这个[16]世纪的科学精神自然而然地从中世纪晚期的成果和进步中发展而来"。通过吸收大量学术文献中的思想，并且充分利用 A. 柯瓦雷的研究和思考中的精华，霍尔把他的读者带回到伽利略思想的根源——那些导致他的两部伟大著作的思想的发展。霍尔发现，伽利略的"《关于两门新科学的对话和数学论证》（*Mathematical Discourses and Demonstrations Concerning the Two New Sci-*

ences，① 1638），不管怎样并没如实描述伽利略引发的动力学中的革命，至多不过像《关于两大世界体系的对话》的前几部分那样，现在只能被看作对两种宇宙学各自的优点进行了不偏不倚的陈述"（第77页）。他在结束这部分时提出了如下重要洞见：在随后的那个世纪"科学的一个重要关注点是，鉴于笛卡尔的机械论借助伽利略对运动的描述性分析得到了解释，那么根据这种机械论能在什么程度上广泛地说明自然"（第101页）。霍尔在每一章都采用了一整套新的概念分析。标志着传统科学史教科书特征的前赴后继的英雄形象消失了。取而代之的是这样的一种历史，在其中，思想和事实、理论和实验或观测结果被融入宗教思想和哲学思想的大背景之中了。赫伯特·巴特菲尔德像个既有天赋又有激情的业余爱好者，突然涉猎了有关科学革命的历史领域；而鲁珀特·霍尔却绝对是个既有天才又学识渊博的专业人员。

　　霍尔以前出版过一本研究专著，《17世纪的弹道学》（*Ballistics in the Seventeenth Century*，1952），该书预示了他以后投入的对技术史的深入研究。因此我们并不奇怪，他的具有重要创新意识的诸章之一讨论的是"科学革命中的技术因素"，在这一章中，他展现了有关工匠－工程师传统以及科学与技术之间相互作用的真知灼见。回想起来，他书中给人印象最深刻的部分是关于科学器械的讨论（第237－243页）——这是 A. 沃尔夫在他的《十六、十

---

　　①　原文为如此。根据《斯坦福哲学百科全书》上关于伽利略的词条（http://plato.stanford.edu/entries/galileo/），以及《维基百科》有关《两门新科学》的条目（https://en.wikipedia.org/wiki/Two_New_Sciences），似应为 *Discourses and Mathematical Demonstrations Concerning Two New Sciences*，译文据此翻译。——译者

七世纪科学、技术和哲学史》(*A History of Science*, *Technology and Philosophy in the Sixteenth and Seventeenth Centuries*, 1935)以及他关于 18 世纪的类似著作中(1938)引入和阐明的主题。霍尔一直在撰写作有关科学革命时代的科学的论文和著作, 402 并准备完全重写他那部开创性的著作(后来于 1983 年出版)。也许值得注意的是他的这一主张:由于科学革命发生在 1500－1800 年的这 300 年期间,这就有可能使它成为有史以来最长的革命。

关于"科学革命"史的不确定性

这个简短的考察说明,在 20 世纪,许多科学史家和哲学家一直使用科学革命和科学中的革命等概念。然而,大约在 1950 年以前,尽管出现了一些很容易确定的关于科学革命尤其是科学中的革命的个别论述,但这些观点却从未令人瞩目地被用于组织一场史学讨论。对于科学中是否存在革命,或者,如果确实发生了这样的革命它们的性质和结构是什么,人们也没有显示出有多少兴趣。我发现,在 1950 年前左右史学家和哲学家们的著作很少关注这些话题,而这与科学家们尤其是那些大声疾呼反对科学革命的科学家们的著述形成了鲜明的对比。科学史家们对"科学中的革命"和"科学革命"等术语的早期运用的普遍忽视,显示出科学中的革命尤其是科学革命所起的作用似乎比较微弱。当今关于科学史的文献中包含了各种各样的学术观点,其中包括:"奥古斯特·孔德是第一个构想科学革命并为其命名的人";科学革命这个"风行的术语",其"起源并不久远,始于 1943 年,当年 A. 柯瓦雷首次使用了这个术语";而且"'科学革命'这个术语表征了一个时代,首先表征了近代科学的发展……我认为这术语是由赫伯特·巴特菲尔德在1948年首次使用的"。据我所知,在对科学中的革命这一概念之起源的追溯中,唯一认真的尝试断言:"是德尼·狄德罗在1755年引进了科学革命这个概念"。这些例子显然表明,在20世纪,学术传统并非从始至终都包含一个持续的关于科学中的革命和科学革命的论题。

20世纪50年代的这10年,见证了科学革命观念的传播,这在很大程度上要归功于巴特菲尔德和柯瓦雷的努力。柯瓦雷的《伽利略研究》于1939年在法国出版,此书成了大战的牺牲品,其学术生命直到20世纪40年代末和50年代才开始。[6]但在推进较小的革命亦即科学中的革命之概念的使用方面,无论巴特菲尔德还是柯瓦雷都没做多少工作,这一主题在他们的著作中并不是特别突出。所以这项任务留给了托马斯·S.库恩,他使科学史家、科学哲学家和科学社会学家充分认识到了科学发展的这一方面,并把学术界的注意力引向了这样一个主题:革命不仅出现在不同的科学学科中,而且是整个科学事业的规则特征。我在前几章曾提到,这种成就其实与对库恩特别提出的"科学革命的结构"的认同是无关的。同时我也谈到,他的影响的一个重要特色就是,把学者的视角从关注相互竞争的思想间的争论,转移到关注个体科学家或科学家群体所持有的思想间的争论。[7]

因此,可以把库恩的影响描述为:他使日益增长的对单一的大规模的科学革命的学术关注,转向了针对不同的较小规模之科学中的革命的研究规划。即使我们认为还有第二次、第三次或可能第四次的科学革命，与大量科学中的革命相比，这也仅仅是一小部分。此外，库恩从整体上观察了在科学中发生的革命，对于这些革命（哥白尼革命、达尔文革命和爱因斯坦革命）本书中进行了详细的讨论。

关于科学革命的研究

毫不奇怪，对科学革命的存在的认同业已引发了许多关于那场革命的性质的新研究。其中一项研究导致把亚历山大·柯瓦雷所热衷的主题颠倒了过来，该主题也曾得到了赫伯特·巴特菲尔德的赞同和响应，即在科学革命中实验的作用被明显地夸大了。柯瓦雷尤其坚持认为，对据传由伽利略和帕斯卡等人所完成的重要实验的记述，实际上是哲学传奇故事，它们被编造出来以便为他们的研究提供所谓的经验基础。例如，在柯瓦雷看来，伽利略并未进行过他在《两门新科学》中描述的那次著名的斜面实验，这一点已被伽利略的这一陈述证实，即对 1/10 脉冲的不同试验所得出的观察结果是一致的。然而，当托马斯·B. 塞特尔（Thomas B. Settle）制造出与伽利的描述相似的设备并重做这个实验时，他发现很容易达到这种精确度。最近，斯蒂尔曼·德雷克发现了新的手稿证据，证明伽利略早期关于运动学的发现是在实验环境下作出的。柯瓦雷强调在伽利略创立新的运动学的过程中新思维的重要性，这当然是对的，但这种新思维需要把实验作为发现的辅助手段，并且把实验作为对所发现的原理进行检验的手段。

现在正在被探讨的科学革命的另一个方面，是被强调"理性的"科学的学者们所忽视的炼金术、赫耳墨斯神智学以及其他思想流派等的背景。已故的弗朗西斯·耶茨是这一领域的伟大先驱，而且在该领域产生了重大的影响。对这些关于科学发展的论题的影响程度，甚至对有关诸如牛顿这类人物的研究的实际影响，要我们进行评价还为时尚早，我们无能为力。但是至少，我们现在充分认识到了，牛顿对炼金术、对赫耳墨斯教的秘术和哲学以及对预言等有深入的研究并且持续了许多年。若有可能，去揭示他在我们很可能称之为非科学领域或非理性思想领域的知性活动，究竟如何或在何种程度上影响他的科学研究，这将是一件富有挑战性的事。

　　对于科学活动的社会结构已经进行过相当重要的研究，其中有些是定量研究，而且很多学者尝试从社会因素影响的角度对科学革命进行了解释。但迄今为止，对科学革命的心理学研究还存在着明显的和严重的忽视。这是一个无人涉足但大有希望的领域，它可能为科学中的革命的研究提供一个完全意想不到的视角，以致将在有关科学及科学活动的学术分析中开创一个新纪元。

第二十七章 相对论和量子论

无论对非科学家还是对科学家来说,相对论都是我们这个世纪科学中的革命的象征。而对于那些知情者来说,量子理论(尤其是它的改进形式量子力学)可能是一次更为伟大的革命。从阿尔伯特·爱因斯坦对这两场革命的根本性贡献中,我们也许会领略他作为科学家的伟大之处。

谈到相对论,我们必须记住有两种不同的相对论理论:一种是狭义相对论(1905),它研究时间、空间以及同时性问题,并导致了著名的方程 $E = mc^2$。另一种是广义相对论(1915),它研究引力问题。[1]尽管这两种理论都是革命性的,但对相对论革命的大多数探讨都集中在狭义相对论导致的结果方面。然而,真正使全世界关注狭义相对论的,是 1919 年广义相对论的一个预言获得了证实,该预言预计,星光经过太阳附近时,会因太阳引力的作用而发生偏转。这次验证是在一次日食观测期间完成的,它导致了风靡世界的相对论热,并使爱因斯坦一夜之间成了一个家喻户晓的人物。

狭义相对论

在 1905 年发表于《物理学年鉴》(*Annalen der Physik*)上的一

篇论文中,爱因斯坦提出了狭义相对论。[2]同年,他对狭义相对论作了重要补充,并首次以质能等价性的方式说明了辐射问题。1907年,爱因斯坦发表了一篇全面论述相对论的论文,其中包含了这一具有普遍性的结论:$E = mc^2$。他的富有创见的论文提出了全新的质量、时间和空间概念,并对明显简单化的同时性观念提出了挑战。最初,爱因斯坦提出了他所谓的"相对性原理",并引进了"另一个假设",即"光在真空中总是以一个确定的速度值 c 传播,这个速度与发光物所处的运动状态无关"。相对论的一个结果就是,抛弃了"绝对"时空观以及空间充满了"以太"的概念;而在当时,以太被视为是光和所有其他形态的电磁波的传播媒介。

回顾往事,爱因斯坦关于相对论的开创性论文于1905年6月在《物理学年鉴》上发表,是论著中的革命的典型例子。我们在第二章中已经看到,马克斯·玻恩1905-1906年间在哥廷根曾研究"动体的电动力学和光学",但他从未听说过爱因斯坦和他的工作。1906-1907年间,英国剑桥大学的情况亦是如此。根据爱因斯坦妹妹的回忆(Pais 1982,150-151),爱因斯坦"推测,在著名的、拥有众多读者的杂志上发表他的论文,便会立即引起注意"。当然,他预料会有"尖锐的反对意见和最严肃的批评",但是他"非常失望",因为反响寥寥而且"评价冷淡"。终于,他收到了马克斯·普朗克的一封信,信中对他的论文的几个费解之处提出询问,这使爱因斯坦获得了"特别巨大的快乐",因为普朗克是"当时最伟大的物理学家之一"。普朗克较早而且较深入地致力于相对论的研究,就是物理学家对这个新话题的兴趣迅速扩大的一种重要原因(同上书)。在爱因斯坦的论文发表后的第二年,普朗克就开始在柏林讲授相对论理论,但他当时并不是基于爱因斯坦的论述,而是以洛伦兹的电子论为基础的。1907年,普朗克的助手马克斯·冯·劳厄(后来的诺贝尔物理学奖获得者)发表了一篇关于相对论的论文。

1906年9月,普朗克在德国物理学学会(the German Physical Society)上发表了关于相对论的演讲(该演讲于同一年发表);1907年,在普朗克的指导下,K. 冯·莫森盖尔(K. von Mosengeil)完成了第一篇专门论述相对论的博士论文(Pais 1982,150)。亚伯拉罕·派斯(Abraham Pais,第151页)已经简要说明了为什么只有少数物理学家进入这一领域,在为数不多的学者中,有维尔茨堡(Würzburg)的·雅各布·约翰·劳布(Jakob Johann Laub)和布雷斯劳(弗罗茨瓦夫)〔Breslau(Wroclaw)〕的鲁道夫·拉登堡(Rudolf Ladenburg)①。冯·劳厄曾满腹狐疑地来到伯尔尼拜访爱因斯坦,他发现难以置信的是,这个"年轻人"竟然就是"相对论之父"。几年后,冯·劳厄撰写了一篇最为出色的介绍相对论的学术论文。冯·劳厄在1917年3月24日写给爱因斯坦的信中,表达了他对自己在物理学中所获得的革命性成果的兴奋之情:"大功告成!我关于波动光学的革命观点〔revolutionäre Ansichten〕发表了。"他接着写道:在"此时此刻",它们"无疑会激起每一个保守的物理学家最强烈的憎恨";但"我仍然要坚持我那备受谴责的信念"。

除了马克斯·玻恩关于他自己第一次听说相对论时的情况的

---

① 雅各布·约翰·劳布(1884-1962年),奥地利-匈牙利物理学家,在相对论创建初期曾与爱因斯坦一起工作;鲁道夫·拉登堡(1882-1952年),德国原子物理学家。——译者

记述之外，我们还可以从利奥波德·英费尔德（Leopold Infeld）①那里获得独立的描述。英费尔德（1950，44）曾谈到他的朋友斯坦尼斯劳斯·洛里亚教授告诉他的一件事，洛里亚的老师"克拉科夫大学的维特科夫斯基（Witkowski）教授（他是一位非常伟大的教师!）"，读了爱因斯坦1905年关于相对论的论文后向洛里亚喊道："读读爱因斯坦的论文吧，又一个哥白尼诞生了!"又过了一段时间（按照玻恩的说法是在1907年）洛里亚在一次物理学会议上遇到了玻恩，他与玻恩谈起爱因斯坦，并问他是否读过爱因斯坦的那篇论文。"结果，不仅是玻恩，在场的每一位都从未听说过爱因斯坦。"根据英费尔德的说法，他们随后"去了图书馆，从书架上取出《物理学年鉴》第17卷，开始阅读爱因斯坦的文章"。英费尔德说，马上，"马克斯·玻恩认识到了它的伟大意义，同时也认识到进行形式概括的必要性"。英费尔德认为，玻恩本人关于相对论的著作虽然当晚才出版相，但却"成了早期对这一科学领域所作出的重要贡献之一"。

最初，表示愿意接受爱因斯坦狭义相对论的物理学家的人数很少——尚不足以在世界范围内引发一场科学中的革命，不过，在这些人中有相当一部分是讲德语的理论物理学家。1907年7月，普朗克在致爱因斯坦的信中说，"相对性原理的倡导者"仅仅形成了"一个中等规模的群体"；因此他坚信，他们"彼此取得意见一致"就"尤显重要"（Pais 1982，151）。"相对性原理"这个短语既可适

---

① 利奥波德·英费尔德（1898－1968年），波兰杰出物理学家，以玻恩－英费尔德模型、爱因斯坦－英费尔德－霍夫曼运动方程、英费尔德－范德瓦尔登理论等贡献而闻名。——译者

用于普朗克个人偏爱的洛伦兹理论，也可适用于爱因斯坦的理论。爱因斯坦的声望仍在持续增长，尽管比较缓慢。1907 年秋，约翰内斯·斯塔克［《放射性和电子学年鉴》(*Jahrbuch der Radioaktivität und Elektronik*）的编辑］写信给爱因斯坦，约他写一篇有关相对论的"评论文章"。[3] 1906 年普朗克曾使用过"Relativtheorie（相对性理论）"这一名称，但 1907 年爱因斯坦采用了今天人们更熟悉的名称"Relativitätstheorie（relativity theory 或 theory of relativity，相对论）"（参见 Miller 1981，88）。第一个在出版物中引证爱因斯坦相对论论文的是瓦尔特·考夫曼 1905 年的一篇文章。他认为爱因斯坦的"研究……与洛伦兹的研究从形式上看是等同的"，它至多不过是后者的有益推广（参见 Miller 1981，266）。考夫曼断定（同上书，§7.4.2），他自己的实验数据驳倒了爱因斯坦和洛伦兹的电子理论，我们将稍后再来研究这个推论。

1907 年，保罗·埃伦费斯特（Paul Ehrenfest）[①]写了一篇以爱因斯坦理论为主题的论文（参见同上书，§7.4.4）。翌年，亦即 1908 年，赫尔曼·闵可夫斯基发表文章，把爱因斯坦理论彻底转化为数学形式，开始了"狭义相对论形式上的巨大简化"（Pais 1982，152）。通过这些步骤，论著中的革命开始变成了科学中的革命。派斯（1983，152）确定，爱因斯坦的名望及影响从 1908 年开始迅速增加。

---

① 保罗·埃伦费斯特（1880－1933 年）奥地利－荷兰理论物理学家，主要贡献在对统计力学及其与量子力学的关系的研究方面，包括相变理论和埃伦费斯特定理。——译者

这时,爱因斯坦这个学术新星正在冉冉升起。1909 年春,他从伯尔尼瑞士专利局一个地位低微的审查员,一跃而成为苏黎世大学理论物理学副教授,这显然是由于他在固体量子论方面的研究成果。推荐爱因斯坦担任这个职务的该系的一位教员写道:爱因斯坦"当属最重要的理论物理学家之列",他"由于其在相对性原理方面的成就,已经获得了相当广泛的认可"(Pais 1982,185)。就这同一年的 7 月 8 日,爱因斯坦获得了日内瓦大学的荣誉学位,同时获得这项荣誉的还有化学家威廉·奥斯特瓦尔德和玛丽·居里。他在这个新岗位上只工作了两年,1911 年 3 月他来到了布拉格,在这里,他成了德语大学卡尔 – 费迪南大学(the Karl-Ferdinand University)的正教授。他在这个岗位上工作了 16 个月后,菲利普·弗兰克(Philipp Frank)①接替了他的职位。爱因斯坦又返回苏黎世,担任苏黎世联邦理工学院(Technische Hoch-schule)的物理学教授。

当然,影响人们接受狭义相对论的障碍主要是观念上的,但也的确存在着实验上的困难。[4] 在其 1905 年奠基性论文的结尾,爱因斯坦推导出一个电子横质量公式。这个公式与洛伦兹理论中的公式极其相似但并不是同一个,其中的差异很快被消除了,从而,这两种理论能给出相同的结果。但是,在瓦尔特·考夫曼分别发表于 1902 年和 1903 年的论文中,实验结果却与洛伦兹理论(因而也与爱因斯坦理论)的预言有很大差异,爱因斯坦对这些结果不予

---

①   菲利普·弗兰克(1884 – 1966 年),奥地利裔美国物理学家、数学家,他不仅在科学方面作出了诸多贡献,而且还是一位颇有影响的哲学家,是著名的维也纳学派的成员。——译者

理睬(参见 Miller 1981，81－92；333－334)。1906 年，考夫曼在《物理学年鉴》(小即一年前刊发爱因斯坦关于相对论论文的那家杂志)发表了一篇文章，对爱因斯坦的时空观作了适当的概括(Miller 1981，343)，并谈到了洛伦兹－爱因斯坦电子理论，他得出结论说(同上书，§7.4.2)，他自己的测量结果与洛伦兹－爱因斯坦理论的"基本假设"是"不一致的"(参见 Holton 1973，189－190；234－235)。洛伦兹因此写了一封信[后由阿瑟·I.米勒(Arthur I. Miller)发现并出版(Miller 1981，334－337；1982，20－21)]，说他自己"才思枯竭(au bout de mon latin)"。他在写给彭加勒的信中说，"不幸的是"，他的假说"与考夫曼的新实验相矛盾"，他认为他自己"不得不放弃它"。而爱因斯坦则设想，实验数据与理论之间存在"系统偏差"暗示着，有一个"未被注意的误差源"，而且他相信，进一步的更精确的实验一定会证明相对论的正确性。事实证明爱因斯坦是对的：1908 年，阿尔弗雷德·海因里希·布赫雷尔(Alfred Heinrich Bucherer)[①]发表了新的实验结果，它们与洛伦兹和爱因斯坦的预言是吻合的。1910 年，E. 胡普卡(E. Hupka)的实验对此再次予以了确证。[5]而决定性的结果是1914 年至 1916 年间获得的，从此以后，多种表明相对论正确性的论据层出不穷，且极为丰富。

随着实验证据的出现，在哥廷根大学数学教授 H.闵可夫斯基那里，相对论本身也经历了根本性的重构，而数年前，闵可夫斯

---

① 阿尔弗雷德·海因里希·布赫雷尔(1863－1927 年)，德国物理学家，以其有关相对性质量的实验而闻名，他也是第一个用"相对论"指代"狭义相对论"的人。——译者

基曾在苏黎世大学教过爱因斯坦数学。1908 年,闵可夫斯基发表了一篇论文,引进了一体的四维"时空"概念,以取代彼此分离的三维空间加一维时间的概念体系。他还赋予了相对论现代张量形式〔这要求物理学家们从那时起要学习由里奇(Ricci)和列维－奇维塔(Levi-Città)①建立的新的数学理论〕,在相对论中引进了新的专业术语,并且从相对论观点阐明,传统的牛顿引力理论已经不够用了(Pais 1982,152)。很明显,爱因斯坦没有立即转变观念,甚至认为闵可夫斯基用张量重新阐述他的理论只不过是"多余的知识卖弄"(同上)。但是到了 1912 年,爱因斯坦已经转变过来了,而且在 1916 年,他以感激的心情承认了闵可夫斯基在他从狭义相对论向广义相对论发展的过程中所起的作用。爱因斯坦(1961,56－57)后来强调了闵可夫斯基的贡献,他说,如果没有这一贡献,"广义相对论……也许还在襁褓中"。这句经常被引用的话的英译本是"no further than its longclothes"。尽管"Windel"在德文中最普遍的意思是"尿布",但这里的含义显然是:如果没有闵可夫斯基,广义相对论可能还不会成熟。

　　闵可夫斯基对其时空观首次公开的介绍是在 1907 年 11 月 5 日他的一次演讲中,演讲的题目是《相对性原理》("The Principle of Relativity")。但这篇演讲直到 1915 年亦即闵可夫斯基去世 6

---

　　①　即詹格雷戈里奥·里奇－库尔巴斯特罗(Gregorio Ricci-Curbastro,1853－1925 年)和图利奥·列维－奇维塔(Tullio Levi-Civita,1873－1941 年),他们均为意大利数学家;里奇－库尔巴斯特罗是张量分析的发明者;列维－奇维塔是里奇－库尔巴斯特罗的弟子,他最著名的成就也是在张量分析及其在相对论的应用方面,而且还在天体力学、分析力学、流体力学等领域作出了重要贡献。——译者

年之后才出版,不过借助发表于 1908 年和 1909 年的另外两篇论文,他的时空观已经流传升了(Galison 1979,89)。闵可夫斯基充分意识到了他的贡献的重要性,在 1907 年演讲时,他开宗明义地说:"先生们,我想向诸位介绍的时空观念……是全新的[radikale]……由此,孤立的空间和孤立的时间观念将注定会消失得无影无踪。"事实上,在这篇演讲的初稿上,闵可夫斯基把他的新时空观的"特征"说成是"革命性的",而且是"极端革命性的(Ihr Charakter ist höchst/gewaltig revolutionär)"(Galison 1979,98)。可是,在讲演最后的付印稿中,这种"革命性的"特性却被略而未提。

马克斯·玻恩详述了他初读爱因斯坦论文时的体验,他的论述提醒我们注意,爱因斯坦的观念是多么深奥难懂,甚至对于那些数学上没有问题的人也是如此。1907 年,当洛里亚向他介绍爱因斯坦的论文时,玻恩已是赫尔曼·闵可夫斯基的大学研究班的成员,因此,他写道(1969,104 - 105),他"对相对性思想[大概指洛伦兹的思想]和洛伦兹变换很熟悉"。他回忆说,即便如此,当他阅读爱因斯坦的论文时,"爱因斯坦的推理仍然让我大开眼界"。玻恩发现,作为一种知识创造,"爱因斯坦的理论是全新的和革命性的"。爱因斯坦的观点"勇敢地向艾萨克·牛顿建立的哲学"亦即"传统的时空观提出了挑战"。回顾来看,玻恩确实认识到了爱因斯坦思想革命和论著中的革命的威力,但也清醒地认识到科学中的革命尚未到来。新的观念和新的思维方式仍在研究之中,仍有待科学家们接受、应用并用来作为他们共同的或共享的信念基础。玻恩引人注目地指出,事实上,爱因斯坦的理论是如此激进(很久

411

以后他又写道,它是"如此新奇和富有革命性"),以至于必须"付出一定的努力才能消化和吸收"。而且他还提醒我们,"并不是每个人都能够或愿意这么做";这一陈述首先适用于他本人。爱因斯坦科学中的革命要求人们普遍接受他那全新的论述物理世界的方式。

1909年两个美国人吉尔伯特·N. 路易斯(Gilbert N. Lewis)和理查德·托尔曼(Richard Tolman)①发表的文章,清楚地说明了接受爱因斯坦假设的实际困难。他们承认爱因斯坦的相对性原理"概括了大量实验事实,没有出现矛盾的反例"。他们列举了布赫雷尔的实验作为支持这一理论的重要依据。然而,在对他们所说的相对论所依据的"诸定律"之一并无疑问的同时,他们却对另一个定律感到了疑惑。换句话说,他们对"绝对运动无法观察到"这一普遍定律没有提出异议,但却发现,相对于任何独立观察者光速不变这一定律却令人难以接受(参见 Miller 1981,251 - 252)。他们认为,后一个定律可能会导致关于长度和时间相对性的"一些奇异结论",也就是说它"从某种心理学意义上讲"毫无疑问是"科学幻想"。

时间年复一年地过去,越来越多的物理学家终于被说服了,尽管他们当中有许多人虽然接受爱因斯坦方程,但他们宁愿相信绝对时间和同时性(就像洛伦兹那样;参见 Miller 1981,259),并且

---

① 吉尔伯特·N. 路易斯(1875-1946年),美国物理化学家,以发现共价键和电子对概念而闻名;理查德·托尔曼(1881年-1948年),美国数学物理学家和物理化学家,证明电子是电流经金属时的荷电粒子,并对电子质量进行了测定,另外,他还对理论宇宙学作出了重要贡献。——译者

宁愿承认"缩并"是光速不变性引起的空间问题的基础。1911 年 4 月,法国物理学家保罗·朗之万(Paul Langevin)在博洛尼亚召开的哲学家大会上发表演说,为相对论增添了某种会产生轰动的要素。朗之万是一位才华横溢的科学家,爱因斯坦(第 232 页)甚至说过,如果他本人没有发现狭义相对论,朗之万就会发现它。在讨论时间相对性(或膨胀)问题时,朗之万没有采用爱因斯坦那种抽象的时钟彼此相对运动的观念,取而代之的是人的相对运动的观念——从而导致了所谓的"孪生子悖论",这是爱因斯坦"时钟悖论"的一个出人意料的版本,它很快成了相对论众人皆知的古怪推论之一。这个时间问题是这样产生的:如果一对孪生兄弟一个留在地球上,另一个去太空旅行,那么当旅行的兄弟返回地球时,人们就会发现这两个孪生兄弟的年龄已经不同了。朗之万列举的一个例子是,去旅行的那个孪生子沿直线飞向一颗恒星,绕其一周后原路返回。如果旅行的速度足够大(当然比光速小),旅行者最后会发现,在**他的**两年旅行中,地球已经度过了漫长的两个世纪。哲学家亨利·伯格森(Henri Bergson)后来承认,正是朗之万 1911 年 4 月的演讲,"第一次唤起了我对爱因斯坦思想的注意"。

　　时钟(或孪生子)悖论很快成了(在某种程度上今天仍然是)相对论使人困惑甚至招至敌意的一个根源。冯·劳厄在 1911 年给爱因斯坦的一封信中写道,那些不同意相对论的"思想内容"的人,实际上是反对它的那些公式或数学结果,他告诉爱因斯坦,反对相对论的共同理由"主要是时间的相对性和经常由此产生的悖论"(引自 Miller 1981, 257)。冯·劳厄在他 1912 年所写的有史以来第一部相对论教科书中认为:这些悖论和其他类似的有关时间相对性的问题具有"伟大的哲学意义",而且,"正是由于这一原因",也许只能"用哲学方法"处理这些问题。我们或许会注意到,爱因斯坦本人在 1911 年是这样讨论这类运动的:有"一个装有生物的笼子",我们可以把它送去参加"漫长的飞行",当在它返回地球时,笼子内的"情况几乎没有变化",而留在地球上的生物可能"已经繁衍生息许多代了"。

尽管许多人可能不会轻易接受爱因斯坦对物理学基本思想所进行的彻底重构,但他们却在应用爱因斯坦的数学结果了——这些数学结果,正如冯·劳厄(和其他一些人)业已指出的那样,在形式上而非在"物理学上"与洛伦兹理论的结果是一致的。更有甚者,冯·劳厄竟然说(1911),在这两种理论之间做出"明确的区分""是不可能的"。但最终,人们认识到爱因斯坦的理论略胜一筹,特别是在广义相对论建立之后,赋予了狭义相对论一种新的重要意义。[6]

大约到了 1911 年,爱因斯坦的狭义相对论已经有了足够多的拥护者,足以导致一场科学中的革命。同一年,阿诺尔德·索末菲宣布,相对论理论已经"得到了完备的证实,以至它不再是物理学的新领域了"(Miller 1981,257)。1912 年初,刚刚获得 1911 年度诺贝尔物理学奖的威廉·维恩(Wilhelm Wien)提议,授予爱因斯坦和洛伦兹这项人们梦寐以求的奖励。他写道(转引自 Pais 1982,153):从某种"逻辑的观点看",相对性原理"理应被看作理论物理学所取得的最重要的成就之一"。他说,目前已有明确的"实验证实了这一理论"。他断定,洛伦兹是发现"相对性原理的数学意义"的第一人,而爱因斯坦则"成功地将它简化为一个简单的原理"。

　　当然,并不是所有物理学家都接受这一革命性的新观念。J. [413]
D. 范德瓦耳斯(J. D. Van der Waals)[①]在 1912 年指出,对于为
什么质量和长度会随着速度的变化而变化至今还不能做出因果解
释(参见 Miller 1981,258)。除了对时间相对性及其伴随的悖论
的持续关注外,对放弃绝对长度、绝对时间和绝对质量也存在着更
为根本的反对意见,而且,"同时性的相对性"也是很难令人接受
的。然而,从某种程度上讲,更令人费解的是对以太概念的拒绝。
如果没有介质使光和其他电磁波具有波的形式,它们如何在空间
存在呢? 这些反对意见如此强烈,也可把这看作新学说具有革命
性的一个标志。

　　在 1911 年众多反相对论的论点中,可以看到普林斯顿大学的
W. F. 马吉(W. F. Magie)教授(1912,293)的观点,他在担任美
国物理学会会长的就职演说中说,"相对性原理"不能满足这样的
标准:任何"终极答案……应当是确实适用的,必须使包括训练有
素的学者和一般公众的每一个人都能理解"。在他看来,相对论之
所以未能被人理解,是因为它没有"用所有人所理解的力、空间和
时间的基本概念来描述"。可是他显然并不清楚,牛顿的力和惯性
的概念在 1687 年时是多么激进! 他显然也没有意识到,除了少数
学过大学物理学的人之外,几乎没有什么人真正懂得力和惯性等
"基本概念"!

---

　　① 　J. D. 范德瓦耳斯(1837－1923 年)荷兰理论物理学家、热力学家,1910 年因
其在对物质的气态和液态的研究方面的贡献而获得诺贝尔物理学奖。——译者

马吉还宣称，他有权"问一下我们认为引领了相对论发展的思想领袖们，他们是否认识到这一理论仅有有限的和部分的适用性，是否认识到它用可理解的术语描述宇宙是多么的无能为力"。他还要"劝告他们继续他们辉煌的事业，直到把相对性原理还原为用基本的物理学概念可以表述的作用模式，以便能成功地说明它时为止"。

路易斯·特伦查德·莫尔（Louis Trenchard More）在《国家》（*The Nation*，第94卷，1912年4月11日，第370–371页）上发表的一篇评述中，对马吉已发表的演说进行了概括，并就科学中的革命做出了以下评论：

> 爱因斯坦教授的相对论和普朗克教授的量子理论已在吵吵嚷嚷之中被宣布为自牛顿时代以来科学方法上最伟大的革命。毫无疑问，它们是革命性的，因为它们把数学符号当作科学的基础，拒绝承认任何构成这些符号之基础的具体经验，从而用主观取代客观宇宙。问题是，这种变化是前进还是倒退，是走向光明还是陷入黑暗？一般认为，伽利略和牛顿引发的革命，是用科学家们的实验方法去取代经院哲学家的形而上学方法，这显然是正确的。而现在，那些新的方法似乎恰恰是相反的措施，因此，如果说这里有什么思想革命的话，那么，事实上它不过是一种向中世纪的经院哲学方法的倒退。

大约过了二十几年之后，莫尔[时任辛辛那提大学（University of Cincinnati）研究生院院长]在他撰写的牛顿传记（1934，333）

中,仍然表现出他对"爱因斯坦教授的广义相对论"的厌恶,莫尔称该理论是"[日益]通向纯粹的唯心主义哲学最大胆的企图";这样一种"哲学只不过是活跃的心灵的逻辑游戏,完全无视原初事实的世界;它或许会令人感兴趣,但最终却深陷经院哲学之中不见了踪影"。随后他得出结论说,如果相对论物理学(及其哲学)继续存在,"它将导致科学的衰落,毫无疑问就像宗教衰落之前的中世纪经院哲学那样"。有鉴于此,对于莫尔诋毁数理逻辑或符号逻辑学所导致的重大进展,读者也许就不会感到奇怪了,莫尔写道(同上,第332页):"值得注意的事实是,这两部著作,或者堪称科学头脑最惊人的两项创造,现在正受到攻击:《新工具》受到了现代逻辑学中的符号论者的攻击;《原理》受到了相对论物理学的攻击。"他最终的评论是:"当现代派被长期遗忘之后,亚里士多德和牛顿将会重新受到尊重,其学说也将重获应用"(第332页)。从这些事例中我们可以发现,一场科学中的革命的深远程度,既可以用保守派攻击的恶毒程度来衡量,也可以用它在科学思想中所引起的根本性变化的程度来衡量。

广　义　相　对　论

爱因斯坦曾经说过,即使他没来到这个世界上,狭义相对论也会出现,因为"它出现的时机已经成熟"(Infeld 1950,46),但对广义相对论而言则不然。对于倘若他未创建广义相对论"它是否还能被人们所认识",他表示怀疑。广义相对论被称作"第二次爱因斯坦革命"(同上书)。这是一次巨大的飞跃,它再一次把大量物理学家抛在了后面,而此时他们中有许多的人已被说服接受狭义相对论了。普朗克曾满怀热情地欢迎狭义相对论并成为它最早的支持者之一,他曾对爱因斯坦说:"现在一切差不多都解决了,你为什么还要为其他这些问题操心呢?"爱因斯坦之所以这么做是因为,他是一个天才,远远走在了同时代人的前面。他懂得狭义相对论是不完满的,还未处理加速度和引力问题。他后来写到,导致他开始继续探讨的主要思想(他后来回忆说那是"我一生中最巧妙的思想";引自 Pais 1982,178),是他 1907 年 11 月受聘在伯尔尼专利局工作时产生的。这个思想是:"一个人在自由下落时,将感觉不到自己的重量。"他说,这一"简单的思想"促使他开始研究引力理论,但直到 1915 年,他才准备好提出他那比较成熟的广义相对论理论,第二年他又发表了被他的一位传记作家称为"授权版"的广义相对论,这个理论的建立主要围绕英费尔德所说的"三个主题":引力、不变性和几何学与物理学的关系。理论的核心则是新的引力场定律和引力场方程,有人说,爱因斯坦在引力场方面所做的工作,正是麦克斯韦在电磁场方面所做的。广义相对论引人注目的思想特征之一就是,把牛顿的引力转变为四维时空中的曲率。詹姆斯·H. 金斯在《不列颠百科全书》1922 年第 12 版的"相对论"("Relativity")条目中得出结论说,"宇宙图景"的新背景不再是"三维空间中一片以太海洋不断变化的振动",而是"四维空间世界线上的一种缠结"。

这种新理论导致了三个可检验的预言。第一个是水星的近日点的进动,由于该行星在轨道运动中的这种现象,它在每次绕太阳运行后,都不会返回到完全相同的最接近太阳的空间位置,而是稍稍有些前移。这一事实早在 19 世纪中叶就已经被认识到了，但牛顿的经典天体力学对进动量的预见是错误的。第二个预言是，光线在引力场中将发生弯曲。因此，星光在经过太阳附近时，将受到太阳引力的影响，结果是这些星体的视位置会发生偏移。只有在日全食期间，才能较为容易地对这一现象进行观测，因为若非如此，太阳的强光通常会使观测者看不到太阳附近的恒星［瑞士天文学家马丁·施瓦兹希耳德（Martin Schwarzchild）对这一现象进行了详细的定量阐述］。第三个预言通常被称为谱线"红移"，这些谱线是经过太阳附近的恒星辐射的组成部分。上述这些就是广义相对论可能构成的三项检验。但是我们一定不要忘记，当时正是 1915 年；第一次世界大战恰恰是在科学发达的那些国家发生的。爱因斯坦正在柏林，不可能组织任何日食观测。

但是爱因斯坦没有停止工作，1917 年，他在《普鲁士科学院会议报告》（*Proceedings of the Prussian Academy*）上发表了一篇论文，题为《根据广义相对论对宇宙学所做的考查》（"Cosmological Considerations in General Relativity"）。尽管其中的结论现已被抛弃，但这篇论文开辟了理论物理学的一个新领域。通过指出，"广义相对论能提供解释"，从而说明"我们的宇宙结构的……问题"，该文开创了科学的宇宙学研究；它把宇宙学从形而上学的一个分支转变为物理学和物理天文学的一部分（Infeld 1950，72；关于爱因斯坦和宇宙学，参见 Pais 1982，§ 15*e*）。

英国天文学家阿瑟·爱丁顿在战时获悉了爱因斯坦的研究（参见本书第二十五章），并且成了传播和接受爱因斯坦思想的主要推动者。他撰写了多部相关的著作，包括权威性的《引力相对论报告》(1918)，学术专著《相对论的数学理论》(*Mathematical Theory of Relativity*，1923)，两部通俗著作《空间、时间和引力》(*Space*，*Time and Gravitation*，1920)以及《物理世界的本质》(1928，1927年吉福德讲座)，此外还有大量的演讲、文章和小册子。P. A. M. 狄拉克(Dirac)记录了一个例子，他在布里斯托尔大学(the University of Bristol)读书时，最初就是通过阅读爱丁顿的著作了解相对论的。更为重要的是，第一次世界大战刚一结束，爱丁顿立即在1919年组织了一支英国日食观测队，去检验星光在日全食期间经过太阳时将发生弯曲的预言。与预言相符的观测结果震惊了全世界的科学家和公众。

今天很难再体会到1919年世界科学界的兴奋之情。两支观测队分别出发，去检验爱因斯坦广义相对论的这一预言，一队前往巴西的索布拉尔(Sobral)，另一队由爱丁顿率领奔赴当时的西属几内亚海岸附近的普林西比岛(Principe Island)。1919年秋，观测数据已经得到了分析，在1919年11月6日召开的英国皇家天文学学会(Royal Astronomical Society)和皇家学会的联席会议上，这位皇家天文学家宣布："星光确实按照爱因斯坦引力定律的预言发生了偏转。"对于这次历史性的会议，《天文台》杂志(*The Observatory*，由皇家天文学会出版)和《皇家学会学报》(*Proceedings of the Royal Society*)都做了充分报道。J. J. 汤姆孙是会议主席，他宣称：这是"自牛顿时代以来"关于"引力理论"的"最重要的成果"，是"人类思想的最伟大的成就"。翌日，亦即1919年11月7日，历来保守的伦敦《泰晤士报》(*Times*)上出现了这样醒目的大标题：《科学中的革命》("The Revolution in Science")，两个副标题是"新的宇宙理论(New Theory of the University)"和"牛顿观念被推翻(Newtonian Ideas Overthrown)"。11 月 8 日,《泰晤士报》又发表了第二篇论述革命的文章,标题为《科学中的革命:爱因斯坦挑战牛顿,杰出物理学家的观点》("The Revolution in Science": "Einstein v. Newton," "Views of Eminent Physicists")。文章告诉读者,"这个主题成了下议院热议的话题",以至于卓越的物理学家、皇家学会会员、剑桥大学教授约瑟夫·拉莫尔爵士(他把这个教授职位形容为议院议员)受到了"纠缠,要求他对牛顿是否被击败、剑桥大学是否'受到伤害'作出答复"。荷兰的报纸也迅速刊登了这一消息。H. A. 洛伦兹于 11 月 19 日在鹿特丹的一家报纸上发表了一篇文章,《纽约时报》立即予以翻译和转载。11 月 23 日,马克斯·玻恩也在《法兰克福汇报》(*Frankfurter Allgemeine Zeitung*)上发表了文章,12 月 14 日,爱因斯坦的照片刊登在了《柏林画报》(*Berliner Illustrierte Zeitung*)周刊的封面上,照片下的文字说明称:爱因斯坦不仅推动了"我们自然观中的一场全面革命",而且他的洞察堪与哥白尼、开普勒和牛顿相媲美(Pais 1982,308)。在 12 月 4 日出版的《自然》杂志的一篇文章中,E. 坎宁安(Cunningham)写道,爱因斯坦的"思想是革命性的"。

亚伯拉罕·派斯(同上书,第 309 页)曾追溯了《纽约时报》自 1919 年 11 月 9 日开始出现的与爱因斯坦有关的文章标题和传奇故事。《爱因斯坦理论的胜利》("*Einstein's Theory Triumphs*")与《为 12 位智者写的书》("A Book for 12 Wise Men")相伴(意指被说成是爱因斯坦之评论的这句话,除了 12 个人之外,"全世界再没有人能理解它"①）。该报不仅刊登传奇故事,而且还发表了社论,相关文章持续见报,直至当年 12 月。派斯发现,从那以后直到爱因斯坦去世,《纽约时报》没有一年不是至少刊登一篇有关爱因斯坦的传说或以其他方式提及他。爱因斯坦变成了一位传奇人物。当爱因斯坦 1921 年去伦敦时,霍尔丹(Haldane)子爵在国王学院的一次演讲中,把他引见给了大家。那段时间,爱因斯坦住在霍尔丹的家中,当他第一次走进霍尔丹的家时,霍尔丹的女儿一眼就看见了这位著名的客人,她竟然"激动得昏了过去"(Pais 1982,312)。霍尔丹在国王学院向演讲的听众介绍爱因斯坦时告诉大家,在作这次演讲之前,爱因斯坦已经前往威斯敏斯特教堂"去拜谒了牛顿的墓地"。

418　　自那时起直至我们这个年代,在科学家和非科学家、史学家和哲学家撰写的著作中,都把(广义和狭义)相对论与"革命"紧紧地联系在一起了。1912 年,霍尔丹在他的著作《相对论王朝》(*The Reign of Relativity*,第 4 章)中把这个主题称作"爱因斯坦发动的我们物理学观念中的革命"。在哲学家卡尔·波普尔看来(Whitrow 1967,25),爱因斯坦使"物理学发生了革命"。[7]物理学家马克斯·玻恩(1965,2)和西尔维奥·贝尔希亚(Silvio Bergia 1979,82,法文版)分别提到了爱因斯坦的"革命性时空观"和"爱因斯坦革命"。玻恩(1965,2)还说:"1905 年的狭义相对论"是既标志着物理学的"经典时期的终结"又标志着"一个新纪元的开始"的重大事件。史蒂文·温伯格(1979,22)认为,爱因斯坦最卓越

---

① 这里所指的是相对论。——译者

的成就是，"他第一次使时间和空间脱离了形而上学体系，成了物理学的组成部分"。按照数学家埃米尔·波雷尔（1960，3）的观点，爱因斯坦"不仅给我们带来了一种新的物理学理论，而且教给了我们新的观察世界的方法"。因此，"凡是学过他的理论的人们，都不可能再按照他们没有学过它们之前的思维方式去思考了"。西班牙哲学家何塞·奥尔特加-加塞特（José Ortega y Gasset）在他的著作中没有明确使用"革命"一词，但他大胆地宣告：爱因斯坦的"相对论"是"这个时代"的"最重要的思想事件"。因此，爱因斯坦的两种相对论在引发一场物理学中的革命的同时，也引发了一场哲学中的革命。

有充分的证据表明，广义相对论比狭义相对论更能满足本书第三章提出的所有检验科学革命的标准。不过，相对于狭义相对论的发展史，广义相对论的发展史非常艰难曲折。很长一个时期，只有天文学家（而且只是那些研究宇宙学或天体演化学的天文学家）对广义相对论感兴趣，物理学家则不然。史蒂文·温伯格（1981，20）曾经指出："所有在最基础的层次上研究物质的现代的物理学理论"，"基本上"都基于"两大支柱"，一个是"狭义相对论"，另一个是"量子力学"。在评论20世纪20年代和30年代物理学家们的活动时，埃米利奥·塞格雷（Emilio Segrè 1976，93）[1]特别指出："与狭义相对论相对应的广义相对论，目前尚不是物理学家们的兴趣中心。"也就是说，广义相对论与狭义相对论不同，它对于

---

①　埃米利奥·塞格雷（1905－1989年），意大利物理学家，他不仅发现了元素锝和砹，而且还发现了反质子和亚原子反粒子，并因这些卓越成就而获得1959年诺贝尔物理学奖。——译者

当时的主要研究课题如物质理论和辐射理论等并非是必不可少
的。例如，当我在30年代末攻读物理学研究生时，几乎所有的关
于原子核物理学和量子理论的课程，甚至一些基础课程和中级课
程，都涉及狭义相对论，但只有几个数学家[在 G．D．伯克霍夫
（G．D．Birkhoff）[①]的激励下]关注广义相对论。另外，广义相对
论暗示，物理学所产生的最为成功的理论之一———牛顿万有引力
理论存在着根本性的错误或者说它尚有不足，而且广义相对论还
引进了"四维时空曲率"这一奇特的概念来说明引力。1919年伟
大的日食检验只是定性地证明了光线会受引力场的影响，这也是
可以理解的。更精确的日食检验是以后的事了。但是，在爱因斯
坦最初提出的三种验证方法之外再发明新的方法，可能又要过去
数十年。结果是，在"爱因斯坦提出他的理论40年之后"（Wein-
berg 1981，21），才有人构想出并完成了新的更精确的实验，以证
实广义相对论。

　　第二次世界大战结束后的几十年间，事态发生了相当可观的
变化。在实验室进行精确的验证检验已经成为可能。于是，人们
对引力的本质、引力与自然界的其他几种基本力（电磁力、弱核力
和强核力）的关系等问题重新产生了兴趣。庞大的物理学和天文
学"行业"已经兴起，它的关注中心是广义相对论及其在宇宙学和
天体演化学中的应用，以及在物理学其他的分支中的应用。正如
史蒂文·温伯格所猜想的那样，由此而产生的结果之一可能就是，

---

① 　G．D．伯克霍夫（1884－1944年），美国数学家，以提出遍历定理而闻
名。——译者

为了"理解超短距离的引力"，或许还需要"另一次普遍原理的伟大飞跃"（第24页），另一次我们目前对之尚一无所知的革命。一言以蔽之，广义相对论今天已成为令科学家激动不已的研究课题，这种激动或许是前所未有的。

量子理论的发端：普朗克和爱因斯坦

量子理论在许多重要的方面与相对论有所不同。几乎每一个人都听说过相对论及其创立者阿尔伯特·爱因斯坦，但只有科学家和少数非科学家（他们不是学过科学就是对科学感兴趣的人）知道量子理论。然而，几乎每一个关注物理学任一方面的人——不仅是物理学家，也包括化学家、天文学家、生物化学家、分子生物学家、冶金学家和其他人等，都会在他们各自的工作中经常运用量子理论及其成果，但却并不经常运用广义相对论。量子理论不仅广泛渗透到这些科学领域之中，而且也像相对论一样，在我们的科学思维和科学哲学中导致了根本性变革。相对论和量子论的革命性很早就被人们认识到，但两者都长时间处在论著中的革命阶段。

量子理论的发展经历了三个主要阶段：前期量子论（普朗克、爱因斯坦、玻尔、索末菲、康普顿），量子力学［德布罗意（de Broglie）、薛定谔、海森伯、约尔旦（Jordan）、玻恩］以及最新的相对论量子力学或量子场论。前两个阶段均被视为革命。事实上，物理学家们感到很难找到足够有力的词语表述量子革命的重要程度和深度。在维克托·魏斯科普夫（Victor Weisskopf 1973, 441）看来，"马克斯·普朗克发现作用量子"，是"科学中最富成果、也最具革命性的发展的开端"。他补充说,"在普朗克发现以后的30年间,我们关于物质的特性和活动的基础发生了变革,而且日积月累不断扩大",这在历史上是罕见的。保罗·戴维斯(Paul Davies 1980,9)写道:"自20世纪初物质的量子理论创立以来,科学和哲学中已经发生了革命"。他发现,"值得注意的是,历史上各个时代最伟大的科学革命基本上都不被一般人所注意",因此,他认为,"这其中的含义"是如此"令人震惊以至几乎难以置信——甚至超过了科学革命本身"(第11页)。

　　量子理论的开创时期一般被确定为1900年,这一年,马克斯·普朗克宣布了他的"作用量子"的概念。普朗克不像爱因斯坦5年后所做的那样,他没有涉及光量子部分或辐射本身,也没有涉及在这种光产生(或湮灭)的过程中物质与辐射相结合的实际进程。相反,他仅仅探讨了一个空腔内壁上的振荡电子与封闭的辐射之间的能量交换,他发现,这个过程是以脉冲方式进行的,每一份能量为 $h\nu$,这里的 h 是普朗克引入的自然界的新普适常量(即普朗克常量),而 ν 是交换的能量的频率。正如 T. S. 库恩指出的那样,普朗克在1900年仅仅作了这样的假设:能够以频率 ν 振动的谐振子簇(亦即有形体的聚集,而非以太振动)作为一个集体可能具有与它们的频率 ν 成正比的总能量。与后来的光量子概念相比,这是一个非常有限的假设,按照光量子概念,光量子是一种具有确定性质的不可分割的实体,每一个光量子都具有一份能量 $h\nu$。

421　　我们很容易理解普朗克为什么没有采取甚至没打算采取更彻底的步骤,即假设光是由不连续的能量包或能量束"组成的"。首先，这样的假设对他的表述来说并无必要；其次，也是更重要的，这种思想会与物理学最为完善的概念之一相冲突，按照这一概念，光（以及根据麦克斯韦和赫兹的理论，各种电磁辐射）是一种波的现象，它穿越空间以连续波动的形式传播，在这里，不连续的单位的概念既是不可思议也不相容的。确实，当爱因斯坦在 5 年之后提出他的光量子观念时，由于以下事实而出现了概念上的困难：一个光量子的能量是由光的频率决定的，并且是用波长来度量的——而所使用的"干涉"技术，恰恰就是几十年前为波动光学理论提供实验基础的技术。

普朗克后来谈到他大胆阐明他的那些思想时说，这是"铤而走险的行动"（Pais 1982，370）。按照派斯的说法，他的推理"是疯狂的"，但这种"疯狂"却具有一种"只有最伟大的承前启后的人物才能为科学带来"的"非凡品质"。这种精神致使他实现了把我们这个时代的物理学与以前各个时代的物理学区分开来的"第一次概念上的突破"，而且把一个非常保守的思想家塑造成了"一个不情愿的革命者的角色"[8]。尽管普朗克通常被描绘成一个被迫违背自己意愿而迈出创立量子理论的根本性一步的物理学家，但他在许多陈述中都流露出对爱因斯坦和他自己工作的革命性的由衷的赏识。在以下这句话中，他显示出了对爱因斯坦相对论的无限热情（引自 Holton 1981，14）："这种新的……思维方式……远远超越了思辨科学研究甚至认识论中所取得的任何勇于创新的成就"。对普朗克来说，"相对性原理在物理世界观（Weltanschauung）中引发的革命"，可能"在深度和广度上只有哥白尼宇宙体系的引进所导致的革命可与之相比"。普朗克在接受诺贝尔奖时所发表的致辞中说，"要么作用量子仅仅是一个虚构的量，并且辐射定律的全部推导或多或少也是错误的，不过是一种公式游戏；要么这个定律的推导是以正确的物理概念为基础的"。随后他解释说，如果是后者，那么作用量子将"在物理学中扮演一个十分重要的角色"。

422 其原因就在于，量子"预示着一种新的事物的状态注定要出现，它也许会彻底改变我们的物理学概念，自从牛顿和莱布尼茨引进了微积分以来，这些概念就建立在所有事件的因果链都具有连续性这一假设的基础上"。在这篇演讲中，谨慎的普朗克并没有明确地从革命的角度谈及他自己的发现。爱因斯坦赞赏普朗克作为一门全新的物理学的创立者所起的作用，他在推荐普朗克作为1918年诺贝尔奖候选人时所基于的理由是，普朗克"奠定了量子理论的基础，该理论为全部物理学提供的创造力在近年来已经日益明显"（Pais 1982，371）。

在为皇家学会撰写的普朗克的讣告中，马克斯·玻恩描述了1900年至1905年期间知识界的迷惘状态。玻恩"毫不怀疑"，普朗克有关"作用量子的发现"是一件"堪与伽利略和牛顿、法拉第和麦克斯韦所引发的科学革命相媲美"的大事。他在早些时候曾写道，"量子理论始于1900年，那一年，普朗克宣布了他的能量子或'量子'这一革命性概念"（1962，1）。他宣称，这一事件"对科学的发展具有如此大的决定性意义"，以至于它"通常被视为**经典物理学**与**现代物理学**或**量子物理学**的分水岭"。但玻恩（1948，169，171）告诫我们，不要轻率地接受所谓这一"普遍认可"的观点，即"普朗克做出其发现的1900年，无疑标志着物理学新纪元的开始"，因为"在这个新世纪的最初几年，几乎什么事情也没有发生"。

玻恩说:"[这时]正是我做学生的时期,我记得在课堂上很少提及晋朗克的观点。即使偶尔提到了,也是作为一个理所当然应当被排除的预备性的'初步假设'。"玻恩强调爱因斯坦的两篇论文(1905;1907)的重要性。不过,玻恩评论说,虽然1900年后"普朗克已转入别的研究领域",但他"绝没有忘掉他的量子"。1906年普朗克所写的一篇关于热辐射的专论证明了这一点,该专论"通过对导致量子假说的相继步骤的巧妙展示,给人留下了极为深刻的印象"(Born 1948,171)。

在爱因斯坦发动相对论革命的那个时期,他对量子理论也做出了重大贡献,这充分说明了他的伟大之处。在1904年一篇关于统计学的论文中,爱因斯坦首次提到了量子理论,1906年,他再次回到了这个主题,建立了今天所谓的"固体的量子理论"。不过,最重要的是他在1905年3月的论文,它标志着使普朗克具有潜在革命性的思想转变为真正的革命性思想,尽管这时依然处在论著中的革命阶段。[9]1905年的这一论文包含两个根本性的假设。一个假设是,当光或"纯"辐射在空间传播的过程中,它被构想成是由不连续的和一个个能量包或能量束(量子)组成的;另一个假设是,在光(或任何形式的电磁辐射)发出辐射或被物质吸收时,也是以同样的不连续的量子形式进行的。这些假说不仅远远超出了普朗克1900年的假说,以至于构成了一场彻底的转变,而且也与当时普遍接受的物理学的基本原理相抵触。派斯(同上)认为,这项工作已成为"爱因斯坦对物理学的一项革命性贡献";它"推翻了关于光和物质相互作用的全部现有的观念"。这是我们业已看到的唯一的一个被爱因斯坦自己描述成"革命性的"他本人的发现。

爱因斯坦1905年3月的论文的标题为《关于光的产生和转化的一个试探性观点》("Über einen die Erzeugung und Verwandlung des Lichtes betreffenden heuristischen Gesichtspunkt",英语为 "On a Heuristic Viewpoint Concerning the Production and Transformation of Light")。在物理学中"heuristic"这个词不常使用,这一术语来源于哲学和教育学,意指某种有助于发现或说明的事物,但没有必要认为它是真的。爱因斯坦很愿意在1907年那篇相对论的论文和他的"通俗性阐释"《狭义与广义相对论浅说》(*Relativity, the Special and General Theory*,1917,第14章;英译本,1920)中再次使用这个术语。他之所以引进这个术语,是因为他正建议采纳一个类粒子概念,但是,按照他那样给出的概念,根本不可能说明光的大部分已知现象。光的波动说的建立及其被干涉实验的证实,是19世纪物理学取得的最伟大的成就之一。爱因斯坦(Klein 1975,118)无外乎是在建议"物理学家们考虑放弃光的电磁波理论",而该理论是"麦克斯韦的场论和全部19世纪物理学取得的最伟大的成果"。因此,爱因斯坦正在建议的只是一个临时性的假说。

描述一种波的特性的基本参量是速度、波长和频率。在爱因斯坦的具有能量 $h\nu$ 的类粒子量子的概念中,频率 ν 是从波动方程中导出的,而所使用的波长则是用"干涉"技术确定的。但在光量子概念中,在波动理论中有着基础意义的频率,可能对于一个粒子或光量子而言并无明显的物理学意义。连续的或波动的特性与不连续的或粒子的特性之间的矛盾是如此明显,以至于爱因斯坦424不得不在他的论文中写上这样的话:"假设我们的见解是与实在相符的"。像所有其他科学家长期坚持的那样,普朗克也坚持认为,光和所有其他形式的电磁辐射是由波构成的,因而是连续可分的:不连续的能量单位或量子只是连续的波与物质相互作用的结果,例如在光的吸收和辐射过程中所表现出的那样,但它们本身并不是光波的特征。按照爱因斯坦1905年的假设,光本身正是由不连续的单位或量子构成的:也就是说,光(以及任何形式的电磁辐射)必定具有一种微粒结构。依据爱因斯坦的概念,量子就是光本身的特征,而并非仅仅是光与物质的相互作用过程。尽管如今的科学家和史学家一般都会提及"爱因斯坦的光子理论",但是光子的概念以及附加的动量的属性是在1905年过去很久以后才引入的。而且,爱因斯坦直到临终前(如在去世前一周的一次采访中)仍然坚持说,它"不是一个理论",因为它不能为光学现象提供个圆满的说明。

尽管爱因斯坦的论文是假说性的、试探性的、不全面的和理论性的,但其中确实有一部分是极为重要的,因为它导致了直接的实验。在这部分,爱因斯坦讨论了赫兹于1887年发现的光电效应,并且讨论了菲利普·勒纳于1902年观察到的许多特性。在光电效应现象中,入射光照在金属表面会导致一个电子被射出或释放。实验已经表明,若能使电子射出,入射光必须有一定的最小频率,亦即所谓的"临界"频率,它被证明是特定金属的一个特性。假设光是由不连续的量子构成的,爱因斯坦提出了一个"光量子把它的全部能量给予单个电子"的"最简单的可以想象的过程"。如果光(或辐射)是单色的,频率为 ν,则每个量子的能量为 $h\nu$。这一能量肩负着两项任务:它要做"功"(P)以便克服把电子束缚在金属上的力;它要赋予电子一定的动能(E),具有了这一动能电子才能脱离金属。换句话说：

$$E + P = h\nu$$

或

$$E = h\nu - P。$$

爱因斯坦方程解释了光电效应的一些规律。其中一个规律是，射出的电子的动能 E 与光的亮度或强度无关，而只取决于它的频率。（爱因斯坦的解释是，光强是对光子的数目因而也是对射出的电子的数目的度量，而非对它们的能量的度量。）这个方程还表明射出的电子的能量 E 与入射光的频率 ν 有关。另一个规律是，每一种金属都需要一定的最小频率才能释放出光电子。爱因斯坦方程的解释是，只有当 ν 足够大，使得 $h\nu$ 大于 P 时，光电效应才会发生。

爱因斯坦方程还预言，E 的变化与 ν 成正比；如果画出 E 和 ν 的直线图，那么直线的斜率就是普朗克常数 h。不久之后，有人就进行了实验，主要是 J. J. 汤姆孙的学生之一 A. L. 休斯（Hughes）所做的实验，它们显示了爱因斯坦方程的正确性。但真正的检验来自 R. A. 密立根所做的实验；这些实验不仅完全确证了爱因斯坦方程，而且得出了一个新的 h 的精确值［参见 Bruce R. Wheaton（布鲁斯·R. 惠顿）1983］。

密立根关于这些实验的论文（1916）是相当奇特的。尽管他说"在每一个实例中"，爱因斯坦的"光电效应方程"看来都会"精确地预见"实验的"观测结果",但他进而又称,爱因斯坦用来推导出这个方程的"半微粒理论""目前似乎完全站不住脚"。他在一年之中重申了他的这一立场,即爱因斯坦的"电磁光微粒假说"是"大胆的",实际上也是"草率的"。在其著作《电子》(*The Electron*,1917)中,密立根说,爱因斯坦方程是"一个大胆的预言,其大胆程度不亚于那些暗示它的假说",但爱因斯坦的极端假说的"基础"并不存在。密立根写道,因此,"爱因斯坦的这个方程"竟然能够"精确地预言"密立根和其他人"在实验中观测到的事实",这是多么令人惊奇! 在其著作中,曾经是革命的反对者的密立根,并没有实事求是地告诉他的读者,他本人进行这些实验的目的是,要证明爱因斯坦方程、从而也暗中证明该方程据之为基础的那些概念是错误的。[10] 1949 年,密立根承认,在他的一生中曾花了 10 年时间"检验爱因斯坦 1905 年的方程"。他写道,"与我所有的预期"相反,"在 1915 年我不得不宣布它得到了明确的实验的证实,尽管它不合常理"。

　　密立根(1948,344)清楚地表达了他反对爱因斯坦的那些光量子的基础:它们"似乎完全违背了我们关于光的干涉现象的全部知识"以及波动理论的实验基础。1911 年,爱因斯坦本人感到,他必须公开"坚持这种光量子概念具有权宜性的特征",因为它"似乎与已由实验验证过的波动理论的结果不相协调"(Pais 1982,383)。派斯发现,爱因斯坦的谨慎"几乎有可能被误解为是优柔寡断",这一因素可以解释:为什么爱因斯坦的赞赏者冯·劳厄会在1907 年写信给爱因斯坦,说他听说爱因斯坦"放弃了"他的"光量子理论"后很高兴。冯·劳厄并非唯一产生误解的人。1912 年索末菲说,爱因斯坦不再坚持"他[1905年]十分鲁莽地提出的独创性观点了",而密立根在1913年说,"我相信"爱因斯坦"大约在两年前"就"已放弃了……"他的光量子思想。1916年,密立根又一次表明,尽管实验证实了爱因斯坦方程,但实验据以为基础的"物理学理论"已被证明是"非常站不住脚,以至于我相信,爱因斯坦本人也不再坚持它了"。但有机会接触爱因斯坦的论文和信件的派斯却发现,"没有任何证据表明他在任何时候收回过他于1905年提出的任何命题"。罗杰·施蒂韦尔(Roger Stuewer 1975,75–77)提供的令人信服的证据表明,爱因斯坦从未对他所信奉的光量子假说有过任何动摇,而事实上,他本人"对它有了越来越深刻的见识"。

直到1918年,卢瑟福(引自Pais 1982,386)依然争辩说,对于"能量与频率之间的这种非同寻常的联系","物理学至今还不可能做出解释"。派斯在总结他对这一事件的研究时评论说,"甚至在爱因斯坦的光电定律被认可之后,除了爱因斯坦本人外,几乎没有任何人在光量子方面做过任何工作"。作为证据,派斯引证说,1922年爱因斯坦获诺贝尔奖既不是因为相对论,也不是因为光量子理论,而是"因为他对理论物理学所作的贡献,特别是因为他发现了光电效应定律"。因此,我们只能得出这样的结论,爱因斯坦的革命性创新当时依然停留在仅仅是论著中的革命阶段,在实践上还没有支持者。[11]

对于密立根企图反驳爱因斯坦的新思想这个事例,我们不能简单地认为,这就意味着物理学界普遍存在着反对爱因斯坦试探性建议的倾向;对爱因斯坦的理论建议,人们往往是不予理睬,而不是积极与之论战。作为一个真正伟大的物理学家,密立根确实是一个例外。1913年，一份推荐爱因斯坦当选普鲁士科学院（the Prussian Academy of Sciences）院士的正式文件，反映了当时物理学界的一般意见。在这份文件上签名的是4位伟大的科学家和爱因斯坦的赞赏者，他们是马克斯·普朗克、瓦尔特·能斯脱（Walther Nernst）、海因里希·鲁本斯（Heinrich Rubens）和埃米尔·瓦尔堡（Emil Warburg）。这份文件［发表于泰奥·卡安（Théo Kahan）1962年的论文；参见 Pais 1982，382］赞扬了爱因斯坦的丰硕的成就，甚至说："几乎没有哪项大大丰富了现代物理学的重大课题，爱因斯坦没有对之作出过卓越的贡献。"然后，他们感到应该原谅爱因斯坦"有时……也［曾］在他的思索中失去了目标"，就像"在他的光量子假说中"那样。在谈到原谅这一过失时，他们补充说："即使在最精密的科学中，不花一段时间去冒险，也是不可能引进全新的思想的。"智者千虑，必有一失！

量子理论和光谱：玻尔的原子模型

我们前面所追溯的并非是量子理论发展的唯一路线。1912年，在曼彻斯特卢瑟福实验室工作的一位年轻的丹麦人提出了一个革命性的、崭新的原子模型。尼耳斯·玻尔最初接触的是卢瑟福的原子概念，即原子如同一个微型的太阳系，中央是原子核，"轨道行星"电子围绕它运行。玻尔模型的革命性在于，他提出的"原子模型"能够解释一定频率的光的辐射和吸收，而别的模型却不能。他采用了"普朗克的辐射理论"，即存在着能量 ν "明显不连续的辐射"。然后他说，"普朗克理论对于讨论原子系统活动的普遍意义,是爱因斯坦首先指出的",并得到了其他物理学家的阐述。众所周知,玻尔假设:处在稳定轨道上的电子既不辐射能量也不吸收能量,但当它自发地从一个稳定轨道"跃迁"到另一能量较低的轨道时,它就会辐射出一个光量子。反之,当电子吸收一个光量子时,它将"跃迁"到能量较高的轨道上。玻尔指出,以此为基础,他能够推导出几个已知的光谱学定律。这就是著名的、革命性的"前期"量子理论的起源。

　　很难判断玻尔最初是如何看待他的理论的革命性的。在1913年到1924年期间,他肯定在尝试尽可能包容更多的经典观念,以使其理论看起来是符合伟大传统的。不过,玻尔在谈到他最初的概念时,只是称其为一个原子"模型",这种方式使人想起了爱因斯坦在1905年他的光量子论文中使用的修饰词"试探性的"。到了20年代初,几乎没有任何人怀疑玻尔理论的革命性,这一事实被多数物理学家所承认。原子论后来的发展包括,从单电子原子(氢)扩展为双电子原子(氦),以及引进了椭圆轨道的概念。许多物理学家对这一伟大理论的发展做出了贡献,除玻尔本人外,另一位重要的人物就是阿诺尔德·索末菲。像所有革命性的科学思想一样,玻尔的量子理论也没有立即得到科学界的普遍认可,尽管他的理论在数值上与实验发现的规律更接近一致。这种迟滞的原因或许主要是由于第一次世界大战的影响,而并非是由于玻尔的原子模型和光谱量子论所具有的革命性。无论如何,在大战后的多年中,几乎每一个卓越的物理学家都对涉及量子理论发展的基础性问题产生了兴趣。

　　玻尔的理论是与爱因斯坦的理论相互联系的,因为二者都假定电子与光子以一对一的方式相互作用。在说明光电效应时，爱因斯坦已经考虑了光量子具有足够的能量导致吸收它的电子离开物质的情况，而在玻尔的理论中这是一种极端情况（电离）；当光量子能量较小时，电子不会脱离原子，而只会"跃迁"到更高的轨道。使玻尔理论令人难以置信的是这样的观念，即存在着离散态与定态或轨道，但不可能有居间状态。此外，像爱因斯坦一样，玻尔也假设了一种直接与麦克斯韦物理学的一条基本原理相矛盾的情况：依据该原理，在电场（即带正电的原子核周围的正电场）中运动的带电体（即电子）必然发生辐射。按照所有公认的物理学原理，这样一个旋转电子会因为辐射不断地减少它的能量，那么它的运动轨道也就会不断地降低直至最终落入原子核内。但玻尔假定，一个电子能够在稳定的轨道上绕原子核旋转，而不会释放或辐射能量。这就是影响这一理论被接受的主要障碍。马克斯·冯·劳厄就是反对者之一，他怀疑玻尔理论的根据是，这种理论恰恰是麦克斯韦物理学所拒绝的。

那些像我本人一样在 20 世纪 30 年代开始学习物理学的人一定会回想起，那时，量子论课程（以及许多教科书）的一个特点就是先进行一番历史回顾，然后引入正题。通过回顾，可以使学生们一步步地了解到旧的辐射理论（包括能量均分原理）的失败以及（普朗克和爱因斯坦开创的）量子理论发展的各个阶段。然后是讨论光谱学原理和玻尔的独创理论对它们的说明，接着是它的后继发展：索末菲把该理论中的轨道发展成椭圆轨道。在这里往往会强调那些具有历史意义的实验，如密立根实验以及弗兰克和赫兹实验。最后，学生们会学到电子的自旋、量子数的概念以及伟大的泡利不相容原理。现在看来,对量子之所以被接受的原因所进行的历史复述表明,教授们和教科书的作者们感到有必要让学生们了解前一代人的所有经历,必须让他们相信这些是一种全新的和尚不完善的物理学的基础。这就是量子理论的革命性的一个标志。

对玻尔1913年至1923年发表的著述的细致考察显示,尽管他引进了普朗克常数并且谈及了爱因斯坦关于光电效应的研究,但他并没有对光量子理论表示强烈的支持。也就是说,他主要关注的既不是光自身的本质也不是光的传播,而是当电子改变其轨道(因而改变能量)的状态时光的吸收和辐射。在其创造性的论文(1913)中,玻尔承认他引进了一个"与经典电动力学定律不相关的量,即普朗克常数"(参见 Heilbron and Kuhn 1969;Miller 1984)。回顾来看,玻尔的理论似乎是经典力学与用于确定定态的量子化方法再加上不连续现象的奇异组合。玻尔(1963,9)意识到,他的"原子模型"尚不完善,还处于未完成的初级形态,因为它的"基本思想与一组业已被公正地称作经典电动力学理论的观念相冲突,而那组观念有着令人惊叹的前后一致性"。正如马丁·J. 克莱因(Martin J. Klein)所发现的那样,在1910年至1913年那段岁月里,"像马克斯·普朗克和 H. A. 洛伦兹这样的人对爱因斯坦的光量子理论的尖锐批评也仅仅"是基于这类理由,即这些光量子完全不能解释干涉和衍射现象(1970,6)。玻尔本人在1913年的就职演说稿中写道,原子释放的是"**均匀辐射**"而不是光量子(参见 Miller 1984)。从1913年到大约1920年,玻尔一直尝试着使经典的光的波动理论与原子过程协调一致,最终建立了他所谓的"对应原理"。但是阿诺尔德·索末菲在他1922年颇有影响的专论《原子结构与光谱线》(*Atomic Structure and Spectral Lines*)中，却只是认为，"令人惊奇的"是，"波动理论如此之多的部分依然被保留了下来，甚至在具有明确量子特性的光谱过程中也是如此"（第254页），他得出结论说，"现代物理学""目前正面临着不可调和的矛盾"（第56页）。玻尔本人甚至提议放弃他所说的"所谓的光量子假说"（参见 Miller 1984）。对这个时代的讨论不仅说明，在尝试建立一个令人满意的与原子模型相关的光谱量子论的过程中产生了混乱，而且还显示出把一组革命性的新观念与经典物理学结合起来有诸多困难。索末菲（1922，254）认为，现代物理学一定要承认新与旧之间的矛盾，并且"坦率地承认事实真相不明"，这一观点博得了沃尔夫冈·泡利的热烈赞同。

　　玻尔的理论通过了鉴别科学中的革命的所有检验。例如，卢瑟福在 1929 年一封发表于《自然科学》(*Die Naturwissenschaften*)杂志（第483页）的信中指出，"玻尔教授大胆地把量子理论运用于对光谱起因的解释"构成了一场革命。他说，玻尔的理论是"普朗克假说的直接发展，它已经对物理学产生了如此重大的革命性影响"，甚至影响到了现在"正在进行的我们的思想方法和哲学观念的彻底变革"。约翰·考克饶夫爵士（Sir John Cockcroft）在 1969 年[1]写道，玻尔"把经典力学与量子理论相结合来描述电

---

　　① 原文如此，但约翰·考克饶夫已经于 1967 年去世。作者的意思是否是说约翰·考克饶夫在 1969 年出版的著作中这样写的？由于这里的引文没有标明出处，我们不得而知。约翰·考克饶夫（1897－1967 年）是英国著名物理学家，他与爱尔兰物理学家欧内斯特·瓦尔顿（Ernest Walton，1903－1995 年）于 1931 年成功地将原子分裂。由于他们对原子核物理学的贡献，他们双双荣获了 1951 年诺贝尔物理学奖。——译者

子轨道的运动"是一大发展,它"推动了原子理论的革命"。不过,像笛卡尔革命一样,玻尔革命并没有持续多久。与笛卡尔的成果命运相同,玻尔理论的某些基本要素被结合到下一场革命即量子力学革命之中了,可以把玻尔革命看作量子力学革命的第一阶段。

走向量子力学:伟大的量子革命

　　1926年,爱因斯坦的光量子被命名为"光子"。这一名称是美国物理化学家 G. N. 刘易斯(G. N. Lewis)引入的,但他用来描述的是一个略有不同的概念;尽管他的概念被摈弃了,但这个名称却迅速成了标准的物理学词汇中的一员(参见 Stuewer 1975,325)。然而,在20世纪20年代中期,光子概念与爱因斯坦原来的光量子概念不同,它还包含某些爱因斯坦本人最初并未考虑的粒子的性质,其中最重要的就是动量。不过,他确实在1916年引进了动量($p = h\nu/c$)特性;这一概念甚至在更早以前实际已经出现在约翰内斯·斯塔克1909年的一篇论文中了(参见 Pais 1982,409)。光子可能具有动量的思想是 P. 德拜(Debye)和阿瑟·H. 康普顿于1923年提出的。事实上,康普顿还完成了现代物理学最卓越的发现之一,即以他的名字命名而现在众所周知的康普顿效应。康普顿用无可辩驳的实验证据证明:"任何一个辐射量子带有定向的动量和能量"(Stuewer 1975,232)。罗杰·施蒂韦尔回顾了这项工作的历史,他揭示出康普顿的动机不是检验爱因斯坦的预言——这与10年前密立根的动机截然不同。施蒂韦尔(第249页)还发现,"康普顿效应"这一名称的首次使用,是在阿诺尔德·索末菲于 1923 年 10 月 9 日从慕尼黑写给康普顿的贺信中,他说,康普顿的那些结果是一年前的 8 月他与爱因斯坦"讨论的主要问题"。

尽管康普顿的结果最初也引起了某种争论(关于这一点请参见 Stuewer 1975,第 6 章),但有人(例如海森伯)很快就认识到,康普顿效应不仅是辐射量子论的转折点,而且是全部物理学的转折点(第 287 页)。康普顿本人很早就意识到他的成果的革命性。1923 年,康普顿在美国科学促进协会所做的演讲[演讲稿在 1924 年的《富兰克林学会会刊》(*Journal of the Franklin Institute*)上发表]中直言不讳地断言,他的发现引起了"我们关于电磁波传播过程的思想的革命性变化"。然而,1923 年他在《国家科学院院刊》(*Proceedings of the National Academy of Sciences 9*:350 - 362)上却撰文说:"目前的衍射量子观念绝没有"与经典波动理论"发生冲突"。爱因斯坦最终看到自己的思想得到了证实,他宣布,现在有两种不同的光学理论:波动说和微粒说,"二者都是不可缺少的,而且人们现在不得不承认,它们没有任何逻辑联系,尽管 20 年来理论物理学家们付出了巨大的努力试图发现这种联系"。

大约在同一时期,路易·德布罗意在康普顿成就的鼓舞下,提出了他自己的物质波思想。在 1923 年一篇有关这一主题的论文中,他引证了"康普顿的最新结果"以及光电效应和玻尔理论作为依据,据此他确信,以波粒二象性为标志的爱因斯坦光量子观念是"绝对普遍适用的"。爱因斯坦、玻尔以及康普顿的成果使他增强了信心,从而接受了"光量子所具有的真实的实在性"。

德布罗意没有从物理学上说明光的波粒二象性,但他论证说,这种二象性是自然界的一个普遍特性,即使普通物质(例如电子)

也会既展现出粒子性又展现出波动性。这一革命性的观念是德布罗意在索邦大学(1924年11月25日提交)他的博士论文中提出的,而后,爱因斯坦对它作了进一步的发展,正是爱因斯坦使它引起了薛定谔的重视(参见 Wheaton 1983)。德布罗意的概念在美国致使克林顿·约瑟夫·戴维孙(Clinton Joseph Davisson)和莱斯特·哈尔伯特·革末(Lester Halbert Germer)进行了实验证实,在英国则导致了 G. P. 汤姆孙(G. P. Thomson, J. J. 汤姆孙之子)的实验证实①。而更为重要的是,它是新量子力学的前奏,而新量子力学首先是与薛定谔和海森伯联系在一起的[参见 Klein 1964;Max Jammer(马克斯·雅默尔)1966;Raman and Forman(拉曼和福曼)1969;Stuewer 1975;有关不同的观点,请参见 Miller 1984]。这场新的革命的那些成果,尤其是在马克斯·玻恩引进了概率要素之后,成了20世纪后半叶物理学和自然哲学的核心内容。

　　一个有历史记载的众所周知的事实是,在20世纪20年代初叶,爱因斯坦拒绝承认量子力学,因为它只不过是对自然界的“临时性”说明,因而与整个物理学界产生了重大分歧。爱因斯坦所反对的主要是,新物理学放弃了古典的因果律和决定论,而引进了概率思想作为物理事件的基础,因此(在他看来)它对自然的描述是不完备的。然而,爱因斯坦承认,尽管量子力学是一个临时性的成果,但它是物理学发展的一大进步,而且他向诺贝尔评奖委员会推

---

　　① 克林顿·约瑟夫·戴维孙(1881－1958年)和 G. P. 汤姆孙(1892－1975年)几乎同时独立发现了电子衍射,并因此共同获得1937年诺贝尔物理学奖。——译者

荐把这个令人羡慕的大奖授予量子力学的共同创建者薛定谔和海森伯(参见 Pais 1982，515)。明显才盾的是，爱因斯坦本人曾对量子力学的统计学基础做出了重要贡献。[12]

量子力学革命的历史或第二次量子革命的历史，以及它从自身的革命到论著中的革命再到科学中的革命的迅速而连续的转变，自然而然地成了本书的一章研究的主题。量子力学对物理学所具有的诸多革命意义在这一学科过去半个世纪的历史中已经显而易见，这些发展对科学和一般意义上的思想的重要性，从近几十年的几乎任何一本科学哲学著作中都可以看出来[尤请参见：Born 1949；Davies 1980；Richard Feynmann(理查德·费曼)1965；Jammer 1974；以及 Frederick Suppe(弗雷德里克·萨普)1977]。

前期量子论的"最后一搏"

我们可以用一个奇特的插曲来结束这里的叙述，这个插曲说明，爱因斯坦光量子概念具有真正的革命特性。1924 年，玻尔[与亨德里克·安东尼·克拉默斯(Hendrik Anthony Kramers)和约翰·C. 斯莱特(John C. Slater)①合作]发表了一篇论文，基本上

---

① 亨德里克·安东尼·克拉默斯(又译克喇末，1894-1952 年)，荷兰著名物理学家，曾与玻尔合作研究电磁波与物质的相互作用，并以克拉默斯-海森堡色散公式、克拉默斯-克勒尼希关系、克拉默斯定律等等而闻名；约翰·C. 斯莱特(1900-1976 年)，美国著名物理学家，为原子、分子和固体的电子结构理论以及微波电子学作出了重要贡献，并以斯莱特行列式、斯莱特函数、斯莱特常数、斯莱特理论等而闻名。——译者

拒绝了不久被命名为光子的概念。这时已是康普顿效应首次被宣
布一年之后。玻尔在他的原子理论中采用了量子概念，而这一原
子理论很快得到了普遍的认可并使物理学的这一分支发生了革命
性的变化——尽管当时还有许多棘手的问题，直到几年后量子力
学出现它们才得以解决。[13] 但玻尔的理论像普朗克最初的量子理
论一样，本身并没有涉及"自由辐射场"，也就是说没有涉及光或空
间的其他电磁辐射的量子化。像许多在爱因斯坦 1905 年的论文
发表后的 20 年间接受了量子理论的物理学家一样，玻尔只承认辐
射和吸收时的量子化，而不承认光本身的量子化。我们切不可忘
记，大量（对干涉现象和衍射现象的）实验为光的连续波动传播提
供了似乎无懈可击的证据。

　　玻尔－克拉默斯－斯莱特的论点是玻尔完全否认量子理论是
对光的普遍描述的最后一步。他坚信，他自己的"对应原理"能够
在辐射和吸收的量子理论与已被认可的电磁波传播理论之间的鸿
沟上架起一座桥梁。在 1919 年及其以后的几年中，他甚至表达过
这样一种意愿：如果对维护"我们通常的辐射思想"有必要的话，他
将不惜迈出最为极端的一步——放弃能量守恒原理（参见 Stuew-
er 1975，222）。1922 年 12 月 11 日，他在他的诺贝尔获奖演说中
再次提到了这个问题，当时他解释说："爱因斯坦理论的预言已经
得到了……近年来精确实验的证实。"不过，他又立刻补充说："尽
管具有启发性意义"，但爱因斯坦的"光量子假说"是"与所谓的干
涉现象完全不相容的"，而且"无法解释辐射的本质"。这一基调主
导了玻尔－克拉默斯－斯莱特 1924 年的论文，该论文的目的就是
要说明：对于辐射特性的原因，不应"从任何与（有关光在自由空间

中传播之定律的)电动力学理论相背离的方向上"去寻找,而只应
"从虚拟辐射场与受照射原子的相互作用的特性中"去寻找。在这
篇论文中,作者们表明:在处理单原子层次的问题时,他们会"抛
弃……对能量与动量守恒原理的直接应用",他们认为,该原理仅
仅是一个关于宏观数据的平均值的规律,对单个原子并不适用。
在此两年以前,索末菲曾说过:放弃能量守恒原理可能是医治光的
波粒二象性理论疾病"最有效的药方"(Pais 1982,419)。几年后, [434]
海森伯(1929)在评论这段历史时,把"玻尔－克拉默斯－斯莱特理
论描述为"呈献了前期量子论危机的顶点"(Pais 1982,419);按照
派斯的说法,它是"前期量子论的最后一搏"。[14]

　　斯莱特在致 B. L. 范德瓦尔登(van der Waerden)的信中写
道,"能量和动量统计守恒的思想"已经被"玻尔和克拉默斯引入理
论之中,这与我更好的见解完全相反"(Stuewer 1975,292)。斯
莱特指出,玻尔和克拉默斯会坚持主张,"在当时,没有任何现象需
要"空间中有光的"微粒"(或量子)"存在"。斯莱特"逐渐被说服,
从而相信拒绝微粒理论所获得的机械论的简单性,而不是尽力弥
补因放弃能量守恒和合理的因果作用而造成的损失"。[15]

　　否定这一理论的意见"非常之多"(Stuewer 1975,§7B4)。
然而,正确的答案并不是来自理论层次的讨论,而是来自直接的实
验,这例证了我们业已读到的赫胥黎的这句名言:"一个美丽的假
说被一个丑陋的事实扼杀了"。一项实验证明,能量和动量守恒定
律实际上在单碰撞层次上也是有效的。这一实验运用了康普顿效
应技术。第一批实验结果是柏林的 W. 博特(W. Bothe)和 H.
盖革(H. Geiger)获得的,而后,在芝加哥与 A. W. 西蒙(A. W.

Simon)一起工作的 A．H．康普顿取得了更具有决定性的结果。1925 年 4 月 21 日,玻尔一听到这个消息便立即写道:"目前唯一需要做的就是,为我们革命性的努力举行一个尽可能体面的葬礼"(参见 Stuewer 1975,301;Pais 1982,421)。同年 7 月,他在发表于《物理学杂志》(*Zeitschrift für Physik*)上的一篇文章中,再次提到了革命。他写到,"我们必须对这样的事实有所准备:要推广经典电动力学理论,就需要对那些迄今为止在描述自然时一直依据的概念进行深入的革命"。[16]这段插曲和玻尔对它的讨论,也许可以说明量子理论的进步是如何迫使人们诉诸革命的语言的。

第二十八章　爱因斯坦
论科学中的革命

　　尽管对许多历史学家、哲学家、社会学家和科学家来说,相对论革命已成为科学中的革命的典范,但爱因斯坦本人却认为,应该把他的思想创造看作物理学的进化性发展而非革命性发展的组成部分。爱因斯坦从未就与进化相对的革命这一主题写过一篇重要的文章,但他在多个场合相当令人信服地表达过自己的思想。

　　在评价爱因斯坦所阐述的有关科学中的革命的观点时,我们必须记住,在他扬名世界之前,爱因斯坦对革命的看法可能与其后来的观点是不同的。这也许能说明这个事实:他在 1905 年 3 月写给康拉德·哈比希特(Conrad Habicht)的一封信中,把自己的光量子观念说成是“非常革命性的［sehr revolutionär］”(Seelig 1954,89),而在 1947 年,他却宣布强烈反对科学是通过源源不断的革命潮流而发展的观点。就我所知,这封致哈比希特的信,是爱因斯坦唯一一次使用“革命性的”这一术语来描述他自己成果的任何方面,或者描述他自己这个世纪的物理学的任何部分。其他有记载的爱因斯坦对科学中的革命的论述,或者出现在他的通信或演讲中,或者出现在他有关自己成果的某个部分或某个特定科学家的成就的文章里,因此,对他所表述的每一个观点必须在包含该观点的语境中去理解。我发现没有证据表明,爱因斯坦对科学发展的模式进行过认真的思考并逐步建立起有关科学发展途径的真正理论。我在这里要补充一点,还存在着语言上的问题——爱因斯坦原来是用德语表达的,对它们的翻译也会出现问题。

在爱因斯坦发表了他的"非常革命性的"光子概念、他的相对论以及对布朗运动的发展等成果一年之后,他明确地谈到了他的忧虑,并且担心也许他再也不会恢复获得那些成果的创造冲动了。难道伟大的创造阶段已经结束了吗?1906年5月3日他写信给莫里斯·索洛文(Maurice Solovine)①,表达了他对不能再创造出具有任何重要性的新的科学成果的忧伤心情。他说:"用不了多久我就会到达头脑迟钝、缺乏创造力的年龄,到了这个年龄,谁都会为失去年轻人的革新精神〔revolutionäre Gesinnung der Jungen〕而感到惋惜"(Einstein 1956,5;参见 Feuer 1971,297;1974)。这句话说得多少有点模糊,但我的解读是,它在一定程度上暗示着,一个富有创造力的青年科学家往往会有一种"革命心态",从而意味着这样的人易于产生"非常革命性的"观念。我认为,没有理由假设,在1905-1906年的两封信中出现的"革命性的"这个词与当时科学界流行的同一个词有任何不同的含义。也就是说,爱因

---

① 康拉德·哈比希特(1876-1958年),数学家和业余发明家;莫里斯·索洛文(1875年-1958年),罗马尼亚哲学家和数学家;他们都是爱因斯坦的朋友。1902年爱因斯坦到伯尔尼不久,当时在伯尔尼学习哲学的莫里斯·索洛文通过爱因斯坦私人授课的广告与他相识,见面后他们发现双方有相同的思想兴趣,以后便经常一起阅读经典著作,并讨论科学和哲学问题。后来,在沙夫豪森与爱因斯坦相识的康拉德·哈比希特到这里学习数学,他也加入到这一活动中,他们把这个兴趣小组戏称为奥林匹亚科学院。他们的活动持续了3年,对爱因斯坦的思想发展和早期的科学创造起到了重要的推动作用。——译者

斯坦特别强调他的光量子概念包含了强劲的不连续性因素，是物理学进程中的一项革命性突破。

爱因斯坦于 1905 年至 1906 年对革命性科学的援引与他 1947 年的评论形成了鲜明的对照。1947 年 1 月 30 日《纽约时报》刊登了这样一条新闻："据报爱因斯坦的理论被拓展了"。这里所说的是，埃尔温·薛定谔声称，已经"解决了一个 30 年悬而未决的老问题：爱因斯坦 1915 年的伟大理论得到了令人满意的推广"。《纽约时报》报道说，薛定谔宣称他已将广义相对论从引力范围扩展到电磁现象领域。据说他毫不客气地宣布，这项研究是"我们这些科学家应当做的事，我们不应当去制造原子弹"。《纽约时报》采访了爱因斯坦，请他发表看法。采访报道与介绍薛定谔自己所声称的成就的新闻登在一起，报道所引用的爱因斯坦谈话的大意不过是说，他无法"在这一时刻对此做出任何评价"。爱因斯坦说，[437]"我没有第一手资料"，而且他与薛定谔只有"有限的通信用来讨论科学上的问题"。

尽管爱因斯坦没有在新闻媒体上发表公开的评论，但是，他确实写了一篇文章，该文本的英译本曾被马丁·克莱因引用过（1975，113）。爱因斯坦说："读者得到的印象是每过 5 分钟就会发生一次科学革命，简直就像某些不稳定的小国中发生 coups d'état（政变）一样。"爱因斯坦（根据克莱因的摘要）认为，"过多使用'科学革命'这个术语会使人对科学发展的过程产生一种错误的印象"。爱因斯坦实际写的是：这个"发展过程"是这样一个过程，它需要"前后连续几代最优秀的头脑加上孜孜不倦的努力"，是一个"慢慢地导致对自然规律的构想愈益深刻"的过程。在这些自白中可以看出,尽管爱因斯坦强调科学进步的积累的方面,但他并没有完全排除偶然发生的革命。[1]

克莱因注意到,爱因斯坦确实"偶尔会提到科学革命",而这种情况,"可以说,只有当[科学上的]变革达到法国大革命或俄国革命那种程度时,"才可能出现(同上书)。我们已经看到爱因斯坦一再提到麦克斯韦革命(或法拉第、麦克斯韦和赫兹革命)。在他的《自述》("Autobiographical Notes",1949,37)中,爱因斯坦指出:"从引进[电磁]场而开始的革命绝没有完结。"对于这一情况,即爱因斯坦实际上并没有创立新的"光量子理论",而仅仅提出了"一个假说",它可用来作为"建立必要的新理论的一个富有启发性的向导",克莱因(1975,118-119)进行了观察入微的分析。克莱因还论证说,在爱因斯坦提出相对性原理时,他"并没有宣称已经发现了必要的新的基本理论"。因此在他1907年的论文中(并且,在1915年的著作中),爱因斯坦可以合情合理地表明,狭义相对论不过是"一个富有启发性的原理"。由此可以推之,对爱因斯坦说来,相对论不能构成一场革命。

尽管对于他1905年的三个伟大贡献,爱因斯坦只把其中的一个用"革命性的"这个词加以修饰,但他的科学家同仁、学生、合作者和传记作者往往都赞成科学史家的观点:狭义相对论、光量子论和对布朗运动的解释这三者都具有革命性质。其中一般公众对最后一项知之最少,但它本身就具有革命性,因为它以一种崭新的方式来解决分子运动的一个基本问题,在这一过程中,爱因斯坦提出了"第一种真正的处理已知的统计波动的方法"(Klein 1975,116)。波兰物理学家马里安·冯·斯莫卢霍夫斯基(Marian von

Smoluchowki)也同时独立提出了这一理论,该理论被"许多与他们同代的人"看作是革命性的,特别是当它被让·皮兰(Jean Perrin)、特奥多尔·斯韦德贝里(Theodor Svedberg)[①]以及其他人的实验证实以后。但爱因斯坦并不认为这一成果是革命性的,因为"它不过是从机械世界观的结论中得出的一个十分必然的结果"(Klein 1975,116)。

在本书前面的第二十七章中,我们已经讨论过爱因斯坦1905年关于光量子的论文的革命意义,但在这里我们应当注意,爱因斯坦在标题中实际使用了"试探性的"一词。他所提出的尚不是一个理论,而是以一个原则为基础说明不同现象的方法,该原则的真伪无须考虑,它只是被用来作为解释的基础。直到临终时,爱因斯坦仍不愿把"理论"这个词与光量子假说联系在一起。在他去世前一个多星期的一次采访中,对于采访者提及了"爱因斯坦的光量子理论",爱因斯坦予以了纠正。他强调说:不,光量子假说"不是一个理论"。因为光量子假说与相对论的不同之处在于,爱因斯坦认为相对论是以前的物理学的合乎逻辑和进化式的发展,而光量子假说则与已建立起来的诸原理是不相容的。爱因斯坦把他关于光的观念看作奇特的、也许甚至最终是站不住脚的。他在提及关于光学的论文时使用"革命性的"这个词,有可能暗示着这种性质是不恰当的,甚至是不符合实际的,而并非仅仅意味着创新。

---

① 让·皮兰(1870－1942年),法国物理学家,因以对布朗运动的研究证实了物质的原子性而荣获1926年诺贝尔物理学奖;特奥多尔·斯韦德贝里(1884－1971年),瑞典化学家,因研究胶体化学和发明超离心机而荣获1926年诺贝尔化学奖。——译者

众所周知,爱因斯坦在他科学生涯的成熟时期,曾花费大量的时间致力于创立"统一场论",但没有取得成功。统一场论试图以一种因果联系的方式把引力和其他物质力统一在一起,以便对物理世界做出真实而完整的描述。马丁·克莱因认为爱因斯坦后来关于科学中的革命的观点是爱因斯坦关于正在到来的一场革命的信念的一部分,这种信念即这场革命将恢复物理学中某些因20世纪的冲击已经失去的性质。克莱因(1975,120)写道:"当爱因斯坦心存疑虑地反对声称这个或那个新的发现或新的理论已经引起了物理学革命的时候,他是从'真正的革命'考虑这样做的。旧的牛顿世界观体系已被抛弃,而它的天才后继者必须提供一个全面、前后一贯和统一的对物理实在的描述,以取代已被抛弃的旧的描述。对无法提供完整描述的临时性思想体系可以实事求是地做出评价,但爱因斯坦拒绝把它们称作是已经完成的革命"。

439　　现在,我转向爱因斯坦对伽利略的讨论,伽利略和开普勒以及牛顿都是爱因斯坦心中的英雄。爱因斯坦不仅盛赞伽利略的科学成就,而且钦佩他所说的伽利略工作的"主导思想":"强烈反对任何基于权威的教条。"爱因斯坦称赞伽利略只把"经验和缜密的反思"当作"真理的标准",他评论说,伽利略的这种态度在那个时代是"可怕的和革命性的[*unheimlich und revolutionär*]"。这些话出自爱因斯坦为斯蒂尔曼·德雷克所翻译的伽利略的《对话》所写的序(1953),到目前为止,我们还没有把它纳入有关爱因斯坦与革命的讨论之中。

　　爱因斯坦为伽利略的《对话》的译本所写的序分别用德文和所谓的"索尼娅·巴格曼(Sonja Bargmann)的授权英译本"刊印。

尽管在这个例子中同一个词语以两种语言出现["革命性的（revo-lutionary/revolutionär)"]，但在德文的一段话中却出现了一个迥然相异的词：bahnbrechend(字面意思是"开创性的"），它（在"授权英译本"中）被解读为"对话[的]革命性的真实内容"。在这个例子中，爱因斯坦把伽利略比作政治上的革命者。按照爱因斯坦的观点，伽利略抛弃了古代学者和教条的权威，而坚信自己的理性。因为在伽利略时代，几乎没有什么人具有"激昂的意志、智慧和勇气"挺身而出反对"那些权贵"，这些权贵利用了"百姓的无知以及披着牧师和学者外衣的教师们的懒惰"，以"维持和保护他们的权威地位"。爱因斯坦认为伽利略的见解是"开创性的"或"革命性的"。但对于这些，他没有提到"伽利略革命"。他意识到，即使没有一个叫伽利略的人，17 世纪也会见证"腐朽的思想传统的枷锁"被打破，而且他比较谨慎，以免他自己染上"一些人的普遍缺点，这些人由于盲目崇拜，而夸大了他们的英雄的地位"。

当时爱因斯坦已经出色地掌握了英语，无论在说还是在写的方面都是如此，尽管他宁愿用德语写作。我们不知道他在审阅那个"授权英译本"时有多细心，但我并不认为，如果译文不能表达他的本意的话，他会同意用"revolutionary"来翻译"bahnbrechend"。难道当时与爱因斯坦密切合作的译者会歪曲他的意思？无论如何，爱因斯坦就在几行前刚刚用了"革命性的（revolutionär)"这个词，因此，这个"革命"的语境的含义是明确的。四年前，爱因斯坦在他的《自述》(1949，53）中，在谈到"普朗克开拓性的工作之后" 440 ("nach Plancks bahnbrechender Arbeit")的时代时，也使用了同样的词"bahnbrechend"，但这一次与他谈到伽利略时不同，他没有将普朗克的工作说成是"革命性的"。他讨论了"根本危机"——即这样一场危机，"它的严重是由于马克斯·普朗克对热辐射的研究（1900年）而突然被认识到的"（第37页）。

爱因斯坦在他的《自述》（1949，32-35）中讨论了麦克斯韦理论的革命的（"revolutionär"）特性，在这里，他把"法拉第-麦克斯韦组合"与"伽利略-牛顿组合"进行了比较，这类组合暗示着，其中每一组的第一个人"直观地"把握了"一些关系"，而第二个人则"精确地"阐明了那些关系，并且"把它们以定量的方式"进行了应用。我认为，凡是对照阅读爱因斯坦《自述》的这些部分和他为《对话》的译本所写的序言的人都不能不得出这样的结论：爱因斯坦在暗示曾有过两场相似的伟大革命。第一场是以伽利略革命为基础的牛顿革命，在这一革命中，质量和加速度的概念与力的新观念即超距作用力联系了起来。第二场是在一定程度上基于法拉第的观念的麦克斯韦革命，在这一革命中，牛顿的"超距作用被场取代了"，爱因斯坦非常正确地强调说，场"同样也描述了辐射"（1949，35）。

在1927年《自然科学》上发表的一篇纪念牛顿的文章中，爱因斯坦写道："法拉第和麦克斯韦发动了电动力学和光学革命"，他说，"这是自牛顿以来理论物理学的第一次重大的根本性进展"。从上下文再次可以看出，爱因斯坦似乎在含蓄地论述牛顿革命。这一次，爱因斯坦没有像在其他文章中那样使用"Revolution"一词，而是写作"die Faraday-Maxwellsche Umwälzung der Elektrodynamik und Optik（法拉第和麦克斯韦的电动力学和光学革命）"。我们已经注意到了，"Umwälzung"一般被用来作为revolution 的同义词。

在后来论述牛顿的文章(1927；1954，260)中，爱因斯坦在结尾部分表达了他的这一信念："广义相对论构成了场论发展纲领中的最后一步"。随后他说："从量的方面看，它对牛顿理论的修改仅限于很少的一部分，但从质的方面来说，它的改进却有着相当深远的意义。"这是爱因斯坦对广义相对论的进化特性的典型陈述。"对牛顿理论的修改"这个短语表达了爱因斯坦的内心的信念，即他的创造只是一种改进(transformation)，而不是某种全新的创造。我们业已看到，认可这是一种改进的过程并非必然会贬低我们对新思想可能会引发的革命性变化的评价。在这同一篇文章中，爱因斯坦说："麦克斯韦和洛伦兹的理论不可避免地会导出狭义相对论，而狭义相对论既然放弃了绝对同时性观念，它也就排除了超距作用力的存在"。他希望读者想象狭义相对论是进化的一个阶段，尽管我们也许会发现，这样一种改进无论具有怎样的进化特点，其意义都是如此重大，以至于可以把它看作是革命性的。在这篇文章中，爱因斯坦实际上已经阐明了狭义相对论和广义相对论的意义，而对大多数历史观察家而言，相对论必然不仅看上去是革命性的，而且其革命性还属于最高层次。

爱因斯坦在许多文章中都阐述了进化这一主题。在为伦敦《泰晤士报》(1919 年 11 月 28 日；Einstein 1954，230)写的一篇通俗的介绍性文章中，他说："狭义相对论"只是"麦克斯韦和洛伦兹电动力学的一种系统发展"。1921 年在伦敦国王学院(King's College)所做的一次演讲中，爱因斯坦进一步发挥了这一思想，他说："相对论……给麦克斯韦和洛伦兹建造的巨大的知识大厦添加了最后一块砖",试图把"场论物理学推广到包括引力在内各种现象"(同上,246)。然后他毫不含糊地断言:"我们在这里并没有革命的行动,有的只是一条可以追溯到几个世纪前的发展路线的自然延续。"下面我们将探讨爱因斯坦的这一公开表述是否可能是对新闻媒体的夸张报道所做的回应。不过,我们也许会注意到,这种进化的主题同样也在他其他的以及后来的著述中出现,例如在有关牛顿的文章(第 261 页)中,爱因斯坦讨论了"我们关于自然过程的观念的进化"。然而,试图把爱因斯坦的见解纳入一个简单的模式依然有困难,这一点从以下事实便可以看出,即在同一篇文章中,爱因斯坦会诉诸对科学发展的截然不同的描述:"从 19 世纪末起,我们的基本观念中的革命已逐渐发生了。"这句话的后半部分在德文原文中是这样:"ein Umschwung der Grand-Anschauun-gen",这些词语被索尼娅·巴格曼翻译成(Einstein 1954,257):逐渐发生的"我们的基本观念的转变"。无论如何,参照爱因斯坦论述麦克斯韦的文章(参见前面的第二十章),我们可能会获得对这一短语的解释。在那里,爱因斯坦是这样写的:"der grosse Umschwung, der mit den Namen Faraday, Maxwell, Hertz für alle Zeiten verbunden bleiben wird[将永远同法拉第、麦克斯韦和赫兹的名字联系在一起的伟大变革(或革命)]"。但在紧接着的下一句话中,爱因斯坦提及此事时使用了"革命(Revolution)"一词,这就清楚地表明,他是在把"变革(Umschwung)"与"革命"当作同义语来使用。这篇论牛顿的文章(Einstein 1934a,53)的第一位译者把爱因斯坦的"Umschwung"翻译成了"revolution"[革命,这是许多词典,例如,维尔德哈根-埃罗古词典(Wildhagen-

Héraucourt 1972)中所给出的这个词的第一种释义],但他却更改了作者的措辞,改译成"我们的基本观念中的逐步革命"。也许这为科学的历史变迁引入了一个新的概念,但事实上,它从逻辑上讲是自相矛盾的。可是,我们无论选择这个词的哪一种释义,毋庸置疑的是,爱因斯坦意识到了科学中伟大的革命性变革能够而且的确已经发生,但它们很少(即使有的话)是与过去的思想发展没有任何逻辑联系的突发性的、戏剧性的和无法预期的变革。然而他本人从未在公开或私下场合说,相对论构成了这样一场革命。

杰拉尔德·霍尔顿在 1981 年写过一篇评述爱因斯坦的文章,他讨论了爱因斯坦"关于科学理论通过进化而发展的思想"(第 14页)。他强调爱因斯坦的论点:"物理学理论最美妙的命运就是为建立一种更具广泛性的理论指出一条道路,而在这种新的理论中它只能作为一种特例"。特别具有说服力的是爱因斯坦第一次来到美国时的一段论述(《纽约时报》,1921 年 4 月 4 日;引自 Holton 1981,15):

目前在公众中广泛地流传着一个错误的见解,认为相对论与以前的伽利略和牛顿时代的物理学发展大相径庭,与他们的推论截然相反。而实际情形与此相反,没有那些建立了先前定律的每一位伟大的物理学前辈的发现,相对论简直是不可想象的,它就不会有赖以确立的基础。从心理角度看,没有以往必须完成的工作,相对论这样的理论不可能一蹴而就。那些为建立物理学奠定基础的人有伽利略、牛顿、麦克斯韦和洛伦兹,正是在这一基础之上我才能构造我的理论。

米歇尔·浦品（Michael Pupin）①在哥伦比亚大学介绍爱因斯坦时说，他发明了这样一种理论，该理论是"力学科学的一次进化，而不是一场革命"，他这时肯定是在有意识地对爱因斯坦本人的论述进行释义。

443　　　上述对爱因斯坦观点的介绍表明，简单地说爱因斯坦认为或者不认为科学中发生了革命是多么困难。他一定知道大多数人（不论是科学家还是非科学家）都认为相对论是一场革命，因此他想方设法（在不同场合）指出，相对论所迈出的是合乎逻辑的、进化的一步，而不是与历史的直接的决裂。爱因斯坦不只一次说道，曾发生过一场麦克斯韦革命，而且在1953年谈及伽利略的《对话》时毫不含糊地使用了"革命性的"这个词，就像他半个世纪前称自己的光量子概念为"试探性的"一样明确。

在讨论爱因斯坦表述的有关科学中的革命和进化的观点时，我们切不可忘记，爱因斯坦从未写过一篇有关这一主题的文章，在他任何有记录的谈话中或在任何我们能收集到的信件中，也没有对这一主题的详细讨论。而且我们知道，爱因斯坦在许多方面都是一位很谦虚的人，因此他对报纸上有关他发动了一场革命的头条新闻表示了强烈的反感。在他关于这一话题最为坦率的陈述中，他尤其严厉批评了新闻记者的报道方式给人造成了这样的印象：科学革命"每过5分钟"就会发生一次。但应当注意的是，即使

---

① 米歇尔·浦品（1858－1935年），塞尔维亚－美国物理学家、物理化学家，以多项发明专利而著称，他的自传《从移民到发明家》曾于1924年获得普利策奖。——译者

在对所公布的薛定谔的成就做出机敏回答时,爱因斯坦也没有把所有科学中的革命的可能性都排除掉。大生的谦逊与对新闻报道的反感结合在一起,可能就构成了爱因斯坦把自己的革命称作"进化"的一个主要因素。

此外,对于年轻的理想主义的知识分子而言,在 1905 年和 1906 年,"革命"一词有着与 1917 年之后完全不同的含义。爱因斯坦把他的成果称之为进化的而非革命性的主要论述,是在 1917 年俄国革命之后以及第一次世界大战刚刚结束、遍及中欧的革命夭折之后做出的。那时,柏林的大街上还在进行着血腥的战斗。后来,在 20 世纪 20 和 50 年代,正如我们业已看到的那样,爱因斯坦愿意写论述伽利略(也许还有牛顿)革命的文章,他还在多次著述中讨论过麦克斯韦革命。我认为,有一点是意味深长的,即在爱因斯坦于 20 世纪 40 年代所写的自述中,他对麦克斯韦革命的论述简洁有力,显得非常突出和引人注目。当爱因斯坦谈到麦克斯韦革命是一场应归功于法拉第、麦克斯韦和赫兹的革命(并且补充说,麦克斯韦立下了"最大的功劳")的时候,毫无疑问他在强调概念变化的规模,而没有顾及时间的跨度。因为法拉第的论文发表于 19 世纪 30 年代,赫兹的论文发表于 19 世纪 90 年代,这场革命大概需要经历半个多世纪。这个例子可能说明,在爱因斯坦看来,444 科学中的伟大革命并不严格类似于那些突发性和戏剧性的改变政府形式的政治事件。

爱因斯坦先前的助手巴内什·霍夫曼(Banesh Hoffmann)曾写过几部关于爱因斯坦和现代物理学的重要著作,他告诉我,他从未听到爱因斯坦说过任何否认科学中会发生革命的话。在霍夫曼与爱因斯坦的长期秘书和朋友①合作写的一本书中,他参照了大量有关爱因斯坦和革命的文献(例如,第 70、74、78、79 和 83 页),发现爱因斯坦的科学观并不自相矛盾。霍夫曼把爱因斯坦曾用于伽利略和麦克斯韦的科学但没有用于他自己的科学的那些观点,干脆用来评述爱因斯坦的科学。利奥波德·英费尔德是爱因斯坦的亲密助手,并且与爱因斯坦合作完成了《物理学的进化》(*The Evolution of Physics*,1938)一书,在他所写的论述爱因斯坦和相对论的著作中,他称狭义相对论是"第一次爱因斯坦革命",广义相对论是"第二次爱因斯坦革命"(1950,23,40)。英费尔德评价说,爱因斯坦对量子理论的贡献是"革命性的但同时也是调和性的",是量子理论"这场未完成的伟大革命"的一个重要步骤(第102 页)。记者亚历山大·莫斯科夫斯基曾报道过大量与爱因斯坦谈话的内容,他说,狭义相对论体现了"物理学思想中的革命性转变"(1921,113),广义相对论需要"一些具有革命性的观念"(第6 页),而"我们当中很少有人意识到,沿着爱因斯坦思想的发展路线,等待我们的是更深刻的内在革命"(第 141 页)。马克斯·普朗克,这位"在思想和言论上均比较保守的人",在宣称爱因斯坦的成就具有极端的革命性时显然毫无异议(Holton 1981,14):

　　　　这种新的关于时间的思维方式尤其要求物理学家具有抽
　　象的能力和想象的天赋。它远远超越了思辨科学研究甚至认

---

　　　① 即海伦·杜卡斯(Helen Dukas,1896－1982 年),她从 1928 年起担任爱因斯坦的秘书直至 1955 年爱因斯坦去世。这里所说的霍夫曼与她合写的书是指《阿尔伯特·爱因斯坦:创造者与反叛者》(*Albert Einstein:Creator and Rebel*)。——译者

识论中所取得的任何勇于创新的成就……相对性原理在物理世界观(*Weltanschauung*)中所引发的革命,在深度和广度上只有哥白尼宇宙体系的引进所导致的革命可与之相比。

但是丹尼斯·夏默(Denis Sciama 1969,ix)注意到:"牛顿运动定律自身在逻辑上是不完备的,它们所引起的问题一步步致使广义相对论变得十分错综复杂"。有许多科学家和史学家都认同爱因斯坦的观点,认为相对论是已有的科学思想的扩展和改进,同样也不乏证据表明,相对论构成了我们这个世纪最伟大的革命之一,而且是一场重要的科学中的革命。

爱因斯坦在大量文章中以及自述中都表明了这样的观点:进化和革命均是科学变迁的要素,这些观点已成为近年来两项重要的研究课题。杰拉尔德·霍尔顿(1981)把关注的焦点集中于爱因斯坦有关相对论的进化性质的表述和他1947年否认薛定谔所宣称的革命的论述。因此,他提到了但并没有讨论爱因斯坦致哈比希特的那封有关量子理论的信,也没有探讨爱因斯坦关于麦克斯韦革命的众多论述。另一方面,马丁·克莱因(1975)尽管知道爱因斯坦的这一信念,即相对论是一种进化过程的一部分,但他却研究了爱因斯坦关于革命的表述——这类表述涉及麦克斯韦、薛定谔和爱因斯坦自己的光量子假说。

第二十九章 大陆漂移和板块构造理论:地球科学中的革命

近年来发生的地球科学革命值得注意,因为它具有诸多彰显所有科学中的革命之本质的特点。不过,这场革命也显示出一些新的方面,它们尤其体现了我们这个时代的科学所独有的特征。从根本上讲,这场革命包括:抛弃了大陆是在一些固定的位置上形成、扩大或发展的这一传统观念,采用了大陆在地球表面相对于彼此以及大洋盆地"漂移"这种全新的概念。这场革命的一个特征是其板块构造观念:地球被分成一系列刚性板块,包括大陆和部分洋底,这些板块相对于彼此非常缓慢地移动。

大陆漂移假说是阿尔弗雷德·魏格纳(1880－1930 年)在1912 年提出的一项认真的科学构想,他在几年后出版的一部重要专著(Wegener 1915)中对该假说加以了改进。人们几乎立刻就认识到了大陆迁移思想潜在的革命性质,因为它要求对地质学最⁴⁴⁷基本的原理进行彻底的重新修订,在 20 世纪 20 年代至 30 年代期间,地质学家对这种思想进行了广泛的讨论,结果,几乎完全把它拒绝了。因此,魏格纳的大陆漂移构想在 20 世纪 50 年代中叶以前,只导致了我所说的论著中的革命,而到了 50 年代中叶,各种新的证据开始趋向于支持大陆可能运动的假说。但直到 60 年代,一场科学中的革命才真正发生。

历史分析揭示，这场科学中的革命终结了长达半个世纪之久的论著中的革命状态，但它的到来并非仅仅意味着，一组有点像休眠的或遭到拒绝的观念或理论被延迟接受了。这场科学中的革命的发生，是研究地球的新技术手段的出现以及利用新信息资源使知识得以扩展的必然结果。不仅许多地球科学家开始沿着非传统的路线思考，而且，一些接受过物理学而非地质学教育的科学家也发挥了重要作用。因此，最终发生的地球科学中的革命与其说仅仅是长期被拒绝的大陆漂移说的复活，莫如说是对旧的观念的彻底改革，包括创立了新的板块构造理论来描述地壳的运动。从某种意义上说，魏格纳很有创见的理论并未导致一场科学中的革命，但是，最终的科学革命确实体现了魏格纳理论中的大陆迁移这一中心观念和两类构造（陆地和洋底）的思想。

最近的这场革命的一个突出特点就是，身居科研一线的地质学家们普遍意识到，他们正处在一场地质学革命时期。许多地球科学家曾经撰写文章或专论，强调了关于大陆和地球的思考中所发生的变化的革命本质，而且他们写出了有这样标题的著作，如《地球科学中的革命：从大陆漂移说到板块构造理论》（*A Revolution in the Earth Sciences：From Continental Drift to Plate Tectonics*，Hallam 1973），或《地球科学革命的关键年代》（*Critical Years of the Revolution in the Earth Sciences*，Glen 1982）。这种对革命的强调不仅是后来史学类或评论类文章和书籍的特点，也是这一革命进程中的研究报告的特点。例如，《科学》杂志发表过一篇奥普代克（Opdyke）等人撰写的颇有创造性的专业论文（Opdyke et al. 1966),标题为《南极深海岩心的古磁学研究》("Paleo-magnetic Study of Antarctic Deep-Sea Cores"),它的副标题是"确定地球历史事件时期的革命性方法(Revolutionary Method of Dating Events in Earth's History)"。1970 年,在讨论"新的一类错误"期间,J. 图佐·威尔逊(J. Tuzo Wilson)评论说,最近关于地磁反转现象的发现构成了地球科学中的一场"革命"。在[国际科学联合会理事会(International Council of Scientific Unions)的]上地幔计划(Upper Mantle Project)的最终报告(1972)中,在"上地幔计划时期""统一的板块构造概念的出现"被说成是地球科学发展中的一场"革命"(Sullivan 1974,343)。

在 20 世纪 70 年代初期发表的(主要是讲英语的科学家的)历史述评和概述中所体现的革命意识,在某种程度上反映了这一事实:20 世纪 60 年代大陆运动和板块构造理论为人们所接受,与托马斯·S. 库恩 1962 年出版的有重大影响的小册子《科学革命的结构》受到大量关注是在同一时期。因此,艾伦·考克斯(Allan Cox 1973)、安东尼·哈勒姆(Anthony Hallam 1973)、厄休拉·马文(1973)和 J. 图佐·威尔逊(1973,1976)在评论和讨论有关大陆理论的最新变革时都特别提到了库恩。这场科学中的革命还有一点引人注目的是,它在出现 10 年多一点的时间中导致了一系列有充分的文献依据的史学著作和论文,其中有许多是由地球科学家撰写的,而在这些科学家中,有些人自己就为这场革命作出了十分重要的贡献。

作为这些最近的历史的考察的一个结果,我们现在知道,弗朗西斯·培根不是大陆运动这一思想的创立者(Marvin 1973)。他仅仅指出了非洲西海岸线与秘鲁之间有一种大致的吻合。几乎两个世纪之后，亚历山大·冯·洪堡也没有从对大西洋隔海相望的海岸线之间相合的认识再进一步，指出两个大陆曾经是连在一起、以后才分开的。但是，1859 年，居住在巴黎的美国人安东尼奥·斯奈德－佩莱格里尼（Antonio Snider-Pellegrini）在他撰写的一部题为《创世及其已揭示之谜》（*Creation and Its Mysteries Unveiled*）的边缘科学著作中，提出了原始大陆分裂从而导致它的不同部分分离的思想。也有人声称，奥地利地质学家爱德华·休斯（Eduard Suess）是大陆漂移思想的早期倡导者，但正如厄休拉·马文（1973，58）指出的那样，这个主张是错误的。不过，休斯在 20 世纪之初确实曾提出过这样的假说：最初有两块古生代大陆，"亚特兰蒂斯"（位于北大西洋）和冈瓦纳大陆（位于南大西洋）。他把后者命名为冈瓦纳，那里是印度中部的一个地区（贡德人居住地）。休斯像他的 19 世纪的一些先驱一样，认为我们现在的大陆是更大的原始大陆的剩余部分，其他部分已经沉没到大洋盆地了；不过他并没有指出，这一过程必然会伴随着我们今天所理解的意义上的大陆漂移（Marvin 1973，58）。

　　一个更能说明问题的例子是美国地质学家弗兰克·B. 泰勒（Frank B. Taylor），他在 1910 年发表了"一篇长文，首次提出了一个逻辑上令人满意的并且前后一致的假说，这个假说包含了某种我们今天会认为是大陆漂移说的成分"（Hallam 1973，3）。泰勒的理论最早是在 1898 年出版的一本小册子中提出的，但它是天文学的理论，而不是以地理学或地质学为基础的。他假设很久以前地球俘获了一颗彗星，它后来成了我们的月亮。这一天事件增大了地球的旋转速度,并且产生了一种巨大的潮汐力;这两种作用的合力趋向于把大陆从极地拉开。在他1910的论文中以及后来的出版物中,泰勒用地质学证据[参见 Michele L. Aldrich(米凯莱·L.奥尔德里奇)1976,271]详细阐明了他的大陆运动的论点,但是这些没有引起地质学界的普遍重视(Marvin 1973,63-64)。1911年,另一位美国人霍华德·B.贝克(Howard B. Baker)指出,曾经有过一场大陆位移,它是由各种天体的作用包括太阳系行星的摄动引起的(第65页)。当魏格纳出版他的专论时,他概述了许多可接受的前人的成果,其中有一个很长的段落讨论了泰勒的贡献(1924,8-10)。但是魏格纳两次声明,他"仅仅是在漂移理论的基本轮廓已经形成时,才了解到泰勒的这些成果"(第8和第10页)。在这部著作的最后一版(1962,3)中,魏格纳在历史记录部分中又加上了一些新的人名。他在这一版中写道:"我还在 F. B. 泰勒1910年出版的一部著作中发现了与我本人的理论非常相似的观念。"[1]

魏格纳的大陆运动理论

地质学家和地球物理学家开始对大陆漂移假说进行认真的讨论,是在阿尔弗雷德·魏格纳的著作出版以后。就其所受的教育和所从事的职业来看,魏格纳并不是一个地质学家,而是天文学家和气象学家(他的博士论文涉及的是天文学史领域)。[2]魏格纳的学术生涯始于在马尔堡大学谋得了一个天文学和气象学的职位,后来在格拉茨大学获得了气象学和地球物理学教授的职务(1924-

1930 年),在二三十岁时,魏格纳一直在格陵兰进行气象学考察。1930 年,在第二次探险时,他献出了生命。按照曾与魏格纳一起进行第一次考察的劳厄·科克(Lauge Koch)[①]的说法,大陆漂移思想是魏格纳在观察海水中冰层的开裂时形成的。但是魏格纳本人却只是说,大约是在 1910 年的圣诞节期间,他突然被大西洋两边海岸极度的吻合所震惊,而这一点启发他思考大陆横向运动的可能性。

很明显,魏格纳当时并没有对他自己的想法特别认真,反而认为"这是不可能的"而不再考虑了(Wegener 1924,5;1962,1)。但他确实在第二年秋天开始建立他的大陆运动假说,他叙述说,他当时"相当偶然地"读到了"一篇描述非洲和巴西古生代地层动物群相似现象的概要"(Marvin 1973,66)。在这篇概要中,大西洋两岸存在的相同或相似的远古动物化石,以那时的传统方式被用来证明非洲和巴西之间存在陆桥的说法。例如,蛇很显然不能渡过浩瀚的大西洋;因此,在南大西洋两岸发现同样的或十分相似的蛇化石就证明,很有可能,很久以前的南美洲和非洲的大陆之间存在着某种联系。与之相反的观点大概就要假设,在这两个地区的大部分土地上存在相似但又是彼此独立的进化发展过程——但这是完全不可能的。

化石证据给魏格纳留下了非常深刻的印象,但他不同意这两块大陆曾由某种形式的陆桥或由现已沉没的大陆连接的假说;这一假说需要进一步假设这些陆桥的沉没或分裂,但对于这些那时

---

① 劳厄·科克(1892-1964 年),丹麦地质学家和极地探险者。——译者

450

还未有任何科学证据。当然,大陆之间确有陆桥存在,例如,巴拿马地峡和曾经横跨白令海峡的陆桥,但没有真实的证据可以证明,存在着假设的远古时曾跨越南大西洋的陆桥。作为一种替代性的理论,魏格纳恢复了他以前关于大陆漂移可能性的思想,并且按照他的说法,把原来纯粹是"幻想的和不切实际的"、对地球科学没有任何意义、仅仅是一种拼图游戏似的思想,改造成了一种可行的科学概念。魏格纳在1912年的一次地质学家的会议上,引证了各种支持证据,对他的假说作了进一步的发展,总结了他的成果。他最初的两篇报告在当年的晚些时候发表。1915年他发表了专著《大陆和海洋的起源》(*Die Entstehung der Kontinente und Ozeane*,*The Origins of Continents and Oceans*),在这部著作中,他收录并整理了他已发现的所有支持他的思想的证据。[3]这一著作于1920年、1922年和1929年又陆续出版修订本,并且被译成英文、法文、西班牙文和俄文。在译自1922年德文第三版的英译本(1924)中,魏格纳的表述"Die Verschiebung der Kontinente"被准确地翻译为"大陆位移(continental displacement)",但几乎立刻被普遍使用的术语却是"大陆漂移(continental drift)"。[4]

　　魏格纳将自己的论点建立在地质学和古生物学论据的基础上,而不仅仅是基于模型拟合。他着重强调了大洋两岸诸多方面的地质相似性。在他的《起源》的最后一版中,他引用了来自古气候学领域的支持性证据,推论出地球自转极的偏移;关于古气候学,他还与W.克彭(W. Köppen)在1924年合作出版过一部专著。(关于魏格纳详细的地理学、地质学、古气候学、古生物学和生物学的论点和证据,请参阅Hallam 1973,第2章,那里有简明的概述。)魏格纳假设，在中生代并且一直延续到近古时期，曾存在过一个巨大的超大陆地或原始大陆，他将其称为"盘古大陆(Pangaea)"。盘古大陆后来破裂，其分裂的部分彼此分离、迁移，形成了我们今天所知的各个大陆。他认为，大陆漂移(或称运动、位移)的两个可能的原因是：其一为月球产生的潮汐引力，其二为"极地漂移(Pohlflucht)"力，即由于地球自转而产生的一种离心作用。不过，魏格纳意识到，他依然无法回答大陆运动的起因这一难题。他在自己的著作(1962，166)中写道，"漂移理论中的牛顿尚未出现"，这是与居维叶、范托夫和其他一些人的那种心声的共鸣。他承认："驱动力问题的彻底解决，可能需要很长时间。"回首往事，魏格纳最重要的和最富创造力的贡献就是，他提出了这一概念，即大陆和海床是地壳的两个独特的壳层，它们在岩石构成和海拔上彼此不同。那个时代大多数科学家认为，除了太平洋以外，各大洋都有硅铝海床。魏格纳的基本思想后来被板块构造论所证实。

　　尽管魏格纳的大陆漂移理论有一段时间只处在论著中的革命阶段，但这并不意味着他的思想没有引起注意或没有追随者。事实绝非如此！20 世纪 20 年代这 10 年，是以一系列激烈的国际论战为标志的。1922 年 2 月 16 日，在影响巨大的《自然》杂志(第109 卷，第 202 页)上，发表了一篇未署名的文章，对魏格纳《起源》(1920)的第 2 版进行了评论。该文对魏格纳理论的主要观点进行了适当概括，并希望这部著作的英文本能早日面世。注意到"许多地质学家持强烈的反对意见"，这位评论者断定，如果魏格纳的理论能够被证实，将会发生一场与"哥白尼时代天文学观念的变革"相似的"思想革命"(第 203 页)。1921 年，在德国最重要的科学杂

452

志《自然科学》(1921，219－220)上发表了一篇受到普遍欢迎的关于魏格纳所作演讲的报告。报告作者 O. 巴辛（O. Baschin）写道，那些在柏林地理学会（the Geographical Society of Berlin）听魏格纳演讲的人，"都被令人惊奇地折服了"，他的理论获得了"普遍赞同"，尽管在随后的讨论中有过一些异议和谨慎的告诫。巴辛得出结论说：尚"没有反驳魏格纳理论的事实证据"，但是，"在这一理论毫无保留地被接受之前，还必须找到可信的证据"。

在英国《地质学杂志》（Geological Magazine）1922 年 8 月号的一篇评论中则出现了完全不同的声音，在这篇文章中，菲利普·莱克（Philip Lake）直言不讳地称，魏格纳"不是在探求真理；他是在为一种思想辩护，而对不利于它的一切事实和论点熟视无睹"。在美国，在 1922 年 10 月号的《地理学评论》（Geographical Review）上，哈里·菲尔丁·里德（Harry Fielding Reid）对大陆漂移和极移理论给予了他所谓的 coup de grâce（致命打击）。在同一年秋天，大陆漂移假说也成了英国科学促进协会年会上探讨和争论的主题；公开发表的由 W. B. 赖特（W. B. Wright）撰写的报告将这一事件描述成"充满活力但尚无定论"。但是，1922 年 3 月 16 日星期四的《曼彻斯特卫报》（Manchester Guardian）发表了 F. E. 韦斯（F. E. Weiss）教授表示赞同的介绍性的文章：《大陆位移：一种新的理论》（"The Displacement of Continents：A New Theory"）。韦斯指出，魏格纳的理论"对于地理学和地质学都是极为重要的"，而且"对于生物科学也大有裨益"，他得出结论说，这一理论"是一个极好的实用假说"，它将"大大激发进一步的探索"。

1926 年由美国石油地质学家协会（the American Association

of Petroleum Geologists)在俄克拉荷马州的塔尔萨召开了一次辩
论会,会议论文以《大陆漂移理论:关于阿尔弗雷德·魏格纳提出
的……大陆块之起源和运动研讨会论文集》(*Theory of Continen-
tal Drift：A Symposium on the Origin and Movement of Land
Masses . . . as Proposed by Alfred Wegener*)为题出版(van der
Gracht 1928),这是20世纪20年代的一个重要的科学事件。出
席那次辩论会的有魏格纳本人和弗兰克·B.泰勒。其他11位与
会者中,有8位美国人和3位欧洲人。会议主席、荷兰地质学家、
马兰德石油公司(Marland Oil Co.)副总裁威廉·A. J. M.范沃
特绍特·范德格拉赫特(Willem A. J. M. van Waterschoot van
der Gracht)为这本文集写了一篇支持大陆漂移说的长篇导论,以
及一篇对反对者予以反驳的总结性文章;这两篇文章占据了该文
集一半以上的篇幅。一些与会者[耶鲁大学的切斯特·R.朗韦
尔(Chester R. Longwell),都柏林大学的约翰·乔利(John Jo- 453
ly)、代尔夫特(Delft)大学的G. A. F. 莫伦格拉夫(G. A. F.
Molengraaff)、格拉斯哥(Glasgow)大学的J. W. 格雷戈里(J.
W. Gregory)、约翰·霍普金斯大学的小约瑟夫·T.辛格瓦尔德
(Joseph T. Singewald, Jr.)]对这个理论深表怀疑,但他们的态
度是比较宽容的,而另一些人[(斯坦福大学的贝利·威利斯(Bai-
ley Willis)、芝加哥大学的罗林·T.钱伯林(Rollin T. Chamber-
lin)、美国海岸和大地测量勘察局(the U. S. Coast and Geodetic
Survey)的威廉·鲍伊(William Bowie)、约翰·霍普金斯大学的
爱德华·W. 贝里(Edward W. Berry)]则对这门尚不完善的科
学和有缺陷的方法进行了嘲讽式评论,并以此来为他们相反的地

质学论据作点缀,他们声称,那些不足是魏格纳的思维和著述的特征。回过头从今天占上风的观点来看,给人印象最深刻的就是这些批评中所充斥的怨恨和恶意。[5]很显然,魏格纳似乎已经向地球科学的基础和保守信念的基础发起了正面进攻。

魏格纳假说遭到反对有多方面的原因。首先,它直接与几乎所有地质学家和地球物理学家的思维定式相对立,这些人从最早时就已经习惯于这样一种思维了,即认为大陆本质上是静止的,陆地是坚实的土地。说大陆之间也许存在一种相对的横向运动,就像伽利略时代的哥白尼学说一样,在世人的眼中看来是"异端的"和"荒谬的"。[6]其次,与人们一直以来所相信的,甚至最肤浅的观察者以为显而易见的观点相反,新的假说认为,地球并非是刚性的。因此,似乎需要设想一些巨大的力,正如哈罗德·杰弗里斯(Harold Jeffreys)等地球物理学家敏锐地指出的那样,它们远远超过了魏格纳本人提出的两种力。①反对的论点可以概括为:所谓的"脆弱的陆地之舟"航行"在坚硬的大洋地壳之间"是不可能的[参见 William Glen(威廉·格伦)1982,5]。

不幸的是,试图以对新理论的提倡者进行 *ad hominem*(诉诸人身攻击)的评论来拒绝已发动的科学革命,是一种常见的现象。不仅魏格纳的方法受到了攻击,而且由于他没有相关的文凭,是气象学家不是地质学家——并且是一位德国气象学家,因此,他参与地质学讨论的权利也被否定了。耶鲁大学古生物学荣誉退休教授查尔斯·舒克特(Charles Schuchert 1982,140),把大陆漂移假说

---

① 即潮汐引力和极地漂移力,参见前文。——译者

称为"德国理论"，而且，他以明显赞许的态度引用 P. 泰尔米耶（P. Termier）［法国地质勘查局（the Geological Survey of France）局长］的评论说：魏格纳的理论仅仅是"一个美丽的梦想"，即"一个伟大诗人的梦想"；当一个人"试图接纳它时"，他就会"发现他所得到的只不过是一点点幻想或幻象"。此外，在舒克特看来，魏格纳"所做的归纳太轻率了"，而且"对历史地质学很少考虑或根本不考虑"（第 139 页），他只是一个局外人，一个从没有在古生物或地质学领域中做过实地考察的人。舒克特断定："一个人对他所处理的事实完全是门外汉，还要从它们中进行归纳，得出其他的归纳命题"，这种做法"是错误的"。

　　魏格纳被拒绝了——至少部分被拒绝了，其原因就在于他不是"这个俱乐部"的成员，这一点已经被文献所证实。哈罗德·杰弗里斯（1952，345）在攻击魏格纳的科学研究的理论、证据和方法时，宣称"魏格纳主要是一个气象学家"。1944 年，切斯特·R. 朗韦尔在《美国科学杂志》（*American Journal of Science*，第 242 卷，第 229 页）上的一篇文章中虚伪地写道："宽容的评论家们"指出，魏格纳的前后不一致和种种疏忽"可以忽略不计，因为［他］……不是一个地质学家"。更有甚者，直到 1978 年，乔治·盖洛德·辛普森（1978，272）还一再重复他早年的观点，即"魏格纳所认为的大部分古生物学和生物学证据"，要么是"有歧义的"，要么是"完全错误的"；他批评魏格纳（这个"德国气象学家"）竟然敢涉足他"没有第一手知识"的领域。

　　20 世纪 30 和 40 年代，大多数地质学家都会赞同杰弗里斯在其颇有影响的专论《地球》（*The Earth*）第 3 版（1952，348）中所表述的观点:"大陆漂移说的倡导者们30年来也没有提出任何经得起检验的解释。"正统的地质学家和古生物学家甚至在他们的课堂上把大陆漂移的观点"用来当作活跃气氛的笑料"。哈佛大学古生物学教授珀西·E. 雷蒙德(Percy E. Raymond)告诉他的学生,泥盆纪的瓣鳃纲动物有一半在纽芬兰发现而另一半在爱尔兰发现。这两部分"非常吻合",因而肯定是"同一瓣鳃纲斧足类动物的两半,按照魏格纳的假说,它们是在更新世后期被一分为二的"(Marvin 1973,106)。

然而,在20和30年代,并非完全没有支持魏格纳的人。哈佛大学的雷金纳德·A. 戴利(Reginald A. Daly)赞同大陆漂移的总体思想,尽管他远不是严格的魏格纳学派成员,而且他本人有一次也说过魏格纳是"一个德国气象学家"(1925)。戴利提出了他自己的大陆运动学说,事后来看,这一学说已开始"接近现行的板块构造模型了"(Marvin 1973,99)。在他那本被恰当地称作《我们这个运动的地球》(*Our Mobile Earth*,1926)一书的扉页上,戴利写下了"Eppur si Muove!"—— 据说这是伽利略在放弃他对哥白尼地动说的信仰时所说的一句话的一种说法("Eppur si Muove"的意思是"不管怎么说,地球仍在运动")。[7]

瑞士纳沙泰尔地质学院(the Geological Institute at Neuchâtel)的创始人和院长埃米尔·阿尔冈(Emile Argand),是20年代魏格纳思想的主要支持者之一。1922年,在第一次世界大战结束后的第一次国际地质学家大会(the International Congress of Geologists)上,阿尔冈提交了一篇论文,勇敢地为魏格纳的"亚洲构造地质学"的基本思想进行辩护。阿尔冈不仅收集并整理了大量令人难忘的支持魏格纳的证据，而且在区分魏格纳的"活动论"与正统的"固定论"方面发挥了宝贵的作用。他揭示说，"固定论""不是一种理论，而是几种理论共有的一种消极因素"（Argand-Carozzi 1977，125）。尽管阿尔冈以赞同的态度展示了支持"活动论"的丰富且详细的论据，但他在其结论中不得不承认："对驱动大陆漂移的力，我们几乎一无所知"（第162页）。

在20世纪30年代期间，魏格纳的两个主要支持者是：阿瑟·霍姆斯（Arthur Holmes）——许多人认为他是"20世纪英国最伟大的地质学家"（Hallam 1973，26），以及南非地质学家亚历山大·杜托伊特（Alexander du Toit）。1928年那部美国大陆漂移论文集出版时，霍姆斯接受了大陆漂移说，并在1928年9月号的《自然》杂志上发文对该文集进行了评论。他在文章中指出："所有反对意见……主要是针对魏格纳本人"，总的来说并不是针对魏格纳的观点。他认为，"所有意见都发表完了之后，仍然存在着一些比泰勒或魏格纳已提出的更有说服力的证据支持大陆漂移说"。虽然霍姆斯接受了大陆运动的一般观点并成了大陆漂移说在英国的主要倡导者，但他还提出了一种新的可说明导致这种效应的机理，按照他的观点，地幔（地球在地壳下与之紧邻的那个部分）中的对流运动往往会导致山脉的形成和大陆的漂移（参见Marvin 1973，103；Hallam 1973，第26页及以下）。杜托伊特居住在约翰内斯堡，即"古代冈瓦纳大陆的中心"，正如厄休拉·马文（1973，107）提醒我们的那样，"在那里大陆漂移的证据最有说服力"。杜托伊特在一本题为《我们漂泊的大陆》[*Our Wandering Continents*，1973，副标题是"大陆漂移假说（an hypothesis of conti-

nental drifting)"]的书中总结了自己的观点。这本书的献辞是：
"谨以此书纪念阿尔弗雷德·魏格纳以及他对我们地球的地质学解释所作的卓越贡献。"在这部书中，杜托伊特提出了一个与魏格纳学说略有不同的地球理论（参见 Marvin 1973，107-110；Hallam 1973，30-36），例如，杜托伊特修改了魏格纳的只有单一一个原始大陆的观点，而提出有两个原始大陆，即北半球的劳亚古大陆和南半球的冈瓦纳大陆。

456　　杜托伊特把反对魏格纳假说的原因归结为两个因素：(1)缺乏令人满意的对导致漂移的机理的说明；(2)"根深蒂固的保守主义"，他发现这是整个地质学史的一个特点。然而，杜托伊特充分意识到，接受大陆漂移说就要"重修我们的种种教科书，不仅是地质学教科书，而且还包括古地理学、古气候学和地球物理学的教科书"（第5页）。他说，他毫不怀疑，"假设的漂移"体现了一个"伟大而又根本的真理"，而泰勒和魏格纳已经提出了一个"革命性的假说"（第 vii 页）。

　　杜托伊特并不是唯一将魏格纳的成果看作是"革命性"的人。1921年《自然科学》杂志上报告的作者，1922年《自然》杂志上未署名的评论者，F. E. 韦斯在1922年、范德格拉赫特以及其他一些人（既有朋友也有对手）在1926年，都使用过这一术语。戴利（1926，260）把大陆漂移表征为一种"新的令人惊讶的说明"，它在许多"地质学家看来是……离奇的"，甚至是"令人震惊的"，是一种"革命性的观念"。菲利普·莱克同样表明过"像魏格纳那样新颖的观点"具有革命性的看法，他曾表示，"运动的大陆对于我们而言犹如运动的地球对于我们的祖先一样陌生"（1922，338）。在《地

质学杂志》(1928 年，第 65 卷，第 422 - 424 页)发表的一篇评论
1926 年塔尔萨研讨会论文集(van der Gracht et al. 1928)的文章
中，莱克明确地提及了魏格纳的"革命性理论"。

　　魏格纳本人充分意识到了他的新思想的革命潜力。1911 年，
也就是他在讲座或出版物中公开陈述他的新观点的前一年，魏格
纳写信给 W. 克彭(一位同行和教师)，他在信中问到，为什么我们
"会犹豫不决，不愿放弃旧的观点？"他进而又问："为什么人们阻止
这种思想达 10 年甚至 30 年之久？也许就因为它是革命性的？
[Ist sie etwa revolutionär？]"接着他为他的反问附上了大胆而又
简洁的回答："我认为旧思想的寿命不会超过 10 年了。"[8]

　　由于魏格纳思想的革命性质，因此，必须有比通常更有说服力
的证据才能使这一理论赢得科学共同体的支持。若想使任何根本
性的和彻底的变革被科学家们接受，就必须要么有无懈可击的或
令人信服的证据，要么具备超过现有理论的一系列明显的理论优
越性。显然，在 20 世纪 20 和 30 年代，魏格纳的思想尚不具备这
两个条件中的任何一个。事实上，直到 20 世纪 50 年代甚至以后
才找到了这种无懈可击的证据。同时，接受魏格纳的思想就必须
对全部的地质科学进行彻底的重构，而这一点，在缺乏更令人信服
的事实的情况下，看起来根本没有吸引力。芝加哥大学地质学家
R. T. 钱伯林在 1926 年美国石油地质学家协会的研讨会做报告
时说，在美国地质学会(the Geological Society of America)以前
的(1922 年在安阿伯召开的)一次会议上，他曾经听到这样的说
法："如果我们要相信魏格纳的假说，我们就必须忘掉过去 70 年中
认识到的一切知识并且全部从头开始。"现在回想起来，这种说法

被证明是完全正确的。我们也许会注意到,钱伯林的话在大约 40 年后又在略有不同的语境下被重申了——图佐·威尔逊(1968*a*, 22)写道:"如果地球确实是以缓慢的方式不断运动的天体,而我们已经把它看作基本上是静止不动的,那么我们就必须抛弃我们的大部分旧理论和相关书籍,从一种全新的观念开始,建立一门全新的科学。"

　　魏格纳没有为说明大陆漂移提供令人满意的机理,这一点被普遍认为是"接受魏格纳假说的最大障碍",对此论点,哈勒姆(1973,110)尝试着予以反驳,他指出"万有引力、地磁和电在得到充分的'解释'很久以前就被人们完全接受了"。他又补充说,在地质学中,对"潜在原因"缺乏任何全面的共识,并没有妨碍"前冰川时代存在"这一假说被普遍接受。而且,J. 图佐·威尔逊(1964,4)指出,是否"远在一个人能提供说明之前",他总是不愿意承认这些现象(例如地磁场)或过程(例如暴风雨)的存在? 无论如何,关于这一点,需要进一步的澄清。雷切尔·劳丹(Rachel Laudan)明智地指出,大陆漂移的"**机理**的原因"问题与"引力、地磁和电"的情况或"暴风雨的存在"有很大的不同。就大陆漂移而论,问题"并不仅仅在于对机理或原因一无所知",而在于"任何**可以想象的**机理都与物理学理论相冲突"(R. Laudan 1978 = Gutting 1980, 288)。此外,现有的一些一致的关于地球及其内部性质的理论,它们对大部分观测结果的说明大体上还算不错。

　　S. K. 朗科恩(S. K. Runcorn 1980,193)观察到,尽管在 20 世纪 50 年代和更早的时候,"缺乏一种机理"被"广泛认为是拒绝接受大陆漂移说的地质学或古生物学证据最主要的理由",然而在今天，"板块构造'理论'却在对可作为其原因的物理学机理并无共识的情况下［变得］被人们接受了"。他认为，截至 1980 年，"推动板块运动的力之本质的问题"，是"当代地球物理学家们面临的最重大的挑战。"

对魏格纳理论的改造

458

事后看来，由于我们已经见证了这场革命，似乎就可以看到有过两种根本性的突破，它们把论著中的革命与现行的革命的时代区分开了。第一个突破是，积累起来的新的、令人信服的证据证明，大陆和洋底确实是真实的有着相对运动的实体——这种证据相比于其他证据，例如海岸线的吻合，甚至大洋两岸地质学和生态学特性的相似以及化石植物群和动物群的相似，更胜数筹。第二个突破是，对理论的彻底的重新阐述，已经使基本观念发生了如此大的改变，以至于可以提出这样一个疑问：是否可以合理地把这场最终促成的革命等同于那场近半个世纪一直没有成功的尝试的革命？这一情形与所谓的哥白尼革命有许多相似之处。那场由伽利略和开普勒发动、由牛顿完成的最终的革命，仅仅保留了哥白尼最一般的宇宙学观念，即地球运动而太阳静止的观念，但却摒弃了哥白尼天文学的基本要素。类似地，地球科学中的革命仅仅保留了魏格纳的最一般的思想，即大陆彼此可以有相对运动，而拒绝了魏格纳理论的基本要素——（由硅铝层构成的）大陆作为单独或分开的实体在大洋地壳（硅镁层）上或穿梭其间运动，而硅镁层密度更大的壳层则固定不动。

现在的观念则是：覆盖在地表的巨大的组块或板块总在运动，其中有些板块会带着大陆或部分大陆以及洋底一起运动。因此，单独的大陆运动的理论已被另一种不同的理论所取代，按照新的理论，大陆运动不过是一种更基本的运动可见的部分。在这一过程中，魏格纳假设的"极地漂移力"和"潮汐力"变得毫不相关了。

20 世纪 50 年代以来的新证据首先来自于例如对地球的古磁学和磁学的研究。古磁学是对岩石中"残留的"磁性的研究，即对岩石样本从熔岩状态凝固时残留于其中的磁性的研究。这种磁性由于地球磁场的影响而留在岩石的氧化铁中。伦敦的 P. M. S. 布莱克特（P. M. S. Blackett）[①]和纽卡斯尔的 S. K. 朗科恩（以后去了剑桥）以及其他人所做的研究表明，地球的磁场从来不是恒定的而是变化的，甚至还经历过地磁反转，其变化遵循某种时间模式，而这种模式是可确定的。（这些研究因一种新的高灵敏度的仪器——地磁仪的出现而成为可能，布莱克特就是这种仪器的主要发明人。）当仔细描绘出磁极位置移动的路径图后，人们就会发现，磁极运动的情况在不同地域是彼此不同的，这暗示着每个大陆块都在独立地运动着。这个证据还指向了这样一个时期：那时地球南部各大陆聚集在南极地区形成了一个原始大陆——冈瓦纳大陆，因此，它的这些组成部分必然存在一些横向的运动——最终形成了我们现在的各个大陆［参见 Dan P. Mckenzie（丹·P. 麦肯奇）1977，114－117］。

---

① 布莱克特（1897－1974 年），英国实验物理学家，以其在云室、宇宙射线和古磁学等方面的研究成果而闻名，并因其对威尔逊云室方法的发展以及他在核物理学和宇宙辐射等领域的发现而荣获 1948 年诺贝尔物理学奖。——译者

　　这些研究的最初成果并没有立即使地球科学家共同体确信，曾经有过某种大陆位移；毫无疑问，关于地球磁场的演化史的细节仍有太多的尚未解决的难题，而来自磁学的论据"过于复杂和专业化"，并且还带有许多未经检验的假设（Mckenzie 1977，116）。不过，大陆漂移，尤其是在地球物理学家中，已经引起足够的兴趣，因而在1956年举行了以大陆漂移为主题的研讨会。澳大利亚国立大学（Australian National University）的 E. 欧文（E. Irving）对过去几年的磁学研究作了评论，他的结论是，"证据的天平偏向了这种观念即……地轴[已经]改变了它相对于作为一个整体的地球的位置，[而且]也有利于各大陆相互之间有'漂移'运动的观念"（Irving 1953；1958；参见 Marvin 1973，150 - 152）。

　　推动魏格纳的基本思想（尽管并非魏格纳理论）复兴的第二条研究路线，是对洋中脊的研究。海洋和内海大约覆盖了地球表面的70%；由于关于海洋下区域的性质的知识在20世纪30和40年代尚不成熟，因此，我们可以理解为什么战前关于大陆漂移的争论结果是没有定论的（Hallam 1973，37）。然而，人们对大西洋洋中脊已经做过勘察，而且，F. B. 泰勒在1916年就曾说过，大西洋沿岸的大陆看起来仿佛是从洋脊悄悄走开到两侧的。此外，魏格纳也确实曾从密度、磁性、构成物等等方面进行论证，在著述中给出了洋底是玄武岩构成的证据，但没有人对此予以关注。我们目前关于大陆运动的知识直接的关键证据，来自于对海底陆地的研究。在国际地球物理年（1957 - 1958年）期间，用于测量地球引力和把地震数据与引力数据综合处理的新技术被引进了。地球物理学家们找到了测定穿越洋底的热流之速率的方法。这些研究意味着:巨大的大洋地壳岩块能够"明显地彼此进行大距离的位移"
(Hallam 1973,52)。这些发现与从磁学研究获得的发现是一致
的,而这,对大陆之间经历过相互位移运动的观点予以了强有力的
支持。到了这时,大陆漂移模式才以现在被广泛接受的板块构造
论的形式得以出现,[9]按照板块构造论这种结构体系,地壳犹如
"大板块的拼图——类似于规模巨大的浮冰或铺路石的拼图"。这
些板块作为独立的刚体运动着,当与别的板块碰撞时就会经历变
形。厄休拉·马文特别强调这样的事实:这些"运动的板块不像阿
尔弗雷德·魏格纳所设想的那样是大陆,它们也不是单独的洋底"
(1973,165)。既然每一个板块可能既包括部分大陆也包括部分
洋底,那么,板块的运动与魏格纳大陆运动的观念便相去甚远了。
因此,由于最初的"大陆漂移"这个术语含有单独的大陆运动的意
味,它不再是严格准确的了(Hallam 1973,74)。1968年,有人提
出了6个大板块和12个小板块覆盖地球的观点。从那时起,人们
又在此基础上提出了进一步的细分。

海底扩张说

要说明地壳的不稳定性和可变性,必须把板块构造理论与"海
底扩张说"相结合。海底扩张说是普林斯顿大学的哈里·H.赫
斯(Harry H. Hess)于1960年首次提出来的,它假设存在着这样
一个过程:洋底因受到持续的推挤,而被推着向纵贯主要大洋的洋
脊的两侧移动。[10]赫斯是在1960年的一篇手稿中第一次阐述这
个观点的,这篇手稿是一部论述海洋的著作中的一章,而该著作直

到 1962 年才正式出版。由于他的主要观点极为新奇，以至于赫斯在介绍它时说，他把这一章看作是"一篇地球散文诗"。他提出了这样的观点：位于大洋中央巨大的洋脊是熔融物从地幔（地壳以下的区域）涌出的出口。这种熔融物同样沿着洋脊的两侧流淌，在那些地方冷却、凝固，最后变成了它所附着于其上的原有地壳的一部分。当地壳以这种方式沿着洋脊扩大时，这种物质（巨大的板块）就会横向运动远离洋脊。既然地球不会增大，那么可以推论，这个板块也不可能通过不断增加新的物质而单纯地扩张。因此，在远离洋脊的某个地区，必定会发生板块分裂。换言之，在距离洋脊最远处的边缘地带，这个板块会挤到另一个板块下面，最终在某个海沟中落入地幔之中。在这里，板块的水分会被挤压出来，并且重新变成熔融状。这个过程与一种对流"传送带"联系在一起，即从洋脊的地幔中带出物质，然后把它们推开或使它们远离这里，最终又把这些地幔物质再带回到某个遥远海沟的地幔之中。

　　因此，有一种持续的、巨大的压力，它推着载有非洲和南美洲的两大板块离开大西洋洋中脊。大约在 1.8 亿年以前，南美洲和非洲是连在一起的，构成了冈瓦纳大陆。两块大陆的开裂线与导致海底扩张并且现在仍很活跃的洋脊是吻合的。这种开裂线是地震发生的标志，而现在，它与南美洲和非洲的大西洋海岸线的距离大致上是相等的。

　　就这样，对于洋底在一块大陆的一侧被不断地创造，而同时又在另一侧消失，赫斯说明了其方式，从而为后来的板块构造论的发展以及我们对大陆漂移的理解，提供了一种被普遍认为是核心要素的观念（Mckenzie 1977，117）。大西洋洋底离洋脊而去的速度大约是每年 4 厘米（一英寸半），这样来推算，在洋中脊处涌现的洋底离开这里跨越整个大西洋，并且最终落回到地幔之中，所需的时间大约为 2 亿年。这个数字立即可以用来解释许多未知的奥秘。例如，在洋底钻孔找到的化石的年龄都未超过 2 亿年（中生代时代），而从陆地上挖掘出的海洋化石表明，这些海洋生物都可以追溯到至少 20 亿年以前。再如，倘若海床的年龄与大陆同样古老，那么按正常的沉积速度，海床上应当产生很厚的沉积层，但通过采样勘探发现，覆盖洋底的沉积物很少。简而言之，在海洋存在的几十亿年中［参见 Seiya Uyeda（上田诚也）1978，63］，洋底并不是恒定的，而是在持续地变化、持续地运动的。

如果把赫斯的观点与板块构造论的一般观念结合起来，就可想象另一个过程：板块边缘新物质的增加，并不使板块的规模增大。由于压力作用，板块会不断地缩短，这种现象会在两个板块碰撞处的山脉的形成和改变的过程中显现出来。

在阐述其有关海底扩张的思想时，哈里·赫斯坦率地说明了这一事实，即他的理论“与大陆漂移说并不完全相同”（1962，617）。按照整个大陆漂移说的思维，“大陆……受某种未知力的驱动，在大洋地壳上漂移”，但他所提出的思想是，大陆则“相反，……当地幔物质涌到洋脊脊顶表面，大陆便被动地游移到地幔物质之上，然后横向地驶离洋脊”。

我在前面曾提到这种普遍一致的看法，即最初的纯古磁学证据并不能完全使大多数地球科学家相信，有必要放弃“固定论”。决定性的证据来自新的磁学研究，这些研究戏剧性地证实了海底扩张假说。船载地磁仪揭示出了洋底条状磁化区域的存在［参见

Patrick M. Hurley(帕特里克·M. 赫尔利)1959，61]。如果赫斯的解释是正确的，那么在洋脊两侧就应该各有一个与条状磁化区域对称的区域。这项检验是剑桥大学当时的在读研究生 F. J. 瓦因(F. J. Vine)和他的导师 P. H. 马修斯(D. H. Matthews)提出的。实地测量很快证实，预想的那种对称性确实存在。

按照理论，当炽热的熔融物沿洋脊两侧流淌蔓延并凝固时，它们便获得了当时的地磁。尽管新的物质把它们从洋脊向外推，它们仍会保持冷却时所获得的磁性。因此，每一条连续的物质带都会带有记录物质变成固态时的日期的磁性烙印，而这些物质在洋脊两侧应具有相同的磁性方向。1963 年，瓦因和马修斯在《自然》杂志上发表了这一重要假说，并在以后诸年中成功地通过了实验检验。事实上，地磁的历史所显示的不仅是一些微小的变化，而且还有在当今已知其年代的明显的地磁反转，所有这些，都是在连续的条状磁化带中实地发现的。

虽然这个假说今天可能听起来非常合乎逻辑而且一点也不令人惊奇，但实际上它在当时却被认为是激进而大胆的。瓦因回忆说，当他第一次把他的想法告诉剑桥大学地球物理学家莫里斯·希尔时(Maurice Hill)，希尔"认为我完全疯了"，按照瓦因的说法，虽然希尔"很有礼貌地不作任何评论；不过，他注视着我并且把话岔开了"(Glen 1982，279)。瓦因还对爱德华·布拉德爵士(Sir Edward Bullard)谈起过他的假说，爵士"给予了更多的鼓励"，尽管"他意识到成功的机会很少"。瓦因"非常渴望能和特迪(Teddy)·布拉德①共同撰文发表这一思想"，他觉得"'布拉德和瓦因'

---

① 特迪是爱德华的昵称。——译者

这样的署名看起来很棒极了。但特迪·布拉德非常直率地说:'绝对不行。'他不想让他的名字出现在这篇论文上"。布拉德是地球物理学界一位著名的革新家,他对地球热流理论作出过重要的贡献。他善于接受新思想,他"热情地接受了这个假说并以赞赏的态度对许多人谈及它",尽管他不愿意接受瓦因最初的邀请担任共同作者(第358页)。

瓦因和马休斯提出的假说〔加拿大的劳伦斯·莫雷(Lawrence Morley)也曾独立地提出过,详情请参见 Glen 1982,第271页及以下〕,"其重要性堪与20世纪地质科学中的任何已构想的假说相媲美"(第271页)。它不但能独立地证实赫斯的海底扩张观念,而且还能以独立的和准确确定的地球磁场反转的时间范围为基础,使扩张的速度得以计算。人们似乎一致认为,瓦因-马休斯-莫雷假说的确证,"引发了"地球科学中的"革命"(第269页)。下一步要做的就是,"阐明一种新的全球构造理论"(Hallam 1973,67),并且重构我们关于地球的知识。

对革命的认同

正如沃尔特·沙利文(Walter Sullivan)的著作(1974)尤其是格伦的著作(1982)所介绍的那样,凡是研究过地球科学最近20年发展史的人都将认识到,要完成这样一场革命,还有非常重要的工作需要做〔包括诸如爱德华·布拉德、J. 图佐·威尔逊、莫里斯·尤因(Maurice Ewing)以及其他一些科学家的丰功伟绩,对于这些我几乎没有提及〕。[11]此外,长期以来许多杰出的地球物理学家不但拒绝接受板块构造理论，甚至也拒绝接受海底扩张的概念。被《自然》杂志誉为"苏联最卓越的地球物理学家"的弗拉基米尔·V. 贝洛索夫（Vladimir V. Beloussov）在 1970 年写道，"海底扩张假说没有一个方面能经得住批评"（Sullivan 1974，105）。12 年后的 1982 年 12 月，已经 91 岁高龄的哈罗德·杰弗里斯爵士在《皇家天文学会地球物理学杂志》（*Geophysical Journal of the Royal Astronomical Society*，第 71 卷，第 555 - 556 页）上，仍然嘲笑这一理论，把"大洋板块的潜没作用"比作"把用黄油做的刀来切黄油"，而 60 年来，他一直是反对大陆漂移说的领军人物。

地球科学界的保守主义，除了杜托伊特提到的之外，在权威的《科学家传记辞典》1976 年版关于魏格纳的条目（*14*：214 - 217）中也得到了举例说明。这个词条是悉尼大学（the University of Sydney）的 K. E. 布伦（K. E. Bullen）撰写的。他在这个条目的结论部分，不大情愿地介绍了倾向于支持魏格纳思想复兴的（来自古磁学和洋底研究的）证据，但紧接着，他罗列了一大堆"反对大陆漂移说"的或新或旧的论点。布伦写道：当"该理论的倡导者们对这些疑问做出特设性回答时，他们的回答也受到了质疑"（第 216 页）。1976 年，也就是哈勒姆和马文的历史研究著作（二者都宣称地球科学革命已经取得了成功并分析了它的结构）出版 3 年之后，这篇当时最新的魏格纳传记却得出了这样的最终判断："相当多的地球科学家的热情，有时带着某种宗教式的狂热，致使他们断言大陆漂移理论现在已被确立了"（第 217 页）。

布伦提到"宗教式的狂热"这种说法特别恰当，因为在 20 世纪 60 年代观念变化时期的语言带有强烈的宗教隐喻色彩，在涉及改

宗问题时尤其是如此。正如 T. S. 库恩注意到的那样,这一点是
科学革命相当普遍的一个特点。J. 图佐·威尔逊的经历便是一
个典型的例子。威尔逊在 1959 年还是大陆漂移理论的主要反对
者之一,但没过几年,他经历了改宗,并自称是"被改造了的反大陆
漂移说者"(参见 Wilson 1966,3 - 9,在那里他谈及了后来的转
变)。后来,他不仅提出了一些支持大陆漂移说的重要的地质学证
据,而且还成为这场革命的主要先驱之一。1963 年,国际地质学
和地球物理学联合会(the International Union of Geology and
Geophysics)第 13 届大会期间,在伯克利举行了一次有关上地幔
计划的研讨会,威尔逊大胆地宣布:"地球科学中进行一场伟大的
科学革命的时机已经成熟"[参见 H. Takeuchi(竹内弘高)1970,
244]。他说,地球科学目前的状况"类似于哥白尼和伽利略的思想
被接受前天文学的状况,类似于分子和原子思想被引入以前化学
的状况,类似于进化论之前生物学的状况,类似于量子力学诞生前
物理学的状况"。

　　20 世纪 60 年代末和 70 年代初,曾举行过大量有关大陆漂移
说或与诸如古磁学和地磁学等为共同主题的研讨会。1968 年 4
月的美国哲学学会(the American Philosophical Society)的年会
的一部分就是其中之一,这部分的主题为"重访冈瓦纳大陆:大陆
漂移说的新证据"。在会议的一篇题为:《静止的还是运动的大地:
当前的科学革命》("Static or Mobile Earth:The Current Scien-
tific Revolution")的文章中,威尔逊建议(1968,309,317):这场
"我们这个时代的重要的科学革命"应当"被称作魏格纳革命",以
纪念这场革命的"主要倡导者"。地球科学家的同行们已经普遍赞

成了威尔逊的观点，即一场革命业已发生，而作为大陆漂移概念的第一位重要的阐述者，魏格纳理应获得这一殊荣。可是，魏格纳并未像哥白尼、伽利略、牛顿、拉瓦锡、达尔文和爱因斯坦一样获得那种命名的荣誉。

正如我们已经看到的那样，许多作者把魏格纳发动的革命与哥白尼革命作了比较。这两场革命有一点相似的是：地球科学中的最终革命与魏格纳最初的理论已相去甚远，这就如同开普勒、伽利略和牛顿的体系与哥白尼实际提出的体系大相径庭。正如天文学革命直到哥白尼 1543 年的著作出版了半个多世纪后才来临一样，地质学中的革命也是在魏格纳最初的论文和著作发表大约 50年后才发生的。被称作哥白尼革命的最终革命，实际上是一场基于伽利略和开普勒的成就的牛顿革命，而在这场革命的基础之中的"哥白尼体系"最终被开普勒体系取代了。与此相似的是，在 20世纪 60 年代最终发生的地球科学中的革命并没有体现魏格纳的理论，而只是体现了他的这一基本思想：在地球的全部演化史中，大陆并非一直固定在现在其所处的位置上，在历史的某个时期，它们曾聚集在地球的两极。魏格纳的主要贡献是提出了与静止论相对立的活动论思想，它所发挥的作用有如哥白尼的主要贡献，后者的主要贡献就是提出了这样一种先见之明：以地球运动而非静止的观念为基础构造一个宇宙体系是可能的。

地球科学从静止论转向了活动论，尤其是转向了大陆漂移和板块构造等思想，根据本书第三章提出的四项主要的检验标准，这一普遍的转向无疑是一场革命。首先，公认的地质学观念中的这种转变**在当时**就被一些重要的见证者包括这一领域的实际工作者

看作一场革命。我认为,这是科学中的革命出现的主要标志。其
次,对 1912 年以前和 1970 年以后的这一科学的内容的考察表明,
变化的幅度足以构成一场革命。再次,批判史学家们已经得出结
466 论说,地质学思维框架中变革的规模足以构成一场革命。诚然,这
有点主观臆断的意味,但它可用来作为对参与这场革命的地质学
家和地球物理学家的结论的一种证明。我们业已看到,在成功的
革命(亦即与论著中的革命相对的科学中的革命)发生很久以前,
许多地质学家甚至连那些魏格纳观点的反对者们都意识到了大陆
漂移观念的革命性,并且认识到了接受这种观念对整个地质学可
能会有的革命意义。最后,当今地球科学家们普遍承认,他们的学
科中已经发生了一场革命。

但是,这场革命的规模如何? 它能称得上是一场可与达尔文
革命、量子力学革命和相对论革命或是牛顿革命比肩的重要的革
命吗? 抑或它是规模稍逊一筹的与化学革命类似的革命? 我们已
经看到,乔治·盖洛德·辛普森把它称为"一场重要的亚革命
(sub-revolution)"。在一篇题为《论板块构造理论与地质学思想
"进化"的关系》("On the Relation of Plate Tectonics to the 'Evo-
lution' of Ideas in Geology ")的文章的结尾,丹·P. 麦肯奇
(1977, 120 – 121)把"板块构造理论对地质学的影响"与"生物学
中脱氧核糖核酸结构的发现"的影响作了对比。他的结论是:"板
块构造理论与导致分子生物学创立的那些发现相比,是一场重要
性略逊一筹的革命",他评论说,正是由于这个原因,"这一新思想
已经……在地质科学中被较为迅速地吸收和应用了"。但对任何
局外的观察者来说,意识到我们关于地球演化史观念发生的根本

性变化以及观念转变的程度，可能就会把它与一场伟大的革命联想起来。只不过出于完全没有意识形态成分，这场革命才显得不那么壮观。[12]

第三十章 结论：
作为科学革命特征的改宗现象

革命的许多方面，诸如创造过程、科学家个人在革命性的科学观念的形成和传播过程中的作用、科学革命者的个性以及科学交流的技术和方法的变革对科学中的革命的影响等，都没有在本书中加以研究。我也很少论及科学革中的命与它们的社会的、政治的、制度的甚或是经济的环境之间相互作用的多种程度和层次，而且，我仅仅用例子说明了科学中的革命与社会政治革命之间的可能的联系或演替关系。

不过，在科学革命中有一种经验现象，它一而再、再而三地出现在第一手和第二手的文献中，我愿意在此对它进行一番讨论。这一现象就是改宗。人们常常引用马克斯·普朗克的一段话（194，33–34），大意是，"新的科学真理获得胜利并不是由于它会说服它的反对者并且使他们看到希望，而是由于这些反对者最终都会死去，而熟悉它的新一代人会成长起来"。半个世纪前，哈佛大学的教授约瑟夫·洛夫林表达过类似的观点，他对他的学生们说：有两种关于光的理论，即波动说和微粒说。据说他当时评论道，今天每一个人都相信波动说，原因是所有相信微粒说的人全都死了。我们大家都知道，这种表述在一定程度上是符合实情的，新的科学观念确实赢得了后人，甚至说服了某些反对者，从贯穿本书的许多例子中都可以看到这一点。普朗克本人就实际见证了他的基本概念被他的科学同事们接受、修改和运用的过程。科学革命的这一特点——把科学工作者争取过来，非常具有普遍性，因此我把它的程度作为从论著中的革命到科学革命转化的标志。

这种信念上的转变很可能是一种具有破坏性的事件。全新观念的接受几乎总要引起对基本观念进行重新思考——例如时间与空间、同时性、物种的恒定性、原子的不可分性、基因的存在、微粒与波的不相容性、因果性、可预见性，等等。此外，新观念总是从某种截然不同的观点或视角抛弃过去已被接受的信念。这就难怪科学家们要采用"已经看到了希望"或者写下"改宗"这类表述语，他们有意或无意地把自己的体验与有关宗教体验的古典剧相比较。

在《科学革命的结构》(1962)中，T. S. 库恩使用了两个词组来揭示这一现象：一个是不可逆的"格式塔转换"，另一个是"改宗经验"。他明确地论述说，从忠诚一种范式转变为忠诚另一种范式是一种类似于改变宗教信仰的行为。虽然这不是他的图式的主要特色，但这一点仍然显得很重要，尽管库恩没有举出实例加以证明。凡是读过这部关于科学革命的文献的人，都不可能不对随处可见的对改宗的提及留下深刻印象。有时候，一个科学家引入"改宗"这个术语，不过是出于比喻和文字上的考虑，例如，1796 年约瑟夫·普里斯特利[1796(1929)，19 - 20]就曾描述说，"爱丁堡的约瑟夫·布莱克(Joseph Black)博士以及据我所知所有苏格兰人都宣称改宗信奉了"新的拉瓦锡化学体系。两个世纪后，物理学家A. 派斯(1982，150)则对新物理学使用了同样的语言。在前一章中我们看到了 J. 图佐·威尔逊的事例,他是板块构造理论的创立者之一,也是一般的大陆漂移理论早期的科学传播者。

469　　大约 100 年前,T. H. 赫胥黎曾写道:"皈依科学信仰的行动之一就是承认秩序的普遍性以及因果律在任何时候和任何情况下的绝对有效性"。这一论点是赫胥黎在回答有人攻击达尔文"企图恢复古老的异教女神——偶然性"时提出来的。在赫胥黎看来,贬低达尔文的人认为达尔文"设想变异是'偶然性'导致的,最能适应者经历了生存斗争的'偶然事件'得以生存"。因此,他们论证说,在达尔文的理论中"用偶然性取代了天意"。在对达尔文的保守主义批评者做出回应时,赫胥黎指出,那些如此谈论"偶然性"的人是"古代迷信和愚昧的继承人……他们的心灵从来没有被科学思想的光芒照亮过"。他们是未改宗者,迄今为止未改变信仰,转而相信科学;他们没有做出"表白",赫胥黎这里指的是对"因果律"的表白。赫胥黎解释说:这种表白"是一种表达信仰的行为"。之所以这么说,原因就在于"从本质上讲,这类命题的真值是无从证明的"。不过,这种信仰与别的信仰还是不同的,因为它"不是盲目的,而是合乎理性的"。这一信仰"被经验始终如一地证实了,它构成了所有行动唯一值得信赖的基础"。赫胥黎不仅用了大量篇幅驳斥反对达尔文的人,而且他还为此使用了一种我们今天看来必然是过分的与宗教的类比。他做的甚至比我所指出的还过分,他提到了"一些人,在他们之中我们远古祖先对偶然性的崇拜奇怪地保留了下来"(Darwin, 1887, 2:199-200)。

改宗思想在达尔文的通信中表现突出,下面是他 1858 年和 1859 年间几封书信中的例子:

[1859 年 1 月 25 日致 A. R. 华莱士]你问我赖尔的心情。我认为他有点犹豫不决，但没有屈服，而且他经常对我说，如果他变得"**离经叛道**"了，他对事态可能的发展、对可能会给《原理》①的下一版造成的影响感到恐惧。然而他是最正直、最诚实的人，我想他最终将会变得"**离经叛道**"。胡克博士几乎和你我一样成了异教徒，而我认为胡克是**迄今为止**欧洲最称职的鉴定者。

[1859 年 9 月 20 日致 C. 赖尔]你以前对物种不变性的怀疑，也许比我的著作对你的改宗（如果你已经改变了的话）　470影响更大……无论我怎样表达对我的学说的普遍真理的深信都不过分，上帝知道我从不逃避困难。我像傻瓜似地盼望着你的裁决，这并不是说你不改宗会令我失望；因为我记得我花费了多年时间才转变过来；但是，如果你能转变过来的话，尤其是我对这种改宗也有一定贡献的话，我会高兴至极。

[1859 年 9 月 23 日致 W. D. 福克斯（W. D. Fox）]我并没有愚蠢到期望使你改宗的程度。

[1859 年 10 月 15 日致 J. D. 胡克]赖尔正在阅读我的

---

① 指赖尔的代表作《地质学原理》(*Principles of Geology*: *being an attempt to explain the former changes of the Earth's surface*, *by reference to causes now in operation*)，该书一共出版了 12 版[最后一版是在他去世以后出版的(1875 年)]。在达尔文写此信时，该书已经出了 9 版。——译者

著作,我仍然对他抱有希望:他将改宗,或者按他的说法,他将变得离经叛道。

[1859 年 10 月 15 日致 T. H. 赫胥黎]我绝非希望你改宗,转而相信我的诸多异端思想。

[1859 年 11 月 11 日致阿萨·格雷(Asa Gray):]赖尔……几乎要改宗转而相信我的观点了。

[1859 年 11 月 13 日致 A. R. 华莱士]胡克认为[赖尔]完全是一个皈依者了。

赖尔后来在给胡克的一封信中讨论了这个问题(Darwin 1887,2:193):"我发现,我尚未使少数过去反对达尔文甚至现在反对赫胥黎的人改变信仰。"他必须放弃"古老并且长期以来被珍爱的观念,这些观念使我陶醉于我年轻时的科学理论,那时我像帕斯卡一样相信被哈勒姆称作'毁灭的大天使'的理论"。在这些引文中,我们可能不仅注意到了"使……改宗"这个词和其他宗教术语的运用,而且还看到,达尔文说他自己的改宗也用了"多年时间"。这是科学家们共同的话题。J. J. 汤姆孙在他的自传中也曾谈到使他自己相信原子的可分性是多么困难。

达尔文的通信也使我们对改宗的实际经历有所了解。休伊特·C. 沃森曾把达尔文称作"博物学中最伟大的革命家",他在 1859 年 11 月 21 日写道,"自然选择"包含了"所有伟大的自然真理的特性":它澄清了"模糊的东西",简化了"复杂的东西","大大"
补充了"以往的知识"(Darwin 1887,2:226)。在记述《物种起
源》被接受的过程时,赫胥黎(1888)说明了新进化论的影响:它像
"一道闪电,给在黑暗中迷失方向的人突然照亮了一条路,不管这
条路是否能直接使他回到家中,这是一条必由之路"。随后,赫胥
黎用了一个宗教比喻,他说,"达尔文和华莱士驱散了黑暗,'起源
说'的烽火引导着黑暗中的人们"(Darwin 1887,2:197)。

　　化学家洛塔尔·迈尔(Lothar Meyer)撰写的对科学改宗的
论述,是最引人注目的说明之一。在 1860 年的卡尔斯鲁厄
(Karlsruhe)会议几年后,迈尔回忆起这次会议结束时发生的惊人
的事件。这次会议是由伟大的有机化学家奥古斯特·凯库勒
(August Kekulé)召集的,是"化学史上最重要的会议之一"[参见
J. W. van Spronsen(J. W. 范斯普朗森)1969,42]。这是首次为
解决一个科学内部的紧迫问题而召开的国际科学家大会。讨论的
中心是几种竞争的、极为不同的原子量体系之间的混乱。由于这
些体系非常不确定,导致许多化学家从原子量转向化合量。原子
量体系的差异来源于原子概念和分子概念中的分歧;例如,同一化
学元素的"原子"能否[像意大利化学家阿马德奥·阿伏伽德罗
(Amadeo Avogadro)认为的那样]结合成"分子"? 抑或(像近代
原子论的创始人道尔顿所支持的那样)化学键只在不同元素的"原
子"之间形成? 召开这次会议就是想"一劳永逸地"解决这个棘手
的问题,全部有机化学的结构式最终必须依赖它的解决[参见
Clara de Milt(克拉拉·德·米尔特)1948]。

　　也许无须惊奇,来自世界各地的化学家们并没有以简单而又

471

普遍可接受的方案结束他们的商议。但这次会议确实有一些正面的结果：会议邻近结束时，热那亚大学（the University of Genoa）化学教授斯坦尼斯拉斯·坎尼扎罗（Stanislas Cannizzaro）散发了一本小册子，他在其中对会议的中心议题提出了解决方案，这一方案现在已被普遍接受。坎尼扎罗主要借鉴了阿马德奥·阿伏伽德罗的成果，同时也吸收了夏尔·弗雷德里克·热拉尔（Charles Frédéric Gerhardt）①的观点，坎尼扎罗经常给他的学生们传授这个困扰整个科学界的难题的解决方法。洛塔尔·迈尔一读到这个小册子立刻就被"改宗"转信了坎尼扎罗体系，而且他与几位不同国家的科学家一道成了元素周期表（或体系）的发现者。这次会议两年后，坎尼扎罗在《化学进展年度报告》（*Jahresbericht über die Fortschritte der Chemie*）上发表了他的分析，几十年后，迈尔为其再版作序时，描述了他自己的改宗经历。由于这段说明非常经典，所以很值得在此全文（英译文）引用：

　　　　会议结束后，应作者的要求，他的朋友安杰洛·帕韦希（Angelo Pavesi）散发了一本篇幅较短而且看起来似乎无关紧要的著作：坎尼扎罗的《概要》（*Sunto*），这里翻印的是一个译本。原著在几年前就出版了，但鲜为人知。我也收到了一本，我把它放在口袋里以便在回家的途中阅读。到家后我又一遍遍地阅读这本小册子，并惊叹它对最重要的争论焦点做

---

①　夏尔·弗雷德里克·热拉尔（1816－1856年），法国化学家，以改进了化学公式的符号和研制乙酰水杨酸即现在众所周知的阿司匹林而闻名。——译者

出的阐释。我仿佛恍然大悟,疑云顿释,取而代之的是一种对最稳定的确定性的感觉。如果说几年后我能对澄清事理、平息过于激动的情绪有所贡献的话,那么主要应当感谢坎尼扎罗的论文。这次会议的许多其他与会者想必也有类似的感受。激烈的争论浪潮开始平息下来(Cannizzaro 1891,59-60)。

读者也许会注意到,迈尔在"……恍然大悟"这个短语中参照了塔尔苏斯的扫罗(Saul of Tareus)[《使徒行传》(Acts)第8章第11节]以及其他宗教体验的语言。迈尔显然认为,在科学的改宗与宗教的改宗之间存在相当明显的共同要素。

在对革命的历史研究中,人们不可能讨论改宗而不考虑,在古典时代,"转变观念"意味着旧的循环意义上的一场变革,甚至在宗教中,"改宗"仍然保留了某种精神复兴的古代意味。但这一术语的现代用法,尤其是在科学中,指的是彻底转变和接受截然不同的观点。因此,随着这个概念的这些转变,我们又会回到原处。虽然科学的分析家们并不赞成使用某个宗教术语如"改宗"来探讨科学变化,但史学家们在研究"改宗"时的主要任务——如同在研究"革命"时一样,不是要对过去的言行作出判断,而是要把它们记录下来并加以分析。

补 充 材 料

1.1　科学革命与政治革命的比较

17世纪末叶以来,科学家和科学史家一直使用政治革命(或政治斗争)的语言来描述科学的进步。沃尔特·查尔顿在《伊壁鸠鲁－伽桑狄－查尔顿论自然哲学》(1654)中对古人的和伽桑狄的原子论哲学的介绍,就是早期的一个例子。在开篇的几页中,查尔顿常常使用这样一些表述语,如:"自然哲学领域中的暴君","盗用者、权威的无耻的专横跋扈","哲学中没有君主制,只有真理的主宰","哲学自由的维护者"等,他在后面还谈到了伽利略"推翻了……亚里士多德的学说"(第435和第453页)。

在18世纪,人们常常把科学革命与政治革命进行比较。法国的天文学家和历史学家让西尔万·巴伊(有关他的情况请参见后面的补充材料7.4和13.1①),就是早期的一位在讨论科学中的革命时使用政治类比的分析家。巴伊的《天文学史》(*History of Astronomy*)出版于1775－1782年之间,这段时期正值美国革命之际,并且出现了法国大革命的前兆。巴伊的字里行间里常常充满

---

① 　原文为"3.1",显然是"13.1"之误,参见后文。——译者

了政治类比，例如，他曾这样讲，"牛顿所完成的事，那些篡夺王位的征服者们也曾在亚洲尝试过，当然，他所采用的是一种既温文尔雅又公平公正的方式"（1785，2：560）。巴伊随后解释说，这些 474 篡位者们"希望抹去人们对以前统治的记忆，从而使他们的统治开创一个新的时代，使一切与他们一起重新开始。"此外，巴伊（1：337）还把哥白尼描写成一位"具有煽动头脑（esprit séditieux）"的人，一位不得不"推翻托勒密宝座（renverser le trône de Ptolémée）"的人。他也介绍了牛顿的成果，并且称，"亚里士多德和笛卡尔仍然共享着这个王国，在这里他们都是欧洲的导师"（2：560）。

　　另一位 18 世纪的科学家和科学史家约瑟夫·普里斯特利，也曾在论述科学中的革命时使用政治类比。1796 年，亦即法国大革命爆发后的第 7 年，普里斯特利曾写过一篇短论，用来答复一些依然健在的提倡过新的化学体系的化学家们——在介绍他们的一项成果时，拉瓦锡预言了一场革命（参见前面的第十四章）。普里斯特利这篇短论的题目是《论燃素说和水的分解》（*Considerations on the Doctrine of Phlogiston*，*and Decomposition of Water*，1796）。在其导论部分（Priestley 1929），他承认，像"反燃素论者"所完成的变革"那样伟大、那样急速、那样普遍的"科学革命，即使有也是寥寥无几；他把他所处的时代称之为"这既是一个哲学的［亦即科学的］革命的年代，也是一个平民革命的年代"（第 20 页）。普里斯特利把政治革命的隐喻加以扩展，他断言，没有什么人"应理所当然地放弃自己的判断而屈从于任何纯粹的**权威**，不管那个权威多么有威望"（第 17 页）。然后，他借用法国大革命作了一个

直接的比喻:"我相信,你们不会使你们的统治与**罗伯斯比尔**
(Robespierre)的统治相类似,像我们这样仍不服气的人已经绝无
仅有,我们宁愿希望你们能通过劝说争取我们,而不希望你们用强
权迫使我们保持沉默。"随后不久,他又一次提到了法国大革命。
他指出,新化学和新命名法的提倡者们已经战胜了理查德·柯万;
柯万像那时的普里斯特利一样是一位狂热的燃素论者,而且恐怕
是旧化学最后的信徒了。如果这些提倡者们将像他们对柯万所做
的抨击那样,通过对普里斯特利的这本小册子的最后回复"获得同
样多的成果",普里斯特利说,那么,"你们的力量将得到普遍的确
认",而且,"在你们的领地中不会出现旺代"(第18页)。①

　　在19世纪期间,政治革命和科学革命成了人们经常谈论的话
题。从数学家、哲学家和科学史家威廉·休厄尔的著作中就可以
找到一个突出的例子。休厄尔是剑桥大学三一学院(Trinity Col-
lege)的院长,在其《归纳科学的哲学》中(1847,*2*:255-257),对
于笛卡尔"努力去复兴那种仅仅从我们自己的思想观念中进行推
理来获取知识的方法,并且使它与观察和实验的方法势不两立",
休厄尔进行了严厉的批评。因此,对于休厄尔来讲,笛卡尔的哲学
似乎就是"一种反对革命的尝试"。这里引用的政治比喻非常引人
注目,而在"他的[笛卡尔的]时代正在进行着伟大的科学方法的
改革"(第257页)这个语境中,这种比喻尤为明显。在描述究竟是
怎样"笛卡尔被看作推翻亚里士多教条主义的大英雄"时(第258

---

　　① 旺代(*Vendée*),法国沿海省份,法国大革命期间曾发生反革命叛乱,并因此而
闻名。——译者

页),休厄尔继续使用了政治用语。尽管如此,休厄尔依然认为,笛卡尔的那些"物埋学学说"是有价值的,因为"它们是用与他自己公开声称的方法不同的方式亦即用以观察为依据的方法获得的"(第260页)。不过,休厄尔坚持认为,17世纪"物理学的实际发展",是以实验或观察以及归纳为基础的,并因此构成了一场"从传统哲学转向经验哲学的革命"(第263页)。这就是"科学研究方法中的革命"(参见第204、第208和第228页)。

在目前尚未发表的人类学家和脑外科医生保罗·白洛嘉(Paul Broca)致卡尔·福格特(Carl Vogt)的一封信中[1865年3月5日寄自巴黎;此信现收藏于日内瓦大学公共图书馆(the Bibliothèque Publique et Universitaire de Gènéve),是乔伊·哈维引起了我对它的注意],白洛嘉对谢世不久的生理学家路易·皮埃尔·格拉蒂奥莱(Louis Pierre Gratiolet)深感痛惜,在白洛嘉看来,格拉蒂奥莱"以不合理的方式相信物种,结果成了一个反达尔文主义者"。(不管怎么说,格拉蒂奥莱是一位"坚定的多元发生论者",而且他认为,人也是一种动物。)白洛嘉把他的社会主义的政治学与他的科学见解结合在一起,以便描述格拉蒂奥莱"在我们的科学"中的地位。在科学中,他是"相当于旧的政治集会上常常被称之为左派核心的那种团体"的代表人物。白洛嘉随后表述了一种总的哲学观点:"必须承认,在发展的历史中,即使运动是由极左分子促成的,那么,它也会被那些既不怎么进步,也没有什么逻辑头脑、而更多地是随大溜的人们逐渐认识到。"

大家可以看到,在20世纪中,政治革命也会越出其领域而在有关科学革命的讨论中引起共鸣。例如,在著名的关于行为主义的争论中,威廉·麦克杜格尔指责说,行为主义心理学的创始人约翰·B.沃森提出的观点只有同情布尔什维克主义的人才会感兴趣(参见前面的第二十五章)。在1927年为吉福德讲座所做的题为《物理世界的本质》的演讲中,阿瑟·爱丁顿爵士把有人对新物理学尤其是相对论中的布尔什维克主义的指责纳入到考虑范围。在有关人们对行为主义和相对论的反应的讨论中,我们将得到这样一种启示,即像预示着布尔什维克主义能在俄国取得成功的那种征兆一样,相对论(科学中的布尔什维克主义)也是一种使世界感到不适的征兆。查尔斯·莱恩·普尔教授最为直率地表明了这种观点(参见前面的第二十五章),托马斯·克罗德·钱伯林(Thomas Chrowder Chamberlin)教授,芝加哥大学地球科学的荣誉退休教授,对这种观点予以了支持。在介绍普尔的著作(1922)时,钱伯林承认,对于"目前约束的放松和危险的潮流"他甚为关注,他认为,这种情况并"不限于眼下因非正常的外界环境而令人忧心的艰辛的生活事务之中"。不,他发现(第 viii 页),这种情况"深入到了思维的基本原则之中,并且触及到了从伟大的历史中继承下来的思想的本能"。尤其是,"对于思想框架——基本的空间和时间概念,也有人提出了怀疑"。他觉察到了一种可怕的混乱,即"人们正在四处挖掘各个时代的思想根源,而对它是会促进发展还是会导致衰亡并不怎么关心"。使钱伯林感到困惑的不仅在于有人在"极力主张欧几里得的几何学、伽利略的力学,以及牛顿的天体力学等学科的基础有缺陷",而且还在于,"这些革命性主张自然都是以进步的名义提出来的"。普尔本人在其所写的著作、文章以及所做的演讲中都指出,在"精神上和物质上"都存在着一种世界范围内的"动荡的局面"。他从罢工、社会主义者的起义以及战争中看到了这种动荡局面物质方面的情况;从"对社会问题的广泛关注",从"艺术领域中的未来主义运动",以及"许多人为了支持激进的和未经证实的实验而抛弃业已得到充分检验的金融学和行政学理论的那种轻率的态度"中,他找到了说明"深层的精神动乱"的证据。相对论则显示,"同样的动荡的幽灵也已侵扰了科学"。使问题变得更糟的是,"就像人们很容易接受对亚洲的某座山峰的估测高度或者对赤道非洲的某条河的源头所做的修正那样,这种激进的、具有破坏性的理论竟然也轻而易举地被人接受了下来"(第v页)。

大约在同一时期,天文学家詹姆斯·H. 金斯论述了一个多少有些不同的主题。像爱丁顿一样,金斯也是一位具有很高水平的推广相对论和量子物理学的领军人物。在为第12版的《不列颠百科全书》(1922,32:262)撰写的有关相对论的词条中,金斯考察了政治活动的用语是怎样进入到科学论述之中的。他描述了A. A. 迈克耳逊所完成的一些实验,尤其是迈克耳逊-莫雷实验,此实验所得出的是"**否定的**结果"。看起来,"如果地球在以太中运动,那么这种运动会被物质的普遍紧缩遮掩住",这里所谓的紧缩即指洛伦兹-菲茨杰拉德"收缩"。不过,这种"紧缩""反过来又被好像比人具有更高才智的某种或某些别的能动作用遮掩起来了"。金斯对那时普遍存在的精神状态的描写,使人联想到了似乎并不适用于物理学论述的拟人说。不过,金斯接下来又介绍说,他发现,物理学家正在利用政治话语与科学话语这二者之间相似的东西。他写道:"此时,'合谋'这个词进入了科学的专业用语之中。"据设想，"在自然界的各种作用之间"存在着"一项合谋，它阻碍着人类对自己在空中运动速度的测量"。他得出结论说，"这种合谋，如果真有的话，似乎已经组织得很周密了"。

最初读这段话时，我以为金斯是在施展他那广为人知的讽刺才华，然而读了随后的一段话后，这种想法一下子就烟消云散了。金斯写道："这种制定得很周密的合谋，只是名义上与自然规律不同。"例如，他以一位发明者试图制造出一台永动机为例。在发明者看来，"自然力已经参与了阻止他的机器运转的合谋"。然而，更深入的物理学知识会向他表明，"与他发生冲突的并不是什么合谋，而是一种自然规律——能量守恒法则"。金斯为爱因斯坦1905 年提出的理论而欢呼，在此理论中，爱因斯坦"宣布了这一假说，即表面上的合谋也许实质上是某种自然规律"。随后，在对狭义相对论非常清晰的介绍以及后来对广义相对论同样出色的说明中，他又进而对爱因斯坦的"相对性假说"进行了分析和讨论。

德国物理学家约翰尼斯·斯塔克是最早认识到相对论的重要意义的科学家之一，他无疑也是第一个向爱因斯坦索要一篇有关这一课题的文章的人。在写于 1922 年的一部题为《德国物理学当前的危机》[*The Current Crisis in German Physics (Die gegenwärtige Krisis in der deutschen Physik)*]的著作中（第 14 -15 页），斯塔克把政治革命及社会革命与科学革命联系了起来。他解释了第一次世界大战后具有煽动性的"宣传组织"究竟是怎样"在政治的和社会的革命[Revolution]时期寻找充足的借口"，当时，爱因斯坦相对论的支持者们"大谈在迄今为止我们所持的时空观中、在一种关于世界的理论中的这场革命[Umsturz ＝ 革命，剧变]"。

最后一个例子,是西班牙哲学家何塞·奥尔特加－加塞特在其著作《现代论题》(*The Modern Theme*,1923;英译本,1961)中讨论相对论问题时提出的。通过对比爱因斯坦和洛伦兹的思想观点,奥尔特加把科学与政治进行了比较。他在这里所看到的情况展示了这两位物理学家极为不同的"思想气质"。洛伦兹所代表的是"古老的理性主义",这使他只能"得出结论说,弯曲和收缩的是物质"。这种收缩理论在奥尔特加看来是一个"乌托邦主义的例子"。奥尔特加写道,这是"物理学领域中的网球场宣誓(the Oath of the Tennis)"。①爱因斯坦采取了"相反的解决办法":"几何学必须让步,对观察者来讲,绝对空间会变成弓形,事实上会发生弯曲。"由此奥尔特加得出结论说:"假设我们的类推十分恰当的话,那么,在政治领域中洛伦兹也许会说:如果我们抱住原则不放,民族就可能毁灭。相反,爱因斯坦则会坚持说:为了维护民族生存,我们必须寄希望于这些原则,因为这些原则正是以此为目的的。"他在结束他所做的政治类推时,提到了爱因斯坦使整个物理学界发生的一场变革,爱因斯坦破除了数世纪之久的"几何学或纯粹理性扮演的角色"所具有的"无可争议的至高无上的权威",他给了它们一个"更为适度的"角色。自爱因斯坦以来,理性的地位"从至高无上的权威降了下来,变成了卑微的工具,无论如何,这首次证明了它的实际功效"。

————————

① 1789 年 6 月 20 日,法国无特权的第三级的代表在三级会议附近的网球场为迫使法国王召开国民议会、制定成文宪法进行了宣誓聚会,这次活动取得了成功。——译者

4.1 马修·雷恩与英国革命

很有可能，在谈及英国革命时最先使用"rvolution"这个词的是马修·雷恩(Matthew Wren)，伊利主教马修·雷恩博士的儿子。雷恩曾就读于剑桥大学，后来成了牛津大学的自费生。王朝复辟(the Restoration)①后，他当上了克拉伦登伯爵(Earl of Clarendon)的秘书，他在议会中任职，并且还担任了约克公爵(Duke of York)的秘书，直到他本人于1672年去世为止。他是皇家学会的创始人之一，而且还是枢密院的创立成员之一。在1659年的一本题为《为君主制辩护》(*Monarchy Asserted，or the State of Monarchical & Popular Government in Vindication of the Considerations upon Mr. Harrington's Oceana*)的小册子中，雷恩强调了这样一个事实，即他与哈林顿(Harrington)从同样的自然起因中得出了截然不同的结论。他运用光学进行类推，参考了在不同的光线中所看到的物体具有不同的颜色的情况。在这本小册子的第19页中，他讨论了"**自然的革命和暴力的革命**这两种方式，哈林顿先生设想，通过它们，**行为规范也会许先于帝国而出现**"。他特别谈及了金钱大国和领土大国之间的"平衡"，并且(在第3章)讨论了这一问题："土地控制方面的平衡是否是英帝国的自然原因？"他(在第6章)总结说，"这一问题的解决也许会导致一个新的问题的出现，即哈林顿先生是一位更好的**民法学家**还是

478

---

① 1660年，被推翻的斯图亚特王朝卷土重来，查理一世的儿子返回英国登上王位，加冕成为查理二世，史称王朝复辟。——译者

一位**数学家**?"在第 3 章中,雷恩得出了两条推论,其中第二条是:
"要与现有政府保持平衡,并无必要从变革或革命中夺取国家政
权"(第 33 页)。完全不清楚,他是在把通常的转变与周期性系列
事件或"循环(revolution)"加以对比,还是用"revolution"来表示
具有相当重要意义的变革。有人提出,雷恩使用"revoution"意在
"向他的读者传达一种完整的政治循环观念"。然而更可能的是,雷
恩在此使用"revolution"这个词是在指一场伟大的变革,一种今天通
常使用这个词时所意指的"具有革命性的"而非循环性的事件。

为了使大家有更确切的了解,我们不妨来看看另一本小册子,
这本小册子直到 1781 年才出版,它的标题是《论英格兰革命的起
源和发展》(*Of the Origin and Progress of the Revolutions in Eng-
land*)。这本著作以获胜叛军的入城为结尾,书中谈到叛军"进军
伦敦,所向披靡;在伦敦,他们把上议院议员和绝大部分下议院议
员扫地出门,并且开始着手准备对国王的审判"(第 252 页)。雷恩
所确定的目的,就是要提出"一种准确的观点,以阐明那些已经毁
掉了**英格兰**的教会和君主的祸根的起源及其发展"(第 228 页)。
雷恩使用了诸如"起义"和"造反"等词,但他的笔下也出现过"revo-
lution"这个词。他说,他"并不想刻意去叙述"究竟是怎样"议
会……以叛国为罪名免了国王那些最重要的顾问,并且阻止了
其他人的**活动**;…… 究竟是怎样他们群情激愤把主教驱逐出了上
议院,并且把国王赶出了**白厅**;……以及最后战争是怎样开始和进
行的"。他写道:"有关的著作和小册子比比皆是,但它们的作用仅
仅是告诉读者这些事件。"而他本人的计划则是要相当"简明扼要
地探讨一下我们已经看到的那些不可思议的革命的最普遍的原

因"(第 242 页)。在这里,我所看到的并不是什么关于周期性系列事件的影响的论述,而是对异常事件或非常变革的看法。

这本小册子的原文中唯一在另一处出现的"revolution"也是如此。雷恩概略地叙述了大叛乱主要的背景情况,并且,对于"处理问题的活动以及(仿佛是)点燃了摧毁三个王国的那场熊熊大火的所有导火索的活动",雷恩描述了其起因;随后,他又把注意力转向了导致国王被捕的内战中的那些事件。不过,他首先提到的是"那些尽力那些点燃"导火索的人,那"一大批英格兰和**苏格兰**人中不满的贵族和绅士(更不用说那些具有煽动性的传道者和诽谤者了),这些人要么是为了复仇,要么是出于野心或贪婪,他们忙忙碌碌地从事着 revolution 的工作"。对此可再次解读为,雷恩心中所想到的似乎是一场推翻已被确立的制度的运动,一种异常的事件,一种与我们今天所谓的革命极为相似的事情。

⁴⁷⁹

4.2　克伦威尔与革命

就解释 17 世纪中叶"revolution"一词的用法而言,存在着一些困难,这一点在奥利弗·克伦威尔的著作中表现得非常典型:

> 他们这些人将上帝已经在我们之中完成的那些伟大壮举归功于这个人或那个人的发明和创造,并且[说]它们不是基督本人的革新(revolutions);这些人肩负着统治的重任,他们却说上帝的坏话,然而,没有一个中保,[①]他们就会落入上帝

---

① 指耶稣基督,《新约·提摩太前书》第 2 章第 5 节称,基督是神与人之间的中保。——译者

的手中。

　　因此，不管您对人类做出怎样的判断，也不管您说这个人怎样老练、精明和机敏，我还是要说，请注意：您是如何作出判断说，他的革新是人类发明的产物。

　　我要说，不仅对于这伙人而且对于整个世界来讲，都不会存在这样一个人，他会被我遇见，并且会指责我说，我已经使这些伟大的革新成了必然结果；我甚至要向所有畏惧上帝的人挑战。诚如上帝所说，**我不愿把我的荣耀给予他人**；①再一次告诫这些人并且请他们注意：他们是怎样看待他的革新亦即上帝的事业、怎样看待他从这一时期到另一时期所做的工作的，他们是怎样把这些事业说成是人类创造的必然结果的；因为他们这样做就是中伤和贬低上帝的工作，并且使上帝失去他已经说过既**不愿意给予他人**也不能容忍被他人剥夺的荣耀。我们知道，在希律王受到称赞但对上帝没有丝毫感激之情的时候上帝做了什么。而且上帝知道，当有人想把他的革新看作人类的安排并且要诋毁他的荣誉时，他会怎样对待这些人。

　　这里5次出现了"革新（revolutions）"这一术语，克伦威尔每次用到这个词时的意思都是很明确的，即人们不应当把"基督的革新"或"他的［亦即上帝的］革新"看作是"人类发明的产物"或"人类创造的必然结果"；然而，这些革新是某种循环性事件，抑或仅仅是史无前例的伟大变革中的几个阶段，这点远非是清楚的（参见

———————

　　① 参见《旧约·以赛亚书》第42章第8节。——译者

Cromwell 1945，591，592)。

　　就此而言，请注意，1651 年的国玺上表述那些岁月之风尚的这几个字也许是很有趣的："承蒙上帝赐福得以恢复的自由。"因此，英国革命〔正如汉纳·阿伦特(1965，43)所注意到的那样〕"从官方那里就被理解为是恢复原状"。

4.3　宗教改革即为革命

　　凡是细心反思那些现代业已发生的伟大变革的人肯定都会认为，这些变革最重要的当首推宗教改革运动——这是 16 世纪发生的一场真正的革命，相对于史学家们断定由哥白尼开始的另一场几乎同时代的革命而言，它更富有革命性。这场宗教改革运动具备了一场革命通常必备的所有要素——夺权，推翻原有的体系，并且用一个截然不同的体系取代它。此外，这场宗教改革还以暴力活动和宗教战争为特点，这与一个国家革命后发生的内战十分相似。那么，有人也许会问，为什么我们谈到这场宗教改革运动时不把它称之为"新教革命(Protestant Revolution)"呢？

　　对此问题的回答包括两个方面：第一，这些重大的事件曾经而且有时仍然被称作"新教革命"。例如，在一本很流行的关于欧洲史的大学教科书〔伯恩斯(Burns)等编，1982〕中，其第 19 章《宗教改革时代(1517－大约 1600 年)》〔"The Age of the Reformation(1517－c.1600)"〕有一节很重要，而且标题也十分醒目，它的标题就是"新教革命(Protestant Revolution)"。

　　对宗教改革就是"新教革命"这一问题回答的第二个方面与年代有关。《牛津英语词典》(*Oxford English Dictionary*)所提供的证据表明,在英国,远在"revolution"这个名词和这个概念被用在一般的讨论中来指引入一种新的体系的剧烈的根本性变革之前,就已经有人在 1563 年、1588 年以及 17 世纪中叶使用过"宗教改革(Reformation)"这个名词了。另外,有这样一个年代久远的传统,可以追溯到 15 世纪和 16 世纪,即用"改革(reformation)"这个词来指《牛津英语词典》所定义的:"事物、制度、常规等的现有状态的(或现有状态中的)改良;为了在政治、宗教或社会事物中产生更好的效果而进行的彻底变革"。在法语中,表示改革的词有两个:一个是"réformation",原为"一个指称 16 世纪宗教改革的普通术语",另一个是"réforme",它用来"仅限于指茨温利(Zwingli)和加尔文的工作"(Littré, 1881, 1546)。然而现在,这"两个词在使用时意义没有什么差别,二者可以通用",尽管在谈到寺院改革时用的是 *réforme* 而不是 *réformation*。

17 世纪,托马斯·斯普拉特在其著作《皇家学会史》(1667,371)中讨论了宗教改革运动。斯普拉特把教会中的改革与新成立的皇家学会的构想作了比较,他写道,教会和皇家学会都抛弃了"古代的传统并且都在冒险创新"。双方的前辈们可能都有些思想造成了一些错误。到了 18 世纪末,"革命"这个名称常常用来指宗教改革运动,尤其是德国的宗教改革运动。

我不想追溯宗教改革即为革命这一观念的历史,不过我确实发现,在 18 世纪末和 19 世纪初,把宗教改革说成是革命并非罕见之事。1791 年,德国哲学家和诗人卡尔·海因里希·海登赖希(Karl Heinrich Heydenreich)曾把宗教改革运动说成是"在神学方面很有益的革命[*Revolution*]"[参见 Appiano Buonafede(阿

皮亚诺·波拿费德)1791，第一部分，序言]。1802 年 4 月 18 日法
兰西学院(the Institut de France)宣布进行一场有奖论文比赛，比
赛论文的题目是："路德的宗教改革对欧洲不同国家的政治局面以
及思想发展有什么影响？"夏尔·德·维莱尔一举夺魁，(从天主教
观点进行论述的)德·马勒维尔侯爵(Marquis de Maleville)以及
作家让-雅克·勒利特(Jean-Jacques Leuliette)获得了荣誉奖
[参见 Louis Wittmer(路易·威特默)1908，194-253]。在出版
的论文集(1804)中，所有这三个人在论文中都把宗教改革运动说
481　成是一场"革命(révolution)"。1820 年，在关于康德哲学的系列
演讲中[演讲稿在近 40 年以后(1857)才出版]，维克托·库辛在谈
到宗教改革运动时说，起初，人们希望它"只是一场像以前在康斯
坦茨(Constance)和巴塞尔(Basle)那样的改革"，但是，"受到抵制
的改革却酿成了一场革命"(第 11 页)。在 1829 年的一些演讲中，
库辛再次把宗教改革运动说成是致使现代时期抛弃中世纪并获得
自由的那些革命的两个组成部分之一。这种变革部分是通过 16
世纪的宗教革命(宗教改革运动)实现的，部分是通过 17 世纪的政
治革命(英国的光荣革命)实现的，最后通过 18 世纪的法国大革命
彻底完成。他在论述中还提到了伴随而来的哲学中的革命(Cous-
in 1841)。

5.1　革命、创新和改良

　　凡是熟悉 17 世纪和 18 世纪科学家活动的人大概都知道，当
时的科学家们做出了一系列新的发现，并发明了诸如望远镜和显
微镜等新的仪器，这些仪器正在逐渐扩展对自然活动的研究方法。

论述科学问题的著者们有一个永恒的主题,那就是这种创新性,人们倾向于把这一特性看作是知识中的一种改良而不是革命。弗朗西斯·培根 1620 年出版的《新工具》的扉页上有一段话标明了该书的典型计划——为科学提供"新的工具":归纳法;这标志着科学传统的范围被打破了。在这里,我们仿佛看到,有条船正在驶过地中海西端的赫耳枯勒斯界柱(Pillars of Hercules)①,这颇有象征性意义,因为在古时的人们看来,这些界柱就是已知世界尽头的标记。由此看来,培根是在暗示,传统的座右铭 *Ne plus ultra*(到此为止!)应当改为 *Plus ultra*(更进一步!)。约瑟夫·格兰维尔为其 1668 年的著作所选定的标题《更进一步》(*Plus Ultra*)就说明了这一点,该书的副标题为"亚里士多德时代以来知识的进步和发展(*The Progress and Advancement of Knowledge since the Days of Aristotle*)"。

培根把其著作的赠本送交给剑桥大学时称,他的科学方法具有创新性;他显然觉得,他有必要为他自己的大胆创造进行辩护。因此,他附上了一封信[参见 James Bass Mullinger(詹姆斯·巴斯·马林杰)1884,*2*:573]说,"但愿这种新的方法不会给您们带来麻烦"。他又加了一句注释,"**通过数年和数个世纪的革命,这类创新肯定会应运而生**(Nec vos moveat quod via nova sit. *Necesse est enim talia per aetatum et saeculorum circuitus eveni-*

---

① 赫耳枯勒斯即赫拉克勒斯(Heracles),希腊神话中最著名的半神英雄,宙斯与底比斯国王安菲特律翁之妻阿尔克墨涅的私生子。赫耳枯勒斯界柱系传说中赫耳枯勒斯竖立在世界边界上的两座山,一座是直布罗陀海峡北岸英属直布罗陀境内的直布罗陀巨岩,另一座是南岸的休达的雅科山,也有说是摩洛哥境内的摩西山。——译者

re）”。

　　格兰维尔的《更进一步》是他那个时代著作的典型代表。在序言中，他提到了"近年来**科学的改良**"，并且在正文的开篇（第 6 页）说，"许多的**技术、仪器、观测结果、发明和改良**""**自亚里士多德**时代以来已经见之于世"。该书的第二章强调了那些"**有可能使知识得以发展的方式**"或"**改良实用知识的方式**"，他以化学和解剖学这两个学科中的例子做了说明；在这两个学科中，现代人的所作所为迄今为止已经（而且显然）超越了古人。解剖学（第 12 和第 13 页）业已经历了"**巨大的改良**"，甚至可以说经历了"**惊人的改良**"，其中"**最著名的**"（第 15 页）就是哈维发现了血液循环现象。书的第 3章介绍了"**数学的改良**"，接下来，第 4 章论述了"**笛卡尔、维塔（Vieta）和沃利斯**博士在**几何学**领域中的**改良**"。尽管创新性这一主题贯穿全书，但革新的结果却总是改良而不是革命。这样一来就有了"**近年来天文学的改良**"（第 5 章），"**光学和地理学的改良**"（第 6 章），以及"**探索大自然的奥妙和秘密的各种技术的改良**"，运用这些技术设备：如望远镜、显微镜、温度计、气压表、空气泵等，"**这些改良在以后的岁月里促进了哲学的探讨**"。第 13 章用一整章的篇幅来讨论玻意耳，文中赞扬他"**促进了实用知识的发展**，"他不仅"**培育了**"科学，而且"**改良了它**"。

　　像 17 世纪其他许多人一样，格兰维尔也不认为哥白尼在天文学的发展中起到了重要作用。他用了近两页的篇幅论述"著名的**第谷·布拉赫**"，而对哥白尼，他只是用一句话一带而过〔而且是穿插在对萨克罗博斯科、萨比特·伊本·库拉（Thābit ibn Qurra）、约阿希姆斯（Joachimus）的雷吉奥蒙塔努斯（Regiomontanus，亦

482

即哥白尼的学生雷蒂库斯)和克里斯托夫·克拉维乌斯(Christo-
ph Clavius)等人的成果的论述中〕。哥白尼只不过是"恢复了**毕
达哥拉斯和菲洛劳斯(*Philolaus*)的假说**"^①，并"对**现象**作了更**恰
当和前后一致的说明**"而已。

　　格兰维尔不仅未曾认为科学中的改良就是革命；而且，他还明
确论证说，科学中的进步是渐进增长式的。他说(第 91 页)，"有
关**整个自然界**的**真正知识**，就像**大自然**本身一样"，它"肯定是以人
们几乎感觉不到的程度**缓慢地**发展的"。也就是说，"**一个**时代为
这如此**巨大的**事业所能做的"，"不过就是清除**垃圾**，预备材料，**使
一切井然有序**，以便开始**建设**"。他断言，"**实验哲学家们的工作**"
就是"去**寻找和搜集**、去**观测**和**研究**，并且把所获得的资料**储存**到
资料库，以备以后的年代用"。

　　17 世纪末英国和法国的许多著作的特点是，其主题并非革命
而是改良，这些著作要么是讨论"现代人"的成就，要么是把"古代
人"和"现代人"加以比较和对照，或者——在英国——对新的皇家
学会进行抨击或为它进行辩护。在法国，夏尔·佩罗(1688)和伯
纳·德·丰特奈尔(1688)都是**古今之争**中现代人的两位主要辩护
者。在英国，相关的资料更为丰富，而且，通常都可用斯威夫特的
讽刺作品《书战》(1704)这一标题分类在一起。佩罗使他的读者对

---

　　① (1)萨比特·伊本·库拉(826－901 年)，伊拉克数学家、医生、天文学家和哲
学家，伊斯兰黄金时代希腊经典著作的重要翻译家。(2)克里斯托夫·克拉维乌斯
(1538－1612 年)，德国耶稣会数学家和天文学家，近代德国历法的改革者和倡导者。
(3)菲洛劳斯(约公元前 470－约公元前 385 年)，希腊毕达哥拉斯派天文学的代表人物
之一、哲学家，据说他曾提出地球不是宇宙中心的理论。——译者

他的这一信念确信不疑：自 17 世纪初叶尤其是皇家学会和巴黎科学院成立以来，知识有了巨大的增长。在现代人引入的这些改良成果中有（序言；1964，97）：望远镜、显微镜以及血液循环过程的发现（1688，97－98 ；1964，125）。佩罗不仅赞同进步以及改良（而非革命），而且，他还表示相信（1688，70 ；1964，118），"人文483 科学的进步和科学的进步，……尽管相当可观，……不过是循序渐进地以难以察觉的方式完成的"。

　　相对于其他许多进行这种比较和对照的作者而言，丰特奈尔对待古人的态度更为温和。在其《古今之争的题外话》（*Digression on the Ancients and the Moderns*）中，他论证说，既然科学是积累的和不断进步的，因此可以推断，越是近代的科学家肯定就越比他们的前辈知道得多。他在《死者的新对话》（*New Dialogues of the Dead*，1683）这部著作中极为引人注目地详细阐述了这一主题，该书是一部通俗著作，曾经两度分别被〔R. 本特利（R. Bentley，London，1685）和约翰·休斯（London，1708，1730）〕译成英文。在其中的许多对话中都有科学家露面；其中有埃拉西斯特拉图斯、雷蒙德·勒尔（Raymond Lull）①、帕拉塞尔苏斯、哈维、伽利略、笛卡尔等。虽然丰特奈尔称赞现代人所取得的成就，但他也常常指出，他们的成果和改良并没有充分地解决根本性问题。因此，我们已经看到，在哈维和埃拉西斯特拉图斯的对话中，丰特奈尔笔下的哈维承认，医生对许多疾病的治愈和对死亡的阻

---

　　① 雷蒙德·勒尔（约 1232 年－1315 年），西班牙东部的马略卡岛的作家、哲学家和逻辑学家，圣方济各会修士。——译者

止还无能为力。无论是在这些对话中还是在其评价古代人与现代
人的著作中,丰特奈尔都没有指出,科学中可能发生过一场革命。
此外,虽然他曾宣布微积分构成了一场革命,但即使在与此大约同
时他所撰写的一篇著名的关于数学的效用的论文中,丰特奈尔都
没有借助"革命性变革"这一概念。相反,他(1699)却写文论述了
"几何学的改良"和其他实用科学的改良。不过在这篇文章中,他
的确在"人类事物的永恒循环(Revolutions)、帝国的创始和衰亡
的永恒循环"等传统的意义上使用了"revolution"这个概念和这个
术语。同样意义的"revolution"在《死者的新对话》的一次谈话里
也曾出现过,这次谈话的主角是帕拉塞尔苏斯和莫里哀[《屈打成
医》(*Le médecin malgré lui*)的作者]。丰特奈尔笔下的莫里哀谈
到了"[那些]可能在文学帝国中出现的转变(Revolutions)"以及
"数字的功效、行星的属性、与一定的时期或一定的周期(Revolu-
tion)相关的灾祸"(休斯译,1730,209-214)。不过,无论是莫里
哀还是帕拉塞尔苏斯都没有采用"revolution"这一概念来指医学
或科学中的某种重要的变革。

　　像丰特奈尔一样,托马斯·斯普拉特也是在非科学的语境范
围内使用"revolution"这个词的。他在《皇家学会史》(1667,58)
中,用以"国王的复位"而告结束的"那些可怕的变革(revolu-
tions)"这类措辞来描述政治事件(属于"另一种历史"的"令人伤
感的20年")。在斯普拉特对美国的讨论中也使用过"revolu-
tion"这个词。在谈到西班牙统治的地区很难接近时,斯普拉特表
示希望,但愿有朝一日"通过**自由贸易**或通过**征服**,或者,通过其国
内事务中无论什么样的**变革**(*Revolution*),使**欧洲**能更熟悉"有关

世界这一部分的知识。就术语的选择而言,毫无疑问,斯普拉特使用"revolution"仅仅是指一场巨变。

古今之争或书战的参与者们属于为确立进步观而斗争的那部分力量。这一主题曾是约翰·B. 伯里(John B. Bury)1920 年那部著名的专著的主题,该书花了很大的篇幅详细阐述了费迪南·布吕内蒂埃(Ferdinand Brunetière)1893 年讨论的问题。1945 年,埃德加·齐尔塞尔(Edgar Zilsel)在他的《科学进步概念的起源》("The Genesis of the Concept of Scientific Progress")的分析中,为此类研究开拓了一个新的视野。此类研究的一个成果即:使我们现在认识到,在 16 世纪和 17 世纪,人们在对待新事物的态度上是有分歧的。莎士比亚[在《亨利四世(上)》(*I Henry IV*)第五幕第一场]曾抱怨过"喧闹的革新",而斯普拉特(1667,321)则说,他并不"惧怕冒险去更迭或创新,尽管在这种[亦即使用新的实验方法的]情况下,常常会遭到反对"。威廉·沃茨(William Watts)[关于他,请参见 Jones 1961,72]非常明确地提出,宁愿接受新的知识而不承认古代人的真知,他写道:"其中我感到很有信心的就是:你们都那样**富有理性**,都那样**真诚**,在**真理**和**权威**二者之间更愿选择真理:**与柏拉图为友,与亚里士多德为友,但更要与真理为友**。"在谈及对"有益于哲学改良"的航程所作说明的方式时,沃茨所借助的就是这一观点(参见 Guerlac 1981,第 1 章)。

1638 年约翰·威尔金斯(John Wilkins,参见 Jones 1961,77)的大作《新世界的发现》(*Discovery of a New World*)出版了,威尔金斯此书的主要目的,就是要说明月球上有居住者。他还提出了"科学成长"原理。那就是,他认定所有的科学发现都未完成。

他写道，有许多东西"有待发现"，"况且，坚持某种新的真理或者纠止古人的某个错误，对我们来讲也不可能有什么困难"。威尔金斯抨击了这样一种"迷信式的"和"懒汉式的观点"，即亚里士多德的著作是"所有人类发明的顶峰和极限"，超越它们"向前发展的可能性"是根本不可能存在的。

尽管（在一年以后出版的一部著作中）威尔金斯把培根说成是"我们**英国的亚里士多德**"，在满怀崇敬地谈到"那部流行的《学术的进展》（*Advancement of Learning*）"时（参见同上书，第 78 页），他强调了培根哲学的进步方面。威尔金斯认为，培根不仅设想用新的体系取代旧的亚里士多德体系，而且，培根的新哲学还包含了这样一种方法，这种方法会导致包括科学在内的所有学术领域的进步。

在其《古代人与现代人》（*Ancients and Moderns*，1936；1961）中，理查德·福斯特·琼斯（Richard Foster Jones）强调了弗朗西斯·培根的这种不推崇古人的做法的重要意义，他还特别提醒大家注意乔治·黑克威尔（George Hakewill）的《辩护书，…… 论常见的以为大自然在不断普遍衰退的错误》（*Apologie*，... *the Common Errors Touching Nature's Perpetual and Universal Decay*，1627；1635，第 3 版），这是一部很有影响的著作，它首先处理的是有关古代人和现代人讨论中的一个中心问题：大自然（宇宙、地球以及所有生物界）是否自古以来就一直在趋于衰亡呢？黑克威尔（Jones 1961，36）相信，相继的衰退和兴盛是一种不断出现的循环过程，基于这种信念，他批驳了"大自然在衰落"的说法。不过他认识到，倘若在大自然的本性和人的思想中不存在某种持

续的东西的话,那么也就没有把古代知识与现代知识加以比较和
对照的基础了。显然,是黑克威尔首先在这场争论中引入了这样
一种观点,即"新的科学注定会在未来的某一天把自己的一部分推
翻"。

　　从当前的语境看,黑克威尔的重要作用在于,他认识到已经有
了新的科学发现[他指的是维萨里、加布里埃洛·法洛皮奥(Gab-
riello Fallopius)①以及其他解剖学家的成果]和新的发明。但是,
485 他对新的科学并不十分精通。在近 600 页的书中,大约只有 8 页
用于论述解剖学和医学(第 3 编,第 5 章,第 6 节;第 7 章,第 4—5
节),而用于天文学、几何学和物理学的篇幅大约只有 4 页。然而,
对于三项伟大的发明的论述却用了整整一章的篇幅(第 3 编,第
10 章),这三项发明是:活字印刷术、火药以及航海罗盘。在讨论
解剖学时,他则往往列出一串解剖学家的名字,而不谈他们特有的
成就。不过,在数学和天文学领域中,他充分意识到了他自己的知
识贫乏,于是转而求助于他的"博学的朋友,牛津大学的几何学教
授亨利·布里格斯(Henry Briggs)②先生"。布里格斯所写的部
分,几乎用了一整页的篇幅(第 301 页),而且是用拉丁文写的。

　　布里格斯解释了哥白尼天文学的主要特征,他说,运用哥白尼
天文学有可能"比运用托勒密的或古代任何著者的本轮、比运用别
的假说更容易、更准确地"说明行星现象。布里格斯注意到,"最近

---

　　① 加布里埃洛·法洛皮奥(1523 - 1562 年),16 世纪最重要的意大利解剖学家
和医生之一。——译者
　　② 亨利·布里格斯(1561 - 1630 年),又译亨利·布立格,英国数学家,以把自然
对数改造为常用对数而闻名。——译者

发明的望远镜"使我们能够"看到金星和水星在围绕太阳的轨道中
的运动",他还用一整段的篇幅来谈"4 颗美弟奇星"小即"围绕木
星运行"的 4 颗小行星。布里格斯注意到,给它们起这个名字的是
"佛罗伦萨的伽利略·伽利莱,他是第一个用望远镜发现它们的
人"。

　　在这本书的一开始,黑克威尔就提出了他的循环论,"尽管世
界中可能有许许多多的变化和变更,但总有一天万物都会再一次
出现在它们各自的原点上"。因此他认为,就像"**善与恶**的循环往
复"一样,在"**人文科学和自然科学**"中也存在着"循环(revolution)
往复"。在例如"几个世纪的循环"(第 39 页)这样的句子中,常常
可以看到"revolution"这个词的这种用法。虽然黑克威尔最初宣
称,"**太阳**底下没有新东西",但是,他确确实实地发现了新的事物
的出现。例如,他断言有一些"**新派的医生**在以一门**新的医学**职业
为生",这种新的医学"以前在世界上是闻所未闻的"(第 275 页)。
在"**技术名称**和**术语**方面",在"所探讨的**问题**和处理问题的**方式方
法**方面",在"**学说**[以及]……**实践**"两方面,它"与来自古代的那套
体系是迥然不同的"。这门新医学业已由帕拉塞尔苏斯("如果我
们可以归功于他的话")建立了起来。

　　尽管黑克威尔相信"有一种**循环的进步**",但他也认为"**人文科
学和自然科学**"在近代"或者已经从**衰退**开始**复兴**,或者**已转向实
用**或**变得更为完善**了"(第 312 页)。每一次失败和衰落过去之后,
又会有新的繁荣,在每一次繁荣中,都会有重要的新事物和改良成
果出现。在黑克威尔看来,这种趋向完美的步骤在知识(亦即科
学)中、在人文科学或发明中表现得最为明显。

5.2 16世纪的人文主义与科学中的革命：维萨里和 哥白尼

16世纪和17世纪的科学工作者有一种倾向，即从一种特别的带有文艺复兴时代人文主义特征的观点出发来看待他们自己的成就。人们惯常认为，人文主义者主要的甚至一目了然的特征，就是他们"献身于对罗马的以及后来对希腊的语言、文学和古代文化遗产的研究"（《牛津英语词典》）。不过，对人文主义运动较新的解释，除了注重古代外，还会强调使这些人文主义者有别于同时代人的一系列美学的、史学的、哲学的以及科学的思想[参见 Konrad Burdach（康拉德·布尔达赫）1963；Cassirer 1963；Paul Oskar Kristeller（保罗·奥斯卡·克里斯特勒）1943；Ludwig Edelstein（路德维希·埃德尔施泰因）1943]。这些人文主义者的特征就是，他们既不愿用乡土语言也不愿用当时学究气十足的拉丁语来描述他们的科学；他们使词汇变得精确、纯正，并且抛弃了简化了的或口语化的散文式拉丁语文体，而赞成使用"很久以前某个时期的专门术语"。因此，维萨里[正如莱奥纳尔多·奥尔斯基（Leonardo Olschki 1922，2：第81页及以下，第98页及以下)首先注意到的那样]有意识地采用了西塞罗的"Kunstprosa"（文雅的散文体），而且，他显然是"第一位这样做的解剖学家"（Edelstein 1943，548）。他从罗马的塞尔苏斯（Celsus）那里选择了他本人需要的语言和专门术语，据说塞尔苏斯是"古代唯一的一位把西塞罗的'Kunstprosa'准则应用于医学著作的写作之中的作者"（同上书，注释3）。维萨里有意识地采用了西塞罗"华贵而富有韵律的风

格”和“有修辞效果的词序”。从他 1539 年《关于放血术的通信》
(*Letter on Bloodletting*)中可以很清楚地看到这一点,埃德尔施
泰因描述说,《关于放血术的通信》是“一部杰作,它包含了所有维
萨里所敬慕的古代人的品质”。在其拉吉斯(Rhazes)版(出版于
1537 年)中,维萨里增加了一封引言式的信[译文见 Harvey Cush-
ing(哈维·库欣)1943],该信一方面贬低粗俗的阿拉伯风格,另一
方面则炫耀他本人“对古典的风格、对它的美、和谐、雅致及其简明
的赏识”。凡是仔细研究维萨里的《构造》(1543)这部著作的人都
会立即认识到,作者关心语文学并且极力主张使用恰当的专门术
语。细致的研究业已表明了《构造》的第 2 版怎样在文体、语法和
标点方面作了一些变动(Roth 1892,第 76 页,第 98 页及以下,第
216 页)。尽管维萨里的《构造》是一部致力于解剖学研究的著作,
但书中也插入了两处题外话,批评了伊拉斯谟的拉丁语错误
(Roth 1892,第 149 和第 232 页;Edelstein 1943,第 549 页,注释
2)。

　　有关维萨里的语言和风格的这段补充说明很重要,它不仅直
接和有意识地把维萨里划入了人文主义者的阵营,而且明确了他
作为一个可能的革命者的作用。维萨里把他的那些伟大的经验发
现收录在他所编著的那部教科书中,但却又使他那个时代的医生
和解剖学家们很难读懂这部著作,因为该书是用他们所陌生的词
汇和风格写成的。由于他是这样进行介绍的[正如奥尔斯基(Ol-
schki 1922,2:99)指出的那样],因而也就可以说明,为什么维
萨里的这部用“难懂的拉丁文”写成的教科书如此迅速地被译成了
德文,并在 1543 年即原著问世的当年就出版了。在这一时期,甚

至在以后的一个世纪中,再也没有别的科学巨著像这样被立即从拉丁文翻译成某一国家的本土语言并以该语言出版了。如果有人觉得我似乎是在过分地强调维萨里的教科书中的人文主义的风格特点,那么我的理由是,有必要了解维萨里对人文主义信念赞同的程度,这样才能充分地评价他对古代知识的观点以及他作为一个革命者的自我形象。

487　　　今天,凡是仔细研究维萨里成就的学者,在对他的评价中往往都会突然想到"革命者"这个词。他所完成的是改革性的和崭新的事业。他以细致的经验研究和从人体实地解剖中获得的结果为依据,为现代解剖学奠定了基础,并且使这一专业摆脱了对那些旧的而且是谬误百出的著作的依赖。从那时起到现在,医生一直都是通过完成或观察人体实地解剖来学习医学的。然而,维萨里既不像他那个时代的帕拉塞尔苏斯、特勒肖(Telesio)、卡尔达诺(Cardano)①等人往往要做的那样,也不像以后的那个世纪中的科学界人士乐于宣称的那样,他在"论述人体的构造"的这部伟大著作中并没有说他已经创造了什么新的前所未闻的东西。相反,维萨里对其杰出的成就的介绍方式,可以表征为"仅仅是古代解剖学家工作的复兴"(Edelstein 1943,551)。维萨里本人对这一点没有丝毫怀疑。他毫不含糊指出,解剖学"应当起死回生,这样,即使它在我们这个时代不比别的什么地方或什么时期的古代解剖学教师所

---

① 贝尔纳迪诺·特勒肖(Bernardino Telesio, 1509－1588 年),意大利哲学家和自然科学家,代表作有《按自然本身之法则论自然》等;杰罗拉莫·卡尔达诺(Gerolamo Cardano, 1501－1576 年),意大利文艺复兴时期的数学家、医生和占星家,其代表作有《大衍术》、《事物之精妙》等,卡尔达诺又译卡尔丹。——译者

讲授的解剖学更为完善,但它至少可以达到这样的程度,即你可以很有把握地断言,我们现代的解剖学水平与古代的解剖学水平是相等的"。维萨里希望,在他所生活的时代,"解剖学曾经衰落的程度以及它随继而来的复兴所达到的完善水平都是独一无二的"。他发现有理由高兴的是,"不久,解剖学有希望像在古代亚历山大的学校中那样在我们所有的专科院校中得到培育"[译文见 Farrington 1932,第 1361 页及以下]。他在《构造》的序言中写道,我们"正在目睹医学的幸运的复兴"。

在论述历史悠久的解剖学知识时,维萨里并非只是沉溺于幻想和假设之中。西塞罗和塞尔苏斯曾撰写过有关古代人所做的人体解剖的著作;在《构造》一书 4 段不同的论述盖伦权威的文字中,维萨里列出了希腊化时代那些杰出的解剖学家的名单(Roth 1892,第 148 页,注释 5)。甚至维萨里对活体(对要说明的某一特定部位)解剖的兴趣,对活体解剖实验可能性的兴趣(《结构》,第 19 章,第 7 节;参见 Roth 1892,152),也可以追溯到塞尔苏斯的《医学》(De medicina)一书序言的一段话中,这段话说明,作为了解人体的结构和功能的一种方法,活体解剖比尸体解剖更优越。

医学和解剖学衰退了——医生已不再做外科手术、不再进行实地解剖了,对于这个问题的原因,维萨里的论据也可以从古人的著作中找到(参见前面的第十一章)。盖伦在谈到他那个时代的医生时,讲了几乎完全相同的话,他认为,这些医生正在危及医学的地位(Edelstein,1943,553)。维萨里认为,在西方,衰落的时代是在"哥特的大洪水之后"("post Gothorum illuviem"),在东方则是在"波斯的布哈拉的曼苏尔统治时期以后"("Mansorumque Bocharae in Persia regem")。但是,如果维萨里以为,他正在实现一场"复兴",而且只是一场恢复以前的某种情况(或许也有些"改良")的意义上的"变革(revolution)",那么这怎么能与原来所进行的否认盖伦权威的研究相一致呢? 对此,路德维希·埃德尔施泰因(1943,557)提出了一个简明且与人文主义者的目标一致的回答:"维萨里证明他本人是一个真正的人文主义者"恰恰是因为他"推崇对自然的研究",并且要求人们"发挥他们自己的才能"。埃德尔施泰因谈到了这样一个例子:15 世纪的画家契马布埃(Cimabue)因其以"希腊风格(maniera greca)"作画并因此成为"艺术的复兴者"而备受[例如,吉贝尔蒂(Ghiberti)①的]赞赏,但吉贝尔蒂并未由此暗示契马布埃模仿甚至抄袭了希腊的绘画,因为他并没有可利用的希腊绘画。相反,契马布埃以及他所创立的传统的所有信徒们"研究和仿效了大自然"。大自然本身就是希腊思想家和艺术家的老师,而按照希腊方式行事即:受个人的观察和推理能力的驱使,并对自己的能力充满信心。对维萨里而言也是如此,有关解剖学的希腊语著作所剩无几,所以他只读到了"不会说谎的人体这部书"(《构造》,600,1.42)。在这段得意的陈述中,他显然是第一次(Roth 1892,第 68 页,注释 5;第 117 页,注释 5;第 125 页,注释 3)把人体比喻成一部可以研读的书,从而使现存的"自然之书"的比喻发生了变化。维萨里不仅提请人们注意,那些实际上已经完成了尸体解剖的古代解剖学家的著作遗失了,他还提出了一种

---

① 洛伦佐·吉贝尔蒂(Lorenzo Ghiberti,本名 Lorenzo di Bartolo,1378－1455年),15 世纪意大利文艺复兴初期著名青铜雕刻大师。——译者

关于它们被毁的理论,即它们是被一群妒火中烧的人蓄意毁掉的,这些人妒劲十足,他们甚至忌妒后代人享有真理(《构造》,序言,第3页)。

　　哥白尼也是一位笃信人文主义的人,他的著作《天球运行论》也是在 1543 年,亦即维萨里论述人体的那部伟大著作出版的同一年问世的。他把公元 7 世纪的作者狄奥菲拉克图斯·西莫卡塔(Theophylactus Simocatta)[①]所著的一部书从希腊文译成了拉丁文,并且出版了这部译作。在他那部重要论著的序言中,他描述了他是怎样开始对公认的托勒密天文学感到不满的(这种天文学的主要特征就是,认为太阳和行星都在环绕地球的轨道上运动,而地球是固定不动的)。感到不满后,他把注意力转向古代的著者,以图查明,在古人的著作中是否有人提出过与托勒密不同的学说。他说,在此项研究中,他偶然接触到了毕达哥拉斯派关于地球运动的思想。正是从那时起,一种古代的传统使他有了信心,他开始按照人文主义的方式来思考:倘若地球在轨道上运动会出现什么样的天文学结果? 因为他知道,"有人在我之前已经获得了同样的意志自由"("quia sciebam aliis ante me hanc concessam libertatem")。在把这一事件与维萨里的经历加以比较时,埃德尔施泰因(1943,557)注意到,"就像维萨里所钦佩的那些古代的解剖学家的著作遗失了一样,其理论受到哥白尼本人关注的那些数学家的著作也不知去向了"。

----

　　① 狄奥菲拉克图斯·西莫卡塔(? - 640 年以后),出生于埃及的拜占庭史学家,也是古典时代最后一位重要的史学家,以其介绍莫里斯皇帝(582-602 年)时代的 8 卷著作《历史》而闻名。——译者

在这一部分补充材料中我大量地借鉴了已故的路德维希·埃德尔施泰因的重要研究成果(1943),我曾与他多次谈过这些问题。

5.3 数学中的革命

丰特奈尔谈到了这样一种认识,即微积分的发明构成了一场数学中的革命。这是一个非常早的体会到 17 世纪初发生了一场革命的例子,而在当时,牛顿和莱布尼茨(现代微积分的共同发明者)仍然健在,并且正在为这一学科作贡献。察觉出数学中已经发生了一场革命相当容易,相比之下,察觉出物理学革命和生物学革命却并非易事,可以说明这一问题的一个因素就是,这场数学革命几乎立即就被人们感觉到了。

尽管本书注意到了数学中的笛卡尔革命,并提到了 19 世纪的概率理论、统计学以及格奥尔格·康托尔全新的集合论等所具有的革命性观点,但在本书中,对这类数学革命并没有展开全面的讨论。无论如何,在这篇补充材料中一定要考虑数学革命这个问题,因为许多数学家和数学史家否认了数学中有可能会发生革命。举例来说,在介绍数学史的十大"规律"时,迈克尔·克罗(Michael Crowe 1975,165)宣称,"数学中永远不会发生革命"。为支持这一命题,他引用了 J. B. 傅里叶和赫尔曼·汉克尔(Hermann Hankel)的观点,这二者都认为,数学是通过自然增长、通过保护"从前获得的每一个原理"而发展的。克罗援引了他特别赞赏的汉克尔的这一观点(参见后面的补充材料 9.2):数学与"大部分科学"不同,因为在数学中,任何一代人都没有必要毁掉前辈人所建起的大厦,而只需"在旧的大厦上新建一层即可"。克罗据以反对革命的第三个证据来自克利福德·特鲁斯德尔（Clifford Trues-dell），一位数学和数学史大帅，这位大师业已明确地指出，"虽然'想象、幻想和发明'是数学研究的灵魂，但在数学中还未曾有过一场革命"（1968，序言）。

克罗强调指出，他的数学中没有革命这一"规律"所依据的是"最起码的限定条件，即一场革命必不可少的特征就是，以前已有的存在实体（无论是国王、政体，还是理论）必然要被推翻而且不可逆转地被抛弃"。他坚持认为，在数学中"新的领域被'建立'或被开创时，以前的学说并没有被推翻"。他以欧几里得几何学为例：欧几里得几何学"并没有被各种不同的非欧几何学废除，而是与它们一起发挥着作用"。〔有关克罗论文的讨论，请参见 Herbert Mehrtens（赫伯特·梅尔滕斯）1976。〕雷蒙德·怀尔德（Raymond Wilder）有一部题为《数学概念的进化》（*Evolution of Mathematical Concepts*，1968）的著作，也体现了数学史具有同样的非革命的特征。还有一位直截了当地否认革命的数学史家，他就是卡尔·B. 博耶（Carl B. Boyer，参见后面的补充材料 9.2）。

数学中是否实际发生过革命这个问题的解决与否，与本书的目的也许没有什么关系。不过，探讨一下数学中的某些重要的革新以什么方式被视为革命还是饶有趣味的。我发现，在这一点上，数学史中倍受瞩目的就是丰特奈尔很早的一种认识：一场数学革命正在发生。他的观点可能与 D. J. 斯特罗伊克（D. J. Struik 1954，132）的观念形成了对照，后者倾向于想象有一种"逐渐的微分的进化"。

从 18 世纪初丰特奈尔使用"革命"这个概念到我们这个时代，

490　曾经有过一些数学家把他们那个学科的历史看作就是一种革命的延续过程。在丰特奈尔认识到了微积分革命后不到一个世纪,哲学家伊曼纽尔·康德撰写了关于几何学革命的著作。他的论述见于他所著的《纯粹理性批判》第 2 版(1787;参见前面的第十五章)的序言之中。按照康德的观点,构成这场革命的是,几何学从一门经验学科转变成了具有逻辑性的学科。康德写道,这一转变始于古希腊,"这场思想革命的历史"以及"其幸运的开创者被人们遗忘了"。

　　按照许多数学史家的观点,19 世纪产生了一场非欧几里得几何学的革命或反欧几里得的革命。在《数学的发展》(*The Development of Mathematics*, 1945, 329)中,数学家 E. T. 贝尔(E. T. Bell)指出,非欧几何学是"革命的几何学",他还说,它是"所有重要的思想革命之一"(第 330 页):"若想举出在其所具有的深远意义方面能够与之媲美的另一场[革命],我们恐怕就只能追溯到哥白尼革命了;甚至这种比较在某些方面也是不恰当的。因为非欧几何学和抽象代数会使人们对演绎推理的整个看法发生改观,而并不仅仅限于扩大或修改科学和数学各自的领域"。

　　然而,把贝尔较早的而且更为通俗的论述——在其《数学精英》(*Men of Mathematics*, 1937, 第 16 章)中对尼古拉·伊万诺维奇·罗巴切夫斯基(Nikolai Ivanovich Lobachevsky)的说明,与上述观点放在一起读,就会使人觉得,把这场革命与哥白尼革命相比拟可能欠妥。在《数学精英》中,贝尔论述罗巴切夫斯基的那一章的标题是《几何学界的哥白尼》("The Copernicus of Geometry"），这是威廉·金登·克利福德（William Kingdon Clifford）[①]的一句用语。不过，贝尔在这一章的开篇写道："假如人们公认的对哥白尼的重要性的评价是正确的，那么，我们不得不承认，把别的人称作'某某领域中的哥白尼'不是人们力所能及的最高赞誉，就是人们所能做出的最严厉的指责。"然而贝尔在结尾时却又写道："人们也许已经感受到了罗巴切夫斯基向公理挑战的方法所造成的巨大影响。可以毫不夸张地说，罗巴切夫斯基就是几何学界的哥白尼，因为几何学只是他所革新改造的更大领域的一部分；也许，甚至可以恰当地把他称之为整个思想领域的哥白尼。"

D. J. 斯特罗伊克（1945，253）并没有使用"革命"这个明确的词，但在陈述中，他的意思是很清楚的：尼古拉·伊万诺维奇·罗巴切夫斯基和亚诺什·鲍耶（János Bolyai）是"最早公开向2000 年来的权威挑战并创立了一门非欧几里得几何学的人"。那位"首先及时公布自己思想的人是罗巴切夫斯基"。不过，莫里斯·克莱因（Morris Kline 1972，879）则使用了"革命性的"这个词来表述非欧几何学的意义。

19 世纪末，格奥尔格·康托尔在评价他本人发明的无限集合论时，把它说成是一种革命性的理论，这个观点得到了瑞典数学家

---

① 原文是 William Kingdom Clifford，"Kingdom"可能是"Kingdon"之误。威廉·金登·克利福德(1845－1879 年)，英国数学家和哲学家，皇家学会会员，以克利福德代数和克利福德－克莱因空间等而闻名；他所提出的曲率概念，预示了爱因斯坦广义相对论的空间。主要著作有《科学思维的目的与工具》(1872)、《物质的空间理论》(1876)、《讲演与短论集》(1876)、《数学论文集》(1882，2 卷)、《精密科学的常识》(1882，由皮尔逊完成)、《动力学基础》(1887，2 卷)等。——译者

芒努斯·G.米塔格-莱弗勒(参见本书第十八章①)的支持。在分析康托尔"在数学中的革命性进展"时,约瑟夫·多本(在 1974 年 10 月一篇未发表的论文中)论证说,"科学革命"是理解康托尔集合论发展的关键,而且他得出结论认为,存在着一种"内在的逻辑结构",它"决定着数学进化的结构",后者是"必然累积式的"。

491 然而正是多本提醒我们注意,1895 年 12 月 8 日康托尔给保罗·塔内里写了一封信(Tannery 1934,304),把他"引入**超穷基数**和**超限序型**"说成是"(在我看来)我的'集合论'中**最重要的**和**最富有革命性的**革新[*wichtigste* und *revolutionärste* Neuerung]"。

在我们这个时代,被称之为"第二次非欧几何革命"的事件发生了。这一表述语是伯努瓦·曼德尔布罗(1983)在提到一种新的几何学时发明的,他本人是这种新几何学的先驱,并把"分形"这个名称用在了这种几何学上。曼德尔布罗把这第二次革命的起源追溯到了 1877 年格奥尔格·康托尔写给他的知心朋友、数学家理查德·戴德金(Richard Dedekind)的一封信。在这封信中,康托尔透露,他显然已经证明了一个正方形所包含的点并不比它的任何一边所包含的点多。从以后的信件往来中,曼德尔布罗(1982,232)大概就发现了通向他称之为迈向"第二次反欧几里得革命"的第一步。于是,曼德尔布罗就成了发觉他们自己的贡献具有革命性的那群科学家和数学家中的一员了。另外一些数学家和科学家对革命的这一特点予以了特别评论,就此而言,弗里曼·J.戴森

---

① 原文如此,可能是笔误,作者是在本书第二十一章介绍米塔格-莱弗勒的观点的。——译者

(Freeman J. Dyson)在 1979 年的《科学》杂志上发表的那篇论述曼德尔布罗和分形的论义尤为显著。

显而易见,数学家们对数学领域中是否发生过革命这个问题的看法是不一致的。并非只是数学家和数学史家对这个问题有看法。克洛德·贝尔纳在他那部闻名遐迩的《实验医学研究导论》(1927,41)中,说明了为什么在出现革命这一点上数学有别于实验科学。他写道,因为"数学真理是永恒不变的和抽象的",因此,"数学科学的成长,是通过所获得的所有真理简单的前后相继的并列而进行的"。相反,由于实验科学"只是相对的",它们"只能通过革命、通过以新的科学形式改造旧的真理才能向前发展"。

7.1　哥白尼对科学实在论的革命性倡导

在思想史中,甚至在天文学史中,哥白尼革命往往被援引作为科学中的革命的典型事例。有这么一种见解认为,哥白尼天文学播下了科学革命的种子,因为那场革命在牛顿物理学中到达了顶峰,而牛顿物理学为天文学亦即一般所说的哥白尼天文学提供了动力学基础。我们将会看到,牛顿的出发点是开普勒的天文学、伽利略的运动学和笛卡尔的物理学——所有这些或者是与哥白尼科学有关,或者是对它的改进。

虽然对大半个世纪中科学的专业发展没有产生革命性影响,但哥白尼的基本思想——太阳在宇宙中心(或在接近宇宙中心的位置上)静止不动,而地球则在进行着自转和公转——仍然是大胆的和富有挑战性的,尽管从某种程度上讲,它是以新的形式对古希腊时就有人提出,但在细节方面却没有得到逐步发展的一种学说的重新阐述。最起码,哥白尼注意到,除了已被承认的亚里士多德宇宙体系和托勒密宇宙体系外,还有另外一个宇宙体系。从哥白尼体系中必然会得出这样一个结论,即在对我们周围业已观察到的自然界的各种现象进行科学说明时,有关《圣经》的字面解释并不能用来作为最终的检验标准。无论好恶如何,《天球运行论》不可避免地要对权威构成挑战。科学革命的一个重要特点就是,把知识建立在实验和观察的基础之上,而且,藐视除大自然自身以外的任何别的什么权威。皇家学会建立于《天球运行论》出版一个世纪后不久,它的座右铭是:"Nullius in verba(不唯人言)"。无论在这种革命性知识的尝试中哥白尼是否可以真的算是一位背离权威的重要人物,他还是成了科学的这一发展方向的先行者的象征,而这是一个非常光荣的角色。

对于科学知识,哥白尼本人倡导的的确是一种非正统的观点。这与安德烈亚斯·奥西安德尔(Andreas Osiander)在其匿名给《天球运行论》所撰写的序言中为读者提供的准则是大相径庭的。正如皮埃尔·迪昂很早以前[1908(1940)]指出的那样,哥白尼反对一种天文学家们保持了数个世纪的传统,他们不怎么关心实在性问题,他们更为关注的是怎样设计能够"解释现象"、能够准确地预见天文事件的计算方案。在证明其体系的"实在性"方面,在不与那些否认实在性是一个主要问题的人为伍方面,哥白尼确实是一位造反者。甚至有理由说他是一位革命者。

为了评价哥白尼的立场,有必要了解一下从古代一直到16世纪的两种迥然不同的科学传统。皮埃尔·迪昂(1954,40)把这两种传统作了如下的区分:"在一种有关星辰的运动的理论的讨论中,希腊人明确地划分出哪些问题属于自然科学家——亦即我们今天所说的形而上学家,哪些属于天文学家。属于自然科学家的是,凭借从宇宙学中获得的论据来确定各种星辰实际上在进行着什么样的运动。而对于天文学家来讲,他们不必关心他们所描述的运动是真实的还是虚构的;他们唯一的目的就是描述天体的**相对位移**。"天文学家的目标仅仅是设计"解释现象"的方案而不是去证实自然科学家所关心"实在性"——这一信条在中世纪得到了广泛承认,并且显然导致了人们接受托勒密的天文学,而不接受亚里士多德的嵌球的自然科学体系。无论是否像迪昂论证的那样存在着两种完全各自独立、互不相同的传统,有一点似乎是毫无问题的,这就是:在哥白尼时代,人们并没有像哥白尼那样,普遍接受证明宇宙学体系的实在性的立场。相反,人们信奉的是《天球运行论》的序言中提倡的那种工具主义观点,这篇序言本是奥西安德尔写的,但却被认为是出自哥白尼之手。

在一篇论述"哥白尼与科学革命"的文章中,爱德华·格兰特 493 (Edward Grant 1962,197)论证说:"哥白尼确实是这样一种非常基本的观点的创始人,按照这种观点,有关宇宙的……基本原理在物理学上必须是真的。大多数科学革命的伟大人物,都逐渐以这种形式或那种形式承认了这种观点。"格兰特认为,哥白尼已经把解释现象的原则限定在"真正的假说"上,以至于摆脱了"古代和中世纪的传统",按照这种传统,"真理与谬误并非是不相容的"。既然哥白尼认为他的天文学中"富有革命性的假说是真的",那么,"历史悠久的关于地球的物理学观念现在就必须果断地予以改换"(第215页)。由此,格兰特认为,"物理学必须符合真正的天文学的基本条件"这一哥白尼的信条,已经构成了"与一种几乎被奉若神明的传统的决裂,这一决裂具有重要意义"。在对哥白尼"追求实在性"的观点作总结性评价时,格兰特要求我们把哥白尼看作"科学革命的第一位伟人"。格兰特得出结论说,"从根本上讲",正是"他的观点""最终说服了开普勒、伽利略、笛卡尔和牛顿"(第216页)。

开普勒在许多著作中都坚定不移地支持哥白尼的观点(有关这一点,参见 Duhem 1954,42),尤其是,他曾在一封信中宣称,《天球运行论》中那篇带有传统观点色彩的序言根本不是哥白尼写的,而是出自奥西安德尔之手。开普勒在这封信中(译文见 Rosen 1971,24)指出,认为"自然现象竟然可以用一些谬误的原因来论证",真可谓是"最荒谬的杜撰"。他接着写道,这种杜撰"与哥白尼无关",哥白尼"认为他的假说是正确的";况且"他不仅这样想,而且还证明了它们是正确的"。在说明哥白尼时代天体科学的状态时,伽利略表述了类似的观点。在《关于两大世界体系的对话》这部著作中,伽利略指出:一个"天文学家也许仅仅满足于做一个计算者",但是,"对于一个要做科学家的天文学家来讲就不存在什么满足和安逸了"(译文见 Drake 1953,341)。虽然哥白尼意识到,"天体现象也许是用一些本质上根本错误的假设来解释的",但伽利略坚持认为,哥白尼知道"如果他能从正确的假设中推导出解释,那就更好了"。当哥白尼这样做时,他采用了地球运动而太阳静止这种观念,他发现,"整体与部分相符,而且极为简明",这样"他采用了这种新的布局,并且从中获得了心理上的安宁"。在许多讨论中,笛卡尔也采纳了实在论的观点。在 1640 年 3 月 11 日致梅森的一封信中(1971，3：39)，他写道："至于物理学，如果我只能说事物可能是怎么样而没有证明它们不可能是别的样，那么我会认为我对它可谓是一无所知。"[笛卡尔认为他的天文学和物理学的原则或假说是不折不扣的事实和物理学真理，有关这种看法，可参见 Duhem 1954；也可参见 Blake(布莱克)、Ducasse(迪卡斯)、Madden(马登)1960，89 - 97]。这些事例暗示着，从某种程度上讲，"对物理实在性的探讨不能被过高地评价为科学史上的一个转折点"(Grant 1962，220)，哥白尼"制定了新的路线，而遗留给该路线的他本人认识物理实在的强烈愿望引发了科学革命"。

　　在对同样的问题略有不同的描述中，迈克尔·海德尔伯格 494 (1976，332)把哥白尼的天文学与其计算方法作了区分。他注意到天文学可以而且也确实是与物理学被分开来考虑的。也就是说，托勒密主义者可以仅仅把哥白尼的《天球运行论》中他本人的序言以及论述日心说和行星间隔的那章的内容(第 1 卷，第 10 章)看作"无足轻重的哲学上的疏忽"。海德尔伯格把这种情况与现在的情况进行了比较，现在，"物理著作的序言往往被看作是纯理论性的"。因此，海德尔伯格宁愿认为，哥白尼的行星运动的数学理论——与他的世界观和他所坚持的天文学假说的实在性主张相反，根本不是革命性的，而是囿于传统之中的；因而，天文学家可以一方面借用哥白尼的某些理论，而另一方面拒不承认他那激进的、新的哲学或物理学。事实上，他们甚至可以把他的天文学看作对"传统的实现和复兴"的描述。所以，在海德尔伯格看来，"哥白尼革命"的基本部分，就是"从工具主义向作为自然组成部分的实在论范式"的转变(第 334 页)。

哥白尼为《天球运行论》的计算工作付出了巨大的劳动,凡是认识到这一点的人都会觉得,不难猜想,他的动机在很大程度上肯定是与他的一种信念联系在一起的,这种信念即:他正在进行的工作就是勾勒出真实的宇宙体系,而并非只是描述一个虚构的计算方案。在这方面,开普勒的情况更真实可信。他曾在已出版的著作中抱怨他所从事的计算令人疲惫不堪、十分辛苦,他是靠这样一种热情支撑着:即他的"新天文学"最终将会成为从物理学和数学上对实在、对现实的而非假设的宇宙的描述。谈到他对实在的热情时,他所讲的恐怕更多的是对哥白尼天文学体系的热情,而不是对他实际阐述的他本人最终构成的天文学体系的热情。从这种意义上讲,伽利略也是一位哥白尼主义者,他声明,他承认太阳静止、地球运动是真实的和最恰当的体系;他实际上被迫承认,既然上帝是万能的,上帝就能以一种不同的方式创造世界。在为建立新的天文学所进行的长期斗争中,如果伽利略不是真的被哥白尼(对其认定是真实的和实在的宇宙体系)的热情所激励的话,那么他一定是靠着这种热情在维持。牛顿也同样非常信奉实在性。在其《原理》的结尾部分,他直截了当地证明,万有引力"实实在在地存在着"("revera existat")。因此,也许有理由说,这场科学革命就是哥白尼革命,实际上,这场革命比所谓的天文学中的哥白尼革命对科学发展的贡献更为重要。

7.2　17 世纪人们对哥白尼和天文学的一些看法

17 世纪末,在开普勒的《新天文学》、《哥白尼天文学概要》(*Epitome Astronomiae Copernicanae*)和《鲁道夫星表》(*Tabulae*

Rudolphinae)问世以后,许多"哥白尼主义者"都追随开普勒,以至 495
于在介绍天文学时使用了椭圆轨道理论,而没有使用复杂的哥白
尼图式。从那时起到现在,"哥白尼体系"这个术语变得仅仅意味
着:太阳是静止的,地球像其他行星一样围绕处在固定位置上的太
阳运动,同时,它还围绕自己的轴线进行自转,恒星是不动的(它们
彼此之间某种十分微小的"特有运动"除外)。

　　1675 年,亦即《原理》问世前 10 年前,一本天文学通史出版
了,书中[参见 Edward Sherburne(爱德华·舍伯恩)1675,49]
指出:

　　　　[在哥白尼的]六卷的《天球运行论》中 ⋯⋯ 他不仅使**菲
洛劳斯**、**本都的赫拉克利德**(*Heraclides Ponticus*)以及**毕达
哥拉斯主义者埃克芬都**(*Ecphantus Pythagoreus*)①等人的一
些观点复活了,而且极为恰当地把它们结合起来,形成了他自
己的**假说**。他根据**菲洛劳斯**的观点认定,地球围绕着作为中
心的太阳运动,亦即进行着**周年**运动;而且他像**赫拉克利德**和
埃克芬都一样,认为地球还进行着类似于一个轮子围绕其轴
心转动那样的运动,这就是它的**周日**运动的原因,一个假说如
此接近真理,即使受到迫害,也要昂首漠视来自各方面的

---

　　① 　(1)本都的赫拉克利德(约公元前 390 - 约公元前 310 年),希腊哲学家和天文
学家,提出地动说的第一人,他主张地球自西向东每 24 小时绕轴自转一周,也有人认
为他是日心说的首创者,但学界对此尚有争论;(2)埃克芬都(活动时期在公元前 4 世
纪),前苏格拉底哲学家,像赫拉克利特一样,他也主张地球自转意义上的地动
说。——译者

反对，

> *Per damna，per caedes，ab ipso*
> *Sumit opes animumque ferro；*

正如**利乔里**（Ricciolus）本人（虽然他是位反对者）注意到的那样。

上面这两句引自贺拉斯（Horace）的诗已被译成了英文，它们的大意是：

> 饱尝伤痛屡遭败仗，不会服输
> 又从刀剑之中聚集精神和力量。

我们可以看到，舍伯恩的介绍完全局限于极为简单的（或简单化的）哥白尼的宇宙学思想，它连提都没有提《天球运行论》在天文学方面有什么特色。实际上，舍伯恩甚至没有说这一体系有什么地方确实超过了旧的托勒密体系。但他却说过，哥白尼复兴了而不是发明了哥白尼天文学中的那些重要思想，这是 17 世纪一种常见的观点。

1694 年，威廉·沃顿出版了他的《古今学问反思录》（*Reflections upon Ancient and Modern Learning*），书中含有沃顿从埃德蒙·哈雷的著作中选入的共计 7 页关于古代和近代天文学的摘要。在对古代天文学进行了描述之后，哈雷转向了这一重要的任务:"把古人与今人进行比较"(第279页)。为了"尽可能公正地进行对比",哈雷写道,"找把著名的**第谷·布拉赫**或**赫维留斯**与**喜帕恰斯**(*Hipparchus*)加以对照,把**约翰·开普勒**与**克劳迪乌斯·托勒密**(*Claudius Ptolemee*)加以对照"——对于这种比较,哈雷大概"料想凡是了解与星辰有关的问题的人都不会提出什么疑问"。他得出结论指出:"一流的行星运动理论,最早是**开普勒**通过刻苦的努力发明的,现在又得到了杰出的几何学家**牛顿**先生的证明。"哈雷选择忽略哥白尼,这一点是值得注意的。

我们应该看到,牛顿的《原理》(1687)这部为科学革命提供了保证的著作,是直接建立在开普勒体系而不是哥白尼体系的基础之上的。也就是说,到了牛顿时代,哥白尼(在《天球运行论》中阐述的)天文学除了作为历史文物外,几乎被人们忘记了。甚至在天文学的讨论中,哥白尼的大名也是很偶然地被提到。在《原理》中,牛顿只有两次提到了哥白尼:在谈到月球与地球之间的平均距离时,他提到了哥白尼的重要作用(第3编,命题4),另外,他还提到了"哥白尼假说",而他用这个术语时所指的是开普勒体系,因为该假说设想,行星按面积定律在围绕太阳的椭圆形轨道上运动(第2编,最后一个附注)。更早些时候,在《原理》第1版第3编《宇宙体系》(*Essay on the System of the Universe*)中(参见 Cohen 1971,第241页,注释8),牛顿提到了"Hypothesis, quam Flamstedius sequitur, nempe Keplero-Copernicaea",亦即,"弗拉姆斯蒂德所信奉的假说——开普勒-哥白尼假说"。1686年4月28日,牛顿的《原理》被送交皇家学会,当时它被描述为含有"对开普勒提出的哥白尼假说的数学证明"(Cohen 1971,130)。在此不到

10年以前,罗伯特·普洛特(Robert Plot 1677,225)谈到塞勒姆主教塞思·沃德(Seth Ward)时曾说,他"**第一个从几何学上证明了哥白尼－椭圆假说是最真实的、最简明的和最一致的**"。

7.3　路德、梅兰希顿和多恩

　　哥白尼最基本的宇宙学思想曾遭到过猛烈的攻击,这一事实也许就成了一些人设想哥白尼的观点具有革命性的一个理由。例如,马丁·路德曾把哥白尼说成是一个"傻瓜",一个"突然冒出来的占星术师",他想要通过证明"运动的是地球而不是天空或太空、太阳和月亮",从而把"整个天文学颠倒过来"[参见 Wilhelm Norlind(威廉·诺林德)1953,275]。路德对哥白尼地球在运动这一基本观点的憎恶,既不是出自哲学上的原因,也不是出自科学上的原因。他显然并不关心独一无二的人类所拥有的住所及其与行星、因此与天空中固定不动的天体有什么不同这类微妙的哲学问题。路德对天文学、或者更一般地讲对科学更可谓是兴味索然;事实上,他从来没有读过《天球运行论》或入门性的《短论》,他也没读过雷蒂库斯的著作《初释》(*Narratio Prima*),这是最早(1540年)出版的介绍哥白尼体系的著作。其实,路德是在1539年亦即雷蒂库斯的小册子出版之前、《天球运行论》印行(1543年)4年以前发表他那著名的宣言的。

　　路德唯一关心的是,对《圣经》作简单明了、逐字逐句的解释。他之所以说哥白尼把事物颠倒了,是因为"《圣经》告诉我们约书亚(Joshua)命令太阳而不是地球静止不动"(Dreyer 1906,352)。

　　菲利普·梅兰希顿(Philip Melanchthon)的情况更为有趣。

正如天文学史专家 J. L. E. 德雷尔评论的那样(1953，352)，路德居然会反对哥白尼学说并不令人奇怪："路德一直不懂人文主义。"不过德雷尔发现，"值得注意的是，受过高等教育的梅兰希顿竟然不止一次地发泄了对哥白尼一概而论的谴责"。

在哥白尼的这部著作出版两年以前，梅兰希顿在写给一位通信者的信中说，贤明的统治者们理应抑制这种肆无忌惮的思想放纵的行为。(1633 年罗马贤明的统治者们就是这样做的，这样，新教徒们就无权责备他们了。)在其 1549 年出版的《物理学说入门》(*Initia Doctrinae Physicae*)中，他在题为："Quis est motus mundi?"(《宇宙的运动是什么?》)的一章中充分地讨论了物质问题。首先，他提出要证实我们的感觉。接下来，他摘录了几段《旧约全书》(Old Testament)的内容，在其中，地球被说成是静止的，而太阳却被说成是在运动的。最后，他试着进行"物理学论证"，以下就是这种证明的一个例子："当一个圆旋转时，它的中心保持不动；而地球是宇宙的中心，因此它是静止不动的。"多么绝妙的证明！如果他坚持他的《圣经》论据，或者坚持他 1541 年提倡的 *argumentum ad hominem*(诉诸人身攻击的论证)那岂不是更聪明?!

路德和梅兰希顿所表露的厌恶程度，是判断他们作为新教徒对《圣经》的字面解释信奉与否的标准，而不是判断哥白尼的宇宙论学说是否具有革命性的标准。

梅兰希顿最初对哥白尼的谴责，见于他 1541 年 10 月 16 日给米索比乌斯（Mithobius）［伯卡德·米索布（Burkard Mithob）］的一封信中。在此一年以前他已收到了雷蒂库斯的《初释》（第 1 版，1540 年；第 2 版，1541 年）的第一批书页，送给他时还附有雷蒂库斯对他表示的敬意之辞（参见 Rosen 1971，394）。他在这封信中所作出的反应，也许是在对地球正在运动这种激进观点立即产生了敌意的情况下做出的，而不是以对哥白尼天文学的专业内容进行研究为基础的。与路德不同，梅兰希顿实际上有能力阅读哥白尼的著作。他讲授过托勒密天文学，并撰写了有关的著作［参见 Westman1975，401］，并且与雷蒂库斯保持着友好的关系。雷蒂库斯对哥白尼进行了著名的拜访回来之后，梅兰希顿即推荐他担任艺术与科学系主任。1549 年，即哥白尼的《天球运行论》问世 6 年之后，梅兰希顿［Prowe（普罗厄）1883，1（2）：232 - 233］出版了《物理学说入门》，他在书中提出了拒绝哥白尼学说的三个理由：感觉证据，数千年以来科学工作者的一致意见，以及《圣经》的权威。在该书 1550 年的第 2 版中，正如埃米尔·沃尔维尔（Emil Wohlwill）注意到的那样（1904，261），梅希顿去掉了自己说过的一些偏激的话，例如，把哥白尼描述为这样一群人中的一员，他们对地球运动的论证，"不是出于对新奇事物的偏爱，就是出于那种炫耀聪明的欲望"。

那些想说明哥白尼天文学（或者，更恰当地说，哥白尼宇宙学）498 具有深远的或革命性的影响的人，如果要想表征一个时期总的时代精神，都会引用约翰·多恩的这几行诗：

　　　　新的哲学怀疑一切，

火这元素被彻底消灭；

太阳迷路了，地球也是如此，没有谁的智慧

能指引他在哪里把它找回……

一切都支离破碎，一切都不连贯；

一切不过是在弥补，一切之间的关联。

从《一周年纪念日》(*First Anniversarie*)中摘录出的这几行诗，创作于 1611 年，伽利略做出的、并在其 1610 年出版的《星际使者》中发表的新发现，对该诗的创作产生了强烈的影响。正如马乔里·尼科尔森业已指出的那样(1976，第 5 节)，伽利略天文学和通过望远镜所作出的那些新的发现，给多恩留下了极为深刻的印象。上面的这几行诗，像约翰·多恩的大部分诗作和思想一样，有很强的个性，而且反映出了一个孤独的、学识渊博的人，怀有比他那个时代一般人的忧虑严重得多的痛苦之情。甚至有人[John Carey(约翰·凯里)1981，250]论证说，这种"抑郁的说明"居然没有被认真地看作是多恩对新天文学做出的"'真正的'反应"，遑论被当作一种对新宇宙体系的文化反作用的普遍状况的标志了。我们不打算去想象，数以成百上千的男男女女们都觉得在哥白尼的宇宙中被抛弃或迷失了方向，在这里，他们的寓所——地球没有固定的位置了。无论怎样，关于多恩的那些表述的要点在于，它们是对他那个时代新的伽利略天文学的反映，而不是对半个多世纪以前哥白尼宇宙学的反映。

7.4 J.-S.巴伊与史学家虚构的革命

我们将（在后面的补充材料13.1）看到，在18世纪，天文学史专家让－西尔万·巴伊揭示了一种全面的科学理论。

巴伊并没有使用"哥白尼革命"（"révolution copernicienne"）这一现行的术语，但是他毫不怀疑，有一次重要的科学革命是由哥白尼发动的（尽管不是由他完成的）。在巴伊看来，哥白尼是确保引入"真实的宇宙体系"的"物理天文学的革新者"（1785，1：337）。巴伊指出，在哥白尼时代就已经迈出了根本性的一步，因为有必要"为了能确信我们未曾感受到的运动而忽略我们已知的运动。有人大胆地提出……情况并非都是：一定要摧毁一个已被公认的体系……并推翻托勒密的宝座……一种具有煽动性的见解发出了预兆，革命发生了。哥白尼……大胆地挣脱了权威的枷锁，并且使人类摆脱了长期以来存在的一种偏见，这种偏见阻碍了所有进步"（同上书）。

哥白尼满足了两个必要条件，从而，按照巴伊所暗指的标准，就使他的成果有条件成为一场革命。他削弱了古代的权威或已被公认的体系的基础，并且在这里建立起一个更完善的体系。与巴伊的观点略有不同的是，哥白尼体系本身也许应该说是一种更古老的阿利斯塔克体系的复兴（第23页）；但重要的是，唯有哥白尼摆脱了权威的束缚，并且建立起了与一个"受到尊敬达14个世纪之久的"宇宙体系截然不同的体系（第337页）。

在其对哥白尼成果的另一处描述中，巴伊特别阐述了他本人的革命分两个阶段进行的观点。巴伊简要地描述了天文学从希腊人到阿拉伯人、从阿拉伯人到欧洲人的变迁,以及欧洲人开始对这门科学的发展(3∶320):"德国的瓦尔特和雷吉奥蒙塔努斯制造了仪器,并进行了新的观测。每涉入一个新的领域,科学都要经过新的考察,流传下来的知识是得到了证明的,而在这一时期也就有了一场伟大的革命,它使一切发生了变化。欧洲的天才被发现了,哥白尼就是一个预兆。"巴伊进一步断言,"哥白尼已经向真理迈进了一大步",他指出,"托勒密体系的毁灭是不可避免的最基本的一步,而且,这第一场革命必须在所有其他革命之前完成"(第 321 页)。

尽管在这里巴伊并没有明确地说,哥白尼引起或发动了一场革命,但是毋庸置疑,从他的文本中可以看出,这正是他进行讨论的动力所在。不过,巴伊并不是我所发现的最早把哥白尼与革命联系在一起的人。还有一个比他更早的人,这个人就是数学史家让·艾蒂安·蒙蒂克拉。蒙蒂克拉写道,哥白尼的"大胆步骤""实际上是不久之后哲学体系所取得的成功的革命的信号"(1758,1∶507)。很清楚,哥白尼的"卓越发现"并没有自然而然并且独立地构成一场革命,它,正如蒙蒂克拉在后面的两页(第 521－522 页)中所暗示的那样,只不过是 17 世纪出现的一场革命的征兆。按照这种思路,蒙蒂克拉——像其他人一样,就能使(开普勒和牛顿所阐述的)哥白尼体系的重要意义与哥白尼本人成果的局限性协调起来了。然而,甚至在法国大革命以后出版的蒙蒂克拉的史学著作的修订版中,他既没有充分阐述一般的科学中的革命概念,也没有充分阐述哥白尼革命这一概念,至少可以说没有达到巴伊所达到的水平。

　　从巴伊和蒙蒂克拉时代起,已经有了一些科学家和科学史家撰写的关于哥白尼革命的著作,这些著作往往是很轻率的,而且常常把改变宇宙中心的革命性或大胆的步骤与已经完成的天文学革命混为一谈。学者们在关于哥白尼天文学和所谓的哥白尼革命问题上一直左右为难,这种状况在许多教科书有关这一课题的讨论中都有说明。有一部曾被人们普遍使用的教科书,其准确性、信息量以及洞察力都具有一流水平,该书开始部分介绍了传统上被人们所承认的观点,即曾有过一场哥白尼革命,一场伴随 1543 年哥白尼著作的出版而来的革命。随后,经过作者一系列的限定证明和否定,问题变得明朗了,这场革命是在开普勒和伽利略作出了贡献之后才发生的,而且严格地讲,这根本不是什么哥白尼革命。第一个命题是:"当 17 世纪来临时,天文学领域中的哥白尼革命已经过去 50 年了。"第一个限定是:"也许更应当说哥白尼的那部著作《天球运行论》(1543)已经出版 50 年了。"第一个否定是:"这部书是否引发了一场革命尚有待定论"。第二个否定是:"那两个担保那一点[即哥白尼的著作也许会引发一场革命]的主要人物,在1600 年几乎刚刚跨入他们科学事业大门。"

　　不过,接下来的命题说,哥白尼已经开始了一场革命:"开普勒……和伽利略……都承认哥白尼是他们的导师;他们二人都把自己的事业致力于证明他已经开始的天文学理论中的革命。"随之,开普勒和伽利略都被说成使天文学发生了彻底的转变,并且"以哥白尼这位大师也许不会接受的方式修改了他的学说"。简而言之,这场革命是由开普勒和伽利略引发的,从严格意义上讲,它根本不是什么哥白尼革命。结论是,哥白尼至多不过是提出了一

项"有限的改革"的计划："而到了造就出开普勒和伽利略的时代，
这项有限的改革演变成了一场剧烈的革命。"

9.1 弗朗西斯·培根的"科学革命"

我所发现的最早把"革命"与"科学"联系在一起的例子，出现
在弗朗西斯·培根的《新工具》中，该书于 1620 年首次出版。这个
例子见于该书第 1 卷第 78 条（Bacon，1857－1874，4：77；1905，
279；1889，272－273）：

> 在人们的记忆和学术展延到的 25 个世纪之中，最多也只
> 能找出 6 个世纪是丰产科学或有利于科学发展的〔quae sci-
> entiarum feraces earumve proventui utiles fuerunt〕。因为
> 在时间中和在地域中一样，也有荒地和沙漠。只有三次学术
> 革命也即三个学术时期可以算作是这样的〔Tres enim tan-
> tum doctrinarum revolutiones et periodi recte numerari
> possunt〕繁荣期：第一个时期期是希腊人时代，第二个时期是
> 罗马人时代，第三个时期就是我们的亦即西欧各民族的时代
> 了；而这三个时期中的每一时期，勉强算也只有两个世纪。至
> 于介乎这三个时期之间的那些年代的世界，就科学的丰产或
> 繁荣成长而言〔quoad scientiarum segetem uberem aut lae-
> tam〕，都是很不兴旺的。无论阿拉伯人还是经验学者们都不
> 值一提，他们在这些中间时期，与其说是使科学的实力有所增
> 加，毋宁说是以大堆论文把科学压得变了形〔qui per inte-
> miedia tempora scientias potius contriverunt numerosis

tractatibus〕。这样看来,科学进步之所以如此贫乏的首要原

501 因〔prima causa tam pusilli in scientiis profectus〕可以恰当
地说是由于过去有利于科学的时间甚为有限之故。

要想搞清楚这段不同寻常的论述的准确含义,首先要回答的
问题就是,培根使用"scientia"("scientiarum")或"science(科学,
知识)"这个词所指的是什么。培根在下面的摘录中讨论了与
"philosophia naturalis"或自然哲学相关的科学,这段摘录表明,
很明显,培根并非完全是在指我们今天使用"science(科学)"这个
词时所指的含义。培根说,在"人类智慧和学术最繁荣(假如真可
算是繁荣的话)的那些时代里,人们也只把最小部分的勤奋用于自
然哲学方面。然而,恰恰是这种哲学应被尊重为科学的伟大母亲。
因为一切方术和一切科学如果被拔掉了这个根部,则它们纵然被
打磨、被剪裁得合于实用,也是难以生长的"(第 79 条)。在对这后
一条摘录博学的评论中,福勒(Bacon 1889,第 273 页,注释 19)承
认,很难"把我们在这一条以及下一条语录中看到的自然哲学概念
与《进展》(*De Augmentis*,bk. iii)中所做的说明协调起来"。然
而,培根"在这里似乎是把自然哲学看作一门综合性科学,它会涉
及那些更为专门性的科学";因此,它"要以一种尽可能比专门性科
学更具综合性的方式来讨论那些有关大自然和人的规律"。正因
为这样,福勒认为,培根的自然哲学提供了一种"对大自然的总体
性的概括研究",对于大自然"专门性科学"则会"进行深入细致的
探讨"(第 277 页,注释 25)。培根本人抱怨,"自然哲学……一直
以来仅仅是被当作通向其他事物的便道或桥梁来对待的"。也就

是说,它是不得不"去伺候医学或数学的业务"(第80条)。

在儿条语录以前,培根曾明确地断言,"我们所拥有的科学人部分来自希腊人"(第71条)。就此而言,培根认为,"罗马的、阿拉伯的或后来的作者所增加的东西既不多,也没有多大重要性"。培根以这种方式把罗马人和阿拉伯人对科学贡献的数量和重要性等同了起来,不过,我们没有必要详细论述在他这方面的无知或偏见。然而,存在着一个与第78条语录明显的矛盾,在该条语录中,培根说,罗马时代是有利于"学术"亦即"丰产科学或有利于科学发展的"三个时期之一。而这里,在第71条语录中,他却把同一时期表征为科学知识储备的增加是"不多"的,也没有什么"[已经]产生重大价值"的东西。此外,在第79条语录中他抱怨说,在罗马时期,"哲学家们的思考和劳动主要运用在和消耗在道德哲学方面"。因为道德哲学"对于异教徒……尤如神学对我们一样",我们可以明白了,为什么这样的科学没有繁荣起来。还有,在第71条语录中,培根虽然坚持认为,无论罗马人和阿拉伯人给科学所增加的是什么"也是以希腊人的发现为基础"的,可是,他甚至没有提及我们会认为是杰出的希腊科学家和数学家的那些人。具体地讲,培根列举了"较早的希腊哲学家们,如恩培多克勒、阿那克萨戈拉(Anaxagoras)、留基伯(Leucippus)、德谟克利特、巴门尼德(Parmenides)、赫拉克利特(Heracleitus)、色诺芬尼(Xenophanes)、菲洛劳斯以及其他诸人",而把"毕达哥拉斯当作一个神秘主义者"略去不谈。但培根提都没提欧多克索、阿利斯塔克、托勒密、塞奥弗拉斯特、希波克拉底、喜帕恰斯、阿基米德、盖伦,甚至没提到欧儿里得。

在培根关于革命的论述中,第二个不明确之处即:这些革命是指涨落兴衰意义上的革命,还是指急剧的和彻底的变革时期？培根所谓的三次革命("revolutiones")也是三个"学术时期"。它们包括有历史记载的 25 个世纪中的 6 个世纪,它们或者是"丰产科学"的,或者是"有利于"科学发展的。但是,有很长的时期或许多个时代对"科学的丰产或繁荣成长"而言是"荒地和沙漠"时期或"不兴旺"时期,培根所谓的三次革命都受到了这些时期的限制(第78 条)。因而就形成了这样一种前后相继的历史形象:先是古代早期的贫乏时期,接着是希腊人的"学术时期";随后又出现贫乏,之后是罗马人的大丰收时期;然后,贫乏再一次出现,随之而来的就是近代的一个半世纪左右的时期。培根并没有完全说清楚,在希腊时期和罗马时期之间,是有一次贫乏时期呢,还是说,这两个逝去的时代在时间上是相邻的,他大概认为,在它们之间相隔了一段时间。已经有人[福勒(参见 Bacon 1889, 第 272 页,注释 17)]指出,培根显然设想过"从泰勒斯[延续]到柏拉图的希腊时期,从西塞罗或卢克莱修(Lucretius)到马可·奥勒留(Marcus Aurelius)的罗马时期",以及"从反抗亚里士多德开始的现代时期,或者,也许可以说是自印刷术发明到培根自己所处的那个时代"的情况。由此似乎可以看出,培根的三次革命都带有知识大潮涨落兴衰的特点。

在阅读英译本的著作时(如 Bacon 1911, 414),鉴于有"三次革命以及哲学的新纪元(epochs of philosophy)"这个短语,因此人们必须慎之又慎。这个短语中使用了"epoch(新纪元)"这个词,该词在那时被认为象征着这样一种意义上的革命,即并非是循

环往复、而是实际上要打破连续性的那种革命。在拉丁文中,与
"epoch"相对应的词大概就是"epocha",而培根的表述是"tres...
doctrinarum revolutiones et periodi"(Bacon 1889,272)。把
"doctrinarum...periodi"译成"哲学的新纪元"是不准确的。

　　从前面的讨论来看,在第 78 条语录中,培根似乎是在交替变
化或涨落兴衰的意义上设想,在长期毫无收获的间隔之后,出现了
三个逐次而来的有利于科学发展的时期,而这里(以与过去决裂的
形式)的彻底变革的思想,并非是他最初使用革命这个词所要表达
的意思。此外,尽管他确实讨论了"scientiae"或科学,他前后文所
说的革命大多指的是"学术中的革命"("doctrinarum revolu-
tiones"),而不是科学中的革命。

　　我已经指出过,培根所说的"scientia"还有一处意义不明的地
方。我们今天知道的、甚至在培根时代就已为人知的那些科学:天
文学、数学、物理学、运动学、植物学、动物学、解剖学以及生理学,
显然在从西塞罗到马可·奥勒留的罗马时代算不上是一个繁荣时
期。在这一时期有两位重要的科学家,一个是盖伦,一个是托勒
密,他们均为希腊人。然而在《新工具》中,培根一次都没提到过托
勒密或盖伦。由此我认为,很清楚,培根的"doctrinarum revolu-
tiones"并不是我们现在通常使用"scientific revolution(科学革
命)"这个术语所意指的革命,因为它们并没有涉及我们今天意义
上的"科学",而且,这里的革命概念也不是指非循环性的、突然出
现并富有戏剧性的变革。

　　培根很重视思想、哲学或科学的发展过程,但无论如何,上述
对"革命"的那种指称,就说明培根把这一概念当作对这一发展过

程的描述方式而言,还是一个孤立的例子。事实上,第 78 条语录
就是旨在揭示培根所说的"科学进步之所以如此贫乏的首要原
因",亦即"过去有利于科学的时间甚为有限"。第二个原因就是,
即使"人类智慧和学术最繁荣(假如真可算是繁荣的话)的那些时
代里,人们也只把最小部分的勤奋用于自然哲学方面。"(第 79
条)。从而使得人的思想"与自然哲学……疏远了",甚至"在那三
个时期[当中],自然哲学在很大程度上不是被人忽视,就是受到阻
碍。因此,如果人们在其不注意的事物上只取得了微不足道的进
展,我们也就不会感到诧异了"。除此之外(第 80 条):

> 除非把自然哲学推进并应用到具体科学之上,又把具体
> 科学再带回到自然哲学上来,否则,〔那就请〕人们不必期待在
> 科学当中,特别是在那部分实用的科学当中,会有多大进步。
> 因为缺少了自然哲学,天文学、光学、音乐学、许多机械技术以
> 及医学自身——不仅如此,人们将更觉诧异的是连道德哲学、
> 政治哲学和逻辑学也都在内——统统都将缺乏深刻性,而仅
> 仅是流于事物的表面和多样性。因为这些具体科学一旦经过
> 分工而建立起来之后,便不再以自然哲学为营养了;而其实,
> 自然哲学从它对于运动、光线、声音、人体的结构和构成以及
> 人的情感和理智的知觉等等的真正思辨当中,也许能获得为
> 具体科学灌注新鲜力量和生机的方法。这样看来,既然科学
> 已与它的根部分离,则它之不复生长也就不足为奇了。

由此,培根得出了一个重要的结论:"科学之所以仅有极小的进

步"，是因为目标没有选对(第81条)。接着，他阐述了我们应考虑的培根哲学的这一观点："科学的真止的、合法的目标说来个外是这样：把新的发现和新的力量惠赠给人类生活。"这一人们熟悉的有关真理与功用之间联系的学说在另一处陈述中谈得比较温和："果实和功效［即亦科学真理或科学发现的实际应用或具体化］可以说是哲学［自然哲学或科学］真理的担保者和保证者"(第73条)。

其他有碍科学充分发展的因素有：方法匮乏(第82条)，实验有限(第83条)。缺少高速进步的另一个原因是"尚古"(第84条)。当人们看到"机械技术提供人们所利用的东西是多么繁多和美好"时也会有一种倾向，即"满足于现有的发现"，"更愿去赞赏人类的富有，而很少有感于他们的匮乏"，因而也不会在匮乏感的推动下作出新的发现(第85条)。此外，在各个时代中，"自然哲学都曾有一个麻烦而难对付的敌人……那就是迷信和对于宗教的盲目而过度的热情"(第89条)。在学校、学院和研究院中，以及"类似的为集中学人和培植学术而设立的各种团体中"，培根发现，"一切……都是与科学的进步背道而驰的"。对那些促进科学发展的人没有奖赏和报偿(第91条)，最后，"对科学的进展，对从事科学的新任务、从事新的科学领域的最大障碍"是，"人们对那些事感到绝望并认为不可能"。这导致了培根去探讨科学的涨潮和落潮(第92条)。

凡是研究培根的《新工具》的人，无不受益于这部百世流芳之作的福勒版(1889)，福勒版为19世纪的学者托马斯·福勒所编，该书的正文是拉丁文，而大量的注释(散见于该书中的评注)和总

序用的是英文。在索引部分中,包括正文索引和注释索引,既有拉
丁文的条目也有英文的条目,不过,以拉丁文为主。其中只有一个
条目与革命有关,这个条目是:"Revolutiones scientiarum,297"。
第一次碰到这个条目时我不知道怎样说明,科学革命这个概念出
现的年代,也许比我的全部研究所表明的年代还要早好几十年。
但在语法上我觉得有点令人费解,因为"scientiarum"是属格复
数,就像哥白尼的《天球运行论》(*De Revolutionibus Orbium Coe-
lestium*)中的"orbium"那样。 由此可见,索引中的"revolutions of
the sciences"与哥白尼的"revolutions of the celestial spheres(天
球运行)"是在同样的意义上使用"revolutions"这个词的,显然指
的是"科学运行"。请看下面这段拉丁文原文及英译文(第 1 卷,
第 92 条):

Itaque〔viri prudentes et severi〕existimant esse quos-
dam scientiarum, per temporum et aetatum mundi revolu-
tiones, fluxus et refluxus; cum aliis temporibus crescant et
floreant, aliis declinent et jaceant...

〔Bacon 1889,297〕

And so〔wise and serious men〕think that there are
what might be called ebbs and flows of the sciences in the
course of the revolutions of the times and ages of the world
since at some times〔the sciences〕grow and flourish and at
other times they decline and die...

　　　　　从而［聪明而严肃的人］就认为,在世界运行的时间和年
代当中,自有科学的涨潮和落潮,［科学］一时生长和繁荣,一
时又枯萎和衰落……

不管索引如何,可以看到,培根明确提到的是一组"temporum et
aetatum mundi(世界的时间和年代)"的运行,而不是"revolu-
tiones scientiarum(科学的运行)"。在这段引文里,"scientia-
rum...fluxus et refluxus"或"科学的涨潮和落潮",仅仅是指古代
循环之意的运行(revolution),而被如此列入 19 世纪的索引中似
乎是与时代有些不符的。福勒确实列了这样一个条目:"Fluxus et
refluxus maris(海水的涨潮和落潮)"。因此,如果他把第 92 条语
录只列为"Fluxus et refluxus scientiarum(科学的涨潮和落潮)",
也许显得更一致些。许多关心一般科学的读者至少会在"Revolu-
tiones scientiarum"之下发现"Fluxus et refluxus scientiarum"这
个条目,但他们是否一定会为了"Fluxus et refluxus scientiarum"
而查找这一条目? 我看未必。

　　从第 92 条语录中摘录的这段引文,可以用来作为对第 78 条
语录的注释。它把"世界运行的时间和年代"与科学之"涨潮和落
潮"联系在一起,由此证明了这样一种印象,类似于在第 78 条语录
中那样,培根心中所想的是循环出现的涨落兴衰,而不是突然出现
且富有戏剧性的,并能产生某种全新事物的变革。

　　在一篇用英文写的论文［58 :"Of Vicissitude of Things"
(《论事物的变迁》)］中,培根也曾讨论过革命问题。他在这里论述
的主要问题是"教派和宗教的变迁"(1857－1874, *6* : 514)。"真

505

正的宗教"，其"基础坚如磐石"，而其他的"教派或宗教""随着时间
的波涛摇摆不定"。它们是暂时的，像海潮的涨落一样，此时兴起，
彼时衰落。简而言之，对这些变迁的循环往复人们简直难以控制；
不过培根确实提出过"某种有关它们的建议，在人类虚弱的判断力
所及的范围内阻止如此宏大的变革"。

9.2　笛卡尔和数学中的革命

在对数学中的革命的分析中，托马斯·W. 霍金斯（Thomas
W. Hawkins）指出，相对于自然科学而言，数学的守旧性并不像
诸如赫尔曼·汉克尔（参见 Hankel 1884）等数学史家们断定的那
么绝对。汉克尔曾论述说，"唯有在数学中"情况不像在"大部分科
学"中那样："一代人会毁掉另一代人已经建立的东西，而这一代人
确立的东西又会被下一代人抛弃"。霍金斯论证说，数学与其他科
学的不同之处在于，数学主要致力于解决这样一些问题，它们是数
学问题，而不是"'外部世界'向科学家们提出的那类问题或难题"。
霍金斯发现，当"解决数学问题的方法得到大规模的根本性变革
时"，数学革命就会出现。从这种意义上讲，17 世纪曾发生过一场
数学革命——这场革命的主要人物有：弗朗索瓦·韦达（François
Viète）、勒内·笛卡尔、皮埃尔·德·费马（Pierre de Fermat）、艾
萨克·牛顿以及 G. W. 莱布尼茨等。当然，正如霍金斯指出的
那样，他们的共同努力，"并没有例如像宣布欧几里得的《原本》
（Elements）是'错误的'那样'否决'古代数学"。但他们的成果
"确确实实地否决了古代人解决问题的方法"并且引入了"新的方
法"，发明这些方法的基础是"这一前提：数学问题应当还原为符号

'方程'式,而这些方程式可被用来有效地解决问题"。最终,这些新的方法的引进,改变了"所提出的问题的本质,并且最后彻底改变了数学的范围和内容"。"伽罗瓦的代数方程理论、微分方程和积分方程、双线性形式、张量、流形、共变微分法、各种函数、傅里叶分析、复函数理论、矩阵、超复数,等等,都是这场革命的副产品"。此外,"没有这场改变了对象并且最终改变了数学问题的数学革命,这些概念和理论都是不可思议的"。在霍金斯看来,"发动这场数学革命的中心人物是勒内·笛卡尔"。因此霍金斯认为,有理由把笛卡尔看作"是这场革命的'哥白尼'"。霍金斯认为,就其内容和影响而言,笛卡尔的著作《几何学》(1637)是"古代数学向现代数学转变"的重要论著。

卡尔·博耶在其《数学史》(*History of Mathematics*,1968,369)中提出了一种不同的看法,他在书中指出,"从与过去决裂的意义上讲,笛卡尔的哲学和科学差不多可以说是革命的",但是他的数学却"是与以前的传统联系在一起的"。博耶似乎把这种对立看作是"这一事实的自然结果(!),即与其他学术分支的发展相比,数学的进步更具有累进的特点"。在博耶看来,"数学是通过积聚而进步的,几乎没有必要去抛开什么不相干的事物,而科学进步大都是通过这样的方式:一旦发现有更好的替代物就要进行替换。"因此他会认为,"笛卡尔对数学、对解析几何学基础的主要贡献",是"在一种返回过去的尝试的激发下做出的"。霍金斯不同意这种观点,他发现,如果按照博耶的说法"把笛卡尔的《几何学》的目的表征为""一般地讲只是为了几何构图",那就"极易引起误解"。霍金斯没有发现笛卡尔试图返回过去,他却发现,笛卡尔《几何学》的真正目的是要证明他的方法的优越性,"其关键在于建立一个符号代数方程,而从此方程中能够求得问题的答案"。通过把传统的方法转变为建立一元代数方程,笛卡尔解决了作图题,然后,"通过详细说明典型的作图过程以便求得方程的解,笛卡尔尝试着把那些作图问题完全还原为有关它们的代数要素问题"。

当然,在用"代数分析"形式解决作图题的一般方法方面,弗朗索瓦·韦达已经走在了笛卡尔的前面,但是韦达的研究仅限于含有一个未知数的方程,而笛卡尔则超越了这一点;此外韦达还使用了一种麻烦的代数符号体系方法。笛卡尔不仅从一元方程拓展到二元方程,而且基本上引入了现代数学的符号语言。博耶(1968,371)非常正确地指出,笛卡尔的《几何学》是"当今学习代数的学生可以读懂、在记法方面不会遇到什么困难的最早的数学教科书"。除了古代的一种表示相等的符号外,笛卡尔使用字母表中开头几个字母(a, b, c,...)来表示参数,并用接近字母表末尾的几个字母(..., x, y, z)来表示未知的量。除了 aa 外(D. J. 斯特罗伊克指出,在 19 世纪,高斯仍然使用这种符号),他一般都采用指数形式,另外他也采用了"日耳曼人的符号 + 和 −",所有这些使得"笛卡尔的代数记号看起来像我们所采用的记号,当然这并不奇怪,我们所采用的记号就是从他那里沿用下来的"(Boyer 1968,371)。

笛卡尔并不认为他的方法从根本上讲是返回过去,他对自己的新方法(运用这种新的方法,通过一个基本的代数方程就可求得问题的答案)的力量的论证,就说明了这一点。必须记住,笛卡尔是把他的《几何学》作为他所发现的新的方法的三个实例加以介绍的,并且因此说这篇著作是补充他的名著《方法谈》(1637)的三个专论之一。笛卡尔强调了这一事实:"五线轨迹"问题预示了这种具有特殊性质的方法的可能性,因为按照帕普斯(Pappus)[①]的观点,希腊人无法用他们的方法解决这个问题。霍金斯大概看到了笛卡尔"对其命题最有说服力的证明",这一命题即:运用他确定某一曲线的法线(以及切线)的方法,"方程就成了曲线知识的来源"。因此,笛卡尔的遗产就是"一种新的数学方法,这种方法事实上暗示着一种新的数学观念",按照这种观念,"数学的主要对象就是符号方程,从这些方程中并且根据这些方程,数学问题就可获得解决"。凡是仔细研读过 D. T. 怀特赛德所编的《艾萨克·牛顿数学论文集》第 1 卷的读者,无不会对这一事实留下深刻的印象:通过对那版附有包括弗兰斯·范舒腾(Frans van Schooten)[②]等众多数学家评注的笛卡尔数学著作的研究,牛顿的思想形成了。有理由证明,在许多方面,笛卡尔时代的费马在解析几何方面比笛卡尔更接近我们今天的观点,他是更具现代特点的数学家。不过这一事实是抹杀不掉的:牛顿(当然还有莱布尼茨)正是从笛卡尔及其笛卡尔的评注者们那里起步的。

　　D. T. 怀特赛德在其对"17 世纪末的数学思想"的评述中恰当地把他的观点概述如下(1961, 290):他写道,笛卡尔发展了"希

---

　　①　亚历山大的帕普斯(约 290 - 约 350 年),古希腊最后的伟大数学家之一,以其著作《数学汇编》和摄影几何学中的帕普斯定理而闻名。——译者
　　②　弗兰斯·范舒腾(1615 - 1660 年),荷兰数学家,为推广笛卡尔的解析几何学作出了卓越贡献并以此而闻名。除了附有他的注解的笛卡尔《几何学》(1649)之外,他还著有《算术原理》(1661)和《数学练习》(1657)等。——译者

腊人的坐标系,使其具有了分析三个变量的能力",并且"奠定了对几何结构进行解析研究的基础"。确实,笛卡尔的"《几何学》,自这个世纪中叶以后,很快成了西欧新的大学中数学课的标准课本"。怀特赛德接着评论说,"没有哪位当时的数学家尤其是伟大的几何学家如牛顿和惠更斯,否认这一事实"。丰特奈尔所认识到的数学中的革命,即亦牛顿和莱布尼茨对微积分的决定性的阐述,是可以追溯到笛卡尔的革命性创新的直接延续。

〔有关笛卡尔和数学革命的这段讨论,主要取材于与托马斯·W. 霍金斯的谈话,以及他的一篇演讲稿的注释,承蒙他的恩准,我阅读了这篇演讲稿,此文题为《笛卡尔与 17 世纪的数学革命》("Descartes and the Mathematical Revolution of Seventeenth Century"),是他讲授的数学史课程的一部分。〕

508

11.1 约翰·弗赖恩德论哈维和医学

约翰·弗赖恩德的《医学实践史》(*History of Physick*, 1723 ;第 4 版,1750 年),是迄今为止对哈维发现在实践方面或医疗方面的重大意义最全面的讨论之一。按照弗赖恩德的观点,哈维"曾打算编辑……一本他本人的著作,以说明这一学说在实践方面有什么优势",但是"疾病和死亡"使他未能如愿以偿。如果他的目的实现了,那本可以表明,在医疗实践方面,"甚至在瘟热病的治疗方面,会有"什么样的"改进"(1750,1 :第 237 页及以下)。既然缺少这么一本著作,弗赖恩德自己就补写了一些提示,以此暗示"完善的血液循环知识,如果使用得当的话,对于我们在职业实践方面会有什么用处"。

费赖恩德的第一个例子就是"在**截肢手术**中的动脉结扎",它往往被人们说成是"用**烧灼术**、**腐蚀剂**或只用**苛性剂**进行止血"(亦即用热烙铁或腐蚀剂进行烧灼)的"那种古老的既痛苦又残酷的"实践。问题不仅仅在于这要使患者受到"极度的折磨",而且,从哈维发现的一个结果中我们现在知道,"按照其运动规律",血液会对"**焦痂**"(或堵塞动脉血管的死组织)施加唯有结扎能抗得住的"这样一种压力"。不过,正如弗赖恩德承认的那样,在 16 世纪,安布鲁瓦兹·帕雷(Ambroise Paré)[①]就已经引入结扎法实践来代替烧灼术、代替腐蚀剂或苛性剂的使用了。哈维的发现,仅仅起到了"使人们相信它的用途"的作用(1 ∶ 239)。弗赖恩德总结说,如果哈维没有发现血液循环,帕雷的方法就永远不会"像这样流行起来"。为了证明他的观点,他把英国人的实践与德国人(他们"对它了解得很少")的实践和荷兰人(他们"完全拒绝它")的实践进行了对比。

弗赖恩德的第二个例子也是一个与截肢术有关的说明。在截肢手术中,当"动脉大血管被割断"时,"仍要使血液循环过程继续维持下去"。哈维学说很容易通过说明"较小的动脉分支"怎样"在这种情况下弥补这种欠缺"来解释这类现象。这些较小的动脉分支血管"自己逐渐膨胀扩大其容积"从而"能够提供……运动和营养所必需的东西"。

前两个例子暗示着,通过解释和证明现有的程序,哈维的思想

---

① 安布鲁瓦兹·帕雷(1510－1590 年),法国文艺复兴时期的著名的外科医生,曾服务于亨利二世等四位国王。他被认为是现代外科学和法医病理学之父、外科技术和战场医学的先驱。——译者

怎样对实践产生了影响；而后两个例子说明，实践是怎样被改变的。在对"一次穿刺"后出现的动脉瘤（一种动脉扩张或扩大症）进行治疗时，其治疗的"正确的方法""一看"就知道是从哈维的学说中产生的。医生们不应使用压迫法（"这种做法几乎无法阻止动脉中的血流"），相反，他们应当"在做了适当的结扎后，把血管分开"。不仅应当在"穿刺部位的上方"把动脉血管结扎住，而且也应在其下方进行结扎，"例如在**静脉曲张**情况"（静脉非正常地扩张）时所做的处理中那样，"以便阻止来自其他分支血管的供血，因为这些血管几乎遍布全身，它们彼此都是相互贯通的"。多亏了哈维，英国人采用了这种治疗动脉瘤的"正确的方法"，而"别的国家在这方面的实践有很大缺陷"。最后一个例子是，哈维解决了"一度在医学实践中成为热门的一个争论"："在**胸膜炎**手术中，静脉应当在**同一侧**切开还是应当在**相反的**一侧切开"（1：241）。按照循环观点可以证明，"这种差别是如此之小，以至于令人怀疑，对此是否真的有过什么争论"。弗赖恩德在结束讨论时对"很普遍的放血"治疗作了一些评论。他断言，"循环学说已经完全摧毁并取代了所有以前制定的那些规则，例如有关在特殊情况下是切开这个还是那个静脉血管的规则，这些规则实在是煞费苦心而且过分拘泥于形式"。

大约两个半世纪以后读过弗赖恩德的论证的人都会对这一事实留下深刻的印象：哈维的发现并没有与盖伦的医学实践基础如体液平衡说发生真正的分歧。充其量，放血者现在能"拥有至少是从**循环说**中获得的好处，即能够准确地知道，选择哪个静脉血管是无足轻重的"，而且，"如果需要选择的话，可以毫无顾忌地做出选

择哪个静脉血管的判断"(1：243)。此外,读者也许会像我一样
惊讶地发现,这部书竟然没有提到血液循环的显而易见的意义:对
关系到动脉或静脉的伤口的哪一面进行结扎做出选择。无论如
何,弗赖恩德肯定没有说明,医学实践中有过一场伴随哈维的血液
循环学说而来的革命。这样,他列举的血液循环知识所推动的医
疗方面的那些改进,证明了威廉·坦普尔和贝尔纳·德·丰特奈
尔的观点:这一伟大发现在思想和科学方面具有重要的意义,而
且,像新的思想一样激进,这些革命性影响在它们那个时代(以及
以后的一个世纪中)仅仅限于生物学的认识方面。

11.2　帕拉塞尔苏斯与革命

帕拉塞尔苏斯人格的力量和他的科学及医学思想的影响力是
如此之大,以至于到了 18 世纪,他这个人和他的思想仍能引起某
些人的强烈的敌意。在 1750 年《医学实践史》的第 4 版中,约翰·
弗赖恩德仍然轻视帕拉塞尔苏斯,这是该书 1723 年第 1 版时就有
的一个显著的特点。他的轻视表现在对达尼埃尔·勒克莱尔
(Daniel Le Clerc)的抨击上,勒克莱尔是一部论述到盖伦时期为
止的《医学史》(*History of Medicine*)的作者,该书是一部名著。
这部著作新的一版已经在 1723 年问世,其中包括了一个"计划"的
"草案"(1750,1：2),准备把对历史的讨论延伸到 16 世纪中叶,
并且以对帕拉塞尔苏斯的成果的重点介绍作为结尾。弗赖恩德在
书中不仅指责勒克莱尔"对**帕拉塞尔苏斯的**无价值的体系作了"
"冗长而琐碎的讨论"(1750,*2*：336),并且写了一个特别导论,
时间是 1723 年 5 月 10 日,在 1750 年第 4 版中,该导论依然印在

510

第 1 卷的开始部分,这篇导论主要批评了勒克莱尔的草案。至于勒克莱尔的计划,弗赖恩德认为,即使"他没有用计划的一半来讨论帕拉塞尔苏斯这位无知的狂热者的所有晦涩的行话和荒谬之谈",也是不能令人满意的。

[勒克莱尔对帕拉塞尔苏斯的热情受到弗赖恩德的责难,这与他因在古代医学方面的学术成就而倍受弗赖恩德的钦佩形成了对比。按照弗赖恩德的观点(1750,1:1-2),勒克莱尔已经"对古代医生的哲学、理论和实践作了详实而清晰的阐述";"几乎没有哪一个概念、哪一种瘟热症、哪一门医术甚至所提到的哪一位作者,他未曾给予充分而明确的说明"。此外,弗赖恩德(1750,1:227)断言:"对于**希腊人**使医术有了多大改进、有了多少改善以及达到了什么样的完善程度,**勒克莱尔**先生均作了准确的说明。"]

有两篇反驳弗赖恩德批评勒克莱尔草案的论著发表了:其一是刊登在《古今图书馆》(*Bibliothèque Ancienne & Moderne*,1727,27)上的匿名文章(有人说是勒克莱尔本人写的),还有一本署名"C.W.,M.D."的小册子(London,1726)。"C.W."一般被认为就是威廉·科伯恩(William Cockburn)医学博士,他曾将上述那篇法文文章译成了英文并将译文发表了,英译文的题目是《答弗赖恩德博士》(*An Answer to What Dr. Friend has written...Concerning Several Mistakes*,*which he pretends to have found in a Short Work of Dr. Le Clerc' intituled*,*An Essay of a Plan*,*&c.* London,1728)。扉页告诉人们,书中有一篇 W. 科伯恩医学博士写的序言。正文(第 9 页)说帕拉塞尔苏斯是一位"革新者;医学界有史以来最著名的人物"——这是从下面这句法文中准确地翻译过来的："Novateur，le plus fameux qu'il y ait jamais eu dans la Medecine"（1727，27：394）。但在序言中，科伯恩过高地赞扬了帕拉塞尔苏斯，说他"引入的用化学医学治疗疾病的方法，完全推翻了**希波克拉底**和**盖伦**的体系（第 xi 页）。他说，帕拉塞尔苏斯以这种方式"在医学中发动了一场属于最伟大之列的革命"。这段陈述中的"革命（revolution）"具有新的含义：推翻了一种历时已久的医学思想体系和医疗体系，并用一种全新的截然不同的体系取代了它。而且，科伯恩还更进了一步。他说，这场革命并不是昙花一现的，相反，它作为他所说的一个"相当重要的历史时期"延续了下来（或者说，在革命中大获全胜的新医学延续了下来）。

　　科伯恩的话意味着一种信念，那就是在医学中还有一些别的革命，而且事实上，其中有些是伟大的革命。虽然这部 1728 年出版的小册子包含了医学革命这个论题，但科伯恩较早的一篇文章——为詹姆斯·哈维的《疾病的征兆》（*Praesagium Medicum*，1720）所写的序言，其观点和语言，由于使用了更为传统的改良概念，因而也就更具有因袭的色彩。谁也说不准，这两篇序言之间的差别，是反映了在 18 世纪最初的 25 年中"革命"这一术语和概念的使用不断增多，抑或是因主题不同而使然。

511

13.1　J.-S.巴伊的科学革命论

　　我们已经看到，巴伊在介绍哥白尼天文学时，引入了他关于两阶段革命的概念。他在论述牛顿的自然哲学——以万有引力为基础的天体力学（巴伊在其历史著作的不止一个章节中，都称此为一场"革命"）时，也运用了这一概念。谈及《自然哲学的数学原理》第

1 版序言时,巴伊对牛顿的谦逊和质朴大加赞赏。在这段非常著名的文字中,巴伊说:"牛顿推翻了或者说改变了一切的思想和观念。亚里士多德和笛卡尔在这个帝国仍然占有一席之地,他们曾经是欧洲的导师。这位英国的哲学家摧毁了他们几乎全部的教条,并且提出了一种新的[自然]哲学;而这种新的自然哲学引发了一场革命"(1785,2:560)。换言之,牛顿不仅确立了一门新的科学,而且揭示了当时流行的思想观念和理论体系的虚伪或不足。就后者而言,一个典型的例证见于《自然哲学的数学原理》第 2 编结尾部分,牛顿在此证明了笛卡尔所说的涡旋不可能符合开普勒的定律。

　　在关于牛顿的这段文字中,巴伊清楚地表明,他认为科学中的革命是分两个阶段进行的。关于革命的两个阶段或步骤的提法,出现在巴伊对与哥白尼和牛顿相关联的伟大革命的描述中,而非他对与测微计或其历史著作中曾经预言的其他创新相联系的革命的描述中。分两个阶段进行,看来似乎只是一场大规模革命所需要的,例如一种新的世界体系的引入(哥白尼),或一门关于力学和天体力学的新自然哲学的创立(牛顿)。

　　巴伊提醒他的读者们关注科学中的革命的时间量程。他说,牛顿的"《自然哲学的数学原理》一书注定要引起天文学中的一场革命"。但是,他又指出,"这场革命并不是突然发生的"(2:579)。

　　巴伊并没有把"革命"这个名称普遍用于天文学中主要的根本的创新。开普勒和伽利略是一流创新者的两个最杰出的范例,但是似乎并未真正享有其应得的"革命"的褒扬和荣耀。开普勒显然有资格说自己完成了这两个阶段的革命,因为在依据面积定律引入自己关于椭圆轨道和椭圆运动的概念之前,他首先摈弃了"哥白尼允许(在天文学中)继续存在的所有本轮(epicycles)。"关于开普勒的重要性,巴伊认为(2:2-5):"伟人的殊荣就在于改变已经接受的思想观念并且宣示影响未来若干世纪的真理。就这两项任务而言,应当把开普勒看作是这个地球上曾经出现过的最伟大的人之一。"实际上,他是"近代天文学的真正奠基者"。但是,尽管如此,巴伊从未认为开普勒所做的工作已经构成一场"革命"。对于伽利略来说,情况也是如此。在提出其加速运动和自由落体定律,以及运动的分力和合力定律(从而使发现抛射体的抛物线轨道成为可能)之前,伽利略首先彻底推翻了以前接受的亚里士多德的运动观——包括在正常的和剧烈的运动之间所做的人为的区别,以及对自然轻和自然重的物体所做的"可笑的"区分。但是,这显然也难以获享"革命"的称号(2:79)。

512

我并不是说巴伊一定认真思考过或专门提出过关于开普勒和伽利略是否在实际上引发了一场革命这一具体问题。然而值得注意的是,在相关概念和术语是如此显要的天文学史中,"革命"一词被反复用于牛顿和哥白尼,而没有被用于对开普勒和伽利略的描述。我们也许可以作这样一个猜测,即巴伊充分理解牛顿在技术方面完成了开普勒和伽利略所开始的工作,因此他自然认为开普勒和伽利略只是迈出了使一场革命成为必然的伟大跨越。因此,他不会认为开普勒或伽利略所取得的成就具有革命的性质,或者说就是一场"革命"。

13.2　西默和马拉自称的革命

　　有的科学家把自己的工作视为具有革命性的工作,这方面已知的最早的例子见于罗伯特·西默 1760 年写的一封信中[约翰·海尔布伦已经注意到这一点(1979,433)]。西默是一位苏格兰人,曾在伦敦的英国财政部供职,为科学家和历史学家们所熟知。其主要贡献来自于他在同一条腿上穿两双长筒丝袜(一双是白的,用于保暖;一双是黑的,用于服丧)这个古怪的习惯。当晚上脱下长筒丝袜时,他发现两双丝袜之间有很大的吸力。这促使他投入到对静电的研究中。然而,正如约翰·海尔布伦所言(1976,224),他不幸得到这样一个名声:"为了实验,他继续用他的长筒袜发电。"1761 年,他写信对他的一个朋友说:"这足以使不止一个哲学家的一本正经令人作呕"(英国图书馆,《手稿附录》第 6839 号,220 -221)。

　　西默的观察结果是这样的:假如把长筒袜一起脱下来,那么它们几乎不可能(或完全不可能)产生电的吸引力。当把它们彼此分开时,每一只长筒袜就都会拉长,好像其中仍然有一条腿似的,而且它们就会非常有力地彼此吸引对方,甚至还会吸引 6 英尺以内的小物体。当两只长筒袜接近到一起时,它们就会松落下来,平展地叠合在一起,而且它们在这种结合状态中的吸引力也只能延展到两英寸。再把它们重新分开时,长筒袜又会重新获得它们强大的电力。在其他实验中,他把伸展开或拉长的短袜扔向墙壁,袜子就会附着在墙壁上,有任何轻柔的风动便会摇晃。后来,西默用他的袜子给"莱顿电瓶"(电容器)充电。难怪西默说"时不时地提及穿脱长筒袜"是一个"没有什么哲学色彩的［即科学的］细节,而且是如此易于激发荒唐的想象,以至于当我发现它在许多场合,在一大批善于冷嘲热讽的微不足道的哲学家中间被当作笑料时,我并不感到有什么奇怪"(英国图书馆,《手稿附录》第 6839 号。182 - 183;参见 Heilbron,1979,432 - 433)。

这些实验导致西默得出如下结论:需要对本杰明·富兰克林 513 关于电的作用的理论进行重大修正。富兰克林曾经对由于单一电"流"的损耗(负量)或增加(正量)而造成的两种带电状态做出阐释,为此他新创了"阴电"、"阳电"、"正电"、"负电"这样一些说法。

但是,西默断定,他用长筒丝袜所进行的实验意味着,"对抗的电荷产生于两个不同的阳性要素,这两个不同的要素也许可以具体化为两种相互抵消或制衡的流体。在这一点上,正如他正确认为的,他与所有他的前辈不同"(Heilbron,1979,431)。当时在伦敦的富兰克林帮助西默进行了一些实验,纵然他们打算用实验证明所谓两种不同电流的双倍通量。尽管西默的提议被视为对富兰克林本人关于电作用理论的一个直接挑战,但富兰克林仍然对西默施以援手。这是富兰克林在科学问题上特有的慷慨大度和他对弘扬真理的特有执着和忠诚的典型表现(同上,432)。

尽管事实证明西默的一些实验,尤其是对于欧洲大陆的"电学家"来说,具有显著的重要意义,但他的新论并没有被人们所普遍接受。只是到了 18 世纪末,奥古斯丁·库伦(Augustin Coulomb,他通过实验发现了电力的数学定律)所拥护的"双流体"电的理论才开始逐步取代富兰克林的"单流体"理论。但是,西默充分意识到他的思想是比较激进的。他说:"在确立两种相斥力的原则时,我与曾经论述过这个主题的所有人都不同。"不过他仍然期望,他"在关于电的理论体系中引发的革命,在海外的哲学家中间可能会博得某些小小的喝彩,对于那些问题,他们一般要比我们在国内更为敏感"(英国图书馆,《手稿附录》第 6839 号,第 183 页及以下)。他说,这场"革命"将远远超出电学本身的范围,因为

> 除了说明电学现象外,它在人类知识的许多有用的领域都可能变成一个具有非常重大意义的问题。就我而言,我确实认为,此后人们也许会发现,它也说明了磁力和引力,并且证明是牛顿哲学真正的原理;而且,它也许同样揭示了化学、植物学以及动物生命的基本原理。

另外一位断言自己的工作引发了革命的科学家是让-保罗·马拉——"人民之友"。虽然马拉的政治生涯正像他在沐浴时被夏洛特·科黛(Charlotte Corday)谋杀这件事那样广为人知,但他的科学生涯甚至对于学者们来说也仍然是模糊不明的。例如,他是一位医生还是一位兽医?海尔布伦(1979,429)称他是"阿图瓦公爵(Duc d'Artois)的马夫的医生,或者是马医。"他是一名真正的科学家吗?尽管他曾经出版过以其科学研究和关于火、电、光的"发现"(1779)为基础的著作,如《关于光的发现》(*Découvrtes sur la lumière*,1780)和一篇关于电的论文(1782);甚至他还出版过牛顿《光学》一书新的法文译本(1787),但是,权威的《科学家传记辞典》(最近已作为 15 卷的巨著出齐)甚至都没有用哪怕一行字来记述他。大革命期间,本杰明·富兰克林担任美国驻巴黎"大使"

时,曾来观察他进行的关于电的实验,但是他并没有推荐马拉加入法国科学院。就在最近,海尔布伦(1979,429 – 430)甚全个愿向读者介绍马拉理论所说明的基本原理,而且也认为马拉只不过是一个想法古怪的人(伏打和利希滕贝格的观点)。

但是,在马拉所处的时代,有许多人对他的工作给予很高的评价。尤其是由于他对牛顿的抨击,人们甚至盛赞他为牛顿学说的颠覆者[参见 Joseph Fayet(约瑟夫·费耶特),1960,30]。布里索·德·瓦维耶(Brissot de Warville)认为,他"生来就赋有细致入微、洞察万物的天才和孜孜不倦追求真理的激情"。有人认为他是一位"只相信实验"而且毫不考虑科学领域伟大人物的科学家;有人认为他勇敢地打倒了学术界被狂热崇拜的偶像,而且用得到充分证明的事实纠正了牛顿在光学方面所犯的错误(第 30 – 31页)。马拉在他的出版物中一开始用的是"发现"或"新的发现"这样一些术语。天文学家拉朗德说:"没有人能够比马拉有更为如此丰富的发现。[科学领域中]最伟大的人物终其一生也只能有两三个发现,但是马拉的发现数以百计。"

在《文学、科学和艺术杂志》(*Journal de Littérature, des Sciences et des Arts*)第 1 卷(1781,371),有一篇论述马拉关于光学研究的文章。该文说:

> 马拉先生刚刚在光学中引发的革命(la révolution),在探索和研究这门科学的物理学家中间产生了如此大的震动,以致他们仍未从他们的惊讶中醒过神来。那些实际上最易于接受创新的人们不得不承认,自马拉的《关于光的发现》一书

面世以来,牛顿已经失去了他在科学王国中最神圣的地位。

约瑟夫·费耶特(1960,第 31 页,注释 17)指出,有非常令人信服的证据表明,这个赞辞的作者必定非马拉本人莫属。

关于西默所进行的研究及其影响的资料,请参看海尔布伦的相关论述(1976;1976a;1979,第 18 章)。西默 1759 年发表了一个由四部分组成的研究报告,菲利浦的译本请见 51:340-389。同时参见他与安德鲁·米切尔(Andrew Mitchell)的通信(英国图书馆,《手稿附录》,第 6839 号)。

14.1　恩格斯对拉瓦锡在化学中的革命与马克思在经济学中的革命所做的比较

在两个主要场合,弗里德里希·恩格斯试图通过与科学中的一个革命性事件的比较,衡量马克思所取得成就的伟大之处。正如人们可以想到的,他没有把马克思称为像"牛顿"那样的人。他对黑格尔的偏爱是如此之强烈,因此在他的大脑中不可能产生什么关于牛顿的更直接的映像。相反,他引以支持和证明自己观点的是拉瓦锡在化学中进行的革命,以及新近达尔文在博物学中引发的革命。

马克思去世时,恩格斯在海格特公墓发表了墓前演说(伦敦,1883 年 3 月 17 日)。他在演说中指出:

> 正像达尔文发现有机界的发展规律一样,马克思发现了人类历史的发展规律……所以,直接的物质的生活资料的生

产，因而一个民族或一个时代的一定的经济发展阶段，便构成为基础，人们的国家制度、法的观点、艺术以至宗教观念，就是从这个基础上发展起来的，因而，也必须由这个基础来解释，而不是像过去那样做得相反。

由此可见，恩格斯在这里没有直接提到牛顿的名字。他说："马克思还发现了现代资本主义生产方式和它所产生的资产阶级社会的特殊的运动规律。"援引一条马克思的"运动规律"暗含着与牛顿及其以三大"原理"或"运动规律"为基础的力学体系的比较。恩格斯断言："这位科学巨匠就是这样。但是这在他身上远不是主要的"，"因为马克思首先是一个革命家。"

在一年之后的 1884 年，恩格斯为马克思《资本论》第 2 卷（第 1 版于 1885 年用德文发表）写了一篇序言。马克思留下来的这一卷是未完成稿，许多部分是片断性的，其中的一些经过修订，但是只有很少一部分是作者"准备付印"的。恩格斯不仅从马克思的许多手稿中整理出一部连贯的著作，而且做了大量的编辑工作，例如，将马克思的引文和摘录（主要来自英文）译成德文。在第 2 卷序言中，恩格斯用很大的篇幅驳斥了对马克思的指责："马克思剽窃了洛贝尔图斯"［即经济学家卡尔·洛贝尔图斯－亚格措夫（Karl Rodbertus-Jagetzow）］。他不仅证明马克思是清白的，而且指出，某位"身居要职、'自炫博学'的教授[①]，也把自己的古典政治

[①] 指阿道夫·瓦格纳（Adolph Wagner，1835－1917 年），德国经济学家、财政学家、政治家和讲坛社会主义者。——译者

经济学忘记到这种程度,竟把那些在亚当·斯密和李嘉图那里就可以读到的东西,煞有介事地硬说是马克思从洛贝尔图斯那里窃取来的。"随后,他问道:

> 那么,马克思关于剩余价值说了什么新东西呢?为什么马克思的剩余价值理论,好像晴天霹雳震动了一切文明国家,而所有他的包括洛贝尔图斯在内的社会主义前辈们的理论,却没有发生过什么作用呢?

在回答他的这个反诘时,他说:"化学史上有一个例证可以说明这一点"。

大家知道,直到前一世纪末,燃素说还处于支配的地位。根据这种理论,一切燃烧的本质都在于从燃烧物体中分离出一种另外的、假想的物体,即称为燃素的绝对燃烧质。这种理论曾足以说明当时所知道的大多数化学现象,虽然在某些场合不免有些牵强附会。但到1774年,普里斯特利析出了一种气体,"他发现这种气体是如此纯粹或如此不含燃素,以致普通空气和它相比显得污浊不堪"。他称这种气体为无燃素气体。过了不久,瑞典的舍勒①也析出了这种气体,并且证明它

---

① 即卡尔·威廉·舍勒[Carl(或 Karl)Wilhelm Scheele,1742－1786年],瑞典化学家,曾先于其他人作出过许多发现,但却未获得应有的荣誉。例如,他先于普里斯特利发现了氧,但普里斯特利先于他发表了成果。另外,他还先于汉弗莱·戴维发现了钼、钨、钡、氢、氯等。舍勒平生只发表了一部著作《论空气和火》。——译者

存在于大气中。他还发现,当一种物体在这种气体或普通空气中燃烧时,这种气体就消失了。因此,他称这种气体为火气。"从这些事实中他得出一个结论:燃素与空气的一种成分相结合时(即燃烧时)所产生的化合物,不外就是通过玻璃失散的火或热。"

普里斯特利和舍勒析出了氧气,但不知道他们所析出的是什么。他们为"既有的燃素说范畴所束缚"。这种本来可以推翻全部燃素说观点并使化学发生革命的元素,在他们手中没有能结出果实。但是,当时在巴黎的普里斯特利立刻把他的发现告诉了拉瓦锡,拉瓦锡就根据这个新事实研究了整个燃素说化学,方才发现:这种新气体是一种新的化学元素;在燃烧的时候,并不是神秘的燃素从燃烧物体中分离出来,而是这种新元素与燃烧物体化合。这样,他才使过去在燃素说形式上倒立着的全部化学正立过来了。即使不提像拉瓦锡后来硬说的那样,他与其他两人同时和不依赖他们而析出了氧气,然而真正发现氧气的还是他,而不是那两个人,因为他们只是析出了氧气,但甚至不知道自己所析出的是氧气。

在剩余价值理论方面,马克思与他的前人的关系,正如拉瓦锡与普里斯特利和舍勒的关系一样。在马克思以前很久,人们就已经确定我们现在称为剩余价值的那部分产品价值的存在;同样也有人已经多少明确地说过,这部分价值是由什么构成的,也就是说,是由占有者不付等价物的那种劳动的产品构成的。但是到这里人们就止步不前了。……

于是,马克思发表意见了,他的意见是和所有他的前人直

接对立的。在前人认为已有答案的地方,他却认为只是问题
所在。他认为,这里摆在他面前的不是无燃素气体,也不是火
气,而是氧气;这里的问题不是在于要简单地确认一种经济事
实,也不是在于这种事实与永恒公平和真正道德相冲突,而是
在于这样一种事实,这种事实必定要使全部经济学发生革命,
并且把理解全部资本主义生产的钥匙交给那个知道怎样使用
它的人。根据这种事实,他研究了全部既有的经济范畴,正像
拉瓦锡根据氧气研究了燃素说化学的各种既有的范畴一样。

这些段落中所做的摘录,恩格斯引自"罗斯科(Roscoe)和肖莱马
(Schorlemmer)《化学教程大全》(*Ausführliches Lehrbuch der
Chemie*),1887 年不伦瑞克版,第 1 卷,第 13 页和第 18 页。"

14.2　利希滕贝格论科学中的革命和拉瓦锡的化学
　　　　革命

格奥尔格·克里斯托夫·利希滕贝格是 18 世纪最有趣的人
物之一。作为哥廷根大学的数学和物理学教授,他兴趣广泛,而且
"是许多科学领域——包括大地测量学、地球物理学、气象学、天文
学、化学、统计学和几何学——著名的德国专家[Bilaniuk(比兰纽
克)1973,321]。他的主要专长是实验物理学。在他对科学做出的
许多贡献中,最不寻常的也许是他对"静电记录过程"的开创性研
究,这使他赢得了发现(1777)"静电复印的基本过程"的荣誉。他
对这一科学领域以及以这门科学为基础的技术的贡献,以"利希滕
贝格图(Lichtenberg figure)"的称号留在人们的记忆中。

　　与他那个世纪的其他人一样(见上文,第十三章),利希滕贝格(1794)论述了"地球的物理学革命(die physischen Revolutionen der Erde,The Physical Revolution of the Earth)"(1800,2:第25页及以下)。他通过与政治革命的对比展开了这一主题。利希滕贝格就革命和科学中的革命写了大量的文章和著作,甚至提出了一种关于"范式"的理论。他最赞赏的著名人物包括哥白尼、牛顿和康德。

　　他早期曾强烈反对过法国的新化学或者说拉瓦锡的化学。与约瑟夫·普里斯特利和卡尔·舍勒(两人是氧气的共同发现者)不同,他认为燃素说是错误的,并因此最终放弃了这一陈旧过时的学说。但是,他仍然强烈批评拉瓦锡和其他法国化学家新的化学体系的某些方面。他坚信单纯或简化,而且显然不会让自己接受新的化学体系及其对"元素"的大量增生。关于这一点,他是相当明确和直率的[1800,9:187;参见 Stern(斯特恩)1959,第38页,注释;Mautner(莫特纳)and Miller(米勒)1952,227]:"我不能说我喜欢关于各类新物质(Erden)的这些发现。新物质(Körper)的如此聚集使我回想起天文学中的本轮。如果那些天文学家知道恒星的光行差,那么他们会如何对待他们所说的本轮呢?他们也许会在许多方面表现出更多的机智或独创性,正像哥白尼在他的错误中所表现的那样。"利希滕贝格断言,"如果化学领域不快一点出现开普勒这样的人物,那么它就将被无数本轮所窒息"。因此,"惯性而非悟性(若有悟性岂不早就好了)将最终使它变得简化"。他不得不认为,"**必须**有一个从它看来一切事物都是更为简单的立脚点"。

518

利希滕贝格在他为约翰·克里斯蒂安·波利卡普·埃克斯莱本(Johann Christian Polycarp Erxleben)[①]的《自然哲学基础》(*Anfangsgründe der Naturlehre*)第 6 版(1794)所写的长篇序言中,对新化学做出了评论。在第一段,他专门论述了"法国化学或新化学"(第 xxi 页)。总的来说,他基于一种物理学(或自然哲学)的观点,对"反燃素说"作了笼统的批评。但是,他对"反燃素说"的这个批评决不意味着对燃素(燃素说)的支持。他认为,"对自然科学产生了如此巨大影响的化学领域中的这场革命",实际上是"一部伟大的杰作"(第 xxi – xxii 页)。作为离题话,他说,德国最初对这种新理论的接受,反映了"它由之产生的民族的特点"。他断言:"法国并不是德国人习惯于期望从中获得恒久的科学原理的国家。"他问道,伯努利家族(the Bernoullis)坚决捍卫的"笛卡尔的物理学现在到哪里去了呢?"(第 xxii 页)。在某个场合,利希滕贝格甚至把新化学归为"法国的混乱"[Hahn(哈恩)1927,60]。

我不想讨论利希滕贝格指责新化学到底依据何在,尽管这样一个讨论对于研究科学变革所遭到的抵抗确实是具有重要意义的。但是,目前重要的是要充分注意到,在利希滕贝格对他们提出的一系列反证表示异议的那些段落,他确实承认发生了一场"化学中的革命"(例如,第 xxii 页,第 xxiii 页)。在对这场革命的一个论述中,他采用了关于传闻中的一个"幼稚的"和"真正法国式的"典礼的颇为讽刺性的说法。根据这个说法,"拉瓦锡夫人装扮成一个

---

① 约翰·克里斯蒂安·波利卡普·埃克斯莱本(1744 – 1777 年),德国博物学家,除《自然哲学基础》之外,他还著有《化学基础》(1775)、《动物王国体系》(1777),等等。——译者

女祭司,在一次聚会上点燃了燃素"。利希滕贝格说,对此的唯一评论是:"如果牛顿能让他的夫人——如果他有夫人的话——点燃笛卡尔的涡旋,那么他就不可能写出《自然哲学的数学原理》了"(第 xxiii 页)。

在利希滕贝格的一个笔记(1967,I:826-827)中,有一个非常有趣的观察报告,因为它把政治革命与科学的和哲学的进步联系在一起。在《世界文学报》(*Allgemeine Litteratur-Zeitung*,1793,第 78 期,第 622 页)中,他写道:"人们又一次看到,早就应当把巴黎的雕像收藏起来以避免"在大革命期间"它们被毁灭的野蛮状况"。而且,他在另外一个地方(第 85 期,第 675 页)说:"伴随着大革命中这样一些冒渎和暴虐,许多事情真的不该发生。"但是,利希滕贝格解释说,由此看来,"似乎自然要把她的计划的实现让与形而上学"。他又补充说(他谈到 1793 年卡拉布里亚发生的可怕的大地震,在这次地震中,据说有大约 4 万人丧生):"如果卡拉布里亚的城镇被长期平安地保存到足以使自然完成她正在进行中的地窖的建设,那也就好了——情况就是如此。我应当想到,如果不考虑所有的那些维修和加固,那个建筑物最终也坍塌了,那么,对于整体的更好的安排就不是重建计划和它的进步规律的一部分。"

这促使他对宗教、哲学和科学做出评论:"新教永远也不可能产生于不断完善而且是根据它自己的基本规则不断完善的天主教信条,而康德哲学也不可能从一种经过完善的通俗哲学中产生出来。逐渐完善的笛卡尔的物理学永远也不可能发展成为真正的牛顿物理学。最伟大的数学家们[即伯努利家族]改变了涡旋的方向以使它们发挥作用。但是,这都是徒劳无益的。因为,当万有引力占据了统治地位，而且现在统治着从银河系到太阳系的整个宇宙，并将一直统治到时间的终结时，这些涡旋不得不被搁置一边。"关于科学变革的这样一些观点或意见，使一些评论家[如汉斯－维尔纳·舒特(Hans-Werner Schütt 1979)]把利希滕贝格看作是库恩式的人物。

实际上，在某种意义上说，利希滕贝格是库恩真正的先驱，因为他提出了一个以"范式"为基础的科学变革的纲要。不过，与库恩不同，利希滕贝格把他的范式看作是科学的一个语法上的类似物。他甚至还写道："据此而在各门科学中走向衰落的范式"（参见 Stern 1959,97,103,126）。他显然考虑过种种"以可感知的形式体现出来、（通过超越）把一门科学与另一门科学相联系并且贯穿于自然科学和哲学的程序"。因此，斯特恩把利希滕贝格的范式看作是"原型结构（archetypal configuration）或歌德的'原型现象（Urphänomene）'；由于是在事实与规律之间的某个地方形成的，所以，这些'范式'本身总是成为自然科学的实际组成部分（正像语法的范式是自然语言的组成部分一样）"（第 103 页）。当然，利希滕贝格并没有充分展开范式这个概念。那时，我们现代的语法分析正趋向规范化，而且这个术语正被普遍用于指称在标准的拉丁语和希腊语的名词、动词、形容词和代词中出现的变音。利希滕贝格当时一直为科学知识的原始的、不解自明的要素辩护——这些要素可以被视为语法标准的类似物，而且更为复杂和费解的现象也可以被归入其中（参见 Toulmin 1972,106）。

J. P.斯特恩在《科学革命的结构》出版前三年的 1959 年，就曾提到过利希滕贝格的范式，不过没有把这个 18 世纪关于范式的思想与它 20 世纪的继承者联系在一起。但是,在斯蒂芬·图尔明的《人类的理解力》(*Human Understanding*,1972,106)一书中,利希滕贝格被列为库恩的一个先驱者。而且,图尔明在该书中指出,在 20 世纪,路德维希·维特根斯坦(Ludwig Wittgenstein)、W.H.沃森(Watson)、N.R.汉森和 S.图尔明已经在库恩之前使用了"范式"这个概念和术语。[丹尼尔·戈德曼·锡达鲍姆(Daniel Goldman Cedarbaum)对与科学及其发展的理解有关的"范式"的通史作了探讨。]如果对所有这些用法作一番认真分析,就会十分清楚地了解利希滕贝格和库恩在科学领域中采用范式这个概念的高度创造性。

斯特恩的《利希滕贝格》(1959)一书是一本绝好的入门读物,其中有大量的摘录和引文,而且还有一个非常有用的分类参考文献目录。也请参见 O.M.比兰纽克为《科学家传记辞典》撰写的那个词条。

15.1　休谟的所谓哥白尼革命

康德并不是人们所说的声称自己的思想在哲学中引起了一场哥白尼革命的唯一的 18 世纪哲学家。在讨论休谟关于"我们对事物必然性误解"的"心理学沉思"时,安东尼·弗卢(Anthony Flew 1971,254)说,休谟对这一有关决定论主题的描述,"是模仿他在牛顿和伽利略那里发现的关于第二性质的叙述进行的。在他看来,牛顿和伽利略又是他的反向哥白尼革命的战利品"。这个"反向哥白尼革命"的概念(Flew 1971,88)据说是休谟《人性论》一书中的"关键概念":

哥白尼(1473 年－1543 年)的天文学改变了地球——而且因此也显然改变了人——的宇宙中心地位,而休谟所开创的新的道德(精神)科学,则要恢复人性在知识地图上的中间位置:"……一切科学对于人性总是或多或少地有些关系……如果人们彻底认识了人类知性的范围和能力,能够说明我们所运用的观念的性质,以及我们在作推理时的心理作用的性质,那么我们就无法断言,我们在这些科学中将会做出多么大的变化和改进。"(《人性论》,"引论")

约翰·帕斯莫尔(John Passmore)是论述当代哲学中历史问题的最博学、最敏锐的作者之一。他以类似上面的风格直率地说:"休谟希望在关于情感的理论中发动一场哥白尼式的革命"(1952,126)。

无论弗卢还是帕斯莫尔,都在这样一个关联中提到休谟的《人性论》。有人也许非常期待休谟能够在这部著作中对哲学与科学作一番比较,因为该书的副标题是"在精神科学中采用实验推理方法的一种尝试"。在《人性论》的"引论"中,休谟没有提到哥白尼的革命或哥白尼式的革命,甚至连哥白尼都没有提及。实际上,他没有提到任何科学家的名字,尽管他多次提到泰勒斯和培根。但是,在"引论"的这一段落中,休谟只是说:"即使数学,自然哲学和自然宗教,也都是在某种程度上依靠于人的科学"(1888,第 xix 页)。不过,在这部著作中,即第 2 卷《论情感》第 1 章第 3 节的结尾处,休谟的确提到过一次哥白尼。在这里,休谟明确说:"精神哲学在这里所处的情况正和哥白尼时代以前的自然哲学所处的情况一样。"我们已经看到,弗卢把休谟的哥白尼式的革命解释为"反向的"革命,因为它把人恢复到"知识地图上的中心位置"。在一本专门致力于今天人们所说的"人的研究"——包括"对人和社会的所有研究"(Flew 1971,88)——的著作中,这是完全不值得人们惊奇的。也就是说,当初哥白尼革命的主要特征,应当是废除人在自然界的中心地位。但是,休谟本人对于天文学中所发生事件的看法是非常不同的。他那一整段话是这样说的(1888,282):

古代的人们虽然知道自然无妄作的那个格言,可是仍然设计了与真正哲学不相符合的那样繁复的天体体系,而最后那些体系却不得不让位于一个比较简单而自然的体系。倘使我们毫不犹豫地给每一个新现象都发明一个新的原则,而不使它适合于旧的原则;倘使我们以叠床架屋的原则充塞在我们的假设之内;那就确实证明了,这些原则中没有一条是正确的,而我们只是想借一大批伪说来掩盖自己对于真理的无知罢了。

休谟全然没有提到太阳或地球在宇宙中是否是静止的问题,也没有提到人是否是宇宙的中心,更没有提到通常与一场哥白尼式的革命相联系的任何特点。他所关心的主要是也仅仅是"繁复的体系"或那些"比较简单而自然的体系"是否与真正的科学更相符合这个问题。他认为,哥白尼的成就是对宇宙体系的一种简化。

而且,休谟并不一定是说前面所说的变革是一场革命而不是一种改善。在《人性论》中,他没有提及牛顿、伽利略、哈维或除哥白尼之外的任何其他科学家,而且没有任何迹象表明他是否认为科学通过突然的巨大的跳跃或平稳的逐渐的进步而向前发展。但是,在《人性论》的其他地方(第3卷,第10节),而且是在另外一种语境下,他确实表明他认为在政治领域中发生了革命。正是在这里,他论述了光荣革命这一"对我们的宪制有良好的影响、并产生了那样巨大的后果的著名的革命"(1888,563)。

与康德一样,休谟确曾提出,可以认为哲学处在一个类似于哥白尼之前天文学所处的状态。但是,他并没有告诉我们他是否认为在科学中发生了革命,更不用说发生了一场与哥白尼的改善或简化相对应的"哥白尼革命"了。然而,即使休谟没有提到(正如人们所说的)一场哥白尼革命,但是,他把哲学与哥白尼之前的天文学相比较,也许具有一定的现实意义。因为我们知道,康德读了休谟的著作,而且他在自己的著作中提到哥白尼,最终是受休谟的启发也是可能的。

18.1 一些 19 世纪论述科学中革命的理论家

安托万·弗朗索瓦·克洛德,费朗伯爵(Antoine Francois Claude,Comte Ferrand,1751 年—1825 年)

1817 年,四卷本的《革命论》(*Theory of Revolutions*)出版。这标志着 19 世纪早期人们已经认识到,革命是有规律的历史进程的一个正常的组成部分。我个人认为,该书对革命所做的这一哲学的、历史的和分析的研究,是把自然界中发生的革命与人类社会中发生的革命广泛联系起来的唯一范例。该书的作者是一位法国政治家和政治作家。他曾流亡国外,1801 年回到巴黎,1814 年成

了复辟王朝政府的国务大臣和邮政大臣。他写了许多有关文学、历史和政治的著作,1816 年成为法国科学院的一员。 522

费朗的普遍性命题(该书序言对此作了详细说明)是由两部分组成的。第一,他坚持认为,无论是在自然界还是在政治活动领域,都存在循环运动。这些运动有一个非常明确的出发点,一个最远的延展点以及一个必然的回归(就像在行星、彗星和恒星的轨道运动中一样)。第二,有一种“类型”的“revolution”是不可预见的,尽管可以从历史学家的立场对它们进行这样那样的因果分析。这方面典型的例子是地球所发生的物理学巨变(revolution),如由于地下火山、洪水或地震的作用引发的巨变。据说这些巨变“无论是在隐喻的还是具体的意义上”都与“政治的和道德的(精神的)革命”相关联。因此,他称政治革命是“人类的火山”。他的主要目的在于证明,人类历史上革命的剧变如何通过一个因果链条与我们地球上发生的灾难性的巨变(revolution)联系在一起。他强调,对任何某个单一的革命的分析,都要考察它前后发生的一系列事件,都要研究那一次革命与其他“秩序”的革命之间的联系。虽然他在序言中把所有革命划分为上面所提到的三种“秩序”——政治的、道德的(精神的)和自然界的——但他在第 1 卷中又说,所有“revolution”可分为两类,即自然界的巨变(revolution)和社会领域的革命,而社会革命又可分为政治的革命和宗教的革命。

费朗坚信,倘若要对革命做出完整而全面的解释,那么就需要考虑天意在自然界和人类社会发生的一系列事件中所起的作用。人类记忆中自然界所发生的最可怕的巨变是诺亚时代的大洪水,因为它与政治的和宗教的(也就是说,社会的)革命有着因果关系。

因此,那次洪水湮灭了整个人类及其法律和习俗。费朗还探讨了人类背离天意的毁灭性活动所引发的自然界的巨变(revolution)。东北欧人口的流动,可以在那些移居者的"物质的"需要中找到其根源(第 3 章);社会革命是在新的部落定居下来同时引入了新的习俗和法律的地方发生的,是在那些背井离乡的部族重新定居下来并确立起它们的习俗和法律的边缘地带发生的。类似的推理路线被运用于"新大陆的发现"。"新大陆的发现""在旧大陆中引发了并将继续引发伟大的政治革命"。这一发现"实际上是一场自然界的巨变(revolution)",因为它等于"出乎意料地创造出了四分之一的地球"(第 4 章)。

　　该书最具有独创性的一个内容,是对"自然界的巨变与社会秩序之间的关系"所做的论述。在谈了我们关于地球巨变知识的巨大进步[即在 T. 贝格曼(T. Bergmann)、布丰、亚伯拉罕·G. 维尔纳(Abraham G. Werner)、德奥达·居伊·西尔万·多洛米厄(Déodat Guy Silvain Dolomieu)、让·安德烈·德吕克(Jean André Deluc)①和居维叶推动下所取得的巨大进步]之后,他直接问道:这些"自然界发生的翻天覆地的巨大变化"对政治领域的革命产生了什么样的影响呢? 他认为具有代表性的例子,就是 12 和 13 世纪以来荷兰人在与海的斗争中力图维持一种物质生活方式,523 这种生活方式"强烈地影响着他们的政治生活,影响着欧洲及世界

---

　　①　(1)亚伯拉罕·G. 维尔纳(1749 - 1817 年),德国地质学家,水成派(即认为所有岩石都是在水中沉积而成的地质学派)的创始人;(2)德奥达·居伊·西尔万·多洛米厄(1750 - 1801 年),法国地质学家和矿物学家;(3)让·安德烈·德吕克(1727 - 1817 年),瑞士裔英国地质学家和气象学家。——译者

其他地区人们的政治生活"。泽兰（Zeeland）的形成给荷兰人增加一个新的海上行省，而且为他们"加强海军军力和扩大海上贸易"创造了有利条件。因此，"一直威胁着荷兰人的自然界的巨变，使整个世界都依赖于他们的商贸业，因为只有那个行业才能够维持它自身所创造出的物质生活——当然也付出了巨大的代价"。

我们也许对费朗关于英国发生革命的描述更为感兴趣，因为他是最早提出 17 世纪中叶发生了一场革命的人之一，而且也许对像基佐这样的后来的著作家产生过影响。费朗的分析从征服者威廉的时代开始，以奥兰治的威廉的统治和光荣革命结束。从根本上说，英国发生的革命（第 2 卷，第 2 章《社会革命》）引起了人们对继承权、国王的废黜以及统治王朝或家族的命运的争论。在这些政治的或王朝的革命中有一个主要的例外，就是亨利八世在摆脱罗马教廷的控制时颁布的"革命法案"（亦称"至尊法案"）。他所引证的革命包括英国内战、查理一世以及护国公克伦威尔的被处决和 1688 年的光荣革命。费朗注重对法国革命和英国革命作多方面的比较分析，而几年之后，基佐在很大程度上也正是这样做的。他写道："开始了一场无缘无故革命的英国人进行了一场无须受到任何限制的革命"（第 5 卷，第 1 章）。他悲叹道："这个没有议会、没有国王的不幸的民族，在如此鄙视他们并使他们成为他的奴隶的第一个强盗面前出卖了自己。"

尽管费朗对革命进行了有史以来最系统的研究，尽管他试图把自然界发生的巨变与社会和政治领域发生的革命联系在一起，但他并没有提出科学中的革命（revolution in science）的概念。在讨论地质学（例如，在第 1 卷第 5 章），提及地质科学所取得的一系列巨大进步时,他还谈到地球所经历的若干巨变。他预言,"在一门似乎永无穷尽的科学中","从一个世纪到另一个世纪",都将会有新的发现(vol.1,第11页)。但是,他甚至于都没有暗示人们,这些"新的发现"或其中哪一个"新的发现"可能构成一场革命。

约翰·普莱费尔(1748-1819年)

普莱费尔是作为爱丁堡大学的一位数学教授度过其职业生涯的。尽管他确实提出了人们通常所说的普莱费尔平面几何公理,但他作为一名科学家的声望并不是来自数学,而是来自他用通俗易懂的语言对詹姆斯·赫顿(James Hutton)的《地球理论》(*Theory of the Earth*)所做的著名的阐释。尽管普莱费尔写了大量有关科学史的著作,但是,最近出版的《科学家传记辞典》在记述普莱费尔时,甚至都没有用哪怕一句话提到他所取得的这些成就。普莱费尔主要的历史著作是《自欧洲文艺复兴以来数学和自然科学进步概观》(*General View of the Progress of Mathematical and Physical Science since the Revival of Letters in Europe*),它是作为《不列颠百科全书》第2版和第4版的一个附录而写的。普莱费尔还论述了文人雅士们的天文学和三角学(1882,3:第91页及以下,第255页及以下)以及不定命题定理的历史(第179页及以下)等等。

在1809年发表于《爱丁堡评论》的《评法兰西学院的报告》("Review of Le Compte rendu par l'Institut de France")一文中,普莱费尔引证了几段英文的关于科学中革命的论述。一段是天文学家德朗布尔(同上,第355页)关于"最近在化学中发生的革命”的论述。另一段引自居维叶的报告（同上，第365页）：“关于化学亲和性的理论在贝托莱手中经历了一次全面的革命。贝托莱否认选择性吸引力和绝对分解的存在。”［普莱费尔的译文（同上，第365页）是：正如居维叶指出的，贝托莱“已着手证明，在由所谓选择性吸引力所进行的一切化合和分解中，都会分离出这样一种物质，这种物质是在以反力对它起作用的其他两种物质之间经化合而产生的。”“进行这种分离的比例不仅是由这些物质借以发挥作用的绝对能量决定的，而且也是由它们的数量决定的。”］在关于热的思想中发生了一个巨大变化，这一变化构成了“一门科学的主体，18世纪上半叶的哲学家和化学家们对此有着非常清晰的见解”（第365页）。在居维叶看来，“布莱克在苏格兰和威尔克（Wilke）在瑞典的发现，成为这一革命的先导。”普莱费尔（同上，第379页）最后提出了他自己的看法：科学正向着“一场任何个人都没有充足的力量引发的革命”前进。在《评凯特的钟摆理论》（“Review of Kater on the Pendulum”，第502页）一文中，普莱费尔对“在用于角度测量的工具的制造中发生的”一场“伟大革命”作了形象化的描绘。

　　尽管这些例子表明，1789年之后“revolution”一词通常被用于指称创立某种新的和更好的东西，但普莱费尔同时也在一种比较传统的意义上使用了这个词。他在其《赫顿〈地球理论〉的例证》（*Illustrations of the Hutronian Theory of the Earth*，1802）一书中提出，知识是循序渐进逐步向前发展的——一种“古老的物理体系”让位于“亚里士多德的物理学”，而后者又被“笛卡尔的物理学”所取代，笛卡尔的物理学最终又让位于牛顿的自然哲学。他问道

（第 512 页）：人们是否可以说"在科学革命中发生的一切一定会继续发生"呢？回答是否定的，因为这些比较早的变革（或革命）不过是"当真正的自然规律被发现时必然终结的一个序列的界标"。因为"牛顿的体系"是真确的，所以，它不会被取而代之。因此，牛顿的革命是最后的革命。普莱费尔断定："因此，似乎可以肯定，过去时代各种理论学说的盛衰并不意味着在未来时代中也将发生同样的情况。"

普莱费尔在他的《数学和自然科学进步概观》（1820，第一部分）一书中，对革命作了相当全面的论述。该书一开始就对普莱费尔的哲学作了论述。就像那个世纪的 A.孔德后来所说的那样，普莱费尔的哲学思想当时还尚未成熟。普莱费尔是按照"这一门科学对于另一门科学的进步是有用的，而且对于同规范研究相类似的前者合乎逻辑的优先性也是大有裨益的"这一原则（第 1 页）去组织他那部著作的。因此，他从"纯粹数学的历史"开始。

普莱费尔认为，哥白尼在天文学中"注定要引起……一场完全彻底的革命"（第 125 页）。（我们可以顺便注意一下，他的藏书中有巴伊和蒙蒂克拉的历史著作。）根据普莱费尔的说法，正是伽利略首先"在自然科学中进行了一次伟大的革命"（第 103 页）。在他看来，开普勒没有引起一场革命，只是对哥白尼的天文学作了一番"革新"，而这个革新超越了"哥白尼对前人所做的改造"（第 135页）。

普莱费尔的描述具有特殊意义，因为它包含着普朗克的至理名言的一种早期说法。当说明在经过开普勒和伽利略的努力之后人们完全接受哥白尼体系的原因时，普莱费尔说，许多"旧体系的拥护者"已经"如此长时间地习惯于它,以至于很难改变他们的观点";"但是,当他们退出历史舞台时,他们即被年轻的大文学家所取代。这些年轻的天文学家不受同样的偏见或成见的影响,而是渴望了解和追寻似乎提供了如此之多新的研究课题的学说"(第144页)。

普莱费尔历史著作的第二部分的标题为《自文艺复兴至现代自然哲学的进步概要》(*Sketch of the Progress of Natural Philosophy from the Revival of Learning to the Present Time*)。普莱费尔提到的第一次革命(1820,第二部分,第23页)是笛卡尔"在数学科学中进行的伟大革命"(普莱费尔以前只是对此表示称赞,第一部分,第29页,论"值得纪念的事件")。普莱费尔明确说,微积分的发明也是一次革命;他称其为"有史以来数学科学中最伟大的发现"(第21页)。此外,由于"无穷小分析"的引入,"数学科学王国在每个方向都被惊人地扩大了"(第26页)。而且,"由于采用新的分析所引发的"这场伟大的"科学中的革命"(第40页)也激起了某些人的反对。普莱费尔说,"在每个社会中总有一些人认为他们有把事物保持在它们被发现时的状态之中的志趣。"

在介绍力学这门科学时,普莱费尔指出,尽管有一些显而易见的革命,但"真理通常是如此渐进地发展的,以至于不可能确切地说某些原则是何时被首先引入科学的"(第45页)。"虚拟速度原理"就是典型例证(第45页)。

在普莱费尔看来,"也是出版于1687年的牛顿的《自然哲学的数学原理》,标志着人类认识史上一个伟大的时代"(第46页),这是人们意料之中的事情。这部著作的"显著成就在于,它为力学研究提供了新的动力,指出了新的方向,因此在力学中引起了一场近乎彻底的革命"。他认为,牛顿"在我们关于自然的知识的状态中,引发了一场比历史上任何其他个人所曾引起的更伟大的革命,而且也许可以说,这场革命比任何个人从前注定要引起的革命也更伟大"(第87页)。

关于科学史,普莱费尔有许多非常有趣和重要的思想。例如,他深刻认识到,一场较大规模的革命是需要准备的,而且,只有预先取得初步的成就,它才可能真正发生,甚至对牛顿来说也是如此(第116页):"牛顿崭露头角时的知识条件是非常有利于从事伟大事业的;那个时候,一切似乎可以说都是为数学和自然科学中的一场革命准备的。"但是,对于哥白尼、开普勒和伽利略所处的时代来说,不可能有任何像牛顿这样的人物出现。他是不可能完全依靠自己完成那场革命的(第117页):

> 在知识的进步中,一个比任何其他或早或晚的时机更有利于天资发展的时机已经到来。而且,借助于这一时机,知识的进步可以产生出最伟大的可能的结果。尽管我因此承认外部条件对于智力的发挥所产生的影响,但大家还是不要妄加推测,我是不是在贬损智力的功劳,或在某种程度上减少了智力应得的赞誉。老实说,我只是在区分人类精神可能产生的东西和不可能产生的东西。

> 尽管有外部条件可以提供的一切帮助,但是仍然需要相当高的智力才能完成牛顿的事业。我们在这里看到了与最有利于智力发挥的外部条件结合在一起的相当高水平智力的一

个令人难忘的也许是唯一的例子。

普莱费尔了解科学某个部分发生革命对科学其他部分发挥作用和影响的方式。他在谈到哥白尼革命时指出,"这场革命不仅使天文学受益,而且有利于由这场革命所引起的一系列讨论"(第一部分,第145页)。它向人们展现出"物质世界新的面貌","物体的惯性"及"力的结构"等原理也被揭示出来:

> 要使地球的实际运动与它表面上的静止,与我们关于它的静止的感觉一致起来,需对已经发现的运动的性质——即使不是它的本质,至少也是它所具有的最一般和最根本的特性——进行这样一番考察。因此,整个理论力学这门科学都从根本上受益于关于地球运动的这个发现。

普莱费尔实质上是一个新派思想家。他在援引革命概念的同时,也谈到了改良和进步。尽管他乐于赞美古代数学家们所取得的成就,但他发现他们的物理学和天文学是有缺陷甚至是错误的。他对改良、发展和革命作了我们今天仍在作的同样的区分。他充分认识到数学对于物理学和天文学的重要性,并强调指出,实验的革新性或创新性是新科学的一个特征。培根是他崇敬的英雄之一;而对于笛卡尔,除了赞赏其作为一个数学家的成就外,就再也没有更多溢美之词。最重要的是,尽管普莱费尔从单个人英雄般的创造去看待重大的进步和革命,但他以一种非常现代的眼光认识到,甚至像牛顿这样的人,如果生不逢时的话,也不可能成为一个伟人。

约翰·莱斯利爵士(Sir John Leslie,1766－1832 年)

普莱费尔关于科学史的表述正好到牛顿结束。牛顿之后科学发展的历史,是由另一位苏格兰人莱斯利续写下去的。莱斯利曾527 在爱丁堡大学讲授数学和自然哲学。他主要从事热学的研究,以发明莱斯利立方体而著称。

莱斯利续写的普莱费尔的科学史哲理性不强。他在书中很少提到革命,但他确实说过,笛卡尔"在科学程序中引发了一场革命"(1835,594)。值得注意的是,与普莱费尔不同,莱斯利提到现时代缺乏革命。其一是 18 世纪代数学的情况。这时,代数学"仍然在继续向前发展着",而且"在其所有细节上"都得到"相当大的完善",虽然"它没有经历任何革命"(第 595 页)。

我总是非常喜欢每当科学中有重大发现时莱斯利就寻找先驱者所做的评论。在论述路易吉·伽伐尼(Luigi Galvani)对电流的发现时,莱斯利提到"德国人声称伽伐尼的学说是从德国发源的"(第 623 页,注释)。然后,他简略地提了一下叙尔泽(Sulzer)和斯瓦默丹(Swammerdam)①所做的观察。莱斯利认为,"这样一些事实是很奇妙的,值得人们注意。"但是,他又断言说:"每一个高贵的心灵都必定可怜和蔑视某些不幸的走狗为了贬损完全发现的功绩

---

① 可能是指瑞士医生和昆虫学家约翰·海因里希·叙尔泽(Johann Heinrich Sulzer, 1735－1813 年)与荷兰生物学家和显微学家扬·斯瓦默丹(Jan Swammerdam, 1637－1680 年)。——译者

而追逐不完美的和被忽视的预测的那种令人厌恶的精神。"

路易·菲吉耶(1819-1894 年)

菲吉耶是巴黎一所药剂学院的医生和教授。在决定全身心投入著书立说之前,他只教了几年的书。他写了许多以科学为主题的著作。

菲吉耶开始是作为一名科学的普及者出名的,法国人尊称他为"杰出的科普大师"。他是一位善于模仿的著作家,而不是一位学者或有独创性的思想家和研究者。但是,他向来公开承认他的思想来源。对于他的忠诚,我们也许应该表示赞赏。在他所说的思想来源中,有许多是确实的、合乎逻辑的。他对我们来说是很有趣的,因为他对科学中的革命有一个清晰的概念,而且他充分认识到,在 16 和 17 世纪,科学中发生了一场全面的革命。他向我们说明了 19 世纪中期和末期关于科学中革命的思考的大致状况。他的著作显然是比较通俗易读的。《著名科学家传记》(*Vie des savants illustres*)这部五卷本的著作,在 19 世纪 70 年代和 80 年代至少出版了三个版本。他还撰写了一些有关天文学和科学其他分支学科的通俗著作。

在论述文艺复兴的一本著作的序言中,菲吉耶说,这是一个"伟大的精神革命(the great moral revolution)"的时代。无论是在科学还是哲学中,"这个时期映入人们眼帘的,几乎全是革命或革新"。他认为,"从政治的、哲学的和社会的观点看",宗教改革(the Reformation)都是一场"巨大的革命"(第 4 页);而几乎与此同时,哥白尼"在天文学中发动了一场革命"(第 ii 页)。像哥白尼一样,安德烈亚斯·维萨里也完成了一次革命——"自然科学中一场真正的革命"(第290页)。菲吉耶的这个看法显然直接来自亨利·德·布兰维尔。布兰维尔在他的历史著作中曾经说:维萨里1543年出版的论著[①]"在科学中引起了一场真正的革命"(1845,2:187),这是布兰维尔认为在科学中发生了一场革命的罕见的例子之一。

528　　　菲吉耶(在其关于17世纪的那部著作的序言一开始;1876,第i页)明确指出:"在17世纪,近代科学最终得以创建起来。"他认为,开普勒、笛卡尔、伽利略和培根这四个人确立起了"新哲学"。他高度赞扬哈维关于血液循环的发现,认为它是一次"深刻的革命"(第ii页)。他后来说,像哈维这样的发现具有"使科学中整个某一时代革命化"的性质(第37页)。

他在书的一开始就阐述了这样一个理论:"为了使一场科学革命不受阻碍地传播和发展,仅由天才人物清楚地表述这场革命的原则是不够的。面对革命的一代人也必须做好接受革命的准备"(第1-2页)。因此,菲吉耶是另一位主张和支持人们今天已经很熟悉的世代理论的人。

在天文学方面,菲吉耶称赞开普勒把"哥白尼开始的革命"推向高潮(第49页)。笛卡尔引发了一场"哲学中彻底的革命"(第152页)。培根"作为科学的改革者"的重要性虽因"英国人的自尊"而被过分抬高和夸大(第249页),但他确实开创了"科学复兴"的时代。在对玻意耳的论述中,菲吉耶关于玻意耳或化学的看法

---

① 指7卷本的《论人体的构造》。——译者

还不如他这样一个直率的说法有意义：伽利略、开普勒、培根和笛卡尔实际上发动了一场"科学的革命（révolution scientifique）"（第 406 页）。在菲吉耶看来，玻意耳是"这场科学革命的倡导者"。这是迄今我在一本概论性的著作中所见到的对**这场**科学革命（*the* Scientific Revolution）的最早论述。

关于 18 世纪的那一卷，菲吉耶在论述 17 世纪科学方法中发生的那场全面革命——"正如那时人们所说的那样，是**科学学**中（*science of sciences*）发生的革命"——时引入了牛顿这个主题（第 41 页）。菲吉耶显然并不认为牛顿是伽利略、开普勒、培根和笛卡尔那个水准的真正的革新者（1879，19）：

> 他唯一的成就是进行了一项数学证明和一种非凡的概括。毫无疑问，取得那样一个成就需要相当的天才；然而，这不是创造的天才。具备计算和推理的天才，就足以完成这项任务。可以肯定地说，如果牛顿不曾存在，稍后也会有另一个人赢得落在这位英国哲学家头上的荣誉。

在菲吉耶论述牛顿的那一章中，最有趣的也许是他把笛卡尔主义者对牛顿自然哲学的回击描述为"一场反革命（cette contre-révolution）"（第 43 页）。

菲吉耶认为莱布尼茨的哲学是具有革命性的（第 52 页），而且，他遵循孔多塞的《悼词》的风格，把"革命"一词用于达朗贝尔（第 85 页）和哈勒（第 284 和第 296 页）。拉瓦锡是"近代化学的创

立者"(第 444 页)并且引发了一场革命。

威廉·休厄尔(1794-1866 年)

休厄尔是 19 世纪思想界最有影响的人物之一。他曾任剑桥三一学院院长,并分别于 1842 年和 1855 年被任命为剑桥大学副校长。他的主要贡献集中在历史和科学哲学领域,但是,他关于物理天文学的著作以及他改革矿物学的努力也使他享有很高的声誉。他写过一个关于电学理论现状的非常有影响的报告,而且特别研究了潮汐问题。他的三卷本著作《归纳科学史》(*History of the Inductive Sciences*)出版于 1837 年,《归纳科学的哲学》于 1840 年面世。1838 年,他被聘为剑桥大学道德科学(即哲学)教授。

在 19 世纪科学史著作家中,威廉·休厄尔是在一种非常重要的意义上使用"科学中的革命(revolution in science)"这个概念和名称的主要人物。尽管最近有人说休厄尔"实际上没有使用过科学革命的概念",但在他的《归纳科学史》以及其他著作中,曾反复多次地提及革命,并且展示出一种与革命相关的科学发展的真正哲学。

大约在第 1 卷开始的地方,休厄尔在"术语记载着发现"的标题下(1837,1:11)宣称:"我们将经常不得不注意那些伟大的发现……是如何在一门科学的术语上留下它们的印记的;而且,像伟大的政治革命一样,它们是如何被伴随着它们流通的货币的变化记录下来的。"在这里,休厄尔只是在"伟大的发现"与"伟大的政治革命"之间作了比较;他实际上并没说,这样一些发现是或可能是革命。只是局限于第 1 卷序言开头几页文字的轻率大意的读者可能因此断定,休厄尔并不赞成把革命的概念运用于科学。而且,休厄尔在前面一页上曾经提出的一个忠告,可能更容易加深人们这样一个印象。休厄尔那个忠告的大意是:"每一门科学的历史……看似是由一系列革命构成的,实际上却是一连串发展组成的图景";因为"相对早期的真理不是被拒斥而是被吸收,不是被抵制而是被推广。"(第10页)但是,休厄尔紧接着把"科学史上发生的……伟大变革"归结为"理智世界的革命(the revolution of the intellectual world)"(第11页)。

休厄尔从这个视角介绍了拉瓦锡的工作(同上,3:128):"科学中几乎没有哪场革命像氧气理论的引入这样激起如此广泛的关注。"他还把拉瓦锡与那些"多年前在科学中引起革命"的人们作了对比。休厄尔指出,拉瓦锡"认为他那个时代所有最杰出的人物都接受了他的理论,而且在自它首次发布以来的几年内,在欧洲大部分国家和地区也站住了脚"(第136页)。到此时(1837年),这样论述拉瓦锡化学"革命"的并不罕见。更为重要的是,在对拉瓦锡的论述中,休厄尔似乎忘记了他当初谈及科学中的"革命"时所倡导的谨慎。而且,在解释《植物属志》(*Genera Plantarum*,1789)①时,他以一种甚至更为引人注目的方式引入了"革命"这一概念。《植物属志》一书是年轻的安托万-洛朗·德·朱西厄(Antoine-Laurent de Jussieu)②在"专心从事植物学研究长达十九

---

① 该书的全称为《以1774年皇家植物园设计的方法为基础的按照自然顺序排列的植物属志》。——译者

② 安托万-洛朗·德·朱西厄(1748-1836年),法国植物学家,为植物分类自然系统的基础理论作出了重要贡献。他最早对显花植物进行了系统分类,并且出版了第一部关于显花植物自然分类的著作;时至今日,他的分类体系的大部分仍为人们使用。——译者

年"后发表的。休厄尔说,这部著作"并没有引起人们多大的兴趣和热情;的确,在那个时候,国家的革命吞没了全欧洲的思想,而且没有给人们留下多少闲暇去关注科学的革命"(1837,3:337)。

530　　　有人早就提到弗朗西斯·培根的哲学著作。关于培根,休厄尔写道:"他宣告了一种新方法(a New Method),这种新方法不仅仅是对当时特别流行的谬误的一个修正;他因此把"造反(Insurrection)"转变为一场革命(Revolution),并建立起一个新的哲学王朝。"这段文字引自休厄尔《归纳科学史》"经过增补的第 3 版"(1865,I:339),在这一版中,它出现在被印在方括弧内的一段很长的摘录中,而这段摘录出自休厄尔在"第 2 版"中增加的一个附录。从《归纳科学史》第 1 版到第 2 版这段时间,休厄尔出版了他的《归纳科学的哲学》(见下文)。在这一著作中,他比较充分地讨论了培根作为一个革命者所起的作用。

　　两年后,在他的《以归纳科学史为依据的归纳科学的哲学)(初版于 1840 年)中,尤其是在第 12 编"评关于知识的本质的看法以及探寻知识本质的方法"中,休厄尔特别唤起了有关科学的革命的隐喻。当论述关于自然科学可以借此取得进步的方法的看法方面发生的"革命"时,他提到两个"运动"——"对权威的反叛和对经验的求助。"休厄尔用一种更适合于政治革命而非科学崛起的语言(1840,2:319-320),谈到了"经院哲学体系"所要求的"精神的屈从",并且讲述了"人的内心深处对自由天生的热爱以及人的理智思辨倾向奋起反抗……统治者的压迫"。他的目的在于"通过历史追寻人类理智进步的各个时期盛行的关于这样一些方法的观点"。他发现,"关于这一主题的看法所经历的最引人注目的革命之一,就是从不言明地相信人的精神的内在力量向公开宣称依靠外部观察转变,从顶礼膜拜地崇敬过去的贤哲和智慧向充满激情期待变革和改造转变"(第 318 页)。

休厄尔描述了一场"哲学的革命"的某些预兆,而且又一次用政治革命的语言介绍了一些 16 世纪哲学家所从事的工作。他写道:"这些对既成教条权威的反叛,尽管并不直接构成取代它们所抨击的体系的一个更完善的积极的体系,却动摇了亚里士多德体系的地位,并最终导致这一体系的瓦解"(第 352 页)。然后,休厄尔把注意力转向"科学的实践改革家";"在实现由静止不变的知识向不断进步的知识转变的过程中,这些改革家发挥了比那些如此气宇轩昂地宣告革命的著作家更伟大的作用。"他们包括列奥那多·达·芬奇(Leonardo da Vinci)、哥白尼、法布里齐乌斯、莫罗里库斯(Maurolycus)、贝内代蒂(Benedetti)[①]、第谷、吉尔伯特、伽利略和开普勒。

休厄尔在介绍哥白尼时指出:"甚至在那些实际上引发了科学中的革命因而引起了科学哲学中的革命的实践发现者中",我们也总看不到"对观察的至高无上权威的迅速而有力的承认"以及"对可能毫无价值的传统知识的大胆估判"(第 370 页)。接着,在描述了这些科学的实践者的工作之后,休厄尔用下述语言宣告了弗朗 531

[①] (1)莫罗里库斯即弗朗切斯科·莫罗里科(Francesco Maurolico,1494-1575年),出生于西西里的数学家和天文学家,为几何学、光学、圆锥曲线论、力学、音乐学和天文学作出了重要贡献;(2)贝内代蒂即詹巴蒂斯塔·贝内代蒂(Giambattista Benedetti,1530-1590年),意大利数学家,他同时也热衷于对物理学、力学、日晷制造和音乐学的研究。——译者

西斯·培根的登台（第 388 页）：

> 在大部分真正的科学开拓者中，一场革命不只是即将到来的，而是果真已经发生了的。现在需要的是，应当正式地承认这场革命；——新的理智的力量应被赋予各种形式的政体；——应当把新的哲学共和国认作一个与亚里士多德和柏拉图的古代王朝同类型的国家。从实验哲学的角度说，需要有某个伟大的理论改革家；向世界提出一个关于它的权利的宣言和它的法律大纲。因此，我们把视线转向弗朗西斯·培根以及像他一样尝试完成这个伟大使命的其他人。

在休厄尔对培根科学哲学的描述中，有大量的政治修饰文词。例如，他"不仅是一位伟大的奠基者，而且是近代科学共和国的至高无上的立法者"（第 389 页）。他是"杀死为古代旅行者设置障碍的那个巨兽的大力神赫耳枯勒斯"；而且他是"确立起适合一切未来时代的宪法和法典的梭伦"。然而最重要的是，培根被恰当地称赞为"革命的导师"（第 392 页），也就是说，是"科学研究方法的革命的领袖"。"科学研究方法的革命"在 16 世纪一直在进行着，而且培根是这一革命的发言人（第 391 页）。休厄尔说："如果我们要选择一位哲学家作为科学方法革命中的英雄的话，那么，毫无疑问，弗朗西斯·培根必定赢得这一殊荣"（第 392 页）。但是，休厄尔也说过："培根绝不是在那个时代发生的哲学化方法革命的第一个发起者或主要创造者"（第 414 页）。

在《归纳科学的哲学》中，休厄尔三番五次地援引了"革命"这个概念。因此,哈维"关于从事科学研究方法的反思"被认为"具有那时止在发生的革命的极为显著的特点"(第414页)。正是在这个意义下,笛卡尔哲学被认为是"进行一次反革命的尝试"。休厄尔认为,笛卡尔哲学"力图复兴只是从我们自己的理念进行推理而获取知识的方法",并且创立一种"与观察和实验的方法相对立的""哲学体系"(第415页)。

到目前为止,我已经说明了休厄尔谈及科学中的革命(包括科学方法和科学哲学中发生的革命)的一些主要方式。最后,我还想简单地说一下休厄尔关于哲学中一场伟大革命的构想。在"评对知识的看法"一节中,休厄尔说:"通过实验和观察进行科学研究的方式,不久以前还被看作是一种奇怪的而且对许多人来说是不受欢迎的创新,而现在已经成为哲学家们习以为常的做法。"而且,这还使他得出这样一个结论:"从传统哲学到经验哲学的革命已经完成"(第424-425页)。休厄尔用了整个一章的篇幅(第12编第14章),专门论述"洛克和他的法国追随者。"休厄尔在此指出,洛克"是在一个理念王国摇摇欲坠的时期出现的"(1840,2:458)。洛克"敢于直面别人的批评和攻击,因此成了他那个时代的英雄;532 而且,他的名字直到今天都被用作那些遵循和坚持理智哲学的人们的口号"。休厄尔还以一种对于一个如此充满激情地盛赞培根的人来说多少有些出人意料的方式指出(第426页):

　　　　在这样一场伟大的革命中这也许是一个很自然的现象,即这个时代的著作家们,尤其是那些二流的著作家们,总是有点过于轻视和贬损亚里士多德和几乎全部古人的劳动和才能,而且在他们对现象所做的热心研究中,忽视我们知识的理想(观念)元素。他们有时以一种夸大的方式极力强调近代在所有那些涉及科学的时代中的优越性,以及事实在科学研究中至高无上和唯一的重要性。

这促使休厄尔对革命和革命者作了如下论述(第458页):

> 洛克本人并没有像自称他的追随者所做的那样极端地、无可调和地断言感觉独有的权威地位。然而,这是革命的领袖和导师们的共同命运,因为他们通常被爱好和习惯与从前事物状况的某些联系所束缚,而且不可能消除那种状况或条件的一切痕迹:而他们的追随者们注意的不是他们前后矛盾的希望,而是革命本身的意义;而且,为了获得他们真正的和完美的结果,他们实行和贯彻曾赢得胜利而且是被比较敏锐地从冲突和矛盾中揭示出来的原则。

这个分析表明,休厄尔并不仅仅是把"革命"作为一个隐喻来使用的,而是在思想中有一种相当充分地展开的关于革命的理论,在这一理论中,他毫不犹豫地引入了在关于政治革命的论述和讲谈中普遍使用的隐喻和措辞。

18.2 革命和进化:马克思,彭加勒,玻尔兹曼,马赫

正如我们已经看到的,自19世纪中叶以来,许多科学家及非科学家都坚持认为,科学不是通过革命而是通过进化或一个并不

是为大量跨越提供的渐进过程而发展的。虽然阿尔伯特·爱因斯坦相信存在一场麦克斯韦革命和一场伽利略革命,但他通常把科学的发展看作是一个进化的过程(参见 Holton,1981),而且甚至坚持认为,相对论——通常被认为是 20 世纪科学中革命的原型和蓝本——应当从进化而非革命的方面来理解。许多科学家和科学史学家往往贬低甚至否认科学中的革命的出现。

卡尔·马克思　　　　　　　　　　　　　　　　　　　　　533

我不知道是谁首先鼓吹一种关于科学的达尔文主义观点的,但是,显然是卡尔·马克思最早把达尔文的概念运用于工艺的发展。这样说的根据,见于关于"机器的发展"的一个脚注中,而在《资本论》第 2 版(1873)中,这个脚注是第一次出现。在论述需要有一部工艺史,尤其是关于工具和机器的历史时,马克思说道:

> 如果有一部批判的工艺史,就会证明,18 世纪的任何发明,很少是属于某一个人的。可是直到现在还没有这样的著作。达尔文注意到自然工艺史,即注意到在动植物的生活中作为生产工具的动植物器官是怎样形成的。社会人的生产器官的形成史,即每一个特殊社会组织的物质基础的形成史,难道不值得同样注意吗?而且,这样一部历史不是更容易写出来吗?因为,如维柯所说的那样,人类史同自然史的区别在于,人类史是我们自己创造的,而自然史不是我们自己创造的。工艺学会揭示出人对自然的能动关系,人的生活的直接生产过程,以及人的社会生活条件和由此产生的精神观念的

直接生产过程。^①

这是《资本论》第 1 卷中提到达尔文的两个地方之一。另一个地方
(见第 14 章的一个注释，§2，第 341 页)提到达尔文"划时代的著
作《物种起源》"，并且讨论了达尔文关于动物器官和诸如刀这样的
人造工具的看法。我不知道还有什么人这样早地试图把达尔文的
进化论运用于科学史。

吕西安·彭加勒(Lucien Poincaré)

在接受关于科学史的进化论观点的科学家中间，有三位物理
学家也许值得我们重视：吕西安·彭加勒、路德维希·玻尔兹曼和
恩斯特·马赫。吕西安·彭加勒(1862－1920 年)是包括数学家
和哲学家亨利·彭加勒(Henri Poincaré)在内的著名的彭加勒家
族的成员。他提到了麦克斯韦的革命和他那个时代在科学中正在
进行的革命。吕西安·彭加勒是一位物理学家和教育家，是法兰
西第三共和国第九任总统雷蒙·彭加勒(Raymond Poincaré)的
弟弟。他出版过一本"非常普及的"概论性的著作，即《新物理学及
其进化》(*The New Physics and Its Evolution*)，该书曾获法兰西科
学院奖。关于开始一章的主题，在该书目录中是这样概括的："现
代物理学中的革命性变革只是表面上的；物理学理论的定则是进
化而不是革命。"当展开对最近物理学的分析时，他意识到："物理
学不同部分的进化并不是……以同一速度进行的"(1907,7)。有

---

① 《资本论》第 1 卷，人民出版社，1975 年，第 409－410 页。——译者

时，一些问题只有当"某些偶然的情况突然使它们重现出来"时才会被想到，而且，——如"X 射线"的情况所表明的那样——"它们 534 因此成为许多方面研究的对象，引起人们广泛的注意，并且几乎侵入到整个科学王国之中"。吕西安·彭加勒断言："X 射线的发现""无疑"被物理学家看作"是一直在默默无闻地工作的几位学者对一个完全被人们忽视的主题进行长期研究的合乎逻辑的结果"。不过，"伦琴（Röntgen）引起巨大轰动的实验所激发起的非同寻常的科学运动"，却是"推进了一个已经开始的进化"的"很好的机缘"；"从前所描述的理论学说得到了显著的发展"。吕西安·彭加勒认为，在"物理学持续的发展"中，没有什么更奇特的东西，而且也没有什么可以称得上是"革命"的间断性。他在效仿着诸如朱尔·维奥勒（Jules Violle）或阿尔弗雷德·科尔尼（Alfred Cornu）这样一些法国物理学家长期坚守的一个传统。维奥勒在 1884 年曾撰文说，"自然科学"尤其是物理学，是"必然要进化和演变的"。科尔尼在 1896 年曾谈到"物理学持续不断的进步"。

关于吕西安·彭加勒坚持认为科学通过进化而非革命向前发展这一点，有一个奇妙的脚注。F. 莱格（F. Legge）编辑了一套丛书，彭加勒著作的英译本作为该丛书之一于 1907 年出版。莱格指出，该书作者作为公共教学总督查的官方地位，使他有幸访问了许多大学和高级中学，以便报告科学研究的状况。莱格认为作者"处在一个能够评价和了解近来使物理科学革命化的不同寻常的变革所具有的真正价值的极好地位"（第 v 页），从而在实际上否认了彭加勒关于科学发展道路的观点的正当性。

路德维希·玻尔兹曼

路德维希·玻尔兹曼(1844－1906 年)的情况是更有趣的。他以对气体理论的贡献和创立统计力学而闻名于世。他"深刻地直觉到"："热力现象是受力学规律和机遇作用制约的极微小现象的宏观的可见的反映"[引自 John W. Herivel(约翰·W. 赫里韦尔)，见于 Trevor I. Williams(特雷弗·I. 威廉斯)1969]。人们认为，他在科学哲学领域，如同在理论物理学中一样，是很有影响力的人物。我们从玻尔兹曼的著作中发现，他既认为科学中有革命发生，又认为科学根据达尔文的进化论原理向前发展。他在1896 年写道：像每一门科学一样，理论物理学"经历了最具多样性的革命"("die mannigfachsten Umwälzungen"；1905，104)。三年后的 1899 年 9 月 22 日，在一场题为"论近代理论物理学方法的发展"的讲演中，玻尔兹曼提到在他活跃的一生中，在 19 世纪下半叶，物理学中发生的伟大变革。他说，当他回顾"所有这些发展和革命"("diese Entwicklungen und Umwälzungen"；1905，205；1974，82)时，他觉得自己似乎是"古代科学记忆的一座纪念碑"。特别是他发现，"能量原理日益凸显的重要性，导致了一场涉及整个物理学的已被尝试过的革命(Umwälzung)(1905，216；1974，91)；而且，他告诫他的听众说(1905，224；1974，97)："历史中经常出现未可预见的革命(unvorhergesehene Umwälzungen)"。

在一场关于统计力学的讲演(1904 年)中，他又一次论述了科学中的革命这个主题。他认为，"几乎可以说""理论物理学……正处在一场革命之中"("Umwälzung"；1905，346－347；1974，160－161)。相比之下，每一个实验的结果，每一个"确定无疑的事实都仍然是永远不可改变的"——人们可以扩展它,甚至补充它,但是永远不会"完全推翻它"。因此,他认为,理论物理学和实验物理学有一个非常重要的区别。他说,"实验物理学仍在继续向前发展",其间没有什么"突然的"跳跃;也就是说,实验物理学"从未遇到过伟大的革命或运动(von grossen Umwälzungen und Erschütterungen)"。显然,玻尔兹曼没有认真考虑如何使新的观察手段和观察方法的效果革命化这个问题。

玻尔兹曼还谈到"有影响力的革命(mächtige Umwälzungen)",这些革命甚至可能影响到那些"骄傲地认为自己不带任何假设的理论"(1905,348;1974,161)。他在严厉地讽刺挖苦了 W. F. 奥斯特瓦尔德及其学派之后说,没有人能够"怀疑,这种以唯能论而著称的理论如果要继续存在下去的话,那么它就必须彻底改变自己的装束"。他对这一概念作了如下进一步的展开(1905,348;1974,161):

> 当然,我们可以使我们的假设相当地不确定,甚或以一种数学公式的形式或以表达一种与其相对应的思想的措辞来设计和构想它们。这样,我们便可一步一步地检验与既有假设之间存在的一致性;例如,如果能量守恒定律最终被证明是错误的话,那么毫无疑问,完全推翻以前确立的东西即使在那个时候也不是不可能的。然而,这样一场革命是极少可能发生的,而且在某些情况下是如此罕见以致可以说是不可想象的。

值得注意的是,除最后一个例子外,玻尔兹曼都是用"Umwälzung"

这个词来指称"革命"的。在最后那个例子中，"Umsturz"（"推翻"、"颠覆"、"彻底变革"）一词在同一段文字中就出现了两次。在英文版中，"ein gänzlicher Umsturz"被译为"a total overthrow（完全推翻）"，但在接下来的一句话中，"ein solcher Umsturz"则变成了"such a revolution（这样一场革命）"。

这些关于革命的论述与玻尔兹曼关于进化的表态形成了鲜明对比。S. R. 德·格鲁特〔S. R. de Groot（Boltzmann 1974，第 xii 页）〕使我们想起："玻尔兹曼极力赞美达尔文，而且……希望把达尔文的学说从生物进化扩展到文化进化领域"，甚至认为"生物进化和文化进化完全是一回事"。的确，在描述了 19 世纪巨大的技术创新之后，玻尔兹曼（1974）说，未来几代人将不会把这一时期描绘成"铁的、蒸汽或电的世纪"；毫无疑问它将"被称为机械论自然观和达尔文的时代"（1974，15）。他还说："由于普遍接受了达尔文的思想"，因而在诸如地质学和生理学这样一些科学中发生了很大的进步（第 16 页）。在列举近代科学的"伟大理论"时，他提到"哥白尼学说、原子论、失重介质力学、达尔文学说"（第 34 页，也可参见第 69 页）。因此，他同其他若干人一样，也认为达尔文是促成科学中一场革命的唯一一位生物学家。

几年后的 1899 年，玻尔兹曼在马萨诸塞州伍斯特的克拉克大学作了四次演讲。第一次演讲的主题是"论力学的基本原理和力学方程"。在这个演讲中，玻尔兹曼把"生物学领域中最精彩的力学原理即达尔文学说"放在显著位置（1974，133）。他论述了诸如适应性改变、遗传、记忆和感觉这样一些纯粹生物学和心理学的问题。而且，他指出，"达尔文学说绝不只是解释了人和动物躯体各

器官特有的性征,而且也阐明了为什么有可能而且必然出现通常
不相宜的和发育不完全的器官以及有机体的紊乱"(第136页)。
他讨论了一系列生物学问题,涉及"达尔文学说"和"达尔文观点"。
他说,"达尔文学说"和"达尔文观点"使我们能够"理解和把握……
动物本能与人类理智之间有着一种怎样的关系"(第138页)。

在最初发表于1903年的《论自然哲学——就职演说》("An
Inaugural Lecture on Natural Philosophy")中,玻尔兹曼对达尔
文学说作了最强有力的表述。他在该就职演说中(1974,153)谈到
了恩斯特·马赫的著作。马赫曾经"天才地"提出,没有哪种理论
是"绝对正确的",也没有哪种理论是"绝对错误的";但是,每一种
理论"必须逐渐地被完善,正像有机体一定要依照达尔文学说而
逐渐完善一样"(1974,153)。玻尔兹曼因此断言,他在确立自己的
哲学观点时,"吸收了达尔文学说"。他说,达尔文学说对他的思想
产生了相当深刻的影响(第157页)。

在这个讲演中,玻尔兹曼论述了"逻辑"和"思维规律",认为康
德解释了无论是"连续性的"物质,或"依据原子结构构成的"物质,
还是其他什么物质,"都可以由严密的逻辑而得到证明"(第164-
165页)。康德也意识到,"物质的可分性可以是无限的这一点是
能够严密地证明的,但是,[物质的]无限可分性则是与逻辑法则相
矛盾的"。玻尔兹曼认为,我们在"每一个步骤"上都会发现,"哲学
思维已陷入矛盾之中"。

　　　这些思维的规律,与眼睛的视觉器官、耳朵的听觉组织和
　　心脏的泵装置,是遵循同样的进化规律而演变和发展的。在

人类发展的过程中，一切不相宜的东西都被去除，因此产生了可以造成一贯正确幻觉的完整和完美。同样，眼睛、耳朵的完善和心脏的排列也不禁唤起我们的赞美，但是我们还不敢说这些器官是绝对完美的，正像还不敢说思维的规律是绝对一贯正确的一样。的确，正是它们由于要掌握什么对生命是必要的和什么是实际上有用的这些问题而得到发展（第165页）。

537 然后，玻尔兹曼援引达尔文关于适应性变革（适者生存）的学说，以说明"通过继承得到的思想和后天获得的思想"。玻尔兹曼声称："我们的任务不是设法论证我们的思维规律的最高审判者的地位，而是使我们的思想、观念和概念适应已经给定的东西。"在几页之后论述从"最简单的生物"到"比较高级的有机生物"的思维过程的发展时，他又运用了达尔文的学说（第167页）。

在即将结束他的论述时，玻尔兹曼"从达尔文的理论中"推导出了"幸福的概念（the concept of happiness）"（第176页），但他在自己的讲演中很少采用"自然选择（natural selection）"这个范畴。他毫不掩饰地说，"在我看来，拯救哲学的所有出路也许都有望从达尔文学说中找到"（第193页）。然后，他开始"根据达尔文学说"解释"所谓思维规律在逻辑学中的地位"。玻尔兹曼强调"遗传性"，认为"意志"是"经遗传而获得的旨在以某种对我们有用的方式干预现象世界的努力"，而这种努力"使我们的思想或观念逐步趋向完善"（第194－195页）。

玻尔兹曼的目的在于运用达尔文的概念说明和解释人的理智

的发展,尤其是"思维规律"的发展。不过,尽管他对达尔文不吝赞美之词,并且宣称达尔文学说是理解哲学基本问题和探寻"幸福观念"来源的钥匙,但他实际上并没有真正使用达尔文学说的一些关键思想,如变异、生存斗争、竞争、自然选择,等等。而且,他甚至也没有把进化与最适应其环境的种类的生存联系在一起。他只是在一般意义上相信存在某个进化的过程。他认为,关于生命在地球上是怎样开始的,长期以来"第一原生质"是不是"偶然地"发展的,卵细胞、胚种或以花粉形式存在或被埋置在陨石中的其他一些微生物,是否都是从宇宙太空来到地球上的,等等,都是些无关紧要的问题(第196页)。他排除了造物主创制的可能性,并且坚持认为,设想"高度发达的有机体"是"从天上掉下来的"是极其荒谬的。他因此推测,这样一些"简单的细胞或原生质的微粒"将处在恒久不断的运动,即"所谓布朗分子运动"之中,通过吸收而生长,并且经由一种"可以从纯粹力学的方法而得到解释的"方式进行的细胞分裂而繁殖。接着,他又模仿达尔文的做法解释说,这些运动当然要受到自然环境的影响。某些"微粒"将经历一系列的变化,使它们能够移动到"有更好的物质[即食物]可供吸收的地带",因此"能够更好地生长和繁衍从而很快超过其他微粒"。这是"一个很容易理解的简单过程",在这个过程中,"我们对于遗传、自然选择、知觉、理性、意志、快乐和痛苦,等等,也都迎刃而解了"。同一个原则(只是在量的方面有所变化)使我们能够"经过整个动植物界向着有自己的思维和情感、意志和行为、快乐和痛苦,能够从事艺术创造和科学研究,既崇敬高尚和尊严又有难以克服的缺陷的人类"发展和进步。这使他做出了一个最具达尔文主义色彩的表述,即对

幸福概念所做的达尔文主义的引申(第176页):

538　　　　结成相当大群体——在这个群体中出现了分工,而且通过分工,又结成了许多相对独立的群体——的细胞,具有类似倾向和偏好的细胞,在生存斗争中会有更多的机会。特别是当某些细胞受到有害影响,直到工作细胞把这样一些侵害尽可能多地消除掉它们才可能休息时,情况就尤其如此。只要有害的影响没有被完全排除,这些细胞的活动就会继续留下一种只能非常缓慢地逐步减少的张力,因此对记忆细胞形成压力,而且当类似的有害环境再次出现时,刺激运动细胞进行更富有活力、更小心谨慎的结合。此时,这些细胞的活动是特别有效的。这样一种情况被称为持久的不满,一种不幸的感觉。而相反的情况,即完全摆脱了这样一些令人烦恼的副作用,并且告诫记忆细胞,如果类似的环境接着出现,运动细胞将以同样的方式做出反应,这被称为持久的愉快,一种幸福的感觉。

然而,值得注意的是,虽然玻尔兹曼重视在每一个个体那里思想发展的次序,但他的进化论从来没有被系统地运用于科学理论和科学概念的发展。因此,他认为,对于一个个体来说,"只有直接给定的东西"才是"由他自己的精神现象构成的",而"原子、力和能量的形式,是为了描述知觉的类法则特征而到后来才形成的精神概念"(第177页)。

恩斯特·马赫

马赫的达尔文主义与其他人是如此不同！恩斯特·马赫（1836－1916年）是在科学和哲学领域都非常有影响的人物，而且是现代科学史学科的真正奠基者，是现代实证主义（"逻辑实证主义"是其表现形式之一）的领袖和先驱。他关于时空概念和力的概念的分析（Mach 1960）对于青年爱因斯坦（Schilpp 1949,21）和其他物理学家产生了深远影响。他本人的科学著作涉及感性心理学（Mach 1914）和空气动力学（人们以用他的名字命名的"马赫数"来纪念他在这方面作出的贡献）等领域。他所坚持的极端实证主义的观点，导致他反对关于原子的概念（Mach 1911）。但是，他关于科学规律只不过是对"思维经济（economy of thought）"的一个表达的思想，在近代科学哲学中发挥了非常重要的作用[参见John Losee（约翰·洛西）1972]。

马赫认为，科学史是遵循达尔文进化论的路径发展的。他的这一思想主要见于他1883年10月18日就任布拉格大学校长时发表的就职演说，即《论科学思想中的转型和调适》（"On Transformation and Adaptation in Scientific Thought"）一文中。在该文英文版中（Mach 1943,214－215），马赫不得不谈到伽利略"强有力的革命（mighty revolution）"，认为"这场革命是如此之伟大，又是如此影响深远！"但在原来的德文版中（1896,237－238），与"mighty revolution"所对应的是"die gewaltige Veränderung"，而且在第二次提到时读作"Und gross genug war diese Veränderung!"但是，与"Umwälzung"不同，"Veränderung"并不含带"革命"的威力，只是意指"改变（change）"或"变更（altera-

tion)"，甚至可以表示"变动（variation）"或"波动（fluctuation）"。
539 在马赫以进化论观点对科学思想所做的分析中，科学中的革命这
一概念可能是相当不合时宜的。

　　在该文一开始（1943,215－218），马赫对达尔文和伽利略作了
比较，甚至在关于运动的分析与遗传和适应问题之间作了类比。
他说（第27页），达尔文的思想——只是在达尔文的著作发表30
年后——"是牢牢扎根于各个源流的人类思想的，无论它看上去与
这些源流之间相距是多么遥远"："在历史中，在哲学中，甚至在物
理科学中，我们几乎到处都可以听到遗传、适应、选择这样的口号。
我们既可以谈天体之间为生存而进行的斗争，也可以谈分子世界
中不同分子为生存而进行的斗争。"然后，马赫郑重宣布了他"根据
进化论去研究自然知识增长问题"的意图。他说："知识……是有
机自然界的产物"；因此（第218页），"尽管应当避免作粗暴而盲目
的比较，但如果达尔文的推论是正确的，那么关于进化和转化的一
般印记在思想中也必定是非常显著的"。马赫关于科学思想的改
进和转变的描述，仍然为任何对科学的概念发展感兴趣的人们提
供了一个令人兴奋且富有成果的经验（参见 I. Bernard Cohen
1980,第283页及以下）。下面的一段引文是马赫运用达尔文学说
表达他关于科学史精髓及观念发展的观点的一个例证（Mach
1943,63）。

　　　　一种思想被缓慢地、逐渐地、艰难地改造成另一种不同的
　　思想，正像在多数情况下一个动物物种逐渐转变成新的物种
　　一样。许多观念是同时出现的。就像鱼龙、婆罗门牛和马科

动物那样,它们为了生存而斗争。

　　少数观念仍然会迅速地传播到知识的所有领域,它们或者被重构,或者被再次分割,并且重新开始斗争。就像早就被征服的许多动物物种,过去年代的残遗体仍然生活在其敌人不可能接触到它们的偏远地带一样,我们也发现被破除的观念仍然存活于许多人的头脑中。任何细心地审视自己灵魂的人都会承认,思想就像动物一样顽强地为生存而斗争。有谁会否认,许多被征服的思维模式仍然时常出现在其脑海的某些隐蔽的角落,但它们是如此怯懦,以至于不能勇敢地走出来,置身于明净的理性之光中? 有哪一位探究者不知道,在其转变观念的过程中,最为艰巨的就是他同自我的战斗呢?

马赫认为,“因此,观念的转变看来是生命的一般进化的一部分,是它适应一种不断扩大着的活动领域过程的一部分”(第233页)。

　　并非所有思想家都赞同这种对观念的人格化,因为在进化的过程中,它们好像有自己的生活天地。西班牙哲学家米格尔·乌纳穆诺(Miguel Unamuno)驳斥了关于观念是发展的以及观念可能是有冲突的观点(I. Bernard Cohen 1980,327)。他无法想象,除了持有观念的人以外,观念本身还会有什么自己的生命。他写道:“观念是不存在的,只存在持有观念的人。”他说,这个想法是他从“一些医生”那里受到启发的。这些医生坚持认为:“疾病是不存在的,只存在患病的人”[Unamuno 1951,2:271;参见 Juan Marichal(胡安·马里沙尔)1970,104]。为了做到对马赫公正合理,应当指出的是,他充分认识到“观念本身就像各自独立的有机个体一样,无论从哪方面说,都不会自我表现",因此"应当避免作盲目的类比"(1943,218)。

在科学家们中间,马赫专门运用达尔文的概念来描述科学中发生的变化,只是一个例外而非普遍做法。在谈及他们所在学科的"演变"时,大多数科学家通常只是在一种一般的而非专门的达尔文学说的意义上提到"evolution"一词的。有时,一位科学家甚至会在同一篇文章的不同段落中分别提及"革命(revolution)"和"进化(evolution)"。在 1904 年圣路易斯万国博览会期间召开的艺术和科学大会上,有一篇论文对这些问题作了相当深入的阐释。在评论"19 世纪化学的进步和发展"时,克拉克(F. W. Clarke,美国地质调查局总化学师)说,那个世纪的下半叶经历了一场"伟大但无声的革命","关于这场革命的重要性和规模,将由我们的子孙而不是我们这一代人做出更恰当的评价"(1905,4：226)。他认为,即便只是"用实验取代假设,用有序性研究取代偶然的发现"——在这一过程中,化学"无疑扮演了一个极为重要的角色"——"这场革命也仍将是人类历史上最伟大的革命之一"。不过,在四段论述之后,他却又把周期体系的发现说成是一个"进化过程(process of evolution)"的结果(第 227 页),甚至把"任何科学"的发展都说成是一种"进化"(第 234 页)。

在对达尔文和伽利略作比较时,马赫写道(1943,215-216):

　　　　在刚刚过去的一百年间杰出的生物学家们已做好准备、由已故的达尔文先生正式开始的那场运动,似乎是同等重要的。伽利略唤醒了人们关于无机自然界更简单现象的意识。

而且,以标志着伽利略所取得成就的同样的质朴和直率,在没有技术或科学手段帮助,没有物理和化学实验,而只能依靠思想和观察的力量的条件下,达尔文掌握了有机自然界的一个新特征——我们也许可以简单地称之为它的可塑性。以对目标同样的执着,达尔文也走着他自己的道路。他以对真理同样的率真和热爱,阐释了他所作论证的长处及不足。他极为沉着地避开了对一些无关主题的讨论,而且同时获得了来自他的支持者和反对者的赞誉。

18.3　克洛德·贝尔纳论述科学发展的著作中对进化和革命的比较

克洛德·贝尔纳(Claude Bernard)对革命和进化这两种科学进步的方式作了广泛而深入的论述,因此,在关于科学中的革命的概念研究中,他具有特别重要的地位。他关于科学进步路径的思想具有十分重要的现实意义,因为他是 19 世纪科学的巨人之一,通常被视为“实验医学的奠基人”。他的主要成就是他关于肝脏糖原功能的伟大发现——通过这个过程,肝脏生成一种他称之为糖原的物质,然后它代谢转化为糖。这一发现与贝尔纳引入“内分泌”腺的一般概念有密切联系。贝尔纳的卓越成就还包括:发现了胰腺(或胰液)在脂肪的消化和分解以及淀粉转化为饴糖过程中的作用;发现存在血管舒缩神经及其在调节血液流量方面的作用;发现了肌肉的独立收缩性,血液输送氧气的方式,以及“内环境”稳定性学说,等等。

贝尔纳的目的在于把医学从一系列经验疗法转变为一门"实验的科学",从而真正使医学成为科学。他为达到这一目的而进行的实验工作,实际上把医学推上了科学的道路,并且把生理学提高到一个新水平。但是,他也撰写了大量关于实验方法的著作。由于确信"方法本身并不产生任何东西",所以他并没有详尽地阐释一系列规则,但他论述了从实验者最初的直觉到一种理论的发展以及通过实验检验而最终做出证实或否定的科学过程的所有方面。贝尔纳关于科学的思想记录在他的大量笔记中,包含在他的许多讲演(已经发表)中,并被汇编整理成为一本一般性的哲学和方法论著作,以《实验医学研究导论》为题,于1865年出版。贝尔纳最初想把《实验医学研究导论》作为对实验医学原理进行深入研究的一本大部头著作的导言,而且它十分清楚地表达了贝尔纳对科学的本质,对事实和理论、实验方法、科学进步以及其他许多问题的看法。

贝尔纳在《实验医学研究导论》中突出展开的一个论题是,在科学中发生了一场具有根本性的革命。他写道(1927,第一篇,第2章,第4节):"这就是实验方法在科学中引起的革命",这场革命"以科学的尺度和标准取代了个人的权威"。贝尔纳在其他著作中也发展了这一思想。实验方法"只依赖自身",因为"它在自身中包含着它的标准",亦即经验——观察和实验。就此而言,科学与其他领域不同,在其他领域中,很可能是某种个人权威占据统治地位。实验科学甚至把这种"非个人化的权威强加给科学领域的伟大人物"。因此,科学是与"经院哲学家"的活动直接对立的,因为"经院哲学家"企图"从文献证明,他们是一贯正确的,而且他们已经看过、说过或想过在他们之后所发现的一切"。科学中"最具根本性的准则"就是"绝不屈从权威",而且"在实验科学中,那些伟大的人物从来都不是什么绝对的、永恒的真理的倡导者"。贝尔纳认为,伟大革命的目的就在于确立实验方法(在伽利略时代),并且使科学从神学和哲学教条的束缚中解放出来。他接着又补充说,为了避免任何失误,"这里我说的只是科学的进化"。而在艺术和文学中,则是"个性支配一切"。虽然贝尔纳一直在讨论个人权威以 542 及推翻这一权威且确立起实验方法的革命,但他显然把这种事件看作是科学的一般进化过程的组成部分。

一旦发生革命,而且由于实验方法的采用,科学发生转变,那么科学就将以一种贝尔纳称之为进化的方式而发展。物理学和化学,"作为已经确立起的科学,展现出实验方法所需要的独立性和非人格性"。但是,他发现,医学"仍然处在经验主义的阴影之中",而且"仍然或多或少与宗教和超自然现象混合在一起"。由于"医生们自己都把医学个性置于科学之上",所以事实清楚地表明,"实验方法绝没有真正在医学中确立起来"。因此,迫切需要来一场革命。

在这样一种背景之下,贝尔纳似乎设想过两个彼此独立的进程。一是大规模的突如其来的革命以及实验方法的引入。在 17 世纪的物理学和 18 世纪的化学中,已经发生了这样一场革命,但在生命科学中尚未有这样一场革命出现。二是"科学的进化",主要是一个包括两个方面的渐进过程:运用已经获得的知识(在这方面,所有科学家"基本上是相同的")和获取新的知识,开辟"科学的未知领域";在这些领域,"伟人之所以成为伟人,就在于他们提出了能够揭示迄今为止一直晦涩难解的现象的思想,并把科学推向前进"。对于贝尔纳来说,这种进化只是发展的一种方式,不具有特定的达尔文学说的含义。但是,贝尔纳认为,实验科学的进步并不总是或必然是渐进和递增的过程。我们已经看到,他认为这只是数学的一个特点。他指出,由于"实验科学中的真理……只是相对的",所以"只有通过革命和以一种新的科学形式重塑旧的真理,这些科学才能够向前发展"(同上)。因此,贝尔纳设想,实验科学的进化总是时不时地被偶然发生的革命所中断。在其他地方,他把这样一些革命与拉瓦锡和比沙相联系。在《实验医学研究导论》(第二篇,第 2 章,第 10 节)中,他还说,维萨里[与蒙迪努斯(Mundinus)①一起]"通过把盖伦的观点与动物的解剖作对比而反驳了盖伦的理论",而且他们因此"被人们视为革新者和革命者"。

贝尔纳(同上)认为,把科学史与创造这一历史的人类的历史混淆在一起是错误的。他说:"实验科学合乎逻辑的和说教式的进化,绝不能用关注这一进化的人类的编年史来表达。"他还提出,"实验科学必定是人类知识进化的目标",而且,"这一进化要求,比较早的分类科学将失去其重要性,从而使实验科学得到发展"。在《实验医学研究导论》的最后,他向年轻的医生们提出了一些忠告,即尽管医学还不是科学的医学,但要学会如何对待他们的患者;他们必须尊重实验科学的理想,但他们也必须接受这样一个事实,即

①　即蒙迪诺·德卢奇(Mondino de Luzzi,约 1270 - 约 1326 年),意大利医生和解剖学家,蒙迪努斯是他的拉丁文名字,他在重振解剖学方面作出了重要贡献,并且撰写了这个领域的第一本专著《解剖学》,他也因此被誉为"解剖学的复兴者"。——译者

他们的许多医疗实践将不得不依赖于"恻隐之心和盲目的经验论",而这两者又是"医学发展的原动力"。贝尔纳看到了一个"医学进化"的过程(第三编,第4章,第3节),在这个过程中,经验论导致反思和怀疑,并在后来导向实验的检验。他说,"这样的医学进化仍然可以每天从我们周围的生活世界得到证明,因为每个人都像所有其他人一样不断地学习"。贝尔纳再次强调,他关于新的"实验医学"的构想,"不过是科学医学完全自然进化的结果而已"。

据我在贝尔纳著作中的发现,他最早提及科学中的革命是19世纪50年代的一个笔记本。这个笔记本通常被称为 *Cahier rouge*(1942)或 *Cahier des notes*(1965),英文译为 *The Cahier Rouge*(《红色笔记本》,1967)。在这个笔记本中,贝尔纳解释说,科学的发展有两个途径:"一是增加新的事实,二是简化已经存在的东西"(第163页)。他说,他本人所从事的工作就属于第一种。但在后来以"思想观念的发展"为标题的一段论述中,关于这个主题他有这样一个"开场白":"科学是通过革命(by revolutions)而不是通过纯粹和简单地增加而向前发展的"(第165页)。换言之,科学的发展依赖于新的思想观念,而非纯粹的事实积累。正如"化学中显著的例证所清楚表明的那样",通过革命实现的发展与"总是前后相继的理论"存在关联。他想到的是燃素说的被推翻,因为这一事件"提供了非常好的佐证和解释"。在另一个笔记本中(他也标记出这是有待展开的思想),他坚持认为,"科学并不是连续地和有规则地发展的;它是通过跳跃和革命而发展的"(第196页)。他还说:"正是理论上的变化标志着这样一些跳跃。科学是革命性(创新)的。要展开这一思想"。

在已发表的著作中，贝尔纳时常提到科学的进化（the evolution of the sciences），特别是生理学或实验医学的进化。但是，他试图强调，良好的环境或条件可以加快这一进化（演化、发展）的过程。在一篇著名的《生理学发展报告》（*Rapport sur les progrès de la physiologie*，1867）中，他明确指出："实验科学在一个国家能否得到发展，只能看其工作手段受到支持的程度。"在法国，有一些"博物馆中收藏着"有关"自然科学、地质学、动物学、植物学等方面"的资料，但是，"关于生物的实验科学即生理学，却连一个必需的实验室都没有"。贝尔纳强调，不仅需要实验室设备，而且还需要改善青年科学家的教育和培养方式，阐明实验生物学的目的和方法（1867，139 - 140，146 - 149，223；1872，398 - 401，469，582；1927，217 - 218；1963，50 - 55，174，448；1966，12）。他说（1867，8），生理学的发展有两条路径：一是"科学发现和新思想的推动"，二是"以研究手段和科学发展为动力"。他断言，在"科学的进化"过程中，"发明创造无疑是不可或缺的基本内容"。不过，"新思想和新发现就像是种子；它们不会自生自长，还必须依靠一个科学的环境而滋养和成长"。

他总结说（同上，149），"就像在其他科学中一样，要使生理学得到发展"，还需要两样东西：天才和研究平台。前者即天才的出现是我们无法掌控的，但是我们可以影响后者。因此，鉴于科学进化的步幅和速度依赖于科学研究所得到的支持，所以，其未来前景在很大程度上是由我们自己的行为决定的。

544　　贝尔纳关于进化和革命的许多看法见于他的一些长短不一的著作中，其中最具代表性的，是他以在法兰西学院所做的一系列讲演为基础写成的《实验病理学教程》(*Leçon de pathologie expérimentale*)。该书最初是由本杰明·鲍尔(Benjamin Ball)用英文出版,然后又译回法文的[参见 Olmsted(奥姆斯特德)1938,57]。在这部著作中,贝尔纳探讨了科学据此摆脱权威的束缚并成为实验性科学的革命。此外,他还谈到科学进化的普遍性和科学革命的特殊性(1872,401-405)。

在汇集了曾分别发表的短文的《实验科学》(*La science expérimentale*,1878)中,贝尔纳论述了"实验医学的进化"以及由于"实验方法"——"感觉、理性和经验"(第 80 页)——的应用而实现的"自然的进步"(第 61 页)。他也提到了人类知识的进化(第 79、第 92 页)。他论述了推动和促成生理学进化的"自然科学"(第 102 页)。后来,根据被认为"是其他生物科学的总体进化之结果"的"实验生理学",他又对这个论题作了展开(第 143-144 页)。他在这本书中指出:"比沙的思想在生理学和医学中引起了一场深刻而普遍的革命"(第 162 页)。

贝尔纳非常熟悉查尔斯·达尔文的思想。例如,在《动植物中共生现象教程》(*Leçons sur les phénomènes de la vie communs aux animaux et aux végétaux*,1966)中,他谈到了进化特别是"生存竞争的一般规律"(第 147、第 149 页)和"自然选择"(第 342 页)。也正是在这一著作中,他提出了一个著名的主张:"一个人是居维叶的信徒还是达尔文主义者都是无关紧要的"(第 332 页)。这些称谓只是表示"理解过去历史和确立目前制度的两种不同方式"。无论是谁,都不可能提供一种决定未来的手段。[关于贝尔纳和达尔文,请参见 Schiller Joseph(约瑟夫·席勒)1967。]

M. D. 格尔梅克(Grmek)在《科学家传记辞典》(1970，2 : 24-34,附有参考文献)中对贝尔纳的科学成就和哲学思想作了非常精彩的介绍。英文版的著作包括奥姆斯特德的《生理学家克洛德·贝尔纳》(*Claude Bernard*，*Physiologist*，New York，1938)，J. M. D. 奥姆斯特德和 E. 哈里斯·奥姆斯特德(E. Harris Olmsted)的《克洛德·贝尔纳和医学中的实验方法》(*Claude Bernard and the Experimental Method in Medicine*，New York，1952)，霍姆斯(F. L. Holmes)的《克洛德·贝尔纳和动物化学：一位科学家的出现》(*Claude Bernard and Animal Chemistry：The Emergence of a Scientist*，Cambridge，1974)，以及 F. 格朗德(Grande)和 M. B. 菲舍尔(Visscher)编的《克洛德·贝尔纳和实验医学》(*Claude Bernard and Experimental Medicine*，Cambridge，1976)——其中收入了贝尔纳《红色笔记本》的英译本。贝尔纳的《实验医学研究导论》有格林(H. C. Greene)翻译的英文版(New York，1927)。约瑟夫·席勒的《克洛德·贝尔纳和他所处时代的科学问题》(*Claude Bernard et les problèmes scientifiques de son temps*，Paris，1967)则是一本非常好的综合性著作。

19.1 达尔文的革命意识

我们今天很难设想 19 世纪 40 年代末和 50 年代时革命的状况和革命的意识。普丽西拉·罗伯逊(Priscilla Robertson 1952, vii)曾经说,从未有人"统计过 1848 年在欧洲到底爆发了多少次革命(revolutions)",但是据她测算,如果把"那些比较小的德语国家、意大利语国家和奥地利帝国诸省"都计算在内的话,那么至少有超过 50 次革命。关于革命以及特定领域所发生革命的报道,在 19 世纪 40 年代和 50 年代的《评论季刊》上曾连续刊载;在创作《物种起源》(1859)之前十多年,达尔文经常阅读这本杂志。19 世纪 40 年代,《威斯特敏斯特评论》(*Westminster Review*)上也曾登载这样的文章,只是没有《评论季刊》刊发的那么多。

19 世纪 40 年代和 50 年代,不仅有关于政治革命的讨论,而且有关于科学中的革命的论述。罗伯特·钱伯斯(Robert Chambers)在《自然创造史的遗迹》(*Vestiges of the Natural History of Creation*,1844,他匿名出版了该书)的一个续篇(*Sequel*,1845,149)中引入了革命的概念。他大胆地断言,如果要"以一种对动植物的自然起源不存任何疑虑的方式解释"有机王国的起源的话,那就必须"对人们普遍持有的关于我们与我们祖先之间关系的看法进行一次彻底的革命"。钱伯斯的这一主张曾广为流传。1847 年,达尔文在写给植物学家胡克的信中说(Darwin 1887,I:355 - 356),他"刚刚"从罗伯特·钱伯斯那里"收到赠送给他的《自然创造史的遗迹》第 6 版"。达尔文确信,钱伯斯"就是该书的作者"。达尔文非常认真地阅读了钱伯斯的《自然创造史的遗迹》,并且在该书(不包括续篇)中作了大量的注释。(达尔文批注过的这本《自然创造史的遗迹》和他个人图书馆的其他书籍,收藏于剑桥大学图书馆的达尔文书库。)达尔文不仅认真地阅读了钱伯斯的这本书(参见 1887,I:第 333 页,注释),而且"既非常满意又于心不爽",因为这部著作"似乎"应该出自他的名下才是。他认为该书作者的"地质学不怎么样,而他的动物学则更糟"。他说,这本书"显得比较外行,而且缺乏哲理性,但写得却很好"。达尔文在后来版本的

《物种起源》中增补了"历史概要"①,其中提到(1971,10-11)"经
过许多改善的第 10 版(1853)"(同样也不包括"续篇")。达尔文称
赞该书"锋利而瑰丽的风格",但是为作者"极其缺少科学上的严
谨"和"正确的知识很少"而感到惋惜。他认为,总的来看,这部著
作"已经作出了卓越的贡献,因为它唤起了人们对这一问题的注
意,消除了偏见,这样就为接受类似的观点做好了思想准备"。

　　看上去似乎完全不可能的是,对于钱伯斯撰写两个不同版本
的《自然创造史的遗迹》(1847,1853)抱有浓厚兴趣的达尔文,居然
会没有注意到该书的"续篇",而早在两个伦敦版本(1845,1846)中
就已经包含着这个"续篇"。在这个"续篇"中,达尔文也许会读到
钱伯斯的这样一个论断:关于"动植物自然起源"的发现将构成"一
场彻底的革命"(a complete revolution)。在一篇关于纽约版《自
然创造史的遗迹》"续篇"(1846)的评论中,钱伯斯做出的这个特别
论断被用斜体字显著地标示出来。而这篇评论的作者,是达尔文
的朋友和通信者、哈佛大学植物学家阿萨·格雷(Asa Gray)。格
雷关于《自然创造史的遗迹》"续篇"的论述,被匿名发表在《北美评
论》(*North American Review*,1846,62:465-506)上。在对该论
断做出评论的同时,格雷扩展了钱伯斯关于一场"彻底的革命"的
思想。正如穆勒在反复思考他本人关于把新技术引入不发达国家
将引起革命的主张时所做的那样,格雷显然设想,一场彻底的革命
意味着重新开始,也意味着引入某种全新的东西。他说:"的确,这
场革命将是一场彻底的革命",而且"正如我们可以看到的,它将把

546

───────────

　　① 即该书第一版刊行前有关物种起源的见解的发展史略。——译者

我们重新带回到德谟克利特和伊壁鸠鲁的时代"。

因为发表在美国的一本非科学杂志上,所以达尔文是不可能看到这个评论的。虽然达尔文和格雷曾在 1839 年短期会面,但是他们真正联系和交往却是从 1851 年才开始的[A. Hunter Du-pree(A. 亨特·杜普雷)1959,129]。不过,19 世纪 40 年代,在《评论季刊》上刊载的亨利·霍兰爵士(Sir Henry Holland 1848)撰写的一篇长文中,达尔文应该读到过关于科学中的革命的一次讨论。起因是"李比希男爵和格雷戈里教授"对托马斯·格雷姆(Thomas Graham)的《化学原理》(*Elements of Chemistry*,1847,第 2 版)和爱德华·特纳(Edward Turner)的新版《化学原理》(*Elements of Chemistry*,1847,第 8 版)所做的评论。在展开其评论的过程中,霍兰提到化学中发生的许多革命。例如他说,"化学化合的伟大定律"的"发现""在化学中引起了一场伟大革命,正像牛顿的万有引力定律在天文学中引起的那场伟大革命一样"(第53-54 页)。

我们已经看到,威廉·休厄尔对科学中的革命作了广泛而深刻的论述。他的三卷本《归纳科学史》于 1837 年出版。该书的姐妹篇两卷本的《以归纳科学史为依据的归纳科学的哲学》于 1840 年问世。达尔文与休厄尔私交甚好,而且在他的自传(1958,66)中这样描述道,"有好几次我曾在晚上同他一起步行回家"。达尔文对休厄尔有很高的评价(第 104 页)。我们从达尔文物种笔记的评注中可以知道,他曾反复认真阅读休厄尔的《归纳科学史》(见Ruse 1975;1979,176)。达尔文是如此称赞和看重休厄尔,以至于他把从休厄尔《布里奇沃特论文集》(*Bridgewater Treatise*)中摘录的一段话连同从培根《学术的进展》中摘引的一段话,一起放在《物种起源》第一版的扉页上。休厄尔曾在 1860 年 1 月 2 日写给达尔文的信中说,他还没有被说服赞同那个新的理论和学说。他还说:"但是,在您的著作中包含着如此丰富的思想和事实,以至于如果不是刻意精心选择表示异议的根据和方式的话,它们便是无可辩驳的。"达尔文的儿子弗朗西斯(1887,2:第 261 页,注释)给这封信的抄本附加了一个歪曲的评论:"休厄尔博士几年来实际上是不赞成这门新的理论的",因为他不允许三一学院图书馆(当时他是馆长)收藏《物种起源》一书。

约翰·斯图尔特·穆勒的《逻辑体系》(1843,第 iii 页;1973,7:cxi)一开始就谈到革命。他在序言中说,他"并未自诩给世人提供一种关于我们的理智如何发挥作用的新理论"。然后,他提出了自己关于科学及革命现状的看法:"在目前的科学研究中,任何一个可能认为在关于真理探索的理论中引起了一场革命[或者后来演变成为一场革命],或者为真理探索的实践增添了什么具有根本性的新方法(新工艺)的人,往往遭遇到非常傲慢无礼的对待。"这一说法,除了表达穆勒对自己做出的贡献所持态度的内在动机外,在目前是非常值得注意的,因为穆勒表达了这样一个信念,即在其他一些时代,也许曾经发生过或者确实已经发生了这样一些革命。因为达尔文认真阅读并高度赞赏穆勒的著作,所以几乎可以肯定地说,他读到过穆勒有关革命的论述。

19 世纪 40 年代,达尔文在社会科学和哲学中也可能读到过关于革命的论述,因为这一时期在科学中对革命概念愈益频繁的运用,在某种程度上也反映在社会科学中。我们仅举一例就够了。

1844 年,托马斯·德·昆西(Thomas De Quincey)出版了《政治经济学的逻辑》(*The Logic of Political Economy*)一书。在该书序言中,他悲叹道:"政治经济学没有什么发展。"他认为,实际上,"自从李嘉图(1817)在那一门科学中引发革命以来,整个来说它一直处于停滞不前的状态。"在《威斯特敏斯特评论》上发表的一篇评论该书的文章(1845 年 6 月,43:319 – 331)中,约翰·斯图尔特·穆勒称赞德·昆西"对理论政治经济学的真正奠基者李嘉图所做的相当领先且首尾一贯的评价",而且显然从德·昆西那里引述了包括这个关于李嘉图和革命的句子的一段摘录。穆勒并不反对德·昆西关于李嘉图革命的提法,但他坚决"反对政治经济学没有什么发展"的看法,甚至认为这一学科处在"一种颇为迅速地发展和进步的状态"。

21.1　福格特:曾经身为政治革命者的科学家

卡尔·福格特作为科学家和革命者的生涯与菲尔绍既有类似又有所不同。福格特开始是一位化学家,跟随李比希在吉森(Giessen)从事研究工作。据说他是李比希最杰出的学生之一。后来,福格特转向医学,于 1839 年获得毕业证书。接着,他又从事自然史的研究,并且写了一篇关于淡水鱼的论文(1842)。移居巴黎后,他为他的德国同行写了一系列的"哲学和生理学通信"(*Lettres philosophiques et physiologiques*),并于 1845 – 1847 年以《生理学概论》(*Physiologische Briefe*)为题出版。关于这本书,菲尔绍在他的《医学改革》(*Die medicinische Reform*)周刊(1849 年 3 月 2 日,第 218 页)上写道:"卡尔·福格特先生既是最重要的学者之一,同时也是一位最著名的政治人物,这在现时代还是第一次。我们已经看到,他关于生理学的通信(*Letters in Physiology*)所起的作用,就像李比希先生对化学所起的作用以及仍将对医学产生的作用一样,是极其重要的。"

正是菲尔绍提到的发生在 1848 年的这一革命性的政治活动,使福格特失去了在吉森大学的帝国学监的职位。后来,他移居日内瓦并取得瑞士国籍。他在那里获得了一个地质学教授的职位,并且撰写了大量有关地质学的著作。1872 年,他成为日内瓦动物学研究所的动物学教授和所长。他在日内瓦仍然积极投身政治活动,先后获任国务参事和参议员。尽管还与其他流亡的激进分子和从前的激进分子保持着联系,但他不再是一名激进分子,而是转向支持"自由主义的"事业。在此后的岁月里,他成为自然人类学这一新学科的开创者,而且积极支持像科学唯物主义和达尔文进化论这样的运动。

像菲尔绍一样,福格特在 1848 年曾是一位非常活跃的革命者,那时他失去了自己的学术职位。但是,他又与菲尔绍不同。他不是一名革命的科学家,也不是一位天才的、激进的创新者。菲尔绍把自己的科学和政治的理想及行动结合在一起,而福格特似乎有意把两者分离开来。他作为一个革命者的生涯与他的科学目标和思想并无联系,而且只是在促使他从吉森移居日内瓦,并且成为——至少暂时是——一名地质学家而非动物学家这个意义上影响到他的科学生涯。

在其《动物学概论》(*Zoologische Brief*,1851,*I*:9-19)一书中,福格特详细阐述了他关于科学发展的思想。在该书中,他没有

提及科学中的"革命",只是提到"复兴(rebirth)"和"新的方向
(new directions)"。然而,他确实提到了法国人革命,也论及了
1848年发生的若干次革命。与此同时,他表达了这样一个观点,
即作为一场全面剧变的继发效应,政治革命可以在科学中激发起
新的方向。尽管他确实把政治事件和科学事件联系了起来,但他
在进行这样一种联系时并未以一种深思熟虑的方式就科学变革问
题提出一种完满或深刻的哲学观点。其例证之一就是,福格特讨
论了林奈的追随者是如何忽视了整个动物界而且在他们的分类表
中只探讨了为数不多的几个外部特征的。因此,结果不过是"枯燥
无味的公式化",从而使林奈时代充满活力的品质丧失殆尽。他
说:"法国大革命之前在政治生活中占统治地位的陈旧的习俗也延
展和渗透到科学之中,而且一个荒凉的时代即将来临。但是,它幸
好被法国大革命的清风所征服。"另外一个例子是:"如此强烈地震
颤着一切灵魂并且处处开辟了新的道路的法国大革命,也把新的
方向带进了动物科学"(第13-14页)。福格特认为,居维叶在动
物自然史的记录中发现了许多空白,而且开始对一些被忽略的类
别进行深入细致的研究,这一研究最终为整个"动物界"的分类奠
定了新的基础。因此,比较解剖学成为所有国家和地区动物学的
基础。

福格特(1882,13)在为活体解剖辩护时,也把科学活动和政治
活动联系在一起。他论述了自哈维时代以来动物实验给科学尤其
是生理学带来的巨大助益。然后,福格特把哈维的革命(Harvey-
an revolution)和英国革命(English Revolution)联系起来。他写
道,哈维对血液循环的证明"引起了一场革命,这场革命就像与他

同时代的克伦威尔在英国政治体制中引起的革命一样,是极为重要的"。但是,福格特立刻补充说:克伦威尔的革命(英国英命)"意义更为深远"。虽然福格特把这两场革命相提并论,把它们看作是同时发生的事件,但他并不一定意指它们之间存在什么因果关系,他甚至都没有提示人们科学革命和政治革命是否有可能与那一时代的某种更为根本的革命精神有联系。

　　19 世纪 50 年代末,福格特在与卡尔·马克思进行论战之后成为一个声名狼藉的人物。马克思谴责福格特同情波拿巴,而且在随后的争论中(这些争论部分是在报刊等出版物上进行的),福格特发表了"对一个流亡者集团的警告",即人们熟知的《流亡者》("Vagabonds")这本小册子。当时,这些"流亡者"主要集中在伦敦,而且马克思是他们的领导[参见 Franz Mehring(弗朗茨·梅林)1962,281]。当马克思的同事公开抨击福格特,谴责他所做的没有任何根据的指控时,福格特控告他们犯了诽谤罪。1860 年,福格特出版了一本书,其中收入了关于审判程序的一个报告及其他一些文献。该书把马克思描绘成"一帮强盗和勒索者的领袖",认为马克思领导的"这个帮派的成员是以如此损害祖国人民的荣誉为生的,所以他们不得不竭力保持这个帮派的沉默"(同上)。马克思试图运用法律诉讼反击福格特,但未能如愿。因此,他只能借助于写书回击福格特。该书独有的一个价值是,除了被收入现在出版的马克思著作集以外,它是"马克思独立完成撰写但从未再版过的唯一一本著作"(同上,294)。根据马克思传记作家弗兰茨·梅林的说法,由于作者反复地把福格特与法尔斯塔

549

夫(Falstaff)①作比较,所以该书文字是特别生动的。第1页开始是这样说的:"卡尔·福格特的原型是不朽的约翰·法尔斯塔夫男爵,而且在他的动物学的复活中,他完全保留了法尔斯塔夫的性格。"

关于福格特,请参看《科学家传记辞典》(1976,14:57-58)中皮莱(Pilet)撰写的那个词条。福格特1896年曾出版过一本自传。

23.1 恩格斯关于科学中的革命的一些论述

恩格斯致马克思(1858年7月14日)

人们对最近30年来自然科学所取得的成就却一无所知。对生理学有决定性意义的,首先是有机化学的巨大发展,其次是最近20年来才学会正确使用的显微镜。使用显微镜所造成的结果比化学的成就还要重大。使全部生理学发生革命并且首先使比较生理学成为可能的主要事实,是细胞的发现:在植物方面是由施莱登发现的,在动物方面是由施旺发现的(约在1836年)。一切东西都是细胞。

恩格斯致马克思(1867年6月16日)

[我已经]读过霍夫曼的书②。这种比较新的化学理论,虽然有种种缺点,但是比起以前的原子理论来是一大进步。作为物质的**能独立存在的最小部分**的分子,是一个完全合理的范畴,如黑格

---

① 又译福斯塔夫,莎士比亚历史剧《亨利四世》中的人物。——译者
② 指《现代化学通论》。——译者

550 尔所说的,是在分割的无穷系列中的一个"关节点",它并不结束这
个系列,而是规定质的差别。从前被描写成可分性的极限的原子,
现在只不过是一种**关系**,虽然霍夫曼先生自己时时刻刻都在回到
旧观念中去,说什么存在着真正不可分割的原子。总起来看,这部
书中所证实的化学的进步的确是极其巨大的,肖莱马说,这种革命
还每天都在进行,所以人们每天都可以期待新的变革。

恩格斯致爱·伯恩施坦(1883 年 2 月 27 日—3 月 1 日)

菲勒克就电工技术革命掀起了一阵喧嚷,却丝毫不理解这件
事的意义,这种喧嚷只不过是为他出版的小册子做广告。但是这
实际上是一次巨大的革命。蒸汽机教我们把热变成机械运动,而
电的利用将为我们开辟一条道路,使一切形式的能——热、机械运
动、电、磁、光——互相转化,并在工业中加以利用。循环完成了。
德普勒的最新发现,在于能够把高压电流在能量损失较小的情况
下通过普通电线输送到迄今连想也不敢想的远距离,并在那一端
加以利用——这件事还只是处于萌芽状态——,这一发现使工业
几乎彻底摆脱地方条件所规定的一切界限,并且使极遥远的水力
的利用成为可能,如果在最初它只是对城市有利,那么到最后它终
将成为消除城乡对立的最强有力的杠杆。但是非常明显的是,生
产力将因此得到极大的发展,以至于资产阶级对生产力的管理愈
来愈不能胜任。笨蛋菲勒克只是从这里看到了自己特别喜爱的国
有化的新论据:资产阶级所不能做的事,应当由俾斯麦来做。

恩格斯论术语学中的革命(《资本论》第 1 卷英文版序言,英文

本由萨缪尔·穆尔和爱德华·艾威林翻译）

一门科学提出的每一种新见解，都包含着这门科学的术语的革命。化学是最好的例证，它的全部术语大约每二十年就彻底变换一次，几乎很难找到一种有机化合物不是先后拥有一系列不同的名称的。

24.1 "恋父情结(The 'Electra Complex')"

看来似乎不可思议的是，弗洛伊德会把他对年轻女孩性幻想（对象通常是她们的父亲）的发现与俄狄浦斯情结（恋母情结，Oedipus complex）的发现联系在一起——因为后一个术语明确指称一个男孩对他母亲或其他女性长者的力比多情感（性欲）以及相应的对其男性长者的敌视。弗洛伊德意识到，可以把俄狄浦斯情结的含义扩展到超出其词源意义的范围，以便把女性和男性都包括在内。例如，在 1921 年的一个手稿中，他曾写到"女性的俄狄浦斯情结"（"the female Oedipus complex"，1953，*18*：214）；在 1933 年发表的《精神分析引论新编》（*New Introductory Lectures on Psycho-Analysis*）中，弗洛伊德说（1953，*22*：120）："为父所诱的幻念"是"女人特有的俄狄浦斯情结的表现"。他还谈到（第 133 页），女孩"对其父的依恋"是"俄狄浦斯情结"的一个例证。

但是，"俄狄浦斯情结"这个称谓的确同时表明了男孩对其母亲的力比多情感（性欲），以及对其父亲的敌意。故此我们就可理解，为何有人要试图造出一个女性同源的表达，即"恋父情结(Electra Complex)"。这一术语是荣格于 1913 年首先采用的

(Freud,1953,23 ：第 194 页,注释),但它从未被理解和流行开来。弗洛伊德曾经相当明确地说,"采用'恋父情结'这个术语",他"没看到有什么好处或助益",因此他"不主张使用它",而是更倾向于说"女性的俄狄浦斯情结"("the feminine Oedipus complex",1953,18：155n)。在一篇题为《女性的性行为》("Female Sexuality")的文章中(1953,21：229),弗洛伊德说他"正确地拒斥了'恋父情结'这个术语",因为这个术语"力图强调两性态度之间的类似"。他坚持认为,"只是在男孩中间我们才发现对一位双亲的爱以及同时对作为对手的另一位双亲的恨的决定性的结合"。弗洛伊德之所以如此有力地做出这样一个判断是因为,在精神分析中,男性的俄狄浦斯情结与年轻男性对阉割的恐惧之间存在着特别的联系,因此男性和女性之间存在完全的类似看来是不可能的。但是后来,弗洛伊德确实认识到在男性和女性中间阉割情结的作用,并且承认女性中间一种俄狄浦斯情结的现实性和重要性,即使它不是与男性的俄狄浦斯情结完全对应的。弗洛伊德在他后期的一部著作中,对男孩(1953,23：189-192)和女孩(192-194)的俄狄浦斯情结作了对照和比较,同时对两性的一个阉割情结进行了讨论。但是,在这部著作中,弗洛伊德既谈及男性的"俄狄浦斯情结",也谈到女人的"女性俄狄浦斯态度(feminine Oedipus attitude)",而且再一次专门批驳了"'恋父情结'这个术语"(第 194 页)。

25.1 对 20 世纪科学家的科学革命观的一些补充

在 20 世纪承认科学革命的存在、甚至详细陈述过被认为是科学史中的革命事件的诸科学家之中,有一位是物理学家和科学教育改革者杰罗尔德·扎卡里赖斯(Jerrold Zacharias)。扎卡里赖斯(1963,74-75)认为,曾发生过 6 次"物理学革命"。这些革命即"牛顿力学"(哥白尼-第谷-伽利略-开普勒-牛顿)革命,"原子论"(道尔顿-阿伏伽德罗-麦克斯韦-玻尔兹曼)革命,"电学"(法拉第-麦克斯韦-赫兹)革命,"相对论"(迈克耳逊-洛伦兹-爱因斯坦)革命,"量子"(普朗克-卢瑟福-玻尔-薛定谔-海森伯-玻恩-J. J. 汤姆孙)革命,以及"一场仍在进行中的革命",它的完成"将可能有助于理解原子核的基本结构以及具有巨大能量的粒子的运动"(Zacharias 1963,74-75)。

552

另一位论及科学中的革命的物理学家是查尔斯·高尔顿·达尔文(Charles Galton Darwin),他是那位著名的博物学家的孙子,在《未来一百万年》(*The Next Million Years*,1952)这部书中,他提出了一种设想。该书第 3 章专门论述了"四次革命"。这些都是进步,而且是"绝不会消失的",或者说它们是"**不可逆转的阶段**"。C. G. 达尔文称这每一次进步为"一场革命,尽管这个词在这里并不一定意味着急剧的突发事件":"每一次,革命的火种很久以前即被发现,但其传遍全球则需要许多时间;在某些情形中,革命是在不同的地区独立进行的。每次革命的核心特征都是,使人类人口的大量增殖成为可能"(第 46 页)。"第一次革命"是"火的发现",第二次是"农业的发明",第三次是"城市革命,即城市生活方式的发明","人类历史上的第四次革命"("它距我们如此之近,以至于难以觉察到——我们目前正置身于其中"),可以称之为"科学革命"。正是"基于这样一种发现,即人类有可能有意识地发现世界的根本性质",因而"任何人都可以按照自己的意愿有计划地改变他的生活方式"。按照达尔文的观点,"我们的历史已叙述得如此详尽,这一时期的进展又如此均匀,因而很难看出一场革命正在形成"。这一革命的"萌发观念"可以"在伽利略的实验和培根的著作中"发现,但这场革命的真正降临是在"英格兰工业革命时代","特别是在铁路的发明期间"。最后,"这次革命的核心事实"是"发现了对自然可以控制,对环境可以有意识地进行调整"(第51页)。

查尔斯·高尔顿·达尔文推测了"人类未来将面临的其他革命",其中之一是"几乎肯定要出现的";它将是"第五次革命",并将出现在我们的化石燃料供应将要耗尽之时。尽管其他四次革命都导致了世界人口的增加,而这一次,预计人口反而会减少。达尔文预言的另外两次"可能出现的革命",一是"某种新的人类食物的大规模来源"的发现,二是有可能"空前精确地"预见未来。达尔文还想象了一场"内在的革命",它可能以发现一种"有意识地改变人类本性"的方法为中心。后面这三次革命将在未来不到两万年之内发生。难道要"至少一万年才将有一次革命吗?"在达尔文怀疑是否"我们的后代未来将面临如此之多的革命"时,他也意识到,从这种无根据的推测中可能获益甚微。

553　　J. B. S. 霍尔丹,这位在晚年支持政治和社会革命的生物学家曾经写道:"阿伦尼乌斯(Arrhenius)的离子理论使化学发生了变革",而 J. J. 汤姆孙的"电子理论已使物理学发生了革命"(1940,x)。可惜,霍尔丹并没有仔细地说明离子理论和电子理论的区别,正是这种区别才使他能把其中一个看作变革,把另一个看作革命。在霍尔丹的一部早期著作《代达罗斯，或科学与未来》（*Daedalus，or Science and the Future*，1924，80）中，他强调指出，生物学家"并不视自己为左派和革命者"。"生物学家没有时间去梦想"，他又补充说："不过我认为，他们之中有梦想的人比愿意承认自己有梦想的人要多。"在这本书中霍尔丹介绍了，在不使用"革命"这个词或其派生词时，我们应把伟大的"革命化的"或"革命性的"发现称之为什么。

我们前面曾提及卢瑟福关于科学知识渐进增长的观点。我们还看到了他大胆断言，玻尔的原子光谱量子理论是"革命化的物理学"。他关于科学发展的全面陈述如下［Joseph Needham and Pagel（李约瑟和帕格尔）1940，73 – 74）］：

> 对于任何个人来说，做出突然性的重大发现均不是必然的；科学是循序渐进发展的，每个人都要依靠其前辈的工作。当你听到一项突发的、出乎意料的、宛如晴天霹雳般的发现时，你可能总是确信，它的发生肯定受到了这个或那个前人的影响，正是这种相互影响导致了科学进步的巨大可能性。科学家们不是依靠某一个人的思想，而是依靠成千上万人的共同智慧，他们都在思考相同的问题，每个人都在为逐渐崛起的知识的宏伟大厦添砖加瓦。

在卢瑟福时代，有些科学家表述了相当不同的观点，维纳尔·海森伯就是其中之一，尤其值得注意的是他关于现代物理学的诸多富有思想性和哲理性的著作。在其《核科学的哲学问题》（*Phil-*

osophical Problems of Nuclear Science，1952，13)中，他把现代物理学理论的起源与古典革命进行了比较：

> 现代理论并非出自那些革命性的观念，也就是说，并非出自那些凭空产生并被引入精确科学的观念。相反，它们设法使自己融入这样的研究，这种研究始终如一地尝试实现经典物理学的纲领——它们正是从这种研究的本质中产生的。因此，不能把现代物理学的开端与以前诸时代发生的伟大剧变——例如哥白尼的成就相提并论。哥白尼的思想，更应该说是从外部被输入到了他那个时代的科学概念之中，因而在科学中导致的变化也远比现代物理学思想在当今正在引发的变化更为显著。

554 海森伯将地理学界与现代物理学界作了一个鲜明的对比。他首先讨论了一个一般性的问题："现代物理学对精确科学的基础造成的最终变革"（第16页）。在他的讨论中，海森伯提到了世界是一个扁平的圆盘这一古代的宇宙观——这一信念被环球航行的实践一劳永逸地摧毁了。"世界"尽头的概念在"哥伦布和麦哲伦(Magellan)的发现之旅"之前一直有着"确切和清楚的含义"。不过，在海森伯看来，"所有已被探索过的世界的表面，并未导致诸如人类放弃'世界尽头'的观念这样的结果"（因为"至今仍有一些未被探索的部分"），不过，这些发现和探险之旅"为利用新的探索路线的必要性提供了证据"。简而言之，接受大地是球形的观点并未使人感到"失去旧的观念"是"一种损失"。海森伯认为，对于量子物理学和经典物理学来说,情况也是一样。"量子论引进了新的思路",其结果是,"经典物理学概念的丧失看起来不再是一种损失"。

海森伯接着将他的类比更进了一步。哥伦布所完成的发现并未对地中海地理学造成什么实质性的影响。因此,称哥伦布的航行"使当时正统的地理学知识被废弃了"是错误的。而且,他由此得出了关于物理学中的革命的如下结论。他写道:"说今天物理学中发生了一场革命,同样是错误的。"(第18页)

> 现代物理学没有改变伟大的经典学科诸如力学、光学和热学中的任何东西。唯有至今尚未探索之领域的观念,亦即从仅仅有关世界的某些部分的知识中不成熟地形成的观念,经历了某种决定性的转变。然而,这种观念对于未来的研究进程总是具有决定性意义的。

有关地理学发现的类比,在美国国家科学院－国家研究理事会的物理学考查委员会(the Physics Survey Committee of the U. S. National Academy of Sciences-National Research Council)的报告《物理学展望》(*Physics in Perspective*,1973)中有所不同。该报告以讨论"物理学的性质"开始,其中明确写道(第61-62页):

> 物理学中被研习的东西依然在被人们研习。人们常常会谈论科学革命。革命的社会政治内涵往往会使人想到这样一幅图景:一批学说被摒弃,取而代之的是另一批同样易于遭到反驳的学说。然而,情况与此全然不同。物理学史表明,物理

学家思考物理学基本问题的方式的确经历了深刻的变化。而每一次变化都拓宽了视野,增加了见识和理解。人们也许会说,20 世纪第一个 10 年由爱因斯坦引入的对相对性的认识,以及第三个 10 年建立的量子力学,堪称这方面的里程碑。在量子力学的发现过程中,伴随而来的唯一的知识损失是量子理论的大杂烩不值得惋惜的终结,因为一些实验事实已经坚决拒绝了这种拼凑之物。一个科学家,或是任何一位对自然界的基本作用感兴趣的思想者,他对量子力学的反应可能会是:"噢,情况实际是这样!"没有什么好的类比可以用于量子力学的到来,不过,若要运用社会－政治的类比的话,它不是一场革命,而是对新大陆的发现。

关于这一宣言最值得注意的是,对于"情况与此全然不同"这一大胆的陈述,这里既没有提供例证也没有给予支持的基础。而且,"一批学说被摒弃,取而代之的是另一批同样易于遭到反驳的学说"——无论这一比喻是否正确,这一图景并非显而易见是所谓"革命的社会政治内涵"的必然推论。如果细心观察,那么可以发现,对于笛卡尔物理学取代亚里士多德物理学,以及接下来的牛顿物理学取代笛卡尔物理学,这一"图景"是准确的描述。尽管扮演观察者的角色是危险的,但当一个科学史家认识到,在对历史事件的解释中已经发生了戏剧性的基本变化,而且这种变化还在持续——这时,他就会不由自主地想到"情况实际是这样"这句话。

25.2 一场柏格森革命？

如果是在 20 世纪 90 年代写作本书，我就很难想象，人们竟然曾经认为柏格森哲学作为科学中的一种革命性力量有着现实意义。柏格森最重要的科学著作是他 48 岁时出版的《创造进化论》（*L'évolution créatrice*，1907）。在这部书中，他强烈反对达尔文的自然选择进化论，尤其反对随机变异观念。在 1970 年版的《科学家传记辞典》有关柏格森的词条中，作者在介绍柏格森的立场时论证说，如果柏格森的非难是正确的，那么有关有机进化的基本问题的答案将"不会在生物学中而是在形而上学被中发现"。当然了！然而，无论如何，柏格森特别反对诸如随机变异和选择压力这样的概念，而主张是"生命冲动"或"élan vital""遍及了整个进化过程并说明了其主要特征"。

根据《科学家传记辞典》，我们会以为，柏格森"提出了一种在很大程度上归因于欧洲的活力论传统并从普罗提诺（Plotinus）那里汲取了灵感的学说"，"以取代达尔文、拉马克和斯宾塞的理论"。但愿如此吧！然而更值得关注的是，《科学家传记辞典》完全忽略了一个话题，亦即，柏格森对科学的实际影响（如果有的话）。就此而论应当注意，柏格森不仅强烈反对达尔文的进化论，也反对爱因斯坦的相对论。

德布罗意有些自相矛盾，这位以其对量子力学的贡献而闻名（尤其是因"德布罗意波"而享有盛名）的科学家，既是柏格森的热心拥护者，又是爱因斯坦相对论物理学的坚定信仰者，而相对论物理学正是他自己的物理学研究的坚实基础。由于柏格森是"一个反理智主义的哲学家,一个倡导本能反对理性的人",因此,德布罗意[按照福伊尔的说法(Feuer 1974,219)]称他"发现了柏格森的思想与量子力学和波动力学的思想之间最重要的相似之处",这一论点无疑值得注意。德布罗意写了一篇论文《当代物理学的概念与柏格森关于时间和运动的思想》("The Concepts of Contemporary Physics and Bergson's ideas on Time and Motion"),在其中,他特别论证了"柏格森对运动观的批判与当代量子理论观念之间的相似"[参见 Pete Gunter(皮特・冈特)1969,52]。柏格森自己称,他曾预见到这些思想,并在他最后的一些著作中表明,这些思想"是德布罗意理论的直接结果"(引文见 Feuer 1974,221)。可以证明,柏格森的观点给一些量子物理学家留下了深刻的印象[参见 Feuer 1974,206-214,220-222;Gunter 1969;Milič Čapek(米利奇・恰佩克)1971],但在这里,对于曾有过一场柏格森革命的断言,几乎找不到任何依据。

在生物学中,柏格森的影响更直接些,《科学家传记辞典》关于柏格森的词条重申了柏格森的这一主张:达尔文进化论"并未能对复杂器官[诸如脊椎动物的眼睛(原文如此)]及其功能的进化给出令人满意的说明",而且甚至也未能对"有机物从相对简单到复杂的进化"给出令人满意的说明。然而,对于柏格森的批评,朱利安・赫胥黎写道(1974,458):

> 阅读《创造进化论》会使人明白,柏格森是一位富有洞察力的作者,但对生物学了解甚少,他是一位优秀的诗人,但却是一位蹩脚的科学家。如果说,趋向于某个特定的特化器官

或综合性生物能力的适应性倾向可以用"生命冲动"来说明，那就等于说可以用引擎的"*élan locomotif*（运动冲动）"来说明火车的运动。莫里哀曾对他那个时代权威医学思想中类似的时髦的伪说明予以了充分的讽刺。

恩斯特·迈尔告诉我，当他还是一位年轻的生物学家时，每个人都在阅读和谈论柏格森的"创造进化论"和汉斯·德里施（Hans Driesch）①有关活力论的著述。所以，当恩斯特·迈尔 1928 年出发去新几内亚进行探险时，他随身带上了他们的著作。今天谈起那段往事时他笑了，他解释说，这样一来，他没有别的选择，只能通读这些著作，因为他没有别的书可读。倘若在家里开始阅读它们，他会很快将它们丢在一边。正如他以嘲讽的口吻评论的那样，"我发现在这两个人那里没有什么重要的思想"。

　　然而，至少在法国，柏格森主义成了生物学中真正的生力军。这无疑与法国生物学家持续地（几乎直至今日）抵制达尔文的进化和自然选择理论有关。埃内斯特·伯西格尔（Ernest Boesiger）在一篇文章（1980）中，对法国科学界的这种状况为我们作了生动的描述。在法国，有关反对达尔文主义的档案冗长而乏味，其间常常插入一些像在 1937 年发表的那样的论述："没有生物学事实支持进化论"；"自然选择不起任何作用"；"进化论是一种教士们不再相信的教义"。伯西格尔解释说，"所有法国生物学家均受到了柏格

557

---

①　汉斯·德里施（1867－1941 年），德国胚胎学家和哲学家，以其早期的胚胎学实验研究和新活力论哲学而闻名。——译者

森非常巨大和直接的影响"(第 314 页)。在他们之中有 P. P. 格拉塞(P. P. Grassé),法国科学院院长,直至 1973 年仍在其《生物的进化》(*L'évolution du vivant*)中反对自然选择和群体遗传学。法国的诺贝尔奖获得者雅克・莫诺(Jacques Monod)在他的《偶然性与必然性》(*Chance and Necessity*,1970)中直率地写道:"我年轻时,如果谁不读柏格森的《创造进化论》,那他是没有希望拿到学士学位的。"可是,即使这种影响如此强大,它也很难与科学中的革命同日而语,实际上它更具有反革命的特色。

然而,仍有人主张曾有过柏格森革命,特别是夏尔・贝玑(Charles Péguy)[①]在他出版的青年柏格森主义者的重要出版物——《半月丛刊》(*Cahiers de la quinzaine*)中的主张〔参见 Daniel Halévy(达尼埃尔・阿莱维)1946〕。正如罗曼・罗兰(Romain Rolland)说明的那样(1944,25 - 40),对于那些反对极端唯物主义、实证主义和教条社会学的年轻唯心主义者来说,柏格森是"思想的魔术师,在他的周围聚集着所有的反抗者"(参见 Feuer 1974,209)。

在他对柏格森和笛卡尔哲学的综合研究著作中,贝玑(1935,13)写道:

> 正如在自然科学中,解剖学和生理学革命绝不会在动物**王国**与植物**王国**之间造成对立,而是力图**同时**在这两个王国

---

① 夏尔・贝玑(1873 — 1914 年),法国著名诗人、哲学家,其最重要的作品有《圣女贞德》和《贞德仁慈之谜》。——译者

中对有关这两类相似的事实的思想进行重新定位;同样地,柏格森哲学的革命也决不会在思想和存在这两个领域之间导致对立或替代,它力图**同时**探索所有的领域、所有的秩序和所有的原理,并对有关这些相似的事实的思想进行重新定位。

在皮特·冈特主编的文集《柏格森与物理学的进化》(*Bergson and the Evolution of Physics*,1969)中,他写的序言以一组对革命的评论开始。他写道:"20 世纪见证了物理学的每一个分支中发生的一系列惊人的且尚未完成的革命。"冈特接着写道:亨利·柏格森"思考了物理学中这些不可避免的观念的革命",并且"能够大略预见到其中一些最重要的理论结论"。我们也许会承认,这可能是"一项引人注目的成就",从"柏格森因其'反科学'或'文才'而获得的声誉"来看,尤其是这样。冈特编纂的这部文集从肯定与否定两个方面探讨了这一主题。柏格森论述物理学的主要著作是他的《绵延与同时性:关于爱因斯坦的理论》(*Durée et simultanéité:à propos de la théorie d'Einstein*,Paris,1922)。必须注意,当初,在 A. 罗比内(A. Robinet)主编的柏格森的文集(*Oeuvres*,Paris,1970)于他去世大约 30 年后出版时,编者机智地略去了这篇反爱因斯坦的文章。

在冈特主编的文集的一篇文章中,物理学家和哲学家——但首先是物理学家的奥利弗·科斯塔·德·博勒加尔(Oliver Costa de Beauregard),在很不情愿地结束一项有关柏格森反爱因斯坦的立场的历史和哲学研究时评论说(Gunter 1969,250):"在《绵延与同时性》中,柏格森所提出的专业论据是绝对错误的、不适用的”。爱因斯坦的传记作家亚伯拉罕·派斯写道（1982，510），爱因斯坦“了解、喜欢并且尊敬柏格森”，作为国家知识合作联合会（the League of Nation's Committee for Intellectual Cooperation）的成员之一，爱因斯坦在 1922 年与他有过接触；但是关于柏格森的哲学，爱因斯坦会评论说，“Gott verzeih ihm（上帝宽恕他吧）”。在一封写给曾在 1924 年与柏格森就相对论展开公开论战的安德烈·梅茨（Andrè Metz）的信中，爱因斯坦认为，“可惜的是，柏格森恐怕完全错了”，并且指出，“他的错误确实是纯粹物理学方面的”，他曲解了“两个事件……的同时性”（Gunter 1969，190）。

25.3　社会科学中的革命

在 20 世纪，人们说，革命既在自然科学和精确科学中发生了，也在社会科学中出现了。1976 年，约翰·希克斯（John Hicks）爵士[①]讨论了“经济学中的革命”这一主题。给他留下了深刻的印象的是，“科学‘革命’的研究”方式已经成了一种“自然科学方法论的有力工具”，他认为“以大致相同的方式”研究经济学中的“革命”大概也会富有成效。但他坚持认为，这种革命对于经济学的意义与他在自然科学中看到的大相径庭。在他看来，这两个领域的这种差异源于这样的事实，即科学史“对于科研一线的科学家并不像经济学史对于科研一线的经济学家那样重要”。（1976，207）在经

[①]　约翰·希克斯爵士（1904－1989 年），英国著名经济学家，20 世纪最有影响的经济学家之一，以其对一般经济均衡理论的开拓性贡献而闻名，于 1972 年与阿罗共同获得诺贝尔经济学奖；其代表作有《价值与资本》。——译者

济学中,他发现"重大的革命(幸亏)相当之少";一个明显的例子是"凯恩斯革命",能与之比肩的不过二三之数。希克斯提出了这样一个有趣的假设,重大的革命很有可能起源于"狭义的学院派经济学家以外","而那些小规模的革命……则可能更有可能由学院派发动"。

按照希克斯的观点,第一场经济学革命是亚当·斯密(Adam Smith,在一定程度上基于重农主义思想)创立了"古典经济学"。第二场("较小的革命")是"从斯密向大卫·李嘉图的转变"。接下来的是两场"大约同时的革命;一场是由马克思发动的,另一场由杰文斯、瓦尔拉(Walras)①和门格尔(Menger)②发动的"。希克斯用了很大的篇幅讨论了"边际革命"(或"交易经济学革命"),这是一种以"交换"而不是以"生产和分配"为基础的经济学发展。他提议以一个比较老的名称"交易经济学家"代替"边际效用论者"来描述新的经济学家,他们的活动主要基于边际效用的概念。

最近,经济学家马丁·费尔德斯坦(Martin Feldstein,里根总 559
统经济顾问委员会前主席)写道:一场"重大的经济学革命正在进行中",这是一场从已经"在过去 55 年中支配经济政策"的"凯恩斯思想"后退的革命。他预计,"这场经济学思想的革命"将会对国家经济和"我们个人的日常生活"产生"深远的影响"。

---

① 即莱昂·瓦尔拉(Léon Walras,1834 - 1910 年),法国数理经济学家,经济学"洛桑学派"的奠基人,代表作有《纯粹政治经济学纲要》。——译者

② 即卡尔·门格尔(Carl Menger, 1840 - 1921 年),奥地利经济学家,奥地利经济学派的创始人,因其对边际效用理论的发展而闻名,代表作有《国民经济学原理》。——译者

26.1　20 世纪一些替代科学革命的学说

本书的范围限于讨论科学中的革命这个概念的历史和意义。不过,对于科学变革还有其他的一些表述,它们是由 20 世纪一些有史学头脑的哲学家做出的。伊姆雷·拉卡托斯(1978)提出了"科学研究纲领方法论"和科学史的"理性重建"这两个概念。拉卡托斯[和 E. 扎哈尔(E. Zahar)]运用这些概念尝试着揭示(1978,168):"为什么哥白尼的研究纲领取代了托勒密的纲领?"拉卡托斯(1978,90)特别对"库恩关于不可能存在发现的逻辑,有的只是发现的心理学这样的观点"提出了反驳。拉里·劳丹(1977)提出了一种科学变革理论,其中心概念是"科学合理性原则",这些原则不是"永久固定的,而是随着科学的进程不断发生重大改变"(Hacking 1981,144)。还有一些重要的对科学变革的哲学探讨是卡尔·波普尔[参见参考文献和 Bryan Magee(布赖恩·马吉)1973]、保罗·费耶阿本德、N. R. 汉森、希拉里·普特南(Hilary Putnam)和其他一些人完成的。仅仅就认识以下这一点而言,我们必须关注这些发展,即现在的讨论并非都同意 T. S. 库恩的科学发展的中心要素是革命的论点。

对于评价科学史发展的模式,法国学派尚未对英语世界产生重要影响。亚历山大·柯瓦雷在其《伽利略研究》(1939;英译本,1978)的开篇写道,有人把科学思维中的那些重大进展表述为似乎每一步都需要"超人的努力",并且每一重大进展均是"人类思想中的名副其实的'突变'"。柯瓦雷断言,"17 世纪中的科学革命无疑是这种真正的突变",事实上,它"是自古希腊思想发明宇宙体系以来最重要的突变之一，甚至也许是历史上最重要的突变"。我第二次引用这段话是为了强调，柯瓦雷所指出的"突变"一词是由 G. 巴舍拉尔(1934，1938)在这种历史分析语境中引入的。

在米歇尔·福柯(Michel Foucault)的《词与物》[*Les mots et les choses* 1966；英译为 *The Order of Things*，1970]中，他强调了"episteme(知识，认识)"的概念。他把其目的概括为对一种"欧洲思想从文艺复兴至今的连续发展和转化"的考察[参见 Alan Sheridan(艾伦·谢里登)1980，210]。福柯集中讨论了"分别涉及生物、语言和价值的三个基本领域，[以及]它们在每个时期与哲学的联系，还有它们向 19 世纪出现的'人文科学'的延伸"。按照伊恩·哈金的分析(1982，3)，"大约同一时期在三个领域中出现的'相同的'转变的逸事"，例证了福柯的"思想领域中的交叉突变"。这样，"博物学变成了生物学，通用语法变成了语文学，价值论变成了经济学"。

斯蒂芬·图尔明在他的《人类的理解力》(1922)中尝试了一种大不相同的研究。就目前的语境而论，这一著作最令人感兴趣的部分是探讨了"诸知识学科中概念演变的历史进程"的进化基础，尤其是他依据人口模型的探讨(第 3 章)。这样，图尔明就抓住了查尔斯·达尔文最根本的概念。在一篇题为《自然选择和科学编年史中的其他模型》("Natural Selection and Other Models in the Historiography of Science")的文章中(1981)，罗伯特·J. 理查兹(Robert J. Richards)探讨了"科学发展进化模型"的某些方面，特别评价了波普尔和图尔明的"模型"，并且把历史思想与达尔文思想进行了类比(第 58 页)。在前面的补充材料 18.2 中，我对把

560

进化用来作为理解科学进步的构成概念进行了讨论;这里也许应指出,许多科学家反对用科学变革的进化模型来替代革命模型。

1904 年,在圣路易斯与世界博览会(Universal Exposition)联合召开的艺术与科学大会(the Congress of Arts and Science)上,天文学家西蒙·纽科姆在致开幕词时,提出了他的"科学探索者的进化"的观点。他的主要论点是,几个世纪以来,表征科学发展特点的是进化而不是革命。这种历史观与这样一种流行的思想是一致的,即作为"进化与消亡这两种对立过程"相结合的结果,"自然的发展过程"总是"持续向前的"。在纽科姆看来(1905,137),时代的趋向是,"使激变降临神学禁地",并且,见证大自然"作为一个不倦的勤劳者,满怀无限的耐心,历经漫长的岁月等待着结果"。然而,纽科姆也意识到,历史(无论是自然史还是人类史)会不时地被重大的事件(这些就是"革命")打断,他运用了一个类比来说明一个漫长而缓慢的进化过程何以能导致一个明显的重大变化:"建造一艘船,从制作龙骨到她扬帆远航是一个缓慢和渐进的过程;不过,在制造她的历史进程中也有一个开创新纪元的激变时期,那就是这一时刻:在作为一堆毫无生气、无行动能力、静止不动的材料躺了数月甚或数年之后,她忽然之间获得了运动能力,就仿佛注入了活力,她会滑入河流,渴望开始她注定的航行生涯"。纽科姆相信,同样的过程也会出现在"人类的发展中"。也许会有一些漫长的时期,在此期间似乎"没有任何真正的进展";知识是增加了一些,但在"思想领域"没有什么能称之为"全新的东西"。然而,按照纽科姆的看法,"大自然"可能一直在"以一种躲避我们细究的方式""缓慢地运转",直至"她的运行结果突然出现在一种全新的和革命性的运动中,从而把人类带往更高水平的文明"。对于纽科姆,科学史因此仅仅是一种"研究某个特殊的进化阶段"的例证(第143页)。

仅仅半个多世纪之后,在剑桥(1965年)召开的英国科学促进协会的会议上,阿瑟·凯斯特勒阐述了"科学史中的进化与革命"这一主题。他在文章中提出了这样的观念:"任何一个科学分支的历史"均显示出"漫长的相对平静的进化时期与短暂的革命性突变有规律的交替进行"(第37页)。由此会得出这样的必然结论,即"在严格的意义上[是]连续性的和积累性的科学进步"只会出现在"重大突破之后的平静时期"。

26.2 迪昂论科学中的进化与革命

皮埃尔·迪昂关于进化与革命的观点,因为其作为科学史家的重要地位和他作为哲学家的作用,引起了我们的注意。他的两部主要的哲学著作是《解释现象:论从柏拉图到伽利略的物理学理论的观念》($\Sigma\Omega ZEIN\ TA\ \Phi AINOMENA$:*Essai sur la notion de théorie physique de Platon à Galilée*,1908)和《物理学理论的目的与结构》(*La théorie physique*:*son object*,*sa structure*,1906,1914,1954)。迪昂主要的科学史著作讨论了中世纪的物理学,其中有《列奥纳多·达·芬奇研究》(*Études sur Léonard de Vinci*,*ceux qu'il a lus et ceux qui l'ont lu*,Paris,1906-1913)、《宇宙体系》(*Le système du monde*,1913-1959)和《静力学的起源》(*Les origines de la statique*,Paris,1905-1906)。他还写了许多专业著作,主要论述化学的和物理学的热力学和电磁学理论,他还

发表过一些重要的论述 J. 威拉德·吉布斯的专论,论述"新力学"的兴起的专论(1905;1980),以及论述 J. C. 麦克斯韦对电磁理论贡献的专论(1902)。他是一位热心的天主教徒,在政治社会领域中,他是一位保守主义者。他是论述"信徒的物理学"(1954,273-335)的著名短论的作者。正是迪昂唤起了人们对经院哲学思想家作品的科学价值的注意,他强调,是他们预见了运动学与理论力学中的许多概念,而这些概念曾一度被认为是 17 世纪科学革命中的革命性发明。

像迪昂这样的人对科学发展竟会采取一种非革命观并不奇怪。在他 1905 年 3 月 21 日为《静力学的起源》(*Origin of Statics*)所写的序言的结尾部分(1905,1:第 iv 页),迪昂说,他的历史研究使他得出了一个肯定的结论,即"我们当代确实为之感到非常骄傲的力学和物理学,来源于对中世纪的学校所教授的学说不易察觉的不断改进"。同样,"所谓的知识革命往往只是缓慢且经过长期准备的进化,所谓复兴只不过是对频繁发生的不公正和成果贫乏的反作用"。最后,"尊重传统是科学进步的基本条件"。

尽管迪昂持有强烈的否定革命的态度,但他仍使用了哥白尼革命("révolution copernicienne")这一名称(即使没有充分阐述这个概念)来划定他所谓的(2:第 vi-vii 页)"由经院哲学大师们开始的观念进化"的时期,这一进化"导致了著名的托里拆利原理"。这部书将这一进化一分而二,"第一阶段:从萨克森的阿尔贝特(Albert of Saxony)到哥白尼革命",以及"第二阶段:从哥白尼革命到托里拆利"(2:1,91)。对于后一个时期,迪昂的讨论从"萨克森的阿尔贝特的传统与哥白尼革命"开始,在其中迪昂说,阿尔贝特在1508年就已经是"哥白尼革命的一个先驱"了。在《物理学理论的目的与结构》中,迪昂也引入了哥白尼革命这个名称,但他并没有(在任何著作中都没有)讨论哥白尼天文学的任何革命特性。事实上,他相当明确地称"哥白尼革命"不过是一次改良(1905,2:第vii页)。

在《静力学的起源》一书的结论(2:278-279)中,迪昂重申了他的这一论题,即科学是进化的,"突现"是绝少发生的。科学是"渐进"发展的;"它的前进只能是一步一个脚印地推进",绝不会发生"突变"。他写道,"为那些用真理的光明驱散了无知和谬误的黑暗的闪电式发现而欢呼"是史学家们的一个错误。相反,他坚持认为,无论是谁,只要仔细研究科学史,几乎都会看到"通过大量不知不觉的努力和无数难以觉察的倾向而取得的成果"。因此,"在使科学获得其成就的进化"的"每一阶段",都会出现"两个特征",那就是"连续性和复杂性"。值得注意的是,在迪昂的科学著作中,如同在他的科学史和科学哲学著述中一样,他只限于讨论物理科学。没有任何迹象表明,在他使用"进化"这一概念和名称时是否具有任何达尔文所意味的含义(关于这一点,请参见Paul 1979)。

迪昂把他的另一部著作命名为《力学的进化》(*The Evolution of Mechanics*,1905;英译本,1980),以此强调了进化这个主题。在该书结语的最后一段,他明确地指出:"因此,确切地说,力学的发展是一种**进化**;这种进化的每一阶段均是它前一阶段的自然结果;也均是其后续各阶段的主要部分"(1980,188)。因而,对于理论物理学家来说,设想"他所建立的体系将逃脱它前面的那些体系的共同命运并且其价值比它们更持久",都是自以为是的。不过,由于科学思想的发展是一个进化的过程,每一位理论工作者都"有权相信他的努力将不会徒劳无获",在未来的数个世纪中,"他播种并使之发芽的思想的种子将会不断生长并结出它们的果实"。然而,就在两段话之前,迪昂不仅写下了"笛卡尔革命",而且甚至还称"新力学"是一场"与笛卡尔革命相对立的反革命"。无论如何,他确实得出了这样的结论:"[目前的]这场反革命并没有把笛卡尔战利品中的任何东西抛弃"。

有关科学进化的主题多次出现在迪昂的著作中,例如,在《科学问题评论》(*Revue des Questions Scientifiques*)1896 年 10 月号发表的文章《18 世纪以来的物理学理论的进化》("L'évolution des théories physiques du XVIIIe siècle jusqu'à nos jours"),以及在《两个世界评论》(*Revue des Deux Mondes*)上发表的有关热的理论的系列文章(1895,*129*:869-901;1895,*130*:380-415,851-868)的结尾部分,以讨论"从 17 世纪到我们的时代的所有物理理论所经历的进化"作为结束。

迪昂关于进化与革命的思考中的矛盾,最明显地表现在其关于麦克斯韦和电磁学理论的文章中。在这里他看不到进化的过程,却毫不含糊地欢呼麦克斯韦的伟大成就是一场革命。或许这就是麦克斯韦物理学非比寻常的一种标志,以至于像迪昂这样一个积极表态信奉进化、如此反对革命的人,也依然会视这一进展为一场革命。

29.1　库恩对大陆漂移编史学的影响

在第二十九章开头,我提到了这样一个事实:许多地球科学家运用了托马斯·S.库恩在《科学革命的结构》(1962)中所提出的术语,把大陆漂移的思想史描述为一场革命。就此而论,我们必须记住,1956年塔斯马尼亚的研讨会,是一个预示着有关可能的大陆运动的观念将发生转变的重要事件。研讨会上有一篇重要文章是澳大利亚构造地质学家S. W. 凯里(S. W. Carey)撰写的,他提出了一种新的有关大陆运动和扩张的观点(参见 Hallam 1973,53)。这次研讨会的论文集直到1959年才出版,这一年,J. 图佐·威尔逊[与J. A. 雅各布斯(J. A. Jacobs)和R. D. 拉塞尔(R. D. Russell)合作]出版了一部题为《物理学与地质学》(*Physics and Geology*)的教科书。威尔逊(在1982年8月3日的私人通信中)告诉我,1959年以前,他"并不相信大陆漂移说,但是到了1959年,我相信了它而且感到烦恼的是,我在这部教科书中用只言片语就把这个主题打发了"。威尔逊回忆说,他的"转折点是",1956年"从萨姆·凯里那里收到了一份他为塔斯马尼亚研讨会准备的论文的油印本",论文论述了大陆漂移说。然而,凯里在接受大陆横向运动的同时,继续坚信他自己的"地球迅速扩张模型,而置不利的证据于不顾",而且,直到1973年,他仍然反对板块构造说(Hallam 1973, 106)。威尔逊(在他1982年8月3日写给我的信中)说,他认为"是古磁学的证据说服了我"。威尔逊花了很长时间研究加拿大地盾,而且他"不喜欢凯里关于大陆内部运动的思想"。而在威尔逊反思凯里的论文期间,他确信,"在1965年左右我写的几篇关于转换断层和板块结构说的论文中,我恰当地运用了刚性板块的思想"。

　　回顾1960年,也就是威尔逊改宗一年之后,哈里·赫斯散发了他关于海底扩张的论文的未定稿;罗伯特·S. 迪茨(Robert S. Dietz)在《自然》杂志上的(建议使用"海底扩张说"这个现行名称的)文章发表于 1961 年;而赫斯的定稿发表于 1962 年。1963 年,瓦因-马修斯假说发表在《自然》杂志上;翌年,作为已经得到了确证的思想,大陆位移的观念"仅在 5 年之内"就被"普遍认为是正确的而接受了下来"——这些引文引自《自然》杂志的一篇题为《大陆漂移已成为事实》("Continental Drift Come True")的未署名文章(1967 年 9 月 2 日,215:1061-1062)。同时,1965,J. 图佐·威尔逊发表了他论述转换断层的开创性论文[论文的题目为《一类新的断层及其对大陆漂移的影响》("A New Class of Faults and Their Bearing on Continental Drift")],文中包含了所谓的"作为板块结构理论后盾的萌芽观念",并(在这个语境中)引进了"板块"这一术语(Hallam 1973,68)。翌年,贾森·W. 摩尔根(Jason W. Morgan,在 1968 年)、格扎维埃·勒皮尚(Xavier Le Pichun,在 1968 年)和丹·P. 麦肯奇(在 1969 年),在一系列重要的出版物中对这一理论进行了详尽的阐述。

　　1963 年,即瓦因-马修斯的文章发表的那一年,J. 图佐·威尔逊(他曾在伯克利研讨会上有关"大陆运动"的演讲中谈到了大陆漂移)大胆地主张,在地球科学中一场革命即将来临。威尔逊有关革命的说法完全是预言性的,因为它出现在瓦因-马修斯假说被实验验证之前。然而他并未把他的这篇演讲的油印本付梓问世,也没有在同年 4 月的《科学美国人》上发表的那篇文章(208:88-100;重印于 Wilson 1973)中提及革命这一概念。但是到了 1968 年,威尔逊开始采用"魏格纳革命"这个名称,从它与哥白尼革命相似的角度进行了论证(1968，317)。在他的报告中，他提请人们注意库恩的"精彩分析"中的一些主要观点。在该文的一份附录(1968)中，威尔逊对一位拒绝接受大陆漂移说的苏联地理学家作了颇有风度的答复。这位地理学家那时依然不相信"地球科学中发生的事情与1800年左右化学所中发生的、引入进化论时生物学中所发生的以及现代观念取代古典观念时物理学中所发生的事情相类似"。威尔逊说："这不是新的资料，而是标志着一场科学革命的观念中的变革，就像T. S. 库恩(1962)精彩地论述的那样。"1968年4月，在提交给美国哲学学会的一篇报告中，威尔逊在讨论大陆漂移说时指出，那是"我们时代一次重要的科学革命"(1968，309)，在结束报告时，他强调了库恩的洞见(第317－318页)。他说明了为什么对于库恩来说，这场革命像哥白尼革命一样，其本质"不是任何技术上有了改进，也不是获得了更多更好的数据，亦不是数学上有了发展，而是观念上发生了变革"。他强调了库恩的"观点，亦即信念的变革是所有伟大的科学革命的精髓所在，从燃素说到现代化学，从热质说到现代热力学，或者从特创论到进化论，莫不是如此"。像考克斯一样，威尔逊也接受了库恩的 ⁵⁶⁵ 这一基本观点：科学是由革命推进的，而且，这些革命主要是观念上的变革，是考察资料的新方式，是总体信念框架的突变。

在威尔逊主编的《漂移的大陆》(*Continents Adrift*，1973；修订版，1976)中，他并未在他为书的各部分撰写的编者导读中使用库恩的语言或观念，在他自己的文章(发表于1963年4月的《科学美国人》上的论文)中也是如此。然而，在他的序言中，他却提到了"最近的科学革命"，并且，他强调了库恩(像其他一些科学史家一样)已指出的事实,即科学已发展到了这样的阶段:"理论家开始运用新的和更为精明的系统说明来重新解释实践家的知识",其中的许多说明乍一看似乎"是违背理性的"(1976,第 v－vi 页)。不过,随着时间的消逝,这些说明已被人们接受了。随后,威尔逊引证了库恩所举的实例作为"科学革命的经典范例":"摒弃托勒密的地球是太阳系中心的信念"并用哥白尼天文学取而代之,以及"从燃素说炼金术到现代化学"的变革,达尔文进化论、量子力学和相对论的崛起。"许多地球科学家们相信……"正是这样的科学革命"已经在他们自己的学科中发生了"。

J. 图佐·威尔逊是一位知识渊博、思想深刻的学者,因此,他在 1963 年已经在思考科学革命了,这毫不奇怪,因为在这一年有许多人都在讨论和评论库恩 1962 年出版的《科学革命的结构》。威尔逊(1982 年 8 月 3 日)写信给我说,他还记得"阅读库恩的著作并被其深深触动时的情形"。另外,他清楚地记得,"我通过与他所说的革命的比较得出了自己关于地球科学革命的观念",而且毫无疑问,"我从他那里借用了'革命'这个词"。

考虑到威尔逊在地球科学界的重要地位,其他人以他为榜样考虑他们学科中的革命,就不足为怪了。例如,1969 年在一篇评论魏格纳著作第 4 版的一个英国和一个美国的英译重印本以及另外两个译本的文章中,W. B. 哈兰(W. B. Harland 1969,100)回顾了"关于大陆漂移观念史的早期背景"。他不仅援引了"革命"这一概念和这一术语,而且还运用库恩的用语诸如"范式"和"常规科学"来讨论地球科学中的革命。他还提到了约翰·齐曼(John Ziman)对大陆漂移的论述:"齐曼(1968)提出了颇有价值的主张,即大陆漂移问题的复杂状态和分歧状态为科学史家和科学哲学家提供的研究模型,远远好于那些来自物理学的了无新意的例于(如从燃素到光子和质子)所提供的模型,后者的模型太程式化了,因而需要运用相对简单的逻辑来处理"(Harland 1969,103)。关于库恩,他写道:

> 的确,这场大陆漂移革命不同于教科书式的科学革命(例如 Kuhn 1962),在教科书式的科学革命中,只要有适当构想、清晰阐明的新范式,就可在一次短暂的激烈战斗中胜出。争议的重要意义是长期可见的,而且,必要的证据也许是长期有效的。相互矛盾的假说可能会并存几十年,因为有许多可供选择的方法消除矛盾。在把一大堆互相依存的概念加以系统说明的过程中,已经有过而且依然有着诸多困难,其中有一些可通过修正假说或使用新的证据予以消除。或许只有特别例外的革命可在一天内完成。常规科学是由连续的革命构成的,而并非库恩所认为的那样。

在其著作中题为《对革命的反思》("Reflections on the Revolution")的那一章,哈勒姆(1973,106)讨论了"T. S. 库恩的有影响的工作"——他"向科学通过逐渐积累的发现和发明而进步的传统观念发起了挑战"。哈勒姆以明显赞许的口吻谈到,库恩的命题是,"一种**范式**或世界观被另一种取代时就会发生革命",而且他用了两页的篇幅引用物理学史中的实例来阐明库恩的中心命题。但哈勒姆也注意到了约翰·齐曼对科学的分析,这种分析表明,"一

566

个既定领域的进步是以科学共同体共识的转变为特点的"(第105页),他称"写作本书的瞬间冲动"来自约翰·齐曼(第v页)。因此,哈勒姆(第105页)才会认为,地球科学中的革命就是"齐曼所谓的'无形学院'中的大多数人从一组关于某个特定现象的旧观念转而相信新观念"的例证(参见 Ziman 1968)。哈勒姆关于库恩的观点及其它们对大陆漂移的适用性的论述,占据了其著作最后一章的10页中的3页,他总结道(第108页):

> 由于没有更清晰地界定"范式"概念并且过分夸大了"革命"与"常规科学"的对比,库恩一直受到人们的批评。当然,有些人也许有充分根据否认那些拖了半个世纪悬而未决的革命,因为它们只不过与其他一些相当缓慢的思想和技术方面的变化同步而行。然而,在我看来,库恩以一个最富有启发性的概念模型突出了科学的主要特征,并且一直自觉地向陈腐的渐进发展观发起挑战。地球科学的确显示出已经经历了库恩意义上的革命,我们不应当被这一事实误导,即从细节上看,这幅图景的边缘有些模糊。

1973 年,艾伦·考克斯在其《板块构造理论与地磁反转》(*Plate Tectonics and Geomagnetic Reversals*)一书(第4-5页)中以对库恩的科学革命理论的讨论作为开篇,并且将该书的第一部分命名为"板块构造论的范式"。考克斯主要关心的是,与"科学以持续的稳步增长的方式发展的传统观点"相对的将库恩的观点(1973,4),而且,他明确地说,在该书的绪论篇中,他"仿效库恩用

'科学革命'和'范式'等术语来描述板块构造论和海底扩张论,而没有用传统的'假说'和'理论'"。他说,以这种方式"就可以避免应当把板块构造论描述为一种假说还是理论这样无益的争论"。[567]他确实注意到,板块构造论的发展,固然"可以根据一些科学史的理论加以描述",但可以看出,"库恩的科学革命模式也能令人惊讶地"适合于它。因此,他把"地球科学在过去的数十年的发展"看作"一个重要的新的科学范式的出现的过程"。然而,在简短的导论之后,考克斯就没有再直接提及库恩或他的理论。

虽然厄休拉·马文把她著作的标题定为《大陆漂移:一种概念的进化》(*Continental Drift：The Evolution of a Concept*),但在结束她关于大陆漂移的各种概念和理论的"进化"的说明时,她却讨论了"革命",并且提及了库恩的"科学革命的结构"及其对正在讨论的话题的适用性。她在这里只不过想指出,"大陆漂移这个地质学概念的沿革……以戏剧性的方式证实了托马斯·S.库恩提出的一个论题"(1973,189)。她最感兴趣的事实是,板块结构论引进了"一种新的观察地球的方式,一组新的假说、直觉知识和问题,以及一种新的评价观测数据和进行预测的标准"。她指出,对所有这些的"接受必须抛弃陈旧的僵尸式信念,因为它是以地球的地貌布局基本上稳定不变这一概念为核心的"(第190页)。她还提醒大家注意库恩的这一洞见:"从一种信念母体转向另一种如同经历一次改宗"。

在一项颇有创见的研究"大陆漂移与科学革命"中,对于使用库恩理论时"不加批判地为地球科学中新近的一些事件贴上革命的标签,并且暗指是'库恩式革命'",地质学家和科学史家戴维·

B. 基茨(David B. Kitts)提出了质疑(1974，2490)。基茨担心，如果那样做，"我们可能会遗漏某种对地质学史而言重要的东西，更重要的是，遗漏某种对地质学知识的本质而言根本性的东西"。基茨论点的要旨在于，他认为，严格意义上的库恩式革命不可能在地质学中发生。原因是，"物理学定律不会在地质学推理的背景下受到质疑。人们只是把它们当作前提"(第2491页)。在基茨看来，库恩的范式只是物理学的一般规律或理论，而且，"地质学家从未质疑、批评或否定物理学理论"(第2491页)。我们可能既不会接受这一解释，也不会接受他由此得出的结论(第2492页)，即"地质学家在导致抛弃综合性的理论范式的革命中不起任何作用"。不过他确实也承认，当然，一旦"抛弃一个理论范式而赞成另一个范式，这对地质学来说可能会产生革命性的后果"。量子力学革命便是一个例子，它"以某种重要的方式影响了地质学"，但它"并不是在地质学家的参与或推动下完成的"。

在对基茨的文章严谨而理由充分的批评中，雷切尔·劳丹(1978)指出，基茨"对库恩的解释过于苛刻了"。例如，她说，"库恩本人愿意承认生物学中的达尔文革命，或是地质学中的赖尔革命，而这两次革命都未抛弃物理学和化学的基本原理"。而且，她发现她自己(像我一样)"对基茨关于地质学本质的分析"感到"担忧"。我要补充一句，雷切尔·劳丹写出了一部精彩的关于革命的主要问题的简明史，其中包括了对库恩的革命性变革范畴之应用非常重要的批评。特别是，她提出了这个重要的观点：在魏格纳的革命从论著中的革命到科学中的革命(雷切尔·劳丹并未使用这种表述)的半个世纪期间，"并不存在一种整个地质学界均依据其工作的、主导性的范式"。相反,倒是"存在多种相互冲突的理论,其中没有一种对人多数科学家有支配力"。这应该说是一种前范式状态。因此,在大约半个世纪的这段时期,并不存在"任何可与库恩的'常规'科学相对应的领域"。她还就导致 20 世纪 50 年代期间和之后的状况的戏剧性变革的("来自古磁学和海洋学的")"新的证据线索"进行了仔细的区分。她总结道:

> 地质学家和历史学家采纳的对库恩的过于灵活的解释……似乎过于粗制滥造了,以致无法公正地处理历史细节。而且,缺乏库恩说明的明确特性;例如,在构造论之前和之后的地质学理论之间,并不存在不可公度性;板块构造论也不是由年轻一代的地质学家提出和倡导的。它的支持者来自处于职业生涯各个阶段段的人,包括那些早年坚定地拒绝大陆漂移学说的人。如果库恩所说的革命仅仅意指一个急剧的理论变革时期,那么诉诸他的著作是合适的。然而,当库恩描述科学革命时,在他心中所想的肯定比这更多,几乎没有哪个革命能在板块构造理论的构想和接受中得到例证。

她最后说,她发现"没有理由称 20 世纪 70 年代的地质学变革是一场库恩式革命"。

亨利·弗兰克尔(Henry Frankel)有价值的分析(1979;1979a)也应受到关注,在他的分析中,他先后将伊姆雷·拉卡托斯(按照"研究纲领")对科学进步的分析和拉里·劳丹(按照他的"合理性"的概念和理论)对科学增长和变化的说明应用于地球学科的历史。这两项研究,就像雷切尔·劳丹的工作一样,对于任何寻求理解地球科学中的革命的人都有很大助益。但是,对弗兰克尔的思想和见解进行批判性和综合性的评价会使我们偏离大陆漂移说和板块构造理论这个主题,并会使我们陷入科学哲学的争论。更为贴切的做法是,像雷切尔·劳丹一样说明,这场特殊的革命(我将马上会说明我为何认为它是一场革命)并没有完全遵循最简单的库恩模式,因为,正如我们已经看到的那样,哈兰说曾长期存在着"相互矛盾的假说",它们并未预示导致一个新范式的"危机"。这也是最近的进化观史的一个特点〔参见 Mayr and Provine 1980;John C. Greene(约翰·C. 格林)1971〕。

569　　　毋庸置疑,地球科学中曾发生过一场革命这种认识受到了 T. S. 库恩的双重影响。首先,他全力提醒科学家们注意科学中的革命性变化的过程,促使了他们质疑甚至放弃 20 世纪众多科学家持有的科学是通过积累、增长和线性发展的有序过程而前进的观点。其次,他为他们提供了一组特别的关于科学革命的"结构"的观点,这些观点已经被地球科学家们效法 J. 图佐·威尔逊在不同程度上接受了。

关于引文和参考文献的注释

在正文、注释和补充材料中，对所有引文和参考文献（通常括在圆括号中）都注明了作者、出版日期、卷数和页码。这些资料在注释后面的参考文献目录中也许一目了然。如果在一句话中已经指明了作者，则在注明时就不再重复作者姓名，例如："约翰·海尔布伦（1979：169）谈到威廉·吉伯……"。类似地，如果在一句话中提到了出版日期，则该日期也就不再重复，例如："1926年在《科学与近代世界》中，艾尔弗雷德·诺思·怀特海（第212页）指出……"。在正文、注释和补充材料中，几乎所有书名和文章题目均采用英文译文（通常，标题也附有原文）；类似地，所引用的短语、句子或语录也均采用英文译文，某些关键的词或短语在排印时则用了原文。在正文和注释中，标题后面也许标注着出版日期，或者既标注出版地也标注出版年代（或某个杂志的卷数、出版日期及页码）；这通常表示所提到的著作未列入参考文献目录之中。

几乎每一章都有尾注，旨在给尚未入门的读者提供一些补充读物，并以此简易说明我的某些主要的原始材料的来源，有些是第一手资料，有些是第二手资料——尤其在我受益于他人的劳动成果的那些章节中要说明这些来源，因为那些人提供了事实、相关的原文和信息以及他们的见解和解释。

　　在正文中,我试图把所引用的原始资料来源的数目控制在最低限度,以便减轻参考书目的负担,但决不应解释说这暗示着,作者所参考的著作要么很有限,要么非常少,只限于引文和参考文献所显示的那些。类似地,尽管我参考了数种语言的著作——有拉丁文、英文、法文、德文、意大利文以及西班牙文的著作,但是,即使我参考的是原版著作,只要可能,我在书中所引用的仍是相应著作的英文版本(这样可以方便英语读者)。

注　释

1. 导论

1. 从更大的范围讲,也许有人会问,革命这个概念对于理解任何变革——无论是政治的、社会的、经济的、艺术的、思想的、宗教的还是科学的变革,是否都普遍适用? 斯蒂芬·图尔明(1972)曾经论证说,在任何历史探讨中,革命都只是一个具有有限价值的概念,而且,对于理解科学变革而言,它的价值是令人怀疑的。不过,在政治史中,有些重大的著名事件(如光荣革命、法国大革命、1917年的俄国革命等)往往都被说成是革命。它们对于以后的思想和活动,既有实在的影响,也有象征性的影响;它们具有一些通常公认的革命这一称号所意味的特性。

彼得·卡尔弗特(Peter Calvert 1970,141)主张,我们应当"记住,'革命'这个术语本身是一个适用于所有形式由内部产生的政府或政权的剧烈更迭的政治术语",是"对这一事实的朴素认识,即在现代世界中,人们使用这个词最普遍指的就是这种含义"。

2. 在其《革命与社会改革》(*Revolution and the Transformation of Societies*)中,S. N.艾森施塔特(S. N. Eisenstadt)指出了

("部分是由革命家、部分是由现代的知识分子尤其是社会学家开574展的")"革命的过程"的 5 个"方面"。其中既有"暴力、新事物,也有整体的变革"(1978,2-3)。这 5 个方面是:(1)"现有的政治制度、其合法的基础及其标志的剧变";(2)"在位的政治精英或统治阶级被另一个集团取代";(3)"在所有重要的制度方面——首先是经济关系和阶级关系方面出现具有深远意义的变革,将导致几乎所有社会生活的现代化,导致经济的发展和工业化,并促成政治领域中的权力集中与参与";(4)"与过去彻底决裂"[亚历克西·德·托克维尔(Alexis de Tocqueville)在他的《旧制度与大革命》(*The Old Regime and the French Revolution*)中指出,这种不连续性是相对的];(5)导致了"不仅是制度和组织方面的转变,而且还有道德和教育方面的变革"(因此,在"革命幻象的这种具有强烈意识形态和千年至福思想色彩的倾向"之下,有人设想,"这些革命将会创造或造就出一种新人")。在 A. S. 科汉(A. S. Cohan)的著作(1975,14-31)中,可以看到有关"革命的这几个方面"略有不同的说法。

3. 许多科学家都曾强调过这样一个事实:科学中的革命把许多前革命的信念体系保留了下来。在《物理世界的本质》(1928,353)的结束语中,阿瑟·爱丁顿爵士写道,"每一次科学思想的革命就如同在旧的曲谱上配上的新歌词,对过去的东西不是要完全毁掉而是要调整。在我们尝试表述真理的所有失误中,科学真理的内核稳定增长;关于科学真理我们可以说:它越变化,保持不变的成分就越多。"

维纳尔·海森伯在《物理学和物理学以外》(*Physics and Be-*

yond，1971，147－148)的论述中,对"科学中的革命"提出了一种略有不同的观点。他撰写了一篇与学生的谈话,谈话中学生对他说,"相对论和量子理论象征着与以前所取得的任何成果的彻底决裂"。海森伯回答说,普朗克最初"并没有期望以任何彻底的方式改变经典物理学"。他唯一的抱负就是"解决一个具体的问题,亦即黑体的能量分布和黑体的辐射光谱"。只是在证明不可能找出一个可以适合经典物理学框架的解决办法的情况下,普朗克才"被迫对整个物理学进行彻底的改造"。不过,海森伯注意到,即使在这种情况下,"那些可以用经典物理学概念来描述的物理学领域,仍然被毫无改变地保留了下来"。换句话说,"只有这样的科学中的革命,亦即那些其研究者谋求尽可能少的变动并且把自己局限在某种特定的、已明确规定的程序内解决问题的革命,才会被证明是富于成果和颇有助益的"。也就是说,想要"清除一切或非常随意地改变局面"的企图,将会导致"全面的混乱"。简言之,在科学中,"只有走火入魔的狂热分子"才会"试图推翻一切,而且无须赘言,所有这类尝试都会彻底失败"。

4.对牛顿为建立控制英国科学思想界的网络所做工作的论述,是弗兰克·曼纽尔(Frank Manuel)的《艾萨克·牛顿传》(*A Portrait of Isaac Newton*,1968)的一个特点;对牛顿皇家学会的实际活动,约翰·海尔布伦(1983)曾进行过分析。

尤金·弗兰克尔(Eugene Frankel)把光的微粒理论和波动理论当作"物理学革命中的科学与政治"问题的一个例子,在对此例所进行的讨论中,他(Frankel 1976,142)收集了证据,以说明"为证实波动理论所做的斗争在政治和思想层面上展开了,这两方面

的战斗对波动说学派最终快速而全面地获取胜利都是必不可少
的。我们将看到,微粒说学派在这一时期的一贯策略就是无视波
动理论的发展,而且它要求像公布菲涅耳的研究那样公布阿拉戈
的成果,以便把这个问题提交给巴黎科学团体的某个负责人来解
决。最后,这场争论并不是因微粒说的信徒们改变立场而偃旗息
鼓的,相反,由于一个反拉普拉斯的派别在法国科学界占据了支配
地位,它才得以解决。

5.在这里,我所使用的"科学革命者"或"科学中的激进分子"
等词组,是指从事革命的或激进的**科学**活动的科学家,亦即这样的
科学家:他(或她)在自己所从事的科学事业中是位激进分子。我
所指的并非是那种相信其思想有着"科学的"基础的政治革命者或
政治上的激进分子,也不是那种碰巧其政治观点或政治活动带有
激进的或革命的色彩的科学家。

6.有些 20 世纪的心理学家[如著名的沃尔夫冈·克勒
(Wolfgang Köhler)和库尔特·莱温(Kurt Lewin)]声称,他们的
工作是从物理学的场论(更直接地是从爱因斯坦而不是从法拉第
或麦克斯韦那里)派生出来的。这是否是意识形态的(亦即科学以
外的)成分的一个例子,有赖于对心理学的"场论"是否是"科学"的
一个组成部分这一问题所做的判断。

7.也就是说,分子生物学的**各种应用**(例如基因断裂),已经引
起了大量涉及社会领域、生态领域,甚至经济领域的问题和讨论。
这些应用所引起的某些问题还含有意识形态方面的成分:我们应
当"干预"生命吗?我们是否有"权利"改变"未出生的生命"如人的
卵细胞或胎儿的形态?不过,这些只是与分子生物学的研究和实

践有关,而与其理论或思想内容并无关系。

8.只有哲学家会这样写而实践科学家肯定不会这样写[George Mead(乔治·米德)1936,117]:"我们很高兴使我们的理论发生这些革命,使我们的经验体系衰败我们也会感到很愉快,因为这样就可以用一个新的体系来取代它。我们甚至还要设立一些人们称之为大学的机构,并用高薪聘请一些从事研究工作的教授,他们将会摧毁我们的经验体系并用别的体系来取代它们。在我们看来,这是完全恰当的和自然的。"

9.诺贝尔科学奖有着很高的威望,但是必须注意到,这些科学奖扭曲了科学事业的整体形象,因为它们局限于物理学、化学和医学领域。这样,数学、天文学(除非是以物理学奖的名义颁奖)、地球科学,还有大部分的生物学——尤其是自然史、植物科学以及进化生物学等,都被排除在外了。尽管设立了巴尔赞奖(Balzan Prize)①,至少能在生物学方面对它的不足稍有补充,但它的奖励体系对许多科学不予重视,而且建立了一种有偏向的评价标准体系。一般而言,各种诺贝尔科学奖都被授予那些值得奖励的科学家,但有些时候,授奖是在事情发生许多年以后才进行的。至少在一个实例中[即 S. A. 古兹密特(S. A. Goudsmit)和 G. E. 乌伦贝克(G. E. Uhlenbeck)②发现了电子自旋],物理学评委会忽略

576

---

① 巴尔赞奖由国际巴尔赞基金会发放。该基金会由来自欧洲的著名学会的 20 名成员组成,每年对在人文科学、自然科学、文化以及和平事业作出了突出贡献的 4 名个人或组织予以奖励。四份奖金每份的金额为 750,000 瑞士法郎(约合 700,000 欧元)。——译者

② S. A. 古兹密特(1902-1978 年)和 G. E. 乌伦贝克(1900-1988 年)都是荷兰裔美国物理学家。——译者

了一项重大贡献;还有一个异乎寻常的例子,丹麦医生约翰尼斯·菲比格(Johannes Fibiger)曾因据说发现了恶性肿瘤的繁殖法而获奖,但是不久这一发现就被否认了[参见 Harriet Zuckerman(哈里特·朱克曼)1977]。

尽管几乎所有诺贝尔物理学奖、化学奖和医学奖的获得者都值得奖励,但在文学方面,很难说情况亦是如此。许多次奖都颁发给了相对来说不怎么知名、不怎么有影响的作者,而这些作者在此以后不久就被人们遗忘了。至于那些落榜者,可以把他们的名字排成一个很长的精英榜(就像是个“被拒绝者沙龙”),其中有:纪尧姆·阿波里耐(Guillaume Apollinaire),W. H. 奥登(W. H. Auden),贝托尔特·布莱希特(Bertolt Brecht),赫尔曼·布洛赫(Hermann Broch),L.-F. 塞利纳(L.-F. Céline),约瑟夫·康拉德(Joseph Conrad),亨里克·易卜生(Henrik Ibsen),亨利·詹姆斯(Henry James),詹姆斯·乔伊斯,D. H. 劳伦斯(D. H. Lawrence),费德里科·加西亚·洛尔卡(Federico García Lorca),斯特凡纳·马拉梅(Stéphane Mallarmé),弗拉基米尔·马雅可夫斯基(Vladimir Mayakovsky),罗伯特·穆西尔(Robert Musil),弗拉基米尔·纳巴科夫(Vladimir Nabokov),埃兹拉·庞德(Ezra Pound),马塞尔·普鲁斯特,赖纳·马里亚·里尔克(Rainer Maria Rilke),奥古斯特·斯特林堡,列夫·托尔斯泰(Leo Tolstoy),保罗·瓦莱里(Paul Valéry),以及弗吉尼娅·伍尔夫等。这些“落选者”名单构成了一个名副其实的现代文学“名人录”。

10.保罗·塞卢齐(Paul Ceruzzi)曾经暗示,这段常被人们引用的记述,可能是对霍华德·H. 艾肯(Howard H. Aiken)——美国计算机领域最早的伟大先驱者之一所做的一个评论的误解。

11. 在其《观念与人》(*Ideas and Men*, 1950, 12)中,克兰·布林顿强调了两类知识的区别,一类是"**积累性知识**……最好的例子就是我们通常称之为自然科学或简称为科学的知识",另一类是"**非积累性知识**……文学领域就是这类知识最恰当的说明"。但是他告诫说,不要以为这样的区分意味着,艺术或音乐或文学"比科学略逊一筹"。他论证说:"几千年以前,地中海东部地区开始了天文学和物理学的研究,我们的天文学和物理学观念从此积累起来了,并且逐渐形成了我们在中学和大学中学习的天文学和物理学体系。这种体系的建立过程并不是规则的,但就整体而论,这一过程是稳步进行的。有些非常早的理论仍然被认为是正确的,例如古希腊的阿基米德有关比重的思想就是如此,但原有的体系中又增添了许许多多别的内容。很多理论因其有误而被抛弃了。其结果是,一个学科或一门科学出现了,它有着那种积累而成的知识既坚实可靠又得到普遍承认的内核,而且其新知识的外围还在不断扩展。科学家们也像哲学家和普通的人那样进行争论,这类争论集中在这种不断扩展的外围上,而不是集中在内核上。所有的科学家都认为,内核是正确无疑的。"此外,"新的知识,当然都可以真实地反映整个内核,并且能导致人们毫无偏颇所说的科学中的'革命'。正是以这种方式,量子力学和相对论反映出了牛顿物理学这个内核。"

12. 依历史顺序,在其标题中提到革命或者明确地把科学革命作为历史事件来讨论的著作有(可能论述科学革命期间的科学的

著作除外）：W．E．诺尔斯·米德尔顿（W．E．Knowles Middle-
ton）的《科学革命》（*The Scientific Revolution*，1963），A．M．邓
肯（A．M．Duncan）的《17 世纪的科学革命》（*The Scientific Revo-
lution of the Seventeenth Century*，1964），休·F．卡尼的《科学
革命的起源》（*Origins of the Scientific Revolution*，1964），J．F．
韦斯特（J．F．West）的《伟大的知识革命》（*The Great Intellectual
Revolution*，1965），乔治·巴萨拉的《现代科学的兴起：外因还是
内因?》（*The Rise of Modern Science*，*External or Internal Fac-
tors*，1968），罗宾·布里格斯（Robin Briggs）的《17 世纪的科学革
命》（*The Scientific Revolution of the Seventeenth Century*，
1969），维恩·L．布洛的《科学革命》（*The Scientific Revolution*，
1970），保罗·罗西的《科学革命：从哥白尼到牛顿》（*La rivoluzi-
one scientifica：da Copernico a Newton*，1973），M．L．里吉尼-
博内利和威廉·R．谢伊的《科学革命中的理性、实验与神秘主
义》（*Reason*，*Experiment*，*and Mysticism in the Scientific Revo-
lution*，1975），罗伯特·韦斯特曼（Robert Westman）和 J．G．麦
圭尔（J．G．McGuire）的《神秘学与科学革命》（*Hermeticism and
the Scientific Revolution*，1977），卡罗琳·麦钱特（Carolyn
Merchant）的《自然之死：妇女、生态学与科学革命》（*The Death of
Nature：Women*，*Ecology*，*and the Scientific Revolution*，
1980），彼得·M．哈曼（Peter M．Harman）的《科学革命》（*The
Scientific Revolution*，1983），A．R．霍尔的《1500-1800 年的科
学革命》（1983，第 2 版．）。

　　13.阿利斯泰尔·克龙比那篇饶有趣味的文章《史学家与科学

革命》("Historians and the Scientific Revolution", 1969)所讨论的是 17 世纪中科学被载入史册的方式,而不是史学家们对"科学革命"这个概念或这个名词的论述。在他的《中世纪的科学发现及其对科学革命的贡献》("Discovery in the Mediaeval Science and Its Contribution to the Scientific Revolution")中,克龙比把现代科学的起源看作一场分为两个阶段的革命,即"12 世纪和 13 世纪的亚里士多德革命及所谓的 16 世纪和 17 世纪的科学革命"(第60 页)。

14.在对革命这一课题的概括性介绍方面,有三部著作堪称杰作,它们是:汉纳·阿伦特的《论革命》(*On Revolution*, 1965),彼得·卡尔弗特的《革命》(*Revolution*, 1970),以及 A. S. 科汉的《革命理论》(*Theories of Revolution*, 1975)。最后提到的这部书(在第 6 章)分析了对革命所做的"功能主义的"探讨和心理学方面的探讨,因而特别有价值。查默斯·约翰逊的《革命的变迁》(*Revolutionary Change*, 1966;1982,修订版),是近年来的一部经典性著作,该书强调了把革命看作"社会功能失调"的思想。在较早的著作中有这样两部经典,一部是皮蒂里姆·A.索罗金(Pitirim A. Sorokin)的《革命社会学》(*The Sociology of Revolution*, 1925),该书"在其领域中展开了与思辨对立的研究"(Calvert 1970, 127);另一部是莱福德·P. 爱德华兹(Lyford P. Edwards)的《革命的自然发展史》(*The Natural History of Revolution*, 1927)。乔治·S. 佩蒂的《革命的进程》(*The Process of Revolution*, 1938)和克兰·布林顿的《革命剖析》(*Anatomy of Revolution*, 1952)均为极有价值之作。布林顿的著作将四次"伟大的"革命,亦即英国革命、美国革命、法国大革命和俄国革命,作了比较和对比。劳伦斯·斯通(Lawrence Stone)的《英国革命的起因》(*The Causes of the English Revolution*,1972),对许多"关于革命的理论"作了恰如其分的概述,该书最初是作为《世界政治》(*World Politics*,1966)的第 18 卷出版的。

在心理学方面,值得注意的是 E. V. 沃尔芬斯泰因(E. V. Wolfenstein)的《革命的个性》(*The Revolutionary Personality*,New York,1967)和布鲁斯·马兹利奇(Bruce Mazlich)的《革命的苦行僧》(*The Revolutionary Ascetic*,New York,1976)。罗伯特·K. 默顿著名的短论《社会结构与失范》("Social Structure and Anomie",1957,第 4 章)为个人反抗社会结构的压力提供了两组心理学上的回答(或两条逃避路线):仪式主义和逃跑主义;改革和造反。尽管弗洛伊德本人并不特别关心革命和革命者问题,但是,作为对古斯塔夫·勒邦(Gustave Le Bon)的《大众心理学》(*Psychology of Crowds*,Paris,1895;英译本,London,1920)的批评,他在其《群体心理学和自我分析》(*Group Psychology and the Analysis of the Ego*,1921;Freud 1953,*18*∶65–153)中,讨论了"大众"与他们的领袖之间的关系的本质。也可参考勒邦的《革命心理学》(*Psychology of Revolution*,London,1913),该书是从法文翻译过来的,原文的标题为:《法国大革命与革命心理学》(*La révolution française et la psychologie des révolutions*),1912年出版。探讨革命问题的学者还应当研究一下亚历克西·德·托克维尔的著作,以及马克思、恩格斯及其追随者列宁和赫伯特·马尔库塞(Herbert Marcuse)等人的著作。

　　迪尔克·凯斯勒（Dirk Käsler）的《革命与常规：革命后进程论　》（ *Revolution und Veralltäglichung：Eine Theorie postrevolutionärer Prozesse* ，1977）以概略的方式对主要的革命理论作了简明扼要的论述，并且特别探讨了革命之后进入权力机构的各种力量和群体。赖因哈特·科泽勒克（Reinhart Koselleck）的《作为历史范畴的现代的革命概念》（"Der neuzeitliche Revolutionsbegriff als geschichtliche Kategorie"，1969）对革命（及其改变历史的重要意义）的讨论，在许多方面都是十分令人感兴趣的。哈特穆特·泰奇（Hartmut Tetsch）的《不间断的革命》（ *Die permanente Revolution* ，1973）对文献作了非常透彻的评论，书中把革命问题分为四个范畴，这四个范畴是：心理学范畴，历史范畴，法学范畴，政治学范畴。泰奇本人的革命模型是一种社会学模型。

　　沃尔夫·莱佩尼斯（Wolf Lepenies）在《自然史的终结》（ *Das Ende der Naturgeschichte* ，Munich，1976）中，尤其是在第106–114页中论述"科学革命和政治革命"的部分，以一种非常激动人心的方式讨论了科学革命与政治革命的关系。F. 哈耶克（F. Hayek 1955）和戴维·汤姆森（David Thomson 1955）探讨了科学对政治运动和社会运动的影响。

2.科学革命的几个阶段

　　1.在对其概念的重新阐述中，库恩（1970，182–187；1974，463）更愿把范式说成是由"学科基质"和"范例"组成的。弗兰克·萨洛韦非常有效地运用了库恩的这些概念（1979，358，500 ），他对库恩的重新说明作了恰当的概述。"学科基质"是由一组共有的符号概括、模型和评价标准组成的:符号概括如牛顿第二定律,$f = ma$;模型如构成原子论的模型;评价标准如可证实的预见的目标。"范例"是指收录在教科书或手册中的业已解决的问题的一些特定的事例。

库恩也曾描述过前范式阶段,在这一阶段,人们从截然不同的观点出发对各种各样的现象做出说明。范式往往是伴随着几个伟大科学家的成果而出现的,而且在一段常规科学时期为人们所遵循。库恩并不认为,一个范式的出现就是一种革命。

斯蒂芬·布拉什(1982,1)只相信"部分而不是全部托马斯·S.库恩的结论",我支持他的这一立场(1982,1):科学中的革命"不仅包括特定的理论和技术方面的彻底的变革,而且也包括有待理论去回答的那些问题的种类以及判断这些回答的标准的变革,还包括把科学作为思想指南的那些人的世界观的根本性转变。简而言之,用库恩本人现已放弃不用而我们许多人都觉得不可缺少的一个术语来讲,科学革命包括了从一个**范式**向另一个范式的转变"。

2.我已经讨论了20世纪所流行的科学新思想的传播方式,不过,在科学革命时期的交流方式与我们现代的交流方式之间,还有许多相同或相似的地方。例如,牛顿在数学和物理学方面的某些创新,是通过私人交往才得以名扬天下和流行起来的。1684年,埃德蒙·哈雷与牛顿有几次在一起交换观点,他后来向皇家学会所送交的报告,使得人们开始关注牛顿在天体力学方面的重大进步(I. B. Cohen 1971;Westfall 1980);17世纪90年代,苏格兰数学家戴维·格雷戈里曾就一些数学和物理学方面的问题多次向牛顿请教，由此积累了大量的备忘录和笔记，格雷戈里最终借助这些资料对《原理》进行了注疏(I. B. Cohen 1980)。

在当时，也有这样的情况：知识的公开传播以未定稿的形式进行。牛顿就曾分发过他的一些数学短论甚至专论的手稿的抄本[相关情况请参见怀特赛德对牛顿的评述(Whiteside 1967)]。一份有关牛顿在白光的构成和颜色的本质方面的著名发现的报告，在其发表之前，就像发表在《哲学学报》上的许多其他人所写的论文一样，在皇家学会的一次会议上被宣读和讨论了。在皇家学会的会议上和巴黎科学院的会议上所进行的学术交流，有些从来没有出版过或从未全部出版过。巴黎科学院的许多这类论文时隔多年之后才得以正式发表。牛顿、惠更斯以及当时的许多人也是通过国际的通信网来传播他们的思想的。这种情况不断发展，以至于最后，这类书信往来以"书信论坛"著称于世。这些例子表明，动词"发表(publish)"应当被广义地理解为"公之于世"而不仅仅限于"印刷出版"。

3. 历史上对"paper"一词的用法至少有三例与我的用法是大相径庭的。第一个例子出现在伽利略的《关于两大世界体系的对话》(1632；1964，7：139；英译本见 S. Drake 1953，113)，他在书中说："I discorsi nostri hanno a essere intorno al mondo sensibile, e non sopra un mondo di carta [我们的讨论必须与可感知的世界联系在一起，而不能以书面(paper)的世界为基础]"。这段话使得恩里科·贝洛内的"第二次科学革命研究"有了这样一个总的标题：《理论上的世界》(*A World on Paper*，1976；1980)。在对贝洛内著作的一篇评论中(*Isis* 1981，72：284)，斯蒂芬·布拉什使我们注意到了第三个例子，即 P．G．泰特所讨论的"**现代空泛的科学**(*paper scie nce*)的侏儒，这些人们总是把自己不成熟的观点强加给这个世界；他们就是从来没有进行过解剖实践的解剖学家，从来没有使用过望远镜的天文学家，以及从来没有拿过锤子的地质学家！"布拉什注意到泰特有些"古怪的想法，就像那些反对活体解剖的人一样，他总是用不相干的批评和讨厌的意见来纠缠真正的科学家"。

4.革命并不需要给科学留下永久的印记。笛卡尔《哲学原理》的革命尽管富有戏剧性，但不久就被牛顿《原理》的科学取代了。

3.鉴别科学革命发生与否的证据

1.许多当代的评论者都断定：几乎所有的科学家和科学史家都承认，爱因斯坦的相对论(或相对论体系)构成了 20 世纪最伟大的科学革命之一。然而阿尔伯特·爱因斯坦本人(参见第二十八章)则坚持认为，应当从进化的观点而不是革命的观点来看待相对论。

2.在此，我对 1858 年的《林奈学会学报》的预告表示怀疑。

3.本书的其他部分收录了几乎所有这类对自称的革命的陈述，只有两个陈述除外。李比希在(1842 年 5 月 24 日)写给弗里德里希·莫尔(Friedrich Mohr)的一封信中提及他不久前出版的《动物化学》(*Animal Chemistry*)时，谈到了他自己的那场革命，"如果你是位医生，"李比希写道，"你就有可能领导这场正在进行的革命。你也许会使它全面发展起来"〔Georg W．A．Kahlbaum

（格奥尔格·W. A. 卡尔鲍姆），71－72）〕。

1931 年，美国生物学家欧内斯特·埃弗里特·贾斯特指出，他的周细胞质（cortical cytoplasm）理论，"除了革命以外没有别的目的"，5 年以后，他又反复强调他的这一主张，即他的"科学成果"是"革命性的"〔Kenneth Manning（肯尼思·曼宁）1983，239，289〕。

4."革命"概念的转变

1. 在《原理》中，牛顿既用"revolutio"这个词来指（在某一轨道上的）公转，也用它表示（围绕某一轴线的）自转。但是在 1713 年，罗杰·科茨为《原理》的第二版编制了一个索引，他引入了"conversio"这个术语，意指传统含义"revolutio"〔即围绕一轴线的旋转（自转）〕：木星——"它围绕其轴线的旋转〔conversiones〕：在多长时间内完成"；行星——"它们的周日运行〔conversio〕是始终如一的。"在科茨编了索引的这个版本中，牛顿使用了"revolutio"和"revolutiones"等词。

2. 埃罗伊兹（Heloise）在写给阿伯拉尔（Abelard）的第一封信（1875 年，书信 2 ）中，谈到了阿伯拉尔的一封信，该信中讲述了"我们改宗的可怜的历史〔nostrae conversionis miserabilem historiam〕"。18 世纪《阿伯拉尔－埃罗伊兹通信集》（*Lettre d' Heloïse à Abailard*）的英译本（*Letters of Abelard and Heloise*，1729，第 5 版）的第一版于 1713 年问世，它是从 1693 年的法文本翻译过来的，英译本随意扩充了埃罗伊兹用语的内容，把上面所引用的词语表述为（第 110 页）"对我们的不幸独特而令人伤感的说明"，以及"对我们的苦难和革命的描述"。

该书 1697 年的法文版大概是 1693 年版的重印本，总的来说，它与英文版而不是拉丁文版更为接近，书中并没有使用"revolutions"这个词。这个版本中提到了"un long détail de nos malheurs（我们的不幸的诸多详细情况）"和"nos traverses & nôtre infortune（我们的磨难和我们的不幸）"。结果，尽管休斯这位 1713 年英译本的译者查看了 1616 年的拉丁文版，但"我们的苦难和革命"所意指的可能是"nos traverses & nôtre infortune"而不是"nostrae conversionis miserabilem historiam"。

3. 哈托（1949，504）评论说，罗森斯托克（1931，100）不仅第一个注意到"这个术语的意大利文的来源"，而且他还敏锐地看到，"直至伟大的政治家时代来临之前，别的地方没有采用这个术语，而从这个时代起，由于它的超个人性和超道德性，因而有着与'起义'、'内战'、'混乱'以及其他一些带有伦理学观念色彩的词不同的特性"。

581　　4. 这个词在数学上的主要用法，是指一个三维几何体，即通过使一平面图形围绕其平面的轴线旋转 360 度而产生的"回转体"。因此，一个球体就是一个圆形平面以其直径为轴线转动时产生的"回转体"；如果轴线不是贯穿圆形平面或者不与平面相交，那么，"回转体"就是一个环面（即环状面）。

5. 另一种计时器即沙漏，用的时候要翻过来倒过去，类似于一般的循环概念所指的意思。

6. "光阴的循环（revolution）"或"时代的循环"，以及"经历时间的变化"，随后"突然的令人惊讶的变革"等等一系列词义，都可以从《新英语词典》(*New English Dictionary*，缩写为 N. E. D.)中找到，尽管正如哈托(1949，510)注意到的那样，"它忽略了'向前转动或向后转动回到出发点'这一含义中的政治内涵[参见弥尔顿：'恐惧若雷鸣再响，令人惊骇地在我毫无防备的头脑中回荡(revolution)'，《失乐园》(*Paradise Lost*，x，13……)]以及在其语义发展过程中占星术观念所起的明确的作用。"

7. 斯诺(1962，169)指出，豪厄尔提到过"在君主制的政府体制中发生过的各种类型的政治的和社会的变革"。

8. 1625-1660 年的这段时期，即是从查理一世的统治(1625-1649 年)到查理二世(Charles II)恢复君主专制的时期。

9. 法国史学家和政治家弗朗索瓦·基佐(1867，1：252)评论说，在英国发生了"废黜查理一世"的"伟大的革命"，但是，"有时这一事件被称之为大造反并不十分恰当"，这种称谓是克拉伦登命名的。尽管 18 世纪末和 19 世纪初也有一些作者把 17 世纪中叶的这些事件称之为革命，但基佐是第一位这样做的重要的历史学家，而且，他如此鲜明地在其著作的标题中表明了这一点。

10. 1688 年 12 月 11 日，詹姆斯逃跑去法国，但却被抓住，并被送回了伦敦；不过他最终还是于 12 月 22 日离开了英国。正是在 1688 年 12 月 12 日，亦即这两起事件发生之间，约翰·伊夫林给塞缪尔·佩皮斯写了一封信，谈到了"这场惊人的革命"。

1685 年 7 月，约翰·伊夫林(1906，3：166)亲眼看见了泰特斯·欧茨(Titus Oates)被当众处以笞刑。伊夫林对此的评论是："一场奇怪的革命"。也许，伊夫林是在指欧茨大起大落不可思议的生涯,也许,他想到的是所谓的耶稣会阴谋案(或"天主教阴谋案"),此案是欧茨捏造出来的,结果使大约 35 人被"合法但不公正地判处了死刑"。奥兰治的威廉(William of Orange)在托伯雷登陆几星期后,伊夫林在其日记中记述了英格兰的各种主要团体以怎样的方式恢复了原状,并且"宣布承认新教和各种法律",而"在职的天主教徒则放弃了他们的职位纷纷逃离"。他还加了个注说:"他们普遍感到惊恐万状";"看起来就像是一场革命"(第 247页)。

11. 参见本书第五章,有关用"革命"来描述微积分、来表述伴随着牛顿的《原理》的出版在物理学领域中产生深刻变革的部分。

12. 例如,古勒莫曾研究过创作于 1689 年至 1715 年间的 42部悲剧作品,并且研究了其中已发表的 38 部作品的"思想意义和政治意义",说明了英格兰所发生的那些事件的影响。当然,这些作品当中最著名的,就是让·巴蒂斯特·拉辛(Jean Baptiste Racine)①的《阿达莉》(*Athalie*)。

13. 在约翰·康迪特(John Conduitt)记录的一次谈话中(King's College, Cambridge, Keynes M. S. 130, no.11),牛顿在循环的意义上使用了"revolution"这个术语。这种循环,"亦即天体的一种周期性运行(revolution)",可以有不同的形式。在与康迪特讨论这种周期性运行时,牛顿设想,"太阳所散发出的光和

---

① 让·巴蒂斯特·拉辛(1639-1699 年),法国最伟大的诗人,17 世纪法国最杰出的三位剧作家之一。他的作品以悲剧为主,除了这里提到的《阿达莉》(1691)外,其代表作还有《菲德拉》(1677)、《安德罗玛克》(1667)等。他唯一的喜剧作品是《讼棍》(1668)。——译者

水汽"能够结合在一起"并从行星那里"吸引更多的物质,从而构成一个卫星或"二级行星"(亦即那些围绕别的行星运动的行星);然后,"通过再吸引更多的物质",这些卫星有可能成为"主行星";再通过更进一步的"增大"变成"彗星";最后,这个不断旋转并"越来越接近太阳的"彗星,会使其"所有易挥发的部分凝结起来",从而成为"补给物以供太阳之需"。他说,这"大概就是彗星在1680年前后出现的意义所在"。因此,对牛顿而言,存在着一种"循环的宇宙"[Kubrin(库布林)1967,341],在这个宇宙中,木星或土星的那些卫星有可能"在地球、金星和火星一旦毁灭时来取代它们,并被保留下来作为一个新宇宙的后备队",牛顿就是这样向戴维·格雷戈里说明他的循环观念的(1694年5月5-7日;Newton 1961,3:336)。格雷戈里解释说,这种大概由于彗星的万有引力而产生的力作用在某个小卫星上,这样"会使它离开其主行星,而它自己就会变成一个围绕太阳运行的主行星。"

　　莱布尼茨也使用了这个一般性的词语"révolution",但很难说清楚他用这个词事实上所指的意思是否是循环。在他的《新论》(*Nouveaux essais*,第4卷,第16章,第4节＝1896,536)中有这么一段话:"但是这些人也许将亲身经历他们以为留给了他人的灾难。无论如何,倘若这种其副作用开始显露的思想流行病得到了矫正,这些灾难也许就可以防止;如果它愈演愈烈,上帝就将通过变革(revolution)本身来纠正人类,由此必然会出现这种情况:无论怎样,在清算之后,一般而言一切都将变得更好,尽管对那些甚至用不适当的行为积德行善的人不予惩罚时,不应当也不可能出现这种情况。"显然,这里的"revolution"是指矫正"思想流行

病"，以便"一切都将变得更好"。这段原文并没有提供一个基础，
使人们能够据以判断这种改进是相当于恢复以前的更为健康的状
态，抑或这种矫正势必会导致某种焕然一新的事物出现。

14.卡尔·格里万克（Karl Griewank）的《现代的革命概念》
（*The Modern Concept of Revolution*，1973），是一部重要的研究
革命概念史的著作，但这部著作像所有开创性研究一样，必然也有
美中不足之处。遗憾的是，作者没来得及出版这部著作的修订本
就去世了。弗朗茨·威廉·赛德勒（Franz Wilhelm Seidler）未发
表的博士论文（1955）中收集了一些很有价值的有关"revolution"
这个词的用法的材料。许多论述"revolution"这个词和这个概念
的历史的文章，既有价值巨大的信息，又有十分重要的见解，这些
论著的作者有（依时间顺序排列）：尤金·罗森斯托克（1931），阿
瑟·哈托（1949），弗农·F. 斯诺（1962），以及费利克斯·吉尔贝
特（Felix Gilbert 1973）。赖因哈特·科泽勒克正在完成一项有关
这一问题的百科全书式的研究，他在其 1969 年的文章中已经为我
们做出了真诚的努力。

5. 科学革命

1.伽利略通过金星的相位与金星的表观尺寸（在放大率不变
的情况下）的相关性来证明，金星的轨道是环绕太阳的，而不是环
绕地球的。因此，托勒密是错的。在第谷体系（在这一体系中太阳
围绕着固定不动的地球运行，而其他的行星则围绕着太阳运行）和
哥白尼体系中，金星可以围绕着太阳运行。

2. 路易·迪唐斯(Louis Dutens)的《论现代发现的起源》(*Recherches sur l'origine des découvertes attribuées aux modernes...*,1766;以后诸版分别出版于 1776、1796 和 1812 年),是后期关于古今之争的一部著作,该书第二节的原文有一个注释,即"Révolution dans les sciences(科学中的革命)",在该书第 2 版和以后各版的索引中,也出现了这个术语。然而从上下文来看,显然迪唐斯所指的是至少原则上返回或再次发现古代已为人知的科学真理。

尽管斯普拉特没有谈到科学中的革命,但他确实使用了"革命"这个术语[1667(1958),383]。

3. 论述科学革命最为全面的综合性著作是 A. R. 霍尔的《1500－1800 年的科学革命》(London,1957;1983,修订版),可以看作这部著作的补充读物有:艾伦·G. 德布斯的《文艺复兴时期的人与自然》(*Man and Nature in the Renaissance*,Cambridge,1978)和 R. S. 韦斯特福尔的《近代科学的创立:机械论与力学》(*Construction of Modern Science*:*Mechanism and Mechanics*,New York,1971;Cambridge,1977,重印本)。其他课题的一些著作,如卡罗琳·麦钱特的《自然之死》(San Francisco,1980)强调了从有机的世界观到机械论世界观的转变。E. J. 戴克斯特霍伊斯的《世界图景的机械化》(Oxford,1961)仍不失为一部经典之作。最近的有关评论可参见 P. M. 哈曼①的小册子《科学革命》(London,1983)。

---

① 原文误拼写为 Harmon。——译者

伊波利特·里戈(Hippolyte Rigault)的《古今之争的历史》
(*Histoire de la querelle des anciens et des modernes*, Paris,
1856)是关于古代人与现代人问题的一项开拓性研究,可算作是此
书的补充性研究的有:费迪南·布吕内蒂埃的《法国文学史的批判
性研究》(*Études critiques sur l'histoire de la littérature
française*, Paris, 1893)系列 5 中的《18 世纪进步思想的形成》
("La formation de l'idée de progrès au XVIIIᵉ siecle"),以及
H. 吉洛(H. Gillot)的《古今之争》(*La querelle des anciens et des
modernes*, Paris, 1914)。约翰·B.伯里的《进步思想》(*The Idea
of Progress*, New York, 1932;New York, 1955,重印本)在更
大的历史视野中提出了这个问题。理查德·福斯特·琼斯的《古
代人与现代人:书战的背景研究》(*Ancients and Moderns:A
Study of the Background of the Battle of the Books*, St. Lous,
1936)是一部重要的研究著作,它把书战与新科学的兴起及培根哲
学联系起来了,该书以后又经过修订、扩充,以《古代人与现代人:
17 世纪英格兰科学运动兴起之研究》(*Ancients and Moderns:A
Study of the Rise of the Scientific Movement in Seventeenth-Cen-
tury England*, St. Louis, 1961;New York, 1982,重印本)为题
重印出版。《思想史杂志》曾发表过两篇重要的补充性研究论文,
一篇是埃德加·齐尔塞尔的《科学进步概念的起源》("The Gene-
sis of the Concept of Scientific Progress",1945, *6*:325-349),
另一篇是汉斯·巴龙(Hans Baron)的《作为文艺复兴时期学术问
题的古今之争》("The *Querelle* of the Ancients and the Moderns
as a Problem for Renaissance Scholarship",1959, *20*:3-22)。

6. 第二次科学革命及其他革命？

1.我把科学革命分成四个阶段,仅仅是一种初步的尝试,最终肯定还需要加以修正或改进。但我并不想要暗示,还有一些革命,它们是一种与作为本书研究对象的"科学中的革命"完全不同类型的革命。

2.我关于思想变革与机构变革同时存在的那些观点,就是在与伊恩·哈金的讨论中、在阅读他那令人深思的论文(1983)的过程中形成的。

3.我热诚地支持库恩对具有这些别具一格的特点之本质所做的尝试性的结论(1977,220);但这个有待研究和讨论的问题,会使我们远远偏离我们现在的目标。

4.库恩告诉我,这篇论文的第一稿曾在几年以前的伯克利社会科学讨论会上宣读过,它显然丝毫没有涉及第二次科学革命。

5.布拉什在更早些时候(1979,141-142)还发表了关于"第一次科学革命与第二次科学革命时间规模不同"的论述。

6.见《伊希斯》72 :(1981)284。

7. 哥白尼革命

1.我们尚无确定无疑的证据可以说明,哥白尼为其著作选择的标题究竟是什么。雷蒂库斯(哥白尼唯一的学生,是他把这部书的手稿从弗龙堡带到纽伦堡送去付印)在他自己的副本中删去了标题中的最后两个词（参见 Rosen 1943；Gingerich 1973，514）。

2.在哥白尼看来，地球的运动并非只有两种（即每日围绕自身轴线的自转和每年在环绕太阳的轨道上的公转），他还提出了第三种运动，以便说明这样一个事实：当地球在轨道上运动时，地球在不同位置上中轴的轴线是彼此平行的。我们也许会认为，这种平行是因地球中轴不动而导致的，但是哥白尼说，这种恒定不变的平行是运动的结果，这种运动即地球的第三种运动。德雷尔（1906，328）把这种观点与古人关于月球的观点作了比较，月球显示，它朝向地球的总是同一面。我们大概会说，这是因为月球有两种运动，它自转运动的周期与它公转运动的周期是相等的。而古代人则说，月球的这种恒定不变的现象的原因是，月球**并不**自转。按照德雷尔的观点，哥白尼

585　　　　　大概希望，在一年中地球的中轴始终不变地对准太阳上方很远的一个点，就仿佛地球是一个巨大的锥形运动的摆的摆锤。这会使天极在一年中画出一条与黄道平行的圆环，但由于它是固定的因而不进行这样的运动，哥白尼不得不设想地球的第三种运动，即他所谓的"倾角运动"[第1卷，第11章，第31页]，按照这种设想，地轴在一年中勾画出一个锥面，沿着与地心相反的方向亦即从东向西运动。据此，轴线总是朝着空间中的同一个方向。但由于运动周期并非恰好是一年，而是稍微短一些，这一微小的差额导致了黄道与赤道的交叉点缓慢地向后运动——这就是岁差。现在，这种现象终于被正确地解释为是地球轴线的一种缓慢运动，而不是之前所

说的整个天球的运动。这使我们基本上可以一致认为,地球的第二种运动是多余的,无疑,地球的这种运动是不受欢迎的,为此,哥白尼体系被迫进行了长期的斗争,它给地球增加了一种运动——而这样一来地球就有了三种运动! 这看起来真是糟透了。

3.虽然哥白尼对偏心匀速点的谬误、对他本人已经把它从他自己的天文学中排除出去的主张小题大做,但诺伊格鲍尔(1968,第92页及以下)指出,其实,"哥白尼[对行星]的投影式的处理方式的目的是要**维护**偏心匀速点,而绝不是要把它排除出去"。诺伊格鲍尔已经对哥白尼行星理论中涉及托勒密理论的部分作了详细的数学分析,在他看来,那种认为哥白尼真的把偏心匀速点从他自己的天文学中排除了出去的说法是错误的(第95页):

> 既然我们会发现,哥白尼也为水星保留了偏心匀速点,那么我们也就可以说,他的目的绝不是要废除偏心匀速点概念,相反,正像他的伊斯兰先驱那样,他是要证明,第二个本轮能够在实际中产生出与托勒密的偏心匀速点同样的结果(幸亏偏心率很小)。虽然不幸的是,所产生的均轮并不是圆形的,但每一组成部分的运动都是匀速圆周运动。尽管这样一来,其模型变得比托勒密的模型更复杂了,但沙提尔和哥白尼都把这看作是他们的重要成就。
>
> 开普勒在哲学上没有多少偏见,他不仅在行星理论中重新引入了托勒密的偏心匀速点,而且还进行了严肃的日心说

的探讨,从而也为地球的(圆形)轨道提供了一个偏心匀速点,这是一项改进,它增加了他所确定的火星位置的精确度。托勒密所发现的"偏心匀速点"不仅从来没有被抛弃,而且还被证明对于构造火星的"卵形"轨道、并且对于进而构造开普勒的椭圆形轨道有着十分重要的意义。

4."因此,对于托勒密模型,哥白尼真正反对的仅仅是这一点:本轮中心的运动,相对于它与之保持不变距离的那个中心而言,是非匀速的。哥白尼反对这一点的理由是,他认为一个行星的运动是受该行星置身其中的一个或几个物质天球的运动支配的。对于这个天球来说,唯一有可能的运动就是简单地围绕其直径的匀速自转;它不可能有穿过任何其他直线的匀速运动"(引文见 Swerdlow 1973,435)。

5.奥西安德尔在很大程度上歪曲了哥白尼的观点,实际上,《天球运行论》第 1 版的序言就是他撰写的。(有关这一点请参见 Rosen 1971,第 22 页及以下;Duhem 1969,第 66 页及以下。)尽管有人主张,《天球运行论》表述了哥白尼关于"实在的"外部世界的信念,但在这部著作中有些例子只能算是模型或计算公式。在诺伊格鲍尔(1968,100)看来:

> 无论是托勒密还是哥白尼的水星运动体系,都可被看作是对物理事实貌似合理的描述;哥白尼本人已经以一种并不严谨的方式探究了另一种机械论[*Revol. v*,32]。很难理解,人们居然曾认为,此类方法在数学上仿佛不仅只有指导计

算的意义。我以为,无论是谁都会厌恶奥西安德尔给(热切期
待以后几代人之奋斗的)《天球运行论》所加的序言,他在这个
序言中,仅仅按照古人的传统方式谈了一下该书用投影模型
所描述的"假说"。我很难想象,细心的读者怎么会得出不同
的结论。

开普勒揭露出了《天球运行论》的那篇涉及书中诸假说的序言
的真正作者,之后,消息很快传开了。舍伯恩的那部天文学史著作
(1675,50)和他翻译的马库斯·马尼利乌斯(Marcus Manilius)[①]
的著作一起出版了,他在其著作中写道(写于在1536年期间):

> 安德烈亚斯·奥西安德尔不仅关心哥白尼《天球运行论》
> 第一版的出版,而且在书的印制过程中还屈尊担任印刷监督,
> 他给该书加上了他自己写的简短的序言,鉴于该书的观点很
> 新颖,他在序言中主要是竭尽全力劝告读者与其把这部书看
> 作是已被认定的原则,莫如把它看作是虚构出来的假说。有
> 这么两行与此有关的诗大约就是在那个时代发表的:
>
> *Quid tum si mihi Terra movetur, Solque quiescit*
> *Et Coelum? Constat Calculus inde Mihi.*
>
> 这两行诗出自伽桑狄的《哥白尼传》(*Vita Copernicii*)。
>
> 这组哀歌对句诗翻译过来就是:

---

① 马库斯·马尼利乌斯(约活动于公元1世纪初期),古罗马诗人和占星家,他曾
撰写过5卷六音格律的诗作《天文》,这是留存至今而且大体上完整的最早的希腊化时
代的占星文本。——译者

倘若运动的是地球，静止的是太阳和苍天

对我有何意义可言？我可以据之进行计算。

至于奥西安德尔的"序言"对读者究竟有何实际影响，我们并未作任何研究。既然提到哥白尼的时候用的是第三人称，细心的读者马上就会得出结论说，序言不是哥白尼写的。开普勒并没有说那种认为"序言"出自哥白尼之手的信念已经使读者误入歧途了。在当时，许多书都有一个并非作者本人写的导读性的评论，而这种短评并非总是提出与作者不同的观点。

6.我不想讨论哥白尼究竟是哪个民族的人；据说（Rosen 1971，315）他曾是"一位讲德语的波兰人"。在雷蒂库斯的《初释》的总结部分中（同上，188），"为赞美普鲁士"，哥白尼被说成是一个普鲁士人。

7.1535年，波兰国王的秘书贝纳德·瓦波夫斯基（Bernard Wapowski）给维也纳的西吉斯蒙德·赫伯斯坦（Sigismund Herberstein）①送去了一本哥白尼编制的历书的（手抄的）副本，内容包括"得到了最权威和最出色的解释的行星运动，这些运动是以新的星表为依据计算出来的"[Marian Biskup（马里安·比斯库普）1973，155]。瓦波夫斯基解释说，这些星表在计算方面比当时的任何星表都更胜一筹，而且，"甚至一个没有受过多少教育的人"都

---

①　西吉斯蒙德·赫伯斯坦（1486年-1566年），卡尼奥拉（现属于斯洛文尼亚）的外交官、作家和史学家，以其广泛的关于俄国的地理、历史和风俗的著作而闻名。——译者

可以使用它。瓦波夫斯基所希望的是，哥白尼的星表能够付印出版并且能够"普及，尤其是在那些编写历书、致力于研究天体问题的专家们（亦即占星家们）之中普及起来"，这样他们就能"承认他们自己的错误，并能编写出更为准确的历书"。除了瓦波夫斯基送出的这封信以外，再没有别的有关这部历书及其星表的资料了，而且似乎也无法说明，瓦波夫斯基是根据什么作出判断的。不过这个例子并不表明，哥白尼在他的星表中而不是在他的行星宇宙学中对实用天文学家（以及占星家）的方法有什么改进。

8. 在《短论》中（译文见 Rosen 1971，58），哥白尼在提到他本人的体系时说，他的体系需要"在结构上比以前使用的体系更为简洁和简易"。他在《天球运行论》第 1 卷第 10 章中写道，他会觉得，与其"为了几乎无数的天球而殚精竭虑——就像坚持认为地球乃宇宙中心的那些人不得已而为之的那样"，莫如承认有关地球与行星轨道或天球的距离的某些观点是正确的，这样更为舒心些。这段话的拉丁文原文为："quod facilius concedendum puto quam in infinitam pene orbium multitudinem distrahi intellectum quod coacti sunt facere，qui terram in medio mundi detinuerunt"。于是，一个神话自哥白尼本人那里开始，流传了下来，即他自己的体系的特点就是比托勒密的体系远为简明。

罗伯特·帕尔特（1970，第 127 页，注释 7）举了两个想象哥白尼体系具有简单性的极端的例子。哲学家 A. 卡普兰（A. Kaplan 1952）对所谓"哥白尼开创的现代世界观的成就"作了如下的论述："像开普勒这样的科学家之所以接受哥白尼假说，是因为与托勒密的那些烦琐的本轮相比，哥白尼假说能使宇宙从数学上讲

更为完美"（第 275 页）。从戴维·博姆（David Bohm）的著作
（1965，5）中可以看到，他也阐述了同样的观点，即哥白尼没有（或
不必）使用本轮。

欧文·金格里奇（1975*b*，93）提醒人们注意，对反常种类的过
分夸大，使得托勒密体系比它原本的情况更为复杂。在《不列颠百
科全书》（1969）第 2 卷第 645 页有关卡斯提尔国王阿方索十世的
词条是这样写的：到了 13 世纪末，"每颗行星被加上了 40 至 60 个
本轮，这才勉勉强强能够描述每颗行星在星辰之间的复杂的运
动"。

588　　　9. O. 诺伊格鲍尔，当代早期天文学研究领域的杰出学者，对
他自己的分析作了如下的总结："那种流行的认为哥白尼的日心说
体系把托勒密体系大大简化了的信念显然是错误的。关于参照系
的选择不会对模型的结构有任何影响，哥白尼模型本身所需要的
圆是托勒密模型的两倍，而且，它们并不十分完美和适用"（1957，
204）。

10. 由于哥白尼不加批判地信赖托勒密，因而导致了一些错误
和毫无必要的节外生枝的情况，众所周知的一个例子大概就是岁
差问题。这个问题本来可以很容易地用"地球的轨道运动周期与
地球的轴向运动周期之间"的差异加以解释（Dreyer 1906，329）。
但是哥白尼"绝对相信他的天文学前辈的准确和诚实"（Dijkster-
huis 1961，295 ），所以他认为，岁差是一个可变量，因而引入了一
个复杂的体系，用来说明黄道倾角的这种不等的和不规则的变化。

11. 哥白尼的《天球运行论》有许多版本和复制翻印版。最近
的一版，由波兰科学院资助出版，并附有英译文，该书由耶日·杜

勃兹伊奇(Jerzy Dobrzycki)编辑,由爱德华·罗森(1978)翻译并附加了注疏。《短论》的英译本有两个:一个是由诺埃尔·斯维尔德罗(1973)翻译并附加了重要的和广泛的专业注疏,还有一个是较早的爱德华·罗森[1971(1939)]的译本。

爱德华·罗森在他为《科学家传记辞典》(1971)撰写的词条中对哥白尼的生平和著作进行了概括性的评述,在纪念哥白尼诞辰(1473 年 2 月 19 日)500 周年之际出版的由数位编撰者编撰的那些著作,则大大充实了这一评述,这些编撰者有:阿瑟·比尔(Arthur Beer)和 K. 阿·斯特兰德(K. Aa. Strand 1975),欧文·金格里奇(1975),耶日·奈曼(Jerzy Neyman 1974),尼古拉斯·斯特内克(1975),以及罗伯特·韦斯特曼(1975)。

托马斯·S.库恩的《哥白尼革命》(1975),对**哥白尼革命**这个主题作了全面的介绍。《哥白尼研讨会论文集》(*Colloquia Copernicana*,1972)的第 1 卷中介绍了对哥白尼思想通过比较而接受的过程。至于多萝西·斯廷森的《对哥白尼宇宙体系的逐渐接受》(*Gradual Acceptance of the Copernican System of the Universe*,1917),虽应谨慎对待,但仍不失为一部有价值的著作。人们希望,汉斯·布卢门贝格(Hans Blumenberg)的《哥白尼世界的起源》(*Die Genesis der kopernikanischen Welt*,1975)有英文本。关于哥白尼天文学,请参见德里克·J. 德索拉·普赖斯的《反驳哥白尼:对托勒密、哥白尼和开普勒的数学行星理论的批判性重新评价》("Contra-Copernicus: A Critical Re-estimation of the Mathematical Planetary Theory of Ptolemy, Copernicus, and Kepler"),见于马歇尔·克拉格特(Marshall Clagett)编:《科学史中的批判问题》[*Critical Problems in the History of Science*，Madison(Wisconsin)，1959]，第197－218页；还可参见O.诺伊格鲍尔的《论哥白尼的行星理论》("On the Planetary Theory of Copernicus")，原载于《天文学展望》(*Vistas in Astronomy*)1968，10：89－103(重印本见Neugebauer 1983)。

8.开普勒、吉伯和伽利略

1.在导论(1973，3：18)中，开普勒谈到阅读拉丁文的科学或数学著作的困难时说："这种语言没有冠词，而且缺少希腊语的那些贴切的措辞。"

589　　2.伽利略确信不疑的是，他所要进行的战斗，就是要在与托勒密天文学的对垒中为哥白尼天文学赢得胜利，他还确信，第谷体系是一种折中物，对它不必过分重视。在哥白尼体系和第谷体系中，金星被看作是围绕太阳运行的。而如果地球也具有行星的特点，难道它不也会像其他行星一样围绕着太阳运动吗？换句话说，伽利略的那些发现，从总体上看似乎确实有利于哥白尼的那种学说。

3.以前，开普勒的著作从未有一部是完全用英文出版的，现在，他的《宇宙的奥秘》(*Mysterium Cosmographicum*)已被约翰·查尔斯·邓肯(John Charles Duncan 1981)翻译过来了，并附有埃里克·艾顿的注疏，而开普勒的《论梦》(*The Dream*)的英译本(Madison，1967)和《与伽利略的星际使者的谈话》(*Conversation with Galileo's Sidereal Messenger*)的英译本(New York，1965)

的翻译工作是由爱德华·罗森完成的。亚历山大·柯瓦雷的《天文学革命》(*Astronomical Revolution*，1973)和欧文·金格里奇在《科学家传记辞典》(1973)中关于开普勒的记述，对开普勒的工作予以了充分的介绍。由阿瑟·比尔和彼得·比尔(Peter Beer)所编的那部巨著《天文学展望》(1975，18)，以大量的开普勒的专题论著为基础，为读者提供了反映开普勒生平和工作各个侧面的著作原文或重要文章的摘要。

吉伯的伟大著作《论磁石》有两个英译本，一个是由 P. 弗勒里·莫特利(P. Fleury Mottelay 1893)翻译的，另一个是由西尔维纳斯·汤普森(Silvanus Thomson 1900；1958)翻译的。关于吉伯有两部学术专著：即苏珊娜·凯利(Suzanne Kelly)的《威廉·吉伯的〈论地球〉》(*The De Mundo of William Gilbert*，Amsterdam，1965)和杜安·H. D. 罗勒(Duane H. D. Roller)的《威廉·吉伯的〈论磁石〉》(*The De Magnete of William Gilbert*，Amsterdam，1959)。至于现代有关吉伯的生平和工作的批判性说明，可参见海尔布伦的著作(1979)。

有关伽利略的文献浩如烟海，而且各种文字的都有。保罗·加卢奇(Paolo Galuzzi)在 1983 年的一次国际专题讨论会的基础上，编辑了一本文集，该书包括了对伽利略研究的各种思潮的充分探讨。这本书可作为以前由埃尔南·麦克马林(Ernan McMullin)编的那部文集(1967)的补充，麦克马林所编的文集中附有1940 年至 1964 年期间伽利略研究的文献目录。伽利略的《两门新科学》和他的《关于两大世界体系的对话》已有了英译本，译者是斯蒂尔曼·德雷克，他还编了一卷本的伽利略的短篇著作集，德雷克在他的巨著《伽利略的科学生涯》(*Galileo at Work*, 1978)中，概述了伽利略毕生的研究工作。虽然从最近的研究来看，亚历山大·柯瓦雷的《伽利略研究》[1939(1978)]的某些部分已经过时，但它仍然有着非凡的价值。我本人的《新物理学的诞生》[*Birth of a New Physics*, 1960(1985)]和卢多维克·杰莫纳特(Ludovico Geymonat)的《伽利略·伽利莱》(*Galileo Galilei*, New York, 1965)对伽利略的工作及其背景作了简单的介绍。

9. 培根与笛卡尔

1. 笛卡尔对哲学的重要贡献就是他系统地阐述了"身"、"心"的二元性(即通常人们所说的"笛卡尔二元论")。他坚持认为，身体是一部机器，而心灵(灵魂)则是纯粹的思维实体。

2. 可供参考的培根的著作有：印过好几版的《文集》(*Works*, 7卷, 1857-1859；1887-1892；1963)，由 J. 斯佩丁(J. Spedding)、R. L. 埃利斯(R. L. Ellis)以及 D. D. 希思(D. D. Heath)主编，而约翰·M. 罗伯逊(John M. Robertson)则把其中的一部分英文版编成了一卷便携本的《哲学文集》(*The Philosophical Works*, 1905)。《新工具》是由富尔顿·M. 安德森(Fulton M. Anderson)编辑的(1960)，他还撰写了一部综述培根哲学的著作(1948)。托马斯·福勒编辑出版了拉丁文版的培根著作，并在书中加了大量英文注释(1878, 1889)；玛尔塔·法托里(Marta Fattori)编撰了一部非常有用的辞典(1980)。休·迪克(Hugh Dick)(1955)选编了一本《文选》(*Selected Writings*)。安东尼·

昆顿（1980）撰写了一部篇幅不大但值得称赞的介绍培根的思想及其影响的著作，托马斯·福勒1881年的那项经典性研究可作为这本书的补充读物。保罗·罗西的《弗朗西斯·培根：从巫术到科学》（*Francis Bacon：From Magic to Science*，1968）描述了那些具有挑战性的新思想；本杰明·法林顿（Benjamin Farrington）对培根的介绍（1949），则强调了实践方面的问题。

　　可供参考的笛卡尔的著作有：标准的12卷本的笛卡尔文集（1897-1913；1971-1976），其编者为查尔斯·亚当（Charles Adam）和保罗·塔内里。英文版选集有伊丽莎白·霍尔丹（Elizabeth Haldane）和G. R. T.罗斯（G. R. T. Ross）的译本（1911-1912；1931；1958），约翰·维奇（John Veitch）的译本（1912），诺曼·肯普·史密斯的译本（1952），以及伊丽莎白·安斯科姆（Elizabeth Anscombe）和彼得·托马斯·吉奇（Peter Thomas Geach）的译本（1954）。英文版的《方法谈》可参考劳伦斯·拉弗勒（Laurence Lafleur）的译本（1956），F. E.萨克利夫（F. E. Sutcliffe）的译本（1968），亦可参考霍尔丹和罗斯、维奇、史密斯、安斯科姆和吉奇等人各自译著中的译文。在保罗·J.奥尔斯坎普（Paul J. Olscamp）的那部包括笛卡尔的《光学》（*Optics*）、《几何学》和《气象学》等著作在内的译著中，也有此文。英文版的《几何学》可参考戴维·尤金·史密斯（David Eugene Smith）和马西娅·莱瑟姆（Marcia Latham）合作的译本（1925；1945）。《宇宙论》（*Le monde*）由迈克尔·马奥尼（Michael Mahoney）译成了英文，并且加了一个导言（1979）。最后提到的这两部译著都是与其法文原文的复制本一起出版的，就像托马斯·S.霍尔（Thomas

S. Hall)所译并加了注疏的《人论》(1972)那样。

对笛卡尔物理学最杰出的研究,仍然要属保罗·莫于(Paul Mouy)1934 年的那项成果,杰弗里·V. 萨顿那篇重要的博士论文(1982)可作为它的补充。加斯东·米约(Gaston Milhaud)的研究文集《博学的笛卡尔》(*Descartes savant*, Paris, 1921)在出版了60 余年之后,仍不失为一部重要之作。人们极为渴望能有一部当代的全面研究笛卡尔物理学及其历史和影响的杰作问世。有两部著作,一部为乔纳森·雷(Jonathan Rée 1974)所著,另一部为伯纳德·威廉斯(1978)所著,它们在讨论笛卡尔科学方面都富有洞察力。S. V. 基林[S. V. Keeling 1968(1934)]的那部书,仍不愧为从整体上介绍笛卡尔哲学的一部佳作;诺曼·肯普·史密斯(1952)的著作极为重要。亚历山大·柯瓦雷(1965)著作中论"牛顿与笛卡尔"的那部分也值得一读,这部分还附有 13 份补充材料。

10. 牛顿革命

1. 雷恩和惠更斯也分别独立地发现了它们[参见 René Dugas(勒内·迪加)1955,第 5 章]。

2. 事实上,牛顿无法充分地实现这一纲领,尽管他声称他已经做到了这一点。实际上,他只是成功地说明了这种变化是什么,以及什么是节点运动[参见 I. B. Cohen 1980,76 - 77;C. Waff(C. 瓦夫)1975;Philip P. Chandler(菲利普·P. 钱德勒)1975]。评论见于柏林的《学者通报》(*Acta Eruditorum*)。

3. 我在《牛顿革命》(1980)第 5. 4 - 第 5. 6 节中就牛顿对万

有引力定律的发展作了翔实的介绍,这里的描述只是该介绍的摘
要。在那部书中,读者还可以看到我对导致牛顿第一运动定律的
惯性概念之变迁的诸阶段的说明。

　　4.鉴于相反的例子寥寥无几,我敢肯定,在他那本初探性的小
册子《论运动》以及后来的《原理》相继阐述的看法中,牛顿或多或
少是按照逻辑的－年代的顺序表述他的思想和研究成果的,而他
也正是按照这一顺序发展创造它们的(参见 I. B. Cohen 1980,
第 248 页及以下,第 258 页及以下)。

　　5.有关牛顿和牛顿革命的文献可谓是卷帙浩繁,其中包括了
庞大的牛顿研究事业的各种发现。进入这一领域较为理想的入门
读物,就是 R. S. 韦斯特福尔的不朽传记《永不停息》(*Never at
Rest*,1980)。有关导致牛顿科学的天文学和数学物理学的发展
的论述,以及有关牛顿在这些领域中的研究的论述,可参见勒内·
迪加的《力学史》[*A History of Mechanics*,1905(1955)]和《17 世
纪的力学》[*Mechanics in the Seventeenth Century*,1958 (1954)
],以及韦斯特福尔的《牛顿物理学中的力:17 世纪的动力学》
(*Force in Newton's Physics:The Science of Dynamics in the
Seventeenth Century*,1971)。本人在这一章中的某些思想,已经
在我的《牛顿革命》(1980)和另外两篇文章中做了更为详细的论
述,那两篇文章是:载于泽夫·贝希勒(Zev Bechler)所编的《当代
牛顿研究》(*Contemporary Newtonian Research*,1982)的《〈原
理〉、万有引力和"牛顿风格"》("The Principia, universal gravita-
tion, and the 'Newtonian style'"),以及发表于《科学美国人》
1981 年 3 月号(1244:166－179)的《牛顿关于万有引力的发现》

("Newton's Discovery of Gravity")。

可供参考的反映牛顿的动力学思想和天体力学思想发展的重要文献有：由 A. 鲁珀特·霍尔和玛丽·博厄斯·霍尔（Marie Boas Hall）编辑并加上了很有价值的注疏的《艾萨克·牛顿未发表的科学论文集》（*Unpublished Scientific Papers of Isaac Newton*, 1962）；约翰·W. 赫里韦尔所著的《牛顿〈原理〉的历史背景》（*Background to Newton's Principia*, 1965）；以及 D. T. 怀特赛德所编的巨著《艾萨克·牛顿数学论文集》（1974）的第 6 卷。关于《原理》历史方面的论述，可参见我的《牛顿〈原理〉导论》（*Introduction to Newton's 'Principia'*, 1971）。安妮·米勒·惠特曼和我合作完成了《原理》新的英译本的翻译工作，预计不久将会面世。

至于牛顿的《光学》，可供参考的有便携式平装本；将于 1985 年出版的全本，配有亨利·格拉克的注疏并附有各种解读。现在印行的《光学讲义》（*Lectiones Opticae*）附有艾伦·夏皮罗（Alan Shapiro）的译文和注疏。I. B. 科恩和罗伯特·E. 斯科菲尔德所编的《艾萨克·牛顿论自然哲学的论文、书信及有关的文献》［*Isaac Newton's Papers and Letters on Natural Philosophy and Related Documents*, 1978（1958）］，载有牛顿的论文和有关信件的影印件（并附有注疏）。

有关牛顿对启蒙运动和启蒙运动以后的影响的最佳介绍，仍要算小约翰·赫尔曼·兰德尔的《现代精神的塑造》（1940）。另外，赫伯特·巴特菲尔德的《近代科学的起源》［1957（1949）］也提供了一些令人满意的综合性资料。可供参考的还有亨利·格拉克的《牛顿在欧洲大陆》(*Newton on the Continent*，1981)，玛格丽特·C. 雅各布(Margaret C. Jacob)的《牛顿的信徒与英国革命》(*The Newtonians and the English Revolution*，1976)，亚历山大·柯瓦雷的《牛顿研究》(*Newtonian Studies*，1965)。关于启蒙运动，对我们非常有帮助的著作有：克兰·布林顿的《观念与人：西方思想的沿革》(*Ideas and Men：The Story of Western Thought*，1950)，以及彼得·盖伊(Peter Gay)两卷本的《启蒙运动》(*The Enlightenment*，New York，1966–1969)。

11. 维萨里、帕拉塞尔苏斯和哈维

1. 维萨里是一位开拓者，因此，他本人的工作绝不可能没有错误。约翰·斯卡伯勒(John Scarborough 1968，209)曾论证说："维萨里在解剖学方面的错误暗示着，他尽可能地利用了盖伦学说。"

2. 有些史学家和医学博士是从维萨里革命的角度来著述的。⁵⁹²威廉·奥斯勒爵士(Sir William Osler)说："维萨里的著作、法洛皮奥的著作以及法布里齐乌斯的著作导致了一场解剖学革命"(1906，18)，但他马上又把这场革命限定在了一定的范围，他补充说，"16 世纪末并未出现新的生理学"。约翰·斯卡伯勒曾撰写过一篇研究论文，题目是《维萨里革命的传统背景》("The Classical Background of the Vesalian Revolution"，1968)。

3. 当时，罗马医生塞尔苏斯是位受人尊敬的医学界最有权威的人物之一。"帕拉塞尔苏斯"这个名字，从字面上讲是可与塞尔苏斯"比肩"或比塞尔苏斯"更胜一筹"的意思。这与今天一位科学家公开声称他自己比爱因斯坦更伟大并无二致。

4.现代学者中视哈维的成果为一场革命并为之欢呼者不乏其人。正因为如此,约翰·G.柯蒂斯(John G. Curtis 1915,111)说:哈维"发现血液循环"是"他那个时代最富有现代性和革命性的成就";查尔斯·辛格(1956,42)指出:哈维的发现"注定是对所有关于身体活动的流行观点的挑战,而且致使医学实践和所有相关的科学实践发生了革命";斯滕·林德罗特(Sten Lindroth 1957,209)谈到了哈维的"新的革命性的生理学";托马斯·刘易斯爵士(Sir Thomas Lewis 1933,4)认为:"他的[哈维的]发现在那个时代是⋯⋯革命性的,对以后的发展产生了深远的影响";约翰·F.富尔顿称(John F. Fulton 1931,29)称,哈维的学说是"富有革命性的学说";瓦尔特·帕格尔(1967,698;参见1969,6)讨论了"哈维发现[的]导致革命的作用";在赫伯特·巴特菲尔德(1957,64)看来,"他[哈维]所导致的革命类似于我们所看到的力学王国中的革命,或以后拉瓦锡将要在化学领域实现的革命";按照J. D.贝尔纳(1969,*2*:438)的观点:"哈维根据实验所做的严密的推理而证实的东西对⋯⋯生理学所产生的影响,与伽利略和开普勒的发现对⋯⋯天文学所产生的影响一样,富有革命性的意义。"

5.哈维在《心血运动论》(*De Motu Cord*)中主张,"要从解剖学中、从自然的构造中学习和讲授解剖学,不要停留在书本上和哲学家的教条上",不过他讲得很清楚,他并不"认为责难或攻击解剖界那些著名的人物"和曾为他"本人之师长者""是件光荣的事"。他也不"愿意指责任何追求真理的人所犯的错误,不愿用某人的过

失去败坏他的名誉"。即使他发现必须纠正一些错误时,他也不会
"使用尖酸刻薄的字眼"[Geoffrey Keynes(杰弗里·凯恩斯)
1966,179]。

　　哈维本质上是保守的,尽管他的发现直接与传统的盖伦的基
本原则相矛盾,但他从未直截了当地攻击或诋毁过盖伦,他毕恭毕
敬地称(第7章)盖伦是一位"vir divinus, pater medicorum",亦
即"圣人,医生之父"。那些感到为难的译者们有时把这句用语译
作:"伟人,医生之父"[罗伯特·威利斯(Robert Willis)],有的译
作:"伟大的医生王子"[昌西·D.利克(Chauncy D. Leake)],还
有的则译作:"受人尊敬的医生的鼻祖"[肯尼思·富兰克林(Ken-
neth Franklin)]。在这个事例中,哈维详细地引用了盖伦著作中
的一些例子,随后指出,盖伦的论证旨在"说明血液从腔静脉经过
右心室进入肺部的流动过程",而我们仅仅是"改变术语"以便把这
一论证"更为恰当地用来说明血液的流动过程是:从静脉血管经过
心脏流入动脉血管"。

　　在《二论约翰·里奥兰》("Second Disquisition to John Rio-　593
lan")的开篇,哈维描述了一项实验,他说,"维萨里仅仅是建议"而
"盖伦则是劝说""那些渴望发现真理的人"去做此项实验。哈维确
确实实地完成了这项实验,而且他得出结论说,"无论什么人严格
地完成了盖伦所推荐的实验,他都会发现,实验结果与维萨里原以
为它们能够证实的观点是相反的"。

　　6.尽管事实上,在实验、解剖和批判性观察方面盖伦是一位先
驱者,他还创建了一门"极富独创性的生理学",这门科学[Singer
and Rabin(辛格和拉宾)1946,第 xxxix 页]并不是"从对人体解

剖的研究中产生的"。就盖伦的生理学而言,通常"所涉及的实际结构往往是动物的结构而不是人体的结构"。所谓大脑中的"奇网"("rete mirabile")就是一例,盖伦认为,在那里"生命元气"被精心地构成了一种更精致、更高级的"元气",即亦"动物元气";然而,这种所谓的"奇网"尽管可能会在小牛的大脑中发现,但绝不会在人脑中发现。

7. 哈维的成果说明了,一项革命性的新发现以什么方式甚至改变了一门科学的语言。在他的著作于 1628 年出版之前,"静脉"被定义为输送静脉血的血管,与此相仿,"动脉"则被定义为输送"灵魂"之血("spiritous" blood)的血管。按照这种分类,静脉壁一般很薄而且易弯曲,而动脉壁则较厚且不易弯曲。但是在肺部,这种情况不得不颠倒过来。这样,那些被认为向肺部输送静脉血的血管则具有较厚的且不易弯曲的管壁,并被称之为"vena arteriosa"(或"动静脉血管");而向肺部输送"灵魂"之血的血管,却具有很薄的且易弯曲的管壁,并被称之为"arteria venosa"(或"静动脉血管")。然而,哈维的学说表明,所有的动脉在结构上都是一样的,而且总是把血液从心脏输送到身体的各个器官。因此,"vena arteriosa"是一种误称;把血液从心脏输送到肺部的是肺动脉。静脉在结构上也都是相同的,它们都起着把血液从身体的各器官输送回心脏的作用。结果是,所谓的"arteria venosa"其实不过就是"肺静脉"(参见 Dalton 1884, 190)。

8. 似乎没有什么理由可以认为,吕亚尔都斯·哥伦布的发现不是独立完成的。但是这样的发现至少已被前人宣布过两次了:一次是 12 世纪的伊本·纳菲斯(Ibn al-Nafīs)宣布的,另一次是

16 世纪的迈克尔·塞尔维特（Michael Servetus）宣布的。①然而哥伦布时代的科学家和医生是否大都已经知道了这一思想,令人怀疑。

9.在肯尼思·富兰克林所译的哈维的《心血运动论》中,他把哈维的一句话用感叹的口气译为:"真要命,没有微孔而且也不可能证明有"(第19页)。这听起来比哈维本来所表达的情感更为强烈些。富兰克林用古语中的"真要命(damme)"用来作为一个与哈维的"mehercule"——一个很难翻译的词的英文同义词。在拉丁语中,这是一个非常温和的惊叹语,其语气不像"该死(damn it)"那么强烈,也许更接近于英语中的"天啊(by George)"[这个术语与圣乔治(St. George)②有关,并因此与赫耳枯勒斯(Hercules)也有关]。这肯定与哈维几段以前的陈述是不同的,他那时写道:"上帝啊! 二尖瓣怎么会阻止空气的返回,却不阻止血液的返回呀?"在这里,"上帝啊!"完全等同于哈维的"Deus bone!"。富兰克林的 594 "真要命"比昌西·D. 利克的"该死"更可取,甚至比罗伯特·威利斯的"确实"更为贴切。

10.威廉·奥斯勒爵士(1906, 40-41)探讨了哈维的发现所具有的实用性。他断言,哈维的发现"不那么引人注目",但其"成功"与"哥白尼、开普勒、达尔文以及其他一些人各自揭示出的……

---

① 伊本·纳菲斯(1213-1288年),阿拉伯医生,为早期对肺循环的认识作出了重要贡献,尤以其首先描述了肺循环而闻名;迈克尔·塞尔维特(1511? -1553年),西班牙博学多才的科学家、医生、神学家,文艺复兴时期的人文主义者,欧洲第一个正确描述肺循环功能的人。——译者
② 圣乔治(275-303年),基督教殉道者,英格兰的主保圣人,因试图阻止对基督徒的迫害于303年被杀。——译者

真理""具有同样高的水准"。对于哈维的发现缺少实用性,奥斯勒为之作了辩护,他指出:"牛顿的伟大成果无论对他那个时代的伦理道德还是生活方式都没有产生影响,而且也无法说明,在启迪当时的'普通人'或使他们做出正确的评价方面,它立即产生了什么实际的效益。"他说,哈维、哥白尼、开普勒、达尔文以及牛顿都"在一定范围内促进了人类思想的发展"。他得出结论说,在哈维的成果中"并没有什么可以立即转化为实际效益的东西,甚至没有能被当时的托马斯·西德纳姆(Thomas Sydenham)①把握和运用的东西"。因此,奥斯勒认为,"哈维成果的真正价值","与其说在于实际证明了血液循环这一事实,莫如说在于证明了这种方法"。

11. C. D. 奥马利(1964)在其颇具权威性的关于维萨里的传记著作中探索了维萨里的影响,但他的这部著作并不能完全取代马赛厄斯·罗思(Mathias Roth)的《布鲁塞尔的安德烈·维萨里》(*Andreas Vesalius Bruxellensis*,1892)。另外,还可参见辛格和拉宾合作的著作(1946),以及查尔斯·辛格的《解剖学简史》(*A Short History of Anatomy*,London,1929)。奥马利还为《科学史》(*History of Science*,1965,4:1-14)撰写过《维萨里文献述评》("A Review of Vesalian Literature")。J. J. 拜勒比尔的《16世纪和17世纪初的心血管生理学》(*Cardiovascular Physiology in the Sixteenth and Early Seventeenth Centuries*,1969)极有价值。

从根本上理解帕拉塞尔苏斯莫测高深的科学事业的著作,要

---

① 托马斯·西德纳姆(1624-1689年),英国著名医师,临床医学及流行病学的奠基人,有"英国的希波克拉底"之称。——译者

数瓦尔特·帕格尔的那部专著(1958)。艾伦·德布斯在两部著作(1965；1977)中研究了帕拉塞尔苏斯的影响。

有两部极为重要的了解哈维的生平和工作的著作,一部是杰弗里·凯恩斯所写的传记(1966),另一部是瓦尔特·帕格尔对哈维生物学思想的研究(1967),他在1969－1970年间发表的文章可作为其著作的补充。J.J.拜勒比尔的那些文章都像其博士论文(1969)一样非常具有启发性。可供参考的还有格温尼思·惠特里奇(Gwenyth Whitteridge)的《威廉·哈维与血液循环》(*William Harvey and the Circulation of the Blood*,London,1971)。在简要介绍方面,肯尼思·基尔的《威廉·哈维》(*William Harvey*,1965)可算是一部上乘之作。有些较早的著作,如约翰·G.柯蒂斯(1915)和约翰·考尔·道尔顿(1884)的著作,仍然很有价值。奥德丽·戴维斯(Audrey Davis)的《循环理论对17世纪的疾病理论和治疗工作的一些意义》("Some Implications of the Circulation Theory for Disease Theory and Treatment in the Seventeenth Century")一文倍受青睐,该文发表在《医学及其相关科学的历史杂志》(*Journal of the History of Medicine and Allied Sciences*)上[26(1971)：28－39]。可供参考的还有,J.J.拜勒比尔所编的《威廉·哈维与他的时代》(*William Harvey and His Age*,Baltimore,1979);罗伯特·J.弗兰克(Robert J. Frank)的《哈维与牛津的生理学家》(*Harvey and the Oxford Physiologists*,Berkeley,1980)。由I.B.科恩编辑、阿诺出版集团(Arno Press Collection)出版的文集《威廉·哈维研究》(*Studies on William Harvey*,New York,1981)是一部很有价值的有关哈维与量化之研究的单卷本著作,荟萃了 F. R. 杰文斯(F. R. Jevons)和 F. G. 基尔戈(F. G. Kilgour)的论文,以及瓦尔特·帕格尔的《威廉·哈维与血液循环的意义》("William Harvey and the Purpose of Circulation"),查尔斯·韦伯斯特的《威廉·哈维的心脏类似于水泵的概念》("William Harvey's Conception of the Heart as a Pump"),威廉·黑尔-怀特(William Hale-White)的《培根、吉伯和哈维》("Bacon, Gilbert and Harvey"),以及 H. D. 巴永(H. D. Bayon)的《威廉·哈维:医生和生物学家》("William Harvey, Physician and Biologist")。

12.启蒙运动时期的变革

595

　1.我们所说的这些事件(Swift 1939, *I*：75)是在彼得的两个弟弟得到他们父亲的一份遗嘱后发生的。他们发现,他们作为平等继承人的权利受到彼得的漠视,因为彼得把他自己确立为他们父亲的唯一继承人。于是,这兄弟俩就闯进酒窖"去小酌一番";他们"抛弃了他们的妃嫔并且派人请来了他们的妻子";他们称"来自伦敦新兴门监狱的一位事务律师"为"纨绔子弟","请求**彼得大人**开恩,能够为一个[要被绞死的]**盗贼**求求情,使他得到**宽恕**。"斯威夫特用一系列脚注解释说,这些都涉及宗教改革(the Reformation)的法令。获得那份一直被秘而不宣的遗嘱,标志着"圣典变成了世俗的语言";喝酒"以激励和抚慰他们的心灵",意味着"在圣餐式上把圣杯施与平信徒";而以妻子取代妃嫔指的则是允许"牧师的婚姻"。这样迈出的每一步都可以视为"革命性的"(revolutionary），但把这每一步都说成是一次"革命"则表明，斯威夫特并没有想到引发一场大规模根本变革的某个单一的具有震撼性的事件。

2. 在此后几十年中，斯威夫特经常用"revolution"（革命）一词指代根本性的政治变革，特别是 1688 年的光荣革命（例如，1939，*I*：227；2：149；3：46－47,146－147,163；7：68－69；8：92；9：244,230；*II*：229），他通常称这次革命为"迟到的革命（the late Revolution）"；他把这次革命与"清教徒"的"反叛"作了对比（*II*：230）。他在 1740 年 12 月 28 日发表于《观察家》（*The Examiner*）上的一篇文章中，对这一主题作了详尽的阐述（3：47）。他写道，在查理一世统治时期，人们呼吁进行"**一场彻底的改革**，这场改革以王国的崩溃而告终"；詹姆斯二世即位后，"从那些遵循**相同原则**的人们中间又发出了进行一场**彻底革命**的不停的呐喊。"他也谈到（第 189 页）那些"为'反叛'和处决查理一世国王辩护的人——这些人认为，这两个事件与迟到的革命一样，都是完全正当的"。在一封"给蒲柏（Pope）先生的信"中，斯威夫特把革命界定为"政府的激烈变革"（9：31），并且直接提到了"奥兰治亲王"。

3. 赫尔德不仅在布丰的著作中发现了关于地球表面发生巨变（revolutions）的思想，而且在法国土木工程师和地质学家、《古代文化揭秘》（*L'antiquité dévoilée*，1766）一书的作者尼古拉·安托万·布朗热（Nicholas Antoine Boulanger）的著作中也看到了同样的思想。赫尔德（1887,32：153）曾对布朗热的主要论点作了批评。他坚持认为，布朗热更多地依据历史而非物理学来证明"旧的巨变"（the old revolutions）。在布丰和赫尔德之间，另一位论述地球"巨变"的著作家是奥古斯特·路德维希·冯·施勒策尔；施勒策尔曾任哥廷根大学教授，其《世界历史概略》(*Vorstellung seiner Universal-Historie*，1772)一书，一开始就仿照布丰的方式，论述了"地球表面发生的巨变"("die Revolutionen des Erdbodens")(1772，1，4，8，10，23，350 等)。

4.乔治·克里斯托夫·利希滕贝格亲眼目睹了这些岁月。他是一位思想敏锐的物理学家。他在讨论这个问题时是这样说的："我更希望知道 1781 年至 1789 年以及 1789 年至 1797 年这 16 年间，人们在欧洲是如何经常使用革命(Revolution)这个词的，以及这个词出现在出版物中的次数。"他给出的答案是(1801，2：253)："这个比率不会小于百万分之一。"

5. 17 世纪末和 18 世纪一个常见的表达方式是"帝国的革命"(revolution of empires)——似乎帝国的历史是随着时间的推移而逐步展开的一幅画卷。但是，在此背景下，这个短语似乎更多地用以说明历史的延续，而不是特定的重大事件。一个例证是："追溯帝国革命期间化学的进步是不可能的"[Fourcroy(富克鲁瓦)1790，第 2 章，第 2 节，第 23 页]。

在莫里哀和帕拉塞尔苏斯的一个对话中，丰特奈尔提到"某些革命(certain revolutions)"(1971，365)。这似乎说明他可能考虑过时光流变过程中发生的那些大规模的革命。在我们所说的这个对话中，作者(借莫里哀之口)指出：在"宇宙本身的秩序"中，既"没有数字的优点，也没有行星的特性，更没有与某些时代或某些革命相关联的灾祸。"莫里哀(同上，370)的遗言是："我完全知道文学帝国中可能发生的革命"("quelles peuvent être les révolutions de l'

Empire des Lettres"），但是我仍然"担保我的戏剧应有的持久品质"。丰特奈尔在这里是在改述拉罗什富科（La Rochefoucauld）的一句箴言："Il y a une révolution générale qui change le goût des esprits，aussi-blen que les fortunes du monde"（"一场全面的革命改变了人们的趣旨，也就改变了世界的命运"）。

13. 18 世纪的科学革命观

1. 我们从 18 世纪和 19 世纪将看到许多"彻底的"革命的例证（例如普莱费尔、赫胥黎），而且我们将发现，有一位作者（J. S. 穆勒）认识到一场"彻底的"革命根本就不是革命。

2. R. N. 施瓦布（R. N. Schwab）指出（d'Alembert 1963，80，注释 26），在其著作 1764 年的修订版中，达朗贝尔用"比所有那些已经作出的贡献更为根本的"取代了"更难以做出的"说法。

3. 第 1-17 卷（A-Z）于 1751 年至 1765 年陆续出版，此后又出版了 11 卷插图版（1762-1772）。1776 至 1780 年，又出版了一部 4 卷本的"补遗"、1 卷"增补"插图版和一部 2 卷本的"总目"。我在世纪中叶的法文原始资料中可能发现了比在英文原始资料中能够找到的更多关于这种新含义的论述，实际上这或许没有什么意义。我对于德文或意大利文的著作没有进行同样系统的研究。

4. 例如，在让·艾蒂安·蒙蒂克拉两卷本的《数学史》（*History of Mathematics*，Paris，1758）及其四卷本的修订版（Paris，1799）中，在达朗贝尔、修道院长博叙（l'Abbé Bossut）、德·拉朗德和孔多塞侯爵等人编辑的《数学百科辞典》（*Dictionnaire*

encyclopédique des mathématique，Paris，1789）第 1 卷以及夏
尔·博叙（Charles Bossut）两卷本的《数学通史——从其产生直到
1808 年》（*Histoire générale des mathématiques，depuis leur orig-
ine jusqu' à l'année 1808*，Paris，1810）的"概要"（第 497 页）中，
都提到了科学和数学中发生的革命。

5.普里斯特利（Joseph Priestley）在他的《论历史和一般政策》
（*Lectures on History and General Policy*，new ed.，1826，407）一
书中，至少有一次可能是在循环或周期的意义（cyclical sense）上
使用"revolution"一词的："在描述了科学的进步（progress）和革
命（revolution）之后，作为历史学家关注的一个对象，关于科学的
主题就已经没有什么可说的了。"普里斯特利这里使用"revolu-
tions"也许只是意指重大事件（great events）。

6.正如人们能够预料到的，米勒不仅把"revolution"一词用于
他对具体的科学进展的全面总结，而且用于对具体的科学进展如
"化学理论中具有标志性的革命"的分析或描述（*I*:92）。

7.第 5 版（两卷，Paris，1811）与以前的版本（Paris and Lyon，
1793）只是稍有不同。在较早的那个版本中，开始的一段几乎是完
全一样的〔只是"Révolution périodique（周期性的革命）"不见
了〕。除了几个细节以及最后一个例子（包括"科学中的……革
命"）未曾见于先前版本外，刚引证的这一段文字在两个版本中也
几乎是相同的。而且，在 1811 年的版本中，作者列举了在罗马、瑞
典和英国发生的革命，以此作为"有些动荡的国家中所发生的令人
难忘的变革和暴力行为"的例子；而 1793 年的版本则提到"国民政
府中发生的突然变化和暴力行为"。这方面的例子，有"1789 年的

法国革命"("Les révolutions Françoise")、"英国革命"("Les révolutions d'Angleterre")以及"罗马人的革命"("Les révolutions Romaines")。

14. 拉瓦锡与化学革命

1. 这段摘录被贝托莱(1890,48)完整付印时,标注的时间是1772年2月20日,是梅尔德伦(1930,9)翻译的;但是,像格拉克一样,格里莫(1896,104)认为这段文字写于1773年2月20日。

2. 直到1774年,拉瓦锡仍然对这样一个问题感到困惑不解:当诸如硫黄或磷这样的物质经过燃烧,或一种金属被煅烧时,空气中的哪种成分对重量的增加起了作用。但是,他毫不怀疑,无论什么东西,在燃烧或煅烧过程中,重量都会有所增加,因为燃烧和煅烧伴随着与空气中某种成分的化学化合(他倾向于认为这种成分是"固定空气"或二氧化碳,约瑟夫·布莱克曾对此进行过研究)。亨利·格拉克(1975,83ff)非常充分地论述了拉瓦锡是怎样偶然发现氧是这两个过程中起作用的空气的活跃成分,以及普里斯特利[他曾把他对氧气(他称其为"非燃素空气")的研究结果在1774年秋季告诉拉瓦锡]所发挥的作用。

3. 我们在亨利·格拉克的著作中也许可以看到对化学革命问题的卓越介绍(1961;1975;1977)。也可参看 W. A. 斯米顿论述富克鲁瓦的著作(1962)以及安德鲁·梅尔德伦的非常有价值的论文(1981年被单独编辑成书)。阿奇博尔德(Archibald)和南恩·克洛(Nan Clow)的《化学革命》(*The Chemical Revolution*, Lon-

don,1952)是一本非常令人振奋的著作。

15.康德所谓的哥白尼式革命

1.关于这个话题的讨论通常会忽略康德在《纯粹理性批判》中第四次提到哥白尼的那段文字。这很可能是因为诺曼·肯普·史密斯版本的索引中根本就没收入它。那个索引错误地只是列举了第2版序言中提及哥白尼的地方。康德(1929,273＝A257,B312－313)比较了"感性世界"(mundus sensibilis)和"智性世界"(mundus intelligibilis)的提法——同时清楚地表明,不应把后者说成是"'**心智**世界'(*intellectual* world),就像在德文的解释中通常所做的那样"。他写道:"观测天文学只是告诉人们如何观测星空,但它要说明的是前者(感性世界)。"然而,"理论天文学……根据哥白尼体系或牛顿的万有引力定律教给人们知识,所以,它要说明的是后者,即一个智性的世界。"

2.我本人对这个问题的认识可以追溯到1959年,那时我正与我的同行、已故的菲立普·勒科贝尔耶(Philippe Le Corbeiller)讨论康德的《纯粹理性批判》。他一直拿不准是在第一版还是第二版中提到康德的"哥白尼式的革命"(Copernican revolution)。我们发现,是在第二版中提到哥白尼的,但即使在这一版中,康德也没有哥白尼革命的说法。

3.对克罗斯发表在《心灵》(*Mind*)杂志上的文章(1937,214－217)所做的一个回应是非常有启发意义的。佩顿(1937)显然认为他本人是克罗斯首先攻击的一个目标,因为在他评述《纯粹理性批判》的两卷本著作（1936）中，有一节的标题就是"哥白尼式的革命"。佩顿不赞同克罗斯关于康德的许多论点，尤其是他关于康德对哥白尼的理解的主张，以至一场康德的"哥白尼式的革命"的问题几乎成了次要问题。例如，他责备克罗斯在一个脚注（第214页，注释1）中所说的："看来康德并没有使用'哥白尼的假设'这个提法。"严格地说，康德本人的确**没有**使用这个提法。佩顿说："康德对……他所说的哥白尼的假设作了描述，而且现在我也还敢说，它就是哥白尼的革命。"因此他问，我们是否"有根据说康德进行了一场哥白尼式的革命"，即使"康德确实没有使用这样一个短语"，而且"哥白尼的假设……本身并不是康德所认为的发生在数学和物理学中的革命的一个例证"（第370－371页）。

佩顿最后问，我们是否"要求康德非要用这么多的词汇实际上说出'我的哥白尼革命'不可呢？"然而，可以肯定，关键在于康德未曾说有一场"哥白尼式的革命"，更不用说他本人正在进行这样一场革命了。当然，我们也没有必要对佩顿关于"Revolution der Denkart"（思想革命）和"Umänderung der Denkart"（思想变化）是"同义语"的说法过于当真。任何词典都会指出，"Umänderung"意指变化、改变、修改、和调整——无论怎样演绎，它都不能与"Revolution"一词画等号。

16.德国不断变化着的革命语言

1.在格林兄弟的辞典中，有许多例证表明，"Umwälzung"（词形是"Umbwalzung"）是在天文学或占星学的意义上用作"revolu-

tion"的。图尔奈泽尔（Thurneysser）在他 1583 年的《炼金术》
（*Alchymia*）中谈到带动行星和恒星围绕地球旋转的八个天球的
持续的"运行"（Umbwalzung）。这个用法一直延续至今。例如，
戈特舍德（Gottsched）1751 年曾论述金星的旋转，冯·舒伯特（F.
Th. v. Schubert）1823 年曾论述地球的每日自转。像"revolu-
tion"一词一样，这个词也被用于指称时间序列中一系列事件的发
生：佩吉乌斯（Pegius）1570 年曾论述年代的"Umbwalzungen"（更
替、变化），图尔奈泽尔 1583 年曾论述月份的 "Umbwalzung"（循
环）。

　　2.亚伯拉罕·戈特黑尔夫· 凯斯特纳（Abraham Gotthelf
Kästner）的情况是特别有趣的，因为哪怕是在其天文学的意义上，
他都回避使用"revolution"这个词。凯斯特纳曾先后在莱比锡大
学和哥廷根大学讲授数学和物理学。18 世纪下半叶，凯斯特纳撰
写了一部四卷本的书目记录以及"从知识的更新"一直到"18 世纪
末"的"数学史"（1796－1800）。凯斯特纳是如此反对使用"revo-
lution"这个术语，以致他对于行星的"revolution"（运行）都不予讨
论。他使用的语词是"Umwälzungen"（循环）和"Umlaufszeiten"
（运转周期）（4 ：363－364,379）。

　　3.格林兄弟的《德语大辞典》提供了在科学领域中使用
"Umwälzung"（变革）一词指称地球发生的变化［奥肯（Oken）］、导
致脊椎动物突然毁灭的洪积期发生的地壳的局部运动或变化
（冯·洪堡），以及理论物理学的概念范畴经历的各种各样的革命
或彻底的转变（玻尔兹曼）的许多例证。格林兄弟中也有人在叙说
掌握希腊文和拉丁文语法的方式必定要经历一场革命时，也谈到

19 世纪"Umwälzung"一词的用法。

17. 工业革命

1. 霍布斯鲍姆(1962,48)非常敏锐地指出:"进行工业革命不需要多少理智的精妙和完美",因为"它的技术发明是非常适中的,而且绝超不出有才智的工匠在其工作坊中从事试验的范围,或者木匠、水磨匠和锁匠的制造才能的范围。"此外,请参见斯科菲尔德(1957,1963)和查尔斯·C. 吉利斯皮(Charles C. Gillispie 1957,1980)的有关论述。

2. 关于这个话题,请参见弗莱明(1964)、斯科菲尔德(1957,1963)、吉利斯皮(1957,1980)、马森和罗宾逊(Musson and Robinson 1969)的著作及马森编辑的相关文集(1972)。

3. 这段引文由安娜·贝赞森引自 C. L. 贝托莱和 A. B. 贝托莱的《染色工艺基本原理》(*Eléments de l'art de la teinture*,2nd ed., 1804)一书序言。安娜·贝赞森引证的另一个例子(第348 页)是在甜菜纤维中发现了糖晶体。1837 年他把这一发现归之为"两个世界之间贸易关系中的一场革命";他评论说,这是一场"真正的革命"。

4. 在其《政治经济学原理》(*Principles of Political Economy*,1848)中,约翰·斯图尔特·穆勒谈到在那些"从前在资源方面落后的"国家中发生的"工业革命"。

5. 汤因比没有援引 1760 年的任何具体事件以证明他为何选择这个日子作为革命的起始点,尽管他说(第 4 章):"1760 年,卡600

伦铁最先在苏格兰生产出来",而且,"1760 年,兰开夏的制造商开始使用飞梭"。

在尝试弄清 1760 年这一年对于技术和工艺的发展可能具有怎样的重要性时,我参考了三个世界年表。S. H. 斯泰因贝格(Steinberg)的《历史年表》(*Historical Tables*, 3d ed,,1949,173)告诉我,1760 年,乔赛亚·韦奇伍德(Josiah Wedgwood)在斯塔福德郡(Staffs)的伊特鲁里亚(Etruria)建立了他著名的"陶艺工场"。内维尔·威廉斯(Neville Williams)的《1492 - 1762 年世界发展年表》(1960,543)没有提到韦奇伍德的制陶工场,但是它告诉我,1760 年,"佛罗伦萨发明了大礼帽",威廉·奥利弗(William Oliver)首次开始生产"巴斯·奥利弗"("Bath Oliver")饼干,而约翰·斯米顿(John Smeaton)则发明了"炼铁所需要的圆柱形铸铁风箱"。最后,伯纳德·格伦(Bernard Grun)的《历史的时间表》(*The Timetables of History*,1975,351)重复了关于韦奇伍德的信息。当然,大礼帽与饼干一样,都谈不上是一场工业革命的缩影,而且我怀疑韦奇伍德的制陶业(同时被两个人提起的唯一一个品目)是否可以视作卷入到那场革命的一个主要行业。令人费解的是,这些年表没有一个提及纺织业中的革新,而这在大多数历史著作中都是被突出强调的。菲莉丝·迪恩的《第一次工业革命》(*The First Industrial Revolution*,1969)第 8 章("发明年表")以及奇波拉编的《工业革命》(*The Industrial Revolution*,1973)中萨缪尔·利利(Samuel Lilley)写的《技术进步和工业革命(1700 - 1914)》("Technological Progress and the Industrial Revolution 1700 - 1914")一章,都对纺织业中发生的一系列革新作了令人钦佩的描述。

6.迪恩(1962,第1章)和莱恩(Lane 1978)对重新界定工业革命的起始日期所进行的这些尝试作了非常好的概括。T. S. 阿什顿在1955年发现,"在1782年后,几乎每一项能够找到的工业产品的统计数字都揭示出,正在发生一个突如其来的向上的转折。" 1960年,W. W. 罗斯托(Rostow)断言,1783－1802年是"近代社会生活中一个重大的分水岭",是英国经济"开始持续增长的时期" (引自阿什顿和罗斯托的论述见于 Deane 1969,3)。

7.其中包括 T. S. 阿什顿的《18世纪》(*The Eighteenth Century*,1955);卡洛·M.奇波拉编《工业革命》(1973;"枫丹娜欧洲经济史");克拉彭(J. M. Clapham)的《现代英国经济史》(*An Economic History of Modern Britain*,1939,I);菲莉丝·迪恩的《第一次工业革命》(1969);R. M. 哈特韦尔(Hartwell)编《英国工业革命的起因》(*The Causes of the Industrial Revolution in England*,1967);霍布斯鲍姆的《工业和帝国》[*Industry and Empire*,1968;1969;"鹈鹕英国经济史"("The Pelican Economic History of Britain")];戴维·兰德斯的《摆脱束缚的普罗米修斯》(*The Unbound Prometheus*,1969);A. E.马森编《18世纪的科学、技术和经济增长》(*Science*, *Technology and Economic Growth in the Eighteenth Century*,1972);A. E.马森和埃里克·罗宾逊的《工业革命中的科学和技术》(*Science and Technology in the Industrial Revolution*,1969);埃里克·波森(Eric Pawson)的《早期工业革命》(*The Early Industrial Revolution*,1979);L. S. 普雷斯奈尔(Presnell)的《工业革命研究》(*Studies in the Indus-*

trial Revolution,1960);查尔斯·辛格(Charles Singer)等人编的《工业革命》[*The Industrial Revolution*,1959;《技术史》(*A History of Technology*),第 4 卷];阿兰·汤普逊(Allan Thompson)的《工业革命的动力学》(*The Dynamics of the Industrial Revolution*,1973)。

8.有许多关于工业革命的卓越介绍,其中大多数都论述了关于这场革命发生的时间及其性质的不同观点。其中包括:阿什顿(1948),迪恩(1969),兰德斯(1969),马赛厄斯(Mathias 1969)和波森(1978),以及奇波拉(1973)编的书。经典性的著作是阿诺德·汤因比身后出版的写于 1884 年的著作。该书是以 1881－1882 年所做的一系列历史学讲演为基础整理而成的,而且(Clark 1953,15)"部分是根据作者的手稿印刷的,部分来自听课学生们的不完整的笔记",它是冠以《论 18 世纪英国的工业革命,通俗演说、笔记和其他片断》(*Lectures on the Industrial Revolution of the Eighteenth Century in England*,*Popular Addresses*,*Note and Other Fragments*)这个总标题之下的作品集之一。赫伯特·希顿(Herbert Heaton)在 1932 年写的"工业革命"这个词条[载《社会科学百科全书》(*Encyclopedia of the Social Sciences*)第 8卷]对此作了非常好的概括。霍布斯鲍姆(1968)把工业革命置于其他领域发生的革命和欧洲历史的背景之下,提出了非常有价值的观点(第 1 章至第 4 章),而他 1962 年出版的著作(第 2 章)也许可以作为这一观点的补充。

A. E. 马森(1972)编辑的那部著作,对关于科学和技术及其与 18 世纪经济增长关系的讨论的关键内容做出了描述。关于技术革新,可参见查尔斯·辛格等人编《技术史》第 4 卷(1959)。文献证明,在法国比较早地使用"工业革命"这一名称的是贝赞森(1921－1922)。克拉克(1953)对这个词后来的用法作了分析。

18.依靠革命还是经由进化?

1.当然,有一些是例外。约翰·斯图尔特·穆勒在《政治经济学原理》(1848)中说,在一个其资源"由于人民缺乏活力和抱负而不发达"的国家中,"开始对外贸易……有时引起一场全面的工业革命"(1848,2:119)。G. N. 克拉克(1953,12)敏锐地指出:"穆勒惯于字斟句酌。"因此,当他在打印出的页面上看到"一场全面的工业革命"("a complete industrial revolution")这个短语时,觉得这个组合"对于他来说似乎是不恰当的",因为严格地说,"全面的"这个词只能在其原本或字面的意义上使用,就像一颗行星的运行(revolution)或一个车轮的转动(turning)总是不断地回到原来的出发点一样。克拉克说,因为在这种情况下,穆勒"考虑的是连续性的断裂,而不是周期性的循环"。所以,"穆勒划掉了'全面的'这个词,而且在后来的版本中,我们读到的是'一种工业革命'("a sort of industrial revolution")。在这种情况下,穆勒非常在意"revolution"这个词的拉丁文词源;但是,正如我们在前面的第十二和第十三章看到的,丰特奈尔、普莱费尔、赫胥黎等人写的是一场"全面的"(complete)或一场"总体的"(total)革命(revolution),但没有注意这个词语源学的含义,即"绕了整整一圈",最后在出发点结束。

2.在对不断革命(permanent revolution)进行的一个非常深入的学术研究中,哈特穆特·泰奇追溯了这个概念的历史:这个概念以法国大革命和黑格尔的思想为开端,在托洛茨基那里第一次得到系统阐述。他指出,亚历克西·德·托克维尔写过"la révolution toujours la même(始终如一的革命)",并且把"不断革命(révolution permanente)"(1973,220,注释354)用于说明社会中的一个趋向。此外,他还引证过蒲鲁东的话。他发现,"真正的"不断革命的"理论"是从马克思和恩格斯开始的。根据泰奇的分析,马克思和恩格斯及其同事用这个概念是为了强调,无论哪个国家的劳动者采取的革命行动,都只能是世界范围运动的一部分,而且,"在共产主义作为人类大家庭的最终组织形式得到实现之前,将坚持不断进行革命"(第73页)。泰奇对托洛茨基的观点[这些观点是托洛茨基与亚历山大·赫尔凡德(Alexander Helphand)共同提出的]作了概括:即使在"社会主义革命阶段"之后,社会仍将在某种程度上划分为不同的群体,这些群体将产生冲突和矛盾,因而阻碍社会达到一种"最终的平衡"。托洛茨基坚持认为,"在经济体系、技术、风俗习惯、家庭生活以及科学中",革命将继续下去。不过,令人遗憾的是,泰奇没有详细阐述科学中发生的这些革命的性质,而且我似乎也没有什么证据表明,这在托洛茨基那里是一个中心主题。托洛茨基认为,这些"持续的剧变"最终将导致"向着一个更加美好的共产主义制度前进"。这个结论表明,在马克思主义思想流派中,至少有一派既看到了理想社会中持续进行的革命,同时又认识到在技术和科学领域将发生更进一步的(甚至是持续不断的)革命。

3.默茨历史著作的第 1 卷和第 2 卷主要论述科学,第 3 卷和第 4 卷主要论述哲学(和社会科学)。在第 3 卷("哲学思想")中,默茨提到科学和科学本身的原则,但没有提到为默茨曾不加掩饰地称之为"关于……知识问题的伟大革命"(第 404 页)作准备的一种"纯粹哲学的观点",即有关认识论主题的新康德主义的崛起。

4.关于 19 世纪科学的文献呈现出飞速增长的态势。西奥多·默茨的经典性著作(1896－1903)仍然是无与伦比的,而且也许可由沃尔特·F.(＝苏珊·F.)坎农、威廉·科尔曼、弗雷德里克·格雷戈里(Frederick Gregory)、彼得·哈曼(Peter Harman)等人的著作来补充。

19.达尔文革命

1.这句话见于《物种起源》的所有版本,只是(在第 2 版及后来的版本中)增加了一个短语,因此这句话开始是这样说的:"一旦我在本书中所阐述的见解以及华莱士先生所阐述的见解……"。

2.当然,尽管多年来进行了大量研究,而且就这个问题与同事们进行了许多讨论,但我仍然不敢说我已经考察了公开发表过的关于一种新的科学思想、科学方法或科学理论的**每一种**最初的描述。

3.杰米里·边沁(Jeremy Bentham)后来写道(Darwin 1887,2:294),一听说达尔文的论文,他就觉得必须"延缓"发表自己的论文,而且对"物种的稳定性"这个主题"心存怀疑"。("无论是多么不情愿",他后来还是放弃了自己"长期以来抱有的信念,放弃了自己经过多年的努力和研究而得出的结论,并且最终"完全接受了达尔文先生的观点"。)

4. 达尔文在其《自传》中说(1887,*1*:88):他的著作之所以能够取得成功,一个重要因素在于"它的篇幅适中"。他将此归功于华莱士的论文。因为,如果他"以[他]在 1856 年开始写作时的规模发表",那么该书篇幅将是"《物种起源》的四五倍,那样就没有多少人能够耐心地读它了"。

5. 1864 年 5 月 29 日,华莱士对达尔文在自然选择理论(Darwin 1903,*2*:36)上的贡献作了如下评价:"关于自然选择理论本身,我总是认为它实际上是属于您的,而且只能属于您。您在我对这个主题开始论述许多年以前就已经以我从未想到的程度把它详细地制定出来了,而且,我的论文可能从未使任何人信服,或被看作不只是一个有独创性的思索,而您的著作使关于博物学的研究发生了革命。"他又说:"如果说我有什么功劳的话,那只是敦促您写作并同时予以发表。"

在描述了导致他们两个人在 1858 年同时发表自然选择理论的经过之后,华莱士(1898,141)说:"自然选择理论……只是在达尔文伟大的、划时代的著作在第二年末问世以后,才引起了人们的注意。"华莱士(1891)在一篇题为《达尔文对科学的贡献》("Debt of Science to Darwin")的文章中,"对达尔文的著作做出了[他自己的]评价"。

6. 朱利安·赫胥黎在其经典性著作《进化:现代的综合》(*Evolution*:*The Modern Synthesis*,1974,13-14)中,用"达尔文学说"("Darwinism")这个术语说明"达尔文首先将其运用于进化研究的归纳和演绎的组合"。赫胥黎把进化过程编成"三种可观察的自然事实以及来自于它们的两种演绎。"迈尔(1982,第479页及以下)提出了一种不同的分析。他认为,达尔文理论是由"以部分来自于人口生态学、部分来自遗传现象的五种事实为基础的三个推论"组成的。

7. 赫胥黎写道:"毫无疑问,达尔文先生采用的研究方法严格说来并不只是与科学逻辑的准则相一致,而且它是唯一适当的方法。"

8. 今天,有一个庞大的达尔文研究行业,只有关于牛顿的研究规模可与之相比。达尔文的通信正在编辑之中,但是到目前为止,尚无以统一的学术版本编辑出版达尔文全集的计划。《物种起源》第1版(1859)已经出版了复制本(1964),其中附有恩斯特·迈尔为此写的导言以及一个经过更新和完善的索引。达尔文写于1842年的《物种起源》提纲、写于1844年的论文以及1858年达尔文和华莱士共同撰写发表的论文都已经重印(1958)。主要的学术资料来源是5卷本的达尔文书信集(1887;1903)。

关于达尔文的思想及其发展,请参看恩斯特·迈尔的《生物学思想的发展》(*The Growth of Biological Thought*,1982)和他的收集在《进化与生命的多样性》(*Evolution and the Diversity of Life*,1976)中的论文。特别受人欢迎的当是迈克尔·盖斯林的著作(1969)和加文·德·比尔爵士(Sir Gavin de Beer)的著作(1965)。朱利安·赫胥黎的《进化:现代的综合》(1963,1974)是一部最新的经典著作;爱德华·波尔顿1896年出版的著作依然是有价值的。关于达尔文的先行者,请参看本特利·格拉斯(Bentley

Glass)、奥赛·特姆金(Owsei Temkin)和小威廉·L. 斯特劳斯 (William L. Strauss, Jr.)编《达尔文的先驱》(*Forerunners of Darwin*, 1959)。关于达尔文思想的背景,请参看霍华德·格鲁伯 的《达尔文论人》(*Darwin on Man*, 1974)以及施韦伯所进行的相 关研究。关于围绕达尔文思想进行的论战和就达尔文革命而进行 的争论,请参看迈克尔·鲁斯的著作(1979,1982)、奥尔德罗伊德 (1980)的著作以及戴维·赫尔(David Hull)的著作(1973)。关于 604 后来所进行的"综合"以及达尔文思想在各个国家的发展史,在 1980 年由恩斯特·迈尔和威廉·普罗文编辑的著作中得到描述。 普罗文的《种群遗传学的起源》(*Origins of Population Genetics*, 1971)是非常有价值的。M. J. S.拉德威克的《化石的意义》(*The Meaning of Fossils*, 1972)是很受欢迎的。迈克尔·斯克里文的论 文(1959)在达尔文进化论和科学预见这一主题上做出了重要贡 献。关于达尔文是如何转信进化论这一问题,参看弗兰克·萨洛 韦的《达尔文信仰的转变:小猎犬号的航行及其结果》("Darwin's Conversion The Beagle Voyage and Its Aftermath", 1982)。

20. 法拉第、麦克斯韦和赫兹

1.这些论文是:《论法拉第的力线》("On Faraday's Lines of Force", 1855－1856),《论物理的力线》(1861－1862),《电量的基 本关系》["Elementary Relations of Electrical Quantities",与詹 金(H. C. F. Jenkin)合作,1863],《电场的动力学理论》("Dy- namical Theory of the Electrical Field", 1864 年提交,1865 年发

表),《光的电磁理论笔记》("Note on the Electromagnetic Theory of Light",1868)。C. W. F. 埃弗里特指出,第三篇论文(1863 年与詹金合作)"因为未被收入《科学论文集》(*Scientific Papers*),所以几乎总是被人们所忽视。但是,正是在这篇论文中,麦克斯韦对问题做了量纲分析,而且在一个比较接近其现代用法的意义上引入了'场'(field)这个术语。"

2. 关于汤姆森对麦克斯韦的影响,C. W. F. 埃弗里特告诉我说,他"最近对汤姆森在这个转变过程中的作用有了一个稍微清楚的认识,也就是说,他通过对傅科摆(1851 年发明)摆动的思考,得出了有关磁光旋转的结论。见汤姆森的论文,载于《皇家学会论文集》(*Proc. Roy. Soc.*),1856 年,第 8 卷,第 150 - 158 页。"

3. 尽管赫兹对麦克斯韦方程式的描述在使这一理论在欧洲大陆更容易为人们所理解方面是极为重要的,但不能说是他最先简化了这些方程式。C. W. F. 埃弗里特指出,对这些方程式的简化是从奥利弗·亥维赛(Oliver Heaviside)开始的;这一点可以在 1888 - 1889 年赫兹与亥维赛的通信中看到。

4. 1893 年,J. J. 汤姆孙发表了他所说的"意图将其作为克拉克·麦克斯韦教授《电磁通论》一书续篇"的论著。他在第 1 页上说:"他[麦克斯韦]的观点没有比较快地获得它们曾经获得的普遍承认的主要原因之一",是"麦克斯韦用来证明其数学理论的描述性假设,即电介体中位移的假设。"(关于这个主题,请参见 Duhem 1902,8)。

5. 亥姆霍兹(Helmholtz)的讲义直到 1907 年才正式出版(参见 1907,2)。正如我们已经看到的,人们不仅期望赫兹的实验证

明具有光速的电磁波的存在——麦克斯韦已对此做出预言,而且
要在麦克斯韦本人的构想和亥姆霍兹对它的修正之间做出决断。
赫兹的第一个"判决性实验"("experimentum crucis")似乎是为了
证明麦克斯韦的理论和亥姆霍兹的理论都是不能成立的,尽管后
来的实验完全改变了他这个决定而且是有利于麦克斯韦的。也许
这就是促成革命或由革命促成的危机。

6. C. W. F. 埃弗里特在《科学家传记辞典》(1974,9：205-
207)中撰写的关于麦克斯韦的那个条目——后又单独成书重印出
版(1975)——对法拉第和汤姆森的思想及其与麦克斯韦思想的联
系,作了简洁的描述和评价。关于法拉第,可参看皮尔斯·威廉
(L. Pearce William)的传记(1965)和西尔维纳斯·汤普森
(1901)对法拉第的科学所做的经典性的阐释。彼得·哈曼(1982)
对麦克斯韦革命的主要特点和重要意义作了全面考察。约翰·默
茨的《思想史》(1896-1903)也许可以作为彼得·哈曼上述考察的
补充。麦克斯韦的《科学论文集》这部再三重印的两卷本著作遗漏
了约 20 篇文章。他的《电磁通论》出版过三个版本(1873,1881,
1891);麦克斯韦本人只是部分地完成了第 2 版的修订。关于麦克
斯韦思想的研究,R. T. 格莱兹布鲁克的《麦克斯韦和近代物理
学》(*James Clerk Maxwell and Modern Physics*,1896)也许仍然是
受欢迎的。此外,还有亨利·彭加勒的非数学论文(1904)和埃德
蒙·博埃(Edmond Bauer)对《电磁学的昨天和今天》(*L'
électromagnétisme hier et aujourd' hui*,Paris,1949)所做的概
述。就更通俗易懂的著作而言,有麦克唐纳(D. K. C. MacDon-
ald)的《法拉第、麦克斯韦和开尔文》(*Faraday*,*Maxwell*,*and*

Kelvin，Garden City，1964）和特里克尔（R. A. R. Tricker）的《法拉第和麦克斯韦对电学的贡献》（*The Contributions of Faraday and Maxwell to Electrical Science*，Oxford，1966）。

关于场论和以太，请参见 G. N. 康托尔和 M. J. S. 霍奇（Hodge）编：《以太的观念：以太学说发展史研究（1740－1900）》（*Conceptions of Ether：Studies in the History of Ether Theories 1740－1900*，New York，1981）,惠特克（E. T. Whittaker）的《以太和电的理论发展史：古典理论》（*A History of the Theories of Aether and Electricity：Classical Theory*，Edingburgh，1951）。布赫瓦尔德（J. Z. Buchwald）、海曼（P. M. Heimann）、怀斯（M. Norton Wise）等人对麦克斯韦思想的发展作了非常重要的研究。彼得·哈曼的《能、力和物质》（*Energy，Force and Matter*，1982）第 166 至第 171 页列举了这些人的研究。彼得·加里森（Peter Galison）的《从物理学的终结重新审视过去：麦克斯韦方程的回顾》（"Re-reading the Past from the End of Physics：Maxwell's Equations in Retrospect"）对此作了非常深入的研究（1983）。

21. 一些其他的科学发展

1.在本章中，我只是有选择地讨论了一些关于革命性的 19 世纪科学的典型例子。尽管生物学中所有其他的革命在达尔文革命面前相形见绌，但我们还是应当对它们加以考察，看看它们是否能够通过我们在第三章中所说的检验。除了这里所提到的那些革命外，还尤其要考虑细胞理论，哺乳动物胚胎学、化学生理学和物理生理学以及古生物学的发展。化学中的这类主题将包括原子分子理论，化合价和同分异构体的概念，有机化学的兴起，化学动力学和热力学。在物理学中，除了法拉第－麦克斯韦－赫兹的电磁学概念外，还有其他类似的论题或原理，包括电流定律和电磁力定律，能量概念和热力学定律，光的波动说，光谱学（及其在化学和天体物理学中的应用），分子理论和一般气体理论，统计力学和应用物理学（尤其是电气工业）。而且，还有天文学和地球科学中的其他一些领域。威廉·科尔曼介绍 19 世纪生物学的著作(1977)类似于彼得·哈曼关于物理学的著作(1982)。我们需要研究这些领域，以便弄清它们将在多大程度上通过有关科学中的革命的检验。迈克尔·海德尔伯格在分析欧姆定律的革命性特征时论述了这样一个主题(1980,104)。

2.在对其批评者所做的全面回应中，L.威尔逊(1980,202)再次断言："1822 年至 1841 年在地质学中发生的深刻变革""几乎完全"是"由赖尔引起的"，而且这场变革"导致了对地质现象的意义的全面而根本的重新解释，从而使它成为科学中的一场革命"。

3.在这一讨论中，我对有关统计和概率的数学学科的内部发展未作任何考虑，而且也没有顾及它们是否可能引起该学科的革命这一问题，因为本书几乎是专门论述自然科学和物理科学的。但是，概率论的内部发展史确实向人们展示了 19 世纪末和 20 世纪初以及 20 世纪中叶发生的主要革命（伊恩·哈金已经在 1983 年指出了这一点）。

22. 三位法国人的观点

1. 由于只受过数学、物理科学和工程学的训练，而没有接受古典文化的教育，所以，孔德硬是把拉丁语和希腊语的词根不规范地组合在一起，从而拼造出"社会学"(sociology)这个新的术语。

2. 孔德对这一学科的进一步评论表明，他关于科学和社会科学的发展和分类的观点在很大程度上是与他的实证主义联系在一起的。在研究"道德现象"(Fletcher 1974,191)时，他写道：

> 实证的方法一般被认为是唯一可接受的方法。每个人都会承认，唯一正当的目的就是把解剖学的和生理学的观点结合起来。人们公认，神学和形而上学是被排除在这个问题之外的，至少可以说，它们从来没有发挥什么重要的作用，而且，无论讨论的最终结果如何，它只能减少它们的影响。简言之，这些局限于科学和哲学领域的讨论与它们没有任何进一步的关系。

> 我特别坚持这个最终的哲学事实，有两个原因。其一，因为它迄今为止几乎未曾被人们注意到，而且甚至经常为人们所质疑。其二，因为它不仅为人们正确地理解我对科学的分类的提供了一个新的虽然间接但却无可辩驳的证明，而且也提供了关于整个思想变革的清楚的概述。

3. 就此情况而言，人们必须记住，孔德无休止地重复和啰唆，

607 几乎一字不变地(只是在后来稍加修饰和润色而已)在一本接一本的著作中重复他自己的观点,所以,在广泛阅读孔德的著作时,人们总是会有"似曾相识(*déjà vu*)"的感觉。(关于孔德的风格,请参看约翰·斯图尔特·穆勒的论文。)此外,没有任何合适的索引帮助找出孔德关于诸如科学中的革命这样一些特殊论题的观点。毫无疑问,啰唆和艰涩的风格是孔德没有得到人们比较普遍欣赏的一个相当重要的原因。

4.关于圣西门,请参看弗兰克·曼纽尔的两本书:《亨利·圣西门的新世界》(*The New World of Henri Saint-Simon*,1956)和《巴黎的预言家》(*The Prophets of Paris*,1962)。费利克斯·马卡姆(Felix Markham)编辑了一本译文集:《亨利·圣西门,社会组织……》(Henri Saint-Simon, *Social Organization...*, 1964 [1952])。

关于孔德的大多数研究都主要集中在他对社会学的贡献上。其中,罗纳德·弗莱彻的《社会学的创立》(*The Making of Sociology*,1971)第 1 卷和雷蒙·阿隆(Raymond Aron)的《社会学主要思潮》(*Main Currents in Sociological Thought*,1965)第一部中关于孔德的相关章节都是非常出色的。斯坦尼斯拉夫·安德烈斯基(Stanislav Andreski 1974)、罗纳德·弗莱彻(1974)、格特鲁德·伦策(Gertrud Lenzer 1975)和肯尼思·汤普森(Kenneth Thompson 1975)编辑出版了孔德的主要著作选集,并在其中作了注释。莱谢克·科拉科夫斯基(Leszek Kolakowski 1968)对实证主义思潮作了非常卓越的研究。关于孔德的哲学,莱维－布吕尔(L. Lévy-Bruhl)的《奥古斯特·孔德的哲学》(*The Philosophy of*

Auguste Comte,New York,1903),利特雷(E. Littré)的《奥古斯特·孔德和实证哲学》(*Auguste Comte et la philosophie positive*,Paris,1863)和 J. S.穆勒的《奥古斯特·孔德和实证主义》(*Auguste Comte and Positivism*,London,1865)仍然称得上是迄今为止最好的著作。此外也可参见乔治·萨顿的《奥古斯特·孔德——科学史家》("Auguste Comte,Historian of Science"),载于《奥希里斯》(*Osiris*)第 10 期(1952),第 328－357 页。

库尔诺的主要著作《论我们知识的基础》(*On the Foundations of Our Knowledge*),由梅里特·穆尔(Merritt H. Moore 1956)翻译并加了一篇序言。它包含了一个非常有价值的书目提要。

23.马克思和恩格斯的影响

1.在马克思的大量未曾发表的数学论文(手稿)中,可能包含着关于数学之发展甚至数学中革命的思想。[汤姆·博托莫尔(Tom Bottomore)在一封私人书信中告诉了我这一点。]恩格斯在他的《在马克思墓前的讲话》中断言,马克思在"数学领域"中"做出了独到的发现"(Marx and Engels 1962,2:168)①。

2.我也许还可以说,我不仅在研究可以找到的马克思著作上是徒劳的,而且在研究那些以马克思和科学为论述主题的学者们

---

① 参见《马克思恩格斯选集》,人民出版社,1972 年中译本,第 3 卷,第 575 页。——译者

〔其中包括:J. D. 贝尔纳、N. 布哈林(Bukharin)、T. 卡弗(Carver)、约瑟夫·狄奈－德涅斯(Joseph Diner-Dienes)、D. 勒古(Lecourt)、H. 罗斯和 S. 罗斯(H. and S. Rose),N. 罗森堡(Rosenberg),A. 施密特以及 J. 泽伦尼(Zeleny)〕的著作方面也是白费功夫。而且,我就这一主题与什洛莫·阿维内里(Shiomo Avineri)、博托莫尔、麦克莱伦(D.McLellan)通过信。

3. 但是,马克思的确说过达尔文"以一种赤裸裸的英国人的方式""发展了"这一学科。

4. 这个规律"即历来为繁茂芜杂的意识形态所掩盖着的一个简单事实:人们首先必须吃、喝、住、穿,然后才能从事政治、科学、艺术、宗教,等等;所以,直接的物质的生活资料的生产,因而一个民族或一个时代的一定的经济发展阶段,便构成为基础,人们的国家制度、法的观点、艺术以至宗教观念,就是从这个基础上发展起来的,因而,也必须由这个基础来解释,而不是像过去那样做得相反"(Marx and Engels 1962,2:167)①。

在马克思墓前的这个讲话中,恩格斯(同上,167－168)②说马克思"有两个发现":"人类历史的发展规律"和"剩余价值"理论。然后他又谈到,"马克思在他所研究的每一个领域(甚至在数学领域)都有独到的发现,这样的领域是很多的"。他说:"这位科学巨匠就是这样。"③这里的含义显然是:马克思的科学主要是(如果不

---

① 参见同上书,第 574 页。——译者
② 参见同上书,第 574 页。——译者
③ 参见《马克思恩格斯选集》,人民出版社,1972 年中译本,第 3 卷,第 574－575 页。——译者

全部是的话)我们所说的社会科学。

　　5.埃夫林不仅把马克思与达尔文作了比较,而且还指出了两者之间三个显著的差别(第 ix - x 页)——它们是"有利于这个经济哲学家的"。与达尔文不同,马克思"不仅仅是一位哲学家,而且也是一位行动者"。与达尔文的另一个不同之处在于,马克思有着"一种很强烈的幽默感,一种非常有才华的漂亮的文体,甚至在论述深奥的问题时,也是如此"。最后,达尔文是"一个沉湎于生物学工作或至多是专注于科学(在这个术语的严格的意义上说)工作的人"。而马克思"不仅在他的特定的学科中,而且在科学的所有分支中,在他掌握的七八种不同的语言方面以及欧洲文学领域,都是一位真正的、完全的大师"。

　　6.恩格斯对杜林冒牌的"详尽的社会主义理论"和"改造社会的完备的实践计划"以及他对马克思的直接攻击感到非常愤怒(1935,7)。

　　7.这三本书是:《哲学教程》(*Kursus der Philosophie*,1875),《国民经济学与社会经济学教程》(*Kursus der National und Socialö-konomie*,1876),《国民经济学和社会主义批判史》(*Kritische Geschichte der National-ökonomie und des Sozialismus*,1875)。

　　恩格斯后来对《反杜林论》的一部分作了改写,并且以《社会主义从空想到科学的发展》为题作为一个小册子发表。它一开始发表时用的是法文(1850)。1892 年,恩格斯为这个小册子的英文版写了一篇导言;他把这篇导言译成了德文。在这篇导言中,恩格斯说杜林"企图……实行一次完全的'变革'(a complete revolution)",这句话译成德文就是"Versuch einer kompleten 'Umwälzung der Wissenschaft'"。

8.关于恩格斯的科学发展理论,以及他认为在分析研究科学史时必须关注的重要因素,请参见《科学家传记辞典》中关于恩格斯的那个词条[Robert S. Cohen(罗伯特·S. 科恩)1978,第135页及以下]。

9.在关于马克思的许多研究中,与本章联系最密切的是:什洛莫·阿维内里的《卡尔·马克思的社会和政治思想》(*The Social and Political Thought of Karl Marx*,1968),以赛亚·伯林的经典著作《卡尔·马克思》(*Karl Marx*,4th ed., Oxford, 1978),莱谢克·科拉科夫斯基的《马克思主义主流》(*Main Currents of Marxism*, Oxford, 1978)第1卷,尤其是阿尔弗雷德·施密特的《马克思的自然概念》(*The Concept of Nature in Marx*,1971)。许多有关马克思的文献(如同有关恩格斯的文献一样)并没有区分自然科学(物理科学及生物科学)和社会科学(经济学)。恩格斯关于革命和科学的思想主要见于他的《反杜林论》和《自然辩证法》。罗伯特·S.科恩为《科学家传记辞典》补写了关于马克思和恩格斯的条目。关于恩格斯的那个条目突出强调了他关于科学发展的理论以及他认为在分析研究科学历史时必须关注的重要因素。

24.弗洛伊德革命

1.批评或评价精神分析有两种非常不同的方式。其一,是评估它作为一种治疗精神错乱的方法相对的成败和得失,以确定其作为一种治疗手段在临床上的价值。其二，是考察这一理论的方法论和逻辑结构，从哲学上检验精神分析。我将把这第二种情况的大量的且不断增加的文献看作是精神分析所具有的革命品格的持续证明。

2.杰弗里·M.马森(Jeffrey M. Masson)是弗洛伊德性诱惑理论的主要批评者。马森是弗洛伊德档案馆前任项目总监，弗洛伊德遗稿的指定编辑。马森的修正主义观点在某种程度上是以认真阅读迄今尚未发表的手稿为基础的。他坚持认为，当改变其关于年轻女人受她们家庭中年长者引诱的思想时，弗洛伊德犯了一个非常严重的错误，而这个错误甚至危及精神分析学的根基。

马森纵然证实弗洛伊德对于儿童受虐的理解要比他的著作所表现出来的更加深刻，但他为精神分析学确立一个新基础的尝试并未得到人们的赞同。看来，重要的与其说是弗洛伊德的某些病人(及其他人)在儿童时代是否有被性诱惑的实际经历，不如说是他们的生活受到了关于现实的或想象中的性诱惑的有意识或无意识幻想的影响。因此，马森所努力做的，不可能对精神分析理论或精神分析疗法产生多少负面的影响。在《对真理的攻击：弗洛伊德对性诱惑理论的抑制》(*The Assault on Truth：Freud's Suppression of the Seduction Theory*，New York，1984)一书中，马森对他的研究和发现作了描述。珍尼特·马尔科姆(Janet Malcolm)在《纽约客》(*The New Yorker*)上发表的两篇文章("学术年鉴：档案馆中的烦恼"：1983年12月12日，第5页)中对马森的思想和活动作了颇为尖刻的描述。这些文章都已收入她的《在弗洛伊德档案馆》(*In the Freud Archives*，New York，1984)一书。

3. 关于 *das Es*（本我）和 *das Ich*（自我）的历史和前史，请参见弗洛伊德 1953，*19*：7−8，23。

4. 弗洛伊德思想对理论心理学尤其是人格理论的影响，可以通过文献的考察看出来。例如，亨利·默里（Henry Murray）的《人格探究》（*Explorations in Personality*，1938）；加德纳·林赛（Gardner Lindzey）和加尔文·霍尔（Calvin Hall）的《人格理论》（*Theories of Personality*，1957）；克莱德·克拉克洪（Clyde Kluckhohn）①和亨利·A.默里编《自然、社会和文化中的人格》（*Personality in Nature，Society，and Culture*，1948，rev. 1967）。罗伯特·W.怀特（Robert M. White）编《生命研究》（*The Study of Lives*，1963）；罗伯特·M.利伯特（Robert M. Liebert）和迈克尔·D.施皮格勒（Michael D. Spiegler）的《人格：理论和研究导论》（*Personality：An Introduction to Theory and Research*，1970）。此外，也可参见诸如埃里克·埃里克松（Erik Erikson）、肯尼思·凯尼斯顿（Kenneth Keniston）、戴维·麦克莱兰（David McClelland）、罗伯特·怀特和弗雷德里克·怀亚特（Frederick Wyatt）这些作者的著作。

5. 在弗洛伊德有生之年，显然是弗里茨·威特尔斯首先指出了弗洛伊德自我分析的重要性，而且几乎所有弗洛伊德的传记作

---

① 原文为 Clyde Kluckholm，显然是 Clyde Kluckhohn（克莱德·克拉克洪）之误。克莱德·克拉克洪（1905−1960 年）是美国著名人类学家和社会理论家，在纳瓦霍人种志研究和文化理论发展研究方面均有重大贡献，除了上文提及的著作外，他的主要著作还有《纳瓦霍人的巫术》（1944）、《人镜》（1944），以及去世后出版的《人类学与古典学》（1961）和《文化与行为》（文集，1962）等。——译者

家都曾提到这一点（包括 Jones 1953, I : 320, 325）。鲁本·法恩
(Reuben Fine 1963, 31)认为，这一段插曲是"革命性的"(revolu-
tionary)，促成了弗洛伊德由重视神经病学到重视心理学这个"决
定性的转变"，并且因此创立了"一门全新的科学，即精神分析学"。

6. 弗洛伊德的结论是："就整体而言，男人正是以因身心失调
而接受治疗的个体神经病患者同样的方式对待精神分析的"。这
一结论导致一个令人吃惊的结果。"通过耐心的工作"，可以使接
受治疗的男人和女人相信，"一切都如我们过去一直期望的那样发
生：不是我们自己创造了它，但我们通过对涵盖二三十年这样一个
时期的精神病人的研究而达成了它。这一观点不仅是让人惊恐
的，而且也是令人安慰的：之所以说它让人惊恐，因为它完全把整
个人类都视为某个人的病人；之所以说它令人安慰，因为一切毕竟
是如精神分析的假设声称必然要发生的那样在发生着"(1955,
19 : 221)。

7. 本文旨在分析使人们难以理解和接受精神分析学主要原则
的因素。弗洛伊德当时很少考虑"理智的困难"，而是对"情感的困
境"想得更多些。但是，他敏锐地注意到，两者"最终是一回事"：
"如果缺少同情心，也就不可能非常容易地理解。"尤其是弗洛伊德
阐释并捍卫"最终在精神分析学中形成，而且……被称为'力比多
理论(性欲理论)'的学说。"他说，力比多是"性本能得以在思想中
表现出来的力量"；这种"力量…… 我们称之为'力比多'——性
欲，而且，我们把它看成是类似于饥饿的某种东西，是权力意志
(the will to power)，等等，这里涉及自我－本能"。弗洛伊德还
讨论了对精神分析学"在我们评估性本能方面的片面性"所做的批

610

评。"无知的反对者"认为,"人类除了性的兴趣以外,还有其他的兴趣"。弗洛伊德解释说,有人把"我们的片面性"比作"把所有化合物都追溯到化学亲和力的化学家的片面性"。但是,弗洛伊德认为,这样做的化学家"并不因此否认重力的存在",只不过是"把它留给物理学家去研究"而已。

8.沃克关于弗洛伊德"曾认为自己是精神的哥白尼,而且有时又自比达尔文"的说法是充满错误的。弗洛伊德从来没有把自己比作哥白尼和达尔文,但曾把精神分析学与他们的理论作过比较——不是一次,而是好几次。此外,弗洛伊德从来没有用过"精神的哥白尼"这个短语。也许是沃克把欧内斯特·琼斯对弗洛伊德的评价——"心灵领域的达尔文"(1913,第 xii 页)——错记为"精神的哥白尼"。

9.例如,在给沃克的一个答复中,琼斯说:"弗洛伊德完全不可能公然自比哥白尼或达尔文";参见纳尔逊(Nelson 1957,琼斯所做的机敏的答复,从纳尔逊的书中可以读到)。

10.我对这个说法感到迷惑不解。琼斯毕竟首创和坚持使用了"心灵领域的达尔文"这个短语。

11.关于弗洛伊德学说的最易理解的入门读物,是弗洛伊德为《不列颠百科全书》第 13 版(1926)撰写的关于"精神分析"的一个概括性的条目,该条目后来又收入《标准版弗洛伊德心理学著作全集》(*The Standard Edition of the Complete Psychological Works*,24 卷本,1953－1974)的第 20 卷中。弗洛伊德的《自传》(*An Autobiographical Study*,1952;1953,*22*;7－74)应当由欧内斯特·琼斯的三卷本《弗洛伊德传记》(1953－1957)来补充。罗伯特·霍

尔特在《国际社会科学百科全书》上撰写的关于弗洛伊德的词条
(1968)特别受到人们的赞许。该词条是根据罗伯特·怀特编选的
《生命研究》(1966)中的一章改写而成的。戴维·沙科和戴维·拉
帕波特(David Rapaport)的《弗洛伊德对美国心理学的影响)
(*The Influence of Freud on American Psychology*, 1968)一书,对
精神分析革命的各个阶段作了非常有价值的研究,而且还研究了
该书标题所表明的范围之外的其他许多问题。弗兰克·萨洛韦的
《弗洛伊德:心智世界的生物学家》(*Freud: Biologist of the
Mind*, 1979)是一部极具挑战性的著作,尤其是在理解弗洛伊德的
革命是如何与达尔文的革命相联系这个问题上,有着有极为不同
的看法。本杰明·纳尔逊(Benjamin Nelson)的《弗洛伊德与20
世纪》(*Freud and the 20th Century*, 1957)和医学博士穆吉布－乌
尔－拉赫曼(Md. Mujeeb-ur-Rahman)的《弗洛伊德的范式》(*The
Freudian Paradigm*, 1977)是两本非常重要的论文集,其中都收入
了艾尔弗雷德·卡津的《弗洛伊德革命分析》("The Freudian
Revolution Analyzed")一文。后者还收入了沙科和拉帕波特探
讨达尔文和弗洛伊德著作中的一部分内容。关于这一学科的前
史,请参见何塞·M.洛佩兹·皮涅罗(José M. Lopez Piñero)的
《神经官能症概念的历史起源》(*Orígenes históricos del concepto
de neurosis*, 1963)和亨利·F. 埃伦戈尔哥(Henri F. Ellenberg-
er)的《无意识的发现》(*The Discovery of the Unconscious*, 1970),
后者还一直论述到后弗洛伊德时代这一学科的发展和变迁。保
罗·F.克兰菲尔德(Paul F. Cranefield)的《论著述精神分析学史
方面的几个问题》("Some Problems in Writing the History of

Psychoanalysis"）一文是特别有帮助的。乔治·莫里亚（George Moria）和珍妮·布兰德（Jeanne L. Brand）编的《精神病学及其历史：研究中的方法论问题》（*Psychiatry and Its History*：*Methodological Problems in Research*，Springfield，Ill.，1970）收录了该文（第 41－55 页），而且该书整个说来都是非常有趣的。萨洛韦的《弗洛伊德：心智世界的生物学家》则提供了一个非常完整的书目，其中包括重要的第一手和第二手历史资料。

　　弗洛伊德本人曾就自己研究的这个学科写过几篇简短的介绍性文章，而这几篇短文总是会提到他的前辈。上面提到的那个为《不列颠百科全书》撰写的条目，算是填补了一个空白，因为无论是在第 11 版（1910－1911）还是第 12 版（1922，重印第 11 版，增补了新的 3 卷）中，都一直没有关于精神分析的条目。第 13 版（1926）重印了第 12 版，同时又增补了 3 卷，其中收入了弗洛伊德撰写的那个词条，第 14 版重印时也没有什么改动（1929）。弗洛伊德还为不列颠百科全书出版公司出版的题为《峥嵘岁月：正在形成中的 20 世纪——20 世纪的许多塑造者如是说》（1924）的两卷本集子撰写了另一个概括性的条目。弗洛伊德撰写的条目（第 2 卷，第 73 章，第 511－523 页）最初（在德文版）的标题是《精神分析简述》（"A Short Account of Psychoanalysis"），但在英文版中则冠以这样一个标题：《精神分析：对心灵深处的探究》（"Psychoanalysis：Exploring the Hidden Recesses of the Mind"）。这个条目有时被与《不列颠百科全书》中的那个条目相混淆。在为《不列颠百科全书》撰写那个条目时，弗洛伊德拟定的标题是《精神分析》（"Psychoanalysis"），但在正式出版时，标题则变成了《精神分析：弗洛伊

德学派》["Psychoanalysis: Freudian School"，而且——根据
1953 年出版的弗洛伊德著作中的编者按语(20:262)——"有一句
以贬损的态度提及"荣格和阿德勒的话被"删掉"了]。弗洛伊德还
曾为 1922 年编辑出版的一部百科大全撰写过另一个有关精神分
析的概论性的条目(Freud 1953,18:235-254)以及一个关于"力
比多理论"的条目(第 255-259 页)。所有这些条目读起来是很有
趣的,而且对这一学科的介绍也必定是一流的。当然,最有价值的
还是弗洛伊德本人 1914 年撰写的题为《关于精神分析运动的历
史》("On the History of the Psycho-Analytic Movement")一文
(1953,14:7-66)。

另外三部重要著作分别是约瑟夫·布罗伊尔(Josef Breuer)
和西格蒙德·弗洛伊德的《歇斯底里症研究》(1957),西格蒙德· 612
弗洛伊德(1954)的《精神分析的起源》(*The Origins of Psycho-
Analysis: Letters to Wilhelm Fliess, Drafts and Notes, 1887 -
1902*),以及《弗洛伊德与荣格书信集》(*The Freud/Jung Letters*,
1974)。

25. 科学家的观点

1. 在《唯物主义和经验批判主义》中,列宁不仅关注了论述辩
证唯物主义的作者,而且也关注了以恩斯特·海克尔和恩斯特·
马赫的思想为代表的"唯心主义"哲学的一些新近的倾向(第 5 和
第 6 章)。马赫是新哲学"最受欢迎的代表",因此也就成了列宁的
主要目标(导言 13-14)。列宁书中一章的标题是《最近的自然科

学革命和哲学唯心主义》，它借鉴了约瑟夫·狄奈－德涅斯发表在
《新时代》（*Die Neue Zeit*，1906－1907）杂志上的一篇德语文章的
标题：《马克思主义和最近的自然科学革命》（"Marxism and the
Recent Revolution in Natural Science"）。列宁在讨论中提及了
"新物理学"，主要是从"最近的科学发现尤其是物理学发现［X 射
线、贝克勒耳射线（放射性）、镭等］"所得出的"认识论方面的结
论"。然而，列宁并没有进一步发展出一种关于科学中的革命的理
论，科学中的革命这一主题也没有在他的其他有关革命及其理论
与实践的著述中，例如在《国家与革命》（*The State and Revolu-
tion*）中，再次成为讨论重点。

　　2.在 20 世纪 20 年代末关于行为主义的著名争论中，这个问
题再次被提出，约翰·B. 沃森和威廉·麦克杜格尔在争论中使用
了在今天的科学界难以想象的激烈言辞。例如，麦克杜格尔
（1928，44－45）一开始就"承认"他具有一种"不公平的"优势，因
为"所有具有常识的人都必然站在我一边"。而沃森则称，他的优
势是，按照麦克杜格尔的观点，"也会有相当数量的人不可避免地
将站在沃森博士一边"。他说，其原因就在于，人们就是"这样易于
受任何奇怪的、矛盾的、荒谬的、蛮横的东西吸引，易于受任何'反
政府的'东西吸引，易于受任何非正统的或有悖公论的原则吸引"。
麦克杜格尔不仅主张在对新"行为主义"心理学的支持与对政府的
反抗之间存在着某种类似；他还将政治上的激进主义与科学上的
激进主义进一步联系在一起，断言"沃森博士的观点将吸引那
些……天生的布尔什维克"。

　　3.在 1922 年的罗马尼斯讲座（Romanes Lecture）上，爱丁顿

在他的《相对论及其对科学思想的影响》(*The Theory of Relativity and Its Influence on Scientific Thought*)的演讲中,更全面地阐述了科学革命这个主题。这篇著作在开篇陈述说,哥白尼"革命[是]由改变看待自然现象的观点构成"(1922,3)。他认为,这是"科学思想的一场伟大革命"。他接着称,"推进哥白尼发动的革命的任务,留给爱因斯坦来完成"(第1－2、11、26－27、30－31页)。诉诸科学是由一系列革命推进的观点,他把爱因斯坦的狭义和广义两个相对论称作一场"当前的科学思想的革命",它"是科学史早期的那些伟大革命的自然延续"。

4. 20世纪初,在讨论"专职"临床教授问题时,威廉·奥斯勒(1911,5)认为,如果"开业医生们"接受了研究"方法"的"全面训练",那么,医学实践的进步就可能由他们"来完成"。他看不出,"当代最具革命性的研究"有什么理由一定要出自"私人实验室"。在这里,我们对论证医学院和医院是否可能推进医学进步兴趣不大,我们更关心的是奥斯勒关于"革命性研究"的朴素陈述。

5. 在1983年10月科学史学会的会议上,维克托·希尔茨引起我注意到这个例子。

6. 这次研讨会源于加兰·艾伦的著作《20世纪的生命科学》(*Life Science in the Twentieth Century*,1978)。1979年在纽约召开的科学史学会的会议上,举行了一次专门讨论会。会后,那些论文[分别由简·梅恩沙因、基思·R. 本森(Keith R. Benson)、罗纳德·雷恩杰、加兰·艾伦以及弗雷德里克·B.丘吉尔等人撰写]发表于1978年的《生物学史杂志》(*Journal of the History of Biology*)上。

7.有关革命这方面的问题是彼得·加里森在一次与我讨论这个话题时给我提出的。

26.历史学家的观点

1.也就是说,如果具备了先决条件,革命就可能发生;结局可能是成功(如1917年的俄国革命),也可能是失败(如1905年的俄国革命)。但是,一次"滞后的"革命是指这样一种概念,即本应发生而偏偏没有发生的革命,因而它是一个纯粹虚构或假想的事件。或许,巴特菲尔德的表述意指在科学革命的时代,即伽利略、开普勒、笛卡尔、哈维和牛顿的时代,本应发生一次化学革命(有关对巴特菲尔德的概念的批评,请参见 Thackray 1970, viii)。

2.根据格拉克(1977,63)的记录,柯瓦雷有一次告诉格拉克,"他对伯特卓越著作的研读……起了一种至关重要的作用",即把他带"回到后来被称作他的'初恋情人'的科学史"。

3.柯瓦雷指出(1939,1;1978,39),"考虑到过去10年的科学革命,把'现代的'一词留给这次革命而称量子论以前的物理学为'经典的'似乎更好一些"。

为了澄清编年史事实,应当指出,《伽利略研究》的第一部分曾以《经典科学的黎明(伽利略的青年时代)》["A l'aube de la science classique (La jeunesse de Galilée)"]为题,发表在1935年的《巴黎大学年鉴》(*Annales de l'Université de Paris*)中。

4. 1954年,鲁珀特·霍尔出版了据我所知的第一部这样的著作,它如此显著地以科学革命为主题,以至于科学革命成了标题的一部分。

　　5.在格拉克的文集(1977)中,收录了巴特菲尔德以后时代写⁶¹⁴作和出版的著作,索引中包含了 11 项不同的有关科学革命的条目。

　　6.柯瓦雷经常称这部著作是他的"命运多舛的"著作。不仅是因为战争而使其影响推迟了 10 年,而且三次英译尝试均因未能达到原作者及其同事们的标准而告失败。直至 1978 年,在柯瓦雷去世 14 年后,合格的英译本才最终面世。

　　7.库恩(1967,第 xiii 页)谦和地承认,他"自己对早期现代科学演进的理解","在很大程度上受到亚历山大·柯瓦雷的著作的影响",同样,柯瓦雷对赫伯特·巴特菲尔德也有很大影响。

27.相对论和量子论

　　1.因为有两种相对论,所以实质上也就有两次革命。因此,我们看到,利奥波德·英费尔德(1950)在他的著作中用不同的篇章讨论了"第一次爱因斯坦革命"和"第二次爱因斯坦革命"。最近,卡尔·波普尔(1979 年在华盛顿的一次演讲中)提出了这样的论题,即除了爱因斯坦"在物理学和宇宙学中的革命"之外,还有"两次认识论领域的爱因斯坦革命:前面的一次始于 1905 年,它广为人知且影响巨大;后面的一次他在大约 20 年后才构想好,但被普遍忽视了"。

　　2.我在这里既不关心狭义相对论的起源问题,也不关心爱因斯坦的先驱者及其同时代的人(如洛伦兹和彭加勒)是否具有狭义相对论的优先权的问题。关于这一论题,请参见米勒(1981)对这一理论百科全书式的说明,以及派斯(1982)年的补充,还有贝尔希亚(1979,77-82)用法文编写的实用的概述。

3.斯塔克是第一位向爱因斯坦索要有关就相对论文章的人,后来,他成了从"德国物理学"中肃清"非德国的"重理论轻实验之风的运动的领导者。在纳粹时期,他解释说,"尽管有违德国精神但仍有如此多的德国物理学家接受了相对论",其原因就在于"这样一种情况,许多物理学家娶了犹太女人为妻"(Frank 1947,238)。

4.今天,爱因斯坦对物理学思想的根本性修正已经获得了如此普遍的认同,以至于很难设想它们曾怎么被视作极端的思想。P. W. 布里奇曼(P. W. Bridgman 1946,1,2,4)强调指出,爱因斯坦"最伟大的贡献"是他"改变了我们对物理学中有用的概念是什么和应该是什么的看法"。他写道,全然抛开我们对"爱因斯坦的狭义和广义相对论的细节"所持的观点,"毫无疑问,通过这些理论,物理学被永远地改变了"。布里奇曼期望,一种正确的哲学态度应当得出这样的结论,"即在我们的看法中将永远不可能发生另一次像爱因斯坦所导致的那样的变革"。

5. 1938 年,布赫雷尔的结论被证明是错误的,而爱因斯坦的预言则是正确的。在胡普卡实验两年以后,当爱因斯坦荣获 1912 年诺贝尔奖提名时,推荐书上写着:"关于阴极射线和 β 射线的实验"尚不具有"决定性的证明力"(Pais 1982,159)。

6.物理学家的判断是,洛伦兹提出的说明"洛伦兹变换"之方程的"物理学理论"是十分"独出心裁的",但又是"非常不能令人满意的"［R. Kronig(R. 克勒尼希)1954，331］，它带有"太多的特设性假说的色彩"。而爱因斯坦所做的则是，"通过对传统的时空观进行彻底的批判，使问题得以澄清"。

也许应当注意，在 1910 年左右冯·劳厄曾说过，确实存在这样一些检验，它们可以在爱因斯坦的理论和洛伦兹的理论之间做出区分(参见 Miller 1981，第 7 章)。

7. 1979 年，卡尔·波普尔在他的华盛顿演讲中，强调了这样的事实，即爱因斯坦在 1905 年导致了一场认识论的革命，它对物理学、对物理学认识论、对"几乎所有其他科学"均产生了巨大的影响。他认为，这场革命"使评论者开始关注物理学，特别是在几年以后开始关注量子力学"。波普尔在其 1976 年的论文中(96 - 87)[①]也曾论述过这一论题。

8. 在有关 1900 - 1901 年间事件的两种相互冲突的观点之间做出选择，与我在这里的讨论目的无关。一种是马丁·J. 克莱因(1962，459)提出的观点，他断言："1900 年 12 月 14 日马克斯·普朗克把他推导出的黑体辐射分布定律提交给德国物理学会，由此物理学中首次出现了能量子的概念。"另一种是托马斯·库恩(1978，126)陈述的如下观点："我不认为普朗克怀疑量子化的真实性，或者认为随着他的理论的发展它作为一种形式将被排除。相反，我主张，在《讲演录》(*Lectures*，Planck 1906)以前，严格的共振能概念并未在他的思想中起什么作用。"加里森(1981)曾就此发表过一篇颇有见地的评述。

---

① 　原文如此。——译者

9. 在 1905 年一年内,爱因斯坦在同一杂志《物理学年鉴》上发表了三篇重要的论文,这是一个非同寻常的历史事实。其中第三篇是论述分子物理学(即所谓布朗运动)的。

10. 有关密立根对这一课题的研究,以及他所表述的对他所谓"量子理论最低程度的革命"的偏好,最出色的讨论非施蒂韦尔(1975,71 - 75)莫属。施蒂韦尔(第 88 页,注释 25)发现,"相当令人震惊"的是,"密立根在他的《自传》(Autobiography)中谈到了他"完全证实了爱因斯坦公式的正确性……除了爱因斯坦原来提出的光量子理论本身之外……不可能有其他的解释"。

11. 1909 年,爱因斯坦表述过他的这一观点:"理论物理学发展的下一个阶段"将会引进"一种新的光学理论,它可以被视为波动理论和放射理论的一种融合"(Pais 1982,404 - 405)。然而两年后,他向其朋友 A. 贝索(A. Besso)承认,"我不再问这种量子是否真地存在了。而且我也不再试图去构想它们,因为我现在明白了,我的大脑对探索这样的问题无能为力"。但在 1916 年,他却又报告说,"关于辐射的吸收和微波辐射,我的脑海中已经出现了一片绚丽的曙光"。1919 年,他写道,"虽然我仍然十分孤独地坚持我的信念,但我不再怀疑辐射量子的**实在性**"(第 411 页)。

12. 关于这个问题,尤请参见,玻尔(1949);玻恩(1949,1971);英费尔德(1950);马克斯·雅默尔(1966);派斯(1982)和斯莱特(1955)。

13. 正如冯·劳厄(1950,138)业已描述的那样,玻尔理论的一个核心问题就是:"尽管玻尔的理论取得了伟大的和持久的成功,但它包含着一种系统缺陷。它把经典力学用于确定电子轨道,但这样一来,由于与这种计算并没有内在的联系,因此它又得诉诸量子条件,把绝大多数这样的电子轨道当作无法理解的而予以抛弃。而创立于1924－1926年间的波动力学或量子力学更具有首尾一贯性,在解释光谱方面也更为成功。现在它已完全取代了它的先行者。"

14.海森伯(1958,40)提醒我们,虽然玻尔、克拉默斯和斯莱特的结论(即能量守恒定律和动量守恒定律对于单一事件未必一定正确,而"仅在统计平均意义上正确")已被证明是错误的,但他们确实开辟了一条思路,导致了"概率波的概念",而这成了量子力学的奠基石。还应指出,"旧的"量子论仅是量子物理学和经典物理学低水平的融合,它显示出了一些缺陷和矛盾,要解决这些问题需要一种新的物理学——量子力学。

15.斯莱特(1975,11)在他的自传中记述了他当初"惊愕"地听到,玻尔和克拉默斯"完全拒绝承认光子的真实存在。我从未想到,他们竟然会反对一个看起来如此明显的从诸多类实验中推出的结论。结果,他们坚持我们合写一篇论文,在其中电磁场被描述成具某种有连续分布的能量密度,其强度决定着一个原子从一种稳定态到另一种稳定态跃迁的概率。因而,人们必须假定,在磁场连续分布的能量密度与原子量子化的能量之间,只能存在一种统计意义上的能量守恒。他们勉强同意我给《自然》杂志寄去一份注释,该注释指出我最初的思想包括了光子的实际存在,而我放弃这个思想是由于他们的鼓动"。

16.关于狭义和广义相对论,缺乏一部足够全面的历史著作。不过,诸如 P. 席尔普(P. Schilpp 1949)、G. J. 惠特罗(G. J.

Whitrow 1967)、P. C. 艾歇尔堡(P. C. Aichelburg)和 R. U. 塞克斯尔(R. U. Sexl 1979)、A. P. 弗伦奇(A. P. French 1979)、H. 伍尔夫(H. Woolf 1980)以及 G. 霍尔顿和耶胡达·埃尔卡纳(Yehuda Elkana 1982)等,编辑了大量的论文集和随笔集,它们都论及了爱因斯坦的理论及其影响。在爱因斯坦众多的传记性研究作品中,最有价值的是,P. 弗兰克(1947)的著作,C. 泽利希(C. Seelig 1954)的著作,霍夫曼(1972)的著作,B. 霍夫曼和海伦·杜卡斯(Helen Dukas 1979)的著作,尤其是 A. 派斯(1982)的著作。特别有价值的文章有,G. 霍尔顿的论文,M. J. 克莱因的论文,以及 A. 米勒的论文。A. 米勒关于狭义相对论的文献史著作尚需一部广义相对论的续篇作为补充。关于量子理论的讨论,有马丁·J. 克莱因撰写的几篇重要文章以及马克斯·雅默尔的两部历史著作(1966;1974),另外还有大量其他文章和书籍,其中重要的部分本书均作了引证。还应当提一下戴维·查尔斯·卡西迪(David Charles Cassidy)的一部未出版的博士论文:《维纳尔·海森伯与量子理论 1920 - 1924 年的危机》("Werner Heisenberg and the Crisis in Quantum Theory 1920 - 1924", Purdue University, 1976)。我从约翰·L. 海尔布伦当时未出版的博士论文《从电子的发现到量子力学发端的原子结构问题的历史》("A History of the Problem of Atomic Structure from the Discovery of the Electron to the Beginning of Quantum Mechanics", University of California, Berkeley, 1965)以及他的其他许多文章中获益匪浅,其中有些文章已经收录在他 1981 年的著作中。尤其值得注意的是罗杰·施蒂韦尔关于康普顿效应的研究(1975)。

28.爱因斯坦论科学中的革命

1.爱因斯坦有关革命的陈述是在 1947 年 2 月 6－7 日间,确切地说是在《纽约时报》上发表那篇关于薛定谔的文章一周以后。然而,这篇文章既未使用"革命"这个词,也未对薛定谔的成就有任何溢美之词。因此,使人怀疑爱因斯坦的答复中是否包含如此不同凡响的有关革命的论述。

29.大陆漂移和板块构造理论

1.魏格纳的确承认在一些方面泰勒的"观点……与我自己的观点仅仅在量的方面而非在关键方面或创新方面有差异"。他注意到,"美国人一直称大陆漂移理论为泰勒－魏格纳理论",然而他坚持认为,"在泰勒的思路中,我们所意指的大陆漂移仅起着一种辅助的作用,而且他只做出了一种非常粗浅的解释"(1966,4)。

魏格纳关于大陆漂移的最早论文发表于 1912 年。在其中(第 185 页,第 194－195 页)他提到了泰勒更早的 1910 年发表的著作。多年后,在他的著作的第 4 版(1929)中,魏格纳详细描写了他的思想的发展经历(1929),他称在他自己构想出大陆漂移假说的主要思想之前从未听到过任何关于这一主题的其他论著。尤其是,他(在第 3 页)断定,他没有听说过泰勒的思想。魏格纳说,他的那些想法是在 1911 年秋季到 1912 年 1 月初这段时间中构思出来的。泰勒 1910 年的论文发表于 6 月,但却是在 1908 年 12 月美国地质学会的一次会议上宣读的。杰西·海德(Jesse Hyde)对泰勒所发表的论文的评论刊登在 1911 年 4 月 15 日的《地质学文摘》(*Geologische Zentralblatt*)上,它理应引起魏格纳的注意。

618　　最近发现了一封泰勒于 1931 年 12 月 4 日写给《大众科学月刊》的信,信中称[参见 Stanley M. Totten(斯坦利·M. 托滕) 1981, 214],魏格纳曾于"1911 年春"发表过"一篇非常简短的评论",评论了泰勒的论文,"对其部分表示赞成,但也提出了一些他自己的建议"。泰勒不是把这篇短文的副本"放错了地方就是弄丢了",他"三四年……也没有找到它"。他写道,他一直试图在"安阿伯(Ann Arbor)的密歇根大学(University of Michigan)图书馆的德文科学期刊"中找到这篇文章,但没有成功。负责编辑出版泰勒信件的哈罗德·托滕(Harold Totten)写道,"我和其他一些人寻找这篇短文的尝试均未成功"。

　　泰勒说魏格纳的这篇短文发表于 1911 年,他描述说这篇短文"20 或 25 行左右",用"细线体"印刷。泰勒的记忆出现错漏是可能的,他记忆中所发表的那篇报告可能根本就不是魏格纳写的,而是杰斯·海德在 1911 年发表过的评论,而泰勒在信中并未提及这篇评论。

　　在对泰勒和魏格纳的著述进行分析时,斯坦利·M. 托滕(1981)发现了泰勒可能对魏格纳产生过影响的强有力的证据。他们不仅存在着许多"相似之处",而且"在格陵兰这一例证中,重构方式几乎是相同的"。托滕发现"泰勒证明他的主张是有道理的",即"魏格纳至少"从他那里"汲取了他的某些思想"。或许同样令人感兴趣的是这一事实,泰勒还具有早期的板块构造说概念,他认为运动的地壳通过碰撞导致了第三纪山岳带的形成。

2.魏格纳的论文（1905，1905a）由行星运动的"阿方索星表（Alfonsine Tables)"的现代化改造构成，该星表以卡斯提尔国王智者阿方索（1221－1284 年）命名，他曾资助对卡尔多瓦的（Cordoban）天文学家查尔卡利（al-Zarqâlī）或阿尔查克尔（Arzachel）的《托莱多星表》（*Toledan Tables*）的西班牙语版的修订和新版的出版。魏格纳将原星表中的六十进制改为现今的十进制，以便今天的天文学家和年代学家能更方便地在他们自己的计算中利用它们。这篇论文的题目是《供现代计算者使用的阿方索星表》（*The Alfonsine Tables for the Use of Modern Computers*），在 1905 年这意味着"供从事计算的人们使用"。魏格纳对天文学史深感兴趣，不过当时并没有可授予的科学史博士头衔，也没有为天文学史专家提供教职（Marvin 1973，66）。魏格纳为现代使用者编纂的阿方索星表已被证明，对于 20 世纪那些需要早期行星和月球的数字资料的天文学家来说，它是一部很有价值的工具书，而且已经有了新近的重印本。但今天的天文学史家仍然喜欢使用六十进制的原始资料，而认为魏格纳的尝试已被误导了。

3.休斯假设地球是由以非常重的地核（镍铁地核）为中心、以基性岩石（硅镁层）为中间壳层和主要是更轻并且酸度较高的岩石组成的外层（硅铝层）构成的。魏格纳对这一模式进行了改造（用"硅铝带"代替了"硅铝层"），他假定硅铝带并没有完全覆盖地表，而是以一些巨大的"独立板块"的形式出现，它们漂移在更重的或密度更大的硅镁层上。这些板块就是大陆或陆块，洋底就是硅镁层。大陆宛如一些巨大的平底船在硅镁层湖面上穿行一样。

619

4. 哈勒姆(1973，9)注意到，"后来创造出来的术语**大陆漂移**在英语世界被普遍接受，是因为在有 5 个音节的术语就足够了时人们便不愿说有 7 个音节的术语"。[①]

5. 因此，芝加哥大学的 R. T. 钱伯林问：倘若"这样的理论也能撒野"，那还能把地质学看作一门科学吗？（第 83 页）在发表于 1928 年 9 月的《地质学杂志》的一篇对会议论文集的评论中，"P. L."[可能是 Philip Lake（菲利普·莱克）]强调了那些反对的意见，他引述并且赞同了钱伯林的论点，认为魏格纳假说的吸引力"似乎在于这一事实，即它在玩儿这样一场游戏，该游戏既没有严格的规则，也没有明确约束行为的规范。这样一来，许多事情变得非常容易"。斯坦福大学的贝利·威利斯轻率地说，魏格纳的著作是"由一位鼓吹者而不是由一位公正的研究者写的"。按照爱德华·W. 贝里的观点，魏格纳的方法"是不科学的"；魏格纳最终沉湎于"一种自我陶醉状态，在这种状态中，主观的观念被当成了客观的事实"。

6. 把魏格纳的理论与哥白尼的理论（以及因为拥护哥白尼的理论而获罪的伽利略的理论）进行类比是 20 世纪 20 年代的热门话题[戴利(1926)和钱伯林(1928)都曾运用过这种类比]，而且在 60 年代和 70 年代又被许多作者重新提起。

7. 在 1928 年的会议上，舒克特先是用了 41 页的篇幅来说明，把大陆"拼图"拼合在一起存在着一些极为不恰当之处，并对魏格

---

① 指英语的 continental drift（大陆漂移）和 continental displacement（大陆位移），前者有 5 个音节，后者 7 个音节。——译者

纳使用过的古生物学证据提出了质疑,从而对魏格纳的方法论基础提出了挑战——不过随后,舒克特谈到了他对"大陆可能在缓慢、的确是非常慢地横向运动,而且在不同的时间运动也有所不同的思想"持有"开放的立场",并把这一立场与他本人对魏格纳假说的"反偶像"态度进行了比较,通过这种比较,他得出了公正的结论(第 141 页)。因此,他愿意与戴利和埃米尔·阿尔冈一起,接受大陆移动的总体观念,在提醒他的读者们大陆块必定无疑曾在地球上运动之后,他说,人们"开始回忆伽利略有关地球的一句名言'地球仍在运动'"。这样,舒克特赞同了活动论的总体观念,但却拒绝魏格纳提出的特定形式的活动论,他承认这是受了戴利的影响,后者刚刚出版的一本著作"为尝试在位移理论中保存真理的种子并使位移理论与地质学已掌握的事实相协调,确定了指导原则"(第142 和第 144 页)。

8. 这封信是克里斯蒂·I. 麦克拉基斯在德意志博物馆(the Deutsches Museum)的图书馆内魏格纳的遗稿中发现的。在埃尔泽·魏格纳(Else Wegener)的传记(1960,75)中发表了该信,但发表时内容并不准确。现在,可以在《阿尔弗雷德·魏格纳:自称的科学革命者》("Alfred Wegener: Self-Proclaimed Scientific Revolutionary", Macrakis 1984)中找到该信细心的誊写稿,以及有关背景和意义的说明。

9. 根据哈勒姆(1973,68),"支持板块构造理论的原始概念"是 1965 年由加拿大地质学家 J. 图佐·威尔逊在一篇关于"转换断层"的论文中"明确提出的",这是"在这个语境下第一次使用'板块'这一术语"。但是根据马文的说法(1973,165),"第一篇在此

语境下使用'板块'这一术语的论文，是 1967 年 D. P. 麦肯奇和
那时在加利福尼亚大学圣地亚哥分校（University of California
at San Diego）的 R. L. 帕克（R. L. Parker）发表的文章"。

620　　10. 人们似乎普遍同意，海底扩张的概念是由普林斯顿大学的
哈里·赫斯于 1960 年发明的（Marvin 1973，154－156；Hallam
1973，54－67；Hess 1962；Cox 1973，14－16），虽然赫斯的文章
在 1960 年以"未定稿"的方式私下交流过，但直至 1962 年，赫斯才
将其正式发表。第一篇印刷出版的关于海底扩张的文章出现于
1961 年（Dietz 1961）。有人认为，阿瑟·霍姆斯是"[这种]海底扩
张假说的首创者"[A. A. Meyerhoff（A. A. 迈耶霍夫）1968]。
然而，在回答霍姆斯是"首创者"的主张时，罗伯特·S. 迪茨则说，
"从优先性和全面、精准地阐明一些基本前提等方面考虑……赫斯
有资格得到这一观念的全部荣誉。除了引进**海底**扩张这一术
语……和把它应用于地槽理论和大陆板块构造的被动性以外，我
没有做别的工作"（Dietz 1968；参见 Dietz 1963，1966）。赫斯在
回答这一主张时指出，"海底扩张的思想在很大程度上来源于地球
物理学和有关洋中脊的地形学资料，它们之中没有什么可为霍姆
斯所利用的东西"（Hess 1968）。他总结道："'海底扩张'这一贴切
的术语非常准确地概括了我的观念，它是在迪茨与我 1960 年对这
个命题进行了详细探讨之后，由迪茨创造出来的。"厄休拉·马文
告诉我，迪茨还用洋底的榴辉岩－玄武岩相变取代了赫斯的橄榄
岩－蛇纹岩构造；迪茨是对的，实际构造确是玄武岩而非蛇纹岩。

　　11. 其他一些未被提及的重要的研究思路还有，把一系列震源
精确确定在环绕地球的几条地带。这些地带现在已被认识到是地

球表面的断裂带,也就是大陆板块拼接的边缘。另一条思路是对大陆板块边缘现象的研究,在那里会出现一个板块沿着另一板块的运动,这种断裂被称为"转换断层";这个课题具有十分重要的意义,J. 图佐·威尔逊对它进行了探索(参见 Hallam 1973,56 - 59;Uyeda 1978,65 - 67,74 - 79;Glen 1982,304 - 307,372 - 375)。

12.新近的地球科学中的革命有一个非比寻常的特点,即一些专业的地质学家和地球物理学家在这一事件过后不久,便撰写出了许多一流的相关的历史著作。有关二战后这场现行的革命的历史名著是威廉·格伦的《通往哈拉米约之路》(*The Road to Jaramillo*,1982),作者阅读了(包括手稿和印刷品在内的)大量原始文献,录音采访了这次革命中的大多数重要人物,在此基础上写成了此书。对于这一主题,格伦有着地质学的专业背景和写作教科书《大陆漂移和板块结构理论》(*Continental Drift and Plate Tectonics*,1975)的经历。1973 年,艾伦·考克斯出版了一部文集《板块构造理论与地磁反转》,这是一部以该领域的先驱者的历史洞见而闻名的文集;同一年面世的还有厄休拉·B. 马文的综合性著作《大陆漂移:一种概念的进化》(其中特别详细地论述了魏格纳及其以前的时期),以及阿瑟·哈勒姆(Arthur Hallam)简洁而又深刻的《地球科学中的革命》(*Revolution in the Earth Sciences*)。沃尔特·沙利文的《运动中的大陆》(*Continents in Motion*,1974)是一部值得一读的作品,它是基于广泛阅读的大量原始文献写成的。上田诚也的《新地球观》(*New View of the Earth*,1978)提供了一种清晰的以历史为导向的概述。另一篇有价值的历史描述是 D. P. 麦肯奇的综述性文章《板块构造理论及其与地质科学观念演化的关系》("Plate Tectonics and Its Relationship to the Evolution of Ideas in the Geological Sciences", 1977)。由 J. 图621 佐·威尔逊从《科学美国人》选编的两版文粹(1976,1973)极有参考价值,他还撰写了许多含有历史内容的文章。从过去与前两年去世的爱德华·(特迪·)布拉德爵士就这个主题所进行的多次讨论中,我获益匪浅,他至少写了三篇重要的史学论文,讨论了这场革命以及在其中他本人所参与的工作(1965,1975,1975 a)。最后,应当指出的是,魏格纳和杜托伊特都在他们各自的专论中进行过历史讨论,而且各种研讨会(如 1958 年的塔斯马尼亚研讨会、1964 年的英国皇家学会的研讨会、1976 年美国哲学学会的研讨会)的会议录以及 S. K. 朗科恩编纂的文集《大陆漂移》(Continental Drift, 1962)对每一位研究这一学科历史的人来说都有巨大的参考价值。

作为上述地球科学家们著述的补充,至少有三位科学史学家(或称有史学头脑的科学哲学家——见前面的补充材料 29.1)撰写过有关这场革命的重要研究的著作,他们是戴维·基茨、亨利·弗兰克尔和雷切尔·劳丹。

参 考 文 献

Abbud, Fuad. 1962. "The planetary theory of Ibn al-Shāṭir: reduction of the geometric models to numerical tables." *Isis* 53:492–499.

Abelard, *see* Heloise.

Ackerknecht, Erwin H. 1953. *Rudolf Virchow: doctor, statesman, anthropologist.* Madison: The University of Wisconsin Press. Photo-reprint, 1981, New York: Arno Press.

Acton, John Emerich Edward Dalberg-Acton, First Baron. 1906. *Lectures on modern history.* Ed. John Neville Figgis and Reginald Vere Laurence. London: Macmillan.

Adams, Henry. 1918. *The education of Henry Adams.* Published by Massachusetts Historical Society "as it was printed in 1907, with only such marginal corrections as the author made." Boston, New York: Houghton Mifflin Company.

Adelung, Johann Christoph. 1774–1786. *Versuch eines vollständigen grammatisch-kritischen Wörterbuches der hochdeutschen Mundart.* 4 vols. Leipzig: B. C. Breitkopf und Sohn.

———. 1798. *Grammatisch-kritisches Wörterbuch der hochdeutschen Mundart.* 6 vols. Leipzig: Breitkopf und Härtel.

Aichelburg, Peter C., and Roman U. Sexl, eds. 1979. *Albert Einstein: his influence on physics, philosophy and politics.* Braunschweig: Friedr. Vieweg & Sohn.

Aiken, Henry D., ed. 1957. *The age of ideology: the nineteenth-century philosophers.* Boston: Houghton Mifflin Company.

Aiton, Eric J. 1954. "Galileo's theory of the tides." *Annals of Science* 10:44–57.

———. 1969. "Kepler's second law of planetary motion." *Isis* 60:75–90.

———. 1972. *The vortex theory of planetary motions.* London: Macdonald; New York: American Elsevier.

———. 1975. "The elliptical orbit and the area law." *Vistas in Astronomy* 18:573–583.

———. 1976. "Johannes Kepler in the light of recent research." *History of*

Science 14:77–100.

Aldrich, Michele L. 1976. "Taylor, Frederick Winslow." *Dictionary of Scientific Biography* 13:269–271.

Alembert, Jean le Rond d'. 1751. *Preliminary discourse to the Encyclopedia of Diderot.* Trans. Richard N. Schwab. Indianapolis: The Bobbs-Merrill Company [The Library of Liberal Arts], 1963.

————. 1853. *Oeuvres de d'Alembert: sa vie, ses oeuvres, sa philosophie.* Paris: Eugène Didier.

Alexander, S. 1909. "Ptolemaic and Copernican views of the place of mind in the universe." *Hibbert Journal* 8:47–66.

Allen, Garland E. 1978. *Life science in the twentieth century.* Cambridge: Cambridge University Press.

————. 1978a. *Thomas Hunt Morgan: the man and his science.* Princeton: Princeton University Press.

————. 1981. "Morphology and twentieth-century biology: a response." *Journal of the History of Biology* 14:159–176.

Anderson, Fulton H. 1948. *The philosophy of Francis Bacon.* Chicago: University of Chicago Press.

Arago, François. 1855. *Oeuvres complètes.* Vol. 3. Paris: Gide et J. Baudry; Leipzig: T. O. Weigel.

————. 1859. *Biographies of distinguished scientific men.* 1st series. Trans. W. H. Smyth, Baden Powell, and Robert Grant. Boston: Ticknor and Fields.

Arendt, Hannah. 1965. *On revolution.* New York: The Viking Press.

Argand, Emile. 1977. *Tectonics of Asia.* Trans., ed. Albert V. Carozzi. New York: Hafner Press; London: Collier Macmillan Publishers.

Armitage, Angus. 1957. *Copernicus: the founder of modern astronomy.* New York, London: Thomas Yoseloff.

Aron, Raymond. 1965, 1977. *Main currents in sociological thought.* 2 vols. New York: Basic Books.

Ascham, Anthony. 1975. *Of the confusions and revolutions of governments* (1649). Delmar, N.Y.: Scholars' Facsimiles & Reprints.

Aveling, Edward. 1892. *The students' Marx: an introduction to the study of Karl Marx' Capital.* London: Swan Sonnenschein & Co.

Aylmer, G. E., ed. 1975. *The Levellers in the English Revolution.* Ithaca, N.Y.: Cornell University Press.

Babbage, Charles. 1838. *The ninth Bridgewater treatise: a fragment.* 2nd ed. London: John Murray.

Bachelard, Gaston. 1934. *Le nouvel esprit scientifique.* Paris: F. Alcan.

————. 1938. *La formation de l'esprit scientifique.* Paris: Vrin.

Bacon, Francis. 1838. *The works of Lord Bacon.* 2 vols. London: William Ball.

————. 1857-1874. *Works.* 14 vols. Ed. J. Spedding, R. L. Ellis, and D. D. Heath. London: Longman and Co. Facsimile reprint, 1963, Stuttgart-Bad Cannstatt: Friedrich Frommann Verlag (Günther Holzboog).

————. 1878. *Bacon's Novum organum.* Ed., intro., notes by Thomas Fowler. Oxford: at the Clarendon Press.

————. 1889. *Bacon's Novum organum.* Ed. Thomas Fowler. 2nd ed. Oxford: at the Clarendon Press.

————. 1905. *The philosophical works of Francis Bacon.* Ed. John M. Robertson. London: George Routledge and Sons; New York: E. P. Dutton & Co. Reprint from the texts and translations, with the notes and prefaces, of Ellis and Spedding.

————. 1911. *The physical and metaphysical works of Lord Bacon including The advancement of learning and Novum organum.* Ed. Joseph Devey. London: G. Bell and Sons.

————. 1960. *The New organon and related writings.* Ed., intro. by Fulton H. Anderson. Indianapolis, New York: The Bobbs-Merrill Company [The Library of Liberal Arts].

Badash, Lawrence. 1972. "The completeness of nineteenth-century science." *Isis* 63:48-58.

Bailly, Jean-Sylvain. 1779-1782. *Histoire de l'astronomie moderne depuis la fondation de l'école d'Alexandrie, jusqu'à l'époque de M.D.CC.XXX.* 3 vols. Paris: chez de Bure. New ed., 1785.

————. 1781. *Histoire de l'astronomie ancienne, depuis son origine jusqu'à l'établissement de l'école d'Alexandrie.* 2nd ed. Paris: chez de Bure fils aîné.

Barber, Bernard. 1952. *Science and the social order.* Foreword by Robert K. Merton. Glencoe, Ill.: The Free Press.

————. 1961. "Resistance by scientists to scientific discovery." *Science* 134:596-602.

Basalla, George, ed. 1968. *The rise of modern science: external or internal factors?* Lexington, Mass.: D. C. Heath.

Bauer, Edmond. 1949. *L'électromagnétisme hier et aujourd'hui.* Paris: Editions Albin Michel.

Beck, Lewis White. 1963. *Studies in the philosophy of Kant.* New York: The Bobbs-Merrill Company.

————, ed. 1972. *Proceedings of the Third International Kant Congress.* Dordrecht: D. Reidel Publishing Company.

Beer, Arthur, and K. Aa. Strand, eds. 1975. *Copernicus: yesterday and today.* Oxford, New York: Pergamon Press [Vistas in Astronomy 17].

Beer, Arthur, and Peter Beer, eds. 1975. *Kepler: four hundred years.* Oxford, New York: Pergamon Press [Vistas in Astronomy 18].

Bell, E. T. 1937. *Men of mathematics.* New York: Simon & Schuster.

————. 1945. *The development of mathematics.* 2nd ed. New York, London: McGraw-Hill Book Company.

Bellone, Enrico. 1980. *A world on paper: studies on the second scientific revolution.* Trans. Mirella and Riccardo Giacconi. Cambridge, Mass., London: The MIT Press.

Ben-David, Joseph. 1971. *The scientist's role in society: a comparative study.* Englewood Cliffs, N.J.: Prentice-Hall.

Bennett, John Hughes. 1845. "Introductory address to a course of lectures on histology, and the use of the microscope." *Lancet* 1:517-522.

Bergia, Silvio. 1979. "Einstein and the birth of special relativity." Pp. 65-89 of French 1979.

Berlin, Isaiah. 1980. *Personal impressions.* Ed. Henry Hardy. London: The Hogarth Press.

Bernal, J. D. 1939. *The social function of science.* London: George Routledge & Sons.

————. 1954. *Science in history.* London: C. A. Watts & Co. 3rd ed., 1965; illustrated ed., 4 vols., 1969, Harmondsworth, Middlesex, England: Penguin Books.

Bernard, Claude. 1867. *Rapport sur les progrès de la physiologie.* Paris: Librairie de L. Hachette et Cie.

————. 1872. *Leçons de pathologie expérimentale.* Paris: J. B. Baillière.

————. 1878. *La science expérimentale.* 2nd ed. Paris: Librairie J. B. Ballière.

————. 1927. *An introduction to the study of experimental medicine.* Trans. Henry Copley Greene. New York: The Macmillan Company. Reprint, 1957, intro. by I. Bernard Cohen, New York: Dover Publications.

————. 1963. *Principes de médecine expérimentale.* Geneva: Alliance Culturelle du Livre [Les Classiques de la Médecine 5].

————. 1965. *Cahier de notes, 1850-1860.* Paris: Editions Gallimard.

————. 1966. *Leçons sur les phénomènes de la vie communs aux animaux et aux végétaux.* Paris: Librairie Philosophique J. Vrin.

————. 1967. *The cahier rouge.* Trans. Hebbel Hoff, Lucienne Guillemin, and Roger Guillemin. Cambridge, Mass.: Schenkman Publishing Co.

Berry, Arthur. 1898. *A short history of astronomy.* London: John Murray.

Berthelot, Marcellin P. E. 1890. *La révolution chimique: Lavoisier.* Paris: Félix Alcan.

Beyerchen, Alan D. 1977. *Scientists under Hitler: politics and the physics community in the Third Reich.* New Haven: Yale University Press.

Bezanson, Anna. 1921-1922. "The early use of the term industrial revolution." *The Quarterly Journal of Economics* 36:343-349.

Bilaniuk, Olexa Myron. 1973. "Lichtenberg, Georg Christoph." *Dictionary of Scientific Biography* 8:320–323.

Bird, Graham. 1973. *Kant's theory of knowledge.* New York: Humanities Press.

Biskup, Marian. 1973. *Regesta Copernicana* (calendar of Copernicus' papers). Warsaw: The Polish Academy of Sciences Press [Studia Copernicana 7].

Blainville, Henri de. 1845. *Histoire des sciences de l'organisation et de leurs progrès, comme base de la philosophie.* 3 vols. Paris, Lyons: Librairie Classique de Perisse Frères.

Blake, Ralph M., Curt J. Ducasse, and Edward J. Madden. 1960. *Theories of scientific method: the Renaissance through the nineteenth century.* Seattle: University of Washington Press.

Blondlot, R. 1905. *"N" rays: a collection of papers communicated to the Academy of Sciences.* Trans. J. Garcin. London, New York: Longmans, Green, & Co.

Boesiger, Ernest. 1980. "Evolutionary biology in France at the time of the evolutionary synthesis." Pp. 309–328 of Mayr and Provine 1980.

Bohm, David. 1965. *The special theory of relativity.* New York: W. A. Benjamin.

Bohr, Niels. 1913. "On the constitution of atoms and molecules." *Philosophical Magazine* 26:1–25, 476–502, 857–875.

———. 1924. *The theory of spectra and atomic constitution.* Cambridge: at the University Press.

———. 1949. "Discussion with Einstein on epistemological problems in atomic physics." Pp. 199–241 of Schilpp 1949.

———. 1963. *On the constitution of atoms.* New York: W. A. Benjamin. A reprint of Bohr's papers of 1913, intro. by Leon Rosenfeld.

———. 1965. "The structure of the atom." Nobel Lecture, Dec. 11, 1922. Pp. 7–43 of *Nobel Lectures, Physics, 1922–1941.* Amsterdam, London, New York: Elsevier Publishing Company.

Boltzmann, Ludwig. 1905. *Populäre Schriften.* Leipzig: Johann Ambrosius Barth.

———. 1905. "The relations of applied mathematics." Pp. 591–603 of Rogers 1905, vol. 1.

———. 1974. *Theoretical physics and philosophical problems: selected writings.* Trans. Paul Foulkes, ed. Brian McGuinness. Dordrecht, Boston: D. Reidel.

Borel, Emile. 1914. *Le hasard.* Paris: F. Alcan.

———. 1960. *Space and time.* Foreword by Banesh Hoffmann. New York: Dover Publications.

Born, Max. 1946. *Atomic physics.* 4th ed. New York: Hafner Publishing Company.

———. 1948. "Max Karl Ernst Ludwig Planck." *Obituary Notices of Fellows of the Royal Society* 6:161–188.

———. 1949. "Einstein's statistical theories." Pp. 161–177 of Schilpp 1949.

————. 1962. *Einstein's theory of relativity*. Rev. ed. New York: Dover Publications.

————. 1965. *My life and my views*. Intro. by I. Bernard Cohen. New York: Charles Scribner's Sons.

————. 1968. *My life and my views*. New York: Charles Scribner's Sons.

————. 1969. *Physics in my generation*. 2nd rev. ed. New York: Springer-Verlag.

————, ed. 1971. *The Born-Einstein letters: correspondence between Albert Einstein and Max and Hedwig Born from 1916 to 1955*. Trans. Irene Born. New York: Walker and Company.

Bossut, John. 1803. *A general history of mathematics: from the earliest times, to the middle of the eighteenth century*. London: J. Johnson.

Boulanger, Nicholas Antoine. 1766. *L'antiquité dévoilé par ses usages*. Amsterdam: chez Marc Michel Rey.

Bowler, Peter J. 1983. *The eclipse of Darwinism: anti-Darwinian evolution theories in the decades around 1900*. Baltimore, London: The Johns Hopkins University Press.

Boyer, Carl B. 1968. *A history of mathematics*. New York, London: John Wiley & Sons.

Boyle, Robert. 1744. *The works of the Honourable Robert Boyle*. 5 vols. London: printed for A. Millar. A new edition in 6 vols., 1772, London: printed for J. and F. Rivington, L. Davis, W. Johnston.

Bredvold, Louis I. 1934. *The intellectual milieu of John Dryden*. Ann Arbor: The University of Michigan Press.

Breuer, Josef, and Sigmund Freud. 1957. *Studies on hysteria*. Trans., ed. James Strachey. New York: Basic Books. Based on vol. 2 of Freud 1953; the original German version was published in 1895.

Bridgman, P. W. 1946. *The logic of modern physics*. New York: The Macmillan Company.

Brinton, Crane. 1950. *Ideas and men: the story of western thought*. New York: Prentice-Hall.

————. 1952. *The anatomy of revolution*. New York: Prentice-Hall.

————. 1963. *The shaping of modern thought*. Englewood Cliffs, N.J.: Prentice-Hall.

Broad, C. D. 1978. *Kant: an introduction*. Ed. C. Lewy. Cambridge, New York: Cambridge University Press.

Broglie, Louis de. 1951. "The concept of time in modern physics and Bergson's pure duration." Pp. 46–62 of Gunter 1969.

Brunck, H. 1901. *The history of the development of the manufacture of indigo*. New York: Kuttroff, Pickhardt & Co.

Brush, Stephen G. 1979. "Scientific revolutionaries of 1905: Einstein, Rutherford, Chamberlin, Wilson, Stevens, Binet, Freud." Pp. 140–171 of Mario Bunge and William R. Shea, eds., *Rutherford and physics at the turn of the century*. New York: Science History Publications.

———. 1981. [Review of Enrico Bellone 1980.] *Isis* 72:284–286.

———. 1982. "The second scientific revolution 1800–1950." Unpublished typescript. Development of ideas expressed in Brush 1979, 140–142.

Buchdahl, Gerd. 1961. *The image of Newton and Locke in the age of reason*. London, New York: Sheed and Ward.

———. 1963. "The relevance of Descartes's philosophy for modern philosophy of science." *The British Journal for the History of Science* 1:227–249.

Buchler, Justus, ed. 1940. *The philosophy of Peirce: selected writings*. New York: Harcourt, Brace; London: K. Paul, Trench, Trubner.

Buffon, Georges-Louis Leclerc, Comte de. 1954. *Oeuvres philosophiques*. Ed. Jean Piveteau. Paris: Presses Universitaires de France.

Bullard, Edward C. 1965. "Historical introduction to terrestrial heat flow." Chap. 1 of *Terrestrial heat flow*. Washington, D.C.: American Geophysical Union [Geophysical Monograph no. 8].

———. 1975. "The effect of World War II on the development of knowledge in the physical sciences." *Royal Society of London Proceedings*, ser. A, 342:519–536.

———. 1975a. "The emergence of plate tectonics: a personal view." *Annual Review of Earth and Planetary Sciences*. 3:1–30.

Bullen, K. E. 1976. "Wegener, Alfred." *Dictionary of Scientific Biography* 14:214–217.

Bullock, Alan, and Oliver Stallybrass, eds. 1977. *The Harper dictionary of scientific thought*. New York: Harper & Row.

Bunge, Mario, and William R. Shea, eds. 1979. *Rutherford and physics at the turn of the century*. New York: Dawson & Science History Publications.

Buonafede, Appiano (*pseudonym:* Agatapisto [Agatopisto] Cromaziano). 1791. *Kritische Geschichte der Revolutionen der Philosophie in den drey letzten Jahrhunderten*. 2 pts. Trans. Karl Heinrich Heydenreich. Leipzig: in der Weygandschen Buchhandlung. Facsimile reprint, 1968, Brussels: Culture et Civilisation.

Burckhardt, Jacob. 1942. *Historische Fragmente*. Basel: Benno Schwabe & Co.

Burdach, Konrad. 1963. *Reformation, Renaissance, Humanismus*. Darmstadt: Wissenschaftliche Buchgesellschaft.

Burke, Edmund. 1959. *Reflections on the revolution in France, and on the proceedings in certain societies in London*. Ed. William B. Todd. New York, Chicago, San Francisco: Holt, Rinehart & Winston.

Burkhardt, Richard W. 1983. [Review of Peter J. Bowler's *The Eclipse of Darwin-*

ism.] Science 222:156–157.

Burns, Edward McNeill, Philip Lee Ralph, Robert E. Lerner, Standish Meacham. 1982. *World civilizations, their history and their culture.* 6th ed. New York: W. W. Norton & Company.

Burtt, E. A. 1925. *The metaphysical foundations of physical science.* New York: Harcourt, Brace & Company; London: Kegan Paul, Trench, Trubner & Co. 2nd rev. ed., 1932.

Bury, John B. 1920. *The idea of progress; an inquiry into its origins and growth.* London: Macmillan & Co. Reprint, 1932, New York: Macmillan. Reprint, 1955, New York: Dover Publications.

Butterfield, Herbert. 1949. *The origins of modern science, 1300–1800.* London: G. Bell and Sons. 2nd ed., rev., 1957, New York: The Macmillan Company.

———. 1965. *The present state of historical scholarship: an inaugural lecture.* Cambridge: at the University Press.

Bylebyl, Jerome Joseph. 1969. "Cardiovascular physiology in the sixteenth and early seventeenth centuries." Doctoral dissertation, Yale University.

———. 1972. "Harvey, William." *Dictionary of Scientific Biography* 6:150–162.

———. 1978. "William Harvey, a conventional medical revolutionary." *The Journal of the American Medical Association* 239:1295–1298.

Bynum, W. F., E. J. Browne, and Roy Porter, eds. 1981. *Dictionary of the history of science.* Princeton: Princeton University Press.

Calvert, Peter. 1970. *Revolution.* London: Macmillan and Company; New York: Praeger Publishers.

Camden, William. 1605. *Remaines of a greater worke, concerning Britaine . . .* London: printed by G. E. for Simon Waterson.

———. 1614. *Remaines concerning Britaine . . .* Rev. ed. London: printed by John Legatt for Simon Waterson.

Campe, Joachim Heinrich. 1801. *Wörterbuch zur Erklärung und Verdeutschung der unserer Sprache aufgedrungenen fremden Ausdrücke.* Vol. 1. Braunschweig: Schulbuchhandlung.

Cannizzaro, Stanislao. 1891. *Abriss eines Lehrganges der theoretischen Chemie.* Trans. Arthur Miolati, ed. Lothar Meyer. Leipzig: Verlag von Wilhelm Engelmann [Die Klassiker der Exakten Wissenschaften].

Cannon, Walter F. 1961. "The bases of Darwin's achievement: a revaluation." *Victorian Studies* 1:109–134.

Čapek, Milič. 1971. *Bergson and modern physics: a re-interpretation and re-evaluation.* Dordrecht: Reidel [Boston Studies in the Philosophy of Science 7].

Carey, John. 1981. *John Donne: life, mind, and art.* New York: Oxford University Press.

Carozzi, Albert V. 1970. "A propos de l'origine de la théorie des dérivés continentales: Francis Bacon (1620), François Placet (1668), A. von Humboldt (1801) et A. Snider (1858)." *Compte Rendu des Séances de l'Académie des Sciences* (Paris) 4:171–179.

Caspar, Max. 1959. *Kepler.* Trans., ed. C. Doris Hellman. London, New York: Abelard-Schuman.

Cassidy, David Charles. 1976. "Werner Heisenberg and the crisis in quantum theory, 1920–1926." Doctoral dissertation, Purdue University.

Cassirer, Ernst. 1950. *The problem of knowledge: philosophy, science, and history since Hegel.* Trans. William H. Woglom and Charles W. Hendel. New Haven: Yale University Press; London: Oxford University Press.

——. 1963. *The individual and the cosmos in Renaissance philosophy.* Trans. Mario Domandi. New York: Barnes and Noble.

——. 1981. *Kant's life and thought.* Trans. James Haden; intro. Stephan Körner. New Haven and London: Yale University Press.

Cedarbaum, Daniel Goldman. 1983. "Paradigms." *Studies in History and Philosophy of Science* 14:173–213.

Chamberlain, Houston Stewart. 1914. *Immanuel Kant.* Trans. from German by Lord Redesdale. 2 vols. London: John Lane, the Bodley Head; New York: John Lane Company.

Chambers, Robert. 1844. *Vestiges of the natural history of creation.* London: John Churchill. Originally published anonymously. 1st ed., reprinted, 1969, intro. by Gavin de Beer, Leicester University Press; dist. in North America by Humanities Press, New York.

——. 1845. *Explanations: a sequel to "Vestiges of the natural history of creation."* London: John Churchill.

Chandler, Philip P., II. 1975. "Newton and Clairaut on the motion of the lunar apse." Doctoral dissertation, University of California, San Diego.

Charleton, Walter. 1654. *Physiologia Epicuro-Gassendo-Charltoniana.* London: printed by Tho. Newcomb for Thomas Heath. Facsimile reprint, 1966, indexes, intro. by Robert Hugh Kargon, New York and London: Johnson Reprint Corporation [The Sources of Science 31].

Chevalier, Jacques. 1961. *Histoire de la pensée.* Vol. 3: *La pensée moderne.* Paris: Flammarion, Editeur.

Churchill, Frederick B. 1981. "In search of the new biology: an epilogue." *Journal for the History of Biology* 14:177–191.

Cipolla, Carlo M., ed. 1973. *The industrial revolution.* London, Glasgow: Collins/Fontana Books [The Fontana Economic History of Europe 3].

Clairaut, Alexis-Claude. 1749. "Du système du monde dans les principes de la gravitation universelle." Pp. 329–364 of *Histoire de l'Académie Royale des Sciences, année MDCCXLV, avec les mémoires de mathématique et de physique pour la même année*. Paris: de l'Imprimerie Royale. Clairaut's paper is said to have been read "à l'Assemblée publique du 15 Nov. 1747."

Clarendon, Edward, Earl of. 1888. *The history of the rebellion and civil wars in England begun in the year 1641*. 6 vols. Oxford: at the Clarendon Press.

Clark, George N. 1937. *Science and social welfare in the age of Newton*. Oxford: at the Clarendon Press.

————. 1953. *The idea of the industrial revolution*. Glasgow: Jackson, Son & Company [Glasgow University Publications 95].

Clark, Joseph T. 1959. "The philosophy of science and the history of science." Pp. 103–140 of Marshall Clagett, ed., *Critical problems in the history of science*. Madison: University of Wisconsin Press.

Clarke, Frank Wigglesworth. 1905. "The progress and development of chemistry during the nineteenth century." Pp. 221–240 of Rogers, 1905, vol. 4.

Cohan, A. S. 1975. *Theories of revolution: an introduction*. London: Nelson.

Cohen, Carl. 1975. "Revolutions and Copernican revolutions." Pp. 86–103 of Steneck 1975.

Cohen, I. Bernard. 1956. *Franklin and Newton* . . . Philadelphia: American Philosophical Society. Reissue, 1966, Cambridge, Mass.: Harvard University Press.

————. 1971. *Introduction to Newton's Principia*. Cambridge, Mass.: Harvard University Press; Cambridge: at the University Press.

————. 1972. *Benjamin Franklin: scientist and statesman*. New York: Charles Scribner's Sons.

————. 1980. *The Newtonian revolution: with illustrations of the transformation of scientific ideas*. Cambridge, London: Cambridge University Press.

————. 1981. "Newton's discovery of gravity." *Scientific American* 244:166–179.

————. 1982. "The *Principia*, universal gravitation, and the 'Newtonian style.'" Pp. 21–108 of Zev Bechler, ed., *Contemporary Newtonian research*, Dordrecht: D. Reidel Publishing Company.

————, ed. 1981. *Studies on William Harvey*. New York: Arno Press.

Cohen, I. Bernard, and Robert E. Schofield, eds. 1978. *Isaac Newton's papers and letters on natural philosophy and related documents*. 2nd ed. Cambridge, Mass., London: Harvard University Press.

Cohen, Robert S. 1978. "Engels, Friedrich." *Dictionary of Scientific Biography* 15:131–147.

Coleman, William. 1977. *Biology in the nineteenth century: problems of form, function, and transformation*. Cambridge, London: Cambridge University Press.

Comte, Auguste. 1855. *The positive philosophy of Auguste Comte*. Trans. Harriet

Martineau. New York: Calvin Blanchard.

——. 1970. *Introduction to positive philosophy.* Ed. Frederick Ferre. Indianapolis, New York: The Bobbs-Merrill Company [The Library of Liberal Arts].

——. 1975. *Physique sociale: cours de philosophie positive, leçons 46 à 60.* Ed. Jean-Paul Enthoven. Paris: Hermann.

Conant, James B. 1947. *On understanding science: an historical approach.* New Haven: Yale University Press; London: Oxford University Press.

——. 1951. *Science and common sense.* New Haven: Yale University Press; London: Oxford University Press.

Condillac, Etienne Bonnet de. 1798. *Oeuvres.* Vol. 6. Paris: de l'Imprimerie de Ch. Houel.

——. 1947. *Oeuvres philosophiques.* 2 vols. Paris: Presses Universitaires de France.

Condorcet, Antoine-Nicolas, Marquis de. 1792. *Reflections on the English revolution of 1688, and that of the French, August 10, 1792.* Trans. from the French. London: printed for James Ridgeway, St. James Square.

——. 1804. *Oeuvres complètes de Condorcet.* Vol. 18. Paris: A. Brunswick.

——. 1955. *Sketch for a historical picture of the progress of the human mind.* Trans. June Barraclough. New York: The Noonday Press. Hyperion reprint, 1979, Westport, Conn.: Hyperion Press.

——. 1968. *Oeuvres.* Stuttgart-Bad Cannstatt: Friedrich Frommann Verlag (Günther Holzboog). Facsimile reprint of 1847–1849 edition.

Conn, H. W. 1888. "The germ theory as a subject of education." *Science* 11:5–6.

Copernicus, Nicolaus. 1978. *On the revolutions.* Ed. Jerzy Dobrzycki. Trans., commentary by Edward Rosen. Baltimore: The Johns Hopkins University Press.

Copleston, Frederick. 1960. *A history of philosophy.* Vol. 6, *Wolff to Kant.* New York, London: The Newman Press.

Cotgrave, Randle. 1611. *A dictionarie of the French and English tongues.* London: printed by Adam Islip.

Cournot, Antoine-Augustin. 1851. *Essai sur les fondements de nos connaissances et sur les caractères de la critique philosophique.* Vol. 1. Paris: Librairie de L. Hachette et Cie. Published, 1975, as vol. 2 of A. A. Cournot, *Oeuvres complètes,* ed. Jean-Claude Pariente, Paris: Librairie Philosophique J. Vrin.

——. 1861. *Traité de l'enchaînement des idées fondamentales dans les sciences et dans l'histoire.* Vol. 1. Paris: Librairie de L. Hachette et Cie. Published, 1982, as vol. 3 of A. A. Cournot, *Oeuvres complètes,* ed. Nelly Bruyère, Paris: Librairie Philosophique J. Vrin.

——. 1872. *Considérations sur la marche des idées et des événements dans les temps modernes.* Vol. 1. Paris: Librairie Hachette et Cie. Published, 1973, as vol. 4

of A. A. Cournot, *Oeuvres complètes*, ed. André Robinet, Paris: Librairie Philosophique J. Vrin.

————. 1956. *An essay on the foundations of our knowledge*. Trans. Merritt H. Moore. New York: The Liberal Arts Press.

Cousin, Victor. 1841. *Cours d'histoire de la philosophie moderne pendant les années 1816 et 1817*. Paris: Librairie de Ladrange.

————. 1842. *Cours d'histoire de la philosophie morale au dix-huitième siècle pendant l'année 1820*. 3rd pt., *Philosophie de Kant*. Vol. 1. Paris: Librairie Philosophique de Ladrange.

————. 1846. *Cours de l'histoire de la philosophie moderne*. New ed., 1st series. Paris: Ladrange, Didier.

————. 1854. *The philosophy of Kant: lectures*. Trans. A. G. Henderson. London: Trubner & Co.

————. 1857. *Philosophie de Kant*. 3rd ed. Paris: Librairie Nouvelle.

Cox, Allan. 1973. *Plate tectonics and geomagnetic reversals*. San Francisco: W. H. Freeman and Company.

Crombie, Alastair C., ed. 1963. *Scientific change: historical studies in the intellectual, social and technical conditions for scientific discovery and technical invention, from antiquity to the present*. New York: Basic Books.

————. 1969. *Augustine to Galileo*. 2 vols. Harmondsworth, Middlesex, England: Penguin Books. Reprint of rev. ed. (1959) of a work first published in 1952.

————. 1969a. "Historians and the scientific revolution." *Physis* 11:162–180.

Cromwell, Oliver. 1937–1947. *The writings and speeches of Oliver Cromwell*. 4 vols. Ed. Wilbur Cortez Abbott. Cambridge, Mass.: Harvard University Press.

Cropsey, Joseph. 1975. "Commentary" on C. Cohen. Pp. 103–107 of N. Steneck, ed., *Science and society: past, present, and future*. Ann Arbor: University of Michigan Press.

Cross, F. L. 1937. "Kant's so-called Copernican revolution." *Mind* 46:214–217.

————. 1937a. "Professor Paton and 'Kant's so-called Copernican revolution.'" *Mind* 46:475–477. A reply to Paton 1937.

Crowe, Michael. 1975. "Ten 'laws' concerning patterns of change in the history of mathematics." *Historia Mathematica* 2:161–166.

Cunningham, E. 1919. "Einstein's relativity theory of gravitation." *Nature* (4 Dec.):354–356.

Curie, Marie. 1923. *Pierre Curie*. Trans. Charlotte and Vernon Kellogg. New York: The Macmillan Company.

Curry, Charles Emerson. 1897. *Theory of electricity and magnetism*. With a preface by Ludwig Boltzmann. London: Macmillan and Co.; New York: The Macmillan Company.

Curtis, John G. 1915. *Harvey's views on the use of the circulation of the blood*. New

York: Columbia University Press.

Cushing, Harvey. 1943. *A bio-bibliography of Andreas Vesalius.* New York: Schuman's [Yale Medical Library, Historical Library, Publication 6].

Cuvier, Georges. 1812. *Discours sur les révolutions du globe.* Paris: Berché et Tralin.

————. 1812. *Recherches sur les ossemens fossiles des quadrupèdes* . . . Vol. 1. Paris: chez Deterville, Libraire.

Dalton, John Call. 1884. *Doctrines of the circulation: a history of physiological opinion and discovery in regard to the circulation of the blood.* Philadelphia: Henry C. Lea's Son & Co.

Daly, Reginald A. 1926. *Our mobile earth.* New York: Scribner.

Dampier, William C. 1929. *A history of science and its relations with philosophy and religion.* Cambridge: at the University Press.

Darnton, Robert. 1968. *Mesmerism and the end of the Enlightenment in France.* Cambridge, Mass.: Harvard University Press.

————. 1974. "Mesmer, Franz Anton." *Dictionary of Scientific Biography* 9:325–328.

Darrow, Karl Kelchner. 1937. *The renaissance of physics.* New York: The Macmillan Company.

Darwin, Charles. 1859. *On the origin of species by means of natural selection, or the preservation of favoured races in the struggle for life.* London: John Murray. Facsimile reprint, 1964, intro. by Ernst Mayr. Cambridge, Mass.: Harvard University Press.

————. 1887. *The life and letters of Charles Darwin.* 3 vols. Ed. Francis Darwin. London: J. Murray.

————. 1903. *More letters of Charles Darwin.* 2 vols. Eds. Francis Darwin and A. C. Seward. New York: D. Appleton and Company.

————. 1958. *The autobiography of Charles Darwin (1809–1882).* Ed. Nora Barlow. London: Collins.

————. 1971. *The origin of species.* London: J. M. Dent & Sons Ltd.; New York: E. P. Dutton & Co. Everyman's University Library ed. of the 6th ed. (1882).

Darwin, Charles, and Alfred Russell Wallace. 1958. *Evolution by natural selection.* Ed. Gavin de Beer. Cambridge: Cambridge University Press.

Darwin, Charles Galton. 1952. *The next million years.* London: Rupert Hart-Davis.

Dauben, Joseph Warren. 1969. "Marat: his science and the French Revolution." *Archives Internationales d'Histoire des Sciences* 22:235–261.

————. 1979. *Georg Cantor: his mathematics and philosophy of the infinite.* Cambridge, Mass., London: Harvard University Press.

Davies, P. A., and S. K. Runcorn, eds. 1980. *Mechanisms of continental drift and plate tectonics.* London, New York: Academic Press.

Davies, Paul. 1980. *Other worlds: a portrait of nature in rebellion: space, superspace and the quantum universe.* New York: Simon and Schuster.

Davis, William Morris. 1906. "The relations of the earth-sciences in view of their progress in the nineteenth century." Pp. 488–503 of Rogers 1905, vol. 4.

de Beer, Sir Gavin. 1965. *Charles Darwin, a scientific biography.* Garden City, N.Y.: Doubleday & Company [The Natural History Library; Anchor Books]. Original ed., 1965, Thomas Nelson and Sons.

de Milt, Clara. 1948. "Carl Weltzein and the congress at Karlsruhe." *Chymia* 1:153–169.

De Quincey, Thomas. 1859. *The logic of political economy and other papers.* Boston: Ticknor and Fields.

Deane, Phyllis, and W. A. Cole. 1962. *British economic growth, 1688–1959: trends and structure.* Cambridge: at the University Press.

Debus, Allen G. 1965. *The English Paracelsians.* London: Oldbourne.

——. 1976. "The pharmaceutical revolution of the Renaissance." *Clio Medica* 11:307–317.

——. 1977. *The chemical philosophy: Paracelsian science and medicine in the sixteenth and seventeenth centuries.* 2 vols. New York: Science History Publications.

Deleuze, Gilles. 1971. *La philosophie critique de Kant.* Paris: Presses Universitaires de France.

Descartes, René. 1911–1912. *The philosophical works.* 2 vols. Ed., trans. Elizabeth S. Haldane and G. R. T. Ross. Cambridge: at the University Press. Rev. reprint, 1931; photo-reprint, 1958, New York: Dover Publications.

——. 1952. *Descartes' philosophical writings.* Selected and trans. by Norman Kemp Smith. London: Macmillan & Co.

——. 1954. *Philosophical writings.* Trans., ed. Elizabeth Anscombe and Peter Thomas Geach, intro. by Alexandre Koyré. Edinburgh, London: Thomas Nelson and Sons Ltd.

——. 1954a. *The geometry of René Descartes.* Trans. David Eugene Smith and Marcia L. Latham. New York: Dover Publications.

——. 1956. *Discourse on method.* Trans., intro. by Laurence J. Lafleur. Indianapolis, New York, Kansas City: The Bobbs-Merrill Company [The Library of Liberal Arts].

——. 1965. *Discourse on method, Optics, Geometry, and Meteorology.* Trans., introd. by Paul J. Olscamp. Indianapolis, New York, Kansas City: The Bobbs-Merrill Company [The Library of Liberal Arts].

——. 1970. *Philosophical letters.* Trans., and ed. Anthony Kenny. Oxford: Clarendon Press.

——. 1971–1976. *Oeuvres.* 11 vols. Ed. Charles Adam and Paul Tannery. Paris:

Librairie Philosophique J. Vrin. Rev. photo-reprint of the 1897–1910 ed., Paris: Léopold Cerf.

―――. 1972. *Treatise of man.* French text with trans. and commentary by Thomas Steele Hall. Cambridge, Mass.: Harvard University Press.

―――. 1979. *Le monde (The world).* Trans. Michael Sean Mahoney. New York: Abaris Books.

Devaux, Philippe. 1955. *De Thalès à Bergson: introduction historique à la philosophie européenne.* Liège: Sciences et Lettres.

Dewey, John. 1929. *The quest for certainty: a study of the relation of knowledge and action.* Gifford Lectures, 1929. New York: Minton, Balch & Co.

Diderot, Denis. 1818. *Oeuvres.* Vol. 1. Paris: A. Belin.

Diderot, Denis, and Jean le Rond d'Alembert, eds. 1751–1780. *Encyclopédie, ou dictionnaire raisonné des sciences, des arts et des métiers.* 21 vols. Paris: chez Briasson, David l'aîné, Le Breton, Durand; Neuchâtel: chez Samuel Faulèbe & Compagnie. Facsimile reprint, 1967, Stuttgart-Bad Cannstatt: Friedrich Frommann Verlag (Günther Holzboog).

Dietz, Robert S. 1961. "Continent and ocean basin evolution by spreading of the sea floor." *Nature* 190:854–857.

―――. 1963. "Collapsing continental rises: an actualistic concept of geosynclines and mountain building." *Journal of Geology* 71:314–333.

―――. 1966. "Passive continents, spreading sea floors, and collapsing continental rises." *American Journal of Science* 264:177–193.

―――. 1968. "Reply." *Journal of Geophysical Research* 73:6567.

Dijksterhuis, Eduard Jan. 1961. *The mechanization of the world picture.* Trans. C. Dikshoorn. Oxford: at the Clarendon Press.

Donne, John. 1969. *Ignatius his conclave.* An ed. of the Latin and English texts with intro. by T. S. Healy. Oxford: at the Clarendon Press.

Drake, Stillman. 1957. *Discoveries and opinions of Galileo.* Garden City, N.Y.: Doubleday & Co. [Doubleday Anchor Books].

―――. 1978. *Galileo at work: his scientific biography.* Chicago, London: The University of Chicago Press.

Dreyer, J. L. E. 1906. *History of the planetary systems from Thales to Kepler.* Cambridge: at the University Press. Reprint, 1953, foreword by W. M. Stahl, *A history of astronomy from Thales to Kepler,* New York: Dover Publications.

DuBois-Reymond, Emil. 1912. *Reden.* 2 vols. 2nd ed. Leipzig: Von Veit & Co.

Dugas, René. 1955. *A history of mechanics.* Trans. J. R. Maddox. New York: Central Book Company.

Duhem, Pierre-Maurice-Marie. 1902. *Les théories électriques de J. Clerk Maxwell: étude historique et critique.* Paris: Librairie Scientifique A. Hermann.

―――. 1905. *Les origines de la statique.* Paris: Librairie Scientifique A. Hermann.

————. 1906. *Etudes sur Léonard de Vinci: ceux qu'il a lus et ceux qui l'ont lu.* 1st series. Paris: Librairie Scientifique A. Hermann.

————. 1908. Σώζειν τὰ φαινόμενα: *Essai sur la notion de théorie physique de Platon à Galilée.* Paris: A. Hermann et Fils. Reprinted from *Annales de Philosophie Chrétienne* 6:113–138, 277–302, 352–377, 482–514, 576–592.

————. 1914. *La théorie physique: son objet, sa structure.* Paris: Marcel Rivière.

————. 1954. *The aim and structure of physical theory.* Trans. Philip P. Wiener. Princeton: Princeton University Press.

————. 1969. *To save the phenomena: an essay on the idea of physical theory from Plato to Galileo.* Trans. Edmund Doland and Chaninah Maschler. Chicago: The University of Chicago Press.

————. 1980. *The evolution of mechanics.* Trans. Michael Cole. Alphen aan den Rijn, Netherlands, Germantown, Md.: Sijthoff & Noordhoff.

Dukas, Helen, and Banesh Hoffman. 1979. *Albert Einstein: the human side.* Princeton: Princeton University Press.

Dupree, A. Hunter. 1959. *Asa Gray, 1810–1888.* Cambridge, Mass.: The Belknap Press of Harvard University Press.

Dutens, Louis. 1766. *Recherches sur l'origine des découvertes attribuées aux modernes.* Paris: veuve Duchesne.

Du Toit, Alex L. 1937. *Our wandering continents: an hypothesis of continental drifting.* Edinburgh, London: Oliver and Boyd.

Duveen, Denis I., and Herbert S. Klickstein. 1955. "Benjamin Franklin (1706–1790) and Antoine Laurent Lavoisier (1743–1794)." *Annals of Science* 11:126–128.

Eddington, Arthur Stanley. 1920. *Report on the relativity theory of gravitation.* 2nd ed. The Physical Society of London. London: Fleetway Press.

————. 1920. *Space, time and gravitation: an outline of the general relativity theory.* Cambridge: at the University Press.

————. 1922. *The theory of relativity and its influence on scientific thought.* The Romanes Lecture, 1922. Oxford: at the Clarendon Press.

————. 1923. *Mathematical theory of relativity.* Cambridge: at the University Press.

————. 1928. *The nature of the physical world.* The Gifford Lectures, 1927. New York: The Macmillan Company; Cambridge: at the University Press.

Edelstein, Ludwig. 1943. "Andreas Vesalius, the humanist." *Bulletin of the History of Medicine* 14:547–561.

Edward, Lyford P. 1970. *The natural history of revolution.* Chicago, London: The University of Chicago Press. First pub. 1927.

Edwards, Paul, ed. 1967. *The encyclopedia of philosophy.* 8 vols. New York: The

Macmillan Company and The Free Press; London: Collier Macmillan.

Einstein, Albert. 1934. *Mein Weltbild*. Amsterdam: Querido Verlag.

———. 1934*a*. *The world as I see it*. New York: Covici Friede Publishers.

———. 1949. "Autobiographical notes." Pp. 1–95 of Schilpp 1949.

———. 1950. "Paul Langevin in memoriam." Pp. 231–232 of *Out of my later years*. Rev. reprint ed., Westport, Conn.: Greenwood Press.

———. 1953. *Mein Weltbild*. Ed. Carl Seelig. Zurich: Europa Verlag.

———. 1954. *Ideas and opinions*. New York: Crown Publishers.

———. 1956. *Lettres à Maurice Solovine*. Paris: Gauthier-Villars.

———. 1961. *Relativity: the special and the general theory*. Trans. Robert W. Lawson. New York: Crown Publishers.

Einstein, Albert, and Leopold Infeld. 1938. *The evolution of physics: the growth of ideas from early concepts to relativity and quanta*. New York: Simon and Schuster.

Einstein, Albert, H. A. Lorentz, H. Minkowski, and H. Weyl. 1952. *The principle of relativity: a collection of original memoirs on the special and general theory of relativity*. Trans. W. Perrett and G. B. Jeffery. New York: Dover Publications.

Eisenstadt, S. N. 1978. *Revolution and the transformation of societies: a comparative study of civilizations*. New York: The Free Press; London: Collier Macmillan Publishers.

Eisenstein, Elizabeth L. 1979. *The printing press as an agent of change: communications and cultural transformations in early-modern Europe*. 2 vols. Cambridge, London, New York: Cambridge University Press.

Eldredge, Niles, and Steven J. Gould. 1972. "Punctuated equilibria: an alternative to phyletic gradualism." Pp. 82–115 of T. J. M. Schopf and J. M. Thomas, eds., *Models in paleobiology*, San Francisco: Freeman, Cooper.

Eliade, Mircea. 1954. *Cosmos and history: the myth of the eternal return*. New York: Harper & Row.

Ellenberger, Henri F. 1970. *The discovery of the unconscious: the history and evolution of dynamic psychology*. New York: Basic Books; London: Allen Lane.

Engle, S. Morris. 1963. "Kant's Copernican analogy: a re-examination." *Kant-Studien* 54:243–251.

Engels, Friedrich. 1932. *M. E. Dühring bouleverse la science*. Trans. Bracke (A. M. Desrousseaux). Paris: Alfred Costes, Editeur. An earlier translation, 1911, by Edmond Laskine was entitled *Philosophie, économie politique, socialisme (contre Eugène Dühring)*, Paris: V. Giard & E. Brière.

———. 1935. *Socialism: utopian and scientific*. Trans. Edward Aveling. New York: International Publishers.

———. 1939. *Anti-Dühring: Herr Eugen Dühring's revolution in science*. Trans.

Emile Burns. New York: International Publishers. 2nd ed., 1959, Moscow: Foreign Languages Publishing House.

———. 1940. *Dialectics of nature*. Trans. and ed. Clemens Dutt. New York: International Publishers.

———. 1948. *Herrn Eugen Dührings Umwälzung der Wissenschaft (Anti-Dühring)*. Berlin: Dietz Verlag.

———. 1968. *The condition of the working class in England*. Trans. W. O. Henderson and W. H. Chaloner. Stanford: Stanford University Press.

———. 1975. *Dialektik der Natur*. Berlin: Dietz Verlag.

———. 1980. *Herrn Eugen Dührings Umwälzung der Wissenschaft*. Berlin: Dietz Verlag.

Erxleben, Johann Christian Polycarp. 1794. *Anfangsgründe der Naturlehre*. 6th ed., rev. by G. C. Lichtenberg. Göttingen: Johann Christian Dieterich.

Evelyn, John. 1906. *The diary of John Evelyn*. 3 vols. Ed. Austin Dobson. London: Macmillan and Co.

Everitt, C. W. F. 1974. "Maxwell, James Clerk." *Dictionary of Scientific Biography* 9:198–230.

Ewing, A. C. 1938. *A short commentary on Kant's Critique of pure reason*. Chicago: The University of Chicago Press.

Farrington, Benjamin. 1949. *Francis Bacon: philosopher of industrial science*. New York: Henry Schuman.

Fayet, Joseph. 1960. *La révolution française et la science: 1789–1795*. Paris: Librairie Marcel Rivière.

Feldstein, Martin. 1981. "The retreat from Keynesian economics." *The Public Interest* 64:92–105.

Ferrand, Antoine-François-Claude. 1817. *Théorie des révolutions, rapprochée des principaux événemens qui en ont été l'origine, le développement ou la suite; avec une table générale et analytique*. 4 vols. Paris: chez L. G. Michaud (de l'Imprimerie Royale).

Feuer, Lewis S. 1971. "The social roots of Einstein's theory of relativity." *Annals of Science* 27:227–298, 313–344.

———. 1974. *Einstein and the generations of science*. New York: Basic Books.

Feuerbach, Ludwig. 1969–1972. *Gesammelte Werke: kleinere Schriften*. 4 vols. Berlin. "Die Naturwissenschaft und die Revolution" (1850) appears in vol. 3, pp. 347–368, a review of Jacob Moleschott's *Die Physiologie der Nahrungsmittel* (1850).

Feynmann, Richard. 1965. *The character of physical law*. A series of lectures recorded by the BBC at Cornell University and televised on BBC-2. London: British Broadcasting Corporation.

Figuier, Louis. 1876. *Vies des savants illustres*. Vol. 4, *Savants du XVIIᵉ siècle*. 2nd ed. Paris: Librairie Hachette.

———. 1879. *Vies des savants illustres.* Vol. 5, *Savants du XVIIIe siècle.* 3rd ed. Paris: Librairie Hachette.

———. 1881. *Vies des savants illustres.* Vol. 3, *Savants de la Renaissance.* 3rd ed. Paris: Librairie Hachette.

Findlay, Alexander. 1916. *Chemistry in the service of man.* London, New York: Longmans, Green and Co.

Fine, Reuben. 1963. *Freud: a critical re-evaluation of his theories.* London: George Allen & Unwin.

Fisher, Arthur. 1979. "Grand unification: an elusive grail." *Mosaic* 10:2–21.

Fletcher, Ronald. 1971. *The making of sociology.* Vol. 1, *Beginnings and foundations.* New York: Charles Scribner's Sons.

———. 1974. *The crisis of industrial civilization: the early essays of Auguste Comte.* London: Heinemann Educational Books.

Fleming, Donald. 1964. See Loeb 1964.

Flew, Antony. 1971. *An introduction to western philosophy: ideas and argument from Plato to Sartre.* Indianapolis, New York: The Bobbs-Merrill Company.

Fontenelle, Bernard le Bovier de. 1683. *Nouveaux dialogues des morts.* Paris: C. Blageart. Reprint, 1971, ed. Jean Dagen, Paris: Librairie Marcel Didier.

———. 1688. *Digression sur les anciens et les modernes.* In *Poésies pastorales de M. D. F., avec un traité sur la nature de l'églogue, et une digression sur les anciens et les modernes.* Paris: Michel Guerout.

———. 1708. "The usefulness of mathematical learning." In *Miscellanea curiosa,* vol. 1, 2nd ed., London: by J. M. for R. Smith.

Fontenelle, Bernard le Bovier de. 1708a. *Dialogues of the dead.* Trans. John Hughes. London: printed for Jacob Tonson.

———. 1730. *Dialogues of the dead.* Trans. John Hughes. 2nd ed. London: printed for J. Tonson.

———. 1734. "Préface sur l'utilité des mathématiques et de la physique, et sur les travaux de l'Académie des Sciences." In *Histoire de l'Académie Royale des Sciences. Année M.DC.XCIX. Avec les mémoires de mathématique et de physique, pour la même année. Tirés des registres de cette Académie.* 2nd ed. Amsterdam: chez Pierre Mortier.

———. 1790–1792. *Oeuvres.* New ed. Vols. 6, 7. Paris: chez Jean-François Baslieu et Jean Servière.

———. 1955. *Entretiens sur la pluralité des mondes; digression sur les anciens et les modernes.* Ed. Robert Shackleton. Oxford: at the Clarendon Press.

Föppl, A. 1894. *Einführung in die Maxwell'sche Theorie der Elektricität.* Leipzig: Druck und Verlag von B. G. Teubner.

Foucault, Michel. 1970. *The order of things: an archaeology of the human sciences.*

Trans. from *Les mots et les choses*, 1966. Ed. R. D. Laing. New York: Pantheon Books.

Fougeyrolles, Pierre. 1972. *Marx, Freud et la révolution totale*. Paris: Editions Anthropos.

Fourcroy, Antoine François de. 1790. *Philosophie chimique, ou vérités fondamentales de la chimie moderne, disposées dans un nouvel ordre*. Paris: [de l'imprimerie de Cl. Simon].

Frank, Philipp. 1947. *Einstein, his life and times*. New York: Alfred A. Knopf.

Frankel, Eugene. 1976. "Corpuscular optics and the wave theory of light: the science and politics of a revolution in physics." *Social Studies of Science* 6:141–184.

Frankel, Henry. 1978. "The non-Kuhnian nature of the recent revolution in the earth sciences." Pp. 197–214 of *PSA 1978, Proceedings of the 1978 Biennial Meeting of the Philosophy of Science Association*, vol. 2, ed. Peter D. Asquith and Ian Hacking, East Lansing, Mich.: Philosophy of Science Association.

———. 1979. "The career of continental drift theory: an application of Imre Lakatos' analysis of scientific growth to the rise of drift theory." *Studies in History and Philosophy of Science* 10:21–66.

———. 1979a. "The reception and acceptance of continental drift theory as a rational episode in the history of science." Pp. 51–89 of Mauskopf 1979.

———. 1981. "The paleobiogeographical debate over the problem of disjunctively distributed life forms." *Studies in History and Philosophy of Science* 12:211–259.

Franks, Felix. 1981. *Polywater*. Cambridge, Mass., London: MIT Press.

Freind, John. 1750. *The history of physick from the time of Galen to the beginning of the sixteenth century*. 2 vols. 4th ed. London: M. Cooper.

French, A. P., ed. 1979. *Einstein: a centenary volume*. London: Heinemann Educational Books; Cambridge, Mass.: Harvard University Press.

Freud, Sigmund. 1952. *An autobiographical study*. Authorized trans. by James Strachey. New York: W. W. Norton.

———. 1953–1974. *The standard edition of the complete psychological works of Sigmund Freud*. 24 vols. Trans. under the general editorship of James Strachey, in collaboration with Anna Freud, assisted by Alix Strachey and Alan Tyson. London: The Hogarth Press and the Institute of Psycho-analysis.

———. 1954. *The origins of psycho-analysis: letters to Wilhelm Fliess, drafts and notes, 1887–1902*. Ed. Marie Bonaparte, Anna Freud, Ernst Kris. New York: Basic Books.

Friedrich, Carl, ed. 1949. *The philosophy of Kant: Immanuel Kant's moral and political writings*. New York: The Modern Library.

Fulton, John F. 1931. *Physiology*. New York: Paul B. Hoeber [Clio Medica 5].

Gage, A. T. 1938. *A history of the Linnean Society of London*. London: Taylor & Francis.

Galilei, Galileo. 1953. *Dialogue concerning the two chief world systems —Ptolemaic and Copernican*. Trans. Stillman Drake. Berkeley, Los Angeles: The University of California Press.

———. 1957. *Discoveries and opinions of Galileo*. Trans. Stillman Drake. New York: Doubleday & Company [Doubleday Anchor Books].

———. 1964–1966. *Le opere di Galileo Galilei*. 20 vols. Ed. Antonio Favaro. Florence: G. Barbèra-Editore. Reprint of original ed., 1890–1909.

———. 1974. *Two new sciences, including centers of gravity and force of percussion*. Trans. Stillman Drake. Madison: The University of Wisconsin Press.

Galison, Peter J. 1979. "Minkowski's space-time: from visual thought to the absolute world." *Historical Studies in the Physical Sciences* 10:85–121.

———. 1981. "Kuhn and the quantum controversy." *British Journal for the Philosophy of Science* 32:71–84.

Gamow, George. 1966. *Thirty years that shook physics: the story of quantum theory*. Garden City, N.Y.: Doubleday & Co.

Gardiner, Samuel Rawson. 1886. *The first two Stuarts and the Puritan Revolution, 1603–1660*. New York: Charles Scribner's Sons. 1st ed., London, 1876.

———. 1906. *The constitutional documents of the Puritan Revolution, 1625–1660*. 3rd ed. Oxford: at the Clarendon Press. 1st ed., 1889.

Ghiselin, Michael T. 1969. *The triumph of the Darwinian method*. Berkeley, Los Angeles: University of California Press.

Gide, Charles, and Charles Rist. 1914 (?). *A history of economic doctrines*. Trans. R. Richards. Boston, New York: D. C. Heath.

———. 1947. *Histoire des doctrines économiques*. 7th ed. Paris: Librairie du Recueil Sirey.

Gilbert, Felix. 1973. "Revolution." Pp. 152–167 of *Dictionary of the history of ideas*, vol. 4, ed. Philip P. Wiener, New York: Charles Scribner's Sons.

Gilbert, William. 1900. *On the magnet, magnetick bodies also, and on the great magnet the earth: a new physiology, demonstrated by many arguments and experiments*. London: Chiswick Press. Facsimile reprint, 1958, New York: Basic Books.

Gillispie, Charles C. 1957. "The Natural History of Industry." *Isis* 48:398–407.

———. 1980. *Science and polity in France at the end of the Old Regime*. Princeton: Princeton University Press.

Gillot, H. 1914. *La querelle des anciens et des modernes*. Nancy: A. Crépin-Leblond.

Gingerich, Owen. 1972. "Johannes Kepler and the new astronomy." *Quarterly Journal of The Royal Astronomical Society* 13:346–373.

————. 1973. "The role of Erasmus Reinhold and the Prutenic Tables in the dissemination of Copernican theory." Pp. 43–63, 123–125 of *Studia Copernicana* (containing "Colloquia Copernicana II. Etudes sur l'audience de la théorie héliocentrique [Torún, 1973]"), Wroclaw, Warsaw, Krakow, Gdansk: Ossolineum, The Polish Academy of Sciences Press.

————. 1973a. "From Copernicus to Kepler: heliocentrism as model and as reality." *Proceedings of the American Philosophical Society* 117:513–522.

————. 1975. "'Crisis' versus aesthetic in the Copernican revolution." *Vistas in Astronomy* 17:85–93.

————. 1975a. "Reinhold, Erasmus." *Dictionary of Scientific Biography* 11:365–367.

————, ed. 1975b. *The nature of scientific discovery: a symposium commemorating the 500th anniversary of the birth of Nicolaus Copernicus.* Washington: Smithsonian Institution Press.

Glanvill, Joseph. 1668. *Plus ultra: or, the progress and advancement of knowledge since the days of Aristotle.* London: for James Collins. Facsimile reprint, 1958, Gainesville, Fla.: Scholars' Facsimiles and Reprints.

————. 1676. "Modern improvements of useful knowledge." Essay III of *Essays on several important subjects in philosophy and religion.* London: printed by J. D. for John Baker and Henry Mortlock.

Glass, Bentley, Owsei Temkin, and William L. Straus, Jr., eds. 1959. *Forerunners of Darwin, 1745–1859.* Baltimore: The Johns Hopkins Press.

Glazebrook, R. T. 1896. *James Clerk Maxwell and modern physics.* London: Cassell and Company.

Glen, William. 1982. *The road to Jaramillo: critical years of the revolution in earth science.* Stanford: Stanford University Press.

Goethe, Johann Wolfgang von. 1902–1907. *Sämtliche Werke, Jubiläums-Ausgabe.* 40 vols. Ed. Eduard von der Hellen. Stuttgart, J. G. Cotta.

————. 1947–. *Die Schriften zur Naturwissenschaft.* Ed. G. Schmid et al. Weimar: Böhlau.

Goldsmith, Donald, ed. 1977. *Scientists confront Velikovsky.* New York, London: W. W. Norton & Company. Essays by Norman W. Storer, J. Derral Mulholland, Carl Sagan, Peter J. Huber, and David Morrison.

Gough, Jerry B. 1970. "Blondlot, René-Prosper." *Dictionary of Scientific Biography* 2:202–203.

————. 1982. "Some early references to revolutions in chemistry." *Ambix* 29:106–109.

Gould, Stephen Jay, and Niles Eldredge. 1977. "Punctuated equilibria: the tempo and mode of evolution reconsidered." *Paleobiology* 3:115–151.

Goulemot, Jean Marie. 1975. *Discours, révolutions et histoire.* Paris: Union Générale d'Edition.

Grande, Francisco, and Maurice B. Visscher, eds. 1967. *Claude Bernard and experimental medicine.* Cambridge, Mass.: Schenkman Publishing Company.

Granger, G. 1971. "Cournot, Antoine-Augustin." *Dictionary of Scientific Biography* 3:450–454.

Grant, Edward. 1962. "Hypotheses in early science." *Daedalus*, 599–612.

―――. 1962a. "Late medieval thought, Copernicus, and the scientific revolution." *Journal of the History of Ideas* 23:197–220.

Grattan-Guiness, I. 1970. "An unpublished paper by Georg Cantor." *Acta Mathematica* 70:65–107.

Gray, Asa. 1846. [Review of *Explanations — a sequel to the Vestiges of the natural history of creation.* New York: Wiley & Putnam, 1846.] *North American Review* 62:465–506.

Green, Alice (Mrs. J. R.). 1894. *Town life in the fifteenth century.* 2 vols. New York, London: Macmillan.

Greenberg, Jay R., and Stephen A. Mitchell. 1983. *Object relations in psychoanalytic theory.* Cambridge, Mass., London: Harvard University Press.

Greene, John C. 1971. "The Kuhnian paradigm and the Darwinian revolution in natural history." Pp. 3–25 of *Perspectives in the History of Science and Technology*, ed. D. Roller, Norman, Okla.: University of Oklahoma Press. Reprinted in Gutting 1980 and in Greene 1981.

―――. 1981. *Science, ideology, and world view: essays in the history of evolutionary ideas.* Berkeley, London: University of California Press.

Greene, Mott T. 1982. *Geology in the nineteenth century: changing views of a changing world.* Ithaca: Cornell University Press.

Griewank, Karl. 1973. *Der neuzeitliche Revolutionsbegriff: Entstehung und Geschichte.* Ed. Ingeborg Horn-Staiger. Frankfurt: Suhrkamp.

Grimaux, Edouard. 1896. *Lavoisier, 1743–1794.* 2nd ed., Paris: Félix Alcan.

Groth, Angelika. 1972. *Goethe als Wissenschaftshistoriker.* Munich: W. Fink [Münchener Germanistische Beiträge].

Gruber, Howard E. 1974. *Darwin on man: a psychological study of scientific creativity.* Together with *Darwin's early and unpublished notebooks*, transcribed and annotated by Paul H. Barrett. New York: E. P. Dutton & Co.

Guerlac, Henry. 1952. *Science in western civilization, a syllabus.* New York: The Ronald Press Company.

―――. 1975. *Antoine-Laurent Lavoisier: chemist and revolutionary.* New York: Charles Scribner's Sons.

―――. 1976. "The chemical revolution: a word from Monsieur Fourcroy." *Ambix* 23:1–4.

―――. 1977. *Essays and papers in the history of modern science.* Baltimore, London:

The Johns Hopkins University Press.

————. 1981. *Newton on the continent*. Ithaca: Cornell University Press.

Guerlac, Henry, and Margaret C. Jacob. 1969. "Bentley, Newton, and Providence (the Boyle Lectures once more)." *Journal of the History of Ideas* 30:307–318.

Guicciardini, Francesco. 1970. *Opere*. Vol. 1. Ed. Emanuella Lugnani Scarano. Turin: Unione Tipografico-Editrice.

Guizot, François. 1826–1856. *Histoire de la révolution d'Angleterre*. Paris: A. Leroux & C. Chantpie.

————. 1854–1856. *Histoire de la révolution d'Angleterre*. 6 vols. Paris: Didier.

————. 1867. *The history of civilization from the fall of the Roman Empire to the French Revolution*. 2 vols. Trans. William Hazlitt. New York: D. Appleton & Company.

Gunter, Pete A. Y., ed. 1969. *Bergson and the evolution of physics*. Knoxville: The University of Tennessee Press.

Gutting, Gary, ed. 1980. *Paradigms and revolutions: applications and appraisals of Thomas Kuhn's philosophy of science*. Notre Dame, Ind.: University of Notre Dame Press.

Haber, L. F. 1958. *The chemical industry during the nineteenth century: a study of the economic aspect of applied chemistry in Europe and North America*. Oxford: at the Clarendon Press.

Hacking, Ian. 1983. "Was there a probabilistic revolution, 1800–1930?" Pp. 487–506 of Michael Heidelberger, Lorenz Krüger, and Rosemarie Rheinwald, eds., *Probability since 1800: interdisciplinary studies of scientific development*, Bielefeld: B. Kleine Verlag.

————, ed. 1981. *Scientific revolutions*. Oxford, London, New York: Oxford University Press.

Hahn, Paul. 1927. *Georg Christoph Lichtenberg und die exakten Wissenschaften*. Göttingen: Dandenhoeck & Ruprecht.

Hahn, Roger. 1971. *The anatomy of a scientific institution: the Paris Academy of Sciences, 1666–1803*. Berkeley, Los Angeles: University of California Press.

Haldane, J. B. S. 1924. *Daedalus or science and the future*. London: Kegan Paul, Trench, Trübner & Co.

————. 1940. *Keeping cool, and other essays*. London: Chatto & Windus.

Haldane, Viscount. 1921. *The reign of relativity*. New Haven: Yale University Press.

Hall, A. Rupert. 1952. *Ballistics in the seventeenth century*. Cambridge: at the University Press.

————. 1954. *The scientific revolution, 1500–1800: the formation of the modern scien-*

tific attitude. London: Longmans, Green and Co.

——. 1970. "Merton revisited, or science and society in the seventeenth century." *History of Science* 2:1-16.

——. 1970a. "On the historical singularity of the scientific revolution of the seventeenth century." Pp. 199-221 of J. H. Elliott and H. G. Koenigsberger, eds., *The diversity of history: essays in honour of Sir Herbert Butterfield*, London: Routledge & Kegan Paul.

——. 1981. "Scientific revolution." Pp. 378-380 of W. F. Bynum, E. J. Browne, and Roy Porter, eds., *Dictionary of the history of science*, Princeton: Princeton University Press.

Hallam, Anthony. 1973. *A revolution in the earth sciences: from continental drift to plate tectonics*. Oxford: at the Clarendon Press.

Halévy, Daniel. 1946. *Péguy and "Les cahiers de la quinzaine."* Trans. Ruth Bethell. London: D. Dobson.

Hanfling, Oswald. 1972. "Kant's Copernican revolution: moral philosophy." The Age of Revolutions, Units 17-18, Arts: a second level course. Prepared for the course team. Bletchley, Bucks., England: The Open University Press.

Hankel, Hermann. 1884. *Die Entwickelung der Mathematik in den letzten Jahrhunderten*. 2nd ed. Tübingen: F. Fues. 1st ed., 1869.

Hankins, Thomas L. 1972. "Hamilton, William Rowan." *Dictionary of Scientific Biography* 6:85-93.

——. 1980. *Sir William Rowan Hamilton*. Baltimore, London: The Johns Hopkins University Press.

Hanson, Norwood Russell. 1959. "Copernicus' role in Kant's revolution." *Journal of the History of Ideas* 20:274-281.

——. 1961. "The Copernican disturbance and the Keplerian revolution." *Journal of the History of Ideas* 22:169-184.

Harland, W. B. 1969. "Essay review: the origins of continents and oceans." *Geological Magazine* 106:100-104.

Harman, P. M. 1982. *Energy, force, and matter: the conceptual development of nineteenth-century physics*. Cambridge, London, New York: Cambridge University Press.

——. 1983. *The scientific revolution*. London: Methuen.

Harré, Rom, ed. 1975. *Problems of scientific revolution: progress and obstacles to progress in the sciences*. The Herbert Spencer Lectures 1973. Oxford: at the Clarendon Press.

Hartner, Willy. 1974. "Ptolemy, Azarquiel, Ibn al-Shāṭir, and Copernicus on Mercury: a study of parameters." *Archives Internationales d'Histoire des Sciences* 24:5-25.

Harvey, James. 1720. *Praesagium medicum.* 2nd ed. Preface by William Cockburn. London: G. Strahan.

Harvey, William. 1957. *Movement of the heart and blood in animals.* Trans. Kenneth J. Franklin. Oxford: Blackwell Scientific Publications.

————. 1958. *The circulation of the blood: two anatomical essays by William Harvey, together with nine letters written by him.* Trans. Kenneth J. Franklin. Oxford: Blackwell Scientific Publications. A translation of *Exercitationes duae anatomicae de circulatione sanguinis ad Joannem Riolanum, filium, Parisiensem.*

————. 1963. *The circulation of the blood and other writings.* New York: Dutton [Everyman's Library]. Reprint of Harvey 1957 and Harvey 1958.

Hatto, Arthur. 1949. "'Revolution': an inquiry into the usefulness of an historical term." *Mind* 58:495–517.

Hawkins, Thomas W. 1982. [Unpublished lecture notes on history of mathematics.] Boston: Boston University.

Hayek, F. A. 1955. *The counter-revolution of science: studies on the abuse of reason.* London: Collier-Macmillan.

Hegel, Georg Wilhelm Friedrich. 1927–1940. *Sämtliche Werke, Jubiläumsausgabe.* 26 vols. Ed. Hermann Glockner. Stuttgart: F. Frommann.

————. 1969. *Hegel's science of logic.* Trans. A. V. Miller. New York: Humanities Press; London: Allen & Unwin.

————. 1970. *Hegel's philosophy of nature.* 3 vols. Trans. M. J. Petry. New York: Humanities Press; London, Allen & Unwin.

Heidelberger, Michael. 1976. "Some intertheoretic relations between Ptolemean and Copernican astronomy." *Erkenntnis* 10:323–336. Reprint, pp. 271–283 of Gutting 1980.

————. 1980. "Towards a logical reconstruction of revolutionary change: the case of Ohm as an example." *Studies in History and Philosophy of Science* 11:103–121.

————. 1981. "Some patterns of change in the Baconian sciences of early nineteenth century Germany." Pp. 3–18 of H. N. Jahnke and M. Otte, eds., *Epistemological and social problems of the sciences in the early nineteenth century,* Dordrecht: D. Reidel Publishing Company.

Heidelberger, Michael, Lorenz Krüger, and Rosemarie Rheinwald, eds. 1983. *Probability since 1980: interdisciplinary studies of scientific development.* Bielefeld: Universität Bielefeld. (Workshop at the Centre for Interdisciplinary Research of the University of Bielefeld, 16–20 Sept. 1982.)

Heilbron, John Lewis. 1965. "A history of the problem of atomic structure from the discovery of the electron to the beginning of quantum mechanics." Ph.D. dissertation, University of California, Berkeley.

————. 1976. "Symmer, Robert." *Dictionary of Scientific Biography* 13:224–225.

————. 1976a. "Robert Symmer and the two electricities." *Isis* 67:7–20.

————. 1979. *Electricity in the seventeenth and eighteenth centuries: a study of early modern physics.* Berkeley, Los Angeles: University of California Press.

————. 1981. *Historical studies in the theory of atomic structure.* New York: Arno Press.

————. 1983. *Physics at the Royal Society during Newton's presidency.* Los Angeles: William Andrews Clark Memorial Library, University of California.

Heilbron, John Lewis, and Thomas S. Kuhn. 1969. "The genesis of the Bohr atom." *Historical Studies in the Physical Sciences* 1:211–290.

Heisenberg, Werner. 1952. *Philosophic problems of nuclear science. Eight lectures.* Trans. F. C. Hayes. London: Faber and Faber; New York: Pantheon.

————. 1958. *Physics and philosophy: the revolution in modern science.* New York: Harper & Brothers.

————. 1971. *Physics and beyond: encounters and conversations.* Trans. Arnold J. Pomerans. New York: Harper & Row.

Helmholtz, H. von. 1907. *Vorlesungen über Elektrodynamik und Theorie des Magnetismus.* Leipzig: Verlag von Johann Ambrosius Barth.

Heloise. 1697. *Lettre d'Heloïse à Abailard.* Amsterdam: chez Pierre Chayer.

————. 1729. *Letters of Abelard and Heloise.* 5th ed. Trans. John Hughes. London: J. Watts. First pub. 1713.

————. 1875. *Lettres d'Abélard et d'Héloïse.* 2nd ed. Trans. Octave Gréard. Paris: Garnier Frères.

Herbert, Sandra. 1971. "Darwin, Malthus, and selection." *Journal of the History of Biology* 4:209–217.

Herder, Johann Gottfried. 1800. *Outlines of a philosophy of the history of man.* Trans. from *Ideen zur Philosophie der Geschichte der Menschheit* by T. Churchill. London: Johnson. Facsimile reprint, 1966[?], New York: Bergman Publishers.

————. 1887–1913. *Sämtliche Werke.* Ed. Bernhard Suphan, Carl Redlich, Reinhold Steig, et al. 33 vols. Vols. 13–14, *Ideen zur Philosophie der Geschichte der Menschheit.* Berlin: Weidmannsche Buchhandlung. Facsimile reprint, 1967, Hildesheim: Georg Olms Verlags-Buchhandlung.

————. 1968. *Reflections on the philosophy of the history of mankind.* Abridged, with intro. by Frank E. Manuel. Chicago, London: The University of Chicago Press.

Hermann, Armin. 1973. "Lenard, Philipp." *Dictionary of Scientific Biography* 8:180–183.

————. 1975. "Stark, Johannes." *Dictionary of Scientific Biography* 12:613–616.

Herschel, John F. W. 1857. *Essays from the Edinburgh and Quarterly Reviews, with addresses and other pieces.* London: Longman, Brown, Green, Longmans &

Roberts. Photo-reprint, 1981, New York: The Arno Press.

Hertz, Heinrich. 1893. *Electric waves*. Trans. D. E. Jones. London: Macmillan.

Hess, H. H. 1962. "History of the ocean basins." Pp. 599–620 of A. E. J. Engel, H. L. James, and B. F. Leonards, eds., *Petrologic studies: a volume in honor of A. F. Buddington*, New York: Geological Society of America.

———. 1968. "Reply." *Journal of Geophysical Research* 73:6569.

Hessen, Boris. 1931. "The social and economic roots of Newton's 'Principia.'" Pp. 149–229 of N. I. Bukharin et al., *Science at the cross roads: Papers presented to the International Congress of the History of Science and Technology, London, 29 June-3 July 1931, by the delegates of the U.S.S.R*. London: Kniga. Reprint, 1971, foreword by Joseph Needham, intro. by P. G. Werskey, London: Frank Cass & Co.

———. 1971. *The social and economic roots of Newton's 'Principia.'* Intro. by Robert S. Cohen. New York: Howard Fertig. Facsimile reprint of Hessen 1931.

Hicks, Sir John. 1976. "'Revolutions' in economics." Pp. 207–218 of Spiro Latsis, ed., *Method and appraisal in economics*, Cambridge: Cambridge University Press.

Hill, Christopher. 1965. *Intellectual origins of the English Revolution*. Oxford: Oxford University Press.

———. 1966. *The century of revolution, 1603–1714*. New York: W. W. Norton & Company. First pub., 1961, London, Edinburgh: Thomas Nelson and Sons.

———. 1972. *The century of revolution, 1603–1714*. 2nd ed. London: Sphere Books.

———. 1972a. *The world turned upside down: radical ideas during the English Revolution*. New York: The Viking Press.

———. 1974. *Change and continuity in seventeenth-century England*. London: Weidenfeld & Nicolson.

Himmelfarb, Gertrude. 1959. *Darwin and the Darwinian revolution*. Garden City, N.Y.: Doubleday & Company.

Hirschfield, John Milton. 1981. *The Académie Royale des Sciences, 1666–1683*. New York: Arno Press.

Hobbes, Thomas. 1962. *Behemoth: the history of the causes of the civil wars of England*. Ed. William Molesworth. New York: Burt Franklin.

———. 1969. *Behemoth or the Long Parliament*. Ed. Ferdinand Tönnies. 2nd ed. London: Frank Cass and Co.

Hobsbawm, Eric J. 1954. "The general crisis of the seventeenth century." *Past and Present* 5:33–53; 6:44–65.

———. 1959. *Primitive rebels: studies in the archaic forms of social movement in the nineteenth and twentieth centuries*. New York: W. W. Norton & Company.

————. 1962. *The age of revolution, 1789–1848*. New York, Toronto: Mentor.

———— 1975. *The age of capital, 1848–1875*. New York: Charles Scribner's Sons.

Hoffmann, Banesh, and Helen Dukas. 1972. *Albert Einstein: creator and rebel*. New York: The Viking Press.

Holland, Sir Henry. 1848. [Review of Edward Turner's *Elements of Chemistry* (8th ed., ed. Baron Liebig and Professor Gregory, London, 1847) and Thomas Graham's *Elements of Chemistry* (2nd ed., London, 1847).] *Quarterly Review* 83:37–70.

Holmes, A. 1928. "Continental drift." *Nature* 122:431–433.

Holmes, Frederick Lawrence. 1974. *Claude Bernard and animal chemistry: the emergence of a scientist*. Cambridge, Mass.: Harvard University Press.

Holt, Robert H. 1968. "Freud, Sigmund." *International Encyclopedia of the Social Sciences* 6:1–12. An earlier version (1966) in Robert W. W. White, ed., *The study of lives*, New York: Atherton Press.

Holton, Gerald. 1973. *Thematic origins of scientific thought: Kepler to Einstein*. Cambridge, Mass.: Harvard University Press.

————. 1978. *The scientific imagination: case studies*. Cambridge, London, New York: Cambridge University Press.

————. 1981. "Einstein's search for the *Weltbild*." *Proceedings of the American Philosophical Society* 125:1–15.

Holton, Gerald, and Yehuda Elkana, eds. 1982. *Albert Einstein, historical and cultural perspectives: the centennial symposium in Jerusalem*. Princeton: Princeton University Press.

Hooke, Robert. 1665. *Micrographia: or some physiological descriptions of minute bodies made by magnifying glasses, with observations and inquiries thereupon*. London: printed by Jo. Martyn and Ja. Allestry.

l'Hospital [l'Hôpital], Guillaume-François-Antoine de. 1696. *Analyse des infiniment petits pour l'intelligence des lignes courbes*. Paris: de l'Imprimerie Royale. 2nd ed, 1715, Paris: chez François Montalant.

Howell, James. 1890–1892. *Epistolae Ho-Elianae: the familiar letters*. 2 vols. Ed. Joseph Jacobs. London: David Nutt.

Hull, David L. 1973. *Darwin and his critics: the reception of Darwin's theory of evolution by the scientific community*. Cambridge, Mass.: Harvard University Press.

Humboldt, Alexander von. 1845–1862. *Kosmos*. 5 vols. Stuttgart: J. G. Cotta.

————. 1848–1865. *Cosmos*. 5 vols. Trans. E. C. Otté. London: H. G. Bohn.

————. 1849–1851. *Cosmos: a sketch of a physical description of the universe*. 3 vols. Trans. Mrs. Edward Sabine. London: Longman, Brown, Green, and Longmans; and John Murray.

Hume, David. 1888. *A treatise of human nature*. Ed. L. A. Selby-Bigge. Oxford: at the Clarendon Press. Reprint, 1967.

Hurley, Patrick M. 1959. *How old is the earth?* Garden City, N.Y.: Doubleday.

Hutchings, Donald, ed. 1969. *Late seventeenth century scientists.* Oxford, London, New York: Pergamon Press.

Huxley, Julian. 1942. *Evolution: the modern synthesis.* London: George Allen & Unwin. Rev. ed., 1974, ed. John R. Baker, London: George Allen & Unwin.

Huxley, Thomas H. 1881. "On the hypothesis that animals are automata, and its history." Pp. 199–245 of *Science and culture and other essays,* London: Macmillan and Co.

———. 1887. "On the reception of the 'Origin of Species.'" Pp. 179 ff. of Darwin 1887, vol. 2.

———. 1894. *Discourses biological and geological.* New York: D. Appleton and Company. [Collected Essays, vol. 8.]

Hyman, Anthony. 1982. *Charles Babbage: pioneer of the computer.* Oxford, New York: Oxford University Press.

Ihde, Aaron J. 1964. *The development of modern chemistry.* New York, Evanston, London: Harper and Row.

Infeld, Leopold. 1950. *Albert Einstein: his work and influence on our world.* New York: Charles Scribner's Sons.

Ives, E. W., ed. 1968. *The English revolution: 1600–1660.* New York, London: Harper & Row; New York: Barnes & Noble.

Jacob, James R. 1978. *Robert Boyle and the English Revolution.* New York: B. Franklin.

Jacob, Margaret C. 1976. *The Newtonians and the English Revolution, 1689–1720.* Ithaca: Cornell University Press.

———. 1981. *The radical enlightenment: pantheists, Freemasons and republicans.* London, Boston: George Allen & Unwin.

Jacobs, J. A., R. D. Russell, and J. Tuzo Wilson. 1959. *Physics and geology.* New York: McGraw-Hill Book Company.

Jammer, Max. 1966. *The conceptual development of quantum mechanics.* New York: McGraw-Hill Book Company.

———. 1974. *The philosophy of quantum mechanics: the interpretations of quantum mechanics in historical perspective.* New York, London: John Wiley & Sons.

Jastrow, Robert. 1979. "Velikovsky, a star-crossed theoretician of the cosmos." *New York Times,* 2 Dec. 1979.

Jeans, Sir James. 1943. *Physics and philosophy.* Cambridge: at the University Press; New York: The Macmillan Company.

———. 1948. *The growth of physical science.* New York: The Macmillan Company.

Jeffreys, Harold. 1952. *The earth: its origin, history and physical constitution.* Cambridge: at the University Press.

Johnson, Chalmers. 1964. *Revolution and the social system.* Stanford: The Hoover Institution on War, Revolution, and Peace, Stanford University.

———. 1966. *Revolutionary change.* Boston: Little, Brown and Company.

Johnson, Samuel. 1755. *A dictionary of the English language.* . . . 2 vols. London: printed by W. Strahan for J. and P. Knapton, T. and T. Longman, C. Hitch and L. Hawes, A. Millar, and R. and J. Dodsley. Photo-reprint, 1979, New York: Arno Press.

———. 1969, *The rambler.* Ed. W. J. Bate and Albrecht B. Strauss. Vol. 2. New Haven: Yale University Press.

Jones, Bessie Zaban, ed. 1966. *The golden age of science: thirty portraits of the giants of nineteenth-century science by their scientific contemporaries.* Intro. by Everett Mendelsohn. New York: Simon and Schuster [in cooperation with the Smithsonian Institution].

Jones, Ernest. 1913. *Papers on psycho-analysis.* London: Ballière, Tindall and Cox; New York: William Wood and Co.

———. 1940. "Sigmund Freud." *International Journal of Psychoanalysis* 21:2–26.

———. 1953–1957. *The life and work of Sigmund Freud.* 3 vols. New York: Basic Books; London: The Hogarth Press.

Jones, J. R. 1972. *The revolution of 1688 in England.* New York: W. W. Norton & Company.

Jones, Richard Foster. 1936. *Ancients and moderns: a study of the background of the battle of the books.* St. Louis: Washington University.

———. 1961. *Ancients and moderns: a study of the rise of the scientific movement in seventeenth-century England.* St. Louis: Washington University. Reprint, 1982, New York: Dover Publications.

Jonson, Ben. 1941. "Newes from the new world discover'd in the moone." Ed. C. H. Herford, Percy and Evelyn Simpson. Pp. 511–525 of *Ben Jonson*, vol. 7. Oxford: at the Clarendon Press.

Kahan, Théo. 1962. "Un document historique de l'académie des sciences de Berlin sur l'activité scientifique d'Albert Einstein (1913)." *Archives Internationales d'Histoire des Sciences* 15:337–342.

Kahlbaum, Georg W. A. 1904. *Justus von Liebig und Friedrich Mohr in ihren Briefen von 1834–1870.* Leipzig: Johann Ambrosius Barth. [Monographien aus der Geschichte der Chemie 8.]

Kant, Immanuel. 1787. *Kritik der reinen Vernunft.* Zweite hin und wieder verbesserte Auflage. Riga: Johann Friedrich Hartnoch.

———. 1855. *Critique of pure reason.* Trans. J. M. D. Meiklejohn. London: Henry G. Bohn.

———. 1902–1955. *Gesammelte Schriften.* 23 vols. Berlin: German Academy of Sciences.

————. 1926. *Kritik der reinen Vernunft.* Ed. Raymund Schmidt. Leipzig: Verlag von Felix Meiner. [Der Philosophischen Bibliothek, Band 37a.]

————. 1929. *Immanuel Kant's Critique of pure reason.* Trans. Norman Kemp Smith. London: Macmillan and Co. A corrected second impression appeared in 1933. Reprints 1950, 1973.

————. 1960. *Religion within the limits of reason alone.* Trans. T. M. Greene and H. H. Hudson. 2nd ed. La Salle, Ill.: The Open Court Publishing Co.

————. 1967. See Martin 1967.

Kaplan, A. 1952. "Sociology learns the language of mathematics." *Commentary* 14:274–284. Reprint, 1953, pp. 394–412 of Philip Wiener, ed., *Readings in philosophy of science,* New York: Charles Scribner's Sons.

Käsler, Dirk. 1977. *Revolution und Veralltäglichung: eine Theorie postrevolutionärer Prozesse.* Munich: Nymphenburger Verlagshandlung.

Kastner, Abraham Gotthelf. 1796–1800. *Geschichte der Mathematik seit der Wiederherstellung der Wissenschaften bis an das Ende des achtzehnten Jahrhunderts.* 4 vols. Göttingen: J. G. Rosenbusch.

Kaufmann, Walter. 1980. *Discovering the mind: Goethe, Kant, and Hegel.* New York: McGraw-Hill Book Company.

Kazin, Alfred. 1957. "The Freudian revolution analyzed." Pp. 65–74 of Mujeeb-Ur-Rahman 1977; also in Nelson 1957.

Kearney, Hugh. 1964. *Origins of the scientific revolution.* London: Longmans, Green and Co.

Keele, Kenneth D. 1965. *William Harvey: the man, the physician, and the scientist.* London, Edinburgh: Nelson.

Keeling, S. V. 1968. *Descartes.* 2nd ed. London, Oxford, New York: Oxford University Press.

Kemp, John. 1968. *The philosophy of Kant.* Oxford, New York: Oxford University Press.

Kennedy, Edward S., and Imad Ghanem, eds. 1976. *The life and work of Ibn al-Shāṭir, an Arab astronomer of the fourteenth century.* A memorial volume published on the occasion of the opening of the Institute for the History of Arabic Science of the University of Aleppo. Aleppo: Institute for the History of Arabic Science, University of Aleppo.

Kenyon, J. P. 1978. *Stuart England.* Harmondsworth, Middlesex, England: Penguin Books [The Pelican History of England 6].

Kepler, Johannes. 1929. *Neue Astronomie.* Trans., ed. Max Caspar. Berlin: Verlag R. Oldenbourg.

————. 1937–. *Gesammelte Werke.* Herausgegeben im Auftrag der Deutschen Forschungsgemeinschaft und der Bayerischen Akademie der Wissenschaften. Munich: C. H. Beck'sche Verlagsbuchhandlung.

————. 1981. *Mysterium cosmographicum: the secret of the universe.* Trans. A. M. Duncan, intro. and commentary by E. J. Aiton. New York: Abaris Books.

Keynes, Sir Geoffrey. 1966. *The life of William Harvey.* Oxford: at the Clarendon Press.

Kidd, Benjamin. 1894. *The evolution of society.* New York, London.

Kilgour, Frederick G. 1954. "William Harvey's use of the quantitative method." *The Yale Journal of Biology and Medicine* 26:410–421.

Kitts, David. 1974. "Continental drift and scientific revolution." *The American Association of Petroleum Geologists Bulletin* 58:2490–2496.

Klein, Martin J. 1962. "Max Planck and the beginnings of the quantum theory." *Archive for History of Exact Sciences* 1:459–472.

————. 1964. "Einstein and the wave-particle duality." *The Natural Philosopher* 3:1–49.

————. 1965. "Einstein, specific heats, and the early quantum theory." *Science* 148:173–180.

————. 1970. "The first stage of the Bohr-Einstein dialogue." *Historical Studies in the Physical Sciences* 2:1–39.

————. 1975. "Einstein on scientific revolutions." *Vistas in Astronomy* 17:113–133.

————. 1977. "The beginnings of the quantum theory." Pp. 1–39 of C. Weiner, ed., *History of twentieth century physics,* New York: Academic Press.

Kline, Morris. 1972. *Mathematical thought from ancient to modern times.* New York: Oxford University Press.

Koestler, Arthur. 1959. *The sleepwalkers: a history of man's changing vision of the universe.* London: Hutchinson.

————. 1965. "Evolution and revolution in the history of science." *Encounter* 25:32–38.

————. 1971. *The case of the midwife toad.* New York: Random House.

Koselleck, Reinhart. 1969. "Der neuzeitliche Revolutionsbegriff als geschichtliche Kategorie." *Studium Generale* 22:825–838.

Kottler, M. J. 1974. "Alfred Russel Wallace, the origin of man, and spiritualism." *Isis* 65:145–192.

Koyré, Alexandre. 1939. *Etudes galiléennes.* Paris: Hermann & Cie. Reprint, 1966.

————. 1961. *La révolution astronomique: Copernic, Kepler, Borelli.* Paris: Hermann [Histoire de la Pensée 3].

————. 1965. *Newtonian studies.* Cambridge, Mass.: Harvard University Press.

————. 1973. *The astronomical revolution: Copernicus, Kepler, Borelli.* Trans. R. E. W. Maddison. Paris: Hermann; Ithaca, N.Y.: Cornell University Press.

————. 1978. *Galileo studies.* Trans. John Mepham. Atlantic Highlands, N.J.:

Humanities Press.

Kramnick, Isaac. 1972. "Reflections on revolution: definition and explanation in recent scholarship." *History and Theory* 11:26–63.

Kremer, Richard L. 1981. "The use of Bernard Walther's astronomical observations: theory and observations in early modern astronomy." *Journal for the History of Astronomy* 12:124–132.

Kristeller, Paul Oskar. 1943. "The place of classical humanism in Renaissance thought." *Journal of the History of Ideas* 4:59–63.

Kronig, R., ed. 1954. *Textbook of physics.* London: Pergamon Press.

Kubrin, David. 1967. "Newton and the cyclical cosmos." *Journal of the History of Ideas* 28:325–346.

Kuhn, Thomas S. 1957. *The Copernican revolution: planetary astronomy in the development of western thought.* Cambridge, Mass.: Harvard University Press.

―――. 1961. "The function of measurement in modern physical science." *Isis* 52:161ff.

―――. 1962. *The structure of scientific revolutions.* Chicago. London: The University of Chicago Press. 2nd ed., rev., 1970.

―――. 1970. "Reflections on my critics." Pp. 231–278 of Lakatos and Musgrave 1970.

―――. 1974. "Second thoughts on paradigms." Pp. 459–482 of Suppe 1974.

―――. 1977. *The essential tension: selected studies in scientific tradition and change.* Chicago, London: The University of Chicago Press.

―――. 1978. *Black-body theory and the quantum discontinuity, 1894–1912.* Oxford: Clarendon Press.

Lakatos, Imre. 1978. *The methodology of scientific research programmes.* Ed. John Worrall and Gregory Currie. Cambridge: Cambridge University Press.

Lakatos, Imre, and Alan Musgrave, eds. 1970. *Criticism and the growth of knowledge: Proceedings of the International Colloquium in the Philosophy of Science, London, 1965.* Cambridge: at the University Press.

Lake, Philip. 1922. "Wegener's displacement theory." *The Geological Magazine* 59:338–346.

―――. 1928. [Review of van der Gracht 1928.] *The Geological Magazine* 65:422–424.

Lalande, Joseph Jérôme le Français de. 1764. *Astronomie.* 2 vols. Paris: chez Desaint & Saillant.

Landes, David S. 1969. *The unbound Prometheus.* Cambridge: at the University Press.

―――. 1983. *Revolution in time: clocks and the making of the modern world.* Cambridge, London: The Belknap Press of Harvard University Press.

Lane, Peter. 1978. *The industrial revolution: the birth of the modern age.* London: Weidenfeld and Nicolson.

Langer, William L. 1969. *Political and social upheaval, 1832–1852.* New York, Evanston, London: Harper & Row.

———. 1969a. *The revolutions of 1848.* New York, Evanston: Harper & Row.

———, ed. 1968. *An encyclopedia of world history.* 4th ed. Boston: Houghton Mifflin.

Langmuir, I. 1968. "Pathological science." Ed. R. N. Hall from a talk given at the Knolls Research Laboratory, Dec. 18, 1953. [General Electric Report 68–C–035.]

Laplace, Pierre Simon, Marquis de. 1966. *Celestial mechanics.* 4 vols. Trans. Nathaniel Bowditch. New York: Chelsea Publishing Company. Corrected facsimile reprint of the volumes published in Boston, 1829, 1832, 1834, 1839.

Lasky, Melvin J. 1976. *Utopia and revolution.* Chicago. London: The University of Chicago Press.

Laslett, P. 1956. "The English Revolution and Locke's 'Two treatises of government.'" *The Cambridge Historical Journal* 12:40–55.

Latsis, Spiro J., ed. 1976. *Method and appraisal in economics.* Cambridge, New York: Cambridge University Press.

Laudan, Larry. 1977. *Progress and its problems: toward a theory of scientific growth.* Berkeley, Los Angeles: University of California Press.

———. 1981. "A problem-solving approach to scientific progress." Pp. 144–155 of Hacking 1981.

Laudan, Rachel. 1978. "The recent revolution in geology and Kuhn's theory of scientific change." Pp. 227–239 of *Proceedings of the 1978 biennial meeting of the Philosophy of Science Association,* ed. Peter D. Asquith and Ian Hacking, East Lansing, Mich.: Philosophy of Science Association. Reprinted, pp. 284–296 of Gutting 1980.

Laue, Max von. 1950. *History of physics.* Trans. Ralph Oesper. New York: Academic Press.

Lavoisier, Antoine-Laurent, et al. 1789. *Nomenclature chimique ou synonymie ancienne et moderne.* Paris: Cuchet.

Le Clerc, Daniel. 1723. *Histoire de la médecine.* New ed. Amsterdam: aux dépens de la Compagnie.

Lederer, Emil. 1936. "On revolutions." *Social Research* 3:1–18.

Leibnitz, Gottfried W. 1896. *New essays concerning human understanding.* Trans. A. G. Langley. La Salle, Ill.: The Open Court Publishing Co.

Lenin, V. I. 1908. *Materialism and empirio-criticism.* Moscow: Foreign Languages Publishing House.

Lenzer, Gertrud, ed. 1975. *Auguste Comte and positivism: the essential writings.* New

York, Evanston: Harper & Row [Harper Torchbooks].

Lepenies, Wolf. 1976. *Das Ende der Naturgeschichte: Wandel kultureller Selbstverständlichkeiten in den Wissenschaften des 18. und 19. Jahrhunderts.* Munich: Carl Hauser Verlag. Reprint, 1978, Frankfurt am Main: Suhrkamp.

Leslie, Sir John. 1835. "Dissertation fourth: exhibiting a general view of the progress of mathematical and physical science, chiefly during the eighteenth century." Pp. 575–677 of *Dissertations on the history of metaphysical and ethical and of mathematical and physical science,* by Dugald Stewart, Sir James Mackintosh, John Playfair, and Sir John Leslie. Edinburgh: Adam and Charles Black.

Leuliette, Jean-Jacques. 1804. *Discours qui a eu la mention honorable, sur cette question proposée par l'Institut National: quelle a été l'influence de la réformation de Luther, sur les lumières et la situation politique des différens états de l'Europe?* Paris: chez Gide, chez J.-P. Jacob.

Lewis, Bernard. 1972. "Islamic concepts of revolution." Pp. 30–40 of P. S. Vatikiotis, ed., *Revolution in the Middle East,* London: George Allen & Unwin, 1972.

Lewis, Sir Thomas. 1933. *The Harveian oration on "clinical science."* London: M. K. Lewis & Co.

Lichtenberg, Georg Christoph. 1800–1806. *Vermischte Schriften.* 9 vols. Ed. Ludwig Christian Lichtenberg and Friedrich Kries. Göttingen: Dieterichsche Buchhandlung. Vols. 1–5 make up the *Vermischte Schriften* (1800–1804); vols. 6–9 are entitled *Physikalische und mathematische Schriften;* later volumes bear the imprint Heinrich Dieterich.

———. 1967–1972. *Schriften und Briefe.* Ed. Wolfgang Promies. 4 vols. Munich: Carl Hanser Verlag.

Liebig, Justus von. 1863. "Lord Bacon as natural philosopher." *MacMillan's Magazine* 8:237–267.

———. 1874. *Reden und Abhandlungen.* Ed. M. Carriere. Leipzig, Heidelberg: C. F. Winter'sche Verlagshandlung. Reprint, Wiesbaden, Dr. Martin Sändig.

———. 1891. "An autobiographical sketch." Trans. J. Campbell Brown. *Chemical News* 63:265–267, 276–277.

———. 1891a. "Eigenhändige biographische Aufzeichnungen." *Deutsche Rundschau* 66:30–39.

Limoges, Camille. 1970. *La sélection naturelle: étude sur la première constitution d'un concept (1837–1859).* Paris: Presses Universitaires de France.

Lindroth, Sten. 1957. "Harvey, Descartes, and young Olaus Rudbeck." *Journal of the History of Medicine and Allied Sciences* 12:209–219.

Lindsay, A. D. 1934. *Kant.* London: Ernest Benn.

Littré, E. 1881–1883. *Dictionnaire de la langue française.* 4 vols. Paris: Librairie Hachette.

Loeb, Jacques. 1964. *The mechanistic conception of life.* Ed. Donald Fleming. Cambridge, Mass.: The Belknap Press of Harvard University Press.

Longwell, Chester R. 1944. "Some thoughts on the evidence for continental drift." *American Journal of Science* 242:218–231.

López Piñero, José M. 1963. *Orígenes históricos del concepto de neurosis.* Valencia: Cátedra e Instituto de História de la Medicina.

Lorentz, H. A., A. Einstein, H. Minkowski, and H. Weyl. 1923. *The principle of relativity: a collection of original memoirs on the special and general theory of relativity.* Trans. W. Perrett and G. B. Jeffery. London: Methuen and Company. Reprint, 1952, New York: Dover Publications.

Losee, John. 1972. *A historical introduction to the philosophy of science.* London, Oxford: Oxford University Press.

Lukács, Georg. 1923. *History and class consciousness: studies in Marxist dialectics.* Trans. Rodney Livingstone. Cambridge, Mass.: The MIT Press.

Lyell, Charles. 1914. *The geological evidence of the antiquity of man.* London: J. M. Dent & Sons; New York: E. P. Dutton & Co.

MacDonald, D. K. C. 1964. *Faraday, Maxwell, and Kelvin.* Garden City, N.Y.: Doubleday & Company [Anchor Books].

Macey, Samuel L. 1980. *Clocks and the cosmos: time in western life and thought.* Hamden, Conn.: Archon Books.

Mach, Ernst. 1896. *Populär-Wissenschaftliche Vorlesungen.* Leipzig: Johann Ambrosius Barth.

———. 1911. *History and root of the principle of the conservation of energy.* Trans. Philip E. B. Jourdain. Chicago: The Open Court Publishing Co.; London: Kegan Paul, Trench, Trubner & Co.

———. 1914. *The analysis of sensations and the relation of the physical to the psychical.* Trans. C. M. Williams. Rev. by Sydney Waterlow. Chicago, London: The Open Court Publishing Company.

———. 1943. *Popular scientific lectures.* Trans. Thomas J. McCormack. 5th ed. La Salle, Ill.: The Open Court Publishing Company.

———. 1960. *The science of mechanics: a critical and historical account of its development.* Trans. Thomas J. McCormack. 6th ed. La Salle, Ill.: The Open Court Publishing Company.

Maclaurin, Colin. 1748. *An account of Sir Isaac Newton's philosophical discoveries, in four books.* London: printed for the author's children and sold by A. Millar and J. Nourse. Facsimile reprint, 1968, New York, London: Johnson Reprint Corporation.

Macrakis, Kristie. 1984. "Alfred Wegener: self-proclaimed scientific revolutionary." *Archives Internationales d'Histoire des Sciences* 112:182−195.

Magee, Bryan. 1973. *Popper*. London: Fontana/Collins.

Magie, William Francis. 1912. "The primary concepts of physics." *Science* 35:281−293.

Maienschein, Jane. 1981. "Shifting assumptions in American biology: embryology, 1890−1910." *Journal of the History of Biology* 14:89−113.

Maleville [fils]. 1804. *Discours sur l'influence de la réformation de Luther*. Paris: chez Le Normant.

Mandelbrot, Benoît B. 1982. "Des monstres de Cantor et de Peano à la géométrie fractale de la nature." Pp. 226−251 of Roger Apéry et al., eds., *Penser les mathématiques*, Paris: Editions du Seuil.

———. 1983. *The fractal geometry of nature*. Updated and augmented. San Francisco: W. H. Freeman and Company. Earlier eds., 1977, 1982.

Manning, Kenneth R. 1983. *Black Apollo of science: the life of Ernest Everett Just*. New York, Oxford: Oxford University Press.

Manuel, Frank E. 1956. *The new world of Henri Saint-Simon*. Cambridge, Mass.: Harvard University Press.

———. 1962. *The prophets of Paris*. Cambridge, Mass.: Harvard University Press.

———. 1968. *A portrait of Isaac Newton*. Cambridge, Mass.: The Belknap Press of Harvard University Press.

———. 1974. *The religion of Isaac Newton: the Freemantle Lectures 1973*. Oxford: at the Clarendon Press.

Marichal, Juan. 1970. "From Pistoia to Cadiz: a generation's itinerary." Pp. 97−110 of Alfred O. Aldridge, ed., *The Ibero-American Enlightenment*, Urbana: The University of Illinois Press.

Marmontel, Jean François. 1787. *Oeuvres complettes*. Vol. 9. Paris: chez Née de la Rochelle.

Martin, Gottfried, ed. 1967−1969. *Allgemeiner Kantindex zu Kants Gesammelten Schriften*. 3 vols. Berlin: de Gruyter.

Marvin, F. S., ed. 1923. *Science and civilization*. London: Oxford University Press.

Marvin, Ursula B. 1973. *Continental drift: the evolution of a concept*. Washington, D.C.: Smithsonian Institution Press.

———. 1980. "Continental drift." Pp. 108−115 of *The New Encyclopaedia Britannica, Macropaedia*, vol. 5, 15th ed.

Marx, Karl. 1954−1962. *Capital*. 3 vols. Trans. Samuel Moore and Edward Aveling, ed. Friedrich Engels. Moscow: Foreign Languages Publishing House.

———. 1963−1971. *Theories of surplus-value*. 3 vols. Moscow: Progress Publishers.

———. 1971. *On revolution*. Trans., ed., intro. by Saul K. Padover. New York: McGraw-Hill Book Company.

———. 1977. *Selected writings*. Ed. David McLellan. Oxford: Oxford University Press, 1977.

Marx, Karl, and Frederick Engels. 1962. *Selected works in two volumes*. Moscow: Foreign Languages Publishing House.

———. 1962a. *On Britain*. 2nd ed. Moscow: Foreign Languages Publishing House.

Mason, S. F. 1953. *Main currents of scientific thought: a history of the sciences*. New York: Henry Schuman.

Masterman, Margaret. 1970. "The nature of a paradigm." Pp. 59–89 of Lakatos & Musgrave 1970.

Maupertuis, Pierre Louis Moreau de. 1736. "Sur les loix de l'attraction." Pp. 473–504 of *Suite des mémoires de mathématique et de physique, tirés des registres de l'Académie Royale des Sciences de l'année M.DCCXXXII*. Amsterdam: chez Pierre Mortier.

Mauskopf, Seymour H., ed. 1979. *The reception of unconventional sciences*. Washington: American Association for the Advancement of Science [AAAS Selected Symposium 25].

Mautner, Franz H., and Franklin H. Miller, Jr. 1952. "Remarks on G. C. Lichtenberg." *Isis* 43:223–231.

Maxwell, James Clerk. 1873. *Treatise on electricity and magnetism*. Oxford: Oxford University Press. 2nd ed. 1881.

———. 1890. *The scientific papers of James Clerk Maxwell*. 2 vols. Ed. W. D. Niven. Cambridge: at the University Press.

Mayr, Ernst. 1961. "Cause and effect in biology." *Science* 134:1501–1506.

———. 1972. "The nature of the Darwinian revolution." *Science* 176:981–989. Reprint, pp. 276–296 of Mayr 1976.

———. 1976. *Evolution and the diversity of life: selected essays*. Cambridge, Mass., London: The Belknap Press of Harvard University Press.

———. 1977. "Darwin and natural selection." *American Scientist* 65:321–327.

———. 1982. *The growth of biological thought: diversity, evolution, and inheritance*. Cambridge, Mass., London: The Belknap Press of Harvard University Press.

Mayr, Ernst, and William B. Provine, eds. 1980. *The evolutionary synthesis or the unification of biology*. Cambridge, Mass., London: Harvard University Press.

Mazlish, Bruce, 1976. *The revolutionary ascetic: evolution of a political type*. New York: Basic Books.

Mazzini, Joseph. 1907. *The duties of man and other essays*. London: J. M. Dent &

Sons; New York: E. P. Dutton & Co.

McCormmach, Russell. 1972. "Hertz, Heinrich Rudolph." *Dictionary of Scientific Biography* 6:340–350.

McKenzie, D. P. 1977. "Plate tectonics and its relationship to the evolution of ideas in the geological sciences." *Daedalus* 106:97–124.

McKie, Douglas. 1935. *Antoine Lavoisier: the father of modern chemistry.* Philadelphia: J. B. Lippincott Co.

McLellan, David, ed. 1977. *Karl Marx: selected writings.* Oxford, London: Oxford University Press.

McMullin, Ernan, ed. 1967. *Galileo, man of science.* New York, London: Basic Books.

Mead, George Herbert. 1936. *Movements of thought in the nineteenth century.* Chicago: University of Chicago Press.

———. 1949. *Movements of thought in the nineteenth century.* Chicago: University of Chicago Press.

Medawar, P. B. 1977. "Fear and DNA." *The New York Review of Books,* 27 Oct. 1977, pp. 15–20.

———. 1979. *Advice to a young scientist.* New York: Harper & Row.

Medawar, P. B., and J. S. Medawar. 1983. *Aristotle to zoos: a philosophical dictionary of biology.* Cambridge, Mass.: Harvard University Press.

Mehra, Jagdish, and Helmut Rechenberg. 1982. *The historical development of the quantum theory.* Vol. I, pt. 1. New York, Heidelberg, Berlin: Springer-Verlag.

Mehring, Franz. 1962. *Karl Marx: the story of his life.* Ann Arbor: The University of Michigan Press.

Mehrtens, Herbert. 1976. "T. S. Kuhn's theories and mathematics: a discussion paper on the 'new historiography' of mathematics." *Historia Mathematica* 3:297–320.

Meissner, Walter. 1951. "Max Planck, the man and his work." *Science* 113:75–81.

Meldrum, Andrew N. 1930. *The eighteenth century revolution in science—the first phase.* London, New York, Toronto: Longmans, Green and Co. Reprint, 1981, in Andrew Meldrum, *Essays in the history of chemistry,* ed. I. Bernard Cohen, New York: Arno Press.

Melnick, Arthur. 1973. *Kant's analogies of experience.* Chicago, London: The University of Chicago Press.

Mendelsohn, Everett. 1966. "The context of nineteenth-century science." Pp. xiiiff. of Bessie Zaban Jones, ed., *The golden age of science: thirty portraits of the giants of nineteenth-century science by their scientific contemporaries,* New York: Simon and Schuster.

Merchant, Carolyn. 1980. *The death of nature: woman, ecology, and the scientific revolution*. San Francisco: Harper & Row.

Merriman, Roger B. 1938. *Six contemporaneous revolutions*. Oxford: at the Clarendon Press.

Merton, Robert K. 1938. "Science, technology and society in seventeenth century England." *Osiris* 4:360–632. Reprint, 1970, with a new introduction by the author, New York: Howard Fertig; New York: Harper & Row [Harper Torchbooks].

——. 1957. *Social theory and social structure*. Glencoe, Ill.: The Free Press.

Merz, John Theodore. 1896–1914. *A history of European thought in the nineteenth century*. 2 vols. Edinburgh, London: William Blackwood and Sons.

Meschkowski, H. 1971. "Cantor, Georg." *Dictionary of Scientific Biography* 3:52–58.

Meyerhoff, A. A. 1968. "Arthur Holmes: originator of spreading ocean floor hypothesis." *Journal of Geophysical Research* 73:6563–6565.

Meyerson, Emile. 1931. *Du cheminement de la pensée*. 3 vols. Paris: Librairie Félix Alcan.

Michelson, Albert A. 1903. *Light waves and their uses*. Chicago: The University of Chicago Press.

Milhaud, Gaston. 1921. *Descartes savant*. Paris: Librairie Félix Alcan.

Mill, John Stuart. 1843. *A system of logic, ratiocinative and inductive, being a connected view of the principles of evidence, and the methods of scientific investigation*. 2 vols. London: J. W. Parker.

——. 1845. [Review of *The logic of political economy*, by Thomas De Quincey.] *The Westminster Review* 43:319–331.

——. 1848. *Principles of political economy with some of their applications to social philosophy*. 2 vols. London: John W. Parker.

——. 1889. *An examination of Sir William Hamilton's philosophy*. 6th ed. London: Longmans, Green, and Co.

——. 1973–1974. *A system of logic ratiocinative and inductive, being a connected view of the principles of evidence and the methods of scientific investigation*. Ed. J. M. Robson. Toronto, Buffalo: University of Toronto Press; London: Routledge & Kegan Paul. *Collected Works of John Stuart Mill*, vol. 7 (Books 1–3, 1973) and vol. 8 (Books 4–6 and appendices, 1974).

Miller, Arthur I. 1981. *Albert Einstein's special theory of relativity: emergence (1905) and early interpretation (1905–1911)*. Reading, Mass.: Addison-Wesley Publishing Company.

——. 1982. "The special relativity theory: Einstein's response to the physics of 1905." Pp. 3–26 of Holton and Elkana 1982.

——. 1984. *Creating twentieth-century physics: imagery in scientific thought*. Cambridge, Mass.: Birkhauser.

Miller, Samuel. 1803. *A brief retrospect of the eighteenth century.* Part first; in 2 vols.; containing a sketch of the revolutions and improvements in science, arts, and literature, during that period. New York: printed by T. and J. Swords.

Millikan, Robert A. 1912. "New proofs of the kinetic theory of matter and the atomic theory of electricity." *The Popular Science Monthly* 80:417–440.

———. 1917. *The electron: its isolation and measurement and the determination of some of its properties.* Chicago: University of Chicago Press.

———. 1918. "Twentieth century physics." Pp. 169–184 of *Annual Report of the Board of Regents of the Smithsonian Institution.*

———. 1947. *Electrons (+ and −) protons, photons, neutrons, mesotrons, and cosmic rays.* Chicago: The University of Chicago Press.

———. 1949. "Albert Einstein on his seventieth birthday." *Reviews of Modern Physics* 21:343–345.

———. 1950. *The autobiography of Robert A. Millikan.* New York: Prentice-Hall.

Monardes, Nicholas. 1925. *Joyfull newes out of the newe founde worlde.* Trans. John Frampton. London: Constable; New York: A. A. Knopf.

Monod, Jacques. 1970. *Le hasard et la nécessité.* Paris: Editions du Seuil.

Montaigne, Michel de. 1595. *Les essais.* New ed. Paris: chez Abel l'Angelier.

———. 1603. *The essayes.* Trans. John Florio. London: Printed by Val. Sims for Edward Blount.

———. 1906. *Les essais.* Vol. 1. Ed. Fortunat Strowski. Bordeaux: F. Pech.

———. 1958. *The complete essays.* Trans. Donald M. Frame. Stanford: Stanford University Press.

Montesquieu, Charles de Secondat, Baron de la Brède et de. 1949. *The spirit of the laws.* Trans. Thomas Nugent, intro. by Franz Neumann. 2 vols. New York: Hafner Press.

Montucla, Jean-Etienne. 1758. *Histoire des mathématiques.* 2 vols. Paris: chez Ch. Ant. Jombert. New ed., 4 vols., 1799, Paris: chez Henri Agasse.

More, Louis T. 1912. "The theory of relativity." *The Nation* 94:370–371.

———. 1934. *Isaac Newton: a biography.* New York: Charles Scribner's Sons.

Morton, A. L., ed. 1975. *Freedom in arms: a selection of Leveller writings.* New York: International Publishers.

Moszkowski, Alexander. 1921. *Einstein the searcher: his works explained from dialogues with Einstein.* Trans. Henry L. Brose. London: Methuen & Co. Reprint, 1972, entitled *Conversations with Einstein,* London: Sidgwick & Jackson.

Mujeeb-ur-Rahman, Md., ed. 1977. *The Freudian paradigm: psychoanalysis and scientific thought.* Chicago: Nelson-Hall.

Mullinger, James Bass. 1884. *The University of Cambridge from the royal injunctions of 1535 to the accession of Charles the First.* 2 vols. Cambridge: at the University

Press.

Murray, Robert H. 1925. *Science and scientists in the nineteenth century.* London: The Sheldon Press. New York, Toronto: The Macmillan Co.

Musson, A. E., and E. Robinson. 1969. *Science and technology in the Industrial Revolution.* Manchester: Manchester University Press.

National Research Council, Physics Survey Committee. 1973. *Physics in perspective: the nature of physics and the subfields of physics.* Washington, D.C.: National Academy of Sciences.

Needham, Joseph, and Walter Pagel, eds. 1938. *Background to modern science.* New York: The Macmillan Company; Cambridge: at the University Press. Reprint, 1975, of 1940 ed., New York: Arno Press.

Nelson, Benjamin, ed. 1957. *Freud and the twentieth century.* New York: Meridian Books.

Neugebauer, O. 1957. *The exact sciences in antiquity.* Providence: Brown University Press.

———. 1968. "On the planetary theory of Copernicus." *Vistas in Astronomy* 10:89–103.

———. 1975. *A history of ancient mathematical astronomy.* 3 vols. Berlin, Heidelberg, New York: Springer-Verlag.

———. 1983. *Astronomy and history: selected essays.* New York, Berlin: Springer-Verlag.

Newcomb, Simon. 1905. "The evolution of the scientific investigator." Pp. 135–147 of Rogers 1905, vol. 1.

Newton, Alfred. 1888. [Review of *The life and letters of Charles Darwin, including an autobiographical chapter.*] *The Quarterly Review* 166:1–30.

Newton, Isaac. 1961–1977. *The correspondence of Isaac Newton.* 8 vols. Ed. H. W. Turnbull, J. F. Scott, A. Rupert Hall, and Laura Tilling. Cambridge: at the University Press.

———. 1967–1981. *The mathematical papers of Isaac Newton.* 8 vols. Ed. D. T. Whiteside. Cambridge: at the University Press.

———. 1972. *Isaac Newton's Philosophiae naturalis principia mathematica.* The 3rd ed. (1726) with variant readings, assembled by Alexandre Koyré, I. Bernard Cohen, and Anne Whitman. 2 vols. Cambridge: at the University Press; Cambridge, Mass.: Harvard University Press.

Neyman, Jerzy, ed. 1974. *The heritage of Copernicus: theories "pleasing to the mind."* Cambridge, Mass., London: The MIT Press.

Nicolson, Marjorie. 1976. *Science and imagination.* Hamden, Conn.: Archon Books.

Niebuhr, Barthold Georg. 1828–1832. *Römische Geschichte.* 3rd ed. 3 vols. Berlin: Reimer.

Nordenskiöld, Erik. 1928. *The history of biology: a survey.* Trans. Leonard Bucknall Eyre. New York: Tudor Publishing Co.

Norlind, Wilhelm. 1953. "Copernicus and Luther: a critical study." *Isis* 44:273–276.

Nussbaum, Frederick L. 1953. *The triumph of science and reason, 1660–1685.* New York: Harper & Brothers.

Nye, Mary Jo. 1980. "N-rays: an episode in the history and psychology of science." *Historical Studies in the Physical Sciences* 11:125–156.

O'Malley, C. D. 1964. *Andreas Vesalius of Brussels, 1514–1564.* Berkeley, Los Angeles: University of California Press.

————. 1976. "Vesalius, Andreas." *Dictionary of Scientific Biography* 14:3–12.

Oiserman, T. I. 1972. "Kant und das Problem einer wissenschaftlichen Philosophie." Pp. 121–127 of Beck 1972.

Olby, Robert C. 1966. *Origins of Mendelism.* Intro. by C. D. Darlington. New York: Schocken Books.

Oldroyd, D. R. 1980. *Darwinian impacts: an introduction to the Darwinian revolution.* Milton Keynes, Eng.: The Open University Press.

Olmsted, J. M. D. 1938. *Claude Bernard, physiologist.* 2nd ed. New York: Harper & Brothers.

Olschki, Leonardo. 1922. *Bildung und Wissenschaft im Zeitalter der Renaissance in Italien.* Leipzig and Florence: Leo S. Olschki.

Opdyke, N. D., B. P. Glass, J. D. Hays, and J. H. Foster. 1966. "Paleomagnetic study of Antarctic deep-sea cores." *Science* 154:349–357.

Orléans, F. J. [=Pierre Joseph] d'. 1722. *The history of the revolutions in England under the family of the Stuarts.* 2nd ed. Intro. Laurence Echard. London: printed for E. Bell.

Ornstein, Martha. 1928. *The rôle of the scientific societies in the seventeenth century.* Chicago: The University of Chicago Press. Reprint ed., 1975, New York: Arno Press [author's name given as Martha Ornstein Bronfenbrenner].

Ortega y Gasset, José. 1923. *El tema de nuestro tiempo.* Madrid: Espasa Calpe.

————. 1961. *The modern theme.* Trans. James Cleugh. New York: Harper & Row [Harper Torchbooks].

Osler, William. 1906. *The growth of truth: as illustrated in the discovery of the circulation of the blood.* London: Henry Frowde, Oxford University Press Warehouse.

————. 1911. *Whole time clinical professors.* A letter to President Remson, Johns Hopkins University.

Ovington, J. 1929. *A voyage to Surat, in the year 1689.* Ed. H. G. Rawlinson. London: Humphrey Milford, Oxford University Press.

Padover, Saul K., ed. 1978. *The essential Marx: the non-economic writings — a selec-*

tion. New York, Scarborough, Ont.: New American Library; London: The New English Library.

Pagel, Walter. 1958. *Paracelsus*. Basel, New York: S. Karger.

————. 1967. *William Harvey's biological ideas*. Basel, New York: S. Karger.

————. 1969–1970. "William Harvey revisited." *History of Science* 8:1–29; 9:1–41.

————. 1974. "Paracelsus, Theophrastus Philippus Aureolus Bombastus von Hohenheim." *Dictionary of Scientific Biography* 10:304–313.

Pagel, Walter, and Pyarali Rattansi. 1964. "Vesalius and Paracelsus." *Medical History* 8:309–328.

Paine, Thomas. 1791. *Rights of man: being an answer to Mr. Burke's attack on the French Revolution*. London: J. S. Jordan.

Pais, Abraham. 1982. *"Subtle is the Lord . . ."*: *the science and the life of Albert Einstein*. New York: Oxford University Press.

Palter, Robert. 1970. "An approach to the history of early astronomy." *Studies in History and Philosophy of Science* 1:93–133.

Partington, J. R., and Douglas McKie. 1938. "Historical studies on the phlogiston theory." *Annals of Science* 2:361–404; 3:1–58, 337–371; 4:113–149.

Passmore, J. A. 1952. *Hume's intentions*. Cambridge: at the University Press.

Paton, H. J. 1936. *Kant's metaphysic of experience: a commentary on the first half of the 'Kritik der reinen Vernunft.'* 2 vols. London: George Allen & Unwin.

————. 1937. "Kant's so-called Copernican revolution." *Mind* 46:365–371. A rejoinder to Cross 1937.

————. 1946. *The categorical imperative: a study in Kant's moral philosophy*. London, New York: Hutchinson's University Library.

Paul, Charles B. 1980. *Science and immortality: the éloges of the Paris Academy of Sciences (1699–1791.)* Berkeley, Los Angeles, London: University of California Press.

Paul, Harry W. 1979. *The edge of contingency: French Catholic reaction to scientific change from Darwin to Duhem*. Gainesville: The University Presses of Florida.

Peirce, Charles Sanders. 1934. *Collected papers of Charles Sanders Peirce*. Vol. 5, *Pragmatism and pragmaticism*; vol. 6, *Scientific metaphysics*. Ed. Charles Hartshorne and Paul Weiss. Cambridge, Mass.: Harvard University Press. Reprint, 1978.

Pepys, Samuel. 1879. *Diary and correspondence of Samuel Pepys*. Ed. Richard Lord Braybrooke and Mynors Bright. London: Bickers and Son.

Péguy, Charles. 1935. *Note sur M. Bergson et la philosophie bergsonienne. Note conjointe sur M. Descartes et la philosophie cartésienne*. Paris: Gallimard.

Perrault, Charles. 1688. *Parallèle des anciens et des modernes en ce qui regarde les arts et les sciences.* Paris: Jean Baptiste Coignard. Facsimile reprint, 1964, Munich: Eidos Verlag.

Pettee, George Sawyer. 1938. *The process of revolution.* New York: Harper & Brothers.

Pilet, P. E. 1976. "Vogt, Carl." *Dictionary of Scientific Biography* 14:57–58.

Planck, Max. 1922. *The origin and development of the quantum theory.* Trans. H. T. Clarke and L. Silberstein. Oxford: at the Clarendon Press.

————. 1931. "Maxwell's influence in Germany." Pp. 45–65 of *James Clerk Maxwell: a commemoration volume, 1831–1931,* Cambridge: at the University Press.

————. 1949. *Scientific autobiography and other papers.* Trans. Frank Gaynor. New York: Philosophical Library.

Playfair, John. 1802. *Illustrations of the Huttonian theory of the earth.* Edinburgh: William Creech; London: Cadell and Davies.

————. 1819. *Outlines of natural philosophy. Being heads of lectures delivered in the University of Edinburgh.* In 2 vols. 3rd ed. Edinburgh: printed for Archibald Constable and Co.

————. 1820[?]. *Dissertation second: exhibiting a general view of the progress of mathematical and physical science, since the revival of letters in Europe.* 2 pts. [separate pagination], n.p., n.d. Reprint 1835, Edinburgh: Adam and Charles Black (as part of *Dissertations on the history of metaphysical and ethical, and of mathematical and physical science,* by Dugald Stewart, James Mackintosh, John Playfair, and John Leslie).

————. 1822. *The works of John Playfair, Esq.* With a memoir of the author. 4 vols. Edinburgh: printed for Archibald Constable & Co.

Plot, Robert. 1677. *Natural history of Oxford-shire, being an essay toward the natural history of England.* Oxford: printed at the Theater in Oxford "and are to be had there"; London: at Mr. S. Miller's.

Poincaré, Henri. 1890. *Les théories de Maxwell et la théorie électromagnétique de la lumière.* Leçons professées pendant le second semestre 1888–89. Paris: G. Carré, Editeur.

————. 1907. *The value of science.* Trans. George Bruce Halsted. New York: The Science Press.

————. 1963. *Mathematics and science: last essays.* Trans. John W. Bolduc. New York: Dover Publications.

Poincaré, Henri, and Frederick K. Vreeland. 1904. *Maxwell's theory and wireless telegraphy.* Pt. 1, *Maxwell's theory and Hertzian oscillations,* by H. Poincaré, trans. F. K. Vreeland; pt. 2, *The principles of wireless telegraphy,* by F. K. Vreeland. New York: McGraw Publishing Company.

Poincaré, Lucien. 1907. *The new physics and its evolution.* London: Kegan Paul,

Trench, Trubner, & Co. The authorized translation of *La physique moderne, son évolution.*

Pomey, François, S.J. 1691. *Le dictionaire royal.* Dernière éd. Lyon: Molin.

Poor, Charles Lane. 1922. *Gravitation versus relativity.* With a preliminary essay by Thomas Chrowder Chamberlin. New York, London: G. P. Putnam's Sons.

Popper, Karl R. 1962. *Conjectures and refutations: the growth of scientific knowledge.* New York, London: Basic Books.

————. 1975. "The rationality of scientific revolutions." Pp. 72–101 of Harré 1975.

————. 1979. "The revolution in our idea of knowledge." Unpublished manuscript.

————. 1983. *Realism and the aim of science.* From the Postscript to the logic of scientific discovery. Ed. W. W. Bartley III. London: Hutchinson.

Poulton, Edward B. 1896. *Charles Darwin and the theory of natural selection.* London, Paris: Cassell and Company.

Power, Henry. 1664. *Experimental philosophy.* London: printed by T. Roycroft for John Martin and James Allestry. Facsimile reprint, 1966, New York and London: Johnson Reprint Corporation [The Sources of Science 21].

Price, Derek J. de Solla. 1963. *Little science, big science.* New York: Columbia University Press.

Priestley, Joseph. 1790. *Experiments and observations on different kinds of air, and other branches of natural philosophy, connected with the subject.* Vol. 1. Birmingham: printed by Thomas Pearson.

————. 1796. *Considerations on the doctrine of phlogiston and the decomposition of water.* Philadelphia: Th. Dobson. Reprint, 1929, together with John Maclean, *Two lectures on combustion and an examination of Doctor Priestley's Considerations on the doctrine of phlogiston,* ed. William Foster, Princeton: Princeton University Press.

————. 1826. *Lectures on history, and general policy; to which is prefixed an essay on a course of liberal education for civil and active life.* A new ed. with numerous enlargements by J. T. Rutt. London: printed for Thomas Tegg.

————. 1966. *The history and present state of electricity.* Reprint of the 3rd (London 1755) ed., intro. by Robert E. Schofield. New York, London: Johnson Reprint Corporation.

Prigogine, Ilya. 1980. *From being to becoming: time and complexity in the physical sciences.* San Francisco: W. H. Freeman and Company.

Proudhon, P. -J. 1923. *Idée générale de la révolution au XIXᵉ siècle.* Intro. by Aimé Berthod. Nouvelle éd. de C. Bougle et H. Moysset. Paris: Marcel Rivière [*Oeuvres complètes de P.-J. Proudhon,* vol. 3].

Provine, William B. 1971. *The origins of theoretical population genetics.* Chicago,

London: The University of Chicago Press.

Prowe, Leopold. 1883. *Nicolaus Coppernicus.* Vol. 1, *Das Leben;* pt. 2, *1512–1543.* Berlin: Weidmannsche Buchhandlung.

Quinton, Anthony. 1980. *Francis Bacon.* Oxford, Toronto: Oxford University Press.

Rabinowitch, Eugene. 1963. "Scientific revolution." *Bulletin of the Atomic Scientists,* Sept., pp. 15–18; Oct., pp. 11–16; Nov., pp. 9–12; Dec., pp. 14–17.

Rainger, Ronald. 1981. "The continuation of the morphological tradition: American paleontology, 1880–1910." *Journal of the History of Biology* 14:129–158.

Raman, V. V., and Paul Forman. 1969. "Why was it Schrödinger who developed de Broglie's ideas?" *Historical Studies in the Physical Sciences* 1:294–314.

Randall, John Herman. 1926. *The making of the modern mind.* Boston: Houghton Mifflin Co. Rev. ed., 1940.

Reclus, Elisée. 1891. *Evolution et révolution.* 6th ed. Paris: Au bureau de la Révolte.

———. 1902. *L'évolution, la révolution et l'idéal anarchique.* 5th ed. Paris: P. V. Stock.

———. [n.d.] *Evolution and revolution.* 7th ed. London: W. Reeves.

Redwood, John. 1977. *European science in the seventeenth century.* New York: Barnes and Noble.

Rée, Jonathan. 1974. *Descartes.* New York: Pica Press.

Reingold, Nathan. 1980. "Through paradigm-land to a normal history of science." *Social Studies of Science* 10:475–496.

Reinhold, Karl Leonhard. 1784. "Gedanken über Aufklärung." *Der Teutsche Merkur* 3:3–22.

———. 1786. "Briefe über die Kantische Philosophie. Erster Brief. Bedürfniss einer Kritik der Vernunft." *Der Teutsche Merkur* 3:99–127.

———. 1794. *Beyträge zur Berichtigung bisheriger Missverständnisse der Philosophen.* Vol. 2. Jena: bey Johann Michael Mauke.

Rey, Abel. 1927. *Le retour éternel et la philosophie de la physique.* Paris: Ernest Flammarion, Editeur.

Rice, Eugene F., Jr. 1970. *The foundations of early modern Europe, 1460–1559.* New York, London: W. W. Norton & Company.

Richards, Robert J. 1981. "Natural selection and other models in the historiography of science." Pp. 37–76 of Marilyn B. Brewer and Barry E. Collins, eds., *Scientific inquiry and the social sciences,* San Francisco, Washington, London: Jossey-Bass Publishers.

Rideing, W. H. 1878. "Hospital life in New York." *Harper's New Monthly Magazine* 57:171–189.

Rigault, Hippolyte. 1856. *Histoire de la querelle des anciens et des modernes.* Paris: L. Hachette et Cie.

Robert, Marthe. 1964. *La révolution psychanalytique: la vie et l'oeuvre de Sigmund Freud.* 2 vols. Paris: Petite Bibliothèque Payot.

————. 1966. *The psychoanalytic revolution: Sigmund Freud's life and achievement.* Trans. Kenneth Morgan. New York: Harcourt, Brace & World.

Rolland, Romain. 1944. *Péguy.* Paris: Editions Albin Michel.

Roberts, V. 1957. "The solar and lunar theory of Ibn al-Shāṭir." *Isis* 48:428–432.

Robertson, Priscilla. 1952. *Revolutions of 1848: a social history.* Princeton: Princeton University Press.

Robinson, James Harvey. 1915. *An outline of the history of the intellectual class in Western Europe.* 3rd ed. New York: The Marion Press.

————. 1921. *The mind in the making: the relation of intelligence to social reform.* New York, London: Harper and Brothers.

Roger, Jacques. 1971. *Les sciences de la vie dans la pensée française du XVIIIᵉ siècle: la génération des animaux de Descartes à l'Encyclopédie.* 2nd ed. Paris: Armand Colin.

Rogers, Howard J., ed. 1905–1907. *Congress of arts and science: Universal Exposition, St. Louis, 1904.* 8 vols. Boston, New York: Houghton, Mifflin and Company.

Rohault, Jacques. 1672. *Traité de physique.* 2nd ed. 2 vols. Paris: chez la Veuve de Charles Savreux . . . et chez Guillaume Desprez.

————. 1723. *Rohault's system of natural philosophy, illustrated with Dr. Samuel Clarke's notes.* 2 vols. Trans. John Clarke. London: printed for James Knapton. Reprint, 1969, New York, London: Johnson Reprint Corporation.

Rosen, Edward. 1971. *Three Copernican treatises.* 3rd ed., with a biography of Copernicus and Copernicus bibliographies, 1939–1958. New York: Octagon Books.

————. 1971a. "Copernicus, Nicolaus." *Dictionary of Scientific Biography* 3:401–410.

————. 1975. "The impact of Copernicus on man's conception of his place in the world." Pp. 52–66 of Steneck 1975.

Rosenstock, Eugen. 1931. "Revolution als politischer Begriff in der Neuzeit." Pp. 83–124 of *Festgabe Paul Heilbron. Abhandlungen der Schlesischen Gesellschaft für vaterländische Cultur, Geisteswissenschaftliche Reihe.* Heft 5. Breslau: M. and H. Marcus.

Rosmorduc, Jean. 1972. "Une erreur scientifique au début de siècle: 'les rayons N.'" *Revue d'Histoire des Sciences* 25:13–25.

Rostand, Jean. 1960. *Error and deception in science: essays on biological aspects of life.* Trans. A. J. Pomerans. New York: Basic Books.

Roth, Leon. 1937. *Descartes' Discourse on method*. Oxford: at the Clarendon Press.

Roth, Mathias. 1892. *Andreas Vesalius Bruxellensis*. Berlin: Reimer.

Rousseau, G. S., and Roy Porter, eds. 1980. *The ferment of knowledge: studies in the historiography of eighteenth-century science*. Cambridge, London, New York: Cambridge University Press.

Rousseau, Jean-Jacques. 1896. *Du contrat social*. Ed. Edmond Dreyfus-Brisac. Paris: F. Alcan.

———. 1913. *The social contract and discourses*. Trans. G. D. H. Cole. London: J. M. Dent & Sons; New York: E. P. Dutton & Co. [Everyman's Library].

———. 1946. *Discours sur les sciences et les arts*. Ed. George R. Havens. New York: Modern Language Association.

———. 1959–1964. *Oeuvres complètes*. 3 vols. Paris: Gallimard [Bibliothèque de la Pléiade]. *Du contrat social*, ed. Robert Derathé, appears in vol. 3.

———. 1964. *The first and second discourses*. Trans. Roger D. and Judith R. Master. New York: St Martin's Press.

———. 1972. *Du contrat social*. Ed. Ronald Grimsley. Oxford: at the Clarendon Press.

Rudwick, Martin J. S. 1972. *The meaning of fossils: episodes in the history of palaeontology*. London: Macdonald; New York: American Elsevier.

Runcorn, S. K., ed. 1962. *Continental drift*. New York, London: Academic Press.

Ruse, Michael. 1975. "Darwin's debt to philosophy: an examination of the influence of the philosophical ideas of John R. W. Herschel and William Whewell on the development of Charles Darwin's theory of evolution." *Studies in History and Philosophy of Science* 6:159–181.

———. 1979. *The Darwinian revolution: science red in tooth and claw*. Chicago, London: The University of Chicago Press.

———. 1982. *Darwinism defended: a guide to the evolution controversies*. Reading, Mass., London: Addison-Wesley Publishing Company.

Russell, Bertrand. 1945. *A history of western philosophy and its connection with political and social circumstances from the earliest times to the present day*. New York: Simon and Schuster.

———. 1948. *Human knowledge: its scope and limits*. London: George Allen & Unwin.

Rutherford, Lord. 1938. "Forty years of physics." Pp. 47–74 of Needham and Pagel 1938.

Sagan, Carl. 1979. "Immanuel Velikovsky's unlikely collisions." Letter to the editor, *New York Times*, 29 Dec. 1979.

Said, Edward W. 1978. *Orientalism*. New York: Pantheon Books.

Saint-Simon, Claude Henri de Rouvroy, Comte de. 1858. *Science de l'homme, physiologie religieuse*. Paris: Librairie Victor Masson.

————. 1865–1878. *Oeuvres de Saint-Simon et d'Enfantin, précédées de deux notices historiques et publiées par les membres du conseil institué par Enfantin pour l'exécution de ses dernières volontés.* 47 vols. Paris: Dentu (1865–1876); Paris: E. Leroux (1877–1878). Saint-Simon's writings appear in vols. 15, 18, 19–23, 37–40.

————. 1964. *Social organization, the science of man and other writings.* Ed. Felix Marlcham. New York, Evanston: Harper & Row, Publishers [Harper Torchbooks]. An earlier ed., 1952, under the title, *Henri de Saint-Simon: selected writings,* Oxford: Basil Blackwell.

Sarton, George. 1936. *The study of the history of science.* Cambridge, Mass.: Harvard University Press.

————. 1937. *The history of science and the new humanism.* Cambridge, Mass.: Harvard University Press.

Sauter, Eugen. 1910. *Herder und Buffon.* Inaugural-Dissertation zur Erlangung der Doktorwürde bei der hohen philosophischen Fakultät der Universität Basel. Rixheim: Buchdruckerei von F. Sutter & Cie.

Savioz, Raymond. 1948. *Mémoires autobiographiques de Charles Bonnet de Genève.* Paris: Librairie Philosophique J. Vrin.

Scarborough, John. 1968. "The classical background of the Vesalian revolution." *Episteme* 2:200–218.

Scheffler, Israel. 1967. *Science and subjectivity.* Indianapolis, New York, Kansas City: The Bobbs-Merrill Company.

Schieder, Theodor. 1950. "Das Problem der Revolution im 19. Jahrhundert." *Historische Zeitschrift* 170:233–271.

Schiller, Joseph. 1967. *Claude Bernard et les problèmes scientifiques de son temps.* Paris: Les Editions du Cèdre.

Schilpp, Paul Arthur, ed. 1949. *Albert Einstein: philosopher-scientist.* Evanston, Ill.:The Library of Living Philosophers.

Schlözer, August Ludwig von. 1772. *Vorstellung seiner Universal-Historie.* Göttingen, Gotha: Johann Christian Dieterich.

Schmeck, Harold M. 1983. "DNA's code: 30 years of revolution." *New York Times, Science Times,* 12 Apr. 1983.

Schmidt, Alfred. 1971. *The concept of nature in Marx.* Trans. Ben Fowkes. London: NLB.

Schneer, Cecil. 1973. "Critical years in geology." [Review of Leonard G. Wilson's *Charles Lyell. The years to 1841: the revolution in geology.*] *Science* 179:57–58.

Schofield, Robert E. 1957. "The industrial orientation of science in the Lunar Society of Birmingham." *Isis* 48:408–415.

————. 1963. *The lunar society of Birmingham: a social history of provincial science in eighteenth-century England*. London: Oxford University Press.

———, ed. 1966. *A scientific autobiography of Joseph Priestley, 1773–1804: selected scientific correspondence, with commentary*. Cambridge, Mass., London: The M.I.T. Press.

Schrecker, Paul. 1967. "Revolution as a problem in the philosophy of history." *Nomos* 8:34–53.

Schuster, Arthur. 1911. *The progress of physics during 33 years (1875–1908)*. Cambridge: at the University Press. Reprint, 1975, New York: Arno Press.

Schuster, John A. 1975. "Rohault, Jacques." *Dictionary of Scientific Biography* 11:506–509.

Schütt, Hans Werner. 1979. "Lichtenberg als 'Kuhnianer.'" *Sudhoffs Archiv: Zeitschrift für Wissenschaftsgeschichte* 63:87–90.

Schweber, Silvan S. 1977. "The origins of the *Origin* revisited." *Journal of the History of Biology* 10:229–316.

Sciama, D. W. 1959. *The unity of the universe*. London: Faber and Faber.

———. 1969. *The physical foundations of general relativity*. Garden City, N.Y.: Doubleday & Company [Anchor Books].

Scriven, Michael. 1959. "Explanation and prediction in evolutionary theory." *Science* 130:477–482.

Scruton, Roger. 1982. *Kant*. Oxford: Oxford University Press.

Sears, Paul. 1952. "The assimilation of science into general education." Pp. 34–45 of I. Bernard Cohen and Fletcher A. Watson, eds., *General education in science*, Cambridge, Mass.: Harvard University Press.

Seelig, Carl. 1960. *Albert Einstein*. 2nd ed. Zurich: Europa Verlag.

Segrè, Emilio. 1976. *From x-rays to quarks: modern physicists and their discoveries*. San Francisco: W. H. Freeman & Company.

Seidler, Franz Wilhelm. 1955. *Die Geschichte des Wortes Revolution: ein Beitrag zur Revolutionsforschung*. Doctoral dissertation, Ludwig-Maximilians-Universität, Munich: available in the Bayerische Staatsbibliothek, Munich, u.56.7037.

Shakow, David, and David Rapaport. 1964. *The influence of Freud on American psychology*. New York: International University Press [*Psychological Issues* 4, no. 1.; Monograph 13].

Shapere, Dudley. 1964. "The structure of scientific revolutions." *Philosophical Review* 7:383–394; reprint, pp. 27–38 of Gutting 1980.

Sherburne, Edward. 1675. [Astronomical appendix, pp. 1–221, plus index, to *The sphere of Marcus Manilius made an English poem*.] London: printed for Nathanael Brooke.

Sheridan, Alan. 1980. *Michel Foucault: the will to truth*. London, New York: Tavistock Publications.

Sherrington, Sir Charles. 1940. *Man on his nature*. Cambridge: at the University Press.

Shirley, John W., ed. 1981. *A source book for the study of Thomas Harriot*. New York: Arno Press.

Shryock, Richard H. 1947. *The development of modern medicine*. New York: Alfred A. Knopf.

———. 1980. *American medical research, past and present*. New York: Arno Press. Reprint of the 1947 ed. published by New York Academy of Medicine.

Simpson, George Gaylord. 1978. *Concession to the improbable: an unconventional autobiography*. New Haven, London: Yale University Press.

Singer, Charles. 1956. *The discovery of the circulation of the blood*. London: Wm. Dawson & Sons. Reprint of 1922 ed., London: A. Bell and Sons.

Singer, Charles, and C. Rabin. 1946. *A prelude to modern science: being a discussion of the history, source, and circumstance of the "Tabulae anatomicae sex" of Vesalius*. Cambridge: at the University Press.

Singer, Charles, and E. Ashworth Underwood. 1962. *A short history of medicine*. New York: Oxford University Press; Oxford: at the Clarendon Press.

Slater, John. 1955. *Modern physics*. New York, Toronto, London: McGraw-Hill Book Company.

———. 1975. *Solid-state and molecular theory: a scientific biography*. New York, London: John Wiley & Sons.

Smeaton, W. A. 1962. *Fourcroy, chemist and revolutionary, 1755–1809*. Cambridge, Eng.: printed for the autor by W. Heffer & Sons.

Smith, Anthony. 1973. *The concept of social change: a critique of the functionalist theory of social change*. London, Boston: Routledge & Kegan Paul.

Smith, Edgar F. 1927. *Old chemistries*. New York: McGraw-Hill Book Co.

Smith, Norman Kemp. 1923. *A commentary to Kant's 'Critique of pure reason.'* 2nd ed. London: Macmillan & Co. 1st ed., 1918.

———. 1952. *New studies in the philosophy of Descartes: Descartes as pioneer*. London: Macmillan & Co.

———, ed. 1952a. *Descartes' philosophical writings*. Selected and trans. by N. K. Smith. London: Macmillan & Co.

Smith, Preserved. 1930. *A history of modern culture*. Vol. 1, *The great renewal, 1543–1687*. New York: Henry Holt and Company.

Snelders, H. A. M. 1974. "The reception of J. H. van't Hoff's theory of the asymmetric carbon atom." *Journal of Chemical Education* 51:2–6.

Snider-Pellegrini, Antonio. 1859. *La création et ses mystères dévoilés*. Paris: A. Franck.

Snow, Vernon F. 1962. "The concept of revolution in seventeenth-century England." *The Historical Journal* 2:167–174.

Sommerfeld, Arnold. 1923. *Atomic structure and spectral lines.* Trans. H. L. Brose. New York: E. P. Dutton and Co.

Sorokin, Pitirim A. 1925. *The sociology of revolution.* Philadelphia, London: J. B. Lippincott Company.

Sprat, Thomas, 1667. *History of the Royal Society.* London: printed for J. Martyn, and J. Allestry. Facsimile reprint, 1958, ed. Jackson I. Cope and Harold Whitmore Jones, Saint Louis: Washington University Studies.

Spronsen, Johannes W. van. 1969. *The periodic system of chemical elements: a history of the first hundred years.* Amsterdam: Elsevier.

Staël Holstein, Mme La Baronne de. 1813. *De l'Allemagne.* 3 vols. London: John Murray.

Stapfer, Philipp Albert. 1818. "Kant." *Biographie Universelle* 22:229–257. Paris: chez L. G. Michaud.

Stark, Johannes. 1922. *Die gegenwärtige Krisis in der deutschen Physik.* Leipzig: Verlag J. A. Barth.

[State tracts.] 1692. *State tracts: being a farther collection of several choice treatises relating to the government. From the year 1660, to 1689. Now published in a body, to shew the necessity, and clear the legality of the late Revolution . . .* London: printed, and are to be sold by Richard Baldwin.

Stearns, Peter N. 1974. *1848: the revolutionary tide in Europe.* New York: W. W. Norton.

Steneck, Nicholas H., ed. 1975. *Science and society: past, present, and future.* Ann Arbor: The University of Michigan Press.

Stern, J. P. 1959. *Lichtenberg: a doctrine of scattered occasions reconstructed from his aphorisms and reflections.* Bloomington: Indiana University Press.

Stillman, John Maxson. 1920. *Theophrastus Bombastus von Hohenheim called Paracelsus: his personality and influence as physician, chemist and reformer.* Chicago: The Open Court Publishing Company.

Stone, Lawrence. 1972. *The causes of the English Revolution, 1529–1642.* New York, Evanston: Harper & Row.

Straka, Gerald M. 1971. "Sixteen eighty-eight as the year one: eighteenth-century attitudes towards the Glorious Revolution." Pp. 143–167 of Louis T. Milic, ed., *The modernity of the eighteenth century,* Cleveland, London: The Press of the Case Western Reserve University.

Struik, Dirk J. 1954. *A concise history of mathematics.* London: G. Bell and Sons.

Stuewer, Roger H. 1975. *The Compton effect: turning point in physics.* New York: Science History Publications.

Sullivan, Walter. 1974. *Continents in motion: the new earth debate.* New York: McGraw-Hill Book Company.

Sulloway, Frank J. 1979. *Freud, biologist of the mind: beyond the psychoanalytic legend.*

New York: Basic Books.

———. 1982. "Darwin's conversion: the *Beagle* voyage and its aftermath." *Journal of the History of Biology* 15:325–396.

Suppe, Frederick, ed. 1974. *The structure of scientific theories.* Urbana: University of Illinois Press. 2nd ed., 1977.

Sutton, Geoffrey Vincent. 1982. "A science for a polite society: Cartesian natural philosophy in Paris during the reigns of Louis XIII and XIV." Doctoral dissertation, Princeton University.

Swerdlow, Noel. 1973. "The derivation and first draft of Copernicus's planetary theory: a translation of the Commentariolus with commentary." *Proceedings of the American Philosophical Society* 117:423–512.

———. 1976. "Pseudodoxica Copernicana: or, enquiries into very many received tenents and commonly presumed truths, mostly concerning spheres." *Archives Internationales d'Histoire des Sciences* 26:108–158.

Swift, Jonathan. 1886. *The battle of the books, and other short pieces.* London: Cassell & Company.

———. 1939–1974. *The prose works.* Ed. Herbert Davis. 16 vols. Oxford: Basil Blackwell.

Tait, Peter G. 1890. *Properties of matter.* 2nd ed. Edinburgh: Adam and Charles Black.

Takeuchi, H., S. Uyeda, and H. Kanamori. 1970. *Debate about the earth: approach to geophysics through the analysis of continental drift.* Rev. ed. San Francisco: Freeman, Cooper, and Co.

Tannery, Paul. 1934. *Mémoires scientifiques.* Vol. 13, *Correspondence.* Toulouse: Edouard Privat; Paris: Gauthier-Villars & Cie.

Temkin, Owsei. 1961. "A Galenic model for quantitative physiological reasoning?" *Bulletin of the History of Medicine* 35:470–475.

———. 1973. *Galenism: rise and decline of a medical philosophy.* Ithaca, London: Cornell University Press.

Temple, Sir William. 1821. *Essays.* 2 vols. London: John Sharpe.

———. 1963. *Five miscellaneous essays.* Ed. S. H. Monk. Ann Arbor: The University of Michigan Press.

Tetsch, Hartmut. 1973. *Die permanente Revolution: ein Beitrag zur Soziologie der Revolution und zur Ideologiekritik.* Opladen: Westdeutscher Verlag.

Thackray, Arnold. 1970. *Atoms and powers: an essay on Newtonian matter-theory and the development of chemistry.* Cambridge, Mass.: Harvard University Press.

Thackray, Arnold, and Robert K. Merton. 1972. "On discipline building: the paradoxes of George Sarton." *Isis* 63:673–695.

Thompson, Silvanus P. 1901. *Michael Faraday, his life and work.* London, New York, Paris: Cassell and Company.

Thomson, David. 1955. "Scientific thought and revolutionary movements." *Impact of Science on Society* 6:3–29.

Thomson, Sir J. J. 1893. *Notes on recent researches in electricity and magnetism.* Oxford: at the University Press.

———. 1936. *Recollections and reflections.* London: G. Bell and Sons.

Thomson, William [Lord Kelvin]. 1904. *Baltimore lectures.* Delivered in 1884 at Johns Hopkins University. Baltimore: Publishing Agency of the Johns Hopkins University.

Totten, Stanley M. 1981. "Frank B. Taylor, plate tectonics, and continental drift." *Journal of Geological Education* 29:212–220.

Toulmin, Stephen. 1963. *Foresight and understanding: an enquiry into the aims of science.* New York, Evanston: Harper & Row. First published, 1961, by Indiana University Press.

———. 1968. "Conceptual revolutions in science." *Boston Studies in the Philosophy of Science* 3:331–347.

———. 1972. *Human understanding: the collective use and evolution of concepts.* Princeton: Princeton University Press.

Toynbee, Arnold. 1884. *Lectures on the Industrial Revolution in England.* London: Rivingtons. Reprinted as *The Industrial Revolution*, Boston: Beacon Press, 1956.

Trevelyan, George M. 1939. *The English Revolution, 1688–1689.* London: T. Butterworth. A later ed., 1976, London, Oxford, New York: Oxford University Press.

Trevor-Roper, H. R. 1959. "The general crisis of the seventeenth century." *Past and Present* 16:31–64.

Tricker, R. A. R. 1966. *The contributions of Faraday and Maxwell to electrical science.* Oxford, London, New York: Pergamon Press.

Truesdell, C. 1968. *Essays in the history of mechanics.* New York: Springer Verlag.

Turgot, Anne-Robert-Jacques, Baron de l'Aulne. 1913–1923. *Oeuvres de Turgot et documents le concernant.* 5 vols. Paris: F. Alcan.

———. 1973. *Turgot on progress, sociology and economics: A philosophical review of the successive advances of the human mind; On universal history; Reflections on the formation and the distribution of wealth.* Trans. Ronald L. Meek. Cambridge: at the University Press.

Turner, R. Steven. 1972. "Helmholtz, Hermann von." *Dictionary of Scientific Biography* 6:241–253.

Ulam, Adam. 1981. *Russia's failed revolutions: from the Decembrists to the dissidents.* New York: Basic Books.

Unamuno, Miguel. 1951. *Ensayos.* 2 vols. Madrid: Aguilar.

Uyeda, Seiya. 1978. *The new view of the earth: moving continents and moving oceans.*

San Francisco: W. H. Freeman and Company.

Van der Gracht, Willem A. J. M. van Waterschoot, et al. 1928. *Theory of continental drift: a symposium on the origin and movement of land masses*. Tulsa: American Association of Petroleum Geologists.

Van Helden, Albert. 1977. *The invention of the telescope*. Philadelphia: American Philosophical Society [Transactions of the American Philosophical Society 67, no. 4].

Vatikiotis, P. J., ed. 1972. *Revolution in the Middle East and other case studies*. London: George Allen and Unwin.

Vertot, René Aubert. 1695. *Histoire des révolutions de Suède: où l'on voit les changemens qui sont arrivés dans ce royaume au sujet de la religion & du gouvernement*. Vol. 1. Paris: chez Michel Brunet.

——. 1761. *The history of the revolution in Sweden, occasioned by the changes of religion and alteration of the government in that kingdom*. Glasgow: printed for R. Urie.

——. 1825. *Histoire des révolutions de Portugal*. Paris: chez Dabo-Butschert. Contains prefaces to the 1689 and 1711 eds.

——. 1833. *Histoire des révolutions arrivées dans le gouvernement de la république romaine*. 4 vols. Paris: Librairie de Lecointe.

Vesalius, Andreas. 1932. "The preface of Andreas Vesalius to *De Fabrica Corporis Humani* 1543." Trans. Benjamin Farrington. *Proceedings of the Royal Society of Medicine* 25:1357–1368 (Section of the History of Medicine, pp. 25–38).

Vesey, Godfrey. 1972. "Kant's Copernican revolution: speculative philosophy." The Age of Revolutions, Units 15–16. Arts: A Second Level Course, Bletchley, Bucks.: The Open University Press.

Viëtor, Karl. 1950. *Goethe the thinker*. Trans. Bayard Q. Morgan. Cambridge, Mass.: Harvard University Press.

Villani, Matteo. 1848. "Cronica di Matteo Villani." *Croniche storiche di Giovanni, Matteo e Filippo Villani*. Vols. 5 and 6. Milan: Borroni e Scotti.

Villers, Charles de. 1799. "Critique de la raison pure." *Le Spectateur du Nord* 10:1–37.

——. 1801. *Philosophie de Kant ou principes fondamentaux de la philosophie transcendentale*. Metz: chez Collignon.

——. 1804. *Essai sur l'esprit et l'influence de la Réformation de Luther*. Paris: chez Henrichs, Libraire; Metz: chez Collignon, Imprimeur-Libraire.

Virchow, Rudolf. 1848. "Was die 'medicinische Reform' will." *Die medicinische Reform* 1:1–2.

——. 1849. "Die sociale Stellung des Arztes." *Die medicinische Reform* 35.

——. 1858. *Die Cellularpathologie in ihrer Begründung auf physiologische und pathologische Gewebelehre.* Berlin: August Hirschwald.

————. 1860. *Cellular pathology as based upon physiological and pathological histology.* Trans. Frank Chance. 2nd ed. London: John Churchill.

Vlachos, Georges. 1962. *La pensée politique de Kant.* Foreword by Marcel Prélot. Paris: Presses Universitaires de France.

Vleeschauwer, H. J. de. 1937. *La déduction transcendantale dans l'oeuvre de Kant.* Vol. 3. Paris: Librairie Ernest Leroux; Antwerp: De Sikkel.

Vogt, Carl. 1851. *Zoologische Briefe. Naturgeschichte der lebenden und untergegangenen Thiere, für Lehrer, höhere Schulen und Gebildete aller Stände.* 2 vols. Frankfurt: Literarische Anstalt.

————. 1882. *Ein frommer Angriff.* Breslau: S. Schottlaender.

Voltaire, François Marie Arouet de. 1733. *Letters concerning the English nation.* London: printed for C. Davis and A. Lyon.

————. 1792. *Oeuvres.* Nouvelle éd., avec des notes et des observations critiques, par M. Palissot. Vols. 16–20. Paris: chez Stoupe, Imprimeur; Servière, Libraire. [*Essai sur les moeurs et l'esprit des nations . . . depuis Charlemagne jusqu' à Louis XIII,* vols. 1–5.]

————. 1926. *The age of Louis XIV.* Trans. Martyn P. Pollack. London: J. M. Dent & Sons; New York: E. P. Dutton & Co.

————. [193–]. *Siècle de Louis XIV.* Ed. Emile Bourgeois. Paris: Librairie Hachette.

————. 1964. *Lettres philosophiques.* Ed. Gustave Lanson. Nouveau tirage revu et complété par André M. Rousseau. 2 vols. Paris: Librairie Marcel Didier.

Vuillemin, Jules. 1954. *L'héritage kantien et la révolution copernicienne.* Paris: Presses Universitaires de France.

————. 1955. *Physique et métaphysique kantiennes.* Paris: Presses Universitaires de France.

Waff, Craig. 1975. *"Universal gravitation and the motion of the moon's apogee: the establishment and reception of Newton's inverse-square law, 1687–1749."* Ph.D. dissertation, The Johns Hopkins University.

Walker, Nigel D. 1957. "A new Copernicus?" Pp. 75–79 of Nelson 1957. A reprint, with revisions, of "Freud and Copernicus," in *The Listener* 1956. Reprinted, pp. 35–42 of Mujeeb-Ur-Rahman 1977.

Wallace, Alfred R. 1891. *Natural selection and tropical nature: essays on descriptive and theoretical biology.* New ed., with corrections and additions. London, New York: Macmillan and Co.

————. 1898. *The wonderful century: its successes and its failures.* New York: Dodd, Mead and Company.

Wallis, John. 1669. "A summary account given by Dr. John Wallis, of the general laws of motion . . . " *Philosophical Transactions* 3:864–866.

———, 1670. *Mechanica; sive, de motu, tractatus geometricus.* London: typis Gulielmi Godbid, impensis Mosis Pitt.

Watson, James D. 1980. *The double helix: a personal account of the discovery of the structure of DNA.* Text, commentary, reviews, original papers, ed. Gunther S. Stent. New York, London: W. W. Norton & Company.

Watson, John B. 1924. *Behaviorism.* The People's Institute Publishing Company. Reprint, 1930, 1970, New York: W. W. Norton & Company.

Watson, John B., and William McDougall. 1928. *The battle of behaviorism: an exposition and an exposure.* London: Kegan Paul, Trench, Trubner & Co.

Webster, Charles. 1965. "William Harvey's conception of the heart as a pump." *Bulletin of the History of Medicine* 39:508–517.

———, ed. 1974. *The intellectual revolution of the seventeenth century.* London, Boston: Routledge & Kegan Paul.

———. 1975. *The great instauration: science, medicine and reform, 1626–1660.* London: Duckworth.

Wegener, Alfred. 1905. *Die Alphonsinischen Tafeln für den Gebrauch eines modernen Rechners.* Inaug.-diss., Berlin.

———. 1915. *Die Entstehung der Kontinente und Ozeane.* Braunschweig: Friedrich Vieweg & Sohn.

———. 1924. *The origin of continents and oceans.* Trans. from 3rd German ed. by J. G. A. Skerl., intro. by John W. Evans. London: Methuen.

———. 1966. *The origins of continents and oceans.* Trans. from 4th rev. ed. by John Biram. New York: Dover Publications.

Wegener, Else. 1960. *Alfred Wegener: Tagebücher, Briefe, Erinnerungen.* Wiesbaden: F. A. Brockhaus.

Weinberg, Stephen. 1977. "The search for unity: notes for a history of quantum field theory." *Daedalus* 106:17–35.

———. 1981. "Einstein and spacetime: then and now." *Proceedings of the American Philosophical Society* 125:20–24.

Weiss, F. E. 1922. "The displacement of continents: a new theory." *Manchester Guardian,* 16 March 1922.

Weisskopf, Victor F. "The impact of quantum theory on modern physics." *Die Naturwissenschaften* 60:441–446.

Weldon, T. D. 1945. *Introduction to Kant's Critique of pure reason.* Oxford: at the Clarendon Press.

Walker, Nigel D. 1957. "A new Copernicus?" Pp. 75–79 of Nelson 1957. A reprint, with revisions, of "Freud and Copernicus," in *The Listener* 1956. Reprinted, pp. 35–42 of Mujeeb-Ur-Rahman 1977.

Wallace, Alfred R. 1891. *Natural selection and tropical nature: essays on descriptive and theoretical biology*. New ed., with corrections and additions. London, New York: Macmillan and Co.

———. 1898. *The wonderful century: its successes and its failures.* New York: Dodd, Mead and Company.

Wallis, John. 1669. "A summary account given by Dr. John Wallis, of the general laws of motion . . . " *Philosophical Transactions* 3:864–866.

———. 1670. *Mechanica: sive, de motu, tractatus geometricus.* London: typis Gulielmi Godbid, impensis Mosis Pitt.

Watson, James D. 1980. *The double helix: a personal account of the discovery of the structure of DNA.* Text, commentary, reviews, original papers, ed. Gunther S. Stent. New York, London: W. W. Norton & Company.

Watson, John B. 1924. *Behaviorism.* The People's Institute Publishing Company. Reprint, 1930, 1970, New York: W. W. Norton & Company.

Watson, John B., and William McDougall. 1928. *The battle of behaviorism: an exposition and an exposure.* London: Kegan Paul, Trench, Trubner & Co.

Webster, Charles. 1965. "William Harvey's conception of the heart as a pump." *Bulletin of the History of Medicine* 39:508–517.

———, ed. 1974. *The intellectual revolution of the seventeenth century.* London, Boston: Routledge & Kegan Paul.

———. 1975. *The great instauration: science, medicine and reform, 1626–1660.* London: Duckworth.

Wegener, Alfred. 1905. *Die Alphonsinischen Tafeln für den Gebrauch eines modernen Rechners.* Inaug.-diss., Berlin.

———. 1915. *Die Entstehung der Kontinente und Ozeane.* Braunschweig: Friedrich Vieweg & Sohn.

———. 1924. *The origin of continents and oceans.* Trans. from 3rd German ed. by J. G. A. Skerl., intro. by John W. Evans. London: Methuen.

———. 1966. *The origins of continents and oceans.* Trans. from 4th rev. ed. by John Biram. New York: Dover Publications.

Wegener, Else. 1960. *Alfred Wegener: Tagebücher, Briefe, Erinnerungen.* Wiesbaden: F. A. Brockhaus.

Weinberg, Stephen. 1977. "The search for unity: notes for a history of quantum field theory." *Daedalus* 106:17–35.

———. 1981. "Einstein and spacetime: then and now." *Proceedings of the American Philosophical Society* 125:20–24.

Weiss, F. E. 1922. "The displacement of continents: a new theory." *Manchester Guardian,* 16 March 1922.

Weisskopf, Victor F. "The impact of quantum theory on modern physics." *Die Naturwissenschaften* 60:441–446.

Weldon, T. D. 1945. *Introduction to Kant's Critique of pure reason.* Oxford: at the Clarendon Press.

cisco: W. H. Freeman and Company. A second edition, 1976, entitled *Continents adrift and continents aground.*

Wilson, Leonard G. 1972. *Charles Lyell: the years to 1841: the revolution in geology.* New Haven, London: Yale University Press.

———. 1980. "Geology on the eve of Charles Lyell's first visit to America, 1841." *Proceedings of the American Philosophical Society* 124:168–202.

Wilson, Woodrow. 1917. *Constitutional government in the United States.* New York: Columbia University Press [The Columbia University Lectures of 1907].

Wirgman, Thomas. 1825. "Philosophy." *Encyclopaedia Londinensis* 20:109–261.

Witt, O. N. 1913. "Wechselwirkungen zwischen der chemischen Forschung und der chemischen Technik." *Die Kultur der Gegenwart*, pt. 3, sec. 3, vol. 2.

Wittmer, Louis. 1908. *Charles de Villers, 1765–1815.* Geneva: George.

Wohlwill, Emil. 1904. "Melanchthon und Copernicus." *Mitteilungen zur Geschichte der Medizin und der Naturwissenschaften* 3:260–267.

Wolf, A. 1935. *A history of science, technology, and philosophy in the sixteenth and seventeenth centuries.* London: George Allen & Unwin.

———. 1938. *A history of science, technology, and philosophy in the XVIIIth century.* London: George Allen & Unwin.

Wolfe, Bertrand. 1965. *Marxism: one hundred years in the life of a doctrine.* New York: The Dial Press.

Wolff, Robert Paul. 1963. *Kant's theory of mental activity.* Cambridge, Mass.: Harvard University Press.

Woodbridge, Homer Edwards. 1940. *Sir William Temple: the man and his works.* New York: The Modern Language Association of America; London: Oxford University Press.

Woolf, Harry, ed. 1980. *Some strangeness in the proportion: a centennial symposium to celebrate the achievements of Albert Einstein.* Reading, Mass.: Addison-Wesley Publishing Company.

Wotton, William. 1694. *Reflections upon ancient and modern learning.* London: printed by J. Leake for Peter Buck.

Wren, Matthew. 1659. *Monarchy asserted, or the state of monarchicall and popular government in vindication of the considerations upon Mr. Harrington's Oceana.* Oxford: W. Hall.

———. 1781. "Of the origin and progress of the revolutions in England." Pp. 228–253 of John Gutch, ed., *Collectanea curiosa; or miscellaneous tracts relating to the history and antiquities of England and Ireland*, vol. 1, Oxford: at the Clarendon Press.

Wright, W. D. 1923. "The Wegenerian Hypothesis." *Nature* 111:30–31.

Wundt, Wilhelm. 1902. *Grundzüge der physiologischen Psychologie.* Vol. 1, 5th rev. ed. Leipzig: Verlag von Wilhelm Engelmann.

Youschkevitch, A. P. 1968. "Sur la révolution en mathématique des temps modernes." *Acta historiae rerum naturalium necnon technicarum,* Czechoslovak Studies in the History of Science, special issue 4, pp. 5-33.

Zacharias, Jerrold. 1963. "Teaching and machines." Pp. 73-86 of P. M. S. Blacket, A. J. Ayer, and Jerrold Zacharias, *The British Association / Granada Guildhall lectures 1963,* Manchester: Granada TV Network [distr. by Mac-Gibbon & Kee].

Zagorin, Perez. 1954. *A history of political thought in the English Revolution.* London: Routledge & Kegan Paul.

―――. 1973. "Theories of revolution in contemporary historiography." *Political Science Quarterly* 88:23-52.

―――, ed. 1980. *Culture and politics from Puritanism to the Enlightenment.* Berkeley, Los Angeles, London: University of California Press.

Zedler, Johann Heinrich. 1742. *Grosses Universal-Lexicon.* 64 vols. Leipzig and Halle, 1732-1750.

Zilboorg, Gregory. 1935. *The medical man and the witch during the Renaissance.* Baltimore: The John Hopkins Press.

―――― and George W. Henry. 1941. *A history of medical psychology.* New York: W. W. Norton.

Zilsel, Edgar. 1945. "The genesis of the concept of scientific progress." *Journal of the History of Ideas* 6:325-349.

Ziman, J. M. 1968. *Public knowledge: an essay concerning the social dimension of science.* Cambridge: at the University Press.

―――. 1970. "Some pathologies of the scientific life." Extracts from the presidential address to section X of the British Association meeting. *Nature* 227:996-997.

Zinner, Ernst. 1943. *Entstehung und Ausbreitung der Coppernicanischen Lehre.* Erlangen: Mencke [Sitzungsberichte der Physikalisch-medizinischen Sozietaet zu Erlangen, 74].

Zuckerman, Harriet. 1977. *Scientific elite: Nobel Laureates in the United States.* New York: The Free Press; London: Collier Macmillan.

索 引^①

---

① 原文如此，但《学术的进展》(*Advancement of Learning*) 系弗朗西斯·培根所著，而非罗吉尔·培根的著作。——译者

---

① 原文误排为"Berkheim, Hippolyte"。——译者

----

① 原文误排为 "599n.2"。——译者

① 原误排文为"Burharin，N."。——译者

---

[1] 原文误排为"Dusey, John"。——译者

---

① 原文误排为"Harmon, Peter M."。——译者

---

① 这个条目原文中的"Heimann"误排为"Heiman","Harman"误排为"Harmon"。——译者

② 原文为"Henry, J.",但无论在正文还是在参考文献中,都没有"Henry, J.",只有"Henry, George W."。因此,这里的"Henry, J."应是"Henry, George W."之误。——译者

---

① 原文误排为 "Hildebrand, Joel R."。——译者

---

① 原文误排为"Jeffrey，Sir Harold"。——译者

---

① 原文误排为"Keynes, J. M."。
——译者

---

① 原文误排为"Kluckholm，Clyde"。——译者

② 原文误排为"Koch，Lange"。——译者

---

① 原文如此。——译者

---

① 原文误排为"Olscamp，Paul V."。——译者

---

① 原文误排为"Paresi，Angelo"。——译者

on revolution in science ～论科学中的革命，379－384；well-educated 受过良好教育的～，165，265

physics 物理学，20，41，147，153，225，322，324，337，339，349，391，416，436；academic 大学～，413；Aristotelian 亚里士多德～，390；relation to biological sciences ～与生物科学的关系，96；Cartesian 笛卡尔～，159，518；celestial 天体～，127，128，133；classical 经典～，32，165，380，397；development of ～的发展，159；electricity as part of 作为～一部分的电学，229；epistemology of ～认识论，615n.7；experimental 实验～，219，241，246，340；of fields 场的～，32；geometry and 几何学与～，415；in Germany 德国的～，12，18，19；of Harriot 哈里奥特的～，30；high energy 高能～，93；inertial 惯性～，106，164；intellectual revolution in ～中的思想革命，384；laws of ～定律，348；and mathematics ～与数学，90，162，218，319，340；of matter 材料～，370；Maxwell and 麦克斯韦与～，305；metaphysical un-derpinnings ～的形而上学基础，393；method of Ptolemy applied to 应用到～上的托勒密方法，142；modern 现代～，380，382，397，613n.3；molecular 分子～，312；of motion, Huygens' 惠更斯的运动～，163；of a moving earth 运动的地球的～，106；Newton and 牛顿与～，32，84，101，170，578n.2；19th-century classical 19世纪的经典～，100；philosophical principles of ～的哲学原理，163；a 'positive' science ～是一门"实证的"科学，332；of quanta, revolution of the 量子～的革命，381；quantum 量子～，374；radical reconstruction of ～的彻底重建，578n.3；and relativity ～与相对论，31，32，312，377；religious implications of ～的宗教含义，393；revolution in ～中的革命，8，29，96，99，230，233，338，370－373，379，384；revolutionary 革命性的～，32，96，301；revolutionized 革命化的～，438，553；science of 物理科学，101；'social' "社会"～，322；statistically based 以统计学为基础的～，44；technical content of ～的专业内容，342；ter-

---

① 原文为 "*Reflections upon Ancient & Modern Astronomy*"，与正文不符，也与沃顿本人著作的标题不符，现依据正文改正。——译者

----

① 原文误排为"Schlipp, Paul A."。——译者

② 原文误排为"Schooten, Franz von"。——译者

图书在版编目(CIP)数据

科学中的革命:新译本/(美)I.伯纳德·科恩著;鲁旭东,赵培杰译.—北京:商务印书馆,2017(2022.9重印)
ISBN 978-7-100-14675-3

Ⅰ.①科… Ⅱ.①I…②鲁…③赵… Ⅲ.①技术史—研究—世界 Ⅳ.①N091

中国版本图书馆 CIP 数据核字(2017)第 154877 号

科学中的革命
(新译本)
〔美〕I. 伯纳德·科恩 著
鲁旭东 赵培杰 译

商 务 印 书 馆 出 版
(北京王府井大街 36 号 邮政编码 100710)
商 务 印 书 馆 发 行
北 京 通 州 皇 家 印 刷 厂 印 刷
ISBN 978-7-100-14675-3

2017 年 9 月第 1 版 开本 850×1168 1/32
2022 年 9 月北京第 2 次印刷 印张 36
定价:180.00 元